ISBN 978-0-483-95327-7
PIBN 10621144

MUSEO

SCIENTIFICO, LETTERARIO ED ARTISTICO

OVVERO

SCELTA RACCOLTA DI UTILI E SVARIATE NOZIONI

IN FATTO DI SCIENZE, LETTERE ED ARTI BELLE

OPERA

COMPILATA DA ILLUSTRI SCRITTORI

Anno Terzo

TORINO

STABILIMENTO TIPOGRAFICO DI ALESSANDRO FONTANA

1841

Nell' offerire ai numerosi e cortesi nostri Associati l'anno III del giornale presente, togliemmo impegno, che ove a noi non mancasse il prezioso favore del pubblico, tutto avremmo adoperato onde il MUSEO andasse via via procedendo di splendore e di forza, come procedeva, per esso, il corso di quella vita, a cui, già da ben quattro anni, trovasi nato.

L' elenco dei lavori che compongono questo terzo volume, ed i nomi dei chiarissimi che li dettarono, ci consentono di affermare, con alta e serena fronte, che le nostre promesse non andarono punto tradite.

L' elenco in discorso annuncia in fatti un nobile serto di elette scritture, interessanti per argomento, dilettevoli per varietà, nobili, quasi tutte, pel merito distinto degli autori che ce ne fecero dono. E tali sono, per fermo, la versione della *Batracomiomachia* del Grossi, l' elogio del Boucheron del Sauli, quello della Marchionni del Paravia, lo squarcio inedito della traduzione della Messiade del Maffei, le scorse ne' dintorni di Roma del Dandolo, i pensieri artistici del D'Azeglio, gli articoli geografici e statistici del Balbi, quelli archeologici dell' Isnardi, le stanze della Rosellini Fantastici e del Peretti, i racconti dell' Isabella Rossi, le investigazioni filologiche del Vegezzi, le descrizioni del Cantù, le favole del Cervelli, gli epigrammi del Re, i sonetti del Missirini, con molti e molti altri consimili, la cui sola enunciazione basta, di per sè, a far giungere raccomandato il nostro MUSEO innanzi a qualsivoglia giusto ed intelligente estimatore delle cose.

Senonchè la gentile cooperazione di tanti valorosi, e l'incoraggievole suffragio del pubblico, che a noi ne venne, ci fanno un sempre crescente dovere di adoperare ogni nostro sforzo, onde il Museo prosegua sulle orme fin qui non ingloriosamente segnate.

Nulla, quindi, verrà da noi pretermesso per rendere l'imminente quarto volume del nostro periodico meritevole della speciale indulgenza del pubblico. Ad aggiungere il quale scopo fermammo in mente, tra le altre, le massime e norme seguenti, cioè:

1° Il comporlo quasi esclusivamente di articoli originali, scelti dai molti che la lunganime gentilezza degli illustri cooperatori ci va ogni dì procurando.

2° Il moltiplicare, quanto più potrassi, i lavori di solida e peregrina istruzione.

3° Lo svariare le materie del giornale, sia accrescendo il numero degli articoli, sia alternandone gli argomenti ed il genere.

4° Il dare un posto sempre più principale e distinto alle arti ed all'industria italiana, di cui esploreremo, con diligenza, l'avviamento e le fortune.

5° L'abbellirlo, finalmente, di leggiadre incisioni, per cui mezzo l'onesto diletto degli occhi venga a congiungersi all'interno pascolo della mente e del cuore.

Tali sono le schiette intenzioni colle quali ci accostiamo ad imprendere la pubblicazione della quarta annata del Museo. Sostengaci, lungo la via, il cortese ben volere del pubblico, e facile, nonchè certo, ci sarà l'asseguimento della propostaci meta.

I Compilatori.

INDICE

POESIA

NOVELLE, ANEDDOTI ECC.

BIOGRAFIA E STORIA

BELLE ARTI E MONUMENTI

GEOGRAFIA, VIAGGI, DESCRIZIONI DI SITI, COSTUMI ECC.

STORIA NATURALE

LETTERATURA E FILOLOGIA

ARCHEOLOGIA

MITOLOGIA

VARIETA'

NOZIONI ELEMENTARI SU LA MISURA DEL TEMPO

Il rinnovellarsi dell'anno ci porge acconcia occasione di pubblicare il lavoro seguente, in cui un illustre nostro scienziato compendiò, con dotta semplicità, le più utili notizie risguardanti l'importantissima teoria de'calendari, ed i calcoli delle varie parti che li compongono.

La utilità, anzi la necessità delle cognizioni concernenti la distribuzione del tempo, il periodico ritorno delle stagioni, e il computo delle epoche civili e religiose, non abbisogna di dimostrazione; ciascuno può facilmente immaginarsi a quale confusione andrebber soggette le umane faccende se venisse smarrita ogni sicura norma di misurare il tempo.

Il qual danno, che pur sarebbe oltre ogni dire gravissimo, non è a temersi nella presente condizione delle cose umane, perchè l'oracolo della scienza astronomica e cronologica, ripetuto, come un eco, dall'immenso stuolo degli almanacchi volgari, rende ad ognuno talmente comoda e triviale la distribuzione del tempo, che appena dalle persone più riflessive viene tenuta in quel pregio che essa si merita. Or questo pregio sarà più manifesto, se all'uso, direi così, passivo dei vari computi del calendario, venga accoppiata la notizia delle ragioni e del significato dei medesimi, e inoltre agevolato, mediante semplicissimi calcoli, l'acquisto di parecchie utilissime cognizioni che non sembrano da ommettersi in ogni gentile educazione.

I. — *Del calendario in generale*

Chiamasi *calendario* una distribuzione del tempo, accomodata agli usi degli uomini. Il tempo, ossia la successione delle cose, in nessun'altra maniera si può misurare, fuorchè con una serie continuata di movimenti che si succedano gli uni agli altri ad intervalli più o meno lunghi, i quali siano tra di loro numericamente paragonabili. Fra tutti i movimenti naturali (reali od apparenti), quello degli astri, e specialmente del sole, fu trovato il più acconcio alla esatta misura del tempo.

La durata e il numero delle apparenti rivoluzioni del sole (1) serve di fondamento alla distribuzione del tempo nel nostro *calendario civile*.

Ma alcuni usi religiosi dovendo, per antico statuto della Chiesa, corrispondere al moto lunare, ed esser tuttavia in conveniente relazione con il corso delle stagioni, vale a dire col moto solare, fa d'uopo far concordare tra di loro questi due assai dissimili movimenti, a fine di mettere il computo ecclesiastico in

(1) Chiamasi qui *apparente* la giornaliera rivoluzione del sole da levante a ponente, perchè essa è una mera illusione del senso nostro, cagionata dal diurno rivolgimento della terra attorno al proprio asse da ponente a levante. Tuttavia la chiarezza del discorso, per la comune intelligenza, esige talora una contraria maniera di esprimersi, senza che s'intenda per ciò rivocato in dubbio il moto della terra.

relazione col computo civile. Il calendario così fatto prende allora il nome di *Calendario ecclesiastico*.

II. — *Del calendario civile*

Naturalissima misura del tempo è quella che comprende un intero giorno e un' intera notte, cioè che principia, per esempio, col nascer del sole in un dato giorno, e termina col nascer del medesimo astro nel giorno seguente. Ma il punto dell'orizzonte, cui corrisponde il sol nascente, varia da un giorno all'altro durante l'intero corso delle quattro stagioni, dopo il quale il moto del sole ricomincia nella stessa direzione e con lo stesso ordine di prima.

Chiunque si fa a contare queste giornaliere rivolozioni del sole in un anno, ne trova 365; il qual computo è giusto in quanto che non può ammettere nè un intero giorno di più, nè un intero giorno di meno, ma non è giusto rispetto alle frazioni, perchè la durata dell'anno è di 365 giorni ed alcune ore. Ognon vede che il trascurar queste ore, o anche una qualsiasi piccola parte delle medesime, fa sì che si creda terminato l'anno, quando realmente non lo è ancora; questo ritardo rinnovandosi ogni anno, ed accumulandosi, si fa successivamente maggiore: l'errore che in prima non era che di minuti o di ore, col trascorrer degli anni e dei secoli diventerebbe un errore di giorni e di mesi, con evidente sconvolgimento nella appellazione delle stagioni, e negli usi agrari, politici e religiosi che da esse dipendono.

Di questi sconvolgimenti nel computo del tempo ve n'ebbero di molti nei secoli andati, o vi si rimediò come meglio si potè, con intercalazioni frequenti e arbitrarie; ma dopo un più o meno lungo volger d'anni l'errore compariva di nuovo, perchè non era stata tolta la cagione di esso.

Basti il dire che l'anno, il quale ai tempi di Romolo cominciava in marzo, era composto di soli 304 giorni, distribuiti in 10 mesi, ultimo dei quali, cioè il decimo, era il mese di dicembre, come lo indica il nome, tuttora ritenuto.

Numa Pompilio, secondo re di Roma, aggiunse i due mesi di gennaio e di febbraio. Questa e altre minori intercalazioni rendevano gli anni successivamente di giorni 355, 377, 355 e 378. I giorni 1465 di questi quattro anni davano a ciascuno di essi, per una media, giorni 366 1/4, vale a dire che l'anno medio civile al tempo di Numa aveva un giorno di più che l'anno solare. Almeno si fosse conservata questa riforma, benchè fatta un poco alla grossa; ma le dissensioni, le guerre, le conquiste, impedirono o resero inutile il frutto de' studi astronomici, ed interruppero anzi le intercalazioni suddette; a segno che il rimedio stesso che più tardi vi portò il primo imperatore dei Romani, produsse il famoso *anno di confusione*, a cui si dovettero aggiungere 90 giorni, per rimediare alla troppa discordanza tra l'anno civile e l'anno solare. Tanto è vero che senza scienza le umane cose non vanno!

III. — *Correzione Giuliana*

Giulio Cesare, volendo togliere questi disordini, adottò la durata dell'anno quale era stata determinata dall'astronomo Sosigène, che egli avea fatto venire dall' Egitto, cioè di giorni 365 1/4, ossia 365 giorni e 6 ore. Tuttavia l'anno civile, dovendo necessariamente essere di un numero intero di giorni, fu lasciato di giorni 365, ma si stabilì che delle sei ore intralasciate in ciascun anno, se ne terrebbe conto ogni quart'anno, in cui le 6 ore, ommesse quattro volte, formano appunto un giorno: e questo volle Cesare che si aggiungesse in avvenire ad ogni quarto anno, tra il 24 ed il 25 di febbraio, di modo che il 24 di febbraio chiamandosi, secondo lo stile romano, *sexto calendas martii* (cioè sesto giorno avanti le calende, ossia il primo di marzo), il giorno intercalate si chiamò *bissexto calendas martii*, dal che nacque l' appellazione di *bisestile* data all'anno di intercalazione, appellazione tuttora in uso, benchè il giorno intercalare, nel calendario civile, non si aggiunga più dopo il 24 di febbraio, ma al fine dello stesso mese.

L'anno bisestile è dunque composto di 366 giorni, e viene ogni quart'anno, cioè in generale nel calendario Giuliano *è bisestile ogni anno il cui millesimo può dividersi per 4, senza che rimanga alcun residuo.*

Questa correzione fatta al calendario, d'ordine di Giulio Cesare, benchè incomparabilmente migliore di altre fatte prima di lui, in ragione dei maggiori progressi fatti dalla scienza astronomica, tuttavia non fu di una sufficiente esattezza, perchè la durata dell' anno, che dagli astronomi d'Egitto era stata giudicata di 365 giorni e 6 ore, con più accurate osservazioni fu in seguito, dagli astronomi europei, trovata alquanto minore, e la differenza, per dirla ora in numeri tondi, è di 11 minuti, i quali vennero messi di troppo nell'anno Giuliano: la qual cosa ha renduto necessaria, sedici secoli dopo, la seguente correzione.

IV. — *Correzione Gregoriana*

L'anzidetta differenza di 11 minuti, col lungo volger d'anni, diventò assai considerabile. Gli equinozi di primavera si scostavano ognora più dal 21 di marzo, contro ciò che era stato stabilito dal Concilio di Nicea nell'anno 325. I sommi pontefici Giovanni XXIII e Sisto IV, quindi il Concilio di Trento, avean riconosciuta la necessità di riformare il calendario, e questa riforma venne infine effettuata dal papa Gregorio XIII, l'anno 1582, coll'intervento di dotti astronomi, e con partecipazione a tutti gli stati della cristianità.

Nell'anzidetto anno 1582 il calendario indicava gli equinozi 10 giorni prima che accadessero realmente, vale a dire che il continuato accumulamento degli 11 minuti avean già formato 10 giorni. Il romano pontefice rimediò a questo sconcerto nel seguente modo.

Prima di tutto egli stabilì che a quell'anno, 1582, si togliessero i 10 giorni di troppo, epperciò il giorno dopo dei quattro d'ottobre dello stesso anno, non si chiamò cinque, ma quindici.

Corretto così istantaneamente l'effetto dell'errore passato, si volle pure toglier la causa di simile errore in avvenire. Fu ritenuta la quadriennale intercalazione bisestile fatta da Giulio Cesare, ma questa intercalazione di un giorno ogni quattro anni aggiunge all'anno, come s'è detto, 11 minuti di più, i quali dopo 130 anni, cioè nel 1712, avrebbero di nuovo formato un giorno di più; si stabilì dunque che questo giorno si toglierebbe, non però al 1712, ma al 1700, per dare al computo una maggiore facilità e speditezza, conservandogli tuttavia un sufficiente grado di precisione.

Per tal modo l'anno 1700 non si fece bisestile, e neppure l'anno 1800, e nol sarà nemmeno l'anno 1900, ma il 2000 sarà di nuovo bisestile, e così di seguito, facendosi bisestile solamente ogni quarto secolo (1).

(1) Il calendario Gregoriano è ora in uso in tutta l'Europa, anzi in tutta la cristianità, eccetto presso i Russi, e presso i Cristiani del rito greco, i quali adoprano tuttora il vecchio stile, ossia il calendario Giuliano. Quando si vogliono paragonare le loro date alle nostre, debbesi por mente al secolo cui esse si riferiscono, perchè la differenza non è sempre la stessa. Infatti nell'anno 1582 furon tolti 10 giorni: noi abbiamo dunque contato 10 giorni di più che non fecero i Russi. Noi abbiamo ommesso il bisestile nel 1700, allora noi abbiamo contato 11 giorni di più. Altro bisestile ommesso nel 1800, locchè dà al nostro computo 12 giorni di più.

Una data Russa si riduce dunque alla corrispondente Gregoriana, aggiungendo alla prima or 10, or 11, ora 12 giorni, secondo che l'anno a cui si riferisce, è anteriore al 1700, oppure appartiene al secolo XVIII ovvero al presente XIX.

Usasi di mettere la data Russa in modo di frazione, di cui il numeratore esprime la data in vecchio stile, o Giuliano, e il denominatore indica quella del nuovo stile, cioè Gregoriano. Così per es. $\frac{14}{26}$ di marzo, vuol dire che il giorno il quale è per noi il ventesimoseso di marzo, è pei Russi il decimoquarto dello stesso mese. Usano anche di apporre ad una sola delle due date, le iniziali *n. s.* (nuovo stile), ovvero *v. s.* (vecchio stile).

Questa correzione, che chiamasi *Gregoriana*, consisto dunque nell'*aggiugnere* un giorno intercalare ogni quattro anni, come già avea fatto Giulio Cesare, e nell'*ommettere* quel giorno intercalare per tre anni secolari successivi; locchè può esprimersi con queste due regole:

Regola 1.ª *È bisestile ogni anno il cui millesimo è un multiplo di 4, cioè che può dividersi per 4, senza residuo.*

Regola 2.ª *Gli anni secolari sono bisestili solamente quando il loro millesimo, privato dei due ultimi zero, è ancora divisibile esattamente per 4.*

Per dar compimento a questa materia, aggiungeremo che la durata dell'anno, la quale ai tempi di Gregorio XIII era stimata di giorni 365, 2465 (cioè 365 giorni e 2465 dieci millesime di giorno), dalle osservazioni fatte posteriormente con istromenti più perfetti e con metodi migliori, viene stabilita a giorni 365, 242264, ossia 365 giorni, 5 ore, 48 minuti, 5 secondi, 56 terzi, e 576 millesime parti di un minuto terzo.

Sarà dunque, col lungo andar del tempo, necessaria una nuova correzione, la quale, senza scostarsi dall' andamento della precedente, consisterebbe, secondo che già propose il Delambre, nell'ommettere il bisestile ogni 3600 anni, oppure, per maggiore speditezza di calcolo, ogni 4 mila anni: vale a dire, che non si farebbe bisestile, ma comune l'anno 4 mila dell'era nostra, così pure l'anno 8 mila, l'anno 12 mila, l'anno....; ma chi può inoltrarsi nel computo di così remote età, senza sentirsi compreso da ammirazione pell'uomo, la cui fugace terrena esistenza dura un istante, e il cui spirito quasi si stende sulla eternità!

(*Sarà continuato*)

CAV. GIACINTO CARENA.

VERRÈS.(1) Antiche miserie della valle d'Aosta.

La recente catastrofe della povera terra di Verrès mi richiama alla memoria altre miserie da cui fu colpita nella seconda metà del secolo XVII la valle d'Aosta.

Orava il dì 18 dicembre del 1686 al cospetto del consiglio generale di quella valle l'avvocato Giannandrea Evrard, e collo stile ampolloso di que' tempi ricordava le calamità che aveano travagliata la patria; al qual uopo egli protestava di volere *emprunter d'abord le visage de Janus*, per guardar ad un tempo nel passato e nel futuro; e, secondo le consuete illusioni umane, questo si vestiva a' suoi occhi di bei colori, s'apriva in soave orizzonte, mentre quello gli si porgeva in tutta la sua terribile verità.

Il passato gli mostrava negli anni 1675, 1676 e 1677 le campagne colpite da compiuta sterilità, ed il popolo costretto a macinare gusci di noce, ed a cibarsi dell'erba dei prati. Poi nel 1679, la vigilia di s. Matteo, aprirsi le cataratte del cielo, e gonfiarsi i torrenti per modo, che le terre di S. Denis e di Chambave furono minacciate d'intera ruina.

Poi la vigilia di Pentecoste cader grosse e calde pioggie sulle ghiacciaie e sulle nevi de' monti, e di repente ingrossarsi le acque in tutta la valle, e varcare i limiti, e colpire e strascinare nei loro vortici le capanne, gli armenti, le case e gli abitatori, i molini, i ponti, le cappelle, e coprire un gran tratto di fertili terreni e isterilirli per sempre, accumulandovi monti di pietre e di sabbia. Onde l'oratore esclama qui con Ovidio:

Heu mihi, heu quanti montes volvuntur aquarum!

Due anni dopo, il villaggio di Morgex era sul punto di perire se una grossa trave non avesse quasi miracolosamente deviato il corso dell'acque che lo minacciavano.

Un'altra inondazione e un'altra fame rammentava

(1) Verrès è uno de' paesi stati sommersi nel lagrimevole diluvio che rese funesto all'Italia e alla Francia il novembre scorso.

aurora in sì corto numero d'anni l'avvocato Evrard, ma non entrava in particolari favellando a persone informate, *de crainte de n'en dire pas assez, et de lasser l'honneur de vos patiences.* E così faccio anch'io per non saperne di più, soggiungendo solamente che l'eloquenza dell'orator valdostano avea per fine di far restringere certi articoli di spesa, e che io ho diseppellito invece quest'antica orazione affine di far aumentar le vostro, benigni lettori, e più benigne leggitrici. Sul vostro bilancio all'articolo già tanto copioso della beneficenza, risplenderebbe come una gemma un piccolo assegno in favore dei poveri di Verrès, senza ricovero in questa stagione inclemente, senza danari, senza provvisioni e, quel ch'è peggio, molti senza padre, senza marito, senza madre, senza sposa, senza fratelli, tutti travolti in quella notte fatale nell'abisso dell'acque, tutti passati, in men che non si dice, dalla securtà dei domestici lari, dal riposo del letto, agli orrori ed alla disperazion del naufragio. Sia benedetta, o pietosi, la carità che farete.

Cav. Luigi Cibrario.

ANTISTENE

Nulla si sa di preciso intorno al tempo in cui Antistene nacque in Atene. Pare solo che abbia veduto la luce avanti l'olimpiade xc.ª, posciachè prima di darsi allo studio della filosofia militò; e prima di Socrate morto nella olimpiade xcv.ª, fu discepolo di Gorgia il quale già fioriva nella olimpiade lxxx.ª, e molto vecchio sopravvisse fino alla c.ª S'ignora anche il nome della madre di Antistene, che alcuni fanno nativa di Tracia, altri di Frigia; il padre poi portava lo stesso suo nome. Appena udito Socrate, abbandonò subito la professione di retore, appresa da Gorgia, e si consacrò del tutto alla filosofia. Ogni giorno camminava 40 stadi per recarsi dal Pireo, ove stanziava, presso al figliuolo di Sofronisco, dai cui principii attinse quell'amore per la virtù e quell'avversione per il vizio che, spinti oltre i termini del giusto, formarono del discepolo di un savio il fondatore di una nuova setta, quella dei Cinici. L'etimologia di tal voce si fa derivare da *cinosargo* (cioè cane bianco) che così s'intitolava un ginnasio presso Atene in cui insegnava Socrate; mentre altri derivano siffatto nome da κύων, cane; perchè sono di avviso che i Cinici si sforzassero d'imitare le virtù di questo animale, la vigilanza cioè, la fedeltà e la franchezza. Ammonio, antico commentatore di Aristotile, ne dà la seguente etimologia: « I Cinici sono così denominati dalla libertà delle loro parole e dal loro amore per la verità; imperciocchè si scorge che il cane ha qualche cosa di filosofico nel suo istinto, che gl'insegna a distinguere gli uomini; e per vero esso abbaia contro i forestieri ed accarezza i domestici. I Cinici del pari accolgono ed apprezzano la virtù e coloro che la professano, mentre biasimano e disapprovano le passioni e coloro che vi si abbandonano, quand'anche fossero assisi sul trono ». Il Buhle poi (*Storia della filosofia moderna*) pensa che dall'andare Antistene sempre a piè nudi, dal dormir sulla terra, dal lasciarsi crescere la barba e i capelli, gli Ateniesi dicessero di lui e de'suoi successori che viveano a modo dei cani, e da ciò ebbero l'epiteto di Cinici, etimologia che a noi sembra la più naturale e la più verisimile.

Avendo Antistene appreso da Socrate che la felicità consiste nella virtù, la ripose egli nel disprezzo delle ricchezze, della grandezza, delle scienze e della voluttà. In una parola, pretese di ridurre il corpo e lo spirito al puro bisogno. Vestì il famoso mantello, e si mostrò in pubblico colla bisaccia sulle spalle e col bastone in mano. Cosiffatta affettazione non isfuggì alla sagacia di Socrate, che disse in tale incontro: *Veggo l'orgoglio a traverso i buchi del tuo mantello.* Se non che egli è mestieri confessare che, siccome Diogene lascia dietro di sè tutti i filosofi cinici che gli successero, tanto per ciò che spetta alla fermezza dell'animo come alla vivacità dell'ingegno ed alla originalità delle espressioni, così Antistene seppe condursi con maggiore dignità, e fu costantemente cittadino virtuoso. Era inoltre, come appare in Senofonte (nel *Concito*, cap. 2), di una piacevole compagnia. Cicerone ci tramandò il dogma di Antistene sulla esistenza degli Dei: *Populares Deos multos, naturalem unum esse* (*De nat. Deorum*, i, 13). Antistene insegnava che per esser felice conveniva essere libero e tranquillo; e che per questo è mestieri obbedire alle leggi della natura; che le passioni non possono accordarsi cólla libertà; ch'esse nascono dai bisogni; e quindi per esser libero si rende necessario limitare i propri bisogni, ed imparare a soffrire. La vita di Antistene è stata sempre conforme a tale sistema.

Le opere scritte da Antistene, stando al catalogo offertoci da Diogene Laerzio (lib. vi, cap. 1) formavano una raccolta di dieci tomi. Se non che tutto andò perduto, tranne una lettera e due discorsi o declamazioni che portano il titolo di *Ajace* e di *Ulisse.* Ma la prima è evidentemente supposta, ed i secondi non sembrano certo autentici. Gli antichi tenevano in pregio il suo stile, e il grammatico Frinico lo ricorda fra'modelli di puro atticismo.

I due discorsi si trovano nelle collezioni di Aldo Manuzio, di Enrico Stefano, e nel vol. viii (1773 in-8°) degli Oratori greci del Reiske; e l'epistola è inserita nella edizione di Leone Allacci *Epistolarum Socraticorum*, e specialmente nella collezione *Epistolarum Graec.* (1815 in-8°) dell'Orelli. Lo stesso Orelli ha raccolte nel secondo volume della sua *Collezione morale* (Lipsia 1821) tutte le sentenze di Antistene che si rinvengono sparse nello Stobeo e in altri compilatori. Nel *Lexicon bibliographicum* dell'Hoffmann sono indicati tutti quelli che trattarono della vita e degli scritti di Antistene. Prima di por termine a questo articolo riferiremo un aneddoto curioso del nostro filosofo. Vicino a morire, siccome soffriva molto, così si pose a gridare: *Chi mi toglierà i miei mali? — Questo ferro*, gli disse il suo discepolo Diogene, offrendogli un pugnale. *De' miei mali e non della vita vorrei liberarmi,* rispose Antistene.

Prof. Tipaldo.

MEHEMET-ALÌ

I.

Il ritratto che noi presentiamo a'nostri lettori, superiore di gran lunga a quello già da noi pubblicato nel primo volume della presente raccolta, è, senza dubbio, uno de'più somiglianti che mai, di quest'uomo straordinario, venissero in luce. Noi lo offeriamo perciò al loro sguardo con senso di onesta fidanza, congiungendolo ad alcune notizie su la vita privata dell'effigiato, e su le innovazioni politiche da esso introdotte negli stati sottoposti al suo impero, le quali potranno risguardarsi come il complemento della di lui biografia, già inserta nel citato primo volume, n.° 31. Daremo quindi, sull'ultimo, altre notizie intorno ad Ibraim Pascià, a Suleiman Pascià, e generalmente a quanti personaggi, orientali od occidentali, concorsero coll'opera o col consiglio a consolidare il seggio recentemente innalzato in Egitto, cose e persone che noi vedemmo cogli occhi propri, e su cui crediamo, perciò, poterci permettere qualche modesto discorso.

Mehemet-Alì, sebbene omai giunto all'ultimo periodo di una vita travagliosa ed affaccendata, conserva tuttavia le apparenze di una freschezza superiore agli ordinari termini dell'età in cui si trova. Il suo occhio, nel quale è compendiata l'anima ond'è dotato, alacre, vigile, concitata, scintilla tuttora del fuoco della giovinezza: le sue spalle, ampie, erette, quadrate, mal accusano i settant'anni che le aggravano del loro peso: il suo passo fermo, regolare, marziale, ricorda i tempi, quando, armato di sciabola e di moschetto, preparava, umile avventuriere albanese, le fondamenta di quel trono sublime su cui seppe meglio salire che conservarsi. E ciò che diciamo del corpo può dirsi con pari veracità dello spirito: poichè le cose che evulgansi dai giornali in contrario, sono grette novelle, e chiunque ha, come noi, conversato con Mehemet-Alì in epoche recentissime, rienne-scerà di leggieri ch'egli conservasi, nè più nè meno, l'uomo stesso di prima.

Questa prolungata freschezza, di cui fanno anche fede i disagi e le fatiche ch'egli sostiene, occorrendo, con giovanil braveria, è argomento di speciali felicitazioni, ed una specie di tema obbligato de' complimenti senza numero che Mehemet-Alì giornalmente riceve dai consoli, dai viaggiatori, da'negozianti e da quanti altri sono tratti a vederlo dall' interesse, dalla curiosità o dal dovere. E Mehemet-Alì, il quale, quantunque sovrano e conquistatore, ha pure il suo lato debole, prova in sentirselo ripetere una singolar compiacenza ed anche un pochino di vanità: al punto che, essendosi non ha guari avveduto di certe rughe proditoriamente insinuantisi nella sua pelle, imprese, per consiglio del medico napoletano Gaetani, il trattamento de' bagni di latte, sperando, dietro le asserzioni di quell' Esculapio, che gli stemmi della vecchiaia sarebbero con ciò scomparsi, ed avrebbero rispettato un sembiante che è, per vero, uno dei più svegliati e imponenti che mai cingessero umano pensiero.

Checchè debba giudicarsi di Mehemet-Alì come suddito e come principe, la sua privata condotta nulla ha, del resto, che possa meritargli rimprovero. Sobrio nel mangiare e nel bere, egli riconosce dalla temperanza, non meno che dalla robusta e quasi erculea struttura delle sue membra, la salute e le forze che, costanti, lo sussidiarono di mezzo ai durati contrasti. Buon padre, oltrecciò, e meno invido e sospettoso di quanto i tiranni orientali sogliano esserlo, egli non uccise nè angariò alcuno de' suoi figli, nè adombravasi della gloria e del potere di Ibraim, quando questi, vincitore a Koniah e a Nizib, empieva il mondo del suo nome, e capitanava un esercito che pendea dal suo cenno. Può anzi affermarsi che, se si eccettuino le stragi de' Mamalucchi, e le altre che diremo *politiche*, perchè collegate col potere di cui Mehemet-Alì è rivestito, poco o niun sangue venne da lui, in tutto il lungo corso de' suoi giorni, versato.

Altra lodevole qualità, onde vuolsi tener conto al fortunato possessore dell'Egitto, si è la costante di lui lontananza da ogni specie di fasto, da ogni esterno segno qualunque che abbia pur solo l'apparenza della superbia. E questo pregio, che è raro in chi è poco, rarissimo in chi è molto, appalesasi principalmente nelle vesti, nelle domestiche sue costumanze, nel facile e cortese tenore del suo conversare, e finalmente nelle modeste fogge della sua corte. Delle quali cose tutte faremo qui un rapido cenno.

Modestissime, prima di tutto, sono le vesti di cui Mehemet-Alì è solito ricoprirsi. Qualunque sia infatti la solennità del giorno o della circostanza, egli non usa nè usò mai altr' abito che quello, mezzo alla moderna e mezzo all' antica, comunemente indossato dalle così dette truppe riformate, o come dicesi con tecnico nome, alla *Nizam-Geddid*. Di quest'*uniforme* si è omai tanto parlato anche fra noi, che non occorrono altre parole per darne l'imagine. Gli è un corpetto od abito rotondo, con maniche aperte e pendenti, sovrapposto ad un *anteri*, giachetto fermato su i fianchi col mezzo di una larga cintura; più un paio di *pantaloni* larghissimi fino al ginocchio, ed aderenti quindi dal ginocchio fino al piede, al modo delle uose de' nostri soldati. Nessun distintivo, nessun adornamento, nessun indizio di dignità ostello siffatta foggia di veste nella repubblica delle altre vesti consimili: e benchè il sultano, alternando le lusinghe colle scomuniche, abbia più volte spediti a Mehemet-Alì e *tughrà* e *nizam-ifthiar*, e quant'altri fregi onorifici partorì sinora l'Oriente, non ricordiamo di averlo veduto illustrarsi, un sol giorno, con simili doni. Amantissimo del turbante, di cui conosceva, nel suo buon senno, i vantaggi, e che attagliavasi meravigliosamente alla imponenza del maestoso suo aspetto, Mehemet-Alì lo portò lunga pezza, anche dopo il matto odio giurato da Mahomud contro quest' innocentissimo addobbo. Ma informato che il divano, il quale si era rassegnato alla perdita della Siria, non potea rassegnarsi a questa sacrilega violazione, egli sprigionò, non ha guari, il vecchio suo capo dalle bende native, ed insaccò l'ignobile *fez*, berretto malauguroso e villano, in cui è riepilogata tutta la fatale inettezza di chi l'inventava.

Una sciabola alla turca antica, modesta quanto ogni altra de' suoi uffiziali, e portata, coi soliti cordoncini di seta, ad armacollo sull'abito, compie la semplicissima *toilette* del Faraone del giorno.

Somma è, in secondo luogo, la temperatezza di Mehemet-Alì ne'particolari della sua vita domestica. Il palazzo ch' egli abita in Alessandria, posto sulla estremità del promontorio che divide i due porti denominati *Vecchio* e *Nuovo*, e distinto coll'appellativo *Raz-el-tin*, cioè *Capo-del-fico*, non è, al di fuori, più elegante di quanto il sarebbe, in Costantinopoli, una casa turca vulgare. Ampia, bensì, è l'area ch'egli comprende, ma nessuna esteriore sontuosità appalesalo per reggia di principe. Un alto muro di cinta, ignudo anch'esso ed intonacato di semplice calce, segrega queste soglie misteriose dal *kiosk* in cui Mehemet-Alì tiene le udienze, e da un lungo edifizio contenente le segreterie dello stato. Il *kiosk* delle udienze, parte nobiliore e principale di quest'architettonico amalgama, prospetta vaghissimamente sul porto, e distinguesi per l'ampia marmorea scalinata che gli dà accesso, pel vasto e decoroso salone de' ricevimenti, e per non so quale oriental leggiadria di concetto e di giacitura: ma gli altri edifici, la cui riunione forma quel tutto, misto ed irregolare, non s'alzano per verun titolo sovra il livello delle fabbriche più comuni. Noi non ignoriamo che molti giornali e molte bocche, dopo avere ingigantito le virtù, vere o supposte, di Mehemet-Alì, mettendolo sopra tutti gli Alessandri ed i Titi passati, presenti e futuri, hanno anche ingiganțiti, coraggiosamente, gli edifici da esso innalzati, descrivendo palagi, terme, giardini, quali mai non ne videro Babilonia, Roma ed Atene: ma qui pure l'esagerazione ha molto lavorato, ed è di queste artistiche meraviglie ciò che è delle università, dei collegi, dei musei, degli spedali, dei teatri e di cento altri portenti consimili che abbellano, al dire di alcuni, l'odierno Egitto *rigenerato*. Sul quale argomento non insisteremo per ora dippiù, sì perchè il dirne ci condurrebbe fuori della propostaci via, sì perchè, a discuterlo a fondo, angusti sarebbero di troppo i termini che dobbiamo rispettare.

Nella abitazione di Mehemet-Alì, abitazione in cui regnano, vergini, le costumanze orientali, nessuno ha accesso, meno le persone famigliari, nel senso stretto della parola. I viaggiatori e le viaggiatrici che hanno detto e stampato di esservi penetrati, hanno adunque o sognato o mentito: dilemma crudele, ma da cui pure ci duole non poterli sbrigare. — Ma di ciò riparleremo fra breve.

CAV. A. BALATTA.

LE CASCATE DEL TEVERONE A TIVOLI

Son famose le cascate del Teverone a Tivoli, e il descrivertele degnamente è ardua impresa: vorrebbervi o il pennello di Claudio, o la vena poetica di Lodovico, perchè in esse è veramente congiunto al grazioso il sublime, al poetico il pittoresco. Il fiume, in pria placido e tranquillamente scorrente, infuria ad un tratto, ribolle, s'imbianca e si precipita. Sorge nel piano un maestoso olivo, dirimpetto la gran cascata; vieni meco a sederti sotto le sue ombre: di là noi abbracceremo la scena imponente. Vedi qual nembo d'acque in minutissime parti disciolto! Ammira la provvida natura, che opponendo alla loro caduta l'ostacolo dell'aria, le costringe a separarsi in atomi tenuissimi. Guai se con tutta l'energia del suo peso ella piombasse di lassù! Tivoli più non sarebbe che una voragine spaventosa. Tu scorgi l'onde urtar sull'alto uno scoglio, e precipitarsi poi divise nel basso: ve' come la piccola isoletta pendente sull'abisso è verdeggiante, e come quell'ulivo le s'alza in mezzo orgoglioso, e spande intorno i suoi rami, che mai la scure non toccò. Il vento vi portò il seme: crebbe cogli anni la pianta; si vestì di foglie, di fiori e di frutti; e, sfidando l'avidità degli uomini, libera e sola s'innalzò verso il cielo. Qual essere vivente sarà così ardito d'avvicinarlesi? Eppure, ve' quella rondine come fende rapida la nebbia, e poggia sull'ulivo! Ecco che già ne strappa col becco un piccolo ramoscello, da cui pendon due bacche, e via seco le porta rivarcando l'abisso. Tu corri al tuo nido, o rondinella, ove t'attende la famigliuola affamata; e il libero ulivo che rifiuta i suoi frutti alla mano avara dell'uomo, ora che gli altri ulivi sono spogli, a te non li niega: la Provvidenza del tuo nido ha cura al paro delle popolose città. Oh possa l'onda precipite che le urta non ismuovere mai quelle roccie! Possa l'ulivo vivere lungamente in quel sito inaccessibile! E quando la successione degli anni lo condannerà alla sorte di tutte le umane cose, arrechi il vento un altro seme, onde l'alimento non manchi al piccolo nido della rondine ardita!

Discendi collo sguardo; e vedrai l'acque raccogliersi al basso, agitarsi, fremere, romoreggiare, e poco più in là spianarsi, e lambirei il piè placide e trasparenti. Seguitiamone il corso: la grotta di Nettuno ti chiama. Là in una voragine ancor più profonda e spaventosa s'inabissa il Teverone: il sasso è scavato circolarmente; ne son grondanti le pareti, l'arco baleno vi si dipinge contro i raggi del sol cadente; e il tempietto della Sibilla, d'elegantissima forma,

sta sull'orlo dell'abisso: si vorrebbe poter respingerlo più addentro nelle terre, onde, scoscendendo la roccia, il vago delubro non piombi nel profondo. Mi narrava la guida che un fanciullo, imprudentemente curioso, sdrucciolò sul lubrico terreno, cadde; e già pendea sulla voragine, quando il padre, a quell'orrenda vista, con anima determinata o di perire con lui o di salvarlo, fattosi tosto innanzi, lo afferrò, e tiratolo a

(Cascate del Teverone)

sè violentemente, gli donò per la seconda volta la vita. Questo luogo ricorda de' fatti assai tragici: nè io penso narrarteli, per non attirarmi da te il rimprovero d'amar troppo i tristi pensieri, e di pascermi soverchiamente delle funeste reminiscenze.

Conte TULLIO DANDOLO.

VARIETÀ

PAZIENZA LETTERARIA. Il seguente esametro latino, in cui fannosi parlare i demoni uscenti dal corpo di un ossesso, e che dovette, senz'altro, costare non poca fatica a chi lo scrisse, è composto in modo, che può essere letto indifferentemente da dritta a sinistra, o da sinistra a dritta, offerendo sempre la medesima successione di lettere:

IN GIRUM IMUS NOCTE, ET CONSUMIMUR IGNI.

POPOLAZIONE DI COSTANTINOPOLI. Dietro i dati recentemente raccolti dal dotto e sagace inglese A. Slade, la popolazione di Costantinopoli, compresi i sobborghi del Bosforo, componesi, approssimativamente, come segue:

Musulmani (uomini e donne) . . .	480,000
Greci	250,000
Armeni accattolici	140,000
Armeni cattolici	18,000
Ebrei	65,000
	953,000

RIPUTAZIONE RIACQUISTATA. Giovanni Stoffler, matematico ed astrologo del secolo XVI, professore di scienze in Tubingen, e celebre per la riforma del calendario, affidatagli dal Concilio di Costanza, predisse un secondo diluvio universale pel febbraio del 1524. La profezia rimbombò tosto da un estremo all'altro del mondo, e somma essendo la fama del vaticinante, ognuno diedesi senza perder tempo a provedere a' suoi casi. I poveri costruivano per propria salute piccole e modeste barchette, mentre i ricchi, cui era dato largheggiare, preparavano per sè navi eleganti e capaci. Citasi, fra gli altri, un dottore di Tolosa il quale, scimiottando l'antico patriarca, erasi fabbricata un'area, ove esso, la famiglia, gli amici, e tutte le bestie accessorie potevano comodamente albergare. Ma tante spese e tante premure tornarono inutili affatto: il mese fatale trascorse senza il menomo incidente, e sebbene Saturno, Giove e Marte si trovassero in congiunzione nel segno de' Pesci, non vi fu modo di veder cadere una stilla sola di pioggia. Il misero astrologo, umiliate da un esito così contrario a' suoi calcoli, non capiva in sè dal dolore, ed era alla vigilia di piombare nel maggiore discredito, allorchè la fortuna, cui mai non mancano mezzi per giovare a' suoi favoriti, ritornello inopinatamente in tutta la pienezza della gloria antica. Imperocchè, avendo egli, poco dopo, profetizzato che morirebbe d'una caduta, una grossa tavola staccossi un bel giorno dagli scaffali della sua biblioteca, e colpitolo nel capo, lo pose, senz'altro, in confine di vita. È facile l'imaginarsi quale dovesse essere il suo appagamento in veggendo così bene ristabilita la propria riputazione.

...

LA CATTEDRALE DI SIVIGLIA

Quantunque Siviglia non sembri, a primo aspetto, giustificare il titolo di *meraviglia delle Spagne*, e di *Roma degli Arabi*, datole concordemente dagli scrittori della penisola, basati sull'antichissimo adagio: *Qui no ha visto Sevilla, no ha visto maravilla*, pure se l'occhio del viaggiatore addentrisi quanto è d'uopo in quell' intricato labirinto di viottoli stretti, ignobili, tortuosi, non tarda a riconoscere che ascondonsi nel loro seno artistici portenti bastevoli a meritare alla illustre città l'alta ed onorevole fama che suona di essa nel mondo.

Ma di mezzo a tante chiare opere dell'uomo, si estolle e grandeggia sublime, quasi immensa rupe sovrastante, la cattedrale; colosso architettonico a cui sarebbe forse impossibile trovare un confronto nella coorte innumerevole di edifici che adornano la superficie del globo.

Questo tempio gigante, una delle più splendide offerte che la riconoscenza degli uomini abbia sporte al Creatore, debbe l'origine alla pietà del capitolo di Siviglia, il quale ne pose le fondamenta sul finire del medio evo. Fu pensiero de' benemeriti ordinatori l'innalzare una mole che non somigliasse, per verun rispetto, alle già esistenti, e l'esito superò i confini del generoso divisamento. Imperocchè la cattedrale di Siviglia, oltre di costituire un genere speciale che la rende per merito di originalità singolare, è un capolavoro d'arte, che sorprende gl'intelligenti al pari della Basilica Vaticana; che vince, per purezza di stile, il duomo ende va superba Milano; che è, nel suo assieme, più compiuto e finito che la metropolitana stessa di Cologna, prova estrema della paziente ed ardita gotica architettura.

« La cattedrale di Siviglia, dice il marchese di Custine che osservolla studiosamente, non ha l'interesse storico di quella di Cordova: essa è nello stile degli ultimi monumenti gotici, e non offre nè internamente nè esternamente alcuna di quelle scene bizzarre e teatrali che distinguono, a cagion d'esempio, la mosebca d'Abderamo. Nulla bavvi, soprattutto, di straordinario nelle sue esteriori apparenze, meno le innumerevoli piramidi torreggianti su le cornici e sul tetto, le quali, osservate in distanza, sembrano una folta selva di pini sovrapposta al dorso sublime di fantastiche rupi. Ma questo monumento, scrutato parte a parte, specialmente nell'interno, che può dirsi lavoro recente perchè ultimato pressochè tutto nel decimoquinto secolo, è un vero prodigio, un vero miracolo dell'arte.

« Cinque navi, del gotico più leggiadro e più svelte, compongono l'interno del tempio. La sublimità della nave di mezzo sgomenta l'occhio dello spettatore, a cui sembra trovarsi setto un'immensa valle capovolta. Tutto ciò che adorna, e dir potrebbesi *riempie* questa fabbrica smisurata, produce nell'animo un'irresistibile impressione di rispetto e di raccoglimento. Dopo tanti anni di viaggi, e tanta famigliarità contratta colle più forti emozioni, io non mi sarei creduto capace di quella viva sorpresa che provai entrando in questa soglia veramente augusta e cristiana.... Tutto in essa è grande, severo, sorprendente, sublime, come il Dio che vi si adora....

« Parvemi, infatti, sentire che lo spirito divino abitasse la cattedrale di Siviglia. In nessun luogo, e neppure in Roma stessa, il culto cattolico mi sembrò mai così maestoso come in tale venerevole santuario. Un reggimento intero assisteva alla messa la prima volta che vi entrai, e questa numerosa falange dileguavasi, quasi turba di minute formiche, sotto l'ampiezza di quegli archi, superiori al concetto dell'uomo.... Il prete che ufficiava, assistito dai diaconi e suddiaconi, dinanzi al maggiore altare, pareva collocato maestosamente sul vertice di un monte; giacchè quest'altare è alto a dismisura, e ad esso si ascende col mezzo di nobili e lunghe gradinate.... Le preci di quel vecchio quasi invisibile, frammiste ai canti dei suoi giovani accoliti, sembravanmi piovere dal cielo sul capo dei fedeli devotamente raccolti ad udirle....

« L'arcivescovato di Siviglia avea altre volte ottocentomila lire di reddito: la sua erezione risale al tempo dei Geti. La cattedrale è lunga quattrocento venti piedi, e larga ducento sessantatrè; ma l'altezza della nave di mezzo eccede ogni calcolo che petos e farsi dietro queste dimensioni normali. Ottanta enormi finestroni, chiusi con invetriate a colori d'inestimabile pregio, perchè lavoro di Arnoldo di Fiandra, rischiarano il tempio.

« Cinquecento messe celebransi giornalmente agli ottantadue altari eretti nella cattedrale di Siviglia: il consumo che vi si fa di cera, vino ed olio, supera ogni credere. Un clero numerosissimo, assistito da ampio coro di subalterni ministri ed impiegati, serve a Dio in tale repubblica religiosa. Contansi tra la nazione di leviti annessi a questo tempio maraviglioso undici dignitari mitrati, quaranta canonici superiori, venti altri canonici di grado inferiore, venti cantori e tre assistenti, due bidelli ed un mastro di cerimonie, un aiutante, tre sottoaiutanti, trentasei allievi coristi coi rispettivi rettori e maestri di cappella; diciannove cappellani, quattro curati, quattro confessori, ventitrè musici e quattro soprannumerari. Facile è, dopo ciò, l'imaginare quale debba essere l'imponenza delle sacre funzioni che vi si celebrano. Egli è un popolo intero che loda il Creatore entro a mura sublimi, degne, quanto è dato in terra, di accoglierne il soffio santificatore... Nulla, il ripeto, mi ha mai tanto scosso e colpito quanto questa *città santa*, che dicesi impropriamente Cattedrale di Siviglia. »

L'organo di questo tempio è uno dei più celebri, grandi e sonori dell'Europa: alcuni de'suoi tubi, prosegue il citato scrittore, potrebbero paragonarsi a possentissimo macchine a vapore. La stessa sontuosità, l'eccellenza medesima distingue gli arredi, gli addobbi e tutte le cose, anche minime, che si impiegano ne' moltiplici usi del culto e per l'ornamento delle sacre pareti ne'di festivi.

Senonchè, oltre il maggior altare e gli altri secondari locati nelle apposite cappelle, una moltitudine di are minori fu, in varie epoche, addossata negli spazi che dividono gli interni rabbellimenti dell'edificio. Notevolissima fra le più sontuose cappelle, quella si è designata col nome di *regia*, perchè inchiudente le tombe di vari monarchi che strinsero lo scettro della penisola. Ma di essa terremo fra poco particolare discorso parlando del sepolcro di Colombo, sepolcro luminoso e raggiante anco a fronte degli scettri e delle corone che lo circondano.

Cav. A. Baratta.

ORATORI SACRI. – BOSSUET

Uscira, non ha guari, fra noi in luce un libro grave per argomento, profondo per ricchezza di dottrina, splendido per eleganza di forme: vogliamo dire il Corso di sacra eloquenza *dettato nella R. Accademia di Superga dal M.º Rev.º teologo Audisio, meritissimo preside di quell'inclito stabilimento. Gli è da esso che noi caviamo il brano seguente, il quale, mentre dipinge il carattere di uno de' più grandi oratori di cui s'onori il pergamo* cristiano, *darà saggio della penna che lo dettava.*

In Dijon, a poca distanza da quel celebre villaggio di Fontaine, che dava i natali al gran dottor di Chiaravalle, in una notte del settembre del 1627, sorgeva il più bell'astro di quella età per sì eccelsi titoli maravigliosa, che fu il secolo per eccellenza dalle storie nominato ora di Bossuet, ora di Luigi XIV. Egli dimostrava, sin dal primo apparire, quanto la fatica e il magistero dell'arte sian necessari a dar compimento e forma di solida e vera grandezza ai tesori d'una felice e doviziosa natura: onde l'essere da molti appellato *Bos suetus aratro.* Gran verità da far impallidire quegli effeminati e presuntuosi che per alcune ragunaticcie e mal composte notizie menan tal vampo di scienza, quasi fossero una Minerva. Non così di Bossuet. La sua eloquenza fu un robustissimo fiore che germogliò e crebbe nella sua mente colma di ogni più eletta vuoi profana, vuoi ecclesiastica disciplina. Il che ci sarà dato chiaramente a conoscere sol che la forma consideriam della sua composizione. Frutto di lunga meditazione e di un veder giusto e profondo è sempre quel testo delle Scritture in cui, quasi in un seme, è tutto epilogato il suo discorso. Il suo genio lo feconda e lo schiude; e come dal suo germe trae, senza niuna difficoltà, la natura quella pianta novella, che già sin dal primo rompere annuncia la robustezza e la fecondità dell'età matura, così il vescovo di Meaux con una soda dilatazion del suo testo gitta i fondamenti al suo edificio, che vien crescendo con economia di ferma e magnifica struttura. Egli prende le mosse, e, come gigante, senza che verun ostacolo gli freni il corso, lanciasi alla meta. È con chiarezza divisato l'assunto, grande, vasto, luminoso; scelte, stringenti, gagliarde, e sotto a ciascun punto, come sotto abile capitano schierata falange, stanno ordinate e congiunte le prove; già è compiuta la prima parte dell'oratore, la convinzione. Il suo genio non abbandona, nè lascia languir la sua ragione: ma sin dall'esordire questa scintilla, questo fuoco, questa potenza maravigliosa dei grandi oratori, va e cresce e trionfa al par della ragione, che avviva del suo calore, abbellisce della sua luce, e corona de' suoi splendori. Non lentezza, non sterilità, non ridondanza; ma cammina, ma corre, ma vola per una via nuova che a lui tracciò la sua immaginazione; egli si precipita, egli raggiunge la meta, e l'uditore la raggiunge con lui. Figlia della ragione e della immaginazione è ordinariamente in Bossuet la commozione. L'orrenda pittura di quei vizi che flagellano per lo più l'umana stirpe; i rimorsi ond'è squarciato il seno de' peccatori; la vanità delle umane grandezze; il falso chiaror delle reggie; la incostanza e l'infedeltà della fortuna; il crollar dei troni e degl'imperi; la fralezza e brevità della vita; l'affollato rompere di tutte le generazioni nell'immenso golfo dell'eternità; insomma la virtù e la colpa, la vita e la morte, gli scettri e le tombe, i destini presenti e i futuri, sono per lui quelle macchine semplici e poderose che spargono la speranza o il timore, sollevano o atterran gli uditori, e infondon nelle menti e ne' cuori tutto l'entusiasmo e tutta la commozione onde avvampa l'oratore. È quest'armonia, questa cospirazione costante e portentosa di raziocinio, d'immaginazione e d'affetti, che cerca e trova e scalda quasi all'istante ogni facoltà e potenza dell'anima, levandoci come per incanto in isconosciute regioni. L'aquila di Meaux ha spiccato il suo volo: noi crederemmo non poterla seguir per quelle sublimi vie note solo ai venti ed ai fulmini; ma ella vi ci porta sulle sue ali. Anzi di breve siam fatti accorti, l'oratore aver già, non sol toccata, ma vinta la region de' tuoni, e tuoni e fulmini vibrar a suo talento sui prostrati e atterriti mortali. Allora tanto è lo scoppio dell'anima, che non si può più nè leggere nè ascoltare; nopo è con lui prorompere in istrida o in lamenti: ecco il trionfo della scritta o della declamata eloquenza. Che se, passato alquanto l'ardor della commozione, noi ci facciamo ad investigarne le cagioni, le troveremo in quegli slanci impetuosi, in que' tratti rapidi e veementi, ne' quali, già avendo ben disposta e preparata la via con ogni sottil magistero d'arte finissima ed occulta, esce divampando il genio dell'oratore. Quindi nello studiare, nello indovinar ch'egli fa, o meglio nel colpir francamente, nel confondersi e nell'immedesimarsi colle propensioni e cogli affetti dell'uditore: la quale armonia di sentimenti ci farebbe credere, spontaneamente essere sorte in noi quelle ispirazioni ch'egli vi ha ingenerate; produce quella mirabile consonanza di pensieri e di affetti, senza cui non è da sperar mai il trionfo della commozione; e finalmente fra l'oratore e gli uditori stabilisce quella unità di movimenti e, direi quasi, di tuoni, che l'*alzarsi*, l'*accendersi*, lo *scoppiar* dell'oratore, seco trae parimente l'*alzarsi*, l'*accendersi* e lo *scoppiar* dell'uditore. Vero è tuttavia che la vena e l'impeto del gran Bossuet pare talvolta restringersi o allentarsi. Ma ecchè? forse tuona di continuo il cielo? e se più frequenti fossero i tuoni, sarebbero forse così tremendi? O l'aquila, dopo aver misurati i più eccelsi campi dell'aria, non gode ella pure di venire a diporto pel colle, pel piano e per la valle? e quel suo discendere e riposare non è forse un rinfrancare i vanni a sfidar con più generoso ardire le supreme vie del cielo? Con tale intendimento Bossuet talora discendendo da quell'altezza a cui l'arca sollevato il suo genio, concede un soave riposo alle nostre idee, e ristora la sua lena. Ma come a ciel sereno, in picciola e non temuta nube, generansi non raramente que' fulmini che divamperan tra poco le più alte cime de'monti; e come l'aquila, allor che pare oziar più neghittosa, divisa collo sguardo la preda che sarà fra un istante sotto il governo de'suoi artigli; così il sublime oratore, anche non facendone mostra, medita e dispone inaspettati trionfi. Si riapre la sua vena, si riaccende la sua immaginazione: ed allora una sentenza, una esclamazione da lui vibrata nel cuore, è un fulmine che ti segna, ti colpisce, ti atterra. Appunto allora, dopo aver dipinto un terribile quadro delle umane sventure, elevandosi sulle ceneri dei monarchi e sulle rovine disperse dei troni, con voce di trionfo esclama: « Ah che noi non siam nulla! » e quel nulla, nella cui voragine profonda vedi seppellirsi le grazie, i talenti, la fama, il potere, le reggie, l'universo, oh com'è eloquente, oh com'è tremendo! Appunto allora, per conquidere sotto il peso enorme delle abusate grazie gl'ingrati, non istimando abbastanza terribili i fulmini dell'irata giustizia, li fa uscire ardentissimi dal seno dell'oltraggiata misericordia; dallo piaghe, dal costato, da questa fonte d'infinito amore: è Gesù che di sua man gli avventa al cuor dei peccatori, e tanto più tremendi quanto che generati nella sorgente suprema delle divine grazie. Ed allora, a questi tratti veementi, e di vera bellezza e d'irresistibil vigore, l'anima è sì colpita e si commossa, che non può più resistere; cade il libro; e intieramente ci abbandoniam all'impeto e all'entusiasmo dell'oratore. Epperò se Bossuet leggeva altre volte Omero per accendere il suo genio nella contemplazione di quelle ardenti pitture che levan sì alto l'Iliade, noi leggeremo allo stesso fine Bossuet medesimo, l'Omero dell'evangelica predicazione, l'Isaia della legge novella ».

DOCUMENTI DANTESCHI

Niuno conosce l'importanza e il valore del tempo più di colui che sa farne buon uso. Per l'uomo massimamente studioso si può dire che il tempo sia, dopo l'ingegno, il più necessario elemento. Onde avea ragione di dire colui: *Il mio tempo è il mio podere;* e quell'altro avea scritto sull'uscio: *Chi viene a visitarmi mi fa* onore; *chi non ci viene, piacere.* Lo sventato, il dissoluto, l'ozioso, oh! questi sì non sa che farsi del tempo, e può tutti cercare i mezzi di accelerarne il corso, e di sollevare da questo incomodo peso il suo cuore. Tutto il contrario interviene al sapiente; e però ben disse il divino poeta: *Che il perder tempo a chi più sa più spiace* (*Purg.* c. III, v. 78).

Non v'ha alcun vizio il quale dimostri la picciolezza della mente e la miseria del cuore più di quel della invidia. Perchè l'uomo invidia al sapere e alla riputazione altrui? Perchè teme di non averne a bastanza per se medesimo. Ma chi n'è provveduto a dovizia, sa che per quanto altri ne acquisti, egli non ne rimane mai senza. Così Dante temea di dovere iscontare nel Purgatorio il peccato della superbia, ma non già quello dell'invidia; sì come colui che s'era collocato troppo alto per guardare con livido occhio chi s'ingegnava raggiungerlo (v. *Purg.* c. XIII, v. 133). Ed è il medesimo Dante il quale disse che *la divina bontà.... da sè sperne ogni livore* (*Parad.* c. VII, v. 64); e di ragione; perchè in fatto come può mai cadere l'invidia in quell'Essere infinito, che è la fonte di tutti i beni e il cumulo di tutte le perfezioni?

Cav. P. A. Paravia.

MASSIME

La religione è l'algebra della morale: un segno di lei rappresenta qualunque sia verità, qualunque numero di verità. I calcoli così diventano più spediti e più certi. Se l'uomo volesse poi assicurarsi della esattezza de'segni sostituiti, può farlo. C'è per altro de'calcoli e de' problemi che l'aritmetica umana sciogliere non può ma solo l'algebra religiosa.

Bello il nome di Pieve. Il cristianesimo ha nobilitata la plebe in ogni modo, in ogni cosa.

Un calcolo astronomico può impedire una politica turbolenza; una notizia mineralogica trasforma lo stato d'un popolo; la sfortunata operazione d'un chimico, cambiando l'arte di trucidare ed opprimere, agevola i mezzi di conquistare alla civiltà nuovi mondi.

La fede è la ragione consapevole di quel che può, e di quel che non può: la fede è la ragione avente uno scopo, una via, e due limiti, non dinanzi a sè ma da'lati.

Tommaseo.

IN MORTE

DI S. A. R.

MARIA BEATRICE VITTORIA

PRINCIPESSA DI SAVOIA, ARCIDUCHESSA D'AUSTRIA

DUCHESSA DI MODENA, REGGIO, MIRANDOLA, MASSA, CARRARA, ECC. ECC. ECC.

OTTAVE

Se a te salir nella dorata stanza
Osa mia voce povera ed oscura,
Figlio di re, non ti sdegnar; distanza
So che immensa fra noi pose natura;
Ma so pur che 'l dolor fa comunanza,
So che piange ciascun nella sventura;
Figlio di re, non ti sdegnare; anch'io
Piango una madre, che mi tolse Iddio.

Ah se piangendo il duol si disacerba,
A tue lagrime, o Prence, allarga il freno:
Quest'ultimo d'amor pegno si serba
All'ombra cara di chi venne meno.
Poscia è conforto nella pena acerba
Rammentar le virtù ch'egli ebbe in seno;
Chè quella dolce rimembranza fede
Ci fa del premio, ond'è lo spirto erede.

Oh la corona, che virtude aspetta
In altro loco più sereno e santo,
Certo còlse nel ciel la Benedetta,
Che rasciugò de' poverelli il pianto!
La tua madre fu ancor madre diletta
Degl'infelici, ch'ella amava tanto;
Ed ogni stilla che si terge ai mesti,
Un fior diventa dei campi celesti.

Ma la pietà de' miseri più cara
Era a quella cortese anima bella;
Chè della vita fra gli scogli ignara
Non sempre visse degli affanni anch'ella.
La giornata de' giusti è sempre amara,
Perchè a' giusti il dolor di Dio favella,
E lo spirto, cui grave è il mortal velo,
Sa ch'esiglio è la terra e patria il cielo.

Anche sottesso le gemmate vòlte
Talor conobbe di fortuna i danni;
Chè non val ferro di vegilanti scòlte
Di sventura troncar gli orridi vanni.
Oh Lei felice, che le cure vòlte
Non tenne al mondo, ed a' suoi corti inganni!
Or la sua tomba ogni grandezza chiude,
Fuorchè la luce della sua virtude.

Quante volte mia mente in lei rapita
Cercò in versi ritrar sì chiare doti;
Ma l'umiltà della solinga vita
Frenò di riverenza i giusti voti!
I pregi di quell'anima romita
Fûr preziosi più, quanto men noti;
E il suo manto real fu velo, in cui
Celò modesta i benefizi sui.

Volgon sei lune che a più largo volo
Rivolse il canto della musa mia!
Chi detto avrebbe che partir dal suolo
Fra sei lune dovea quell'alma pia?
Chi detto avrebbe che mutarsi in duolo
Dovean le note sacre all'armonia,
Ond'io sperava di gioconde feste
La generosa aprir reggia d'Ateste? (*)

Pur (non so dir se cieca sorte, o mesto
Che mi parlava in cor presentimento)
Spesso turbata da pensier molesto
La mia voce rompeva in un lamento;
Ma quando il dardo a' cari giorni infesto
A noi fu causa di feral sgomento,
Vidi che ahi troppo! di terribil vero
S'era fatto presago il mio pensiero.

Delle votive cere allor fu vista
Salir la sacra vampa ai Tutelari,
E la turba correa pallida e trista
A sciogler voti, ad abbracciar gli altari
Sicchè agli strani la dolente vista
Svelò gran parte de' suoi merti rari;
Poi che ne' segni del comun dolore
Manifesto si rese il nostro amore.

Un dì, che il morbo rallentar parea,
Rise ne' volti la letiz'a pinta;
Ma la vana speranza ohimè dovea
Cader col volger di sei giorni estinta!
In noi la falsa illusion nascea,
Perchè ella un giorno da stanchezza vinta
Vide ne' sogni il ben del paradiso,
Onde aperse le luci in un sorriso.

Ahi fu quel riso l'ultimo saluto
Che a' suoi più cari la morente ha detto!
Ad uno ad uno la mesta ha voluto
Stringere i figli sul materno petto;
Poi si querela che non ha veduto
Il suo Fernando appiè dell'egro letto...
Ah pria che chiuda al sonno eterno il ciglio,
Gran Dio, le dona di veder suo figlio!

Ma dell'Eterno son le vie nascose,
Onde gli spirti a verità conduce.
Una mancava dell'eterne rose
Il suo bello a compir serto di luce;
E il Signor, che nel duol quell'alma pose,
Per lo sentier del pianto al ciel l'adduce,
Sicchè la dolorosa ultima prova
Lassù le valga una ghirlanda nova.

Ah tu piangi? Di lagrime digiuna
Or tua madre non fia che ti risponda.
Fuor di quest'acqua perigliosa e bruna
La navicella sua toccò la sponda.
Essa di là dove non può fortuna
Pensa talor di questa valle immonda,
E per noi supplicando a Dio si prostra,
Angiolo novo della terra nostra.

Ma di Te che non vide all'ultim'ore
Ode i lunghi sospiri, e il gemer fioco,
E forse piangerebbe al tuo dolore,
Se il pianto avesse in paradiso loco;
Ben segreta virtù ti piove al core
Perchè rattempri la tua doglia un poco,
E mentre in sogno viene, e ti ragiona
Quel, cui morte negò, bacio ti dona.

Io pur nell'ora della notte queta
Calar la veggio, vision di pace,
Che d'errar per li colli ancor s'allieta,
Ove il tumulto delle pompe tace.
E ve' la piaggia di verzura lieta
Di folti rami alla fresc'ombra giace.

(*) Si accenna alla *Beatrice di Tolosa*, melodramma scritto dall' autore, e posto in musica dal maestro Angelo Catelani di Modena per le scene della R. Corte, di commissione di S. A. R. l'Arciduca regnante e dell'augusta Defunta.

Alza un'urna il pensiero, a lei gradita
Perchè semplice al par della sua vita.
Poi veggio le Virtù nell'erma via
L'urna bagnar di lagrime furtive.
Religion v'incide: *Ell'era mia:*
Per me fu grande, Carità vi scrive:
Io fui de'suoi pensieri in compagnia,
Dice Prudenza, che fa l'altre vive:
E l'Umiltade senza dir parola
Depon sul muto sasso una viola.
Poi, librate a vol per l'aura oscura,
Vanno a farle corona in paradiso,
Sicchè mista con lor l'anima pura
Torna alla fonte dell'eterno riso;
Sol rimane sulla fredda sepoltura
Una fanciulla di leggiadro viso
Che in bianco vel le belle membra asconde,
Ed ha ghirlanda d'una verde fronde.
E la Speranza, che i sepolcri infiora
E l'amor degli estinti in noi mantiene;
Amor che ha su nel ciel la sua dimora,
E pellegrino nella terra viene.
Là un giorno Lina sarà nostra ancora;
Là, tolte spoglie vanità terrene,
In alto seggio a sua virtù più degno
Sarà regina d'immutabil regno.

Dott. ANTONIO PERETTI (*).

(*) Queste stanze furono dal ch.mo autore intitolate a S. A. R. l'arciduca Ferdinando Vittorio Carlo, secondogenito d'Este, e noi ci facciamo premura d'inserirle nel nostro foglio a testimonio di ossequioso dolore per la recente partita dell'A. deplorata Augusta, e come compimento coronato degli unanimi suffragi di quanti son giudici in fatto di lettere e di poesia. Ci gode intanto potere annunciare a' cortesi nostri associati qualmente avremo, fra non molto, dalla dotta penna medesima l'elogio storico dell'illustre Defunta, il quale verrà da noi, a suo tempo, inserito nel nostro Museo, assieme al ritratto dell'Estinta, espressamente inciso in Parigi da valente bulino.

IL NETTUNO DI GIOVANNI BOLOGNA

La pubblica igiene, suprema cura di quelli a cui è affidato il reggimento delle città, ha proseguito il passo del morale incivilimento delle nazioni; nondimeno questo primo pensiero non mancò d'occupare la mente dei fondatori delle città encomiati dai poeti e dagli storici, i quali a questo intendimento fabbricarono le case sulla riviera dei fiumi, o dove fossero chiare sorgenti di abbondanti acque e salubri. Ma coll'audare dei tempi vennero anche le ingiurie ed i danni, e con essi si smentiva questa prima origine diretta da savio accorgimento, conciossiachè le crude necessità delle guerre distrussero le case negli agevoli luoghi, mentre i cittadini si ricovravano sulla cima dei monti, ove si cingevano di muraglie a cui conservarono l'antico nome delle città e dei sostituiti borghi. Colle quali vicende camminarono pure le leggi che erano intese al meglio della vita; onde il paese era oppresso da ogni maniera di mali, e l'Italia atrocemente afflitta da una serie di sciagure.

L'erezione di parecchie fontane ricorda codesta origine di pubblico bisogno anzichè la ragione dello adornamento e del decoro. Non fu che in appresso, che le si videro fregiate di marmi, e vi si apposero lapidi illustrative; prima colà il popolo si dissetava, ed i rettori delle città provvedevano che le acque scorressero salubri, e fornissero incessantemente alle bisogne degli abitanti. Nondimeno il civile dissidio nel crescere delle case e della cittadinanza si rovesciò su questi monumenti di comune salute, e deviate le interne correnti, o per libidine sozze ed imbrattate le acque, sparsero dentro le mura il lutto e la calamità. Il qual pubblico danno comechè più veemente si sentisse entro alle castella, e nelle città forti in eminenti luoghi, pure meno non si sentivano nelle città erette al piede dei colli; chè le fazioni stringendosi chiudevansi entro le mura, non usando che a prezzo di pericoli delle acque scorrenti per la campagna. Le antiche terme, gli acquedotti, le fontane, omai più non presentavano che l'estremo rimedio, e per esse si dovea supplire a quello scopo per cui i primi avevano fondato le case nelle fresche pianure. Nè solo la ferocia delle inimicizie, ma anche lo smodato potere dei patrizi e dei signori pose la mano sulle sante proprietà dei cittadini, onde la fontana che adorna la piazza di Bologna, e che prima si vedea nell'orto dei Lambertazzi, cadde essa pure sotto un decreto per cui il magistrato ligio al potere ordinava, che le acque provenienti dal Rumone fossero avviate verso la via di S. Donato al giardino dell'ambiziosa Ginevra Sforza, ove pel privato ornamento si consacravano le ricchezze della popolazione ai comuni diritti dei cittadini (1).

Le quali considerazioni generali ne guidano a discendere ai migliori giorni in cui quest' antica fontana fu scelta a sostenere un vago monumento dell'arte italiana all'epoca appunto in cui la civiltà dopo aver fondate le basi delle proficue istituzioni decorò le vie e le piazze delle oneste opere dell'arte, onde la gentilezza de'pensieri andasse di pari colle belle forme delle fabbriche, e coi soavi modi delle pitture, cioè che i costumi e l'arte reciprocamente si sostenessero.

Saliva al pontificato Pio IV, ed era avvenimento ben auspicato pei Bolognesi oppressi da lunghe traversie. Veniva eletto a preside della provincia il nepote del papa, il card. Carlo Borromeo, l'uomo della pace e della beneficenza. Fu intorno a questo tempo che fra le migliori istituzioni non veniva trascurata la pubblica felicità, che risiede nel tranquillo possesso dei comodi della vita; allora si restaurarono le pubbliebe fontane, che per avverse cagioni parte disseccate erano, parte distrutte. Provvedevano a questi utili divisamenti il Borromeo, il pio vescovo Gabriele Paleotto, ed Ulisse Aldrovandi, il più dotto de'suoi tempi. Fu ordinata la costruzione de'condotti, e la nettezza de'canali di quella antichissima di *Ramonda*

(1) Ved. *Alidosi*, Cose notabili di Bologna — *Gozzadini Gioanni L'Ulisse*, Mem. di Gioanni II Bentivoglio.

o *Ramonna*; e di una nuova nella piazza maggiore si affidava il disegno al siciliano Laureti, e fu stabilito, che una statua dovesse sovrapporvisi, e questa in bronzo fosse condotta da Giovanni Bologna fiammingo, il quale si era procacciato sì gran grido per le belle sculture da lui fatte in Firenze. E codesto maestro Giovanni tanto più era avuto in istima dai contemporanei perchè all'imitazione di Michelangelo inclinava: io non saprei se per convincimento, ovvero per piaggiare quel gusto, che spingeva a seguitare lo stile maestoso e robusto, a cui però il Buonarroti aveva impresso un carattere, direi, inimitabile, e i seguaci suoi ebbero sempre il danno di non raggiungerlo mai. E Gian Bologna, codêsto genio, proseguiva eziandio nella scelta degli argomenti mitologici, i quali allora volevansi rappresentati a preferenza, cosicchè l'arte, da santa che ella era, tutto ad un tratto prese le mosse verso il paganesimo. Egli pare fosse scopo dell'artista che il suo Nettuno si avesse un carattere d'intelligenza per cui congiunta sembrasse in lui la natura divina ed umana; così nella testa come nei contorni e nei muscoli, i quali benchè presentare dovessero forza ed energia, non fossero però a modo pronunziati, che dell'uomo volgare piuttostochè del nume sentissero. Il quale precetto provenutoci dai Greci era più che in altri tempi mai predicato nelle scuole di quelli i quali volevano, che gli esempi della antichità servissero costantemente di scorta alla novella generazione d'artisti.

Il nume è collocato ritto in piedi in atto di sogguardare severamente: tiene colla sinistra il tridente, e colla destra distesa sembra sedare l'elemento che bagna il suo piede poggiato sul delfino. È facile rilevare la greca imitazione in questo lavoro, quantunque vi si scorgano contemporaneamente i dettami della scuola del giorno, la quale in tutto non s'affacea a quella proprietà e gentilezza di stile che i Greci avevano insegnato. Dire che queste forme sentono alcun poco del manierato, non è che far eco al quotidiano giudizio di coloro che passano, dopo aver educato l'occhio nei gentili capolavori del Vaticano e di Firenze: per la qual cosa certamente mi starei lungi dall'infiammare lo sguardo dei novelli scultori innanzi a questa statua, pel timore che non esaltassero l'immaginazione, e la mano non rendessero severa ove si tratta dell'imitare la natura, fiera nell'insieme dell'Ercole, ma soave, e flessibile dove vuolsi che la carne ricopra dolcemente i nervi ed i muscoli.

La parte inferiore del monumento segue l'andamento piramidale, e negli angoli quattro amoretti stringono dei delfini gettanti acque nelle sottoposte conche, mentre nell'ultimo strato stanno adagiate a fior d'acqua quattro sirene, che mandano zampilli dalle poppe compresse, e sbucano di sotto ugual numero di delfini che dalle nari spingono essi altri spruzzi.

La composizione di questa base, di disegno del Laureti, non presenta alcuna singolarità per l'arte: molto però contribuisce alla parte ornamentale della fontana: sicchè questa sembra molto bella a vedersi, e nel tempo stesso maestosa (1).

Ed è da rimarcarsi, che ora in cui le città italiane gareggiano nell'abbellirsi, il magistrato di Bologna (2) fra le altre tanto lodevoli cure di patrio ornamento abbia a preferenza consecrata ogni sollecitudine a questa fonte, perchè fosse completamente restaurata.

Ed in tal circostanza venne anche pubblicata una accurata illustrazione del monumento, dalla quale abbiamo ricavato alcune delle succennate notizie (3).

M. AMICO C.re RICCI.

---

(1) Per quest'opera s'impiegarono, al dire dell'*Alidosi*, scudi d'oro settantamila. Pel colosso, per le quattro sirene, putti, delfini ecc. abbisognarono di bronzo 21,652 libbre.

Al piede del gran pilastro sotterraneo, che fa base alla mole, è scolpita quest'iscrizione:

PIVS . IIII . PONT . OPT . MAX
IN . VSVM . ET . DIGNITATEM . CIVITATIS . BONONIENSIS
EX . INTERIORIBVS . MONTIVM . SCATEBRIS
FONTEM . HVNC . DEDVCENDVM
ET . IN . PVLCHERRIMAM . SPECIEM . FORMANDVM
EXÆDIFICANDVMVE
CAROLO . BONRHOMÆO . NEP . CARD . LEGATO
IN . MANDATIS . DEDIT
CVIVS . VICE . P . DONATVS . CÆSIVS . EPISC . NARNENSIS
PROLEGATVS . AC . DEMVM . GVBERNATOR
CVRAVIT
MDLXIIII

Nelle faccie del piedestallo del Nettuno

1. PIVS . IIII . PONT . MAX
2. CAROLUS . BONRHOMÆVS . CARD
3. PETRVS . DONATVS . CÆSIVS . GVB
4. S . P . Q . B

Nelle quattro faccie del gran bacino

1. FORI . ORNAMENTO
2. POPVLI . COMMODO
3. AERE . PVBLICO
4. MDLXIII

(2) Il marchese Francesco Guidotti Magnani, cav. della Corona di ferro, senatore di Bologna.

(3) *Memoria intorno le fonti di Bologna e specialmente il Nettuno. Bologna, pei tipi di Jacopo Marsigli*, 1839.

EPIGRAMMI

Ad un poeta

Senza batter la fronte non sai far versi, o Alvaro?
Buon per te che la moglie vi ha posto un gran riparo.

Ad un poliglotto

Tutte le lingue in testa ha ser Fedele;
La testa sua è una torre di Babele.

ZEFIRINO RE.

IL CLAMIDOSAURO DI KING

(La descrizione nel numero seguente)

ARTEMISIA

Artemisia, figlia di Ecatomo, re della Caria, ebbe in isposo Mausolo suo fratello; mostruoso innesto che le consuetudini della Caria permettevano, secondo Arriano. Egli mancò al di lei amore l'anno 353 avanti G. C., ed Artemisia provò per questa perdita un cordoglio che divenne poi proverbiale fra'posteri. Desiderosa di palesare in ogni modo l'affetto ch'essa serbava all'estinto compagno, propose un premio da darsi a quel Greco che avesse meglio intessuta l'orazione panegirica del defunto. Isocrate, Teodeto, Naucrito e Teopompo comparvero, al dire di Aulo Gellio, in questo arringo oratorio, disputandosi vicendevolmente la palma. Artemisia, di ciò non paga, innalzò a Mausolo una magnifica tomba, divenuta celebre sotto il nome di Mausoleo, e che fu dagli antichi contata fra le sette meraviglie del mondo. I Greci ed i Romani non poteano stancarsi di ammirare questo singolarissimo edificio, che era il più prezioso adornamento d'Alicarnasso. Egli conservossi più secoli, e ne abbiamo in Plinio una descrizione a cui sarebbe impossibile contrastare il merito d'una veracità ed esattezza assoluta. Nondimeno il vivo e costante dolore d'Artemisia non tolse ch'ella vigilasse col più grande studio alle cose de'suoi stati, posciachè sassi dalla storia che 'insignorissi di Rodi, di Coo e di varie altre città della Grecia continentale. Ma l'acutezza dell'affanno andava rapidamente consumandola, ed è comune sentenza che nutrisse d'angoscia due anni dopo la perdita dello sposo. Teopompo, autore contemporaneo, e Cicerone dopo di esso, affermano chiaramente ch'essa mancò di tisi. Valerio Massimo ed Aulo Gellio, esagerando probabilmente la pittura dell'intenso dolore che tanto onora la memoria di Artemisia, narrano che essa bebbe le ceneri di suo marito, frammiste alla polvere di preziosissime perle sminuzzate e dilute nell'acqua. Ma checchè di ciò sia, certo è che Artemisia non ebbe il contento di vedere compiuto il nobile sepolcro che innalzò a ricordanza del deplorato marito. Idrico, suo fratello e suo successore, lo fece, a di lei preghiera, ultimare, e legò così il suo nome ad una delle opere più gloriose di cui si vantino le arti antiche.

Un acclamatissimo foglio pittorico d'oltremonte pubblicò, non ha guari, la retroespressa imagine, come saggio di un nuovo genere d'intaglio inventato dal sig. M. I. Tissier, distinto artista francese. Fedeli alla promessa da noi fatta di comunicare all'Italia ogni utile e pregevole trovato che nel molteplice regno del sapere venisse in luce, noi ci siamo senza ritardo procurati i mezzi di riprodurla, e la presentiamo qui a'nostri associati, i quali sapranno, nel loro senno, formarne quel concetto che, per giustizia, è dovuto. Ed a questo fine aggiungeremo, in un prossimo numero, quanto è d'uopo per ben conoscere la natura e i confini dell'accennato novello metodo, avendo sollecitato le speciali notizie che su tale proposito potrebbero desiderarsi.

Cav. Baratta.

IL CLAMIDOSAURO

(*Ved. la fig. a p.* 16)

La Nuova Olanda è senza dubbio il paese più singolare che siavi nel mondo: colà nessuna cosa rassomiglia a quanto si vide altrove, e quasi direbbesi che la natura vi sia regolata da leggi speciali. I fiori hanno le forme più bizzarre; le selve d'*eucalyptus* sono folte di foglie bianco-cilestri, offerenti lo spettacolo più sorprendente; i boschi ribellono di *kangurù*, i quali camminano saltando; di *falangieri* che, sebbene simili per forma agli scoiattoli, posseggono nullameno la facoltà di volare da albero ad albero; di mammiferi aventi il corpo peloso come le lepri, i piedi come le anitre, il becco come le oche, l'indole e i moti d'un sorcio di mare, e producenti, intanto, le ova come gli uccelli; d'altri mammiferi i quali, lungi dal portare i loro feti nel sono secondo la comune legge dei vivipari, li partoriscono lunga pezza avanti che sieno formati, e li collocano, quindi, in una tasca sottoposta al lor ventre, ove tali masse informi prendono il loro sviluppo e si perfezionano. Gli uomini stessi che abitano questo strano paese, vestono aspetto, forme, colori e carattere grandemente discosti dagli uomini che nascono in ogni altra parte del globo.

La lucertola immantellata, ossia clamidosauro di King (*clamydosaurus Kingii*, Dumer.) non è certamente l'ultima fra le meraviglie della Nuova Olanda. La sua lunghezza è di quasi due piedi e mezzo, ma la sua coda, sottile e cilindrica, coperta, come il resto del corpo, di picciole squamme alternate, ne occupa almeno i due terzi. Il suo colore è, al disopra, un bel fulvo vivace, con alquante striscie trasversali più chiare e screziate in bruno. La parte superiore delle zampe di dietro e la base della coda sono pure listato di bruno. La lingua ne è molto spessa, poco estensibile, ed un tantino bisulca sulla punta; i denti sono forti, numerosi, e simili a quelli de' serpi; i piedi constano di cinque dita munite d'unghie robustissime e leggiermente arcate. Ma ciò che quest'animale ha di più straordinario si è un enorme collarino di pelle sottilissima, ricoperta da ambo i lati da scaglie romboidali ed aderenti. Questa foggia di strano mantello è orlato da un cordone guernito di denti, a guisa di sega.

Egli è appunto intorno a tale stravagantissima clamide che i partigiani delle cause finali trovansi in grave imbarazzo, mal sapendo indovinare lo scopo cui essa fu indirizzata dalla natura. Sarebbe dessa, per avventura, un'armo difensiva, una specie di scudo od usbergo destinato a rintuzzare i colpi degli assalitori? Mai no; posciachè la membrana della quale il mantello in discorso è composto, molle e debole estremamente, è inetta a vincere l'urto più leggiero e istantaneo. È dessa forse un semplice adornamento? Ma in questo caso forza è conchiudere che la natura cadde nell'errore in cui cadono ogni dì le nostre signore, le quali anzichè abbellire le forme con addobbi utili ed aggraziati, inceppano miseramente il corpo con mode non meno pazze che incomode. Questo mantello, in fatti, vieterebbe al clamidosauro di camminare, ove egli non avesse la precauzione di raccoglierlo e lasciarlo pendente tra le sue gambe anteriori allorchè accingesi a muoversi. Uopo egli è adunque rintracciare l'uso di tale bizzarra membrana nelle abitudini e nell'indole intima dell'animale a cui la gran mano creatrice credè opportuno applicarla.

Il clamidosauro, come la nostra lucertola, fa una guerra mortale agli insetti alati, mosche, farfalle, ecc. Gli insegue sugli alberi, sulla terra, ed ovunque gli scorge. Ma non avendo, come molti animali della sua classe, una lunga lingua per saettarli, alla guisa, per esempio, del camaleonte, è costretto a spiegare tutta la sua astuzia per impadronirsene. Non essendo, altronde, molto atto ad inerpicarsi, per cagione delle sue unghie poco ricurve, e delle dita che ha debolissimo, gli accade frequentemente di non poter raggiungere le prede insidiate, e di cadere, nel passare dall'uno all'altro ramuscello. Ed egli fracasserebbesi in tali incontri infallantemente, se il collaretto di cui parlammo non gli servisse in certo modo di paracaduta, diminuendo la celerità e l'impeto della discesa. Tostochè, pertanto, egli accorgesi di aver perduto l'equilibrio, allunga il suo corpo, intirizzindolo, in retta linea, come un bastone: applica esattamente le sue gambe contro i suoi fianchi e lungo la coda; dilata e stende il suo collarino, e lasciasi andare al basso senza la menoma inquietudine. Mentre il peso del corpo lo fa precipitare, l'aria entra allora sotto il paracaduta, lo sostiene, e l'animale scende lieve lieve verso il suolo, dondolandosi piacevolmente a seconda del vento.

Ma a questa caccia piena di pericoli il clamidosauro preferisce ordinariamente un' altra caccia insidiosa, figlia di una fina malizia, che attesta la rara intelligenza di cui è fornito. Le sue lunghe dita gli danno una facilità somma per correre sulle erbe e su le foglie secche. Egli gode perciò assai di aggirarsi pe' verdi sentieri de' boschi o tra le fessure muscose delle rupi, ove passa, alcune volte, lunghe ore, scaldandosi al raggio del sole, nella più assoluta immobilità, finchè la fortuna metta qualche insetto a portata delle bramose sue fauci. Nasconde, onde non essere scorto dalle sue vittime, il capo in un buco, od in mezzo ai virgulti, e lo ricopre studiosamente col suo collaretto rossiccio e macchiato di nero, locchè gli dà, a primo aspetto, sembianza di una larga foglia secca, stesa sul terreno, avente otto o dieci pollici di diametro, e sul cui mezzo appena scorgonsi le estremità del muso e i due piccoli occhi ricercatori. Egli addormentasi, in tale atto, o finge addormentarsi, sino a che l'aspettato animaletto venga a passare sulla benefica clamide che gli dà il nome. Scuotesi allora subitamente, e levasi con fulminea rapidità sulle sue zampe. L'insetto, sorpreso e sbalordito da quella rivoluzione improvvisa, sdrucciola verso l'avida bocca spalancata a riceverlo, e sentesi cattivo e ingoiato prima ancora di avere ben compresa la trappola fatale in cui è caduto. L'astuto clamidosauro riaddormentasi quindi immediatamente, aspettando che il destino propizio gli mandi altre prede.

Questa tendenza all'ozio, comune a tutti i rettili, discende senza dubbio dalla cagione medesima che nei paesi temperati li fa intorpidire durante l'inverno. Siffatta cagione risiede nella poca dose di calore che è nel loro sangue, appena appena un tantino più caldo dell'atmosfera. Da ciò deriva ancora che tali animali non han duopo di respirare che a lunghissimi intervalli; locchè li fa abili a starsene, senza soffocare, immersi nell'acqua molto più a lungo che i mammiferi non possano farlo. Essi vi rimangono anzi talvolta molte ore di seguito, senza provarne nocumento di sorta. Di questo privilegio godono le lucertole, i coccodrilli, le vipere, i ranocchi, ecc. I nostri padri, ingannati dalle apparenze, li credevano anfibii, ed imaginavansi che essi potessero, indifferentemente, vivere su la terra od entro l'acqua; ma i progressi della notomia comparata rettificarono questo vecchio errore.

Ad imitazione degli *iguani*, famiglia a cui il clamidosauro appartiene, egli non ristringesi alla distruzione degl'insetti, ma assale ugualmente ogni specie di piccioli uccelli, e divora soprattutto le loro ova ed i loro piccoli, allorchè può sorprenderli nel nido. In difetto, poi, di preda vivente, contentasi di erba, di foglie e di piccioli frutti. Quest'ultimo fatto fa le meraviglie dei naturalisti, ed io medesimo ne dubiterei, se non mi fosse accaduto di rinvenire nello stomaco di parecchi clamidosauri disseccati nel museo di storia naturale, avanzi perfettamente riconoscibili di simili sostanze.

Il clamidosauro abita entro ai tronchi degli alberi e nelle fenditure de' monti, ma sempre in siti secchi ed esposti al meriggio. Gli indigeni della Nuova Olanda, senza addarsi di proposito a farne caccia, non tralasciano di prenderlo, ove in esso s'imbattano, per mangiarselo. La di lui carne è, dicono essi, assai buona; ed affine, per gusto e colore, a quella delle giovani tartarughe.

L'imagine, da noi già data, di quest'animale, renderà, del resto, più evidente la descrizione qui fattane colle parole.

Boitard, *Ist. Nat.*

EPISTOLA INEDITA DEL GOLDONI

Dobbiamo alla gentilezza dell'egregio prof. cav. Paravia, studiosissimo delle cose patrie, il seguente componimento inedito del Goldoni, il quale, sebbene parto fuggitivo ed inavvertito, splende nullameno di amabile ingenuità, ed è viva imagine dell'animo candido, della abbondevole cortesia dell'illustre che lo scriveva. — L'argomento dei versi apparirà di per sè dai medesimi, senza che occorrano altre parole per dichiararlo.

AL GENTILISSIMO SIG. BORTOLO CORNET

I miei tomi destinati
A un Francese sconosciuto,
Or saran più fortunati,
Se a un amico li tributo.
Grato sono al forestiero
Che ha di me buona opinione,
Ma con voi, confesso il vero,
Ho maggiore obbligazione.
Un amico è un bel tesoro,
Facilmente non si trova,
Più del pane, più dell'oro
Un amico all'altro giova.
E di quei del vostro amore
Se ne trovano pur pochi;
Non si trova un simil cuore,
Se si cerca in cento lochi.
Di virtù, di grazie ornata,
La consorte vi somiglia,
Onde poi n'è derivata
Così amabile famiglia.

E gli amici, che solete
Praticar frequentemente,
Fan veder quale voi siete
E nel cuore e nella mente.
Io fra questi ho la fortuna
Di trovarmi annoverato,
Ma non ho maniera alcuna
Di mostrar se vi son grato.
Or mi pare il tempo e il loco
Di mostrarvi il zelo mio,
Offerendovi quel poco
Che offerir vi posso anch' io.
Preme a voi servir l'amico
Coi miei tomi fiorentini,
Ma trovarli egli è un intrico,
Non si trovan per quattrini.
Io ve li offro e ve li mando,
E vi prego di accettarli,
Ma mi sdegno allora quando
Si parlasse di pagarli.
Mi direte che ordinati
Li ha l'amico per espresso;
Se vi sono regalati,
Voi potete far lo stesso.
Fuor del numero fissato
Della nota società,
Questo corpo ho riserbato
Per averlo in libertà.
La fortuna mi offre il dono
Di mandarlo ad un amico:
Contentissimo ora sono,
E di cure ve lo dico.
Or le sette son suonate;
Vado a letto presto presto:
Delle rime unic sguaiato
Domattina farò il resto.

Ecco qui, mi sono alzato
Stamattina a quindici ore
Con il collo un po' incordato,
Che mi dà qualche dolore.
Ma, pazienza, passerà;
Voglio scriver qualche lettera;
Poi andar mi converrà
Dalle *razze buz....* eccetera.
Questa sera, a Dio piacendo,
Ci vedrem pria di due ore,
Perchè dopo andrò servendo
Al teatro le signore.
Ed intanto alla famiglia
Io m'inchino dei padroni,
Padre e figli, madre e figlia,
Cari amici del Goldoni.

ANTICO PONTE DI SAN MICHELE IN PARIGI

L'immondezza delle vie dell'antica Parigi, e l'insalubrità, le malattie, gli incomodi d'ogni guisa che discendevano da quel lezzo vituperoso, fecero, lunga pezza, che le abitazioni costrutte su le due sponde della Senna fossero le più ricercate, e che gli abitanti, rifuggendo in certo modo dalle interne parti della città, si accalcassero bramosamente in que' prediletti e sani ricoveri. Ciò produsse un'enorme concentrazione di opere, di commerci, di relazioni su la doppia riva, la quale rese, a sua posta, indispensabile la costruzione di un gran numero di ponti i quali collegassero le opposte genti, senza il lento e spesso pericoloso aiuto dei palischermi. Ma questi ponti, di cui sarebbe troppo lungo tessere il catalogo, tanto erano dessi numerosi e frequenti, lungi dall'offerire allo sguardo l'imponente e nobile aspetto dei moderni monumenti di tal genere, erano squallide e rovinose costruzioni, per lo più in legno, che davano al fiume regale un'apparenza estremamente misera e melanconica. Il vecchio ponte di S. Michele, di cui presentiamo l'imagine, e che era nullameno uno de' più splendidi, può essere misura di ciò che diciamo.

Questo ponte, che mette in diritta linea al così detto *Pont-au-Change*, non è però uno de' più antichi di Parigi, posciachè fu progettato nel 1378 come *giovevole così alla città che al pubblico*, e terminato nel 1387. Ma gli architetti di quel tempo, dice Paolo L. Jacob da cui prendiamo queste notizie, poco studiavansi di emulare la romana solidità nelle loro fabbriche; sì che l'opera già era intieramente distrutta nel 1407. Eransi impiegate, nell'innalzarlo, le braccia dei vagabondi, dei giuocatori e degli oziosi, genti poco gelose di aver nome di abili costruttori, e meno capaci di esserlo in fatti. Venne, indi a non molto, riedificato col danaro del re, il quale concesse a vari alti officiali della sua corte il privilegio di innalzare su le ale del ponte case o leggio di loro privato diritto. Venditori e mercatanti d'ogni specie lo invasero successivamente, inondandolo delle loro merci; tappezzieri, tintori, speronaî, rivendugliolį, rigattieri, calzolai, barbitonsori, vi schiudevano ogni giorno un caos curiosissimo di contrattazioni e di industrie. In compenso, e come correspettivo di tale vantaggio, fu ad essi addossata la cura di conservare il ponte fino all'altezza del selciato: ma questo dovere fu da essi soddisfatto con sì sottile coscenza che, nonostante il ristauro di Enrico II, il ponte S. Michele rovinò intieramente nel 1616.

Esso fu tosto un'altra volta riedificato con maggiore solidità e, per evitare nuovi accidenti, la pubblica amministrazione assunse il pensiero della di lui conservazione, a fronte di uno scudo d'oro imposto sovra ognuna delle trentadue case fiancheggianti il ponte medesimo.

Gli archi ed il corpo della fabbrica, composti in parte di pietre, ed in parte di grossi mattoni, sgravati del peso delle case superiormente innalzate, esistono anche oggigiorno nell'originaria lor condizione. Quanto agli edifici, vennero essi saviamente atterrati, sia per alleggerire le substruzioni, schiacciate sotto sì enorme

(Antico ponte di S. Michele in Parigi)

carico, sia per liberare le attigue rive dal triste spettacolo che essi offerivano, essendo pressochè tutti di meschinissimo aspetto, e guasti e rovinosi per le ingiurie del tempo.

L'erudito Paolo Luigi Jacob, da noi or ora citato, ha del resto, compilata su gli antichi ponti di Parigi un'accurata e curiosissima memoria, a cui potranno ricorrere coloro che avessero vaghezza di meglio conoscere questa parte de' fasti architettonici dell'illustre e faccendosa capitale della Francia.

(*Comp. da* P. L. Jacob).

IL CASTELLO DI SANT'ANDREA

Fra le isolette che circondano Venezia, la prima che si offra allo sguardo del navigante ch'entra dalla parte del lido, è Sant'Andrea, in cui fu eretto un fortificato castello, denominato *Castel Nuovo*, per disferenziarlo dal *Vecchio* o di *San Niccolò*, i quali formando la bocca del porto, servono da quel lato a difesa delle lagune. Dista due miglia dalla piazzetta di San Marco, avendo circa trecento passi nella sua maggior larghezza, e quasi un miglio di lunghezza da libeccio a greco. La prima gloriosa memoria tramandataci dalla storia risale all'anno 1353, in cui, essendo doge Andrea Dandolo, accesasi guerra contro i Genovesi, e l'armata di questi minacciando dall' Istria le venete lagune, s'impedì loro l'ingresso con grossa catena di ferro sprangata tra l'uno e l'altro castello. Ma, col volger de' secoli, la prudenza del veneto senato pensò a ben più forti difese. Resasi accorta della dubbia fede di Solimano, signore dei Turchi, e dalle sue vaste idee di conquista, per assicurare in miglior guisa la sua città dominante, fece murare nell'isoletta di Sant'Andrea una fortezza non solo atta ad offendere, ma altresì ad arrestare un' armata che avesse osato di oltrepassare il porto. La direzione di così malagevole ed importantissimo incarico venne affidata a Michele Sanmicheli, la cui somma perizia era stata già più volte sperimentata, avendosi egli di già acquistato fama d'inventore di un nuovo metodo di fortificazione. « Ideò pertanto la fronte di questo castello con cinque *corpi*, essendo quello di mezzo quasi un bastione ritondo, con cortine laterali, che sugli estremi ripiegano all'indentro formando le due testate. Nel centro del bastione feco risaltare la porta di tre archi con colonne, ed ornato alla dorica di assai elegante e soda struttura, rimanendo aperto il solo arco di mezzo, e gli altri due chinsi ad uso di cannoniere. Otto di queste cannoniere collocò nel bastione, sette per ciascheduna cortina, cinque per ognuna testata, ed essendo ogni cannoniera un arco, e trovandosi la soglia di quello a fior d'acqua, di necessità dovea l'artiglieria giuocare sempre orizzontalmente, battendo quella della destra il canale interno, quella della manca l'ingresso, in guisa tale che le navi esser doveano colpite sempre di fronte. A tutto questo aggiunse Sanmicheli, senza dire degli spalti, dei terrapieni, delle piazze e dei quartieri di maravigliosa ampiezza, una casamatta a vòlto reale e con ispiracoli, a riparo sicuro delle milizie, e per allestire e per maneggiare ivi più comodamente le artiglierie, lasciando in fine nel mezzo del castello, a cavaliere, uno degli antichi torrioni anzidetti, onde scoprire e dominare si potesse da colà tutto intorno l'orizzonte del mare e della laguna. Compiuta si maravigliosa opera, non mancò gente maligna che andava vociferando essere bellissima, e fatta dietro ogni buona regola, nulla di meno rimanere motivo a temere che, adoperando in un medesimo tempo tante artiglierie, non avesse la fortezza a rovinare. Volle la Signoria far tornare a vuoto siffatte dicerie; per lo che comandò che, allontanate di Venezia in un prefisso giorno le dame incinte paurose, si recassero al nuovo castello in quantità l'artiglierie del più grosso calibro, e che, montate eziandio oltre il consueto, in un medesimo istante si dovessero scaricare. Fatto l'arditissimo sperimento, rimase illesa la fortezza in mezzo al tremendo scoppio. Il senato congratulavasi coll'architetto veronese, e questi rallegravasi con se stesso dell'avere saputo costruire a Venezia un tanto formidabile antemurale».

Chiunque infatti abbia veduto l'opera del Sanmicheli, non può che considerarla una delle più mirabili produzioni dell'umano ingegno, come quella in cui l'architetto seppe con grande maestria accoppiare la militare difesa alla decorosa magnificenza dell'architettura civile; mentre può dirsi, senza tema di errare, che in questo monumento vi sono solidità, convenienza, bellezza, ossia i pregi tutti che si richieggono perchè un qualsivoglia edifizio divenga giustamente oggetto di ammirazione. Che se nel decorrere degli anni il riempimento del fondo delle acque lo rese opera quasi infruttuosa, ciò non scema la gloria di chi ordinò e di chi eseguì l'erezione di mole così stupenda. I Veneziani ne' moderni tempi la custodivano a pompa, e da'suoi baluardi salutavasi con i cannoni il passaggio del famoso loro Bucintoro quando annualmente si recava alla ceremonia delle sponsalizie del mare. Servendo a sopravvegliare l'ingresso de' navigli leggeri, sarà pregio dell'opera il narrare come a' nostri giorni valse a rintuzzare l'audacia straniera.

Ordini del veneto governo vietavano l'ingresso ad un bastimento armato di qualunque si fosse nazione. Un capitano francese di nome Laugier, che sul maggiore di tre bastimenti, detto il *Liberatore d'Italia*, armato di otto cannoni (porzione di un'armatetta di tredici legni), da alcuni giorni, senza innalzar bandiera alcuna, si teneva sulle volte nel golfo Adriatico, nulla curando l'intimazione fattagli dal Pizzamano, comandante del lido, rispose colla arroganza di chi vuole farsi proprio l'altrui, niun porto essergli mai stato chiuso, e s'innoltrò minacevole ed inforiato. Dal forte Sant'Andrea e da una galera di guardia gli vennero scaricate addosso alcune cannonate che gli spezzarono l'albero di trinchetto, e traforarono a pelo d'acqua il vascello. Egli, quantunque lasciato solo dagli altri due legni che s'erano ritirati, con pazza temerità fece scaricare le artiglierie contro i veneti bastimenti; ma la ciurma di una galeotta vicina, composta di soldati schiavoni, accesasi di rabbia, quantunque men numerosa de' nemici, abbordato il vascello, dopo averne con scimitarre uccisi e feriti alcuni, costrinse il resto ad arrendersi. Al capitano francese fu tronca la testa nell'atto che disperatamente colla miccia in mano correva a mettere fuoco al magazzino delle polveri. I veneti marinari, non contenti della vittoria, fecero preda di quanto trovarono sul vascello, ch'era principalmente carico di munizioni da guerra. Questo fatto mise allora in iscompiglio l'intera città, e, come fosse imminente un assalto nemico, affollossi il popolo ne' siti più opportuni alla difesa; ma reso poi consapevole del succeduto, e dei provvedimenti ai quali il governo si apparecchiava, immantinente misesi in quiete. Dello accaduto tennesi consiglio nel senato, dove sclamarono alcuni non essere più tempo di aver alcun rispetto ai Francesi, che dimostravano ormai apertamente i loro pravi disegni; doversi il senato ricordare una volta degli esempli d'intrepida virtù che i suoi maggiori gli avevano lasciati. Santissimi detti! Se non che coloro ch'erano bramosi di cose nuove, e che sognavano poter sussistere libertà conceduta dallo straniero, magnificando la possanza dei Francesi, intimidirono di siffatto modo gli animi, che venne decretato, doversi incontanente restituire quanto era stato preso sul bastimento, e dare al generale Buonaparte accurata notizia dell'accaduto, offerendogli i risarcimenti che domandasse. A tutti è noto quanto poscia avvenne, e basta qui ricordare che ai sedici di maggio **1797**, il castello Sant'Andrea e tutti gli altri vennero occupati dalle soldatesche francesi, capitanate dal generale Baraguay-d'Hilliers; occupazione per cui rimase estinto un governo che si tenne in piedi per undici non interrotti secoli, senza mai obbedire ad armi straniere, nè ricettario nella sua capitale; esempio unico negli annali d'Europa.

Approdi la sua gondola alla riva del castello Sant' Andrea, e visiti anche oggidì, com'io feci, sì magnifico edifizio tutto incrostato di marmi d'Istria, chiunque ama e di ammirare l'opera di un grande artista, e di percorrere col pensiero sulle umane vicissitudini. E se di qua uno voglia pure rallegrare la vista, salga un gruppo di doppie scale di mirabile struttura, che dalla vetta potrà scorgere un incantevol prospetto. Il milite invalido ivi rifugiato, che vorrà essergli di scorta, gli accennerà e'l porto del Lido, e l'ufficio di sanità, e l'edifizio già destinato alla cavalleria, e l'antico bersaglio de' bombardieri. E quella, soggiungerà, è la chiesa di San Niccolò, dove con tanta pompa approdava ogni anno la veneta Signoria nel giorno dell'Ascensione; e quello è il lazzaretto vecchio, che ricorda istituzioni sanitarie preziose, imitate poi dalle estere nazioni (e fu sì bene dipinto in questi *Siti pittoreschi* dal Mustoxidi); e quella è la isoletta di S. Lazzaro, rifugio di monaci orientali che ornano Vinegia col loro sapere, e apparecchiano il ben essere della patria loro colla educazione della gioventù armena; e quello è S. Servolo, dove l'umano orgoglio è costretto ad umiliarsi, ricetto com'è divenuto di chi ha perduto il più prezioso dei doni della Provvidenza, l'uso della ragione. Più d'appresso allo sguardo son le isolette di Sant'Elena, dove stanno eretti i forni che danno alimento alla soldatesca; delle Vignole, fertilissima di erbaggi e di piante fruttifere; della Certosa che, come più spaziosa, può dirsi l'isoletta regina, ma che fatalmente ha perduto uno dei più angusti tempii, già murato da valentissimo architetto del secolo XV.

Non senza rammarico di chi si toglie da cosa grandemente dilettevole si torce il passo da sì incantevole vetta, e'l buon soldato che, anche scesi al piano, vuol essere guida, non lascia di accennare e alla stanzetta che conduceva al telegrafo, in cui oggidì si inalbera ne' dì festivi la bandiera dell'augusta Casa che regge i destini di Venezia, e quelle camere che nulla hanno di orrido, ma che servivano un tempo ad uso di prigioni, e que' vôlti maestosi presso a'quali sono a pelo d'acqua le cannoniere. Risalendo altra magnifica scala, trovasi una spianata fatta per accogliere i difensori dei siti sottoposti, ed è ivi lo stemma del veneto leone, ed iscrizione che ricorda gesta e vittorie navali de' Veneziani. Era una chiesetta nel castello, ma fu atterrata da un fulmine. Il magnifico portone dee agli Austriaci il suo rifacimento. Quando l'imperatore Francesco fu ad onorare di sua presenza il castello Sant'Andrea, si rivolse agli uffiziali del genio che gli stavano da vicino, e disse: *Abbiate a cuore e conservate questo bel monumento: opere simili non si fanno più!*

Prof. TIPALDO.

MEHEMET-ALÌ

(*Vedi pag.* 5)

II

Affermammo, non ha guari, che, sebbene Mehemet-Alì abbia, nel resto, lussureggiato in riforme, egli nulla innovò in quanto rispetta l'interna sistemazione della sua casa, nella quale regnano tuttavia, vergini e severe, le antiche costumanze orientali, che ne vietano l'ingresso a chi non è famigliare. Aggiungeremo ora che tre sole persone fecero, in questi ultimi tempi, eccezione a tale regola generale; cioè a dire, la moglie del console di Napoli, una signora livornese, di cui potremmo dare anche il nome, se speciali considerazioni nol ci impedissero, ed altra signora, pure livornese, moglie di un medico al servizio del vicerè, ed assai nota in Egitto e fuori per l'animo più che virile che la distingue. A questi casi veramente singolari e privilegiati voglionsi aggiungere: 1.° Boghoz-Bey, ministro degli affari esteri, o per dir meglio, di tutto, il quale essendo in certo modo immedesimato per affetto e per interesse con Mehemet-Alì, entra liberamente di notte e di giorno in qualsivoglia stanza egli si trovi; 2.° il dragomanno, ossia interprete del pascià, e 3.° il medico specialmente attaccato alla di lui persona, i quali ultimi hanno, per ragione di ufficio, facoltà di recarsi nelle soglie contese, ogni volta che lo stimino spediente. Meno questi pochi esseri, non è a nostra notizia che altri abbia posto piede nel palazzo di Mehemet-Alì, in tutto il tempo che noi fummo in Alessandria. Somma però è la differenza che divide l'arbitrio concesso al Boghoz-Bey, antichissima creatura del pascià, e più amico che suddito, dalla larghezza accordata al dragomanno ed al medico: poichè le visite di questi sono studiosamente frenate dalle etichette orientali, le quali non consentono, ordinariamente, che l'ospite passi i confini degli appartamenti destinati al ricevimento (*selamlik*) od al soggiorno del marito, mentre il priore, risguardato siccome parte della famiglia, discorre liberamente in ogni stanza, ed è ammesso alla confidenza più intima e intera.

Da quanto abbiamo potuto raccogliere parlando colle accennate signore, l'interno della abitazione di Mehemet-Alì, e specialmente quella porzione di esso che dicesi *harem*, ovvero alloggio delle donne, senza essere decorato con lusso smodato, contiene però molte e notevoli preziosità, consistenti sovrattutto in gioielli ed in ricchissimi arredi donneschi, generi di cose di cui Mehemet-Alì fece in ogni tempo diligentissima ricerca, procurando, sia scopertamente che per interposte persone, di acquistare quanto di più bello e di più splendido si trovasse nei mercati dell'Oriente e dell'Occidente, comunque il prezzo ne fosse grande. E raccontasi, in proposito, che essendosi più volte offerti occulti e misteriosi compratori di oggetti preziosissimi, ai quali era difficile trovare un padrone anche tra i principi nostrani più alti, fatte le indagini, trovossi o si credè trovare, che quelle incette erano fatte per conto di Mehemet-Alì, il quale destinavale ad arricchire il tesoro delle sue vice-regie consorti. Ma se tolgansi, come è bello il ripetere, queste speciali e prudenti ricchezze, ben naturali nella casa di chi possiede uno de' più fertili e doviziosi reami del mondo, le interiori sale di Mehemet-Alì non offrono alcun segno di quel fasto orgoglioso, di quella lussureggiante mollezza che distingue le reggie turchesche, e spesso ancora i palazzi de' semplici grandi. Apparisce adunque anche da tal lato la onorevole temperanza dell'uomo singolare di cui parliamo.

Anche gli addobbi, o, come dicesi, le *mobiglie* della dimora di Mehemet-Alì sono, quasi tutte, nel pretto genere orientale, veggendovisi ampi sofà affissati alla periferia delle sale, a vece delle portatili nostre sedie, gli *schemlet* in luogo de' nostri sgabelli, i *dolab* a vece de' nostri *bureaux*, i *cafès* al posto delle persiane, gli *sciakniscir*, o balconi chiusi e sporgenti, ecc. Nè in ciò potrebbesi, a nostro avviso, dargli gran torto: poichè essendo, in generale, gli arredi e le fuggie domestiche dell'Oriente di gran lunga più comode delle nostre, non sapremmo veder ragione perchè egli dovesse, come Mahomud, rinegare le sue abitudini di settant'anni pel solo strano capriccio d' innovare, sostituendo le spine alle rose, l'amaro al dolce, la noia al piacere.

Per seguito di questa perdonevole insistenza sugli usi vecchi, Mehemet-Alì non adopera letto rialzato, ma dorme, secondo le native sue costumanze, steso sul pavimento, rammorbidito da sottoposti tappeti, trapunte, ed altri soffici strati consimili. Un ampio zanzariere, pendente dall'alto a guisa di baldacchino, avvolge e rinserra l'avventuroso vecchio, a cui fanno corona alquante vigilanti schiave e consorti, intente a cacciare quelle miriadi di molestissimi insetti, che rendono il soggiorno dell'Egitto non solo doloroso, ma insopportevole a chiunque non abbia colà particolari compensi che mitighino ed insoaviscano gl' innumerevoli malanni che vi si incontrano. Parchi sono però i sonni di Mehemet, poichè le anime temprate come la sua non sono tali da rimanere lungamente in riposo.

Le donne che compongono l' *harem* dell'attuale padrone dell'Egitto, abitano, divise in piccoli drappelli, i diversi palagi ch'egli ha nelle principali città de'suoi stati. Il loro numero ascende, per quanto calcolasi, a più centinaia; quantità che a noi sembra eccesso, e che sembra invece moderazione laddove la poligamia permette ai ricchi di accomodare i loro desideri alla misura dell'oro. Da questa turba donnesca Mehemet-Alì fu fatto ceppo di abbondevole discendenza, che accerterebbe all'Egitto una lunga serie di padroni, ove qualche novello Stopford non sopraggiungesse a sturbare quelle remote e tanto fragili speranze. Oltre Ibrahim, primo tra' suoi figli viventi, che toccò, non ha guari, i cinquant'anni, e di cui diamo qui il fedele ritratto, contansi nella sua famiglia Said-bei, in età d'anni 17, natogli da una schiava; Hussein-bei, in età d'anni 13,

(Ibrahim-pascià)

avuto pure da una schiava; Alì-bei, d'anni 10, datogli da una moglie legittima; Mehemet-Alì-bei, di 6 anni, nato anch'esso da una schiava. Ai quali vuolsi aggiungere un nipote già pervenuto alla florida età di anni venticinque, cioè a dire Abbas pascià, figlio di Tussun pascià morto nel 1816, mentre tornava da una campagna combattuta contro i Wecabiti. Ismail pascià, terzo figlio nato a Mahemet-Alì dal suo primo matrimonio, fu nel 1821 assassinato nella capitale del Sennaar, di cui avea fatta la conquista, dopo quella della Nubia. Ibrahim pascià è esso pure padre di vari figli, ma tutti ancor fanciulletti.

Cav. A. BACATTA.

VARIETA'

RELAZIONI POSTALI IN PARIGI. L'ufficio postalo spedisce giornalmente, in Parigi, trentaseimila lettere, e ne riceve, in termine medio, venticinquemila. Il *maximum* degli incassi cotidiani ascende a diciassettemila franchi in gennaio, ed il *minimum* a quindicimila, in settembre. Cinquecentomila lettere *affrancate* partono da Parigi annualmente, i due quinti delle quali sono indirizzate all'estero. — Venticinquemila cavalli sono appena sufficienti per mettere in moto le quindicimila vetture che solcano in tutti i sensi le innumerevoli vie della capitale. (*Magaz. Univ.*)

(La Fidanzata del villaggio — Quadro di Greuze)

Per questa e per quelle lacune che la finitezza degli intagli renderà indispensabili, avranno i signori Associati un equo compenso in appositi supplimenti che si distribuiranno gratis.

GREUZE

Greuze, uno de' più insigni pittori della scuola francese, sentissi chiamato allo studio dell'arte dalla voce irresistibile della natura. Nato nel 1726 da genitori più desiosi di schiudergli le vie della fortuna che quelle, spesso sterili, della gloria, egli trovò nel paterno volere un argine ferreo che lunga pezza contesogli l'appagamento delle oneste sue brame: sì che, tornate inutili le preghiere e le lagrime, e vistisi inesorabilmente vietati i diletti colori, già stava per abbandonare il tetto avito ed irsene ramingo pel mondo, allorchè Grandon, artista lionese, inteso il caso e considerati i meravigliosi saggi dati dal giovinetto, scorse in essi il segno evidente dell'interna chiamata, e fattosi intercessore presso del padre, ottennegli alla fin fine l'agognato permesso di addarsi al nobilissimo esercizio della pittura. E divenuto, indi a poco, il Grandon primo maestro del racconsolato adolescente, tanto innanzi recollo nella imitazione del vero, che, verde ancora d'età, bella fama già di lui suonava nel mondo.

Trasferitosi poco stante in Parigi, e tentati ad uno ad uno i vari generi del dipingere dall'umil ritratto fino alla sublime storia, fermossi sull'ultimo in quello che più all'indole del suo ingegno si accomodava: ciò era l'effigiare scene di costumi, quadri della vita cittadinesca ed altri episodi consimili, tratti dagli usi e dalle fogge contemporanee. Il *Padre di famiglia che spiega la Bibbia a'suoi figli*, fu il primo lavoro con cui Greuze cattivossi la stima e l'ammirazione de' suoi maestri; ad esso tennero ben presto dietro altri dipinti non meno ricchi di pregi, tra'quali non è da omettere *il Cieco ingannato*, tela che gli valse l'ascrizione all'accademia delle Belle Arti, ed una voga che innalzavalo di gran tratto al disopra del comune livello de'pittori francesi.

Ma l'invidia, solita a sfrondare le palme raccolte dal merito, non tardò a ferire Greuze coi velenosi suoi dardi; imperocchè quando appunto molte insigni opere guadagnavangli tra l'universale grido di valorosissimo artefice, i di lui emuli, tolta opportunità dalla maniera da esso seguita, cominciarono a vociferarlo pittore senza purezza di contorni, senza vigore di tinte, senza dignità di concetto; idoneo bensì a trattare mezzanamente ignobili episodi della vita volgare, ma incapace di levarsi a veruna altezza di pensamento. Le quali ciancio piagarongli il cuore siffattamente, che se ne corse difilato a Roma per appararvi quel genere franco e grandioso che dicesi *classico*, e che vanta a modelli e caporioni i più celebri professori di quella scuola immortale. Ma debbe dirsi, ad onore del vero, che non era questo lo studio che il suo genio additavagli; poichè, sebbene le critiche in di lui odio sparse molto ingigantissero il male, certo è che Greuze, pittore essenzialmente *manierista*, camminava con incerto piede sulle orme solenni dei Raffaelli e dei Michelangeli. Poca fu quindi la luce che a lui venne dalla violenza usata a se stesso in quegli sforzi brevi, e direbbesi disperati, e dovè ben presto tornarsene sull'abbandonato sentiero.

Quasi tutte le produzioni di Greuze, osservabili per non so quale tinta di soavissimo affetto che vi predomina e che è il distintivo carattere del di lui pennello, vennero riprodotte colla litografia, e veggonsi di frequente anche fra di noi esposte allo sguardo del pubblico. Il loro argomento è tolto, come dicemmo, pressochè sempre da appassionate scene domestiche, e principalmente dalla vita pastorale, di cui Greuze sapea ritrarre ed ingentilire i più minuti particolari. Primeggiano nel loro novero il *Padre paralitico*, la *Maledizione paterna*, il *Ritorno del cacciatore* e la *Fidanzata del villaggio*, che noi presentiamo qui a' nostri lettori, imitata dal felice bulino del Girardet.

Greuze morì il 21 marzo 1805 in Parigi, ed il *Moniteur* di que' giorni tessè alla sua memoria un lungo elogio, da cui traemmo i pochi cenni da noi qui dati.

Cav. Baratta.

TIVOLI

Nel n.° 1 di questo foglio presentammo a' nostri Lettori la veduta delle cascate del Teverone, dichiarata da un elegante articolo del conte Tullio Dandolo. *La notizia seguente in cui l'efficace e briosa penna medesima descrive l'attiguo borgo di Tivoli, potrà risguardarsi come appendice e quasi complemento di quel primo gentile lavoro.*

Tivoli s'alza in cima di una ridente collina tutta vestita d'olivi, bagnata dal Teverone, adorna di grandiose rovine: l'arte e la natura concorsoro ad abbellirlo; e le grandi memorie ch'esso desta aggiungono all'incanto della sua posizione un incanto ancor più possente. Orazio, tu che fosti l'amico della mia adolescenza, il compagno de' miei solitari passeggi, io visitai la tua villa, mi dissetai alla tua fonte di Blandusia, più candida e trasparente del vetro! A te la mia mente si riconduceva in que' luoghi cantati dalla tua musa; e parevami vederti, mollemente sdraiato in riva al ruscello susurrante, là dove l'alto pino e il bianco pioppo amano di maritare le loro ombre ospitali, richiedere il servo che le rose e la mirra t'arrechi e il Falerno, con cui cantando Lalage che dolce parla e dolce ride, dimenticare che presto o tardi escir deve dall'urna il viglietto che ti addurrà sulla barca dell' inesorato Caronte.

Properzio da queste colline inviava a Cinzia quella calda elegia, in cui la scongiurava di venirlo a raggiugnere. « Oh come, scrivéale, i campi e i boschi che mi circondano, già si rallegrano e ridono! Incominciano gli amori del cielo e della terra: e pur l'aquilone non ancora del tutto cessò di soffiare, e semichiuso il gelsomino, sì caro a Flora, dubita se già spuntò primavera; ma vieni, o Cinzia, ei fiorirà. Forse ti tiene lunge da Tivoli la vacillante salute? La ricupererai tra le braccia del tuo amante. Ma, o possente illusione dell'amore! nulla m'è più presente di Cinzia lontana: io la vedo, io la sento; sì, quello è il suo sorriso, quella la sua voce: oh quanto è bella! Driade, la miro scorrere questi boschi; Naiade, tuffarsi in queste acque; ninfa e pastorella, sedersi tra questi armenti ».

Egli è a Tivoli che Zenobia, la regina di Palmira, e Lesbia, l'amica di Tibullo, si consolavano, l'una di aver perduto lo scettro, l'altra d'aver ismarrito il suo passero amato; e i versi del tenero poeta che la confortavano ad asciugare le lacrime, suonarono per la prima volta tra quest'aure ispiratrici. Ovidio cantava i suoi amori su queste alture dilettose; Virgilio, deposta l'umil zampogna, vi dava fiato all'epica tromba; e Mecenate, raccogliendoli tutti intorno a sè nella sua villa superba, i cui grandiosi avanzi torreggiano ancora sulla cima del colle, vi godea della più nobile soddisfazione di cui all'uomo opulento e potente sia larga la fortuna, quella di proteggere de' vati illustri, che in ricambio de' suoi beneficii lo hanno reso immortale. Oh come dolce gli dovea scendere al cuore quel canto di Flacco, in cui della propria felicità compiacendosi: « A lui la debbo, sclamava, che m'è quasi Dio; e se qualche cosa io potessi desiderare di più ond'esser beato, a lui mi volgerei, e la richiesta sarebbe esaudita ».

Ma se, a' tempi d'Augusto, Tivoli era la sede della poesia e il convegno de' begli spiriti, pochi anni prima le ameno solitudini de' suoi dintorni aveano ispirato a Cicerone le sue Tuscolano. Pensoso e grave ei passeggiava, dettandole, sotto le quercie annosissime della sua villa: tentava allora, richiamando al pensiero de' suoi concittadini le severe dottrine di Zenone, di rinvigorire le loro menti già prone a servitù. Nè quegli accenti si perdettero nell'aure: Bruto e Cassio gli accolsero, e li serrarono nel profondo del cuore; e certamente le loro case, da quell'illustre oratore non molto discoste, avranno suonato di parole presaghe a Cesare di morte, a Roma di libertà.

Conte TULLIO DANDOLO.

SONETTI

LA STATUA DI WASHINGTON

OPERA DEL CANOVA

O del novello mondo eroe primiero,
Che colle tue virtuti alto sovrasti
La volgar turba, eguali ai pensier vasti
L'opre in Te fur, legislator, guerriero:

Vittoria avesti, e fu il trionfo intero
De' patrii patti violati e guasti,
E poscia, con esempio unico, osasti
Il dolce rinunziar sugli altri impero.

Va dunque, scorto da propizie stelle,
Al patrio suol: siedi nel gran senato,
E sì parrà che ancor sciolga gli accenti.

E se potesti le natie tue genti
Un dì comporre in civiltà di stato,
L'esempio or vi addurrai dell'Arti belle!

MELCHIOR MISSIRINI.

A CARLO GOLDONI

Creata al riso dalla greca gente
La Commedia, or d'affanni empie la scena,
E sì d'orrori e di veleni è piena,
Che la stessa Tragedia è men dolente.

E con arte sì rea guasta è la mente,
Corrotto il cuor dell'ingannata arena,
Che gentilezza nò, ma ogni opra oscena
V'apprende, e cieca il danno suo non sente.

Chi mi insegna virtù? Chi col profondo
Studio dell'uom mi edùca, e di sagaci
Motti rallegra il favellar giocondo?

Padre di lepor nuovi e de' veraci
Vizi del vulgo indagator fecondo
Tu sol, Goldoni, mi ammaestri e piaci.

Dello stesso.

LA BASILICA DI S. FRANCESCO DI PAOLA IN NAPOLI

In quella parte di codesta popolosa metropoli che più s'allegra della vicinanza del mare, a breve distanza dalla celebre spiaggia di S. Lucia, alle falde del poggio di Pizzofalcone, sorge la basilica di San Francesco di Paola su vasta piazza, di fronte al regio palazzo.

Quivi erano un tempo una chiesa ed un monastero della religione de' Francescani, in seguito distrutti. Ferdinando I, fatto solenne voto di riedificare quel tempio a s. Francesco di Paola, ch'egli per la ricuperazione del regno aveva invocato, ordinava al suo ritorno gliene venissero presentati vari progetti. Il che facendosi, scelse per questa grande opera il disegno del cavaliere D. Pietro Bianchi di Lugano, regio architetto, direttore degli scavi di Pompeja ed Ercolano, noto singolarmente per l'importante scoperta da lui fatta dei *sotterranei all'arena* nell'anfiteatro di Pozzuoli, simili a quelli che egli trovava nel 1812 nell'anfiteatro Flavio di Roma, e più tardi in quello di Capua.

Adunque cominciavasi l'opera nel 1817 sotto la direzione del Bianchi, alla quale davasi compimento sul finire del 1836, fregiando la metropoli delle Due Sicilie di un tempio, che per la ricchezza dei marmi, l'ingegnosa distribuzione delle parti, malgrado gl'inconvenienti della forma circolare, è tenuto da giudici competenti ed imparziali come una delle più belle costruzioni di questo genere sino ad ora eseguite. Monumento che darà ai posteri un'idea dell'italiana pietà e della condizione delle arti belle nel secolo XIX.

L'intiero corpo dell'edifizio posa sopra uno spazioso basamento quadrato. Nel centro del lato anteriore sorge l'antitempio ossia vestibolo; dieci colonne di ordine ionico a grandi massi di marmo di Carrara sostengono il timpano, sul cui vertice vedesi una statua colossale della Religione, cui fanno ala ai due punti estremi del frontispizio le statue dei due santi Ferdinando re di Castiglia e Francesco di Paola.

Ai fianchi del suddetto vestibolo estendesi uno spazioso porticato sostenuto da 44 colonne doriche, il quale descrivendo da ambo i lati un egual quadrante di circolo, forma così col vestibolo centrale un'ampia loggia lunga 800 palmi in giro, di forma semiellittica, il cui asse maggiore partisce la piazza.

Nei due fuochi di essa loggia stanno le due celebri statue equestri in bronzo dei Borboni Carlo e Ferdinando, fuse dall' esimio cavaliere Richetti; la prima è tutta opera dell'immortale Canova, della seconda il solo cavallo, essendo, per la morte di lui, il modello del regio cavaliere stato commesso al valente cavaliere Antonio Calì. Pesano queste due statue ognuna 80,000 libbre da dodici oncie; e sono alte, dal posamento del cavallo alla sommità del cavaliere, piedi di Parigi 17; costarono ambidue ducati 360,000.

La basilica di San Francesco di Paola dividesi

internamente nel tempio rotondo che ne tiene il centro ed in due chiese laterali minori destinate al servigio di nobili confraternite; tre separati ingressi mettono dal vestibolo a queste tre suddivisioni, le quali comunicano poi al di dentro ed innestansi in una sola linea retta.

Il tempio centrale, e parte primaria della basilica, è una splendida imitazione del Panteon d'Agrippa, ove singolarmente apparisce il buon gusto e la perizia del valente architetto che ne ideava il disegno. Sorge la rotonda a ben dugento palmi sopra altrettanti di larghezza, tutta ricoperta da una sola gran cupola o piuttosto tazza. Internamente vi girano intorno 34 colonne corintie ed altrettanti pilastri del bel marmo venato di Mondragone, sopra i quali, ove la figura cilindrica alla sferica si congiunge, due ordini di cornicioni formano due ringhiere capaci di mille persone. Nello spazio frapposto un'ampia tribuna sovrasta alla porta maggiore per la reale famiglia; altre due laterali sono destinate agli ambasciatori, ai vari corpi dello stato ecc. ecc. Così l'area del tempio è del tutto libera pel popolo che accorre alle sacre cerimonie.

Degno singolarmente d'ammirazione si è l'altar maggiore, ove, per privilegio conceduto da Santa Sede, il sacerdote sale alla sacra mensa dalla parte posteriore coll'aspetto sempre rivolto al popolo. Il corpo di esso altare è per la maggior parte formato colle preziose pietre ond'era composto quello della chiesa de'santi Apostoli, e con belle agate e diaspri di Sicilia. Due bellissime colonne di breccia d' Egitto ne fiancheggiano le scale laterali ad uso di candelabri. D' incomparabil pregio è il tabernacolo, quello stesso della suddetta chiesa dei santi Apostoli, di elegantissimo disegno del 1500.

Sei cappelle nell'interno del giro del tempio circondano il massimo altare, e dinanzi agli otto pilastri che dividonle sono gran piedestalli ove si collocheranno otto colossali statue rappresentanti i quattro evangelisti ed i quattro dottori massimi della Chiesa.

Il tempio cilindrico che abbiam veduto esser la parte centrale della basilica di S. Francesco di Paola, considerato relativamente alle sue dimensioni, vuol esser tenuto come la maggiore delle rotonde a'nostri giorni erette. Volendo comparare il diametro della cupola o piuttosto tazza, che ne forma il compimento, col diametro di corrispondenti edifizi, non può rigorosamente confrontarsi che con fabbricati di egual natura, cioè colle rotonde propriamente dette, come sono quelle accennate nel prospetto seguente, lasciando da parte quei tempii surmontati da vere *cupole* sia a *piedritti*, sia a *pennacchi* di costruzione affatto diversa, come sono quelle di S. Maria del Fiore in Firenze e di S. Pietro in Vaticano a Roma. Il seguente prospetto desunto da misure esatte che ci vennero gentilmente comunicate, mostra qual posto eminente occupa la basilica di S. Francesco di Paola, comparata la sua parte centrale colle altre rotonde, anche sotto l'aspetto delle dimensioni, le quali sono espresse in piedi di Parigi, negligendo le frazioni.

SPECCHIO COMPARATIVO

delle più celebri rotonde antiche e moderne

ROTONDE e loro situazione		ALTEZZA *del pavimento*	DIAMETRO DELLA TAZZA *interno*	*esterno*
S. FRANCESCO DI PAOLA	a NAPOLI	185	114	146
PANTEON d' AGRIPPA	a ROMA	137	132	169
BATTISTERO	a PISA	157	94	102
ROTONDA di CANOVA	a POSAGNO	86	86	112
GRAN MADRE DI DIO	a TORINO	95	65	92
S. CARLO BORROMEO	a MILANO	140	99	122

Ma lasciando stare questo argomento, nè toccando del tempio sotterraneo di egual dimensione del superiore, ad ampia vòlta sostenuta da una colonna centrale, ove riposeranno le salme mortali dei sovrani delle Due Sicilie, fino ad ora deposte in S. Chiara; nè del picciol convento dai Bianchi con singolar maestria riattaccato alla parte posteriore dell'edifizio; nè di altri particolari dell'arte, invitiamo piuttosto il visitatore a salire sulla vetta della tazza che copre la rotonda, e godere dell'impareggiabile veduta che gli si offre allo sguardo.

Da quella elevazione spazia l'occhio sull'ampio golfo di Napoli e sul curvo lido che lo gira. Eccoti sotto ai piedi Napoli fabbricata in cerchio sulla marina, cogli edifizi disposti in anfiteatro secondo le ineguaglianze del suolo; distinguendosi a perfezione nel basso l' antica città da quella rimodernata ed ampliata al tempo dei vicerè e dei sovrani posteriori; presso alla cerchia esterna torreggiano i forti ed i castelli che coronano le vicine alture. — E pur trascorrendo collo sguardo, ecco da un lato il Vesuvio, il monte di Somma e le fertili pianure contermini; la riviera di Portici, le due Torri e la deliziosa spiaggia sino a Sorrento; o dall'altro, l'amena riviera di Chiaja, la Mergellina, il Posilipo, la marina di Pozzuoli, Baja e Cuma, sede delle poetiche finzioni dell' antichità, ove la natura offre i fenomeni più singolari, e l'arte gli avanzi di grandiosi monumenti. Poscia il mar immenso che si estende sino all'estremo orizzonte, riflettendo l'azzurro di questo cielo beato, e sorgenti a varie distanze le isole di Capri, d'Ischia, Procida, Ponza.......

Considerate ad una ad una le bellezze di questo spettacolo senza pari, lo straniero scende da quell'altezza l'animo compreso da meraviglia; e raccolte in un pensiero le cose vedute e le memorie di tanti secoli che a quelle si rannodano, non può sottrarsi ad una soave mestizia, nè lasciar questo luogo senza un sospiro d'addio.

Cav. ADRIANO BALBI.

CURIOSITA' FILOLOGICHE

(Ved. vol. II, num. 45, 51)

III.

Al pari degli individui, i popoli hanno ambizione di illustri antenati. I Romani pretendevano essere schiatta dei difensori d'Ilio, ed i Normanni del medio evo, avventurieri intrepidi ed audaci quanto i prischi Romani, vantavano pur essi origine troiana, come cantò il loro Virgilio, Roberto Wace, nell'epopea romanzesca intitolata *Le roman de Rou.*

Quest' istesso orgoglio fece, sì che, in tempi andati, tutte le nazioni moderne le quali potevano trovar un nesso coi Romani, vollero discendere da quei superbi soggiogatori del mondo, e poichè l'idioma paravasi innanzi come la miglior prova, così tutti i popoli, la cui lingua ha parentado col latino, pretesero romana paternità. Per tal motivo i Moldavi, i Valacchi, i Bucovini, i Transilvani, i pastori delle giogaie del Pindo e dell'Hamus, per parlare una lingua derivata dal romano rustico e dallo slavo, vogliono essere pretti Romani. Così i Grigioni ed i Valtellinesi, il cui volgare è un misto di romanzo e di tedesco, si chiamano *romanci*, anzi nell' Engadina chiamano il vernacolo locale *parlar Ladin. Romanza* o *romana* si chiamò la lingua d'*oc* usata dai trovatori, sebbene parlata soltanto universalmente da Nizza ad Alicante; e pretesero a tal nome i Troveri colla lor lingua d'*oui*, tuttochè confinati oltre la Loira. Che più? i Greci del basso impero si nobilitarono del nome di Romani; e non ostante che il loro idioma nulla abbia che fare col latino, fu detto *Romaika. Roumelia* (Roum-ili) chiamasi tutt'ora il paese che sta tra Salonicchio e Adrianopoli.

Ma dall'ambizione alla latina discendenza sorse altra gara, quella della primogenitura; e si volle provata non, com'era più credibile, dalle regioni abitate, sibbene dalla maggiore o minor rassomiglianza colla lingua latina. Si pretese il primato pel dialetto toscano assunto a dignità di lingua della nazione italiana. Dante lo chiamò *novello latino*, Boccaccio *volgar latino*, ma a provarne l'intrinseca latinità, alcuni letterati si affaticarono a comporre alquanti versi italiani e latini ad un tempo. Noi sceglieremo fra le diverse poesie un sonetto del gesuita novarese Padre Girolamo Tornielli.

A Maria Santissima.

Vivo in acerba poena in mæsto horrore
Quando Te non imploro, in Te non spero,
Purissima Maria, et in sincero
Te non adoro et in divino ardore.
Et oh vita beata et anni et hore!
Quando, contra me armato odio severo,
Te, Maria, amo et in gaudio vero
Vivere spero, ardendo in vivo amore.
Non amo Te, regina augusta, quando
Non vivo in pace et in silentio fido;
Non amo Te, quando non vivo amando.
In te sola, Maria, in te confido,
In tua materna cura respirando
Quasi columba in suo beato nido.

Però questi sudati infelici sperimenti non bastano a far aggiudicare la primogenitura latina alla lingua italiana, imperocchè travagliarono pure Portoghesi a comporre nella loro lingua prose e versi latino-portoghesi; ed ecco in prova un sonetto di Giuseppe Barroso di Almeida.

Al tradutter portoghese delle Georgiche

Cantando te per modos eminentes
(Quando glorias adornas mantuanas)
Tanto excusando estas musas humanas
Quanto a devino stylo differentes.
De Phoebo spera tu palmas florentes,
De cujo solo, o bella Aurora, manas,
Ante confusas nubes virgilianas
Manifestando luce refulgentes.
Æternamente docta, Phoenix rara,
Vivas felix, per modos peregrinos
Mantuanas reliquias renovando.
A cuja gloria es Lusitania, clara
Mantua, dando stylos tam divinos,
Parthenope memorias conservando.

Il formare i Portoghesi, come gli Spagnuoli ed i Francesi, il plurale coll'aggiunta della *s*, a vece di mutare l'o in I, e l'A in E, come succede nella lingua italiana e nella valacca, rese più agevole di comporre siffatte poesie. Noi osserveremo per altro essere impossibili tali tentativi in francese, ed ingenuamente confessiamo ignorare se in Ispagna abbia taluno torturato il proprio cervello in siffatti sforzi. Bene sappiamo che può il dialetto sardo venir a gara coll' italiano ed il portoghese in questa tenzone, avendosi alcune poesie e alcune prose sardo-latine. Trascriveremo un sonetto tolto dalle Armonie sarde dell'abate Matteo Madau.

Epigramma sul nome del Re VITTORIO AMEDEO III.

Victorias et divino canto amores
De regnante, qui amores et victorias
Divinas nutrit tantas inter glorias,
Quantos unit in se regios splendores.
Quando Amedeos nomino Victores
De anima sua heroica narro historias,
Nomen amante et sardas in memorias
Suos mando et triumphos et ardores.
Tales sacros amores et triumphantes,
In Victore, o Sardinia, concurrentes,
Sentis ad nos recreare conspirantes.
Videre amas victorias suas amantes?
Vincit se, expugnat chelos, regit gentes:
Tres sacros in Victore dominantes.

I riferiti saggi che non sono propriamente in latino-italiano, latino-portoghese e latino-sardo, ma in lingua ibrida, meticcia, perchè senza articoli e segnacasi indispensabili alla declinazione dei nomi nelle lingue neolatine, e perchè con costruzione non propria alla struttura di essi idiomi, farebbero dubbio il pronunziare a chi spetti la primogenitura dell'eredità latina, ove veramente le lingue romanze da quella derivassero. Ma la cosa non è, come saviamente opinano col Ciampi molti eruditi. Le lingue moderne (astrazion fatta dai cambiamenti prodotti da tanto fortunoso volger di tempo) si vogliono contemporanee al latino classico. Muratori e più ancora il Borzacchini provarono l'esistenza dei segnacasi, dell'articolo e dei pronomi italiani in documenti del secolo VIII. Nel rumuno, con cui l'italiano non ebbe comunicazioni dalla caduta dell' impero, trovi pronomi, verbi ed avverbi conformi e terminati in vocale come presso di noi. Il giuramento di Carlo il Calvo dell'860 è quasi omofono al provenzale moderno. Ma a discorrere dell'origine delle lingue romanze si richiederebbe una dissertazione.

Cav. Vegezzi-Ruscalla.

IL CORVO FRUGILEGO

Il corvo ed il cigno nell'antica mitologia furono consagrati a Febo, per indicare con questi differenti uccelli la sapienza del nume tanto di giorno che di notte. In grazia della scaltrezza propria di siffatti uccelli, era il corvo ritenuto come istruito delle più occulte cose celesti, sapeva tutti i fatti domestici dei numi, ed era perfino a parte nella cognizione dei destini degli uomini; motivo per cui era tenuto come astrologo, e con gran fiducia consultato. Egli poi col suo gracchiare rivelava l'avvenire, come pure, se compariva a destra o a sinistra di chi visitavalo, dava auguri buoni o cattivi.

Gli antichi, che sappiamo, non fecero distinzione di esso, e sotto il nome di corvo confondevano insieme tre differenti specie, perchè tutte dell'istesso colore, e così restarono sino all'Aldovrando, che le distinse, chiamando la prima *corvo*, la seconda *cornacchia nera*, la terza *cornacchia frugilega*. Linneo con più esattezza le descrisse, comprendendole nel suo esteso genere *corvus*, assegnando a ciascheduna specie i propri distintivi caratteri. Di una di queste specie intendiamo fare al presente parola, e questa è la terza, ossia il *corvo frugilego*, così detto pel costume che ha di cibarsi del grano seminato nei campi.

Il corvo frugilego adunque è un uccello della grossezza di un piccione, alquanto più elevato sulle gambe. Il suo colore uniforme è di un bel nero cangiante in violetto: la sua testa un poco ritondata all'indietro; il becco nero, più lungo di essa, è grosso, retto, acuminato e compresso verso la sua estremità: la sua faccia di un grigio cenerino pel consumo delle penne dal continuo zappare che fa nel cercare il grano sotterra. La coda composta di penne che circolarmente si contornano allorchè è dispiegata; le ali che arrivano quasi alla sua estremità; i piedi neri; le unghie nere.

Per quella stessa proprietà che hanno molti uccelli di emigrare, il corvo per sottrarsi dagli estivi ardori, nel mese di aprile di ogni anno parte generalmente dall'Italia, per andarsi a propagare in Germania, in Inghilterra, o nel nord della Francia, e far ritorno nel novembre. La sua presenza arreca gravissimi danni all'agricoltura, distruggendo le biade, i legumi seminati, non che le olive ed i frutti. È un uccello eminentemente furbo, petulante, chiacchierone, grida continuamente, combatte cogli altri uccelli, cacciandoli da sè lontani. Vive in grossi branchi, ed allorchè si danno a devastare un campo, mettono un loro compagno per sentinella sopra un albero, o altro luogo elevato, per essere avvisati del pericolo che loro sovrasti, il quale col gracchiare sparge l'allarme, e li prepara all'opportuna fuga. Quando vuol cibarsi di qualche cosa dura, la impugna colla zampa, e la solleva in aria come fanno i pappagalli. È difficilissimo o quasi impossibile dar la caccia a questo animale, giacchè, certi della loro sicurezza, si avvicinano e si mettono quasi fra i piedi dei lavoratori, dei viandanti, delle vetture; ma se vedono un uomo armato di fucile, ovvero hanno sospetto, o scorgono qualche laccio o rete, benchè diligentemente nascosta, colla più gran maestria si sottraggono dal pericolo, ed è un caso se ne resta preso qualcuno. Al calore del sole si dispongono ad andare a dormire radunandosi molti branchi insieme, e scegliendo sempre luoghi che l'esperienza ha fatti loro conoscere immuni da pericoli, quali generalmente sono gli alberi più alti. Queste migliaia di corvi avanti di posarsi girano tante volte attorno il loro ricovero, e col continuo e sordo gracchiare scuoprono se qualche insidia li attende: talvolta non si posano che a notte avanzata. Fanno il loro nido sugli alberi, e producono delle uova allungate, di un colore verdognolo, macchiettate di scuro. Vive lungamente, e la sua carne è meno cattiva delle altre specie.

Il corvo frugilego, come tutti gli altri congeneri, una volta caduto in potere dell'uomo, ad onta della sua gelosia di libertà, facilmente e benissimo si addomestica, ma nella schiavitù non abbandona mai certi suoi costumi innati, come la malignità, e simpatizza piuttosto alcune persone che altre. Ha uno spirito grande d'imitazione, per cui si sono veduti molti di questi animali addestrati, e impiegati a differenti uffici materiali, soprattutto alla caccia degli storni.

Prof. Giuseppe Ponzi.

CENNI SULLE PRINCIPALI PROVINCIE DELLA FRANCIA

Nel n.° 47 del 2.° volume del presente giornale, già si è parlato con lode dell'eccellente Geografia iconografica dei signori Chauchard e Müntz, di cui pubblicasi in questo Stabilimento una splendida edizione italiana, notevolmente ampliata e migliorata dal chiarissimo G. B. Carta. Volendo ora viemaggiormente far conoscere a'nostri lettori l'indole ed il modo di quell'interessantissimo libro, ove le lettere ed il disegno congiungono vagamente la loro efficacia per istruire e dilettare in un tempo, diamo qui, per estratto, i cenni che vi si rinvengono intorno alle primarie provincie della Francia, unendoli alle corrispondenti immagini, in cui sono espresse le vesti e le varie costumanze dei rispettivi abitatori.

LA NORMANDIA

(Varie foggie di vestire della Normandia)

Questa provincia portava anticamente il nome di Neustria. Nel IX e nel X secolo, sotto i deboli successori di Carlomagno, bande di pirati, venendo dal Nord, risalendo sulle loro piccole barche il corso della Senna, giunsero fin nella città di Parigi. Nel 912, Carlo il Semplice si vide forzato a cedere loro la Neustria, che da quel punto prese il nome di Normandia, da quello de'suoi nuovi possessori (*Northmans*). Questo paese fu allora governato da duchi normanni, i quali erano vassalli dei re di Francia. Nel XIII secolo, Filippo Augusto lo confiscò sotto Giovanni senza Terra, re di Inghilterra, discendente e successore dei duchi normanni. I re di Francia ne perdettero una seconda volta il possesso nelle guerre con gl' Inglesi, che ne divennero i signori e vi rimasero fino al regno di Carlo VIII, tempo in cui abbandonarono tutto quello che avevano in Francia. Da indi in poi la Normandia non fu più staccata dalla monarchia francese.

Questa provincia è fertilissima; tutto il paese è coperto d'alberi fruttiferi; l'agricoltura fece gran passi, e l'allevamento de'bestiami vi è di una grande importanza. Il raccolto delle uve è per poco nullo; vi si supplisce col sidro, bevanda spiritosa fatta con pomi, ed il *poiré*, bevanda meno pregiata, che si fa con pere. La razza di cavalli che si alleva in Normandia è una delle migliori possedute dalla Francia; essa dà bestie di grande statura, che durano molto la fatica, e capaci di lungo servizio. Il mare che bagna le coste a tramontana e a ponente, abbonda di pesci di ogni genere; le ostriche sono di eccellente qualità: la pesca ed il traffico marittimo, che occupano una parte della popolazione, rendono i Normanni buoni marinai. L'industria è attivissima; i panni, le tele ordinarie e la fabbrica di vetri ne sono i principali oggetti. Un prodotto naturale, di grandissimo momento pel paese, è la raccolta delle alghe che il mare getta sulle sue rive o che vengono tagliate in luoghi più profondi; questa pianta marina, come prima è putrefatta, diventa un ottimo concime, e quando viene abbruciata dopo averla disposta e seccata in larghi fossi, se ne estrae un sale chiamato sale di soda che adoperasi alle fabbricazioni del vetro, del sapone, o nelle tinture.

LA LORENA

(Foggie di vestire della Lorena)

Il suo nome viene da Lotario II, nipote di Carlomagno. In conseguenza dello smembramento delle impero francese sotto i successori di quel potente imperatore, la Lorena ebbe dei duchi particolari che erano stimati quali vassalli dell'impero d'Alemagna. La situazione del paese ne faceva però un pomo di discordia tra l'Alemagna e la Francia. Nel secolo XVI i Francesi occupavano le città libere di Metz, Toul e Verduno, le quali furono cedute alla Francia col trattato di Vestfalia. Da indi in poi la Francia non celò più il suo disegno di impadronirsi della Lorena intiera, e i duchi regnanti ne furono cacciati dai Francesi, senza che l'Alemagna, treppo occupata ne'suoi propri tumulti, potesse proteggerli. L'ultimo duca di Lorena, Francesco Stefano, marito dell' imperatrice Maria Teresa, cambiò il suo ducato con la Toscana. Ne fu investito Stanislao Leczinsky, suocero di Luigi XVI, e, dopo la sua morte, venne affatto incorporata alla Francia. La lingua francese vi predomina; a levante della provincia, l'alemanno è tuttavia ancora in uso.

Il paese situato tra le Ardenne e i Vosgi è montuoso; ciò non ostante il clima è dolce, fertile il suolo. I prodotti sono fromento, frutti e vino, se non che i vini sono di qualità inferiore. Le montagne somministrano legno e ferro; vi sono pure sorgenti minerali termali e parecchie ricche saline.

L'ALSAZIA

(Foggie di vestire dell'Alsazia)

Sino ai tempi della pace di Vestfalia, conchiusa nel 1648, questa provincia era tedesca, ed in parte posta sotto la signoria dell' Austria. Alla fine della guerra dei 30 anni, la Francia ottenne questo paese come compenso per le genti ausiliarie da lei somministrate; la città di Strasburgo ed alcune altre di minor momento dovevano restare città libere, ma esse furono tosto occupate dai Francesi, ed in fine formalmente cedute dall'imperatore di Alemagna. La maggior parte della popolazione parla ancora in oggi la lingua tedesca; la lingua francese si è soltanto introdotta nelle città e fra le persone ragguardevoli.

Questo magnifico paese che ha per confine a ponente i Vosgi ed a levante il Reno, è uno dei più fertili e più popolati della Francia. Il vino, il fermento, i legumi e i frutti d'ogni specie vi sooo copiosi; vi si coltiva anche il tabacco con successo. I Vosgi danno ferro, altri metalli e marmo. L'Alsazia contiene anco vasti ed eccellenti pascoli, dove si allevano molti bestiami.

LA LINGUADOCA

(Foggie di vestire della Linguadoca)

Questa provincia comprendeva, oltre la Linguadoca propriamente detta, parecchie altre suddivisioni: le Cevenne, il Gévaudan, il Vivarese, il Velay. Questo paese faceva già parte delle terre dei possenti conti di Provenza e fu unito alla Francia nel 1271, sotto Filippo l'Ardito, per eredità. Il nome di Linguadoca designava nel principio tutti i paesi ad ostro della Loira, in cui il vocabolo *oui* era pronunziato *oc*; cotal nome è rimasto più particolarmente a questa provincia. Il dialetto di Linguadoca non è che un dialetto della lingua provenzale.

Gli abitanti somigliano di natura a quelli della Guascogna, e sono più di questi ancora divisi da discordie politiche e religiose. I cattolici ed i protestanti colgono tutte le occasioni per cimentare il loro odio scambievole; la prima rivoluzione, l'arrivo di Napoleone, la caduta ed il ritorno di Napoleone, la doppia ristorazione de'Borboni aprirono il varco a terribili vendette.

Le parti del paese vicine ai Pirenei sono naturalmente montuose. Verso il mare il suolo si appiana e le coste formano una spiaggia paludosa e malsana. Nei dintorni delle montagne hannovi soltanto castagne ed alcuni pascoli, ma le pianure sono fertilissime in viti, ulivi, seta, saggina, tabacco e frutti squisiti. Quello che assai scarseggia in questa provincia è la legna, cosa per lei indispensabile, ed il cui difetto quasi totale è oltremodo pregiudizievole allo scavo delle miniere che potrebbe farsi con grande vantaggio.

NOZIONI ELEMENTARI SULLA MISURA DEL TEMPO

(Ved. n.º 1)

V. — *Del calendario ecclesiastico*

Il Concilio di Nicea, nell'anno 325 dell'era cristiana, conformandosi ad antichi usi, epperciò non volendo render *immobile* la festa pasquale, ha stabilito che la Pasqua s'abbia sempre a celebrare in quella domenica che segue l'equinozio di primavera e il giorno 14.º della luna, cioè il plenilunio di marzo. Ha inoltre stabilito che il 21 di marzo s'abbia costantemente a tenere come giorno d'equinozio, quale era nel suddetto anno 325.

Queste difficili condizioni rendono indispensabile l'uso di alcuni metodi per conoscere in perpetuo la coincidenza delle domeniche coi diversi giorni del mese, e per determinare il giorno di Pasqua e parecchie altre feste che da esso dipendono, le quali non possono nei successivi anni corrispondere ai medesimi giorni dell'anno civile, perchè la durata dell' anno solare non è la stessa che quella dell'anno lunare, e questi due periodi non sono esattamente misurabili dal periodo di 7 giorni, ossia della settimana.

Nella più parte degli almanacchi, sotto l'intitolazione di *Computi ecclesiastici*, trovansi indicate le seguenti cose: il *Ciclo solare*, il *Ciclo lunare*, ossia il *Numero d'oro*; il *Ciclo dell'indizione romana*: l'*Epatta*: la Lettera *domenicale*. Di queste cinque cose le due ultime solamente hanno un uso importante nel calendario ecclesiastico dopo la riforma Gregoriana; l'indizione romana è di un uso puramente cronologico; i due Cicli, solare e lunare, ne' primi secoli della Chiesa, servivano per trovare la lettera domenicale, e per determinare la luna pasquale, determinazioni che ora si fanno in altra miglior maniera, come vedremo a suo luogo. Così che gli anzidetti cicli possono unicamente servire a ragguagliare coi tempi nostri le date degli antichi monumenti e delle vecchie scritture, ove solevano apporsi i numeri corrispondenti a quei cicli. Tuttavia, siccome l'uso suole includere negli almanacchi comuni tutti questi computi, noi parleremo brevemente di tutti.

VI. — *Del Ciclo solare*

Il Ciclo solare è un periodo di 28 anni Giuliani, dopo i quali gli stessi giorni della settimana corrispondono di nuovo ai medesimi giorni del mese. Per intendere la formazione di questo Ciclo, avvertasi che l'anno comune è composto di 365 giorni, ossia di 52 settimane e 1 giorno: cotesto giorno, che è l'ultimo dell'anno, corrisponde dunque allo stesso giorno della settimana col quale l'anno ha principiato, vale a dire se l'anno ha cominciato, per esempio, in lunedì, esso terminerà pure in lunedì, e il primo giorno dell'anno seguente sarà per conseguenza un martedì: il terz' anno principierà in mercoledì, e così di seguito; di modo che se tutti gli anni fossero comuni (cioè se non vi fossero bisestili) dopo sette anni i medesimi giorni del mese corrisponderebbero di nuovo agli stessi giorni della settimana. Ma i bisestili, che succedono ogni quattro anni, hanno un giorno di più degli anni comuni: la corrispondenza degli stessi giorni della settimana con gli stessi giorni del mese viene dunque ritardata di un giorno ogni quattro anni, e questo ritardo non può formare una intera settimana se non dopo 7 bisestili, ossia 7 volte 4, ossia 28 anni, dopo i quali solamente ricomincia la medesima corrispondenza degli stessi giorni della settimana con gli stessi giorni del mese. Or questo periodo di 28 anni è quello che si chiama *Ciclo solare*.

Ma dopo la riforma Gregoriana, facendosi comuni tre anni secolari successivi, e bisestile il quarto secolo solamente (N.° IV), il Ciclo solare che prima era di 7 bisestili *quadriennali*, ossia 7 volte 4 = 28 anni, sarebbe di 7 bisestili *quadrisecolari*, ossia 7 volte 400 = 2800 anni, periodo troppo lungo, epperciò di nessun uso nella cronologia.

Il Ciclo solare non suppone dunque altra intercalazione fuorchè la Giuliana quadriennale, epperciò esso serve unicamente per coloro che seguono tuttora il calendario Giuliano (N.° IV in nota); e per noi il suo uso si riferisce solamente a quello spazio di tempo che è compreso tra la correzione di Giulio Cesare (46 anni prima dell'era volgare) e la correzione Gregoriana, fatta al 5 di ottobre dell'anno 1582.

La cognizione di questo cielo è tuttavia necessaria anche ai tempi nostri, per determinare con precisione la data di un antico avvenimento, e indicarne con esattezza la distanza dal tempo nostro. Sia dunque:

PROBLEMA 1°

Trovare il numero del Ciclo solare per un anno qualunque

Avvertasi che l'anno della nascita di Gesù Cristo era il decimo del Ciclo solare, vale a dire che al cominciare dell'ora nostra già eran trascorsi 9 anni di questo Ciclo. Questi 9 anni si sommino dunque col millesimo dell'anno dato, la somma si divida per 28 (a fine di togliere tutti i Cicli interi): il *residuo* di questa divisione sarà il numero domandato, cioè il numero del Ciclo solare per l'anno proposto.

Questa regola può dunque laconicamente esprimersi così: chiamando A l'anno dato, sarà il *Ciclo solare* $= \left(\frac{A+9}{28}\right)_r$ nella quale formola la piccola r indica che nella proposta divisione, trascurati gli interi del quoziente, s'ha solamente a tener conto del residuo.

Esempio. Sia proposto di trovare il numero del Ciclo solare pel futuro anno 1843. Nell' anzidetta formola, sostituendo questo millesimo alla lettera A, si avrà $\left(\frac{A+9}{28}\right)_r = \left(\frac{1843+9}{28}\right)_r = \left(\frac{1852}{28}\right)_r = 4$

In questa divisione gli interi 66 del quoziente indicano che dal principio dell'era nostra sino al 1843 saranno trascorsi 66 Cicli di 28 anni caduno, e il residuo 4 indica che del sessantesimosettimo Ciclo correrà l'anno quarto.

Cav. GIACINTO CARENA.

L'arte è l'applicazione del sapere ad un fine pratico; se il sapere consiste solamente in una sperienza accumulata, l'arte è *empirica*; ma se è fondata sopra di una sperienza ragionata e guidata da principii generali, essa assume un più nobile carattere, e diviene *arte scientifica*. Nel progresso del genere umano dalla barbarie al vivere civile, le arti necessariamente precedono la scienza, perchè il circolo dei più bassi piaceri dev' essere percorso e trovato insufficiente prima che gli intellettuali vi sottentrino.

HERSCHEL.

BACONE

Se il giudicio della storia, contento all'utilità durevole ed universale delle opere dell'ingegno, dimenticasse nella vita dei grandi quelle azioni circoscritte e transitorie che sono il risultamento dei loro sentimenti morali, la gloria di Francesco Bacone rifulgerebbe come un sole senza macchia in mezzo a Newton ed a Galileo nel tempio della immortalità. Ma la storia nella sua imparzialità è inesorabile, e lo splendore dello scienziato contribuisce anzi a dar maggior rilievo alle pecche del cittadino; cosicchè qualunque si faccia a meditar la vita di Bacone resta profondamente umiliato e dolente che l'umana natura possa abbinare ad un tempo le più sublimi doti dell'angelo e le ree qualità del demonio, trasformare un istesso soggetto ora in aquila che sale oltre le nubi, ora in rettile vile che si ravvolge nel fango.

Francesco Bacone nacque in Londra l'anno 1561 da sir Nicola che fu guarda-sigilli d'Inghilterra durante i primi vent'anni del regno di Elisabetta, uomo di intera fede, ed ammirato da tutti, al quale Camden e Buchanan solean dare il titolo di *seconda colonna dello stato*. Ebbe per madre lady Anna, cognata di William Cecil, che fu poi lord Burleigh, femmina fra tutte le molte letterate di quel secolo dottissima nella teologia e nelle lingue antiche, che commentò Lisia ed Isocrate, e sostenne una lunga corrispondenza in greco col vescovo Sewell. All'esempio di lei ed alla gracilità del proprio temperamento andò il giovine Bacone debitore di quelle sedentarie e studiose abitudini che lo distinsero fra' suoi compagni, e gli diedero campo di farsi ammirare per la arguzia delle sue risposte dalla regina, che lo chiamava il suo *piccolo guardasigilli*. Fra i tratti del suo rapido sviluppo, si narra che un giorno abbandonasse i giuochi nei quali stava immerso per andare a cercare dentro una cantina la causa d'un eco singolare che lo aveva ferito, e che a 12 anni avesse già composto un commentario sull'arte dei prestigiatori, ossia sui così detti giuochi di magia bianca.

Appena, con gran successo, terminati i suoi studi nel collegio della Trinità a Cambridge, studi, per la maggior parte, consistenti in un guazzabuglio di sofisticherie aristoteliche, egli fu mandato a Parigi sotto la direzione del valente politico sir Amias Paulet che ivi era inviato d'Elisabetta. Quantunque la Francia presentasse a quell'epoca la più deplorabile agitazione per le contese rinascenti dei cattolici e degli ugonotti, pure il tempo non corse indarno al giovin filosofo; egli visitò le provincie, si occupò di politica e di legislazione, e compose quelle *Note sullo stato d'Europa* che vennero poi stampate nelle sue opere. Altro argomento di studio fu per lui l'arte di scrivere in cifra e di trovarne la chiave, oggetto a quei giorni di grande importanza, ed inventò una nuova maniera molto ingegnosa che si trova nel suo libro *De augumentis*.

La quasi improvvisa morte del padre lo richiamò l'anno 1580 in Inghilterra, dove parea che nulla dovesse essergli più agevole che il raccogliere eredità d'onori e di lucro; ma invece l'attendeva una sorte contraria. Nè i riconosciuti suoi meriti, nè le più incessanti preghiere valsero a farlo salire nel favor della corte, e dovette contentarsi del titolo vano di consigliere straordinario della regina, senza coglier dalle sue cognizioni che un ben tenue ricolto. Il ministro Burleigh, capo di uno dei più potenti partiti della corte, si attraversò mai sempre all'avanzamento del proprio nipote, forse per timore che questo potesse soppiantare il suo figliuolo che cominciava allora a mostrarsi nella carriera politica. Null'altro infatti poteva dar ragione della condotta del ministro, giacchè la più bassa umiliazione non veniva da Bacone risparmiata quando si trattava di compiacerlo e di evitare il malcontento dell'uomo potente. Forzato perciò di cercar la fortuna nell'esercizio della giurisprudenza, visse qualche anno nell'oscurità, senza per altro cessare dalle istanze presso i parenti onde ottenere una condizione migliore che non lo astringesse a lavorar senza gloria in fatiche da schiavo. Egli subì con una serenità e costanza che confinavano colla viltà e le ripulse dello zio e l'ironia dei cugini, finchè la sua inalterabile insistenza la vinse, e fu nominato membro della *camera stellata*, posto che finalmente lo tolse alla dura necessità di sudare pel quotidiano suo pane.

Eletto membro del parlamento nel 1593 per la contea di Middlesex, colla varietà delle sue cognizioni, colla sua ricchezza d'immagini, col suo stile stringato, non tardò molto a procacciarsi nome di grande oratore; ma la missione politica, ch'egli si proponeva, di conservare il favor della corte, cattivandosi in pari tempo quello del popolo, sarebbe stata a quei giorni impresa impossibile ad ogni altro, tranne che a lui. Una volta sola l'amor patrio la vinse sui freddi e personali suoi calcoli, ma egli seppe scontare questo accesso di virtù generosa colle ritrattazioni più abbiette. Simile a Cicerone in esilio, ei discese alle suppliche più indegne d'un uomo nelle sue lettere al suo parente gran cancelliere, per ottenere il perdono di un atto che lo avrebbe onorato in faccia a tutta la nazione.

Convinto per lunghi e replicati esperimenti dell'astio del suo parente Burleigh, si gittò in braccio al partito che dividea con esso l'impero sulle deliberazioni della regina. Ne era rappresentante un giovine amabile, ardente, generoso, ma in pari tempo imprudente, orgoglioso, leggiero, il conte di Essex, che diventò l'amico, il protettore del nostro filosofo. Appena fu vacante il posto di procurator generale, Essex mise in opera tutto il suo credito per farlo conferire a Bacone, usando preghiere, seduzioni, minaccie, quasi si fosse trattato del proprio fratello; ma l'influenza dei Cecil e l'orgoglio di Elisabetta che si piccava di contraddire al suo favorito per toglier l'idea che egli fosse divenuto il suo padrone, resero vane le speranze di Bacone, ed un altro fu nominato in vece sua. Essex non men dolente di lui, e persuaso che la propria raccomandazione gli fosse stata nocevole, volle, colla più nobile gentilezza d'animo, rifarlo del danno a sue spese, donandogli una terra situata a Twikenham del valore di duemila sterline. Bacone, nel rendergliene grazie, scriveva: «Poco mi cale della fortuna per se medesima; ma l'offerta che voi mi fate, mi richiama alla mente ciò che dicevasi in Francia sul conto del duca di Guisa, esser egli, cioè, il più grande usuraio del regno, e perchè convertiva in obbligazioni tutti i suoi possedimenti, e perchè si accaparrava tutti i cuori co' suoi benefizi. Io non vi do per consiglio di farvene imitatore, perocchè correreste risico di trovar molti cattivi debitori». — Ora chi avrebbe creduto che colui che scriveva in tali termini sarebbe divenuto uno di questi, anzi uno dei più esecrandi, di quelli che volgono il benefizio a danno del benefattore? Eppure tale il mostrarono di lì a poco gli avvenimenti.

Essex un giorno ha un violento diverbio colla regina; questa nel bollore della collera gli dà un manrovescio (favore del quale dicesi non fosse parca co' suoi famigliari); il conte si lascia trasportare al furore; pon la mano all'elsa; ma tutto finisce, e dopo qualche giorno la riconciliazione è compiuta. La regina lo invia in Irlanda a sedarvi una rivolta, ed egli commette falli imperdonabili: è redarguito, risponde con insolenza; abbandona il suo posto contro gli ordini della corte, e intanto che si sta formando il processo della sua condotta, forma l'insensato progetto di rapir la regina, e distrugger così tutta la rivale fazione. Una vil plebaglia gli presta mano e si solleva al suo cenno, ma compressa dalle forze del governo, il conte rimane isolato, vien posto in prigione, ed accusato di tradimento. Qui comincia la vergogna di Bacone. Per esser giusti, convien confessare che egli fino a tanto che credette potergli esser utile senza suo danno, lo fece; ma visto che la sua equivoca posizione dispiaceva alla corte, calò la maschera e cedette alla naturale viltà. Dopo aver debolmente cercato di scansar la funesta obbligazione di attaccare un intimo amico, Bacone si abbandonò intieramente ai voleri di Elisabetta, e divenne il pubblico accusatore di lui. Se egli fosse stato di cuore nobile come d'ingegno, avrebbe potuto esitare? Lo si sarebbe veduto posporre credito, ricchezze, potere al dover sacrosanto della gratitudine, assidersi difensore al fianco del reo, riceverne sul patibolo l'ultimo bacio, difenderne la memoria dai postumi oltraggi degli inimici; se fosse stato di cuore volgare, avrebbe almeno nel silenzio schivato tanto il pericolo della difesa che l'obbrobrio dell'accusa; ma Bacone era pauroso e di null'altro curante che di se stesso; il senso morale era in lui debolissimo, e diventò perciò l'oppressore, il carnefice dell'infelice. Non vi fu minuto particolare di un delitto già per se stesso evidente, cui egli non abbia con tutta la potenza del suo ingegno sviluppato ad eccidio del proprio benefattore, del quale sostenne imperturbato i rimproveri, e non contento di aver, per così dire, affilata la scure che dovea reciderne il capo, accettò il carico di disonorarne le ceneri, pubblicando la turpe apologia della condotta di Elisabetta nella sua *Esposizione della cospirazione di Roberto conte d'Essex.*

A. FAVA.

FAVOLE INEDITE

IL PASSERO E LA LEPRE

Fra le branche dell'aquila
Altamente gemea
Una lepre, ed un passero
Così la deridea :

« E dove mai la solita
Destrezza rinomata,
Dove dei piè la facile
Velocità n'è andata? »

Parlava ancor, quand'eccolo
Da un falco di repente
Ghermito, e tratto, ahi misero!
A morte invan piangente.

Mentr'egli muor, la povera
Lepretta i suoi tormenti
Sembra scemar volgendosi
A lui con questi accenti:

« Testè sicuro e libero
Godevi del mio male,
E ora un destin dèi piangere
Al mio destino eguale ». —

Degli altrui danni ridersi,
Mirar l'altrui periglio,
Senza por mente al proprio,
È stolido consiglio.

LE LEPRI STANCHE DI VIVERE

Un dì per grave strepito
Nel bosco spaventate
Le lepri, in queste uscirono
Parole disperate:

« Perchè in timor continuo
Ci tiene iniqua sorte,
Un sì penoso vivere
Meglio è cambiar con morte ».

Ciò detto, a un fiume corrono
Per annegarsi. Arriva
Lo stuol di quelle misere
Appena in sulla riva,

Che in l'alga balzar vedono
Le rane per fuggire:
Onde una lepre attonita
Fermessi e prese a dire:

« Più di noi dunque temono
Le rane e son più oppresse?
Da lor, compagne apprendasi,
A vivere noi stesse ». —

Ti pare insopportabile
Tua condizione amara?
I mali altrui considera
E a tollerarla impara.

Dott. Domenico Cervelli.

DEI GUFI

Sotto il nome di *gufi*, *allocchi*, *barbagianni*, si conoscono comunemente tutti quegli uccelli predatóri che esercitano le loro rapine in tempo di notte, che i naturalisti chiamano *strigi*, e costituiscono la sezione dei *rapaci notturni* nelle classificazioni zoologiche. Formano questi animali un gruppo naturale ben distinto dagli altri uccelli, per dei caratteri esclusivi che a colpo d'occhio li fanno riconoscere. Il loro istinto di far caccia in ore determinate ha portata una modificazione nel loro organismo: un maggiore sviluppo cioè degli organi de'sensi esterni, specialmente in quelli dell'udito e della vista, per cui il loro capo risulta molto voluminoso. Di fatti i lati posteriori di esso dilatansi per contenervi gl'istromenti dell'ascoltazione più complicati degli altri uccelli, che si aprono all'esterno, mediante due specie di opercoli, aventi la facoltà di alzarsi ed abbassarsi all'occorrenza, onde percepire il più debole suono o leggiero fragore che l'alto silenzio della notte fino ad essi fa giungere. Una tal protuberanza porta che gli occhi siano spinti in avanti, fino al punto di venire anteriori come quelli dell'uomo. Gli organi della visione, parimenti più grandi che negli altri uccelli, hanno la membrana dell'iride molto contrattile, in guisa che la loro pupilla si dilata e restringe per ammettere nel loro interno maggiore o minor quantità di raggi luminosi. Questa disposizione, unita alla facoltà che hanno tutti gli uccelli di adattare la loro vista a qualunque distanza, formano una squisita percezione in tali organi. Le narici aperte alla base del becco sono contornate di ruvide setole, onde le penne della faccia non le ricuoprano e ottundano l'odorato. Il loro becco adunco e tagliente è ricoperto da una membrana che i zoologi chiamano *cera*, destinata al tatto, e perciò sensibile. La testa in alcuni è ornata di due ciuffi di penne erigibili: gli occhi contornati di un giro di penne raggianti: tutto il loro corpo guernito di folte penne per essere difeso dalla intemperie notturna, e queste soffici e leggiere, onde nel volo non producessero strepito o turbassero il sonno della loro preda, avvisandola del sovrastante pericolo. Le ali grandi, perchè buoni volatori. Le zampe robuste, ricoperte di penne: quattro diti corti e forti, tre anteriori, l'esterno dei quali versatile, o capace di rivolgersi indietro, l'altro posteriore; muniti tutti di unghie adunche, aguzze e solcate inferiormente. La coda corta.

Di tutti questi uccelli, alcuni sono migratori, altri stazionari. Il loro costume è quello di vivere nelle spaccature delle alte rôcche, sugli antichi alberi o vecchie torri. Quasi tutto il dì stanno nelle loro tane immobili in una posizione, e non ardiscono comparire di giorno perchè la luce solare li offenderebbe. Come la piena luce del giorno, così l'intiera mancanza di essa, nelle notti nuvolose, impedisce loro di vedere, perciò all'imbrunire della sera, al lume di luna o delle stelle, nelle notti serene escono a far preda, ed assaliscono nella notturna quiete, al loro stesso covacciolo, lepri, volpacchiotti, sorci, talpe, uccelli, e perfino rane, rospi, lucertole ed altri rettili. Dilaniano la grossa preda; deglutiscono interi i piccoli animali, dopo avergli fratturate le ossa, che rigettano in pallottole, unitamente ai peli e le unghie. La loro tana è quasi sempre fornita di cacciagione, ma se questa loro manchi, allora sono costretti di uscire anche di giorno per provvedere ai loro bisogni. Al loro strano apparire sono attorniati da una gran moltitudine di uccelli di ogni specie, destando in essi un' antipatia generale. Sono assaliti da branchi di cornacchie, contro le quali soli si difendono a colpi di becco, e ne restano vincitori uccidendone, e facendo preda di esse. Questi uccelli gridano durante la notte con una voce strana, rauca, monotona e lugubre, in guisa da imitare in distanza un lamento umano. Si fabbricano il nido con piccoli tronchi di albero, e producono uno o due uova.

Tutti gli uccelli che hanno questi caratteri Linneo comprese nel suo genere *strix*, che nella cuvieriana classificazione fu diviso in sottogeneri, ma i naturalisti più recenti ne formarono una famiglia naturale sotto nome di *strigidi*, composta di tanti distinti generi. Fra gli altri che vi appartengono, trovasi il genere *bubo*, stabilito da Cuvier: ad esso appartiene la specie che vogliamo descrivere in questo articolo, che è il *gufo reale* o *strix bubo* dei zoologi, distinto dai Francesi col nome di *gran duca*: eccone i suoi specifici caratteri.

Il capo è molto voluminoso: nella sua parte anteriore porta due grandi occhi, la cui iride è di color giallo-zafferano che, unito alla loro fosforescenza nella notte, e ai grandi ciuffi di penne nere che sormontano la testa, mentisce l'aspetto di un gatto. Il suo colore è di un fulvo lionato più carico sul dorso che nelle parti inferiori: sopra ciascuna penna v' ha una fascia longitudinale nera, attraversata da linee egualmente nere ondulate, o a zig-zag, qual carattere è soprattutto palese sui fianchi e sul ventre: i maschi hanno una larga macchia bianca sul petto. Le penne delle ali di un grigio lionato macchiettato di nerastro con un gran numero di fasce scure: i piedi calzati fino alle unghie da penne fulve, con macchiuzze scure. Le unghie nere.

Il gufo reale è il più grande di tutti, giacchè arriva alla grossezza di un'oca, e per ciò ha avuto ancora il nome di *aquila notturna*: a preferenza delle altre specie, soffre la luce del dì, vedendolo uscire dalla sua tana prima degli altri, e rientrare l'ultimo. Nella notte manda un ripetuto grido lugubre di *huihù*, *huhù*, *puhù*. Per la sua robustezza attacca anche animali di grossa mole, non esclusi i gatti e i falchi stessi, che come gli altri gli volano addosso: si difende mirabilmente contro l'aquila, restando incerto per qualche tempo l'esito della zuffa, che talvolta si decide dalla sua parte.

Il suo nido, fatto con tronchi d'alberi, è rivestito internamente con foglie soffici, ha circa tre piedi di diametro, e partorisce due, o raramente tre uova. I pulcini durante la loro infanzia sono voracissimi.

È un uccello comunissimo in Italia, Grecia, Alemagna e Russia, lo è meno però in Francia e in Inghilterra. La varietà italiana si distingue pei colori meno carichi, e pei piedi più corti e più sottili. La varietà greca, a cui Brisson ha dato il nome di *gran duca d'Atene*, si ravvicina all'italiana per analogia di caratteri.

Questo uccello fu dagli antichi consacrato a Minerva, come simbolo della vigilanza. Se dobbiamo stare ad Ovidio nelle *Metamorfosi*, che fa cangiare Ascalafo in gufo, dovremmo credere essere stato riputato questo uccello di cattivo augurio: ma sappiamo da Servio che era tale soltanto allorchè faceva sentire la sua voce; al contrario presagiva un fausto avvenire. Abbiamo di fatti che un solitario gufo, postosi al lato del palazzo di Didone, atterrì coi suoi funesti gemiti questa principessa, e l'apparizione muta di esso presagì ad Agrippa lo scettro della Giudea. Un tal pregiudizio è pervenuto fino a'nostri giorni, ma fortunatamente si è ristretto solo alle donnicciuole del volgo.

Il gufo reale serviva nella falconeria per dar caccia al nibbio, e per renderlo più strano gli attaccavano ad una zampa una coda di volpe, come può vedersi nell'*Uccelliera* di Olnia, ove si descrive questa caccia.

Lo scorgere tutti questi animali immobili nelle ore del giorno ha fatto cadere in un errore volgare, cioè che siano stupidi, dando l'epiteto di *allocchi* agli uomini scarsi d'intelletto; devesi però credere il contrario, e facilmente ne saremo convinti se consideriamo che il far caccia di notte abbisogna di una buona dose di scaltrezza.

Terminata l'arte della falconeria, cessò questo uccello di servire alla caccia; ciò non ostante qualcuno ancora al giorno d'oggi lo adopera quale zimbello o richiamo, e dicono con esso prendere alle panie molti merli, tordi ed altri uccelli. In qualche luogo i contadini lo mangiano, e affermano produrre un eccellente brodo e una carne saporita, ma devesi riflettere, quella classe di persone, in genere, non essere stati mai buoni giudici sulla squisitezza dei cibi.

Profess. Giuseppe Ponzi.

ETIMOLOGIE ORIENTALI

DIVANO

La parola *Divano*, adoperata dapprima a significare i più alti ministri dello stato raccolti in consiglio per discutere le pubbliche faccende, e passata, col tempo, a denotare anche il luogo o la sala in cui tengonsi, ordinariamente, simili adunanze, deriva dalla voce persiana *Diw* (demone o genio), *Diwan* al plurale. «Un re persiano (dice il Dizionario di quella lingua *Ferhengi Sciuuri*) passando dinanzi al suo consiglio di stato disse: *inan diwan end* (questi sono demoni), e da quel giorno il nome di Diwan rimase al consiglio di stato, e alle raccolte di poesie; poichè il genio deve dominare tanto nelle opere poetiche quanto nel consiglio di stato ».

PIEDE, PEDONE ECC.

La parola persiana *pai* (piede) ed il suo derivativo *piade* (truppa a piedi) ha dato origine al greco *πους*, al latino *pes*, al francese *pied*, all'italiano *piede*, all'inglese *foot*, ed al tedesco *fuss*, oltre alle voci *pionier*, *pion*, *piéton*, ed assai altre che discendono dalla fonte medesima.

PASCIÀ

Dalla parola stessa *pai* (piede) deriva pure l'altra usitatissima voce *pascià*, cioè *pai-sciah*, quasi piede dello sciah od imperatore, figlia dell'uso, antichissimo in Oriente, di designare col nome delle principali membra del corpo, le più alte cariche dello stato, chiamando un ministro il *piede*, l'altro l'*occhio*, il terzo il *cuore* ecc. secondo che all'importanza e alla natura del vario ufficio meglio sembra attagliarsi.

CUFFIA

La parola *uskuff*, frequentemente adoperata nelle cronache turche più antiche, denotò da tempi immemorabili, fra' Musulmani, una foggia di berretto, originariamente muliebre, il quale oltre il coprire la parte superiore del capo, mandava certe sue falde giù pel collo e sugli orecchi, allacciandosi quindi sotto del mento. Egli è senza dubbio da essa che derivano la voce italiana *cuffia*, le francesi *coiffe*, *coiffure* ecc., nonchè le altre affini nelle lingue viventi.

PUNCH

Pengik, in greco *το πεμπτον*, è parola persiana, significante *quinto* o *quintuplice*, da *penge*, voce che nella stessa lingua suona cinque. Denotasi colà specialmente con tal nome una specie di bibita assai in voga, preparata con cinque ingredienti, cioè zucchero, arac, limone, tè ed acqua. Egli è certissimo che da questa radice *penge*, e dal suo derivativo *pengik* discese l'inglese *punch*, parola che tante migliaia di persone proferiscono ogni giorno, senza conoscerne l'origine e l'intima significazione.

CANDIA, SUDA

Sudan, significa in arabo *le mura*, e *chandak*, il fosso. Allorchè gli Arabi conquistarono Creta, designarono, antonomasticamente, con siffatte appellazioni due luoghi ove essi avevano trovati maggiori ostacoli di tale natura. Ciò diede origine ai nomi *Candia* e *Suda*, coi quali s'indicano, oggigiorno, due principali siti di quell'isola.

Cav. Baratta.

Stati Generali del 1614

CENNI SUGLI STATI GENERALI IN FRANCIA

Quelle politiche assemblee, che, sotto nomi diversi, concorrono, da un mezzo secolo, al reggimento della Francia, sono tanta parte della storia contemporanea, che chiunque voglia addentrarsi con frutto nel gran dramma del mondo, debbe necessariamente attingere intorno alle loro origini un onesto ed ordinato corredo di cognizioni. Gli è perciò che avendo, non ha guari, il Martin, dotto e temperato annalista francese, raccolti in una serie di interessantissimi articoli le più curiose notizie ragguardanti a sì grave argomento, noi andremo via via offerendole ai nostri lettori, vestite di parole italiane; certi che questo conscienzioso lavoro, accomodato all'indole ed alle dimensioni del nostro foglio, verrà da essi colla consueta benignità ricevuto e gradito.

Come proemio, e quasi vestibolo, intanto, della serie in discorso, noi diamo qui l'imagine degli Stati Generali tenuti nel 1614 nella gran sala Borbone, in Parigi; convegno celebre per sè, e più celebre ancora per avere servito di tipo al cerimoniale osservato negli Stati Generali del 1789, i cui seguiti furono di quella immensurabile portata che tutti conoscono. — Intera è la fedeltà dell'effigie, calcata sur un disegno eseguito, dal vero, da valente artista contemperaneo, e custodito, oggigiorno, nel gabinetto del signor cavaliere Hennin. I principali personaggi in essa espressi sono, come appare, distinti con una serie di numeri speciali, e ad uno ad uno significati nella tabella seguente:

1. Luigi XIII. — 2. Maria de' Medici. — 3, *Monsieur*, fratello del Re. — 4, Il Cancelliere. — 5. Il Gran Mastro. — 6, I Principi del sangue. — 7, Duchi, Pari e Cardinali. — 8, Segretari di stato. — 9, Oratore del clero. — 10, Oratore della nobiltà. — 11, Oratore del terzo-stato. — 12, Mastro delle cerimonie. — 13, Deputati del clero. — 14, 11, Deputati della nobiltà e del terzo-stato. — 15, Araldi d'armi di Francia.

Cav. BARATTA.

MASO E MENICUCCIO

NOVELLA

Nell' ingrata dimenticanza in cui tengonsi, pressochè universalmente, i puri ed autorevoli modelli del trecento, prova commendevolissima fanno coloro i quali attingendo a quelle caste sorgenti le norme dello scrivere, tornano alla contaminata nostra favella le grazie e l'efficacia nativa. Ed in questo glorioso novero è senza dubbio da porsi il sig. Domenico Perrero, autore della seguente novella, che noi pubblichiamo come saggio di un bell'ingegno nascente e come imitabile esempio alla gioventù rivolta allo studio delle italiche lettere.

Maso e Menicuccio erano due begli umori, li cui pari quanto è spensieratezza di vita, ed acutezza di ritrovati, non si diedero da assai degli anni. Conciossiachè oltre a pazzi perduti dietro ad ogni maniera di giuochi erano per soprassello bevoni sì solenni, che il passare il meglio del dì per le taverne avvinazzandosi, e facendo tempone, era per loro il superlativo grado d'ogni piacere; e beati quel giorno che potevano mettersi allato qualche quattrinello da potere a questo modo logorare! Ma siccome e' non erano troppo bene in essere di danari, e l'arte loro, chè ciabattini erano, non rispondeva loro di tanto da poter duraria a dilungo in questa spensieratezza di vita, era pure giuocoforza darsi attorno alla meglio, e studiare acconci da ciò! Il perchè il più del dì andavano per su i canti, e per le piazze qua e colà asolando, e tastando dove meglio gittare le reti, e se mai qualche barbagianni, chè non ce n'ha caro, dava loro alle mani, gli erano subito a' fianchi, ed impinzandogli il capo con una filatera di ciance nol lasciavano, sì l'avevano smunto affatto affatto, e ridottolo sul lastrico. Di che la gente che li conoscevano, voltando alla larga, li cansavano e stavano bene in sugli avvisi. Or perciocchè Domenedio non paga sempre il sabato, egli accadde a lungo andare, ch' e' furono pagati di tal moneta quali erano le derrate che vendevano: il che vi fia, come spero, da me dimostro in un fatto, il quale se ebbe un principio lietissimo, e tutto a disegno, alla fin delle fini però riuscì pessimamente. Adunque una volta fra le altre, saputo come in una buona terra del Canavese doveva essere gran fiera, come quelli che in questi torbidi erano usi di pescar assai bene, fermarono ad un animo di colà recarsi per lo migliore. La mattina pertanto dell'altro dì senza più si mossero a quella volta cacciandosi innanzi un asinello, il quale benchè tutto fosse sciancato, e pieno di guidaleschi, che a mala pena teneva l'anima coi denti, pure in queste loro gherminelle, caricandonelo alla meglio, rendeva loro buonissimo servigio. Andando così al loro cammino i due gioielli non furono proceduti oltre ad un mezzo miglio, che a Maso venne veduto innanzi non troppo da lunge un villanzone parando una sua vacca soprammano, ed in buon punto quanto esser poteva: il perchè venutogli in mente un suo nuovo pensiero, voltosi a Menicuccio, vo'tu, gli disse, che noi facciamo qualcosa di bene? Vedi tu là quel villano? Se non gliel'accocco, di' mal di me: lasciami guidar la bisogna come meglio mi torna, ed io ti do la cosa bell' e fornita: ma tu veh non uscirmi d'un iota del mio insegnamento, chè avresti guasto ogni cosa, e messolo al fatto di tutto che e'fare intendeva, Menicuccio promise, che per lui non istarebbe, che ella non avesse il pien suo. Maso frattanto studiando via più il passo non penò troppo ad aggiungere il villano, e salutatolo alla dimestica, si mise con lui in discorsi; e Menicuccio dietro a loro codiandoli dalla lunga, non si però che non udisse ogni cosa, che per loro si dicesse. Maso tentato l'uomo, lo trovò dolce anzi che no, e corrìbo, onde torcendo il collo dall'un de'lati, e facendo una cotal vocina sottile sottile gli venia contando le più belle novelle del mondo. Cioppo, tal era il nome del villano, che di scemo aveva ben tre quarti, tutto aveva per più che vero, e si chiamava per contento godendo un mondo d'aver incontrato sì buona persona: e così l'uno ciaramellando, e l'altro badando, ebbono ben consumato la metà del cammino. Finalmente il mariuolo trovato sì buon terreno pe'suoi ferri, composta seco stesso, ed ordinata una cotale storiella gliel'andò sciorinando con sì belle parole ed acconce da andarne preso qual e' più riguardoso non che un Cioppo: essergli, non faceva ancora un mese, morto il padre, coppa d'oro: lui aver lasciato per lo suo troppo dare a' poveri assai miseramente in istato, e per arrota con un buon carico di debiti: onde convenirgli per tirare la vita l'un dì per l'altro combattersi, e vendere quella poca di roba che gli era rimasa. Anche di questo miccio, seguitava continuandosi nel suo primo tenore, anche di questo miccio, il solo pensarvi mi passa fuor fuori, convien ch'io mi privi: ma sia pur con Dio sì veramente, che l'anima di mio padre n'abbia il buon pro', io non mi rimuto d'un apice. E detto questo, e rompere in un ribocco di lagrime, che non gli lasciavano riaver le parole, fu una cosa sola. Al villano non ci volle un terzo di tutto questo per farlo imbietolire della compassione, e fattosi come sopra pensiero, buon uomo, disse a Maso, questo tuo dolorare mi sa troppo più male che tu non credi, e perciocchè io son per le man di provvedermi d'un bestiuolo per mio servigio, se questo tuo è tale da potervi far sopra assegnamento, e io son presto di comperarnelo. A Maso, sentito ciò, s'allargò il cuore ben due palmi, e parvegli d'aver colorito il disegno assai bene; il perchè rimessosi in sembianza come di consolato, galant' uomo, rispose, tu m'hai per poco risuscitato dell'allegrezza: ma siccome a me non s'addice di fare il panegirico alle cose mie, io quant' egli è lungo ti do l'asinello nelle mani, e tu prendine sperimento, e vivi sicuro, che ne vedrai maraviglie.

A Cioppo, bestia in doppio, il partito parve ben vantaggiato, e senza badar più là, consegnata a lui la vacca, che dovesse guardargli, s'accavallò all'umile bestiuolo. In questo medesimo Menicuccio, il quale ogni cosa aveva origliata per punto, passò lì vicino, e Maso, olà quel galantuomo, gli gridò contro, se non vi sconcia, date in cortesia due botte a quella bestia, che Dio ve ne rimeriti. Non parlò a'sordi, che Menicuccio senza volerne altro, messo mano ad un randello, che portava a ciò, crosciò giù per li reni alla povera bestia due colpi sì ben calcati, che benchè la avesse il restio, non ne attese il terzo, ma alzati i garretti si mise battendo il galoppo: nè per questo si rimaneva il randello, ma cadendo or da un lato, ed or da un altro, soprammoltiplicava i colpi per modo, che il miccio non aveva requie nè tregua che valesse. I contadini, che erano per le campagne lavorando, veduto quel tanto nabissare dell' asinello con sopravi l'ometto, non furono tardi ad uscire sulla via e bisticciandolo, e sghignazzando senza guardare al cavaliere più che al cavallo gettavano ogni maniera di bruttura, e facevano loro calca addosso: anzi i più arditi non tenendosi a ciò contenti facevano di mali scherzi al bestiuolo, che levando le groppe, e sprangando calci all'impazzata, non trovava luogo da quella furia. Questo guazzabuglio ed abburattamento fece a Menicuccio grandissima copia di fuggire; ond' e', colto il destro, e forando tra la calca si sottrasse e di tratto andò a raggiugnere al luogo posto Maso, il quale a bella prima colla vacca di Cioppo fuggitosi, l'attendeva. Da Menicuccio narrato in digrosso l' avvenuto, amendue ne fecero le più grosse risa del mondo, e si diedero a menar le calcole, sebbene per la tardità della bestia non con quella fretta, con che avrebbero desiderato. In questo mezzo i contadini dopo essere andati buon tratto a quel modo che abbiamo detto, sonando le tabelle dietro a Cioppo, già fastiditi cominciavano a sbandarsi, ed a ridursi ai loro lavorii, cotalchè non andò a molto che e'rimase solo nato. Perchè il villàno, che non meno era ristucco di questa sua cavalcata, data la volta alla rozza, non istette molto, che colà si fu ricondotto dove aveva lasciato Maso colla bestia. Ma qual non fu la sua maraviglia, quando non vide più nè l'uno nè l'altra! fruga di qua, rifruga di là, non ne potè attigner punto del mondo. Allora conobbe aperto che alla sua vita non aveva mai fatta la peggior pensata di lasciare la lattuga in guardia a' paperi, ed uscito fuori di sè mostrava uomo disensato. Le pazzie, e le disperazioni che e' fece, furono grandissime, in tanto che indovinandogli il cuore e gli amari rimbrotti della moglie, e lo smacco, che indi grave ne sarebbe derivato alla famiglia, gittatosi a qualche rovinoso partito, egli era a perdersi: se non che alcuni amorevoli messisigli intorno, e forte vituperandogli il suo consiglio, nel vennero con belle forme e rettoriche sconfortando: e queste adoperarono per modo, che Cioppo, smaltita la collera, e raccattato un po' di cervello, si lasciò ire a fare il piacer loro; e poichè altro non ne poteva, inforcato il malarrivato asinello, bestemmiando, e martellando a grossi colpi di mazzafrusto, si mise verso casa. Ma che non fa quella ria fortunaccia quando s'incoccia a voler la baia de' fatti altrui? Mentre Cioppo con quell'animo, che abbiamo detto, preso il cammino verso casa andava seco stesso mulinando sull'avvenuto qualche storiella per acquetare la moglie, che non gli cavasse un occhio, non era forse ancora proceduto oltre a due miglia, che dal vedere al non vedere, si sente mancar di sotto la schiena dell'asinello e d'un salto si trova sbalzato in una pezzanghera, che li di costa alla via assai profonda si ritrovava. Il fatto si fu, che il povero bestiuolo tra per la notte che più litta del solito era sopraggiunta, ed i manrovesci, che Cioppo assorto ne' suoi pensieri, senza legge o misura gli andava giù per le reni crosciando, non vedendo più lume, nel dare ch' e' fece la volta alquanto stretta ad un canto, impuntò in uno sterpone, e giù in un fascio col cavaliere fece un torno, che non mai il migliore. Fate mo' ragione come in mezzo a quella broda dovesse stare il cuore al poveretto: se non rinnegò Dio e i santi, non fu poca cosa. Ben è il vero che a tutta prima lavorando gagliardamente e di mani e di piedi era giunto per poco a rilevarsene, ma in quella che stava per afferrare la riva, il miccio, che non lontano era, tale sprangò un calcio, che celtolo a mezza vita nel ricacciò indietro a mal partito più che mai. Laonde non vedendo miglior modo, messosi con quanto ne aveva in gola in sul gridare, e in sul bestemmiare, faceva uno schiamazzo d' inferno chiamando accorruomo, accorruomo.

Per sua buona ventura non lontano dal luogo in cui il misero si giaceva capitò ad esservi un convento di frati, i quali in opera di fare al prossimo quel più bene, che per loro si poteva, erano per que' dintorni in buonissima voce. Costoro udito quel tanto guaire, e chieder mercè, non sapevano ben essi che si volesse dire: pure come quelli che buone persone erano messisi alla cerca, e tenendo dietro alla voce ognor crescente, non furono iti treppo, che e' vennero a dar di petto nel luogo in cui il misero Cioppe se ne stava soppozzato: vedutolo in quel lacrimevole stato, che ben possiamo immaginarci, gli ebbero compassione, e con funi, e con altri argomenti, che meglio seppero trovare, tanto si adoperarono che sebbene più morto che vivo, pure alla fine nel trassero fuora, e lo trasportarono al convento, dove adagiatolo di una nuova roba, che per avventura avevano presta, e confortatolo con ogni maniera di amorevoli uffici, per poco nol risuscitarono. Cioppo sentendosi omai per tante cure rinsanguinato, ed in buon essere, non si rimaneva di ringraziare il Cielo, che fra tante misventure di tanto ancora lo amasse d'averlo fatto capitare in mani così amorevoli. E perciocchè que' padri raggruppatisigli intorno gli facevano calca, che dell'avvenuto in quel dì non gli gravasse di chiarirgli, egli cominciata la storia ab alto loro venne ogni cosa, ogni cosa sciorinando per filo, e per segno sino a quel punto. Il racconto parve a que' padri strano anzichenò, e poichè altro non potevano, lo esortavano, come era il dovere, a star di buon animo, ed a mettersi tutto a Dio. Uno però fra gli altri, il quale al racconto di Cioppo si era più d'ogni altro riscosso, stette alquanto come sopra sè, e quasichè qualche nuovo pensiero gli fosse nato pur allora in capo, fatti cessare gli altri, conosceresti, disse a Cioppo, cotesti galantuomini, che sì bene te l'hanno investita, se per avventura ti si dessero innanzi? Madiesi, rispose Cioppo, ch'io li distinguerei fossero ben fra mille. Ileno stà, disse l'altro, tienmi dietro, che se il cuore mi dice vero, tu ne avrai il buon pro. Cioppo senza sapere più là fu presto a seguire il frate, che messosi in un andito si fu condotto ad una porta alla quale soffermatosi faceva segno a Cioppe, il quale issofatto messo l'occhio ad una fessura, che rispondeva in un camerotto, vide due uomini ad un tagliere, che mangiando e bevendo si davano buon tempo, e sbirciatili ben bene conobbe essere i due mariuoli. Fu a un pelo, che spinto dallo sdegno non prorompesse entro per prenderne con le sue mani vendetta, se non che rattenuto dal frate, recatosi a miglior consiglio s'accomodò al piacer suo, richiedendonelo però d'uno schiarimento sopracciò. Egli rispose, che giunti in sull'annottare alla porta del convento due uomini con a mano una bestia, e pregatonelo, che di qualche ricovero volesse loro esser cortese, egli, perciocchè il buio era grande, avuta loro compassione, li aveva per quella notte d' uno stanzino accomodati, e che ora sentito de' suoi casi ben s'era apposto come la cosa voleva essere. Parve proprio che la fortuna avesse voluto condurli al varco per recare tutte le vendette a un colpo, onde mossisi in sul deliberare, che fosse principalmente da fare per carpirli alla non pensata, riuscirono qua, di mandare cioè qualcuno a città invocando il soccorso ed il braccio della giustizia. Accomandata pertanto la bisogna ad un cotale, che in ciò valeva tant'oro, e'fece sì bene i fatti suoi, che innanzi che fossero troppe ore egli era già con alcuni della famiglia di ritorno al convento, ed asserragliato diligentemente il luogo intorno intorno seppero sì ben condurre la trama, che i malaccorti furono prima presi, ch'e' se ne addessero, sicchè la lepre fu proprio presa al covo. Pensate se e' dovettero filar sottile, e farsi il segno della croce vedendo ciò che meno pensavano: a tutta prima nicchiavano, ma le furon novelle, chè non furon voluti sentire, ma dati senza più nelle mani del fisco, di questa e d'altre ribalderie, che ben si scopersero altri embrici, furono a ragion di giustizia severamente puniti.

Domenico Perrero.

Qual è il carattere della poesia dantesca?

Benchè lo stesso spirito regni nelle tre cantiche, partecipan elle però della natura dell'argomento, e ne traggono il loro carattere dominante. Il nero, il terribile aggiungono al più alto grado nell'Inferno: il Purgatorio spira la pia malinconia della penitenza soffrente e rassegnata: nel Paradiso la calma, la serenità, l'estasi religiosa occupano la mente, informano lo stile del poeta.

Conte Tullio Dandolo.

CONDIZIONI POLITICHE DI VENEZIA NEL SEC. XIII

La storia del pontefice Innocenzo III e de'suoi contemporanei, scritta in tedesco dal sig. Federico Hurter, presidente del Concistoro di Sciaffusa, è stata accolta dai veri dotti di Europa con tanto plauso, e ricolma di tante lodi, che noi crediamo inutile andarle ripetendo in questo nostro giornale. Fra i molti pregi, di cui è splendidamente fornita, uno è la verità ed evidenza storica anche nei più minuti particolari che riguardano gli avvenimenti straordinari del secolo XIII. Tali sono per esempio le descrizioni di Venezia, di Costantinopoli, di Roma a quell'epoca, le battaglie dei Crociati in Oriente, i fatti d'arme dei Cristiani contro a' Mori di Spagna, che l'autore ha descritti colla più severa esattezza. Noi crediamo fare cosa grata ai nostri cortesi lettori, se da questa opera insigne sceglieremo alcuni di tali tratti di maggior bellezza e importanza per fregiarne il Museo. E ci è grato poterci valere della recentissima traduzione, che il chiarissimo signor abate cav. Cesare Rovida ha regalato all'Italia con tanto utile delle lettere e della religione.

Tra le città d'Italia, Pisa, Genova e Venezia, che, in questo periodo di tempo, gareggiavano di potenza, l'ultima era alle altre superiore per la sua floridissima condizione. Ne' primi anni in cui lo stato di Venezia uscì dall'infanzia, due secoli e più, prima del regno d'Innocenzo, Venezia aveva sposato il mare (1), e questo sposalizio veniva dal doge ogni anno ripetuto, e fruttò, a dir vero, una discendenza attiva, vigorosa, ricca e potente. La possanza marittima greca, che un giorno era la sola dominatrice dell'Europa meridionale, da gran tempo era stata annientata: e gli imperadori di Bisanzio erano costretti a confidare la custodia dei loro mari e delle loro spiagge a quegli audaci uomini di mare che avevano avuta la necessità per maestra, e per teatro della loro educazione i marosi del Golfo Adriatico.

Il poter marittimo della Sicilia seguì esso pure il decadimento della stirpe dei re normanni, e Venezia, già da venticinque anni, avea distrutta la flotta dei Pisani e de' Genovesi, due volte più forte della sua. Il commercio, le ricchezze, la possanza di Venezia progredirono a passi di gigante: e pareva che la fedele devozione di Venezia al capo della Chiesa e la riconciliazione dell'imperatore col papa, operatasi in quella città, spargessero la benedizione su tutte le imprese de'valenti suoi figli.

Flotte di duecento e più vascelli veneti spesse volte eransi presentate nel Mediterraneo. Nè di ciò dobbiamo meravigliarci: perocchè la Repubblica avea la maggiore facilità di procacciarsi il legname da costruzione, che veniva condotto sul dorso de'fiumi dall'Istria coperta di foreste a Venezia, e dalla Dalmazia per la via del mare. Nè solamente era meravigliosa la quantità de'suoi vascelli; degne di tutta l'attenzione erano pure le varie loro forme, adatte all'uso per cui dovevano servire (1), e il modo assai ingegnoso con cui erano costrutti, e la loro grandezza e solidità per cui riuscivano capaci di trasportare batterie d'assedio ed eserciti interi composti di ben cinquantamila soldati: il che non ci dee sembrare un'esagerazione, quando si consideri che le spiagge e le città conquistate della Dalmazia, le province tributarie, gli uomini robusti e coraggiosi che dalle montagne e da tutte le contrade all'intorno affluivano a Venezia in que'tempi di turbolenze e di bisogni, preparavano agevolmente alla Repubblica e marinai e soldati in gran numero, i quali venivano pure aumentati dall'alleanza che avean stretto co' principi circonvicini. Ed egualmente non ci dobbiamo meravigliare della somma perizia colla quale i capitani di tutti que'vascelli sapevano metterli in movimento, della destrezza de'soldati in lanciar frecce, in vibrar lance e nel servirsi della spada, della cognizione de'marinai nel maneggio delle vele e de'remi, dell'abilità colla quale questi innalzavano torri innanzi alle mura delle città come se dispiegassero vele, e le abbattevano con macchine imitate da quelle degli antichi Romani, e dell'ardimento con cui investivano i vascelli nemici e li cacciavano a fondo; quando si sa la più rigida disciplina essere stata l'anima di quella stupenda istituzione, e l'obbedienza tenere tutti i membri riuniti come in un solo corpo (2). I capi della Repub-

---

(1) *Foscarini* (della Letterat. Venez., p. 216) ammette che il doge Pietro Orseolo sia stato assai verisimilmente quello che ha introdotto quest'uso verso la fine del decimo secolo (*).

(*) « La signora Giustina Renier Michiel (così il Tamassia, Quadro della Rivol. d'Europa, t. II), nell'opera che ha per titolo — *Origine delle Feste Veneziane* — si sforza, con argomenti, a dir vero, alquanto ricercati, di provare la ragionevolezza di queste mistiche nozze di Venezia col Golfo Adriatico, che altro in sostanza non provano, se non se la ingordigia mercantile degli antichi Veneziani, ed una ingiusta pretendenza di esclusivo dominio su di un mare, cui eglino avevano diritti eguali a quelli che tutti gli altri popoli della terra hanno su di esso, del pari che sull'ampio e liberissimo Oceano. Il leon veneto però meritava la mano della Ninfa dell'Adriatico, che da lungo tempo esso corteggiava: avvegnachè sin dal decimo secolo, poichè Pietro Orseolo II si fu impadronito dell'Istria e della Dalmazia, il Doge era solito di fare ogni anno una solenne visita a quel celebre golfo, per cui Venezia arricchiva ed ingrandivasi » (*Ediz. ital.*).

---

(1) Vi avevano *dromani, galle, galeotti, zalandri, cumbarie, uscieri*. — *Marini*, Storia del commercio de' Venez., t. III, IV.

(2) — . . . *gens nulla valentior ista*
Æquoreis bellis . . . .

Gvil. Apvl.

— . . . *classem populosa Venetia misit*
. . . *dives equum, divesque virorum.* Id.

blica possedevano in egual grado l'arte di dirigere gli uomini, e quell'amor vero di patria che alla prosperità degli interessi ed alla gloria di lei sagrifica ricchezze, onori, possanza e persino la vita.

La sorgente della ricchezza, e conseguentemente della potenza di Venezia, era il commercio (1). E già da gran tempo Venezia avea dilatata l'autorità su tutte le spiagge del Mediterraneo, ed era entrata in commercio con Bisanzio, prima che nessuno in Italia a ciò avesse pensato. Una circostanza contribuì d'assai a facilitare questa unione, ed è che anticamente usavasi in Costantinopoli considerare Venezia come una parte dell'Impero romano, di maniera che i Veneziani potevano risguardare le città di quell' impero, come se ciascuna di esse fosse la loro patria (2).

Dopo l'assassinio del doge Vitale Falieri ed il cambiamento che vi tenne dietro delle leggi fondamentali della Repubblica, queste relazioni commerciali avevano preso un novello ingrandimento: i Veneziani provvedevano l'Impero bizantino di tutte le cose necessarie e gradevoli al maggior comodo della vita, trasportando negli altri paesi l' abbondanza de' ricchi prodotti di quello. Possedevano alcune contrade specialmente fabbricate nel quartiere di Costantinopoli il più vicino al porto: ed erano diventati sì numerosi e sì pieni di confidenza in se stessi, che punto non si curavano delle imperiali prescrizioni e maltrattavano sovente persino i primi dignitari dell'impero. Essi godevano non di alcuni privilegi riserbati a forastieri ben accolti e favoriti, ma di quelli d'un popolo che divideva la sovranità cogli indigeni; imperocchè loro era stato permesso d' esercitare liberamente il commercio, anche nelle isole chiuse a tutte le altre nazioni. Ed allora che i Saraceni si estesero su diverse spiagge, i Veneziani, in qualità di potenza intermedia, tennero il possesso del commercio fra' porti dei due imperi. Poco dipoi le Crociate procurarono loro non solamente un notabile guadagno nel trasporto de'principi e dei signori e loro eserciti, ma l'opportunità di aprire alla propria attività nuovi banchi di commercio. In ciascuna delle città conquistato da' Crociati, questi erano obbligati di cedere a' Veneziani una chiesa, un forno da pane, un bagno ed un'intera contrada: le proprietà de'Veneziani vi dovevano essere al tutto indipendenti, come quelle de're, e dovevano avere il diritto di esercitare il commercio liberamente, come esercitavanlo in Venezia. Nè meno importante era il loro commercio con Napoli e colla Sicilia; la Sicilia era il granaio di Venezia: ed in Napoli andavano a cercare le preziose stoffe di seta, che trasportavano poi nell'Occidente e nel Settentrione. Durante quest'anno i Veneziani conchiusero eziandio una convenzione col re dell'Armenia per ivi pure estendere le loro sì vantaggiose operazioni commerciali. I popoli del Settentrione, i Bulgari, i Petchenegui, gli Slavi, i Russi ed altri che non commerciavano per mare, accolsero di assai buon grado questi stranieri che comperavano i prodotti superflui de'loro paesi, e loro portavano in ricambio vari oggetti di cui avevano bisogno, e principalmente armi e munizioni da guerra. Per tal modo non solo la Repubblica diventò ricca e possente, ma crebbe pure l'agiatezza delle sue principali famiglie e di tutti i cittadini.

E di fatto la facilità di esportare con lucro sicuro ne'paesi stranieri tutti i prodotti dell'arte, giacchè solo in arti potea fiorire Venezia, doveva necessariamente animare l'attività e l'ingegno, dal che scendevano in seno di tutta la Repubblica immensi vantaggi. Colà fiorivano da'tempi più lontani le arti del tessere e del tingere le steffe di lana e di seta: là venne scoperta, e ben tosto portata a molta perfezione la fabbricazione del vetro. I rifuggiti delle città italiane, sempre tra loro divise, trovavano in Venezia una benevola accoglienza ed un certo asilo contro le lotte della loro patria: e questi vi trasportarono molte arti industri, che Venezia ancora non conosceva, o vi perfezionarono quelle che già vi si conoscevano. La fiera di Venezia diventò ben presto la più ricca e la più frequentata dell'Europa, il deposito de'prodotti di tutti i paesi delle tre parti della terra: ed a misura che l'interna potenza della Repubblica maggiormente si consolidava, questa potenza maggiormente pure significavasi negli ornati esteriori della città. La chiesa di S. Marco venne ingrandita; fu allora costruito quel campanile, che anche oggidì chiama a sè l'universale ammirazione: comparve il magnifico ponte di Rialto, e due grandi canali si scavarono là ove dapprima non vedevansi che due canaletti d'augusto passaggio. Ma le numerose guerre che Venezia sostenne, ora a favore ed ora contra l'imperadore greco, poi contro l'Ungheria, Ancona, Pisa, Genova ed altre potenze, vaglione più di qualunque altro argomento a provare le immense forze che possedeva.

Già da qualche tempo le amichevoli comunicazioni tra Venezia e Bisanzio erano vacillanti; e questo è quello che risvegliò l'avidità e il pensiero della vendetta nel cuore della Repubblica. In ricambio della promessa che Venezia avea data d'assistere l'impero in tutte le sue guerre, l'imperadore Giovanni le aveva conceduti tutti que'grandi privilegi commerciali che ella poteva desiderare, tanto nella capitale quanto in tutte le provincе. Ora quando il suo figlio Emanuele preparavasi a muover guerra a Guglielmo di Sicilia, ricordò a Venezia questo trattato, e la Repubblica considerando le controversie che agitavansi tra il greco imperadore ed il Pontefice, la condizione presente dell'Italia e la pace che aveva essa non ha guari conchiusa con Guglielmo, non solamente ricusò i chiesti soccorsi, ma proibì eziandio a tutti quelli che dipendevano da lei d'unirsi alla causa del greco imperadore. Più ancora, essa investì e vinse dopo un combattimento navale Ancona, che, sola in Italia, apparteneva

(1) Era particolare studio de'Veneziani aumentare il commercio e la forza di sostenerlo, dipendendo da lui solo la grandezza della Repubblica. *Marini*, t. III, p. 143.

(2) *Imperii loca propria habitanda reputantes*. L. c.

ancora all'impero bizantino, e che parve a Venezia una pericolosa rivale, di cui orale necessario il possesso. Questo rifiuto e questa vittoria rendettero i Greci più circospetti nel loro commercio coi Veneti. Ma l'imperadore dissimulò sulle prime la sua indignazione per farla sentire in appresso più severa. Alcuni inviati vennero spediti alla Repubblica per domandarle il motivo che l'avesse indotta a rinunziare alla per lei sì vantaggiosa buona corrispondenza coll'impero di Bisanzio; e la invitarono a portarsi pure senza alcun timore o diffidenza in quelle acque con quanti vascelli e mercanzie più le piacesse. La speranza del guadagno fece velo alla prudenza ordinaria di quegli abili uomini di mare, ed un gran numero di navi cariche d'oggetti commerciali entrò in Costantinopoli. Lo scopo dell'imperadore, che i Crociati non per nulla appellavano *figlio del demonio*, venne raggiunto; egli confiscò tutte le proprietà della Repubblica a profitto del proprio tesoro (1). La costernazione eguagliò in Venezia il desiderio della vendetta. Nello spazio di cento giorni una flotta di cento galere e venti vascelli di alto bordo furono pronti a mettersi alla vela. Il doge Vitale Falieri ne prese egli stesso il comando. Ma la greca astuzia, ed alcune meschine considerazioni per parte de'capi veneti fecero andare a vuoto il veneto valore: alcune negoziazioni succedettero a tanto guerresco ardore; e quando, essendosi manifestata la peste sulla flotta, fatto alto in una isoletta presso Scio, il doge si vide costretto con tutti i suoi a ritornare in Venezia, l'imperadore non ebbe più riguardo alcuno, a segno di violare il diritto delle genti nella persona dei veneti ambasciadori. Tuttavia la Repubblica avendo saviamente stretta alleanza col re di Sicilia, l'imperadore, intimorito, conchiuse la pace. Ma sotto Andronico un altro attentato scoppiò contro i Veneziani che trovavansi in Costantinopoli, i quali vennero saccheggiati e crudelmente assassinati. Una flotta veneta si armò di bel nuovo, e predò per rappresaglia alcuni vascelli greci e latini.

Isacco l'Angelo, essendo salito sul trono, venne complito da un'ambasciata veneta, la quale chiedeva, e la conferma delle antecedenti concessioni, ed un compenso per le perdite provate sotto Emanuele. L'imperadore cercò sulle prime di tirare in lungo l'affare e di assonnare la Repubblica. Ma uno stato libero, che ha il sentimento di tutta la forza giovanile, è più risoluto d'un vecchio impero. Nel mese di febbraio del 1188 Isacco pubblicò quattro bolle d'oro, che rinnovellavano i privilegi, stabilivano i compensi e costituivano un'alleanza con Venezia, in virtù della quale questa impegnavasi a venire in soccorso dell' impero con cento galere provvedute ciascuna di centoquaranta remiganti: l'imperadore onorò il doge insignendolo della dignità di *protosebastos* (1). E così parvero risorte le antiche corrispondenze: perocchè, in forza di questo medesimo trattato, Venezia rinunciava alla alleanza colla Sicilia, ed eziandio a quella dell'imperadore d'Occidente. Isacco concedette a'Veneziani non solo il diritto di riprendere tutto quello ch'era loro stato rapito, quand'anche questi oggetti si trovassero ne'monasteri, ne' palazzi imperiali e nella guardaroba stessa dell'imperadore, ma diede pur ad essi la permissione di farne far ricerca come se fossero stati oggetti rubati alla guardaroba imperiale, e di chiamare in giudizio tutti coloro che, durante il regno d'Emanuele, se gli erano appropriati. Abbandonò pure ai Veneziani i mercati di tutti gli Alemanni e di tutti i Franchi, ch'erano di un debole interesse per l'impero, e inoltre promise loro un compenso in danaro.

Alessio III, fratello d'Isacco, non eseguì questi trattati, e non volle pagare il resto de' compensi; i Pisani avevano trovato il modo di acquistare la grazia di lui, e guadagnato il suo animo assai probabilmente per nuocere a'propri rivali. Molte ambasciate si succedettero, ed i Veneziani alte innalzarono più che prima le loro pretensioni, dichiarando formalmente che amavano piuttosto romperla interamente con Bisanzio, che discendere alla più lieve concessione. Finalmente addì 27 settembre del 1199 venne fermata con giuramento una nuova alleanza conchiusa sulle basi della precedente, che assicurò a'Veneziani tutti gli antichi e molti altri nuovi privilegi. (*Sarà continuato*).

(1) *Marini*, t. IV, valuta la perdita che Emanuele cagionò a'Veneziani un milione e mezzo di *perperi* (*); due di queste monete vagliono un ducato di Venezia; *Murat.*, Antiq. 806)., il che ci sembra molto esagerato, e specialmente ove si consideri, che nel trattato vantaggiosissimo conchiuso con Isacco il compenso non sommò, tutto compreso, che centoquarantamila *perperi*.

(*) Una specie di nummi propri nella Grecia furono i *perperi*, dei quali sovente vien fatta menzione nella Cronica Veneta del Dandolo, e ne'monumenti de' popoli orientali. — Due *perperi* valevano un *ducato d'oro* veneto. Trovansi con migliore ortografia indicati colle voci *hyperperi* o *hyperpera*. *Muratori*, Dissertaz. XXVIII, t. II, p. 347, edizione de' Class. (*Ediz. ital.*).

(1) Dignità che concedevasi soltanto alle persone meritevoli della maggiore venerazione, corrispondente al titolo di *Primus Augustus* (*Ediz. ital.*).

EPIGRAMMI

Ad Angelo Comi romano, rinnovatore dei prodigi di Segato

O Segato novello, annunzi a noi
Che in pietra il cor di Ugon cangiar tu vuoi?
Cessa da inutil prova; egli lo avea
Di pietra dura ancor quando vivea.

Bella musica

Maestro Orsin, la musica
Di quella messa tua quanto è leggiadra!
Hai posto nella gloria
Tutta la Gazza ladra.

ZEFIRINO RE.

VARIETÀ

(Infanteria Ungherese)

Il valore e la speciale attitudine alle armi della nobile e generosa schiatta ungherese non abbisognano di ulteriori commendazioni, dappoichè gli hanno indelebilmente impressi nelle eterne pagine della storia le gloriose prove sostenute da essa in mille cimenti, di mezzo ai quali primeggia la lunga ed accanita lotta sostenuta contro il soperchiante impero ottomano, con frutto inestimabile di tutta quanta la cristiana famiglia. Ma dolce è, nonpertanto, il sentire come verdeggi più che mai florida e promettente, quell'indole virtuosamente indomita e bellicosa, senza che gli ozi di una lunga pace, i blandimenti di una tranquilla prosperità, la abbiano menomamente guasta ed afflacchita. Noi leggemmo quindi con onesta compiacenza nel *Viaggio* recentemente pubblicato dal conte Demidoff, personaggio certamente ottimo giudice in fatto di faccende guerresche, gli elogi distinti ch'egli tributa alle truppe ungheresi, delle quali ebbe ad ammirare il marziale contegno, la sorprendente sveltezza, l'esemplare pulizia delle vesti, e quante altre doti costituiscono il prode ed eccellente soldato. L'abito e gli addobbi dell'infanteria ungherese nell'epoca recente in cui la vide il citato illustre viaggiatore, erano quali la sovra espressa imagine li raffigura. Nulla, dice egli, è più elegante di tali *uniformi*: abito bianco con piccole rivolte; pantaloni stretti di un bel *bleu* azzurrino, ricamati con treccio gialle e nero; uose aderenti al basso della gamba; una foggia di *shakò* comodo insieme, ed atto al difendere. Quest' assisa, conchiude il Demidoff, indossata da uomini, in generale, ottimamente formati, è la cosa più semplice e più bella che mai possa idearsi pel militare (1).

Cav. BARATTA.

---

(1) Del citato *Viaggio* del signor conte Demidoff, opera che descrive con maestra evidenza la Russia Meridionale e la Crimea, provincie di usi e fogge singolarissime, ed intorno alle quali non aveansi sinora che rare ed inesatte notizie, pubblicasi in questo stabilimento un'elegante edizione italiana, corredata di bellissimi disegni di Raffet.

Tutta l'opera sarà contenuta in un volume in-8.° massimo, distribuito in 24 dispense a cent. 60 ciascuna, delle quali venne or ora in luce la 17.

RECENTI NOTIZIE SU I LAPPONI

(Uomo e donna Lapponi)

L'esagerazione, vizio ordinario de' viaggiatori, sia che descrivano le pregevolezze de' siti da essi percorsi, sia che si facciano invece a raffigurarne la bruttezza e gli incomodi, ebbe, certamente, gran parte nel ritratto dato comunemente dei poveri Lapponi. Imperocchè, sebbene gli uomini dotti e conscienziosi che li visitarono in epoche recentissime ammettano e riconoscano che non piacque alla natura ornare questa lontana porzione dell'umana famiglia colle grazie e le eleganti proporzioni della persona, affermano però, del pari, la deformità e l' immondezza che lor si attribuisce essere di grandissimo tratto al disopra del vero. Noi, dice uno di questi temperati narratori, vedemmo assai Lapponi di alta e svelta statura; osservammo che le loro donne hanno, in generale, belle e piccole mani, il corpo leggiadramente disposto, ed il volto atteggiato a soave dolcezza. Avemmo, altresì, autorevoli notizie su l'indole della parte nomada di tali popolazioni, e queste concordarono nel dar vauto alla bootà del loro cuore, alla loro probità, al loro carattere paziente e sommesso: onorevoli tratti i quali convincoou di calunnia Réguard e quant'altri evulgarono, come esso, odiosissime relazioni su questo argomento.

Voglionsi del resto distinguere i Lapponi erranti dai Lapponi che hanno stabile soggiorno, tuttochè ambe le specie siano collegate dal comune stipite, ed appartengano senza contrasto, come dicesi tecnicamente, alla stessa famiglia.

Il Lappone stabile, narra il colto scrittore da cui caviamo questa curiosa relazione, gli è un antico ed infolice pastore, il quale perdute, per carestia o per influsso di maligne epizoozie, le gregge che costituivano la sua modesta ricchezza, abbandona i campi nativi, ed avvicinasi, pietosamente, alle borgate agricole ed industriose. Se l'avversità che lo percosse, fu una di quelle che spingono l'afflitto alla squallida soglia della miseria, egli entra, in qualità di servo, nella casa del contadino, ed implora, questuando, l'amaro pane della elemosina; se, invece, il turbine della sventura non lo ha tanto sbattuto da togliergli ogni mezzo di lenire, in qualche modo, il proprio dolore, egli affina l'ingegno, afforza la pazienza, avviva la speranza, e con lunghe e minute commerciali contrattazioni cercasi, virtuosamente, un compenso alle sostenute disgrazie.

Sceglicsi un luogo ove abbondino le acque e vegeti qualche pianta; fabbricasi, con terra e rami d'alberi rozzamente intrecciati, una povera capannuccia, si provvede qualche rete, e diventa, così, pescatore. Procacciasi, quindi, col frutto delle proprie fatiche, un certo numero di montoni, e, se gli è dato, una vacca: la moglie e le figlie, arricchite di un telaio, addannosi, dolci compagne delle di lui fatiche, alle opere del lanificio, ed esso, lieto e rassegnato, insidia, inverno e state, i pesci abbondevolmente guizzanti presso a quella sponda ospitale. Il mondo, solito a concedere i suoi favori a misura di fortuna, sorride ben presto a quest'essere ch'egli condannava, non ha guari, all'isolamento della povertà e dell'abbandono: i registri municipali si dischiudono per ricevere il nome dell'industre pellegrino, divenuto omai cittadino di quel villaggio: egli ha riacquistato una patria, una parrocchia, gli onori e le dolcezze del perduto consorzio. Ma in mezzo a questa nuova fortuna egli non dismette però i caratteri primitivi della sua schiatta; la sua lingua è sempre favella lapponica, e le sue vesti native seguitano a distinguerlo tra i circoli de'suni nuovi fratelli: i quali, duole il dirlo, schiudono più il labbro che il cuore all'un uomo che la sventura ha spinto a cercarsi un asilo su le loro contrade. Imperocchè, prosiegue il citato narratore, gli Svedesi e i Norvegi non hanno per tale razza di ospiti che un freddo e manifesto dispetto. Ma sebbene ei non lo ignori, superiore alle ire degli uomini, come già vinse quelle, spesso meno implacabili, della fortuna, acquetasi, rassegnato, a questa crudele antipatia; tollera, in pace, l'inferiorità sociale in cui trovasi posto, e cerca nell'interno della sua dolce capanna, le consolazioni che l'orgoglio de'suoi simili gli contende al di fuori. Le sue vere relazioni ristringonsi, per tal modo, ai soli Lappoui suoi confratelli, ed ove non ve n'abbia alcuno nel sito in cui abita, egli vive, per dir così, anacoreta, giacchè le famiglie indigene sdegnano stringere con esso sociale legame di sorta. Ed acciocchè a cose ingiuriose non manchino ingiuriose parole, i Norvegi diconlo *Soesinner* (Lappone di mare) e gli Svedesi *Nybyggare* (colono, espatriato).

Notevolissima poi, per titolo di patriarcale semplicità, si è la vita del Lappone nomado, generalmente distinto col nome di Lappone delle montagne (*Field-sinner*). La greggia e qualche cerve sono tutti i beni ch'egli possiede. Egli è impossibile immaginarsi esistenza più povera, sobrietà più severa. L'estate e l'inverno lo trovano, colle opposte loro molestie, costantemente ricoverato sotto il tetto medesimo: gli è una sdruscita tendicciuola formata di pezzi di *vadmel*, e sostenuta da quattro scabri bastoni conficcati nel suolo. Sul centro sta il focolare, al cui fumo s'apre un'uscita sul culmine della tenda, mediante un buco colà praticato. Ma quale immenso spazio divide questa cucina dagli operosi ed olezzanti fornelli de' nostri Luculli!... Un'ammaccata caldaia e pochi secchi di legno sono tutto l'utensile che la correda. Ogni Lappone porta seco, alla pesca, il suo cucchiaio di corno ed il suo coltello. Nè sempre i secchi di legno sono in misura coll'angusta sua borsa; ed allora le vessiche dei cervi, ultimo compenso dell'ignuda miseria, vengono adoperate in lor vece. Egli è al cavo seno di esse che egli affida il latte frammisto all'acqua onde è solito dissetarsi.

Questa razza nomada, conchiude il diligente spositore da cui attingemmo i cenni presenti, occupava altre volte un gran tratto della Svezia, nè forse s'ingannano coloro che credono aver essa, anticamente, inondato tutto il Nord. Ella è, però, oggigiorno, grandemente scemata di numero. I calcoli più esatti portano a conchiudere che in tutta la Laponia russa, svedese e norvegia non troverebbonsi più di 12,000 individui. La miseria, i mali che ne discendono, e le contagini, furono cagione di questo compassionevole menomamento. Togliendo a base siffatta rapida diminuzione, potrebbe, con certezza, prevedersi il momento in cui i Lapponi nomadi scompariranno totalmente dalla superficie del globo, avvolgendosi in quel caos tenebroso in cui già scesero tante razze d'uomini e d'animali.

Cav. Baratta.

LATUDE E IL SUO TOPO

Le avventure di Pellisson, quelle del famoso suo ragno descritte con iscrupolosa storica fedeltà in altro numero dal cav. Baratta, mi tornarono al pensiero la dolorosa storia del sig. Latude che da qualch' anno ho letto su d'un giornale francese, e mi fecero voglioso di narrarla a coloro che non sanno quanto possa essere funesta, quanto fatale una sola imprudenza.

Latude, figlio d'un ufficiale superiore delle guardie di Luigi xv, sortito aveva dalla natura una forte complessione, uno spirito vivace, un'ardente immaginazione, ma non vi corrispondeva eguale ricchezza; onde pur troppo que'doni tanto rari e preziosi vanno sovventi negletti o disprezzati. La era così sotto il regno infelice di quel monarca; chiunque non fosse stato facoltoso doveva rinunciare pur anco alla speranza d'innalzarsi per cariche eminenti, e tutti gli impieghi lucrosi ed onorifici stavano piuttosto nell' arbitrio de'favoriti, che nella giustizia illuminata del re. Ne seguiva che lo spirito cortigianesco faceva meraviglie per attirarsi la grazia sovrana, e che il più accorto era in allora, il più ricco, il più potente, festeggiato, accarezzato, benedetto.

Pertanto il giovine Latude, di mente calda, ambizioso, e più ancora sedotto dal cattivo esempio, mulinò in suo capo cento maniere di mettere un saldo fondamento ad una gran fortuna che non avesse a temere le stravaganze del caso, ed a forza di progettare, passando d'una in altra, e poi in altre mille idee, finalmente parve risolversi, e si fermò determinato a tentarla nel seguente modo, e, come vedrete, non andò a Roma per pentirsene ben presto.

V'era in que'tempi alla corte una marchesina prediletta ed influente. È inutile il dirvi il suo nome, perchè la storia più tardi lo impresse d'un marchio obbrobrioso. Dessa era l'idolo da cui si dovevano intercedere aiuto e protezione. Latude riempì alcune fiale di liquori venefici, e le indirizzò alla marchesa con una lettera che dichiarava come alcuni volessero vendicarsi della favorita; notando d'altronde essere egli fortunato d'avere scoperto un tale misfatto. Il regalo singolare si ricevette in corte con sorpresa e terrore, e chiamato subito Latude, mancando questi di prontezza e precisione nelle risposte, cominciò a far nascere qualche sospetto: si esaminò più attentamente ogni cosa; i caratteri stessi della lettera parvero scritti di sua mano, e Latude si ritenne per complice nel delitto. Fu arrestato e chiuso nella Bastiglia. Eccolo vittima de'suoi artifici, e dai sogni più ridenti passare alla disperazione d'un condannato. Nè v'era modo a difesa; quindi la necessità di rassegnarsi, tanto più, che gettato in una buca sotterranea, chiusa da grosse sbarre ferrate, non v'era speranza di sottrarsi colla fuga. Vi stette dieci anni senza altra compagnia che i suoi patimenti. Letti e riletti i pochi libri che gli erano stati permessi, non gli servivano più d'alcuna distrazione: so non che il Cielo pietoso volle dargli motivo di consolarsi. Una sera tra il sonno angoscioso e la veglia mortale sentì qualche fruscio, e tosto suppose che un suo compagno di sventura tentasse di aprirsi una via per liberarsi, e si pose egli stesso a grattare colle ugne là donde veniva il rumore. Spesi più giorni in quella dura fatica, s'accorse che i suoi sforzi interrompevano quelli del vicino, ed aspettando colla più grande impazienza l'ora solita, tese l'orecchio, e, quale felicità, sclamava, d'abbracciare un infelice mio pari, e d'evadersi forse insieme dalla tirannia de'malvagi e della sorte! Queste illusioni non resero che più crudele il momento in cui cessarono le più dolci commozioni dell'animo. Il suo compagno di sventura, quell'altra vittima dell'ingiustizia degli uomini era un picciol topo attiratovi, forse, dall'odore di quegli alimenti che il prigioniero gettava contro le muraglie del carcere, indispettito di vivere per soffrire sì lungamente. Che volete? Perchè appunto gli aveva suscitati i più soavi pensieri, sentì la più gran simpatia per quell'animaluccio, e poscia un amore sì vivo, che quando gli morì poco mancò non morisse con lui. A forza di cure e di perseveranza lo aveva reso sì docile che ad un cenno, ad una parola gli correva incontro, s'alzava sulle gambuccie deretano, s'accarezzava colle altre il musino, saltava nella mano che Latude gli stendeva amorosamente, vi si accosciava, ed all'ora del povero desinare, l'uno vicino all'altro, i due commensali si dividevano il pane e la pietanza; sempre amici, in quella dolce intimità di rapporti, in quella misteriosa alleanza di sentimento e d'istinto, chi sa quante volte il grazioso topicino, credendo beversi le goccie d'acqua sparse sul pavimento, si dissetava succhiando le grosse lacrime del prigioniero! Una mattina nello svegliarsi lo trovò schiacciato sotto un braccio, e ne soffrì tanto che stette in forse della vita; ma finalmente prevalse la ragione, e coll'energia dell'animo crescendo il vigore del corpo, diede opera alla sua liberazione. Nella prigione v'era un camino chiuso a tre differenti altezze da grossissime inferriate. Latude, spiccato dal camino stesso un lungo chiodo che per caso e per dimenticanza altrui vi trovò affisso, lavorò con tanta assiduità intorno alla prima inferriata che in capo a sei mesi poteva levarnela a suo piacere, ed il buon esito crebbe in lui tanto l'ardore della fatica, che in cinque altri mesi smosse le altre due; ma siccome era vicina la visita che secondo il solito si faceva ogni anno, rimise tutto al suo luogo, e fingendosi indisposto di salute, sfuggì così le minute ricerche. Appena poi si trovò solo, pose mano nelle camicie, negli abiti, ed in tutto ciò che gli potea giovare, ne tessè una lunga corda, e con questa una scala di cento piedi non meno, ed aggrappandosi su per il camino, con mille stenti trascinossi alla cima; attaccato colà il suo ordigno ad un cornicione d'un baluardo, ne discese lentamente e colla massima circospezione per non suscitare la sorvegliauza delle sentinelle, ed un'ora dopo viaggiava verso l'Olanda senza un quattrine nè un po'di pane, ma pieno di coraggio, ed assuefatto d'altronde ad ogni sorta di privazioni. Codesta evasione suscitò il più gran rumore nella corte, e peudenti i quattr'anni di sua libertà non vi fu mezzo intentato per parte della favorita per riaverlo, ma le più minute indagini in tutte le città, i borghi ed i villaggi del regno tornarono vane; se non che l'imprudenza d'un amico che gli scrisse come andavano le cose sul di lui conto, lo scoprì ai vigili suoi persecutori. In seno ad una lettera diretta ad un negoziante d'Amsterdam ne aveva inchiusa un' altra per Latude, ed un impiegato delle poste, officioso al punto da rompere un suggello, azione la più infame, senza esempio al giorno d'oggi, scoprì quella vittima infelice e l'offerse nuovamente al suo carnefice. Pochi giorni dopo circolò per Amsterdam la voce che un avvelenatore francese rifugiatosi in quella città era stato scoperto, arrestato e tradotto nelle prigioni di Parigi. Il misero ricadeva pertanto nelle ugne di quella tigre arrabbiata e feroce, e non è a dirsi quanti strazi ella ne facesse perchè una volta erale sfuggite. Venne la seconda volta trascinato alla Bastiglia, legate come un mostro, e per vent'anni intieri non vide raggio di sole. Scrisse le sue dolorose memorie sulla *mollica* del pane distesa schiacciata a mo'di carta colle sue catene, e per non aver inchiostro, adoprava con arte il proprio sangue, che facevasi spicciar dalle dita, dalle braccia, da ogni parte del suo corpo. Come Pellisson, ed in memoria dell' infelice topo suo compagno di sventura, tentò di educare esso pure un ragno, ma senza riuscirvi; e tra sì grandi patimenti, ed in quella tristissima solitudine gli mancavano ormai tutte le forze. Infermo e malaticcio aspettava con serenità la morte, quando un bel giorno gli annunciarono qualche alleviamento, e toltegli le catene, lo trassero infatti da quell'orribile sepoltura, trasportandolo a Bicêtre, altra prigione di stato. Doveva attribuire questo cambiamento alle *sue memorie*, che date ad un carceriere men duro di quella turpe femmina, ricopiate da un suo figlio, e lette da un potente generoso ed umano (che ve n'ha pur sempre !) fu tocco della storia lacrimevole, e cercò la liberazione del paziente, che un anno dopo finalmente ottenne.

A voi l'immaginarvi se bastò questa lezione per Latude, che visse ancora qualch'anno, e se ha pagato ad usura un momento d'imprudenza.

C. Francioni.

DOCUMENTI DANTESCHI (1)

Il popolo grosso e maligno suol quasi sempre argomentare dall'esito la giustizia e onestà delle imprese. Chi si pone a un'impresa arrischiata (dicea un bell'ingegne) va con due brevi, l'uno davanti al petto, che dice *Eroe*; l'altro dietro alle spalle, che dice *Traditore*. Abbiate pure dal vostro lato l'equità e la ragione; se voi dovete cedere il campo, siate pur certo che il titolo di traditore non vi può mai fallire. Ondechè Dante, facendosi presagire da Cacciaguida la cacciata de'Bianchi da Firenze, dice che il popolo, non contento di vederli *offensi*, cioè abbattuti e infelici, darà loro voce altresì di colpevoli, li graverà di ogni torto: *La colpa seguirà la parte offensa — In grido, come suol* (Par. XVII. 52); dure parole queste due ultime, le quali dimostrano, che il calunniare chi perde, fu costume di tutti i tempi, e vezzo di tutti i paesi.

Guardatevi da chi fa professione di dar consigli, diceva un gran santo, che fu altresì un gran filosofo. Niente è più facile che trovare di questi consiglieri, i quali vogliono giovarvi gratis de' loro lumi e della loro sperienza. Ma come pochi son quelli a cui ben si attaglia questo difficile ufficio! Il che avviene, perchè in pochi concorrono le qualità richieste a ben consigliare. Dante, da quel savio che era, le ridusse a tre. La prima è il *senno*, senza del quale non si può dare che un consiglio improvvido e avventato; la seconda è la *rettitudine*, poichè un uomo di prava indole e di cuor corrotto darà, se vuolsi, un consiglio ingegnoso, ma iniquo; la terza è l'*affetto*, poichè è impossibile che uno consigli il male a cui vuole tutto il suo bene. Queste erano le qualità, di cui fregiavasi l'avolo di Dante, Cacciaguida, e però a lui si volse a fidanza il poeta (Parad. XVII. 103) *come colui, che brama — Dubitando consiglio da persona — Che vede (*ecco la prima qualità), *e vuol dirittamente* (ecco la seconda), *ed ama* (ecco la terza).

Cav. P. A. Paravia.

(1) V. il n.° 2 del *Museo* a f. 12, dove invece di *può tutti cercare* si dee leggere *però tutti cerca*.

EPIGRAMMI

Epitafio d'un Medico

Son qui sepolte le ossa d'Eleutero,
Medico celeberrimo e perfetto:
Facendosi depor nel cimitero
Ricongiunse la causa coll'effetto.

Baratta

Su certe tragedie

Fosti fischiato e son gli amici in duolo:
Ma, Lucio mio, chi t'ha insegnato mai
A far tragedie con un morto solo?

Zefirino Re

PONTI ODIERNI SULLA SENNA IN PARIGI

(Ponte Nuovo nella primitiva sua forma).

Nel numero terzo del nostro giornale, presentando a' lettori l'imagine dell'antico ponte di S. Michele, abbiamo in brevi tratti data un'idea de' fragili ed ignobili monumenti che univano, altre volte, le opposte rive della Senna, colà dove l'inquieta e faccendesa Parigi spande intorno ampiamente lo strepito delle sue industri officine, il rimbombo delle militari sue pompe, l'eco giuliva de' suoi mille teatri. Daremo ora assieme all' effigie del Ponte Nuovo, un rapido cenno su le fabbriche di tal genere spettanti ad epoche più a noi vicine, fabbriche, per verità, meno di quelle prime frequenti per numero, ma ad esse infinitamente superiori per solidità, per bellezza e per quante altre doti distinguono le opere di un popolo intelligente e opulento.

Ventidue sono i nuovi ponti de'quali è discorso. Primeggiano fra questi quello *d' Jena*, e *d'Austerlitz*, nomi ricordatori di trionfi illustri e recenti: succede ad essi il terzo *di Luigi XVI*, a cui fanno ala colossali statue marmoree, e l'altro detto il *Nuovo*, decorato esso pure coll' imagine equestre del re Arrigo IV. Vengono poscia, a misura di eleganza, il *Ponte Reale*, primo, dopo il *Nuovo*, per la moltitudine de'cotidiani commerci: il *Ponte delle Arti*, di ferro, singolare, in mezzo a tutti, per specialissima leggiadria, e riserbato al transito de'pedoni: finalmente i tre ponti sostenuti da catene di ferro, chiamati *degli Invalidi*, *d'Arcole* e *di Luigi Filippo*, e formati da un doppio ordine di assi ingegnosamente commessi. Osservabilissimo quello si è, poi, che innalzossi, non ha guari, tra l'argine Malaquais e le porte del Louvre. Esso, dice il Balbi, è formato di tre archi; ha dodici metri di larghezza, e ciascuno de' suoi archi offre un'apertura di 48 metri, 80 centimetri. Le curve che formano ciascun arco sono di ferro concavo, e furono fusi in parecchi pezzi o spigoli uniti con chiavarde. Il pezzo del ferro fuso che compone i tre archi di esso ponte è di forse 700,000 chilogrammi.

Non vogliamo, però, discostarci da questa faccenda dei ponti parigini, senza notare che in tali costruzioni rifulse, verso il 1500, la singolare perizia di un architetto nostro italiano, Giovanni Giocondo da Verona, il quale appositamente condotto in Francia dal re Luigi XII, vi diede tali saggi di sè, che il popolo ne ebbe grandissima meraviglia, ed i più dotti del paese ne tolsero norma ed ammaestramento.

Cav. BARATTA.

ARCHEOLOGIA

Lodanum, *Lovanos*, *Loganum*, Lovano (oggi Loano) borgata della Liguria marittima occidentale.

> Mihi quidem nulli satis eruditi videntur quibus nostra ignota sunt.
> Cicero *De finibus*, lib. I.

Lodanum era un tempo un piccolo castello della Liguria occidentale littorea ubicato a cavaliere di un poggio della bassa costiera dell'Alpe marittima, discosto dalla sottoposta marina un duemila circa passi, che nell'età di monsignor Giustiniani era abitato da cinquanta famiglie (1).

Noi possiamo asseverare che, volgendo l'anno 1076, questo castello era in signoria del vescovo di Albenga, perchè rovistando, non ha guari di tempo, nell'archivio del capitolo della cattedrale di questa città, avemmo fra le mani un'antica polverosa pergamena, onde fummo chiariti, che addì 3 luglio di quest'anno un vescovo di Albenga di nome Deodato ne conferì il dominio nel Cenobio di S. Pietro dei monti di Toirano, e proprie situato su quello detto volgarmente di Varatella. Ed ecco le parole di quella donazione:

« Anno millesimo septuagesimo sexte, tercio julj.

« Deodatus Divina Providentia Ecclesiae Albinganousis episcopus, etc. (2).

« Cum penurias, etc. etc.

« Concedimus Coenobio Sancti Petri sito in mente « *Varatella* ad subsidium monachorum pro animae « nostrae redemptione, etc. Pages Consecute, Caliciana, Bardineta, Taurianum, Lodanum super podium « et Bergi; ut ipsa ecclesia Sancti Petri omni sub integritate teneat atque gubernet. Quod, ut verius et « firmins credatur, etc.

« Ego Deodatus Dei gratia episcopus ».

Dal contesto di altra pergamena, contenuta nell'enorme volume delle Memorie manoscritte di quell' antichissime monastero (3), è medesimamente appurato che dell'anno 1171 il vescovo di Albenga non solo fu ripristinato nella padronanza del castello di *Lodano* ed altri villaggi, ma fuvvi eziandio assegnato lo stesso monastero di S. Pietro *de Varatella*: locchè è attestato dalle seguenti parole di quella carta:

« Anno millesimo centesimo septuagesimo primo, die octava octobris.

« Quoniam inter caetera, etc. etc.

« Praefatum monasterium in omnibus iuribus et « pertinentiis suis, et speciatim in dominio locorum « *Conscente*, *Bardineta*, *Taurianum*, *Lodanum et Borgi* « praedictae mensae episcopali Albingunensi unimos et « annectimus auctoritate, qua fungimur in hac parte. « Et ipsum monasterium cum omnibus suis bonis, « iuribus et pertinentiis pleno iure et in perpetuum « mensae episcopali Albinganensi annexum sententia« mus, etc. etc. ».

E questa sentenza fu preferita di giurisdizione mandata da nn Guglielmo parece di Toirano, delegato specialmente dalla Sede Apostolica ad ovviare *usurpationibus de bonis* (son parole della citata pergamena) *et iuribus ad dictum monasterium spectantibus factis per quosdam nobiles potentes partium adiacentium monasterio supradicto.*

Convieu credere che *Lodanum* sia appartenuto per lunga pezza al vescovo di Albenga, giacchè non conosciamo documento genuino che ci attesti il contrario.

Sappiamo però che dall'anno 1255 quel castello fu ceduto dal vescovo di Albenga, Lanfranco Di-Negro, ad Oberto Doria fu Pietro: e ce ne fa saputi l'Acinelli (1) là dove scrive: « Lanfranco Di-Negro, vescovo di « Albenga, nel 1255 concesse in feudo ad Oberto « Doria q.m Pietro il castello di Loano che spettava « alla sua chiesa con obbligo di perpetuo vassallaggio « e fedeltà, ecc. ».

Escito di vita Oberto Doria, il di lui successore Raffo tolse pensiero e si adoprò in ogni maniera intesa a indurre i primitivi Loanesi a calare dal comignolo di quel monte al lido sottoposto. Vi calarono, fra non guari di tempo, alle condizioni vergate nel chirografo datato del 19 luglio 1309, regato dal notaio Guiglielmo Monello, stipulato (2) *in Porticu Fabbricae Domus.*

E questa calata dei Loanesi alla riva del mare è pur raffermata da un passo della citata cronaca MS. di San Pietro, là dove è descritto il perimetro dell'antica giurisdizione (Curtiis) di quel Cenobio con queste parole: « Juxta littus maris inter duos montes, qui vocantur « Capita Daciae et in loco, qui *Lovanos* vocatur cum « una plebe in honorem sancti Joannis usque in loco « qui dicitur *Borgio*, etc. (3)

Lorquando (1342) i Loanesi si travagliavano interno il loro prime stabilimento rasente la costiera, accadde che Antonio Doria q.m Cattanei (è dettate del Giustiniani) (4) fu esigliato dal tenimento della Repubblica e spogliato di quel feudo perchè le si era ribellato; e perseverava con mai veduta pertinacia nel crimenlese. E si fu a cagione dell'accennato avvenimento, che il castello di *Lodano* cadde in potere della Repubblica, la quale padroneggiollo per lunga pezza e poscia ne investì di nuovo la famiglia Doria, la quale nel 1477 n'era certo in potere, se teniam dietro alle seguenti parole dello Stella (5): *Cum Conrado de Auria Logani Domino,* etc.

(1) Vedi Giustiniani (Topografia, lib. I.º).
(2) Vedi l'Ughelli (Italia sacra), tomo 4º, anno 1079, dice: *Deodatus septimus Episcopus Albinganensis.*
(3) Vedi Archivio dell'insinuazione di Final-Borgo.

(1) Vedi Notizie delle Chiese di Genova (Chiesa di Albenga).
(2) Vedi Archivio della famiglia Maccagli di Loano.
(3) Vedi citata Cronaca MS., pag. 62.
(4) Vedi Giustiniani citato, tomo 2º, pag. 71.
(5) Vedi Storia di Genova (anno 1477).

E fu questo Conrado che, sprecato l'aver suo profettizio, e stretto dappoi da imperiosi bisogni, dovette vendere il castello di *Lodano* a Lodovico Fieschi (son parole di Federico Federici) (1), « il quale attendendo « nella pace ad ingrandirsi dei feudi nel contorno di « Genova, comperò da Conrado Doria, l'anno 1507, « *Loano*, terra sul lido del mare: » locchè è confermato dal codicillo di dette Lodovico, rogato dal notaio Visconte de Platone addì 20 giugno 1507 (2).

Morto il conte Lodovico, poco stante la confezione di quell'atte di ultima volontà, gli eredi di lui, Scipione e Sinibaldo, ebbero ricorso alla maestà dell'imperatore Massimiliano, onde li raffermasse ambidue nel dominio dei feudi di *Garbugna*, *Vargo* e *Loano*. E vi furono raffermati colle seguenti parole del rescritto imperiale del 31 gennaio 1514.... « ex gratia speciali praenominatos fratres comites Lavaniae et Sancti Valentini, « scilicet Scipionem de Castris et locis Garbaniae (3) « et Varghi: et Sinibaldum de Castro et loco Lodani « dioecesis Albinganensis, etc. ».

Fu del 1528 che il conte Sinibaldo venne a morte, e dal suo letto di morte dettò l'ultima sua volontà, che fu ridotta a testamento di forma esplicita dal notaio Vincenzo Molfino, addì 18 luglio di quell anno (4), nel quale dispone così del castello di Loano: *Item legavit filiis eius pro indiviso locum Lodani in Riparia occidentali existentem, etc.*

Nel lasso degli otto lustri che la famiglia Fieschi durò nella signoria del castello di Loano, non avvenne mai fatto onde siane tornata a quei vassalli mutazione di padronanza: si effettuò quell'avvenimento memorando in sull'incominciare del 1547, quando il conte Gioan Luigi, tra perchè erasi giovane bollentissimo del più leggiero degli umani affetti, di ambizione, perchè guardava di mal piglio l'emulo suo Giovanettino Doria, che, se non reggeva apertamente, avea certo grande influenza nel maneggio della cosa pubblica, e perchè tenea dietro da malaccorto alle destre insinuazioni di Pier Luigi Farnese e di Agostino Trivulzio, che amavano subbugliare la Repubblica, fatto sta che formossi in mente l'empio progetto di asservirsi la patria; aprissene con Vincenzo Calcagno (5) e Giambatista Verrina, i quali, anzichè stornarnelo, da uomini perdutissimi, ve lo adizzarono e lo indussero ad effettuarlo la nottata del 2 gennaio. E si fu di questa fatalissima notte, che di comando di quello sconsigliato, terze Catilina di Liguria, in un subito furono in tafferuglio tutto Carignano, il palazzo dogale, quello del Doria, la darsina, la città tutta dall'una all'altra porta; e che i forsennati partigiani di lui.....

E l'esito dell'accennato trambusto quale si fu?..... Tutti sel sanno anche di troppo. Il Doria basissi di coltello là sul limitare della porta di S. Tommaso; e il Fieschi si morì affogato nelle acque limacciose della darsina. Tanto sta vero che gli uomini di mal talento son sempre di questo modo concambiati.

Macchiata così la famiglia Fieschi di perduellione, ne fu castigata di esiglio e di confisca del suo avere (1) come rubella alla Repubblica e all'Impero; e nell'avere feudale di quel conte campagnuolo era pure il castello di Loano, che soggiacque per alcun tempo a Cesare, del quale, come paese alienato ed infeudato, ne prese possesso il governatore di Milano a nome di Carlo v, che poscia ne fece dono a quel celebrato ammiraglio, che mostrossi grande le mille fiate, e vogliam dire, in Corsica, in Sicilia, ad Ischia; grande in Grecia, a Patrasso e a Corone; grandissimo in Genova, lorquando pronunciò il magnanimo rifiuto, onde strabilionne il mondo tutto, e la Donna di Liguria rinfrancata da quel prode suo figliuolo risorse bellissima di nuova gloria (2). Divenuto il castello di Loano per quella donazione, dominio di Andrea Doria, principe di Melfi (3), accadde che volgendo il 1559 Scipione Fieschi, fratello al conte Gioan Luigi, sebbene fosse imbrattito di lesa maestà e per la congiura del germano, e per quella, ond'era pure avvolto, di Giulio Cibo, marchese di Massa, di lui cognato, ebbe a chiedere all'imperator Ferdinando lo ripristinamento nei feudi de'suoi maggiori; ma la fu fatica buttata, posciachè fu tolto di quella folle speranza con queste parole che si ebbe di rincontro (4): « ita ut ipsum « quoque comitem Scipionem et descendentes eius velimus in perpetuum excludi a prefatis fendis, gratiis « et privilegiis, si quae habuisset, vel adhuc habere « pretenderet in dictis castris, locis, terris bonis et « iuribus dictó illustri Andreae Ab-Auria donatis ».

Confermata dell'accennato modo la famiglia Doria nella signoria del castello di Loano, vi si mantenne fino al 1736, epoca in cui l'imperatore Carlo vi, in forza dei preliminari di pace fermati col re di Francia, ne consentì la giurisdizione al Re di Sardegna (5) a titolo di feudo imperiale secondario.

E fu di quest'epoca che la casa Doria ne ricevette la investitura dalla monarchia Sarda.

Non facciamo qui parola della storia di Loano del secolo passato: promettiamo però, senza limitazione di tempo, di pubblicare la topografia e l'etnografia di quel castello, oggidì borgata ragguardevole che s'incammina a diventar città.

FELICE ISNARDI.

(1) Vedi Storia della famiglia Fieschi.

(2) Vedi rogito di vendita di quel castello redatto dal notaio Gioanni Parissola, addì 5 giugno 1507 (archivi Fieschi e Doria). Vedi l'atto di giuramento prestato a Lodovico Fieschi dagli uomini di Loano, riferito nel rogito del 22 giugno 1507, redatto dal notaio Stefano Carbua (Archivio dei notari di Genova). Vedi detto codicillo riferito dal Federici, storia della famiglia Fieschi.

(3) Vedi Federici citato, Storia della famiglia Fieschi, ov'è riferito *ad literam* il citato rescritto.

(4) Vedi Archivio di casa Fieschi e Federici citato.

(5) Vedi Mascardi, Congiura di Gian Luigi Fieschi.

(1) Vedi Casoni, Annali di Genova.

(2) Vedi Montaldo, Glorie di casa Doria (Rerum Italicarum).

(3) Vedi Bonfadio, Annali di Genova, lib. secondo, ove è scritto, che il Doria ebbesi quel titolo da Cesare nel 1532.

(4) Vedi Casoni, Annali, lib. 5°, pag. 240, ove è riferita detta sentenza.

(5) Vedi Archivio citato di casa Maccagli.

BACONE

(Ved. n.º V, pag. 37)

II.

Allorchè l'Inghilterra vide un uomo del merito di Bacone prostituire in un modo sì abbominevole i doni dell'ingegno e dell'eloquenza, surse universal grido di indignazione, che non cessò di turbar la sua pace fino alla morte di Elisabetta. Salì al trono Giacomo I, e Bacone non desistette dall'usata servilità; a forza di adulazioni e di calunnie contro a'suoi emuli giunse ad assecurarsi la buona grazia del monarca, sebbene ei fosse affezionato di cuore alla memoria del conte d'Essex, e negli affari della successione di Scozia avesse contribuito validamente a far rispettati i suoi diritti. Sotto il regno di lui la sorte di Bacone progredì rapidamente. Di dignità in dignità egli pervenne ai primi onori, ma nell'atto che si dedicava con gloria al proseguimento degli stupendi suoi lavori scientifici, mettea pure in opera i suoi sforzi a pervertire le leggi, e farle piegare ai voleri del dispotismo, mostrandosi persecutore inesorabile di chiunque avesse maggior coraggio di lui. Oliviero Saint-Jean, che avea sostenuto con fermezza essere un abuso del regio potere il preteso diritto di prelevare imposte sotto lo specioso titolo di doni volontari, *benevolences*, viene condotto dinnanzi alla *camera stellata*. Bacone è il suo accusatore, arma tutta la potenza de'suoi argomenti contro quel generoso, e lo fa multare nella libertà ed in cinquecento lire sterline. Peacham, vecchio ecclesiastico, viene tacciato di alto tradimento a cagione di un imprudente sermone trovato fra le sue carte, ma ch'egli non avea mai recitato; le prove per condannarlo sono assai deboli; i più servili fra i giudici opinano di rimandarlo assoluto; ma Bacone, imposto silenzio agli scrupoli, richiama, per costringerlo a confessare, il mezzo già disusato della tortura, e senza titubazione interroga la sua vittima in mezzo ai tormenti. Vana barbarie! Il vecchio, scrive Bacone stesso al re, il vecchio è *posseduto da un diavolo muto*; la condanna di morte vien nulladimeno pronunziata; ma il governo conserva tanto pudore da commutarla nella carcerazione a vita. Così l'uomo più veggente del suo secolo, quando si trattò di far pompa di zelo per la causa del re, divenne il più cieco; l'uomo per indole mite, divenne crudele; l'uomo persecutor degli abusi, predicatore delle riforme, divenne il propugnatore della tortura già da qualche tempo dismessa e dichiarata dai giureconsulti illegale sotto il regno di Elisabetta!

Mentre la turba degli adulatori vulgari si strascinava dietro a Sommerset, che allora potea dirsi padrone del re, il nostro filosofo, più astuto e penetrante nei misteri di corte, raccomandava la propria accusa a Villiers, del quale prevedeva prossimo l'innalzamento. E diffatti un delitto, di cui tuttor s'ignora la natura, procacciò in breve la disgrazia del primo, e Villiers, divenuto duca di Bukingam, fu per Bacone un protettore appassionato quanto Essex, ma più potente di quello; per modo che Bacone ebbe la prima dignità dello stato, e fu nominato gran cancelliere. Ma nella novella carriera egli non cessò di esser quello di prima, ed invece di vegliare agli interessi della nazione, amò meglio di secondare come amministratore tutte le dilapidazioni del duca, e come giudice di sottomettere ai voleri di lui tutte le sue decisioni. Dotato essendo di una moralità così detestabile, non è da far meraviglia se egli si arricchì per tutte le strade, e potè soddisfare a quell'amore del lusso e della magnificenza eccessiva che era una delle colpe della sua vita privata; per mezzo di infami ministri il gran cancelliere ricevea l'oro a due mani; chiunque avea processi al suo tribunale, pagava grosso tributo; la giustizia si vendeva al paro che l'ingiustizia; ed il prodotto di tale vituperevol commercio venne dai nemici di lui calcolato a centomila lire sterline, somma che l'odio avrà senza dubbio resa assai maggiore del vero.

L'autorità pubblica, a quei giorni di servilità universale, stava soltanto nelle mani del re e de'suoi favoriti; chi avea la protezione di questi, potea chiamarsi securo, e perciò il giorno della giustizia fu tardo a spuntare anche per Bacone. I suoi meriti distinti che ricevean nuovo lustro dallo splendor della carica, dall'indole affabilissima, dai modi gentili, dalla persuadente eloquenza, gli aveano procacciato fra i potenti uno stuolo d'amici e d'ammiratori. Nessuno avea mai avuto l'ardire di attaccar la sua condotta pubblicamente; tutti contentavansi di mormorarne in segreto, ad eccezione dell'avvocato Coke, uomo profondo nella cognizione delle leggi, ma austero e fanatico, in odio al partito dei cortigiani, e perciò innocuo declamatore contro a Bacone. L'avvenire si presentava pertanto al gran cancelliere dipinto dei più brillanti colori. Quando le pubbliche occupazioni gli lasciavan riposo, egli divideva il suo tempo fra lo studio e le delizie dei campi, dandosi con trasporto ai piaceri dell'orticultura, che egli in una sua lettera dice i più puri fra gli umani piaceri. Mentre nel gennaio del 1621 ei se ne stava cogliendo i più fervidi applausi della colta Europa per la pubblicazione del suo *Novum organum scientiarum*, ebbe un altro conforto, frivolo per qualunque altro sapiente, ma dolcissimo per un ambizioso della sua tempra; venne creato dapprima barone di Verulamio, poscia visconte di Sant'Albano, ed alla cerimonia dell'investitura l'onnipossente Bukingam non isdegnò di aver parte. La felicità di Bacone era al colmo, la sua cupidigia quasi sazia; ma una terribil lezione si stava per lui apparecchiando, e gli dovea apprender ben presto quanto effimeri fosser quei beni, pei quali avea macchiato l'integrità, perduta l'indipendenza, violato l'amicizia e la giustizia, torturata l'innocenza, e prostituita la nobile sua anima all'adulazione. Tre giorni dopo la splendida sua elevazione, i deputati del regno furono convocati dalla corte per ismungere coi soliti doni la tribolata Inghilterra; ma questa volta si trovaron men docili, ed il lungo silenzio di una turba di schiavi si cambiò a poco a poco in energico grido di liberi. Dalle rispettose rimostranze si venne alle aperte proteste, e nel diverbio incalorito dai falsi provvedimenti della corte, nacquero manifestazioni ed accuse inaspettate. Le camere parlarono alto contro l'orribile abuso dei privilegi e delle concessioni, col quale Bukingam e le sue creature opprimevano i concittadini; furono create commissioni che esaminassero lo stato delle cose, ed ecco che il 15 marzo sir Roberto Philips legge il rapporto nel quale dichiara essersi scoperti enormi disordini, e « la persona accusata non esser altri che il lord gran cancelliere, uomo che la natura e la scienza hanno sì maravigliosamente fornito dei loro doni ».

Gli amici ed agenti di Bacone non lasciarono intentato alcun mezzo per liberarlo dal peso della formidabile accusa. Il re non celò il suo profondo rammarico di vedere una così eminente persona in tale distretta, e propose di creare un nuovo tribunale straordinario per procedere nell'argomento; ma i comuni non consentirono al desiderio del monarca, essendo quel momento il meno opportuno per derogare alle antiche istituzioni. Bacone ferito nell'onore e nell'interesse, compromesso e avvilito, ammalò, rimase a letto parecchi giorni, senza voler veder nè parenti nè amici; poi scrisse ai pari una lettera umiliante, nella quale confessava in generale le sue colpe, ma cercava di inorpellare i particolari. I giudici non trovando ammissibile siffatta confessione, inviarongli la lista dei 25 capi d'accusa, richiedendo che egli o si scolpasse di ciascheduno partitamente, o li confessasse uno ad uno. Cominciò allora pel filosofo una lunga serie di tribolazioni morali, confessò ogni cosa, e dichiarò « che nella sua profonda afflizione gli rimaneva pure un conforto, quello cioè, che dopo il suo esempio, l'altezza di un « magistrato non sarà più un santuario, una difesa al delitto, « e che i giudici salutevolmente intimoriti si asterranno fin « dall'apparenza della corruzione, come da serpente venefico ». Abbandonandosi intieramente alla clemenza del tribunale; « quando io discendo, scriveva egli, nella mia coscienza, dopo « di avere attentamente considerato i carichi che mi si appon- « gono, e richiamate con tutta esattezza le mie memorie, io mi « confesso ingenuamente e sinceramente colpevole di corruzio- « ne, e rinunzio spontaneo ad ogni difesa ».

Era pure spiacevole la condizione dei pari in quel dibattimento! quasi tutti amici ed estimatori di Bacone, doveano per obbligo di lor ministero assistere all'ignominiosa agonia di un sì sublime intelletto, nè sapeano prestar fede ai loro occhi, leggendo nello scritto di lui la conferma delle sue reitadi; per cui dubitavano che la sottoscrizione fosse falsata. « È mia, o « milordi, esclamò Bacone, è mia questa sottoscrizione; dessa « è quella della mia mano e del cuore. Abbiate pietà, vi scongiuro, abbiate misericordia di una debole canna già infranta « dalla procella! »

A. FAVA

CAPPELLA DEL SERRAGLIO IN COSTANTINOPOLI

L'intaglio che noi offriamo allo sguardo de' nostri lettori rappresenta una delle più arcane ed inaccessibili curiosità del misterioso Oriente; uno di que' siti eminentemente santi e privilegiati che *le orme de' cani infedeli*, per dirla col gentile frasario islamitico, non mai profanarono, nè profaneranno, forse, così presto, checchè vadano in contrario sognando i magnificatori dell' odierna civiltà musulmana, *gente a cui si fa notte avanti sera*, in tutta la severa forza dell'espressione.

Gli è questa la così detta *Cappella interna del Serraglio*, chiamata anche da alcuni *Cappella del tesoro*, per allusione all'inestimabile valore religioso delle cose che vi si contengono; ma che non vuolsi però confondere col tesoro propriamente detto, il quale non ha con essa la menoma relazione.

Debbesi all'accortezza di un armeno, introdotto in quel sacro recinto per eseguirvi non so quali lavori di orificeria, il fedelissimo disegno che noi ci ponemmo in grado di qui riprodurre. La *Cappella del Serraglio* non è, come vedesi, altrimenti notevole per grandezza, o per architettonica nobiltà di concetto: ma innalzasi nulladimeno sovra quante religiose soglie conta l'oriente musulmano, per l'inenarrabile preziosità degli addobbi ond'è in ogni parte adornata, e soprattutto per la qualità del venerevole deposito che nel suo seno conservasi e custodisce.

Questo deposito si è l'unione delle più rare reliquie del maomettismo: reliquie le quali, se tolgasi la *Kaaba*, ossia tempio della Mecca, centro e quasi perno di tutto l'*islam*, fanno di esso la cosa più santa e più augusta che sia sulla terra agli occhi de' Turchi.

Non tutti gli autori, e neanco i Musulmani medesimi, concordano nell'indicare il numero e la natura di queste reliquie; poichè in un paese ove le immaginazioni sono vive, la credulità molta, la superstizione moltissima, le parole poche, ed i documenti scritti quasi nissuni, le ipotesi e gli inganni intorno ad un luogo chiuso e vietato come quest'esso, debbono certamente essere innumerevoli. Le opinioni meglio gradite fra'moderni scrutatori dell'Oriente pongono colà *una veste di camelotto nero*, usata dal profeta; *due de'suoi denti*, *una parte della sua barba*, *l'impronta d'uno de'suoi piedi*, e diversi vasi ed utensili da esso trattati. Vi si conserva altresì il tappeto sul quale Aboubeckr faceva la sua preghiera, ed il turbante d'Omar.

Ma ciò che supera, in pregio, tutte le ricchezze di questo metafisico tesoro, si è il *Sangiac-Sceriff*, o *Bandiera sacra*, vessillo che, vero palladio de' Musulmani, esce in campo ne'giorni fortunosi in cui l'Impero è minacciato dai più gravi pericoli. Ne diremo partitamente in altro articolo, unendovi il racconto delle cirimonie e formalità che si richieggono per estrarlo e rinchiuderlo, nonchè più altre curiose notizie connesse alla materia presente delle reliquie musulmane.

Avvertiremo, però, prima di scostarci da questo argomento della Cappella interna del serraglio, qualmente allo speciale servigio di essa è applicato un corpo distinto di *imàm* o sacerdoti, i quali, oltre alla severa custodia delle soglie, invigilano con assidua cura a che le molte e ricchissime lampade pendenti dalla vòlta sieno dì e notte accese, e leggono pure, con vice alterna, il corano in uno degli angoli del sacro ricinto, ove sono appositamente collocati ampi ed eleganti leggii. Il numero di questi sacerdoti fu in altri tempi estesissimo, e strane, secondo l'antico stile, le vesti peculiari di cui s'ammantavano: ma l'accetta delle riforme recise anche questa vecchia radice, e le fortune di quel clero privilegiato nulla hanno, ne'giorni presenti, che possa essere motivo d'invidia.

Cav. A. Baratta.

UNA NOTTE NELLA LITUANIA

Un moccolo di cevo, piantato alquanto di sghembo, sta per ispegnersi in una sala terrena del silenzioso castello di Phalist, sala tutta rovina, di null'altro adorna che delle effigie lacere e penzolanti de'primi adorabili Ksar, colà riposti per cedere il luogo agli adorabili loro successori. Non badiamo ad essa, ma badiamo bensì a quel povero tamburo che dorme profondamente sulla sua valigia, sognando forse le dilettose e tepide spiaggie di Mergellina, su cui è nato, mentre è ora costretto a cercare la gloria di cui non si cale fra le selve nevose della Lituania! Ma, povero Gennaro, eccolo svegliato d' improvviso da una donna che ansante, affannosa, scomposta, gli impone di seguirlo: sorpreso, atterrito da quella strana apparizione, crede di essere caduto nelle mani del folletto, e la segue senza contrasto; mentre percorrono alcuni stretti andatoi, lo conforta la donna a non temere sinistro alcuno, accertandolo anzi che gran ventura sarà per lui, se prudente s'impresterà di buon grado a quanto da lui si desidera.

Essi già sono in una assai ristretta camera, ove ei vede seduta sopra no gran cassone di legno una donna, in attitudine di disperato dolore, e rovesciata sopra un letticciuolo abbracciando strettamente un informe involto che vi è steso sopra; alzatasi al loro arrivo, così parla con una voce cupa e concitata: Soldato, ti tocca scegliere, o l'esser tratto per sempre dalla tua misera vita, o piombare in un abisso, da cui non avrai più scampo.

Si pensi qual rimanesse il povero tamburo a sì strana proposta; spalancava gli occhi, nè valca a proferir parola, quando più energicamente ancora questa gli veniva rinnevata: la scelta non era dubbia: balbuziò tremante l'esser pronto ad ubbidire. — Buon per te, ripiglia la donna; togli dunque senza esitanza questo involto, accennando quello che era sul letto, corri e va a gettarlo nelle acque del Niemen; la notte è buia, va, corri, in venti minuti tu decidi del tuo avvenire..... ma pensa che il giorno in cui ti venisse fatto d'aprir bocca su quanto ti è ora imposto, quello sarà il momento ultimo di tua vita.

Gennaro, atterrito da quelle parole, ponevasi tosto in atto di ubbidire, e tolto l'involto, caricavalo sulle spalle; ma qual era la sua sorpresa nel vedere che usciva da esso un bellissimo e lucido stivale ornato di un terso e dorato sperone! a tale aspetto, preso da un brivido smisurato, quasi quasi tutto lasciava rovesciare a terra, ma un cenno imperioso della donna, che alzatasi già aveva ravvolta di nuovo e ravviluppata quella gamba, lo raffermavano a partire senza osservazione di sorta.

Guidato dalla prima delle due donne per molti oscuri andirivieni, trovavasi egli ben tosto all'aperta campagna, dove ripetutegli le minaccie e le promesse, lo lasciava solo e spariva.

La notte era alta, nerissima, parea che il tempo minacciasse burrasca, fischiava il vento nelle chiome dei cipressi con interrotta violenza, lasciando appena negli intervalli udire il senile fragoroso delle acque del fiume, sola guida per condurvisi che rimanesse al povero soldato il quale, per quanto fosse saldo d'animo, non poteva a meno di sentirsi stringere il cuore dalla paura nel ritrovarsi così in tanta solitudine, in tante tenebre, con un morto sulle spalle, abbandonato filosoficamente al dilemma di essere o mezzano di qualche brutto assassinio, e correre per conseguenza rischio della gola, o di essere scielto dal demonio a qualche indemoniata operazione, il che era peggio ancora.

Stava intanto in orecchio per sentire se quanto avea in sulle spalle era veramente un morto, giacchè all'inceppare nei sassi avrebbe giurato che qualche cosa si moveva, e veramente quella gamba era uscita di nuovo, e dondolando stuzzicavalo ad ogni momento quasi volesse dargli energia e spronarlo al cammino: dieci volte il volle gettare spaventato e fuggire, ma le smisurate minacce di quel folletto (che tale ei propendeva a crederlo) gli stavano innanzi e gli affrettavano il passo; giunto finalmente alle sponde del fiume, lasciava precipitare il cadavere, che con uno spaventoso tonfo vi si immergeva.

Ristoratosi gli spiriti con un botticino di rhum che gli dormiva al fianco, preparavasi a far ritorno, ma pochi passi avea egli fatto che parvegli sentire poco da sè lontano il frettoloso camminare di una persona; udiva poscia una voce dirgli sommessamente: Togli questo (rimettendogli la sua valigia, e una borsa grave d'oro), il tuo reggimento già è in piedi, corri, ma rammentati il silenzio imposto; d'ora in poi uno spirito invisibile ti seguirà dovunque, guai al momento in cui tu osassi tradire la confidenza che ha voluto in te riporre il demonio.

A quella magica parola terribile, *il demonio*, un freddo sudore lo copriva improvvisamente, a tale che ei non potè più mover passo, finchè venne richiamato in se stesso dal crepuscolo e dal suono del tamburo, ch'ei ben tosto raggiunse.

L'astuta fantesca aveva ad arte gettato con quella parola il terrore nell'animo del soldato, consigliandosi che dovesse esser questo potente mallevadore del secreto. —

Il castello di Phalist, situato sull'estrema frontiera della Lituania, avea veduto da più secoli dominare con varia fortuna gli aspri e duri suoi signori, ma pochi vestigi rimanevano della sua passata grandezza. Erane possessore allora un vecchio e cadente Romanoff il quale viveavi ritirato con un' unica bellissima sua figlia, Iwana.

Como temprato ai ferrei rigori del campo, e reso inerte ed imbecille dalla travagliata vita delle armi, ei posto avea una colpevole negligenza nel vigilare l'energico sviluppo morale della bella sua figlia, abbandonatala ne'primi anni della fanciullezza alle cure di un'ava, vana ed ambiziosa donna, tutta ravvolta nei mistici raggiri di corte, poco atta a dirigere i passi della giovanetta nipote; e questa guida smarrita ancora nell'età di dodici anni, essa era rimasta affatto in balia a se stessa, fuggendo, per quanto il potea, il contatto della terribile potestà paterna, essendo la vita monotona del vecchio, l'alzarsi regolarmente alle quattro, prendere il caffè alle cinque, la pipa alle sei, e farsi ubbidire a colpi di knout fino alla sera da'suoi schiavi, i quali in contraccambio lo portavano poscia in letto a digerire il rhum tracannato.

Nè condannava l'allontanamento della figlia, il generale; il poco lume rimastogli di ragione indicandogli assai la sconvenevolezza della presenza di una giovine ragazza alle abituali orgie, alle quali egli si abbandonava sovente con molti de'suoi antichi fratelli d'armi, compagni delle battaglie, assalitori di cento fortezze amiche e nemiche, e portanti sì delle une che delle altre gloriose cicatrici; era Iwana incomodo freno alle amenità che sfuggivano talvolta a quegli schietti amatori della gloria e della bottiglia.

Un cosacco solipede (avea lasciato una gamba al Caucaso), un polacco, un ebreo, una dozzina di servi componevano il resto della famiglia al servizio del generale.

Una bella livonese, figlia di un chirurgo maggiore delle armate imperiali, era cresciuta pari in età ad Iwana, e affetta al suo servizio; ma la dimestichezza facile a stabilirsi fra i ragazzi l'aveva resa piuttosto l'amica che la fante d'Iwana, e depositaria di ogni suo secreto. Questa toccava appena il diciassettesimo anno; figlia bella ed incolta della natura, dovea esser facil preda ai moti energici delle passioni, che ignorava il modo di temperare; il volto era angelico, ma un levame di asprezza tartarica era in quel cuore: guai al giorno in cui le circostanze avessero potuto favorirne lo sviluppo!

Alle cene del vecchio generale soleva convenire talvolta un giovane polacco per nome Lubowski, di nobilissima stirpe, ma nudo affatto dei beni di fortuna, perchè suo padre, per uno di quei capricci, dei quali madre natura ingemma talvolta il cervello di certi individui, avea cambiate tutte le belle monete sue in altrettante coniate ai tempi di Alessandro e di Eumene, ed epilogate le vastissime sue terre in tanti vasi di terra etruschi o greci, in tre o quattro mummie di Sesostri, e una gamba di Lesco primo re di Polonia, ecc. ecc. Di quest' ultima però poco caso ne faceva, stante che per le sue cattive leggi era stato l'origine di tutti i malanni che avevano afflitto la Polonia, malanni che durerebbero tuttavia se l'altrui pietà non si fosse mossa a porvi un infallibile riparo.

Ma l'amore dell'antiquaria mi ha balzato fuori del mio proposito; mi affretto di ritornarvi.

Se io non iscrivessi pur troppo un' istoria vera, ma un romanzo, sarebbe qui luogo di raccontare come nacquero e si accrebbero gli amori fra il giovane polacco ed Iwana, ma sdegnando queste romantiche corbellerie, passerò testo a dire brevemente come fortissimo si fosse acceso fra questi due l'amore che ebbe il fine che ora vedremo.

Facilitava l'incauta Ismaella (tal era il nome della livonese) i modi onde il giovane potesse introdursi talvolta presso Iwana, nè di soverchia astuzia era d'uopo usare per ingannare la peccaminosa apatia del vecchio padre, che altro amore non pensava potesse darsi al mondo che quello del vino di Bordeaux e del tabacco.

Questa apatia però era un giorno svegliata terribilmente da un domestico di Lubowski, il quale cacciato dal suo servizio, smanioso di vendicarsi, veniva a svelare al generale gli amori di sua figlia col padrone, offrendosi di renderlo testimonio di quanto veniva a rivelargli.

Il primo moto del generale era di rompere le ossa al delatore e rabbiosamente cacciarlo; ma il secondo, richiamate le poche facoltà ragionative che gli rimanevano, fu di minacciarlo soltanto di quattrocento colpi di knout, se nella stessa sera non provava quanto avea l'audacia di asserire.

Alta era la notte, Lubowski ed Iwana stavano errando col cuore e colla mente in quell'oceano di varie immagini che emergono così liete quando si sentono i primi palpiti della vita; illusioni beate, sì tosto seguite dal disinganno: quando ecco correre frettolosa Ismaella annunziando l'arrivo improvviso del padre, e diffatti già la sua voce stentorea faccasi udire alla porta, che, scossa con vigore, crollava terribilmente. Più non riman luogo alla fuga: qual consiglio in tanta stretta! un sol modo si presenta di scampo:... è ai piedi del letto un enorme scrigno in cui si depongono i donneschi arnesi; vi si introduce il giovane, Iwana vi siede sopra, e si apre la porta al padre: esso entra furioso seguito dall'infame delatore, ma per quanto minute sieno le ricerche, tutte son vane.... la figlia è sola colla fante, e nel disordine affettato di chi si accinge a coricarsi; essa era rimasta fin allora in silenzio, ma come vide ogni indagine del padre delusa, con rispettoso sdegno facevasi a rimproverarlo, fingendo di ignorare per qual potente ragione dovesse essa vedersi introdurre gente nelle sue stanze, ed in quell'ora; il padre senza dir motto, fatti due occhi spaventosi, e un mezzo circolo di conversione, gettavasi disperatamente sulle spalle di Micheloscbe avvilito e confuso, e partiva.

Si apre subito il forziere per liberare il prigioniero, ma quegli occhi che giravano or ora con tanto amore, erano spenti..... erano chiuse quelle labbra che giuravano tanta fede..... l'aria mancante avea tronco il sospiro.... era morto l'infelice...!

Quanto può tentarsi dalle due disperate donne per richiamare il povero giovane a vita, era vano; con lento progresso il gelo della morte avanzavasi bentosto, testimonio terribile ed irreparabile della sventura. Esaurite le speranze, l'energico carattere d'Iwana dovea per la prima volta svilupparsi; frenate le lagrime, si volse tosto a pensare a riparare l'onore: il soldato giunto la mattina al castello d'alloggio, e che dovea ripartire all'indimane, misero e straniero, parve in tanta emergenza sicuro depositario di un secreto, che le nevi o la lancia di un Tartaro potevano ben tosto seppellire per sempre.

Sa il resto il lettore.

Presso al castello in cui siamo, nell'inverno dell'ottocentoquattordici, cioè quattro anni dopo quanto abbiamo narrato, mal concia dalle vicende della guerra erasi arrestata in una lurida tavernazza la compagnia dove era Gennaro, il quale, lasciato il tamburo, era salito al grado di semplice soldato: illuminava la taverna in quel momento una pigna selvaggia che vi ardeva in mezzo, e per quanto lo permettesse la fitta ed acre nebbia delle accese pipe, lasciava vedere soldati disposti in vari gruppi, schiamazzanti, chi vivamente giuocando con sucide carte, chi scorticando la dura spalla di un montone, chi gettando i dadi, chi vinto dalla fatica e dall'enorme birra tracannata, sdraiato a terra, meditando profondamente al modo di digerirla, mentre alcuni altri poi più savi attorno ad una tavolaccia alternavano ragionamenti filosofici a chicchere di rhum.

Vedi, La Rose, dicea uno, la luna val cento volte più del sole, essa monta la guardia alla notte, ma il sole non si lascia mai vedere che di giorno—sei una bestia; in poesia, dicoa un altro, egli la sa più lunga di te, ci gira sempre, gira, e girando anch'esso l'interlocutore cascava dal sonno, ah! ah!

Sei fritto, Lacour, t'addormenti perchè il fiasco è vuoto; oh là la Caterina; oh là, gridavano dieci voci rauche e discordanti, oh là un fiasco.

Giungeva subito una Caterinaccia a mettere due fiaschi sulla tavola: la pingue e sucida verginella non riusciva però a sbrigarsi dall'impegno, senza vedersi disordinato da cinque o sei grosse mani le tre serie di rughe che portava sotto il mento: ed è questo, dicea disponendo i fiaschi, questo è del meglio della cantina del castello.

Del castello? domanda Gennaro, a cui questa parola svegliava sempre un brivido. Del castello......... Nei castelli stanno i demoni, e tutto indiavolato esser dee quanto viene da essi.

Taci, stupido, risponde la Caterinaccia, la cantina di Phalist non ha la pari in tutta Russia. - Di Phalist, riprende Gennaro. — Sì, ripiglia Caterina, di Phalist!

Tuttochè vacillanti le idee di Gennaro, quel nome era sempre rimasto vivo nella sua memoria, e fisso in mente, eragli sempre stato l'accadutogli in quel castello, di cui ignorava allora di essere sì presso.

Qui dunque, ripiglia Gennaro, è il castello di Phalist?

Che sì; ma a che questo rumore? dovrò ripeterlo dieci volte?

No, risponde il soldato — ma è, perchè son io il padrone di quel castello. Un riso universale della brigata accoglica questo detto, ma egli continuando con un tal piglio furbesco:—che sì, che là dentro è l'amica e l'amico?

Taci, per amor di tue spalle, ripiglia Caterina, che davvero la dentro.... ma in quel momento una specie di menestrello entra e fa gracchiare le corde di un discorde violino, sicchè subito, quasi tocchi da elettrica scintilla i pochi, a cui non è tolta la facoltà di stare sulle gambe, si accingono al ballo; malmenate e disputate da dieci pretendenti le tre o quattro donnacce che là si trovano, si mettono in giravolta a ballare: di già Gennaro, stretta la mano alla Caterina, andava anch'egli a lanciarsi nel turbine, quando questa le era tolta da un sergente che se la portava via bestemmiando, lasciando Gennaro segno alle risate, e allo schiamazzo di tutta la rispettabile società.

Togli una panca, grida una voce; no, una bottiglia rotta, grida un'altra; l'amica del castello, grida ancora una terza; l'amica, l'amica, gridano tutti insieme.

La rabbia lo fa uscire dei gangheri, e sì, perbacco, così appunto farò, lasciando così dicendo piombare sulla tavola sì forte un pugno che ne vanno in pezzi i fiaschi tutti, e spandono per la sala un pestifero odore; incollerito e rabbioso, tolto un grosso pezzo di carta, su vi si pone a scrivere.

Tutto era silenzio nel castello di Phalist, in quell'ora già avanzata della notte: vegliava ad una luce omai morente nelle sue stanze solitaria Iwana, e stava ricamando; il vento soffiava pel commesso dei legni con una trista armonia, agitando la luce che piombava incerta e vacillante sulla sua fronte, su cui tristi pure parevano i pensieri che vi erravano, quando entrava improvvisamente Ismaella e presentava alla padrona un foglio che un soldato faceva premura perchè le venisse tostamente rimesso.

La forma del messaggio, l'inconvenienza dell'ora gli consigliano dapprima a rimandarlo, ma mutato consiglio, lo toglie sdegnosamente, l'apre, e così vi legge:
« Ho giurato a Chovin e a La Force di trovare una bal-
« lerina più bella di Caterina, venite presto a ballare
« con me, vi aspetto, staremo allegri: io sono Gennaro,
« quello del sacco nell'acqua; se non venite, io conto il
« bel giuoco che mi avete fatto ».

Il lettore sarà sorpreso che il signor Gennaro potesse così affermativamente indirizzarsi ad Iwana sopra un fatto che tanto misteriosamente era stato celato; cesserà la sua sorpresa quando ei voglia considerare che in quattro anni di milizia, l'imbecille pescatore di Mergellina avea abbastanza progredito in filosofia per avere scosso la paura dei folletti, e che d'altronde anche in quei tempi agitatissimi di guerre e di violenze, la disparizione di Lubowski avea dato tuttavia luogo ad alcune indagini del magistrato, ed era stato ricercato il soldato che erasi trovato d'alloggio quella sera in quel castello; non si era andato più in là, ma il sospetto universale era certezza in Gennaro.

L'urto di una nave che, vogando placida, investe in uno scoglio e si spacca, non colpisce di maggior terrore i naviganti, come colpivano Iwana quelle stolte linee del temerario soldato, che all'improvviso gli facevano trovar vicino il terribile depositario della sua colpa, che essa sperava sepolto ne' deserti di Mosca o di Smolensko, e trovarlo con tanta audacia venire ora a prezzolare il suo silenzio.

Giganteggiavale tosto d' innanzi tutta l' enormità della sventura, la rabbia, il furore s'affollano in petto, erra furibonda ed agitata nell'incertezza del partito a cui appigliarsi, mal consentendo l'animo altero di piegarsi alla terribile fatalità, quindi meditato cupamente alcuni istanti, voltasi ad Ismaella, così le parlava: — Fida mia, un inaspettato pericolo ci sovrasta ambedue, e spaventevole; — leggi, rimettendolo il foglio. Ismaella leggeva e impallidiva. — Uno scampo solo ne rimane, o Ismaella, riprende Iwana, uno scampo solo per fuggire dall'infamia, e questo scampo sei tu.

Io? ripiglia Ismaella. — Sì tu, ripete Iwana, e tu sola: vestiti le mie vesti, — va a trovare il temerario, seguilo alla taverna, certo ei prenderà per ora lo scambio, troveremo domani facile riparo: se ei scopre l'inganno, tenta acquetarlo con oro; dà tutto, prometti tutto, va, t'adopra, fa quanto puoi, quanto sai, ma salvami da sì improvvisa tempesta; la mia riconoscenza sarà illimitata, eterna.

Ismaella atterrita anch'essa, e poco usa a rifiutarsi all' obbedire, si apparecchia senza far motto: veste gli abiti della padrona, e scende.

Rimasta sola Iwana, e nel silenzio, non tardò a vedere l'abisso spalancato dinnanzi al suo avvenire: a vedere come affatto spoglia della sua esistenza, tutto nell'avvenire ne fosse trasmesso il dominio ne' suoi complici. Fissava intanto dalla finestra i suoi occhi sulla taverna; quando vide entrarvi Ismaella e il soldato, essa si fe' livida; gli occhi balenarono d' una funesta luce. Due soli sulla terra sono consci del mio secreto, mormora fra di sè: — sì due soli, e stanno là..... si cancellino.....

Un'ora dopo, la taverna e quanti racchiudeva, erano un mucchio di ceneri, da cui il vento sollevava appena qualche scintilla che si perdeva nelle brume del deserto.

Ma se le chiome si rizzano in fronte al mio lettore al racconto di tanto delitto, conosca ancora le vie che l'eterna giustizia scelse per vendicarne le vittime.

Agitata la sciaurata dai rimorsi di tanta enormità, cercato avea conforto nei consigli di un sacerdote di rito greco, a cui gli avea svelati. L'anima del buon vecchio, percossa al racconto atroce, perduto avea la pace del sonno, e sovente in esso gli si affacciava l' immagine dell'atroce delitto.

Una notte, più del consueto agitato e oppresso, sì viva questa gli si offre, sì energiche udiva le maledizioni estreme di quei miseri, divorati e consunti dalle fiamme, il crepitante stridore delle carni, e gli urli spaventosi che — Iwana!... Iwana! invocava egli più volte, e chiamavala all'incendio quasi ad espiarne colla vista il delitto.

Una tenera figliuoletta aveva il buon vecchio che dormiva in un cantuccio della stanza, l'agitazione del delirante genitore l'avevano svegliata, i nomi confusi di Iwana, d'incendio, di delitto erano uditi; atterrita raccontava essa ad altri ragazzi l'indomane le agitazioni del padre, venivano queste voci poco a poco all' orecchio del vigile magistrato; si raccolsero indizi; ... il tutto fu scoperto.

Trascina forse ancora oggidì la misera negli aspri esigli della Siberia una vita di pianti e forse di rimorsi, a cui la sola clemenza del Cielo potrà dar termine colla morte.

Conte Benevello.

L'ULTIMA NOTTE DI CARNOVALE

— Vieni, questa pazza allegrezza, questo irrequieto fervore di gente abbandonata ad una stolta ilarità mi opprime, mi fa uscire di ragione. — Vieni, ho bisogno di respirare un'aura più pura, e meno agitata da tante turpi passioni, da tanti malvagi sorrisi, da tanti traditori suoni, di veder il cielo per infiammarmi alla speranza, di veder la natura più semplice, più sincera come Iddio l'ha fatta nel suo trono di luce e di vergine bellezza: qui è tutta arte, seduzione e tradimento; io ho noia, ho vergogna delle parole che non vengono dal cuore, e del cuore che non conforta la virtù e la grandezza dell'ingegno; vieni tu pure, infelice creatura, a lamentare questo perfido sogno, questa fatale lusinga di esseri che si agitano in un moto di sordida vita per dimenticare e doveri e diritti e ragione, per consumare in vizio e vanità la sacra fiamma di un fuoco ch'essi hanno lasciato spegnere; sono cadaveri che tentano di sprigionarsi dal sepolcro dove li ha confitti un'eterna condanna, sono schiavi che vogliono con questo insano commovimento nascondere il fragore che mandano le loro catene, sono oppressi che non hanno anima da levarsi, e intanto beono alla coppa di Circe una mortifera bevanda: e si avvelenano la vita per paura di sentirla. Vieni, o dilettissima donna, che in te almeno io abbia chi risponda al mio core, che il tuo pensiero sia un eco del mio. In te gli uomini non hanno ancor consumata la loro degenerazione, non ti hanno ancora costretta a tracannare la feccia del loro turpissimo calice, tu sei un angiolo rimasto innocente, la sventura imprimendoti la sue stigmate ti ha fatta sacra come il fulmine l'alloro; e così ancora vivi di Dio, di luce, di patria, di amore più che di ateismo, di tenebre, di servitù, di vizio, d'infamia; tu sei un fiore caduto dalla corona di Dio, la di cui fragranza è intatta, il di cui stelo se hanno maligni venti piegato, non però valsero a schiantare; tu ancora in odore di soavità esali al cielo i tuoi casti effluvi senza che ti vengano corrotti da una pestifera influenza, e mandi il tuo sospiro ch'esprime l'innocenza e la sventura della tua vita.

— Mira, qui siamo all'aperto; senti, quest'aura che ti susurra nel viso non è forse immacolata come quella con che Iddio animava il tuo frale? Vedi quanti astri ha il firmamento? Tra quelli vi è il tuo, v'è forse il mio; rivolgi lo sguardo al raggio che più ti bacia il bellissimo volto, allo splendore che più s'incontra colle tue pupille, e vi si mesce e confonde perdutamente innamorato: oh! quello certamente è il mio, e significa l'arcana legge di un destino che il tuo governa e regge; e quell'altro che fiammeggia pudico, scintillante di divina luce, dagli altri diviso come maggiore e più vago, egli è certo il tuo che disdegna muovere nell'istesso cammino di cielo, ma un migliore ne segna luminoso e purissimo, ed io, vedi, ti seguo, e a te dietro ardo ed innamoro, e lungo la traccia che tu lasci di luce io mi dirizzo frettoloso e cupido, come per inebbriarmi ed innondarmi di tutto il lume che spargi. — Qui siamo soli, ma qui la nostra fantasia ci popola un mondo corretto dalla mano di Dio, senza infamia di delitto, senza bruttura di vizio; qui riguardando alle sfere, ravvisiamo l'avito retaggio, e sentiamo la speranza di riguadagnarlo, e tutta la natura così romita ed abbandonata come la è, ne torna pure regina, e bastante ad accendere in noi la fiamma dei santi pensieri; qui siamo soli, ma entrambi proviamo una dolcezza, una beatitudine, la quale ci basta dimostrandoci che le gioie dell'anima non sono quelle del mondo, e a chi puramente e veramente si ama, Iddio soccorre di beni e di felicità anche in fondo al deserto; a me si ammanta d'ineffabile bellezza il creato tutto ove tu mi ami, il tuo amore mi moltiplica le speranze, m'infiamma l'immaginazione; oh! mia cara, io benedirò al Signore che apre il tuo core, e lo fa battere di un casto affetto per me. — Odi, il rumore di questi forsennati giunge infine a noi; è il fischio dei rettili che vorrebbe attossicare le nostre innocenti dolcezze; è il grido dei dannati che bestemmia il cielo perduto, ed irride alla gioia degli eletti; non curarti di loro, non turbarti per quelle vane ilarità; la pace dell'amor nostro è quanto di beato si possa trovare quaggiù, è una promessa di paradiso che Iddio non ci fallirà.

— Odi, il sacro bronzo annunzia finito lo svergognato tripudio; così pone termine il Cielo alla folle esultanza degli uomini, tutto questo fuco e falsato splendoro di compre, bugiarde bellezze, è fatto cenere in un tratto, la morte ha vinto la vita; sulla fronte tempestata di gemme, adornata di diadema, è una condanna di perdizione, uno squallore mortale, sono le parole di Nabucco che sentenziano cessata la baldanza della iniquità; mira, i fiori che dianzi decoravano il vizio e la turpitudine sono sparpagliati, caduti, pesti, ma quelli che circondano il capo della vittima col sagrificio si rinfrescano, si riabbelliscono; e noi siamo vittime, o mia cara, di tali fiori incoronate, che non mai inaridiranno, e nel dì di morte, invece di venir meno, cresceranno di odore e di leggiadria; dinanzi all'Eterno presenteremo noi la nostra corona di spine, ma essa di repente diverrà di stelle, e brillerà di angelici splendori. Certo, questa tua preziosa bellezza parrà per un istante coprirsi di cenere, ma tu sarai come il verme che dal suo triste involucro con nova vicenda esce al sole farfalla, e si screzia di vaghi armoniosi colori. La cenere è per questi codardi che tutta hanno in sozzure consumata la divina scintilla, e di fango informati luridissimi insetti strisciarono sulla terra a coprirsi di colpo e di immondezze, ma per noi è sempre inestinguibile un raggio di sole che accendendo la fede, avvalora la speranza e nodrisce l'amore. — Oh! mia cara, s'io veramente ti potessi meco rapire a questa terra, se tesoro e dolcezza dell'anima mia potessi sottrarti agli uomini i quali vorrebbero profanarti e cacciare nella purezza della tua natura una labe, una menda di colpa, se Iddio mi fosse tanto pietoso che mi consentisse il morir teco in questo giorno! Ma di', vi può esser morte laddove tu sei, e vivi, ed animi il mio core colla tenerezza del tuo?

— Vedi, si fanno in cielo rade le stelle, ma le nostre seguono a mandare il loro raggio unito, inseparabile come i nostri pensieri. Iddio ci ha benedetti nell'amor nostro, noi doloriamo; ma io godo nel dolore, poichè mi ti ha dato ad angiolo per alleviarlo; mia cara, porta in pace i tuoi mali, ogni virtù ha la sua prova, il cigno non modula canti soavi ed ineffabili se non se nel momento dell'agonia, l'incenso non odora che ardendo, il sole oriente ha luce e splendore dall'occidente, tutto quaggiù s'inanella, l'amor nostro non può essere, nè altrimenti esistere, se non colla sventura. Oh! io amo la sventura perchè so che corona i martiri della gloria dei santi, muta il patibolo in altare, e circonda il capo della vittima della luce di Dio.

Avv. G. M. Canale.

LA PELLEGRINA

La signora Giulietta Pezzi, di Milano, congiunta d'ingegno come di sangue ai due valorosi omonimi che crebbero a bella fama tra gli scrittori lombardi, ci ha fatto dono di alcuni suoi lavori inediti, onde fregiarne le pagine del nostro Museo. Le stanze seguenti sono un primo saggio di sì gentile proferta, che tornerà, ne siam certi, graditissima ai colti e cortesi nostri lettori.

Pellegrina senza aita
Sfido i mari e le tempeste,
Nell'esilio di mia vita
Corro i monti e le foreste,
Delle fiere a me non cale:
Presso il core è il mio pugnale.

Nelle vene all'orfanella
Scorre il sangue del proscritto,
Nel suo cielo brilla stella
Che rischiara l'uomo invitto,
La cui sorte ria fatale
Ei vinceva col pugnale.

Senza nome, senza terra,
Figlia son della sventura;
La grandezza mi fa guerra,
Il poter mi vuol spergiura,
Ma non piango, sfido il male,
Son la donna del pugnale.

Che non fosse mai ridente
Credi tu la sorte mia?
E che in petto ognor fremente
A me ardesse fiamma ria?—
No — ma il bene fu mortale,
Nè mi resta che un pugnale.

È il pugnal che al vil sovrasta
Se mentir può fede, onore:
È il pugnal di mente vasta,
Di cor saldo ad alto amore;
La sua lama non è frale,
Mai non piega il mio pugnale.

Non è l'arma della frode
Il pugnal ch'è mio retaggio:
La difesa egli è del prode
Che si toglie dal servaggio;
Il destin con me non vale
Se brandisco il mio pugnale.

Giulietta Pezzi.

EPIGRAMMI

La Cantante ed il Poeta

In quel sonetto, ch'hai per me stampato,
Ogni verso, o poeta, evvi sbagliato.
— Compensarci così potremo omai
Con tante stonature che tu fai.

Premio de' letterati

Ed a che giova al misero Mattia
L'esser prode orator, poeta e logico?
A che gli giova? avrà, morto che sia,
Un bello articoletto necrologico.

Di Zefirino Re.

TEOCRITO

(Sepolcro di Teocrito)

Teocrito, il padre della poesia pastorale, nato a Siracusa, fioriva nel 3° sec. avanti G. C., giacchè fu contemporaneo di Tolomeo Filadelfo che lo attirò alla sua corte con largizioni. Ecco quanto si sa di certo intorno alla vita d'un poeta così illustre; e poco importa alla posterità il saperne di più. Le sue opere non furono le prime che la musa pastorale ispirasse ai Greci, ma la loro perfezione fece dimenticare le precedenti, siccome Omero vien riputato il più antico dei poeti epici, forse perchè fece dimenticare tutti i suoi predecessori. Teocrito non conosce nell'egloga altro rivale che Virgilio; ed ha pure il vantaggio sovra il poeta latino di aver scelto quel genere di verso che meglio conveniva alla poesia bucolica; ma adoperò sovente espressioni indecenti e grossolane che la musa tutta casta e pura del poeta di Mantova avrebbe respinte. Del resto, Teocrito precedette Virgilio, e gli servì d'esemplare. Il primo si distingue per le sue grazie semplici e naturali, per la sua armonia non ricercata; il secondo, per la dolcezza, per sentimento squisito, eleganza e ricca melodia. Si hanno di Teocrito 30 *idillii,* ed inoltre 23 *epigrammi* ossia *iscrizioni*, nei quali ci pare di sentire sempre risuonare alcuni accenti, benchè indeboliti, della lira campestre. Furono raccolti di lui 3 frammenti, di cui uno sembra continuazione del suo 29° idillio. Fra le numerose edizioni del poeta di Siracusa stimansi quelle di Oxford 1699, in-8°, e 1770, 2 vol. in-4°, greco e latino; di Londra 1729, in-8°, con note; di Glascow 1746, in 4° piccolo, greco; di Lipsia 1810, in-fol. L'edizione greca di Teocrito, Mosco e Bione, stampata in 200 esemplari, Parma (Bodoni) 1792, in-8°, è assai ricercata. Giuseppe Maria Pagnini fra altri tradusse Teocrito in italiano, e il suo lavoro trovasi nell'edizione di Parma 1780, 2 vol. in-4°, la quale comprende anche Mosco e Bione, e i testi greci e latini. Si ha pure una versione di Luigi Lanzi, nelle sue *Opere postume*, Firenze 1817, 2 vol. in-4°, e un'altra del professore Regolotti, Torino, in-8°. I traduttori francesi in prosa sono Gail e Geoffroy; in versi Servan de Sugny, ecc.

(*Biografia Classica*).

(Bosco di Sokolniki, vicino a Mosca)

PUBBLICI PASSEGGI NE'DINTORNI DI MOSCA

La religione cristiana, che accomodasi meravigliosamente a tutte le esigenze della vita civile, ed allegra dell'ineffabile suo sorriso gli onesti passatempi a cui si congiunge, ha, in certo modo, santificati i pubblici passeggi ond'è lieta, ne' dì festivi, la seconda capitale dell' impero Russo, la fatale Mosca, rupe, direbbesi, provvidenziale, contro alla quale venne a rompersi il più grande orgoglio, la potenza più smisurata che mai giganteggiasse sovra la terra. Quasi tutti, infatti, questi passeggi, sebbene frequentissimi per numero, conducono a chiese, a conventi e ad antichi santuari, e trassero origine dalle devote peregrinazioni che i fedeli d'altri tempi istituivano, onde deporre, in determinati giorni, le loro offerte e le loro preghiere appiè di quelle are venerevoli e privilegiate.

Piacevoli oltremodo sono, al dire de' viaggiatori, questi ozi dilettosi e campestri. La noia e la tristezza che regnano ordinariamente, sotto i rigidi e nebulosi cieli del Norte, scompaiono quando gli abitanti, lasciate ne' palagi, nelle case, ne'fondachi, le cure dell'ordinaria lor vita, escono a diporto su queste vie consecrate alla pace, al sollazzo, alle moltiformi dolcezze del sociale consorzio. Solenne e delizioso a vedersi egli è, fra tutti, il passeggio che fassi la vigilia della domenica delle Palme; imperocchè oltre la sublimità della meta ad esso prefissa, la quale si è il tanto celebre Kremlin, concorrono a renderlo giovialissimo i primi tiepori della primavera, che sparge, allora, qualche scintilla di vita su l'aspetto di quella inerte e languente natura. Curiose, poi, e veramente singolari per altro titolo, sono le corse che il popolo fa, nella settimana di Pasqua, verso un luogo detto Novinsky: posciachè cotale quartiere sommamente eccentrico e quasi deserto in tutto il rimanente dell'anno, vedesi, in que' giorni, sorgere, come per incanto, dai suoi sepolcrali silenzi, e prendere sostanza e forma di città rumorosa e faccendosissima, passando così, repentinamente, dallo squallore alla ricchezza, dalla quiete al moto, dalla solitudine agli ingombri di una popolazione soverchia e accalcata..

Ma di mezzo a questo, ed a molti altri che sarebbe lungo troppo il descrivere, grandeggia in Mosca il solennissimo passeggio del 1° di maggio. Designato con un nome speciale che significa, in lingua russa, *passeggio alla stazione tedesca*, questo divertimento sembra risalire ai tempi di Pietro il Grande, ed essere usanza introdotta nel paese da una colonia venutavi dall'Alemagna. Comodo teatro a tale nobilissima scena gli è un gran bosco situato presso alla barriera di Sokolniki, bosco di cui diamo in capo al presente articolo l'esattissima imagine. Allorchè la temperatezza del cielo concorre a rendere gaio e soddisfacente questo geniale convegno cittadinesco, schiudesi all'occhio dello spettatore un gran quadro, a cui, per comune sentenza de' viaggiatori, difficilmente potrebbe trovarsi adeguato confronto fra gli innumerevoli ritrovi consimili che vanta la colta Europa.

Tutte le fogge più strane e disparate vengono a far mostra di sè in mezzo a quella innumerevole moltitudine: tutte le lingue del globo risuonano, con lieta confusione, tra i mobili crocchi di quelle turbe agitate e festanti. Tacciono colà, bellamente, le ingrate differenze che dividono popolo da popolo, famiglie da famiglie, uomo da uomo: l'ebreo, il turco, l'armeno, il persiano, il cinese, l'africano, l'europeo, dimenticati i loro odii, le loro antipatie, fraternizzano, lietamente, nell' ebbrezza della gioia comune. Ed alla lietezza dei cuori e dei volti bene consuona, come è da credersi, la squisita eleganza delle vesti trascelte in quel giorno, e l'altra, più fastosa ancora, de' cocchi che rumoreggiano intorno intorno, solcando in mille guise quella sede d'innocenti tripudi. Il moto, dice un testimone oculare, è generale e continuo: la gioventù russa, simile ad un esercito che apprestasi a prender campo, erra confusamente su l'erboso suolo, abbandonandosi, con pienezza di cuore, alle emozioni figlie della esordiente primavera: là è la tomba di quella tetraggine che sei mesi di gelo e di orridezza aveano messa nella natura e negli animi dei viventi. Il bosco di Sokolniki, folto di alberi, molti de'quali videro cento volte le gioie del 1° di maggio, stende le sue vôlte verdeggianti sulla moltitudine che vi si reca a consumarvi parchi ma fratellevoli conviti: tutti in somma prendono parte a questa bella giornata, ridente omaggio sporto alla primavera, da un popolo privo, lunga pezza, del suo raggio soave e ravvivatore. I cocchi di ogni modo che annualmente vi si contano, oltrepassano, in termine medio, il numero di tremila. Cav. Balatta.

La Paglia e il Grano — Favola

Dicea la paglia al grano:
Così, figliuolo ingrato
M'hai dunque abbandonato,
Nè più ti volgi a me?
Io ti levai da terra
E ti sostenni in vita,
Finchè arsa e rifinita
Or son così per te.
Per te, che a nuove sorti
Amico cielo appella;
E vai più lunga e bella
Carriera a cominciar.
Sai bene, ci rispondeva,
Il caso mio qual fosse:
Da te le altrui percosse
Mi fecero staccar.
Innocente ad un tempo e sfortunato
Chi per necessità si rese ingrato!

Dott. Cervelli.

IL PRINCIPE EUGENIO DI SAVOIA

NELLA CAMPAGNA D'ITALIA 1705 (1)

Già precorreva il grido del tornare di lui ne' famosi campi delle sue glorie tra l'Alpi e l'Apennino: le italiche genti (parlo di coloro che amavano di amor vero la patria, non degli svergognati che a forestiera dominazione senza ira o lamento si porgessero) lo salutavano vindice e liberatore; in mezzo alla gioia de' prosperevoli eventi la fortuna di Francia si conturbò. Ed aveano al corto onde temere e sconfidar della vittoria i nemici di quel grande che parea, ovunque le armi conducesse, diffinir le sorti delle battaglie e dei regni. Principalmente s'incuoravano, fra quella stretta e quell'abbandono in cui erano, i difensori delle fatali rôcche di Torino, così che a mille doppi si fu moltiplicato in essi il vigore delle braccia e dell'animo.

Due prodigi di valore mirava attonito il mondo: qua un duca di Savoia che intrepido resiste dai baleardi d'una città, solo avanzo de' floridissimi suoi stati, ad uno fra i più numerosi e terribili eserciti della Francia; là un principe di Savoia, già celebrato dalla fama, unico per sapienza di guerra, che securo imprende a sgomberar l'Italia da'suoi feroci conquistatori, e per mezzo ad infiniti ostacoli e nembi di armi nemiche libera il suo illustre consanguineo dalle burbanzose minacce dello straniero.

Per le montagne del Trentino scese fra noi quell' invincibile, e con rapido avviamento gabbò la prestezza del nemico, che tutto rivolto a impedirgli i passi gli contrastava numeroso alla destra ripa del Mincio. Attraversarono quei di Lamagna (bello e fortunato ardire) il lago di Garda, mentre le lor cavallerie da settentrione rigirando la costiera venivano alla medesima spiaggia di Salò: indi, occupate le prossime alture, fecero testa valorosamente ai regii, con che il gran prior di Vendôme, fratello al celebre capitano, affidavasi di rincacciarli onde aveano prese le mosse in Italia scendendo. Ma come lungi dal segno andasse questa superba prosunzione, non tardi si conobbe. Perchè Eugenio, sempre innanzi con maestri volteggiamenti, si calava e riducea in nulla tutti gl'ingegni e i contrasti dell'avversario.

Nel qual mezzo tempo giunse la infausta novella che Leopoldo imperatore mancato era di vita; pericolosissimo avvenimento in que' lieti principii della guerra, se il nuovo occupatore del trono imperiale aveva men pronte le volontà a difender la causa dell' alleato duca, e a ribattere le francesi e spagnuole nemicizie. Il dubitare in pochi stanti si dileguò; essendochè Giuseppe, come prima fu asceso al soglio paterno, mandava al suo italico generale, commettendo seguisse la ben cominciata impresa, ed il signore del Piemonte colle amiche armi consolasse. Onde tolta nuova lena e più vivaci spiriti, si diedero i Tedeschi risolutamente a varcar l'Oglio che niuna ostile opposizione valse a impedire. E già con felice cammino gl'intoppi e il molteplice contender dei nimici superando, volgevasi l'austriaco generale ai passi dell'Adda, e gli erano sproni le ingrate novelle dello stringer che faceva ogni dì più l'esercito reale il non cedente Vittorio, degnissimo esempio di fermezza antica, al quale Eugenio vivamente ardeva di congiunger la destra, e colle loro spade unite repulsar la ferocia delle nazioni che la sacra terra de'loro padri contaminavano. In quel duro travolgersi di tutte le sue fortune, era spettacolo di maraviglia e d'amore all'Italia, anzi all'Europa, il generoso erede del trono sabaudo che, colla sola potenza di un gran core, difendea la santità de' suoi diritti contro l'intera Francia al suo perdimento giurata. E non gli soffria l'animo di starsi chiuso da recinto di mura; e colle fervide e bramose soldatesche per traverso alle non più sue campagne indefessamente cavalcando il paese, mostrava spesso ai nemici la imperterrita fronte.

Sulle rive dell'Adda più che mai la contesa delle opposte armi rinfiammavasi. Qua il duca di Vendôme afforzar per ogni più studiosa maniera il passaggio contrastato, là disporre Eugenio le arti e l'impeto valevoli ad ottener la sponda calpestata dal nimico. L'opportunità del luogo favoriva d'assai la parte francese: imperocchè aveano d'armi acconciamente riparata l'isoletta che formasi pel giro del canale tolto dalle rapide acque del fiume e in esso dopo breve corrente riuscito; ond'era che la virtù alemanna accingevasi a rompere le nemiche resistenze da due ponti munitissimi, e per doppio valicare di fiume dovea spingersi a combattimento. Non fu senza molto ardire quella risoluzione del capitano d'Austria, di venire a così periglievole affronto; ma, oltrechè turpe sarebbe stato il ricusar la prova della battaglia cui minaccioso offerivagli il nimico, era a lui fortissimo sprone il pensiero della patria bisognante e supplichevole delle sue gloriate armi. Dire con istile adeguato le varie terribili zuffe e le splendide azioni di quel giorno, è a dismisura sopra il mio potere: laonde in brevità accolgo le infinite opere di valore e di fortezza. Il nerbo dell'austriaca gente, dopo sostenuto il fulminare de'Francesi, e per insuperabile costanza oltre quel primo impedimento di acque sospingendosi a furia, cacciò dal ponte gli arditi assalitori. E crescendo impeto alle milizie tedesche il sorvenir d'Eugenio con un globo de'suoi più valenti, cedeva l'isoletta a quel potentissimo ur-

(1) Frammento d'un elogio storico che quanto prima sarà fatto di pubblica ragione.

tare; in breve terreno, immensi sdegni e miracoli di forze umane contrastavano. Quel dì chiaramente ebbero a conoscere i due grandi emuli, da cui le avverse genti erano capitanate, la virtù del loro intelletto e del loro braccio. Parea che lo spirito di quegli eccelsi andasse trasfuso nelle ardenti milizie, e dall'una parte e dall'altra non fu a desiderare maggior vivezza e tenacità di propositi, nè più studiosa imitazione dell'esempio de'lor condottieri. All'audace Vendôme tornò in cagion di lode l'aver sotto di sè per ispade trafitto a morte un cavallo, ad Eugenio forse era primo e fatale impedimento dal recarsi in pugno la cominciata vittoria, l'esser colpito di fuoco nella gola e indi a non molto più vivamente nel ginocchio: tanto si proponeva come volgar combattitore in fronte de'suoi minimi soldati ove più fosse onor di fatiche e ogni sorta pericoli e danni. Ma la sua vita, a cui erano congiunti i migliori destini del suo paese e quei dell'impero austriaco, l'angelo delle vittorie certamente proteggeva!

Non concesso il valico del disputato fiume all'oste cesarea, perchè la spada e la voce d'Eugenio fu ritenuta dall'operarsi, e avanti sgombrare colla virtù dell'esempio e de'conforti la già trionfata resistenza, le squadre dei re disdissero alle genti d'Austria il titolo di vincitrici; e a loro stesse che gloriavano di avere escluso gli Alemanni dalla diritta riva dell'Adda, non menzognera fama lo negò. In questo era la somma degli eventi; chè il savio consiglio dell'italico generale avea di molto scemate le forze che prima erano tutte cospiranti alla ruina del Piemonte, e non poca parte degli eserciti ostili avea rimossa e tirata incontro a sè dalle vicinanze fieramente calpesto e minacciate della metropoli de'duchi Savoiardi. Così egli ponea mano all'immortal beneficio di cui era per avergli memoria ed amor senza fine il popolo stretto alla devozion della sua Casa.

Prof. PIETRO BERNABÒ SILORATA.

AL CONTE

VITTORIO DI CAMBURZANO

ODA

Follèggia il mondo: entro notturne stanze
Il fior di nostra gioventude or suole
Spossar le membra in faticose danze
Fin che risorga il sole.
Aër corrotto per le fauci ingoia,
E per gli occhi lussuria, che all'alterno
Scambiar di piedi e braccia una rea gioia
Nutre e feco d'inferno.
Qual servo al scusò dell'età sul verde
E ai vezzi schiavo di mercata Frine,
Argento, onore, sanità disperde
Con immaturo fine;
O di bische fra i trepidi perigli
Fondo sua facoltà da sera a mane,
La mercè froda ai servi, il censo ai figli,
E a' poverelli il pane.
Qual di cibo soverchio e di licore
Rinfarcia il ventre nelle apicie cene,
Sì che doglia lo invade, e mal prudore
Gli affoca entro le vene.
Quando il dì sacro a penitenza arriva,
Greve il capo e lo stomaco ripieno
D'acri flemme, il digiuno allora ei schiva.
Chè per languor vien meno.
Tu, Vittorio, che fai? per tal sentiero
Acquistar non si può di gloria il monte,
Nè il cupido appressar labbro al sincero
Di sapienza fonte.
Ahi! chi folle spregiò natura e Dio,
Giace nel fango, immonda bestia, avvolto,
E a gran fatti e di fama al bel disio
Il cuor non può aver volto.

In campo ei romperà nemici petti,
O de'superbi domerà l'orgoglio,
Se non si ausò troncar de'pravi affetti
Il tumido rigoglio?
Librerà forse le bilance a Temi,
Di censor, novo Cato, avrà la verga,
Se di ogni vizio ruinò agli estremi
E diè a virtù le terga?
Mal seme, mala pianta in sè rinserra,
Nè tardo ciuco ingenera destriero,
Che corra anelo ad odorar la guerra
Di marzial ira altero.
Ma tu, dolce Vittorio, a cui natura
Diè bel cor, bello ingegno, anima bella,
Sdegna del secol guasto ogni bruttura,
E siegui la tua stella.
Di procaci scrittori o mal credenti
Dalle fetide mense il labbro torci,
Il fien lascia agli stupidi giumenti,
Lascia le ghiande ai porci.
Del savoroso pan de'padri nostri
L'alma, chè tempo or n'è, undri ed impingua,
L'opra immortal de'lor laudati inchiostri
Nulla età fia ch'estingua.
Le Dee di Pindo e figlie alme di Giove,
Che raminghe fuggian le terre argive,
Venir fur viste in forme altere e nove
Sovra l'itale rive;
Qui lor seggio locâr, qui d'ogni bello,
Qui d'ogni vero a noi schiusero i fonti,
Fuggì barbarie allo splendor novello
Di là dai mar, dai monti.

Onde poi del saver portò la face
Primo l'italo Genio a tutte genti,
E l'ebbe nelle belle arti di pace
Al suo piè riverenti:
Pria cull'armi e coll'aquila latina,
Poi co'tesor dell'inclita favella
Due volte Italia al mondo fu reina,
Or la faremo ancella?

Cessi Dio tanto mal, cessi l'offesa,
Ch'empi e ingrati faremmo a tanta madre,
La gloria anzi di lei serbiamo illesa
Con opre alte e leggiadre.
Io della vita ho già varcato l'arco,
Tu or l'ascendi, o gioventù ti affida,
Sottentra dunque all'onorato incarco,
Bottiglio il Ciel ti arrida.

Carlo Grossi.

LA SUORA DELLA PROVVIDENZA

PARTE PRIMA

Scorrendo nelle mie peregrinazioni pedagogiche la valle........... vidi scendere da un viottolo, presso un villaggio che lasciai a mano destra, una donna vestita di nero, coperta il capo d'un pannolino bianco e così inamidato, che formava al pallido viso un buon riparo dal sole e dalla polvere. — « Chi sarà costei? » dicea fra me; e intanto allungai il passo e me le posi vicino. Allora vidi che le pendeva dal petto una crocetta di legno, dal fianco una corona. — Per mezzo miglio corremmo lo stesso cammino petroso, ineguale, selvatico, lungo il fiume; e non ardiva interrogarla... — quand'ecco uno sconcio porgemene l'occasione.

Le piogge di settembre (1839), così fatali al canton Ticino, avevano guasto un acquedotto, e mutato in pozzanghera un breve tratto di strada. Io e la donna nera eravam dunque lì sul margine, col passo impedito: e siccome i bisogni scuotono e avvicinano anche gli animi più timidi, fecimo presto consiglio insieme. Fu risoluto che gettando nel fango, a giusta misura, due grosse pietre d'un vicino burrone, si poteva passare il piccolo stagno a piede asciutto. Detto fatto: misi mano all'opera, e in tre minuti la riuscì meglio di quello ch'io sperassi. Come è di regola, l'ingegnere passò pel primo, e a sbalzi, sui sassi vacillanti. Mi voltai, e per quanto spazio poteva, sporsi la mano alla compagna di viaggio, che non aveva guanti. Ma essa, ricusando il mio soccorso, con una sveltezza che non avrei creduto sotto quei panni da monistero, spiccò due salti e mi avanzò d'un passo. La seguii. Il servizio che le aveva reso mi confortava, mi fece anzi ardito a chiederle qual abito vestisse.

— Quello delle Suore della Provvidenza (disse ella parlando cogli occhi fissi a terra).

— Dunque ella è una monaca?

— Son una che si è proposto di vivere santamente curando gl'infermi, o istruendo le fanciulle povere nelle cose necessarie a sapersi per la salute dell'anima e del corpo.

— Il suo convento è qui vicino?

— La *Casa-madre* è nel vicino borgo; ma io e suor Luigia abitiamo in una cameruccia del villaggio che abbiamo poco fa lasciato indietro. Suor Luigia fa ivi la scuola; ed io mi reco ogni giorno là (e accennò colla mano) a mezzo il monte, dove si vede a spuntare fra i castagni un campanile.

— Buon Dio! Quanto cammino ogni giorno e per queste solitarie e pessime strade!

— Il cammino non è che di un'ora; ed oggi per la prima volta trovai la strada così rotta e malconcia...

— La *Casa-madre* è numerosa?

— Siam otto: ma non ci raccogliamo che nelle vacanze autunnali.

— È ricca?

— Non possiede che l'abitazione e un orto.

— Come vivete?

— Come vivono i poverelli.

— Chi mantiene le suore?

— La Provvidenza.

— Mandate forse alcuna di voi a mendicare? — M'immagino che sceglierete a quest'uffizio le suore più vaghe e graziose....

— Signore, v'ingannate! (rispose con voce un po' tremola che svelava un animo compreso da nobile sdegno) — Noi non riceviamo se non ciò che spontaneamente ci portano le nostre scolarette.

— Che vi possono donare cotesti miserabili valligiani? — Pochi pomi di terra, quattro castagne, un po' di latte....

— Tanto che noi viviamo.

— Non vi siete mai pentita d'aver abbracciato questo tenore di vita?

— Non mai, o signore: e se ciò avvenisse (il che non piaccia a Dio!), verrei consigliata a tornare al mio primo convento e fors'anche in seno alla mia famiglia.

— Che bella istituzione! — È permesso visitare la vostra scuola?

— Signor sì.

— E perchè vi siete ascritta a quest'ordine?

— Perchè sentiva desiderio di viver lontano dai rumori cittadini, e di guadagnarmi il paradiso con opere di vera carità.

— Dunque non siete nativa di questi paesi?

— Oh, signor no! Io nacqui in luoghi più ameni (e sospirò).

— Dove?

— A Napoli.

— A Napoli! (esclamai con vivacità, ripetendo una risposta che non m'aspettava. E già dal labbro sentiva sdrucciolarmi *io vengo di là*: ma ritenni la lingua, temendo di rendere la suora più riserbata e laconica. Perciò dando nella mia mente una giravolta al pensiere, rappiccai a stento e così il filo del discorso):— E la compagna vostra?

. — Suor Luigia è di Milano. La poveretta è malaticcia; nondimeno se la vedeste in iscuola con che zelo adempie le parti di maestra, di madre!... Ogni mattina mi divido dalla mia buona sorella coll'animo trepidante: chè io temo di tornare a casa alla sera e di trovarla a letto, come già più volte m' accadde.

— E perchè suor Luigia non ritorna nella sua famiglia, ove potrebbe essere meglio curata?

— L' infelice è orfana: ed è ben contenta d' aver trovato in noi altrettante sorelle d'amore. —

— Vi amate davvero? — Allora non sarà necessario mandare anche fra voi di tempo in tempo qualche santo paciere a comporre i dissidii fra la badessa e le soggette!

— Credete, o signore. Noi siamo povere, e ce la campiamo assai meschinamente; lavoriamo tutto il dì, ma in casa nostra viviamo in perfetta pace, e fuori le popolazioni ci benedicono. —

Queste cose dette con aria d' innocenza e di celestiale soddisfazione mi scesero in fondo al cuore, e mi rendevano lietissimo di aver fatto quella conoscenza.

Incominciò l'erta faticosa, e quantunque di tanto in tanto ci mozzasse il parlare in bocca, nondimeno la conversazione non ristava. Il dialogo si bene avviato mi aveva acceso in corpo più viva che mai la brama di conoscere le avventure della suora; cosicchè ora fermaudemi su due piedi, ora tirando a stento il fiato e la parola, non cessai dal perseguitarla con interrogazioni, alle quali per alcun tempo ella seppe scansar la risposta con certe scappatine che al sottile ingegno delle donne, e specialmente a quelle che si compiacciono della vita contemplativa, non mancano mai. Alfine con argomenti come seppi meglio gentili la costrinsi a svelarmi i suoi casi: onde, senz'altro riguardo, sedendo su di un gran sasso, cui più basso e lì vicino ne pareva posto un altro per mettervisi chi voleva ascoltarla, prese a dire così:

— « Io compiva appena i venti anni, quando la mia famiglia avendo ereditato la sostanza del duca di ...., si trasportò in quella città. Mio padre, disceso da' prodi Normanni che fondarono il regno di Napoli, ampliò il palazzo testè ereditato, e, siccome le nuove ricchezze gli davano comodo, sfoggiò in esso quella magnificenza di vivere ch'egli stimava conveniente alla nobiltà del casato.

—« Mia madre, il buon Dio le perdoni, secondava mirabilmente quelle vane pompe, che attirarono presto intorno a noi il fiore de' baroni e gentiluomini. In quanto a me, avvezza sino dai più teneri anni a una vita solitaria, nella quale nascondevamo la povertà d'una famiglia decaduta, mi pareva d'essere una colomba fuor del bosco natio, e non sapea darmi alle conversazioni romorose, ai balli, ai canti ond'ogni serata era piena la casa. Non ci volle meno che il comando de' genitori, l'esempio e le istigazioni delle mie sorelle per farmi superare la ritrosia ai frastuoni delle sollazzevoli brigate. Fatale presentimento! forse il Cielo benigno minacciavami così le traversie della storia dolente che sono per narrarvi ».

Prima di quella esclamazione la suora aveva parlato sommessamente come sogliono le claustrali; ma quando parvemi che s'affacciasse alla sua viva immaginazione una memoria crudele, divenne a un tratto bella e franca parlatrice. Naturalmente in me crebbe l'attenzione, anzi il diletto: allora m'accorsi che sotto al nero saio palpitava un cuore sensibilissimo, che sotto il velo inamidato una intelligenza pronta e culta non meno della lingua rendeva eloquente lo sguardo. Io non batteva più palpebra; io era fisso nel suo volto, su cui dipingevasi un'anima grande purificata dalla sventura.

— « Signore! ella riprese: in quelle conversazioni conobbi il mondo! L'indole mia inclinata alla serietà e alla riflessione non mi affezionò presto uno stuolo di vagheggini; cosicchè, libera de' più cocenti pensieri, ebbi campo di studiare e veder chiaro il raffinamento delle adulazioni, l'ingordigia delle ricchezze, l'idolatria di se medesimo nascosta sotto le più ingannevoli forme. Molti giovani invece erano presi alla beltà e alle grazie della sorella che subito mi seguiva negli anni: e la madre sagace aveala già promessa sposa al principe di....., uomo probo, ricchissimo e gradito quanto altri mai alla corte. Mio padre di buon animo consentiva al vantaggioso partito; ma volendo in tutto ravvivare le costumanze e le convenienze domestiche delle schiatte più illustri, desiderava che si collocasse prima in matrimonio la figliuola primogenita; ed io appunto era quella.

« Sollecitata dai genitori, dagli amici, dagli aderenti delle due più grandi famiglie del paese, mi vidi alfine costretta a scegliere uno sposo. Tre me se ne presentavano: ed io, dopo mature considerazioni, elessi un cavaliere napoletano, che in molti incontri aveami con timidità manifestato le più affettuose premure, e che pel suo naturale serio, cupo, silenzioso, mi rassomigliava.

« Dopo tre settimane, con uno sfarzo che rammentava l'origine principesca della schiatta normanna, io e mia sorella ci recammo a piè dell'altare, ove si celebrarono le doppie nozze. Finita la solenne cerimonia, ritornammo, seguite da numeroso corteggio, alla casa paterna, e qui, mentre s'apparecchiavano le carrozze per condurmi a Napoli, sedemmo a una lauta colezione. Io pensando all'abbandono degli amati genitori mi sentiva così stringere lo stomaco, che non potei assaggiar cibo, e levandomi presto dalla mensa mi gettai nelle braccia della mia cara genitrice, e nel suo seno sfogai con un lungo pianto il mio dolore.

L. A. Parravicini.

DI ALCUNI CELEBRI NANI

Nel n.° 41 del Museo dello scorso anno 1840 abbiamo inserito una serie di curiose ricerche su i nani, estratte da un elaborato articolo pubblicato da uno dei più dotti periodici della Francia. A complimento di tale materia comunicheremo ora altri cenni intorno a vari nani, che vennero, non ha guari, in luce colla stampa d'oltramonte, unendo ad essi le rispettive imagini che appositamente richiedemmo per l'uso de'nostri lettori.

Jeffery Hudson, nato ad Oakham nel Rutlandshire nel 1619, è senza contrasto uno de'nani più singolari che mai esistessero. Nell'età di otto o dieci anni, trovandosi alto diciotto pollici circa, fu ammesso al servizio del duca di Buckingam. Carlo I ed Enrichetta di Francia essendo stati, dopo le loro nozze, festeggiati nel castello del duca, il piccolo Jeffery fu servito a tavola in una specie di formaggio, o pasticcio freddo, ed offerto dalla duchessa alla regina, che preselo per suo nano.

Dai sette ai trent'anni Jeffery non ingrandì punto; ma dopo questa età giunse all'altezza di tre piedi e nove pollici, e fermossi, quindi, su tale statura. Egli porse alla corte molte occasioni di spasso. Sir William Davenant scrisse un poema che nomò *Jeffreidos*, nella circostanza in cui il nano ebbe ad abbaruffarsi con un gallo d'india. Nel 1638 pubblicossi un piccolissimo libro intitolato: « *Strenna offerta da lady Perceval a lord Minimus*, volgarmente detto il *piccolo Jeffery, servitore di S. M. la regina, scritta da Microfilo*, con piccolo ritratto di Jeffery in fronte.

Nel succitato numero già si fe' cenno del sanguinoso duello che questa esile ma spiritosa e terribile creatorina sostenne col nobile Crofts, duello in cui questo perdè la vita. Ma oltre questo caso egli incontrò sulla terra e sul mare molte curiose avventure, tra cui non è da omettersi l'essere stato due volte preso da corsali, e venduto, come schiavo, su i mercati della Barberia. La fama, intanto, guadagnatagli dal duello, fece sì ch'egli fosse nominato capitano nelle armate reali. Ma venuto, nel 1682, in sospetto d'essersi intinto nella politica cospirazione di quell'epoca, fu rinchiuso a Gate-House, e vi morì in età di 83 anni.

Il nano espresso nella sottostante figura salì esso pure a grande celebrità ne'suoi giorni. Gli è desso Wybrand Lolkes, di Iest in Oland, ove nacque nel 1730. Figlio di un povero pescatore, egli diede saggi di speciale attitudine alla meccanica, e fatti i necessari

studi, imprese la professione d'orologiaio in Amsterdam. Ma non bastando i frutti di questa a sostentarlo, assieme alla moglie ed i vari figliuoli da essa avuti, diedesi a correre il mondo, esponendosi a spettacolo sui teatri. La sua consorte, che era bellissima, accompagnavalo, e gli si ponea accanto allorchè mostravasi al pubblico.

Cav. Baratta.

LA
BATRACOMIOMACHIA
OSSIA
LA BATTAGLIA
DEI RANOCCHI E DEI TOPI
POEMETTO OMERICO
nuovamente tradotto

Una nuova traduzione della Batracomiomachia, uscita da tal penna, che, per comune sentenza dei dotti, non teme rivali, segnatamente in fatto di greca erudizione, è cosa piena di tanto pregio, che noi, non sapendo qual miglior dimostranza d'onore offerirle, deroghiamo alle ordinarie leggi del nostro giornale, e dedichiamo tutte le pagine d'un numero ad accoglierla e presentarla, intera, a' nostri lettori.

Queste nobile dono, sportoci cortesemente dal venerevole autore, mentre prova, del resto, come a sommo merito vada sempre congiunta abbondevole gentilezza, fa fede del generoso patrocinio che uomini valorosissimi concedono al nostro periodico, e noi proviamo, in pensarlo, un senso di onesta compiacenza, che sarà, senza dubbio, diviso dai colti e numerosi nostri associati.

Quanto poi alla natura del poema greco, ed alle quistioni insorte intorno alla sua autenticità, ecco parecchie opinioni, scelte tra quelle che hanno maggior peso, tra i seguaci delle due opposte bandiere:

« E forse incerto se la *Guerra tra i Sorci e le Rane* sia poema d'Omero; ma è certissimo, che per la bellezza, eleganza ed estro meritò il suo nome. Noi abbiamo in esso l'origine della poesia burlesca, il che mancò agli Ebrei. Dopo la *Batracomiomachia*, nacquero in Italia e altrove tanti poemetti leggiadri e ridevoli, e son figli suoi. Crediate o no, che questo fosse un'allegoria o uno scherzo, a me poco importa. Nissuno si adirerà con noi ora, se in quei re dei Topi, o in quei popoli di Rane, vogliam ravvisare i vizi di personaggi e nazioni ignote.....

« Voltaire arduinizzò. Non volle che tutte l'opere di Omero fossero sue. Altri che gli accordano l'Iliade e l'Odissea, gli negano la Batracomiomachia. Che forse? Non si può essere insieme poeta serio e burlesco? L'Ariosto il fu, il Berni, il Frugoni e il vivente abate Berlendis. Tra i francesi, Boileau e Voltaire; tra i latini, Orazio. L'abate Lavagnoli, in una sua prefazione ragionata e lunga combatte l'opinione dei miscredenti. Lo fa e con grammatica e con rettorica e con filosofia. Io son con lui. Sebbene a me poco importa il decidere una quistione, la quale nè aggiunge, nè toglie pregio al poeta. A quelli cui non paresse questo poemetto degno della sapienza d'Omero, dico col Lavagnoli, *non potrebbe esser questo per avventura un primo parto della sua mente? un esperimento che volle egli fare di se medesimo, in mira delle maggiori cose di che divisava di scrivere?* Ecco l'opera della giovanezza di Omero, come l'Odissea fu chiamata da Longino l'opera della sua vecchiaia. Ma vedete stravaganza! Vi fu Jacopo Gaddi, che asserì francamente: *Batracomiomachia videtur mihi nobilior, propiorque perfectioni, quam Odyssea et Ilias, imme utrumque superat iudicio ac ingenio et praestantia naturae, cum sit poëma ludricum excellens.*

« Io mi persuado che Omero sia qui ugualmente grande, che nei due poemi maggiori. Il vero ridicolo non fu mai negli uomini mediocri. Luciano nei suoi Dialoghi, Erasmo ne'suoi Colloqui, Boileau nel suo Lutrin, Tassoni nella sua Secchia, Forliguerri nel Ricciardetto, Gressel nel Ververt, furono i geni più grandi di chi usò penna critica e poetica. Perchè negheremo questo *grande* ad Omero? »

Così l'eruditissimo abbate Andrea Rubbi nelle sue prefazioncelle poste in fronte alla versione della Batracomiomachia, del Lavagnoli. Il quale Rubbi, quasi a viemaggiormente riconfermare la sua opinione, scrisse, per epigrafe al libercolo stesso, il terzetto seguente:

Dopo la guerra e le stragi troiane,
Dopo gli errori del subdolo Ulisse,
Omero scherza coi topi e le rane.

Ma da tali giudizi dissentì lungamente lo Schoell, il quale nella sua storia della letteratura greca, opera di quella somma autorità che tutti sanno, ha, sulla Batracomiomachia, lo squarcio seguente:

« Fra le opere attribuite ad Omero si conta pure la Batracomiomachia o la Miobatracomachia, ossia la guerra delle rane coi topi, piccolo poema di 297 esametri, il quale è una parodia della maniera e del linguaggio di Omero, e forse una satira di una di quelle contese, che erano così frequenti fra le piccole repubbliche della Grecia. Queste poema appartiene probabilmente ad una epoca posteriore, ed alcuni autori lo attribuiscono a Pigre di Caria (1).

(1) Riccardo Payne Knight osserva che nel terzo verso si parla di tavolette δέλτοι (*) sulle quali il poeta scrisse: quindi egli conchiude che l'autore fosse ateniese e non originario dell'Asia, posciachè quivi non si scriveva altramente che sopra le pelli, εν διφθέραις. Egli cita in prova di ciò il passo di Erodoto, v. 58, e fa seguito con un'altra osservazione. Al verso 291 si discorre del mattutino canto del gallo, siccome di cosa generalmente conosciuta. Ma questo fatto dimostra, dic'egli, che il poema non risale ai tempi di Omero: giacchè non è credibile che gli antichi poeti non avessero mai parlato di questo istinto del gallo, se l'avessero conosciuto, ed essi certo lo avrebbero conosciuto se vi fosse stato il gallo in Grecia. Quest'uccello è indigeno dell'India, e non pare che sia stato introdotto in Europa che nel sesto secolo innanzi G. C. A quest'epoca lo si scorge sulle monete dei Samotraci, e degli abitanti d'Imera. Vedi Payne Knight *Prolegomena* ed. Lips., p. 6.

(*) Δέλτοι *significa libri, tavolette, testamenti ecc. La radice di questo sostantivo è* Δελτα, *posciachè anticamente tutte queste cose facevansi nella forma di* Δ. *Ne venne quindi l'espressione* δωδεκάδελτος νομο , *legge delle dodici tavole. In un antico epitaffio corcirese pubblicato dal Mustoxidi nell'appendice alle Inscrizioni spettanti al primo periodo (Illustraz. Corc. vol. II) si parla del poema dell'Ulissea a cui si dà il vocabolo* Δέλτον. « *Così è detto il libro (sono parole del Mustoxidi), per la sua forma triangolare; e così Omero, o chi altro ne sia l'autore, chiama i fogli, sui quali scrive il combattimento delle rane e dei topi, quando invocando le Muse se li pone sulle ginocchia* ». *Da ciò si scorge dunque chiaro che il vocabolo* Δέλτος *risguardando più la forma di quello che la materia, fu male inteso da Riccardo Payne Knight, e non bene applicato dallo Schoell.* (Nota del professore Tipaldo, traduttore).

Il Quadrio enumera le varie versioni italiane della Batracomiomachia. Ma i dotti odierni faranno, senza dubbio, distinto plauso alla presente, che noi siamo orgogliosi di dar, primi, alla luce dei tipi.

Cav. Baratta.

LA BATRACOMIOMACHIA E L'AUTORE DELLA TRADUZIONE

DIALOGO

A. Non voglio tanti capricci, figliuola mia: tu devi ubbidire e uscire in pubblico senza vergogna. Mi pare che tu sii assai decentemente vestita, nè vi è a temere, se il paterno amore non mi vela il giudizio, che tu abbi a fare nel mondo una trista figura. E poi se ti porgerai docile e buona al voler mio, ti prometto di farti fare una sopravvesta più bella di quella de' tuoi fratellini. Ti manderò dal signor Fontana, il quale sai che ha vestito e veste di sì care e sfoggiate robe tanti tuoi conoscenti e compagni e compagne. Fregi, ornamenti e contigie da quel galantuomo ne avrai forse più che non meriti. Sai che al dì d'oggi un bel vestito è già una buona raccomandazione, particolarmente per quelli della tua condizione. Ma che cosa sono codeste lagrimucce che t'imporlano gli occhi? Ve' la capricciosa!

B. Ah, babbo mio, solamente quel nome così brutto, così sgraziato che mi avete messo in fronte! Figuratevi, quando darò due passi sotto i portici, o entrerò in una conversazione, mi saranno in un subito tutti alla vita cogli occhi, e dandosi del gomito l'uno all'altro diranno sotto voce: Ecco che viene madama Batracomiomachia. Misericordia, che nome! O cambiatemelo subito, o che io non m'induco ad uscire mai di casa.

A. Via, via, datti pace. Ma per una paroletta sola tanto affannarsi e piagnucolare! Senti, mia cara Batracomiomachia, non sono poi rari i nomi un po' strani ai giorni nostri. Te ne potrei citare una filza di quelli che sono non che strani, ma barbari. Pure per non vederti sì ingrognata, ti muterò anche il nome, e ti chiamerò la Battaglia dei ranocchi e dei topi. Sei contenta? Vedi un poco che tarullo e babbaleo babbo son io, proprio di quelli alla moderna, anzi alla moda, che lasciano scapricciare i figliuoli a loro talento.

B. Anche questo nome mi spiace un poco, ma almeno s'intende da tutti, e mi conosceranno subito, nè lo storpieranno sì facilmente. Benchè, a dir vero, qual bisogno v'era di farmi vedere? ce ne sono tanto delle traduzioni dal francese, dall'inglese, dal tedesco, dallo spagnuolo e di opere più utili assai.

A. Appunto, appunto, perchè ci ha tanti libri, voglio che tu ti facci vedere anche tu. E che? sei poi una savia e costumata figliuola, e puoi comparire senza rimprovero e senza rossore. Quando un libro non offende la sana politica, la buona morale, e la religione, può bene mostrarsi al pubblico con fronte sicura.

B. Questo è vero, babbo. Ma diranno che sono una inezia, una sciocchezza, una bambolinaggine. Nel secolo XIX tirar fuori Omero, la lingua greca, la battaglia dei ranocchi e dei topi! Oh come rideranno alle spalle mie e vostre! tanto più al presente che rumoreggia per tutte le quattro parti del mondo, fino a Pechino, il suono di guerra, e più ancora che il suono....

A. Vedete un poco che generazione di figliuole ci dà questo secolo. Eccole lì: sono alte una spanna, sono tuttora imbraghettate nelle fasce, hanno la bocca che sa ancor di latte e già vorrebbero fare le filosofastre e le politicastre. Signorina mia, non tocca a voi a pensare se siete utile o no, questo tocca a me. Ma, poichè ora siamo in una età, in cui chi comanda vuolsi obbligare a dare ragione di tutto, e del perchè e del per come, e l'*ipse dixit* non vale più un zero, anche in ciò mi studierò di farti capace. Pare a te che sia al tutto inutile un libro che può far ridere senza rossore, che diletta senza corrompere? Piacesse al Cielo che in vece di tanti e tanti romanzettucciacci che ci diluviano addosso, pieni gremiti e zeppi di sedizioni, di amorazzi, di fiamme adultere o sacrileghe, di certi delitti necessari e inevitandi, perchè descritti come voluti da una fatalità inesorabile, ineluttabile, lordi in somma di ogni bruttura che contamina il buon costume, piacesse al Cielo che si leggessero più tosto le storie delle fate, il libro di Bertoldo, del piovano Arlotto e di Guerin Meschino. Vedi, figliuola mia, che colla tua indocilità mi hai condotto a fare il predicatore, e non ne aveva voglia cica.

B. Tutto vero quello che voi dite, padre mio buono. Ma se volete in questo essere ragionevole, ditemi: pare a voi che la gente debba mettere impegno, e prendere interesse a vedere sbudellare i ranocchi, e infilzare i topi? io so bene, come son oggi trattati da certa gente Esopo, Fedro, La Fontaine ed altri di questa fatta.

A. Oh! oh! la sapientona! Dimmi un poco, gioia mia, che cosa è meglio? sentir parlare a modo loro gli animali, e udirli moralizzare ridendo, o sentire spropositare agli uomini e udirli falsare idee e guastare i costumi scrivendo? È più mal vedere morire in campo ranocchi e topi, o mettere sempre sulla scena pugnali e veleni, vedere suicidi, bevere per gli occhi il sangue, come le matrone romane nell'arena dei gladiatori, e fare in certi drammi per lo più morire uccisi principi e re, vestiti o, a dir più vero, mascherati col manto esecrato di tiranni? Ah che sei troppo nuova, o come direbbe quel mio amico messere Alighieri, selvaggia del secolo.

B. A proposito di nuova, mi ricorda bene, sapete, quel che disse l'altro giorno in camera vostra un amico, di cui mi è caduto di mente il nome. Quando voi gli faceste vedere questa povera mia personcina là in un angolo allo scrittoio, vi disse subito, che delle traduzioni italiane di questo poemetto attribuito ad Omero, ve n'era a fusone. Qual bisogno dunque di cacciarne una nuova in mezzo del pubblico?

A. Tu sai un pocolin di latino, delizia mia, dacchè ho voluto a voi altri figliuoli miei dare una educazione all'antica col farvi studiare latino e greco, quantunque sentissi ogni giorno certi gran barbassori, certi gran baccalari che bandivano la croce addosso a quelle due povere lingue, e volevano ad ogni costo mandarle a confine. Ti dirò dunque con Virgilio: ***Omnia praecepi atque animo mecum ante peregi***. Hai capito? Aveva io preveduto questa difficoltà che mi fai, ed eccoti in pronto la risposta. Mi sapeva bene che delle traduzioni di questo poemetto ve ne aveva già molte, e tante quante ne novera in quel suo faticoso lessico bibliografico il buon tedesco Hoffmann, cioè almeno dieci dal **1470** fino al **1825**. Ma ti dirò netto che questo non mi ha fatto rimanere dall'impresa. Potrei giurarti, se facesse mestieri, in fede mia, e nota bene in fede latina e non greca, che di tutte queste traduzioni non ne ho veduto pur una, e non le voglio vedere se non dopo che avrai fatto tu la tua comparsa nel mondo. Se sarai più bella, meglio per te, figliuola mia: se più brutta, l'onta e il danno sarà tutto mio.

B. Ma chi sa poi, se questa veste italiana che mi avete indossato, sarà stata presa veramente a misura, se starà bene sopra una figura greca. Non vorrei essere come quell'Omero, vi ricordate? che aveva la faccia antica, ma il vestito era tutto moderno, modernissimo. Mi piacerebbe in una parola che si riconoscesse la mia fisonomia originale anche sotto questa veste, di che mi avete voluto coprire.

A. Caccia ogni timore, lascia ogni scrupolo, e non

B.

A. Bu
jeli
he
prio.
Se tu
che ti
ranno
ala gli
dire. Se
persona,
ti dirà co
qualche ne
male la pe
e altre simil
dell'amichev
pure de' tuoi
ti stizzisci per
dire a me, che
Or su, coraggio,
dal Fontana, al q
per la sopravveste
ticare gli ammonin

Ma nè ai ranocchi vo' porgere aita,
Ch'ei pur son fuori di cervel. Poc'anzi
Quando reddiva sonnolenta e stanca
Dalla battaglia, tal fecion rumore,
Che al sonno non potei chiudere i lumi,
E vegliai tutta notte, onde mi assalse
Doglia di capo infin del gallo al canto.
Ma noi numi di scendere in soccorso
Di coloro lasciam, non forse alcuno
Resti di noi d'acuto dardo offeso,
O di asta o spada il corpo abbia percosso:
Chè pugnano da presso, ancor che un Dio
Lor venga incontro: meglio fia dal cielo
Guardar la pugna, e prenderne diletto.
Ai detti suoi tutti assentiro i numi,
E in un luogo a mirar vennero in folla.
Due araldi procedettero, le insegne
Della guerra portando, le zanzare,
Infiatate gran trombe, della mischia
Con orrendo fragor diero il segnale,
i guerra indizio, in ciel Giove tonò.
rimo fu Gracidalto a ferir d'asta
eccator stante nelle prime file
propugnare, colselo nel ventre
'epate nel mezzo, onde boccone
lde e bruttò di polve i molli cirri.
trabuco ferì poscia Fangone,
salda lancia infittagli nel petto,
lde disteso, l'atra morte il colse,
lalle membra a vol l'alma fuggissi.
ngiabieta ferì Saltainpignatte
mezzo il core, e Mangiapan percosse
avoce nel ventre, il fe' cadere
la bocca sul suolo, e l'alma alata
corpo uscì. Lo vide Godistagno
ì perir, venne allo scontro, e fiero
le mani un molar sasso afferrato
Entrabuco in mezzo alla cervice
gliollo, e una caligin gli velava
occhi. Ma venne incontro Leccatore,
ppuntogli la sua fulgida lancia,
fallì il colpo, e al fegato lo colse.
avvist... io
si
cad
n

sentire spropositare agli uomini e udirli falsare le idee e guastare i costumi scrivendo? È più male vedere morire in campo ranocchi e topi, o mettere sempre sulla scena pugnali e veleni, vedere suicidi, bevere per gli occhi il sangue, come le matrone romane nell' arena dei gladiatori, o fare in certi drammi per lo più morire uccisi principi e re, vestiti o, a dir più vero, mascherati col manto esecrato di tiranni? Ah che sei troppo nuova, o come direbbe quel mio amico messere Alighieri, selvaggia del secolo.

B. A proposito di nuova, mi ricorda bene, sapete, quel che disse l'altro giorno in camera vostra un amico, di cui mi è caduto di mente il nome. Quando voi gli faceste vedere questa povera mia personcina là in un angolo allo scrittoio, vi disse subito, che delle traduzioni italiane di questo poemetto attribuito ad Omero, ve n'era a fusone. Qual bisogno dunque di cacciarne una nuova in mezzo del pubblico?

A. Tu sai un pocolin di latino, delizia mia, dacchè ho voluto a voi altri figliuoli miei dare una educazione all' antica col farvi studiare latino e greco, quantunque sentissi ogni giorno certi gran barbassori, certi gran baccalari che bandivano la croce addosso a quelle due povere lingue, e volevano ad ogni costo mandarle a confine. Ti dirò dunque con Virgilio: *Omnia praecepi atque animo mecum ante peregi.* Hai capito? Aveva io preveduto questa difficoltà che mi fai, ed eccoti in pronto la risposta. Mi sapeva bene che delle traduzioni di questo poemetto ve ne aveva già molte, e tante quante ne novera in quel suo faticoso lessico bibliografico il buon tedesco Hoffmann, cioè almeno dieci dal 1470 fino al 1825. Ma ti dirò netto che questo non mi ha fatto rimanere dall' impresa. Potrei giurarti, se facesse mestieri, in fede mia, e nota bene in fede latina e non greca, che di tutte queste traduzioni non ne ho veduto pur una, e non le voglio vedere se non dopo che avrai fatto tu la tua comparsa nel mondo. Se sarai più bella, meglio per te, figliuola mia: se più brutta, l'onta e il danno sarà tutto mio.

B. Ma chi sa poi, se questa veste italiana che mi avete indossato, sarà stata presa veramente a misura, se starà bene sopra una figura greca. Non vorrei essere come quell'Omero, vi ricordate? che aveva la faccia antica, ma il vestito era tutto moderno, modernissimo. Mi piacerebbe in una parola che si riconoscesse la mia fisonomia originale anche sotto questa veste, di che mi avete voluto coprire.

A. Caccia ogni timore, lascia ogni scrupolo, e non mi muovere più tanto difficoltà. Io sì sono stato in ciò non pur esatto, ma scrupolosetto. Sai tu di qual testo mi sono valuto per acconciarti indosso codesta veste? di quello di Ambrogio Firmino Didot, valentuomo francese e bene da me conosciuto, sì benemerito de' buoni studi all'antica per la sua bella edizione che va facendo di tutti i greci scrittori. Ho creduto in buona coscienza di non potere scegliere meglio, perchè so che quel dotto editore ci ha dato, or fa due anni, il suo Omero, quale l'avevano emendato Wolff e Dindorf. Che uomini eh!

B. Voi avrete fatto il possibile perchè io uscissi al pubblico in buon arnese. Pure, babbo mio, non vi so celare che sento battermi il cuore per la paura.

A. Buon segno: questo è segno di modestia, ed è bello ornamento delle tue pari, benchè io creda che ci sia mescolato un micolino di amor proprio. Va bene che sii timidetta, ma senti a me. Se tu ti avverrai in gentaglia sgarbata, sgraziata, che ti faranno i visacci e il niffo, o ti borbotteranno dietro vituperi, motteggi e maladizioni, tu cala gli occhi, va innanzi pe' fatti tuoi, e lasciali dire. Se poi t' incontrerai in qualche benevola persona, che accoppiando gentilezza a sapere, ti dirà con bel modo, che tu per esempio hai qualche neo, qualche grinza, che porti talvolta male la persona, che strascini per terra la veste, e altre simili magagnette, ringraziala, amor mio, dell' amichevole avviso, e dille che ti corregga pure de' tuoi difetti, che tu non te ne adonti, nè ti stizzisci per questo. Poi bada: vienmelo subito dire a me, che sai bene ov' è la tua casa paterna. Or su, coraggio, figliuola mia: ti mando subito dal Fontana, al quale umilmente ti raccomanderai per la sopravvesta di gala. Sta sana, e non dimenticare gli ammonimenti da padre che ti ho dato.

BATTAGLIA DEI RANOCCHI E DEI TOPI

Dall'aspro giogo di Elicona io prego
Che tutto il coro delle Muse scenda,
E il petto m'empia or che comincio il canto.
Sulle ginocchia mie posate sono
Le tavolette, e canterò una immensa
Guerra, bellisonante opra di Marte.
Sappian gli umani tutti (a lor la brama
Di ridirlo mi accende) come un giorno
Ranocchi e topi di valore armati
Si affrontaro in battaglia, ed imitaro
L'ardir dei figli della terra, quando
Agli Dei fèr paura. Fra i mortali
Dirò qual ne suonò la fama, e quale
Principio ebbe e cagion cotanta impresa.
Tempo già fu che un topo sitibondo
Sfuggito ai denti di seguace donnola
Discese a una palude, e il molle mento
Tuffò nella dolce acqua a suo diletto.
Un bel ranocchio dello stagno amico,
Alto gracidator lo vide, e a lui
Rivolto fe' suonar queste parole:
Ospite chi se' tu? donde venisti
A queste ripe e chi ti diè la vita?
Di' tutto ver, nè ch'io la prima volta
Che tu mi parli, mentitor ti colga.
Amico degno ov' io ti sappia, ai regi
Miei penetrali condurrotti e colmo
Ti farò di ospitali eletti doni.
Io Gonfiagote son re dei ranocchi,
E mia reggia è il padul, ove regali
Onori ho tutto dì: mi generava
Fangone là sull' eridanie rive
A Regninacqua un dì misto in amore.
Ma te pure ved' io scettrato sire,
Pugnator nelle guerre, e innanzi a tutti
De' tuoi bello mi sembri e valoroso.
Or la tua schiatta a me dichiara. E a lui
Così il buon Rapibriciole rispose:
A che cercar mia schiatta, a tutti conta
E mortali e immortali in terra e in cielo?
Rapibriciole ho nome, e fummi padre
Il generoso Mangiapan che m'ebbe
Frutto di casto amor da Leccamole,
Regal sangue del re Rodiprosciutto.
Dentro di un buco partoriami e nato
Di fichi ella, di noci e di altri cibi
D'ogni eletto sapor mi nutricava.
Tu, come or farti amico a me che in nulla
Son per genio e natura a te simile?
Tu dentro l'acqua vivi, ed io mi pasco
De' cibi stessi di che l'uom si pasce:
Pane buffetto sopraffin che in volta
Va per le mense nei canestri, torte
Ampie e d'olio di sèsamo cosperse.
Or gusto di una fetta di prosciutto,
Or di un buon pezzo di formaggio fresco,
Or fegatelli in bianca rete avvolti,
Nè mi mancan di miele le focacce
Che in Olimpo perfin fan gola ai numi.
Quanto di peregrino, di squisito
Alle mense dell'uom ritrovò l'arte
De' più valenti cuochi a colmar piatti,
A disporre vivande, io tutto mangio.
Sono anco pro' nell'armi, e quando ferve
Di Marte il ludo, tra le prime squadre
Correre difilato ognun mi vede.
Gran corpo ha l'uomo, è ver, pur io nol temo;
Sul suo letto mi arrampico e di cheto
Gli mordo il sommo delle dita, o addento
Lieve lieve il calcagno, e quando ci sente
Il dolore dei morsi, allor gli fugge
Dalle membra assopite il dolce sonno.
Sol due cose tem' io sopra la terra,
Lo sparviero e la donnola, di lutto
Entrambi alta cagion: dopo lor temo,
Madre di guai, la trappola, strumento
Ove morte ingannevole si asconde.
Ma il mio più formidabile nemico,
Che in scaltrezza e valore ogni altro avanza,
È la donnola. Allor che da lei fuggo,
E m'imbuco, ella rapida m'insegue,
E nelle stesse latebre mi giugne.
Rape, cavoli, zucche, petroselli,
E biete io mai non mangio, e tutte l'erbe
Lascio a voi paludicoli per cibo.
Sorrise a questi accenti Gonfiagote,
E rispose al nuov'ospite: del ventre
Troppo tu ti glorifichi e ti bèi.
Credi forse che a noi manchi ogni cosa?
Molte e belle ne abbiamo e in terra e in acqua,
Mirabili a veder, chè il sommo Giove
Diè vita anfibia al popol dei ranocchi,
Or sulla terra saltellare, ed ora
Acquattarsi nel fondo dei paduli.
Vuoi tu pur di tai cose essere sperto?
Facile è l'opra: montami sul dosso,
E perchè tu non caschi, attienti stretto,
Sì che giulivo alla mia reggia arrivi.
Disse, e le spalle sobbarcò: veloce
E di un salto leggiero ascese l'altro,
E colle mani il collo gli avvinghiò.
Pria l'assalse stupor, poscia diletto
Al mirar di quel mare i vicin porti,
E veder fender l'onde a Gonfiagote.
Ma poi che intorno l'inimico flutto
Cominciò a soverchiarlo, in largo pianto
E in querele d'inutil pentimento
Disperato proruppe, i peli svelse,
I piedi strinse sotto il ventre, e il core
A que' perigli non usato in petto

Con insolito moto gli battea.
Affannoso volea scender in terra,
Sospirava, gemeva, e fredda tema
Al lapinello invaso avea le membra.
Spiegata in prima a fior d'acqua la coda,
L'adoprava qual remo, e a tutti i numi
Fea voti e preghi, se approdar potesse.
Mentre ondeggiava tra i purpurei flutti,
E acutamente guaiolava, questi
Dai labbri fe' volar queruli accenti:
Non tal sovra il suo dorso un dì portava
Dolce pegno di amor l'amabil tauro,
Quando Europa per mar condusse a Creta,
Qual sulla biancheggiante acqua disteso
Il verde corpo a guisa di naviglio
Sur l'ampia schiena a' suoi paterni lari
Mi conduceva de' ranocchi il rege.
Quando, orrendo spettacolo ad entrambi,
Dall'onda un idro d'improvviso emerse
Che sui flutti teneva eretto il collo.
Vistolo Gonfiagote andò sott'acqua,
Immemore che l'ospite e l'amico
Abbandonava in sì fatal periglio,
Ma vinse in lui l'orror dell'atra morte,
E a schivarla nel fondo si calò.
L'altro, sì derelitto, sopra l'acqua
Diè supino un gran tonfo, e ambo le mani
Strignendo, certo di perir, guaiva.
Or sotto i flutti sommergeasi, ed ora
Colpeggiando co' piè fuori emergea,
Ma non potea 'l meschin fuggir la Parca,
Chè il peso omai degli umiditi peli
Lo gravava via più: mentre peria
Queste mandò dal petto ultime voci:
Ahi! Gonfiagote, non sperar che mai
La perfida opra tua rimanga occulta.
Tu dalla schiena, come da uno scoglio,
Crudel, ne' gorghi un naufrago lanciasti.
No che di me tu stato non saresti
Alla lotta, al pancrazio ed alla corsa
Più glorïoso e più valente in terra.
Ma in ciel v'ha un nume, ch'ha vindice l'occhio,
Ed ei con un esercito di topi
Ben presto ne vorrà pena e vendetta.
Disse e spirò nell'onde. In quella il vide
D'in sulla erbosa ripa Leccapiatti,
Diè un alto strido, rapido si mosse
E a' suoi recò la lugubre novella.
All'annunzio feral ira e furore
Alla topesca gente invase i petti,
Chiamâr gli araldi, ingiunsero che all'alba
Tutto il consiglio in casa Mangiapane
Si convocasse, ed era Mangiapane
Padre di Rapibriciole infelice.
Fredda salma era il misero proteso
Supin sopra lo stagno, nè potea
Toccar le sponde e in alto galleggiava.
Ma appena spuntò l'alba, d'ogni parte
Con frettoloso piè convenner tutti.
E primo si levò nel gran consesso
Per la morte del figlio alto sdegnato
Mangiapane, e diruppe in questi accenti:
Amici, è ver che io molti e gravi mali
Da' ranocchi ho sofferto, ma credete,
Una sorte crudele or tutti involse.
Di me qual padre più infelice? ho visto
Già tre figli morir. Mi uccise il primo
Quella nostra implacabile nemica
La donnola, e addentollo in quel che uscia
Fuor del noto suo buco: riserbata
Era al secondo una stentata morte
Dagli uomini inumani. Un novo ordigno
Fatto di legni ad ingannar noi topi,
E a darci morte i crudi han macchinato.
Dangli il nome di trappola: di questa
Perir lo vidi. Ahi! rimaneva il terzo,
Di me delizia e della casta madre,
Pur questo Gonfiagote ci sommerse.
Or via su, vendichiamci, esclamo in campo,
Affrontiamli, di varie arme guerniti.
Disse, e tutti ad armarsi persuase.
Alle gambe adattâr pria bei schinieri
Che di scorze di fave avean foggiato,
Almo lavor, da poi che tutta notte
Si stero a rosicarle intenti e desti.
Liste di cuoio e canne rinterzate
Eran gli usberghi con grand'arte fatti
Della pelle di donnola scuoiata.
Umboni di lucerna eran gli scudi,
L'aste aghi lunghi, ferrea opra di Marte,
Per elmo in capo avean gusci di noce.
Tutti i topi in quest'arme erano chiusi,
Ma i ranocchi non pria n'ebber sentore,
Che saltâr fuor dell'acqua, e d'ogni fossa
In un medesmo luogo a parlamento
Per la guerra futura si adunaro.
Donde, dicean tra loro, origin ebbe
Tal nimistade e tal d'armi apparecchio?
Quando ecco con in mano il sacro scettro
Verso loro appropinquasi un araldo.
Era il figlio del gran Scavaformaggi,
Saltainpignatte, che di ria novella
E di rottura annunziator venia.
Giunto ad essi parlava in questi accenti:
Ranocchi, qui dinanzi a voi mi manda
Oggi de' topi il popolo ed il sire
Con minacce di guerra e di battaglie.
Che vi armiate v'ingiugne: elli han veduto
Ucciso Rapibriciole sull'acqua,
Colpa del rego vostro Gonfiagote:
Però quanti fra voi son prodi in armi
Escan coi topi ad ingaggiar la zuffa.
Così a guerra sfidò: queste parole
Per le orecchie discesero nel core
Ai ranocchi, e di tema e di spavento
L'empiron sì che diero in alti lai.
Ma incontro a tali accuse dal suo seggio
Si levò Gonfiagote, e, amici, disse,

Nè il topo uccisi, nè perir lo vidi.
Ei volle al nuoto imitar noi, sull'acque
Andar scherzando, e sì peria sommerso.
Ma vedete la pessima genia!
Dan mala voce a me innocente. Or dunque
Modo cerchiam di sterminar codesti
Seminator di scandali e d'inganni.
Pur questo a me pare il miglior consiglio;
Poi che saremo in tutto punto armati,
Stiamcene in fila all'orlo della riva
Ove il loco è precipito: quando elli
A investirci con impeto verranno,
Noi pel cimier gli acciufferemo, e in giù
Quanti son cacceremgli entro lo stagno.
Ei non sanno nuotar, però affogati
Tutti morranno, e noi su queste sponde
Un trofeo topicida pianteremo,
Disse e tutti fornì d'arme: le gambe
Con foglie ricopersero di malva,
Verdi bietole e larghe eran gli usberghi,
E con foglie di cavolo han formato
A bell'arte gli scudi, in man per lancia
Un lungo e acuto giunco ognun palleggia.
Gli elmi, gusci di chiocciole minute,
Onde ogni prode imprigionava il crine.
Cinti d'arme così sull'alte rive
Si schieraro a battaglia, dardeggiando
L' aste e di marzial ira in petto accesi.
Sull'astrifero cielo avea chiamato
Giove i celesti, e dall'eteree sedi
Mostrò giù in terra della guerra il campo,
E quella plenitudine incedente
Alla battaglia, fior di eroi pugnaci
Che lunghe nelle mani aste brandìa;
Quale un dì de' Centauri e de' Giganti
Incedevan le torme. Un dolce riso
Lampeggiolli sul volto, e così disse:
Or chi degl' Immortali in terra andranne
Soccorritor de' topi o de' ranocchi?
Indi volto a Minerva, andrai, mia figlia,
Tu in difesa dei topi? entro a' tuoi templi
Ei saltano, discorrono scherzosi
All'odor tratti delle carni, quando
A onor del nume tuo fumano l'are.
Così disse il Saturnio, e a lui Minerva,
Padre, rispose, non fia mai che i topi
Perseguiti a soccorrere io discenda,
Chè a me di molti mali elli fur fabbri.
Ai serti il guasto danno e alle lucerne
Per succiar l'olio, ma più il cor di acuta
Doglia mi punse un altro lor misfatto.
Un bel peplo con grand'arte e fatica
Mi avea tessuto a dilicate trame,
E a fino ordito di mia man filato.
Or me l'han tutto rosicato, e cento
Fori vi han fatto. Avea da un tessitore
Preso in presto la lana: ci vuol che tutto
Solva il debito, e m'urge e m'arrovella,
Nè lo poss'io, però n' ho sdegno ed onta.
Ma nè ai ranocchi vo' porgere aita,
Ch'ei pur son fuori di cervel. Poc'anzi
Quando reddiva sonnolenta e stanca
Dalla battaglia, tal fecion rumore,
Che al sonno non potei chiudere i lumi,
E vegliai tutta notte, onde mi assalse
Doglia di capo infin del gallo al canto.
Ma noi numi di scendere in soccorso
Di coloro lasciam, non forse alcuno
Resti di noi d'acuto dardo offeso,
O di asta o spada il corpo abbia percosso:
Chè pugnano da presso, ancor che un Dio
Lor venga incontro: meglio fia dal cielo
Guardar la pugna, e prenderne diletto.
Ai detti suoi tutti assentiro i numi,
E in un luogo a mirar vennero in folla.
Due araldi procedettero, le insegne
Della guerra portando, le zanzare,
Infiatate gran trombe, della mischia
Con orrendo fragor diero il segnale,
Di guerra indizio, in ciel Giove tonò.
Primo fu Gracidalto a ferir d'asta
Leccator stante nelle prime file
A propugnare, colselo nel ventre
All'epate nel mezzo, onde boccone
Cadde e bruttò di polve i molli cirri.
Entrabuco ferì poscia Fangone,
La salda lancia infittagli nel petto,
Cadde disteso, l'atra morte il colse,
E dalle membra a vol l'alma fuggissi.
Mangiabieta ferì Saltainpignatte
In mezzo il core, e Mangiapan percosse
Altavoce nel ventre, il fe' cadere
Colla bocca sul suolo, e l'alma alata
Dal corpo uscì. Lo vide Godistagno
Così perir, venne allo scontro, e fiero
Colle mani un molar sasso afferrato
Ad Entrabuco in mezzo alla cervice
Scagliollo, e una caligin gli velava
Gli occhi. Ma venne incontro Leccatore,
E appuntogli la sua fulgida lancia,
Nè falli il colpo, e al fegato lo colse.
Mangiacavoli avvistosi del rischio
Dall'alto rive si gittò fuggendo.
Pur così dalla pugna non ristava,
Ma lo giunse, il ferì sì ch'ei giù cadde,
Nè più dal suolo si levò, e dintorno
Il padul tinse di purpureo sangue.
Poscia si vide immobile e disteso
Sull'arena giacer per le diffuse
Pingui intestine intumidito e brutto.
Quivi a Scavaformaggi ancor diè morte.
Gustamenta in veder Mangiapresciutti
N'ebbe tema ed orror, gittò lo scudo,
E fuggendo balzò dentro lo stagno.
Di sua mano il gagliardo Giacinfango
Spense Filtreo, d'un sasso gli percosse
Con tal colpo il sincipite, che giuso
Dalle narici il celabro fluiva,

E del suo sangue imporporò la terra.
Ma spento il suo nemico, Giacinfango
Sotto i colpi mori di Leccamense
Che lo colse coll'asta, e le la nebbia
Adra di morte i lumi a lui coverse.
Visto ciò Mangiaporri per un piede
Nel tendine afferrò Tracciamidore,
E giù nella palude lo sommerse.
Ma fe' de' morti sozi aspra vendetta
Rapibriciole, e volto a Mangiaporri
Lo ferì, chè non anco in sulla terra
Era dal sonno dello stagno uscito.
Caddegli innanzi e l'alma all'orco scese.
Pestamelma lo vide, abbrancò un pugno
Di fango, e di buon polso nella fronte
Gliel accoccò, bruttogliela e per poco
Nol fe' cieco. Di sdegno, di furore
L'altro avvampò, colla robusta mano
Diè di piglio ad un sasso ivi giacente,
Che facea al campo immenso peso e ingombro,
E percosso ai ginocchi Pestamelma
La destra gamba al meschinello infranse,
Tal che supin giù cadde nella polvo.
Gracidator levossi alla vendetta,
Gli venne incontro, l'assalì coll'asta,
E nel mezzo del ventre gliela infisse.
Tutto l'acuto giunco entro gli entragni
Penetrò sì che al suolo le minugia
Si spargean quando la nerbuta mano
Dalla ferita fuor gli trasse l'arme.
Stavane in riva al fiume Mangiagrano,
Ma visto quel trambusto, dalla pugna
Zoppicando e tenendo si ritrasse,
D'inenarrabil doglia il cor ferito,
E a scampar grave danno entro una fossa
Precipitevolmente si buttò.
Nella punta del piede Mangiapane,
Ferì il re dei ranocchi Gonfiagote.
Stava mezzo spirante al suol disteso,
Quando così lo vide Mangiaporri
E corso tosto tra le prime file
Con un aguzzo giunco lo feria,
Ma lo scudo non ruppe, chè la punta
Dell'asta quivi si restò confitta.
Un bel cimiero, un pignattin quadrato
Avea sul capo, e in questo saettollo
Il divino Amaorigano, di Marte
Valente imitatore e fra i ranocchi
Nelle battaglie il più forte campione.
Contro lui fecer impeto i nemici,
Ed egli visto que' gagliardi eroi,
Sol non potendo sostener lo scontro,
Negl'imi gorghi del padul si ascose.
Era a quei dì tra i topi un giovinetto
Duellator sovra tutti altri insigne,
Al prode Ghiottipan diletto figlio
Rapiboccone, in guerra un altro Marte,
Tanto fra' topi si barea sovrano
Nelle prove dell'armi. In sulla riva
Lunge stava dagli altri o superbia,
Vantandosi ch'ei solo avria prostrato
Il popol dei belligeri ranocchi;
E ben fatto l'avria, chè di gran onore
E di gran forza era il garzon fornito.
Ma vide i suoi pensieri, udì i suoi vanti
Tosto il padre degli uomini e de' numi,
E presagli pietà de' perituri
Ranocchi, squassò il capo e così disse:
O Immortali, gran cosa in terra io vedo,
Quanto ahi! mi grava il cuor Rapiboccone,
Che laggiù del padul sovra le sponde
Truce alla strage de' ranocchi anela.
Ma tosto io manderò la Dea dell'armi,
Palla bellisonante, e con lei Marte,
Che quel forte ritraggan dalla pugna.
Così il Saturnio: e Marte a lui rispose:
No, non varrà di Palla, nè di Marte,
O figlio di Saturno, omai la possa
Dai ranocchi a cessar l'estremo danno.
Moviamci tutti, e giù scendiamo in terra
A lor difesa, impugna oggi quel telo
Con che un giorno spegnesti in val di Flegra
Vita e orgoglio ai fortissimi Titani,
Quel telo onde sentir la possa e il foco
L'immane Capaneo, lo smisurato
Encelado, e i Giganti, orride torme.
Così qual più valente è nella pugna
Cadrà dall'armi tue sconfitto e domo.
Marte sì disse, e Giove sulla terra
Un alato scagliò fulmine ardente,
Che pria col tuono avea l'Olimpo scosso.
Topi e ranocchi a quel fragore orrendo
Spaventati tremâr; pur dalla pugna
De' topi l'oste ancor non facea posa,
Ma disiava l'inimica razza
Tutta estirpar. Pietà n'ebbe in ciel Giove
Che pronto aiuti a lor mandò. Repente
Entro al campo apparir dorsoincudati,
Bistorti, indietreggianti, coccipelli,
Curvobrancati, forbiciboccuti,
Naturossuti, spallerilucenti,
Latidorsi, obliquocchi, gambisghembi,
Pettoculati, maniprotendenti,
Ottipedi, bicipiti, impalpabili,
Li chiaman granchi: co' lor morsi ai topi
Tagliavan crudi e piedi e mani e code,
Tanto che inette si storcean le lance.
N'ebber paura i topi cattivelli,
E non osando sostenere innante
A que' nemici, ratti si fuggiro.
Già il sol piegava ad occidente il carro,
E tanta guerra un solo dì finia.

CARLO GROSSI
D. C. D. G.

LA BOTTEGA DELL' ACQUAIUOLO IN NAPOLI

In tutta la sterminata famiglia di esseri intesi, sotto forma e nomi diversi, al salutare officio di dissetare il prossimo, non havvi forse individuo più singolare del celebre *acquaiuolo* di Napoli, specie di *sorbettiere* a cielo scoperto, il quale è, senza contrasto, una delle più curiose particolarità offerte da quella popolosa e faccendosissima capitale. La sua bottega, entro alla quale il limpido aere di Partenope s'introduce e discorre liberamente in ogni senso, è formata da quattro sostegni o colonne, sorreggenti una specie di leggiadro baldacchino, a cui fa base un *banco* o cassone, rialzato alquanto sovra il livello del suolo col mezzo di vari gradini, che danno al nostro liquido eroe l'incalcolabile vantaggio di dominare, in certo modo, i suoi avventori. Folti e verdissimi ramoscelli, pittoricamente intrecciati ai pilastri, alla vôlta, e generalmente a tutte le parti di tale tempietto, e ricchi di aurei *portogalli* ed aranci qua e la pendenti dall'ombroso lor seno, imprimono all'assieme di questo modesto edificio un non so quale aspetto di letizia impossibile a dirsi. Nulla più, infatti, racconsola gli occhi e 'l pensiero di chi passeggia quel suolo infuocato, quanto la vista di quella vegetazione, sorgente, quasi per incantesimo, di mezzo alle aride selci delle vie; e l'olezzo degli agrumi, che imbalsama la circostante atmosfera, seduce soavemente le fauci, e spinge al bere con irresistibile provocazione. Arroge che di mezzo a quel fogliame rallegratore, tra quei grappoli di limoni, di cedri, di aranci, sono bizzarramente innestati non so quali vaghissimi uccelli manufatti, e fiorami d'oro ed argento, e nastri, e variopinte banderuole, e graziosissime figurine e cento altre svariate bizzarrie, il cui complesso forma uno smalto che appaga lo sguardo, ed infonde in cuore, come già osservammo, certo senso di serenità, di festa, ch'è cosa soavissima. Ognuno, poi, di questi seggi mezzo cittadineschi e mezzo campestri, è posto sotto la tutela di un Santo speciale, la cui imagine, collocata sulla parte più eminente della bottega, le serve, in egual tempo, di stemma od insegna.

Somma è, inoltre, la mondezza che regna su la persona, su 'l banco, ne' vasi dell'operoso e benemerito *acquaiuolo*. L'onda ch'egli adopera, fresca e purissima, appanna gratamente i cristalli che l'accolgono, irritando così vieppiù la sete de' bramosi accorrenti. Freschi pure, e turgidi di confortevoli succhi, sono gli agrumi di che servonsi a darle dilettoso sapore. Sì che, tra l'eccellenza della sostanza, tra l'attraente leggiadria delle forme, tra, finalmente, la tulliana eloquenza del protagonista, il quale, con voce stentorea, invita a sè il pubblico, affollatissima è sempre la sede dell'*acquaiuolo*, ed innumerevoli le fauci che ottengono dalla di lui mano pietoso lenimento alle proprie tribolazioni. Senonchè essendo legge di questo mondo che accanto al lusso appaia sempre un po' di miseria, così a sturbare la piacevolezza del quadro sopraggiungono gli accattoni, molti de' quali raccosciansi, stanchi e anelanti, presso alla bottega dell'acquaiuolo a cerca d'ombra ospitale, ed altri, punti dalla fame, impetrano, lagrimosi, le scorze degli aranci premuti, o l'obolo inamabile dell'elemosina.

Cav. BARATTA.

LA SUORA DELLA PROVVIDENZA

PARTE SECONDA

« Le più dolci consolazioni e la gioia de' convitati ricomposero, quando a Dio piacque, il mio turbamento; ond'io cinta d'una corona di rose intrecciate a fulgidissime gemme, regina della festa, assisa fra i genitori, aspettava dal mio sposo l'annunzio della partenza. I cavalli di posta sono pronti... passa un'ora - e non si vede: si cerca di lui - e non si trova. — « Dove è lo sposo? » — bisbiglia l'un l'altro all'orecchio. — Mille supposizioni, e non se ne avvera una. La comitiva si scioglie; imbrunisce; e il mio sposo non giunge ancora. Cielo! qual tempesta d'affetti! — Incerti, ansiosi, palpitanti per la tema d'una mortale disgrazia, ci separiamo per coricarci... Quella notte fu per noi tutti una veglia crudele. Il domani, nessuna traccia dell'immaginato infortunio; nuove voci contraddittorie... Non sapevamo più che pensare; quand'ecco giungere da Napoli un nostro servo, il quale annunzia essere stato veduto il cavaliere salire una nave che a vele gonfie era partita per la Grecia. Allora subentrò all'incertezza e alla compassione l'idea del tradimento, dell'orgoglio offeso, dello scorno sparso sulla prima casa d'Amalfi.

« Mia sorella avea seguito lo sposo: le sale erano deserte: dal tripudio delle nozze io passava al silenzio de' sepolcri; perchè venni chiusa nell'appartamento più remoto del palazzo, onde così togliere il motivo al ridicolo e alle importune condoglianze de' pochi amici fedeli che visitavano i miei accorati genitori.

« Sei mesi aveva passato nel ritiro e nell'ambascia, quando a poco a poco dileguandosi la memoria dell'indegno giovine, che io non aveva mai fortemente amato, rinacque in me l'inclinazione alla vita solitaria, e mi gettai in braccio alla religione. In questa sola trovai un sollievo alle mie angosce; laonde risolvetti di vivere con una mia santa parente nel vicino monistero del Carmine. I miei genitori da prima contrariarono il divisamento; ma quando poi considerarono che io non era più zitella e non avea marito; che io persisteva nel proposito; che quello era il mio più vivo desiderio e l'unico mezzo di svolgere i sarcasmi dalla nostra famiglia, condiscesero alle mie calde brame.

« Entrai dunque in convento, cui mio padre regalò la mia pingue doto: e dopo un breve noviziato, monda d'ogni rancore, riconciliata con Dio, e lietissima più che nel giorno delle nozze feci i voti solenni. — In quelle sacre mura io rivolsi la piena de' miei affetti alla carità evangelica; e in particolar modo all'educazione delle fanciulle. Io aveva toccato con mano come queste innocenti e fragili creature venivano lusingate, tradite, vendute per acquisto d'oro e d'onori; come il più d'esse, divenute spose, mal usassero l'imperio dell'amore sulla volontà del consorte; mal conoscessero l'importanza de' più delicati doveri verso la prole; come insomma la donna fosse nel gran mondo come nave agitata in mare da contrari venti e senza governo; e che non pertanto dalla savia e illuminata madre principalmente dipende il costume della famiglia, la robustezza de' figli, la felicità del marito, la virtù e la gloria della nazione. Con assiduo studio leggeva i libri che introducevano il mio sguardo nel cuore umano per investigare l'indole delle passioni, eziandio malvagie; io esaminava le facoltà dell'intelletto e tutte quante le predisposizioni che la bontà e sapienza di Dio aveva messo nell'anima e nel corpo de' bambini. Servendo alle sue sante mire, io istruiva, educava, amava le scolarette affidatemi come se fossero proprio state viscere mie. In queste occupazioni io passava la vita tranquilla, e mi compiaceva della gratitudine, della stima, della benevolenza delle mie tenere allieve, ch'erano omai la mia delizia, e nuovi innocenti vincoli del mio affetto coll'umana società... Oh memorie felici!... Ma lassù (e guardò il cielo) era scritto che la mia pace sarebbe turbata un'altra volta!

« Una mattina, non era ancora finita la scuola, che un incognito mi fa chiamare al parlatorio: discendo in esso accompagnata da una suora, e una voce che a poco a poco vado riconoscendo mi dice: « Riconoscetemi, o signora, e perdonatemi. Una malattia che improvvisamente in me si manifestò mi ha persuaso a fuggirvi nel giorno delle nozze: da prima la vergogna, indi la prigionia tra i pirati della Grecia mi ha impedito di darvi mie novelle: ora sono libero e sano; il nodo che formò il Cielo mi ravvicina e stringe a voi: io vengo per condurvi alla mia casa paterna che esultante v'aspetta... » Io stupita non sapeva che rispondere, ma egli riprese con voce risoluta: « Se l'invito non basta, valga il comando. Sposa mia, seguite il consorte ». Confusa, smarrita, balbettai non so quali parole: mi confessai turbata, incapace di ragionamento, e caddi in braccio alla suora, la quale fece le mie scuse, e congedò il cavaliere.

« Più volte egli venne poscia per parlarmi, ed io sempre ricusai d'udirlo. Che fa egli? Si volge ai miei genitori, e chiede loro la sposa: questi sdegnati per la fede da lui mancata, non ascoltando giustificazioni, lo cacciaron di casa con rimproveri e minacce. Colui non s'avvilisce: maggiori e più acerbe diventano le ripulse; tanto più si puntiglia di far valere i suoi diritti sulla moglie. Assistito da' primi giureconsulti del paese, chiamò innanzi al giudice la mia famiglia, acciocchè gli consegnasse la donna che gli spettava. Mio padre si difese, ma il codice lo condannava, e perdè la causa. In quel dì medesimo il cavaliere mandò la sentenza a me, che in tanta confusione e contrarietà di cose non sapea più quali erano i miei doveri, quali i legami più sacri; infine s'era moglie o monaca.

« Quella decisione non aperse le porte del chiostro. Allora il cavaliere invocò nuovamente il braccio della legge; chiese l'esecuzione della sentenza; l'ottenne; e la giustizia recossi colle debite formalità al monistero del Carmine a domandare la restituzione della sposa. Ma che! Innoltratisi i messi del tribunale nel secondo parlatorio, trovarono con loro grande maraviglia il vescovo in abito pontificale, cinto dalla sua corte, il quale al lume del sacro cero lesse il canone del concilio tridentino: — *Sia anatemizzato chiunque sostiene che si possano frangere i voti claustrali di chi si maritò senza consumazione di nozze.* Queste parole furono scritte e portate al consiglio dei giudici, i quali non seppero che rispondere alle nuove interpellanze del giovine. Ricorse al trono, e non ne fu nulla. Allora si convinse essere inutile ogni altro tentativo.

« Eccomi di nuovo la favola del paese! Eccomi costretta a chiedere d'essere traslocata in un monistero, ove le mie strane venture coperte dal velo del segreto non siano distrazioni continue alle divote pratiche delle sorelle.

« Non fu difficile alla potenza della mia famiglia trovarmi nella opposta parte estrema d'Italia un pietoso ricovero: e in queste valli da due anni io conduco nella oscurità quel tranquillo tenore di vita, cui mi sentii sempre inclinata. —

« Siete contento? » aggiunse la suora alzandosi in fretta e ripigliando a passi celeri la strada. — Io trasecolato, pieno di stima, seguendo rispettosamente le sue orme, la ringraziai, e pensava al bell'argomento d'una novella... Ma il pensiero mio fu come tagliato in due da queste altre sue parole: « Non propalate le mie vicende ». —

— E se il racconto giovasse alla causa della educazione delle fanciulle...? —

— Che? vorreste voi rendermi per la terza volta spettacolo al mondo colla pubblicità della stampa? Ove m'asconderò allora?

— L'avventura è bella ed esemplare... Permettetemi almeno che noti alcuni particolari nel portafoglio.... Ma stamparla poi...! (Lettrici, fidatevi adesso degli scrittori! — Dite all'avare che non ammassi danari, al febbricitante che non tremi, ma non dite a chi ha abbondanza di cuore e prontezza di lingua di tacere le azioni virtuose).

Aveva appena finito d'appuntare col lapis i nomi de' casati, i tempi, i luoghi, quando giungemmo in faccia al villaggio. Prima d'entrarvi ne si fece incontro il parroco, accompagnato da una vecchia e da una ragazzina, i quali non vedendo comparire all'ora solita la suora della Provvidenza, venivano a una cappelletta piantata su un balzo, donde scorgevasi la strada che noi avevamo corsa. Non appena videro la suora, che le si posero attorno con molta festa. Il parroco domandò la cagione del ritardo; la udì con visibile dispiacere, e promise che avrebbe subito mandato alcuno a racconciare la via. Mentre io m'intratteneva col venerando sacerdote sulla necessità di educare le zitelle, sentiva una disputa fra le due donne, in cui si trattava di far salire la suora alle stanze della vecchia, la quale tanto instava, che pareva comandarle di mutarsi la calzatura bagnata.

La suora e la vecchia erano scomparse, ed io pregai il parroco acciocchè mi conducesse a vedere la scuola de' maschi. — Erano pochi scolari sucidi, mal creati, e non mi diedero lodevoli saggi del loro profitto. Non vedeva l'ora di visitar quella delle fanciulle; onde congedatomi dal maestro comunale, senza mentire congratulazioni, venni alla scuola delle zitelle, e là io e una cinquantina di vispe scolarette aspettammo pochi minuti la suora della Provvidenza.

Con che giubilo fu accolta l'aspettata maestra da quelle innocenti! La prima lezione durò un'ora, fu caritatevole, amorosa, ben ordinata e istruttiva. Seguì ad essa un breve riposo, e allora mi licenziai dicendole: « Signora, io parto edificato dalla vostra virtù. Vi ringrazio delle cognizioni che mi compartiste sul vostro instituto, che amo e venero senza fine. — Se vi occorre alcuna cosa per Napoli, domani... »

— « Andate a Napoli? » — disse maravigliata la suora, fermandosi so'due piedi nell'andito della scuola, fuori della quale veniva cortesemente accompagnandomi: e dopo una breve pausa ripigliò: « Il Cielo vi salvi! Salutate i miei cadenti genitori, le mie sorelle... Chi sa quando li rivedrò! » — Qui la colse una tenera commozione; versò due lagrime, e ammutì. Mise una mano sugli occhi bagnati, coll'altra mi salutò, ritornando con portamento risoluto al suo paziente e nobile uffizio.

I miei piedi ricalcavano, come una macchina a vapore, la strada che io avea già corsa, senza aiuto cioè di una direzione intellettuale; e l'anima mia spaziava libera fra i campi dell'immaginazione. Non mi vedeva intorno che selve, capanne, un fiume riottoso, giganteschi macigni e ruvidi montanari: laonde mi pareva d'aver lasciato in quella donna misteriosa l'angelo consolatore dell'umana specie confinata nelle orridezze della natura.

— Per quante vie, dicea fra me, Iddio chiama l'uomo, la donna, la tenera fanciulla a secondare i suoi santi fini, spargendo nelle popolazioni più rozze i semi fruttuosi della carità evangelica e dell'incivilimento? — Perchè non si potrebbe introdurre questa benefica congregazione di vergini anche nelle vallate del mio paese? Ne parlerò... A chi? — Al buon senso del pubblico.

L. A. PARRAVICINI.

LA TOMBA DEL PAGANINI

CORO FUNEBRE PER MUSICA DEL M. ACHILLE PERI

La scena rappresenta un luogo solitario. Una schiera di giovani e di fanciulle con ghirlande in mano si inoltra lentamente verso la tomba, ove si legge: ALLA MEMORIA DI PAGANINI. Gli uni e le altre cantano a

CORO

Oh come incerta e labile
L'ombra è de'sogni umani!
Il sol, ch'or splende limpido,
Non sorgerà dimani;
E su gli aperti tumuli
Si mutano l'età.
Che val de'plausi il sonito?
Segno d'onor che vale?
Del tempo infaticabile
No, non arresta l'ale!
Sempre la vita è polvere
Che il vento agiterà.

Uomini

O fanciulle, che appressate
Il pio loco in veste nera,
Perchè all'urna i don recate
Della dolce primavera?

Donne

Per depor su queste soglie
La ghirlanda del dolor.
Ma se a voi gioconde e liete
Della spene riden l'ore,
Perchè, o giovani, movete
Al soggiorno di chi muore? —

Uomini

Per bagnar le mute spoglie
D'una lagrima d'amor.

Donne

Ah conforto all'uom che spira
Fiori e lagrime non sono:
A chi solo in Dio sospira
La speranza del perdono. —
Caro don nell'ore estreme
È la prece del fedel.

Uomini

Ah! sciogliamo un voto insieme
Ch'apra a lui le vie del ciel.

CORO

O dea che in suoni e cantici
La tua virtù riveli,
Se all'uom tu sei l'immagine
Dell'armonia de'cieli;
Tu che dagli astri in terra
Corri il sentier dell'etere,
Questa bell'alma serra
Nel tuo pudico vel.
Se co'possenti numeri,
Onde vestilla Iddio,
Svegliar nel cor degli uomini
Seppe un affetto pio;
Se rasciugare il pianto
Seppe talor de'miseri;
Ah della gioia il canto
Fa ch'ella tempri in ciel!

ANTONIO PERETTI

CARLO BOUCHERON

Quest'elegante biografia, che dobbiamo alla gentilezza dell'illustre autore della Storia della Colonia di Galata, *legato coi vincoli della più tenera amicizia al chiarissimo encomiato, e degno, per ogni rispetto, di dar lode a quella sì pura virtù, a quel tanto sapere, fu da noi promessa nel n.° 49 del Museo dell'anno secondo, in cui è l'effigie della tomba recentemente eretta al Boucheron nel Campo Santo.*

Queste erano le sembianze del cav.re Carlo Boucheron, di cara e d'illustre memoria: era alto e diritto della persona, grave e dolce nel viso, nobile nel portamento e nel vestire che ritraeva alquanto dall'attillatura usata ai tempi in cui trascorse la sua giovinezza; in lui le virili sembianze andavano temperate da una certa qual morbidezza, e la dignitosa beltà dell'aspetto corrispondeva all'indole signorile dell'animo.

Conformi a questa furono parimente gli studi. Imperocchè avendo dovuto, per cagione dei gravi scompigli in cui, sul finire del secolo passato, si avvolgeva la patria nostra, abbandonare la carriera dei pubblici impieghi, tutto si diede ad imparare, sotto la scorta dell'immortale abate Tommaso Valperga di Caluso, le lingue orientali e la greca principalmente, ed a perfezionarsi vieppiù nella latina; rivolto però la mente a conoscere e ad assaporare l'ineffabile eleganza dei pensieri e dei modi adoperati dagli antichi, anzichè alla ricerca di recondite notizie ed alle disquisizioni grammaticali di che più particolarmente si beano gli eruditi.

Per una tal via si accrebbe e si rinvigorì in lui l'amore dell'ottimo, amore nel quale già prima acceso si era e che ne'suoi verdi anni indotto lo avea ad astenersi dal verseggiare, tenendo, con rara e pur troppo unica modestia, di non poter gareggiare nè colla Diodata Saluzzo, nè col Viale, più conosciuto da noi sotto il nome di *Solitario delle Alpi*. La prima salì vivendo a quella chiarissima fama che tutti sanno; il secondo morì garzonissimo ancora sotto il paterno tetto, in una delle tristi vallee del contado d'Oneglia, idonea soverchiamente a nodrire la tetra malinconia ond'era naturalmente compreso. Postosi in cuore così di non voler restare a qualsivoglia altro secondo nel sentiero dov'ei s'era messo, giunse in poco tempo a tale di perfezione nell'uso della lingua latina che, se nel cinquecento alcuni valenti Italiani, quali furono, per cagion d'esempio, il Flaminio, l'Ariosto, il Castiglioni e il Fracastoro, arrivarono a pareggiare gli antichi poeti latini, pochi o nissuno, e in quella età e nelle susseguenti, tanto si accostarono ai prosatori dell'aureo secolo d'Augusto, quanto vi si accostò il nostro Carlo Boucheron. La qual cosa si fece a tutti gl'intelligenti palese. Poichè essendo stato eletto in primo luogo a professore di lettere latine nel liceo imperiale e quindi di letteratura greca e latina nell'università di Torino, si vide che e nelle quotidiane lezioni, e nei dotti ragionamenti, nei quali, al cospetto di numerosa scuolaresca, entrava all'improvviso, ogni volta che illustri personaggi, come non di rado accadde al Gagliuffi, venivano, per dir così, a contendere seco lui della palma della latinità, usava la lingua del Lazio con ugual padronanza come se succhiata l'avesse col latte dal seno della nutrice; e mentre la maggior parte degli odierni latini scrittori mantiensi scrupolosamente fedele alle grazie delle genti da cattedra e togate, o compone i suoi centoni a furia d'incisi e d'interi periodi tolti di peso agli antichi, egli andava franco e spedito, e ad ogni qualunque siasi pensiero, anche il più volgare, dava, senza il menomo stento, veste e colore del tutto romano. Di questa sua virtù è viva la memoria nel cuore de'numerosi suoi discepoli ed ascoltatori, e ne rimane chiara e perenne testimonianza nelle Vite del cavaliere Clemente Damiano di Priocca, dell'abate Valperga di Caluso e del barone Vernazza, in molte altre scritture di vario genere, e nelle orazioni da lui dette nella regia università degli Studi, e che, per mezzo della stampa, videro la pubblica luce.

La vera facondia non può scompagnarsi mai da un dovizioso corredo di cognizioni, e queste vogliono essere svariatissime per l'oratore universitario, a cui soventi volte incombe il dovere di flagellare ogni maniera di vizi, di commendare ogni sorta di virtù e di favellare di tutti i rami dell'umano sapere. La natura avea dotato il Boucheron d'un ingegno vivace, pronto a ricevere i semi di qualsivoglia onesta disciplina. Erasi addottorato nella facoltà della sacra teologia e in quella del jus civile e canonico, s'era avvezzato alle speculazioni della matematica, avea studiato la storia naturale e l'antiquaria, conoscea profondamente la storia dei popoli e dei principati; ed essendo stato da giovane adoperato nella R. segreteria di Stato per gli affari esteri, s'era addentrato negli intricati misteri della politica, nella cognizione dei modi, delle convenienze e dei prudenti rispetti che s'usano per guidare i più rilevanti negozi. Non ambiva la lode di coloro che, versati in una sola scienza, con voce nuova danno a se stessi il titolo di specialità. Di tutte le scienze faceva grandissima stima, e da ognuna di esse avea delibato tanto che bastava per assaporare i discorsi dei veri sapienti, e compatire allegramente e senza fiele a quelli che nol sono, e credono di parerlo col mostrarsi nemici e sprezzatori delle lettere e vantarsi che si occupano nello studio delle cose, non delle parole.

La profonda perizia di lui nel greco e nel latino non gli fece trascurare lo studio della favella natia. Quando venne a morte l'abate Francesco Regis, professore di eloquenza italiana nell'Università, il che fu nel 1812, la lingua nostra cominciava a tergersi dalle oltremontane lascivie che imbrattata l'aveano nel secolo precedente. L'edizione dei Classici fatta sotto gli auspizi del duca Melzi, i Consigli del Cesari e la Storia Americana del Botta cospirarono di conserva a ritirarla a'suoi veri principii. Apprezzava il Boucheron l'utile di siffatta riforma, e nella sua orazione in lode dell'estinto professore mostrò in qual conto si dovesse tenere. Dotato per altro qual egli era di finissimo gusto, pose ugual cura sì nell'evitare le negligenze e gli ornati che si scostano dall'indole casta dell'italiano, che nello schivare gli arcaismi del trecento. Fu quello un vero trionfo per lui: perocchè l'orazione in lode del Regis non fu detta nell'augusto recinto dell'Università, ma nella chiesa di S. Francesco di Paula, al cospetto del fiore de'suoi concittadini concorsi in folla ad udirlo. Credo che degli universali applausi riscossi non poco si compiacesse, e che in lui destassero la brama di poter lodare altri uomini illustri in ringhiera. Brama che in lui fu vivissima quando cessò di vivere Lorenzo Pécheux, professore di pittura. E senza dubbio egli era meglio d'ogni altro idoneo a questo pietoso ufizio, poichè e l'avo e il padre suo erano stati scultori eccellenti, e lo zio paterno, che cresciuto lo avea, dilettavasi anch'egli di pittura, accoglieva nelle domestiche sue pareti gli artisti ed era largo di consigli e di qualche alimento ai giovani di povere sostanze inclinati ad abbracciare il nobile esercizio delle arti. Così per ragione del sangue e della prima istituzione avvezzato si era ad esaminare i lavori dei maestri, a sentirne ed a recarne giudizio. Inoltre presagiva forse il desiderio che dovea sorgere dappoi di far sì che queste nostre contrade più non difettino del lustro che dalle arti belle deriva; era conscio com'è sia difficile opera lo scriverne in appropriata maniera, e conformato qual egli fu dalla natura per essere essenzialmente maestro, gli sarebbe piaciuto di lasciare anche in ciò un modello da seguitarsi. Ma non gli riuscì di soddisfare a questa sua brama. L'usanza di lodare in pubblico gl'illustri defunti non s'è fatta ancora comune tra noi, e ciò concorda maravigliosamente colla nostra antica prudenza: chè se il troppo rispettivo silenzio defrauda i benemeriti delle lodi giustamente meritate, alle lodi si potrebbe per avventura mescolare un ingrato bisbiglio di biasimo, ogni volta che all'oratore accadesse di dover tessere il panegirico di persona chiara di nient'altro che dei doni della cieca fortuna, o del favore. Perciò egli dovette restringersi a dettare quelle tre Vite da noi mentovate di sopra, e che raccolte insieme dal Pomba furono pubblicate col titolo di *Laudationes*.

Ma, o ricercato o spontaneo, usò mai sempre la somma sua maestria nel latino per lodare con iscrizioni, ora semplicemente temporarie, ora monumentali, i personaggi distinti; e spesso maravigliava come un'intera vita, anche la più operosa, descrivere si potesse in pochissimi versi. Alla quale sugosa concisione dello stile lapidario forse non pensano coloro che si vedono andar trafelanti ed enfiati pel buon concetto in cui essi ritengono le proprie fatiche.

Havvi chi stima essere stato il Boucheron troppo severo giudice delle scritture de' suoi coetanei. Non discese egli è vero giammai a lodare le opere prive di novità e di utilità nella sostanza, spogliate nella forma d'ogni pregio d'ordine e di dizione, e composte da coloro che nel suo vernacolo egli solea chiamare mediocrità laboriose. Comportava che queste con molto maggior loro guadagno venissero ad altri uffizi adoperate; solo pregava non contaminassero il tempio delle sacre muse. Nè a rimprovero, ma piuttosto a lode sembra che tale severità debba ascriversi in questa età strabocchevolmente tipografica, in cui si manda in luce un diluvio di scritture che poteano dispensarsi dal nascere, o nate serbare almeno la modesta condizione di testi a penna. Del resto, niuno più di lui ornava d'encomi gli studi fatti a dovere e i lavori con giudizio e con amore condotti. Specchiandosi del continuo nei classici, era tenero dell'aggiustatezza nei pensieri, della naturale sposizione degli affetti, della castigata purità del linguaggio, e purchè questi pregi non fossero del tutto posti in dimenticanza, purchè l'argomento fosse splendido e illustre, e più di tutto lo stile fosse mondo dalle scurrilità, che non solo negli scritti, ma eziandio nei crocchi amichevoli grandemente abborriva, avea accetto ogni lavoro, qualunque fosse l'età o il genere a cui esso apparteneva. Nelle biografie dello Schiller e del Byron avea per avventura osservato la cura infinita da essi posta nello studio degli autori i più accreditati delle colte nazioni, e quindi stimava fuor di ragione entrare nella contesa mal definita tra i classici ed i romantici.

Oltre ai Promessi Sposi del Manzoni, sommamente commendati dal Boucheron, la Storia d'Italia di Carlo Botta, che comincia da dove finisce il Guicciardini e prosiegue sino al 1789, è forse la più romantica fra le opere italiane stampate ultimamente. Ivi le nuove fogge del combattere, gl'intricati raggiri di rilevantissimi negoziati, le disputazioni ancora più avviluppate di vari diritti, la magnificenza delle corti, le virtù di alcuni principi, le stemperate lascivie d'alcuni altri, le scene più terribili, i più piacevoli accidenti, sono descritti chiarissimamente; e in tanta varietà di stili diversi, quanto rigore di metodo, quanta proprietà e quanta purgatezza di lingua! Se fosse lecito alle grandi cose per un istante paragonar le minori, si potrebbe far osservare un'eguale varietà di soggetti nell'orazione detta dal nostro professore nel 1836 per la riapertura dell'Università, in cui la copia degli odierni trovati e la maravigliosa utilità delle loro infinite applicazioni sono esposte nel più corretto, nel più maestoso ed insieme nel più appropriato latino che dire si possa. La natura del soggetto non monta; ma le leggi del bello sono immutabili.

E quando il Botta prendeva congedo dalla patria, che ei non dovea più rivedere, fu udito raccomandare caldamente al Boucheron che non si stancasse dal mantenere, per quanto stava in lui, nell'osservanza siffatte leggi, e tuonasse dalla cattedra per rimuovere da questa studiosa parte d'Italia quel disprezzo delle vaghe forme ond'erano già viziate le lettere d'oltremonti. E il Boucheron prometteva di secondare questo santo voto. Ma non attenne per lungo tempo la data parola, chè a tutti è noto come, rottosi cadendo il ginocchio, dopo alcuni giorni passati quasi fuor di speranza, egli ci lasciasse nel cordoglio.

Mostrò nel tristo caso quanta fosse la fortezza dell'animo, e mentre lo portavano alle sue stanze, tra l'ambascia del dolore non gli venne meno la nativa sua piacevolezza; poichè prese sorridendo commiato dalle turbe che affollatesi intorno a lui ingombravano la via, e si rivolse con parole bibliche in ebraico agl'Israeliti, passando vicino alle case dov'essi sono acquartierati in grembo alla città. A me, che accorsi tra i primi a vederlo, disse senza il menomo turbamento non volersi pascere d'illusioni, scorger egli d'essere giunto al suo fine; increscergli solo di doversi dividere dai congiunti e dagli amici e di non poter condurre a termine alcuni lavori da lui ideati e dai quali per avventura tornato sarebbe qualche vantaggio alla gioventù. Con serenissimo volto lo trovai sempre nelle visite che gli feci nei giorni seguenti per appagare il vivissimo affetto che a lui mi stringeva e per imparare da lui come si debba morire. Imperocchè dal funereo letto dava l'ultima ma la più sublime lezione; insegnava la virtù e la rassegnazione dovuta ai divini voleri. E mentre io stava con mal celate lagrime maravigliandomi che tanta costanza fosse in lui che soventi volte avea veduto reggere alla celia, d'essere soverchiamente timido all'aspetto del dolore e delle malattie, quasi indovinasse l'interna cagione del mio stupore, disse non essere egli stato di piccolo cuore, ma non aver voluto mai contraddire ai molti scherzevoli di cui era fatto segno, per non togliere dal consueto conversar cogli amici un soggetto che gli pareva ad essi riuscisse giocondo.

La costanza è prezioso dono del Cielo, ma in quei momenti terribili era per lui un cominciamento di premio conceduto all'illibata innocenza della vita ed ai sentimenti di religione a cui fu sempre fedele. Scevro al tutto d'invidia nocque a nissuno, anzi si rendè benefico a molti, per quanto la propria condizione comportar lo poteva, a non pochi fra gli eletti suoi discepoli schiuse, mercè delle sue raccomandazioni, l'adito agli onori. E dell'autorità, che la specchiata sua virtù, la somma e scelta dottrina e il lungo uso d'insegnare conciliato gli aveano, sovente giovossi presso gl'illuminati superiori, che volentieri gli porgevano orecchio, per far mitigare i rigori usati verso ai giovani, ch'ei predicava potersi coll'accorta vigilanza e colla dolcezza assai meglio che non coi castighi mantenere illesi dal vizio e nell'amor dello studio. Adoperandosi in tali uffizi, nulla ci dismetteva della propria dignità.

Nelle conversazioni fuggiva le dispute facili a degenerare in altercazioni, e i soggetti ingrati o schifosi nei quali alcuni sogliono lungamente trattenersi con incomprensibile compiacenza. Dilettavasi all'incontro piuttosto delle oneste piacevolezze, dell'essere motteggiato e del motteggiare altrui, ma ciò con tanta grazia e con tanta urbanità che faceva di mestieri essere di tempra rozza e selvaggia per adontarsene; non essendogli mai uscite dal pensiero, anzi citando spesso quelle parole del Boccaccio che segnano il confine tra il motteggiare ed il mordere. Quindi le persone di animo retto e sincero, che lo conobbero, gli serbarono costanti la loro affezione sino alla morte, e vollero concorrere a gara a fargli nel Campo Santo di Torino un orrevole marmoreo sepolcro corrispondente al valor suo; l'iscrizione ch'ivi si legge fu dettata, a mia istanza, dall'egregio Michele Ferrucci. *

Ed io lunge dalla presuntuosa ambizione di voler contendere con quelli, che meglio versati di me negli studi da lui coltivati, gli alzarono, negli scritti loro, un più durevole monumento, consacro alla venerata sua memoria questi pochi versi in cui ho procurato di restringere alla meglio alcune particolarità da me raccolte per lo più dai propri labbri del deplorato professore.

Cav. Sauli

* Eccone il testo:

KAROLO · IOAN · BAPT · F · BOVCHERONO

DOCTORI · LITERIS · GRAECIS · LATINISQ · TRADENDIS · IN · LYCEO · MAGNO

SODALI · REGIO · DISCIPLINIS · EXCOLENDIS

EQUITI · MAURIT · LAZAR · ADLECTO · INTER · EQUIT · ORD · CIV · SABAUD.

PHILOLOGO · SVI · TEMPORIS · ELOQVENTISSIMO

OB · EXIMIAM · SCRIBENDI · DOCENDIQ · LAUDEM

PIETATE · OMNIQ · VIRTVTE · CVMVLATAM · DOMI · FORISQVE · INSIGNI

COLLEGAE · ET · AMICI

MONVMENTVM · HONORIS · CAVSSA · DEDICAVERVNT

VIXIT · A · LXIIII · MENS · X · D · XVIIII · DEC · XVII · KAL · APR · A · MDCCCXXXVIII

DIRA · TVI · NISI · CORPVS · HABET · MORS · KAROLE · VIVIS

VIVIS · ADHVC · FVLGES · CLARIOR · A · TVMVLO

MENS · TVA · NOBILIBVS · SPIRABIT · VIVIDA · CHARTIS

DVM · LATIO · NOMEN · MANSERIT · ELOQVIO

MONUMENTO DI KLEBER

Kleber, nato a Strasburgo nel **1754**, ed ucciso, come è noto, da un arabo fanatico, nel proprio giardino presso al Cairo, il 14 giugno 1800, fu uno di quei pochi i quali non disgiungendo il valore dal senso della giustizia, abbiano tornato questa dote alla sua originaria dignità, tergendola dalle mille macchie, con chè altri, men di esso dilicati, la hanno spesse volte invilita e contaminata. Poichè non fa mestieri di essere un gran moralista per intendere, che se è valore il soperchiare i nostri simili, senza che l'onestà affreni e governi la forza che ci consente di farlo, anche i più svergognati pirati sanno talvolta essere valorosi, ed allora cotale parola anzichè essere indice d'una virtù, diventa il freddo nome d'un fatto, tristo o lodevole, secondo la varia meta cui è rivolto.

A Kleber adunque, guerriero intrepido insieme ed onesto, a Kleber che non offuscò lo splendore di quella spada che la patria gli avea posta in pugno, e che tanto balenava terribile a' di lei nemici, colla crudeltà, coll'oppressione, colle espilazioni, coll'apostasia, collo spergiuro, ben s'addiceva una statua nel suo loco natale, e non vi fu anima generosa che non plaudesse a Strasburgo, quando, nel giugno **1840**, satisfece a questo nobile voto.

L'imagine in bronzo innalzata in sì solenne occasione ad uomo tanto solenne, è tale quale il sovrapposto disegno la raffigura. Il signor Grass, di lei autore, impresse al metallo sì fedeli e parlanti i tratti dell'effigiato, che i suoi vecchi compagni di guerra s'arrestano, commossi, a contemplarla, e concordemente asseriscono rivivere in essa la maestesa e colossale persona del ricordato.

Cav. Baratta.

CARLOTTA MARCHIONNI

A' 5 di marzo del 1841 si compiè l'anno che la celebre attrice CARLOTTA MARCHIONNI *abbandonava le scene italiane, recitando nel teatro d'Angennes la* Fiera *del Nota, e si accomiatava da un Pubblico, del quale formò per tanti anni la delizia e l'orgoglio. Quali feste e quali onori le si rendessero in quella ultima sera si può vederlo nella elegante relazione che ne fece il* Messaggiere Torinese *de' 7 marzo.*

Noi, per mantenere la memoria di un avvenimento che onora in singolar modo il teatro italiano e la nostra città, abbiamo stimato bene di riprodurre in questo giornale, con correzioni ed aggiunte, la biografia che della illustre attrice scriveva in que' giorni una coltissima penna, ponendovi in fronte l'ingegnosa invenzione del signor Angero, la quale rappresenta l'esimia Donna nell'atto di restituire a Melpomene e Talia gli emblemi dell'arte per cui levossi a tant' altezza di fama.

Mentre che il teatro musicale forma, non pur le delizie, ma la seria e diuturna occupazione di tanti e tanti Italiani, i quali pare oggimai che non abbiano senso di ammirazione e spirito di entusiasmo che per le cantilene ed i trilli; muove a pietà e sdegno il vedere in che abbandono sia lasciata da loro la nobilissima arte della declamazione, che pure dalla più potente fra le nazioni antiche e dalla più pensante fra le nazioni moderne conseguì nelle persone di Roscio e di Garrick sì famose testimonianze di riverenza e di onore.

Ad empiere questo difetto, a vendicare quest'ingiustizia, a rimettere l'arte comica nella possessione di quella lode, che dall'opera in musica le è di continuo rapita, noi approfittiamo dell'occasione che la illustre Carlotta Marchionni dice un addio a quelle scene, che furon per lei vero teatro di gloria, per noi vera sorgente d'istruzione e diletto, per raccogliere e pubblicare alcune notizie intorno a sì rara donna, e rendendo un tributo di stima al suo merito, renderlo altresì a quell'arte, di cui essa formò per tanti anni uno dei principali ornamenti.

Nacque la Carlotta in Pescia da madre Sanese; e noi notiamo sì fatta circostanza, perchè essa contribuì non poco a' suoi teatrali successi; dacchè non è a dire, quanta grazia e quanta espressione aggiungesse alle sue parole la toscana pronunzia che apparò da bambina; o come anche per questa parte ella potesse contendere con quel miracolo dell'arte comica di Luigi Vestri, a' cui meritati trionfi niuno negherà che grandemente conferisca il prestigio di quel toscano suo accento. La madre sua Elisabetta Baldesi e il genitore Angelo Marchionni calcavano già con onore le italiche scene; sì, che il genio drammatico di Carlotta non tardò, quasi germe, a svilupparsi al fiato, per così dire, dei domestici esempli. Era appena in su' due anni, quando la si condusse per la prima volta in teatro; e tale fu l'impressione che n'ebbe, che tornata a casa, si fece a contraffare davanti uno specchio le cose vedute. Fanciulletta ancora, fu data educare alle Orsoline di Verona; ma il mutato albergo e i cangiati esercizi punto non mutarono quella sua natural propensione; anzi colta un dì dalla superiora e dalle compagne, che recitava davanti a una statua di sant' Orsola non so quali sue filastrocche, esse, non che fargliene un rimprovero, o pigliarne scandalo, le furono attorno, perchè nelle ore di ricreazione volesse in lor servigio ripetere quella scena. Ondechè veduto come dalle angustie del chiostro balzasse fuora quel suo genio drammatico, l'accorta madre non istimò di avversarlo, e toltala di là, montar le fece il teatro. Ella cominciò or nell' una or nell'altra Compagnia a far da *paggetto*, unica parte che si convenisse a quella sua tenera età; salì poi a quella di seconda donna; sin che nell'età di circa tre lustri si vide ricevuta nella Compagnia Pani in persona di prima attrice. Vi rimase tre anni, cioè sino al 1814; nel qual memorabile anno ordinata dalla propria madre una comica compagnia, ella vi riempiè, come può ben credersi, le prime parti; e quivi dimorò, sinchè madre e figliuola furono a grande onore ammesse nella Compagnia Real di Torino. Nè io dirò quali e quanti personaggi ella sin dai più teneri anni rappresentasse, e come sapesse percorrere tutta la scala degli affetti, tutta la serie delle condizioni sociali, incominciando dall'ideale della tragedia insino al comico più volgare; io medesimo posso render testimonianza ch'ella in quei primi anni, svelta di membra, espressiva di volto, soave di voce, non rapiva meno la udienza con le ingenue grazie di Gurli, che coi furibondi affetti di Mirra. Bensì dirò come in ciascuna parte ella sapesse per tal modo risplendere, non solo da parer nata per tutte, ma da dare a molte di esse col prestigio della sua declamazione quell' interesse e quella celebrità, che certo non aveano, nè meritavan di avere; dacchè della Carlotta altresì si potea dire ciò che disse il Voltaire abbracciando la prima volta Le Kain: *Incontro uno finalmente, che m'ha intenerito e commosso, anche recitando dei cattivi versi.*

Ma che? La Marchionni si era formata un'alta e vera idea della sua arte; essa la considerava come un aiuto e un supplimento all'invenzione del poeta e all'opera dello scrittore; e però, o le parti ch'ella dovea sostenere erano con maestria colorite, ed ella nel concetto dell'autore internandosi, vi dava, come dire, l'ultima mano; o erano troppo lontane da quella verità, da quel calore, da quel moto, che si richiede nelle situazioni drammatiche, ed ella tanto vi lavorava sopra d'ingegno e di cuore, tanto vi metteva del suo, che molte di quelle parti si potea dire con verità, come già il Bruto di Talma, che ella medesima le creasse. Quindi quel commovere tutto un teatro pure con due parole, come con quell'*alma, coraggio* della Mirra; quindi quel levare un generale applauso sol con un atto, come nel *Curioso accidente* del Goldoni; che venuta l'amica sua ad annunziarle il conchiuso suo maritaggio con quel desso, che ella tanto amava e da cui si credeva riamata, nel volersi accomiatar da lei con un bacio, ella con tal represso rancore e con tal simulata letizia le dà prima l'una e poi l'altra gota a baciare, da mostrar chiaramente in quel solo atto tutto il dolore e la rabbia di una fede tradita e di un amore deluso. E certo che se la Marchionni riuscì egregiamente in qualsivoglia parte; se essa discese sovente a rappresentare l'Ingenua, la Lusinghiera e la Zotica con tal aria di verità, da potersi dire di lei ciò che Dorat diceva della Clairon:

Tout, jusqu'à l'art, chez elle a de la vérité;

duopo è però confessare, che nelle parti più tenere, nelle situazioni più terribili, in quelle lotte dell'anima, combattuta quasi nave in tempesta, da simultanei ed oppositi affetti, la Marchionni trovavasi, come suol dirsi, nella propria sua sfera; e così sapeva ella sostenere quelle parti, collocarsi in quelle situazioni e significare quelle tempeste, da divenir quasi superiore a se stessa. In poche tragedie moderne questa lotta fra la virtù e il dovere, fra la passione e la coscienza, lotta che la gentilità non conobbe, ma che il solo cristianesimo dovea produrre, fu così vivamente descritta, come nella *Francesca da Rimini* di Silvio Pellico; e però immagini ognuno come dovesse trionfar la Marchionni, che fu la prima a sostenere sulle milanesi scene quella toccante e difficile parte. Un illustre Piemontese ne ragguagliava Giuseppe Grassi con queste parole: «Spiacemi per « lei e per me, che non si sia trovata qui per la « *Francesca*. Questa è la prima produzione teatrale, « di cui, a parer mio, possiamo, dopo quelle del

« gran tragico nostro, andar superbi. Abbiatelo in « pace tutti gli altri scrittori di tragedie fra noi (1), « il tempo ne farà giustizia. La *Divina* (2) poi, « creda a chi non ama che il vero, non ha nemmeno in Francia chi la pareggi, e di gran lunga. « Ella ne troverà molte, che ritrarranno al vivo delle « civette, perchè femmine *da conio* ve ne sono dappertutto; ma le Francesche quali le rende la Marchionni sono tanto rare, quanto gli amici ecc. ». Nè fu questo il solo trionfo, che le procacciasse in quell'anno il drammatico suo valore; poichè giunta in Milano la Stael, e desiderando alcuni zelatori delle glorie italiane di farle udir la Marchionni, che certo ne era una, e di recarla così a un più equo e cortese giudizio circa al nostro teatro, la condussero a veder la *Mirra;* nella quale ardua parte così seppe ella rappresentar gli effetti di quello scellerato ad un tempo e compassionevole amore, che non paga la Stael di lodarne in voce l'attrice, a pena giunta a Coppet la volle non so in qual foglio commendare altresì con la penna. Or questa eccellenza, a cui venne la Marchionni sin da' primi anni, e in cui andò poi sempre crescendo, si dovea in lei principalmente riconoscere da uno studio perseverante e profondo della sua arte, nella quale non credeva mai di essersi tanto avanzata, che tuttavia non le restasse da far qualche passo; onde quella sua cura di superar quasi se stessa di dì in dì, di far che la nuova parte che dovea rappresentare eclissasse in certo modo l'antica; nel qual suo proposito ella riuscì per tal modo, che in lei non apparve mai quella declinazione, che pur si nota in coloro, che per lunghi anni esercitano la medesima arte; se anzi non si dovesse dire, ch' ella prendea nuove forze dall' esperienza, e nuovi prestigi dal tempo. In fatto ella non meno commosse nella *Pia* che nella *Francesca,* non valse meno nella *Natalina* che nella *Lusinghiera,* ancor che queste composizioni nate siano a grande intervallo di tempo. Ma la Marchionni giudicava saviamente, che non v'è celebrità che ci franchi dallo studio; che una riputazione quanto è più illustre, tanto più vuol essere con gelosia custodita; e che chi non va innanzi nella sua arte, è inevitabile non pur che si fermi, ma che dia indietro.

Ma oltre a questo indefesso studio, la Marchionni dovette in gran parte la sua eccellenza e celebrità drammatica a quella esquisita sensibilità, di cui la dotò una felice natura; e per la quale ella sapea talmente invasarsi di tutti quegli affetti che dovea esprimere, non solo da sentirsene infiammata nel corso della rappresentazione, ma da portare anche dopo, come la Pizia, i visibili segni di quel Dio che l'avea posseduta. E come in effetto, senza una straordinaria sensibilità, avrebbe ella potuto rappresentar così al vivo le materne inquietudini della vedova di Edoardo, là nella tragedia di Delavigne; come spargere quella suprema benedizione ch'ella dà ai propri figli di tanta dolcezza e tanta pietà, frammischiando alle parole que'commoventi singhiozzi, *qu'on a entendu..... avec tant de transport,* direbbe il La Harpe, come già disse di quei del Le Kain? Come in quella famosa scena della lettera nella *Leggitrice* avrebbe ella potuto, senza la più squisita sensibilità, spargere tanto calore di affetto, eccitar tanto sentimento di tenerezza, che le mani (e lo so io) le quali ardean di applaudire ne furono impedite dagli occhi che avean bisogno di piangere? E in queste scene così commoventi, che nel solo ricordarle mi stringon l'anima di pietà, oh! come facea bene il suo ufficio quella sua voce così tenera e dolce, da *risvegliare* (come già disse la Stael di quella di Talma) *tutta la simpatia dell'anima sin dalle prime parole;* quella sua voce così limpida e netta, che un suo susurro, come fu detto di quella di Garrick, si udiva assai più dell'enfatico grido di altri attori; quella sua voce, che anche ne'momenti, ne'quali suol uscire in grida e urli che vi straziano, non già il cuor ma gli orecchi, si componeva in lei a tali gemiti e a tali sospiri, che non v'avea alcuno, il quale gemer non volesse e sospirare con lei.

Nè in questi momenti, ne'quali per la violenza dell'affetto è tanto facile che l'attore esca dai confini della gravità e della decenza, fu vista mai la Carlotta trapassar quelli che si convengono ad una donna; e in ciò l'aiutava grandemente il grave portamento, il maestoso volto, e tutta quanta è la sua bella ed alta persona, che nella *Ottavia,* nella *Maria Stuarda* e nella *Giovanna di Napoli* ritenea qual cosa, non pur di nobile, ma di regale. E poi, come avrebbe potuto in quei momenti abbandonar la Marchionni la naturale espressione degli affetti, e darsi invece alla incomposta esagerazion dei medesimi, se ella fu delle prime a bandire dalle italiche scene quella enfatica declamazione, che vi si era già radicata, e che voglia Iddio non vi torni oggidì a germogliare: declamazione ed enfasi, che è tanto lontana da quella semplicità e naturalezza, che anche nelle situazioni più terribili, e nell' urto delle più violenti passioni non debbe mai scompagnarsi da un componimento drammatico? Ma perchè ella fu tanto accorta da evitar questo scoglio, fu abbastanza felice da evitar l'altro di una soverchia semplicità e di una eccessiva naturalezza, che più non lascia distinguere l'animato dialogo della scena da quello pacato delle nostre famiVliari conversazioni. So che questo è oggi il metodo del francese teatro; so che esso ha dei fautori, non pure in Francia, ma in Italia; ma so altresì che esso, non che in Italia, in Francia stessa patisce delle forti opposizioni; e so che fra le accuse date al Talma (l'autore forse di questo metodo), una è pur quella di aver renduto la tragedia troppo *borghese.* E per verità se la rappresentazione altro non è che

(1) Vuole giustizia che si avverta, che a quei dì non era ancora sorto Carlo Marenco.

(2) Intendasi la Marchionni.

il compimento della tragedia o della commedia scritta; e se lo scrittor tragico o il comico, togliendo dalla natura gli accidenti e i caratteri, vi aggiunge però sempre alcunchè d'ideale; come non ve lo potrà aggiunger l'attore, che dee riprodurre quegli accidenti e rappresentar que'caratteri? Se è lecito allo scrittore di alzar talvolta il suo stile, perchè all'attore non sarà talvolta lecito di alzar la sua voce? Questa sarebbe non so s'io più dica un'aperta ingiustizia, o una manifesta contraddizione. E poi dove lascio la distanza dal pubblico, in cui è collocato l'attore, per cui gli è forza esagerare ogni suo atto, e imitar così il pittore delle scene che lo circondano, le quali se tirate non sono a colpi risentiti, non producono verun effetto? E poi dove lascio quelle situazioni or commoventi or terribili, in cui si trova l'attore, e che se non escono dal corso della natura e dall'uso della civil società, non vi sono però sì ordinarie e frequenti, da poter dire con sicurezza ch'egli ne ha falsato le tinte? Bene adunque adoperò la Marchionni, la quale tenendosi parimente discosta da'due eccessi, seppe sì bene l'ideale congiungere al naturale, che ben lungi dal nuocersi fra loro, l'uno anzi riceve lume ed appoggio dall'altro.

E però tutte concorrendo nella Marchionni questo preziose qualità, che constituiscono la vera attrice, non fa maraviglia se i più illustri scrittori drammatici, che noveri oggi l'Italia, fossero eccitati al comporre, anche dalla segreta lusinga di vedersi da lei con tanta verità e vivezza, se così posso esprimermi, interpretati; fra'quali non ricorderò che Alberto Nota, il quale, nella prefazione delle ultime sue Commedie, dopo aver chiamata la Marchionni *onore delle nostre scène*, dichiara di avere *concepite* e *scritte* per lei *parecchie delle sue più avventurate Commedie.* E non fa pur maraviglia che poeti ed artefici facessero a gara per eternare gli uni nei loro versi la lode, gli altri co' lor bulini l'immagine di sì gran donna: che due medaglie le si coniassero, l'una in Milano del 1821, l'altra in Bologna l'anno appresso (1), rinnovellando così per la Carlotta un onore che sola in Italia avuto avea l'Andreini (2), sola in Francia la Clairon; che in Bologna altresì le fosse dedicato un busto in marmo dall' illustre professore Rosaspina; che duo Biografie si stampassero di essa del suo vivente (1); e che i principali ingegni italiani la circondassero del loro affetto e della loro ammirazione. Così, se quest'arte ha il grave sconcio di non lasciar di sè traccia alcuna; se un motto, un gesto, uno sguardo, che bastò a commuovere i contemporanei, è inesorabilmente perduto per gli avvenire; se tutti insomma porta seco l'attore i suoi meriti, le sue virtù, i suoi trionfi; la memoria almeno di Carlotta Marchionni, raccomandata a tanti libri e a tanti gloriosi monumenti, non sarà mai che si estingua.

Se bene queste onorificenze non erano tanto un tributo che si rendeva all'attrice, quanto un omaggio che si rendeva alla donna; erano una testimonianza non meno de'suoi rari meriti, che delle sue rare virtù. Fra le quali non è da tacersi quella sua semplicità e modestia, sì di animo e sì di modi, per cui tanto era lungi che ella non sapesse scordarsi, come un dì la Clairon, di essere stata regina, che tutta anzi ci voleva la sua perizia e il suo amore per l'arte, perchè deponesse sulla scena quel suo far così semplico, a fine di assumervi la reale maestà. E un'altra opposizione si osservava in lei fra l'attrice e la donna, che tutta pur torna a suo onore: che astretta assai volte a recare e ad esprimere sul teatro pensieri ed affetti che non erano i suoi, scesa del palco, tale aveva e tale mostrava schiettezza di atti e parole, da provare a chicchessia, che era in lei tutto lavoro di arte, tutto sforzo d'ingegno la teatrale finzione. Libera, come è proprio de'nobili intelletti, da ogni sentimento di emulazione e d'invidia, non pure vedea con lieto occhio sorgere da canto a sè quelle giovinette piante, che promettevano all'italiano teatro onor di frondi e di frutta, ma ella stessa si compiacea di educarle, raddrizzandone il torto o gastigandone il soperchio. Ella infine, generosa e sensibile, non fu mai veduta chiuder l'orecchio al lamento dell'infelice, nè mai la mano alla preghiera del povero. E come non dovea tale essere e tale apparir la Carlotta, ella che non si spiccò mai dal fianco di un'incomparabile genitrice, verso la quale tutti adempiè con una specie di religione i delicati, ma spesso penosi uffici della filial carità? Ella, che divise seco le lagrime nella morte del padre suo; ella che partecipò seco l'affanno, quando la minor sorellina le era in sul fior degli anni rapita; scena quest'ultima di tanta angoscia e di tanta pietà, che bastava, io credo, alla Carlotta rappresentarsela pur al pensiero, perchè nelle più toccanti situazioni del teatro ella trovasse in quel vero dramma, che si compiè sotto

(1) Nel diritto della milanese v'è il ritratto della Marchionni, e sotto: *Putinati*; all'intorno: *Carlotta Marchionni*; nel rovescio una corona d'alloro, e in mezzo: *Dell'itala Melpomene ornamento.* 1821. — Nel diritto della bolognese v'è parimente il ritratto, e sotto: *Bonon.* 1822; all'intorno: *Carolotta Marchionnia decus artis scenicae;* nel rovescio una corona di pampini. — Anche l'Ateneo di Brescia presentò la Marchionni della sua medaglia in argento, con la inscrizione al rovescio: *A Carlotta Marchionni Brescia plaudente.* 1825. — Torna pure a grande onore della Marchionni la pensione assegnatale dalla maestà del re Carlo Alberto, il quale premiando gli studi e le arti, non potea dimenticar la drammatica, che tanto conferisce all'ornamento e all'istruzione dei popoli.

(2) La medaglia dell'Andreini si trova incisa e illustrata nel *Musaeum Mazzuchellianum* a facc. 429. Jacopo Crescini ristampava in Padova del 1822 una *Scelta di poesie erotiche* della sopraddetta Andreini, e la dedicava a *Carlotta Marchionni come doveroso tributo.*

(1) L'una in Venezia nella *Galleria dei più rinomati attori drammatici italiani*: l'altra in Milano nel *Giornale drammatico, musicale e coreografico*, intitolato *I Teatri*.

i suoi occhi, le più sublimi e patetiche inspirazioni? Ma quando poi questa diletta sua madre pagò alla natura il supremo tributo; quando alla lontana Carlotta giunse la funesta notizia, che la più cara anima, che fosse per lei sulla terra, non era più; quando conobbe che quegli occhi, velati dall'ombra di morte, fu negato al suo filiale amore di chiuderli; oh! chi dirà il dolor profondo e quasi disperato, che tutta le possedè l'anima in quel fatale momento? Reduce a Torino, fuggì da quella casa che stata era il teatro delle materne agonie, corse a quel cimitero dove riposavano le sue estreme reliquie; e poichè la madre spirante non la potè benedire, volle da lei, effigiata in marmo, ricevere almeno quella invocata benedizione. Giuseppe Bogliani fu deputato ad effettuare un sì pietoso concetto; e da quel perito artefice che è, ne condusse il marmoreo monumento, che ora primeggia nel cimitero torinese, e il qual rappresenta Elisabetta Marchionni, che, distesa sul letto di morte, impone le affettuose mani sull'addolorata figliuola, e tutte chiama sovr'essa in quell'atto le benedizioni del Cielo. Tanta pietà di affetto e tanta maestria di lavoro spirarono al latinante Boucheron due brevi ma delicati componimenti, che Felice Romani traslatava in nobili versi; due chiari ingegni, il Rosellini e il Giordani, dettavano a prova la inscrizione del monumento; se ne faceva il disegno e l'intaglio; si raccoglievan notizie sui meriti e le virtù della lagrimata defunta; e di tutto ciò si componea un volumetto (1) che girava poi per l'Italia, documento di quanto possa in un tenero cuore il santo affetto di figlia. La quale, rimasta orfana sulla terra, e abbandonate per sempre le scene, non ebbe a ondeggiar gran tempo per iscogliere fra le italiane città la seconda sua patria. Arbitra degli affetti e padrona del pianto, poichè ella non fa più lagrimare altrui d'in sul palco, si è riserbato il doloroso conforto di venire ogni dì sull'urna della madre a lagrimare ella stessa.

P. P.

(1) Torino, tipografia Canfari, 1839, in-4°.

LA FOGLIA D'AUTUNNO

Meschina foglietta dai venti sbattuta,
Che incerta per l'aura t'aggiri perduta,
E resa trastullo di barbara sorte,
Non puoi trovar pace neppur nella morte;.

Che speri, che cerchi su questo mio seno?
Non senti il contatto d'ascoso veleno?
Non senti l'influsso di un'aura fatale
Che ardente divora lo spiro vitale?

La gioia, il sorriso, già tutto è mendace,
Simili alle fiamme di vivida face
Che schiara la bara, che irradia la fossa,
Simili ad un bacio su gelide ossa.

Va, torna, infelice, per l'aura vagante,
Inospite albergo scegliesti, incostante:
Qui nembi più fieri de'fulmin celesti
Succedonsi a gara di lor più funesti.

Ma che, non m'ascolti? tremante, smarrita,
Tacendo, tu forse mi chiedi la vita,
E stanca ti posi u' ferve la guerra
Che più del mio seno tu temi la terra!—

La terra, di verni, di fango bruttata,
Intrisa di sangue, col pianto solcata:
Il freddo, la brezza ti danno terrore,
E cerchi rifugio nel foco di un core?

Se tanto paventi di nuovo affidarti
All'aura perfino, che sembra invitarti,
Ne' brevi tuoi giorni hai dunque sofferto
Di orrendi capricci lo strano conserto!

Al primo albeggiare vedesti troncata
La gioia innocente che avevi sognata?
Le fronde, le foglie, il cespite, il fiore
Son dunque essi pure soggetti al dolore?.

Oh allora rimanti! qui posa secura:
Chè almeno la nostra comune sciagura
Ti doni l'estrema dolcezza d'amore.....
T'allegra morendo che hai tomba in un core.

Se il Cielo ascoltasse il voto mortale,
Un pari sepolcro avrebbe il mio frale:
Io pure non chiedo nel lungo soffrire
Che il sen d'una amica per ivi morire.

GIULIETTA PEZZI.

REMINISCENZE CAMPESTRI

COLLE APRICO PRESSO CONEGLIANO

Tante son le bellezze di questo colle veramente *aprico*, che pare sognarsi di un incantato paese, il quale svanir deggia al ridestarsi: ciò nasce da quella vaga illusione che tutta domina i sensi e innebbria l'anima di puro piacere, ed

Avvivata dal cor la fantasia

si accende di un foco celeste che alla prima cagione trasporta.

È questo un teatrale spettacolo, ma senza artificiali decorazioni, dove natura spiegò tutta pompa e chiamò a sè l'altissime sue forze, onde mostrare a' mortali il poter di quella mano che trassela dal nulla, e al suo cenno brillò intorno la luce, s'incurvaron le sfere, le acque giacenti si partirono a formar mari, e la terra ove spiegossi in pianure, ove in valli s'avvolse, ed ove s'innasprì in montagne altissime: e mentre qui l'attonito sguardo passa curioso dal bruno de' monti al verde de'campi o all'oscuro de'cieli, pare che un zeffiro purissimo, spirante da questi colli e da quei monti, ti ricerchi vieppiù ogni fibra, e ti ricordi i delicati versi del divin Ferrarese quando cantava gli incantati giardini di Alcina:

. . . . Paradiso
Ove mi credo che nascesse Amore,
E dove con serena e lieta fronte
Par che ognor rida il grazioso aprile.

Nè solo sembra qui aver tratta la culla Cupido, che Igea, fugatrice de' morbi, penso abbia fondata sua sede, mentre la balsamica aura diffonde la rosea salute, e fa scorrere il sangue più fervido entro le vene piene di vita.

Ma un'altra bellezza godesi costassù. Lo ministro maggior della natura che or esce dall'onde.... Salve o sole, che puro e lucente finalmente sorgi ad indorare la terra. Il tuo *raggio festivo me pure ricrea....* Ah! splendi bello e sereno, vivifica tutta l'ancor fredda natura che da te aspetta vigore e forza. Sorgi limpido, e se penetri dove l'idolo di mia vita riposa, tu le bacia fortunato le gote, e tu la suadi, che bella è la natura che io ora vagheggio, ed a cui tu presiedi; olezzante il fiore da cui mi viene il profumo, e che tu vesti di color mille; sublime l'incanto, soave la emozione che tu stesso mi porti; ma dille, ah! dille che dessa è il più bel don di natura, e che morta è questa, se ella non vive per me; dille che l'amo, e dille..... Ma alla valle si scenda: è periglioso il dimorare quassù, dove tutta spira aura d'amore: si corra al *castagno*, e colà si riposino le stanche membra.

Al castagno?... e come Amor tacerà dove più volte io mettea caldi sospiri, fervidi voti, ardenti desiderii, quando fra insolita luce il mio cor si commosse a tanto

che se in se stesso non rinveniva, men soave tornavagli persino il mite raggio dell'argentea luna; dove più volte io consultava l'oracolo d'Amore, che sorge fra le dolci ombre degli alberi, colla lusinga che dalle sue candide foglie io ne trarrei caro responso. Sull' orlo della foresta di Montmorency il filosofo ginevrino sì pure amava posarsi sotto un castagno: colà ei compose le immortali sue opere; ed io, più di lui fortunato, ne ho scritto sul tronco il nome dell'idol mio, quello di..... Vada pur ora superbo il celebre *castagno* dell'Etna, che un tempo offria difesa dalla grandine a Giovanna d'Aragona ed ai cento suoi cavalieri; sorpassi pure in mole quante piante son nate a Botane, anche i famosi baobab dell'Africa; abbia nel suo tronco un casolare entro al quale alberga povera famigliuola, e sia così un vanto all'Italia, ed un oggetto di studio ai sommi naturalisti, che costantemente lo visitano. A me tornerà sempre più caro il mio, che sorge sui poggi di *colle aprico*, nè verrà mai quel giorno, il giuro, in cui non lo baci con tutta effusione.

Semplice ma pure dolcissimo, ascolto un suono..... è il flauto con cui il villanello chiamerà l'oggetto di sue tenerezze...... Tace. Intanto gaia mi saltella dinanzi gentile capretta..... Sorpresa s'arresta improvvisa, e col suo belato par mi domandi o cerchi d'alcuno...... Vieni, o dolce amica dell'uomo, tu che il possente veleno della *cicuta* ne struggi, e lo converti in dolcissima salutare bevanda. Ti appressa, o tu che forse alimenti quanto respira nel vicino casolare: io veggo in te tutto l'avere di una povera donna, tutta la fortuna sua, e forse anco la nutrice dei di lei figliuoli...... Ma la *capretta* ascolta la melodia che di nuovo s'intuona, e cedendo a quella, più che al mio parlare, mi volge le terga e corre..... dove? Dove il pastorello con semplici note la invita; dove un tenero bambolo in suo piangente linguaggio la chiama, ed ivi se gli addossa, ed affettuosa gli porge le poppe. Oh! provvida possente natura, quanto sei imperscrutabile nelle arcane tue leggi! perchè concedesti agli animali tanta sensibilità? Qual sarà l'uomo che non perdonerà alla capra suoi torti? Chi vorrà bandirla anche dai poggi coltivi? Chi vorrà rinunziare al dolce possesso di tanto bene?..... Eppure vi furon costoro, e vi son tuttavia, immemori appunto che tanto poco ne costa l'acquisto, che di breve dimora e di scarso nutrimento si appaga, e che torna di tanto vantaggio. Io non mi farò ad adorarla, come gli Egizi in Mende, ma dirò con Cesare Arrici:

. . . . di che beneficio e miglior dono
Potea natura rallegrar la terra?

Ma per certo benedirò sempre la mano che formolla, e farò eco a quel consigliere che, temendo se ne pronunciasse il bando, immaginava il modo di allontanare i suoi guasti, e raccomandando appunto una specie di bardatura quale si vede delineata nella figura qui sopra, e quale appunto si usa in parecchi luoghi alpestri della Svizzera e del Cadore.

F. Gera.

CONSERVAZIONE DEL LATTE

Fra le sostanze più preziose fornite dalla natura ad alimento dell'uomo, tiene luogo precipuo il latte, il quale per essere agevolmente assimilabile e digeribile, e per contenere materie molto nutritive, giova ai bambini, ai deboli, agli ammalaticci ed ancora ai sani; mantenendo vigorosi questi ultimi, e sostentando, senza detrimento della labile salute, i primi. Ma egli facilmente può alterarsi sotto l'azione degli agenti atmosferici; anzi la sua stabilità è fuggevole, ben presto si toglie da quel punto di costituzione normale che lo rende altamente vantaggioso. A capo di pochissimi giorni, se lo assapori, lo senti inacidito; poscia se lo lasci eziandio a se stesso, ti offende pel suo odore disgustoso e fracido. Quando è trapassato anche a leggier grado di acidità, esso riesce già nocivo; e si ha a compiangere la perduta robustezza e la vita di molti fanciullini alimentati da latte inacidito. Come i più celebri chimici hanno intrapreso importanti ricerche sperimentali sui componenti del latte, fra i quali gli Italiani nominano a loro vanto Fabbroni e Morozzo; così è stato pensiero di pochi il cercare mezzi valevoli a serbarlo per alcun tempo nella sua integrità giovativa e nutritiva. Ultimamente i signori D'Arcet e Petit esplorando il latte di un grande numero di vacche, e

REMINISCENZE CAMPESTRI

COLLE APRICO PRESSO ONEGLIANO

Tante son le bellezze di questo colle veramente *aprico*, che pare sognarsi di un incantato paese, il quale svanir deggia al ridestarsi: ciò nasce da quella vaga illusione che tutta domina i sensi e innebbria l'anima di puro piacere, ed

Avvivata dal cor la fantasia

si accende di un foco celeste che alla prima cagione trasporta.

È questo un teatrale spettacolo, ma senza artificiali decorazioni, dove natura spiegò tutta pompa e chiamò a sè l'altissime sue forze, onde mostrare a' mortali il poter di quella mano che trassela dal nulla, e al suo cenno brillò intorno la luce, s'incurvaron le sfere, le acque giacenti si partirono a formar mari, e la terra ove spiegossi in pianure, ove in valli s'avvolse, ed ove s'innasprì in montagne altissime: e mentre qui l'attonito sguardo passa curioso dal bruno de' monti al verde de'campi o all'oscuro de'cieli, pare che un zeffiro purissimo, spirante da questi colli e da quei monti, ti ricerchi vieppiù ogni fibra, e ti ricordi i delicati versi del divin Ferrarese quando cantava gli incantati giardini di Alcina:

. . . . Paradiso
Ove mi credo che nascesse Amore,
E dove con serena e lieta fronte
Par che ognor rida il grazioso aprile..

Nè solo sembra qui aver tratta la culla Cupido, che Igea, fugatrice de' morbi, penso abbia fondata sua sede, mentre la balsamica aura diffonde la rosea salute, e fa scorrere il sangue più fervido entro le vene piene di vita.

Ma un'altra bellezza godesi costassù. Lo ministro maggior della natura che or esce dall'onde.... Salve o sole, che puro e lucente finalmente sorgi ad indorare la terra. Il tuo *raggio festivo me pure ricrea....* Ah! splendi bello e sereno, vivifica tutta l'ancor fredda natura che da te aspetta vigore e forza. Sorgi limpido, e se penetri dove l'idolo di mia vita riposa, tu le bacia fortunato le gote, e tu la studi, che bella è la natura che io ora vagheggio, ed a cui tu presiedi; olezzante il fiore da cui mi viene il profumo, e che tu vesti di color mille; sublime l'incanto, soave la emozione che tu stesso mi porti; ma dille, ah! dille che dessa è il più bel don di natura, e che morta è questa, se ella non vive per me; dille che l'amo, e dille..... Ma alla valle si scenda: è periglioso il dimorare quassù, dove tutta spira aura d'amore: si corra al *castagno*, e colà si riposino le stanche membra.

Al castagno?... e come Amor tacerà dove più volte io men ea caldi sospiri, fervidi voti, ardenti desiderii, quan fra insolita luce il mio cor si commosse a tanto

che i in se stesso non rinveniva, men soave tornavagl persino il mite raggio dell' argentea luna; dove più olte io consultava l'oracolo d'Amore, che sorge fra I dolci ombre degli alberi, colla lusinga che dalle sue andide foglie io ne trarrei caro responso. Sull' orlo ella foresta di Montmorency il filosofo ...
si pre amava posarsi sotto un ...
posele in mortali sue ...
natu ne ho scritto su ...
queo di..... Vada pi ...
dell'Etna, che un te ...
Giovnna d'Arago ...
passpure in mo ...
ance i famosi ...
un isolare e ...
e si cosi ur ...
ai sommi n ...
ne orne ...
pogi d' ... giorno, il
giu ... usione.

Semplice ma pure dolcissimo, ascolto un suono .. è il flauto con cui il villanello chiamerà l'oggetto di sue tenerezze...... Tace. Intanto gaia mi saltella dinanzi gentile capretta...... Sorpresa s'arresta improvvisa e col suo belato par mi domandi o cerchi d'alcuno.... Vieni, o dolce amica dell'uomo, tu che il possente veleno della *cicuta* ne struggi, e lo converti in dolcissima salutare bevanda. Ti appressa, o tu che forse alimenti quanto respira nel vicino casolare: io veggo in te tutto l'avere di una povera donna, tutta la fortuna sua e forse anco la nutrice dei di lei figliuoli...... Ma la *capretta* ascolta la melodia che di nuovo s'intuona e cedendo a quella, più che al mio parlare, mi volge le terga e corre..... dove? Dove il pastorello con semplici note la invita; dove un tenero bambolo in suo piangente linguaggio la chiama, ed ivi se gli addossa, ed affettuosa gli porge le poppe. Oh! provvida possente natura, quanto sei imperscrutabile nelle arcane tue leggi! perchè concedesti agli animali tanta sensibilità? Qual sarà l'uomo che non perdonerà alla capra i suoi torti? Chi vorrà bandirla ... tivi? Chi vorrà rinunziare al dolce ... bene?..... Eppure vi furon costoro ... immemori appunto che tanto poco ... che di breve dimora e di scarso ... e che torna di tanto vantaggio. ... adorarla, come gli Egizi in Mende, ... Arrici:

> .... di che beneficio e ...
> Potea natura rallegrar la ...

Ma per certo benedirò sempr... e farò eco a quel consigliere ... nunciasse il bando, immaginan... i suoi guasti, e raccomandand... bardatura quale si vede delinea... e quale appunto si usa in pare... Svizzera e del Cadore.

CONSERV... ...ATT

Fra le sostanze più preziose ... , ti offre
alimento dell'uomo, tiene ... acido. Quando è ...
quale per essere agevol... ... di acidità, esso ri...
e per contenere m... ... piangere la perdita r...
bini, ai debol... ... nciullini alimentati
mantenendo v... ... celebri chimici ...
detrimento ... esperimenta...
cilmente pu... Italiani ... ra... ...
sferici; an... così è ... cerca...
si toglie ... a ser... ella sua ...
rende al... e ... i signori ...
giorni, ... grande numero di vacche, ...

riscontrandolo più spesso acido che alcalino, ed osservando che mentre quello dotato d'alcalinità si offre più facile a digerirsi e più salutifero, mentre l'altro per lo contrario torna indigesto e pernicioso: hanno proposto di correggerlo con aggiungere ad ogni pinta del medesimo un mezzo grano di bicarbonato di soda. Alla mercè di questa operazione è stato provato, che il latte si conserva inalterato per lo spazio di tre giorni tanto nel verno che nella state, e che può conservarsi più a lungo accrescendo la dose del sale aggiunto. Ma le nutrici non vanno esenti le spesse volte dall' offrire ai pargoli il loro latte inacidito; il che riesce sommamente pregiudicevole a quegli stomachelli teneri e quasi vergini all'azione degli alimenti. In allora i nominati chimici, dietro esperienze, consigliano di mantenere lungi dalle nutrici le sostanze acide od agevoli ad inacidirsi nella digestione, e di porgere loro, nell' acqua che usano per bevanda, un dodici grani circa di bicarbonato suddetto: ben presto il latte diviene alcalino e nutrisce convenevolmente il poppante. Il signor Cattaneo nella sua memoria pubblicata sul caseificio, avvertendo la necessità di togliere la mala influenza dell'acido contenuto nel latte nella caseificazione, ha suggerito l'uso della magnesia in quantità di circa a sei o sette scrupoli per brenta; la qual magnesia combinandosi. all'acido lattico, come la soda, lo toglie di libertà, e rende nulla gli effetti funesti di cui è ragione. Il formaggio formato dal latte cosi acconciato, a suo dire, acquista ottime proprietà di durata e di gusto. Da quanto ho qui brevemente esposto rimangono avvertiti i fabbricatori di formaggio, i venditori di latte e le nutrici, ad esplorare colla carta tinta col tornasole, se il loro latte arrossandola manifesta indizi di acidità; perchè in tal caso rimane a debito di loro coscienza provvedere al difetto coi mezzi indicati, facilissimi in vero da mettersi in opera.

F. Selmi.

ADEN

La recente occupazione di Aden per parte degli Inglesi rendendo questa città oggetto di speciale attenzione, non giungeranno forse inopportuni i brevi cenni seguenti, ai quali faremo, tra poco, succedere una succinta relazione delle cagioni che diedero origine a tale rilevantissimo acquisto, il quale collegando, in certo modo, gli stabilimenti nell' India colla madre-patria, ha per quel popolo un prezzo non solo grande, ma inestimabile.

Aden distinguesi, anzi tutto, fra quanti punti accessibili conta la spiaggia arabica, per le acque potabili, che in abbondanza vi si rinvengono, mentre questo sussidio cercherebbesi altrove inutilmente. Vi si trovano, in fatti, trecento pozzi, profondi sessantacinque piedi, ed incavati, quasi tutti, nella pietra viva. Piccole, ma numerosissime, hannovi pure le Moschee. I resti, che tuttor vi si scorgono, delle antiche sue fabbriche, mostrano che le vecchie descrizioni lasciatene da' viaggiatori inglesi e portoghesi, punto non erano esagerate. Egli è probabilmente colà, dice un colto Francese che visitò Aden, non è gran tempo, che le flotte di Salomone venivano a prendere le merci condottevi dalle navi delle Indie e d'Ofir. Collocata a metà strada tra Bombay e Suez, in faccia all' isola di Perim, alla distanza di cento miglia geografiche dall'entrata del Mar Rosso, Aden innalzasi sur una penisola ricca di due eccellenti rade od approdi marittimi, una delle quali le stà ad oriente, l'altra all' occaso. Le navi a vapore possono, senza rischio, prendervi porto in qualunque stagione dell'anno, sì di giorno che di notte, sì cariche che vuote, e senza che neppure occorra consiglio di piloto, od altro aiuto di sorta.

Quando l' impero turco stendeva rigoglioso i suoi rami su tre parti del globo, l'importanza di Aden non isfuggì ai calcoli di chi lo reggeva, ed Aden, espugnata ed affortificata, divenne una delle prime cittadelle della monarchia. Imperocchè il luogo stesso in cui Aden è collocata, basta a renderne difficilissimo l'accesso; e se l'arte si congiunga un tantino alla natura, essa diventa facilmente inespugnabile.

Nè i Turchi, tuttochè d'ordinario poco provvidi, dimenticarono di ben munirla: le rovine che ancor la circondano provano anzi ch' essi l'avevano studiosamente accerchiata di mura. Albuquerque, narrano le storie, assaltolla nel decimosesto secolo, e vi lasciò 2,000 de' suoi. Fu ritolta ai Turchi nel 1630, e d'allora in poi le di lei fortificazioni vennero trascurate, e lasciate andare in deperimento. Nel 1705, Aden cadde in potestà degli *Abdalè*, tribù araba indipendente di diecimila circa persone, due mila delle quali dedite alle armi. Gli Inglesi la hanno testè ritolta a Mhoussin, sultano di Labidge, capo degli *Abdalè*.

Il racconto di quest'occupazione è, come dicemmo, non meno importante che curiosa cosa, e noi ne daremo un attentico compendio ne' prossimi numeri del giornale presente. Apparirà da esso viemaggiormente come all'occhio acutissimo de' dominatori del mare nulla sfugga di quanto più raffermare ed estendere questo dominio medesimo, e quanta prontezza sappiano essi mettere nel cogliere ogni buon destro che la fortuna, usa a favoreggiare chi vigila, venga loro innanzi porgendo.

Cav. Baratta.

MOLIERE

Ella è antica discordia se più influiscano su i terreni destini degli uomini le naturali disposizioni di animo e di corpo con che essi nascono, o i vari casi tra' quali avvien loro di trovarsi ravvolti, vivendo. Ma tuttochè non possa negarsi che sommo peso hanno gli eventi su l'avviamento degli individui, non è però meno certo che quando albergano nella mente e nel cuore di alcuno certi gagliardissimi e privilegiati germi, sanno questi, ad ogni modo, svilupparsi e venire in luce, comunque grandi siano gli ostacoli che sopraggiungono a sbarrar loro la strada, ad ischiacciarli, per dir così;

entro alla gleba stessa su cui la Provvidenza avealì gittati. *Naturam expellas furca, tamen usque recurret,* cantava un poeta filosofo, e la vita di Molière, che andremo or ora svolgendo sulla fede di autorevoli documenti, porge una luminosissima prova della verità di siffatta sentenza.

Giovanni Battista Poquelin Molière, destinato ad illustrare una famiglia priva, fino allora, d'ogni sociale onoranza, nacque, secondo addimostrollo la paziente erudizione del Beffara, in Parigi, addì quindici gennaio 1622, da Giovanni Poquelin, tappezziere, e da Maria Cressé, figlia di padre dedito alla professione medesima. Indirizzato dai genitori, ignari di quale tesoro fossero essi custodi, all' opificio stesso degli arazzi, non ricevè, nell' infanzia, nobile ammaestramento di sorta; sì che, giunto all'età di anni quattordici, appena sapea leggere e compiere qualche elementare calcolo aritmetico. Parea adunque miseramente perduto l'ingegno sommo di che il Cielo avealo arricchito: ma a questa vampa preziosa bastava, ad erompere, il più leggiero alimento, e questo non tardò ad offerirsegli, per bene suo e per vanto del Teatro francese, di cui fu benemeritissimo instauratore. Imperocchè condotto, una sera, alla commedia, da uno zio inclinato assai a cotale maniera di ricreazione, il solo aspetto delle cose vedute tanto scossegli le radici del cuore, che accortosi essere quello il vero studio a cui natura chiamavalo, posto da banda ogni umano rispetto, fermò di addarsi quindinnanzi alla coltura delle lettere, ed in quella tanto insistere, da addivenire eccellente drammatico scrittore. Grande fu la sorpresa svegliatasi nell'animo de'suoi parenti allo scorgere mutamento sì subito ed inaspettato: sommi i contrasti coi quali tentarono questi di svolgerlo da una idea che sembrava loro funesta chimera, anzichè onesto e plausibile divisamento. Ma tutto fu vano, e l'irresistibile forza di ciò che dicesi vocazione, riescì, sull' ultimo, vincitrice degli argini oppostigli. Ottenuto, perciò, da essi l'agognato permesso di abbandonare gli arazzi, per tutto rivolgersi a' desiderati studi, entrava, in qualità di allievo esterno, nel collegio di Clermont. La fortuna, usa a mandare a nembi i suoi favori, come piove a nembi le sue saette, fecelo, colà, imbattere in Armando di Borbone, principe di Conti, che attendeavi, anch' esso, agli studi, e che, legatosi a Molière colla più affettuosa amicizia, addivenne, col tempo, amplissimo suo mecenate. Videvi, ed ebbevi, similmente, a compagni Chappelle e Bernier, l'uno, dice l'Anger che ci è guida in queste notizie, figlio naturale di Lhuiller, ricco magistrato che aveagli assegnato a maestro il celebre Gassendi, e l'altro povero adolescente, il quale promosso dal Lhuiller medesimo, si rese col tempo famoso pe' suoi viaggi nell'India. Primo, ma non unico lietissimo frutto di queste amicizie, fu l'essere ammesso alle privilegiate lezioni del Gassendi: beneficio invano da mille invidiato. Addivenuto, così, discepolo di quell' illustre che avea, spesso con gloria, combattuto i due opposti sistemi di Aristotile e di Descartes, Poquelin contrasse l'abitudine di non assoggettarsi, nelle cose umane, ad altra autorità che a quella santissima della ragione, face sublime dataci appositamente dal Creatore, onde irradiare, fino a un certo punto, le tenebre che ne circondano in questo gran tesoro di meraviglie, e servirci di scorta nell'arduo sentiero della vita. La filosofia di Epicuro, filosofia che i suoi nemici ed i suoi seguaci calunniarono del pari colle loro opere e co'loro scritti, profondamente da esso studiata e discussa, parvegli, tra gli antichi sistemi, quello che meritasse la preferenza, e vi si attenne costantemente. Ma dotato di una squisitezza di buon senso superiore a quella medesima del suo maestro, conobbe, meglio di questi, la ridicola vacuità della così detta *fisica degli atomi,* più vecchia, ma non meno chimerica dell' altra denominata *dei vortici,* ed hassi buon argomento di credere ch' egli mai prestò fede a tutte le frivole ipotesi consimili, che erano ultimo retaggio, e quasi riscossa dello spento peripateticismo. Come però l'esempio del maestro è cosa di natura assai attaccaticcia, così dal pendere del Gassendi verso l' antica filosofia, istillossi nel cuore di Poquelin certa non so quale predilezione pel poema di Lucrezio, ch'egli assunse, più tardi, di voltare in versi francesi. Senonchè era scritto che questo primo saggio della sua cetra corresse a pessimo fine: poscia chè avendone un domestico sbadatamente stracciate parecchie pagine, il Poquelin venne in tanto dispetto, che tutto il lavoro gittò su i carboni. Nè più resterebbe segno di quell'opera, se l'autore, che ricordava meravigliosamente le cose anche più lontane, raccozzatine col pensiero alquanti brani, questi non avesse col tempo collocati in una scena del suo *Misantropo.* Ma a questo punto ecco cessare gli studi del valoroso giovane per una strana ed inopinata cagione. Ciò fu che non potendo il vecchio suo genitore accompagnare il re Luigi XIII nel viaggio che esso fece a Narbona nel 1641, Molière, che avea ottenuto di sottentrare al padre nella carica di *paggio-tappezziere,* dovè abbandonare la penna per istringere le paterne forbici, e seguitare il re in quella invisa peregrinazione. Lungi però che la naturale sua inclinazione ne patisse scemamento, questa molesta lacuna irritò, più che mai, la brama ch'egli nutriva pegli studi drammatici, sì che, tornata in Parigi la corte, rivolse risolutamente il pensiero alla meta antica, e riaperse, pieno d'insaziabile avidità, gli intralasciati volumi. Ed a quest' incendio porse esca prontissima la smania, che allora aveasi in Parigi, pe' teatri; posciachè usando quella nobilissima capitale muoversi a furia così negli odi come nelle simpatie, visto che il cardinale di Richelieu (che era in que' giorni in sommo favore) prendeva diletto stragrande de' drammatici sceneggiamenti, non vi fu ben presto persona che non parlasse di teatro, e dei teatrali spettacoli non facesse suo principale pensiero. E qui appunto principia il secondo periodo della vita del Molière, che svolgeremo ne' prossimi numeri.

Cav. Baratta.

STATUE EQUESTRI DI ALESSANDRO E RANUCCIO FARNESE

sulla piazza grande di Piacenza

LAVORO DEL MOCCHI

Due colossali statue equestri ornano la piazza grande o del comune di Piacenza: quella a ponente rappresenta il duca Alessandro Farnese, figliuolo di Ottavio e di Margherita d'Austria, morto in Fiandra nel 1591, capitanando le armi di Filippo re di Spagna; l'altra a levante, il duca Ranuccio suo figliuolo sin dal 1600, marito di Margherita Aldobrandini, nipote di Clemente VIII. — E furono decretate dal Consiglio pubblico della città per onorare splendidamente l'entrata solenne che l'anno 1612 diceva di voler fare la duchessa in Piacenza, il che poi non avvenne per cagione di sua salute.

Promotori di queste statue e di altri ornamenti della città furono i dottori Lazaro Radeni Tedeschi e Francesco Casali, il cav. Bartolomeo Barattieri e il pittor cremonese Giambatista Trotti, che per la concorrenza in certi lavori avuta in Parma con Agostino Carracci, sendo più favorito dal duca, ebbe dall'emulo il soprannome di *Malosso*, quasi gli fosse toccato un mal osso da rodere. Sono opera di Francesco Mocchi da Montevarchi fiorentino, autore della bella Veronica di bronzo in Vaticano, che lavorò pure i disegni de' putti e delle tavole dei piedestalli, aiutato ne' getti da Pasquale Pasqualini, Innocenzo Albertini, Orazio Albrici e Lorenzo Lancisi, assai periti nell'arte del fondere.

E pazza opinione del volgo, venuta da troppa superbia del possedere grandioso lavoro, i cavalli e i cavalieri con tutte lor membra essere di un solo pezzo. Sel credettero il proposto Carasi che diè a luce un libro nel 1780 delle pitture pubbliche di Piacenza, e il canonico Zaini che diede assai notizie di patria storia nel suo Nuovo Solitario del 1824, e sel credono buonamente molti ancora del volgo indettati dalle nonne e bisnonne che bevettero assai grosso sino a credere che al bravo scultore fossero stati cavati gli occhi perchè altrove opera di quella più magnifica non innalzasse. Ma non va lungi dal vero chi stima l'inchiodatura de'ferri sopra l'unghie de' cavalli ricordare come, nelle cavalcate di festa, in tal modo i principi inchiodassero all'unghie dei cavalli quelle armature che si ponevan d'argento, perchè in poco d'ora cadenti rimanessero a fortuna della plebe.

Prima a gettarsi fu la statua del duca Ranuccio, che si scoprì il 13 dicembre 1620, anno della solenne entrata della duchessa; e quella di Alessandro fu seconda, mostrata al popolo il 6 di febbraio 1625. — Chi vuole anche saperne la spesa, conti che fosse come a trecento ventimila franchi. Tanto magnificamente onorano i popoli que' principi che ne favorirono le industrie ed il commercio: sebbene le triste note, di sè, lasciate da que' due principi alla storia municipale, sono così scure e così vicine ai tempi in cui le statue vennero innalzate, che fanno temere siano frutto di adulazione servile. Che se ciò stato fosse, la memoria de' benefizi ricevuti dal duca Ottavio avrebbe tratto ad onorare lui in quei suoi discendenti, e dare ad essi un ricordo di non lasciare che la storia delle opere loro mentisse alle onorificenze di una città.

Alessandro ha fama di valoroso ed accorto e fortunato guerriero nelle storie d'Europa, ma' nella sua patria, di traditore de' propri parenti. — E noto come il duca Ottavio sposasse ad Alessandro Pallavicino, marchese di Zibello, la propria figliuola naturale Lavinia, e consentisse per questo riguardo che il conte Sforza Pallavicino di Fiorenzuola, nato da Costanza sorella di Pierluigi padre del duca Ottavio, lui adottasse in figliuolo, e in lui facesse passare le possedute castella. Alessandro Farnese che militava allor nelle Fiandre, ma ricordava benissimo che Pierluigi suo avo aveva spenta la prole e tolto Cortemaggiore al marchese Girolamo Pallavicino per insignorirne Sforza suo cognato, cui riconobbe pe' feudi assolutamente signore e indipendente dalla giurisdizione piacentina (1), alloraquando comandava che tutti i feudatari venissero ad abitar la città, andava mulinando tra sè come presto morendo quel conte Sforza senza prole, egli accrescerebbe di dominio e di averi. Ma allora che seppe l'operato dal padre, accecò d'ira, chè l'avarizia in lui molto poteva. Appena aspettò che il duca Ottavio morisse, ch'egli dalle Fiandre mandò ordine al figliuolo Ranuccio di occupare senza indugio Fiorenzuola, e incarcerato Alessandro Pallavicino, lo traducesse nel castello di Piacenza: e sì lo straziasse, fino a che il rilascio di Busseto, Cortemaggiore e Monticelli gli concedesse. Ogni cosa ordinata sortì il suo effetto: e l'infelice cavaliere, tradito, straziato e d'ogni cosa spoglio, dovette riparare ben lungi, nè trovar mai chi di ragione lo sostenesse. Morì povero: e i figliuoli ebbero appena centomila scudi di romani pel resto delle

(1) Diploma orig. presso l'autore, 26 ottobre 1515.

terre che ceder dovettero al duca in Bargone, Salsomaggiore, Castelvetro e Costamezzana.

Di Alessandro morto i Piacentini memorarono nei bassirilievi del piedestallo le imprese: tacquero le virtù perchè in tanto disonesto modo marchiato. E l'una tavola accenna alla distruzione minacciata al ponte sulla Schelda dallo navi incendiario che l'italiano Giambelli, rigettato dal duca, ebbe inventato a pro de' nemici: e l'alfiere prono supplichevole al duca stesso, perchè dal pericolo della imminente ruina si fugga. L'altra indica la sommissione che tra Ostenda e Nuovoporto fanno al duca gli ambasciadori inglesi a nome della reina Elisabetta. Ma al duca Ranuccio vivente, che di fresco (1612) aveva sterminati i Sanvitali di Colorno, e con essi la Barbara Sanseverini, bella e sapiente donna celebrata dal Tasso, i Torelli e i Masi, decapitandoli per man del boia, accusatili, non creduto neppur dai re, d'avere congiurato contro i Farnesi; che non aveva voluto dechinare dalla ferocia neppure allo spontaneo commuoversi del *Consiglio generalissimo* di Piacenza, della quale città, dopo tormentare squisito, poneva in perpetuo carcere, perchè non confesso, il conte Teodoro Scotti: e segnava altre vittime e altro sangue, per desiderio iniquo di confiscare le più grandi ricchezze de'cittadini; a lui viventi furono larghi di adulazione, e segnarono le due lastre che pendono dal piedestallo con tali virtù, quali solo al miglior principe si crederebbero. Ed anche se non fossero note le sue stolte paure di streghe menti e di malie, per cui erigeva altari e bruciava femmine infelici, la fronte corrugata e maninconiosa palesano qual animo avesse, di qual sangue bruttato si fosse, e di qual altro doveva bruttarsi indi a due anni togliendo di vita Ottavio figliuol suo naturale, vedendolo amato dal popolo.

Ludovico Antonio Muratori stampò ne'suoi Annali: « Il funerale del duca Ranuccio non fu accompagnato « dalle lagrime d'alcuno, giacchè coll'aspro suo, anzi « crudele governo, s'era sempre studiato di farsi « piuttosto temere che amar da' suoi popoli ». — Infatti le iscrizioni, che Bernardo Morando, cortigiano del duca, fece leggibili nei piedestalli, sono quali si convengono a principi che hanno fatto tenere di sè, con ciò sia che a' principi amati sono brevi per verità le epigrafi: a'temuti, per adulazione, prolisse.

Dell'amore che i Farnesi avevano alla pecunia senza misericordia de'soggetti, è detto nell'articolo della *Fiera de'Cambi* (nel numero 18 di questo Museo, anno II) verso la fine: con tutto ciò l'affettata popolarità e il getto di quattrini alla plebe procurò loro una memoria non odiata nell'ultimo ordine de'cittadini. Ma de'Farnesi abbiamo detto abbastanza, e quivi, e nella *Fiera* e nello scritto sulla *Cittadella* (num. 4 e 6); e per tanto chiudiamo il discorso di essi.

Del pregio poi di queste grandiose statue disse già il Cicognara vedersi estrema pulizia de'getti ed esecuzione perfetta; ma non quella purezza, sobrietà ed eleganza che costituiscono il bello dell'arte. E sembra, per venire più al particolare, che principalmente nei cavalli potevasi scegliere modello migliore, sendo anzi questi tutt'altro che in moto, facentisi gravi alla vista di chi li contempla. — Niente più è a dire di essi se non che estinti i Farnesi, venuto duca l'infante Carlo di Elisabetta Farnese, regina ambiziosa di Spagna, al partire degli Spagnuoli che lo accompagnavano re sul trono avito, fu tentato il trasporto di que'colossi che sarebbesi anche compito se non sorgevano minacciosi i cittadini: i quali se tacquero al rubare dei quadri del 1711, poichè tenimento o spesa di privati, non vollero tacersi al pericolo di perdere ciò che fu spesa di tutti, onore e magnificenza di una città.

LUCIANO SCARABELLI.

LA ZANZARA

CARME

Salve, insetto gentil, lieve sì come
  L'aura, tu scorri i verdi campi, e allegri
  I notturni silenzi! A te natura
  Diè piumata corona, e argentee penne
  Del vel tessute onde si forma il cielo.
D'Espero una fiammella ti precorre,
  E ti schiara il sentier: quando le stelle
  Schieransi ad adornar gli azzurri spazi,
  E Cinzia ruota il suo pallido disco,
  Taccion gl' ingrati augelli, e niun decanta
  Del suo Fattore i notturni portenti.
Tu sol dai fiato alla sonora tromba,
  E la dovizia de' stellati giri
  Saluti, e quindi del tuo amore in premio
  A te s'aprono i casti cortinaggi,
  E lieto aleggi fra vergini ancelle,
  E su guance di rose i baci imprimi:
Ma non turbar delle fanciulle il sonno,
  Non morder gl' innocenti! Il pungol tuo
  Vindice sia d'impuniti misfatti!
Risveglia adunque i palpiti affannosi
  Con eterna vigilia in sen de'nostri
  Crudi nemici, in sen dei tenebrosi
  Odiatori dei lucidi intelletti
  E de' cuor prodi, e a sostener gli sforza
  I morsi della tacita coscienza,
  E il timor della pubblica vendetta!

MELCHIOR MISSIRINI.

CAFFÈ PEDROCCHI IN PADOVA

Daremo in uno de' prossimi numeri la descrizione del nobilissimo Caffè Vassallo, che non è ultimo ornamento di questa reale metropoli, e di cui facemmo, espressamente, incidere in Parigi l'accurata imagine dall' acclamato bulino del Girardet. Ecco intanto in quai termini la briosa penna del Dandolo dipinge il Caffè Pedrocchi di Padova, designato dalla fama quale unico in Italia degno di rivaleggiare col nostro anzidetto.

A' due estremi di fronte elegantissima, pronai spingonsi in fuora, di forma quadrata, sostenuti da doriche colonne, alla foggia di Pesto tronche alla base; divisi l'un dall'altro da piazzaletto, in mezzo a cui sorgerà in breve l'Ebe di Canova in bronzo, a versar dall'anfora acque pure e perenni. Cinque gran porte a cristalli apronsi ad ogni più lieve toccar di mano là dove più si arretra, tra un pronao e l'altro, il palagio; gentil balaustrata sormontale, e corinzie colonne sostenitrici di leggiadro architrave circoscrivono nella superior parte ampia loggia, e danno col loro cornicione, compimento a questa principal fronte dell'edifizio.

Attraversato uno de' pronai, ed il vestibolo che succede, ci troviam giunti entro magnifica sala oblunga, o, se più ti piace, diremo tre sale; avvegnachè colonne di bellissimo marmo giallo, a capitello dorato, dividono il vasto loco in tre, nè lo sguardo è rattenuto per questo dallo spaziare liberamente in ogni parte; e se ne ottenne singolar profitto, avuto riguardo all'uso a che si destina l'edifizio; perciocchè, ne' dodici angoli di quei tre scomparti, sofà son collocati a triangolo, con tavolieri a mezzo di pavonazzetto, prezioso marmo che l'Oriente avea tributato a Roma, Roma alla patria di Livio onde avesse a diventar precipuo ornamento di novelle magnificenze. I quattro angoli maggiori della tripartita sala hannosi le pareti coperte di specchi, sicchè pare a' risguardanti che si prolunghi all'infinito il duplice intercolunnio.

Nel primo scomparto, rimpetto a' finestroni che guardano sulla via popolosa, è rappresentata in lucido stucco, a pro de'politicanti che leggon gazzette, l'America; terra sventurata là dove s'ebbe dalla natura doni in maggior copia, e il genio di Bolivar si è spento per farla ricader nelle tenebre; terra felice ove il genio di Washington è ancor vivo.

Il secondo scomparto più s'allunga. In iscambio di finestre, spaziose porte a cristalli vi si apron sulla via; e stanno a riscontro di quelle, a segnare il lato del parallelogrammo, due colonne simili in tutto all'altre che già lo circoscrivono a'capi estremi; e dicea che segnano il lato, conciossiachè vasta nicchia ovale od abside lor s'allarga da retro, e gran banco, se volgar nome addicesi ad ara degna di Giove, di granito orientale, a scanalature, ed auree cornici, vi scorgi accogliere tutto quanto alle bisogne del luogo appartiensi. Le pareti dell'abside son vestite da capo a fondo di larghe falde del prezioso povonazzetto. Porta praticatavi a mezzo schiude l'accesso alle interiori officine. E vedi tu affaccendarsi là entro uom dalla persona tarchiata, dal simpatico viso. Gli è Pedrocchi, il qual fidò nella sua industria, e nella sua perseveranza cotanto da proporsi di creare tal cosa di cui nè l'ambiziosa Parigi, nè Londra l'opulenta vantar potessero l'uguale; e creolla.

Il terzo scomparto della maggior sala è simile in tutto al primo, senonchè vi osservi sulla parete delineato il vecchio emisfero. Ed in trovarvi noi a fatica, dell'Africa e dell'Europa a cavaliere l'Italia nostra — Tu se' pur piccola! esclamiamo: ma il raggio di sole di che splende il tuo cielo è ancor lo stesso che Virgilio e Sannazzaro cantarono, ma il tuo suolo è fecondo a par di quando Columella e Varrone vi segnavano lor solchi: ma l'interminabil sorriso delle tue pianure pone ancora in bocca al viaggiatore il grido d'ammirazione del piloto d'Enea; ma è giocondo il tuo mare siccome quando Polo ed Amerigo solcarono alla volta di terre sconosciute!

Nè qui ti sarò guida all'altro vestibolo, all'altro pronao, attraverso de' quali, per l'infrapposte porte, erra liberamente lo sguardo sino all'estremo opposto dell'incantato palagio, nè t'addurrò alla sala della borsa, ove Pluto ha posto suo trono, e ne fuggiron le Grazie; nè ti eccitero ad accompagnarmi alle superiori sale che schiuderannosi un dì a balli, ad accademie, ad ogni maniera di gentil passatempo. Volgili mero a più bel campo.

Lo stabilimento di Pedrocchi è sito di rimpetto a Padova tutta; agli stranieri che da lontane terre a questa volta pellegrinarono; a' giovani che gli studi universitari chiamano tra le antenoree mura; a' professori che li guidano nelle molteplici vie del sapere; a vaghe e cortesi donne, ornamento a qualunque parte si volgano. I dodici angoli della tripartita sala, i pronai, le camere diverse, consentono crocchi senza numero; ed in quale pendesi dal labbro di narratore di politici avvenimenti; in qual si ciancia di teatro e di mimi; in qual siedono taciturni ascoltatori, o che vogliansi procacciar fama di pensatori, o sien misantropi, od altro. Volano sguardi da questo crocchio a quello; sdrucciolano parole da labbro sorridente a vicino orecchio che avidamente le bee; uno s'aggira sfaccendato coll'occhialetto tra mano; l'altro in passar davanti agli specchi frequenti guarda con compiacenza ciò che tiene in conto di tipo, se medesimo, e ne sorride; e sogghigna Momo intanto, ed affretta il già troppo veloce ballo dell'Ore.

Qui, poichè addormentaronsi i puttini alla voce amorosa della madre, si riposò ella alcun istante dell'intero giorno speso in faticose bisogne. Qui lo studioso ricreò sua mente dal leggere, dallo scriver lungo. Qui tra il motteggiare spiritoso appianaronsi le rughe sulle fronti annose; e sconosciuti affratellaronsi; e nemici riconciliaronsi; e consuetudine di vedersi e ben volersi ne nacque per ognuno. Padova, a cui sua vastità impediva di mostrarsi amica delle festevoli ragunanze, va debitrice a Pedrocchi di certa qual vita novella che diffuse calore in ogni parte, con aver fornito opportunità di manifestarsi alla socievolezza di che l'indole dei suoi cittadini s'impronta.

Tu qui m'interrompi: D'un nome, dicendo, è avido il mio orecchio: nè tu lo pronunziasti ancora. Dimmi dell'alto e gentile ingegno che seppe a compimento ridurre di Pedrocchi il divisamento, e donando alla città d'Antenore sì gentil monumento, mostrò d'aver sentito il bisogno del suo secolo e del suo paese? — Gli è Jappelli, e fu ventura che Pedrocchi trovasse in lui tal uomo che l'ariostesco suo immaginare prestogli; e fu ventura che Jappelli trovasse cliente che gli si piegò volonteroso, senza obbiettare ad ogni tratto quegli agghiacciati assiomi della vieta pratica, che sono il fil d'Arianna della mediocrità, i più acerbi nemici delle ardite innovazioni e de' voli del genio.

Informe gruppo di luridi casolari si è scambiato in tempio: l'arabica bevanda, di cui ti narrai i mirabili influssi e le peregrinazioni, ottenne così per la prima volta in Italia gli onori dell'apoteosi.

Conte Tullio Dandolo.

BACONE

(Ved. n.º VII, pag. 56)

III.

All'indomani la sua infermità prodotta dal turbamento morale impedì a Bacone di comparire alla sbarra; ma lui assente, la sentenza non fu meno severa, ed egli venne condannato ad una ammenda di quarantamila lire sterline, ed alla prigionia nella torre di Londra fin che fosse piaciuto al re, non che dichiarato inetto per sempre all'esercizio di qualunque pubblico uffizio, ed a sedere nel parlamento. Nell'atto di deporre i sigilli, simbolo della dignità ond'era spogliato, non pronunziò che queste parole: *Rex dedit, culpa abstulit*, e si ritrasse in contegno fermo e tranquillo. Inviato alle carceri della torre, ma solamente per salvar le apparenze, egli non vi passò che due giorni, dopo i quali gli fu concesso di abitar ove più volesse, ed egli trascelse la sua signoria di Gorahmbury. La Corona gli perdonò l'ammenda, e nel 1624 ottenne di nuovo di potersi presentare alla corte, e rientrare nelle grazie del re, che gli concesse inoltre la facoltà di sedere nel parlamento. La vergogna ne lo rattenne, ed amò di viver privato con una pensione accordatagli dal governo di 1,200 sterlini, colla quale non poteva che a stento mantenersi, attese le sue splendide abitudini, e la perpetua sua noncuranza dei domestici affari. Tuttavia tramezzo alle famigliari strettezze, ed alle noie non lievi di che gli era cagione una moglie bisbetica (uno dei doni inevitabili che il Cielo accorda agli studiosi); sebbene abbattuto, disonorato, tuttavia il suo spirito non declinò dall'usata elevatezza, e i nobili studi ai quali si era dedicato senza riserbo, valsero a sparger sugli ultimi anni del viver suo una luce sì pura da abbagliare lo sguardo, e fare scomparir la traccia dei tenebrosi suoi falli. Sempre intento ad abbattere una filosofia sistematica, egli condusse a termine opere di grande importanza, la cui influenza si fa sentir tuttogiorno. Ma il grande campione della filosofia sperimentale doveva eziandio esserne la vittima. Una osservazione fisica fu la causa prossima della sua morte. In sul finir dell'inverno dell'anno 1626, mentre Bacone stava in un giorno assai rigido in una casa di campagna di Highgate, provando sulle carni di un pollo la facoltà della neve nell'impedir la putrefazione animale, venne colto da brividi di un freddo sì intenso, che gli vietò di tornarsene a casa. Fu trasportato nel castello del duca di Arundel, e sopraggiunta una febbre infiammatoria, morì dopo una settimana in età di 66 anni, lasciando nel cominciamento delle sue ultime disposizioni queste memorande parole: « Lascio il mio nome e la mia memoria agli stra-« nieri, ed ai miei compatrioti, quando sarà passato qualche anno, « sulla mia tomba ».

Pare che Bacone abbia avuto in vista se stesso là dove scrisse di certuni che sono « *Scientia tamquam angeli alati, cupidita-« tibus vero tamquam serpentes qui humi reptant* ». Egli non avea che a gittare uno sguardo alla propria coscienza per discoprire il fenomeno, l'angelo e il serpente aggregati, il filosofo e l'avvocato generale, il saggio avido di verità e l'ambizioso avido dei sigilli di Stato. Ma adesso il doloroso uffizio di censore è compiuto; facciamoci con più lieto animo a considerare Bacone meditante sul mondo, Bacone filantropo, che fonda sulle rovine del pedantismo aristotelico il durevole impero della verità, e s'asside glorioso fra i benefattori del genere umano.

Il tessere il lungo catalogo di tutte le opere di Bacone, quali furono pubblicate da Blakbourne nel 1730 in 4 grossi volumi in-folio, sarebbe fatica perduta, perchè molte di esse riferisconsi a cose storiche, o a politiche quistioni del momento, che non possono offerir importanza che a' suoi compatrioti, altre non racchiudono che tentativi pregevoli sì, ma incompleti di riforme scientifiche. Ma non si può tacere dei trattati filosofici, quali sono il suo libro intitolato *Novum organum*, quello *De augmentis scientiarum* e la *Sylva sylvarum*, i quali, quantunque a' dì nostri sieno più ammirati che letti, rimangono tuttavia quai monumenti di elevatissimo ingegno. Bacone, che fin dai primi anni avea concepito alto disprezzo per la pedanteria della scolastica aristotelica, ebbe la felice temerità di scuoterne il giogo, conobbe la necessità di sostituire il solito appoggio dei fatti al vano cicalio dei sistemi, e meritato avrebbe il nome di padre e riformatore della filosofia, che gli prodigano gli scrittori inglesi e francesi, ove le sue dottrine fossero veramente nuove, nè mai prima travedute da altri. Ma i metodi ed i principii professati assai prima di lui dal *Valla* e da *Campanella*, e perfezionati colla pratica applicazione dal *Galileo*, avevano già sgomberato il sentiero delle scoperte, e per negar questo fatto sì glorioso pel nome italiano bisognerebbe rinunziare alla cognizione delle epoche. Hume non dubitò di affermarlo in una appendice della sua storia, laddove dice: « Nel tempo che in Inghilterra Bacone additava da lunge la strada che guida al vero, eravi in Italia chi già si era inoltrato per essa, e vi avea fatto lungo viaggio ». Ciò valga anche a minorare la maraviglia che potrebbe nascere in chi legge nell'opera *De augmentis*, data in luce soltanto nel 1605, e prezioso frutto di lunghe meditazioni, le parole di Bacone: « Io mi contenterò in questo libro di svegliare spiriti migliori del mio; farò come chi suona per primo la campana a chiamar le genti alla chiesa ». Più forti campane s'erano già fatte udire fra noi; ma questa non è la prima volta che il merito degli Italiani sia disconosciuto da chi più se ne fa giovamento.

L'opera *De dignitate et augmentis scientiarum* è divisa in due parti distribuite in nove libri. Lo stile ne è energico, troppo sovente affettato e ricercato; ridondante di similitudini e di metafore; ma altrettanto i pensieri ne son pregevoli e grandi. Mostra la prima parte le malattie delle scienze che si riducono a tre principali, cioè: al cattivo uso dell'eloquenza che trasforma il filosofo in retore, il ragionatore in poeta, e sagrifica la sostanza alle forme; alla troppo sottigliezza che fa traviare lo spirito in futili e minuziose ricerche; e finalmente alla credulità e all'impostura che generano le favole, i prestigi e la cieca credenza all'autorità di un maestro. Da queste fonti derivano tutti gli altri ammorbamenti dell'intelletto; la facilità di giudicare impossibile ciò che non è; il pensare che nel conflitto delle opinioni sia la miglior che prevale; il ridurre le scienze a metodi troppo artificiali che ne limitano lo sviluppo. Avverte parimenti Bacone con molto senno uno scoglio nel quale urtarono gli ingegni migliori, che è quello di prestare a tutte le scienze la tinta di quella che essi prediligono; ragione per cui la scuola platonica peccò di soverchia teologia, e la aristotelica di acerbità dialettica; e fa vedere quanto si rende indispensabile a chi studia il prefiggersi uno scopo utile e vero; giacchè la scienza non è donna da trivio che accordi a capriccioso amatore le sue grazie, nè servile massaia che si adoperi a pro d'un padrone; ma dignitosa matrona che si marita ad uom virtuoso, ne adorna i piaceri, e ne conforta i travagli.

Nella seconda parte dell'opera sono passate a rivista tutte le scienze, e ripartite in tre categorie, conforme alle lor relazioni colle tre facoltà dello spirito, *memoria, ragione, imaginazione;* l'istoria appartiene alla prima, la filosofia alla seconda, alla terza la poesia. V'ha chi loda a cielo una tal divisione che d'Alembert seguì nel suo piano d'Enciclopedia; ma chi vorrà negare che essa non abbia un vizio di metodo fondamentale? Dov'è l'arte o la scienza che più o meno non dipenda da tutte tre le facoltà? Divider queste è un medesimo che distruggerle. Tuttavia non lascia un tal lavoro di essere utilissimo per la giustezza delle idee che vi sono sparse. Eccone alcune: « Le cause finali hanno impedito la investigazione delle fisiche..... meritano la nostra ammirazione, ma dentro certi limiti....... non esiste opposizione fra le cause naturali e l'utilità finale ». — « Quando noi veniamo in possesso di un oggetto che eccitò i nostri desideri, ci sembra di aver fatto un movimento di progressione; ma in cambio ci siamo aggirati per un circolo; torniamo al punto donde siamo partiti ». — « Si danno pochi uomini che non lascino in qualche circostanza travedere il lor lato debole, soprattutto se altri li sorprenderà con una dissimulazione opposta alla loro ». — « Tre sono i modi di celare i propri difetti: la prudenza che evita le occasioni di mostrarli, l'ipocrisia che li veste della vernice di quella virtù che confina col proprio vizio, e la temerità che sorprende l'altrui attenzione, la quale forma il sublime della ciarlataneria ». — Bacone al chiuder dell'opera, la paragona ingegnosamente allo strepito di stromenti che stanno accordandosi, strepito che in se stesso è tutt'altro che aggradevole, ma dal quale hanno origine i concerti più melodiosi.

Nel *Novum organum* Bacone predica la riforma delle scienze, e fa sentire il bisogno di ridur lo intelletto sgombro da ogni preconcetto errore, prima di impiantarvi l'edifizio della nuova filosofia. Perciò egli intraprende il critico esame dei sistemi che più hanno menato rumor nelle scuole, e mostra come essi pecchino o per eccesso di dubbio, o per eccesso di sicurezza; come i loro metodi si appoggino o al cieco empirismo che non sa dai fatti particolari salire ai principii, o alla temeraria speculazione che si slancia a generali assiomi senza aver percorso la strada che deve a quelli condurre. Egli insiste a ragione sulla necessità di ben precisare il valor delle parole, che egli chiama la *moneta rappresentativa delle idee*, definisce, classifica i pregiudizi, ne indica l'origine, i segni, i rimedi.

La *Sylva sylvarum* o storia naturale è divisa in dieci centurie, e non è che una raccolta di esperimenti eseguiti o proposti per verificare fatti dubbiosi ed illustrare oscuri fenomeni. Il gran servigio che in essa ha reso alla scienza è l'aver insegnato a dubitare: il grido suo costante è non già *credete*, ma *esaminate*. Ma in questa pratica applicazione de' suoi principii il filosofo dimenticò se medesimo, nè si salvò da errori gravi e talora esorbitanti, qual è quello d'oppugnare il sistema di Copernico, e di ammettere le cooperazioni naturali fra i corpi celesti e la terra. Ma come chiuder tutti gli aditi ai pregiudizi quando l'errore circonda l'uomo da ogni parte? Le sue opinioni, simili alle acque che s'impregnano dei principii propri ai terreni pei quali filtrano, conservano una traccia del gusto superstizioso, e delle misteriose spiegazioni de' suoi tempi.

Egli si occupò anche di mitologia, e volle mostrare che le favole dell'antichità altro non sono che allegorie di verità fisiche, politiche e morali; ma nel suo libro *De sapientia veterum* ha fatto dono agli antichi delle proprie ricchezze. Le allegorie somigliano alle rime date per un sonetto; ogni poeta riempie il verso a suo modo. Crisippo vedea nelle favole altrettante allusioni alle dottrine stoiche; Dupuis un trattato di astronomia; un altro vi lesse i fatti del Vecchio Testamento; tutti vi trovano ciò che vogliono.

Nei suoi *Saggi di morale e di politica*, se Bacone non penetra nel cuore umano come Montaigne, non analizza come La Rochefoucault, non dipinge come La Bruyère; istruisce, consiglia e persuade. Ecco alcuni brani d'ingegnose sentenze. « Gli uomini superbi dispregian gli studi; i semplici li ammirano; i saggi se ne giovano ». — « Certi libri voglionsi semplicemente gustare, altri divorare, altri in picciol numero digerire ». — « Le istorie fanno gli uomini giudiziosi, le poesie spiritosi, le matematiche sottili, la filosofia profondi, la morale gravi, la logica disputatori ». — « I sospetti sono pei nostri pensieri come i pipistrelli pegli uccelli; non escono fuori che nel crepuscolo ». — « I discorsi lunghi e ricercati sono propri pegli affari, come un mantello dal lungo codazzo è proprio per la corsa ». — « L'uomo che ha un vero amico vive due vite ad un tratto ». — « Conviene fidare l'incominciamento delle grandi azioni ad Argo che ha cent'occhi, il fine a Briareo che ha cento braccia ». — « Una scarsa filosofia piega lo ingegno all'ateismo, uno studio più profondo lo riconduce alla religione; quando si riguardano le cause seconde isolate, si può fermarsi a quelle; ma quando si contempla la loro concatenazione, bisogna risalire alla Divinità ».

Bacone si acquistò gran fama anche come giureconsulto, e lasciò vari trattati politici, compose l'elogio d'Elisabetta; ma anche nelle opere le più amene per l'argomento pecca per soverchia erudizione. Egli scriveva in inglese e faceva poi tradurre i suoi lavori in latino.

A. Fava.

SAGGIO DI TRADUZIONI BIBLICHE

SALMO PRIMO

Benedetto sulla terra,
Benedetto nel Signore
L'uom che al Cielo non fe' guerra,
L'uom che ha mondi e mano e core;
E cogli empi non s'assise
A superbo ragionar,
E con essi non divise
Colpe, infamia, orgoglio, altar.

Ma nell'anima segreta
Solitario, confidente,
Colla brama irrequieta
Pianse a Dio soavemente,
E dall'alba infino a sera,
Fino all'alba che tornò,
Con un eco di preghiera
La sua legge meditò.

Quasi un arbore piantato
Lungo il margine d'un rio,
Rigoglioso, fecondato,
S'alza al ciel come un desio:
L'ignea folgore che viene
L'universo a sgomentar
Va sovr'esso lene lene
A posarsi, a mormorar:

Tale il giusto che sospira
Fra i viventi derelitto:
Ma così non sfugge all'ira
L'uom ch'esulta nel delitto;
Come polvere in foresta,
Come nebbia in faccia al sol,
Lo travolge la tempesta,
Lo precipita nel duol.

Quando l'alba, alba tremenda,
Spunti alfin d'un dì promesso:
Quando il giudice discenda
A conforto dell'oppresso,
Chi la collera divina
Sulla testa al traditor,
Chi la placa, e la rovina
Sotto i piè gli chiude allor?

Collo sguardo a cui si scopre
L'universo armonioso,
Mira Iddio del giusto l'opre,
N'ode il gemito nascoso;
E coll'ali del perdono
Nel gran dì lo cingerà.....
Solo all'empio in abbandono
Sol per lui non fia pietà.

Carlo A-Valle.

ITACA

Vathy, capo luogo dell'isola d'Itaca

Non crediamo che l'efficacia delle parole giunga tant'alto da esprimere convenevolmente l'impressione prodotta sull'animo di un colto e gentile viaggiatore dall'incantevole aspetto dell'Arcipelago, la prima volta ch'egli fassi a solcarlo. Sbrigli pure qualsiasi più ardito poeta la fantasia, spingendola a discorrere gli sterminati regni del falso; nulla troverà egli mai che agguagli l'ineffabile vaghezza di questo vero. Tutto è, in fatti, straordinario ed interessantissimo in questo privilegiato punto del globo. Singolare, dapprima, si è la natura del mare e del cielo, i quali ora ti sorridono con tutta la soavità dell'amore, ora, vestiti d'improvviso corruccio, ti minacciano, t'assalgono, ti schiacciano con tali procelle, quali appena potresti aspettartele nell'insidioso seno della Sirte africana, o su la sponda inospitale del Ponto. Unico, poi, e tale da non potersi veramente raffigurar col discorso, si è lo spettacolo di un numero pressochè infinito di isole, le quali, seminate, per dir così, dalla mano arcana della natura su quei liquidi campi, sembrano, all'occhio illuso di chi trasvola su le navi, bei canestri di fiori leggiadramente galleggianti entro agli azzurrini spazi di un lago fatato. Ma le bellezze della materia, il magico effetto che trasfonde ne' sensi la vista di quel cielo, di quelle acque, di quelle terre incantevoli, scema e dileguasi accanto alla commozione morale indotta nelle radici stesse del cuore dalla ricordanza delle storiche memorie a loro congiunte. Imperocchè non solamente ogni isola, ma ogni sponda, ogni ansa, ogni promontorio, ogni sasso, ogni oggetto, insomma, che colpisce l'occhio del viaggiatore, giustamente estatico tra tanto tesoro di metafisiche e naturali meraviglie, collegasi a qualche insigne storica rimembranza, e fa battere il cuore di quel sacro palpito che levasi alla vista degli annosi monumenti in ogni anima pensante e sensitiva. Ivi è tutta l'antica Grecia colla sua teogonia, le sue arti, le sue scienze, le sue discordie e le sue sventure: ivi è il nascente cristianesimo, colle sue grotte ospitali, colle primitive sue chiese, colle coraggiose missioni de'santi e poveri suoi banditori: ivi l'età di mezzo coi suoi crociati, il suo valore e i suoi vizi: ivi i fasti di Genova e di Venezia, ora ardimentose scrutatrici dei più lontani commerci, ora argini temuti e benefici alla ottomana barbarie, ora rivali invidiose delle palme e dell'oro acquistato: ivi finalmente è la Grecia moderna col suo eroismo e colla sua vergogna, colle sue speranze e colle sue decozioni, colla sua marinaresca ricchezza, e colla sua terrestre miseria. — Qual animo, qual mente non ritrova in tanta varietà di illustri, di generose, di patetiche imagini una voce segreta che la trasporti ai secoli che furono, che gli porga argomento di profonde meditazioni, che lo riempia di qualche cara lusinga, di qualche dolce illusione? Aggiungansi, entro un brevissimo spazio, vesti, indoli, aspetti, riti, idiomi e costumanze, d'ogni foggia più strana e peregrina, ed avrassi una idea di ciò che dicesi con complessivo nome Arcipelago. Famigliarizzati, per lunga consuetudine, con questo teatro piacevole e stupendo, noi lo andremo, in una serie d'articoli staccati, via via schiudendo allo sguardo degnevole de' nostri lettori. I quali se proveranno in udire la millesima parte soltanto del diletto che noi gustammo in veggendo, non avranno certamente a pentirsi dell'attenzione generosamente concessa al disadorno nostro parlare.

L'isola raffigurata nella retrostante imagine è una di queste magiche terre. Essa è l'antica Itaca, dai Greci odierni pronunciatamente chiamata Teaki, Theaki o Thiaki, per una delle mille corruzioni con che essi sono usi sformare il venerando idioma de' loro padri. Trovasi al N. N. E. di Cefalonia, dalla quale disgiungela il canale Viscardo, ed appartiene, come essa, al governo settinsolare, più noto sotto il titolo di repubblica Ionia. Vathy, che ne è la principale borgata, innalzasi con pittoresca giacitura sul fondo di un golfo assaissimo addentrato nella sponda, ed i cui fianchi, notevoli per istrani rivolgimenti di falde, ed altre bizzarrie di forma, protendonsi ricurvi per guisa, che il mare prende l'aspetto di tranquillo lago, dal quale chi è dentro, cerca invano, coll'occhio, l'entrata. Gli è a questo singolare e riposato porto che i naturali danno nome *Skinosa*. I resti, poi, che fanno fede dello splendore dell'antica Itaca, appaiono siffattamente frequenti e suntuosi in tutta l'attigua campagna, che i soli scavi praticativi dal capitano Guitera quando ne fu governatore negli anni **1811, 1812, 1813 e 1814**, fruttarono la scoperta di duecento tombe, ed una coorte innumerevole di cose d'oro, braccialetti, anelli, orecchini, medaglie, statuine, monete greche e romane ecc. Celebri sono, sovrattutto, tra' monumenti stabili, il palazzo d'Ulisse presso la baia d'Aito, i giardini di Laerte, che, a detta de'viaggiatori, sono tuttora meravigliosi per la fecondità degli inchiusi terreni, la rupe d'Omero presso il villaggio d'Exoria, la fontana d'Aretusa ecc. Piccolissima, del resto, si è cotest'isola, formata da due pianure di una lega e mezza circa di largo, congiunte insieme da un istmo montagnoso, detto Rupe d'Ulisse. Quanto alle condizioni politiche e morali, gli Inglesi vi hanno introdotto quel misurato bene che e' son soliti nelle colonie. Havvi, tra le altre soavità moderne, una scuola di mutuo insegnamento: ma qui, come ovunque, i frutti, finora, ne furono poco sentiti.

Cav. Baratta.

LA CADUTA DELLE MARMORE

A TERNI

SONETTO

Ratto scorre il Velin dall'ardua china,
  Qual igneo globo da marzial tormento,
  E precipita poi da roccia alpina,
  Di meraviglia oggetto e di spavento:

E se avvolto fra i vertici strascina
  Selve, e capanne, e col pastor l'armento,
  Tutto disperde nella sua ruina,
  Fra i gorghi dell'ondissono elemento.

Nell'orbita così dell'universo,
  Con torbe, rovinose e rapide onde,
  Volvesi, e corre il tempo in sè converso;

E precipita poi nelle profonde
  Gole di eternitate, ove sommerso
  Ruota i secoli infranti, e li confonde!

Melchior Missirini.

LETTERATURA TEDESCA - SCHILLER

STORIA DELLA SEPARAZIONE DEI PAESI BASSI DELLA MONARCHIA SPAGNUOLA

(V. il n.o 11, anno primo)

Il lento progresso di questa guerra recò tanto danno al re di Spagna, quanto produsse di vantaggio agl'insorti. La sua armata era composta in massima parte degli avanzi di quelle bellicose truppe, che sotto Carlo V avevano mietuto i più copiosi allori: l'età ed il lungo servizio autorizzavano quei soldati al riposo: molti fra essi, cui la guerra aveva arricchiti, bramavano impazientemente di riedere alle lor case per terminare in pace una vita ripiena di travagli. Il loro antico zelo, l'eroico coraggio e la disciplina venivano meno in proporzione che credevano di aver adempito al loro dovere, e che cominciavano finalmente a gustare il frutto de'propri sudori. Da ciò accadde, che truppe le quali erano abituate a vincere ogni ostacolo nel primo impeto di un attacco, dovessero annoiarsi di una guerra meno contro gli uomini che contro gli elementi, di una guerra meglio atta ad esercitar la pazienza che a risvegliare l'amor della gloria, di una guerra infine, in cui aveansi a sfidare meno i pericoli che la penuria ed i disagi. Nè il personale coraggio, nè il lungo esercizio dell'arte militare potevano loro giovare in un paese, la cui condizione particolare somministrava ai più deboli fra gl'indigeni un rimarchevole vantaggio sovra di quelle; in un suolo straniero finalmente più ad esse nuoceva una sconfitta, di quello che molte vittorie, contro un nemico che era in casa propria, non avvantaggiassero la condizion loro. Gl'insorti trovavansi in una posizione del tutto opposta:. in una guerra così diuturna, dove non accadeva alcun fatto d'arme decisivo, doveva il nemico più debole apprendere finalmente alla scuola del più forte, dovevano le piccole sconfitte accostumarlo ai pericoli, le piccole vittorie eccitare il suo coraggio. Nei primordii della guerra civile, l'armata repubblicana appena osava sostenere l'aspetto delle agguerrite truppe spagnuole: la lunga sua durata rese quell'esercito forte ed esercitato: a misura che le regie armate avevano ognor più a noia il combattere, la fidanza negl'insorti cresceva per la migliore loro disciplina ed esperienza. Infine, dopo una gran guerra di mezzo secolo, maestri e discepoli, eguali campioni, cessarono dal combattere non vinti e non vincitori.

Di più, in tutto il corso di quella guerra agirono i ribelli con maggior senno ed unione, che non i realisti. Prima che quelli perdessero il loro primo capo, il governo dei Paesi Bassi fu retto da cinque diverse signorie: l'irresolutezza della duchessa di Parma si comunicò al gabinetto di Madrid, e gli fece dimenticare in poco tempo i suoi politici principii: l'inflessibile durezza del duca d'Alba, e la pieghevolezza del suo successore Requescens, gl'inganni e il mal talento di Don Giovanni d'Austria, e la vivace imperial mente del principe di Parma diedero a questa guerra impulsi affatto contrari, mentre il piano della rivolta rimaneva sempre il medesimo, e proseguiva sotto l'influenza di un solo la sua via di franca o spedita esecuzione.

Ma perchè Filippo II non comparve in persona nell'Olanda? perchè prescelse egli di esaurire tutti i mezzi anche i più disadatti, e non tentò il solo che avrebbe indubitatamente prodotto l'effetto? A frangere la superba possanza della nobiltà era una sola via, la presenza del sovrano: a fronte della maestà del monarca dovea venir meno ogni privata grandezza, dovea oscurarsi qualunque altro splendore. Invece che la verità per tanti impuri canali torbida e lenta pervenisse al lontano trono, invece che la ritardata difesa lasciasse tempo all'opera del caso di maturare ad opera di senno, il penetrante sguardo del principe avrebbe distinto la verità dall'errore, e non la sua umanità, ma la sola calcolatrice politica avrebbe salvato allo stato parecchi milioni di cittadini. Quanto più dappresso alla loro cagione, sarebbero stati gli editti più energici e stringenti: quanto più vicini alla loro meta, sarebbero stati timidi e senza forza i colpi dell'insurrezione: costa assai più il profferire ingiuria sul volto all'inimico, di quello che il lanciargliela quando è lontano. La ribellione sembrava dapprincipio tremasse del suo stesso nome, e s'inorpellò lungo tempo coll'artificioso pretesto di protezione dei diritti del sovrano contro le capricciose pretese del suo luogotenente. La comparsa di Filippo a Brusselles aveva troncato ad un tratto questa ghermminella: allora la repubblica od avrebbe dovuto sostenerla coi fatti, o gettare la larva e farsi condannare nella sua vera forma. E quale alleviamento per l'Olanda, se la sua presenza le avesse risparmiato quei mali, da cui venne oppressa senza di lui saputa, e contro sua volontà? Quale profitto per lui stesso, se trattenendosi sulla faccia del luogo avesse vegliato all'impiego delle immense somme, che, raccolte forzosamente pei bisogni della guerra, scomparivano ben presto nelle rapaci mani de'suoi amministratori! Ciò che i di lui rappresentanti dovevano estorcere coll'inumana voce dello spavento, lo avrebbero i sudditi volonterosamente concesso alla maestà del monarca: ciò che rese i primi oggetto di abbominazione, avrebbe al più eccitato il timore del suo sdegno: avvegnachè l'abuso della forza nei regnanti dispiace assai meno, che non nei loro ministri. La sua presenza avrebbe salvato milioni di sudditi, quand'anche egli non fosse stato che un despota avaro: e siccome esso tale non era, così la sola reverenza per la sua regale persona gli avrebbe salvato un paese, che andò perduto per l'odio e la viltà degli stessi suoi ministri.

Come l'oppressione del popolo olandese divenne un affare proprio di tutti coloro che sentivano la forza dei loro diritti, così potè pensarsi che la sua insurrezione esser dovesse un appello a tutti i regnanti per concorrere alla difesa del monarca spagnuolo. Ma la gelosia verso la Spagna vinse questa politica simpatia, e le primarie potenze d'Europa palesemente o di soppiatto si pronunziarono in favore della libertà! L'imperatore Massimiliano II, benchè legato alla casa di Spagna con vincoli di parentela, diede a quella argomento onde accusarlo di avere in segreto favorito il partito dei ribelli: coll'offerta della sua mediazione riconobbe egli tacitamente un grado di giustizia alle loro pretese, lo che dovette animarli a perseverare in quelle con maggior costanza. Sotto un imperatore, il quale fosse stato sinceramente attaccato alla corte di Spagna, Guglielmo d'Orange ben difficilmente avrebbe tratto dalla Germania tanti soldati e tanto danaro: la Francia, senza rompere la pace apertamente, pose un principe del sangue alla testa dei repubblicani olandesi, onde le operazioni di quest'ultimi furono compiute in gran parte coll'oro e colle truppe francesi. Elisabetta d'Inghilterra esercitò soltanto una giusta rappresaglia coll'accordar protezione agl'insorti contro il loro legittimo sovrano: e quand'anche la sua scarsa assistenza giungesse appena a preservare il nuovo stato da una totale rovina, ciò fu ben molto in un'epoca, in cui la sola speranza poteva sostenere la vacillante repubblica. Con ambe queste potenze Filippo viveva allora in pace, ed ambe concorsero a tradire i suoi interessi......

Se nella disuguaglianza di forze di ambi i contendenti, che sulle prime mette tanta meraviglia, si porranno a calcolo tutte le circostanze che nocquero all'uno, e l'altro favoreggiarono, scomparirà ciò che parve prodigio in questa intrapresa, ma rimarrà essa del genere delle straordinarie, e si potrà apprezzare al giusto la virtù di questo popolo nel riconquistare la libertà. Non si pensi però, che il cominciamento dell'opera sia stato preceduto da un esatto calcolo delle forze di cui poteva disporre, o che all'entrare in questo pelago tenebroso conoscesse di già la spiaggia, a cui doveva approdare: i primi attori del movimento non immaginarono nemmanco di raccogliere così ricco frutto dalla rivolta, nell'istessa guisa che Lutero non si figurò al pensiero lo scisma religioso che pur nacque dal suo insorgere contro le indulgenze. Quale enorme contrasto fra l'umile resistenza dei primi insorti in Brusselles, i quali si limitavano a chiedere per grazia migliori istituzioni, e la formidabile maestà di uno stato libero, che tratta coi re come con suoi eguali, e che in meno di un secolo dispone a suo talento del trono degli antichi dominatori! L'invisibil mano del destino ripose la già lanciata freccia in un più robusto arco, e le diede tutt'altra direzione da quella che dapprima erale stata impressa. In seno al felice Brabante sorse la libertà che, qual neonato tolto agli amplessi della madre, doveva emancipare la spregiata Olanda. Ma l'impresa non dee sembrarci meno importante, se ebbe un riuscimento diverso da quello che i suoi attori si erano proposto: l'uomo si affatica, polisce, ed informa la rozza pietra che i tempi gli somministrano: a lui appartiene l'ora e il momento, ma il caso soltanto, o più presto una superiore intelligenza dirige gli avvenimenti degni di storia.

La storia del mondo è simile a se stessa come le leggi della natura, e semplice come lo spirito umano: le stesse condizioni di cose producono sempre i medesimi risultamenti. Su quel suolo, dove oggi gli Olandesi fanno fronte al despota spagnuole, millecinquecento anni prima i loro padri Batavi e Belgi lottarono coi tiranni di Roma: al pari di quelli, soggetti ai capricci di un superbo dominatore, al pari di quelli, vessati da rapaci satrapi, spezzano essi con eguale energia le loro catene, e tentano la propria fortuna in una pugna sì ineguale. Lo stesso desio di conquista, lo stesso slancio nazionale negli Spagnuoli del secolo sestodecimo e nei Romani del primo, lo stesso valore e disciplina in ambi gli eserciti, lo stesso spavento inspirato dal loro modo di guerreggiare: allora, come al presente, vediamo l'accorgimento alle prese colla prepotenza, e la costanza sostenuta dall'unione dissipare una forza gigantesca, cui la divisione aveva affralito: allora, come al presente, l'odio privato arma la nazione. Un solo uomo nato per quel tempo svela al medesimo il pericoloso arcano delle sue forze, e fa scoppiare il di lei muto cordoglio in una dichiarazione di sangue. « Confessatelo, Batavi » diceva Claudio Civile in una allocuzione a' suoi concittadini nel sacro bosco « siamo noi considerati da questi Romani, come un tempo, quali alleati ed amici, o più presto quali schiavi i più vili? Noi siamo abbandonati in mano ai loro ministri e rappresentanti, i quali quando sono sazi del nostro sangue e delle nostre sostanze, vengono rimpiazzati da altri disposti del pari a rinnovare le stesse violenze. Se poi accade alcuna volta che Roma c'invii un legato, egli ci opprime con un lungo codazzo di cortigiani, e con un orgoglio anche più insopportabile. Le leve sono di nuovo vicine, le quali per sempre strappano i figli dal seno dei padri, i fratelli dalle braccia dei fratelli, e danno in preda alla romana libidine la vostra robusta gioventù. Ora, o Batavi, l'occasione è propizia: Roma non fu giammai così avvilita come al presente: non vi lasciate imporre dal nome di quelle legioni: i loro accampamenti racchiudono pochi soldati e molto bottino. Noi abbiamo fanti e cavalli: la Germania è per noi, e le Gallie anelano di scuotere il giogo. Serva ad essi la Siria, l'Asia, e l'Oriente governato dai re. Vivono anche fra noi individui, che nacquero molt'anni innanzi ai posti tributi. Gli Dei proteggono la causa del più prode ». Solenni giuramenti consacrano questa unione, come il patto di Gensen: al pari di questa si avvolge essa in un velo di sudditanza, nella maestà di un gran nome. Le coorti del Civile giurarono fedeltà presso al Reno a Vespasiano nella Siria, come il Compromesso la giurò a Filippo II. Lo stesso campo presenta lo stesso piano di difesa, lo stesso asilo nei casi disperati. Entrambi affidarono la loro vacillante fortuna ad un elemento, con cui si erano addimesticati: in pari angustia di cose il Civile salvò la sua isola, come, quindici secoli dopo di lui, Guglielmo d'Orange salvò la città di Leida mediante un artificiale allagamento. Il batavo valore svelò la debolezza dei dominatori del mondo, come la prodezza olandese scoperse agli occhi di tutta l'Europa la decadenza del coraggio spagnuolo....

Avv. E. Facci *tradusse.*

RAMAZAN, o QUARESIMA DE' TURCHI

(Maometto che proclama il Corano)

L'utilità morale del digiuno, la necessità di raccogliere tratto tratto lo spirito, togliendolo alle molteplici distrazioni della vita, per condurlo al tremendo pensiero dell'avvenire, è stata sentita anche dal Profeta, il quale non contento di lodare la sobrietà, prescrisse l'astinenza, e dedicò a pubblico e solenne digiuno l'intero mese del *Ramazan*, che passò così ad essere pel suo popolo ciò che la quaresima è per noi. Un divisamento in se stesso lodevole e santissimo, fu poi imbrattato dalle solite meine superstiziose: pure non può non iscorgersi senza compiacimento questa universale consensione delle genti ne' più grandi e sublimi precetti della religione.

Ma niuno, che noi sappiamo, prescrisse mai, come Maometto, una regola di penitenza così peregrina, che in tutto il corso di essa, non le varie occupazioni della vita soltanto, ma il tempo e la natura stessa venissero in certo modo a rinnovarsi, e cambiassero di aspetto all'occhio dell'uomo. E tale è appunto l'idea fondamentale del *Ramazan* musulmano; poichè in tutto questo singolare periodo i Turchi fanno letteralmente notte del giorno, e giorno della notte. Il che forse parrà poco all'udire; ma chi ha osservato in pratica i seguiti infiniti che porta con sè tale alterazione della solita partizione delle ore, dirà con noi non esservi al mondo scena più interessante, speciale e caratteristica, principalmente ove piaccia osservarla nella popolosa e varia Costantinopoli. Il principio e la fine del *Ramazan* sono, ogni anno, diversi, dipendendo dall'apparizione della luna di quel nome. Una salve generale di tutte le batterie dello Stretto, ripetuta e moltiplicata lungamente dall'ecò dei mille suoi seni, lo indica alla capitale; e da questa la lieta novella si diffonde rapidamente in tutto l'impero. Da quel momento la bell'alba del Bosforo, nuncia ordinaria di fatiche e di cure, mutato il nativo ufficio, diventa foriera di riposo e di sonno. Una gran parte del giorno è impiegata a rifarsi, dormendo, delle notti vegliate: non è che a sole già alto che i Musulmani abbandonano le coltri, e si addanno alle cure più indispensabili, come sarebbero i pubblici impieghi, e simili. Ma triste è il loro aspetto, poche le loro parole, composti i loro atti, assorto il loro pensiero, tutto ti mostra che quella è stagione di penitenza. Le vie e le piazze, mute e deserte, offrono l'imagine di una città abbandonata: le moschee, piene di preci e di priegatori, appresentano il quadro di un popolo, cui sovrasta il flagello punitore di Dio. Finchè il sole manda un raggio di luce, chiuse sono tutte le bocche, vuoti tutti gli stomachi. Qualunque specie di cibo, ogni bevanda, l'acqua, il fumo stesso della dilettissima pipa, sono interdetti severamente al Musulmano, il quale deve astenersene come da imperdonabile peccato. E l'autorità civile concorre in ciò a mantenere l'efficacia del religioso precetto colle sue armi; cosicchè non bastando le persuasioni del sacerdote, il braccio del manigoldo punisce i trasgressori. Grave si è l'assoluto digiuno per una lunga giornata; grave è il non bere in tutto il corso delle ore più calde; ma prima e regina fra tutte le privazioni si è, pe' Turchi, l'astinenza dalla indivisibile pipa, dall'amato *caffè*. Pochi sono i violatori del digiuno, di cui parliamo; i novatori medesimi, vinti da sacro terrore, arretrano davanti al sacrilego attentato. Che se la tentazione prevale, peccano, ma per lo più in case franche, e nel più profondo segreto. Nè il sovrano, od altro qualsiasi più grande, è posto in eccezione, e meno obbligato del povero; la legge del *Ramazan* è una per tutti i credenti. Tra queste macerazioni il sole giunge al suo declinare, ed i sensi, abbisognevoli di soccorso, reclamano a voce di dolore l'usato refrigerio degli alimenti. Escono allora, fatti augelli notturni odiatori della luce, i Turchi dalle loro abitazioni, divenute squallide per sacra mestizia, e seduti a gruppi sulle vette bizantine, contemplano, lieti, le agonie del sole, mutate per essi in grato spettacolo. Lo sparo simultaneo delle artiglierie della capitale e del Bosforo indica il momento del tramonto, e la fine legale del giornale digiuno. Niuna mutazione di scena fu mai tanto rapida e sorprendente su' teatri, come quella che accade in tal punto su tutta la superficie del mondo musulmano. In un baleno, in un atomo, le grida festose succedono al silenzio doloroso, i banchetti alle astinenze, le rannate all'isolamento, gli scherzi alla gravità, e, dobbiam dirlo, non di rado l'incontinenza alle macerazioni. Imperocchè quella legge stessa che comanda le penitenze quando fa sole, per capolavoro di umana stranezza, comanda le allegrie quando fa luna. Fumano subito tutti i tetti delle valli costantinopolitane, segno evidente delle preparate cene; riempionsi, accendonsi, tornansi alle labbra le abbandonate pipe: mangiano gli affamati, bevono gli assetati, ogni bocca muovesi ed ingoia alcun che. Milioni di fiaccole ardono su i *minaret*, su le cupole, su le facce sublimi delle moschee: impareggiabile cosa a vedersi. Nè questa sacra illuminazione è apprestata senza il concorso dell'arte: che anzi i chierici e gli addetti fanno una cosa meravigliosa, cui non basterebbero forse molti dei nostri meccanici più imaginosi. Imperocchè stendendo fra i diversi *minaret* del tempio molte funi, sostenitrici di accese lampanette, le intrecciano fra loro con tanta maestria, che, intessute come sarebbe un'immensa tela di ragno, appresentano all'occhio imagini grandi e diverse, cioè lioni, tigri, serpi, navi e simili cose, mutandole all'infinito, ed a piacimento. Le quali imagini fiammeggianti, viste da lungi, tra 'l nero della notte, ed a quelle tante altezze, sembrano costellazioni del firmamento, anzichè opera degli umili abitatori della terra. Alla quale illuminazione stabile si unisce prestamente un'altra illuminazione mobile non meno grande ed abbarbagliante; perchè le vie, le piazze, le campagne circostanti brillano e formicolano di lampioni, di faci, di fiaccole d'ogni maniera, accese e portate da' Turchi i quali vanno festosi a cerca di cibo e di passatempo. Insomma, le parole nostre non sanno dire quanti e quali siano le gioie e gli schiamazzi di quelle beate notti *Ramazanesche*. Schiudonsi le botteghe, schiudonsi i caffè: venditori che gridano merci, e massime commestibili, per le strade, come se fosse giorno: domestici che aprono le finestre, e li chiamano: un andare, un venire, un urtarsi, un parlare, un muoversi da non credere. Ed i caffè non apprestano solo pipe e bevande: chè eccoteli convertiti in teatri, dove centinaia di seduti odono commedie e racconti. I tre giorni di solenni feste con cui i Turchi finiscono il loro *Ramazan*, sono ciò che prende il nome di *Bayram*; ma di queste diremo altrove.

Cav. Baratta.

TRADUZIONI BIBLICHE

Salmo 130

Dissi con mesto gemito
Nel mio dolor prostrato:
Odi, gran Dio, d'un misero
Il grido sconfortato.
Vedi l'amara lagrima
Ahi! che mi solca il viso:
Volgimi, o padre, un provvido
Consolator tuo riso.
Se delle colpe il numero
Conti, e ne guardi il peso,
Chi da tua giusta collera,
Padre, mi salva illeso?
Ma sulla testa al supplice
È mite la tua legge:
La man chè stringe i fulmini
L'uom che piangea sorregge.
E piansi io pur! terribile
Mi colse la sventura;
Incontro a me pugnarono
L'orgoglio e la natura:
Ma il nome tuo santissimo,
Padre, invocai tranquillo;
Tu l'insegnasti ai popoli,
E l'universo udillo.
Dal primo giorno all'ultimo,
Dal sol nascente a sera,
In te, Signor di grazia,
Sempre Israello spera:
Chè dall'oppresso il torbido
Volto non torci, e spiri
Il tuo pietoso anelito
Ove dolor tu miri:
E quando nella polvere
Rientrerà il creato,
Tu stenderai le braccia
All'uom che avrà sperato.

Carlo A-Valle.

APPIANO

Appiano (storico) nacque in Alessandria, e fiorì sotto Trajano, Adriano e Antonino Pio. Alcuni sono di avviso ch'e'non sia vissuto sino a'tempi di Antonino; ma il Vossio, il Fabricio ed altri, da alcuni passi dello stesso Appiano, deducono ragionevolmente che scrivesse le sue storie, regnando il citato imperatore. In età ancora ragionevole si recò a Roma, ove, fermata la sua stanza, si pose a studiare la lingua, i costumi e le leggi di quella metropoli. Applicatosi all'avvocatura, vi acquistò tanta fama sin dalle prime, che fu nominato *procuratore* o soprantendente agli affari dei Cesari, e poscia, secondo egli stesso narra, da sè inviato in qualità di governatore in Egitto, tenne nella sua patria la dignità principale. Il lungo soggiorno fatto da Appiano in Roma, e gli studi a cui si dedicò, gli fecero nascere il desiderio di giovare con qualche opera i suoi simili e di erigere in pari tempo un monumento al suo nome. S'avvisò quindi di scrivere le cose dei re, della repubblica e degli imperatori, sino ai suoi giorni. Appiano nel tessere le sue storie si attenne ad un metodo diverso dagli altri; imperocchè riferisce i fatti senza seguitare l'ordine cronologico o le epoche principali, ma bensì secondo i paesi e le nazioni in cui sono accaduti. L'insieme adunque della sua storia generale si compone di storie particolari di molti popoli e di molte provincie.

Siffatto metodo offre certamente i suoi vantaggi, ma porta anche con sè non pochi inconvenienti. Non è ben chiaro in quanti libri egli ordinasse il suo disegno, perchè chi ventidue, chi ventiquattro li dice. E così neppure sappiamo per intero a qual libro precisamente appartenesse la narrazione anzi dell'una che dell'altra guerra. Imperciocchè buon numero di que' libri è perito, oppure rimane tuttora sepolto in qualche libreria; nè la prefazione generale scritta da Appiano, che tuttavia sussiste, somministra tanto di luce da rischiarare quant'è mestieri questo subbietto. L'opera di Appiano non è senza dubbio ch'una compilazione, essendochè non abbraccia che racconti presi da altri libri, e di cui l'autore non è stato testimonio. Ciò nondimeno essa non cessa di essere importante, giacchè gran numero di libri ch'aveva tra le mani non vi sono più, ed egli per conseguenza è la sola autorità su cui possiamo appoggiarci per alcune epoche della storia romana. Alcuni eruditi opinarono che si dovesse nello storico romano leggere con diffidenza, e sì fatta opinione è provenuta dall'avere un ignoto, anche prima del secolo decimo, tratte letteralmente dal Crasso e dall'Antonio di Plutarco diverse narrazioncelle, e riunitele, come seppe il meglio, e premessovi in principio alquante parole di Appiano, le intitolasse *Partica*. E siccome questo lavoro è una meschina e cattiva compilazione, così bastò a trovare chi, seguendo il parere di Enrico Stefano, reputatissimo fra'letterati, pensasse e gridasse non meritare Appiano alcuna stima, ed altro non essere che un saccheggiatore di Plutarco in tutte le sue storie. E tanto più Gioseffo Scaligero, il Vossio e il Fabricio s'attennero, senza sottoporre a severa critica, al parere dello Stefano, quando si trattava anche dell'opinione manifestata dallo stesso editore di Appiano. Se non che sursero poscia lo Ailandro, il Freinsemio, il Baudoin, il Reimaro, lo Harles, lo Sturrio, e, meglio di tutti, lo Schweighaeuser, i quali dichiararono che quel partico scritto era l'opera di un imperito, non buono neppure a raccogliere l'altrui, e non del grave Appiano, signore dell'arte sua. Oltre la gravità, merita Appiano d'essere tenuto in pregio, al dire di Fozio, per il suo grande rispetto alla verità, e per mostrarsi specialmente grande conoscitore degli affari militari. « Leggendo la storia d'Appiano, soggiunge lo stesso Fozio, si crede di assistere alle battaglie che descrive ». Si ammirano inoltre i discorsi che pone in bocca a'suoi personaggi, e senz'essere così eloquenti come quelli di Tito Livio, sono notevoli per la forza de'ragionamenti. Lasciando da parte il difetto della disposizione, che certo non onora molto il criterio dell'autore, il suo lavoro non manca nè di critica, nè di discernimento; e non fu pago soltanto di raccogliere gli estratti quali trovavansi ne'suoi predecessori, ma li rifuse a suo modo. Il rimprovero più grave che gli si possa attribuire si è la soverchia parzialità per i Romani. In quanto poi allo stile, diremo ch'è modellato su quello di Polibio, quantunque gli rimanga molto di sotto. I cinque libri, fino a noi pervenuti, delle guerre civili sono un monumento dell'antichità, tanto più prezioso, in quanto si conservano particolari importanti, che indarno si desiderano negli altri storici. Oltre di che in questa parte Appiano si dimostra narratore diligentissimo e verace di guisa che quasi direbbesi fosse stato presente a quelle cose ch'egli descrive. Il filosofo dalla semplicità e qualità de'suoi racconti può trarre, come fece taluno, documenti intorno al cuore degli uomini e alle varie catastrofi dipendenti dalle passioni e dai vizi di un popolo.

Della storia di Appiano non rimangono che dieci libri, considerando l'undecimo come compiuto. Dei primi cinque non abbiamo che alcuni frammenti; il primo conteneva la storia dei sette re di Roma; i quattro seguenti riguardavano le guerre dei Romani in Italia, coi Sanniti, coi Galli, e in Sicilia, come pure nelle altre isole. Il sesto libro contiene le *guerre di Spagna*; il settimo, quelle con Annibale; l'ottavo, le *Puniche*; del nono, che racchiudeva le guerre di Macedonia, non rimangono che alcuni frammenti; il decimo delle guerre della Grecia e dell'Asia Minore, è interamente perduto: dell'undecimo resta solo la prima parte, ch'è la storia della *guerra di Siria*, la seconda, della guerra coi Parti, è perduta; questo vuoto è riempito per altro nel manoscritto, ma la composizione non è d'Appiano, come abbiamo superiormente osservato. Il libro duodecimo contiene le *guerre di Mitridate*. Nei nove libri susseguenti (dal tredicesimo al vigesimoprimo) Appiano diede la storia delle *Guerre civili* dopo Mario e Silla fino alla battaglia d'Azio ed alla conquista dell'Egitto, che ne fu la conseguenza. I cinque primi libri sono rimasti, e contengono in forma d'introduzione la storia di tutte le discordie che hanno agitato la repubblica romana, dalla ritirata del popolo sul Monte Sacro sino alla disfatta di Sesto Pompeo. Il libro vigesimosecondo racchiudeva la storia dei primi cent'anni del dominio dei Cesari; di questo non ci rimane che la prefazione, da cui sembra che questo libro contenesse pure ciò che a'nostri giorni chiamerebbesi una statistica dell'impero romano, e questa perdita è per ciò appunto di molto rilievo. Il libro vigesimoterzo contiene le *guerre d' Illiria*. Il vigesimoquarto, che abbracciava le guerre d'Arabia, è perduto.

È tempo che diciamo ora delle pubblicazioni e delle versioni di Appiano. La prima edizione d'una parte almeno del greco originale comparve in luce a Parigi nel 1551 per cura di Carlo Stefano. Ma nè questa nè le posteriori edizioni per più di un secolo recarono alcun giovamento al testo. Era riserbata dopo 115 anni a Giovanni Schweighaeuser la gloria di trarre dall' immeritato obblio in cui era caduta la memoria di Appiano. Colla scorta di manoscritti restituì il testo alla sua purezza, riempiendo inoltre i vuoti che la negligenza dei precedenti editori vi avevano lasciato sussistere, e rischiarandolo colla face della critica. A sincerare la lezione greca visitò e fece visitare, con ogni industria, i migliori codici d'Italia, veneziani, fiorentini, romani, come pure i parigini, e altri altrove. Nella sua edizione si trovano raccolti tutti i frammenti delle storie di Appiano; e lo Schweighaeuser potè anche trar partito dalle note di Samuele Musgrave e dalle osservazioni inedite del Reiskio. Nè pago a ciò, arricchì la sua edizione, che pubblicò a Lipsia nel 1785, 3 vol. in-8°, e di annotazioni e d'indici. Ma un altro pregio speciale della sua edizione sono l'eccellenti traduzioni latine che vi aggiunse. Per far ciò, gli è convenuto correggere le antiche versioni, o meglio rifarle quasi del tutto; fatica degna di premio, e più utile di quello che si creda a prima giunta.

Le indefesse ricerche del Mai intorno Appiano non ebbero quel successo che i dotti s'impromettevano. Nulladimeno nelle opere inedite di Cornelio Frontone, pubblicate da lui a Milano nel 1815, trovasi inserita, per la prima volta, greco-latina una lettera di Appiano indiritta a Frontone, suo amico e compagno di studi. — Alcuni frammenti di Appiano, greco-latini, furono stampati con Polibio nel 1827 e 1830.

Appiano conta traduzioni di alcune parti delle sue storie, e di quanto è fino a noi pervenuto. Oltre le versioni latine, vi sono le tedesche, le francesi, le inglesi e le spagnole. L'Italia ha pure le sue; se non che nessuno più ricorda i lavori di Alessandro Braccio, segretario fiorentino, di Lodovico Dolce e di Girolamo Ruscelli, dopo che l'ab. Marco Mastrofini sull'edizione di Lipsia pubblicò il suo fedele volgarizzamento del 1830 nella *Collana degli antichi storici greci*, di Milano.

EMILIO prof. DE TIPALDO.

VARIETA'

Niccolò Ferri

Ecco un altro celebre nano da aggiungersi a quelli già da noi ricordati ne'precedenti numeri del *Museo*.

Niccolò Ferri nacque, l'anno 1745, a Plaisnes, villaggio nel principato di Salins, nei Vosgi, da genitori robusti, e di comune statura. Aveva nove pollici di lunghezza allorchè vide la luce, e pesava dodici once. Venuto prestamente in grido di singolare fenomeno, fu chiesto e ritirato da Stanislao duca di Lorena, il quale lo tenne con grande amore alla sua corte per tutto il tempo della sua vita, che non oltrepassò i diciannove anni. Verso i tre lustri, il suo aspetto che era fresco e gentile, sebbene dilicatissimo, cominciò ad alterarsi, annunciando tutti i segni di una precoce e rapida decrepitezza. Crebbe nullameno ancora di 4 pollici, locchè condusselo all'altezza di 30 pollici, apogeo della statura da esso toccata. Dotato di una sensibilità squisitissima, ma di poco intelletto, egli avea sembianza di animale addomesticato, meglio che di ragionevole creatura, come pur era.

Cav. BARATTA.

CIAMBERÌ

Ciamberì, nobilissima capitale del ducato di Savoia, è popolata da circa 15,000 abitanti. Concordano gli archeologi nel riconoscere, in que' dintorni, il luogo dell'antica *Lemencum*, di cui è menzione nell'itinerario d'Antonino, e nell'altro Peutingeriano. Da parocchi avanzi trovati, non ha guari, scavando, tra' quali un caduceo di bronzo, argomentano anzi taluni, che un tempio dedicato a Mercurio esistesse nel luogo identico in cui è oggigiorno la chiesa di S. Lemene, che pretendesi fondata nel sesto secolo. Checchè però di ciò sia, il nome di Ciamberì non comincia a figurare nelle storie prima dell'undecimo secolo; ed è verosimile che ella fosse, in addietro, un semplice castello circondato da un'umile borgata. Ciamberì divise, ne'tempi più a noi vicini, i destini della Savoia, ond'è centro, e di questi tesseremo noi, compendiosamente, la storia in altro articolo comprendente la descrizione di tale interessantissima provincia. Un muro di cinta, foggiato secondo le solite norme de'secoli di mezzo, difendeva altre volte Ciamberì dalle insidie de' suoi nemici: ma questi ripari, divenuti inutile ingombro col progresso dell'arte, vennero atterrati ne' giorni della francese repubblica. Essa è attualmente in floridissima condizione, essendosi di gran tratto ampliata, rabbellita con larghe e diritte vie, ornate di eleganti edifici, ed ingentilita, in somma, con tutto quell'esteriore decoro che è segno di crescente civiltà e ben essere. Hannovi, pure, in qualche punto, spaziosi e bellissimi portici, quali molte città di più alta sfera sarebbero liete di poter vantare. Primeggia, tra i monumenti, il castello inchiudente una cappella del XV secolo, osservabile per varie gotiche singolarità architettoniche; la cattedrale, mole che risale all'epoca medesima; i quartieri per l'infanteria innalzativi da Napoleone per albergare le truppe ch' egli avviava in Italia; i cinque ospedali, splendidi, tutti, per esemplare interna disciplina e mondezza; il collegio, la fontana eretta in onore del generale De Boigne, che legò alla città 3,417,850 lire da impiegarsi in fondazioni e stabilimenti diversi, e finalmente il teatro che vi fu recentemente costrutto.

Ciamberì possiede pur anco una pubblica biblioteca, ricca di oltre a 16,000 volumi, di una buona galleria di quadri, di un bel medagliere, di molte antichità, e di un gabinetto di mineralogia indigena assai completo. Cresconle anche splendore un' Accademia Reale delle Scienze, una Società d'agricoltura e di commercio, un Seminario, ed un R. collegio tenuto dai PP. Gesuiti. Vi si è altresì fondata da poco tempo una Cassa di risparmio, e tutto annuncia che l'industria vi acquisterà tra breve un consolante sviluppo. Già, in fatti, alla fabbrica dei gassi apertavi nel 1773, fabbrica che fassi di dì in dì più prosperosa ed attiva, altri opificii si aggiunsero, specialmente di panni, i quali, sebbene ristretti finora al suo consumo locale, voglionsi però salutare come primi germi di una pianta promettitrice di abbondevoli frutti. Schiudevasi pure nel 1837 una fabbrica di zucchero la seconda, della guerra coi Parti, è perduta; questo vuoto è riempito per altro nel manoscritto, ma la composizione non è d'Appiano, come abbiamo superiormente osservato. Il libro duodecimo contiene le *guerre di Mitridate*. Nei nove libri susseguenti (dal tredicesimo al vigesimoprimo) Appiano diede la storia delle *Guerre civili* dopo Mario e Silla fino alla battaglia d'Azio ed alla conquista dell'Egitto, che ne fu la conseguenza. I cinque primi libri sono rimasti, e contengono in forma d'introduzione la storia di tutte le discordie che hanno agitato la repubblica romana, dalla ritirata del popolo sul Monte Sacro sino alla disfatta di Sesto Pompeo. Il libro vigesimosecondo racchiudeva la storia dei primi cent'anni del dominio dei Cesari; di questo non ci rimane che la prefazione, da cui sembra che questo libro contenesse pure ciò che a'nostri giorni chiamerebbesi una statistica dell'impero romano, e questa perdita è per ciò appunto di molto rilievo. Il libro vigesimoterzo contiene le *guerre d' Illiria*. Il vigesimoquarto, che abbracciava le guerre d'Arabia, è perduto.

È tempo che diciamo ora delle pubblicazioni e delle versioni di Appiano. La prima edizione d'una parte almeno del greco originale comparve in luce a Parigi nel 1551 per cura di Carlo Stefano. Ma nè questa nè le posteriori edizioni per più di un secolo recarono alcun giovamento al testo. Era riserbata dopo 115 anni a Giovanni Schweighaeuser la gloria di trarre dall'immeritato obblio in cui era caduta la memoria di Appiano. Colla scorta di manoscritti restituì il testo alla sua purezza, riempiendo inoltre i vuoti che la negligenza dei precedenti editori vi avevano lasciato sussistere, e rischiarandolo colla face della critica. A sincerare la lezione greca visitò e fece visitare, con ogni industria, i migliori codici d'Italia, veneziani, fiorentini, romani, come pure i parigini, e altri altrove. Nella sua edizione si trovano raccolti tutti i frammenti delle storie di Appiano; e lo Schweighaeuser potè anche trar partito dalle note di Samuele Musgrave e dalle osservazioni inedite del Reiskio. Nè pago a ciò, arricchì la sua edizione, che pubblicò a Lipsia nel 1785, 3 vol. in-8°, e di annotazioni e d'indici. Ma un altro pregio speciale della sua edizione sono l'eccellenti traduzioni latine che vi aggiunse. Per far ciò, gli è convenuto correggere le antiche versioni, o meglio rifarle quasi del tutto; fatica degna di premio, e più utile di quello che si creda a prima giunta.

Le indefesse ricerche del Mai intorno Appiano non ebbero quel successo che i dotti s'impromettevano. Nulladimeno nelle opere inedite di Cornelio Frontone, pubblicate da lui a Milano nel 1815, trovasi inserita, per la prima volta, greco-latina una lettera di Appiano indiritta a Frontone, suo amico e compagno di studi. — Alcuni frammenti di Appiano, greco-latini, furono stampati con Polibio nel 1827 e 1830.

Appiano conta traduzioni di alcune parti delle sue storie, e di quanto è fino a noi pervenuto. Oltre le versioni latine, vi sono le tedesche, le francesi, le inglesi e le spagnole. L'Italia ha pure le sue; se non che nessuno più ricorda i lavori di Alessandro Brace, segretario fiorentino, di Lodovico Dolce e di Girolamo Ruscelli, dopo che l'ab. Marco Mastrofini sull'edizione di Lipsia pubblicò il suo fedele volgarizzamento del 1830 nella *Collana degli antichi storici greci*, di Milano.

EMILIO prof. DE TIPALDO.

VARIETA'

Niccolò Ferri

Ecco un altro celebre nano da aggiungersi a quelli già da noi ricordati ne' precedenti numeri del *Museo*.

Niccolò Ferri nacque, l'anno 1745, a Plaisnes, villaggio nel principato di Salins, nei Vosgi, da genitori robusti, e di comune statura. Aveva nove pollici di lunghezza allorchè vide la luce, e pesava dodici once. Venuto prestamente in grido di singolare fenomeno, fu chiesto e ritirato da Stanislao duca di Lorena, il quale lo tenne con grande amore alla sua corte per tutto il tempo della sua vita, che non oltrepassò i diciannove anni. Verso i tre lustri, il suo aspetto che era fresco e gentile, sebbene dilicatissimo, cominciò ad alterarsi, annuriando tutti i segni di una precoce e rapida decrepitezza. Crebbe nullameno ancora di 4 pollici, locchè condusselo all'altezza di 30 pollici, apogeo della statura da esso toccata. Dotato di una sensibilità squisitissima, ma di poco intelletto, egli avea sembianza di animale addomesticato, meglio che di ragionevole creatura, come pur era.

Cav. BARATTA.

CIAMBERÌ

CIAMBERÌ, nobilissima capitale del ducato di Savoia, è popolata da circa 15000 abitanti. Concordano gli archeologi nel riconoscere, in que' dintorni, il luogo dell'antica *Lemencum*, di cui è menzione nell'Itinerario d'Antonino, e nell'altro Peutingeriano. Da parecchi avanzi trovati, non ha guari, scavando, fra' quali un caduceo di bronzo, argomentano anzi taluni, che un tempio dedicato a Mercurio esistesse nel luogo identico in cui è oggigiorno la chiesa di S. Lemene, che pretendesi fondata nel sesto secolo. Checchè però di ciò sia, il nome di Ciamberì non comincia a figurare nelle storie prima dell'undecimo secolo; ed è verosimile che ella fosse, in addietro, un semplice castello circondato da un'umile borgata. Ciamberì divise, ne'tempi più a noi vicini, i destini della Savoia, ond'è centro, e di questi tessemo noi, compendiosamente, la storia in altro articolo comprendente la descrizione di tale interessantissima provincia. Un muro di cinta, foggiato secondo le solite norme de'secoli di mezzo, difendeva altre volte Ciamberì dalle insidie de' suoi nemici: ma questi ripari, divenuti inutile ingombro col progresso dell'arte, vennero atterrati ne' giorni della francese repubblica. Essa è attualmente in floridissima condizione, essendosi di gran tratto ampliata, rabbellita con larghe e diritte vie, ornate di eleganti edifici ed ingentilita, in somma, con tutto quell'esteriore decoro che è segno di crescente civiltà e ben essere. Nuovi, pure, in qualche punto, spaziosi portici, quali molte città di più alta sfera sarebbero liete di poter vantare. Primeggia, tra i monumenti, il castello inchiudente una cappella del XV secolo, osservabile per varie gotiche singolarità architettoniche; la cattedrale, mole che risale all'epoca medesima; i quartieri per l'infanteria innalzativi da Napoleone per albergare le truppe ch' egli avviava in Italia; i cinque ospedali, splendidi, tutti, per esemplare interna disciplina e mondezza; il collegio, la fontana eretta in onore del generale De Boigne, che legò alla città 3,417,850 lire da impiegarsi in fondazioni e stabilimenti diversi, e finalmente il teatro che vi fu recentemente costrutto.

Ciamberì possiede pur anco una pubblica biblioteca, ricca di oltre a 16,000 volumi, di una buona galleria di quadri, di un bel medagliere, di molte antichità, e di un gabinetto di mineralogia indigena assai completo. Cresconle anche splendore un' Accademia Reale delle Scienze, una Società d'agricoltura e di commercio, un Seminario, ed un R. collegio tenuto dai PP. Gesuiti. Vi si è altresì fondata da poco tempo una Cassa di risparmio, e tutto annuncia che l' industria vi acquisterà tra breve un consolante sviluppo. Già, in fatti, alla fabbrica dei [illegible] apertavi nel 1773; fabbric[illegible] di d[illegible] [illegible]osperosa ed attiva [illegible] almente di [illegible] io con- [illegible] germi [illegible] frutti. [illegible] cchero di barbabietole, i cui risultamenti sono oltremodo appaganti. La città è pure, da alcuni anni, illuminata col gasse idrogeno. Nè puossi menomamente dubitare che maggiore prosperità l'aspetti nell'avvenire, dopochè il ponte in ferro costrutto a Bolley, e la strada ferrata tra Ciamberi e 'l lago di Burget aprono al commercio locale nuove ed ampie comunicazioni.

Cav. BARATTA.

UNA VISITA AL VLADIKA DI MONTENEGRO (1)

(Anno 1840)

Ancor pochi giorni, e bisognava lasciar l'Albania: quindi non differii più a lungo l'esecuzione del mio disegno, di voler cioè visitare la città capitale del più strano fra i regnanti d'Europa.

A dispetto d'una pioggia diretta, salii dunque verso le dieci ore del mattino il mio mulo, e accompagnato dall'amico C*** presi la direzione (se qui dicessi *la strada* abuserei della parola) di Miraz. Questo villaggio montenegrino, in cui giungemmo dopo una buon'ora di viaggio, fu, sino al gran pianerottolo di Czetinja (2), meta della nostra gita, l'unico luogo abitato per cui passammo; ci veniva per altro assicurando lo sbirro Martinovic, messo postale del Vladika e nostro condottiere fra que'nudi scogli, che avremmo veduto molte terre se la pioggia e la nebbia non le nascondessero. Poco ci doleva questa privazione; assai quella invece di non poter godere la magnifica vista delle bocche e dell'ampia valle del Xuppa.

Non senza apprensione ed incomodo si ascendono i macigni giganteschi che a foggia di natural baluardo ricingono Montenegro: ed eziandio laddove si può cavalcare, uno che patisce il capogiro non dee guardare nè a destra nè a sinistra. Si calcola che l'altezza del monte Sella sia di 6,000 piedi sul livello del mare: misura che mi pare esagerata: il Bergkamm, che noi salimmo, è alto da 4,000 a 5,000 piedi.

Imbruniva quando arrivammo sulla pianura di Czetinja e nel villaggio di Baiza, che consiste in dugento casipole, e che ne fu indicato con una cert'aria d'orgoglio dall'onorevole nostro sbirro come sua dimora. Ubbidimmo all'invito di entrare nella sua casa, giacchè il Montenegrino suol ricevere in mala parte il rifiuto dell'offerta ospitalità: e oltre ciò la descrizione dell'accoglimento e del ristoro che ricevemmo nella capanna del corriero montenegrino meritava un posto in questo carte. — A destra dell'ingresso ardeva un gran fuoco, e il fumo usciva per la porta onde noi eravamo entrati, la quale pareva così dimostrare l'inutilità d'un condotto e d'un fumaiuolo. La famiglia del Montenegrino, composta di sua moglie, di due figli e d'una nuora, stavasi acchiocciolata intorno al fuoco, del cui calore insieme con essi liberamente godeva una vacchetta nera. Pendeva sul focolare una buona provvigione di castrato, la quale accennava come la metà superiore della cucina fosse camera da affumicare, mentre la parete dirimpetto alla porta, tappezzata colle pannocchie di grano turco, facea l'uffizio di granaio e di serbatoio delle frutta. Archibugi, pistole e due sciabole, una delle quali avea appartenuto a un Turco, l'altra a un disertore austriaco, trasformavano la parete accanto all'uscio in un'armeria: dalla banda destra c'erano due letti; e in mezzo alla stanza una macina da mano e un telaio: le quali cose ci danno a divedere che alla famiglia dell'onorevole sbirro non mancavano le dolcezze della vita terrena.

Tutti i membri della famiglia si posero in moto per servire gli ospiti: ci versarono dell'acquavite, e i nostri brindisi alla salute della padrona di casa furono graditi. Il Montenegrino, il quale suol usare così poche cerimonie col forestiero ch'entra nel suo territorio, e che per lo più egli spoglia e caccia fuori, è cortese col viaggiatore fidato alla sua guida, e tien per sacro colui che fu ricevuto una volta in questa o in quella delle sue capanne. Qui è da notarsi come tutta quanta la popolazione di Baiza porti il cognome di Martinovic, e come tutti gli abitanti del villaggio siano consanguinei.

L'alta pianura di Czetinja, lunga circa otto miglia e larga un miglio, debb'essere eziandio sopra quella di Niegusz, la più bella e popolata del Montenegro. Sei o sette paeselli appoggiati alla schiena del monte sembrano annunziare al passeggiero la vicinanza della città capitale. — Era già notte quando noi, sotto la pioggia e intirizziti dal freddo, giungemmo al convento: nondimeno potemmo scorgere che il fabbricato in cui entravamo era sufficientemente grandioso: alcuni servi, i quali co'lumi alla mano si affrettarono ad incontrarci, poi ci aiutarono a calar giù dai muli e a raccogliere il nostro piccolo bagaglio, prono-

(1) Montenegro in turco Cara-dagh, in illirico Czerna-gora, paese nella Turchia europea: ha per confine al N. O. ed al N. i sangiaccati di Herzegovina e Novi-Bazar nella Bosnia; all'E. e al S. il sangiaccato albanese di Scutari; al S. O. la Dalmazia: ha 24 leghe di lunghezza, 14 di larghezza, e circa 150 leghe quadrate di superficie.... L'aspetto nerastro degli abeti che ricoprono le sue valli, gli diede senza dubbio il nome..... Fa il commercio principalmente con Cattaro e Budua: conta 45m. abitanti per lo più ben fatti; sono d'origine slava, forti, coraggiosi e amanti dell'indipendenza; professano la religione greca scismatica..... Dicesi, che fra loro non ci siano medici, nè chirurghi... Montenegro da più d'un secolo ha scosso il giogo dei Turchi e riconosce l'autorità spirituale e temporale d'un vescovo, che porta il titolo di Vladika e risiede ora a Staynovitch ed ora a Cettigna. Il paese può mettere sull'armi circa 12m. uomini. — *Nuovo Dizionario geografico universale*, tomo III, parte 2, Venezia, 1830.

(2) Si pronunzia *Cettigna*.

sticavano bene: anzi la pulita cucina, in cui ci condussero dopo un lungo giro, destò in noi quel buon umore cui volontieri s'abbandona ognuno che alla sera d'un giorno passato fra i mille incomodi del viaggio, arriva all'albergo.

Questo dolce presentimento veniva alimentato dal fuoco che il cuciniere del Vladika andava rattizzando per onorarci; e presto entrando con lui in confidenza, c'ingolfammo in un mare di chiacchiere, mentre il vapore che pel gran caldo usciva da'nostri abiti, che pareano stati immersi nell'acqua, ci involgeva in una densa nebbia. Il signor Tonio (così chiamavasi costui), disertore austriaco, fece con tanta disinvoltura e vecchia pratica gli onori del padrone nella sua cucina, che noi eravamo così lieti e ristorati come fossimo in casa nostra. Egli ci tranquillò assicurandoci che monsignore (1) (il Vladika) aveva ricevuto la lettera che a lui ci raccomandava, e ci notificò gli usi di quella corte. « Monsignore adesso è in senato » disse il signor Tonio dandosi un po' d'importanza, la quale, sebbene in bocca al cuoco, per cagione della sua amabilità, non riusciva stomachevole. « Non può tardare » soggiunse: e guardando l'orologio: « Appunto: è l'ora del trucco ». E qui venimmo in cognizione che monsignore era un giuocatore per la pelle; che ogni sera, tornando dal senato, consumava nel trucco alcune ore, sino a che battevano le nove: d'allora a mezzanotte conversava e cantava insieme co' senatori intorno a quel medesimo focolare che occupavamo noi. Curiosissimi sono i dialoghi che ivi si tengono, come più tardi seppi da un testimonio auricolare; e così in aperta contraddizione colle nostre idee di civiltà e costumatezza, che uno è tentato di crederli favolosi. In queste *veglie del castello di Czetinja* i senatori, scelti fra gli uomini più stimati e valorosi del popolo, sogliono raccontare le proprie gesta, e a chi è nota la politica estera de'Montenegrini vien subito il pensiero che non possono essere che assaltamenti e ladronecci. Il mio mallevadore, ch'aveva assistito ad una di quelle serate intorno al fuoco della cucina, e al quale è famigliare la lingua illirica, ebbe la sorte d'udire la minuta descrizione d'una impresa condotta nelle terre del bascià di Scutari, dalla bocca di un senatore il quale in gioventù era stato l'eroe della spedizione; e mi assicurava che tanto l'esposto del narratore quanto l'accoglimento per parte del Vladika e degli altri uditori, era così pomposo e vivace, che di più non poteva essere ove si fosse trattato del vello d'oro; mentre la sorpresa notturna del villaggio turco, la vile uccisione di più donne, la rapina del bestiame e altre glorie di simil fatta erano l'argomento della fiera istoria.

Ritorniamo al nuovo nostro amico, al bravissimo signor Tonio, che invano studiava di fingersi contento e allegro; poichè non dissimulò alla fine il suo desiderio di tornare in patria. Non devo però tacere che il povero diavolo, insaccato in un paio di brache sucide e in una *giacchetta* lacera, si comportava con certa qual dignità, e mostrava essere uno di quei begli spiriti che sanno fare il viso ridente all'orco. « Il signor cavaliere! » esclamò egli a un tratto e con enfasi tutta propria, appena sentì in un corridoio il battere, a passi misurati, d'una stampella sul pavimento di legno. Alla nostra domanda chi fosse *il cavaliere*, rispose essere il segretario del Vladika, il suo ministro degli affari esteri ed interni, in breve, il suo *factotum*, che avea la sorte d'essere cavaliere d'un ordine russo, e che di certo veniva alla nostra volta. — Eccoci infatti dinanzi l'anima del principato. Un giovine scarno, zoppo d'un piede sin dall'infanzia, garbato anzichenò era codesto cavalier Milakovic, il quale non può celare le traccie della diffidenza, che divennero abituali sui lineamenti espressivi d'un volto piuttosto avvenente. Egli ci salutò con molta urbanità, e con un piglio, con certi atti, in cui si leggeva chiaro che preferiva di cedere a noi l'introduzione del dialogo. Rispondemmo al suo desiderio: e nel corso della conversazione ebbimo nuove prove che egli amava più di far ciarlare noi, che di parlar esso. Alcune parole che il cavaliere susurrò all'orecchio dello svelto signor Tonio, posero costui in maggior moto, e ne risultò la presentazione di due chicchere di caffè nero. Questa cortesia fu seguita da un'altra che vie più ci stupì; cioè ne vennero offerti due larghi abiti, uno de' quali di velluto nero guernito d'oro, foderato di pelliccia, che parèva del medio evo, colla giunta ch'erano di monsignore, e che noi dovevamo cambiarli colle nostre vesti bagnate. — Il sig. Tonio mi narrò poscia come la pelliccia del magnifico soprabito di velluto fosse stata tolta a un bascià ucciso. La qual tragica circostanza non impedì che io godessi di buon animo le dolcezze di quel tiepido involto, sebbene non sapessi difendermi dal paragonare sì fatte gentilezze a quelle d'un generoso capo di ladri.

Il cavaliere Milakovic ne domandò quando pensavano di presentarci a monsignore; e ciò in modo che lasciò comprendere non essere conveniente l'ora in cui eravamo giunti. Non esitai ad esporgli essere nostra intenzione di aspettare i comandi di monsignore, e che soprattutto bramavamo di non riuscirgli incomodi o molesti: sarebbeci tornato carissimo per altro aver udienza quella medesima sera; giacchè il cattivo tempo che avea fatto protrarre il nostro arrivo di alcune ore, ne costringeva a metterci in cammino all'alba susseguente, per evitare così d'essere sorpresi dalla notte sulla nuda scogliera del monte Sella. Dopo un momento di riflessione, il segretario soggiunse che in un batter d'occhio ci porterebbe la decisione di monsignore: disse e partì. Giudicando dal tempo frapposto tra l'andata e il ritorno, conchiusi che la questione, se il ricevimento dovea aver luogo

(1) Vescovo scismatico, già s'intende, e principe di Montenegro.

quella sera o al domani, era stato soggetto d'un consiglio; e la risposta del Vladika, ch'egli teneva per inteso di accoglierci nel dì vegnente, giacchè allora dovevano essere stanchi, ci diede un'idea dell'etichetta seguita alla corte di Montenegro.

Potemmo dunque stare in libertà attorno al fuoco e aver l'agio di ammirare il sucido signor Tonio, che adesso però mostravasi dal canto suo più lodevole. Con agilità e prestezza tutta italiana si accinse ad ammanire una buona cena: da ogni cantuccio traeva fuori qualche cosa: da qui un pezzo di carne; di là un fiasco d'aceto; quindi sale e cipolle; in breve egli, a guisa d'un giuocolare, empì di tratto un grande spazio ch'era vuoto, e l'animò, per così dire, delle cose più confortevoli; e ciò faceva senza affannarsi, senza cambiar ciera: di più l'operosità che esigeva tutta la sua persona non gli impediva punto di continuare l'ufficio cortese in cui s'era già impegnato, di intrattenerci col discorso. Il cavaliere Milakovic andava e veniva; ora parlava con noi, ora dava sottovoce un ordine, ora mormorava non so che all'orecchio di un messo che compariva sulla porta della cucina....; infine ci venne sospetto che monsignore si facesse di tempo in tempo informare d'ogni nostro atto. Contro la ripetuta proposta, che sarebbe stato meglio recarci nelle camere assegnate per noi, ci difendemmo sino a che fu possibile; poichè la cara certezza d'un gran fuoco operava su noi, che eravamo bagnati sino al midollo, in un modo più convincente che il problema d'una stanza riscaldata sì o no: da ultimo bisognò sottomettersi alla condizione inevitabile, avvicinandosi l'ora in cui solevano cominciare le veglie del castello. La camera destinataci per dormire era allestita di tutto punto: mobili puliti, un largo letto all'italiana, catino, brocca, insomma tutto quanto s'ha in un albergo situato sulla strada maestra. Non fu certo illusione il sentire che facevamo di tanto in tanto i leggieri passi d'uno spione che origliava al nostro uscio: nè, per dir vero, potevasi rimproverare il sovrano di Montenegro se aveva qualche diffidenza di due ospiti arrivati con un pessimo tempo e in un'ora non opportuna per fargli visita. Fatto sta, che non rimanemmo soli a lungo. L'invito di passare nella sala da pranzo non ci fu spiacevole; giacchè, spossati dal viaggio, ci sentivano ben disposti a sperimentare l'abilità del signor Tonio. Due coperti erano posti per noi, e tre servi montenegrini stavano intorno alla tavola. Sebbene i cinque o sei piatti che furono imbanditi ci rammentassero il *toujours perdrix*, essendo la cena composta di zuppa di castrato, di frittura di castrato, di castrato a lesso, salato, stufato e arrostito, debbo confessare che il trattamento del povero disertore ci colmò di maraviglia. Il vino da pasto premuto dalle uve raccolte nel petroso terreno di Montenegro, trasparente, rosso, un po' agresto, avrebbe fatto onore a qualunque banchetto se non avesse avuto il sapore dell'otre caprino in cui era stato chiuso. Tanto più incensurabile era una bottiglia di Madera che venne in compagnia del secondo servito. Ma il più singolare contrasto colle relazioni del luogo fu una bottiglia di Champagne...—

Ritornati alle nostre camere da letto, ebbimo presto una visita del signor Tonio, che ci offrì i suoi servizi, e chiacchierò un'altra mezz'oretta. Seppimo da lui che armi prezioso adornavano le pareti della sala del trucco, quali come trofei di vittorie, quali come pegni dati al Vladika. Era annata di carestia per Montenegro; laonde molti padri di famiglia avevano dovuto pigliar in prestito danari o vettovaglie dal principe e lasciare in pegno armi di gran valore. Più tardi mi fu detto che vi si vedevano eziandio armature di soldati austriaci, e sono tanto più inclinato a crederlo, in quanto che si evitò studiosamente di condurci nella sala del trucco. Il signor Tonio ci parlò pure d'un cavalier Giorgio, che abitava nell'antico monistero, fratello del Vladika e vicepresidente del senato. Questo giovine che aveva combattuto alcuni anni come ufficiale nell'esercito russo, decorato di molti ordini, dev'essere invidioso dell'autorità del fratello; e questi perciò lo teneva d'occhio. La corte del Vladika consiste, oltre le persone già nominate, in alcuni preti che dimorano nell'antico monistero: la gente di servizio, poco numerosa, è composta di Montenegrini e disertori austriaci: i Perianiczi formano la guardia del corpo del Vladika. Il cuoco asseriva che fra i disertori i quali cercano fortuna a quella corte, potevano sperare un convenevole allogamento soltanto coloro i quali, come lui, avessero saputo esercitare più mestieri. Il vescovo tien pure una stamperia, dalla quale sino ad ora non sono uscite che le poesie illiriche del Vladika sotto al titolo *Il solitario di Czetinja*, e un piccolo calendario pe' contadini, annualmente compilato dal cavaliere Milakovic. Alcuni pretendono che di quest'ultimo siano pure le poesie del Vladika.

I Perianiczi, circa 30 di numero, sono scelti fra gli uomini più belli; una parte de' quali forma il presidio del convento, e la porta del Vladika è giorno e notte custodita da essi. Oltre a' Perianiczi c'è in Montenegro la così detta Guardia del paese che, divisa in cinque giurisdizioni o circoli, sta sotto al comando di altrettanti capitani. Ogni capitano è governatore civile e militare del suo distretto; leva le imposte; e quando il Vladika ordina, chiama all'armi il popolo. Il capitano Prorokovic, l'unico che potei vedere in Czetinja, ha languito molti anni in una fortezza austriaca, e questa pena, ond'ha scontato le ripetute ruberie ne' dominii imperiali, sembra avergli procurato nuovo favore così agli occhi del popolo, come a quelli del suo principe.

Il senato, composto di dodici membri, che sembra dovere stringere il governo di Montenegro ne' limiti d'una costituzione, non pone in realtà nessun vincolo ai capricci del Vladika: serve per contrario a suggellare gli atti arbitrari di costui colla forma della legalità. Veramente fa maraviglia come un uomo solo possa tener in freno codesto popolo di guerrieri montanari; il qual effetto è da attribuirsi alle due forti leve che il reggente ha in mano: il danaro e la dignità sacerdotale. Nota è la fonte del primo. Esaminata ben da vicino, si conosce in Montenegro una provincia staccata dalla Russia, nel Vladika un governatore. . . . .

. . . .

Alcuni giorni prima del nostro arrivo a Czetinja erano stati fucilati sotto alle finestre del convento due Montenegrini accusati d'aver rotto l'armistizio coi vicini del confine austriaco, d'aver assalito un soldato e toltagli non so che cosa. L'accusa era forse un pretesto che aveva offerto al Vladika la bramata congiuntura di spacciarsi d'uomini che appartenevano ad una famiglia da lui ferocemente odiata. Lo stesso mallevadore, che menzionai più sopra, fu testimonio oculare d'una esecuzione capitale, e qui merita essere narrata la maniera con cui si procede allora in Montenegro.

Il mio mallevadore aveva passata la notte a Czetinja, e stava appunto facendo colezione insieme col Vladika, quando innanzi al convento, quasi sotto le sue finestre, si veniva apparecchiando l'esecuzione d'una sentenza per due Montenegrini condannati alla morte dal senato. Il Vladika disse ridendo e centellando il caffè: « Mi rincresce dovervi dare appunto nel momento della colezione questo spettacolo ». — Da ottanta a cento uomini erano stati raccolti per far quella giustizia. Appostati su di una lunga linea a foggia d'una catena di vedette, ma poco distanti fra loro, attendevano ansiosi e coll'arme carica i delinquenti. Lontano circa quaranta passi dalla fila dei soldati c'era un gran sasso destinato a marcare il limite cui dovevano toccare i pazienti, prima che fosse permesso di tirar su loro. Silenziosi erano gli armati, i quali parevano colà riuniti per una gran caccia, ed aspettare la fiera. Vennero poscia tratte fuori dal vecchio monistero le due vittime colle mani legate sulla schiena, co'capelli lunghi, scompigliati dal vento e ricadenti sui pallidi volti; condotte vicino alla schiera de'soldati, si fece loro voltar il dorso a quelli, e dando ad esse un urto per di dietro, gridossi: « Correte a tutto potere ». Corsero: e quando toccarono la distanza segnata da quel sasso, le armi scaricaronsi su que'miseri, che presi da più colpi caddero boccone e morti. Più d'una volta è per altro accaduto che venne fatto alla vittima di codesta caccia d'uomini, uscita illesa o lievemente ferita dalle palle micidiali, di fuggirsene e trovar asilo in Turchia. Ma quando si vuol essere certi della morte; quando, per esempio, si teme che il condannato possa eccitare la simpatia delle Guardie del paese, allora il Vladika pone fra esse i suoi fidi Perianiczi, i quali certo non fallano il colpo. Non è difficile indovinare il motivo di sì fatto procedere nelle esecuzioni penali di Montenegro. Se colà venisse adoperato un uomo solo per istromento di morte, egli con certezza matematica cadrebbe sagrificato alla sanguinosa vendetta de'consanguinei o aderenti del condannato, i quali considererebbero l'assassinio come un dovere verso l'ombra del parente o dell'amico. Fra tanti colpi, chi sa dire invece qual palla l'ha ucciso?

Dal signor Tonio, che era per andarsi a coricare, c'informammo s'era vero che quaranta teste di nemici, caduti nell'ultima scaramuccia co'Turchi, fossero confitte sui pali avanti al convento. — « Domattina non avete che ad aprire le finestre per accertarvene co'vostri occhi » disse: e augurandoci la buona notte andossene pe'fatti suoi.

Il pensiero d'essere così vicini a quelle orrende insegne di barbari costumi, diede alla notte che passammo in Czetinja il colore dell'avventura romanzesca, e soltanto il grave sonno che pesa sulle ciglia dello stanco viaggiatore mise fine alle più strane riflessioni.

Ognuno di leggieri indovinerà, come la dimane fossimo ansiosi di vedere alla chiara luce del giorno ciò che il pennello dell'accesa fantasia avea operato nelle tenebre; cioè il monistero antico, il castello incoronato dai teschi, il nuovo palazzo del Vladika, insomma l'insieme di Czetinja.

Se gli edifizi onde parliamo sembrano degni di osservazione, ciò è solo per occhi disposti ad ammirarli dal contrasto e dalla povertà di quel paese tutto nudo scoglio. La differenza fra il capoluogo e le capanne del popolo non è maggiore della differenza che passa fra l'entrata pubblica di 44,000 fiorini e le miserabili fonti di guadagno aperte ai sudditi. Accanto al monistero vecchio, il quale, somigliante ad una casa nobile del secolo XVII, non si può dire magnifico nè meschino, sorge su d'un poggio una torre rotonda fabbricata a mezzo, che nominano *castello* per incutere tema nel Turco limitrofo quando egli ne sente parlare; e così cavargli di capo l'uzzolo di fare una visita a Czetinja. In luogo di tètto stanno sulla torre quaranta pali su cui per pompa guerresca si conficcano le teste de'nemici atterrati. Veduta da lontano, codesta cittadella pare un cuscinetto da cucire in cui sono appuntate le spille.

Il nuovo convento, in cui passammo la notte, è stato eretto dal Vladika regnante, ed alla facciata si giudicherebbe una caserma o uno spedale. È d'un piano solo, e pare che l'architetto abbia curato piuttosto la convenienza e le comodità interne anzichè la magnificenza esteriore. Il cavaliere Milakovic, che si era fatto insieme a noi, mostrossi altamente stupito del nostro desiderio di mirar da vicino i teschi de'Turchi; e m'assicurava, mentre il mio compagno saliva il poggio per esaminarli, che non sapeva comprendere come si poteva considerare quell'orrore; ch'egli fuggiva ogni volta che si portavano a Czetinja teste recise, e non aver mai saputo vincere il naturale abborrimento di vederne una da presso. Ma il pensiero che, pronunziando queste parole, gli si dipingeva sul volto, non mi sfuggì, ed era certo ben diverso da quello ch'egli studiava darmi ad intendere. Pareami che il segretario sospettoso nutrisse piuttosto il dubbio, che noi fossimo venuti a Czetinja per verificare se quelle non erano teste di soldati austriaci.

Rientrati nelle nostre camere, ci fu annunziato che monsignore verrebbe tosto da noi. Infatti presto ci si parò dinanzi un gigante accompagnato dal cavaliere Milakovic; ci salutò, e lasciò a noi, come la sera innanzi avea fatto il segretario, l'onore di aprire il dialogo. La fisonomia del Vladika non è geniale: larghe forme, occhietti sospettosi, guancio smorte, barba nera e rada, e un non so che nell'esprimersi che lascia trapelare piuttosto l'astuzia e una gioia maligna, anzichè una franca risolutezza. Vestiva da secolare. Le brachesse alla cosacca, benchè larghissime, non coprivano la deformità de'suoi gran piedi: avea la veste abbottonata sino al collo; e il soprabito, in cui non s'era di certo risparmiato il panno, sciorinato e comodo. In testa portava un *fez* turco, rosso, intorno al quale girava un drappo a foggia di turbante. Tenendo le mani nelle tasche, monsignore non sapea star fermo un minuto; i suoi moti, che durante quella mezz'ora di conversazione furono per poco interrotti, somigliavano, vorrei dire, a quelli d'una bestia selvatica la quale, chiusa nella stia, va del continuo su e giù, da dritta a sinistra e viceversa pel breve spazio che le è concesso. Fuor del russo e dell'illirico, monsignore non parla che il francese, avendolo appreso da un Parigino che avea dimorato due anni in compagnia della sua vaga sposa nel convento di Czetinja. Alla mia domanda come gli fosse piaciuta Vienna, due volte da lui visitata, fece egli riscontro con una risposta a mezza bocca, susseguita da un'altra appiccatura di dialogo, il che mi persuase non aver io saputo toccare il tasto. Venni dunque provandomi altrimenti, parlando della fama poetica del *Solitario di Czetinja*; ma egli qui pure mi diede una giravolta, e intanto Milakovic, facendo il vergognosetto, abbassava gli sguardi. — « Io non sono più nell'età della poesia, disse il vescovo; la gioventù è il tempo de' versi: del resto le nostre poesie appartengono piuttosto al popolo che ad un solo autore ». — « Qual indole e scopo è proprio di codesta poesia? » Al che seguì la precisa risposta: « La nostra poesia somiglia quella d'Omero ». — Soddisfatto dal lampo di quella chiosa, diedi un'altra piega al dialogo, e rispondemmo noi, l'amico ed io, ad alcune interrogazioni del Vladika su argomenti di nessun conto. Così ebbe fine la conversazione.

Una corta visita che facemmo poco di poi, nel monistero attico, al cavaliere Milakovic, parvemi tornargli molto gradita, avendoci colmato di graziose parole. Le buone mancie che donammo ai servi li resero allegri. Monsignore intanto ne fece dire che prima di partire desiderava vederci un'altra volta; e ne ricevette, per quel breve colloquio, nella sua camera. Sopra lo scrittoio pendeva il ritratto dell'imperadore Niccolò. Il Vladika congedandoci ne presentò uno de'suoi Perianiczi, incaricandolo di scortarci sino a Cattaro. Anche l'onorevole sbirro Martinovic fu de' nostri, e con essi ripigliammo il viaggio, non senza accorgerci de' mesti sguardi che insieme a un pensiero d'invidia ci mandavano i disertori austriaci e specialmente il povero signor Tonio.

(*Dal tedesco*)

L. A. Parravicini.

GALLERIA PITTI IN FIRENZE

Ora possiamo fare la nostra visita alla Galleria Pitti, che è una delle prime e più splendide collezioni di Europa, racchiudendo molti eletti lavori dei principi della pittura italiana. Prima d'entrare, fissate per poco l'aspetto austero e maestoso ad un tempo del palazzo Pitti, destinato a residenza della famiglia sovrana. Quelle sue grandi bozze sporgenti, taluna delle quali è lunga persino 12 braccia, ricordano l'antica maniera etrusco-ciclopica di costrurre le mura militari. È tradizione che Filippo Strozzi, dopo aver edificato il suo grandioso palazzo, si vantò che non vi fosse l'eguale in Firenze, e Luca Pitti dileggiandolo dicesse che ne avrebbe fabbricato uno, il cui solo cortile fosse vasto quanto l'intiero palazzo Strozzi, e le finestre grandi come la porta maggiore dello stesso palazzo.

La gran facciata del palazzo Pitti, ducent'anni sono (nell'anno 1640) essendo uscita quasi un terzo di braccio dalla verticale, minacciava di rovinare, quando due valenti ingegneri, Parigi e Zabagli, riuscirono di rimetterla in piombo coll'aiuto di grosse catene di ferro, e viti e leve ed argani. Non è mio scopo parlarvi qui di proposito di questo stupendo palazzo, la cui sola descrizione riempirebbe un grosso volume, ma diamo una sola occhiata alle belle tele che ne sono l'ornamento principale. Vi accenno però ancora tra parentesi, che il presente re di Baviera fece ricopiare esattamente in Monaco il palazzo Pitti, sicchè appena giunto nella capitale bavarese, e vista quella gran facciata della nuova residenza sovrana, parevami quasi sognare, o che per magia si fosse trasportato in corpo questo palazzo gigantesco dalle sponde dell'Arno a quelle dell'Isar.

Chi passa qualche tempo in Firenze, nei giorni in cui trovasi disoccupato, se l'amor dell'arti belle gli scalda l'anima, potrà alternare le sue visite al palazzo Pitti od agli *uffizi*, queste due gallerie essendo sempre graziosamente aperte ogni giorno dalle dieci alle quattro ore pomeridiane. Tutte le sale della Galleria Pitti sono degne di fissare la vostra attenzione; giacchè un dotto francese osservò benissimo che questa Galleria è come un giardino seminato di fiori egualmente belli! « On ne saurait y faire un choix: tandis que l'une brille par les couleurs les plus vives, l'autre déploie les formes les plus séduisantes, et chacune a un droit égal à l'admiration du spectateur ». In ciascheduna sala trovate un doppio catalogo nelle due lingue francese ed italiana, e potete adagiarvi su quelle soffici sedie per bearvi di una voluttà tutta spirituale nella contemplazione di tanti prodigi dell'arte sublime della pittura. Le vôlte sono dipinte a fresco da rinomati pittori nostri contemporanei, Sabatelli, Benvenuti, Landi, Bezuoli, ecc. ecc.; ed in una delle ultime sale vedrete la famosa Venere italica scolpita da Canova sul modello di una principessa celebre per la sua avvenenza.

Ma tra tante sale, una che fisserà forse maggiormente i vostri sguardi, è quella detta di Marte, dal fresco della vôlta. Diffatto tra le moltissime tele che tutte rivestono le pareti di questa preziosissima sala, la Madonna della Seggiola, e la Giuditta che le sta di fronte, non vi lasciano quasi più fissare gli altri quadri benchè bellissimi, e tutta si cattivano la vostra attenzione. Pensate che quella Giuditta grande al vero è il ritratto verissimo della bella Fiorentina che sdegnò il cuore del povero Cristofano Allori, e nel teschio di Oloferne reciso e grondante sangue, l'autore raffigurò se stesso; e l'ancella che tiene il sacco aperto è la madre della fanciulla. Fu questa una bizzarra vendetta da pittore, è vero; ma quelle figure di tanta espressione non lasciano di conturbarvi un po' il cuore, giacchè nella Giuditta scorgete la fierezza d'una creatura che serba incontaminato il suo cuore, pera anche l'universo; e la testa d'Oloferne vi presenta il dolor disperato d'un amante infelice. A questo proposito mi torna viva alla mente la riflessione del celebre signor Constantin di Ginevra, sulla Giuditta del Domenichino, che vedesi a Frascati nella villa Aldobrandini. Egli pensa che sia immensamente superiore a tutte le altre Giuditte che chiama il *Brutus des Juifs*, ed esclama pieno d'entusiasmo, che in tutto il vasto impero delle arti non gli pare trovarsi cosa superiore alla Giuditta della villa Aldobrandini. (V. *Idées italiennes sur quelques tableaux célèbres par A. Constantin. Florence: J. P. Vieusseux éditeur*, 1840). —

La Madonna poi della Seggiola tra le 200 madonne circa dipinte dall'angiolo della pittura, è la più bella e la più popolare! Guardatela bene, e girate attorno a quella stupenda tela, che vedrete il divino Infante tenervi anche sempre fissi que'suoi bellissimi occhietti quasi fosse realmente spirante. Sicchè vi sentite fortemente invitato a indirizzargli una rispettosa parolina di saluto. Le Madonne di Raffaello ci trasportano fuori di noi, e ci rappresentano un essere sublime che sta tra Dio e l'uomo. Il sullodato Constantin riflette forse bene, che trovandosi in presenza d'uno di questi capilavoro dell'Urbinate, « si l'âme n'était pas ravie, si l'on pouvait songer distinctement aux choses vulgaires de la vie, on désirerait être admis dans la société d'une telle femme; mais après avoir eu ce bonheur, l'âme se trouverait comme opprimée par le respect ». Ma ohimè! che queste sale così splendide e ricche di tanti preziosi gioielli, ed in cui si celebrarono feste inaudite, ci richiamano sempre le orribili tragedie di cui furono teatro. Qui don Garzia assassinò il fratello, ed il padre lavò questo delitto nel sangue dell'uccisore, facendosi egli stesso giudice e carnefice del proprio figlio! In queste sale il vecchio Cosimo si lordò le mani nel sangue del suo fedele Almeni per tristo sospetto che avesse svelato al figlio i suoi turpi amori; il granduca Francesco tolse la vita ad una donna israelita confidente della troppo famosa Bianca Capello; e Giordano Orsino vi strangolò colle proprie mani la Isabella Medici sua sventuratissima consorte..... la funesta rimembranza di tanti mostruosi delitti ci offusca la vista, e ci soffoca quasi il respiro; epperò fuggiamo, abbandoniamo questi appartamenti abitati da cui stilla ancora il sangue, e dove vi pare quasi udire ancora i gemiti soffocati di quelle vittime..... Entriamo nell'attiguo giardino di Boboli.

Questo giardino è aperto al pubblico nei giovedì e nei giorni festivi; conta presto trecent'anni di vita, ed è rinomato in tutta Europa, essendo stato descritto le cento volte dai viaggiatori, e Chiabrera lo cantò in bella poesia. Il celebre Le-Nôtre attinse in Boboli le sue idee dei giardini regolari delle Tuilerie, Versailles, Marly, ecc. ecc. Disegnato sul pendio d'un colle, presenta naturalmente una varietà di situazioni pittoriche e romantiche, piani, pendici, eminenze, vallicelle e simili. È ricco di viali e prati ed orti e boschetti, e campi e vigne ed oliveti e fiori e frutti d'ogni maniera; è adorno di un grande anfiteatro in pietra, nè vi mancano fontane e vasche e busti e statue di valenti scultori. Aggiungete le delizie della pesca e della caccia, questo giardino partecipando del piano e del monte, del domestico e del selvatico. Ma tra le cose più liete di Boboli, è da ammirarsi il bel panorama di Firenze, e l'orizzonte così variato ed ameno che ivi schiudesi dalla parte più elevata del giardino. Qui Francesco I piantò i semi del gelso e Ferdinando II vi coltivò le prime patate, due preziosissimi doni che questi due principi fecero all'Italia, anzi all'Europa; per ultimo accenno che Boboli non è punto da paragonarsi a quei giardini così simmetrici che sembrano fatti *pour un coup d'œil, une centaine de pas et une heure*, come osserva Dupaty, ecc. ecc.

Da una recentissima pellegrinazione autunnale da Torino a Firenze.

Del prof. G. F. Baruffi.

R. VILLA DI STUPINIGI

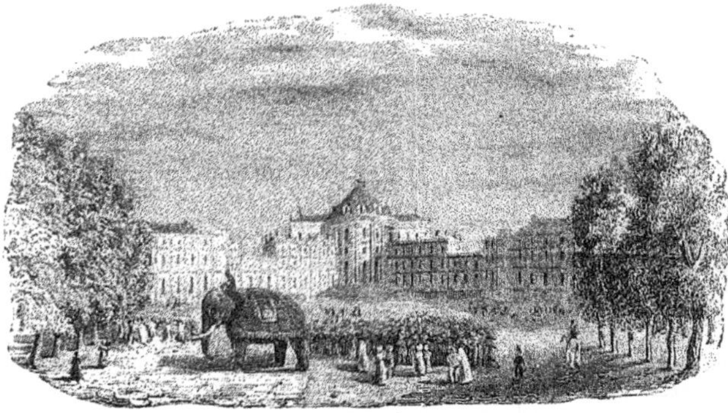

Una strada rettilinea ed ombreggiata da olmi ne mena al sontuoso castello di Stupinigi che dista quattro miglia da Torino, e che ci ricorda il nome di una antichissima terra menzionata in più documenti anteriori al secolo XI. Il castello lo fece fabbricare il re Carlo Emanuele III, sul disegno di Juvara, pel riposo della Corte al ritorno della caccia. Questa palazzina è vasta e dilettevole, il suo esteriore è decorato di un ordine ionico che produce un bell'effetto, il suo piano è un ovale intorno a cui sono quattro tribune sostenute da pilastri ionici, e la cui parte superiore forma una specie di navate laterali; la parte posteriore delle tribune è decorata d'un attico in cui veggonsi, come nel resto del salone, pitture e ornati finti che si conformano coll'architettura; nelle due tribune che sono nelle due estremità dell'ovale, figurano due prospettive in lontananza, le quali sono come false gallerie praticate in maniera a far credere, guardandole dal basso, che la parte superiore di questo pezzo abbia assai più estensione di quella che ne ha realmente. In questo palazzo mostransi molte pitture non indegne di venire osservate. La pittura del soffitto che rappresenta Diana nel carro tirato da due cerve bianche, sembra ricevere un non so quale rilievo dalla vivacità del colorito e dalla aerea prospettiva che vi è perfettamente osservata. I vòlti delle false gallerie rappresentano da una parte ninfe alate che volando tirano l'arco, e dall'altra ninfe che cacciano pernici rosse colla rete. Questi diversi vòlti sono opera dei fratelli Valeriani da Venezia; quello poi della prima camera dell'appartamento che rappresenta il sacrifizio d'Ifigenia, fu dipinto dal Crosati imitatore di Paolo Veronese, e quello della camera a letto, che rappresenta Diana che si riposa nell'uscire dal bagno, è una delle più belle opere di Carlo Vanloo. L'edificio, che non è compiutamente ultimato, ha due facciate, una verso Torino, l'altra verso i giardini che son vasti e spaziosi. Una specie di cupola contornata sorge in mezzo all'edificio al disopra del salone, e va a terminare in un terrazzo su cui si ammira un bellissimo cervo di bronzo fuso dal Ladotte. In questo palazzo posava alcuni giorni Napoleone Bonaparte prima di recarsi a cingere la corona d'Italia. Si rendono a Stupinigi i forestieri anche per vedervi il serraglio delle fiere. Ivi è quell'elefante africano che il Vicerè d'Egitto donava al re Carlo Felice; ivi uno struzzo dei più grandi e più belli che mai sieno venuti in Europa, ivi un gagliardo e vivace leone, un mufflone di Sardegna, alcuni rari augelli, ecc. ecc.

AVV. PAROLETTI.

AVVISO

Le discipline risguardanti alla pubblicazione de'Giornali non consentendo l'inserzione di articoli d'ignoto Autore, preghiamo i numerosi scrittori che ci onorano del grazioso loro concorso a munire del proprio nome i lavori di cui ci sono cortesi, onde non porci nella penosa impossibilità di fregiarne le pagine del nostro periodico.

IL ROSARIO

L'egregio cav. prof. Paravia volendo in una recente sua dottissima lezione porgere alcun saggio della semplice ma affettuosa, epperciò efficacissima eloquenza del Padre Lacordaire, leggeva uno squarcio della Vita di S. Domenico, applauditissimo lavoro del Padre medesimo, a cui rivolgesi, in particolar modo, la pubblica attenzione della Francia ne' giorni presenti. Questo squarcio si è quello in cui l'illustre autore fa l'apologia del Rosario; ed avendolo noi ottenuto dalla degnevole gentilezza del cav. Paravia, lo presentiamo qui a' nostri associati tal quale venne da esso peritamente tradotto e letto nella citata occasione.

Domenico non tralasciava di chiedere a Dio lo stabilimento della pace, e a fine di ottenerlo e di sollecitare il trionfo della fede, egli instituì, non senza una spirazione segreta, quel modo di pregare, che si diffuse di poi nella Chiesa universale sotto il titolo di Rosario. Allorchè l'arcangelo Gabriele fu spedito da Dio alla Vergine, per annunziarle che il figliuol di Dio si sarebbe incarnato nelle caste sue viscere, egli la salutò con queste parole: *Io vi saluto, o piena di grazia, il Signore è con voi, voi siete benedetta infra tutte le donne.* Queste parole, le più liete che umana creatura abbia mai intese, passarono di età in età su' labbri di tutti i cristiani, i quali dal fondo di questa valle di lagrime non lascian mai di ripetere alla madre di chi gli ha salvati: *Io vi saluto, Maria.* Le gerarchie del cielo aveano deputato uno de'lor principali all'umile figlia di David per indirizzarle questo glorioso saluto; ed ora ch'ella è seduta al disopra degli angeli e di tutti i cori celesti, il genere umano, che la ebbe per figliuola e sorella, le rinvia di quaggiù la salutazione angelica: *Io vi saluto, Maria.* Com'ella per la prima volta l'udì dalla bocca di Gabriele, concepì ne'suoi fianchi purissimi il Verbo di Dio; ed ora non avviene mai che umana bocca le ripeta queste parole, annunziatrici della sua maternità, senza che le sue viscere si commuovano al ricordo di quel momento che fu unico in cielo e in terra, e tutta la eternità si riempie della sua stessa letizia. — Ora, benchè i cristiani fossero accostumati di rivolgere in questo modo il loro cuore a Maria, l'antichissima consuetudine di quest'angelica salutazione niente avea però di regolato e solenne; i fedeli non si congregavano a fine d'inviarla alla loro amabile protettrice; ciascuno seguiva per lei il particolare impulso del proprio affetto. Domenico, che ben sapeva, come l'adunarsi accresca virtù alla preghiera, stimò che sarebbe utile il farlo per la salutazione angelica, e che questo universal grido di tutto un popolo ragunato salirebbe con grande imperio insino al cielo. La certezza medesima delle parole dell'angelo richiedeva che si ripetessero altrettante volte, siccome quelle uniformi acclamazioni che la riconoscenza di popoli sparge a' lor sovrani per via. Ma la ripetizione potea produrre la distrazion della mente. Vi provvide Domenico, dispensando le salutazioni vocali in molte serie, a ciascuna delle quali appose il ricordo di uno dei misteri della nostra redenzione, i quali furono per la Vergine un soggetto di gaudio, di dolore e di gloria. In questa guisa la meditazione intima si univa alla preghiera pubblica, e il popolo salutando la sua madre e reina, la seguiva dal profondo del cuore in ciascuno de' principali avvenimenti della sua vita. Domenico fondò una confraternita, affine di rassodare la solennità e la durata di questa sorta di prece. — Il suo divoto pensiero fu benedetto dal maggior di tutti i successi, da un successo popolare. Il popolo cristiano vi si attenne di secolo in secolo con una incredibile fedeltà. Le confraternite del Rosario si moltiplicarono in infinito; non v' ha quasi cristian sulla terra, che nella sua corona non possegga una frazion del Rosario. Chi non ha inteso la sera, nelle chiese di campagna, la grave voce de' contadini recitare a due cori la salutazione dell' angelo? Chi non s'avvenne in lunghe schiere di pellegrini, che fanno scorrere fra le lor dita le pallottole del Rosario, e coll'alternata ripetizione del nome della Vergine, ingannano la lunga via? Sempre che una cosa giunge ad essere universale e perpetua, è forza che in sè rinchiuda una misteriosa armonia coi bisogni e i destini dell' uomo. Il razionalista sorride veggendo a passare due righe di persone, che ripetono la stessa parola; ma chi è schiarato da miglior lume, ben vede che l'amore non ha che un accento, e che dicendolo sempre non si ripete giammai.

(Tratto dalla *Vie de Saint-Dominique par le r. p. frère Henri-Dominique Lacordaire, de l'ordre des frères Prêcheurs*. Paris. 1841, 8.°, p. 150).

IN MORTE

DELL' ABATE CALANDRELLI

GIA' ASTRONOMO DEL COLLEGIO ROMANO

A MONSIGNORE GABRIELE LAUREANI, PRIMO CUSTODE DELLA BIBLIOTECA VATICANA

EPISTOLA

Les prêtres auront toujours un talent particulier et même une certaine vocation pour l'astronomie. Il n'est pas étonnant que dans l'antiquité, cette science se présente comme une propriété du sacerdoce, que dans les siècles moyens l'astronomie soit demeurée de nouveau cachée dans les temples, et qu'enfin, au jour du réveil des sciences, le véritable système du monde ait été trouvé par un prêtre.

DE MAISTRE.

Quand' io talor ne' sapienti carmi
Del pio Marone, o del meonio vate,
O di Flacco, o di Pindaro rimiro
Con gradevol spavento ire dispersa,
E dall'acuta folgore percossa,
Resupina cader l' empia baldanza
Di lor che stolti contra al cielo esaro
Mover le mani e disfidare i numi,
O saggia Grecia, esclamo, o saggia Roma,
Che sotto il velo di sì stranie fole
Assennavan lor figli, ed additando
I feri mostri in val di Flegra ancisi,
Imparate, diccan, dal tristo caso
Di quegli audaci a non spregiar gli Dei,
Nè vostre forze a perigliar con Giove.
Che detto avrian que' providi vegliardi,
O Gabriel, que' venerandi sofi,
Accorti fabbri di utili follie,
Se a questa etade per voler de' fati
Sortian elli di ber l'aure di vita?
Quando la Senna dagl'impuri gorghi
Nuovi Flegi ed Enceladi produsse
E nuovi Capanei, nuovi Fialti
Che degli antichi più protervi, ed ebbri
Di saper vano, sceleratamente
Al ciel guerra intentaro, e dell' ingegno
Tutti contra di Dio drizzâr gli strali?
Nel congiurato novero tal v'ebbe
Che all' alto accorgimento onde natura
E fortuna gli furo insiem cortesi
Avea pari l'orgoglio, e al ciel notturno
Volgendo ognor l'astronoma pupilla.
Disdegnava scovrir la man sovrana
Che in un istante quell'eteree lampe
Sotto all'azzurro padiglione accese,
E sol d'un cenno alle rotanti sfere
Segnò tempo, confine, ordine e moto.
E quest'empio vivea? tra colte mura
Di città popolosa, e per gentili
Studi fiorente conducea suoi giorni?
E in pallio filosofico ravvolto,
Di saggio il nome si usurpava, e i plausi

E gli onori di saggio ci pur cogliea?
Se nostro tal fosse comparso, quando
Semplice ancor bamboleggiava il mondo,
In quella prisca età chi nol vedrebbe
In tele, in carte, in marmi, in bronzi espresso
Folgorato da Giove, e d'occhi privo,
Disperato giacer nell'imo abisso?
Nè poscia la sublime ira, ed i colpi
Onde i malvagi percotea quel grande
Che cantò de' tre regni, avria scampato,
Ma giù nella più tetra orrida bolgia
Al nume sempre ed a se stesso in ira
Andria vagando doloroso spirto.
Per notte e solitudine profonda
Brancolante fra l'ombre, e in van stringente
Quell'aere crasso senza tempo tinto,
Nol vedi già? Non mai raggio o barlume
A lui rompe le tenebre, nè gli occhi
Di grato senso gli ricrea: non mai
Soavemente a lui molce le orecchie
Suono di sfera od armonia celeste.
Per volgere di secoli non speri
Che rallenti la pena, o al nulla antico
Un dì la maledetta alma ritorni.
Però ch'eterno in cor lo rode il verme
Del suo delitto, ed eterna lo preme
La man possente che nel mondo sopra
Non conobbe, o conoscere non volle.
Questi foschi pensieri entro la mente
Fra disdegno e pietà mesto io vòlgea
Membrando che non anco al tutto spenta
Giaccia l'empia genia che a Dio fa guerra.
Quando un eletto spirto, un vero saggio
Che nel partir di tanta innocua luce
Tutto intorno stampò l'italo cielo,
Laureau, tu mi additi e di tal vista
Il turbato mio cor queti e consoli.
Ed oggi, duce te, l'arcade coro
Al nome suo solenni onori indice, (1)
E con fragranti serti in Pindo colti,
Pietoso in atto a lui la tomba infiora.
O Calandrelli, o dolce nome e degno
Che di Arcàdia risuoni entro i vocali
Boschetti, e viva in ogni pianta inciso!
Tu che dal labbro suo pendesti immoto
Allor che di natura i più celati
Misteri apria, tu che le sue parole
Altro suonare che pur voce umana
Udisti allor che sopra sè levato
Gli aerei tratti discorrea, tu narra
Come all'ingegno perspicace, al vasto
Tesoro di sua mente ed al gagliardo
Sentir dell'alma candidi costumi,
Intemerata fè, pietà operosa
E fiamme di celeste amor congiunse.

(1) Questi versi furono recitati nel luglio del 1829, quando l'Arcadia di Roma celebrò in una sua tornata con prose e poesie le lodi dell'astronomo Calandrelli.

O tu lo pinga entro romita cella
Far della mano alla pensosa fronte
Sostegno, e in cifre arcane il portentoso
Mover degli astri calcolar, e quindi
Sui cupi abissi trepido affacciarsi
Della divina immensità, e lo sguardo
Ritorcere di sacro orror compreso:
O tu lo pinga di tranquilla notte
Per gli amici silenzi, sovra il sommo
Della vigile torre, armato l'occhio
D'anglico vetro, investigar que' tanti
Pendoli mondi, e dietro l'occhio il core
Alla sua patria di un sospir su l'ale
Corrergli anelo: o contemplar la bianca
Luna triforme, e a Lui che in ciel l'appese
Scioglier di laude un inno. E se nel pieno
Sfavillar della luce e nel diürno
Rotar del maggior astro ella frapposta
Vieta alla terra impaurita i raggi,
Ei di acerbo dolore il cor compunto
Rigar le gote di amorose stille,
Chè alla memoria ahi! gli richiama il giorno,
In cui discolorò l'aureo sembiante,
Compassionando al suo Fattore il sole.
Tal, Gabriel, lo pingi, e intanto or meco
A rimirare ascendi il glorïoso
Trionfo estremo a sua pietà dovuto,
Quale nel dì ch'ei l'aure abbandonava
Di questo cielo, la mia musa il vide.
Quando stanco il buon veglio omai di tanto
Pellegrinar coll'occhio e colla mente
Per l'ampio vano de' siderei campi
Desiava depor l'antico incarco
Delle membra affannose, e impazïente
Anelava per impeto d'amore
Vagheggiar fiso senza velo o nebbia
« Quel vero in che si queta ogni intelletto »,
A raccorne i sospiri ultimi, e l'alma
Guidarne ai cori del beato Olimpo
Non scese già dalle superne rote
La favolosa Urania, ma raggiante
Di paterno fulgor l'augusto volto,
E in peplo candidissimo incedente
La Sapienza di Dio. Colei che al fianco
Dell'eterno geometra si stava
Allor che in moto nell'immenso nulla
La gran sesta volgendo, ai già pensati
Mondi segnava gli ultimi confini,
E la tremola luce allora emersa
Dall'atro grembo dell'informe cao
In mille e mille soli, onde si alluma
L'eterea vòlta, raccogliea festante,
E ai soli in cerchio de' minor pianeti
Guidava la famiglia, e a questa intorno
Altri guidando pur astri minori,
A tutti con armonica misura
Le alterne prescrivea danze e carole.
Or dall'empiro per la via di latte
Scesa la diva alle romulee sponde,

Appena l'alma del placido vecchio
Dal corporeo suo carcere si sciolse,
E verso il ciel spiegò cupida il volo,
Lei si fu' duce al gran viaggio, e ratto
I nembi sorvolati e le tempeste,
La conducea di stella in stella, e tutti
Svelati a un tempo le scopria gli arcani
Dell'universo. Sorridea beata
Al pomposo spettacolo la nova
Delle celesti piagge pellegrina,
E il suon bevea delle parole, e agli atti
Della sua duce risguardava. Intanto
Mirar l'è dato e misurar d'un guardo
Quello sì spesso a mortal occhio ascoso
Sentier delle difficili comete,
E qual virtù le informi e qual natura
Vestano, e come le lucenti chiome
Spieghino in varie fogge, e quando in cielo
Apparse incominciàr l'arduo cammino.
Qua mira Giove, e le medicee stelle,
Là in più remota regïon, Saturno
A noi diverso in vista, e la fedele
Scorta le mostra, perchè l'uno il petto
S'armi di zone, e come l'altro vaga
Di concentrici cerchi abbia corona.
Poscia del sol radea l'ardente sfera,
E l'acume del guardo in quel perenne
Fonte di luce dirizzando vede
Quale i suoi rai dardeggia, e qual diffonde
Ne' pianeti che a lui danzano intorno
A distanza inegual calore e vita,
E perchè all'oro del fiammante volto
Scoria quasi terrena abbia commista.
Le consonanze, i moti, le figure,
Gli abitator di quanti mondi abbraccia
Il cavo immensurabil firmamento,
E la gloria che in loro alta favella
Suonan plaudendo al Fattor sovrano,
Spiegava all'alma in dolce estasi assorta
La Diva. E quella quanto più dell'alto
Giva acquistando, tanto dilatarsi
Sentia le forze e i desidèri immensi.
Quivi riscossa diè un sospiro, e i rai
Chinati e volti a un luminoso punto,
Che da lei lontanissimo apparia,
Pietà l'assalse dell'umano ingegno,
Che di splendidi error, di dotte fole,
Di sì corto saver laggiù si pasce
Misero! ed osa superbir cotanto.
Ma la Diva che tosto alla compagna
Il doglioso pensier lesse nel volto,
Si spiccò presta, e in men che fuor non guizza
Dal negro sen di procellosa nube
Il baleno per l'aëre, del beato
Regno fur ambe alle gemmate porte.
Qui tace la mia musa, nè le sante
Accoglienze, e i festosi inni, e gli osanna,
Ond' echeggiar dell'immortal soggiorno
S'udir le vòlte d'oro, appena schiuse
Furo alla fortunata alma le soglie,
Nè la gioia ineffabile e l'imposta
Sulla sua fronte trionfal corona
Ridir presume con terren linguaggio,
Chè a sì sublime vol palustre augello
Uso a radere il suolo inferme ha l'ale.

CARLO GROSSI.

IL SARTO DI BERNABÒ VISCONTI

Bernabò Visconti, dissimilissimo da Catone in tutte cose a gran pezza, si concordava in quest' una con esso, che dopo aver tutto dato il giorno alle brighe del reggimento, si poneva la sera a un banchettar lauto, e durava in esso buona parte della notte. Avvenne una volta infra le altre, che, appunto come si levava di tavola, già pieno di molto cibo, se gli fece innanzi il sarto. Recava un vestito magnifico a divisa e tutto doreria, ch' era per una comparsa solenne, destinata nel susseguente giorno. Il duca volle pure allora assettarsi l'abito al dosso; ma fu il rumor grande: perchè come più si provava a serrarselo d'attorno, e meno riusciva a starvi dentro. E fece di strani atti, e ne disse villania al maestro. Il quale, vistosi delle fiate più che due guatarsi in cagnesco, entrò in timore di peggio e aveva cera di uomo che non si trovasse volentierissimo colà dove stava. Poi a un tratto, come riscosso, si fece con voce pietosa ad accusarsi colpevole di aver sbagliato in sul cucire, e ch'era riuscito misero nella veste, contro ogni sua aspettativa. Però non aveva le mani per nulla, e domani l'abito sarebbe comodo e largo a dovere: voleva tutto discomporlo e rifarlo. Ma e questi fregi e gli ori non ne patiranno, sciagurato, diceva il duca? Farò, che non parrà tocco, replicò il sarto, in voce sommessa. O vatti con Dio, e mai più non venirmi innanzi con fatture così spropositate: e il maestro si partì con profondo inchino. Scendendo, mormorava fra sè: s'è pure empiuta l'epa di una smisurata maniera; ma se avessi detto del troppo cibo della sera, v'era il rischio che nella mia non v'entrasse più di quel che io mi compro; e forse più nessuna sorte. Vedremo domani. E tornò con questi pensieri a casa e lasciò l'abito com'era, avvolto in quel zendado medesimo, senza darsi un pensiero al mondo di mutarvi o muovervi un nulla. Poi la mattina fu al palazzo e al duca, ch'era in parte altr'uomo da quel della sera innanzi, presentò il vestito, ch'era agevole e comodo, e fu lodatissimo, e con esso l'industria del maestro, che tutto lo aveva saputo riconciare senza che perdesse.

CAV. VISCONTI.

CANTI POPOLARI ITALIANI

Dal ch.mo cav. **P. E.** *Visconti or detto abbiamo avuti i seguenti canti popolari che formano parte della numerosissima raccolta ch' ei ne ha formato con particolare e felice cura. Sappiamo che una vasta edizione di questi leggiadrissimi fiori delle nostre contrade si prepara dal cavaliere stesso per le stampe di Lipsia.*

I. — IL PRIMO AMORE

Ahimè! Ahimè! non posso sospirare
Pe na (1) spina crudel che tengo al core;
Quante le volte la vado a guardare,
Sempre cresce la pena e lo *tristore* (2).
L'ho fatta cento volte medicare,
Ed essa se ne sta col suo dolore,
Ah! la spina crudel, pupille care,
E la memoria de lo primo amore.
Ahimè! Ahimè! non posso sospirare
Pe na spina crudel che tengo al core!

(1) *Pe na*, per una.
(2) *Tristore*, voce antiquata: tristezza.

II. — IL CUOR PELLEGRINO

Lo mio core s'è fatto pellegrino
E ramingando va, solo, soletto;
Povero core mio! core meschino!
Chi sa se cibo avrà, se avrà ricetto.
Temo per lui la sorte del cammino,
O sventurato core poveretto!
Pietà, donna, pietà del cor meschino,
Dategli stanza nello vostro petto.
Lo mio core s'è fatto pellegrino,
E ramingando va, solo, soletto!

III. — LA PARTENZA

Parte la nave mia, o sorte amara!
Sotto stendardo di partenza dura.
L'acqua che passerà, chi sa s'è chiara;
Chi da venti e tempeste l'assicura?
O dolce porto, amica terra e cara,
Torri, piangete; e lagrimate, o mura,
Povero core e tu, piangendo, impara,
Che poco tempo *dilettanza* (3) dura.
Parte la nave mia, o sorte amara,
Sotto stendardo di partenza dura.

(3) Diletto: questa riflessione morale sente del dir proverbiale.

APOLLONIO DI RODI

Apollonio di Rodi ebbe a padre un certo Silléo o Illéo, di cui non si conosce la condizione, e a madre una che chiamavasi Rodea. Se ne ignora l'anno della nascita, ma si sa che nacque in Alessandria, che fu discepolo di Callimaco, e che visse sotto i regni dei due Tolomei, Filadelfo ed Evergete. Fuvvi fra gli eruditi chi stimò che Apollonio fosse di Naucrate, interpretando male alcune parole di Ateneo, che altro non significano se non che questo poeta avea ben meritato della città di Naucrate, a cui apparteneva lo stesso Ateneo. È dubbio perchè Apollonio sia stato detto Rodio, mentre lo dicono nativo di Alessandria. Gli uni s'appoggiano all'esser egli vissuto molti anni nella città di Rodi, e all'avervi tenuta aperta con molta lode una scuola di retorica; gli altri spiegano come matronimica tal voce, perchè figlio di Rode o Rodea. Poco conta il decifrare questo punto della sua vita. Più presto diremo che Apollonio fu accusato d'ingratitudine verso il suo maestro. E anche qui non sappiamo su qual fondamento s'appoggi siffatta accusa. Chè a noi certo non sembra meritevole dell'appellazione d'ingrato un discepolo, perchè in poesia, anzichè le orme del maestro, volle seguitare quelle di Omero. Se tutti coloro che s'allontanano dalla scuola de'loro precettori si dovessero giudicare a questo modo, allora il mondo sarebbe pieno zeppo d'ingrati. La strada che voleva battere Apollonio era la vera; e Callimaco, avendosene per offeso, mostrava stargli più a cuore il suo amor proprio, che non il giovamento del discepolo. Aggiungeremo inoltre che nessun'opera di Apollonio viene ricordata come scritta contro il maestro, mentre di questo si ricorda un poema, l'*Ibi*, indiritto a disfogare l'odio suo e la sua vendetta. Nè pago a ciò, perseguitò il discepolo anche nell'*Inno ad Apollo*, e l'inimicizia giunse a tale che Apollonio avendo letto in Alessandria il suo poema omerico, fu fischiato a cagione dei maneggi di Callimaco. Ora noi domanderemo se sia più da biasimarsi la condotta del discepolo, oppure quella del maestro? Apollonio, sdegnato della sorte toccatagli, si condusse a Rodi, ove insegnò rettorica; e tanta fama s'acquistò per le proprie opere e per il suo molto sapere, che ottenne dai Rodii la cittadinanza; il che può benissimo avergli fatto dare il soprannome che porta. Il nuovo soggiorno di Apollonio, quantunque più pacifico, non gli fece dimenticare Alessandria, ove a quel tempo convenivano alla corte dei Tolomei i più chiari ingegni. Per altro non abbandonò la sua dimora se non quando seppe estinto il suo maestro. Ritornato in Alessandria, successe ad Eratostene, reso infermo dalla età, nella direzione della famosa libreria; e ciò accadde sotto Tolomeo V Epifano, nel 1.° anno dell'Olimpiade 146, ossia 196 anni avanti G. Cristo. In quella età terminò pure i suoi giorni, e il suo corpo fu sepolto nella tomba stessa in cui riposavano le ossa di Callimaco. Oltre un articolo di Suida, v'hanno quattro biografie greche antiche di Apollonio.

Questi fu retore, grammatico, poeta, e sarebbe anche stato collocato fra gli storici, se le sue *Origini delle città* non fossero state scritte, da quanto pare, in versi. Diciamo da quanto pare, perchè di tutte le sue numerose opere, delle quali si può vedere il catalogo nella nuova edizione di Fabrizio dell'Harles, non è fino a noi pervenuto che il solo suo poema epico in quattro canti, intitolato le *Argonautiche*. Questa forse è anche la principale sua opera, e quella che gli procacciò maggior fama. Il soggetto del poema è la partenza di Giasone e dei suoi compagni da Pagase: la loro difficile spedizione in Colchide; la conquista del Vello d'oro, e il ritorno a Pagase di questi avventurieri, dopo lunghi e pericolosi errori. Tale disegno è semplicissimo, più proprio ad uno storico che ad un epico componimento, non essendovi alcun'arte. E per vero vi manca del tutto l'unità dell'interesse, poichè Giasone non è il solo eroe dell'azione, e quand'anche il fosse, il suo carattere non è sostenuto, ponendolo il poeta in certe situazioni, in cui egli si comporta senza probità e senz'onore. I caratteri d'Orfeo e di Ercole sono meglio dipinti; quello di Medea è difettoso da capo a fondo, giacchè la passione che la signoreggia non conosce nè pudore nè pietà filiale. Del resto, campeggiano in questo poema descrizioni e racconti aggradevoli, avendo Apollonio saputo del pari resistere all'indole del suo secolo che si compiaceva di erudite digressioni; pregio tanto più singolare, quanto che lo stesso argomento gli poteva troppo spesso offrire occasione a cadere in somigliante difetto. Le Argonautiche sono stimate per la purità della dizione e la bellezza dei versi, e sono per questo rispetto una felice imitazione della Iliade e della Odissea. La dizione di Apollonio differenzia da quella di Omero in ciò ch'ei non adopera che il dialetto ionio, mentre Omero si serve promiscuamente di tutti i dialetti. E di vero era ben naturale che la lingua d'Apollonio dovess'essere atteggiata a quella gentilezza a cui i grammatici l'avevano allora condotta, mentre in Omero non poteva essere che in tutta la semplicità della infanzia.

Uno degli antichi biografi di Apollonio racconta che questo poeta ha rifatto il suo poema, e ne ha data una edizione (ved. *Ruhnkenio, Ep. crit. II*, pag. 190). Eduardo Gherardo (*Lectiones Apollonianae*, Lips. 1816, in-8.°), sebbene sia d'avviso che il testo che noi conosciamo appartenga a questa seconda edizione, nulladimeno crede che vi sieno stati inseriti molti versi della prima.

Due gran critici dell'antichità, Quintiliano (*Inst. or.* X, I) e Longino (del subl., sez. XXXIII) hanno dato il loro giudizio intorno il poema di Apollonio. Per quanto favorevolmente si vogliano interpretare le loro parole, è certo che non ripongono le Argonautiche fra' poemi più distinti. L'aver avuto poi fra Greci molti glossatori, e tra moderni non pochi commentatori, traduttori ed editori, non è un indizio di un merito eminente, trattandosi di un poema composto duemila anni fa. Quale scrittore della veneranda antichità non è stato ai nostri tempi commentato, tradotto, illustrato e pubblicato? Non biasimiamo con ciò le cure che spendono i moderni intorno alle opere antiche, chè per quanto meschine, vi ha sempre di che far guadagno. Ma non per questo siamo così mal avveduti da reputare, come fanno taluni, che tuttochè viene dagli antichi s'abbia ad avere per buono e perfetto: *sunt magni*, ripeteremo anche noi con Quintiliano, *tamen homines*.

I Romani sembra che tenessero in gran conto le Argonautiche del nostro poeta; locchè non deve recar maraviglia presso un popolo che non può vantare molta originalità nel campo della poesia. P. Terenzio Varrone Atacino le tradusse liberamente, riscosse applausi, e la sua versione fu citata sovente da Ovidio e da Properzio. Virgilio nel 4.° dell'Eneide imitò Apollonio nella macchina dell'innamoramento di Didone; e ciò è confermato dallo stesso Macrobio (Saturn., cap. 7, lib. V). Valerio Flacco trattò molto tempo dopo il medesimo soggetto di Apollonio; per altro il poeta romano superò il suo modello per la ricchezza e varietà del disegno, e per alcune speziali bellezze.

Sarebbe troppo lungo il ricordare tutte le edizioni che sono state fatte delle Argonautiche di Apollonio dal 1496, in cui è comparsa la prima per cura di Giovanni Lascari, e stampata a Firenze da Lorenzo Francesco de Alopa, sino all'ultima che vide la luce in Lipsia nel 1828, in-8.° gr. Basti il dire che questa è la migliore, in quanto che il Vellauer ha potuto approfittare di tutti i lavori critici che sono stati fatti antecedentemente. E prima di questa edizione si pregiava assai quella di Gottofredo Schoeffer, pubblicata dal 1810 al 1813. Le Argonautiche furono tradotte in lingua latina, francese ed inglese. Chi amasse poi di conoscere tutti gli scritti illustranti Apollonio, consulti il *Lexicon bibliographicum* dell'Hoffmann, Lipsia, 1832.

L'Italia, che non cede a nessuna nazione il merito di tradurre le opere degli antichi, annovera del poema di Apollonio tre versioni. La prima è del cardinale Lodovico Flangini, pubblicata in Roma per il Monaldini dal 1791-94, vol. II, in-quarto gr. Il lavoro del Flangini è più stimato per la copia e dottrina delle note e per la inerenza al testo, che non per il pregio della poesia. V'ha chi dice che il sommo Visconti abbia posto le mani nelle annotazioni. La seconda versione è quella del piemontese conte Coriolano di Bagnolo, stampata da poco tempo. Non avendola veduta, non possiamo darne giudizio. Il terzo volgarizzatore delle Argonautiche, il professore Baccio Dal Borgo, dice (vol. I, pag. 188) ch'è *fedelissima relativamente al testo e si avvantaggia un poco per ciò ch'è poesia sull'altra del Flangini*. Il Dal Borgo pubblicò il suo lavoro in Pisa nel 1837, in 3 grossi volumi in-8°. L'amicizia che a lui ne stringe, e l'avere più volte rammentato con lode il nostro nome, ci valga di scusa se ci asteniamo dal manifestare il nostro qualunque siasi parere in proposito.

Prof. TIPALDO.

BIBLIOGRAFIA

La biblioteca della famiglia Vettori, incominciata dal celebre Pier Vettori e continuata ad accrescersi da' suoi discendenti fino al commendatore F. Vettori, uscì dall'Italia nell'anno 1780. In esso ne fece acquisto l'Elettor Palatino, duca di Baviera. Si trovava in questa biblioteca una rara collezione di manoscritti, fra i quali molti autografi ed inediti del medesimo dottissimo Pier Vettori, di Angelo Poliziano, Pietro Crinito. Vi era pure una doviziosissima collezione di edizioni del XV e XVI secolo, in numero di quattrocentocinquantanove volumi, il più con annotazioni aggiunte sul margine, di mano di Pier Vettori, del Poliziano e di altri letterati dell'epoca felice de' Medici.

Cav. VISCONTI

SAGGIO DI TRADUZIONI BIBLICHE

SALMO 137

Sovra i fiumi lamentati
D'una terra di dolore,
Noi sedemmo sconfortati
Nel corruccio del Signore,
La catena contemplando
Che ci strinse e piedi e man,
E la patria salutando
Lassi lassi da lontan.

Lungo i margini deserti
D'Israel fu muto il canto;
Appendemmo i legni inerti
Là sull'arbore del pianto:
E la brezza della sera
Sola sola mormorò;
Fu quell'eco una preghiera
Che sull'aure a Dio volò.

E ci dissero, dipinti
Col sorriso del tiranno,
Se i fratelli ch'egli ha vinti
Vede oppressi nell'affanno,
Sciogli, popolo spirato,
La tua libera canzon;
Di Babelle il suol beato
Fa coll'inno di Sion.

Nella polve del servaggio
Ricoverti e volto e stola,
Senza un grido di coraggio
Che solleva, che consola,
Tristi avanzi di vittoria
Che ti tolse e figli e altar,
Ah! Signor, chi la tua gloria
Fra noi sorge ad annunziar?

Della patria antiche sponde,
Dolce terra di martiro,
I tuoi forti da quest'onde
Pur ti mandano il sospiro:
E se l'alta ricordanza
Taccia ai miseri nel cor,
Non gli parli la speranza
Care voci di valor.

Se coll'alba luminosa
Quando ride l'universo,
Se nell'ora in cui riposa
L'oppressor nel sonno immerso,
A te sola il pio tributo
Non daranno d'un pensier,
Questo l'ultimo saluto,
Questo sia de' tuoi guerrier.

Gerosolima languente,
Gerosolima prostrata,
È bersaglio d'una gente
Che su lei s'inebbria e guata:
E v'impreca obbrobrio eterno
E le grida amaro suon:
Deh! la salva dallo scherno,
Dio di pace e di perdon.

Ma già fischia la vendetta
Sul tuo crin, Babelle iniqua:
Desolata, maledetta
Piangerai l'offesa antiqua:
E quel forte che primiero
Vincitor qui sorgerà,
D'Israello prigioniero
Il desio, l'amor sarà.

Stretti al seno invan tenendo
I tuoi parvoli innocenti,
Schiaccerali il turbo orrendo,
O proscritta dai viventi;
E la lagrima spregiata
Che Israello in te versò,
In quel giorno fia pagata:
È il Signor che lo giurò.

CARLO A VALLE.

EPIGRAMMI

Di un maestro di scuola

Sopra un umile asinello
Ritornava un dì bel bello
Di campagna alla città
Don Cecco precettor di umanità,
E della bestia ai fianchi addolorati
Dava col nerbo colpi dispietati;
A lui, Balaam novello,
Rivolto l'asinello,
Disse: maestro caro,
Mi avete preso per vostro scolaro?

ZEFIRINO RE.

COSACCHI DEL KUBAN

Il Kuban, o, come dicesi in altra guisa, *la Baia del Kuban*, in idioma locale *Kubanskoïliman*, è un internamento del Mar Nero tra la provincia russa del Caucaso, la grande Abazia ed il piccolo territorio turco di Anapa. Questa baia assume, del resto, la sua denominazione dal *Kuban*, fiume che scende dal versatoio settentrionale del Caucaso, traversa, quindi, la provincia medesima, e scaricasi, per ultimo, entro al Mar Nero a 8 leghe E. da Imutarakan. I Russi ritraggono dal Kuban forti e valorosissimi soldati, altri de' quali, addestrati ne' regolari armeggiamenti del campo, vengono ascritti ne' corpi d'ordinanza, altri, invece (e questi più numerosi) si addanno a quel genere di milizia sciolta, che è ordinaria professione della moltеplice famiglia cosacca. L'intaglio sovrastante, disegnato sul luogo dal valentissimo Raffet, raffigura alcune più caratteristiche foggie di que' strani e feroci guerrieri. Una tonaca breve e ben serrata sui fianchi, guernita, sull'alto del petto, da una doppia tasca pe' cartocci del fucile, ed una spessa pelliccia fermata intorno al capo a guisa di turbante, è l'abito ordinario de' più distinti. Acconciano gli altri il capo e la persona in quel più ispido e negletto modo che i Cosacchi usano generalmente. Gli uomini del Kuban formano, per lo più, il presidio di molte città della Russia Meridionale, e, attendati anche in drappelli lungo le interne vie, somministrano le scorte a' viaggiatori che s'imbattono a percorrerlo. Nulla, dice il Demidoff, è più singolare e pittorico di questi rustici accampamenti collocati nell'interno d'un umile capanna, e che sono, in pari tempo, corpi di guardia e stazioni postali. Sulla soglia del campo vigilanti scolte tengonsi in vedetta come se il nemico fosse presente, mentre che i soldati di guardia conversano e fumano tranquillamente presso alle lunghe loro lancie, ornate di rosse banderuole, e simmetricamente appoggiate all'orlo del tetto. — Molto si è, nullameno, il loro valore anche ne' pericoli delle aperte battaglie, ed i Francesi ne sostennero, spesso, la prova nella disastrosa e sempre memorabile impresa del 1813.

Cav. BARATTA.

AMBASCIATA FRANCESE ALLA CORTE DEL RE DI SIAM

L'aneddoto seguente, estratto da un'apposita relazione dell'abbate De Choisy, può dare un'idea della grandezza veracemente regale che Luigi XIV soleva mettere negli atti della sua sovrana autorità, e del sommo zelo che i di lui ministri all'estero ponevano nel sostenerne le voci nelle corti presso alle quali erano accreditati.

«Nell'anno 1684, il cinquantesimosecondo re di Siam, Tchaou-Naraïa, spedì un ambasciatore a Luigi XIV. Credesi che il pensiero di questo straordinario segno d'amicizia gli venisse suggerito da un avventuriere, greco d'origine, per nome Costanzo o Costantino Falcone, che era diventato suo favorito, e che sperava, consigliando una tale segreta risoluzione, farsi un titolo alla benevolenza del monarca francese. La nave siamese che portava gli ambasciatori, la lettera del re ed i presenti, perì nel viaggio: due mandarini sfuggirono, soli, alla procella, e dopo mille strane avventure giunsero a Versailles, ove furono accolti con inauditi festeggiamenti. Il giorno della loro udienza, dice il signor Fortoul, il palazzo di Versailles mostrossi in tutta la sua pompa. Le acque zampillavano ne' giardini; strati di fiori coprivano le scale; i più sontuosi arazzi e le più ricche opere d'oreficeria nobilitavano le interne pareti. Il corteggio degli inviati fu introdotto col cerimoniale più ricercato: traversò tutte quante le sale, tra le fila de' cortigiani, scintillanti di ricami e di fulgidi diamanti: giunsero essi alla perfine nella gran galleria ove Luigi XIV attendevali, rivestito di un abito del valore di quattordici milioni, maestosamente collocato sovr'un trono d'argento a cui salivasi per nove gradini, coperti di tappeti e di vasi preziosi ». Se non che, non pago egli di avere in sì onorevole modo ricevuti i siamesi ambasciatori, pensò a ricambiare la speditagli legazione, e scelse a suo ambasciatore presso quel lontanissimo principe il signor De Chaumont, il quale partì in fatti da Brest il 3 marzo 1685, accompagnato dal suddetto abbate di Choisy, da vari gentiluomini, da cinque missionari, e da quattordici Padri gesuiti. Imperocchè colto il destro dalle benevole disposizioni addimostrate dal re di Siam, pensava egli legare con esso relazioni tali, che nel giovare ai materiali interessi dei due paesi, conducessero altresì al vantaggio e diffusione della cattolica fede in quelle regioni. Trattavasi, anzi, di convertire al cattolicismo l'intero regno di Siam. Ma l'esito non corrispose, sgraziatamente, alle concette speranze: poichè sebbene il signor De Chaumont perorasse colla massima caldezza la causa della propria fede, e gli ecclesiastici addetti all'ambasciata sostenessero con Tchaou-Naraïa accesissime teologiche discussioni per indurlo all'abiura, questi non seppe decidersi ad un passo che potea costargli la corona, e se ne rimase attaccato all'antico suo culto. I molti e curiosi particolari relativi a tale strana legazione trovansi, del resto, esposti con iscrupolosa minutezza tanto nella già citata relazione dell'abbate De Choisy, quanto nell'altra compilata dal cav. De Chaumont. L'intaglio retrostante raffigura il comico scioglimento di una terribile guerra di cortigianesca etichetta insorta tra quel sovrano e l'ambasciatore: ciò fu che non volendo quegli discendere dall'alto suo trono onde raccogliere la lettera autografa di Luigi XIV recatagli dal Chaumont, e non volendo il Chaumont salire tanto in su da potergliela porgere, imaginò questi di collocare il foglio in un'aurea coppa, che fermò, quindi, sulla cima del proprio bastone, e che sollevò solamente fino al livello del viso, per guisa che se Tchaou-Naraïa volle leggere il foglio, fu obbligato piegarsi di tutta quanta la persona, siccome è espresso nella figura medesima, fedelissimamente disegnata dal vèro sul luogo stesso del caso.

Cav. BARATTA.

EUGENIA — NOVELLA DEL SECOLO XVIII

Il sole è omai vicino al tramonto. Un vento gagliardo sorto all'improvviso agita le frondose cime degli alberi, e desta dal suolo densi globi di polvere: vari gruppi di nereggianti nubi vanno addensandosi dalla parte dell'oriente, e cingono di un fosco velo per lungo tratto l'orizzonte. Gli ultimi raggi dell'astro del giorno, brillando dalla parte opposta in tutta la pienezza del loro cadente splendore, illuminano una scena di orrore e spavento, ed è mirabile il contrasto della luce col bruno colore che le dense nubi diffondono all'intorno. Diresti che il volto della natura rimane impresso delle tinte più tristi e pallide al vicino sparimento del suo rigeneratore, che in preda ora lascia al furore dei nembi, quale chi rimane nel suo maggior uopo deserto dal più fedele amico. Già si fa sentire in lontananza lo scroscio del tuono che l'eco solitaria de' monti gode di prolungare. La rondinella con celeri ed iterati voli e con rauchi pispigli va radendo il terreno e cerca ricovero al cadere dell'imminente procella nelle fesse pareti delle antiche torri, intorno a cui sventola quasi silvestre insegna il verde caprifoglio; o sotto i vôlti degli obliqui tetti, ove ha composto il suo dolce nido. Studiano i contadini il passo, sugli omeri arrecandosi i loro lucidi arnesi, e traendosi dietro per mano i piccoli figli, che a salti appena possono tener dietro alle orme de' genitori. Più che in fretta ritraggo il buon pastore dai fioriti pascoli la sua belante greggia, sentendosi sopra il capo la nube che rugge, e veggendo a poca distanza il cadere della pioggia.

Eugenia, l'avvenente Eugenia ritta in piedi non lungi alla porta del paterno castello, sito in un angolo delizioso del Mondovi, solinga e pensosa sta contemplando ed il sole che già cela l'ultimo suo raggio dietro alla sommità degli alti monti, ed il correre e l'urtarsi delle nubi. Di forme oltre ogni dire leggiadre, di giusta e rilevata statura, Eugenia non ha ancora posto il piede nel quarto lustro dell'età: bionde sono le sue chiome, parte annodate con un bel nastro di seta, e parte cadenti in vaghe anella. I suoi occhi sfavillano di tutto il lume della gioventù: le guance sono avvivate dal colore della rosa e della porpora; ed una tenue tinta di malinconia che estendesi sulla di lei verginea fronte, come leggiera nebbia nel vasto sereno del cielo, dà al suo aspetto una forma angelica, e desta in chi la mira maraviglia e venerazione. Il di lei seno non è più nuovo ai dolci palpiti dell'amore: Eugenia di già ama, ed è con pari se non con più ardore riamata. Ma la fortuna, usa, spesso, a martoriare i cuori più onesti e gentili, frappone, spietatamente, un quasi insuperabile ostacolo al conseguimento della mano che essa tanto desidera!... La sua mente combattuta dalle due opposte voci dell'affetto e della ragione, la prima delle quali spingela con dolce e prepotente violenza verso l'oggetto bramato, e l'altra disconsigliala dal correre più oltre una via priva, per essa, di meta, errava in quell'affannosa perplessità, in quell'amara alternativa di lusinghe e di disperanza, cui non è, forse, sulla terra maggiore angoscia per un'anima sensitiva. In sì affannoso istante, i pensieri appunto della donzella sono diretti sull'oggetto de'suoi desiderii: ma il calpestio di un cavallo che frettoloso a lei da tergo s'avanza, la toglie di presente alla dubbia estasi de'suoi amorosi pensieri. Volgesi e vede venire alla di lei volta un cavaliero in abito da cacciatore, seguito solo dal suo fido veltro. Nobili e maestose più che mai sono le fattezze del di lui volto, e mostra di essere appena nel più bel fiore dell'età. Egli fattosi vicino alla donzella sosta il cavallo grondante di sudore, e gentilmente rivolgele un saluto: indi le chiede dove avria potuto rinvenire un albergo per quella notte, onde sottrarsi alla pioggia che a grosse gocce già prende a cadere. Solitario sorge il castello in quei contorni, e per quanto possa l'occhio togliere all'intorno, altra discreta abitazione non vi si scorge che pochi disagiati e pastorecci abituri qua e là dispersi.

È questo il castello di mio padre (rispondegli la bella Eugenia, ravvivando con un onesto rossore le rose del volto). Entrate pure se vi è a grado, o cavaliero, non è ignoto mome sotto di questo tetto l'ospitalità.

Così dicendo s'incammina verso il castello, precedendo lo straniero che, preso da forte maraviglia per tanta bellezza ed animo sì gentile, in silenzio le tiene dietro. Pronto un servo si fa al di lui cavallo. Balza egli di un salto a terra e lo rimette alla custodia dello staffiere, e seguitando la sua guida già mette piede entro le soglia del palagio. Il magico segno della candida mano della donzella, la stridula voce acqueta di un grosso mastino, che tantosto muore in un lungo ed a stento raffrenato ringhio. Eugenia intromette l'incognito cacciatore in un'ampia sala di begli e ricchi arredi più che mediocremente fornita; e con tratto gentile e con un dolce sorriso a fior di labbra l'appresenta al genitore che, levatosi da sedere, muovegli cortesemente all'incontro. Lo straniero dopo d'averlo inchinato gli espone come avesse egli, cacciando in quei dintorni, tutto ad un tratto smarrita la via ed i compagni, e come colto dal malvagio tempo vicino a quel castello, di buon grado accettate avesse le graziose offerte della donzella. Siate voi il ben venuto, gli rispose quegli allora. Ben potrete in questa notte rinvenire sicuro riposo sotto di questo tetto, come se foste in quello di vostro padre. E dopo queste parole con piacevole viso invitollo ad assidersi vicino a sè.

Il conte Ernesto, padre dell'avvenente Eugenia, e proprietario di quel castello, apparteneva ad una delle più cospicue famiglie di que'contorni. Entrato di già nell'ottavo lustro dell'età sua, egli godeva di menare la maggior parte de'giorni in mezzo ai solitari recessi di quella sua campestre dimora. Era di aspetto nobile e maestoso, di ciglio severo e di fronte alquanto corrugata. Uomo di poco sermone, trovavasi il più delle volte in profonde meditazioni assorto; ciò nondimeno annidavasi in lui un animo oltre ogni modo cortese e gentile. E che ottima fosse veramente la tempra della sua indole, bene mostravalo l'uso nobilissimo ch'ei faceva della propria fortuna, soccorrendo, con pietosa cura, alle sventure degli infelici, i quali, risguardandolo siccome angelo consolatore mandato dal Cielo a conforto de' loro guai, bagnavano spesso di lagrime di riconoscenza la provvida e generosa sua mano, e fervidi voti innalzavano, acciochè ogni sua cosa prosperasse e gli tornasse felice. Ma sebbene la sorte fossegli, in fatti, larga de'più dolci e preziosi suoi doni, e tutto sembrasse sorridergli intorno, una dolorosa spina pungevalo, nondimeno, nella più viva parte del cuore. Eugenia, l'unica prole ch'egli s'avesse, quella che era, dopo Dio, il primo oggetto a cui fosse rivolto il buono ed affettuoso suo pensiero, quella che appresentava al suo sguardo l'imagine viva d'una compagna ch'egli tenerissimamente avea amato, e che morte aveagli, sul fior degli anni rapita, Eugenia nutriva da più mesi una irresistibile fiamma che gravissime considerazioni non gli permettevano, suo malgrado, di approvare e di fare contenta. Fonte era questo per lui di inesprimibile affanno.

Udivasi dalla sala del castello dirottamente a cadere la pioggia al di fuori. Ernesto ed il novello suo ospite stavano assisi a mensa silenziosi, ed entrambe assorti ne'loro pensieri, porgendo orecchio ai violenti fischi del vento ed al fragore che faceva la pioggia battendo in sui tetti e sul terreno, con quella compiacenza che provasi da chi si trova in buon luogo al riparo delle ingiurie del tempo. — Il Conte allora prese ad entrare in qualche discorso, rompendo il silenzio ed interrogando lo straniero verso a dove fosse diretto il suo cammino. Stette quegli alquanto sopra pensiero, e dopo d'avere fisso in volto il suo albergatore:

Alla capitale, rispose, donde mi sono, ne'scorsi giorni allontanato, per sola vaghezza di cacceggiare sulle amene colline che circondano il vostro castello. Ma voi, signore, sul cui volto vegge con pena stampate le impronte di un acuto e mal represso dolore, vorreste con me essere tanto cortese, da svelarmi, a posta vostra, quale è la fonte segreta che turba i domestici vostri contenti? Io so, che, ignoto e pellegrino mal posso aspirare di primo tratto a possedere intera la vostra confidenza: la bontà però con cui m' accoglieste... Inutili, soggiunse il Conte, sono come, o signore, i complimenti in cui v' inoltrate: l'aspetto vostro e i modi gentili che in voi scorgo, abbastanza vi raccomandano, perch' in vi apra ben volentieri l'esulcerato mio cuore. Le pene che mi contristano, nulla hanno altronde che mi consigli di custodirle gelosamente, ed anco il volessi, troppo già ne è sparsa la voce perch' io possa lusingarmi di farlo. Eccovi adunque, chiunque voi siate o gentile ospite mio, in brevi accenti la storia delle cure che mi contristano. Da una moglie che amai di smisuratissimo affetto, e che infiorò i giorni verdi della mia vita, io non ottenni che un' unica figlia, quella medesima che qui vi condusse, e che allontanossi, non ha guari, dalla nostra presenza. Ammaestrata dai saggi insegnamenti della madre, e più ancora dall' esempio d'ogni più bella virtù che essa porgevale praticamente, Eugenia divenne ben presto la mia più dolce consolazione, ed un conforto che il Cielo pietoso parea avermi lasciato onde addolcire l'angoscia della perduta consorte, che mancò all'immenso amor mio, sono ora cinque anni. Cresciuta, frattanto, di età, ed adornatasi di tutte le grazie della giovinezza, io scelsi, tra i molti che agognavano la di lei destra, un ricco e nobilissimo cavaliero, ed a questo mi proponevo congiungerla. Un tal nodo mi avrebbe reso compiutamente felice: ma era scritto nel destino che questa felicità mi fosse niegata. Eugenia, usa fino dalla prima infanzia a piegarsi volenterosa ad ogni menomo mio volere, avrebbe senza esitare gradito lo sposo da me scelto, coronati i miei voti legandosi a lui per sempre, ma una passione cieca ed insuperabile... Una cieca passione?.... sclamò a questo punto meravigliato l'incognito; e come mai potè ella introdursi in animo si bennato, in giovinetta si studiosamente educata?...

Eugenia, continuò sospirando il Conte, trastullavasi, sono ora sei mesi, insieme ad alcune donzelle compagne, sulla sponda di un torrente non guari discosto dalla capitale, allorchè, spintasi inavvertitamente troppo presso del margine, cadde, e sentissi trasportata dall'onde..... Accorsero all'improvvisa sciagura le amiche: ma incapaci, quali erano, di porgerle aita, non altro facevano che assordare di inutili grida l'acre circostante, mentre la misera correva a certa e crudelissima morte!!!.... In tale terribile istante, un giovane che là a caso trovavasi, udite le pietose querele, rapido accorse, e non consultando che la voce d' un nobilissimo ardire, slanciossi immediatamente nelle sottoposte acque, e, con pericolo estremo della propria esistenza, quella salvò della infelice mia figlia, la quale, perdute le forze e già travolta dai flutti, stava omai per seppellirsi eternamente nel loro seno... Riacquistati i sensi smarriti, e ritornata alle braccia paterne, essa chiese di vedere il suo liberatore, che, generoso quanto onesto, rienso un ricchissimo dono da me profertole a guiderdone dell' inestimabile beneficio ch' io gli dovevo... Lo vide, ahi! pur troppo; ma nell'atto di rendergli grazie della vita ch'essa riconosceva dall'eroico suo slancio, ricevette nel seno quella ferita da cui più non mi lice sperare vederla omai risanata!.... Tali sono infatti le esterne sembianze dell'ottimo giovane, tanta è la bontà, il candore, la modestia che gli traspare sul viso, ch'egli è impossibile imbattersi in esso, senza legarsi a lui col vincolo della stima e dell'affetto più caldo... Io medesimo, che per dura legge di dovere oppongo un argine insuperabile all'appagamento de' voti di Eugenia, nutro per esso una benevolenza che non sentii per altri giammai..... E qual mai prepotente cagione, riprese con vivezza l'incognito, può vietarvi, o Conte, di rendere pago l'onesto voto della donzella unendola al giovine egregio che essa sospira, a cui va debitrice di tanto?..... Un riflesso, riprese, Ernesto, che può a prima vista parere leggiero, ma che speciali considerazioni mi impongono di risguardare quale invincibile impedimento... L'umile condizione del giovane. Imperocchè, sebbene onesti siano i di lui natali, troppa è la distanza che la divide dall' altezza del mio lignaggio perch' io possa, decentemente, permettermi di sprezzarla: maritando altronde mia figlia a giovane di volgar condizione, io la priverei di ragguardevole fortuna lasciatale con espresso divieto di nozze men decorose, nè la mia tenerezza per essa, i riguardi ch' io debbo ai propinqui, consentono ch' io mai mi induca a ciò fare... Venero, disse commosso e pensieroso lo straniero, venero, o signore, in silenzio i gravi riflessi che governano il vostro pensiero, nè spetta a me il dettar norme alla vostra prudenza... Ma ditemi, di grazia, che fa egli il virtuoso giovane, e quale fu la di lui condotta nello strano e pietoso ravvolgimento di casi a che lo condusse l'atto generoso da sè compiuto?... Quantunque, proseguì il Conte, la fiamma stessa che s'apprese al cuore d'Eugenia, con egual forza al suo pure s'apprendesse, conscio della inferiorità della propria condizione, egli non osava manifestarla, ed anzi disapprovavala apertamente, tosto chè conobbe i rapidi progressi che la fatale passione avea fatti nel seno della figlia mia... Quanto poteva indurla a dimenticarlo, ed a sacrificare alla pace della famiglia il concepito affetto, tutto egli virtuosamente operò, ma indarno. E sperando sull' ultimo, che il suo allontanarsi dagli occhi d'Eugenia potesse a poco a poco minorare l'ardore ond'essa si strugge, lasciati gli studi in cui già ben avanti e con somma lode innoltravasi, s'ascrisse alle bandiere del nostro principe, e recessi al campo, ove egli stà tuttor militando contro agli stranieri che invasero le nostre provincie.... Scintillarono, a queste ultime parole, d'una viva luce gli occhi dell'ospite, il quale quasi ispirato da una voce scesagli in cuore dall'alto, dimandò al conte Ernesto quale fosse il nome dell' interessante giovinetto, ed a quale legione ci si fosse aggregato... Ed inteso chiamarsi esso Guglielmo, ed essere entrato in quel corpo d'esercito che stava appunto in que'giorni di fronte a'Francesi sopra Pinerolo... « Conte Ernesto, gridò quasi vaticinando, la schiera in cui combatte il prode e virtuoso giovane di cui voi mi parlate, ebbe od avrà ben presto occasione di misurarsi col nemico. Il nobile carattere che egli chiude nel petto non si smentirà, ne son certo, in tal nuovo cimento: se ciò accade, se egli mostrasi pari a se stesso, le sue e le vostre pene avranno pronto e lietissimo fine. Il giovane nostro principe, emulando gli esempi lasciatigli dagli avi, apprezza e premia il valore; egli rimunera coi più segnalati onori il sangue nobilmente versato a pro della patria; i pericoli, che Guglielmo or corre sul campo della gloria, gli dischiudono forse tal via, che porrallo in grado di impalmarsi, senza scapito del vostro nome, colla virtuosa e leggiadra figlia, che voi tanto avete diletta.... Ma gran tratto di cammino io corsi quest'oggi e le stanche membra richieggono ristoro di un breve riposo. Accettate adunque, o Conte, i miei più cordiali ringraziamenti, e concedetemi ch'io mi ritiri nelle stanze che la cortese vostra ospitalità a me destina..... Fra non molto io sarò nella capitale, ed ho ferma fiducia di potervi spedire da colà tali novelle, che muteranno in dolcezza ineffabile tutto l'amaro dello stato vostro presente ». Accondiscendo il Conte alle di lui richieste, e, scambiati dall'una e dall'altra parte gli auguri di felice notte, ci si mette in via. Allora il silenzio ed il sonno stesero i loro foschi vanni in sul castello.

Al lieto garrire di ben mille dipinti augelletti che scuotendo vanno i rugiadosi rami degli alberi, che del loro verde ammanto rendono più ridente e pittorico il bel soggiorno di Eugenia, si rompe il sonno allo straniero che gian mai in sua vita aveva dormito così profondamente, sebbene fossesi coricato tutto ingombro di cupi pensieri. Schiude le ciglia, e mira le frondose cime delle piante che sovrastano alle finestre della stanza, di già indorarsi ai raggi del sorgente sole. Vestesi frettolosamente e fassi alla finestra a respirare la fresca auretta del mattino. Com'è pura quest'aura! Come è limpido il cielo! egli esclama, ed il suo pensiero ricorre subito alla dolce immagine della serena fronte di Eugenia, e sente in quel punto rinfrancarsi gli spiriti abbattuti. Ma fa duopo di affrettare la mia partenza per vedere di raggiungere al più presto i miei perduti compagni: seco stesso favella dopo un istante di dolce estasi. Scende frettoloso le scale, e di già rinviene nel cortile il suo cortese albergatore stretto a colloquio coi suoi famigliari. A poco intervallo egli rimira la bella Eugenia avvolta in una candida vesta ed in una certa qual negligenza, che rivaleggia colla più fina arte per dar rilievo alla femminile bellezza. Ella, rivedendo sta con sollecita cura gli olezzanti vasi dei fiori: qui apre la rosa il suo grembo odoroso e mostra di sporgersi avanti per riposare sul molle seno della donzella: là il rubicondo capo inchina il gentile garofano, e scuotendosi all'aleggiare di un soave zeffiro la candida mano invita della donzella a spiccarlo dal materno stelo: quinci le pallide violette umili sorgono e vergognose, simbolo del merito che sta nascosto: quindi i persi giacinti carichi di rugiada ergono i loro calici odorati a bere i primi vitali raggi del sole, e la mammoletta l'aere intorno di grati effluvii impregna. Eugenia abbandona la cura de' fiori ed è tosto cortese d'un verecondo saluto verso lo straniero che l'inchina. Vane istanze a lui si fanno, perchè protragga ancora alquanto il suo soggiorno nel castello. Egli loro grazie riferisce delle gentili profferte e dell'ospizio prestatogli: importanti affari lo chiamano altrove, nè più può indugiare. Già gli si adduce il suo ben pasciuto destriero; già già egli si ristringe in sella, ed a sè tira il molle freno. Viene con tratto gentile da tutti accompagnato sino all'uscita del castello. Quale polverio si solleva colaggiù lungo la strada? Vi fissano tutti attoniti lo sguardo. È uno stuolo di cavalieri che s'avanza: ripercossi dai raggi del sole fuori dalla nube di quella polvere, mandano lampi i lucidi elmi e le pendenti spade. Uno che precede gli altri, fattosi alquanto più vicino al castello, si volge repente indietro e ad alta voce grida a'suoi compagni: il Principe, il Principe; cavalieri, il Principe! Ad un tal suono danno tutti negli sproni e velocemente drizzansi alla volta del castello. Ernesto ed Eugenia guardansi in volto stupefatti, indi affissano l'incognito. Oh Cielo, è desso! esclama il Conte nel colmo della più viva sorpresa, e un freddo gelo gli ricerca tutte le membra. Eugenia pallida e tremante rimane senza voce e senza moto. Vittorio Amedeo ravvisa all'istante i suoi fedeli scudieri che il giorno avanti lo avevano smarrito fra gli intrighi di una folta selva, ed indarno lo avevano ricercato insino allora per que' dintorni. Egli già trovasi in mezzo a loro: risponde con amorevolezza alle dimostrazioni di affetto, ed ora all'uno ed ora all'altro porge la destra; indi rivolto al signore del castello: Ottimo conte Ernesto, gli dice, l'ospizio di cui mi foste largo non sarà invano. Fin da questo punto io vi pongo per sempre sotto la speciale mia protezione assieme ad Eugenia che sì cortese albergo mi porse.

Questi degnevoli accenti, proferiti con un tuono di ineffabile bontà e dolcezza che gli rendea vieppiù cari e graditi, misero il colmo alla consolazione del Conte e della di lui figlia, i quali, interdetti e confusi, mal sapeano trovar termini onde ispiegare i sensi del riconoscente lor cuore!... Ma la loro sorpresa, la loro confusione, la gratitudine loro ben s'accrebbe a più doppi quando letto dal Principe un dispaccio giuntogli recentemente dal campo, udironlo sclamare penetrato dalla più viva esultanza: Conte Ernesto, e voi, avvenente Eugenia, tergete pure le lagrime: il Cielo ha avverati i miei vaticinii, e colmati i voti vostri più cari. In un fatto d'armi combattuto, sono ora tre dì, contro i Francesi, Guglielmo ha fatto prova di un valore, che fu d'esempio e di ammirazione a tutti i suoi commilitoni. Egli prese di sua mano il maggiore stendardo nemico, ed a lui debbonsi, in gran parte, le splendide palme raccolte in quella giornata. Io lo innalzo da questo momento ad ufficiale nelle mie guardie, e gli fregio il petto delle insegne de' prodi, le quali collocandolo omai nell'onorato novero de' mici sudditi più diletti, degno lo rendono di stringersi seco voi coi vincoli del sangue, come già a voi lo strinsero quelli della stima e della affezione....

Ciò detto appena, sprona il suo destriero e seguito da' suoi cavalieri si allontana dal castello. Il conte Ernesto ed Eugenia stanno ancora immoti ed assorti nel più profondo stupore, che il Principe si è di già involato ai loro sguardi. A briglia sciolta egli divora la via; ma la dolce rimembranza della generosa azione assisa seco lui in sella lo accompagna ovunque. Commosso è il di lui seno ed una lagrima spunta sul di lui ciglio, lagrima preziosa più d'ogni gemma orientale. Oh quale dolcezza gli scorre per le vene! Conscio a se stesso d'aver reso la felicità ad una famiglia, egli ha gustato, nel più bello istante della sua vita, tutta la più pura gioia che la Divinità concede ai mortali.

G. B. Vercelli.

ARATO

Arato, di Soli o Pompejopoli, città di Cilicia, figliuolo d'un Atenodoro e discepolo dello stoico Perseo, fu contemporaneo di Teocrito, e fiorì 270 anni avanti Gesù Cristo. Arato avendo accompagnato il precettore alla corte d'Antigono Gonata, re di Macedonia, seppe così bene meritarsi la grazia di tal principe, che ne godè costantemente l'amicizia, e passò presso di lui tutto il restante della vita.

Ad Arato vengono attribuite parecchie opere ed una edizione d'Omero, anteriore a quella di Aristarco. Se non che egli oggidì non è conosciuto che per il suo poema dei *Fenomeni* e dei *Segni*, cioè a dire, del corso e della influenza degli astri, composto a richiesta di Antigono, e per il quale si è valso di due opere di Eudosso di Gnido, l'una intitolata *Specchio* e l'altra i *Fenomeni*, entrambi perdute. In prova della molta considerazione che godeva Arato, ricorderemo il monumento da' suoi compatriotti eretto alla memoria di lui, e che diventò famoso per un fenomeno fisico di cui parla Pomponio Mela (lib. I, cap. 13), e per essere quello scrittore a cui si riferisce S. Paolo all' Areopago (Act. Ap. XVII, 28). Il poema d'Arato formò altresì le delizie dei Romani, perchè, oltre d'essere stato lodato, sebbene con un po' troppo di esagerazione, da Ovidio con quel noto verso:

Cum sole et luna semper Aratus erit

ebbe a traduttori un Cicerone, un Germanico e Rufo Festo Avieno. Del primo per altro non ci rimangono che alcuni frammenti, e qualche cosa di più del secondo.

Quintiliano, giudice sensato in fatto di buon gusto, manifestò il suo parere sul poema di Arato nel seguente modo: *Arati materia motu caret, ut in qua nulla varietas, nullus affectus, nulla persona, nulla cuiusquam sit oratio: sufficit tamen operi, cui se parem credidit* (*Instit. Orat.* X). I difetti che il critico latino attribuisce ad Arato, sono quasi inevitabili al genere descrittivo, compensati in qualche guisa da buoni versi e da felici episodi. Il Delambre (*Hist. de l'Astronomie ancienne*, vol. I) parlando delle cognizioni di Arato come astronomo, così si esprime: « Arato ci trasmise quanto presso a poco sapevasi in Grecia al suo tempo, od almeno quanto poteva essere messo in versi. La lettura di Autolico o di Euclide insegnerebbe però qualche cosa di più a chi volesse divenire astronomo: le loro nozioni sono più precise e più geometriche; il principal merito all'incontro di Arato consiste nella descrizione che lasciò delle costellazioni: benchè con questa stessa descrizione noi saremmo bene impacciati se volessimo disegnare carte od un globo celeste ». In onta a questo giudizio, molti matematici si unirono insieme coi grammatici a commentare il poema di Arato; ma molte di tali interpretazioni sono andate smarrite. Nulla di meno possediamo quattro commenti; l'uno d'Ipparco di Nicea, uno fra' primi astronomi dell'antichità, e l'altro di Achille Tazio, col nome d'*Introduzione*: gli altri due anonimi sono falsamente attribuiti ad Eratostene.

Conchiuderemo il presente articolo col dire che, oltre a quanto Suida ed Eudosso scrissero di Arato, abbiamo di lui altre tre *Vite* anonime.

La prima edizione del nostro poeta ci fu procurata, cogli altri astronomi, da Aldo il vecchio, in Venezia nel 1499, in-folio. L'ultima poi è quella del Wess, che comparve in Eidelberga nel 1824, in-8°. Questa edizione ha un testo critico unitamente a una versione tedesca in versi, ed eccellenti interpretazioni.

Il poema di Arato fu tradotto anche in francese e in versi italiani dal Salvini. Ma il migliore volgarizzamento era riserbato ad Urbano Lampredi di offrirlo all'Italia in questi ultimi anni. (Napoli, 1831).

Emilio prof. De Tipaldo.

SAGGIO DI TRADUZIONI BIBLICHE

L' ottimo accoglimento incontrato dalle versioni bibliche del signor A-Valle già da noi pubblicate ne' precedenti numeri, mentre ci anima a mettere in luce le altre che ci vennero dalla di lui cortesia favorite, ci porge la ben grata occasione di far eco agli unanimi applausi fatti a tali lavori nelle più colte capitali d' Italia; applausi che devono senza dubbio incoraggiarlo a percorrere con invitta costanza il nobilissimo stadio delle lettere in cui, giovane ancora, già segna orme cotanto onorevoli.

SALMO 51

Pietà, Signor, d'un orfano
Abbandonato figlio;
Ti muovano le lagrime,
Ti muova il suo periglio.

Tu che sollevi il debole,
Tu che indolenzi il forte,
Placa il desio che l'agita,
Rompi le sue ritorte.

Negra d'error caligine
Il petto a lui circonda;
Tu la disperdi, e balsamo
Confortator v' inonda.

Salvalo, oh! salva il misero
Dalla fatal memoria;
Sempre gli sta nell'anima
De' falli suoi la storia.

Ei provocò la folgore
Che l'ira tua sprigiona;
Ma tu, Divino spirito,
Ma tu, Signor, perdona.

È giusta la tua collera,
È giusta la vendetta;
Chi lo negò?..... ma il supplice
Misericordia aspetta.

La colpa a lui fu pronuba
Fin nel materno seno;
I labbri suoi succhiarono
Col latte il reo veleno.

Ma tu, Signor, tu altissima
Di verità sorgente,
All'uom riveli un raggio
Sovrano, onnipotente.

Tu innalzi la profetica
Cortina, e dentro il serri
A interrogar la vindice
Possa onde gli empi atterri:

Ed ei vi sente il gemito,
Che infino a te si leva,
E mira il tuo sorridere
Volto che in foco ardeva. —

Languo qual langue in arido
Romito suol la rosa;
Deh! tu, siccome eterea
Stilla, sul cor mi posa.

Iniquità col torpido
Soffio mi preme intorno;
Deh! tu, Signor, lo dissipa,
E fra i redenti io torno.

Dilla una volta, oh! dimmela
Quella immortal parola,
Che i popoli sospirano,
Che terra e ciel consola.

Dimmela, o padre, e in giubilo
D'armonica melode
Ripeterò cogli angioli:
Al Dio de' mesti, lode!

Se t'oltraggiai, di cenere
Spargo il mio crine adesso:
Fu grande in me l'orgoglio,
Ma più lo sei tu stesso.

Dona all'obblio magnanimo
La trista ricordanza;
Svegliami in sen benefico
Un grido di speranza.

Cor che t'ami impavido,
Cor che a bell'opre intenda
Dammi, e un affetto libero
Che in te si scaldi e accenda.

Non mi scacciar! son povera
Canna deserta al monte;
Ogni stormir di zeffiro
Mi fa piegar la fronte.

Non mi ritor quell'alito
Santissimo, perenne,
Che te, te sol somiglia,
E a te sciorrà le penne.

Le guance mi solcarono
I lunghi affanni e l'onta;
Tu vi richiama il candido
Riso ove il cor s'impronta.

Lungo un sentier di triboli
L'inferno fianco ho lasso;
Tu sulla via di gloria
Mi riconduci il passo:

E canterò fatidico,
Pien del tuo santo amore,
All'universo attonito
Le laudi del Signore.

Al reo che non ha palpito,
Al tristo che non spera,
Insegnerò a ripetere
Questa vital preghiera:

E gemerà dall'orrido
Fondo ove giace oppresso;
Tu nel gran dì dei secoli
Gli renderai l'amplesso.

Buono è il Signor! non mandano
Dai conculcati avelli
A lui che l'ama, un fremito
Le polvi dei fratelli;

E strage a lui non grondano
Il volto il cor, le mani:
Pure le innalza, e s'aprono
Del cielo a lui gli arcani.

Buono è il Signor! la timida
Lingua al fido ode ci scioglie;
Dov'era solitudine
Sacro desio s'accoglie:

Ed ei sull'ali mistiche
D'alto pensier levato,
Spazia per l'aura limpida,
E domina il creato.

Oh! da quel dì che l'anima
Ebbi all'error nodrita,
T'offersi le reliquie
D'una solinga vita;

E dissi al Dio terribile:
Scaglia la tua saetta!
Ma mi rispose: il supplice
Misericordia aspetta.

E l'aspettai col fervido
Voto dell'ansio core;
Quel Dio che abbatte e suscita,
Sangue non vuol, ma amore.

Io piansi! amaritudine
Fu de' miei giorni guida:
Ma tu l'ascolti il vedovo
Che in te, che in te confida. —

Stendi a Sïon la placida
Destra, e al dolor la fora;
Risorgeran di Solima
Più splendide le mura;

E preci, e incensi, e vittime,
Al mite altar prostrato,
Così l'afflitto popolo
Ti renderà beato.

Carlo A-Valle.

STATUA DI GUTTEMBERG IN STRASBURGO

Il monumento innalzato all'immortale inventore dei tipi in Magonza, sua patria, riaccese, più vivo che mai, un desiderio che già da gran tempo nutrivasi in Francia: quello, cioè, di tributargli una consimile dimostranza d'onore e di gratitudine anche in Strasburgo, città ove l'uomo grande avea fatti i primi saggi del benemeritissimo trovato. Nè l'appagamento tardò gran tratto a coronare l'onesto e dicevole voto: imperocchè, [illegible] turbine [illegible] lavoro dispostu, [illegible] per il pro [illegible] virtù [illegible] assoluta [illegible] Frattanto [illegible] dalla cognizione [illegible] potremo stabilire quelle varia- [illegible] abbisogniamo, serven- [illegible] esperimenti. [illegible] pure, [illegible] di quanto è [illegible] di raccogliere [illegible] dello [illegible] generali che [illegible] questione; [illegible] M. [illegible] ha pubblicato su tal questione [illegible] solo nome ci assicura proven [illegible] lavoro positivo e completo; quello [illegible] delle turbine in una delle lezion [illegible] in Parigi, così esprimevas [illegible] à force d'études, [illegible]

« Avec [illegible] M. Fourneyron est arri [illegible] moteur puissant, moteur qui est [illegible] pour l'élégance et la si [illegible] à cette admirable machi [illegible] d'un homme [illegible] Watt! »

Questo punto d'ammirazione d'uno dei più [illegible] m'invita a terminare con [illegible] per aver preso Fourneyron in certo modo il pro[illegible] nella sua origine per isvilupparne metodicamente [illegible]ozione. Partì da questa verità scientifica che per [illegible] da una caduta d'acqua il più grande effetto [illegible], bisognerebbe ricevere l'acqua stessa senza [illegible] nell'apparecchio destinato ad appropriarsene la forza, e da questo farla uscire senza velocità. Tali condizioni facili ad adempirsi, se non si trattasse che di un [illegible] filetto fluido, presentano nell'applicazione delle difficoltà riguardevoli. Infatti una massa d'acqua, le di cui dimensioni siano alquanto considerabili, non agisce come un semplice filetto. Una tal massa offre nel suo movimento un'infinità di circostanze di cui egli è necessario tener conto. Ma come tener conto dei fenomeni che sfuggono in parte all'osservazione, o di cui non conosciamo interamente le leggi fondamentali? Nello stato attuale delle nostre cognizioni giova approssimarsi quanto si può allo scopo fissato ai nostri sforzi, ma egli è inutile il pretendere di afferrare perfettamente tal punto ideale.

Chi conosce lo stabilimento idraulico della Parella presso Torino, di cui appositamente feci onorata menzione sul bel principio, saprà trovare stretta relazione nell'importanza di quello sulle osservazioni speciali cui siamo stati condotti nel discorrere brevemente [illegible]

D.r Giuseppe Potenti *Ingegn.* [illegible]

LA BARBA

La barba, ossia quel complesso di [illegible] che copre le guance ed il mento, [illegible] brare argomento di breve [illegible] coloro che ignorano a quante [illegible] disertazioni essa abbia formato [illegible] che pretesero ad ogni costo di trovar la [illegible] delle più piccole cose, si distillarono il [illegible] sciogliere la gran quistione del perchè la barba [illegible] stata concessa all'uomo e non alla donna, [illegible] a cui fu destinata dalla natura, della sua dipendenza [illegible] sviluppo di altri organi; gli antiquari [illegible] [illegible] vasi e medaglie [illegible] [illegible] e v'ebbero perfino [illegible] [illegible] della barba un indizio [illegible] [illegible]. Ma chi può [illegible] [illegible] dei dotti? L'opera [illegible] 1786 a [illegible] volumetto che comparve [illegible] [illegible] Pogonologia, attribuita [illegible] [illegible] di amabilità più curiosi [illegible]

[illegible] al bulbo, che aumenta di mole e sp[illegible] [illegible] alla base di quelli sotto il processo di [illegible]azione. La barba, corpo eminentemente [illegible] [illegible] l'influenza dell'umidità [illegible] esercitano su di essa un po[illegible] [illegible] per cui tutti coloro che se la [illegible] [illegible] arla ben bene con [illegible] [illegible] che si renda [illegible] [illegible] che si osservano nel [illegible] [illegible] spessezza [illegible] [illegible] abitudini [illegible] [illegible] ed assunte [illegible] [illegible] tempre che [illegible] [illegible] melancoliche, [illegible] chiamavano sanguigne [illegible] [illegible] che [illegible] [illegible], folta e nera [illegible] [illegible] e in cui prevale [illegible] [illegible] la barba folta, bionda e [illegible] [illegible] che [illegible] produce notabili cangiamenti [illegible] [illegible] è una [illegible] persona, [illegible] [illegible] un [illegible] [illegible] acquista una [illegible] [illegible] chiome si [illegible] [illegible] e Pogon[illegible]

Pien [illegible]
All'unive[illegible]
Le laudi de[illegible]

losi annunzi riempiono da sì gran tempo le ulne pagine dei nostri giornali, altro non sono che ridicole ciarlatanerie, atte soltanto ad impinguare il borsellino degli astuti successori di *Figaro* a spese dei nostri amabili bellimbusti. — Una barba fitta e nera, quantunque per ordinario sia indizio della virile robustezza, tuttavia in qualche caso divenne prerogativa anche di femmine. Ippocrate riferisce l'esempio di certa Fetusa di Abdera, la quale un bel mattino si risvegliò barbuta al par d'un filosofo. Margherita, reggente dei Paesi Bassi, avea, a quanto narrasi, folta e lunga barba, e tale pure la posseggono, secondo alcuni viaggiatori, le donne d'Etiopia e quelle dell' America Meridionale. Molti de' nostri lettori si ricorderanno di aver veduto, alcuni anni fa, una donnina che si mostrava sulle fiere dai saltimbanchi, che portava barba e mustacchi sì neri e fitti da sgradarne uno zappatore della Guardia.

La storia della barba presso alle diverse nazioni e nei diversi periodi del loro incivilimento, potrebbe formar materia ad un volume. Gli Egizi erano i soli che avessero l'uso di radere non solamente il mento ma tutto il resto del corpo, come ce ne danno fede i loro monumenti, e le parole d'Erodoto, il quale afferma che il lasciar crescere la barba era presso di loro indizio di lutto; ma tutti gli altri popoli antichi, in ispezialità gli orientali, tennero sempre in gran pregio, ed accarezzarono con ogni cura l'onore del mento. Presso gli Assiri fu apposta taccia di effeminatezza a Sardanapalo, perchè si facea radere tutti giorni, ed i monarchi persiani, non contenti di ammorbidir con unguenti preziosi la lunga barba, se la composero a ricci uniti insieme da sottili catenelle d'oro, specie di lusso ridicolo che venne più tardi imitato da alcuni re franchi nel medio evo, ai quali fu perciò dato l'appellativo di *barba d'*oro. — Appo gli Ebrei il tagliarsi la chioma e la barba era una derogazione alla nazionale dignità, ed un'apposita legge vieta nel Levitico, 19, 9: « *Neque attondebitis comas, neque radetis barbam* ». — Gli Etruschi mantennero il medesimo costume, e tutti barbuti effigiarono i loro Dei, ad eccezione di Vulcano, al quale probabilmente il fuoco avrà bruciato i peli. — Nei tempi mitologici della Grecia non potea darsi grandezza di numi o d'eroi, se accompagnata non era da folto ornamento di barba. E non è forse la barba quella che dà maestà a Giove Olimpico? quella che dà ad Agamennone l'aria dei re? a Nestore l'autorità di un nume? I filosofi o quelli almeno che ne ambivano il nome, in che si distinguevano dal volgo ignorante se non per la rabile barba che scendea loro in sul petto E ... ta se gl'impertinenti ragazzi per mettere la ... fferenza dei cinici, li tiravano a quando a ... li, o, come dice Persio: « *Si cinico barbam petulans nonaria vellat*; » ciò offeriva loro ... i superiori alle ingiurie. L' ... usso in Grecia se non all'epoca ... che il primo ... senza barba ... sato (κόρς ... di G... ero

di domestica gioia, memorando per tutta la vita, in cui si praticavano visite d'amici e di parenti, e si scambiavan presenti. Un ragguardevole personaggio assisteva alla recisione della lanugine e diveniva così il padrino del giovane, e questa racchiusa in astucci d'oro o d'argento veniva offerta ai numi penati. Una delle maniere di adottare qualcuno era quello di raderlo, e la femmina che passava a nozze con un vedovo doveva tagliar la barba al marito, e i capelli ai figli di lui come simbolo di adozione: « *Tondebit pueros jam nova nupta tuos* » (Marz.).

La caduta della barba fu in Roma siccome in Grecia segno precursore di decadenza, indizio di lusso corrompitore. P. Licinio Mena avendo condotto di Sicilia una caterva di barbitonsori, fu origine d'una guerra mortale ai peli, e la mania di reciderseli diventò universale. I barbieri piantaron bottega sulle piazze, sui trivii, nei portici, per tutto, come i lustrascarpe del secolo decimonono. Indarno i rigidi censori di quella età alzaron la voce contro la nuova effeminatezza, i loro discorsi avranno probabilmente fatto quello istesso effetto che le diatribe de' nostri giorni contro ai mustacchi. Scipione Africano si fece campione della moda, ed il rasoio vittorioso non incontrò più ostacoli alla sua furia devastatrice fino al regno del quattordicesimo imperatore. Adriano rimise in credito la barba per nascondere, dicono i maligni, alcune brutte cicatrici che gli sconciavano il viso. Costantino tornò ad abolirla, e più non si vide ripullulare nel mondo romano fino all'età di Giustiniano.

I primi Padri della Chiesa cristiana, finchè stava loro a cuore di sceverare con ogni cura anche esteriore i fedeli dagli idolatri, raccomandarono la prescrizione del Levitico, e condannarono un mento sbarbato come indizio di vanità. S. Clemente Alessandrino scriveva: *La barba contribuisce al decoro dell' uomo, come la chioma alla bellezza d'una femmina.* Nel quarto concilio cartaginese il canone 44.° ordina che *il chierico non si unga la capigliatura, nè rada il mento come i profani*, legge che viene tuttora scrupolosamente eseguita dai seguaci del rito greco.

Presso i popoli barbari, gli usi intorno a ciò subirono grandi differenze. I Galli, durante la dominazione di Roma, non permettevan l'onor della barba che ai nobili ed ai sacerdoti; i Celti in luogo di lasciarla crescere, ungevano il mento con pomate ed unguenti onde acquistasse una tinta lucente; i Germani andavano rasati; gli Unni si sfiguravano con tagli e sfregi per essere più terribili ai loro nimici; i Longobardi aveano, secondo alcuni, avuto un tal nome dalla lunga lor barba; i Franchi, avanti Clodoveo, non portavano che un lungo mustacchio al labbro superiore che essi chiamavano *crista.* Ma nel medio evo l'uso della barba si rese comune, e i re francesi ebbero il singolar costume di avvalorare la lor segnatura nei pubblici atti con tre peli della lor barba, come troviamo in una carta del 1120, la quale è conchiusa colle seguenti parole: « *Quod ut ratum et stabile perseveret in posterum, praesenti scripto sigilli mei robur apposui cum tribus pilis barbae meae* ». E la migliore arra di protezione che un monarca potesse offerire a' suoi vassalli, quella era di rader loro la barba, o per lo men di toccarla, per cui si legge che gli abitanti di Spoleto, allorchè stanziata la somma occorrente, trascelto il loco, dato allo scultore David D'Angers l'incarico della statua, e stretti quanti altri concerti erano da prendersi, le rose procedettero con tanta prestezza verso allo scopo, che già il 24 giugno 1840 la bramata effigie sorgeva, sublime, in mezzo alla popolosa metropoli dell'Alsazia, tra applausi e festeggiamenti rosi solenni, così universali, così partiti dal cuore, che poche volte videsi, forse, in su la terra una tanto dolce e tanto sincera consensione di spiriti. Quali fossero queste feste, queste cirimonie, queste esultanze, noi non diremo, perchè trattandosi di caso recentissimo, minutamente descritto in tutti i giornali, crediamo inutile il farlo. Bensì daremo alcun cenno intorno alla statua, riferendo ciò che ne dissero uomini nell'arte chiarissimi, e giudici, oltrecciò, sgombri d'ogni studio di parte.

La statua magontina, lavoro del celebre Torwaldsen, rappresenta più l'uomo che il genio che albergavalo: nessuna emozione anima il volto, nessuna movenza vivifica la persona, tutto spira in essa la flemma e la simmetrica gravità di un buon Alemanno. La Bibbia medesima ch'essa pone tra le mani dell'illustre effigiato, mal sembra simboleggiare quella illimitata e spesso libertina potenza, che i tipi crearono su la terra. Lo scultore francese, meglio, secondo sembra, avvisato, volle che il suo lavoro esprimesse invece l'indole di quel genio gigante, ed il moto infrenabile ch'egli ha impresso in ogni ramo di umana speculativa. La gamba che avanzasi, in atto di far passo, è imagine del benefico progresso che la stampa, saviamente adoperata, produce: la gravità, ed una tal quale melanconia che domina il sembiante, sembra svelare così gli sforzi d'ingegno che figliarono la meravigliosa invenzione, come la perplessità in cui venne, forse, quel grande, vaticinando col sagace pensiero il gran male, che, misto al gran bene, sarebbe un giorno disceso da quella tremenda sorgente: le parole bibliche poi, scritte su la cartella collocata tra le mani del Guttemberg, spiegano pienamente il nobile e santo scopo cui vuol essere diretta la virtù de' tipi, quello, cioè, di diradare le tenebre dell'errore, conducendo gli uomini alla luce del *vero*, sublime scopo in cui solo s'acqueta e gode l'immortale principio che ci distingue dai bruti. Tutto in somma, conchiudono unanimemente gli intelligenti, discopre in questa statua l'artefice dotto e filosofo, e quand'anche mancassero altre prove a mettere in alto loco l'applaudito scarpello del D'Angers, un tale lavoro basterebbe, solo, a meritargli, la stima ed il plauso d'ogni savio e discreto estimatore delle cose

Il colosso di cui demmo qui l'effigie, posa sur un alto piedestallo quadrato, nelle cui facce sono espressi, in basso rilievo, i più celebri ingegni che porsero materia al nobile opificio dei tipi nelle quattro parti del mondo.

Cav. Baratta.

LE TURBINE

In un paese dove esiste l'edifizio il più segnalato dell' Italia, che porge i mezzi necessari a quelle esperienze, le quali furono il fondamento della scienza delle acque, che ripetendole ed ampliandole possono essere il più diretto incremento pel progresso della scienza medesima, edifizio favorito dalla località e diretto nella sua costruzione dal celebre professore Francesco Domenico Michelotti, il quale seppe dottamente prevedere quel molto che dovevasi comprendere nel nobil progetto; in un paese dove la ricchezza delle acque è talmente conosciuta da essere forse motivo di trascurata economia, e dove per i sempre crescenti bisogni per gli odierni progressi della nazionale industria si sente il bisogno di fare dei miglioramenti, affine di trarre più util partito da quella stessa ricchezza a giusto compenso dei danni che sovente arreca da diventare strumento di desolazione, come in tutte le stagioni gli esempi ci ammaestrano; in un tal paese, posto a confine di quella Lombardia che per opere colossali idrauliche può dar legge, mi fu cosa grata ed onorevole poter tenere lo invito per assistere con altri ingegneri ad alcune esperienze idrauliche, che aprivanci la via per poter giungere a toccar con mano quanto n'era stato descritto da alcuni egregi scrittori stranieri, in un soggetto di molta entità, e di cui l'Italia, per quanto sappia, non si è ancora occupata.

Moltiplica ogni dì più il numero delle ruote idrauliche, ma ordinariamente nella loro primitiva rozzezza, sia perchè l'esecuzione è affidata a gente grossolana e punto teorica; sia perchè lo studio di questa scienza abbisognerebbe che fosse coadiuvato nella parte sperimentale; sia anche perchè sempre vuolsi preferire il già praticato in altra fiata per timore di un male inteso dispendio, o per la poca credenza agli utili che potrebbe fruttare un nuovo sistema. Pertanto chiunque anche per poco si addentra in questa parte della meccanica industriale, di leggeri conosce quanto giovi dare opera ad ulteriori perfezionamenti, onde poter realizzare il massimo effetto utile disponibile in pratica per una data quantità d'azione ossia forza assoluta, effetto che varia all'infinito, come può variare all' infinito la disposizione, combinazione e costruzione delle moltiplici parti di un sistema.

Ordinariamente le ruote idrauliche girano sopra assi orizzontali, e differiscono fra loro per la forma delle pale o per il modo di ricevere l'acqua motrice. Adesso voglionsi introdurre delle ruote ad asse verticale con quei perfezionamenti *che l'esperienza madre di nostre arti* ha suggerito ad alcuni infaticabili ingegneri francesi, che su tale argomento hanno diffusamente ragionato, e ciò che più ci conforta, di già molto operato.

Sarebbe un errore il dare come nuovo l'uso delle ruote idrauliche ad asse verticale. È alla portata di tutti che da gran tempo si sono adoperate, ma non però da attrarre l'attenzione degl'idraulici, come testè si è fatto, e da poter dare alta preferenza a queste ultime sulle prime. Intanto gioverà ricordare che nel 1833 M. Burdin diede il nome generico di *turbines* a quelle ruote ad asse verticale suscettibili di girare immerse nell'acqua del vallo inferiore. Tal denominazione è stata dipoi accettata ed usata da tutti quelli che hanno contribuito al perfezionamento di tali ruote. E siccome in seguito ad un lungo studio di vari anni M. Fourneyron ha potuto determinare vantaggiose e nuove disposizioni, che rendono tali macchine assai più pregiabili tanto per la forma che per gli effetti notabilissimi che se ne ottengono, soglionsi le ultime a buon diritto denominare *turbines de M. Fourneyron*, e che possono essere definite *ruote ad asse verticale a pale curve, che ricevono l'acqua dall'interno all' esterno su tutte le pale contemporaneamente, e possono girare tanto immerse che fuori dell'acqua*.

Di sopra alludeva ad una di queste ruote quando faceva menzione di alcune esperienze idrauliche, alle quali aveva assistito; ruota costrutta in Torino nell' instituto meccanico del Belvedere, cui è direttore l'ingegnere meccanico signor Luigi Thenar, giovane cresciuto fra le industrie del Belgio e perfezionato a Parigi, messa poi in opera nella fabbrica di panni dei signori Arduino e Brun in Pinerolo, e sperimentata con il freno l'ultimo giorno di febbraio decorso.

Siccome con questi pochi cenni isterici non intendo di render conto delle esperienze fatte, nè della costruzione e disposizione della ruota, nè dei mezzi impiegati per sortire in tutto un buon fine, come dopo ulteriori studi sarà fatto, stimo meglio di rendere adesso un giusto tributo di lode al signor Ignazio Porro, maggiore fra gl'ingegneri militari in Torino, che oltre ad aver progettato questo motore, ne ha diretta l'esecuzione. *Poca favilla, gran fiamma seconda.* Di già dal distinto ingegnere idraulico ed ispettore signor Ignazio Michela, che anch'esso fece parte nelle esperienze, vien proposta una *turbina* per muovere quattro ruote da mulino, che fa erigere la comunità di Baldissero nella provincia d'Ivrea, ove mentre le acque sono scarse si può d'altronde utilizzare una caduta di quindici e più metri. Questo è quello che doveva prendersi di mira; apprezzare cioè un ben diretto incominciamento di opere che attestino il progresso dello spirito umano nel sapersi servire adequatamente dei principali elementi di natura, non con mezzi grandiosi e complicati, ma con i più semplici, per avvicinarsi sempre più a questa madre comune, la quale se è feconda di effetti, è altrettanto semplicissima nelle cause.

Esaminiamo adunque con M. Morin se veramente le *turbine* semplificano, anzichenò, uno dei mezzi per trasmettere la forza disponibile da un corpo d'acqua, mezzi impiegati tuttogiorno per i più importanti usi della vita: esse convengono alle grandi come alle piccole cascate; trasmettono un effetto utile, netto, corrispondente dal sessanta al settantotto per cento della forza assoluta del motore, e così circa il doppio delle ruote usuali; possono girare con delle velocità estremamente diverse da quella in più o in meno che conviene al massimo d'effetto, senza che l'effetto utile differisca notabilmente da questo massimo; possono funzionare sotto l'acqua a delle profondità di un metro a due metri, senza che il rapporto dell'effetto utile alla forza assoluta del motore diminuisca notabilmente dall' effetto massimo; e in seguito di questa proprietà utilizzano ad ogni istante tutta la caduta disponibile, poichè si pongono al di sotto del livello delle più basse acque: possono ricevere delle quantità di acqua molto variabili, senza che il rapporto dell' effetto utile alla forza spesa diminuisca notabilmente. Aggiungasi a queste preziose proprietà, in quanto al rapporto meccanico, il vantaggio che offrono di occupare poco spazio, di potere senza grande spesa, senza imbarazzo e senza inconvenienti essere stabilite in quel posto dell'opificio che più ci conviene; di girare generalmente con delle velocità ben superiori a quelle delle altre ruote, ciò che non ci obbliga ad impiegare trasmissioni di movimento complicate.

Dopo tutto questo, non si potrà negare alle *turbine* un grado di preferenza nella classe dei migliori motori idraulici; e se vuolsi ancora, fra i più soddisfacenti nella forma della loro costruzione tutta in ferro e ghisa, non che fra i più idonei a destare la curiosità di tutti, al solo sentir ripetere: come una sola di queste ruote del diametro di due metri, sotto una caduta di tre in quattro metri, aver dato fine a *novant'un cavallo dinamico di effetto utile*; come una seconda del' *diametro*, cosa ammirabile! *di soli cinquantacinque centimetri* a S.t-Blaise nella Forêt-Noire, però *sotto l'imponente caduta di cento e otto metri, trasmettere una forza di cavalli quaranta, facendo duemila e trecento giri al minuto*; e come una terza agire proporzionatamente ad una *caduta piccolissima di trenta centimetri*, venendo in ciò assicurati dalle esperienze proposte da Arago ed eseguite da una commissione, nella quale eravi compreso M. Fourneyron stesso. E chi non sentirà con meraviglia che una sol ruota ha dato fino a 91 cavallo di effetto utile, quando tal forza corrisponde a più di 25 ruote usuali di macine da grano? Che una caduta di 108 metri è stata impiegata per una sol ruota, mentre ordinariamente è difficile utilizzare una caduta maggiore di 15 metri? Che è stato ottenuto tanto effetto utile da una ruota di 0,55 metri di diametro? Che finalmente può esser mossa con sufficiente buon effetto da una caduta di 0,33 metri?

Dopo tutto ciò sembrerebbe che nulla ci restasse da fare sul soggetto delle *turbine*. Nulla invero, se ci contentiamo del già fatto, il che non può essere nel secolo in cui viviamo. C' interessi la parte teorica, se alla sperimentale si è quasi pienamente soddisfatto. Per molti motivi non si può applicare la teoria del Borda esposta per le ruote orizzontali. Vi abbisogna una teoria tutta propria. Vorrebbesi da taluno provare che in una *turbina* ben costrutta e ben disposta, l'acqua non agisca nè per il proprio peso, nè per il proprio urto, nè per la reazione, ma unicamente in virtù della sua forza centrifuga, e ciò sarebbe un'assoluta specialità fra tutte le macchine idrauliche. Frattanto se ci occuperemo in sì util soggetto dalla cognizione della vera parte teorica, potremo stabilire quelle variazioni e modificazioni che tuttora abbisognano, servendoci in ciò di nuovi ragionati esperimenti, come pure, rimosse che siano le gare di municipio, di quanto è stato detto ed operato, avendo cura di raccogliere scrupolosamente quelle poche espressioni generali che M. Poncelet ha pubblicate su tal questione; quel Poncelet medesimo, il di cui solo nome ci assicura preventivamente di un lavoro positivo e completo; quello in fine che discorrendo delle *turbine* in una delle lezioni alla facoltà delle scienze in Parigi, così esprimevasi:

« Avec quel art infini, et comme à force d'études, de « soins et de persévérance, M. Fourneyron est arrivé « à constituer un moteur puissant, moteur qui est en « tous points comparable pour l'élégance et la simplicité des dispositions, à cette admirable machine, « due à quarante années de travaux d'un homme de « génie tel que Watt! »

Questo punto d'ammirazione d'uno dei più gran matematici francesi m'invita a terminare con Houzeau, cioè: aver preso Fourneyron in certo modo il problema nella sua origine per isvilupparne metodicamente la soluzione. Partì da questa verità scientifica che per ottenere da una caduta d'acqua il più grand'effetto possibile, bisognerebbe ricevere l'acqua stessa senza urto nell'apparecchio destinato ad appropriarsene la forza, e da questo farla uscire senza velocità. Tali condizioni facili ad adempirsi, se non si trattasse che di un sol filetto fluido, presentano nell'applicazione delle difficoltà riguardevoli. Infatti una massa d'acqua, le di cui dimensioni siano alquanto considerabili, non agisce come un semplice filetto. Una tal massa offre nel suo movimento un'infinità di circostanze di cui egli è necessario tener conto. Ma come tener conto dei fenomeni che sfuggono in parte all'osservazione, o di cui non conosciamo interamente le leggi fondamentali? Nello stato attuale delle nostre cognizioni giova approssimarsi quanto si può allo scopo fissato ai nostri sforzi, ma egli è inutile il pretendere di afferrare perfettamente tal punto ideale.

Chi conosce lo stabilimento idraulico della Parella presso Torino, di cui appositamente feci onorata menzione sul bel principio, saprà trovare stretta relazione nell'importanza di quello sulle osservazioni speciali a cui siamo stati condotti nel discorrere brevemente delle *turbine*. D.r Giuseppe Potenti *Ingegn. idraulico.*

LA BARBA

La barba, ossia quel complesso di peli che copre le guancie ed il mento, può sembrare argomento di lieve importanza a coloro che ignorano a quante gravissime dissertazioni essa abbia fornito soggetto. Quelli che pretesero ad ogni costo di trovar la causa finale delle più piccole cose, si distillarono il cervello per sciogliere la gran quistione del perchè la barba sia stata concessa all'uomo e non alla donna, dell'uffizio a cui fu destinata dalla natura, della sua dipendenza dallo sviluppo di altri organi; gli antiquari infaticabili andarono rovistando vasi e medaglie onde tracciarne la storia; e v'ebbero perfino filosofi che vollero far della barba un indizio infallibile della pubblica moralità. Ma chi può infrenare la mania investigatrice e disputatrice dei dotti? L'opera più graziosa in tal genere è il volumetto che comparve nel 1786 a Parigi, intitolato *Pogonologia*, attribuito a Delaure, ove sono raccolti gli aneddoti più curiosi di cui ci verremo giovando in quest'articolo.

E per cominciar dalla parte fisiologica, diremo che i peli della barba, non diversi dagli altri del corpo umano, hanno origine da un bulbo vescicolare posto nel tessuto sottocutaneo riempito di linfa gelatinosa, che presta ad essi nutrimento e colore. S'ignora affatto, se nella lunghezza di quei tubi cornei che costituiscono i peli, s'insinui qualche filamento vascolare o nervoso; ma par verosimile che la nutrizione si effettui per una specie di imbibizione, e che i nervi manchino affatto. La sensibilità dolorosa che si manifesta nella plica polonica, e il sangue che scola recidendo i peli, devonsi attribuire al bulbo, che aumenta di mole e si prolunga oltre alla base di quelli sotto il processo d'infiammazione. La barba, corpo eminentemente igrometrico, si rilassa sotto l'influenza dell'umidità, e gli acidi e gli alcali esercitano su di essa un poter dissolvente, per cui tutti coloro che se la radono, usano prima di stropicciarla ben bene con lavacri alcalini e saponacei per far che si renda più cedevole e molle. Le varietà che si osservano nel suo colore, nella densità e nella spessezza hanno relazione coi temperamenti, coi climi, colle abitudini degli individui. L'abitatore di calde ed asciutte regioni, dotato generalmente di quelle tempre che gli antichi chiamavano sanguigno e melanconiche, porta barba ispida, folta e nera; l'uomo che soggiorna sotto un cielo umido e freddo, e in cui prevale la costituzione linfatica, ha barba folta, bionda e arrendevole. L'età produce notabili cangiamenti; ciò che nella adolescenza è una biondeggiante peluria, divien nella età giovanile un ebano rilucente, nella virilità più inoltrata acquista una tinta bruna rossigna, e nella vecchiezza si tramuta in bianco d'argento. Lo spavento e gli altri improvvisi e forti commovimenti possono portar questa metamorfosi tutto d'un tratto, e si citano casi di barbe divenute grigie e canute in una sola notte. La pubertà è l'epoca dello sviluppo della barba, che continua a crescer per tutta la vita, a meno che una morbosa affezione dei bulbi non ne acceleri la caduta; allora, se la natura non si presti al rimedio da sè, tornano inutili affatto i mezzi dell'arte per farla ripullulare, e le rinomate pomate di *grasso di leone* e gli *unguenti svizzeri*, i cui ampollosi annunzi riempiono da sì gran tempo le ultime pagine dei nostri giornali, altro non sono che ridicole ciarlatanerie, atte soltanto ad impinguare il borsellino degli astuti successori di *Figaro* a spese dei nostri amabili bellimbusti. — Una barba fitta e dura, quantunque per ordinario sia indizio della virile robustezza, tuttavia in qualche caso divenne prerogativa anche di femmine. Ippocrate riferisce l'esempio di certa Fetusa di Abdera, la quale un bel mattino si risvegliò barbuta al par d'un filosofo. Margherita, reggente dei Paesi Bassi, avea, a quanto narrasi, foltissima barba, e tale pure la possiedono, secondo alcuni viaggiatori, le donne d'Etiopia e quelle dell'America Meridionale. Molti de' nostri lettori si ricorderanno di aver veduto, alcuni anni fa, una femmina che si mostrava sulle fiere dai saltimbanchi, che portava barba e mustacchi sì neri e fitti da disgradarne uno zappatore della Guardia.

La storia della barba presso alle diverse nazioni, e nei diversi periodi del loro incivilimento, potrebbe fornir materia ad un volume. Gli Egizi erano i soli che avessero l'uso di radere non solamente il mento ma tutto il resto del corpo, come ce ne danno fede i lor monumenti, e le parole d'Erodoto, il quale afferma che il lasciar crescere la barba era presso di loro indizio di lutto; ma tutti gli altri popoli antichi, in ispezialità gli Orientali, tennero sempre in gran pregio, ed accarezzarono con ogni cura l'onore del mento. Presso agli Assiri fu apposta taccia di effeminatezza a Sardanapalo, perchè si facea radere tutti giorni, ed i monarchi persiani, non contenti di ammorbidir con unguenti preziosi la lunga barba, se la composero a ricci legati insieme da sottili catenelle d'oro, specie di lusso ridicolo che venne più tardi imitato da alcuni re francesi nel medio evo, ai quali fu perciò dato l'appellativo di *barba d'oro*. — Appo gli Ebrei il tagliare la chioma e la barba era una derogazione alla nazionale dignità, ed un'apposita legge vieta nel Levitico, c. 19: « *Neque attondebitis comas, neque radetis barbam* ». — Gli Etruschi mantennero il medesimo costume, e tutti barbuti effigiarono i loro Dei, ad eccezione di Vulcano, al quale probabilmente il fuoco avrà bruciato i peli. — Nei tempi mitologici della Grecia non potea darsi grandezza di numi o d'erei, se accompagnata non era da folto ornamento di barba. E non è forse la barba quella che dà maestà a Giove Olimpico? quella che dà ad Agamennone l'aria di re dei re? a Nestore l'autorità di un nume? I filosofi, o quelli almeno che ne ambivano il nome, in che altro si distinguevano dal volgo ignorante se non per la venerabile barba che scendea loro in sul petto? E poco monta se gl'impertinenti ragazzi per mettere alla prova la indifferenza dei cinici, li tiravano a quando a quando pei peli; o, come dice Persio: « *Si cinico barbam petulans nonaria vellat*; » ciò offeriva loro occasione di mostrarsi superiori alle ingiurie. L'uso di radersi non si introdusse in Grecia se non all'epoca di Alessandro, ed Ateneo ci narra che il primo che per adulare il conquistatore si mostrò senza barba in Atene, s'ebbe per bella il soprannome di tosato (κόρσης). La barba non tornò in favore che all'epoca di Giustiniano, e si mantenne fino al cader dell'impero.

Pei Romani al par che pei Greci, il giorno in che i figliuoli tagliavano i primi peli del mento era giorno di domestica gioia, memorando per tutta la vita, in cui si praticavano visite d'amici e di parenti, e si scambiavan presenti. Un ragguardevole personaggio assisteva alla recisione della lanugine e diveniva così il padrino del giovane, e questa racchiusa in astucci d'oro o d'argento veniva offerta ai numi penati. Una delle maniere di adottare qualcuno era quello di raderlo, e la femmina che passava a nozze con un vedovo doveva tagliar la barba al marito, e i capelli ai figli di lui come simbolo di adozione: « *Tondebit pueros jam nova nupta tuos* » (Marz.).

La caduta della barba fu in Roma siccome in Grecia segno precursore di decadenza, indizio di lusso corrompitore. P. Licinio Mena avendo condotto di Sicilia una caterva di barbitonsori, fu origine d'una guerra mortale ai peli, e la mania di reciderseli diventò universale. I barbieri piantaron bottega sulle piazze, sui trivii, nei portici, per tutto, come i lustrascarpe del secolo decimonono. Indarno i rigidi censori di quella età alzaron la voce contro la nuova effeminatezza, i loro discorsi avranno probabilmente fatto quello istesso effetto che le diatribe de' nostri giorni contro ai mustacchi. Scipione Africano si fece campione della moda, ed il rasoio vittorioso non incontrò più ostacoli alla sua furia devastatrice fino al regno del quattordicesimo imperatore. Adriano rimise in credito la barba per nascondere, dicono i maligni, alcune brutte cicatrici che gli sconciavano il viso. Costantino tornò ad abolirla, e più non si vide ripullulare nel mondo romano fino all'età di Giustiniano.

I primi Padri della Chiesa cristiana, finchè stava loro a cuore di sceverare con ogni cura anche esteriore i fedeli dagli idolatri, raccomandarono la prescrizione del Levitico, e condannarono un mento sbarbato come indizio di vanità. S. Clemente Alessandrino scriveva: *La barba contribuisce al decoro dell'uomo, come la chioma alla bellezza d'una femmina.* Nel quarto concilio cartaginese il canone 44.° ordina che *il chierico non si unga la capigliatura, nè rada il mento come i profani*, legge che viene tuttora scrupolosamente eseguita dai seguaci del rito greco.

Presso i popoli barbari, gli usi intorno a ciò subirono grandi differenze. I Galli, durante la dominazione di Roma, non permettevan l'onor della barba che ai nobili ed ai sacerdoti; i Celti in luogo di lasciarla crescere, ungevano il mento con pomate ed unguenti onde acquistasse una tinta lucente; i Germani andavano rasati; gli Unni si sfiguravano con tagli e sfregi per essere più terribili ai loro nimici; i Longobardi aveano, secondo alcuni, avuto un tal nome dalla lunga lor barba; i Franchi, avanti Clodoveo, non portavano che un lungo mustacchio al labbro superiore che essi chiamavano *crista.* Ma nel medio evo l'uso della barba si rese comune, e i re francesi ebbero il singolar costume di avvalorare la lor segnatura nei pubblici atti con tre peli della lor barba, come troviamo in una carta del 1120, la quale è conchiusa colle seguenti parole: « *Quod ut ratum et stabile perseveret in posterum, praesenti scripto sigilli mei robur apposui cum tribus pilis barbae meae* ». E la migliore arra di protezione che un monarca potesse offerire a' suoi vassalli, quella era di rader loro la barba, o per lo meno di toccarla, per cui si legge che gli abitanti di Spoleto, allorchè implorarono soccorso a Carlo Magno, non si staccaron da lui se prima egli non accettò le loro barbe.

All'epoca dello scisma d'Oriente, il papa Leone III, affinchè il suo clero si distinguesse dallo scismatico, proibì la barba, e tal divieto durò fino al pontificato di Onorio III. Nel XVI secolo, Francesco I di Francia fece rifiorire le barbe affin di coprire la cicatrice rimastagli dopo una scottatura; e nello stesso tempo le fece oggetto di erariale speculazione, esigendo una gabella dai vescovi e sacerdoti che, per conformarsi agli usi del secolo, amassero di adornarsene. Gli antibarbisti, numerosi nel basso clero e nella magistratura, suscitarono querele terribili; l'editto *delle barbe* del 1535 proibì l'accesso ai tribunali a tutti coloro che non si fossero rasi, e gli avvocati, se vollero farsi ascoltare, dovettero far sagrifizio dei loro peli. Nel 1561 il collegio della Sorbona emanò una decisione che stabiliva la barba contraria alla dignità sacerdotale. Nè l'odio degli oppositori stette contento a parole; spesso i due partiti vennero anche alle mani, e guai per coloro che gli avversari arrivavano a prendere per la barba! Citasi l'aneddoto di Guglielmo Duprat, prelato barbuto, il quale nell'atto che si recava a prender possesso della sua cattedrale in Clermont, vide sulla porta della chiesa farsegli incontro una minuta plebaglia capitanata dal decano e da due accoliti armati di enormi cesoie, e pronti a scagliarsi sovra il suo mento e a compiere in violento modo l'uffizio di barbitonsori. Ei lasciò loro il mantello e fuggì, amando meglio di salvar la barba che il vescovado. Il regno di Enrico IV e del suo successore furono il secolo d'oro della barba, se ne videro di tutte le forme; puntute, quadrate, a ventaglio, alla selvaggia, a coda di rondine, alla turca, alla cinese. Festeggiata, accarezzata, provveduta di preziosi cosmetici, la barba toccava già l'apice della sua gloria; ma Luigi XIV era destinato a darle il tracollo, egli che in sua gioventù era stato sì vano di un bel paio di mustacchi! I cortigiani francesi, la nobiltà e la borghesia rigettaronla fra le sozzure del volgo, finchè la rivoluzione del 1789, richiamando i fasti di Grecia e di Roma, richiamò anche i peli sul mento dei furibondi anarchisti. In Ispagna fino a Filippo V, a cui la natura avea concesso appena un'ombra di lanugine, monarchi e grandi, nobili e plebei tennero la barba come indivisibil compagna della nazionale gravità. È nota la storia di Giovanni de Castro che trovò diecimila pistole dagli abitanti di Goa, col mettere in pegno i suoi mustacchi, e sussiste ancora un proverbio spagnuole il qual dice: *Dopochè non abbiamo più barba, non abbiamo più anima.* Presso i Musulmani una tale opinione dominava ancora con ugual forza, e la perdita della barba fu sempre considerata da essi come una pena gravissima.

Nella città di Cuddapah nelle Indie fu eretto nel 1135 un edifizio adorno di magnifici pinacoli, unicamente per deporre in esso un pelo della barba di Maometto, che si conservava in una piccola bottiglia di cristallo ornata d'oro e di gemme. Una volta l'anno al lume di duemila fiaccole si esponeva allo sguardo dei pellegrini divoti la preziosa reliquia, intorno alla cui autenticità nessun move dubbio. Dicesi che Maometto avesse costume, allorchè meditava, di passar le dita fra le treccie della sua barba, e che i suoi fedeli venissero religiosamente raccogliendo ogni pelo che ne cadeva. Allorchè Hyder Ali fece il suo trionfale ingresso nella provincia di Cuddapah, si narra che sotto fida scorta inviasse questo pelo a Seringapatam, luogo di sua residenza: ma che all'epoca della morte di Tippue Saib, esso andasse smarrito o derubato. La tradizione pretende che ora sia passato in mano del Nabab di Kurrial che è possessore di una ricca collezione di reliquie appartenenti al profeta.

Se noi volessimo ora parlare dell'influenza politica della barba, troveremmo nuova conferma al noto adagio, che cause in apparenza leggiere producono effetti importantissimi. Nella Storia sacra vediamo che l'origine delle lunghe guerre degli Ebrei cogli Ammoniti fu l'insulto fatto da questi agli ambasciatori di Davidde che erano stati presi per ispie, e rasati per ordine del re. — La proscrizione dei barbieri costò quasi la vita all'imperatore Giuliano, troppo tenero della filosofica barba, ed eccitò una sommossa tremenda.—Una barba recisa fu cagione della disfatta e della morte di Solimano. Egli avea fatto radere in un momento di sdegno la barba a Chassau comandante de' suoi giannizzeri, e quello stimò il castigo sì atroce che se ne vendicò passando ai nimici, battendo l'esercito e strozzando il sultano caduto suo prigioniero. — Un decreto tutto contrario a quello dell'imperatore Giuliano eccitò molestie lunghissime al riformatore Pietro il Grande. A'giorni nostri, grazie al Cielo, la civiltà non consente persecuzioni per un soggetto sì frivolo; ma all'udir le impetuose declamazioni di certi Catoni antibarbisti contro i mustacchi e i favoriti, non si direbbe che alcuni peli più o meno potessero produrre la rovina della patria? O venerabili oppugnatori, lasciate che essi vegetino in pace sulle guancie e sulle labbra dei nostri Adoni, lasciate che lo speziale ed il sarto dieno alle innocenti loro fisonomie l'aria d'un antropofago, che il garzon di notaio assuma la truce severità di un capitano di dragoni, che l'artista e il poeta romantico ricorrano al becco o al bisonte per avere il loro tipo di bellezza ideale, e il pusillanime coniglio si ammascheri da Giove tonante. E che v'importa? Crescano prosperosi barbe e mustacchi, irti o pieghevoli, naturali o posticci, a ricci o a cespugli, a mezza luna, od a tondo, forse per questo la società farà minori avanzamenti o i costumi si renderanno più crudi? Ridete voi per i primi del vostro cruccio, o gli altri rideranno alle vostre spalle.

Per conclusione del presente articolo, ecco il prospetto statistico della barba; un più esperto calcolatore potrà, volendo, darvi anche il numero approssimativo dei peli, valutato sovra un'estensione di tante miglia quadrate di labbra, di guancie e di menti, colle debite modificazioni di climi, di costumi, di legislazione. Per noi bastino i dati più generali. In America gli indigeni non hanno barba; in Asia la portano i popoli settentrionali, e i Cinesi si contentano di quei quattro peli che lor concesse natura. In Africa portano barba i popoli d'origine araba ed i seguaci della legge maomettana. In Europa, oltre gli individui di alcuni ordini religiosi, i contadini russi, gli ebrei polacchi, gli slavi, gli anabattisti, e i sacerdoti di rito greco.

A. D.re FAVA

IL COLONNELLO SÈVE

Della fedele e particolarizzata narrazione della corte e del governo di Mehemet-Aly, che cominciammo in alcuni precedenti articoli, e che andremo via via continuando nei numeri successivi, ne piace ora intromettere alcuni cenni biografici sur un Europeo che contribuì, possentemente, col senno e colla mano, alla grand'opera delle militari riforme introdotte nelle armate egiziane; riforme le quali avendo preceduto di parecchi anni quelle tentate in Costantinopoli dal sultano Mahomud, rivendicano, senza contrasto, al Mehemet-Aly un vanto che l'erronea sentenza dei più attribuisce, ingiustamente, a quest'ultimo. Le quali sole parole bastano a chiarire che noi vogliamo parlare del francese Sève, più noto, omai, sotto il nome turchesco di *Soliman pascià*: imperocchè sebbene molti siano i nostrani che giovarono il vicerè d'Egitto di aiuto e di consiglio in quell'ardua innovazione, certo è che sì per l'epoca de' servigi prestati, sì per l'importanza ed il frutto dei servigi medesimi, nessuno potrebbe contendere a questi il primato, almeno nelle cose ragguardanti all' infanteria.

Il ritratto apposto in fronte alle righe presenti esprime con intera veracità quali siano le sembianze esteriori dell'uomo di cui parliamo. Gli è uno di que'tipi essenzialmente soldateschi che veggonsi di frequente ripetuti nelle litografie francesi, laddove esprimono battaglie od altri casi di guerra, e ne' quali appariscono congiunti coraggio, bonarietà e grassa lietezza di cuore. Ed al carattere della fisionomia ben convengono tutte le altre parti della persona, e l'andare, e 'l gestire, e il parlare franco e spesso condito di sali e di ridevoli frizzi, come è l'uso delle militari brigate: sì che al solo vederlo, chi ha uso di mondo, direbbelo uomo di sciabola, comunque fosse vestito, e dovunque si imbattesse a trovarlo. Le sue membra, indurite da fatiche e da privazioni di cui è impossibile dare un'idea, acquistarono il colore e la fermezza del bronzo: e il suo animo uso a resistere all'urto delle avversità più dolorose, alle minacce dei pericoli più spaventevoli, è solido e immobile come il suo corpo. Legati ad esso da più d'un vincolo, noi avemmo frequenti occasioni di mettere a prova il suo cuore, e dobbiamo, per legge di giustizia, affermare che albergano nullameno in esso onorevolissime e dilicate qualità morali, e soprattutto il senso di una squisitissima umanità, a cui debbesi l'avere diminuiti, per quanto in lui stava, gli orrori commessi nella Grecia e nella Siria dalle orde feroci ond'egli è capo, e l'avere pure, in più d'un caso, mitigate le angoscie di molti Europei sospinti in Egitto dalle multiformi procelle di questa vita.

Indirizzato alla guerra dalla prepotente voce della natura in un'epoca in cui l'Europa era teatro d'incessanti battaglie, Sève s'ascrisse alle bandiere di Napoleone nel 1804, e percorrendo con lode i diversi gradi della milizia, meritossi di essere trascelto ad aiutante di campo dei generali Ney e Grouchy, persone a cui niuno vorrà niegare il titolo di espertissimi giudici in fatto di bellico sapere. Venutogli, quindi, a noia il servigio, quando la pace ricondotta nel continente poca lusinga lasciavagli di correre di bel nuovo i gloriosi perigli de'campi, concepì il disegno di recarsi a cerca di onorati rischi in qualche paese lontano, e l'Egitto parvegli, più che ogni altro, terreno opportuno a mettervi ad effetto l'ideato divisamento. Parlavasi, in fatti, colà del vasto progetto di addestrare nel maneggio delle armi all'europea le truppe arabe raccolte dal vicerè, e quest'opera veramente spinosa non potea compiersi se vecchi soldati nostrani non andavano a farvisi maestri degli inscii e riluttanti figli del deserto. Sperò adunque, nè i suoi calcoli andarono punto falliti, che avrebbe trovato in riva al Nilo quelle occasioni di mostrarsi che vanamente cercava in Francia, e che la tenuta oscurità non avrebbe in tutto ravviluppato il suo nome. Trasferitosi quindi in Egitto, ed offertosi a Mehemet-Aly, ed al figlio Ibrahim, ricevè da ambedue più facile ed onesto accoglimento che essi usino comunemente concedere. Del che vuolsene cercare la primaria cagione in quell'aspetto così solennemente marziale di cui dicemmo in principio: poichè i Turchi, e Mehemet-Aly anzi tutti, giudicano, quasi sempre, le persone secondo le facce, e si lasciano facilmente tirare dalle simpatie. Fosse, però, virtù del sembiante, fosse efficacia delle onorevoli carte di cui era munito, fosse anche un tantino di magniloquenza francese, fatto è che oltre all'essere subito ammesso al servizio, ebbe il gravissimo incarico di gettare i primi semi delle discipline europee in mezzo alle incomposte turbe egiziane. La quale riforma essendo senza dubbio uno dei più gravi fatti accaduti in questi ultimi tempi, siccome quello che fu capo e diremo sorgente di quel lievito d'innovazione che travaglia oggigiorno l'Oriente, e spingelo con irresistibile moto verso arcani destini, merita, così, che se ne ricordino alquanto minutamente i particolari.

Gli esordi di questa riforma, suggerita a Mehemet-Aly dalla esperienza ch'egli aveva fatta della tattica europea all'epoca della scesa de' Francesi in Egitto, guerra in cui gli era occorso di vedere, più d'una volta, piccioli drappelli di uomini ordinati, sostenere, con vantaggio, l'urto inefficace di numerose orde incomposte, furono pieni di tante difficoltà, che impossibile si è il formarsene col pensiero una giusta misura. Principale fra queste si era l'orgoglio mussulmano, il quale mal pativa che i seguaci del profeta, inchinatisi ad un vile *giaur*, pendessero dal suo cenno quasi da maestro e padrone. Ostavano quindi le abitudini di una vita molle ed oziosa, intollerante delle lunghe e cotidiane fatiche del militar tirocinio; spiaceva ancora oltre ogni dire a quella gente, sciolta ed usa al libero muoversi e conversare, il silenzio, l'immobilità, e la geometrica regolarità che sono i sostanziali caratteri della odierna strategica. I quali ostacoli bene ponderati da Mehemet-Aly, conoscitore profondissimo dell'indole delle sue genti, fecero sì ch'egli procedesse al suo scopo per vie tortuose, ed a grado a grado, onde il voler troppo non conducesse, come alcuna volta succede, al conseguir niente. Cinquecento giovani suoi mammalucchi, o creature, scelti tra i più promettenti per doti di animo e di corpo, furono consegnati al Sève ond'egli facesse in essi il primo esperimento delle desiderate innovazioni. A queste cinque centinaia vennero poco dopo a congiungersi altri cinquecento adolescenti, somministrati dai grandi dello stato, bramosi di compiacere al pascià, che dimostravasi accesissimo in questa faccenda. Ma a rendere più probabile, se non certo, l'esito dell'impreso tentativo, bisognava segregare affatto i nuovi discepoli dal pericoloso consorzio de' loro connazionali, le cui suggestioni e derisioni li avrebbero, senza dubbio, rimossi dall'ingrato cammino in cui stavansi avviando. Assegnossi, quindi, Assouan, villaggio posto accanto alla prima cateratta, per centro e sede della decretata istruzione militare. Quattro ampie caserme, costrutte colà prestamente d'ordine del vicerè, accolsero i novelli discepoli, e divennero così come seminario di quella nuova genia di guerrieri che egli disegnava creare ne'suoi stati. Separati, per tal modo, dal consorzio de' loro compaesani, e sottratti a tutte le distrazioni della vita cittadinesca, questi bellici neofiti cominciarono, se non volonterosamente, almeno pazientemente, gli esercizi a cui erano chiamati, ed a forza di fatiche e di abnegazioni giunsero, dopo tre anni di ammaestramento, a vestire le apparenze di soldati europei, trattando com'essi sciabola e schioppo, e movendosi ritti, ordinati, a destra, a manca, in ogni verso, in tutte le fogge come essi costumano. Ma quantunque nessuna maniera di piacevolezza fosse dimenticata onde allettare questi primi apostoli della militare riforma, e far loro prendere amore per le novità imparate, pure non vi fu modo di ottenere che ciò seguisse, ed anzi la rabbia ed il dispetto ch'ei si avevano per quelle esercitazioni balenò più d'una volta in modo terribilissimo. Basti che un giorno in cui Sève comandava un simulacro di guerra, un fucile carico a palla gli fu sbarrato contro a brevissima distanza e fu miracolo s'ei non ne cadde freddo sul colpo. Ma egli non impauri nè per questa nè per altre cento male parate consimili, ed alternando, sagacemente, il rigore e la clemenza, i blandimenti e i castighi, ottenne alla per fine da quella rozza e feroce gioventù, una stima ed un affetto a cui ben pochi de' nostri giunsero *in* Oriente.

Mostrata, colla formazione di que'primi battaglioni, la possibilità delle guerresche innovazioni imaginate dal principe, numerosi e valenti istruttori nostrani vennero da Mehemet-Aly chiamati a lusinghevoli patti, da tutti i paesi d'Europa, ed i loro sforzi pazienti e congiunti educarono, a poco a poco, quelle armate che fecero prove sì luttuosamente celebri nell'Heggias, nella Grecia, nella Siria e nell'Asia Minore. Di mezzo ai quali promotori dell'opera cominciata dal Sève primeggiano per merito di sapere e di prestati servigi, i francesi Godin e Boyer, lo spagnuolo Seguerra, e soprattutto gl'italiani Ximenes, Romei, Bolognini ed altri, a cui renderemo in altro loco quella giusta parte d'onore che loro è dovuta.

L'intelligenza, lo zelo, e la costanza veramente ercùlea addimostrata dal Sève in questa prima parte delle sue egiziane fatiche gli guadagnarono siffattamente la benevolenza di Mehemet-Aly e di Ibrahim pascià, che sollevatolo, a grado a grado, dall'umile carriera d'instruttore a quella più nobile e fruttifera di vero officiale d'armata, fu egli successivamente insignito delle divise di capo-battaglione, colonnello, generale di brigata, e per ultimo generale effettivo comandante una divisione; onore a cui gli aperse la via la felicissima campagna della Siria, chiusa colla distruzione dell'esercito della Porta, e l'assoluto possedimento del paese. Soliman pascià sposò una delle molte donzelle greche da esso sottratte all'orribile macello di Missolungi, ed ebbe da essa vari figlinoletti, che sono educati nella religione cristiana. Il quale fatto prova che debba pensarsi del maomettismo a cui lo credono convolato gli Arabi suoi soldati, e che gli fruttò una taccia turpissima, che a noi non regge il cuore di dire.

Cav. Baratta.

I FIORI

La natura creava il cuore pegli affetti, lo sguardo per l'ammirazione: ogni animo gentile quelli conosce, e quanto più sviluppata è la mente, tanto maggiormente sarà suscettiva di questa. Ma siccome fu dato ad ogni core il suo palpito a niun altro simile, così ogni sguardo comprende l'ammirazione in modo diverso. Ecco perchè inesauribile riesce l'argomento dei fiori.

È dolce cosa la primavera; ella ne culla nelle sue braccia di rose e ne addormenta con baci profumati; e voi, freschi fiori, col verde delle vostre foglie ne ridonate la speranza, chè la speranza dell'uomo è un cielo sereno, di cui siete l'amore. Per questo noi ce ne adorniamo la fronte, il seno, li deponiamo presso al core, e ne facciam dono ai nostri più cari, a ciò ad essi ed a noi non venga meno il sereno del cielo. Vedete la giovinetta come lascia festosa le tristi mura che l'hanno tenuta prigioniera per lunghi mesi, e corre per le aiuole spiando ad ogni passo il fiore che spunta. Scorta la mammola olezzante semiascosa nel suo verde, essa ne compone gentil mazzetto che depone fra i veli del seno; ma poscia veduta in lontano la semplice margherita, a lei corre e quasi di furto se ne impossessa. Ad una ad una cadono le foglie di questa sotto le sue dita tremanti — il core le batte più frequente..... Ancora poche foglie e saprà tutto! Oh mi ama! ella esclama alfine, battendo palma a palma; ma un improvviso rossore le tinge il delicato viso, mentre su tutta la persona di lei si diffonde un leggier velo che non puossi dire di mestizia, ma che le toglie quella petulante vivacità che la distingueva da prima.

Il biancospino come perla fra l'alghe sorge da'suoi

cespugli a cui aleggia d'intorno l'ape attratta da sue fragranze. Povero fiore! come la natura ti diede le spine quasi a dileggio, dava l'intensa avidità all'ape delibatrice non commessa dal tuo non tocco candore. — Morrai, biancospino, ne' suoi feroci amplessi.

Ma già cresci grazioso e snello fra le tue foglie simili a palma, fragile stelo del giglio delle convalli. Le figlie di Sionne t'amarono perchè soave è il tuo profumo, e sovente a te elle furono paragonate.

Rosa, regina della bellezza, svariata tanto di forme e di colori: ora più candida del giglio, ed ora pari all'oro del cielo salutato dall'estremo raggio del sole in occaso — desiata sempre, sia che in bocciuolo ti mostri, o sullo stelo pudica t'inclini al giungere dei zeffiri indiscreti; o pallidetta come le guancio d'innamorata donzella sembri sorridere alla farfalla, fiore del cielo vago al par di te, ma più felice, ch' ci può andare all'amor suo, sia desse un fior di paradiso o un terreno profumo.

In mille e mille guise svariate, i tuoi destini, o rosa, sono infiniti al pari di te. Serto fatale sulla testa delle vittime cadenti sotto il ferro del sacerdote idolatra. — Corona gaudente sulla fronte canuta del Greco cantore delle grazie. — Letto nefando di un tiranno di Roma. — Molle pioggia sulle vaghe forme di un'odalisca. — Simbolo di mistica pura vergine a cui si raccomanda l'anima religiosa. — Premio al giovane poeta vincitore nell'agone di Tolosa, che vide sorridergli dal cielo la giovanetta che i giuochi floreali istituiva. Prima fra tutti, vagheggiata dall'universo io t'ammiro, o rosa, ma il mio fiore non sei tu, chè io un altro ne amo. Delle frondi di questo a me caro, s' incoronavano le sacerdotesse del Sole, i ministri d'Iside, e talvolta anco i druidi. Dante destinava codesto arboscello a crescere sulla tomba del suicida, e le maliarde ne sprémevano il suco per comporne filtri possenti. Voi che bramate eternare la gentil fiamma che v'accende, cogliete in sul morire del giorno un ramo di verbena, e con quello strofinatevi il palmo della mano; indi stringete con forte desio e fede la destra della persona diletta fin tanto che sia confuso in uno il calore delle vostre destre. Ciò fatto, non temete più di nulla, l'amore vi proteggerà.

Il linguaggio dei fiori è stato conosciuto in ogni età, da tutti i popoli: fiori, musica, poesia, non sono dessi un solo, unico interprete dei più gentili sentimenti dell'uomo? Il trovatore canta sul liuto le sue pene segrete e soltanto così osa narrar la sua fiamma; ed allor che l'onore lo chiama, partendo per la battaglia, egli altro non chiede che il fiore che s'appassiva sul seno della sua diletta donna.

Alla giovane orientale non rimane altro sussidio contro il feroce occhio della gelosia che la pietosa assistenza dei fiori; e quando il suo innamorato passa sotto le sue finestre, ella tosto lascia cadergliene a' piedi un mazzo, che rapidamente inaffia di essenza odorosa; ciò è una conferma di vivo affetto e una promessa di felicità avvenire.

Osservai che i fiori più vaghi sono quasi sempre i più facili ad appassire; egli è forse per questa fralezza che sono quelli destinati ad interpreti dell'amore? ovvero è la bellezza che li distingue che a loro procurava tal sorte? E in senso inverso avviene dei fiori serbati al lutto dei sepolcri; la viola, la mortella, il semprevivo sono dessi soltanto destinati a rallegrare il nostro ultimo asilo di eterna pace. — E per ciò siate dunque benedetti, tristi fiori, cui l'orrore di una abbandonata solitudine non ispaventa: benedetti sovra tutti voi ultimi amici e compagni che senza disgusto assistete con melanconico aspetto allo spettacolo di una orgogliosa argilla che si dissolve lentamente, ed in fango e polve ritorna. La morte non ha principio col trapasso: ella comincia dall' ultima lagrima, dall'ultimo fiore sparso sulla terra che ci ricopre.

Le donne indiane, allorchè la morte rapisce loro un bambino, sulla sua fossa disseminano fiori entro cui lasciano cadere alcune goccie di latte, che nella loro commovente superstizione credono l'anima del figlinoletto passata in uno di codesti di cui aspirano a più riprese la fragranza, sperando così che, fecondato di nuovo il loro seno, l'anima del figlio perduto ritorni a loro nella spoglia di un altro nato.

Mi sforzai di trovare l'origine per cui il fior d'arancio è destinato alle vergini spose. Abbenchè non più di moda la mitologia, pure la memoria del frutto del giardino d'Esperia non passa. Assicurasi che quel pomo d'oro tanto conteso, altro non fosse che un melarancio; dall'antico albero nacque infinita quantità di rampolli che furono quindi propagati per tutto il mondo. Ma siccome si temette che la loro specie si moltiplicasse di soverchio, e si rinnovassero con questo sopra altri individui le domestiche sciagure di Agamennone, non che le pubbliche troiane calamità, si pensò prudentemente a coglierli in fiore, perchè fosse diminuito il numero dei pericolosi frutti, e destinarli all'Imene in espiazione dell'antico insulto ch' ei riceveva. Mi si farà osservare che i fiori d'arancio delle giovinette spose di rado son naturali; ma gli è che alle donne dell'età nostra basta il simulacro di un saggio avvertimento, che loro ricordi le fatali conseguenze del dono di Paride.

O voi che amate ed ammirate i fiori, non prodigalizzatene l'offerta. Sia ella soltanto una promessa o una conferma di affetto; e ricordatevi che sovente, nei dì del dolore e dell'isolamento, altro non ne rimane che un fiore appassito.

Giulietta Pezzi.

GHEEL
ossia una colonia di mentecatti

Il dottore Bonacossa, il quale, caldo di una nobilissima filantropia, rivolse, da assai tempo, i suoi studi e le sue premure alla cura de'mentecatti, ebbe, non ha guari, dalla superiore Autorità, l'onorevole incarico di compiere un viaggio all'estero, onde conoscere la condizione de' dementi ne'vari paesi, ed i vari metodi di governarli, e farne, quindi, in questo municipale manicomio, quella vantaggiosa applicazione che parrebbe del caso. L'articolo che segue è estratto dall'opera in cui egli rende conto di tale sua scientifica peregrinazione, opera che è senza contrasto una delle più dotte e curiose pubblicazioni che mai venissero in luce su questo grave ed interessantissimo argomento.

Gheel (1) è un villaggio agricola situato nella Campina alla distanza di dieci od undici leghe da Anversa. Alcune guarigioni miracolose di pazzi ivi avvenute, di cui la tradizione aveva conservato rimembranza, lo fecero salire in tanta celebrità che da remotissimi tempi molti mentecatti del Belgio ed anche dell'Olanda sono colà inviati e dai loro parenti, e dai vari ospizi, e collocati in pensione nelle case degli abitanti di quel comune, i quali ne prendono in custodia or uno, or due o più, ma non mai oltre di cinque.

I mentecatti, appena giuntivi, sono ritirati in una casa attigua ad una chiesa dedicata a S. Martino, in cui trovasi un altare consecrato ad una vergine martire chiamata Dimpna. Vari frantumi delle pietre, le quali formavano il sarcofago che racchiudeva la salma della medesima, sono tuttora conservati entro un cofano, sulla parte esterna del quale scorgonsi antichissime dipinture, e bassirilievi allusivi alla vita ed ai miracoli della martire suddetta. Esso è addossato all'altar maggiore su di archi gottici sostenuti da piccole colonne in pietra poco più alte di un metro e mezzo. In quella casa stanno per nove giorni, duranti i quali un sacerdote a loro si presenta sovente con una reliquia della martire, e fa contemporaneamente egli stesso alcune preghiere, e fa pregare gli infermi benedicendoli varie volte. Quindi, ciò eseguito, sono consegnati a questi od a quelli degli abitanti del villaggio o delle vicine campagne comprese nel suo territorio. Oltre alle descritte, alcune altre cerimonie religiose sono pure praticate, sia nel tempo in cui stanno rinchiusi nella casa sunnominata, che allorquando già trovansi altrove piazzati, in altre epoche dell'anno; ma particolarmente nel giorno della festa della Santa e nella Pentecoste. E se i pazzi sono molto agitati o furiosi, alcune persone del paese vengono pregate per compiere le cerimonie, che consistono nel fare per nove giorni tre volte il giro attorno alla chiesa per di fuori, e tre volte nello interno di essa, passando ogni volta sotto l'arca menzionata, strascinandosi in ginocchione, arrivati a questo luogo. Per la quale costumanza a forza di stropicciamenti, consumate, in parte, le pietre che ne formano il pavimento, presentano sensibili traccie a guisa di fosse. Terminata la novena, esce il mentecatto dal suo provvisorio ritiro, e va ad abitare con quegli che se ne assunse l'incarico. Allora, s'egli è tranquillo, gode di una intiera libertà, va e viene, e passeggia per il paese come più a lui piace. Se poi tenta di fuggire, gli si mettono alle gambe pastoie fatte di grosse catene, ed anellacci di ferro; e nel caso che sia molto agitato e furioso, è incatenato al letto od al muro in qualche angolo della casa. D'impastoiati e di liberi affatto parecchi io ne vidi girare per le vie di Gheel. I paesani, accostumati sin dall'infanzia a questo spettacolo, non vi prestano più alcuna attenzione.

Ognuno che abbia mentecatti in pensione deve procurare, sotto pena di castigo, che questi trovinsi in casa sul far della notte. I letti su cui coricansi sono grossi cassoni di legno somiglianti a truogoli, aventi tutti attaccati anelli di ferro alle sponde, e contenenti paglia.

Il numero de'mentecatti è di 700 circa fra uomini e donne, pochissimi de'quali subiscono qualche cura medica per le loro pazzie. Per i medesimi interviene il medico solamente se sono affetti da malattia accidentale; del resto sono intieramente abbandonati al male ed alla forza della natura. Scarsissimo è il numero di quelli che guariscono, il che però devesi attribuire non solo all'obblio in cui sono lasciati, ma anche alla malattia già inveterata da cui sono trava-

---

(1) Si vende in Gheel una cronaca scritta in lingua fiamminga, in cui raccontasi l'origine di questo paese, e della costumanza antichissima di inviarvi i pazzi per ottenerne il risanamento. Alcuni passi più importanti della medesima vennermi spiegati in italiano idioma dalla gentilissima signora Eugenia Morel, la quale piena di grazie e di avvenenza ha, in sul fiore degli anni, fregiato non solo l'animo di quelle più esimie doti che possono costituire una eccellente sposa ed un'ottima madre, ma eziandio adorna la mente delle utili e ad un tempo dilettevoli cognizioni della musica e delle lingue, fra cui, oltre alla patria, l'inglese, la francese, la tedesca e quella, più dolce, dell'Arno.

Anche il sig. Augusto Morel facendo cenno con un suo articolo stampato nel Precursore d'Anversa (mese di ottobre 1838, num. 12, 13) della nostra passeggiata al detto villaggio, ne ha tracciata in compendio la storia, e diede diverse notizie sul genere di vita che ivi menano i mentecatti, e sulla maniera con cui sono trattati.

gliati quando arrivano in quel luogo. La mortalità in loro è un po' maggiore di quella che succede negli altri abitanti del borgo; per altra parte non sono esatte le notizie statistiche che si posseggono.

Di quelli che sono atti, alcuno è occupato in lavori domestici, ed altri nell'agricoltura.

I pazzi tranquilli si alimentano come i lor ospiti, delle cui mense ordinariamente siedono; patate, butirro, formaggio, latte, poco pane, e talvolta carne.

I poveri costano 100 fiorini all'anno (210 fr.) di pensione, non compreso il vestiario, e le spese fatte per i rimedi. Quelli che appartengono a famiglie abbienti spendono da duecento a cinquecento franchi all'anno.

Affinchè nessun sopruso sia fatto ai mentecatti, ed acciocchè ognuno di essi sia ben trattato, e nel modo stabilito per riguardo ai cibi e nel rimanente, sorveglia una commissione nominata dal Governo, composta di cinque personaggi fra i più probi borghesi, di cui due devono essere medici. Questa commissione siede nel paese medesimo.

Così divenuto una specie di colonia di pazzi, e per tali circostanze certamente unico questo paese, doveva eccitare la pubblica curiosità, e meritare parimente che alcuno ne imprendesse la descrizione. E parecchi furono difatti gli scrittori, medici e non medici, quali dopo essersi portati sul luogo stesso, e quali dietro agli altrui racconti, che ne pubblicarono notizie. Esquirol che lo vide nel 1821, col D. Voisin, ed il D. Guislain nel 1837, sono quelli fra i medici che diedero sul medesimo più precisi ragguagli. Conciossiachè, riflettendo ora su quanto fu detto in diverse epoche sì dai sullodati scrittori, che da altri più antichi, e su di ciò che io stesso osservai nel mese di ottobre del 1838, appare che nissuna mutazione ivi è succeduta nel governo dei mentecatti; dal che pure si può arguire che la stessa condizione di cose che tuttora si mantiene, in tempi anche da noi più rimoti, già sussistesse.

Il sig. Bon (1) scriveva: « C'est une chose unique que de voir un si grand nombre d'insensés vivant pour la plupart dans une entière liberté au milieu de simples cultivateurs, et, pour ainsi dire, confondus avec eux, partageant leur table et leurs occupations, et tout cela sans qu'il en résulte le moindre désordre. Aussitôt qu'un aliéné est arrivé chez un cultivateur, celui-ci commence par lui rendre sa liberté; ses chaînes et tout ce qui peut entraver l'exercice de ses facultés physiques, sont enlevés, en observant toutefois des précautions qu'exige le genre de folie dont il est atteint ».

Esquirol (2): « J'en ai vu qui étaient bien logés, bien couchés; mais le plus grand nombre est très-mal. La plupart de ces malheureux sont nourris comme les paysans du pays, avec du lait, du beurre et des pommes de terre... Cherchent-ils à s'évader, on leur met des fers; sont-ils furieux, on les enchaîne des pieds et des mains... En mettant le pied sur le territoire de Gheel, nous vimes avec douleur un maniaque qui s'agitait sur la route auprès d'une ferme, dont les entraves en fer avaient déchiré la peau aux bas des jambes. Dans toutes les maisons, on voit contre la cheminée et souvent contre le lit, un anneau auquel on fixe la chaine qui doit contenir ces infortunés ».

Il D. Guislain (1): « Ce qui se passe là entre les étrangers et les malades de la colonie, mérite surtout l'attention. Il s'engage des colloques entre les étrangers et les aliénés ambulans, et chaque fou chamarré de rubans et de médailles, selon le rôle qu'on lui fait jouer, conte son historiette obligée, et finit par exciter la compassion et demander l'aumône; ils sont exercés à ce métier et employent dans leurs questions et réponses beaucoup de tact et une grande finesse. Les visiteurs de leur côté mettent le plus souvent dans leurs demandes la plus grossière indiscrétion, quelquefois la plus révoltante indécence envers les femmes et les jeunes filles; car fous et folles habitent pêle-mêle: on donne quelque pièce de monnaie, et bientôt cet argent est dépensé dans les cabarets, où il n'est pas rare de voir ces malheureux dans un état d'ivresse portant le comble à leur dégradation. Arrivé là, on n'a rien de plus empressé que de questionner les habitants de l'endroit sur la position de leurs hôtes; et à les entendre, Gheel serait le paradis des fous. Mais à peine la formule conventionnelle est-elle débitée sur la liberté illimitée dont ils jouissent dans ce village, que commence le triste et long récit des moyens de coërcition, arrive la description d'un appareil en fer destiné à enrayer les mouvemens des jambes et d'une ceinture large et forte du même métal, à laquelle sont fixés les bras des malades; on y cite des aliénés attachés par des chaînes à qui l'on administre la nourriture dans une gamelle attachée à un long bâton; on y fait fréquent usage de ces agents de répression, car on rencontre à chaque pas des hommes dans les rues portant des chaînes ou des entraves de fer aux jambes ».

Per me, due pregievoli cose ravviso in Gheel; il lavoro cioè a cui sono applicati parecchi de'pazzi, e la libertà di cui i tranquilli possono godere, vivendo in una maniera poco dissimile da quella a cui erano abituati prima di cadere infermi. Essendo perciò i medesimi in condizione assai migliore di coloro che sono chiusi negli stabilimenti, e costretti a menare la loro vita neghittosa affatto entro una ristretta cerchia con pochi ed angusti siti da passeggiare e respirare un'aria salubre. Del resto, giustissime estimo le osservazioni di Guislain; dalle

(1) V. Journ. d'Horticulture, mois d'août 1832.
(2) Des maladies mentales.

(1) Annales de la Société de médecine de Gand. 1838.

quali poi quand' anche si volesse allontanare il pensiero, la privazione di ogni mezzo curativo in quel luogo è, a mio avviso, per sè sola un male cui niuno altro bene può dare compenso.

Esquirol pensa che questa istituzione assai più utile si potrebbe rendere con istabilire un ospedale in cui fossero contenuti i pazzi più agitati, ed i curabili, ove subissero una convenevole cura medica, e permettendo solamente ai tranquilli di potersene stare liberi nelle case degli agricoltori. Questa opinione dello scrittore francese ed i suoi suggerimenti sarebbero certamente da abbracciare; imperocchè con un illuminato magistrato ed operoso, che non solo esercitasse la sua sorveglianza su quelli ritirati, ma anche sugli altri sparsi nel borgo, e con l'applicazione di un metodo curativo non interrotto tanto a questi quanto a quelli, si avrebbero riuniti i mezzi fisici ed i morali, combinati con una tranquilla libertà cotanto cara anche ai mentecatti, e così un assieme di circostanze pressochè ovunque sgraziatamente da desiderarsi. Ciò facendo, riparerebbe il Belgio a' mali, che qual nazione incivilita ha già troppo lungo tempo con inescusabile indifferenza trascurati, e saggiamente provvederebbe in tal modo agli urgenti bisogni di considerevol numero di compassionevoli cittadini.

Dott. Bonacossa.

LA CUPOLA DELLA CHIESA DI S. GIOVANNI IN PARMA

Dipinta a fresco da Antonio Allegri da Correggio

Se il più de'lavori del Correggio è sovrattutto notevole per la gaiezza del colorito e la grazia, d'altri pregi, non certo ugualmente amabili, ma più maschi e magnanimi, risplende quello che ora ci ponghiamo a descrivere. E qual non vedesse di cotesto nobilissimo artista che i soli affreschi della cupola di S. Giovanni, crederebbe a pena che le soavi maestrie che ammiransi, per atto di esempio, nel S. Girolamo, fosser venute da un istesso pennello. Cotanto sono in quella grandiose le forme, altamente pensate le espressioni! Ancora gl'intendenti meglio avveduti e maturi, insufficienti a rendere altramente ragione di una tal differenza, imaginarono essere stato cotesto un primo effetto delle più eccellenti dipinture di Michelangelo e di Raffaello vedute da esso in Roma. Se non che nessun documento avvalora una somigliante induzione. E quando bene si volesse ammettere aver egli visitata quella veneranda metropoli delle arti belle, sarebbe da recar ciò a una data più tarda, allorchè il suo stile si mostrava già suggellato nel carattere che ne rende le opere singolari da ogni altra. E non è da pensare che un uomo così naturato a sorgere eminente per se medesimo, e in tutta la caldezza del temperamento e degli anni, avesse incominciato col sopprimere in sè i primi elementi suoi propri, a fine di seguitare dettami in gran misura disformi dall'indole di quelli, e più ancora dalle fogge del suo maestro: o qualora si fosse pure abbandonato a que' modi, se ne fosse così di subito dipartito. Può per ventura il Correggio aver veduto le pitture di Leonardo, del Buonarroti e del Sanzio ne'disegni: e conoscendosi temperato a emularne il valore e la fama, essersi recato a tentarne ancora le eccellenze. Sovranamente sicuro dell'arte, ei potea bensì antiporre un modo ad un altro: ma perciocchè di tutti e'sapea la condizione e le leggi, a ciascuno potea lodatamente dar opera. Ma la natura, meglio potente in lui che non ogni disciplina umana, traevalo sempre gagliardamente a quel punto dal quale dovea spandere una luce sì gioconda e sì nova.

Qualunque sia l'opinione alla quale dia luogo la vista di cotesti lavori, non è da dubitare che il volo spiegato qui dall'Allegri fuor della via sua propria non allarghi d'assai nella nostra mente la sfera delle sue facoltà, e non rechi a pensare com'egli valesse a imprimere nelle sue figure ancora quella calda e vigorosa espressione la quale parea sì poco rispondente alla delicatezza e mansuetudine della sua tempra.

Cotesta cupola è costruita a forma di tazza. Non ha lanternino alla sommità; non finestre ai lati: talchè non può ricevere altra luce che di riverbero.

Il Redentore, mezzo coperto da un manto che gli si diffonde giù della spalla sinistra, e svolazzando gli attraversa il femore destro, è con aperte braccia sospeso in aria nel centro, divinamente avvolto nell'immensa luce della sua gloria. I dodici Apostoli, assisi su nuvole e tutti da nuvole intorniati, sono composti al basso in atteggiamenti di vario modo. Chi parla, chi ascolta: qual contempla, qual medita: ciascuno in somma si mostra vivamente con l'animo in azione. Alcuni allegri putti sono con bell'arte qua e là interposti ad addolcire la grave maestà della scena. Ne'pennacchi sono i quattro Vangelisti: e ciascuno ha compagno uno de'più venerati dottori della Chiesa latina; tutti posanti su nubi, e scompartiti come appresso.

Nel primo pennacchio dalla parte del Vangelo è dipinto S. Giovanni con l'aquila a destra: il quale (secondo che altri ritrae dalla disposizione delle dita) viene spiegando il mistero della Trinità a S. Agostino, che appo lui a sinistra piega attento l'orecchio alle sue parole. Poco di lunge spunta alla sua dritta la testa di un giovanetto, il quale ne reca il pastorale e la mitra. Amendue in vesti amplissime, hanno sovra i ginocchi un volume aperto, la cui materia sembra aver dato occasione al ragionamento.

Nell'altro pennacchio verso l'Epistola sono dipinti

S. Matteo e S. Girolamo. Ha quegli davanti a sè un libro del Vangelo scritto da lui in ebraico: e con la destra intra i fogli di esso libro si volge al santo Dottore, il quale in una pergamena distesa su due volumi sovrapposti al ginocchio destro, scrive con intenso spirito i passi che S. Matteo gli viene dettando.

Nel terzo pennacchio dalla parte dell'Epistola, in faccia all'altare maggiore, è S. Marco; il quale con la destra su la chioma del leone, e l'altra fra le carte del suo Vangelo, ha sembianza di dettare a S. Gregorio, che, vestito del manto pontificale, gli siede a sinistra. Intento ai detti del Vangelista, ha quegli fra le dita la penna, e su le ginocchia un volume aperto sul quale è in atto di registrarli. Alla sua manca, e quasi orizzontalmente alla bocca, è una colomba a piume distese: e più in là un angioletto senz'ali, col triregno e la croce papale. A' piè del Santo n'è un altro in un'attitudine la più vaga che mai, con le spalle a'riguardanti, e la faccia in profilo.

S. Luca, sul dosso di un bue abbassato a fargli scanno di sè, è figurato nel quarto pennacchio dalla parte del Vangelo, dirimpetto all'altare maggiore. Con la destra sollevata alla gota sinistra a fine di poter leggere più posatamente, e la manca su l'alto di un volume cui tiene d'allato, egli è fiso in ciò che scrive S. Ambrogio, che gli è di costa. Appo la destra spalla del santo dottore è un angelo il quale ne porta la mitra, ed è coperto da questa così fattamente, che non lascia vedere se non poca parte del volto. Tra le mani dell' istesso angelo sembra esser pure la sferza, ivi forse dipinta a significare come quel grande arcivescovo fosse il flagello degli Ariani.

Se per un lato è certo che le aperture interiori avrebbono procacciato allo spettatore il mezzo di considerare senza fatica e più chiaramente le ammirande figure di sì fatta cupola, non è da dubitare per l'altro che quelle, presentando un più facil transito all'aria, non avesser nociuto al loro conservamento più assai. In effetto elle appariscono all' occhio poco meno che intatte, e mantengon fra loro tutta la grave armonia impressa quivi dalla mano che le delineò. Il che non è de'pennacchi, le cui pitture essendo più esposte all' umido e all'aere, gli ebbero appunto più infesti.

Qualunque ponga questo lavoro dell'Allegri ad agguaglio co'precedenti, non potrà non esser colpito dalla gran diversità di carattere che presentano. E chi si volga ad esaminare lo stile delle successive, dovrà conchiudere, che se in queste l'Allegri toccò la cima nella vaghezza dell'arte, egli non sarebbe per ventura salito men alto nel modo grandioso che impronta la cupola di S. Giovanni, ove da quello non si fosse poi dipartito. Domina in tutta la scena un tuono sì maestoso: l'arieggiare delle varie figure è sì nobile e conforme alla condizione del momento: sì caldi gli affetti significati ne'volti: e spicca nelle loro forme una gagliardezza di tratti sì maschia, che sembra aver quivi il Correggio deposta per alcun poco l'amabil dolcezza di sua natura, a fine di trasfondere in loro tutta la potenza dell'ingegno ridotta ai soli più severi ed efficaci mezzi dell'arte. Fu cotesta l'opera che levò prima in fama quel grande, e porse occasione alle altre che poi la crebbero immortale. In quella s' invaghirono sovrattutto i Carracci. E le simiglianze che ne ritrasse Lodovico nel duomo di Piacenza, rendono ancora testimonio del frutto che ne derivò.

Uno de'più eminenti pregi di questa bell'opera, comechè forse tra i manco osservati, è per nostro giudicio nella composizione. Qualora si guardi ciascuna figura a parte, può dirsi che ella formi un quadro compiuto: dovechè ponendo mente al tutto, parrebbe che una sola, messa da banda, dovesse romperne l'armonia. Il che interviene quando la espressione di ciascun personaggio concorre a satisfare ai particolari del subietto per modo che sebbene l'una sia diversa dall'altra, nientedimeno ella basti a significarlo da sè.

Con tutto che nell'invenzione il Correggio non risplenda forse tra i massimi, non pertanto nelle sue dipinture manco notevoli per copia ed impeto di fantasia egli ebbe sempre in veduta una tal varietà d'atti e di sembianze da non lasciar desiderare di più. La qual pratica ei non mantenne già solamente in risguardo alle parti di un'opera, ma eziandio tra un'opera e l'altra. Talchè, mentre sì pochi sono i pittori i quali non abbiano alcuna volta ripetuto un qualche loro felice tratto d'intelletto o di mano, sarebbe arduo trovarne un solo esempio nel Correggio, il quale, poichè avea figurato un atteggiamento o un affetto, parea dimenticarlo per sempre: o se pur l'occasione tornava a proporlo alla sua mente, egli sapea riprodurlo con particolari sì nuovi da farlo apparire tutt'altro dal primo.

Taluno pretende notare di poco avvedimento il Correggio, perchè, avuto considerazione alla non amplissima capacità di sì fatta cupola, esso l'abbia con le figure colossali quivi dipinte impicciolita all'occhio ancor più. Ma qualora non si foss' egli qui dipartito dal naturale, quali sarebbono elle comparse a un'altezza così rilevante, e in tanta povertà di luce? Come se ne sarebbono potuti scoprire dal basso, massimamente i lievi e industri scorci, una delle più rare parti di cotesto lavoro? Nelle figure de'pennacchi meglio accomodati alla vista de' riguardanti egli rattemprò in effetto coteste ardite fogge per maniera ch'elle presentano proporzioni poco meglio che naturali. Ma per quanto le forme di quegli Apostoli possano parer soverchianti, elle sfuggono allo in su così leggermente, e sì franco n'è il tratto e succoso l'impasto, che l'occhio, ben lungi dal sentirne alcuna fatica, piacevolmente in loro si acqueta.

È lecito affermare, essere il Correggio stato il primo a trattar le pitture delle vôlte e delle cupole, non già com'elle si abbiano a creder ivi affisse, secondo che era innanzi la pratica, ma come in certo modo pertenenti a così fatti luoghi. Laonde considerando le vôlte co' medesimi generali principii delle tele verticali, e quasi vetri o altri corpi trasparenti, per cui si discopra quanto è al di là, egli scorciò le figure per dar loro quella vista che avrebbono naturalmente se appunto fossero osservate dal basso all'alto (1).

Dagli Apostoli si giri l'occhio nei Santi de'lati: e si vedrà com'è sublime la espressione che insapora l'attitudine e la faccia di S. Matteo: l'intensità dell'affetto in quella di S. Luca: l'aria grave che si pienamente si accoglie nell'aspetto di S. Girolamo: e più che tutto la eloquenza che spicca nel dolce e nobilissimo atto di S. Giovanni. Ma perciocchè il Correggio non potea non lasciare in qualche parte un' impronta della soavità del suo ingegno, egli si piacque introdurre anche qui alcuni angioletti spiranti un vezzo tutto celestiale. E massime quello che regge il libro a S. Matteo, mostra nel volto una giocondità così viva e pura, che lo spettatore è tratto a sorrider seco senza che se ne avvegga. E vedi come larghe e belle e tutte rispondenti al carattere e all'azione sono le panneggiature de'Vangelisti! Con che artificio e morbidezza dipinte le varie chiome e la maestosa barba di que' venerandi beati! Altri affreschi dell'Allegri saranno forse compiuti di parti più malagevoli e rare, ma noi troviamo in questo un fare sì alto e sicuro, che se delle grazie del suo pennello è da giudicare altrove, della potenza del suo concepire è forse da pigliar idea qui solo.

Cav. M. Leoni.

(1) Veggasi Webb: Ricerche su le bellezze della pittura.

LA BAIA DI MARMARISSA

Questa baia, in cui s'accolsero a stazione d'inverno le squadre inglesi ed austriache vincitrici di Bairuth e di S. Giovanni d'Acri, sotto i comandi degli ammiragli Stopford e Bandiera, venne sì spesso menzionata negli ultimi tempi, da meritare senza dubbio la fatica di volgere uno sguardo su questo punto tanto importante per la postura in cui giace, quanto famoso negli avvenimenti de' tempi antichi.

Marmaris, Marmarissa, Marmoriza è piccolo luogo a mare nella parte meridionale dell'Anatolia, l'odierna Sandschak Mucteschia, ovvero al sud-ovest delle spiagge dell'antica Caria. Di là non lungi s'erge il monte Latmo, nelle cui grotte Endimione favoleggiavasi dormente l'eterno sonno accordategli da Giove; non lungi è Alicarnasso, la patria di Erodoto e Dionigi. Alle spalle e in faccia di quegli abitanti sorgevano un dì due delle sette maraviglie del mondo: entro terra il mausoleo eretto dalla regina di Caria al pianto marito; e sull'opposto lido il Colosso di Rodi. Dove ora è Marmarissa stava anticamente Lorima, e pressovi Milaha, che servì lungo tempo di residenza ai re carii. Il porto ad uso d'ambedue i luoghi era quello di *Physcus*, spazioso, profondo, chiuso intorno da rupi protendentisi nell'onde, e difeso dal castello *Phoenix*, rizzato sulle alture di que'monti. L'antico e celebre seno di *Physcus* è per conseguenza la moderna baia di Marmarissa; e la fortezza che in oggi ancora scorgesi dominante quella piccola città occupa verosimilmente lo stesso posto su cui giaceva un dì il borgo *Phoenix*. Pare incontrastabile che il luogo e la baia di cui parliamo, abbiano tratto il nome dagli stupendi massi di marmo che trovansi sulle montagne colà presso al lido, e dai quali fin dall'antichità ricavavasi la maggior parte della materia che dall'arte trasformavasi poscia in que'colossali e sontuosi monumenti, di cui era adorna la Caria.

Siccome fu accennato, di rimpetto al golfo di Physcus o Marmarissa è posta la città di Rodi sul lido dell' isola di tal nome, e nel porto principale di essa, all'ingresso del minor porto delle galere, torreggiava la statua di Apollo in bronzo, sì rinomata sotto il nome di Colosso di Rodi, che dai Rodii sul finir del terzo secolo innanzi all'era cristiana, veniva fatto erigere ad eternare la memoria d'un formidabile assedio, che quegli abitanti aveano sostenuto contro la potenza di Demetrio Poliorcete. Mezzo secolo appena da che erasi innalzato, rovinò questo monumento, siccome tutti sanno, per un tremuoto, e i frantumi ne giacquero per lungo tempo ad ingombrare quel porto, cioè fino all'anno 656 dopo Gesù-Cristo, in cui il califfo Moavijah, impadronitosi dell'isola, ordinò venissero di colà trasportati.

Durante la guerra del re Perseo coi Romani, tennero i Rodii le parti del primo, e dopo la disfatta di questi dovettero trattar con Roma per la loro indipendenza. I commissari romani, cui era stato affidato il condurre cotal negoziazione, si trattennero qualche tempo sulle coste dell'Asia Minore, e si fu appunto da Lorima e per conseguenza nella baia di Marmarissa ch'essi imbarcaronsi per tragittarsi a Rodi.

Anche in tempi più recenti, nel secolo xvi, suonò la fama di questo golfo per un memorabile fatto d'armi. Nell'anno 1522, in cui, come è noto, riuscì al Sultano Solimano di strappar l'isola di Rodi dalle mani de' cavalieri di S. Giovanni o di Rodi, che vi fecero eroica difesa, la flotta turca stette ferma gran parte della state nella baia di Marmarissa per di là condurre le operazioni dell'assedio di Rodi. Di rincontro alla baia formavano allora centro della resistenza della cristianità contro la mezzaluna i cavalieri inglesi dell'ordine, schierati sul bastione britannico, mentre a sinistra presso a loro combattevano come leoni i Tedeschi.

Così cangiano i tempi e gli avvenimenti. Là dove trecento anni addietro le armi inglesi e tedesche con ogni sforzo, ma sventuratamente senza prospero successo, contrastavano alla potenza soverchiatrice del nemico della cristianità, miransi oggi vincitrici e pacifiche sventolar le bandiere britanniche ed austriache, a gelosamente vegliare che tutto non crolli e scompongasi quel regno Ottomano, che ben lungi dall' essere più il terrore d'Europa, ebbe non ha guari egli stesso a tremare innanzi all' armi fortunate d' un prepotente vassallo.

(*Dal tedesco*).

Cav. Avogadro

SARCOFAGO GALLO-ROMANO

Il sarcofago di cui diamo qui l'imagine fu scoperto a S. Medardo d'Eyran, villaggio distante tre leghe circa da Bordeaux, ed appartiene, secondo gli archeologi, alla fine del secondo od al principio del terzo secolo. Lo stile di questa scultura chiaro dimostra che essa venne eseguita da scarpello romano, e probabilmente in Roma stessa. Un superbo tronco di marmo pario somministrò la materia a questo nobil lavoro dell'arte. Concordano gli eruditi nel riconoscere in esso la tomba di un Leonzio Paulino, membro di una illustre famiglia consolare, di cui hannosi chiare ricordanze nella storia romana, ed i cui poderi erano sì vasti, che Ausonio ebbe ad appellarli *regna Paulini*. Senonchè il sagace artefice, allontanando dalla tomba ogni troppo funesta e rifuggevole idea, presentò all'occhio dello spettatore la sublime e patetica allegoria d'Endimione, in cui l'antica sapienza nascose, ingegnosamente, la terribile epopea della morte. Endimione ovvi espresso vestito alla foggia degli antichi cacciatori. La sua tonaca, e quella di Diana, la quale scende dal carro, guidato da due amorini, è leggiadramente rialzata da un doppio cinto: stringe egli, colla manca, due di quelle lancie, che diceansi *venabula*, e che adoperavansi agli usi delle cacce: i suoi piedi sono difesi da quella guisa di calzari denominati *endrómis*, e propri, specialmente, di Diana. Il collare apposto al collo del cane può servire a dimostrare l'antichità dell'uso di cingere in tal modo le membra di siffatti animali, tenuti linda remotissimi tempi in affetto grandissimo per l'egregia epera prestata all'uomo nell'inseguimento delle belve. L'artefice che eseguì questo basso-rilievo, dice il Mazuy che ne scrisse un accurato commento, non fu certamente fra quelli che più si distinsero per eccellenza di magistero; ma ei dovè riceverne l'idea, e fors'anco il modello, da un uomo di genio, da un artista filosofo. Imperocchè l'uso, o per meglio dire l'abuso grandissimo che focosi presso i Romani della scultura, onorando con imagini, statue e monumenti sontuosissimi non solo il vero merito, la vera virtù, ma le persone stesse più viziose e scorrette, purchè fortunate, fece sì che si aprissero in Roma ampie officine scultorie, le quali erano bensì dirette da valenti maestri, ma composte da turbe di meschini esecutori, tra le cui mani i modelli da essi concetti perdevano, spesso, molta parte dell'originario lor pregio. Ma le scoperte di artistici avanzi sempre sono utilissime, qualunque sia il merito intrinseco dell'opera: essi collegansi con tanti vincoli alla storia delle nazioni, e spargono tanto lume sugli avvenimenti de'secoli andati, che uopo è cercarli con ogni studio, e custodirli con una specie di religione.

Cav. Baratta.

BAYRAM O PASQUA DE' TURCHI

Tre giorni di solenni feste con cui i Turchi finiscono il loro *Ramazan*, sono ciò che prende il nome di *Bayram*; funzione, fra quante ne sono nella legge islamitica, augusta e principale. Per essa si celebra il rinnovellamento dell'uomo interno; cioè a dire la mondezza dell'anima riacquistata colla quaresimale penitenza. Incredibile si è la gioia che in tal giorno appalesano i Musulmani in ogni atto, in ogni moto loro. Le moschee, illuminate da migliaia infinite di lampane, frammiste a festoni di fiori, vagamente intrecciati, offrono all'occhio una imagine incantatrice maggiore della parola. Immensa è l'affluenza del popolo che entra, che esce, che ne inonda le soglie, i vestiboli. Vesti ricchissime, e non vedute nell'anno, ricoprono allora ogni Musulmano che le abbia: poichè le vesti ancora devono concorrere ad esprimere il giubilo onde i cuori sono riempiuti. Le donne, e i bambini massimamente, sovraccarichi di oro, d'ornamenti, di fiocchi, di nastri, di sete di mille colori, fanno mostra sì vaga e sì festevole, che ti crederesti, a vederli, in paesi d' incanti e di fate. Tutti, all'imbattersi per via, si stendono amichevolmente la mano, s'abbracciano, si salutano con apposita formola, quasi a dar pegno che ogni odio è spento, ed a testimonio di religiosa concordia nella fede professata. Nè il ricco rifiuta il suo amplesso al povero, e l'alto al più basso; poichè quella è pace di religione, ed ogni distinzione tace quando essa parla. Visitansi gli amici, visitansi i parenti, si visitano tutti, per poco che si conoscano in viso. Le botteghe, i mercati, le case sono ornate, entro e fuori, con quella gaia finitezza che è opera speciale delle mani orientali. Ribollono le strade di plebe vestita con bizzarra mondezza: ribollono i palazzi di grandi, vestiti con bizzarra ricchezza; tutto è confusione, ma confusione lieta ed abbondevole. Mimi, saltimbanchi, giuocolatori saltano, cantano, schiamazzano per le piazze innanzi a folte turbe accerchiate: i verdi prati del Bosforo, i colli di Pera, di *Ejub*, le incomparabili pianure delle *Acque dolci* sono ricoperte di turbe sedute festevolmente a sollazzo, più vaghe a vedersi e più variopinte dei fiori stessi onde sono smaltate. — Evidente è la somiglianza che ha il *Bayram* turco colla Pasqua israelitica; ma a renderla vieppiù perfetta aggiungesi l'uso divoto e piacevole di mangiare in tal giorno l'agnello: e i ricchi ne dispensano ai poveri, acciò niun fedele manchi alla partecipazione di quella comune vivanda.

Ciò però che distingue e sublima il *Bayram* fra tutte le altre feste costantinopolitane si è la visita solennissima fatta dal Gransignore, dalla corte, ed in generale da tutti i membri del governo riuniti, ad una delle principali moschee della capitale. Avanti la riforma delle vesti e de' cerimoniali, lo spettacolo offerto da questa immensa comitiva era tale per novità, per maestà, per magnificenza, che a giudicio de'viaggiatori più illuminati, nessuna città del mondo avrebbe saputo apprestarne un uguale. Non il sovrano soltanto, ma ogni ministro dello stato (ed i ministri eran molti) aveva un suo seguito particolare d'uomini di penna, di spada, di livrea, uguale in numero ed in isplendore a quanto sogliono comunemente mostrare le corti europee più rinomate a titolo di ricchezza. Ma unica faceva cotal scena una cosa tutta propria ed esclusiva delle pompe musulmane: ciò era la varietà infinita delle vesti, de'volti, delle armi, delle maniere che campeggiavano in quella innumerevole turba cortigianesca. Uomini nati nelle parti del globo più diverse e lontane andavansene a coppia, lietamente, rendendo omaggio ai comuni padroni, adornati, abbigliati, parlanti in quegli opposti modi che la natura e l'educazione avevano loro insegnati. I mori, i bianchi, gli Abazi selvaggi, gli Arabi nomadi, esseri avversi e discordantissimi, adornavano co'variati aspetti loro quella tanta comitiva, che avresti detto convegno di tutti i popoli ad universale concilio. Una selva di piume ondeggianti, ricche di tutti i colori della luce, sovrastava nobilmente alla regia comitiva, ed inchiudeva, come in celeste padiglione, la persona torreggiante del monarca. E le mode nuove erano colà accanto alle mode vecchie; per il che quella processione se ne andava, a guisa di storia ambulante, portando in fronte le mostre di tutti i secoli morti. Dall'elmo saracinesco fino al sakò di Selim, dalla lancia al moschetto, dalla corazza alla divisa, dalla daga alla spada, ogni genere di abito, ogni mezzo di offesa e di difesa risorgeva e riappariva in tale momento.

Lo spuntar del giorno è l'istante legale in cui la maestosa comitiva esce dal serraglio: il primo raggio del sole saluta da tre secoli il sultano, allorchè appare, in tale occasione, al suo popolo dalla colossale *Bab-Oumajun*. — Questa veramente superba processione fu fatta per l'ultima volta nella sua vergine originalità nel *Bayram* del **1828**. Noi ricordiamo con emozione di avervi assistito. Spiravano in tale momento le costumanze più care del popolo musulmano: i Turchi se lo sapevano, e le molte lagrime cadenti dagli occhi loro mostravano quanto angosciosa separazione fosse quella pe'loro cuori!... Dal 1828 in poi la sortita del *Bayram* nulla ha più che possa parer grande agli occhi di chi la vede. Poche sono le cariche di onore conservato, pochi i ministri, pochi i servi, nessuni i satelliti armati, abolite le vestimenta stravaganti e pellegrine. Il sultano ed i ministri nell'abito loro militare, dotto europen, fanno pompa di modestia anzichè di grandezza: i soldati, o laceri o mal vestiti, succedono, con isvantaggio, a quelle vecchie orde varie, balde, splendide, minacciose.

Le legazioni europee assistono, d'ordinario, privatamente alla sortita di cui ragioniamo, ed il governo accorda loro l'uso di alcuni appartamenti in siti vantaggiosamente collocati. Ma, ripetiamo, l'interesse di tali scene è lungamente sminuito così pei Franchi come pe' Turchi. Finita la funzione, il sultano, seduto sul trono in tutta la regia maestà, riceve, individualmente, l'omaggio dei ministri e de'grandi di corte. — Due nostri Italiani, Calosso e Donizetti, onorati di specialissima confidenza, entrano, da alcuni anni, nel picciol numero di questi privilegiati.

Il *Bayram* è l'epoca solita in cui si pubblicano le promozioni, le nuove leggi, ed in generale i *firmani* di stato più importanti.

Il *Curbam-Bayram*, festa che celebrasi **70** giorni dopo il *Bayram*, del quale è come il seguito e la sacra appendice, perpetua tra' Musulmani la ricordanza dei patriarcali riti della legge antica. In quel giorno il sultano invece di recarsi, come al solito, alla moschea, esce dalla città, e fa la sua preghiera a cielo scoperto, in alcuna delle pianure che attorniano la capitale. Tempio è la selva, soglia il prato, cupola il firmamento. Ivi tolto dalle mani del sacerdote il sacro coltello, svena con esso un agnello, cui le candide lane del dorso procurarono il fatale onore di essere trascelto all'imperiale martirio. Imponente è l'assieme di questa cerimonia; ma le vesti mutate e le antiche forme violate tolsero ad essa, come al *Bayram*, gran parte della maestà primitiva.

Il *Mevlut* ed il *Miracc* sono feste destinate a celebrare la nascita e la morte del profeta, e differiscono in poco dalle forme che costituiscono le precedenti.

Queste sono le solennità, non solo principali ma pressochè sole, dell'anno religioso de'Turchi. Nè dello scarso numero loro potrà meravigliare chi consideri non esistere tra Musulmani ciò che noi diciam *Santi*, cioè a dire persone defunte, e canonizzate, cui rendesi pubblico culto. Coloro, fra credenti, i quali muoiono lasciando fama di pietà singolare, e di operati prodigi, godono per verità una speciale venerazione tra il volgo; ma questa è opinione meramente popolare, nè va più in là di alcuni atti di omaggio prestati alla tomba del venerato. La qual tomba è per lo più rinchiusa in piccole stanze coperte, ed apparisce a'devoti visitatori col mezzo di grandi inferriate praticate nelle facce laterali. Accorrono ad esse, quasi per naturale istinto, i fedeli, e pregano, e chiedono grazie, promettendo premi e voti ove le grazie sieno concesse. Ma questi voti sono poveri e semplicissimi; un lumicino acceso avanti al sepolcro, od anche un semplice nastro di vario colore, annodato alle barre dell'inferriata. Ed a giudicarne dal numero de'nastri le grazie sono infinite, perchè le barre ne sono non solo ricoperte, ma imbottite. — Nell'interno la stanza è nuda d'ornamenti, meno qualche versetto del Corano rozzamente scritto sul muro. Sovrastano per lo più, al sarcofago, le vesti e'l turbante del santo, lacere, polverose, empiamente corrose dal tarlo indevoto. — Bello, del resto, e non senza commovente effetto, si è il vedere questi sacri sepolcreti, situati per lo più in siti ermi e pittoreschi, ed appariscenti, la notte, in sembiante di stelle, nel fosco campo de'cipressi che fanno loro corona.

Quel carattere di schietta e spontanea giovialità che distingue, più di ogni altra cosa, le feste turche, si diffondeva, quasi per necessità di sociale contatto, fra i Greci e gli Armeni ancora, ed in generale in tutte le molte nazioni accolte in Costantinopoli. Il *Bayram*, il *Curbam-Bayram*, e le altre solennità di cui parlammo, erano, benchè in senso diverso, giorni cari a tutti, e propri di tutti; feste di amici, allegrie di famiglia. Indicibile era la soavità di così universale contentezza; divertevole sommamente il vedere i vari modi con cui tanti diversi popoli, tanti diversi riti, appalesavano il tripudio interno dell'animo. Ma dacchè la strage de' Giannizzeri, e l'insurrezione greca hanno macchiato di sangue cittadino le vie di Costantinopoli; dacchè le novità religiose hanno sparso fra i Musulmani tanto seme di discordanza, di rivalità, di timore, tanta trepidazione di menti e di cuori, quella vecchia, innocente e cordiale gioia orientale è scomparsa per sempre dal suolo Bizantino.

Cav. Baratta.

CONDIZIONE DEI RINNEGATI PRESSO ABD-EL-KADER

(Dalla narrazione di Carlo Berndt)

Nella Legione straniera d'Africa fra una quantità di ribalda gentaglia che accorse ad arruolarvisi nei primi anni del dominio francese in Algeria, hannovi parecchi giovani, per lo più tedeschi, di buona e onorata famiglia, cui qualche spiacevole accidente o pura vaghezza di avventure condusse ad un passo che essi hanno poi amaramente a deplorare. Stanchi in breve della disciplina rigorosissima cui sono sottoposti e degli intollerabili strapazzi onde è tenuta la vita militare in Algeria, s'appigliano essi non di rado alla disperata risoluzione di rifugiarsi presso gli Arabi, dei quali ebbero occasion di leggere o udire spesso a decantare l'antica cordialità, i patriarcali costumi, l'ospitalità, l'amore alla poesia, e il religioso entusiasmo. Ma anche qui un ben triste disinganno gli attende. Giacchè ignari quali sono della lingua araba, oppressi ben tosto dalla noia di vedersi fra un popolo straniero, non avvezzi a quella durissima vita che una tempra di ferro rende agevole agli Arabi il sopportare, non tardano a sospirare di nuovo ai più miti costumi delle genti incivilite, al suono della lor cara lingua materna, alla patria terra, tal che quegli stessi Europei, che una lunga abitudine riuscì a mutare intieramente in Arabi, confessano di aver passato in pianto le notti de'primi anni, costretti ancora a soffocare i loro gemiti, perchè non giungessero agli orecchi dei loro sospettosi padroni. Perciò molti, cui diviene troppo insoffribile il solo pensiero di aversi a rimanere tutta la loro vita presso quegli indigeni, si risolvono a ritornare tra i Francesi a rischio di esserne passati per le armi. Vero è che ciò accade raramente, essendo solito ogni disertore ad assicurare d'essere stato colto dagli Arabi nell'andar che facea a diporto per le campagne, nè havvi per lo più modo di lor provare il contrario.

Anche Carlo Berndt, l'autore dell'opuscolo da cui noi ricaviamo le notizie che seguono sulla condizione dei rinnegati presso Abd-el-Kader, pretende d'esser rimasto prigione dei Beduini che l'assalirono mentre si recava a visitare un campo di tabacco vicino a Buffarik. Checchè ne sia di cotale asserzione, il racconto che egli fa delle molte e varie sue disavventure nelle tribù degli Arabi, ingenuamente scritto com'è, porta tutta l'impronta della verità, e va pienamente d'accordo colle relazioni di altri rinnegati cui dopo qualche soggiorno fra i Beduini riuscì di ritornare sotto le bandiere francesi.

Carlo Berndt, uno di quegli sciagurati giovani sovra accennati che recansi a cercar fortuna in estero paese, abbandonata nel 1834 l'Alemagna, dopo aver percorsa parte dell'Inghilterra e del Belgio, risolse di arruolarsi a Lilla nella Legione straniera d'Algeri. La compagnia, cui lo si ascrisse, al suo giungere in Africa veniva mandata al campo di Buffarik che occupava la pianura di Metidocha. Di colà egli mirava le montagne dell' Atlante, la città di Belida, e spesso un vivo desiderio il prendea di poter conoscere più da presso que' paesi e quegli abitanti. Rallegravasi però non poco all' udire che la Legione straniera dovea ben tosto intraprendere una spedizione contro Belida: se non che i suoi voti si avevano ad adempiere in altro non sperato modo. In una scorsa che egli fece fuori del campo il 19 giugno 1835 in compagnia di due altri soldati tedeschi, vidersi venire incontro sette Beduini a cavallo, i quali domandatili se voleano seguirli sulle montagne, al rifiuto ch'essi diedero, lor si fecero sopra e trattili di forza sui cavalli, via di galoppo seco loro li trasportarono. Dopo un cavalcare di più ore, giunsero ad un villaggio arabo, da cui sbucavano a torme donne e fanciulli per vedere il passaggio de' prigionieri cristiani, in guisa che questi tenevano di rimanervi ammazzati, mentre all'opposto lor venne offerto pane e latte, e gli stessi loro conduttori, scorgendoli affaticati, li invitarono a porsi a dormire senza paura per passarvi la notte.

Il giorno vegnente i Beduini sorsero per tempo co' loro prigionieri, che non dimenticarono di prima ricercare se non possedessero per avventura danaro. Lungo il cammino, ne' frequenti villaggi ch'ebbero ad attraversare, i cristiani traevansi bensì l'universale curiosità, ma non mai cattivi trattamenti. Giunsero il terzo dì a Medeah, il cui kaid era allora Mohammed-el-Barkani, lo stesso che è adesso califfo presso Abd-el-Kader e che è tenuto pel suo miglior generale: vecchi e giovani correvano in folla all'arrivo dei tre Tedeschi, i quali condotti alla casa di El-Barkani vi furono rinchiusi in una cameraccia, al cui soffitto stavano infissi parecchi cerchi di ferro, talchè i prigionieri, all'aspetto di carcere che quel luogo aveva, cominciarono a temere che que' cerchi dovessero servire niente meno che ad impiccarli.

Non andò però guari che si rincorarono al vedersi trattati con dolcezza, e recato loro innanzi a mangiare. Tra gli Arabi che vennero a visitarli, uno parlò loro tedesco, e un altro francese: erano questi Europei che già da più anni vivevano co' Beduini, e ne avevano appreso mediocremente la lingua, e ad essi Berndt e i suoi compagni raccontarono quanto era loro accaduto. Il califfo stesso non tardò ad apparire. El-Barkani è di piccola e vivace persona, ha occhi penetranti, lunga e bianca barba. Il suo vestire era una tonaca ed un mantello di lana bianca: non portava turbante, ma il suo capo era circondato da una fascia di fina stoffa bianca, cui avvolgevasi intorno a raffermarla un lungo cordone pur di lana bianca. El-Barkani indirizzò per mezzo di due Europei che parlavano arabo alcune domande ai prigionieri, ed esortatili a star di buon animo, regalò a ciascuno di essi otto talleri spagnuoli, ed accettolli al servizio di casa sua; due furono occupati nelle cucine, e Berndt venne sottomesso ai comandi del mastro di stalla.

«Pochi giorni dacchè noi colà eravamo, segue Berndt a raccontare, incominciò a regnare grande agitazione nella nostra casa. Tutto pareva apparecchiarsi come ad una impresa di guerra, e molte centinaia di Beduini apparsi a cavallo nella città, dopo ottenuta udienza dal califfo, nostro signore, rimettevansi in cammino, non accompagnati però nè dal califfo, nè dalla maggior parte de' suoi, che rimasero addietro. Noi stavamo attoniti a rimirare quell'insolito movimento, nè potemmo saper altro da quel Tedesco, di cui ebbi già a far cenno, se non che si portava guerra in Occidente. Solo quattordici giorni circa più tardi ci riuscì di ottenere schiarimento della cosa da un corriere giunto al califfo apportatore della novella di una battaglia, in cui il sultano Abd-ul-Kader, del quale era califfo o principe Sidi-Barkani, aveva battuto aspramente a Makta i Francesi. Da 700 ad 800 di questi vi avevano perduto la vita, e le loro teste s'innalzavano quasi trofei di vittoria sulle mura di Manara e di Miliana. A tal novella tutti gli adoranti del sultano Abd-el-Kader raccolgonsi nel cortile della nostra casa; si distribuisce a ciascuno una tazza di caffè, si prega per la prosperità del sultano, e un Ebreo prende a cantare su d'una chitarra con monotona voce la vittoria e il valore di Abd-el-Kader. Questi, siccome correva voce, stava sul muoversi con potente armata per assalire lo stesso Algeri e metter così fino ad un colpo alla dominazione cristiana in Africa. Parecchi giorni dopo ricomparvero coloro fra i nostri che eransi recati a far la campagna sotto Abd-el-Kader, portando seco in segno di vittoria un venti tamburi francesi, di cui la maggior parte riconobbesi della Legione straniera. Svanita per tal modo ogni speranza di uno scambio, noi cominciammo a macchinar progetti di fuga ».

Questa prima fuga tentata solo dai compagni di Berndt non ebbe buon esito: giacchè una frotta di robusti giovani trovatili su pe' monti, ove essi stavan pascolando le bestie, li ricondussero poche ore dopo a Medeah. Gli Arabi giudicarono questa scappata più da ridere che da risentirsene, e si contentarono di volerne sapere il motivo, poichè, siccome que' Tedeschi venivano in ogni cosa trattati come gli altri servi di casa, non potevano capire che essi desiderassero di fuggire, e dubitarono che ne fosse colpa l' avversione che nutrivano per l'islamismo. A rimuovere cotal sospetto, che non poteva loro essere altro che pericoloso, i fuggitivi protestarono aver soltanto a male di non essere ancora in tutto vestiti alla foggia araba; la quale scusa fu lor menata buona, e i richiesti abiti vennero loro provveduti.

Dopo un soggiorno di cinque mesi a Medeah, fuggitosene finalmente Berndt con un altro rinnegato, si avviò alla volta di Miliana, città da quella distante quindici ore verso ponente, col disegno di innoltrarsi sempre più in tal direzione, e se gli venisse fatto di pervenire a Marocco, di là tragittarsi in Europa.

« Miliana, dice Berndt, è città posta fra i monti alla quale per giungere dalla pianura bisognano due ore circa di cammino. Il sentiero per cui vi si monta è più volte interrotto da un impetuoso torrentello che precipita da quelle balze, e a grado a grado che s'avvicina alla città, va tanto più facendosi rapido e stretto, sì che alfine egli corre come una piccola stradicciuola incavata tra alte pareti di rupi. Al di sopra della città levasi il monte fino alle nubi, e le limpide sorgenti che ne scaturiscono, somministrano a Miliana copiosa ed eccellente acqua, che dalla città condotta a basso serve ad innaffiare le circostanti campagne e dar vita a pomposi vigneti. Forte pertanto assai è la postura di Miliana, e se difesa da esperti e valorosi uomini, inespugnabile. Nulla ha di particolare l'interno della città, che oltre al mancar di pubbliche piazze è di costruzione troppo angusta, nè giunge in grandezza a Medeah.

« Colà arrivati, prendemmo ad aggirarsi curiosamente per la città, finchè c'imbattemmo nella casa del califfo. Non era questi per anco ritornato dalla spedizione contro i Francesi, ma i figli di lui, tre principi dai 12 ai 15 anni, vennero a trattenersi con noi amichevolmente, ci fecero dar a mangiare, e ci proposero di rimanere in Miliana fino al ritorno del califfo loro padre, che volontieri ci avrebbe presi come soldati al suo servizio. Due fanciulli vestiti all' araba che ci furono indicati come Tedeschi, stati rapiti da un piccolo villaggio presso ad Algeri, ci assicurarono alle parole di conforto che noi loro indirizzammo, che non aveano a lagnarsi di alcuna durezza, e che anzi, dai giovani principi in particolare vi erano amorevolmente trattati. Seppi dappoi che dei medesimi venne più tardi effettuata la consegna.

« Rimasti alcuni giorni a godere dell' ospitalità della casa del principe, volevamo quinci continuare il nostro cammino verso Manara, città non lungi dai confini Maroccani, se non che fummo alquanto smossi dal nostro proposito al rappresentarci che venne fatto, come i viaggi per que'paesi erano troppo pericolosi, e che se ci fossimo messi in via soli, correvamo gran rischio di essere spogliati delle nostre vesti. Rimanemmo per ciò ancora in Miliana irresoluti o di aspettare colà l'arrivo del califfo o di ritornare senz'altro a Medeah. Imaginammo finalmente il ripiego di cangiare i nostri in più dimessi abiti, sperando in tal guisa di non aver punto ad allettare la rapacità degli Arabi, e così ci partimmo da Miliana venti giorni dal nostro arrivo ».

In Manara, ove Berndt e il suo compagno avvisarono di spacciarsi quali disertori volontari per trovarvi miglior accoglimento, s'indirizzarono al kaid Haidsch-Buchari, il quale ebbe loro a dichiarare che Abd-el-Kader non ammetteva soldati stranieri al suo servigio, che bensì loro somministrava lavoro se erano operai : se no, dovessero cercarsi mantenimento ove meglio potessero. Lo stesso sultano, cui il kaid ne fece parola, non decise altrimenti, ed essi vidersi perciò costretti ad implorare lavoro nei cantieri di Abd-el-Kader, nei quali ricevuti e provvisti di alcune nuove vestimenta, oltre al vitto giornaliero che lor distribuivasi dalle cucine della sultana, poterono in breve, col guadagno che vi faccano, giungere a procacciarsi caffè, fumar tabacco e a far ancora qualche po' di risparmio per ogni futura necessità.

« Un giorno, ripiglia Berndt, apparve nella nostra cameretta il kaid accompagnato da parecchi ufficiali, chiedendoci se non vi aveva tra noi chi sapesse leggere il francese scritto. Non vi si trovò altro fuor di me. Al dichiarar che feci al kaid che io era in caso di soddisfare a quanto si richiedeva, egli mi disse di tenermi apparecchiato a cavalcar la dimane al campo del sultano per leggervi a questi alcune lettere cadutegli nelle mani.

« Il mattino vegnente, chiamato presso al kaid, fui fatto montare su di un mulo ed avviato con uno stuolo di ufficiali ed altri Arabi, che conducevano su muli al campo viveri e munizioni. Era notte quando noi vi arrivammo, e scesi appena, io fui tosto introdotto nella tenda del sultano.

« Come io entrai senza baciar la mano al sultano, secondo l'arabo costume, egli lanciò su di me uno sguardo folgorante, ch'io sostenni con sicurezza. Sedeva Abd-el-Kader colle gambe incrocicchiate sovra un tappeto di lana, avviluppato in un fino e bianco haigh (un cotal lungo drappo che in una affatto singolar maniera avvolge il capo e la persona) e in un mantello turchino. Una cintura rossa, con entrovi cacciate un paio di pistole sovraccariche d'ornamenti d'oro, cingeagli il corpo, larghi e bianchi calzoni fino alle ginocchia, e bruni stivali da cavalcare ne compivano l'abbigliamento. Dietro a lui pendeva una sciabola dal fodero e dall'elsa d'oro: in tutte le sue vesti però non si scorgeva punto nè oro nè argento. Abd-el-Kader era allora un giovane di 30 o 31 anni : piccolo, sottile, ben costrutto : i tratti del suo viso, assai pallido, nobili e miti ad un tempo. Gli occhi ne sono azzurri-cinerognoli, ma lampeggianti, la barba nera e ordinata, candidissimi e sani i denti, di cui in mezzo mancagli fra gli anteriori, la voce profonda ma sonora. Innanzi al sultano in una piccola scavatura fatta nel suolo stava acceso un mucchio di carboni, a cui egli al tremar ch'io faceva visibilmente dal freddo, mi accennò d'appressarmi e di pigliar posto. Colui che doveva interpretare al sultano il tenore del francese, ch' io stava per leggere, giacchè io non capivo ancora che assai poco della lingua araba, era un ufficiale per nome Mohammed-Ben-Milut, il quale aveva servito più anni in un reggimento francese da cui era poscia disertato col grado di bass' ufficiale. Egli aveva ora il grado di capitano presso Abd-el-Kader nell'armata del califfo di Miliana.

« Quanto era a leggersi consisteva in parecchie lettere francesi e un giornale, il *Moniteur*. Abd-el-Kader stette lunga pezza osservando quest' ultimo, volgendolo a destra e a sinistra, con in volto dipinto vivamente il desiderio di dicifrare que'mirabili caratteri insieme allo stupore per l'ordine e la regolarità in che erano disposti. Le lettere non contenevano nulla d'essenziale: nel giornale vi si trovava per avventura il rapporto del generale Clauzel sulla spedizione di Mascara, in cui davansi ad Abd-el-Kader lodi di gran valore e perizia di guerra. All' accennare che vi si faceva il disordine della fuga, cui si era dato il suo esercito, e lo scagliarsi delle tribù stesse degli Arabi rubando e saccheggiando sulle sue truppe, annuvolossi egli ad un tratto, ma prese poi ben tosto a sorridere, giacchè e' non disprezza meno gli Arabi che i Francesi. Che gli Arabi fossero giunti fino a togliere al sultano l'ombrellino, pegno di sovranità, con dire, *si tu seras redevenu sultan, nous te le remettrons* (siccome aveavi nel *Moniteur*), io stimai prudente di non farne motto: eravamo presso al fine della lettera, quando due Beduini fattisi all'ingresso della tenda recarono al sultano la novella, che i Francesi aveano levato il campo. Abd-el-Kader, informatosi della direzione che il nemico avea preso, poichè i Francesi parevano minacciar di nuovo Mascara, dopo parecchie altre interrogazioni, levessi, a quanto pareva, soddisfatto, congedandoci tutti, per attendere con ogni cura al compartire degli ordini pel giorno seguente *. (*Sarà continuato*).

Cav. Avogadro di Quaregna.

IL BOA — FRAMMENTO DELL'*AMERIGO*

Poema inedito di Massimina Rosellini Fantastici (Ved. anno. II, n.° 52)

Il silenzio de' taciti sentieri
Interrompea d'augei dolce concento,
E il susurro che gli aliti leggeri
Fra le arbor fean del mattutino vento.
Pensando a ciò che brami, e a ciò che speri,
Sen gìa Rodrigo sospiroso e lento,
Quando grida d'error non lunge intese,
E di voce che al cor nota gli scese.

Vola il garzon com'ali avesse al piede
Là donde uscir le acute strida ascolta;
E sinistrato serpe inseguir vede
Da presso Zilia sua, che in fuga è volta;
Precipitoso ei già nel mezzo incede;
E già la spada nella destra tolta,
L'altra movendo a teneraria guerra,
Sotto l'aperte fauci il nostro afferra.

Nella grossezza uman femore uguaglia
Il gigantesco serpe; e dalla testa
Lunge ben trenta piè la coda scaglia,
Che sferzando e cingendo è altrui funesta;
Lucida lo ricopre aurata scaglia,
E rosse e nere macchie v' han su questa;
Ed i vivi colori, e la grandezza
Vanto gli danno d'orrida bellezza.

Scintillan gli occhi quai carboni ardenti,
Quasi aperta vorago è l'ampia bocca
Che doppio mostra ordin d'acuti denti,
E fuor la lingua biforcata scocca.
Dalla profonda gola escon fetenti
Fiati, e livida bava insiem trabocca,
E mezzo alzato colla mole vasta
Al coraggioso giovane sovrasta.

Ma tanto ei può colla robusta mano,
E sì quel mostro sotto il capo cinge,
Che quanto s'erge il braccio il tien lontano,
E a tutte posse da sè lo respinge;
La spada intanto mille volte invano
Contra il gran corpo audacemente spinge,
Che l'esagone squamme il fan securo
Qual se il cingesse adamantino muro.

Ma già la belva irata al lato manco
Del prode Ispan torce l'immensa coda
E fortemente ora ne sferza il fianco,
Or la sinistra coscia avvolge e annoda;
Suda Rodrigo della lotta stanco,
Non già che al cuor voce di tema egli oda,
Ma nauseato illanguidir si sente
Per l'alito che fuor manda il serpente.

Pur gli sovvien che altr'arme atta all'offesa
Ha seco, ond' esser può la fera estinta;
Getta l'inutil ferro, e omai ripresa
Lena si toglie al fianco ond' era cinta
La breve canna, in cui da polve accesa
È plumbea palla sprigionata e spinta;
L'appunta ei giù, l'acciar batte la pietra
Arde, e tuonando il colpo esce e penètra.

Per l'ampia gola alla cervice passa
E carne e cranio, ed ossa a un tempo fere,
Sibila il serpe, le arbori conquassa,
L'eroe trasporta con le scosse fiere;
Di stringerlo però quegli non lassa
Fin che il sangue trabocchi, ed il potere
E la ferocia perder vogga insieme
Alla belva, ch'è presso all'ore estreme (1).

Bruttano il vincitor le sozze bave
E il negro sangue; ma più nullo danno
Egli omai dalla fera orrida pavo,
Chè i moti ognor più lenti in lei si fanno.
Sente che al braccio l'ampia spoglia è grave
E alfin la getta: a rüinar sen vanno
Le vaste membra al suolo; e in preda a morte
Miransi tutte, or scosse, ora contorte.

La salma immensa il cavalier rimira
E più che al proprio, al rischio dell'amata
Donna pensando, palpita e sospira,
Ma gode poi che fu per lui salvata,
E di vederla al dolce istante aspira
Che a sè la tinge affettuosa e grata,
E del corso per lei fero periglio
Spera trovar mercè nel vago ciglio.

Mentre il dolce pensier nell'alma volve,
Movendo incerto il piè, fra quelle piante
Un non so che biancheggia, e sulla polve
Stesa, pargli veder la bella amante.
Là il passo rapidissimo rivolve
E semiviva, e di sudor grondante
Trova Zilia, che quivi amor ritenne,
E che per doppia tema oppressa svenne.

Rodrigo a un tempo giubila e paventa,
Le terge il volto colla sparsa chioma,
Il cinto della tunica le allenta,
E mille volte suo tesor la noma,
E poichè avvien che non lontano senta
Il mormorar d'un fonte, dolce soma
A sè facendo del bel corpo, corre
Dove fra i sassi limpid'onda scorre.

Spruzza con quello il pallidetto viso
Della donzella, ond'ella già si sciole,
E tanto più quel fresco urto improvviso
Che sospir tronchi forma, e tronche note;
Schiude alfine i bei lumi, e un paradiso
Per lui si schiude di dolcezze ignote;
Chè Zilia il riconosce, e in un momento
Spiegar vorrebbe cento affetti e cento.

Esulta pria nel rivederlo illeso;
Quindi il terror per lui provato svela;
Di gratitudin poscia il core acceso
Nessun de'moti interni adombra o cela,
Ogni atto, ed ogni sguardo in essa è reso
Interprete dell'alma; e appien rivela
Con gli animati sensi al giovanetto,
Che arde per lui di vivo, immenso affetto.

D'ugual favella non ha duopo amore
Che tutto parla in chi nel sen l'asconde,
E senza i detti ancor l'amante core
Spiega il duolo, il piacer, chiede e risponde;
Intendon sebben muti, il dolce ardore
Gli sterpi, i tronchi, l'erbe, i fior, le fronde,
E fin dal primo dì d'amor l'impero
Compreso fu dall'universo intero.

(1) Con simili circostanze è raccontata l'uccisione d'un Boa nell'opera «Voyage dans le Nouveau Monde. Paris, 1769».

AD ANGELICA

BALLATA

O mia cura e mio diletto,
Senza uscir da questo letto
Io più cose — portentose
A' tuoi occhi mostrerò.
Vuoi veder d'Amor la stella
Che sorride così bella,
Che sen va piovendo ardori,
Che fa luce a' tanti cori?...
A mia supplice favella
Porgi, o Dea, benigno orecchio
Vedi è quella,
Nello specchio, nello specchio.
Vuoi veder l'astro tiranno,
Sola causa dell'affanno
Che mi strugge, che m'uccide
Mentre Amor mi guarda e ride?...
Di vederlo t'è concesso
Se a miei detti porgi orecchio,
Mira è desso:
Nello specchio, nello specchio.
Vuoi veder la cara bocca
Onde Amor sovente scocca
Fra le perle ed i rubini
I concetti più divini
In dolcissima favella?...
A miei detti porgi orecchio,
Guarda è quella:
Nello specchio, nello specchio.
Vuoi vedere un tribunale
Ove suona un no fatale,
Onde un giudice inclemente
Trepidar fa l'innocente
Che invan prega, invan sospira?...
A miei detti porgi orecchio
Mira mira
Nello specchio, nello specchio.
O mia cura e mio diletto,
Senza uscir da questo letto
Altre cose — portentose
A' tuoi occhi svelerò.
Ma il tuo fronte già s'imbruna,
La tempesta s'avvicina...
Deh ti placa o mia regina,
Deh ti placa, e tacerò!

G. di MONCURTILE.

SARCOFAGO DI NAPOLEONE

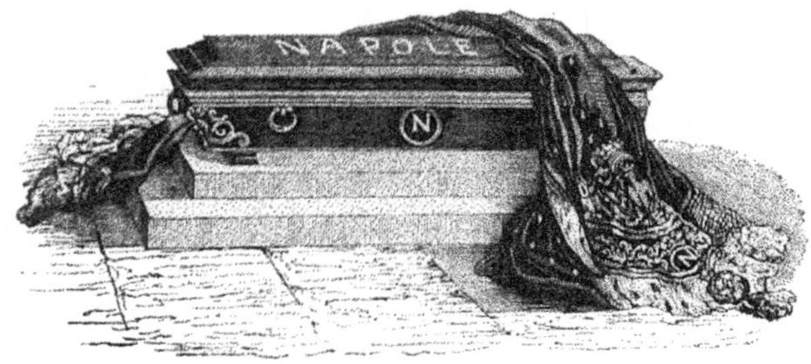

BAUGNOT. Sc.

La traslazione delle ceneri di Napoleone in Francia è senza contrasto uno de'più insoliti e gravi casi che vengano ricordati dalle storie degli uomini. Imperocchè, oltre la singolarità dell'evento, che certo è molta, ascondonsi in esse cento sublimi lezioni, che porgono alla mente del filosofo ampio campo di utili e profonde meditazioni. Quanti ammaestramenti, infatti, da questa tomba oscura e solinga, racchiudente ontro alle angustie di un feretro quell'uomo, testè sì grande, sì temuto, sì possente, che riempiva tutto quanto l'universo coll'impero de'suoi decreti, colla forza delle sue armi, collo splendore della sua gloria!..... Quanti motivi di serii riflessi, in questa mutabilità di fortuna, che ora sublima in alto l'umile abitatore d'uno scoglio, ora balza dal trono il monarca circondato da mille falangi, ora riconduce agli onori d'un sepolcro regale, alle pompe di un trionfo inaudito, il cenere dell'esule, gli avanzi del prigioniero!... Non è quindi a stupire, se tutti i cuori, tutte le menti si scossero a sì grande e commovente spettacolo, e se il libro in cui furono raccolti i vari documenti che costituiscono la veridica storia della traslazione di cui parliamo, fu accolto, può dirsi, in tutto il mondo con un'avidità di cui rari sono gli esempi.

Il sig. Baudouin, direttore delle funebri cerimonie, fu incaricato della fabbricazione del nuovo sarcofago di Napoleone e del drappo funereo destinato a ricoprirlo.

Questo sarcofago, la cui semplice e severa forma rammenta quelli degli antichi, non ha ornati, ed è contornato solo da un cornicione e da modanature; la sua lunghezza è di metri 2, centimetri 56, la sua larghezza di 1 metro e 5 centimetri.

Esso è d'ebano massiccio, d'un nero uniforme e di pulimento tale da pareggiare il marmo: sul coperchio leggesi la sublime e sola inscrizione in lettere d'oro: NAPOLEONE. Nel mezzo di ciascun dei lati del sarcofago sono incrostate, in medaglioni circolari delle N in bronzo dorato, scolte in rilievo. Sui lati di questo sarcofago sono alluogati sei robusti anelli in bronzo, moventisi sui loro perni, per poterlo trasportare nel tempo della cerimonia. Gli angoli inferiori son guerniti d'ornati pure in bronzo. Nella faccia anteriore del sarcofago havvi una serratura, la cui toppa è celata da una stella d'oro, che la lascia allo scoperto facendola girare. La chiave di cotesta serratura è per metà di ferro e per metà di bronzo dorato; l'*anello* rappresenta una N incoronata. Il sarcofago d'ebano contiene una bara in piombo, nella quale sono intagliati a bulino vari rami di lauro ed alcuni rabeschi. Nel mezzo del coperchio leggesi in francese:

NAPOLEONE
IMPERATORE E RE
MORTO A SANT' ELENA
IL V MAGGIO
M DCCC XXI

La funerea coltre è di velluto pavonazzo contornato d'ermellino. Il primo bordo rappresenta raboschi in oro: quello superiore, picciole palme; ed ai quattro lati vi sono medaglioni con entrovi trapuntata l'aquila imperiale. La cifra dell'Imperatore vi è ripetuta per bene otto volte in tutta l'estensione del funereo drappo, tempestato d'api d'oro, a trapunto, intersecato di lavori in broccato d'argento, e terminato agli angoli da quattro grosse nappe in oro.

(*Dai* FUNERALI DI NAPOLEONE, *opuscolo adorno di 16 intagli, pubblicato, non ha guari, coi tipi di questo stabilimento*).

I BLOCKHAUS

I *blockhaus*, venuti oggidì in tanta celebrità dopo l'egregia opera prestata nelle guerre d'Algeria, sono, come la parola suona tedescamente, case o fortini di legno, collocati ne'siti più importanti o vantaggiosi, all'effetto di albergare un piccolo drappello di soldati e porlo al sicuro dall'attacco di forze notevolmente maggiori.

Questo genere di ripari, utile, come scorgesi, per istabilirvi avamposti, vedette ed altri consimili presidi isolati, in paese esteso e nemico, fu per la prima volta posto in opera dai Prussiani, nel 1728, nella Silesia, ed ammette varie forme e modificazioni, secondo i vari accidenti locali del paese che deve difendersi.

I blockhaus constano ordinariamente di due palchi, o piani sovrapposti, il primo de' quali più stretto e l'altro più ampio, per guisa che il suolo ne sporga tutto intorno a foggia di tettoia o grondaia, come scorgesi in veggendo l'annessa figura. L'ampiezza interna della sala inferiore è, per lo più, di 4 metri sopra 2 metri e 50 cent. di altezza, e se vi si vogliano costrurre letti stabili da campo, le dimensioni accresconsi in proporzione. Lo sporgimento del secondo palco, che finisce in un tetto leggiermente inclinato, è di 10 centimetri circa.

Le mura di tale piccola cittadella si fanno semplicemente di spessi assi di quercia, aventi 30 centimetri circa di quadratura, ed infissi in due grossi travi di pino, uno de'quali le ferma al piede, e l'altro, detto *cappello*, ne tiene immobili le estremità superiori. Questi assi hanno, alternativamente, una fessura o feritoia, da cui la truppa entro-chiusa vigila sul circostante terreno, e fulmina, occorrendo, il nemico. Anche la parte sporgente è inferiormente guernita di consimili buchi o feritoie, destinate ad allontanare dai piedi dell'edificio quegli assalitori che fossero giunti ad accostarvisi, ferendoli con ispuntoni od armi da fuoco, dall'alto in basso.

Si penetra nei blockhaus col mezzo di una porticella, praticata nella parte inferiore, e chiusa con tale artificio che solo apra l'adito a chi è pratico del congegno, ed è coadiuvato dalle persone entrostanti. Qualche volta l'entrata praticasi, invece, nella parte superiore dell'edificio, e vi si ascende con una scala a mano che poi ritirasi e custodiscesi internamente. In ogni caso però tali porte od entrate sempre prospettano il paese interno, cioè a dire la parte meno esposta al nemico.

I vari pezzi di legname componenti un blockhaus preparansi, d'ordinario, già bell'e fatti e numerati, per guisa che, giunta l'armata sul sito in cui vuolsi innalzarlo, solo abbiasi a collegarli e stringerli insieme. Otto ore e trentasei uomini bene addestrati bastano allora per condurre a compimento tutto il lavoro.

Nell'Algeria, regione in cui, stante l'ostinata ferocia degli indigeni, i blockhaus rendonsi non solo utili ma indispensabili, la parte inferiore dei blockhaus fabbricasi quasi sempre in pietra, ed intorno al lor piede si dispone una specie di ridotto, o bastione, con fosso, che ne rende vieppiù difficile l'accesso, ed agevole la difesa.

Cav. Baratta.

CONDIZIONE DEI RINNEGATI PRESSO ABD-EL-KADER

(*Seguito e fine. V. num. anter.*)

Alla scaltrezza propria degli Arabi, prosiegue Berndt, va congiunto in Abd-el-Kader coraggio guerriero ed ambizione, non senza una cotal dolcezza e rettitudine fin dove il comportano le vaste e lontane sue mire. Quanto a religione, egli vive strettamente a seconda delle leggi e degli usi esterni del maomettismo, benchè paia piuttosto ch'e' cerchi solo farsene mantello agli ambiziosi suoi disegni: poichè se puro zelo di credenza fosse quello che lo scorge nella sua condotta politica, sarebbe certo impossibile ch'egli nol desse a divedere in tutto il suo procedere verso i seguaci di altra religione, coi quali all'opposto egli mostrasi in ogni occasione assai tollerante e libero affatto di pregiudizi. Nella lingua e nello scrivere arabo, del pari che nella letteratura nazionale, versatissimo, egli occupa gran parte dell'oro che gli rimangono d'ozio nella lettura degli scrittori arabi. La storia de' califfi gli è famigliare e forse ch' egli sente in se stesso la forza di ritornare, quale ella già fu, grande e vittoriosa l'avvilita mezzaluna. Il suo tenor di vita ritrae degli antichi costumi, semplice e senza fasto come la maggior parte degli Arabi. Il mattino egli non prende che una tazza di caffè puro: dalle 10 alle 11 ore gli si serve pane e frutta, per lo più insieme a' suoi fratelli e ai califfi che vi si trovano presenti: dopo mezzogiorno, alle quattro, un'altra tazza di caffè; alla sera il suo *daham*, carne ch'egli mangia in cucchiai di legno o anche, se è d'uopo, colle mani. In guerra io spesso il vidi contentarsi di farina impastata coll'acqua. Vino o altre bevande spiritose appena le conosce di nome. I Francesi avendogli parecchie volte mandate in dono tazze di porcellana e vasellame da tavola, egli non sì tosto ricevuto, tutto distribuiva a' suoi favoriti, con dire ch' e' non voleva avvezzarsi a molteplici bisogni, dovendo mostrar col proprio esempio ai musulmani come non sia difficile il far senza di tante bagattelle che usano i cristiani. L'unica moglie ch'egli possiede, non visita ordinariamente che due volte all'anno, nè presso di lei si trattiene ciascuna volta più di dieci o al sommo undici giorni. Tutto il suo cuore altro ora mai non riempie che amor di gloria e di alte gesta, tal che, aggiuntavi la dolcezza e l'affabilità de' suoi tratti, non fa maraviglia se il suo popolo giunse quasi a divinizzarlo, e se gli stessi nemici suoi, sì cristiani, che maomettani, non gli neghino la stima loro ».

Nel campo di Abd-el-Kader, essendo Berndt entrato in conoscenza con due rinnegati francesi applicati, come lui, all'artiglieria, parte alle loro persuasioni, parte per proprio desiderio, s'indusse concertar coi medesimi una fuga, del cui esito non possiamo che lasciar a lui il racconto.

« Usciti dal campo sul cader del giorno, ci drizzammo alla volta d'un vicino tumicello, entro a'cui folti cespugli ci acquattammo, quando potemmo crederci inosservati, per colà attendere le tenebre ed avviarci quindi all'armata francese, che in una notte potevano facilmente raggiungere. Sventuratamente non era sfuggito ad alcuni soldati il nostro uscir dal campo, sul far della sera, nè tardò, al vedersi che l'assenza prolungavasi oltre al dovere, il sospetto già insorto della nostra fuga, a cangiarsi in certezza. Minutamente ricerchi fra quelle macchie cui ci avean veduti diretti, da una ventina d'uomini a ciò spediti, ne fummo ben tosto scoperti, e ricondotti nel campo fra gli strapazzi dell' irritata moltitudine, di cui saremmo forse per via caduti vittima se il sopraggiungere di alcuni ufficiali non ci avesse campati dalle loro mani per metterci in potere dell'agà o generale. Giunti alfin col più gran stento al cospetto di lui, ci mettemmo naturalmente in sul negare ogni intenzione di fuga, pretendendo che non per altro ci eravamo gittati nell'acqua che per prendervi un bagno: ma in verità che il nostro nascondersi, e l'ora in che fummo scoperti, troppo chiaramente deponevano contro di noi, così che, avutesi in nessun conto le nostre discolpe, si riferì al sultano come legalmente provato il nostro disegno di rifuggire al nemico. Messi allora in catene, per doversi attendere la luce del giorno a testimonio del supplizio che ci soprastava, rimanemmo esposti fino a ben oltre nella notte agli scherni, agli insulti e alle percosse di chiunque colà capitava, molestie che non finirono se non per dar luogo al travaglio ancor più crudele del proprio pensiero cui stava innanzi l'aspetto d'una morte dalla quale altro che un miracolo pareva non ci potesse campare. All'apparire in cielo della lucida stella del mattino, annunziatrice del vicino sorgere del sole, io me ne stavo già apparecchiato ad offrire con tacita preghiera all'Onnipotente gli ultimi, siccome allora io credeva, miei desideri. Ma ai raggi del sole che già spuntava io mi riscossi ancora una volta, ancora una volta i miei pensieri volarono a quei cari da me lontani ch'io non dovea rivedere mai più, allorchè ad un tratto ci apparvero innanzi gli *ciausci*, cioè que'servi del sultano che son destinati all' uffizio di carnefice. Incatenati e tutti tre condotti in sul mattino fuori del campo fra il popolo affollato, due di noi caddero ben tosto a colpi di sassi l'un dopo l'altro privi di vita.

« Ultimo io rimaneva, e parecchi uffiziali che sopraintendevano all'esecuzione della condanna, bramosi di finirla con più corto e speditivo supplizio, cominciarono a deliberare se mi si dovesse far tagliar la testa o darmi la morte con armi da fuoco. In quella che si stava disputando sul miglior genere di morte da applicarmi, ecco penetrar colà in mezzo improvviso il comandante dell'artiglieria, seguito da alcuni soldati, i quali, al suo cenno, strappandomi dalla calca che mi circondava, traggonmi in fretta alla vicina sua tenda. Qui giunto, divenuto senz'altro di lui protetto, io non avea oramai più a temere di venirne divelto colla forza. Il comandante diessi quindi a perorare la mia causa cogli *ciausci*, attestando loro in fede sua ch'io era uomo d'inestimabil valore, perchè nessun altro sapeva leggere il francese, ch'io non avea mai dato per l'addietro sospetto di sorta, e che senza dubbio io doveva essermi lasciato traviare dai due uccisi ecc. ecc., e riuscito con tali argomenti a persuaderli come persona d'altronde assai distinta e in alta stima presso il sultano, venne egli stesso a portarmene l'annunzio, dicendomi che d'allora in poi poteva tenermi per affatto sicuro anche fuori della tenda. Il perchè egli abbia pigliato sì caldamente le mie parti, io non lo so: nessun vincolo a me l'univa, nè di amicizia, nè di gratitudine per prestati servigi: solo, poichè io vivea, siccome ho accennato, nelle sue tende, e ad ogni capo di tenda, giusta l'antico costume arabo, incombe il dovere di proteggere a tutta possa chiunque abita sotto la sua ombra ospitale, così è probabile che cotal uso ereditario, e la naturale bontà dell'indole sua, l'abbiano indotto ad adoperarsi in sì opportuno modo a mio favore: o a dir più giusto, ch'io il dovetti alla Provvidenza, che in sì pericoloso frangente da cui pareva non avermi a trarre che un prodigio, volle muovere a pietà di me il cuor di quell'uomo: — Alla domanda naturalissima che mi si potrebbe qui fare, del come siasi potuto osar tanto ad insaputa, anzi contro il volere del sultano stesso, io risponderò che, a quanto mi venne poi fatto di sapere, parecchi giorni dopo, da un vecchio turco, il sultano avea sempre ignorato ch'io facessi parte di quella tentata fuga, di cui gli si era tenuto discorso, giacchè di tre fuggitivi erasi accennato soltanto in generale senza far menzione del nome di Abdallah, sotto cui egli ben mi conosceva. — Eseguitasi poi la condanna de' miei due sciagurati compagni, nessuno ebbe più a rammentarla al sultano, nè a questi, pienamente persuaso dell'adempimento de'suoi comandi, sarà mai più caduto in mente di chieder conto d'un avvenimento sì poco rilevante, quale era il supplizio di tre cristiani.

« In cotal guisa io fui salvo, e benchè i sofferti mali trattamenti, e il rapido avvicendarsi di timore e di speranza, di morte (chè con tal nome io chiamerò quegli istanti che credeva per me gli estremi) e di vita, mi avessero intieramente spossato d'animo e di corpo, non penò tuttavia la mia gagliarda natura a riaversi ».

Nella battaglia della Tafna, cui Berndt trovossi sotto le bandiere di Abd-el-Kader, rimasto ferito sul campo, venne trasportato nella piccola città di Mat-Rona, ove come *aleusch* (convertito) lo si ricolmò di amorevolezze. Poi quando Abd-el-Kader abbandonando i contorni della Tafna ebbe a ritirare le truppe fino a Mascara, Berndt, cui il rifinimento delle forze non consentiva il tener dietro alla rapidità della marcia, tentò una terza fuga verso Tlemsan, che gli andò pur fallita, caduto pericolosamente ammalato in un villaggio arabo, presso cui andava da parecchi giorni vagando. Riavutovisi fra non molto coll'assistenza delle più affettuose cure degli abbronziti ospiti che l'accolsero e il trattavano quasi lor figliuolo, egli non sapeva più staccarsene, e passò con loro felici giorni, non intorbidati chè dal desiderio della patria, che nol lasciava giammai. Ma non gli durò troppo a lungo la sua ventura: chè riconosciuto da'cavalieri di Abd-el-Kader che scorrevano quel paese, fu costretto partirsi dall'ospitale tribù e far con essi ritorno a Mascara.

Intorno a quel tempo successe la sollevazione della potente tribù di Bordscia, che da gran pezza stava in relazione coi Francesi, de'quali il suo capo Kadur-Ben-Mareschi aveva alfine apertamente abbracciato le parti. Abd-el-Kader dovette appigliarsi alle più gagliarde risoluzioni per domare la tribù ribelle.

Berndt, ricondotto innanzi ad Abd-el-Kader, non solo da lui ottenne grazia al ben finger ch'egli seppe un pietoso racconto de'casi suoi, ma ne ebbe ben anche in dono un cavallo ed abiti da ufficiale. Facciasi ora egli stesso a narrare com'e' siasi guadagnato gli speroni nella spedizione che stavasi allora apprestando contro la tribù di Bordscia.

« Bordscia, dic'egli, è grosso villaggio tutto a case fabbricate di loto, posto fra mezzo a Mascara e il porto francese di Mostaganem. Fino dall'innalzamento di Abd-el-Kader alla dignità di sultano, aveano i Bordsciani ricusato di riconoscerlo in cotal titolo, e solo colla forza dell'armi erasi pervenuto a ridurli all'obbedienza. Dopo la battaglia sì disastrosa per Abd-el-Kader di Sidi-Ambarak e il successivo entrar de' Francesi in Mascara, furon principalmente i Bordsciani che datisi alla rapina ed al sacco accrebbero l'universal confusione e abbandonarono nella maggior necessità l'afflitto sultano. Ebbesi poi più tardi certezza per intercette lettere francesi che il kaì di Bordscia tratteneva segreta corrispondenza col vassallo francese Ibrahim-Buschnak, bei di Mostaganem. Ma la troppa potenza di questa numerosissima tribù consigliò per qualche tempo ad Abd-el-Kader di comportarsi tutto ciò in silenzio, per non impicciarsi in una guerra intestina, appunto quando ai nemici esterni, che ognor più gagliardi lo incalzavano, egli aveva a rivolgere tutta la sua attività. Ma non andò guari che i Bordsciani, imbaldanziti dall'indulgenza e dall'evidente debolezza del sultano, svelarono apertamente la loro macchinata perfidia col seguente oltraggio. Al recarsi del califfo di Abd-el-Kader, Ben Gratir con piccola scorta a Bordscia per levarvi le annue contribuzioni, vennero quegli abitanti a piè e a cavallo entro il suo campo, come a fargli accoglienza ed omaggio: ma mentre con ispari di fucile e corse di cavalli, siccome è uso colà, si andava quasi a gara per rendergli onore, Ben Gratir, che stavasi cotali feste riguardando senza sospetto sul limitare della propria tenda, cadde fra quel tumulto improvvisamente colpito per mano d'un Bordsciano. A tale audacia non potendo Abd-el-Kader più oltre frenarsi, senza darsi loro per vinto, si raccolse intorno le intiere sue forze, e marciò rapidamente con forse un 1,200 cavalli e 800 fanti alla volta di Bordscia per pigliarne la più severa vendetta. In una pianura non lungi da Bordscia avvenne lo scontro delle due parti, e in poco d'ora i troppo deboli Bordsciani, costretti a cedere il campo di battaglia, dovettero ritrarsi verso il villaggio, entro cui si rinchiusero afforzandosi con isteccati in un edifizio di pietra che ne copriva l'accesso, risolti, a quanto pareva, di farvi ostinata resistenza. Ma non ci vollero che pochi colpi della nostra piccola artiglieria dirizzata sollecitamente contro quella casa fortificata, perchè i Bordsciani, abbandonata la difesa del loro villaggio, si precipitassero in fuga a mettersi sui monti in salvo. Mentre la cavalleria gettavasi ad inseguire i fuggenti, io irrompeva co' soldati entro la terra. Era comando del sultano che la si avesse tosto a mettere in fiamme, e non si risparmiasse neppure al bambino in seno alla madre: ma i soldati non agognando che preda e saccheggio, non ascoltando alcuna voce, ad onta d'ogni sforzo, rapidamente sbandaronsi per le vie e per le case dell'occupato villaggio senza curarsi dell'esecuzione di tal comando. Rimasto pertanto solo, io stesso tentai, con ripetuto sparar del fucile contro que'tetti di paglia, di appiccarvi in alcuna parte il fuoco; ma indarno. Avvisando allora ad altro spediente, io strappai dal mio turbante un pezzetto di lana, e stropicciatolo prima con polvere, l'accesi col focone del fucile e il gettai quindi in mezzo alla paglia, dalla quale, avvivate dalla brezza, ebbero tosto a levarsi abbaglianti le fiamme. Brandito un tizzone per aria, io mi diedi a trascorrere gli stretti viottoli di quell' infelice villaggio, apportando in ogni dove l'incendio, allor quando da una capanna, ch'io lasciava preda al fuoco, giunsemi all'orecchio lo strillo d' un ragazzo che i parenti aveano colà abbandonato nel tumulto della fuga, o ad esservi bruciato vivo, o a venir scannato da qualche barbaro soldato che colà s'abbattesse. Gli ordini severi del sultano cedettero alla compassione che mi destò quel fanciullo, sì che trattolo dalle fiamme che già l'affogavano, e gettandomi con lui sul cavallo, abbandonai velocemente il villaggio oramai tutto in fuoco, dirizzandomi ad un picciolo colle di là non lungi, sul quale col suo seguito stavaci attendendo il sultano.

« Signore, gli dissi, fattomi a lui davanti, i tuoi soldati si arricchirono di preda; io adempii al tuo comando con dare il villaggio alle fiamme. Ma questo innocente fanciullo che non fece mai nulla a meritar il tuo sdegno, io ti presento unica preda ch'io abbia fatto.

« Sì profondo e severo fu lo sguardo con cui egli mi rimirò, ch'io sulle prime n'ebbi a temere. — Poi rispose: Io ti ringrazio, pel santo Bomadin!... Tu hai operato come un credente. E rivoltosi ad uno de'suoi, gli consegnò il fanciullo, ingiungendogli di tenerne cura fino a che si avessero novelle de'suoi parenti.

« Compiuta fu la nostra vittoria. Nel giorno seguente apparvero in campo alcuni vecchi quali deputati dei Bordsciani a promettere nuova sottomissione al sultano. Tollerabili furono le condizioni che s'imposero loro, anzi dolci assai per le tristi circostanze in cui erano. Abd-el-Kader non esigette che la consegna del kaì, che ci fece decapitare: la rimanente popolazione, mediante una multa, ottenne il permesso di rifabbricare il villaggio, eccetto la casa di pietra che aveva servito di fortezza, e che venne intieramente spianata ».

Pel trattato della Tafna, Tlemsan cadde di nuovo in potestà di Abd-el-Kader, il quale fece ivi stabilire un arsenale e una polveriera sotto l'ispezione de' rinnegati. Berndt che stava pur colà impiegato e si godeva, fra mezzo a parecchi suoi compatriotti, mediocre libertà, trovò indi a non molto il mezzo di mandar ad effetto il tanto vagheggiato disegno di sottrarsi alla sua cattività. Fuggitosi da Tlemsan con un Francese, Edoardo Louislon, e raggiunti, non senza gravi pericoli, i confini degli stati dell'Emir, pervenne ad Orano, attraversando il territorio di Beni-Amner, e poscia il 6 aprile 1838 ad Algeri, tre anni circa dacchè n'era partito. Nuovamente ascritto alla legione straniera al suo arrivo in Algeri, riuscì poi in breve ad ottenere congedo per far ritorno in patria, in quella patria, cui la lunga assenza e le tante dolorose vicissitudini onde era stata tessuta, gli faceano or parere a mille doppi più cara.

Cav. Avogadro.

FAVOLA

IL PASTORE AL RIVO

Dorino pastorello
Sul margine sedea
D'un limpido ruscello,
E intorno gli pascea
La greggia in libertà.
Quand'ecco un pesciolino
Dall'onde trae la testa,
Sollecito Dorino
A prenderlo s'appresta,
E stretto il tiene già.
Il pastorel gioisce,
E il pesciolin si accuora....
Ma il lido can guaisce:
L'ingordo lupo è fuora,
L'armento in fuga andò.
Dorin la man disserra,
La libertà ridona
Al pesciolino; afferra
L'arme ed il corno suona.....
La fiera s'inselvò.
Son figli del momento
Piacere e pentimento.

Ab. Domenico Cervelli.

DEI PTERODATTILI

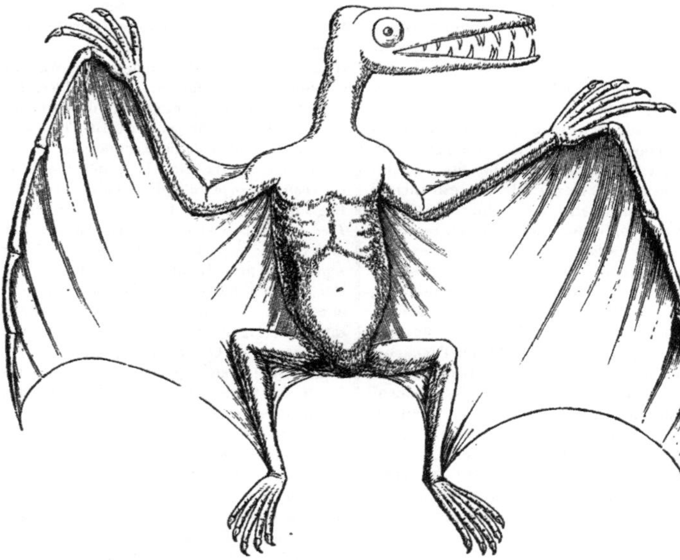

Una delle più feconde scoperte dovute alla geologia è senza dubbio l'averci fatto conoscere quella immensa quantità di esseri, che in epoche al di là della umana memoria vissero e popolarono la superficie del nostro pianeta. Questo in verità è stato un grande servigio prestato alla zoologia e alla notomia comparata. Le cognizioni acquistate dietro siffatte scoperte, quelle soprattutto sono state che hanno fatto progredire queste scienze fino al grado in cui oggi le vediamo. Animali di una smisurata mole, di tante diverse forme, vertebrati di ogni classe, molluschi, insetti, zoofiti affatto sconosciuti per mezzo della geologia, sono stati di nuovo rischiarati dalla luce solare, ed un'altra volta sono venuti a far mostra di sè sulla superficie terrestre: così il filosofo indagatore si vide aperto d'innanzi un vastissimo campo, onde pascere quell'insaziabile suo genio alle cose nuove: il zoologo estese i suoi dominii sopra una grandissima quantità di esseri in addietro sconosciuti, potè studiarne le loro esteriori apparenze, rintracciarne i caratteri, riportarli a famiglie cognite, o stabilirne delle nuove: l'anatomico coll'analisi di ciascuna parte dei loro avanzi ottenne la ricomposizione degli scheletri, e da questi si fece strada ad argomentare quale potesse essere la loro intera organizzazione: il fisiologo in fine ebbe agio conoscere quali funzioni era un dì chiamato a compiere il loro organismo, quale potesse essere la loro indole, e quali costumi ed istinti gli accompagnarono nel periodo vitale. Così la geologia ha tolto il velo di tanti misteri, e per suo mezzo la verità si è mostrata nella sua semplicità per divenire sempre più manifesta.

In mezzo a tanti e sì variati esseri, alcuni ve ne sono che più particolarmente destano curiosità ed attenzione, e si fanno ammirare per la stranezza delle loro forme; in questo numero devonsi certamente ammettere i pterodattili, specie di volanti lucertole, il cui aspetto mostrasi totalmente diverso, allorchè si paragonano alle attuali viventi. La prima idea di questi animali devesi ad un illustre italiano, direttore del gabinetto dell'elettore palatino a Manheim: questi fu un tal Colfini di Firenze che sul finire dell'andato secolo volle rendersi benemerito delle scienze col pubblicare i più interessanti oggetti che si trovavano nelle collezioni a lui affidate. Fra le tante memorie con molto criterio scritte e date in luce da questo dotto, una ve ne ha stampata nel tomo v dell'Accademia palatina dove per la prima volta si fa menzione di un pterodattilo trovato ad Erchstadt nella vallata di Altmuhl presso Solenhofen in Baviera. Passato in seguito il saggio di Collini nelle mani di Soemmering, ed avendone ricevuto un altro dell'istesso paese, ma diverso da quello di Collini, fu cagione che questo insigne anatomico leggesse anche egli una memoria sullo stesso argomento nell'accademia di Monaco l'anno 1810. Le diverse forme di parti proprie di differenti animali, che aggregate riscontransi sullo pterodattilo, fecero sì che i naturalisti si dividessero da principio in tre diverse opinioni: la figura della testa, la lunghezza del collo e la piccolezza della coda per la somiglianza ad un uccello, indussero alcuni a crederlo spettante a questa classe: la proporzione del tronco, la forma delle estremità superiori, e la disposizione delle dita imitanti un pipistrello, fecero che alcuni altri a questi animali li riportassero: la piccolezza del cranio infine, e le mascelle armate di denti conici aguzzi saldati con esse, indussero altri a riguardarli come rettili. L'avere per altro scoperti in seguito molti pterodattili, non solo in Baviera ma altresì in due diversi luoghi dell'Inghilterra, diede motivo al celebre Cuvier di definire la questione, e dichiarare con sicurezza la sua opinione: questo luminare delle scienze naturali, guidato da quell'immenso genio che lo distingue per la via di un giusto raziocinio ed esperienza, dimostrò coll'esame di ciascun frammento dello scheletro essere l'animale in questione altrimenti che un uccello o un mammifero, ma un rettile spettante all'ordine delle lucertole. La cuvieriana opinione confermata vieppiù da fatti ha sciolto finalmente il problema, ed ecco che una nuova famiglia incognita ai naturalisti fino a lui è andata ad arricchire le nostre collezioni, e prendere uno stabile posto nella classificazione degli animali.

La famiglia dei pterodattili è composta di un sol genere, ed hanno per comuni caratteri una testa sostenuta da un lungo collo, avente ai lati due grandissimi occhi, prolungata in un rostro di diversa figura secondo le specie, le cui mascelle sono armate di denti conici e aguzzi; un corpo munito di coste come i nostri mammiferi, terminato da una brevissima coda, e sostenuto da due alte gambe; le estremità superiori allungate, e terminate da cinque dita, quattro delle quali di una lunghezza ordinaria, e armate da unghie curve e uncinate, il quinto eccessivamente allungato, e rivolto in basso come quelli dei vespertilioni, che verisimilmente come in questi sosteneva una membrana propria a potersi sorreggere in aria, e volitare da un luogo all'altro: i piedi piuttosto allungati, e poggianti con tutta la pianta nella stazione sulla terra.

Questo genere comprende fino ad ora otto specie, dalla grossezza di un tordo a quella di un'oca, caratterizzate o dalla diversa forma delle mascelle, o dalla grossezza del loro corpo: la prima *Pterodactylus grandis*, quello della maggior grossezza, del quale non si conosce ancora l'intero animale, ma descritto da Cuvier dietro alcuni frammenti di ala conosciuti prima di lui per l'estremità di un grande vampiro: la seconda *Pter. crassirostris* o *grosso becco* descritto, per la prima volta dal prof. Goldfuss, quello di cui si rappresenta la figura dell'ordinaria grandezza, approssimativamente ristabilita nelle sue forme: la terza *Pter. longirostris*, o quello di Collini a becco lungo, della grossezza presso a poco di una beccaccia: la quarta *Pter. brevirostris* a *becco corto* pubblicato da Soemmering, trovati tutti a Solenhofen in Baviera: la quinta specie è lo *Pter. macromys* o *lungo ratto* di Buckland, trovato a Lyme-Regis nella contea di Dorset in Inghilterra: la sesta *Pter. medius* o di una mezzana taglia descritta dal conte di Munster: la settima *Pter. munsterii* descritta dal sopra citato prof. Goldfuss e dedicata al conte di Munster, trovata parimenti a Solenhofen: finalmente la ottava *Pter. bucklandii* dello stesso professore, dedicato a Buckland celebre geologo, trovato a Stonesfield nella contea di Oxford in Inghilterra.

L'avere trovato i pterodattili insieme cogli insetti fossili ce li fa conoscere per insettivori (proprietà generica dell'ordine a cui spettano), e l'avervi trovati specialmente delle libellule, o altri insetti acquatici, ci fa argomentare avere questi animali vissuto in vicinanza delle acque. È probabile che le specie più grandi si saranno ancora nutrite di pesci o di altri animali, come avviene delle grosse specie di questo stesso ordine, coccodrilli, gavial, caiman ecc., e volando sulla superficie delle acque abbiano avuto gli stessi istinti che oggi osserviamo nei lari, procellarie ed altri uccelli acquatici. L'unico dito sostenente la membrana delle loro ali è troppo debole per reggere tutto il loro corpo ad un volo molto prolungato, perciò c'induciamo a credere avere avuta anche la facoltà di nuotare, come si vede nel vampiro dell'isola di Bonin (*Pteropus pselaphon*). La forma e la disposizione delle dita ci fanno vedere, avere potuto questi animali anche inerpicarsi sugli scogli, e come i pipistrelli sospendersi sia agli alberi, sia nelle cavità delle rocche per potervi svernare: le gambe sono tali che portano alla conoscenza potere eziandio reggersi solidamente verticali, e camminare sulla terra a modo degli uccelli. I loro grandi occhi finalmente li fanno sospettare per animali notturni o crepuscolari, imperocchè lo sviluppo degli organi della vista specialmente si osserva in quegli animali che hanno l'istinto di portarsi in giro nelle ore in cui la luce del dì è meno intensa.

Prof. Giuseppe Ponzi.

EPIGRAMMI DI ZEFFIRINO RE

In morte di un avaro

Di decembre ai ventitrè
Partì dal mondo il sordido Pasquale,
Scommetterei che il fe'
Per risparmiar le mancie di Natale.

Per un' opera in musica

Rossin, ci desti un'opera,
Ch'è miracolo ver di contrappunto;
Tutti i fischi all'unisono
A porre al fin, ch'il crederia? se' giunto.

PENSIERI ARTISTICI. § 1

La Reale Galleria di Torino *dichiarata dal M.*[se] Roberto d'Azeglio *non è soltanto l'opera più splendida e grandiosa che venga oggigiorno in luce coi tipi italiani: essa è altresì un prezioso tesoro nel quale i* cultori *dell'Arte* rinvengono *dottamente svolte le pure ed eterne dottrine della vera estetica,* conformate *ed avvalorate cogli esempi de' sommi maestri. Imperocchè l'illustre autore lungi dal limitarsi,* come *è ordinario stile de' dichiaratori, all'arida e pretta descrizione delle varie tavole, ha prese da queste le mosse onde salire alle più sublimi teorie artistiche, e congiungendo così, con nuovo ed utilissimo divisamento, la speculativa alla pratica, ha dato all'Italia un* compiuto *e perfetto* corso *dell'Arte, lavoro di cui noi non crediamo che altri possa riescir mai più proficuo o più dilettevole. Aggiungasi che svariata ed abbondevolissima vi è l'erudizione onde infiorata è ogni pagina, e tale la grazia e la proprietà dello stile, che gli intelligenti nazionali ed esteri ebbero ad acclamarla, anche per tale rispetto, opera degnissima d'ogni più insolito encomio. — Noi speriamo adunque gratificarci in distinto modo i nostri lettori annunciando che, col permesso del valoroso scrittore, daremo loro una serie di artistici articoli estratti dall'opera stessa, unendovi, pur anco, i disegni di alquante tavole della Reale Galleria Torinese, espressamente, per ciò, incisi in Parigi.*

Quando i soggetti atroci della storia ci vengono rappresentati da celebri pennelli, sentiam nell'animo una impressione di ram marico, che abbia il genio levata la possente sua egida a tutelare tal opera, la quale, onorevole all'arte, pur trovisi in ripugnanza col sentimento. A ragione voleva Orazio remossi dalla scena tutti que' fatti che destano orrore ne' riguardanti: « Medea, dice egli, non trucidi i figli in presenza del popolo; nè si miri Atreo cuocere in palese le umane viscere per la nefanda cena ». E per siffatta avvertenza ebbe lode da Ausonio la Medea dipinta da Timòmaco, avendo tal pittore espressa quella madre in atto di esitare colla spada sguainata in sul compiere il delitto, per isfuggire di rappresentarla tinta nel sangue de' figli. Nella stessa guisa fu da Luciano commendato Teone, il quale, nel dipingere l'uccisione di Clitennestra e di Egisto nel suo quadro di Pilade ed Oreste, volle esprimere quegli adolescenti come trattenuti da naturale ribrezzo nell'atto d'immolare la coppia adultera. Ben s'addice tal regola anche alla pittura: anzi meglio ad essa, per essere più permanenti le impressioni prodotte dalle sue opere. Sembra singolare debolezza di discernimento quella per cui alcuni spiriti, anzichè fare scelta di tema nel quale il cuore e la mente trovino del pari e pascolo e diletto, van rintracciando appunto cotale mostruosità che più deturpi la nostra natura, e su cui, se fosse possibile, dovrebbe gettarsi il velo dell'obblio.

Quella smania di sensazioni orribili che, al pari degli antichi anfiteatri, è venuta ad insanguinare le moderne scene, è al giorno d'oggi trapelata nelle opere d'imitazione. Il culto del bello, che generò i miracoli dell'arte sin dalla sua origine, è posposto a quello del deforme: si sono scoperte le grazie dell'orribile, le vaghezze del sanguinario, le delizie dell'atroce. La ministra del piacere si tramutò in sozia di manigoldi; lo strazio succede alla lusinga: alle rose della bellezza si preferisce il sangue de' patiboli: all'arieggiare or sublime, or soave dei volti, il boccheggiamento della convulsione: alla letizia della vita il tetro della morte.

Le azioni generose che elevano l'anima, sono scambiate colle più crudelmente ributtanti che la corrompono: e i temi che un giorno erano dettati dalle Muse della poesia o della storia, ovvero scendevano nel cuore per l'inspirazione dei Celesti, si direbbero oramai avidamente disotterrati fra i voluminosi cartolari d'una cancelleria criminale.

Per sì fatale erramento è l'arte deviata dall'eccelsa missione a cui fu chiamata dalla sua natura, quella di sollevarsi per le vie del diletto al grado di maestra dell'umanità. Trascurata una tanta vocazione, il suo ascendente diviene inutile al corpo sociale, se pur non gli è talvolta fastidioso o nocivo; e l'occhio severo del legislatore non trovando più in essa una cooperatrice al miglioramento del popolo, la considera come una superfluità del lusso cittadinesco, anzichè da promuovere, da rigettare. Ciò spiega, ed in parte ancora escusa il disfavore in cui fu l'arte presso alcuni filosofi antichi e moderni, come Licurgo e Seneca tra i primi, Rousseau fra i secondi. E quantunque la voce della posterità siasi formalmente richiamata delle severe loro sentenze, è pur vero dire che assai più valida sarebbe la condanna contro essi pronunziata dal tribunale dei dotti d'ogni nazione, se il frequente sviamento degli artefici dall'essenziale carattere di sì utile studio non avesse somministrato l'apparenza della ragione a ciò che in sostanza era pura speciosità. Infatti la pittura può, come le migliori delle cose umane, divenire uno stromento pericoloso in mano di chi ne abusa; qual arme che, destinata alla difesa del buon cittadino, è volta dal malvagio alla rapina e all'omicidio. Ma di che non abusa l'umana malizia? La scienza, che ben diretta guida alla religione, stravolta, porta all'incredulità. La chimica, di cui è scopo elaborare preparazioni salutari, insegna l'arte dei veleni. La musica che, secondo Platone, è chiamata ad attemperare la violenza del carattere, lo snerva. La ginnastica, fatta per dar vigore alle membra, rende talvolta l'uomo duro e feroce. Le verità più pure della religione stessa hanno talora prodotto il fanatismo. Alla vigilante saviezza del legislatore s'appartiene il fermare nella società tal ordine per cui dalla scaturigine stessa, che è sorgente di prosperità, non derivi quella che è principio di corruttela. Perciò il divino ingegno del sopraccitato filosofo non proscrisse le arti dalla sua repubblica, ma solo ne regolò l'andamento e l'influenza.

La destinazione della pittura nell' ordine sociale è analoga a quella che da un celebre poeta francese, rivale dei latini, fu attribuita con sì elegante epigrafe alla commedia (1). È intendimento d'entrambe emendare il costume, una ridendo, l'altra dilettando. L'oficio di questa è promulgare ne' suoi fasti le azioni magnanime e virtuose, fermarle alla contemplazione del popolo, ed attuare in ogni punto dell'avvenire la rimembranza degli uomini che ne lasciarono i grandi esempi. Allora è che ripudiando nobilmente ne' suoi temi e le meretricie lusinghe, e le immagini sanguinose, e il vasto dominio dell'inutile, essa riveste l'antica maestà del suo grado in faccia alle nazioni, e congiunta alle lettere ed alle scienze, viene con pari favore accolta dall'amante del bello, dal filosofo e dal legislatore.

M.se R.o D'Azeglio.

(1) *Castigat ridendo mores.* Santeuil.

Chimica Filosofica

Breve sunto sulla teoria atomica

I progressi che da alcuni anni ha fatto la teoria degli atomi, la somma utilità che dessa presenta nello studio delle scienze esatte, ed i numerosi risultati che s'ebbero dalla sua applicazione alla composizione e decomposizione dei corpi, ci destarono l' idea di tracciarne un breve sunto sotto i rapporti filosofici, onde gli amatori degli studi fisico-chimici abbiano un' idea chiara e precisa sulle leggi che tale teoria reggono.

Prima però di far conoscere le leggi precipue, su cui la teoria *corpuscolare*, ossia atomica, è poggiata, stimo bene di premettere la definizione della parola *atomo*, per non obbligare i lettori a ricorrere ai trattati di chimica che ne parlano.

L'atomo è un corpo semplice, è la particella piccolissima di un corpo che non è suscettibile d'alcuna alterazione nelle chimiche reazioni. Siffatti atomi colla sovrapposizione semplice, cogli atomi di diversi corpi semplici, danno origine agli atomi dei corpi composti, talmente che le proprietà degli atomi dei corpi composti risultano dalla unione degli atomi semplici di diversa natura. Quindi è che, distrutto un composto col disunire i corpi semplici che lo costituiscono, gli atomi di tali corpi semplici devono ricomparire colle loro proprietà, forme e dimensioni primitive. I differenti corpi sotto eguale volume hanno pesi differenti. Il rapporto fra il loro peso ed il loro volume viene contraddistinto col nome di *densità*. Per valutarla, si prende per termine di comparazione la densità conosciuta d'un corpo, l'acqua, per esempio, ed i corpi che ad eguale volume pesano più o meno di questo liquido, hanno una densità più o meno grande della sua. Il peso dei corpi dipende dal numero degli atomi ch'egli rinchiude, mentre che il suo volume dipende dalla distanza che separa gli atomi; di maniera che un corpo può cangiare di volume senza cangiare di peso. Così, per misurare la densità dei corpi, è mestieri tenere conto delle circostanze che potrebbero far variare il loro volume; e quando si paragona la loro densità, si deve collocarli, a questo riguardo, in circostanze del tutto simili.

La chimica non giunse ancora a conoscere direttamente il peso degli atomi d'un corpo, perchè la loro impercettibilità non permetterebbe di pesarli; fortunatamente però ciò non è necessario, e basta ai bisogni del chimico il sapere il peso relativo dell'atomo di un corpo semplice qualunque, non essendo il peso degli atomi assoluto, paragonandolo ad un peso fittizio dell' atomo di un dato corpo semplice: così l'esperienza avendo constatato « *che tutti i gas, qualunque sia la loro natura, cedono in un modo uniforme all'azione del calorico e della pressione* », così si conchiuse, che in tutti i gas, gli atomi erano collocati ad una eguale distanza; che per conseguenza un medesimo volume ne racchiudeva un numero eguale; ed *in fine che il peso degli atomi dei gas era proporzionale alla loro densità*. Facendo l' applicazione di questa regola, e prendendo l'ossigeno per termine di paragone, si determinò il peso degli atomi di tutti i corpi semplici gasosi, o suscettibili di essere ridotti in vapore; quindi col mezzo d'un'altra legge, secondo *la quale gli atomi di tutti i corpi semplici avrebbero la stessa capacità sul calorico*, si pervenne a dedurre con esattezza il peso degli atomi sia dal calorico specifico di ciascun corpo semplice, sia dalle proporzioni nelle quali essi si possono combinare. Trovare adunque il peso relativo dell'atomo di un corpo semplice, il numero degli atomi dei corpi semplici contenuti in un composto qualunque, e per conseguenza l'atomo di un corpo composto, è lo scopo della teoria atomica, di quella scienza che, al dir dell'illustre *Baudrimont*, non finirà giammai, giacchè a questa è serbato un altro destino. Questa formerà quanto prima una scienza *sui generis*, che, sebbene antica, sarà pur nuova per la sua esattezza; ella ogni giorno diverrà più grande, e sarà la fonte comune di tutte le scienze naturali, avendo la natura per iscopo primario, tanto se considera gli esseri inanimati, come gli animati.

Giovanni Righini.

PROPRIETÀ LETTERARIA

La voce de' Tipografi e degli Studiosi del regno delle Due Sicilie. — Napoli 1841

Mentre l'Italia tutta plaudiva all'alto concetto de' Principi che assicurarono con solenni convenzioni la sacra proprietà dell' ingegno; mentre la Francia ci invidiava que' patti internazionali, e li citava come un generoso esempio da seguitare, sorgeva a Napoli una voce a contrastarne l' utilità, a pregare che la sapienza del re Ferdinando non accedesse a quel grande atto di giustizia, a domandar che quel regno se ne stesse solo in disparte quando tutte le altre italiche genti convenivano in un grande pensiero, e mostravano al mondo che l' Italia, da cui si diffuse alle terre oltramontane il lume dell' arti e delle scienze, non è lenta a tutelarne le produzioni, a guarentirne i diritti.

Ma noi siam certi che questa voce è una voce senza eco; che niuna parola non conforme rispenderà alla sua parola non generosa, non italiana.

Noi siamo certi ancora che questa voce non è quale s' intitola nel frontispizio *Voce de' Tipografi e degli Studiosi*, ma voce privata dell' avvocato Raffaello Carbone, il quale avrebbe fatto meglio a tacere.

Ambizioso è il frontispizio, poichè il Carbone vi si annuncia senza mandato come interprete di sentimenti che i tipografi e gli studiosi delle Due Sicilie non possono avere e non hanno.

L'avvocato Carbone sapendo d'aver una cattiva causa per le mani, e di non far opera di buon Italiano, predicando contra la proprietà letteraria, discorre in modo da far credere che il regno delle Due Sicilie non faccia parte dell' Italia.

Ma se l'Italia tradurrebbe (dice pag. 8), *non è vietato a noi il volgere pure nell'italiana favella...*

Anche per questo articolo l' Italia ci vince di troppo (pag. 11).

Dovremmo stravegnare (vuol dire mandar fuori del regno) *grosse somme per saziare l'ingordigia degli italici stampatori* (pag. 13).

Cito questi tre luoghi soli, ma in più altri torna la medesima frase, la quale, se piace all'autore, non garba al certo nè all'Italia che fra le sue più chiaro glorie novera tante glorie napolitane o sicule, nè ai Siciliani ed ai Napolitani che sempre hanno dato prova d' esser lieti, e d'esser degni di chiamarsi Italiani.

Non so poi qual sentimento padroneggi l'animo del signor avvocato Carbone quando non dubita di proclamare in faccia al mondo che quel regno non *dà produzioni originali da invogliare gli Italiani a farne acquisto: che in niun ramo di scienza sono quei popoli si inoltrati da pubblicare nuove scoperte e nuovi sistemi; che non possono lusingarsi di dir cosa nuova intorno alla scienza del dritto; che fu bensì quella terra madre di felicissimi ingegni; ma che perciò,* soggiunge con bella efficacia l'avvocato napolitano, *avremo il vanto di dire che ancor noi fummo pittori, ma per questo il siamo?* (pagg. 9 e 10).

Non so, ripeto, a quale sentimento obbedisse scrivendo queste strane parole l'avvocato Carbone. Ma pensare di poter impunemente, per sostener una tesi disperata, avvilire, manomettere tutto un popolo, in cui fiorivano e fioriscono ingegni potenti, menti acute ed indagatrici, profondi ed eleganti scrittori; negar ogni facoltà creatrice ad una nazione che non è seconda a niun' altra nazione italiana, e coprirla come d'un manto sepolcrale della memoria delle antiche sue glorie, non è questo un atto di buon cittadino, e sarebbe gran colpa se non fosse, per la medesima sua enormità, grande follia.

Ma il Carbone teme che trionfando per tutta la penisola il principio della proprietà letteraria, non si lasci più « *libero lo scampo di salvarsi chi voglia dalla rapacità di qualche autore insaziabile che profittar volendo della privativa, appone prezzo esorbitante a'suoi volumi* ».

Ma il primo interesse dell'autore insaziabile è di vendere il maggior numero di volumi che può. Sapendo che l'opera sua non è, per bella che sia, una cosa di prima necessità come il pane, sapendo che se è cara, molti invece di comprarla se la faranno imprestare, od andranno a leggerla nelle pubbliche librerie, amerà meglio di venderla a un prezzo discreto perchè trovi compratori in buon numero. E d'altronde perchè supporre autori insaziabili? Perchè supporre che in un uomo chiamato alla alla missione d'ammaestrare i popoli non alligni altra passione che l'avarizia? Perchè non fargli grazia almeno d'un po' di vanità che gli faccia desiderare un gran numero di lettori e di lodatori, e contrappesi quindi i gretti calcoli dell' interesse pecuniario?

Ma perchè ammettere la proprietà letteraria delle traduzioni? grida in altro luogo il Carbone. Il traduttore non fu mai inventore nè pensatore dell' opera. Paragona poscia elegantemente il traduttore ad un abile giardiniere che fa prosperare nei nostri climi le piante esotiche del Perù e del Messico. E gli par poco quando queste piante sono utili o dilettose? E qual premio pensa egli che meritassero que' buoni monaci che portarono dal Catajo a Giustiniano i bachi da seta? E quelli che piantarono in Italia i primi moroni? E, lasciando i paragoni, perchè i traduttori non potrebbero avere la proprietà delle loro traduzioni? Se la traduzione è buona, perchè privarli del premio? Se è cattiva, chi vieta che un altro faccia una migliore versione, o se ne assicuri la proprietà?

Ma il Carbone dice: Piacesse al Cielo che non vi fossero traduzioni!... E perchè? Perchè allora, egli dice, si studierebbero gli originali! Viva il gran cuore dell' avvocato Carbone, il quale non si smarrisce al pensiero di dover studiare a fondo sette od otto lingue! Io che a mala pena in molti anni di studio sono pervenuto a saperne mediocremente due o tre, non posso accettare l' *utinam* ch'egli manda fuori con tanta aria di convincimento.

Se l' avvocato Carbone non è sempre fortunato quando ragiona, non è più fortunato in quest' opuscolo quando allega fatti. Così le leggi che proibiscono nell'alta Italia ad ogni persona non suddita d'aprire un fondaco di libri od una tipografia, quelle che proibiscono ai così detti *commis-voyageurs* librari di cercar soscrizioni, non esistono fuorchè nella sua fantasia. Ed è pure un trovato della sua fantasia quella soverchia indulgenza de' revisori dell'alta Italia, in confronto della rigidezza de' censori napolitani; seppure non è cosa imaginata col fine poco laudevole d'indisporre il magnanimo re Ferdinando contra le opere che si divulgano fra noi. Ma se così fosse, il che non voglio supporre, sarebbe pena perduta, signor avvocato, perchè il re delle Due Sicilie conosce ottimamente ciò che conviene alla sua gloria, al vantaggio de' suoi popoli, al sentimento della nazionalità italiana; e i Napolitani ed i Siciliani non accetteranno dalla vostra penna, signor Carbone, la taccia d'incapaci o di neghittosi, nè la paura di danni immaginari, e di conseguenze che tralignano dalle regole dell'arte logica.

B. VIRGILIO CARI.

L'AGONIA DI EZZELINO

E quella fronte che ha il pel così nero,
È Azzolino
DANTE, *Canto* XII.

Una lettera invitavami a passare nel Cremonese, tosto che avessi terminati gli obblighi per cui mi trovavo a Castiglione delle Stiviere. Non ero più che una mezza giornata distante da quelle amene colline, e già sentiva il grave dispiacere di averle abbandonate, ed era affascinato ancora dall'incanto ed aspetto giulivo di quelle campagne. Sebbene avessi divisato di percorrere la strada più breve che da Brescia conduce a Milano, e godere così nelle sue vicinanze dei pochi giorni dell'autunno già troppo avanzato, mi lasciai trascinare dal desiderio di abbracciare l'amico, e seguitai la strada che da Orzinovi conduce nel Cremonese. La natura avea cambiato d'aspetto: al salubre e ridente cielo della Bresciana era successa una pianura intagliata da canali irrigatori; qualche campo di grano turco, una fredda ed umida atmosfera, un paese solitario e tranquillo, e seppure qualche elegante fabbricato in mezzo a quelle nebbie vedevasi a biancheggiare, si sarebbe detto un pensiero di gioia fra mezzo alle disgrazie, una elegante colonna in mezzo a un deserto. Era sul finire dell'ottobre: la pioggia cadeva fitta fitta; un freddo vento fischiava fra le foglie e ne faceva cadere le più ingiallite. Ravvolto nel mio tabarro io contemplava ora il vapore turchino che innalzavasi da quelle praterie, ora i magri e spossati cavalli trascinanti la mia vettura scoperta. Tutto quanto mi stava d'intorno, avea un aspetto sì triste da stringere il cuore. Sembravami che il fiato si agghiacciasse alle mie labbra; di essere in una atmosfera sconosciuta, e che l'umidità avesse passato tutti gli abiti. Indarno cantava sotto voce, o fischiando voleva cacciare le idee melanconiche quali mi passavano pel capo: la mia voce si perdeva fra quelle campagne, e nessun eco la ripeteva. Un silenzio mortale dominava quella deserta situazione. Già il mio legno toccava il ponte dell'Olio, che allora gonfio per le non interrotte pioggie allagava oltre il suo letto grande spazio di terreno. Il giro vizioso delle sue acque, il colore verdastro e talvolta fangoso di quelle, la massa di canne, che sporgeva qua e là nei luoghi inondati, formavano il fondo di questo quadro di desolazione e tristezza. Io lo passai senza muovermi, e taciturno; avevo paura. — A un tratto il vetturale interruppe il mio silenzio. — Eccoci arrivati, o signore, vede là Soncino? Osservi alla sinistra il suo castello! Questo bel paese, una volta apparteneva a' marchesi Stampa, che da questo ne portano ancora il nome. — Diressi lo sguardo verso la parte che mi veniva additata, e scorsi di fatti fra mezzo al folto delle piante il culmine di varie case, ed alcune torri che le dominavano. Quanto più mi avvicinava, il quadro diveniva più grandioso. Forti mura annerite dal tempo circondavano il borgo, una volta protetto da fortificazioni. Sulla sinistra innalzavasi la rocca fabbricata da Francesco Sforza nel 1455. La solidità con cui fu costrutta la conservò sino ad oggi quasi intatta. Due torrioni massicci, l'uno de' quali quadrato, stanno come due giganti a cavaliere di essa per proteggerla e difenderla. Folti ceppi di edera e di ginestra sporgevano da merli o da finestroni a sesto acuto. Nè il borgo poteva essere lontano, giacchè il tocco melanconico della campana di una antica torre veniva a ferirmi di tratto in tratto l'orecchio. L'aspetto di quelle antiche muraglie richiamava il pensiero alle sanguinose pagine del medio evo, alle fazioni dei Guelfi e Ghibellini, a' quali prese una parte attiva il popolo Soncinese. Intanto che ricordava quelle vicende di tante bellicose discordie, il mio legno attraversava la contrada principale che conduce al palazzo del municipio. Io sentiva continuare lo squillo insolito di quella campana, a tocchi prolungati, e curioso di saperne il motivo, non appena discesi all'albergo, interrogai l'oste, che volesse significare quel suono. La risposta non si fece aspettare, che anzi con un interesse che mi colpì, mi rispose: « *Questa è* « *l'agonia di Ezzelino.* Dopo che egli fu morto, « nel nostro paese, a ricordo di quel fatto, alle « nove ore antimeridiane d'ogni mercoldì, quella « campana batte la sua agonia; così la tradizione « intorno alla morte di quell'uomo sanguinoso e « terribile vive nel nostro paese come se fosse stato « spento ieri, sebbene per incuria dei nostri padri « sia andata perduta la traccia della sua sepoltura. « Lei saprà certamente, o signore, chi fosse quel « tiranno famoso nella storia delle fazioni che agi- « tarono il nostro bel paese, e se vuol vedere quanto « fosse gigantesca la sua statura, guardi infisse nel « muro del palazzo pubblico quelle due aste di ferro, « l'una delle quali nota la figura di lui quando era « a cavallo, l'altra quando stava ritto in piedi (1) ». Io vi andai coll'idea di fare tutte le indagini che stavano in mia mano per venire alla fonte di questa scoperta troppo interessante nelle pagine della nostra storia, perchè se ne abbiano ad abbandonare le ricerche. Interrogai tutte le persone più colte di quel borgo e del vicino Orzinovi, per vedere se

(1) Una tradizione ci ha tramandato le notizie della statura gigantesca di Ezzelino, e diffatti in Soncino è esposta al pubblico la misura della di lui altezza di metri 2, 72; e quella di metri 4, 18, quando era a cavallo.
POMPEO LITTA, *Famiglie celebri italiane*, fasc. 9.

mai fra le carte di que'due municipii mi fosse dato poterne avere, talchè lune. L'avvocato Gio. Battista Gussalei il quale fu intimo amico all'abate Cerutti, biografo di quel paese, mi aiutò per mezzo della sua gentilezza e cognizioni a trarre le poche notizie che qui unisco, facendo dall'assieme la mia deduzione intorno alla probabilità di questa scoperta, eccitando i suoi concittadini, ed il suddetto, che tanto amore porta al suo paese, a non voler tralasciare col suo talento e attività di pervenire col tempo a sciogliere questo storico problema.

Ognun sa chi fu il terzo Ezzelino, il terrore d'Italia nel secolo XIII. Le sanguinose sue gesta, mosse dalla smodata sua smania di conquista, le numerose vittime del suo furore segnano un'epoca assai luttuosa nella storia del mille dugento. Son già troppo note le carnificine nella Marca Trivigiana, cui egli conquistò dopo undici anni di sangue (1), ed il sacco di Vicenza, gli assassinii dei signori di Vado e Jacopo di Carrara, Battista della Porta. Egli, divenuto signore di Verona e di Trento, tentò un passo più ardito, e mosse contro la Lombardia, ma quivi appunto ritrovò la sua tomba. Mentre si dispone a quella conquista perde Trento e Padova, nè vale a ristorarlo la presa da lui fatta di Brescia, perchè gli suscitò nemici negli istessi suoi Ghibellini. Marcia alla volta di Milano, ma gli è contro Martino della Torre capo de' Guelfi. I Crociati lo incontrano al ponte di Cassano, ed egli rimane perdente e piagato. Inseguito sul territorio di Bergamo, viene colto in fuga, e tradotto a Soncino ove muore d'anni 65 a' 27 settembre 1259. Sarebbe stato un eroe pel coraggio, per l'avvedutezza; le miserie dell'ambizione ne formarono un tiranno.

La storia ha conservato il nome del guerriero che ebbe il vanto di ridurlo prigione. Fu questi Giovanni Turcazzano, milite sotto le bandiere di Martino della Torre, il quale assalendo Ezzelino, e balzandogli l'armatura dal capo, lo percosse d'un gravissimo colpo di mazza ferrata, e seco lo trasse a Soncino quasi in trionfo. Ma Ezzelino in capo ad undici giorni morì delle ferite avute in battaglia, e morì impenitente. Gli fu data nondimeno onorevole sepoltura, sì per rispetto alla sua condizione, e sì perchè era forte ancora in Italia il partito dei Ghibellini a cui egli apparteneva, ed in cui ancora era riverito il di lui nome, quantunque egli avesse avuto a combattere contro gli stessi Ghibellini. Si sa che la sua tomba era distinta ed elevata; si sa che circa mezzo secolo dopo la sua tumulazione fu visitata dall'imperatore Arrigo VI. È nota del pari l'iscrizione che erasi posta:

Clauditur hoc gelido quondam sub marmore terror,
Italiae de Romano cognomine clarus
Ecellinus, quem prostravit Soncinea virtus,
Moenia testantur caedis Cassana ruinam.

Ma sono parecchi secoli dacchè ogni traccia del suo sepolcro in Soncino è scomparsa. Stefano Fieschi, che scrive nel 1455, non sa dire ove fosse il sepolcro: i posteriori che scrissero non ne danno alcun indizio. Nemmeno sono concordi gli autori nell'assegnare il sito di tale sepoltura. Pretendono alcuni, che a lui, siccome a scomunicato ed eretico, si negasse la tumulazione in luogo sacro. Così il Monaco Padovano, la Cronaca Veronese, Torello Saraina, Elia Cavriolo, gli Annali Milanesi, Pietro Jagata, il Ricobaldo, Francesco Pipino, Parisio da Cereta, Antonio Campi, il Caritelli, il canonico Campi; ma neppur questi si accordano nel loro dire; assegnandogli alcuni a sepoltura il portico del palazzo di Soncino, altri la torre del comune, altri il davanti del tempio maggiore. Invece Pietro Gerardo, Antonio Santacroce, Giacomo Salamone, il Berloni lo vorrebbero sepolto nella chiesa di S. Francesco. Presso questa venne infatti da un arciprete di Soncino, nell'anno 1716 o circa, ritrovato sotto terra nello scavare un sepolcro antichissimo, che si dubitò d'alcuni potesse essere quello di Ezzelino; ma il buon arciprete fece murare ogni cosa; ed ancora il tumulo di Ezzelino *reliquit disputationibus*. Forse che eseguendo anche adesso uno scavo presso il sito ove un tale trovamento ebbe luogo, non si giungesse a scuoprire la tomba del terribile Ghibellino? Io non ne sono d'avviso. L'obbrobrio e l'orrore con cui nei tempi più vicini alla di lui morte in Italia si pronunciava il di lui nome, avranno fatto sì che la sua tomba stessa venisse in odio a'suoi posteri, e la si distruggesse collo stesso fervore con cui si avrebbe voluto annientare, potendo, la di lui memoria.

ALFONSO FRISIANI.

FAVOLA

Le due tasche

Giove due tasche diedeci.
De'nostri vizi piena
È l'una; e questa calasi
Dal collo sulla schiena.
L'altra, che grave e turgida
È d'ogni altrui difetto,
Dal collo, per contrario,
Discende sovra il petto.
Ecco perchè non vedonsi
I nostri propri errori;
E se altri manca, subito
Ne diveniam censori.

AB. DOMENICO CERVELLI.

(1) Molti, ed uomini di lettere, cadono nell'errore di credere Romano della provincia di Bergamo il luogo dell'origine degli Ezzelini, confondendolo col vero degli Ezzelini, cioè Romano della Marca Trivigiana.

Donne orientali e rigori della loro custodia

Diremo qui brevemente de' millantati rigori con che si custodiscono da' Turchi le donne; perchè le gentili signorine de' nostri paesi, intenerite all'idea di quelle tante angustie, palpitano e s'affannano sulla sorte delle loro compagne orientali, nè ponno perdonare, a nium patto, a' mariti, che esse chiamano brutti e tiranni Turcacci. Il qual dolore essendo parte soverchio, parte ingiusto, è ragione e dovere mettere le cose sulla strada del vero, e far sì che cessino una volta tante lagrime e tanti sospiri.

Prima di tutto è sentenza enormemente calunniosa il credere che i Turchi non amino le donne loro, e le trattino villanamente, serbandole soltanto a sfogo di voglie ignobili ed ingiuriose. Noi non sappiamo quanto s'innalzi la metafisica musulmana in fatto di amori, ma possiamo accertare, su la fede d'indagini molte ed accurate, che i Turchi sono, per lo più, teneri ed eccellenti mariti, e nulla omettono per contentare e far liete le loro spose; di che fanno testimonio, fra molte altre cose, le ricche vesti ondè le adornano, e lo studio continuo da essi posto, onde sbramarle di ogni onesto capriccio, a proporzione de' tempi e delle fortune. Coloro i quali dipingono le donne turche pallide, lagrimose, consunte per conseguenza di questa sognata bestialità maritale, od hannò mal veduto, o parlano di epoche in cui ogni cosa era al rovescio dell'epoca in cui viviamo. Poichè basta avere un mezz'occhio per accorgersi che regnano anzi su la fisionomia delle donne turche tutti i sintomi munci di un animo sereno e contento, non essendovi al mondo donne più grasse, fresche, colorito e briose delle orientali, siccome dicemmo. Eppoi, a parlare schietto, quest'argomento dedotto dalla magrezza è un argomento esso stesso magrissimo, il quale non meritava certamente di fare quel gran chiasso che pure ha fatto.

Il secondo capo d'infelicità delle donne turche è dedotto dal velo onde esse sono coperte, allorchè si espongono alla vista del pubblico: caso, secondo gli amplificatori delle gelosie turche, *rarissimo* o *quasi miracoloso*. Ma se si osserveranno le cose con occhio meno predisposto, si troverà che il velo di cui si tratta non è nè invenzione turca, nè trovato incomodo od ingiurioso per le donne che lo portano. Questo sesso amabile e dilicato ha sentito il brivido del pudore, prima assai che alcuna tirannide maritale venisse a prescrivergli le mode che lo difendono: i veli sono da secoli immemorabili l'egida e l'ornamento prediletto delle femmine oneste, presso tutte le nazioni del mondo. Senza parlare dell'antichissimo Oriente, della Grecia e de'Romani, le cui matrone andavano velate, a segno di nobile riserbatezza, le nazioni stesse moderne mandarono lungh' anni velate le loro signorine, nè alcuna mai si dolse di portare un arredo così omogeneo alla bella ed ingenua tenenza di esseri tanto formidolosi. I Genovesi ne hanno tuttora un vestigio ne'*mezzari*, graziosissimo adornamento, il quale, siccome osserva il dottissimo cav. e prof. Spotorno, quantunque rilegato oggigiorno ingratamente in contado, ha per cinque o sei secoli regnato su la *toilette* delle dame più scelte, e trasse appunto l'origine da'paesi d'Oriente, come lo provano le fabbriche di *mezzari* di S. Gioan d'Acri, di cui fanno menzione spesse volte le cronache antiche. Ma se non è vero che i veli onde vanno coperte le donne orientali siano trovato turco, e traggano fonte dalla gelosia musulmana, non è vero del pari che la loro forma ed il modo con cui sono messi nasconda e chiuda villanamente il viso come si va bucinando. L'*jaxmak* orientale (nome che indica i veli di cui parliamo) è composto di due bende finissime e sottilissime, la prima delle quali cinge la parte superiore del capo fin sopra le ciglia, e l'altra la parte inferiore fino al naso. Ognuno vede da ciò che gli occhi ed una buona metà della fisionomia restano, ciò malgrado, a discoperto. E se si aggiunga che la sottigliezza delle bende è tanta da lasciar trasparire perfino i colori ed i più piccoli nei del volto sottoposto, e che l'arte con cui sono stretti ed aggruppati i veli fa sì che i tratti del medesimo, lungi dall'essere celati, appaiano e risaltino anzi maggiormente all'occhio contemplatore, chi mai vorrà ostinarsi ad annettere all'*jaxmak* l'idea di un despotico maritale capriccio, anzichè quella di un semplicissimo e leggiadro muliebre acconciamento?

Ma la querela maggiore, e l'Achille di tutti gli argomenti con che si millanta la crudele gelosia turca, si è l'affare dei così detti *serragli*, cioè di certe prigioni mascherate col nome di stanze, in cui i Musulmani chiudono e serrano, spietatamente e perpetuamente, le mogli loro, le quali vi si consumano di inedia e di dolore, come lo farebbero ne'carceri duri dello Spielberg, e nelle fosse della Siberia. Ma chi ha esatte nozioni sull'Oriente sa che questa credenza è una pura immaginazione. È verissimo che nelle case turche gli appartamenti delle donne (*Harem*, i quali sono pe' Turchi ciò che i Ginecei erano pe' Greci) sono divisi da quelli degli uomini, ma è altresì vero che questi appartamenti lungi dal meritare il titolo di prigioni, sono anzi la più bella, più ornata e più deliziosa parte di tutta la fabbrica, e le donne vi trovano tutti i piaceri, tutti i divertimenti, tutte le consolazioni di cui è capace la loro immaginazione. Le grate apposte alle finestre sono di legno sottilissimo, fatte, quasi sempre, in modo da poterle alzare ed aprire, ed equivalgono, poco più, poco meno, alle nostre persiane, che forse ne sono figlie. Se si eccettuino poche case di grandi, e gli *Harem* imporiali, dove le etichette sono sempre maggiori, quanto agli altri noi possiamo accertare che le donne vi godono la libertà medesima che godevano nelle stanze loro le donne europee, sono ora cent'anni. E per ciò che dicesi della proibizione di uscire di casa generalmente intimata alle turche, nulla al mondo è più falso. Neppure le signore nostre, tuttochè indipendentissime, escono e passeggiano tanto quanto le turche, le quali, ora sole, ora riunite a gruppi, percorrono dal mattino alla sera le strade, vanno a far compre, a far cene, feste, merende ne'dintorni; si recano al bagno due volte la settimana, e conversano liberissimamente colle franche, colle greche, colle armene, di cui frequentano in pieno meriggio le abitazioni. Dove è, in tutto questo, l'ombra sola di quella furiosa gelosia che vorrebbesi dire?... La sola cosa che distingue le donne orientali dalle donne occidentali si è il vietato conversare cogli uomini non parenti, specialmente in casa; ma essendo predisposte a tale precetto (facilmente eluso) fino dall'infanzia più tenera, possiamo accertare che non risentono da questa privazione il più piccolo e leggiero dolore.

Gli ingiganti rigori de'quali è parola non comprendono, del resto, che le donne turche e le armene, le quali, sebbene *raià*, cioè suddite non musulmane, uniformansi pressochè in tutto alle costumanze turchesche, somma essendo l'affinità delle due schiatte. Quanto alle greche ed alle ebree, viventi entro a'confini dell'impero, sebbene strette, esse pure, da speciali prammatiche sugli usi e i vestiti, godono però di larghezza incomparabilmente maggiore. Ed è pure da notarsi, ad omaggio di verità, che in alcuni punti del Levante la severità con cui le donne vengono custodite è molto maggiore che a Costantinopoli non sia; e può sembrare, non senza ragione, eccessiva.

Cav. Baratta.

LA MADRE FIORENTINA (1)

RACCONTO STORICO

Correva l'anno 1259, e il sole di uno de' più bei giorni di maggio era presso al tramonto. — Un tumulto crescente, muoventesi dalla piazza di S. Giovanni, annunziava un avvenimento impreveduto, terribile. I Fiorentini fuggivano sbigottiti, e quasi fuor di senno, in diversi lati della città. — Alzavansi voci sinistro di strage, di lutto! — Nessuno faceva fronte al pericolo... Le porte delle case, delle botteghe, si chiudevano a furia — le finestre erano affollate di gente che guatavano e domandavano ansiose. — Per le vie, un correre, un cadere di persone urtate dai sopravvegnenti, o affralite dal tremito della paura. — Volti pallidi, occhi stravolti, bocche spalancate, grida convulse che presentavano l'idea di un incommensurabil terrore. — Donne che strascinàvansi dietro i piccoli figli. — Uomini che imperiosamente chiedevano, fossero aperte le porte delle case, onde ripararvi vecchi, donzelle, fanciulli — e dietro le loro inchieste, usci che si schiudevano, e pressa di fuggenti che vi si precipitavano come in asilo sicuro — e richiudersi quelle porte, e riaprirsi di altre, e crescere di grida, di inchieste, di spavento, di fuga. — Presso le case dei Buonaguisi e dei Compiobbesi, in orto S. Michele, lo sbaraglio e la confusione più grande che ovunque, poichè ivi, come a centro della città, stava concorso di maggior numero di popolo, trattovi da vari interessi. — A un tratto urla frenetiche di = Marco! Marco! ecco Marco! Salva! Scappa! Aiuto! Misericordia! ecco Marco! Aprite per pietà, riparateci, cittadini che siete al sicuro! !... ecco Marco!... = E Marco si appressava davvero. — Era egli un nobile e superbo leone di que' tenuti per segno di grandezza e di magnificenza dalla repubblica fiorentina, ne' serragli ove custodivansi le altre fiere, e che rotta la gabbia ove era chiuso, e varcati i ripari, scorreva, ferocemente ruggendo, le strade di Fiorenza, senza che alcuno avesse ancora osato tentare di riprenderlo. — Gli occhi avea accesi da una gioia selvaggia, e con le nari dilatate, parea dilettarsi in fiutare l'aere libero ch'ei rompeva incedendo, e che, indi agitavagli i fulvi crini della foltissima giubba. — Sferzavasi con la coda le spalle robuste, e parea con ciò voler dar prova a se stesso che l'antico vigore non eraglisi spento fra i ceppi. — Ovunque appariva, trovavasi schiusa la via, poichè un largo spazio frammettevasi tosto tra lui e i fuggitivi — non irritato da alcun contrasto, severamente godeva di sua riacquistata libertà, non curando il rumore che il precedeva. Già re delle foreste, ora soggiogava una intiera città, poichè niuno pensava a lottare col suo spaventoso potere. — Ecco..... un oggetto richiama la sua attenzione — l'innato istinto di preda gli si risveglia, ed i crudeli appetiti indomabilmente lo spingono a satollarsi nel sangue. — Un bambino tenuto per mano da una giovane donna, coperta di gramaglie, era rimasto avvolto nell'onda del popolo che con l'impeto di mosse contrarie avealo per un istante divelto dal fianco della madre — mentre questa tenta riavvicinarseli, il lione si appressa... la turba si rompe — il bambino trascinato, travolto, cade... la belva lo fissa... arruffa le chiome, si lancia e lo addenta!!.... Gli occhi di una madre vedono l'atroce caso!! gli occhi di una madre che pochi di innanzi han veduto il cadavere di uno sposo diletto, trafitto dal coltello dei sicari dell'opposta fazione!... Gli occhi di una madre, che in quell'unico pegno di una trascorsa felicità vede una parte dell'uomo che amò! che in questo figlio dell'amor suo vede l'unico punto sopra cui appoggi ancora la vita! l'unico essere, per cui il trambasciato suo cuore abbia il palpito della tenerezza, ed il suo labbro un sorriso fra tanto pianto! — Quel figlio che per tre anni fu sua cura e desio! — per cui ogni carezza e blandizia parvele poca! — per le cui membra non trovò mai letto molle abbastanza, sì che gliel fece del proprio seno — per cui avrebbe voluto avere i tesori della terra onde darglieli a trastullo!..... e son gli occhi di una tal madre che il vedono fra le zanne di un lione!!... Madri! madri! compatite alla misera! Madri! madri! immaginate il suo strazio! Una lama di pugnale che le dilanii le viscere, che le tronchi ad una ad una le fibre, ad uno ad uno i nervi dilicati, una mano che la spinga in un abisso, o le soffoghi il respiro, sarieno deboli pure in confronto di questa! Il creato le sparisce davanti! non vede che un centro attorno cui si avvolgono turbinanti i suoi sentimenti e i suoi pensieri. — Quella fiera che contro suo figlio le appare spaventevolmente tremenda e feroce, rimpetto a se stessa le sembra debole e innocua, ora che vuol muoversi a contrastarglielo... Più rapida del volo dell'anima, prevenendo ogni soccorso, affrontando ogni pericolo, si scaglia contro il lione — gli si butta genuflessa davante, stende le braccia quasi a fargli barriera, onde

(1) Si veda per la verità del fatto — Ricordano Malespini — che scrisse la storia di Firenze sua patria, dalla sua edificazione fino al 1281, tempo in cui egli visse.

impedirli il cammino, e con l'accento della esaltata maternità, urla = Rendimelo !!!... = Oh meraviglia! La fiera ha sentita la sublime espressione di quell'urlo..... Non è una donna che lo ha cacciato — è la natura che lo ha emesso... e la voce di lei è alta, penetrante, divina! niun orecchio è sordo per essa! — Ecco della voce di Dio, ripercuote dovunque in mille suoni, in mille foggie... Essa ha tradotto alla belva l'umano linguaggio! Vedetela ammansita, sorpresa, immobile; guata fissa la creatura che le sta innante — ha creduto forse nell'urlo di lei sentire il ruggito della sua femmina quando le involano i parti!... La maternità pareggia gli esseri, e in faccia al suo sentimento ogni potere si curva. — Il lione è commosso — vinto — piega la testa orgogliosa — apre le zanne, e depone incolume il figlio ai piè della madre..... (1).

Donne che avete figli, non guardate superficialmente la forma del caso che vi narrai! addentratevi nel suo principio morale! — Se la voce di una madre spetra la durezza del cuore di un lione — se gl'infonde un principio di generosità — se lo riduce capace di domare il proprio istinto, di sedare il suo appetito feroce, che non dee fare questa stessa voce sull'animo delle creature che nacquer da voi! — Esse saranno quello che voi le farete essere..... Guardatevi! una grave responsabilità pesa sul vostro capo! La patria vi chiede i suoi rappresentanti, i suoi difensori, la sua gloria! — la società, i suoi lumi, il suo decoro! — la morale, le sue basi, i suoi esempi! — la religione, i suoi sostegni, i suoi trionfi! — Se voi non adoprate la potenza che Dio vi diede, siete traditrici della patria, onta della società, sovvertitrici della morale, rinnegate della legge del Cristo! Chi non usa delle proprie forze, è reo quanto colui che le sponde in modi contrari al retto, poichè così lascia il campo indifeso, e rende fatali le conseguenze della causa per cui avrebbe dovuto combattere. Madri! coltivate i vostri frutti! Guidate gli esseri che vi devon la vita!... quella vita che sarebbe meglio per voi non aver loro data, se devon trarla nel lezzo, nella colpa, nella viltà! Pesate ogni vostra parola — studiate ogni esempio — calcolate gli ammaestramenti con cui volete dirigerli — attingete alle fonti più pure quello che dee dissetare l'anciante desio di sapere, de'loro spiriti! — cibate i loro cuori di nobili, sublimi sentimenti! — pensate che le generazioni si formano alla vostra scuola! — col latte, istillate ne' vostri pargoli la virtù! e fate che dal primo vagito all' ultimo accento, la voce dei vostri figli sia un inno che vi onori! Madri! madri!... Sappiatevi acquistare le benedizioni di Dio e dei popoli!

ISABELLA ROSSI fiorentina.

(1) Il lione fu ripreso dai suoi custodi, e, senza ch'ei facesse resistenza, ricondotto al suo serraglio.

IL RITRATTO DI LAGRANGIA. — ANEDDOTO

Fra i grand'uomini che ebbero avversione a veder pubblicata la loro effigie dalle arti, deve essere mentovato l'illustre nostro Lagrangia. Il di lui busto in oggi noto a tutti gli eruditi ed eretto in tutte le accademie d'Europa, è dovuto al conte Prospero Balbo, la cui ingegnosa amicizia per quel grand'uomo, come pure il desiderio di consacrarne l'effigie alla venerazione dei suoi ammiratori, seppe eludere l'eccessiva di lui ripugnanza. Al tempo in cui egli era stato da Carlo Emanuele IV inviato ambasciatore presso la repubblica francese, trovavasi in Parigi un artefice di non volgare abilità nell'eseguire in cera figure somigliantissime, detto Orsi. Di questo pensò valersi il Balbo nel generoso intento. Era di lui costume in ogni *decade* convitare alla sua tavola i ministri e gli ambasciatori degli altri potentati, ed i personaggi più eminenti di quella capitale. Soleva il Lagrangia condursi all'illustre ritrovo: fu disposto che l'Orsi, travestito da dispensiere, fosse ivi presente fra le persone del servizio, onde a bell'agio potesse considerare la di lui figura, sicchè senza avvedersene stette quel grand'uomo più volte a modello in quella guisa. In capo ad alcuna *decade* avvenne che essendosi a bella posta da alcuno della brigata introdotto il discorso sul gruppo rappresentante la morte di Marat per mano di Carlotta Corday, eseguito dall'Orsi, fu proposto al Lagrangia di visitare il gabinetto di quell'artefice, che molte altre cose curiose possedeva. Ed essendosi tutti ivi condotti ed ammirate le varie opere che vi erano esposte, da ultimo furono intromessi in una stanza appartata ov'era una figura coperta con un drappo: l'Orsi lo sollevò, ed il busto somigliantissimo del Lagrangia, apparve agli occhi della compagnia, che con grande applauso lo accolse. Ma il Lagrangia dato nelle smanie a tal vista, esclamò, essere ciò un attentato contro la proprietà individuale, nè volerlo egli tollerare, ed ognuno essere a posta sua padrone del suo volto. Il Balbo, tutto intento a raddolcirlo, replicava, del suo capo essere ciascuno padrone, non del suo volto: questo appartenere a chiunque avesse occhi per mirarlo, e più degli altri poi quello dei grand'uomini. Ma nulla potendo quietare il suo sdegno, ecco l'Orsi che, afferrato un martello, e di soppiatto accennando colla coda dell'occhio al Balbo, alza la mano, e il busto cade immediatamente in pezzi a' piedi del Lagrangia che allora si ritirò soddisfatto. Non gli era noto come dalla stampa rinasta fra mano all'Orsi più centinaia di simili busti dovevano propagarsi dovunque a soddisfare la universale curiosità dei dotti.

M.se R.o D'AZEGLIO.

CAPPELLA ARDENTE

in cui custodisconsi provvisoriamente le ceneri di Napoleone

Abbiamo già dato il disegno del nuovo feretro o sarcofago a cui vennero affidati i resti mortali di Napoleone, appena estratti dalla tomba ove riposavano da ben vent'anni. Ecco ora il disegno della cappella ardente nella quale il feretro medesimo fu collocato, tostochè, finite le cerimonie de' funerali, convenne scenderlo dal sublime catafalco su cui torreggiava, e preparargli una temporanea dimora, finchè il grande mausoleo in bronzo allogato al piemontese Marocchetti sia condotto all'ultimo suo compimento, ed apra alle ceneri quella stanza estrema, che la Francia loro ha destinata. Daremo con pari sollecitudine, ne' numeri successivi, anche le altre incisioni ricordanti i fatti principali di quella pietosissima funebre scena, i cui particolari leggonsi ne' *Funerali di Napoleone*, interessantissimo opuscolo del quale pubblicasi in questo tipografico stabilimento una seconda edizione ricca di molte importanti aggiunte e rabbellimenti. Inventori di tutti questi lavori d'arte furono i signori Blonet, Labrouste, Visconti e Martin, architetti.

Cav. BARATTA.

IL MIO SOGGIORNO A NAPOLI

(§ 1. L'interno della città)

Il popolo napoletano continua a ripetere il suo adagio: *Vedi Napoli e poi muori*; e certo questa vanità è giustificata dal bel cielo che sorride continuamente a quella vasta città, dal mare che bagna i suoi piedi, dai colli su cui essa adagia superbamente la testa, dal Vesuvio che forma dinanzi ai suoi occhi il più magnifico spettacolo della natura, e da quelle incantevoli spiaggie di Margellina e di Baia che, cantate dai più grandi poeti, ricevettero una gloria immortale quanto la loro bellezza. Nulladimeno ora che ho veduta Napoli non sento punto venir meno il desiderio della vita, nè quello di rivedere le terre a cui la nascita, i parenti, gli amici, le prime memorie e tante care affezioni mi hanno strettamente legato. Tanto più che la vista del mare, delle spiaggie, del Vesuvio ha un limite di compiacenza che non ha la vista delle persone più caramente dilette.

Bisognerebbe veder Napoli nelle sole parti più belle, nelle sue strade di Toledo e di Chiaia; ma non entrare ne'chiassi e chiassetti, poichè allora addio bellezza di cielo, salubrità d'atmosfera; voi siete condannato a tener sempre gli occhi a terra per saper collocare i piedi al riparo della fanghiglia e dell'immondezza; e se anche levate lo sguardo, non intravedete che una striscia di cielo rinchiusa fra l'alto muraglie delle abitazioni. Per buona fortuna le case sono senza tettoia (1), poichè altrimenti il cielo sarebbe interamente negato a quelle angustissime vie. A malgrado di ciò, non vi è calle per remoto ed angusto che non formicoli di gente: venditori per tutto, per tutto facchini che trasportano, che gridano, che schiamazzano; braccianti ed artieri che segano, piallano, battono all'aria aperta; fruttaiuoli e pescivendoli che spiegano la ricchezza della loro merce: insomma tutto ciò che può trovarsi in una città affollatissima d'abitatori.

Il carattere de' Napoletani, esaminato ben bene, è buono; voi ne vedrete la porzione più grossolana altercar fra loro, gridare, bestemmiar anche, talvolta: ma quando dalle parole sembrano lì per venir alle mani, si rappacificano d'un tratto, e il furore è passato: io vidi più volte quei lazzaroni misurarsi i pugni sul viso, e mentre temeva che al gesto succedessero le azioni, li vidi ammansarsi e mettersi i litiganti di compagnia a cantare la loro prediletta canzone:

Ti voglio bene assaje,
Ma tu non pienz'a me.

Certo non furono sempre tali; poichè i vecchi ricordano d'aver veduti i lazzaroni in ben più deplorabile condizione morale; ma grazie al Cielo, al progresso che si è in ogni cosa diffuso, ed alle savie istituzioni del paese, vi si produsse un notabil miglioramento; aggiungi la sant'opera d'un uomo pio che tutto si consacrò a rifondere i costumi de' suoi concittadini. È questi il padre Rocco, nome venerato ancora da quelli che lo conobbero, e rispettato da quelli che vennero di poi, il quale cercando colla religione di mettere un freno alle licenze ed agli assassinii del paese, fece piantare delle croci che durano tuttavia sui trivii, sui ponti e sui luoghi più popolosi e più animati; e predicando egli al piede or d'uno or d'un altro crocifisso, infondeva in quegli animi rispetto verso quel simbolo augusto della religione cattolica, e le sue parole erano così efficaci, che cominciò a minorarsi il numero dei delitti, o almeno cessò il delitto di macchiare i luoghi consacrati dal segno della Redenzione. L'esempio del padre Rocco fu imitato da più altri religiosi, ma

(1) Tutte le abitazioni di Napoli, invece d'aver tetto, finiscono in un terrazzo, amenissimo nelle sere d'estate.

non sempre così degnamente; ed anche ora voi vedreste, come io, qualche sacerdote piantare una croce alla porta d'una bettola o in mezzo d'una piazza, e salito su d'una tavola o di qualche altro rialzo, chiamare uditori e predicare di là alle turbe che gli si affollano dintorno.

Questi pubblici dicitori sono comunissimi in Napoli; collocatevi su d' una piazza, e girando lo sguardo, qualche volta vedrete d'un colpo solo a quella parte un prete che ai piedi della croce si scaglia contro la bestemmia ed i vizi; a questa il castello de' burattini donde il Pulcinella non vi è scandalo che non dica per far ridere le migliaia di persone che lo circondano; qui il cerretano che facendo pompa di cinti e di strumenti medicali fa sganghera la bocca a quelli che offrono i denti guasti al prodigio della sua tenaglia; là, per finirla, un tal altro che su d'un palchetto tiene spiegato dinanzi a sè il volume dell' Orlando Furioso, ne legge un'ottava ad alta voce, la traduce letteralmente in dialetto napoletano, frammischiando ai lazzi dell'Ariosto i propri lazzi, e facendo schiantar le risa a quel formicolaio di gente che l'ascolta a bocca aperta. Aggiungete a tutti questi il poeta improvvisatore che per pochi carlini fa mostra del suo ingegno; il cantastorie che col fracasso della sua voce cerca coprire il fracasso della città; il venditore d' ogni genere che non cessa mai di gridare il nome della sua merce, e potrete in piccolo rendervi un'idea del movimento che vi è sulle piazze più volgari di questa città.

La dolcezza del clima rese quasi pubblica affatto la vita del Napoletano. Come i gradini delle chiese e i vani delle porte erano una volta il prediletto domicilio notturno del lazzarone, così gli angoli delle vie sono usurpati dai venditori dell'acque cedrate che dì e notte vi tengono il loro panco, soverchiato da un pergolo di limoni e d'aranci, e fanno aggirare un cilindro di legno ricolmo d'acqua agghiacciata che continuamente distribuiscono agli avventori. In pubblico i venditori di carta da scrivere, che tengono disposta su piccole panchette; in pubblico i venditori di maccheroni, cibo prediletto del napoletano; in pubblico i cambia-monete che sono una delle principali comodità di quel sito; in pubblico finalmente i barbieri ed i notai.

Il primo giorno che io ero a Napoli, trovandomi presso il teatro di San Carlo, fui arrestato dalla vista di sei o sette individui seduti ad alcune braccia di distanza fra loro e a cielo scoperto, ed avevano dinanzi a sè una tavola con suvvi carta, calamaio, ostie da suggellare, ed un frammento di marmo o di sasso per impedire che il vento non portasse via quelle carte. Pressato da alcuni bisogni, non ebbi agio d'informarmi dell'essere loro; ma poi recatomi sulla piazza del Castelnovo, dinanzi all'ufficio della posta, mi cadde sotto gli occhi lo stesso aspetto. Queste figure erano macere, non so se dalla fame, ma certo dagli anni, sdrusciti gli abiti e lordi; alcuni scrivevano, altri stavano come in attenzione di qualche cosa. Ad uno di questi appressatomi, subito mi si volse cortesemente, domandandomi se mi potesse servire in qualche bisogno. — E quali sono le vostre incombenze? gli domandai. — Di scrivere per quelli che non sanno scrivere, rispose il buon uomo; se vostra *eccellenza* ha bisogno di far istendere una lettera, una supplica, una dichiarazione, una denuncia, io potrò servirvi in tutto. Qui ci stanno le formole delle petizioni, quelle delle ricevute e d'ogni altra specie di scritture. — E così dicendo mi faceva scorrere sott'occhio un fascetto di queste carte-modello. — Grazie, amico mio, per ora; ad un bisogno approfitterò dell' opera vostra. — Non mi posponete ad altri. — No, no, statene sicuro.

Ma se con me non potè far buon guadagno, non gli venne meno l'occasione di giovare ad altri; poichè mentr' io stava ancora ragionando con lui, vidi appressarsi al suo deschetto una donna del volgo, e pregarlo di stendere per lei una lettera al marito militare che era di guarnigione nelle Calabrie, e a cui ella voleva mandare non so che pegni di memoria. — Il pubblico scrivano si mise subito all'opera, si fece esporre i pensieri, li tradusse sulla carta, lesse lo scritto alla donna che gli sedeva vicino, ebbe la sua piena approvazione, finalmente le consegnò il foglio bell' e piegato e suggellato, e ne ricevette un carlino in compenso (1).

Siffatti scrittori sono assai, e camparla sarebbe impossibile in altri luoghi; ma a Napoli dieci soldi al giorno bastano per scialarla, due per non morir di fame. — Da qui viene l'indolenza del popolo minuto; il lazzarone che la mattina s'assicurò il guadagno d'un carlino non pensa più ad ulteriori guadagni, e tutto il resto del giorno passa fra l'inerzia e le novelle.

La nudità è uno degli elementi del Napoletano; ne è cagione il clima e la consuetudine che ha tolto di mezzo ogni ripugnanza. Nei giorni dell'estate e ne' primi dell'autunno vedreste una quantità di figliuoletti spogli come il dì che nacquero, seduti sulle rive del mare a giuocarellare fra loro, qualche volta tuffarsi nell' acqua e qualch'altra corrersi appresso con grande meraviglia di noi che non siamo avvezzi a tanta libertà, ma colla maggiore indifferenza dei Napoletani che si diportano fra le soavità della villa di Chiaia. Ora però questa nudità si riduce a'soli fanciulli, ma fu un tempo che essa aveva limiti più estesi.

Di tanta licenza nessuno vorrà dar lode al popolo di Napoli; invece dovrà lodare quella famigliarità che il più povero ha col più ricco. Il volgo non conosce che un solo pronome, il *voi*, e un solo titolo, l' *eccellenza*; egli dà l'uno e l'altro a chiunque stimi menomamente superiore a lui.

Le feste popolari sono la cosa più comune in Napoli: nè quasi v'è giorno che non si celebri una sagra dove il popolo accorre a gran folla mescendo preghiere e sollazzo; in autunno bisogna veder Portici e Torre del Greco al giovedì ed alla domenica: per una tratta di

(1) Il carlino corrisponde ad una mezza lira austriaca.

quattro o cinque miglia trovate un corso non interrotto di carrozze o di *carricoli* che vanno e vengono da Portici a Napoli; intanto che i vagoni della strada di ferro traggono altre migliaia a far festa su quelle belle rive, quasi volessero ristorarle dai tanti danni che l'eruzione del Vesuvio ha loro cagionato. Io debbo ricordare due di quelle domeniche come due de'più allegri dì della mia vita.

Vidi i teatri dall'umile San Carlino al superbo San Carlo; e quello mi piacque per l'abilità de' suoi attori che sostenevano assai bene i tipi del popolo napoletano nel dialetto del paese; questo mi parve, a dir vero, men ricco della Scala, ma certo bellissimo, tanto più che potei vederlo tutto illuminato e decorato della corte, il dì di santa Teresa, onomastico della regina.

Rividi la corte e il re stesso, tornato allora da Palermo, al bel teatro de' Fiorentini, e mi parve di scorgere in lui tutti i caratteri di quella popolarità di cui sono improntati i re napoletani; ma Ferdinando II questo aggiunge di più, che sbandì dalla sua corte ogni resto di licenza spagnolesca, per innestarvi un fine più guerresco e più religioso.

(§ 2 Una salita al Vesuvio)

Fra me e altri compagni di alloggio si combinò una salita al Vesuvio malgrado de' tanti ostacoli che ci opposero altri che l'avevano già provata, e partimmo da Napoli il dì 16, un'ora prima di mezzanotte. Un'ora dopo eravamo a Resina, villaggio collocato sulle rovine di Ercolano, dove in luogo della vettura pigliammo de'cavalli, quali convengono anche a cavalcatori meno esperti. E per ripide scese giungemmo qualche altr'ora dopo al romitaggio.

È questo un casolare isolato, posto là dove la montagna comincia a sorgere a picco; è composto di alcune camerette con annessa una chiesuola, dove celebra il romito di quell'eremo. La natura lo rende singolarmente pittoresco, vestendolo tutto all'intorno d'edera e di muschio, e di povera vegetazione.

Già il giorno innanzi un vento terribile di tramontana aveva d'un tratto quasi cambiato il calore del cielo di Napoli nel freddo de'paesi glaciali. Ora questo vento era andato crescendo sempre più a grado a grado che procedeva la notte e che ascendevamo la montagna, onde allo smontare dalle cavalcature ci sentimmo tutti intirizziti. Se non che ci tolse al rigore dell'aria aperta il casolare del romito, dove ci fu ravvivata una fiamma, che in quel momento fu il miglior dono che uomo ci avesse potuto presentare.

A quell'eremo stavano già quattro Francesi, che aspettavano il vento abbonisse alquanto per proseguire alla cima del monte: e intanto occupavano una camera, dinanzi alla quale dormivano quattro o cinque di quei che servono di guida sulla montagna. La cameretta che fu assegnata a noi era piccola ma decente, qua e là vi pendevano rosarii, immagini sacre, e a capo d'un letticciuolo un crocifisso disadorno ma inspirante devozione; mentre per terra e su le tavole erano gittati alla rinfusa libri sacri, arnesi domestici e cose mangerecce. Il servo del romito prevedendo che ci sarebbe difficile pigliar sonno, ci presentò quattro libri, che registravano i nomi di quelli che da sei o sette anni in poi avevan visitato quel luogo, e noi ci ponemmo a scorrerlo per trovarvi, se fosse possibile, qualche conoscente o concittadino. E quando ci abbattevamo nel nome di un compatriota, si faceva festa come all'incontro d'un amico prediletto; tanto il cuore è bisognoso di non separarsi mai da quei luoghi che la sorte gli diede per patria. Ma poi ci disgustava il leggere su quei libri tante insipidezze e ruvidezze che molti si erano fatto lecito di lasciare a testimonio della loro ignoranza ed insolenza, e ci parve meraviglia che quel luogo così singolare non rialzasse nemmeno momentaneamente l'uomo dalla sua abituale abbiettezza.

Intanto il vento fischiava investendo l'ospizio d'ogni parte, nè lasciava speranza di posa. Se non che un subito alzarsi di grida ci avvisò essere giunti altri viaggiatori a domandar ricovero e fuoco, e così poco dopo tutto il romitaggio andò zeppo di gente. E non fu poca compiacenza la mia al ravvisare in essi una compagnia di Bresciani, poichè la vicinanza della patria me li rese tanto più cari. Il romitaggio è fornito discretamente di viveri, di bevande, onde quel romito sa ad un bisogno approntare quel che l'appetito stuzzicato da quell'aria montanina può assaporare; perciò tra quei vivaci Bresciani si videro tosto correre le tazze d'un vino bianco generoso, destinato a dar lena per compiere quel resto di via.

E al battere delle quattro ci riponemmo tutti, Italiani e Francesi, a dosso dei cavalli; e al chiarore d'una bellissima luna, e tra il furore d'un impetuosissimo vento continuammo per un viottolo che si andava facendo sempre più angusto. Io non saprei qual cosa concepire di più pittoresco che dodici o quattordici cavalli seguiti da quasi altrettante guide che popolavano quella nuda scogliera, e che si dirigevano in tutti i sensi a seconda dello sporgere e avvallarsi del monte. Ma chi si trovava su di essi, sentiva tutto il pericolo della sua posizione investito da tanta forza di vento che minacciava rovesciar lui ed il cavallo a seppellirsi nel precipizio.

Grazie al Cielo, tutti riuscimmo, intirizziti ma salvi, al luogo dove la montagna non si può assolutamente ascendere se non a piedi.

Figuratevi un lungo tratto di monte che precipita come a picco e sparso tutto di grossi massi di lava disposti nelle guise più irregolari, quasi volessero intimare all'uomo che non salga ad esplorare i fenomeni d'uno spettacolo di cui la natura non ha ancor voluto spiegar il segreto. E su questa ripidissima via, estremamente faticosa, ci ponemmo, sorreggendoci alla meglio ad un grosso bastone, che le guide sogliono presentare, e dovevamo così salire sui massi di lava sempre col pericolo di metter il piè in fallo e ruinarci su quelle pietre aspre e acuminate. Quell'ascendere così laborioso reca già per sè un affanno grandissimo, tanto più a chi è solito camminare al piano: pensa poi quanto quella difficoltà di respiro dovesse crescere pel vento che ci stringeva d' ogni intorno e rappigliava addosso il sudore che ci stillava in gran copia. Di tratto in tratto eravamo obbligati a fermarci per riavere il respiro, e a molti di noi quelle fermate producevano vertigini e nausee, quasi per dondolar di bastimento, e per ciò trovavano meglio proseguire, benchè stanchi ed affannosi.

Ma però, dopo una buon' ora di quel penoso cammino, giunti sul vertice ci ravviluppammo di nuovo ne' nostri mantelli, e ci vedemmo là su quel monte in numero di venticinque o ventisei, che poche ore prima non ci conoscevamo e che qui eravamo già divenuti amici e fratelli.

Era a sperare che, superata l'ascesa, tutto fosse finito: ma vana lusinga! il cratere minacciando vicinissima eruzione, vomitava una colonna di fumo densissimo, che il vento subito gettava addosso a noi, insieme ad un insopportabile odore di zolfo che ne levava affatto la respirazione. A malgrado di questo, turandoci più possibilmente la bocca, tentammo appressarci alla caverna del vulcano, curiosi di vedere davvicino uno spettacolo così maestoso, e già ne eravamo poco discosti, quando un gran soffio di vento ci ravviluppò in tanta caligine sulfurea, che oltre impedirei affatto il respiro, ne tolse di poterci vedere l'un l'altro e di scansare i precipizi che ne minacciavano da tutte le parti, onde fummo obbligati non solo a rinunziare al piacere di spingerci fino all'orlo del cratere, ma anche a levarci sollecitamente da quel sito pieno di tanti disagi, dove un urto poteva seppellirci nel precipizio.

Quella salita costataci un'ora e più nell'ascendere, non ci costò più di venti minuti nel calare, ruinandoci giù a gran carriera per uno strato d'arena che scivolava con noi, e che nel caso facilissimo d'una caduta ci avrebbe apprestato un letto cedevole. Finita la quale, riprendemmo le cavalcature sempre bersagliati dalla bufera, e per sentieruoli oltremodo pericolosi rivedemmo l'eremo; dove tra il rifocillarci con fuoco, con cibi e con vino, ciascuno narrava i propri casi come dopo una grande spedizione, conchiudendo tutti che il Vesuvio vuol essere veduto una volta, ma sarebbe stranezza il tornarci la seconda; sentenza a cui mi sottoscrissi anch' io con tutta la schiettezza del cuore.

Una seconda cavalcata ci rimise a Resina, donde la vettura doveva trarci a vedere le meraviglie di Pompei. Ed eccoci camminare sulla via che il Vesuvio ha più volte sepolta con cenere e con lava, travolgendo nella ruina anche gli stessi abitatori. Poichè la prossima terra della Torre del Greco già a quest'ora fu distrutta otto volte e dall'audacia degli abitanti sempre rifabbricata nel luogo medesimo; strada facendo, l'occhio correva ad ammirare lo squallore di quei terreni che serbano tante vestigie d'eruzioni vesuviane.

Pompei, lontana circa otto miglia dalla Torre del Greco, era vasta città, ricca di sontuosi edifici; ma 79 anni dopo Cristo fu sepolta interamente dalle materie del Vesuvio, e con essa una parte de' suoi abitanti. I suoi fori, i suoi templi caddero ruinati, e uno strato di cenere e di lava steso sopra di essi li tennero per diciassette secoli coperti. Ora fu messa in luce la quinta parte di questa città, e tutto il circuito delle mura che l'avvolgono per due miglia di circonferenza.

Quale meraviglia! L' uomo del decimonono secolo passeggia nelle case stesse abitate dall'uomo di venti secoli fa, si ripone ne'suoi templi, nelle sue piazze, ne'suoi teatri, ne'suoi bagni, ne'suoi sepolcri, ne'suoi triclinii, nelle sue camere, nelle sue botteghe, nelle sue officine: e compiendo coll' immaginazione quel che il tempo ha distrutto, ricompone una città che non ha nessuno meglio di moderno e che nostra patentemente come fossero le città a' tempi de' Romani. Gli scavi procedono assai lentamente, ma è indubitabile che la parte disseppellita è la più considerevole perchè presenta quegli edilizi che d'ogni città costituivano il meglio, due bei teatri, un anfiteatro grandioso, un magnifico foro, splendide terme, templi della Fortuna, di Nettuno, d'Ercole, d'Iside, la gran Basilica, le tre curie della giustizia, e inoltre decorosi sepolcri. L'occhio del visitatore s'arresta ammirato sulla bella architettura degli edifizi, di alcuni freschi ben conservati e dei mosaici che adornano il pavimento, dei quali è stupendo uno in qualche parte ruinato che rappresenta la battaglia d'Isso combattuta fra Alessandro re de'Macedoni, e Dario re de'Persiani.

Se Napoli dovesse perdere quell'incantevole golfo che la bagna, quel cielo azzurro che sorride sopra di essa, quel clima che vi conduce una primavera perenne, conserverebbe però quanto basta per soddisfare alla curiosità de' forestieri, quando riserbasse unicamente le reliquie di Pompei, reliquie sulle quali è da invocare: che il Vesuvio non torni a vomitare cenere e lave, e riseppellire una seconda volta questa città che Carlo III di Napoli, principe che tanta fama lasciò del suo zelo, tolse dallo squallore della tomba, per darle una più famosa esistenza.

IGNAZIO CANTÙ.

L'ELEFANTE

Questo animale, il più nobile, il più colossale dei mammiferi terrestri, avrebbe meritato per le rare sue doti di venir dai poeti salutato re delle selve, se i poeti sapessero distribuire gli onori colla giustizia del calcolo. Ma nè l'imponente fisonomia, nè le rimarchevoli prominenze frontali, nè la mitezza dell'indole, nè la squisita sagacità valsero a far perdonare presso a costoro le membra pesanti, la goffa andatura, la ruvida pelle. Egli dovette accontentarsi di cedere il luogo ad un'altra celebrità più fortunata, a cui in grazia della maestà del portamento, della ondeggiante criniera, del ruggito spaventoso, si prodigarono elogi di generosità, di elevatezza che mal concordano coi fatti, quasi per prova solenne, che tutto quanto ricade sotto il dominio dell'opinione appartenga ad uomini o a bestie, debba essere improntato del marchio della ingiustizia. Ond'è che se molti, specialmente tra quelli che appartengono alla razza dei conigli, amerebbero d'esser chiamati *cuor di leone*, nessuno ch'io sappia porterebbesi in pace il nome di elefante; eppure tutti sanno a memoria che il leone è uno della maledetta famiglia dei gatti, e ne conserva le abitudini insidiose, e che l'elefante è forse tra i bruti il più intelligente. Bizzarra contraddizione de' nostri giudizi!

Il più singolar distintivo dell'organismo dell'elefante è la curiosa forma del suo naso che allungato in una tromba cilindrica gli serve di braccio e di mano. Questa tromba è ripartita internamente in due canali corrispondenti alle fosse nasali, dalle quali vien separata col mezzo di una elastica membrana cartilaginea, e termina alla inferiore estremità in una appendice della forma d'un dito, mobilissima in tutti i sensi. Senza il soccorso di questo organo, la cui pieghevolezza è dovuta ad una infinità di muscoletti che lo abbracciano in tutte le direzioni, l'elefante sarebbe una delle più misere creature dell'universo, e la conformazion generale delle sue membra renderebbe la sua sussistenza quasi impossibile.

La testa, benchè non possa certamente dirsi elegante, presenta però tali indizi di bontà e di finezza che attraggono la simpatia di chi la riguarda; la mascella superiore è armata di due zanne potenti, costituite dallo sviluppo prevalente dei denti incisivi, i quali si spingono fuor della bocca, ricurvandosi in basso e in avanti, e formano una terribile arma difensiva per questo essere che, sprovvisto di canini laceranti, non par destinato all'offesa ad onta della prodigiosa sua robustezza.

Le specie d'elefanti da noi conosciute non sono che due, l'elefante delle *Indie*, e l'elefante *africano*; ma anticamente ne esistevano altre distinte da particolari caratteri, i cui avanzi si trovano numerosi in quei paesi medesimi ove il clima non permetterebbe di vivere a quelle che ci sono contemporanee. Si rinvengono continuamente, nelle regioni settentrionali dell'Asia, frantumi d'ossa petrificati di codeste razze perdute, che gli abitanti della Siberia dicono appartenere ad una gran bestia sotterranea, che non può tollerare la luce, e che essi chiamano *mammouth* dalla tartara voce *mamma*, che significa *terra*. Nel 1799 un pescatore tongusio vide presso all'imboccatura del Lena in mezzo ai ghiacci un ammasso informe di strana apparenza, di cui non seppe raffigurar la natura; ma la stato seguente, essendosi alquanto squagliato il ghiaccio che lo circondava, potè con sua grande sorpresa riconoscere in quello un'enorme zanna, ed un fianco bruno rossastro di un mostruoso animale. A poco a poco questo si sviluppò intieramente, e qualche anno dopo l'inglese Adams recatosi sul luogo trovò ancora gli avanzi delle carni e della pelle coperta di neri peli e d'una specie di lana fitta e rossigna, ed esaminato lo scheletro e le zanne, non dubitò di ritenerlo un elefante affatto distinto dai viventi, e scomparso dal mondo assai prima dell'ultima rivoluzione geologica. Dopo quell'epoca, altri analoghi casi si offersero nei mari polari, e non lasciaron più dubbia una tale supposizione.

Ma per tornare alle specie attuali, diremo che l'elefante *indiano* abita dall'Indo fino al mare orientale e le isole meridionali dell'Asia; che esso si riconosce alla testa allungata, alla concava fronte, alle orecchie mediocri, ed ai piedi posteriori forniti di quattro unghie. La sua statura che ordinariamente è di dieci piedi, arriva talora sino ai quindici, e la greve sua mole non gli impedisce di superare nel corso i nostri comuni destrieri. Ad una straordinaria forza congiunge una docilità senza pari, che lo rende in quelle regioni uno dei più cari ausiliari dell'uomo e lo fa vivere in uno stato di domesticità, la quale però non è che individuale, non essendo mai stata assoggettata l'intiera razza, come avvenne del cavallo, del cane, del bue.

L'*africano* è facilmente distinto dal precedente, perchè ha la testa rotonda e la fronte convessa e le orecchie grandi che scendono sulle spalle. È sparso dalle rive del Senegal e del Niger fino al Capo di Buona Speranza, e nelle età trascorse par che abitasse anche più al nord nelle pianure vicine all'Atlante, giacchè i Cartaginesi ne avevan gran copia di addimesticati ed avvezzi alla guerra, come oggigiorno gli Hindous.

Le femmine restano gravide per venti mesi, e la prole nascendo ha circa tre piedi di altezza; sugge il latte colla bocca, e non già colla proboscide, come si credeva in passato; si sviluppa assai lentamente, e non giunge al compimento che tra i diciotto e i ventiquattro anni, per cui si reputa che la loro vita sia la più durevole degli animali terrestri.

La storia e le osservazioni dei viaggiatori ricordano moltissimi tratti da farne tenere in gran pregio l'istinto dell'elefante. L'elefante *Aiace*, il compagno di guerra di quel re Poro che sulle rive dell'Idaspe difese sì coraggiosamente la nazionale indipendenza contro l'orgoglioso Macedone, non merita certamente minor fama del destriero Bucefalo. Se dobbiamo prestar fede a ciò che si narra, questa bestia fu un modello di tenerezza nella battaglia che costò la vita al suo signore. Vedendolo sbalzato a terra e coperto di freccie nemiche, il buono ed intrepido *Aiace* si pose ad estrarre una dopo l'altra le micidiali saette colla sua tromba, e nell'atto che i nemici si affrettavano ad impadronirsi del suo cadavere, esso furioso si gitta in mezzo ai guerrieri, abbranca colla proboscide il morto, se lo ripone sul dorso, tenta una fuga disperata, e prima abbandona la vita che il sacro peso. —

Arriano riferisce la storia d'un altro elefante che morì di dolore per aver in un accesso di collera ucciso il proprio padrone; Antipatro, quella dei due elefanti di Antioco, chiamati *Patroclo* e *Aiace*, il primo de' quali punto da fiero cordoglio di essersi mostrato minor dell'amico al passaggio d'un fiume, si lasciò morire di fame. Gli Annali del gabinetto di Storia Naturale parlan d'un altro che, percosso dal suo *cornak* (conduttore), lo schiacciò in un primo impeto di furore. La moglie dell'infelice, testimonio del miserando spettacolo, prese un figliuolino che le rimaneva, e si gittò con esso fra le gambe dell'inferocito animale, desiderosa in quel momento di disperazione, di associarsi alla sorte del marito. L'elefante si calmò ad un tratto, e prendendo colla proboscide il figlio, se lo collocò sulla groppa in aria mesta e pentita, e da quel giorno lo riconobbe per suo cornak, e gli fu affezionatissimo.

Io non pretendo già guarentire la verità di questi e di altri racconti, perchè le bestie ebbero ed avranno sempre i loro adulatori; ma è innegabile, e me ne adduceva moltissimi esempi un dotto medico inglese che fu parecchi anni alle Indie (il dottore Millingen) che l'elefante è quello che dà miglior saggio delle proprie inclinazioni, e che non invidia per nulla le industrie e la sagacia del cane e del cavallo.

Gli elefanti bianchi, che si trovano talvolta al Siam e nel Pegù, sono per quei popoli un oggetto speciale di adorazione. Vengono a spese del pubblico mantenuti in appositi ricinti, ed ornati di mille ciondoli e nastri; dodici custodi vegliano continuamente ai bisogni di ciascuno di essi, e sovente il loro possesso è sorgente di guerre accanito fra gli stati limitrofi. Ma questi animali pel naturalista anzichè costituire una spezie privilegiata, rappresentano una morbosa degenerazione, e sono veri *albinos*, la cui singolarità di colorito dipende da circostanze di clima e di nudrimento non ancora bene apprezzate.

A. Fava.

FAVOLA

Il Lupo e la Gru

Il lupo divorandosi
La preda avidamente,
Un osso in gola restagli
Fitto, e gran duol ne sente.

Un guiderdon magnifico
Egli offre a chi il consola,
Col trargli in tanto spasimo
Quell'osso dalla gola:

E avendo aggiunto al premio
La fè del giuramento,
Alfin la gru non dubita
D'esporsi al gran cimento.

Fidargli in bocca l'agile
Suo lungo collo ardisce:
L'osso dall'egre fauci
Rimovo e lo guarisce.

Poi la mercè dovutale
Al lupo ella richiede:
Ed ei però rispondele:
« Che premio? Che mercede?

Ingrata! E poco sembrati
Apprezzabil favore,
Se usci il tuo capo libero
Dalla mia bocca fuore? » —

La ricompensa attendere
Da' tristi è doppio inganno;
Chè ai rei soccorso apprestasi
E non sen schiva il danno.

Ab. Domenico Cervelli.

FILOLOGIA

AL CONTE CESARE BALBO

Voi, dotto ed eloquente istorico di Dante, non ignorate, come lo Speroni fosse tenero del divino poeta, e ne rinnovasse le dottrine di lui rispetto al volgare italico, e come annichilasse le invereconde censure del Castravilla e del Bulgarini con que'due *Discorsi*, che si leggono nel tomo v delle sue *Opere*, pubblicate con tanta accuratezza dal Lastesio e dal Forcellini. Ora io ho trovato di lui alcune osservazioni sull' Inferno di Dante, le quali credo inedite, e non indegne di venirvi dinanzi, massimamente la prima per la sua finezza, e l'ultima per la sua novità; e le ho trovate nella corrispondenza dell'ab. Gaspare Patriarchi coll'ab. Giuseppe Gennari, corrispondenza, la qual si custodisce nel Seminario di Padova, e che per beneficio degli studiosi confido quando che sia di stampare. Ciò che fa maraviglia si è che, mandando il Patriarchi al Gennari queste osservazioni dello Speroni, non dica pur verbo di esse nella lettera con cui gliele invia; la qual lettera è per giunta senza data; se non che avendola collocata il diligentissimo che fu ab. Coi fra una dei 9 gennaro e un'altra del primo febbraro 1754 n. v., pare che debba essere scritta in quel torno. Un'altra notizia. Voi conoscete quel dialogo del Tasso *Il padre di famiglia*, che gli fu spirato dalle oneste accoglienze che ebbe e da'begli ordini che osservò in quella casa, dove l'infelice poeta fu ospiziato nella occasione della sua andata a Torino. Or di quel dialogo (e si pure dell'altro il *Messaggiere*) v' ha un esemplare autografo nella conspicua libreria vescovile di Udine, del quale si giovò il Gamba per la ristampa che ne fece in Venezia del 1825; ma egli non pubblicò queste due linee, con le quali il divin Torquato inviava quel dialogo al suo Scipione Gonzaga.

Illmo mio S.^e

Dedico a V. S. Illma questo mio dialogo per arra di alcune altre cose che mi apparecchio di scriverle, e le bacio le mani.

Di V. S. Illma

Aff.^mo S. TORQUATO TASSO.

Gradite, sig. Conte, queste picciole notizie si come un segnale della non picciola stima che vi professo; e state sano.

Torino, a' 25 aprile 1841.

Cav. P. A. PARAVIA.

Osservazioni dello Sperone sovra l' Inf.° di Dante

Ma dimmi al tempo de' dolci sospiri. c. 5.

Considera la richiesta fatta da Dante a Francesca, che non par di p.sona pentita de' suoi errori, ma carnale come mai fosse.

Mal ne vengiammo di Teseo l'assalto. c. 9.

Dunq. Teseo fu all'Inf.° Come dunq. nel c.° 2 dice, che soli Paolo e Enea vi andarono? Risp. che Teseo non vi penetrò: e i nominati nel 2.° non escludono tutti gli altri che ci fossero stati, e intanto Dante ve li fa entrare, in quanto l'uno è feudator dell'Impero, ove si stabilì la sede di Piero, e l'altro propagator della Fede.

Che di Leon avea faccia e contegno. c. 17.

Perchè seggono gli usurieri in Inferno? La cagion può essere che seggono anche vivendo, e guadagnando oziosi.

Non quella, a cui fu rotto il petto e l'ombra. 32.

Coll' istoria o fola di Lancelotto intendesi q.to luogo, perocchè vi si legge che Artù Re con una lancia forò il petto di Mordroc in maniera che il sole p. la ferita passò in terra. E q.to lo dice qui Dante.

Evvi la figlia di Tiresia e Teti. *Purg.* 22.

Q.ta figliuola di Tiresia, la quale comunem. da ognuno è creduta esser Manto, secondo Dante non può essere; perciocchè Manto è da lui posta come indovina nel 20 c.° dell'Inf. Chi dunq. può essere? Se ella non è Dafni la qual divenne Sibilla? Della qual Dafni parla Diodoro Siculo nel 4. della sua Ist. al c. 6. Or vedi se Dante aveva letto al suo tempo latini e greci. Dunq. le Sibille non sono indovine di mal affare.

Ma Virgilio n' avea lasciati scemi. *Purg.* 30.

Qui chiama Virg.° p. proprio nome; perciò essendo D.^e nel suo libero arbitrio, come dice nel fin del c.° 27, Virgilio non ha più i 3 nomi di Guida, di Duca, di Maestro come lo chiama nel principio di q.to suo viaggio.

SION

Il fondo della valle di Sion serba segni frequenti de' guasti cagionatigli dalle acque. Sul pendio che guarda mezzodì cresce il zafferano, l'ulivo ed ogni altra pianta de' climi meridionali; ma l'aria v'è grave e stagnante; e il calore giugne nella state sì alto da riuscire intollerabile.

Io mi figurava Sion siccome centro di cretinismo e di sporchezza; tale essendo l'opinione che hanno portato molti viaggiatori della capitale del Vallese: ma dovetti ricredermi. A poco si è ridotto il numero dei *Cretini*; e la maggior parte delle case sonvi di recente costruzione. Gl' incendi e le piene devastatrici concorsero sulla fine dell'ultimo secolo a' danni dell'antica città, e ne atterrarono ampi tratti, che gli abitatori non tardarono a riedificare dalle fondamenta; la qual cosa, se piace all'occhio, richiama però dolorosamente al pensiero i guai infiniti che sovra ogni altra città di Elvezia gli uomini e la natura accumularono su questa. In vederne i nuovi quartieri non si può a meno di pagare al carattere de' Vallesi un tributo d'ammirazione. Non isbigottirono in mezzo alla sventura: poveri, oppressi, puniti come rivoltosi con multe, con tremende esecuzioni militari, eccoli da cinque lustri, dacchè le lor case ricomposersi in pace, por mano infaticabilmente a sanare le piaghe della guerra. Non si avvilirono nell' avversità; confidano nell' avvenire; l'amore che portano al lor paese (che a noi parrebbe sì tristo) sgombra da essi tutti que'ragionevoli timori che derivar dovrebbero da un'esperienza crudele.

È curioso l'aspetto di Sion. Situata nella parte più larga della gran valle del Rodano, ed attraversata da rovinoso torrente, uno scoglio enorme la domina, che un fesso profondo divise in due: il più alto è coronato dalle rovine del castello di Tourbillon, fabbricato da un vescovo nel secolo XIII; nè vo' tentare d'esprimerti l'effetto pittoresco e romantico che producono quei grandi avanzi feudali sul vertice della rupe isolata. Abitaronvi nel medio evo, siccome in fortezza inespugnabile, i vescovi di Sion. Usavan essi anticamente sul Vallese, ed in particolare sovra il distretto a cui presiedeano, di potenza quasi principesca. Una forte e compatta aristocrazia li riconoscea per capi; ed erano stretti con alleanze a' feudatari della Savoia e del Bernese. La loro storia, ben diversa da quella che ci dovremmo ripromettere da una successione di pontefici animati dallo spirito di moderazione e di carità che il Vangelo prescrive, è piena di avvenimenti tragici, di guerre, di sommosse, di stragi. Che se tu domandi meravigliato a te stesso, da che mai derivassero in uomini consacrati ad un ministero di pace, pensieri e brame così diverse dal loro santo istituto, ti risponderà la storia che dappertutto ove fu facilità di conseguire potere o ricchezza, l'uomo soccombette alla possente tentazione. E fu ventura per molti popoli che il bastone del supremo comando fosse stretto da quella mano medesima che stringea il pastorale! La religione temperava in que' pontefici, tuttochè ambiziosi, l'asprezza de' costumi feudali; ed era men grave, men duro il comando che usciva da quella bocca che avea pronunziate poc'anzi benedizioni e parole di pace. Se il clero non avesse esercitata in Europa influenza alcuna ne' tempi della maggior barbarie, questa bella parte dell'universo sariasi tramutata in una caverna d'assassini, forse in un deserto; e noi certamente non godremmo ora i beneficii della civiltà che ci rende orgogliosi e felici.

Il castello di Tourbillon, fu nel 1788 consunto in gran parte da un incendio; e perironvi i preziosi dipinti che vi si conservavano.

Sull'altro colle men alto e di men difficile accesso, è il castello detto di *Valerio*, con una chiesa ed alcune case che formano un gruppo grazioso a vedersi da lungi, e che si disegna nettamente sul fondo scuro delle alte montagne che serrano l'orizzonte. — Un terzo castello, denominato di *Maiorie*, è situato a settentrione della città; e risedeanvi negli ultimi secoli i vescovi, dacchè per aver mutato costume non reputavano più necessario stanziare fra le torri eccelse di Tourbillon. L'incendio che mani nemiche accesero nel 1788, distrusse, insieme a dugentotrenta case, anche la dimora vescovile; e vi perirono i pubblici archivi, ove trovavansi in deposito documenti preziosi per la storia del Vallese non solo, ma della Svizzera intera.

Sion, la cui origine si perde tra le tenebre dei tempi, e che deve il suo nome latino (*Sedunum*) ai Seduni, popolo ricordato più volte nella storia romana, fu assediata, presa ed abbruciata tutta od in parte otto volte dal secolo X ad oggi. Le sue strade sono irregolari. La cattedrale, consacrata a S. Teodulo, protettor del Vallese, venne riedificata dal cardinale Schinner.

Nell'antica torre detta del *Cane*, che sta presso il viottolo per cui si sale a Tourbillon, furono fatti giustiziare, nel 1508, venti cittadini per politici motivi inerenti alle condizioni del tempo.

Dappertutto nella Svizzera le rovine del medio evo ricordano gli atroci delitti de' baroni, e non è quasi avanzo di torre che non serbi indelebili macchie di sangue iniquamente versato. Mi fu mostrato tra la città ed il Sanetsch il castello di Seon, che fu teatro di orrenda tragedia. — Il barone Antonio di La-Tour-Chatillon v'accolse un dì il venerabile Guiscardo Tawell, suo zio e vescovo di Sion, col quale trovavasi in qualche dissapore pe' dritti della curia. Accadde che i vassalli di Chatillon e que' del seguito del prelato appiccasser rissa tra loro. Antonio, anzichè acquetare i suoi, fecesi ad ingiuriare il Vescovo, che gli rispose con coraggiosa fermezza. La disputa s'accese a modo che il Barone fe' cenno a' suoi satelliti di trarre Guiscardo fuori della stanza; ed è fama che accompagnasse quel comando con gesto espressivo. Il vecchio Pontefice, senza che alcun rispetto s'avesse per l'età sua e pel sacro carattere di cui era insignito, venne strascinato da que' ribaldi sullo scoglio, sotto cui aprivasi un precipizio: ei vi fu trabalzato, e il suo grido estremo rimbombò per tutto il castello. Quell'orribile misfatto armò contro Chatillon il popolo di cinque decurie del Vallese. D'altra parte possenti feudatari accorsero in favor suo. Eran tra questi il conte di Visp e Biandra, il barone di Raron, e Thuring di Brandis signore del Simenthal. Ma vani tornarono i loro sforzi. I castelli d'Antonio furon presi; la sua famiglia cacciata per sempre in esiglio; e i suoi alleati in quella guerra iniqua periron tutti. Così i Vallesi punivano i misfatti de' baroni nel tempo in che, se ne togli Berna e le Waldstette, il popolo curvava in tutta Germania il capo sotto il giogo vergognoso e pesante del feudalismo.

TULLIO DANDOLO.

CENNI DI GEOGRAFIA GENERALE

N° I°. — *Del genere umano secondo la diversità delle religioni*

PRIMO ARTICOLO

Dopo maturo esame di questo importante e difficile argomento, opiniamo che tutte le religioni attualmente professate possono venir distinte nelle tre classi seguenti:

1.° *Religioni che riconoscono il vero Dio.*

2.° *Religioni che riconoscono l'esistenza di un Ente supremo qualunque*, che creò e regge l'universo, qualunque sieno d'altronde le forme diverse sotto le quali questo Ente si rappresenta, ed i nomi differenti che gli si danno.

3.° *Religioni che hanno per culto i corpi celesti*, ovvero *esseri animati* o *qualsivoglia altro corpo esistente alla superficie* o *nell'interno del globo*.

La prima classe comprende sole tre religioni, cioè il *Giudaismo*, il *Cristianesimo* e l'*Islamismo* (1). Il prospetto seguente offre le primarie divisioni di queste tre religioni.

1°. GIUDAISMO

Questa religione non riconosce altra rivelazione che quella che da Mosè e dai profeti si faceva al popolo d'Iddio. I suoi proseliti vanno sotto il nome di *Giudei* ossiano *Israeliti*. Principali sette ne sono: i *Talmudisti*, i *Rabbinisti* ed i *Caraiti*. Il maggior numero degli Ebrei israeliti vive ora in Europa, massime negli imperi Russo, Austriaco ed Ottomano; in Asia, in quest'ultimo impero, nell'Arabia, nell'India ed altre contrade; in Africa, nelle regioni dell'Atlante e del Nilo. In America havvene solo qualche migliaio, ed un numero assai minore nell'Oceania. I tempii degli Ebrei domandansi *sinagoghe*.

CRISTIANESIMO

Questa religione, la stessa che venne rivelata da Dio agli uomini fino dal principio del mondo, ha per capo Gesù Cristo, che, essendo il centro delle due rivelazioni, istituì una legislazione novella, complemento e perfezionamento di quella di Mosè. Il cristianesimo estende oggidì la sua benefica influenza sui paesi più civili, ed in tutte le parti del mondo. È la religione la più sparsa sul globo, è quella i cui missionari contribuirono e contribuiscono tuttavia più degli altri a diffondere i benefizi della civiltà. I tempii dei cristiani domandansi *chiese*. Ecco i rami principali in cui si divide il cristianesimo.

Chiesa Cattolica. N'è capo supremo il *Papa* o *Pontefice Massimo*. Estende il suo impero in ogni parte della terra, al che vuolsi aggiugnere che, se consideriamo tutte le religioni nella loro maggiore purezza, cioè non ammettendo nelle varie credenze nessuna divergenza nei dogmi fondamentali, il *cattolicismo è la religione che annovera il maggior numero di fedeli.*

In Europa si estende su quasi tutta la Francia, e sugli attuali regni del Belgio e di Polonia, su tutta l'Italia, la Spagna ed il Portogallo, sui quattro quinti dell'Irlanda, sulla maggior parte dell'impero d'Austria, su quasi la metà della monarchia Prussiana, della confederazione Elvetica e delle potenze secondarie della confederazione Germanica, come pure sopra alcune frazioni alquanto ragguardevoli della Gran Bretagna, dell'attuale regno dei Paesi Bassi e dell'impero Ottomano. Il cattolicismo è pur dominante nei nuovi stati che sorsero sulle rovine delle colonie spagnuole e portoghesi in America, ed è professata dai dipendenti di questi due popoli e dai Francesi negli stabilimenti da queste nazioni fondati fuori d'Europa, come pure da una ragguardevol parte della popolazione degli Stati Uniti dell'America Inglese, ecc. ecc. Fra i cattolici vuol essere ancora annoverato il maggior numero dei *Cristiani di S. Tommaso* (Sirii del Malabar), dei *Maroniti del Libano*, ed un gran numero di *Greci Uniti* e d'*Armeni*, i quali, tuttochè conservino la loro liturgia o qualche pratica particolare, riconoscono la supremazia del Papa ed i dogmi della Chiesa latina. Aggiugni finalmente che dalle missioni, molti migliaia di proseliti vennero acquistati al cattolicismo non solo nell'India, ma nella penisola Transgangetica eziandio e nell'impero Cinese, e conservano la loro credenza, a malgrado delle crudeli persecuzioni cui sono oggidì soggetti, rinnovando così a' nostri giorni i mirabili esempi dati dai martiri nei primi secoli della Chiesa. E qui vogliono essere rammentate le fatiche dei missionari cattolici (1) che con sagrifizi e patimenti d'ogni maniera sparsero i precetti della nostra Chiesa sotto ogni clima, precedendo di vari secoli gli apostoli delle altre chiese cristiane, ed ebbero grandissima parte nelle pacifiche conquiste della civiltà. Allo splendore delle solennità del cattolicismo devono l'architettura e le arti che le fanno corona i loro più belli monumenti. Nei secoli d'ignoranza molti de' suoi monasteri, stanza di pie e celle menti, contribuirono grandemente al dissodamento dei terreni abbandonati, all'asciugamento dei paduli, all'incanalamento delle acque correnti, ed altri grandi lavori agricoli. Quei religiosi istituti ci conservarono eziandio i capolavori della Grecia e di Roma, e

(1) L'islamismo non vuol essere però accomunato col Giudaismo e col Cristianesimo, poichè riconosce bensì un *solo* Dio, ma imperfettamente.

(1) Vedasi in proposito il successivo articolo.

mantenendo costantemente accesa la sacra face delle scienze e delle lettere, furono pei secoli vegnenti quali raggianti sedi dell'umano sapere, onde la luce si sparse a rischiarare l'uno e l'altro emisfero.

CHIESA GRECA ovvero d'ORIENTE. Dividesi in quattro comunioni primarie, cioè:

CHIESA GRECA detta *ORTODOSSA*. È questa la dominante nell'impero Russo, nel regno Greco, nella repubblica delle Isole Jonie e nei tre principati di Servia, Valachia e Moldavia; essa viene professata ancora dalla metà quasi degli abitanti dell'impero Ottomano, come pure da un gran numero d'individui di varie nazioni stanziati nell'impero d'Austria, massime nei paesi detti Ungheresi, del pari che da molti altri sparsi in diversi stati. I proseliti viventi nell'impero Ottomano e nella repubblica delle Isole Jonie riconoscono per capo spirituale il patriarca di Costantinopoli.

La *CHIESA CALDEA* ovvero *NESTORIANA*, i cui fedeli diconsi *Nestoriani*. Ne vive il maggior numero nell'Asia Turca ed in Persia.

La *CHIESA MONOFIZITA* ossia *EUTICHIANA* distinta in tre rami principali. I *Giacobiti*, il patriarca de'quali stanzia in Karamid nel Diarbekir, nell'Asia Ottomana; una parte di essi si riunì alla Chiesa cattolica. I *Cofti*, che vivono nell'Abissinia, ove sono dominanti negli stati più poderosi, poscia nella Nubia ed in Egitto; il loro patriarca risiede al Cairo. Gli *Armeni*, che formano la massa principale della popolazione dell'Armenia propriamente detta, e sono sparsi in vari altri paesi dell'Asia, dell'Europa e dell'Africa. Il loro patriarca primario ha sede in Etchmiadsin nell'impero Russo. Parte ragguardevole di essi si è riunita alla Chiesa cattolica, e ricevette non ha guari un patriarca che stanzia in Costantinopoli.

La *CHIESA MARONITA*, i cui fedeli vivono nelle montagne del Libano e dell'isola di Cipro. Il maggior numero si unì alla Chiesa cattolica: il loro capo spirituale riconosce il Papa ed ha il titolo di Patriarca d'Antiochia. Cannabin, convento nel Libano, è sua stanza.

(*Sarà continuato*) ADRIANO BALBI.

UN OMAGGIO ALLE MISSIONI CATTOLICHE

Nel mentre che tanti, i quali pur diconsi fastosamente filantropi e progressisti, traggono nell'ozio, od in epere peggiori dell'ozio, una vita di gelido e scorato egoismo, una turba instancabile e generosa, calda di quella vera carità che solo scende dal cielo, abbandona, volontaria, le dolcezze del suolo natio, copresi de'panni del povero, solca i mari più arcani e procellosi, e, depo disagi ed angoscie infinite, fermasi finalmente a stanziare in paese ignoto e nemico, col solo intendimento di spargervi la fede del Vangelo, unica sorgente di schietta civiltà, unico mezzo che valga, veramente, a rendere gli uomini buoni e felici. Ma questi slanci d'eroismo, che costituiscono una delle più belle glorie del cattolicismo, sono, convien dirlo, treppo ingratamente dimenticati tra noi, i quali se abbiamo plausi e corone per chi lusinga l'orecchio su i teatri, per chi è destro uccisore de' suoi fratelli su i campi, rado o non mai rivolgiamo una parola di lode, un menomo pensiero a questi prodi campioni della fede, alla cui virtù nessun encomio potrebbe bastare, nonchè essere soverchio. Gli è perciò che essendoci imbattuti in certe recentissime righe, in cui un colto protestante rende alle Missioni cattoliche dell'Oriente un omaggio tanto più lusinghiero quanto meno sospetto d'assentazione, abbiamo divisato di qui riprodurlo, voltandele, meglio che per noi fu potuto, dalla lingua inglese in cui furono originariamente dettate.

«O voi, dice egli, che declamate contro le monastiche istituzioni, sospendete di grazia il giudicio vostro, e percorrete l'Oriente avanti di proferirlo. Battete colà all'uscio di un convento, ed abbandonatevi pure alla consolante speranza di amica accoglienza: questa speranza, ch'io ebbi tante volte a nutrire, non mai sarà, per fermo, tradita. Entrate pur, di buon animo, in quelle mura ospitali, e voi vi crederete tosto ricondotto, quasi per miracolo, tra le dolcezze della patria vostra lontana..... Riconoscete, ammirate allora lo spirito cristiano che innalzò questi ricoveri nel deserto; questi ricoveri, i cui abitatori offrono il ramoscello d'ulivo a' smarriti pellegrini, qualunque ne sia il paese ed il culto, soccorrono gli infelici, rinvigoriscono l'intiepidita fede, e conservano le sante dottrine malgrado gli sforzi dello sprezzo e della persecuzione.....

« Egli è per l'opera de'vescovi e degli agenti della Propaganda che il cristianesimo conservossi nell'Albania. Menasi, tra di noi, gran vanto delle missioni de'protestanti, ed esse costano, veramente, somme enormissime. Ma il bene che esse fanno è poco più d'una goccia d'acqua paragonato all'oceano di buone opere, sparso dalla Chiesa cattolica romana, silenziosamente e modestamente, su tutti i punti della Turchia. Abborriti dai Greci e sprezzati dai Turchi, i Cristiani latini avrebbero infallibilmente abbracciato l'islamismo se l'instancabile zelo de'loro sacerdoti non gli avesse sostenuti nella fede, non ostante l'esempio de' loro avi, che apostatarono onde scampare alla persecuzione. Io chiesi a parecchi di tali sacerdoti se mai avessero convertito alcun Musulmano? Essi mi risposero candidamente che no, ma aggiunsero che la loro presenza impediva le diserzioni dal cristianesimo al maomettismo, e che questo frutto bastava per ricompensare largamente le loro fatiche. Essi credono che se l'Albania viene, un qualche giorno, a cadere in mano di un principe franco, i Turchi di questo paese diverranno in breve Cristiani.. (1). L'anomalia che trovasi tra l'avvilita condizione dei Cristiani dell'Albania, e la loro eguaglianza di casta coi Musulmani delle montagne, conferma questa previsione..... Egli è impossibile imbattersi ne' Missionari della Propaganda in Oriente senza essere vivamente commosso dalla posizione di questi uomini tanto raccomandevoli pel loro zelo e pel loro merito, e la cui pazienza è posta a prove sì straordinarie. Educati in Roma in mezzo alle arti ed alle scienze, usi alle soavi socievolezze dell'Italia, essi vengono spediti in remote contrade, più lontane ancora per la difformità di tutte le abitudini della vita, che per la materiale distanza de' siti. — Sottopongonsi dessi, volontariamente, a passare tutta la loro vita in seno ad un popolo altrettanto a loro inferiore dal lato della mentale coltura, quanto diverso per rispetto alle costumanze: essi vivono, così, esiliati nel più amaro senso della parola. Havvi, tuttavolta, dei momenti, in cui più si è tentati invidiarli che compatirli. Imperocchè la pietà che svegliasi in petto all' idea del loro sacrificio è superata dal senso dell'ammirazione che essi meritano pel disinteresse e la perseveranza onde fanno splendida prova nel disimpegno de'loro doveri, senza sperare un'ombra solo di gloria per ricompensa delle loro fatiche, senza essere rincuorati da alcuno di que' motivi, a cui si appuntellano le umane azioni!..... Cortesi colle persone delle classi alte, famigliari coi bassi, soccorrevoli cogli infelici, essi appreslano viva imagine di ciò che S. Paolo dicea di se stesso: « Tutto per tutti ». Se contansi le generazioni trascorse dalle prime conquiste ottomane, troverassi che milioni di anime furono salvate da queste vedette della cristianità, sempre immobili al loro posto per richiamare gli smarriti, e per mantenere i fedeli nella coraggiosa loro fermezza ».

Queste brevi parole, uscite dalla penna di A. Slade, uno dei più colti ed accesi seguaci della Riforma, dicono, ad onore delle Missioni cattoliche, più di quanto potremmo noi fare in lungo e particolarizzato discorso.

Cav. Baratta.

(1) I Musulmani dell'Albania conservano molte ricordanze del cristianesimo. In certi determinati giorni visitano, per esempio, le tombe de'Cristiani loro antenati, ed alcune famiglie amministrano (in segreto) il battesimo, promiscuamente alla circoncisione.

I CAPELLI

La non mai stanca rinnovatrice di svariate usanze, quell'idolo a cui riverenti s'inchinaron mai sempre città, provincie, regni, mondo, la moda, *in ogni età, da tutte parti*, ha impressa indelebile la traccia, innalzato superbo lo stendardo. — Pressochè tutto andò soggetto al voler suo, al suo capriccio; perfino i capegli, di cui natura fece bello il capo dell' uomo, ebbero a pender da' suoi cenni, ad esser fatti oggetto di brighe, di fasto, di pena. — Le istorie di tutti i tempi fanno viva fede ch'io mal non m' appongo. — Lo sgraziato Assalonne fa prova quanto trista altrettanto certa che gli Ebrei portavan lunga e sciolta la capellatura; e una legge espressa di Mosè loro victava di reciderla a foggia dei Moabiti, Arabi e Idumei, e formarne di *fisoë*, che suona *treccie*, a detta di uno scolastico antico. I sacerdoti soltanto, qualora addetti alle cerimonie del tempio, eran tenuti accorciarla di 15 in 15 giorni.

I figli degli antichi Greci recavansi, secondo Plutarco, al tempio di Delfo per consacrarvi, ad esempio di Teseo, la chioma ad Apollo, ad Esculapio o a Bacco. Omero asserisce che Peleo consacrò la capelliera di Achille suo figlio al fiume Sperchio, e l'egiziano Mennone la propria al Nilo.

Le greche donzelle che andavano a marito offrivano la prima loro capellatura alle deità protettrici; così le Megaresi ad Ifinoe, quelle dell'isola di Delo ad Ecaerge e ad Opi; e Pausania parla della statua d'Izia, pressochè affatto coperta delle capelliere appese ad essa dalle donne di Sicione. Niuno cedeva al comune destino, come davansi a credere gli antichi, se prima non gli fosse staccato dal capo un capello dalla mano invisibile di morte, o da un messaggio delle divinità. Egli è perciò che Virgilio dipinge la sventurata consorte di Sicheo lottar colla morte, perchè Proserpina non le aveva per anco tagliato il crine fatale. — Allorachè morte colpiva di fatto un parente, un amico, tagliati i capelli li gettavano essi sulla pira, insieme col cadavere, a consumarsi: così fe' Achille de' propri sul rogo dell'amico Patroclo; ma se non era lor dato di assistere ai funerali, recavansi a deporli sull'avello dell'estinto. — Elettra, nelle Coefore di Eschilo, riconosce la chioma del fratello Oreste, da lui deposta sulla tomba dello sventurato Agamennone loro padre. Nè una sola persona o famiglia, ma un popolo intero dava talvolta siffatto contrassegno di cordoglio. Così i Tessali, al riferir di Plutarco, alla morte di Pelopida, così i Persiani a quella di Masistio.

Gli antichi Romani avean lunga la capelliera; e le matrone romane, ad esempio delle donne greche ed ebree, impiegavano ogni arte ad acconciarla, e ornarla d'oro, di argento, di perle; Roma seguì ciecamente le greche usanze, a tal che Servio annovera fra i doni di cui gli altari degli Dei facean bella mostra, l'ago col quale i sacerdoti di Cibele appendevano intorno alla Dea le chiome a lei consacrate, e tutt'uomo sa che le matrone romane gettaron pur esse le proprie capelliere sul letto funebre della figlia di Virginio.

Lo sciogliere i capegli, il lasciarli sventolar liberamente, era segno di lutto. La sorella di Orazio Coclite in questo atteggiamento ripetea disperatamente il nome del Curiazio che dovea esserle sposo... e che giaceva estinto!

Alle donzelle romane nell'atto del matrimonio dividevasi la capellatura a mezzo il fronte colla estremità di una lancia a dinotar che la patria da esse attendeva valorosi guerrieri.

Divenuti i Romani signori del mondo, al tempo degli imperatori, di Tito spezialmente, l'usanza di corta capelliera divenne generale, e ne fan prova le statue, le medaglie, i monumenti.

Nell'antica Gallia era in siffatto pregio tenuta la lunghezza della chioma, che fu detta *comata*. Non sì tosto Giulio Cesare l'ebbe soggiogata che furono i vinti astretti a raderla a segno di obbedienza. — A detta di Gregorio di Tours, la capigliatura fu per lunga pezza privilegiato distintivo dei re francesi, che la portavano nella piena lunghezza, mentre i soggetti più o meno accorciata, a seconda di loro qualità, a tal che il tributario o colono n'era privo pressochè interamente. — Il tagliare i capegli al figliuolo di un re o di un principe era escluderlo dal diritto di successione, era ridurlo alla condizion del soggetto. — Quando Childerico III, successore legittimo alla corona francese, fu rinchiuso in un monastero, non tardò Pipino a fargli incontanente recidere la chioma.

Carlo Magno portò corti i capelli, e i successori di lui più corti ancora. — A' tempi di Ugo Capeto i capelli lunghi divennero stemma di riprovate opinioni, e le censure ecclesiastiche ebbero più d'una volta a colpire chi li portava in tal guisa. Un vescovo, verso il secolo undecimo, nel celebrar la messa di mezzanotte, escluse *dall'offerta* i personaggi tutti che accompagnavan Roberto conte di Fiandra appunto perchè avevan lunga la capelliera.

Francesco I, che andava superbo delle gloriose ferite che aveva al capo riportate, ne facea mostra col portar certa la capigliatura, e l'esempio del magnanimo re fu generalmente seguito, nè venne meno che all'epoca di Luigi XIII.

Un monumento del 1249 rappresenta Giovanna, duchessa di Tolosa, con lunga treccia; un sigillo del 1270 la raffigura col capo pressochè raso. — Ai tempi di Enrico II davasi alla capelliera una forma di cuore, e Beatrice di Borgogna, consorte a Roberto, minor figlio di S. Luigi, portava sul capo un velo che copriva treccie bellamente acconciate da ambe le parti del viso.

Gli antichi Bretoni che andavan superbi di lunga chioma, radevano interamente la barba, meno le sopracciglia. Un giovine soldato, fatto prigione e dannato a morte, fece viva istanza a che la lunga capelliera di che andava bello non venisse toccata dagli schiavi, nè imbrattata di sangue.

I Danesi e gli Anglo-Sassoni gli avevano pur essi qual principale ornamento della persona. — Le donzelle prima di avviarsi al talamo nuziale portavano sciolta e scoperta la capelliera; maritate appena la si accorciavano alquanto, e intrecciavanla a seconda delle usanze de' tempi loro. Era d'altra parte sì grave l'obbrobrio di aver tagliati affatto i capegli, che si infliggeva qual severa pena alle mogli convinte di adulterio. I soldati danesi che viveano al soldo di Edgare ed Etelredo, erano i vagheggini di quei tempi, e la chioma loro sì bellamente acconciata attraeva cupidi gli sguardi delle dame inglesi.

Nel progresso della cristianità, la portatura di lunga capelliera fu tenuta non conformarsi alla dignità di chi serve agli altari. Papa Aniceto fu il primo che fece di essa formal divieto al clero, e Liutprando inveiva contro Foca perchè avea lunga la chioma e acconciata a foggia degl'imperatori d'Oriente.

Nell'ottavo secolo era usanza fra le cristiane ed agiate famiglie di far tagliare per la prima volta ai fanciulletti i capegli da persone di alta qualità, e per tale atto questa ne era reputata qual parente spirituale. Ma siffatta usanza debb'essere ancor più antica, mentre il gran Costantino, recisa la chioma di Eraclio suo figlio, la inviò al Papa, a dimostrar di tal maniera ch'egli ambiva ne divenisse padre adottivo.

Lungo sarebbe il qui riferire le foggie alle quali la moda assoggetta, ai dì nostri, le capellature; — foggie che così strane sono, e, se osassi dirlo, ridicole, che il tacerne è bello. A seconda però dell'uso antico, chi abbandona il secolo per vivere la modesta vita del chiostro, recidesi la chioma, quale atto di sommessione alla celeste chiamata, quale addio estremo ai mondani ornamenti.

Quantunque paia che natura abbia destinato il crine alla superficie esterna dell'uman corpo, vi hanno però di esempi che pure nell'interna può aver luogo. — Amato Lusitano parla di una persona che portava crini sulla lingua; Plinio e Valerio Massimo attestano che ne furon trovati sul cuore di Aristomene il Messenio; altrettanto riferisce Celio di Ermogene il retore, e Plutarco di Leonida spartano.

La finta capellatura è antichissima invenzione, quanto l'arte di tinger la vera, che si ascrive a Medea. — Di queste era grandissima l'usanza presso i Greci, Cartaginesi e Romani spezialmente, i quali trasportavano di Germania molte bionde capellature allora in sommo pregio, e le matrone romane per seguir la moda a riguardo del colore, spargevano le proprie di una polve d'oro. — Accomodavano i Romani le finte capellature formate di pelli di caprioli, non tanto a supplire alla mancanza de'capegli naturali, quanto a mascherarsi. Caligola involto in lunga tunica, con sul capo una parrucca, e Messalina, l'infame sposa di Claudio, nascosti sotto bionda capellatura i negri suoi capegli, si abbandonavano alle più vergognose laidezze.

Il soggetto di cui è discorso, quantunque paia frivolo e inconsistente, occupa nullameno un posto considerevole nel quadro dello incivilimento, ed ha meritate le dotte ricerche di uomini distinti, quali sono Stolzman, Adriano Giunio, di Van Arntzen, del Lenoir. Molte discussioni teologiche hanno tenuto dietro alle letterarie, e sono fra queste a distinguersi quelle di Pietro Valerio, Prospero Stellaerts, Enrico di Gugek, Grajano Hervet. Ch'il crederebbe? Avvi chi ha spinto le indagini persino alla sorte delle capelliere nella vita futura! Uno Stefano Broustin nell'opera — I quattro fini dell'uomo — ha dichiarato che gli eletti non porteranno già tutti i capegli che saran loro stati tagliati in questa valle di lagrime, ma ne avranno una quantità sufficiente per aggiunger grazia alla decenza!..... Eh sì, che non avrà il Broustin sudato i capegli per dar dei capegli sì grave giudizio!

Avv. Corghi.

ARCHEOLOGIA

Lapida romana esistente in Genova

Alla distanza di più d'un miglio dalla città di Genova, in riva al mare, sotto la triplice collina d'Albaro, sorge un'antichissima chiesa dedicata ai Ss. Nazaro e Celso, primi apostoli del Vangelo in Genova e nella Liguria, minacciante rovina dopo le militari vicende dell'anno 1800. Questa chiesa nella sua prima struttura essendo divenuta rovinosa, l'anno 987 Pietro Opizo e Giovanni del Giudice, compatroni della località, ebbero l'impegno di riedificarla più grandiosa, e siccome a quel tempo i Saraceni infestavano il littorale, così per sicurezza di quella collina alzarono in distanza di dodici passi dal riedificato tempio una torre coronata di merli, alla quale torre al presente va contigua l'attuale chiesa, dopo l'ultima rifabbrica della medesima l'anno 1689 (1). Nella

(1) Perazzo, Memorie della Chiesa de'Ss. Nazaro e Celso d'Albaro, ms.

parte esteriore dunque della sopraddetta torre sino da tempo immemorabile leggevasi già incastrata un'antica lapida con inscrizione in lettere romane dicente :

INFRA . CONSAEPTUM
MACERIA . LOCUS
DEIS . MANIBUS
CONSACRATUS

Questa, in progresso di tempo, a motivo del vicino mare, cadde a terra. Nel 1824 fu ritirata dall'erudito cav. Vincenzo Torrielli, che quindi nel 1828 acconsentì venisse riposta, con altre inscrizioni già esistenti nelle demolite chiese di Genova, nell'atrio dei cortili della regia università, perchè fosse alla pubblica osservazione. Codesta lapida è in marmo bianco, lunga palmi 2, ed alla palmi 1 ed oncie 9. Eccone la letterale traduzione: — Il luogo entro lo spazio cinto di muro a secco è consecrato agli Dei Mani. —

Siccome, al dire degli eruditi, i Romani man mano andavano facendo conquiste di nuovi territori, somma cura si prendevano d'introdurre nei medesimi la loro religione, così lo stesso deve dirsi della Liguria quando da loro venne ridotta in provincia romana, come diffatti ce lo confermano tutti i monumenti a loro superstiti in questo paese. Quindi ognuno sa che tra le altre Deità adorate da loro, tutti gli scrittori annoverano i *Mani*. — *Manes* erano dai Romani chiamati quelli Dei che avevano la tutela delle anime, come *Lari* quelli che presiedevano alla famiglia. Per questa ragione le loro inscrizioni sepolcrali portano l'invocazione a questi Dei colle sigle D. M., come i Greci còlle altre Θ. K. Ad essi offerivano sacrifizi ed innalzavano templi. I Mani, come insegna il ch. Pelliccia (1) non si devono confondere cogli Dei chiamati *Inferi*, nè per *Manes* intendersi le stesse anime dei defunti annoverati fra gli Dei in forza delle leggi delle dodici Tavole (2).

Questi Dei *Mani* adunque i Romani avranno anco unitamente alla conquista introdotto in Genova ed in Liguria; ed ivi come altrove avranno ai medesimi innalzati templi ed are. Che uno di detti templi dovesse anticamente essere stato in Albaro laddove ora esiste la rovinosa chiesa dei Ss. Nazaro e Celso, od in quelle circonvicinanze, lo prova abbastanza l'antica esistenza colà della riferita lapida, di cui testimonio abbiamo nel secolo XV monsignor Giustiniano negli Annali di Genova, carte XXIIII *verso*, edizione del M.D.XXXVII, in Genova per Antonio Bellono. Che fosse ben piccolo, lo dimostra il significato della parola *consaeptum*. Per mezzo degli scrittori di cose archeologiche essendo noto come i Romani ammettessero un premio o castigo dopo questa vita, e che le preghiere dei viventi potessero suffragare le anime dei trapassati, colà in Albaro i Pagani si saranno ritirati nel da loro edificato tempietto quasi in appartato oratorio a far preci e sacrifizi agli Dei Mani per ottenere suffragio alle anime dei defunti loro fratelli. A conferma di questa nostra sentenza deve aggiungersi la costante tradizione del popolo genovese, di cui ci fanno fede Ganducio, Schiaffino, Giscardi, Paganetti ed Accinelli, scrittori patrii. Quindi porta la storia che, approdati in quelle parti i Ss. Nazaro e Celso, l'anno 60 del computo volgare, ed ivi annunziata alle genti la nuova legge di grazia, i Cristiani convertissero in sacro tempio il luogo che era servito di primo alloggio ai predetti santi, e che per memoria di ciò che fu, conservassero la lapida suddetta, la quale in seguito, nella costruzione della memorata torre, venne incastrata nel muro della medesima.

Ora dopo quanto di sopra abbiamo sì chiaramente dimostrato, non sapremmo come il padre Spotorno della congregazione de' Barnabiti potrà davvantaggio sostenere che i Romani col nome di *Mani* appellassero gli spiriti de' trapassati, e che il luogo in Albaro ove esisteva la nostra lapida fosse stato un sepolcreto, come avanzò nelle annotazioni alla seconda edizione degli Annali del Giustiniano (1), e nel Nuovo Giornale Ligustico (2). E neppure, speriamo, vorrà sostenere l'altra di lui strana idea, che il significato della lapida sia che in Albaro ove esisteva la stessa fossevi stata un'*ustrina*, cioè un luogo ove bruciavansi i cadaveri, come con apertissima discrepanza dal testo della lapida aggiunge nel memorato Nuovo Giornale Ligustico (3). A confutazione dell'una e dell'altra proposizione soltanto diremo: primo, che Seneca dice chiaramente, che i *Mani* erano Dei cui si prestava adorazione: « in ipsa Africani Scipionis villa iacens haec tibi scribo, adoratis Manibus eius » (Epist. LXXXVI); secondo, che l'espressione della lapida *Locus consacratus* esclude onninamente l'idea dell'*ustrina;* secondo la teologia gentilesca non essendo quella luogo sacro, nè luogo sotto tutela di alcuna loro Deità. Del resto, io porto opinione che il nostro marmo d'Albaro sia cosa pregievolissima e forse il più antico monumento della dominazione romana in Genova tuttora superstite.

PASQUALE ANTONIO SBERTOLI.

(1) De Christianae Ecclesiae politia, tom. 3, facc. 173 sino 191.
(2) Pelliccia cit.

(1) Genova MDCCCXXXIV presso Ferrando, tom. 1, facc. 531.
(2) Detto Giornale, serie seconda, vol 1, art. XLIX.
(3) Suddetto articolo XLIX.

ARMATA RUSSA

I.

Alle notizie che in alquanti numeri dell'anno scorso porgevansi dal Museo sullo stato delle truppe turche ed egiziane, non riuscirà forse discaro il veder qui tener dietro alcuni particolari, tratti da rinomato giornale tedesco, sull'armata russa, sull'armata del colosso che stende le gigantesche sue braccia dalle terre glaciali del polo fin presso alle rive del ridente Bosforo, su di un'armata, il cui organizzamento è regolato da affatto singolari principii che la distinguono da ogni altra d'Europa.

Proprio e principale carattere dell'esercito russo è la compatta unità delle eterogenee sue parti. La Russia che, composta di diversi e molteplici elementi, è pur tutta governata secondo una stessa ed unica forma, non soffre neppur distinzione di sorta nella milizia, rinchiude in un solo invariabile uniforme, tutti alla rinfusa, Cristiani, Giudei, Maomettani, Russi, Tedeschi, Polacchi, Letti, Tartari, Finnesi, Tsceremissi ecc., reclute insomma d'ogni genere e d'ogni nazione, e tutte, come a dire, le fonde e impasta entro lo stesso modello, dal quale escono esse poi quella sì unita e solida massa che è l'armata russa.

Le eccezioni a tal regola sono rare e poco rilevanti. E un'eccezione appunto era l'esercito polacco, che non faceva parte del russo propriamente detto prima dell'ultima rivoluzione. Quanto alle piccole divisioni di guardie in Pietroborgo, d'un ducento uomini Circassi e Tartari, appena è a tenersene conto, come nè anche delle poche truppe finora non *denomadizzate*, e non ancor sottoposte alla regolarità delle reclute, di Calmucchi, Baschiri e abitanti della Siberia, poichè se parte di essi ritiene tuttora forma di milizia nazionale, non pochi però di loro trovansi dispersi, come soldati russi nel corpo del grande esercito, a prestarvi il comune servigio. I Cosacchi poi non hannosi tanto a considerare come corpo nazionale distinto dalla rimanente armata, quanto un particolar genere di truppa che ne fa parte, giacchè fra quelli vien pure arruolata una moltitudine di non Cosacchi, Tartari, Circassi, Tedeschi ecc.

Il comando per l'intiero esercito è in lingua russa. Il linguaggio de' soldati fra di loro è pur russo, trovandovisi i veri Russi in numero oltremodo maggiore. Questo fa sì che i Tedeschi, i Polacchi, i Letti, i Calmucchi e i Finnesi nello spazio di que'25 anni (1) che dura il loro servizio, così perfettamente si spogliano del loro nazionale carattere, e vanno a poco a poco talmente *russificandosi* che fa proprio maraviglia, e in un vecchio soldato dell'armata russa appena è possibile di scorgere ancora una traccia della sua origine natia. Un Letta che abbia servito dieci anni nelle truppe russe, sarà senza fallo trasformato in Russo non solo quanto a'costumi e alle abitudini proprie dei Russi, fino ad identificarsi col viver loro, ma la sua fisonomia istessa, la voce, i gesti ne parranno come modellati su quella forma. Nè altrimenti è a dirsi dei Tartari, dei Finnesi ecc.

Gli Ebrei soli, di cui v'ha una gran quantità nelle armate russe (un 15,000 almeno) non possono mai rinnegare la loro origine, e a' loro incancellabili tratti, a' loro modi è pur sempre facilissimo il riconoscerli anche fra mezzo a una folla di genti le più svariate.

All'opposto di quanto usasi, ad esempio in Prussia, ove cercasi, il più che è possibile, di abilitare ogni membro dello stato alla difesa della patria, e di agevolare ad ogni soldato colla breve durata del servizio, il ritorno agli uffici di cittadino, in Russia tutti i provvedimenti militari mirano come a principale scopo e con ogni sforzo ad isolare la professione del soldato, a ridurlo nelle mani de'capi, quale materia cedevole ad ogni impressione. Il soldato russo nel così lungo spazio che gli tocca rimaner fra le truppe, dimenticata qualunque occupazione della vita civile, non è più altro che soldato. L'esser egli spesso sbalestrato dall' un capo all'altro di quelle sterminate regioni tanto fra loro dissimili, che in se abbraccia la Russia, vietandogli pressochè affatto, dacchè viene arruolato, ogni relazione co'suoi aderenti e compaesani, l' allontana per modo dalla società, ch' egli è ridotto a non cercare altro legame od appoggio che quello de'suoi fratelli d'armi.

Quinci deriva la particolare attitudine alla guerra dell'armata russa: a un mezzo milione d'uomini privi di genitori, di figli, di congiunti, che rinunziarono alla patria loro o a quanto di caro racchiude quel nome, non rimane più che seguire animosamente il vessillo che li precede, ovunque esso li guidi, come quello cui solo oramai rivolgonsi i loro desideri, le loro speranze. Nè pel soldato russo è maggior travaglio la guerra che la pace. Le continuo grandi e piccole riviste gli sono quasi altrettanto faticose che le battaglie, e spesso fu inteso a dire da ufficiali e soldati che più facea loro spavento una rivista che un combattimento. Incessanti marcie e contromarcie, lavori nelle fortezze e ne' canali tengonlo, come già il soldato romano, in perpetuo movimento: a lui la pace non impone che penosi doveri, cui egli scorge un termine nella guerra, la quale colle sue vicissitudini, colla probabilità ch' ella reca d'innalzamento di grado, d'un miglioramento di condizione, offresi al suo sguardo rivestita di rosei e seducenti colori. A ciò si aggiunga che l'essergli, durante la guerra, contata in danaro la paga giornaliera, che nella pace gli si distribuisce in carta, che è quanto dire il venirgli quadruplicata, è già pel soldato russo tale circostanza da fargliene nascere in cuore intenso desiderio.

Colle frequenti e immense riviste che da gran tempo hanno luogo in Russia, e a cui trovansi sempre raccolti parecchi migliaia d'uomini (solo a Pietroborgo ve ne stanno ogni estate a campo da 8,000 per cinque mesi) pervennero naturalmente le truppe russe ad acquistare tal grado di perizia e destrezza nelle evoluzioni, che è difficile il rinvenire in altre truppe solite a non radunarsi che in picciol numero.

Ma ai semplici esercizi e alle simulate battaglie, accoppia l'armata russa, quel che è più, l'esperienza della vera guerra. Mentre da 25 anni in qua, pressochè tutte le armate europee godono di profonda pace, i Russi soli trovansi continuamente alle prese colle vicine nazioni, ora coi Persiani, ora co' Turchi ed ora coi Polacchi; senza parlare di quella cecellente scuola che è pei soldati russi la eterna guerra del Caucaso. In cotal modo v'ha sempre una ben grossa parte dell'esercito esposta al fuoco nemico, ed è facile di agguerrire le intiere truppe, sottomettendole tutte di mano in mano a siffatta prova.

CAV. AVOGADRO.

MASSIME

Nel soldato debbesi soprattutto riguardare ai costumi, e che in lui sia onestà e vergogna, altrimenti si elegge un istrumento di scandalo e un principio di corruzione: perchè non sia alcuno che creda nell'educazione disonesta e nell'animo brutto, possa capire alcuna virtù che sia in alcuna parte laudevole.

MACCHIAVELLI.

(1) Par che ora trattisi di ridurre d'alcuni anni la durata del servizio militare.

ANACREONTE

Non vanno d'accordo i critici intorno il tempo in cui nacque Anacreonte. Il Corsini, il Larcher e il Jacobs, seguitando l'orme del Barnes, vorrebbero la sua nascita nel secondo anno della LV^{a} olimpiade; ma il Mustoxidi con buone ragioni è d'avviso che si debba anticiparla di circa cinque olimpiadi. La madre sua si chiamava Eetia; sul nome poi del padre differiscono le opinioni degli eruditi. Ciò solo che sappiamo si è che nacque in Teo, sotto il bel cielo di Jonia; e che quando fu espugnata da Arpago, generale di Ciro, l'anno terzo dell' olimpiade LIX^{a}, egli si rifugiò con altri Tèi in Abdera di Tracia. Sarebbe un perdere inutilmente il tempo, facendosi a discutere se Anacreonte si fermasse a lungo in Abdera; se fosse invitato dal tiranno Policrate a recarsi a Samo, o se vi andasse di sua volontà, trattovi dalla magnificenza e dalle largizioni di un principe, che volea con questi mezzi rendere meno odiosa la rapita libertà della patria. Anacreonte visse bensì giocondamente fra' clienti di Policrate, ed in assai credito fu tenuto dagli abitatori di un'isola, in cui per lunga stagione i versi del

Figliuolo e padre delle Muse, Omero

si cantavano dai fanciulli nelle feste di Apolline. Gli amabili piaceri, che rendevano cara la vita al teio cantore, furono soltanto interrotti allorchè Policrate, dopo aver tenuta per otto anni la signoria di Samo, fu per opera di Orete ucciso.

Dalla corte di Samo passò a quella d'Ipparco, cesso avendo agli inviti del figliuolo di Pisistrato. Dalla storia non si può raccogliere s'egli sia rimasto in Atene, come alcuni pensano, sino a che Ipparco fu percosso dai pugnali di Armodio e di Aristogitone. Pare bensì che le cose dei Tèi sendosi composte, avvicinandosi egli alla grave vecchiaia, e tócco anche dal desiderio di rivedere la patria, abbia fatto a quella ritorno, secondo apparisce da questi due versi di Simonide:

Anacreonte per le Muse eterno,
Della paterna Teo la tomba accolse.

Come consta sicuramente il tempo in cui è vissuto il poeta, così non si può con precisione fissare quello del cominciamento e del fine della sua vita, nè la qualità della sua morte.

Ai suoi amori con Saffo ricordati da Ermesianatte non si dee prestar fede, sendochè il poeta Colofonio finge poeticamente siffatte cose. A questi amori vi si oppone l'età in cui sono fioriti Anacreonte e Saffo, perchè questa viveva durante il regno di Aliatte, e Anacreonte mentre Ciro e Policrate tenevano la signoria. Ma di questi amori parlò per disteso il Mustoxidi, e molti argomenti mise in campo, da cui n'è dato sempre più di scorgere quanta incertezza ci sia intorno questo punto di storia.

Circa l'amore di Anacreonte per le donzelle, noi non asseriremo ch'ei l'abbia diviso dal diletto dei sensi, e che piacere o passione in lui questo chiamare non si possa: ma negheremo tutto ciò che di esagerato vennero alcuni narrando a scapito di Anacreonte; chi amasse poi di vedere discusso a lungo questo importante punto della vita di lui, legga le belle osservazioni del Mustoxidi, le quali ci paiono acconce assai a vendicare la memoria del teio vate.

Teo onorò il suo cittadino di pubblica tomba e di statua. Nè paga di ciò, la impresse nelle sue medaglie anche ai tempi romani (ved. Iconogr. del Visconti), mostrando essa pure dal canto suo, al dire del Mustoxidi, come i servi greci conservavano sempre in confronto dei loro signori il primato nel libero ed invitto dominio della letteratura.

Sembra che Anacreonte abbia composto cinque libri di poesie, le quali sono state raccolte a' suoi giorni, oppure risalgono ad una stagione di poco a lui posteriore, perciocchè veggiamo or l'uno or l'altro di essi citato dai grammatici. Ma il tempo gran parte ne tolse de' suoi tersissimi versi. La collezione che ci rimane fu compilata nel decimo secolo da Costantino Cefala, il quale ordinando per classi nella sua Antologia gli Epigrammi, vi ha posto una sessantina di piccioli componimenti intitolati: *Canzoni convivali di Anacreonte in semi-giambi*, e *Poesie anacreontiche*, e *Poesie di tre misure*; lo che prova ad evidenza ch'egli stesso non attribuiva tutti questi componimenti al cantore di Teo. La diversità pure del loro pregio, e quella dei dialetti in cui sono dettati, ne porgono nuovo argomento per asserire che sono scritti in diverse età. Non pertanto ci pare che una parte almeno di siffatte poesie abbia avuto per autore Anacreonte, per la qual cosa i posteri debbono saper grado al Cefala che abbia serbati illesi dalle ingiurie del tempo sì preziosi monumenti della greca letteratura. Se non che anche questi non ci sono giunti così perfetti da togliere qualsivoglia cagione di controversia ai critici, alcuni dei quali gli hanno tutti creduti fermamente di Anacreonte, ma molti altri vi hanno ravvisato, anzichè le vere grazie, una recente imitazione (ved. *G. B. Fischer, Pref. all'Anacr.*, ediz. di Lipsia 1793). Ma in tanta distanza di tempi ci vuole molta maestria e discrezione nel giudicare, per non ammettere con troppa agevolezza l'autorità degli antichi esemplari, o per non ispingere, affine di non comparire troppo sagaci, oltre il debito confine le sottigliezze.

Anacreonte non fu soltanto compositore di poesie erotiche, ma si esercitò inoltre in vari altri generi, come inni, elegie, epigrammi e giambi, servendosi sempre del dialetto ionico. Inventò anche molte canzoni per le mense, che *parenie* si domandavano e *scolii*, e traevano lor materia quando da Bacco, quando da Amore, e quando da amendue. Il genere per altro in cui primeggiò fu la poesia giocosa, per la quale adoperò un metro peculiare, chiamato dai grammatici *ionico maggiore*. Egli si può considerare come il modello di siffatta specie di componimento, che da lui ebbe poscia la denominazione.

Le caratteristiche di tal genere di poesie sono il candore, la naturalezza, la semplicità e le grazie; caratteristiche che hanno appunto reso Anacreonte caro e gradito non solo a'suoi contemporanei, ma ben anche ai posteri. A molti e molti poeti dopo di lui piacque di calcare le stesse sue orme; ma la leggerezza, la semplicità, la disinvoltura proprie della maniera di così leggiadro cantore, se furono sconosciute a quei che lo precedettero, non meno si resero inaccessibili alla maggior parte di quanti sino ai nostri giorni s'avvisarono d'imitarlo. Anacreonte è inspirato da una sincera giovialità e dal sentimento di una interna compiacenza, che si spande sempre con dolcezza. Le impressioni che riceve dagli oggetti che lo circondano non valgono mai a turbare il sereno della sua anima, ride e scherza colla medesima ingenuità d'un fanciullo. Allorchè accompagna col canto i concenti della sua lira, non intende di voler piacere o di celebrare qualche oggetto; canta perchè sente il bisogno di esprimere il suo sentimento. Le poesie di Anacreonte non ispiccano per invenzione; non vi si rinvengono allegorie fatte con arte, non giro di parole studiate; non allusioni occulte, a meno che non gli escano per avventura dal labbro quasi senza volerlo; nulla v'ha in somma di ridondante ne'suoi versi, i quali anzi scorrono facili, dilicati, dolci, senz'artifizio, senz'apparecchio. A dir breve, leggendo il nostro poeta si genera nell'animo quella medesima sensazione che altri prova ad un lieto crocchio ove albergano l'allegria e le grazie più ingenue.

Per quanto ne dice Ateneo (lib. x), la vita di Anacreonte fu scritta da Camaleonte Pontico, ma o è andata smarrita, o giace dimenticata nella polvere di qualche biblioteca. Molti moderni, fra i quali il Longepierre e la Dacier, per tacer di parecchi altri, spesero le loro cure intorno Anacreonte in guisa che pareva che nulla rimanesse in tale proposito da desiderare. Se non che surse nei tempi a noi vicini il Mustoxidi, che, guidato dal suo ingegno e dalla vasta sua erudizione, si fece a mostrare i vari abbagli in cui caddero i suoi precessori, traendo inoltre in mezzo alcune sue ingegnose osservazioni, condite con uno stile veramente attivo e caldo di patrio amore.

La prima edizione che diffuse le opere di Anacreonte fu quella di Enrico Stefano pubblicata unitamente ad Alceo e Saffo a Parigi nel 1554, in-8°. Illustrarono poi le odi Guglielmo Baxter, Giosuè Barnes, il Maittaire, il Pauw, il Brunk, il Fischer, il Moebius, il Boissonade, il Mehlhorn, ed una emendatissima edizione stereotipa ha dato in luce a Lipsia il Tauchnitz nel 1829.

Anacreonte ebbe traduttori nelle lingue latina, germanica, francese, inglese, spagnuola, belgica, ungara, svedese e greco-moderna. Ma quella in cui crediamo che le vere grazie possano essere rese meglio che in ogni altra, tranne la greco-moderna, si è l'italiana, e per la grande sua affinità con la ellenica, e per l'indole stessa della lingua più che mai atta ad esprimere l'altezza e la soavità della greca. Noi non ricorderemo la lunga serie dei traduttori italiani, chè non è questo il luogo; solo ci teniamo paghi di dire, che a preferenza di tutte si leggono le versioni di Saverio de'Rogati, del P. Giuseppe Maria Pagnini, di Giovanni Caselli, di Paolo Costa e di Giovanni Marchetti, i quali ultimi due vollero dividersi per metà il dolce incarico di traslatare le Odi di Anacreonte.

Prof. Tipaldo.

EPIGRAMMA

Il canarino

Quell'amabil canarino,
Mentre scrive il nostro Nino,
Col beccuccio va picchiando,
E sui fogli svolazzando,
Finchè cassa colle alette
Quelle tante cose inette
Ch'ei compone in verso e in prosa;
Che bestiola giudiziosa!

Zefirino Re.

NOTA SOPRA UN VERSO DI DANTE

Tutti sanno il vezzo dei predicatori italiani del quattrocento di citare dal pulpito e Dante e il Petrarca in confermazione di lor dottrine; il qual vezzo, se vuol essere dalla sacra critica condannato, mostra però che la letteratura sacra di que' tempi in tal rispetto avea la profana, da non poter passarsi di essa. Niuno per questa parte avanzò il fiorentino Paolo Attavanti, il quale non contento a citare di continuo nelle sue prediche i due nostri sommi poeti, prende altresì a chiosarli con tanta copia di dottrina e d'ingegno, da far credere ch'egli avesse lasciato inedito un comento di essi, quando questo comento si trova sparso nel suo quaresimale medesimo; il che fu acutamente avvertito dal Sassi nella sua Storia della Tipografia Milanese (a f. 210). Se non che questo vezzo di citar Dante e il Petrarca, se è cagione per l'una parte che si biasimi l'Attavanti, è cagione per l'altra che lo si conosca e il si legga; e ciò in grazia delle preziose varianti ch'egli arreca dell'uno e dell'altro poeta. S'accorse di queste varianti il bibliotecario padovano ab. Federici, e pubblicò quelle che concernono a Dante; stimando, e di ragione, che mercè di esse migliorar si possa in più luoghi la lezione della Divina Commedia. Ora io dal fascio di queste varianti ne cavo fuori una, che mi par bellissima, e dalla quale si potrà argomentare la importanza e la utilità delle altre.

Nel secondo cerchio, dove si castigano i lussuriosi, mette il poeta per prima la famosa Semiramide, di cui si legge:

Che succedette a Nino e fu sua sposa.

Confesso che questa circostanza mi è sempre paruta estranea al soggetto di questo canto; perocchè se Dante voleva mostrarci Semiramide *rotta* talmente *a vizio di lussuria, che libito fe' licito in sua legge*, perchè soggiungere: *Che succedette a Nino e fu sua sposa?* È forse un delitto, è forse una pruova di disonestà il succeder che fa la donna al marito che è morto? So che quel *succedette* potrebbe anche esser detto in senso ironico, alludendo al modo crudele e sleale con cui Semiramide, per testimonianza di Diodoro e di Plutarco, si disfece del marito e gli successe nel trono; ma allora Dante l'avria cacciata nella *Caina* fra' traditori de' propri parenti, e non già in questo cerchio, dove sono tormentati i lascivi.

Ma tutte queste difficoltà, che involge la lezione di quel verso sin qui ricevuta, svaniscono nella lezione dell'Attavanti, il quale reca quel verso così:

Che sugger dette a Nino e fu sua sposa.

Oh! questo fatto, sì, mette il suggello a quella rotta lascivia, di cui il poeta l'avea marchiata nel precedente terzetto; poichè in fatti non v'ha pruova maggior di libidine in una donna, nè più tristo esempio di dissolutezza in una reina, che il vivere in disonesti abbracciamenti con quel desso, a cui, come a proprio figliuolo, già diede il latte. E ciò appunto dichiarò l'Attavanti, appiccando a quel verso le seguenti parole, a modo di comento: *Quasi dicat: Illa est Semiramis luxuriosissima, quae habuit in virum Ninum, quem lactaverat, et ne homines obloquerentur de ea, fecit legem, ut omnibus liceret uxorari ad libitum.* Nè vale il dire, che quel matrimonio di Semiramide col proprio figliuolo, attestato già da Conone e da Giustino, fu rifiutato da Fozio al tempo antico, e da Freret a' giorni nostri, poichè basta al poeta anche una semplice tradizione, per fondar sovr'essa il proprio componimento; e però non dobbiamo maravigliarci, che da codesta tradizione abbia cavato l'Alighieri un solo verso, quando il Crébillon e il Voltaire cavaron da essa una intera tragedia.

Cav. P. A. Paravia.

UN EPISODIO DELLA VITA DI CARLO V.

Il signor Eugenio Rezza *ha quasi condotto a termine il volgarizzamento degli Annali di Genova dell'elegante ed infelice Bonfadio; volgarizzamento lodevole per fedeltà al testo e bontà di lingua. Perchè i leggitori del* Museo *ne abbiano un saggio, ne abbiamo spiccato un pezzo del lib.* II, *il quale descrivendo l'arrivo di* Carlo V *in Italia, la sua incoronazione a re de' Romani, e una disputa di* etichetta *insorta in quell'occasione, ci pare che non sia privo d'importanza e vaghezza.*

Carlo Cesare, il quale grandissime imprese contemplando, giorno e notte nell'aperta strada della gloria con tutto l'animo camminava, si era fermato a Barcellona, e là, oltre la splendida corte, di cui per la maestà dell'impero solea esser sempre accerchiato, molti chiarissimi personaggi de' primi della Spagna lo avean seguitato. E avendo stabilito di navigare alla volta d'Italia, avea comandato si chiamasse Andrea Doria, nella cui virtù e fortuna sommamente confidava. Pertanto il Doria, scelti dalla nobiltà di Genova quattrocento uomini, con quindici galee d'ogni cosa fornite, partì. Sarei certamente stolto, se lo splendor di quel giorno, di quell'adunanza, e l'insigne benevolenza con cui fu allora da Cesare accolto, volessi io a parole descrivere. Ognuno lo penserà seco stesso, e crederà essere stato quel giorno sommamente all'uno e all'altro gradito, e giocondissimo a tutti, sebbene non mancarono alcuni fra gli Spagnuoli, i quali non avendo colle loro dissuasioni potuto ottenere che Carlo in Italia non andasse, tentarono di venirne a capo con taciti consigli: pensasse bene a qual capitano, a quali uomini si affidasse; l'animo del Doria, il quale testè dal re dei Francesi erasi ritirato, in negozio sì grande giudicar come chiaro, esser cosa molto pericolosa. Il re stesso, ne' cui confini era d'uopo navigare, ansiosamente irato vegliare, e meditare in qual modo principalmente potesse l'offese sue vendicare: gran pericolo sovrastare dalla sua flotta, che prestissima si diceva avere a Marsiglia. Finalmente a nuove spiagge e genti, a nuovi luoghi e porti sconosciuti andando, ogni cosa dover egli attentamente guardare.

Queste cose ed altre di tal fatta, a timore e sospetto venendo a Cesare proposte, il primo di agosto per rimuovere dall'animo di tutti ogni dubbiezza e difficoltà di deliberazione, quasi solo salì sulla capitana, e sull'alta poppa col Doria parlando, a remi si avanzò alquanto in mare; e nello stesso giorno, veggendo esser il tempo acconcio per la navigazione, sciolse del porto, e quelli che alla partenza avea scelto, comandò che subito montassero sulle navi e lo seguissero. Dopo sette giorni approdò a Savona; colà gli furon mandate all'incontro otto persone, le quali a nome della repubblica de' Genovesi salutassero Cesare, e spontaneamente gli offerissero ogni cosa, che per consenso di tutta la città potesse alla maestà sua e a' suoi comodi servire. Questi furono Batista Lomellino, Franco Fieschi, Ansaldo Grimaldi, Agostino Pallavicino, Battista Spinola, Tommaso Doria, Agostino Usodimare e Bernardo Giustiniani. Entrando nel porto con grandissimi applausi, gli furon fatte d'ogni parte incredibili congratulazioni. Quinci passò in senato. Nell'entrare, in magnifico apparato di tutte cose, il doge, il senato, e gran folla di cittadini di tutti gli ordini lo ricevettero. La flotta con cui venne, era di trentuna galea, le navi che chiamano da trasporto, trentatrè; i soldati, che allora ebbe intorno a sè, circa quattromila. Tosto vennero a lui d'ogni parte ambasciadori, e gli fu dato principio all'accordo di molti negozi, e a tranquillare la condizione d'Italia: le quali cose cresciute da' consigli della concordia, non molto dopo, altre in Piacenza, altre in Bologna, per opera dello stesso Cesare, vennero a buon fine. Nell'udire le legazioni fu alquanto infelice la fortuna de' Fiorentini. Questi, dai tempi aiutati, avean introdotto nella città lo stato popolare, cacciatine quelli che a nome di Clemente sommo pontefice avean tenuto il comando, e dimandavano che quella civile maniera di vivere fosse loro lecito di ritenere. Ma Cesare alle loro dimande avea chiuse affatto le orecchie. Chè essendo stato da non poco dolore commosso per la tremenda calamità che a Roma avea portato Borbone, e desiderando come meglio potesse, di ristorare i danni del Pontefice, nei giorni scorsi avea al Legato di lui promesso che avrebbe restituito il Pontefice nel primiero stato. Si aggiugneva che per giustissime cagioni era a quella città nemico. Perchè ne avvenne, che dopo pochi mesi soffri, che dalle stesse sue truppe venisse Fiorenza espugnata e ridotta in poter di colui, dal quale prima per movimento di fortuna si eran sottratti. Cesare a' 25 di agosto partì da Genova, e a Piacenza e poco dipoi a Bologna n'andò..... Cesare era già arrivato a Bologna a Clemente sommo pontefice, e aspettava lettere di Germania per sapere che si stabilisse intorno all'elezione del re dei Romani. Questa cosa lo tenne per alquanti giorni in dubbia speranza sospeso ed incerto; ma come poi seppe che Ferdinando suo fratello era stato talmente da' voti di tutti favorito, che non era più a dubitare che non fosse egli eletto re, volle che dal Sommo Pontefice gli fosse posta la corona dell'impero romano. Ciò si fece nella chiesa di S. Petronio, a' 29 di febbraio. In sì grande solennità di tal giorno, a cui da tutte quasi le parti un po' conosciute d'Italia eran venute splendidissime ambascerie, a nome della Repubblica dei Genovesi, Franco Fieschi, Nicola Giustiniani andarono, e a questi fu aggiunto terzo legato Giovanni

Lercari, il quale pochi giorni innanzi per cagione di cose pubbliche gli avea preceduti.

Nella nobilissima contesa di costui non parmi da passar sotto silenzio un fatto bellissimo. Essendo Cesare per uscire della sala, nella quale si era indossato quelle vesti, delle quali adorno in quel sacro rito di ceremonie era necessario che si mostrasse, comandò che gli ambasciadori lo precedessero. E sembrando giusto che i Sanesi, siccome inferiori a' Genovesi, uscissero i primi, ciò audacemente ricusarono. Nata quindi da ambe le parti contesa, e il mastro di ceremonie giudicando quell'onore a' Sanesi, essendo egli ad essi più propenso, allora il Lercari disse e dimostrò: che il giudizio di costui avea piuttosto forza di benevolenza e di amicizia verso i Sanesi, che autorità d'uomo che giustamente giudica; aver egli rescritto da Cesare, per cui in questo stesso onore erano stati a' Ferraresi e ai Fiorentini anteposti; coi Sanesi non aver essi avuto alcuna contesa; perchè dovessero esser da meno stimati. Allora Cesare non veggendo modo acconcio da fornir quella contesa, il primo egli uscì, e i legati confusamente lo seguirono. Doveano essi dipoi ascendere nel sacro luogo del tempio, dove in alto soglio, e in nobilissima adunanza il Pontefice sedea. Essendo il Lercari colà entrato, e il legato Ferrarese impedendogli il passo, e natane contesa, il Pontefice sentenziò che il Ferrarese cedesse. Cedendo egli, ecco di nuovo un dei legati Sanesi si sforzava di mettersi in quel posto. Allora il Lercari superiore di luogo con animo e voce commossa lo avverte, che ciò che era d'altrui non pensasse a rapire; ma con audacia insopportabile colui al contrario schiamazzando e più alzandosi, gli caccia la mano al mento, e di leggieri lo sbalza. Essendosi accostato un altro, e con amendue le mani aggrappata la veste del Lercari, sforzandosi ad ogni modo di sbalzarlo, gli stracciò bensì la veste, ma gagliardamente percosso dal destro piede di lui che resisteva, indietro con grida viene spinto; così repressi amendue, avea fatto sì che i due vecchi che avea per colleghi quietamente sedessero; gridando gli avversari, Siena esser antichissima, sembrar cosa empia, se da quelli, a cui spesse volte era stato posto giogo di servitù, alcuna cosa alla dignità de'Sanesi si fosse detratta. A ciò egli rispose: Ben di rado aver veduto che le grandi città grandi mutazioni pure non abbian patito. I Genovesi certamente non essere stati da straniera forza soggettati, ma sì travagliati da civili discordie; il perchè se o dal re de'Francesi o da altri, que' che presiedesser alla città furon chiamati; essendo stati questi non signori, ma capitani, o d'alcuna fazione di cittadini propugnatori e difensori, ciò che della servitù avean rimproverato, esser falso. L'antichità poi non voler già egli togliere a Siena; ma se l'origine di tutte e due le città dai monumenti delle lettere vogliano conoscere, non aver punto a mettersi innanzi; se poi le imprese, se la gloria del nome, se il potere, e i meriti di tutte e due le città verso la Pontificia Sede volesser porre a confronto, conoscerebbon di leggieri non farsi loro dalla giustizia luogo, non che a controversia, neppure a dubbio; ed allora appunto, se Cesare era in Italia, se la corona ricevea del sommo impero, finalmente se in tal ordinanza e in tal luogo sedeano, doversene saper grado al favore e alla potenza dei Genovesi. Quel giorno fu certamente per lui gloriosissimo ed orrevolissimo, attribuendogli tutti a somma lode d'aver non solo colle mani e co' piedi frenato l'impeto degli avversari, ma eziandio a'loro argomenti con grave e tranquilla orazione risposto. Nondimeno gli avversari singolarmente confidavano nella grazia e nel favore di Giovanni Piccolomini, decano del sacro Collegio, il quale era presente. Vien riferita la cosa al Pontefice. Questi, perchè eran quelli ambasciadori a Cesare, a lui li rimise. Vien dunque riferito a Cesare, il quale in mezzo della chiesa si era fermato; decretò, che o la cosa fra loro aggiustassero, o di là sgombrassero; non potendosi in guisa alcuna accordare, i Sanesi primi andati alla volta di coloro che stavano in piedi, quivi si fermarono; i Genovesi a quella parte da cui poteano farsi più presso al Pontefice, si rivoltarono, dove furono sotto i suoi occhi. Allora il Lercari, così che tutti il sentissero: non sembrargli gran fatto cosa giusta, disse, se a' legati de' Genovesi non si fosse dato luogo presso il Pontefice. Da ciò commosso il Pontefice, accennò che si soffermassero, e perchè andassero a sedere, per comando di lui levatisi onorevolmente in piedi tutti che sedeano, fu loro dato luogo. Così al Lercari dal principio non il consiglio e la virtù, non la costanza dell'animo sino all'ultimo falli: i vecchi colleghi eziandio per giudizio di tutti riportaron lode, perchè al più giovine tutta la contesa lasciata aveano, e quasi che punto non fosse a dubitare su di ciò che si contendea, stettero sempre in silenzio, e colla stessa serenità costante di volto, la qual cosa sembrò alla dignità loro sommamente convenevole.

COSTUMI TURCHI. — SCHIAVITU' E SCHIAVI

Moderata od assoluta, mite o rigorosa, temporaria o perpetua, la schiavitù de'loro simili è cosa sempre indegna degli uomini, e disonora sconciamente quelle nazioni che la tollerano nel loro seno.

Premessa questa dichiarazione a scanso di equivoci, noi dobbiam dire per legge di verità, che sebbene la schiavitù esista tuttora in Turchia, questa schiavitù è però tutt'altra cosa che quella che tollerareno un tempo i Greci e i Romani, e non contiene in sè la millesima parte sola di quelle illustri vergogne. — Gli schiavi de' Turchi (*jessir*) o furono fatti prigionieri in guerra, o furono comprati da quelle nazioni che ne fanno commercio, e li recano all'estero, stivati entro le navi, come noi faremmo degli animali e delle cose insensate. — Questi sciagurati, staccati per lo più dal seno materno quando ancora non conoscevano il prezzo inestimabile di una madre, sono trattati, nel viaggio, con una durezza che passa l'immaginazione più barbara. Il giorno in cui toccano i paesi della Turchia, il momento in cui verranno esposti al mercato, epoche le quali sarebbero per noi momenti di morte, sono per essi momenti

di resurrezione e di vita. — I siti destinati a sì schifose contrattazioni, detti *jessir-pazar*, sono piazze piuttosto grandi, intorno alle quali gira un ordine non interrotto di botteghe, aventi sul davanti un seguito continuato di vòlti che difendono gli accorrenti dalla pioggia e dal sole. — Le donne più giovani e belle, nere, bianche, e di quante specie ve ne hanno, coperte di panni lindi ed eleganti, vengono poste entro alle botteghe, sopra una specie di banco, in modo da poterle vedere passando. Gli adulti, le brutte e le vecchie, esseri che fanno poca fortuna in tutti i paesi del mondo, siedono, per lo più, a gruppi in mezzo della piazza, frammisti agli schiavi di minor conto, o nudi, o vestiti di panni più poveri e vergognosi della nudità stessa. — Accorrono, frequentissimi, i compratori, e cercano, in quel gran mercato di umana carne, quell'uomo o quella donna che convenga a'bisogni loro. Le belle, soprattutto, hanno fitte e larghe corone di contemplatori, su le cui facce bramose non è difficile leggere talvolta la lotta interna del desiderio che gli spinge coll'avarizia che gli allontana. Ed è lecito ogni più minuto esame: al qual uopo è disposta una vicina stanza, munita di grate e di cortine, che non solleveremo per non offendere un sentimento dilicato, rare volte rispettato in que' siti. I grandi, distolti dalle cure o dalla ignavia, mandano chi cerchi e scelga per essi, e si faccia largo tra i meno ricchi colla prepotenza delle borse più colme. A quella gara benaugurosa i venditori si ringalluzzano e predicano e millantano ad alta voce i pregi e le qualità delle vezzose prigioniere, proprio, dobbiamo pur dirlo, come si farebbe da noi delle vacche o delle cavallo. E dalle disoneste parole passando ai disonesti fatti, le fanno o danzare, o camminare, od atteggiarsi vituperosamente, con istrazio indicibile dell'umanità e del pudore. Nè mancano, a colmo di obbrobrio, o i guardiani oltraggiosi che battono, o...... Ma nè il tempo, nè il cuore, nè la moderazione ci permettono di proseguire la descrizione di un quadro, ogni tratto del quale arreca una trafittura mortale al cuore dello spettatore. — Del resto, è giustizia il dire, che, fatta la compra, la condizione degli schiavi cessa tosto di essere cosi misera, perchè, meno il nome e l'obbligo di servire un padrone determinato, gli schiavi turchi sono senza più nè meno ciò che da noi sarebbe un domestico. Non è lecito il batterli, molto meno l'ucciderli, ed ove collo zelo, od altrimenti, incontrino il genio del compratore, essi ottengono prestamente non solo la libertà, ma spesso onori, ricchezze e cariche altissime. Quasi tutti i primari ufficiali della corte nacquero schiavi, e furono schiavi: imperciocchè non si unisce allo stato servile infamia, disonore, o disprezzo veruno. Le donne, fra gli altri, stanno benissimo, e differiscono in poco dalle padrone, colle quali dividono quasi sempre l'onore del toro.

CAV. BARATTA.

(Rondine nella sua grandezza naturale)

LA SALANGANA

Egli è così che chiamansi, nelle Indie Orientali, i nidi mangiativi di una specie di rondinella più piccola del reatino. Essa non ha più di tre pollici di lunghezza, ed è bruna al basso, colla punta della coda bianca. Trovasi in tutte le Indie, il Giappone e le isole Filippine. Questi nidi, si celebri e si riccamente pagati, giungono oggidì in notevole quantità in Inghilterra, e spargonsi, di là, in tutta quanta l'Europa. La forma loro quella è di una conchiglia divisa, attaccata, dal lato suo dritto, contro gli scogli. Una o due linee sono tutta la spessezza del nido. Ha l'apparenza ed il lucido della gomma. È inoltre fragile come il vetro, e tanto migliore, quanto è più chiaro e più bianco. Certi fili, il cui complesso forma una guisa di rete, traversanlo in ogni senso. Le chimiche ricerche provarono ch'esso è composto di una materia media tra la mucosità e la gelatina. Bonzio fu il primo medico e naturalista che ce ne abbia dato esatte notizie, sono ora due secoli. Egli spiega che nella primavera arrivano, dall' interno del paese, piccole rondinelle use ad intrattenersi vicino alle sponde del mare, ove rinvengono, al lembo dell'acqua, una materia gommosa che serve loro per farsi il nido. I Cinesi cercano con avidità questi nidi e ne recano un numero sterminato sui mercati delle Indie, ove mangiansi preparati con una salsa di pollo e di montone. Questo cibo è considerato come una squisitezza che supera ogni altra gastronomica delizia.

Secondo Beckmann, i nidi più gustosi trovansi nell' isola di Borneo. Se prestasi fede a Kampfer, esiste nel Giappone una specie di seppia, la quale acquista un tale volume, che due forti uomini bastano appena a portarla. Avanti di mangiarla essa è fatta per qualche tempo macerare in una soluzione di allume, che rendela tanto trasparente e gustosa quanto i nidi. Egli afferma che certi pescatori cinesi lo accertarono, tali nidi altro non essere in sostanza che la carne stessa di siffatta seppia: ma fra quante informazioni a noi giunsero, quelle di Rumph sono le più particolarizzate. Narraci cotesto viaggiatore che sulla sponda del mare delle Indie osservasi, sotto l'acqua e su gli scogli, una pianticella a cui, per la sua forma, venne dato nome di *pianta marina corallaria*. Essa ha tre o quattro pollici di altezza, e dividesi in quattro o cinque ramoscelli arrotondati, della grossezza di un piccolo filo di paglia, i quali dividonsi quindi, a posta loro, in una infinità d'altri ramoscelli minori. Questa pianta è molle, cartilaginosa, semitrasparente, liscia e sdrucciolevole, per guisa che difficile si è lo strapparla. Il suo colore è bianco, misto a qualche macchia rossiccia. Quella immersa più profondamente nell'acqua, è di un bruno carico, come la gomma, e può mangiarsi cruda. Non rinviensi, però, che dopo un tempo piovoso, in agosto e settembre. Poco dopo tal epoca, viene rigettata dal mare, si dissecca, nè restane quasi traccia veruna. Gli indigeni ne fanno raccolta per cibarsene.

Credesi che si è di piante siffatte che servesi la nostra rondinella pella costruzione del suo nido. Altri, ed il signor Oken è del numero, non dividono siffatta sentenza. Poichè, dice egli, il nido in discorso dividesi in due parti: nell'esterno, altro non iscorgesi che piccoli gusci ed alga che l' uccello trova sulle sponde del mare e sui tronchi degli alberi; mentre che, invece, l'interno consta di una sostanza totalmente diversa: dessa è che mangiasi dopo aver rigettato l'esterno, ed averlo fatto seccare al vento. Osservossi che qualunque sia la distanza che questi piccoli uccelli hanno a percorrere per trasferirsi alla riva del mare, essi sempre vi si recano per cercarvi la materia onde compongonsi il nido. Sulla costa d'Amboine, la pianta di cui parlammo trovasi, in certe epoche, in grande quantità; i nidi delle rondinelle di mare che vi soggiornano sono bensì più grandi, ma non buoni per mangiare. Mentre che a Java, ove i nidi mangiativi sono in quantità grandissima, questa pianta punto non esiste; osservazione la quale tende a provare che non è dessa quella che somministra gli indagati materiali di costruzione. Osservossi del pari che i nidi fatti di recente sono sì gommosi, che le piccole ova rimangonvi aderenti, e non hanno quel gusto salso che è naturale a tal pianta.

Notasi pure che non in tutti i paesi i nidi fatti da tali uccelli riescono buoni a mangiare. Così, per esempio, sulla costa meridionale dell'isola di Homa trovansi veramente certi scogli che ne sono tappezzati, e sembrano veri alveari: ma tali nidi, che hanno sempre la forma ovale, sono composti di sabbia e di legno, nè hanno, per conseguenza, pregio veruno, mentre che quelli che sono costrutti sugli scogli a mezzodì di Java, di Madura, di Pali, come pure quelli di Borneo, Celeb, sulla costa di Siam, di Cambodja, di Cochinchina, fino alle isole di Macassari, sono eccellenti, e vengono spediti in pacchi di cento venticinque libbre di peso. Quelli di Java e di Siam sono i migliori: quelli dell'isola di Siau e di Sangi sono più solidi e meno bianchi.

Credesi che si mandino annualmente, da Batavia soltanto, fino a mille balle di nidi (1,000 *pikuls* ciasenno, 125 libbre) provenienti tutti dalla Cochinchina e dalle isole vicine. Ogni nido pesa un'oncia. Sarebbero, per conseguenza, 125,000 libbre, e quattro milioni di nidi. Se si contino cinque uccelli ogni nido, hannosi venti milioni. Egli è sorprendente che una specie d'uccelli sì numerosa rimanesse tanto tempo ignorata. Homè, in Inghilterra, fece ricerche anatomiche per sapere se la materia di costruzione derivasse dalle operazioni interne dell' uccello stesso. Egli trovò che le glandule del mesenterio di questi piccoli uccelli erano moltissimo sviluppate, e divise in molte parti che crede essere la sede della secrezione di tale materia. È il lusso, spesso bizzarro, dei Cinesi, che contribuì più di tutto a rendere tali nidi oggetto di vastissima esportazione. Rinvengonsi in Java moltissime cavità piene di nidi, sebbene il luogo disti, talvolta, cinquanta leghe inglesi dal mare. Secondo Crawfurt, i migliori sono quelli estratti dal fondo di tali cavità, e che vennero colti nell'istante in cui l'uccello cova, poichè egli è allora ch'essi sono più bianchi. La raccolta de'nidi fassi due volte all'anno da persona, usa, per lunga pratica, a tal genere di esercizio: visto che i nidi trovansi quasi sempre attaccati alle pareti di altissimi e ripidi scogli, contro al cui piede il mare viene a frangersi furiosamente.

L'autore aggiunge che a Canton il prezzo di un *pikul* è di 3,500 piastre spagnuole, e che nella Cina, la miglior qualità vendesi a peso d'argento.

Da E. Jacquemin.

LA LIBERAZIONE DI UN OSSESSO OPERATA DA GESU' CRISTO

ESTRATTO DAL 2° CANTO DEL MESSIA, POEMA DI A. KLOPSTOCK

Traduzione inedita del cav. Andrea Maffei

. . . .
Fra gli aerei palmeti e torreggianti
Sulle basse colline, i cui riflessi
Rami la nebbia del mattin vestia
Di fiocchi candidissimi e lucenti,
Scese l' Uom-Dio dall'Oliveto. All'ombra
Che bruna bruna discorrea da' boschi,
Vide posar l'angelico custode
Del suo Giovanni. Raffael (tal era
Della beata creatura il nome)
S'accostò riverente. Una soave
Aura con mossa dall' etereo labbro
Al solo orecchio di Gesù recava
La segreta armonia di quella voce.
Vieni, o diletto, con un pio riguardo
Disse il Figlio divino, al fianco mio
Vieni, t'appressa inosservato. Oh, come,
Come nelle notturne ore vegliasti
L'alma del mio Giovanni? i suoi pensieri
Furono, o Serafino, a' tuoi conformi?
Ed ora ove si aggira? — Io lo vegliai,
Come sian usi di vegliar le sante
Alme de' tuoi fedeli; allegri sogni,
Cari sogni di te nella sua mente
Discesero, o Divino. Oh se veduto,
Se veduto lo avessi allor che lieto
Fu quel dormente delle tue sembianze!
Un sorriso d'aprile era il suo volto.
Io vidi il bello ed innocente Adamo
Fra le rose dormir del paradiso,
Vagheggiar lo vid' io ne' suoi beati
Sogni della futura Eva l'imago,
Mentre Dio creator gli balenava
Nell'acceso intelletto, e pur non era
Del tuo Giovanni più leggiadro Adamo.
Or fra l'ombre s'aggira e la solenne
Mestizia degli avelli. Il giovinetto
Ivi piange un meschino a cui dà guerra
La rabbia di Satanno; un infelice
Nella polve convolto e spaventoso
Di mortal pallidezza. O Redentore!
Vieni, vieni a veder come s'affligga,
E di quanta pietade è affettuosa
L'alma del tuo Giovanni, e tutta avvampi
E si strugga d'amor sulla sventura
D'un suo fratello. Tremolar negli occhi
Io pur la stilla del dolor m' intesi;
Ma da quell'ira mi staccai. L'affanno
Che travaglia gli spirti, a cui prepari
La tua felice eternità, mi scende
Come strale di foco a mezzo il core.
Qui l'angelo fe' posa, e l'Increato
Gli occhi al ciel sollevando: ah, m'odi, o Padre,
(Infiammato prorruppe) e fa che sia
L'avversario dell'uom vittima eterna
Del tuo giudizio. Il ciel lo vegga e tutto
N'esulti il ciel, lo veggano gli abissi,
D'onta, di rabbia e di terror compresi.
Disse e le tombe avvicinò. Nel monte,
Là dove il tergo all'aquilon presenta,
S'aprono quelle tombe: aperti fianchi
D'ammucchiati macigni: una foresta
Fitta d'ombre e di sterpi ai passaggeri
Ne contrasta l'ingresso e lo nasconde.
Quando in Gerusalemme il sol meriggia,
Ivi un barlume di nascente aurora
Fende appena la notte e ti circonda
Di freddo raccapriccio e di tristezza.
Samma (tal era dell'ossesso il nome)
Abbracciato all'avel d'un suo minore
Prediletto fanciullo, in un letargo
Affannoso giacea. La breve calma
Concedeagli Satàn, perchè gli artigli
Spiegar più sanguinosi in lui potesse.
Chiuso in muto dolore accanto al sasso
Dell' ucciso fanciullo egli giacea;
E presso a lui, di lagrime sulfuso,
Stava il suo primonato a Dio pregando.
La madre (incauta madre!) avea pur dianzi
Nella dimora sepolcral guidato
Quel compianto dal padre e dal fratello.
Lo avea, com mossa dalle sue preghiere,
Al forsennato genitor condotto,
Cui la febbre infernale ardea le vene.
« Ah padre mio! » quel tenero innocente
Balbettò nel vederlo, e dalla madre
Sfuggì che dietro con terror gli corse.
« M' apri, o padre, le braccia »; e la scarnata

Mano stringendo al cor la si premea.
Afferrò quel deliro il bambinetto,
Mentre in atto d'amore accarezzando
Lo venia colle mani e col sorriso,
Lo rotò, lo percosse al duro scoglio
Degli opposti macigni. Il tenerello
Capo si franse e biancheggiàr le pietre
Delle peste cervella. Un lieve suono
Mise il candido spirto e l'ali aperse,
E Samma or lo rimpiange, e brancolando
L'avel che le dilette ossa gli chiude,
Disperato lamenta: «O mio Benoni, *
O mio povero figlio!» e dalle cave
Degli occhi il pianto ne trabocca e spegne
Lentamente la luce. — In queste angosce
Ravvolgealo Satanno, allor che scese
Nel funereo soggiorno il Redentore.
Joël, l'altro fanciullo, alzò le ciglia
Che nel padre fisava, ed accostarsi
Vide il soccorso fra le tombe. «O padre,
Gridò fra la letizia e lo stupore,
Mira! a noi s'avvicina il gran Profeta!»
Sbigottì l'infernale e dall'aperta
Sogguardò d'un avel come sogguarda
L'incredulo atterrito allor che freme
Per lo ciel la tempesta e rumorosi
Solcano i plaustri-del-Signor la nube.
Con flagel temperato incrudelia
L'avversario sin qui nella sua preda.
Dal tumulo profondo il maladetto
Lente pene inviava. Alfin rizzossi
Circonfuso di morte e di spavento,
E s'avventò sull'infelice. Un balzo
Fe' costui dal terreno e poi giù cadde
Senza vigor. Risorse, ed a fatica
Colla morte lottando, il sommo ascese
D'una ruina; e là nel tuo cospetto,
Signor dell'universo, alla scogliosa
Roccia quel fiero sgretolar lo volle;
Ma tu v'eri, o Divino, e la veloce
Ala del tuo favore il piè ritenne
Della morente crëatura tua.
Corrucciossi il dimòn, chè pur lontana
La dia presenza ne sentì. Ma gli occhi
Volse a Samma l'Eterno, ed una forza
Recondita, vitale in lui trasfuse,
E quel novo redento allor conobbe
Il suo liberator: nelle sembianze
Livide e già scomposte, il primo aspetto
Tornò; mosse un lamento e le pupille
Lagrimando dirotto al ciel converse,
E volea favellar, ma la favella,
Irrigidita di letizia, uscia
Balba e confusa dalle labbra, ed egli
Soccorrea colle ciglia e colle braccia
Tese dalla sua rupe al Redentore;

* Figlio del dolore.

Come quando all'incerta alma del saggio
Che di sua bella eternità dispera,
E tutta impaurisce e raccapriccia,
Al pensier del suo nulla, una compagna
Si ravvicina di miglior consiglio,
Un'alma securissima ed allora
Di quel santo avvenir che la promessa
Del Signor ne fa certo, e la consola.
Rallegrasi la mesta e dalla notte
Dell'angoscia e del dubbio alfin si toglie;
Alfin rifatta d'immortal natura
Gode, esulta, trionfa. — Al cor di Samma
Così la face del Signor disceso.
E l'Eterno si volse, e con potente
Voce al nemico favellò: Chi sei,
Malvagio spirto, che nel mio cospetto
A queste umane crëature insulti
Che redimere io voglio? — Ed un orrendo
Cupo ululato ne seguì: Satanno
Son io, re della terra, arbitro e nume
Di quei liberi, invitti, audaci spirti
Che destino, o profeta, ad una impresa
Miglior che le servili opre non sono
De' siderei cantori. Il nome tuo,
La tua fama, o mortal (chè non potea
Nascere d'una donna un figlio eterno)
Penetrâr nell'abisso, e dall'abisso
(Vanne pur baldanzoso!) uscir mi piacque
Per desio di vederti, o da celesti
Schiavi predetto Salvator del mondo.
Ma solo un uom mortale, un sognatore
Fantastico di numi in te conobbi,
Pari a que' tanti che mandò sotterra
La mia valida morte; e più non feci
Di queste nuove deità pensiero.
Pur dall'ozio abborrendo il braccio mio,
Come tu vedi, esercitar mi giova
Nell'uomo a te diletto. In quel sembiante
Nota la morte, ancella mia. — Ne'vasti
Miei dominii or ritorno; il mar, la terra
M'apriranno il cammino, e coll'impulso
Del potente mio piè la terra e il mare
Sconvolgerò. Gli eserciti infernali
Mi vedranno in trionfo. Or, me lontano,
Provati! imprendi quanto sai, chè tosto
Riverrò difensor di quest'antica
Mia regale conquista. E tu qui muori,
Abbominato!... In questo dir si vibra
Come turbine a Samma; e quella occulta
Virtù che dai sereni occhi movea
Del taciturno Redentor, conforme
All'arcana del Padre onnipotenza
Quando silenzioso ai mondi accenna
Che debbano perir, la procellosa
Ira precorse, l'infernal si fugge,
Ed obblia d'agitar nella sua fuga
Col potente suo piè la terra e il mare.
. . . .

ARMATA RUSSA

II
IL SOLDATO

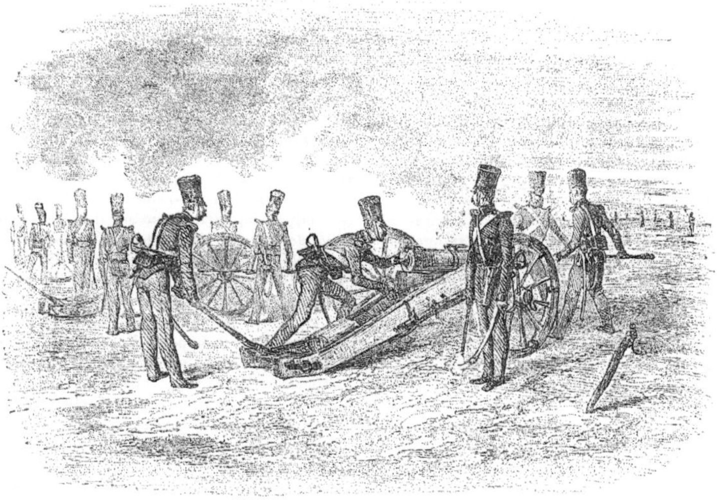

Moltissima somiglianza ha il soldato russo coll'antico romano, ambidue soggetti a strettissima disciplina, ambidue gravati da penosissimo servizio: al secondo però sorrideva fra i travagli della guerra la libertà del trionfo che vi aveva a succedere, mentre pel primo non v'ha pensiero che lo consoli sotto il peso delle fatiche che gli tocca sopportare. La disciplina nell'armata russa è sì inesorabilmente severa, che un soldato non ha momento libero da sollecitudini e timori. «Noi, diceva uno di questi, non siamo « mai affatto tranquilli, e anche non conscii di « alcuna mancanza, la paura del comparire innanzi « ad un uffiziale ci angustia come se ci credessimo « veramente colpevoli».

La punizione, che ad ogni istante li minaccia, pende loro sul capo continuamente come la spada di Damocle. Il vedere un soldato russo al cospetto del suo uffiziale è il più maraviglioso spettacolo che mirar si possa di timore e subordinazione da una parte, e di imperiosi modi dall'altra. L'uffiziale non parla che ad alte, brevi e spiccate voci; il soldato non risponde quasi mai altro che le due sillabe « *sluschu sluschu* » (obbedisco), ripetute ad ogni frase dell'uffiziale: « Ivan !» — Ivan si fa innanzi, e fermasi ritto come una colonna, le braccia pendenti lungo il corpo, lo sguardo immobilmente fisso sulle pupille dell'uffiziale: «Ivan, prendi questa lettera!» — « Sluschu!»; « e portala al colonnello ». — «Sluschu! » « ma sii spedito e ritorna in un'ora ». — « Sluschu ». « Odi tu, lesto, spedito! » — « Sluschu ». «Se entro un'ora non sei di ritorno, te ne farò punire ». — « Sluschu ».

Ai soldati russi gli uffiziali paiono cosa tanto al disopra di loro, che le dimostrazioni d'onore che essi loro rendono, s'appressano quasi alla divinizzazione. — Al passare che fanno innanzi ad un uffiziale, devono non solo trarsi il cappello, ma soffermarsi ancora e far fronte: il che per le frequentatissime vie di Pietroborgo è al loro cammino non picciol ritardo. Nè solo allo scorgere ancora di lontano assai un uffiziale hanno a togliersi il cappello, ma lo stesso è lor prescritto di fare, capitando innanzi ad una casa dove abita un uffiziale, e non prima cessano dall'andar così dimessi e a capo scoperto, trovisi o no in casa l'uffiziale, che siansi di colà buon tratto dilungati.

Gli uffiziali sono tenuti a rispondere del ben esseree del cattivo stato, della sanità e della vita, dei delitti come delle negligenze e sbadataggini dei soldati sottoposti ai loro comandi, fino a dover prestare per essi anche *levissimam culpam*, come se, ad esempio, avvenisse ad un soldato che correndo sul ghiaccio e rottoglisi questo sotto de'piedi, vi perdesse la vita: il che al capitano della compagnia sarebbe già argomento di demerito ed impedimento al suo crescere di grado. Per tal cagione è pur forza che gli uffiziali trattino i loro subalterni con maggior impero, e che tanto più stretta ne sia la sorveglianza e tanto più severi i castighi di cui usano per frenarli ed ovviare ai disordini.

Sarebbe tuttavia un non conoscere gli uomini, e gli uomini russi massimamente, il voler dedurre dall' anzidetto che l'uffiziale e il soldato russo non siano uniti che pei vincoli del timore e dello spavento, o che dalle loro relazioni sia sbandito ogni tratto di amorevolezza. Nulla è più falso. In Russia i superiori non solo sono tenuti, ma come padri amati ed onorati: reciprocamente però questi portano grande affezione ai loro dipendenti, e l'uffiziale non s' indirizza mai ai soldati altro che col nome di *figli miei*. Le punizioni stesse che assai frequenti vengono regalate dai capi ai soldati, non valgono per nulla a scemare o spegnere la buona intelligenza che passa fra di loro. Nelle marcie l' uffiziale, benchè a dir vero o a cavallo o entro un calesse, non si scosta mai da'suoi soldati, i quali dal loro canto il circondano e gli si stringono attorno con mostre di piacere e d' affetto. La libertà che si arrogavano i soldati romani all'occasione de' trionfi, in cui faceansi ad intuonare canti di scherno sui loro generali, permettonsela altresì i Russi quasi ad ogni tratto, nè è raro lo scorgere un uffiziale russo in mezzo ad una folla di soldati che con ogni genere di pantomima e di buffonesco gesticolare si prendono di lui le più comiche beffe. V'hanno altresì in uso presso i soldati cotali svariati giuochi, cui gli stessi uffiziali vengono senza complimenti invitati a pigliar parte, cosa che a noi potrebbe parer ridicola e ripugnante all' alta idea che ci formiamo della serietà e del potere di un uffiziale russo. Ma questo flessibile popolo ben sa congiungere ed armonizzare i sentimenti in apparenza più opposti verso la stessa persona, espansiva confidenza e illimitato rispetto, amor filiale e timor di soggetto.

Quanto tranquilla e aborrente dalla guerra appare in generale a casa sua la popolazione russa, tanto più valorosa e risoluta si appalesa nel combattere. Come volontieri i Russi, ove loro si permetta, mostransi indolenti ed amanti dei loro agi, così del pari astretti dalla necessità s'irrigidiscono e durano pazientemente contro ogni genere di travagli e privazioni. Neanche la traccia è in loro di resistenza ai comandi, e dovunque abbiano ordine di stare, colà staranno immobili, inconcussi come alberi, fino a lasciarsi fare in pezzi sul posto loro affidato: e nemmen ridotto agli estremi sarà a temersi che il soldato russo non pensi innanzi tutto a compire con ogni esattezza il suo dovere. *Ferma!* grida la voce del comando, e le squadre russe s'arrestano e non v' ha bomba che le possa scompigliare o disperdere; *Avanti!* e non v'è palla che li ritenga dall'innoltrare. Nessun meccanismo cede con tanta facilità al più leggiero impulso, quanto l' armata russa: e se è vero che la maggior lode che dar si possa ad un esercito sia quella di somigliare, tuttochè composto di elementi vivi e pensanti, ad una macchina, senza propria volontà, e moventesi solo agli altrui cenni, la corona senza dubbio è a decretarsi alle truppe russe. *Prikas* (comando) è la potente magica parola che anima ed accende il soldato russo, che lo spinge in mezzo al fuoco e alle acque, contro cui e'non conosce nè soffre opposizione di sorta. Domandisi ad un corpo di soldati perchè stiasene così tranquillo e senza ombra di occupazione in sull'angolo d'una via: *Noi sappiamo*, risponderanno pacatamente, *tale è il comando*. Il campo di marte a Pietroborgo viene solitamente fatto innaffiare, le mattine di gran rivista, per abbatterne la polvere. Un giorno che una ventina d' uomini stavano, in forza del *prikas*, occupati in tale bisogna, prese a cadere sì copiosa pioggia, che rese naturalmente in poco d'ora affatto superflue le loro fatiche: non fu però che ciò li distogliesse dal continuare alacremente colla più violenta pioggia sulle spalle nel comandato innaffiamento, per la semplice ragione, che il *prikas* non era stato rivocato.

È maravigliosa la destrezza, la capacità del soldato russo ad ogni cosa cui lo si applichi. Come se fosse di cera, e'riceve le più varie forme che gli si impongano e ne ritiene sempre l'impronta. Un soldato russo è un foglio bianco: si dà mano ad un pezzo di creta, gli si scrive dietro alle spalle, *soldato di fanteria, di cavalleria, trombetta*, e dentro lo spazio non maggiore di sei settimane egli riesce senza fallo quanto fu di lui destinato. Raccolte appena le reclute, gli uffiziali componenti un consiglio per ciò stabilito fannosi a scegliere in prima tutti gli uomini di più bella ed alta persona per la guardia di Pietroborgo, poscia fra i rigettati dalla prima scelta traggonsene ancora dagli uffiziali di artiglieria e cavalleria quelli che paiono aver per tali corpi maggiore attitudine. Quel che rimane destinato alla fanteria, viene in guisa distribuito che cento, per esempio, hanno ad essere soldati ordinari, il 101 un tamburo, il 102 un trombetta, il 103 un piffero, il 104 un suonator di corno e così innanzi. Eseguitasi cotal partizione ed esaminato soltanto se ciascuno dei prescelti abbia, secondo richiedesi, o tutte le dieci dita ben costrutte, o i denti ordinati, o la bocca non mal conformata ecc., non si fa più altro, senza per nulla impacciarsi dell' inclinazione del soldato, che mettergli fra le mani lo strumento che gli è toccato come in sorte, e in cui egli dovrà poi fra breve segnalare la sua abilità.

In Pietroborgo, ove è sì gran moltitudine di soldati,

questi ad onta de' loro numerosi obblighi militari, trovano ancora modo di esercitare in que' ritagli di tempo che loro rimangono, le enciclopediche facoltà onde sono forniti, coll'attendere a servizi e mestieri d'ogni maniera, e trasformati in veri protei veggonsi chi qua, chi là dispersi addossarsi cento diverse occupazioni, ora di servitori, ora di governanti di fanciulli, quali in uffizio di corriere, quali di portinai nelle biblioteche, nelle borse, nei *clubs* ecc.; oggi imbacuccati di nero, una fiaccola alla mano, ad accompagnare con mesto contegno una funebre pompa, domani in abito di livrea sfavillante di colori fra l'esultanza d'un corteggio di nozze. Utilissimi e universali ausiliari per ogni occorrenza sono a Pietroborgo i soldati. Spesso anche nelle ore d'ozio, lavorano per loro conto chi da sarto e chi da calzolaio. Molti ancora si aguzzano l'ingegno in parecchie invenzioni, industriandosi in lavorietti di legno, come sarebbero molini, carri, casette, barche e altri cotali balocchi per ragazzi, di cui veggonsi poi fare spaccio andando attorno per le vie di Pietroborgo.

Le molteplici ed eccellenti doti del soldato russo, la sua docilità non mai recalcitrante, l'infaticabile sua attività, il suo valore, è naturale che gli procaccino amore e benevolenza presso ogni classe della società russa, benevolenza che giugne quasi ad una singolare predilezione. Negli altri paesi d'Europa non si fa maggior attenzione ad un soldato che passi per via che ad una qualunque altra persona. Non così in Russia, ove anche fra le alte classi e nel sesso femminile istesso domina una particolar propensione all'uniforme e al soldato. Un semplice soldato, non che un uffiziale, vien colà seguito dell'occhio, osservato, censurato nell'abito che indossa, nella sua andatura, nel suo contegno; e se la sua persona trova grazia presso i suoi osservatori o le sue osservatrici, lo si fa chiamare, e mentre e'vien fatto oggetto di ammirazione e di entusiasmo, si va interrogandolo sul reggimento cui appartiene, d'onde nativo, di quale età, quanto abbia servito, se siasi trovato a Parigi, ad Adrianopoli ecc. ecc.; e il soldato cui siffatti esami son cosa tanto frequente e ordinaria, ha per lo più belle e preparate le risposte a queste ed altre cotali curiose domande. Le stesse giovani dame di Pietroborgo non lasciano sfuggire inosservato un solo uniforme, e tanto è acuto ed esercitato l'occhio che elle hanno a scernere e rilevare le più leggiere imperfezioni ed inesattezze nell'esterno d'un soldato, quanto appena l'avrebbe un uffiziale della guardia di Pietroborgo.

Non è però che in complesso l'aspetto del soldato russo sia punto splendido e fiorente. Gli stenti, le fatiche stannogli dipinte sulle magre e pallide guancio in guisa che e' pare proprio di razza diversa da quella del coltivatore russo, la cui faccia è esilarata da certa aria di ben essere, di sanità, di contentezza, che rallegra al sol vederla. È una compassione il mirare nelle lunghe marcie quella povera gente trascinarsi curvi sotto il pesante carico, profondando nella neve, o avvolti in turbine di polvere, senza spesso aver altro a bere che acqua di stagni o neve fusa, e per cibo qualche tozzo di pane secco da ammollarvi dentro. Altri uomini che i Russi non reggerebbero forse a cotal vita. Però è vero che poca cosa basta poi a far loro dimenticare ogni affanno e patimento. È uso presso i benefici possessori di terre russi di accogliere e trattare con alcune picciole delicatezze le truppe che capitano di passaggio pei loro beni, distribuendo a ciascuno dei soldati un sorso d'acquavite, un pezzo di pane con una aringa o simili. Deposto ch'essi hanno per breve spazio il loro grave bagaglio e sentitisi dal cibo e dalla bevanda rianimare le forze, rapida si spande su tutti i volti l'ilarità e la gioia. Raccolti in vari gruppi, gli uni dannosi a cantare, in onore del loro ospite liberale, belle benchè rozze canzoni di guerra; altri vanno intrecciando la danza nazionale, che lor rammenta la lontana patria. Così obliano per poco la stanchezza del fatto viaggio e il tratto di cammino che resta loro a percorrere prima di sera, finchè, al tuonar della voce imperiosa del capitano, corrono tutti a dar mano alle armi, a ripigliar nelle file il primiero ordine della marcia, e traggono innanzi facendo risuonare ben lungi le campagne de'loro canti marziali.

Cav. Avogadro.

CENNI DI GEOGRAFIA GENERALE

N° 1° — Del genere umano secondo la diversità delle religioni

(Continuazione e fine dell'art. I. Ved. N° 24)

La Chiesa Luterana così domandasi da Lutero suo fondatore. Domina nelle monarchie Prussiana, Danese e Norvegio-Svedese, nei regni di Annover, di Sassonia e di Würtemberg, ed in altri stati della confederazione Germanica; nelle province Baltiche dell'impero Russo. Annovera pure molti seguaci nei paesi ungheresi ed in altre contrade dell'impero d'Austria, come pure in vari stati della confederazione Anglo-Americana e nelle colonie Danesi e Svedesi.

La Chiesa Calvinista, così detta da Calvino suo fondatore. Quasi tutto l'attual regno dei Paesi Bassi, i cantoni svizzeri di Berna, Zurigo, Vaud, Basilea (città e contado), Appenzell esterno e Ginevra, il ducato di Nassau, i principati di Anhalt, di Lippe, l'Assia Elettorale professano questa religione. I *Calvinisti* trovansi in numero alquanto grande nei dipartimenti del Gard, dell'Ardèche, della Drôme, del Lot-et-Garonne, ecc. ecc. in Francia; nei paesi ungheresi, nell'impero d'Austria e nella confederazione Anglo-Americana, come pure nelle colonie inglesi ed olandesi. Ve ne sono pur molti nella monarchia Prussiana. Le famiglie regnanti in quest'ultima e nella monarchia Neerlandese professano i dogmi del calvinismo.

In Iscozia ed in Inghilterra, nelle colonie inglesi e nella confederazione Anglo-Americana, i Calvinisti dividonsi in vari rami di cui i primari sono:

I *Presbiteriani*, retti pegli affari ecclesiastici da una specie di potere aristocratico, residente nei sinodi.

Gl'*Indipendenti* ovvero *Congregazionalisti*, che rifiutano l'autorità dei sinodi, e fra i quali ogni comunità esercita da sè il potere ecclesiastico.

Ai nostri giorni in vari stati la fusione delle due *chiese*, *Luterana e Calvinista*, in una sola sotto il nome di Chiesa Evangelica. Cotale unione si fece nel ducato di Nassau nel 1817, e poscia a Parigi, a Francoforte sul Meno, in quasi tutta la monarchia Prussiana, in buona parte del regno di Baviera, nel granducato di Baden ed Assia, nell'Assia Elettorale, nel ducato di Anhalt-Berneburg, nel principato di Waldeck ed in altre parti della Germania.

La Chiesa Anglicana, detta anche Episcopale. È questa la chiesa superiore stabilita in Inghilterra ai tempi della regina Elisabetta. I suoi fedeli formano la maggior parte della popolazione dell'Inghilterra, ed una frazione alquanto ragguardevole di quella dell' Irlanda e della confederazione Anglo-Americana. Nelle colonie inglesi gli Anglicani sono quasi in ogni dove i più numerosi fra i Cristiani che vi stanziano.

Le chiese ossiano sette di cui più sotto annoverano un minor numero di seguaci, benchè dalla fine del secolo 18° in qua abbiano fatto progressi assai ragguardevoli nella monarchia Inglese e nella confederazione Anglo-Americana; massime la *chiesa dei Metodisti* e quella dei *Battisti*.

I Mennoniti ossiano Battisti dipendono dai troppo celebri *Anabattisti*, di cui rigettano i delitti e perfino il nome. I paesi ove trovansi in maggior numero sono: la confederazione Anglo-Americana, ove stimasi che formino quasi un sesto della popolazione; vengono poscia il Regno Unito (monarchia Inglese in Europa), quello dei Paesi Bassi, le provincie meridionali dell'impero Russo, ed i governi di Danzik e Marienwerder nella monarchia Prussiana.

I Metodisti sono assai numerosi nella monarchia Inglese e nella confederazione Anglo-Americana; hanno floridi stabilimenti nell'India, a Ceylan e quasi all'estremo confine dell'Oceania nell'arcipelago di Havaii (Sandwich).

I Fratelli Moravi, detti anche Herrnhuters da *Herrnhut*, piccola città del regno di Sassonia, ove ha sede il loro collegio-direttore; vennero pur chiamati *Quakers della Germania*, a cagione della loro analogia in molti punti coi Quakers. Benchè in iscarso numero, sono sparsi in tutte le parti del mondo. Rinvengonsi nel Groenland e nel Labrador in America, a Tranquebar nell'India, nella colonia del Capo di Buona Speranza all'estremo confine dell'Africa, nelle Antille, nella Pennsilvania, e nella Carolina Meridionale negli Stati Uniti (confederazione Anglo-Americana).

I Quakers, detti anche Tremanti. Tra sè chiamansi Amici. Rinvengonsi specialmente in Inghilterra e nella confederazione Anglo-Americana, massimo nella Pennsilvania, ove sono in maggior numero.

Gli Unitari, detti ancora Anti-Trinitari e Sozziniani da *Lellio Sozzini*, fondatore di questa setta. Il maggior numero vive in Transilvania nell'impero d'Austria; havvene pure in Russia, nella monarchia Prussiana, in Olanda, in Inghilterra e negli Stati Uniti.

ISLAMISMO ossia MAOMETTANISMO

Maometto è il fondatore di questa religione, che tolse dai Giudei e dai Cristiani parte delle loro credenze. Tutti i dogmi ed i riti dei seguaci di questa religione, detti *Musulmani* e *Maomettani*, contengonsi nel *Coran*. Questo libro essendo scritto nella lingua dell'Arabia, patria di Maometto, l'arabo divenne la lingua sacra dei Turchi, dei Persiani e di tutte le nazioni musulmane. I tempii dei Maomettani diconsi *moschee*.

Le principali sette dell'islamismo sono:

I Sonniti, dominanti nell'impero Ottomano, nei paesi vassalli in Africa, nell'impero di Marocco, nell' Algeria ed altri paesi dell'Africa, nell' Arabia, nel Turkestan ed in altre parti dell'Asia e nella Malesia (isola dell' Oceano Indiano). I Sonniti annoverano molti seguaci fra le tribù di razza turca che stanziano nell'impero Russo ed in Persia.

Gli Sciiti dominano in Persia ed hanno buon numero di seguaci nell'India ed in altre parti dell'Asia. Si considerano come rami di questa setta i *Nosairi*, i *Motuali* e i *Drusi* che vivono fra i monti del Libano in Siria.

Due altre sette meno numerose d'assai, ma ragguardevoli per la parte ch'ebbero nelle cose musulmane, vogliono esser nominate, quelle cioè dei *Yezidi* e dei *Vahhabiti*.

I Yezidi occupano le montagne vicine alla città di Singur nel bascialiaggio di Bagdad; i loro dogmi sono un miscuglio di varie religioni.

I Vahhabiti ebbero origine in Arabia circa la metà del secolo 18° e vennero così detti da *Abd-Aloahhab* loro fondatore. Manifestando l'intenzione di scacciare dall'Arabia tutti i popoli stranieri alla penisola, ebbero dapprima per seguaci quasi tutti gli Arabi e fecero grandi conquiste; ma dopo le sconfitte toccate da Mohamed-Ali, vicerè d'Egitto, vennero costretti a ritirarsi nei loro deserti.

Adriano Balbi.

UNA NUOVA OPERA DI CARLO BOTTA

(Rada di Monterey nella California)

La comparsa di una nuova opera di Carlo Botta è caso sì lieto e importante per quanti hanno in pregio la gentile favella italiana che noi crediamo satisfare ad universale desiderio, esponendo in brevi righe l'origine, l'indole ed il modo dell'opera stessa, onde nulla resti nascosto intorno a questo interessante argomento, e l'autenticità ed i pregi dell'annunciato lavoro trovinsi, in pari tempo, lucidamente chiariti.

Rio-Rio, re delle isole Sandwich, mosso da semplice curiosità, o forse da interessate mire, venne, correndo l'anno 1824, in Inghilterra, ove stanti le strane fogge di quelle remotissime contrade, diventò ben presto oggetto della pubblica attenzione, e tema di tutti i discorsi. Ciò fece sì che i commercianti rivolgessero più particolarmente lo sguardo alle isole suddette, e, considerati i vantaggi che potrebbero trarsi stringendo con esse legami di traffico, divisassero avviare colà, per primo esperimento, alquante navi nostrane. Ma questo pensiero che molti seppero concepire, e nessuno ebbe il coraggio od i mezzi di mandare ad effetto, fu poi avviato a compimento dai signori Javal, Martin Laffitte e Giacomo Laffitte, i quali, impiegando nobilmente l'ampia loro fortuna nel favoreggiare un tentativo che prometteva al nazionale commercio felicissimi risultamenti, acquistarono nuovi titoli alla stima ed alla riconoscenza dei propri concittadini.

Soscrittosi adunque in Parigi uno speciale accordo tra detti signori e certo S. R. sedicente plenipotenziario dei sovrani delle Isole (accordo in cui promettevansi alle navi francesi rilevantissimi privilegi ed agevolezze), fu deciso che la prima spedizione tenterebbesi dall'*Eroe*, grossa e stupenda nave da carico espressamente comperata in Bordeaux, ed al cui governo fu preposto A. Duhaut-Cilly, capitano di lungo corso, cavaliere della legion d'onore, membro dell'accademia d'industria manifatturiera, agricola e commerciale di Parigi ecc. ecc. ecc., persona attissima, per ogni titolo, a compiere lodevolmente una sì importante missione, destinata a far epoca ne' fasti marinareschi europei.

Nè i lieti presagi andarono punto falliti. Imperocchè spiegate egli le vele il 1° aprile 1826, non solo solcò felicemente i vasti e difficili mari interposti, ma esplorate peritamente le terre, i cieli e le acque percorse, tornò, dopo tre anni di circumnavigazione, ricco di preziosissime osservazioni e notizie, le quali riescirono a grande suo onore, e crebbero non poca luce alla scienza.

Senonchè volle un destino amico, che la gloria di questa nobilissima impresa non fosse, in tutto, gloria straniera, e che ad un nostro Italiano spettasse parte di quell'alloro che cinse la fronte del prode Francese. Paolo Emilio Botta, figlio dell'illustre storico, trascelto dal Duhaut-Cilly a medico della spedizione, benemeritò, infatti, altamente dalla spedizione stessa, e mentre otteneva da un lato, con sapere e vigilanza veramente meravigliosa, che intera e florida si serbasse, tra mille pericoli, la salute degli individui alla sua custodia affidati, raccoglieva, dall' altro, tanto tesoro di naturali rarità, tanta copia di geografiche e scientifiche nozioni, che il Duhaut-Cilly ebbe a dargli pubbliche e solenni testimonianze della propria riconoscenza.

Frutto di due colti e generosissimi spiriti, stretti insieme dal vincolo della più affettuosa benevolenza, il Viaggio intorno al globo del signor Duhaut-Cilly pubblicato, poco dopo il ritorno, in lingua francese, venne accolto e salutato in Francia da unanimi e distintissimi applausi, e prese, così, orrevole posto tra le più accreditate relazioni di circumnavigazione in addietro venute in luce. Ma le onorevoli fatiche del giovane Botta, espresse con parole che non erano quelle della sua patria, non trovavano in Italia quell'eco di lode cui pure avevano dritto, e rimanevano, fra noi, pressochè intieramente ignorate.

Egli è in tale condizione di cose che Carlo Botta concepì l'affettuoso pensiero di voltare in italiano il curioso e dilettevolissimo Viaggio del quale è discorso. Quali considerazioni a ciò lo muovessero, giova appararlo dalla sua lettera che abbiamo sott' occhio autografa, e che riferiamo qui ad ornamento del nostro giornale.

Mio caro e buon figliuolo Scipione,

Io so quanto tu sei amoroso pe'tuoi buoni fratelli, e con quanti caldi augurj, specialmente, accompagnasti il tuo fratello Paolo Emilio nel suo Viaggio intorno il Globo *sulla nave di commercio l'*Eroe*, governata dal capitano Duhaut-Cilly. Tu sai che questo peritissimo navigatore diede alle stampe il suo Viaggio in cui fa frequente e sempre onorata menzione del nostro Paolo Emilio. Ora io andai considerando, che se la mia età e l'infermità da cui non è disgiunta, non consentono più ch' io conduca con nervo opere di prima invenzione, io poteva ajutarmi con qualche traduzione, massime se si trattasse di un argomento che per la natura sua grato e lusinghiero mi fosse. E quale più grato e più lusinghiero a me poteva essere di quello in cui il mio Paolo Emilio ebbe così gran parte? Sallo il Museo di storia naturale della Sorbona in Parigi, il quale molte preziose cose da lui portate da quei lontani lidi gelosamente conserva. Sallo il capitano Duhaut-Cilly stesso, il quale riconosce la prospera salute de' suoi marinari in così lungo corso dalle attente e dotte cure di Paolo Emilio. Parvemi adunque ben fare, stante che le traduzioni sono l'appoggio della mente dei vecchi, come il bastone lo è del loro corpo, se in italiano voltassi il Viaggio del sig. Duhaut-Cilly. Opera pia, come padre, mi parve, opera utilissima e per nautica e per commercio e per istoria naturale a chi va navigando in quelle regioni tanto strane e tanto diverse dalle nostre. La California massimamente e le Missioni spagnuole che vi sono, e l'isole Sandwich e Cantone in China vi sono con somma diligenza descritte. Nè voglio omettere i preziosi ammaestramenti che il capitano Duhaut-Cilly dà per girare senza pericolo il terribile Capo Horn. Tu sai, mio buon Scipione, che Paolo Emilio s'incontrò, tanto sulla costa di California quanto a Cantone, in parecchi bastimenti genovesi; e certamente il volgarizzamento del Viaggio del signor Duhaut-Cilly può essere di non poca utilità a quegli arditi e franchi navigatori: ho posto molto studio nel trasportare dal francese nell'italiano i termini di nautica, cosa che portava con sè qualche difficoltà.*

Accetta dunque in buon grado, mio buon Scipione, questa nuova fatica del tuo vecchio padre, e fa che, qualunque abbia ad essere il suo destino, ella sia sempre conservata fra le memorie della nostra mansueta e benevola famiglia.

Parigi, 2 marzo 1837

Il tuo padre
Carlo Botta.

Questi concisi e rapidi cenni, che presentammo avvertitamente spogli d'ogni rettorico fiore, onde i nostri lettori formassero il loro giudicio su la cosa stessa, anzichè sulle nostre parole, addimostrano con piena evidenza quanto sia il valore e la singolarità della produzione che siamo orgogliosi di annunciar primi all'Italia, e che esce ora in luce coi tipi del valoroso Fontana.

Egli è, cioè, manifesto, che nel libro in discorso avranno i lettori:

1° L'accurata e conscenziosa narrazione di uno de'più memorabili viaggi che mai venissero da uomo tentati sul mare;

2° La minuta e fedele descrizione di terre, città e costumi, distantissime dalle nostre idee, e di cui non aveansi in passato, che incerti e nebulosi racconti;

3° Un lusinghiero documento che onora il cuore e la mente del giovane Botta, e rivendica, all'Italia, parte di quella gloria che derivò alla Francia dalla avventurosa peregrinazione dell'*Eroe*;

4° Un testo inedito di Carlo Botta, cioè a dire del primo prosatore italiano de'nostri tempi; testo tanto più prezioso e singolare in quanto che riempie, può dirsi, una molesta lacuna esistente nella nostra lingua, aggirandosi intorno a cose tecniche e speciali, i cui nomi o mai non erano caduti sotto la penna di autorevoli scrittori, o per l'infrequenza dell'uso andavansene da lunga pezza perduti e dimenticati. Aggiungasi che il Botta fu spinto a por mano a questa sua estrema fatica dalla voce di quel paterno affetto che sempre parlò vivissimo entro il suo cuore; e che destinavala ad essere suggello e quasi complemento della gloriosissima letteraria carriera da esso percorsa. Perlocchè non è a dire quanto studio ei mettesse onde renderla, per ogni rispetto, accurata e degna di lui, sì che il tramonto del suo grand'astro bene corrispondesse allo splendore della compiuta giornata.

Un'opera che ogni Italiano tenero della patria gloria saluterà con vero entusiasmo, un'opera che può dirsi l'addio di Carlo Botta a quelle lettere di cui fu lungh' anni sostegno e ornamento, dovea essere presentata al pubblico con nobile eleganza di forme, ed anche a ciò provvide l'instancabile Fontana, curando a che l'edizione adeguasse per ogni verso la solennità del lavoro in discorso. Al quale effetto oltre la carta, i caratteri, e tutte le altre squisitezze consimili, adornavala eziandio di quattro incisioni eseguite su i disegni presi dal vero, e rappresentanti i luoghi più singolari visitati in quella strana peregrinazione.

Quanta poi sia l'abbondanza delle svariate e curiosissime materie svolte in questo lavoro, nulla può meglio mostrarlo che il sommario stesso de'capitoli, che il Fontana ha posto in calce dell'apposito manifesto d'associazione. Apparirà, di leggieri, da esso come il Viaggio del Duhaut-Cilly lungi dal peccare di quella noiosa aridezza che rincresce, spesso, nei racconti delle marine perlustrazioni, abbondi anzi di peregrini episodi, per cui bassene diletto insieme o istruzione. Del che volendo noi dare alcun saggio, abbiamo trascelta la pittura di una certa strana maniera di lotta tra il toro e l'orso, che il Duhaut-Cilly osservò nella California, e l'appiccammo qui su la fine, certi di averne grado da' nostri lettori. Anche il rame posto in fronte al presente articolo è estratto dall'opera suddetta e raffigura la rada di Canterey, nella California, luogo ove il dottissimo viaggiatore ebbe lungo spazio a fermarsi.

Cav. Baratta.

L'opera sarà composta di fascicoli 12 di 8 fogli, in-8°, al prezzo di 1 franco ciascuno. Ogni quindicina se ne distribuirà un fascicolo.

LOTTA DEL TORO COLL'ORSO NELLA CALIFORNIA

S'affacciò in quel giorno a noi uno spettacolo nuovo. I soldati del presidio, avendo preso un orso vivo, vennero ad offerirmelo, e ne feci acquisto per qualche piastra, col proposito di vedere un combattimento mortale fra di questo animale ed un toro che mi procurai egualmente. Menati l'uno e l'altro sulla piazza del presidio, furono attaccati insieme con una lunga corda di cuoio, la quale non li teneva stretti tanto che non avessero la libertà de' loro movimenti: quindi li lasciarono in preda a tutta la loro ferocità.

Tale spettacolo aveva luogo all'uscir della messa, il numero degli assistenti era grande. Allorquando i due combattenti giunsero sul mezzo della piazza, il toro non attendendo sulle prime all'orso, cominciò a correre contra coloro che gli stavano intorno, ma sentendosi ben tosto ritenuto per la gamba, si rivoltò vivamente contra il nemico più formidabile, ed alla prima cornata il mandò a terra. Disgraziatamente l'orso aveva avuto una gamba rotta nel suo primo abbattimento coi soldati, e non poteva usare tutta la sua prodigiosa forza. Non ostante azzannò il toro al collo e fecelo mugghiare orrendamente. Questa ferita avendo aggiunto nuovo furore al suo furore, prese del campo, e si slanciò poscia qual fulmine contro la fiera, la quale in pochi minuti orribilmente passata da più ferite restò morta sulla piazza: ma la battaglia sarebbe stata almeno dubbiosa se l'orso stato fosse per lo innanzi meno maltrattato.

Vidi altre volte simili battaglie fra di questi animali, ma con evento tutto diverso. Sul principio di sì fatti incontri, il toro aveva sempre il vantaggio, ma quando qualche morsura profonda o la fatica del combattere l'obbligavano a tirar fuori la lingua, l'orso non ometteva mai di afferrarlo per quella sensitiva parte e di piantarvi sino all'intimo le sue terribili unghie, nè mai quel funesto serrame, qualunque fossero i divincolamenti dell'avversario, rallentava.

Il toro vinto, inabile a far altro che orrendamente mugghiare, straziato da ogni parte, stramazzava consunto di forze, ed esausto di sangue moriva: a questo modo quel feroce animale spaventa le mandrie dell'alta California.

Per mezzo del laccio, i cavalieri del paese se ne rendono padroni. Questo laccio in uso in tutte le possessioni spagnuole delle due Americhe, è una corda di cuoio grossa come il dito mignolo, e lunga da 15 a 20 braccia. L'una delle due estremità è fortemente raccomandata all'arcione della sella e l'altra è terminata da un nodo corsoio.

Per tutt'altri che per que'svelti cavalieri, una tale arma sarebbe di perfetta inutilità, in mano di loro è potentissima e terribile. Sonsene veduti di quelli che in parecchi incontri bravarono la lancia e la baionetta delle soldatesche regolari. Quei che guerreggiarono in Buenos-Aires incussero tanto terrore ai soldati inglesi, che s'impadronirono per un momento di quella città nel 1809, e niuno di quei soldati s'ardiva più allontanarsi dal quartiere, sapendo bene che se soprappreso fosse da un gaucho (1), e se nel tirare il suo colpo di fucile sbagliasse, le altre sue armi potuto non avrebbero salvarlo da una morte tormentosa.

Allor quando uno di questi uomini vuol far uso del suo laccio contro un uomo o contro un animale, il tiene aggomitolato in mano, passa galoppando a quindici passi del suo nemico, e nel medesimo tempo il fatal laccio gira come si fa d'una fionda sopra il capo, quindi colto il momento favorevole lo dispiega, e con tanta spigliatezza lo lancia, che non mai gli sfalla di legare pel collo o pel corpo o per le gambe l'individuo cui minaccia, e cui subito strascina velocissimamente alla coda del suo cavallo per terra.

In California tre o quattro cavalieri muniti dei loro lacci hanno per diletto di andare ad affrontarsi con un orso. L'adescano con carne morta e taciti lo aspettano. Se l'orso si mette in difesa e scagliarsi vuole contra un di loro, il momento è favorevole agli altri onde allacciarlo per di dietro. Se fugge, il che più spesso accade, il cavaliere che miglior cavallo ha, si ingegna di attraversargli la strada per obbligarlo a combattere.

Il primo laccio che lo accalappia, non gli lascia più altra libertà che quella di scagliarsi contro colui che l'ha allacciato. Ma gli altri sopraggiungono e gettangli facilmente i loro lacci; tendongli allora in verso contrario e tengonlo fermo, mentre un di loro scende da cavallo e le quattro branche gli lega.

(1) Tale nome si dà a quei delle campagne della Plata.

Pongonlo poscia sur un cuoio di bue, e così traggonlo ove vogliono. Per altra guisa ancor più pronta e meno pericolosa questi animali distruggono. Fra due rami d'un albero, innalzano un paleo da essi detto trapista, a dieci o dodici piedi sopra il suolo, e parecchi uomini armati di fucili carichi di due palle vi si appiattano. A venti passi dell'albero giace un cavallo morto da parecchi giorni, il di cui putridume comincia a putire. Gli orsi che hanno l'odorato, secondo che dicono, molto acuto, sono tirati da molto lungi, e quando arrivano, sono l'uno dopo l'altro agevolmente ammazzati dai cacciatori.

Il padre Viader (presidente della Missione di Santa Clara) uomo savio e veridico, mi affermò averne esso stesso in tale maniera morti un centinaio. Altri usano di cavare un trabocchetto cui coprono con una forte stuoia di frasche, vi mettono su alcuna carne atta ad allettare gli orsi. Il cacciatore si rannicchia dentro il trabocchetto, gli orsi vengono, ed il cacciatore colla lancia e col fucile li ammazza.

Adoperano adunque i Californiesi il laccio quale arma offensiva, ma se ne servono ancor più frequentemente per condurre le torme dei muli, dei cavalli e delle bestie cornute. A questo modo appunto li stramazzano o per ammazzarli, o per notarli col marchio, o per castrarli. Senza l'aiuto di quest'arma, impossibil cosa sarebbe di far servire questi animali, poichè in libertà vivendo in vaste campagne, sono quasi egualmente selvaggi che se alcun padrone non avessero. Una grave imprudenza sarebbe per noi altri Europei, e cattivi cavalieri, il traversare a cavallo quelle campagne coperte d'innumerevoli mandrie, senza essere accompagnati da uomini del paese che hanno imparato a conoscere di lungi i tori i più feroci, ed all'uopo saprebbero, o allacciandoli o molestandoli, salvarci dal loro furore.

CARLO BOTTA
(*Opera succitata*).

DOCUMENTI DANTESCHI

Vi occorse egli mai di vedere tal uomo, che dispettoso e superbo per la sua condizione, a pena è che degni di un guardo il tapinello che ha la mala ventura di capitargli dinanzi? Ma ponete che costui abbia che fare con taluno, il quale per divizie o potenza valga un tantolin più di lui, e vi so dire che non v'avrà atto umile e vile, a cui non si pieghi quella sua insolente alterezza. Dante sel sapea più che ogni altro; e però egli vi descrive (Parad. XVI) quella *oltracotata schiatta*, la quale è peggio di un drago contra l'infelice e l'oppresso che è costretto a fuggire, ma divien mansueta e piacevole come un agnello verso *chi mostra il dente o ver la borsa*; ciò è a dire verso coloro, da'quali può temere o sperare qual cosa.

Il savio non s'adira mai; questa è massima della buona filosofia. Ma quanto è biasimevole l'ira, altrettanto è laudabil lo sdegno, quando è mosso in noi dal laido aspetto de' tristi. Dante nel suo misterioso viaggio ricevè mille segni di amore dal suo maestro; ma quando fu che Virgilio lo abbracciò e baciò teneramente, benedicendo alla donna che lo avea partorito? Ciò avvenne pure una volta, quando lo vide indegnato contra quella mala lana di Filippo Argenti (Inf. c. VIII); nè con altro titolo allora il chiamò, che con quello di *alma sdegnosa*, quasi che in quella parola *sdegnosa* tutte volesse restringere le virtù e le lodi di Dante.

Cav. P. A. PARAVIA.

STORIA PATRIA

*Progressi della libertà comunale ai tempi d'*Amedeo v. — *Ordini in materia di finanze.* — *Miniere.* — *Arti.* — *Un concittadino e contemporaneo di Giotto al servizio de' conti di Savoia.*

Da quel funesto esercizio d'odii e di rabbia, da quell'ordinato sistema di distruzione che si chiama guerra, rivolgiamo gli occhi a quegli atti che costituiscono la vera missione de'principi. Raccontiamo come contribuisse Amedeo v ai progressi sociali; come togliesse od alleggerisse i ceppi al popolo; come studiasse a renderlo migliore e più ricco, stimando sua propria ricchezza la ricchezza de'sudditi. Perchè se la guerra è sovente necessità e triste necessità, questo è sempre virtù.

Non falliva Amedeo v all'esempio de'suoi antenati, ed anche ai piccoli villaggi consentiva il beneficio della libertà e quello d'un governo comunale.

Ugine era già libera. Nel 1287 Amedeo iv fondò presso a Conflans nel luogo ove sorgeva uno spedale di S. Giovanni di Gerusalemme una villa franca, privilegiandola come Ugine delle solite libertà e del mercato (1). Ora l'Hôpital e Conflans riunite hanno preso nome d'Albertville. S. Giorgio d'Esperanche nel 1291, Chatelard en Bauges e Côte de St-Andrè nel 1301 ottennero simil mente carte di franchezza (2). Nella carta di Chatelard si leggono queste belle parole: *Se un ricco contende con un povero, il comune debbe dar consiglio al povero.* E queste altre improntate di semplicità: *se il Conte verrà nella terra sia ricevuto con gran festa e chi vorrà servirlo senza mercede, lo serva.* Due anni dopo rallegrò con ugual privilegio i borghèsi di Tournon (3). Più tardi St-Branchier e St-Laurent du Pont, Morgex e Etroubles (5).

Fra le disposizioni di quest'ultima franchezza si legge che tutti i borghesi, inchiusi i chierici ed i cappellani, debbono contribuir nelle spese come vogliono ragione e consuetudine; e che dalla guardia notturna sieno esenti i soli sacerdoti ed i cavalieri. Si statuiva ancora che ai viaggiatori si facesse pronto giudicio, sicchè non ne rimanessero ritardati (6).

Passo le altre disposizioni di queste carte di franchezza le quali somigliano alle molte da noi già esposte, e noto invece come l'esempio del sovrano facesse penetrare il lume di libertà ne'monti più alpestri e nelle valli più lontane e solitarie del ducato d'Aosta, ove chi n'avea dominio, cominciava a comprendere quanto sia più vantaggioso al signore aver sudditi liberi ed agiati, che miserabili e schiavi.

La valle di Cogne soggetta al vescovo d'Aosta era già stata affrancata; ma vi durava tuttavia l'usanza che respingea le femmine dalla successione de' loro genitori. Nel 1273 Umberto ii della casa di Villette donò alle figlie privilegio di poter succedere in mancanza de'maschi; colla condizione di non alienare i beni a persone che non abitassero entro il confine della valle di Cogne.

Cinque anni dopo, il vescovo Simone, detto il buono, rivocò certe nuove usanze di cui moveano i Valcognesi alti richiami (1).

Gli uomini di St-Remy contribuivano nelle taglie e nelle cavalcate del Conte di Savoia, ma erano fedeli dei signori della Torre d'Etroubles e d'Avise: nel 1283 incaricarono Guglielmo della Torre, Domicello, di porre in iscritti le vecchie usanze. Divideansi quegli abitanti in due classi, borghesi e marroni. Chiamavansi di questo nome le guide che conduceano i viaggiatori ai passi pericolosi del Gran S. Bernardo detto allora Montegiove, e del Moncenisio.

Le usanze messe allora in iscritto dichiaravano il diritto che aveano i signori di tenere i placiti generali tra l'Ognissanti e il S. Martino, la forma di chiamarvi i borghesi ed i marroni, le tasse che si pagavano: provvedeano ai casi di pericolo o di morte de'forestieri; soprattutto tendeano a far sì che ciascun albergatore per tormo avesse forestieri, e ciascun marrone una condotta, che chiamavano in loro vernacolo *syouda*.

Due cose solamente accenneremo di queste usanze. L'una era l'obbligo imposto a chiunque vendesse carne, formaggio o pane, di far credenza per otto dì se gli si offeriva un pegno che valesse un terzo di più che la roba venduta. E per quindici dì quando si vendea vino. La gran rarità del danaro, massime nelle terre alpine, era causa che si facessero tali provvisioni, perchè non accadesse che chi avea roba e non danaro e non potesse venderla così subito, avesse a patir di fame.

L'altra usanza era che i pescatori che passavano a St-Remy dovessero prima offerir ai signori il loro

(1) Il 31 d'agosto a Moutiers. Zibaldone Pingon.

(2) S. Giorgio in febbraio 1291, Côte de St-André il 23 gennaio, Chatelard il 19 d'ottobre 1301. Protocollo del not. Reynaudi, Arch. camer.

(3) De L. libris rec. de burgensibus Turnonis pro franchisia ipsorum. Conto d'Umberto ed Antonio di Clermont 1303.

(5) Pietro di Duyn balio d'Aosta concedeva carta di franchezza a nome del conte di Savoia al comune d'Etroubles (de Stipulis) il 25 di febbraio 1310. Ivi si dice: *quod expedit principi locupletes habere subiectos.* Du Tillet, Recueil des franchises du duché d'Aoste, MS. della bibl. di S. E. il cav. Cesare di Saluzzo

(6) Cibrario, opuscoli, pag. 201, ediz. Fontana.

(1) Il 31 di marzo 1278.

pesce. Se nol faceano, i signori aveano facoltà di ritenere i pesci tre giorni; il che per la facilità del corrompersi, volea dir annientarli; ovvero di tagliar le cinghie de' cavalli de' pescatori.

E quando ho detto che aveano facoltà, intendeva dire che se la pigliavano.

Per non finire con quest'atto di prepotenza che sconforta, soggiungerò un'altra bella o laudevole usanza; ed è che se un viaggiatore dimenticava alcuna cosa, l'albergatore era tenuto di mandargliela dietro fino alla cima del Montegiove, o fino alla città d'Aosta (1).

In gennaio del 1293 Bonifacio e Goffredo di Challant, signori di Cly, ridussero all'antica misura le taglie e le altre usanze delle parrocchie di Tornion e d'Anthey che erano state aggravate dai mistrali ossia esattori (2). Due anni dopo gli stessi baroni promisero agli uomini della riviera di Fenis d'osservare le buone usanze di cui li lasciava godere il loro zio paterno messer Aimone, detto il buon Visconte, di memoria veramente felice, poichè vivea nei cuori de'sudditi.

Era generale consuetudine che gli spurii cadessero in podestà del signore del feudo, e fossero nella condizione di servi della gleba o manimorte; non vollero Bonifacio e Goffredo che tal danno continuasse ne'loro figliuoli; onde ordinarono che i medesimi fossero considerati come legittimi, e succedessero ne'beni del padre.

Similmente consentirono alle figlie il succedere mancando i maschi a'loro genitori; con patto di non maritarsi senza il consenso de' signori, nè fuori dell' albergo; col qual nome si designava una porzione di territorio soggetta ai medesimi pesi, verso uno stesso signore. Riservaronsi ancora i Challant il dritto di *sponsagio*, che doveva essere un presente di danaro o di roba che il barone avea dritto di riscuotere in occasion delle nozze di femmina di un albergo movente dalla sua giurisdizione. Poichè allo interpretar quel vocabolo bassamente, resistono i tempi già assai più civili, gli uomini che si mostran d'ogni parte ne' luoghi più deserti, nell'ime valli, e sull'alpi nevose, consapevoli de loro diritti, ed intolleranti di ogni aggravio, e la memoria di messer Aimone di Challant, il buon Visconte (3).

In giugno dell' anno medesimo 1295, Eballo di Challant, Visconte d'Aosta, co'suoi due figliuoli Goffredo ed Aimone assolvea da ogni servil condizione gli uomini di Fenis e di St-Marcel, concedendo, fra le altre cose, alle figlie che il padre ed i fratelli non avessero maritate convenientemente, di succedere come i maschi al padre (4). Non escludendo in ciò interamente le femmine dal dritto comune, mostravano i Valdostani d'esser più innanzi in civiltà che molte delle più famose repubbliche, i cui statuti immolavano costantemente gli interessi delle figlie allo splendore d'un nome e d'una agnazione.

Consentiva il Visconte che mancando i maschi le figliuolo succedessero; che succedessero pure i figliuoli legittimi degli spurii; anzi che succedessero anche i figliuoli naturali, quando mancavano i legittimi: e che l'esser in voce d'usuraio non sarebbe cagion sufficiente per occupar i beni d'alcuno quando moriva, se non avesse pubblicamente prestato ad usura (1).

Bonifacio e Goffredo di Challant signori di Cly, essendosi impacciati nelle guerre che si faceano tra l'uno e l'altro barone nella valle d'Aosta, si trovarono aggravati da debiti senza aver modo di soddisfarli. Ogni giorno che passava ne cresceva a dismisura la mole per le grosse usure che si pagavano; e si pagavano tanto più grandi quanto maggiore era il pericolo di perdere.

In tali strette non sapendo a cui ricorrere, si rivolsero i due baroni nel 1304 ai loro vassalli di Veraye, Anthey, Ternion e val Tornanche, da cui ebbero proferta d'un aiuto di 1600 lire (44240), ed essi per questa e per altre infinite grazie dai loro fedeli ricevute (2), condonarono a' medesimi ogni taglia o compianto che rimanesse ancor dovuto; abolirono la colletta di S. Michele, e quella delle pecore, e dichiararono che d'allora in poi non riscuoterebbero sussidio, fuorchè in quattro casi; ed erano: cavalierato, carcere, matrimonio della figlia ed incendio. Ma quel che più monta, i signori di Cly consentirono che quaranta uomini scelti tra i loro fedeli pigliassero l'amministrazione delle sostanze della casa di Cly, deputassero un tesoriere ed un economo ed altri uffiziali, pagassero i debiti, e se non bastassero le 1600 lire, s'alienasse per quietarli parte de'loro feudi e della giurisdizione; e promisero ancora di non impegnarsi in niuna guerra senza licenza dei detti quaranta uomini (3).

Così pel mal governo delle loro finanze, i potenti signori di Cly cadevano sotto la tutela de'loro vassalli. In altri regni e in tutti i tempi il fallimento del pubblico erario fu precursore di rivoluzioni.

Amedeo v che ciò sapeva, che vedea quanto disordinatamente si rendessero i conti, quanto avidamente i castellani ed i mistrali nel riscuotere i censi e le altre tasse dovute all'erario, riscuotessero poi anche per se medesimi doni forzati col titolo di *druellii* e d'usanze; che sapea non farsi da' suoi tesorieri e castellani alcun pagamento, senza averne un regalo dal creditore cui sapeva d'amaro l'essere

(1) Du Tillet, Recueil des franchises. MS. cit.

(2) 30 Gennaio 1293. Du Tillet, MS. cit.

(3) 4 Febbraio 1295. Du Tillet, MS. cit. Notisi che l'usanza di Val d'Aosta era di cominciar l'anno al Natale.

(4) Nisi pater vel fratres predictas filias vel sorores maritauerint iuxta possessum, ipsae filiae vel sorores et femine succedant tanquam masculi in hereditate paterna.

(1) Du Tillet, MS. precit. Si dice fatto la domenica 21 giugno 1295, ma v'è corso errore, perchè il 21 giugno cadeva in quell' anno in martedì.

(2) Propter hoc et propter alias gratias infinitas quas dicti nobiles confitentur habuisse et recepisse ab hominibus predictis.

(3) Il 14 di giugno. Du Tillet, MS. precit.

creditore del principe, non volendo tollerar più oltre sì fatta corruttela, pubblicava in gennaio del **1288**, o forse, secondo i nostri computi, del **1289**, un ordine in cui raccomandava a'suoi ragionieri di riconoscere rigorosamente le varie partite de' conti de' castellani; si vietava ai castellani di pigliar doni dai nuovi borghesi, e s'ordinava loro di dar conto dei doni che aveano avuti. Si proibiva ai castellani di pigliar doni per censi conceduti o per opere allogate, o in occasione di far pagamenti; e generalmente si comandava che di tutti i doni ricevuti dessero la nota sul dorso della membrana in cui se ne registravano i conti, affinchè se ne sapessero le cause, e si riconoscesse se alcuna parte dovesse averne il principe. Definiva poi Amedeo V che cosa s'intendesse per dono, ed era un valsente non minore di cinque soldi viennesi che rispondeva a lire nove ed ottanta centesimi. Il che vuol dire che i doni minori poteano dissimularsi, e che non potendo sradicar d' un colpo gli abusi, attendeva il savio principe a minorarli (1).

Affine poi di scoprire nelle varie province le oppressioni, le estorsioni, gli abusi d'autorità che si commetteano a danno de' miseri sudditi, deputava Amedeo commissari con ampio potere di far inquisizione contra gli ufficiali prevaricatori e di punirli. Ma il rimedio non era sufficiente. Poichè essendovi allora l'assurda pratica di poter transigere col fisco anche pei misfatti più gravi, ne seguiva che il concussionario acquetava con una grossa offerta le istanze fiscali, e raddoppiava poi per pagarla le sue rapine. Tuttavia qualche buon effetto produceva il sapere che l'occhio del principe era aperto sui loro portamenti.

Affine di crescere co' proventi dell'erario la pubblica ricchezza, si diede Amedeo V a far ricerca di nuove miniere. Già fin dai tempi di Filippo un certo Alvernino avea trovato a Champorcher nella castellania di Bard una miniera d'oro, e qualche anno dopo un Azzo di Firenze, quello stesso credo che fu castellano del Bourget, era mandato con altri minatori ad esaminarle. Nel 1299 e nel 1300, vari minatori fiorentini andavano in traccia di nuove miniere in val di Susa, e sul monte del Gatto. Nelle valli di Lanzo, che pochi anni dopo vennero in podestà del conte di Savoia, si coltivavano due miniere d'argento una appresso a Groscavallo, l'altra nella valle d'Ala. Miniere d'argento e di ferro erano eziandio scavate nella valle della Perosa. Negli ultimi anni del regno d'Amedeo V si coltivavano miniere di ferro presso a Castellargento in val d'Aosta, ed un'altra similmente di ferro si lavorava in Moriana da minatori friborghesi (2).

Ma sia per la scarsità della vena metallica, sia per l'imperizia de'coltivatori, poco fruttavano in generale siffatte miniere, pochissimo quelle d'argento.

Oltre al retto giudicio ed alla forza di volontà che son necessarie per ben governare, aveva Amedeo V quella gentilezza d'ingegno che si richiede ad acquistare il sentimento del bello, che contiene in sostanza anch'esso la nozione dell' ordine nella sua applicazione alle forme ed ai colori.

Quegli imbratti di figure bisantine, non per altro notabili che per le pietose ed amorevoli arie di testa e per vivezza di colori, cominciavano nella gloriosa Toscana pur allora a stender le braccia ed i piedi in atti e scorci più ragionevoli, ad armonizzar tutta la persona in modo più acconcio ad imitar la bella natura; e l'espressione istessa de'volti cominciava in quelle teste di vergini e di cherubini a pigliar un'espressione tanto divina, da assicurare la palma alla nostra scuola sopra le scuole pagane. La palma dico nel rendere la bellezza di sentimento, la quale appunto perchè impronta i volti dell'espressione dell'animo, supera di assai que' tipi di bellezza ideale, ma di pure forme con cui gli antichi raffiguravano i loro Iddii. Perocchè quella move gli animi, laddove questa non produce altro effetto salvo una fredda ammirazione.

Mentre appunto l'arte cristiana cominciava a spiegar il volo, Amedeo faceva ripetutamente il viaggio di Roma, e vedeva in Toscana i prodigi della novella scuola, poichè tali deveano parere a chi li paragonava colle dipinture della scuola bisantina.

A Londra, dove nel secolo XIII le arti del disegno erano già assai più innanzi che negli altri paesi, aveva Amedeo V fatto acquisto nel **1292** d'un quadro che rappresentava i tre morti ed i tre vivi, facendo allusione ad una famosa leggenda uscita poco prima, in cui s'introducevano a parlare tre morti e tre vivi. Nella stessa occasione comprava panni d'oro lavorati a figure (1).

Ma quando vide le tavole toscane, sentì di qual progresso erano testimoni ed annunziatrici, e desiderò d'aver un maestro creato in quella famosa scuola che gli dipingesse alcuno de' suoi castelli e delle sue chiese. Infatti già nel **1314** lavorava di suo pennello in Savoia come provvisionato del Conte, maestro Giorgio de Aquila fiorentino (2), il quale durò al servizio d'Amedeo V, d'Odoardo, d' Aimone e d' Amedeo VI suoi successori, finchè morì nella fatale pestilenza dell'anno **1348**. Amedeo avea ricuperate nel **1295** da Francesco della Rocchetta e da Beatrice sua moglie il castello di Ciamberì (3); e disegnando farne la sua residenza legale, lo rifabbricò quasi per intiero, e l'adornò vagamente. Un Giovanni di Seyssel vi dipingeva nel **1301** (4). Dieci anni prima il Conte avea murato un nuovo palazzo

(1) Opuscoli, pag. 349.

(2) Delle finanze della monarchia di Savoia, ne' secoli XIII e XIV, discorsi III, opuscoli p. 299.

(1) Conto di Bernardo di Mercato 1292.

(2) Conti della castellania di Ciamberì e dei tesorieri generali dal 1314 al 1349.

(3) Duché de Savoie, paquet premier, n.° 8. Arch. di corte.

(4) Conto della castellania di Ciamberì.

nell'antica sua residenza del Bourget. Un maestro Giovanni Lombardi era chiamato nel 1292 ad ornarlo di pitture, e vi dipinse fra le altre cose i vetri della finestra del *peylo*, ossia della camera vicina alla cucina. Due scultori, Guglielmo de l'Hôpital e Perrino di Montbeliard lavoravano ai capitelli della porta (1).

Ma in quei due castelli ed in varie chiese di Savoia dipinse qualch'anno dopo con miglior successo il già lodato maestro Giorgio da Firenze che portò tra noi il lume dell'arti belle, quando appunto cominciava ad irraggiar la Toscana, e che durante la sua dimora di circa trentacinque anni in Savoia dovette lasciarvi non pochi de' suoi allievi e creati (1)

Cav. Luigi Cibrario.

(1) Conto della castellania del Bourget.

(1) Questo squarcio inedito, che dobbiamo alla gentilezza dell'illustre autore, formerà il capo III del libro IV della *Storia della Monarchia di Savoia*, il cui secondo volume, vivamente desiderato dai dotti, uscirà fra breve dai torchi di questo tipografico stabilimento.

MONUMENTO DI KLEBER IN STRASBURGO

(Ved. n.° XI, pag. 88)

HELIOPOLIS. 20 MARS 1800.

Il disegno che presentiamo qui a' nostri lettori, è fedele immagine del bassorilievo scolpito dal celebre David, d'Angers, sulla faccia principale del piedestallo sorreggente la statua innalzata a Kleber dall'ammirazione de' Strasburgesi suoi concittadini, in giugno 1840. Esso rappresenta una delle più gloriose vittorie riportate in Egitto dalle armi francesi; una vittoria che basterebbe sola ad immortalare il grande guerriero, quando anche la di lui spada non avesse cento volte condotto al trionfo i battaglioni che gli obbedivano. La terribile giornata d'Eliopoli è fatto troppo noto perchè occorra darne qui speciale contezza; noi ci ristringiamo perciò a ripetere ciò che del merito artistico del lavoro venne concordemente asserito da' giornali francesi, laddove si fecero a renderne ragione quando il monumento fu esposto allo sguardo del pubblico. Arduo, dissero essi, gli è in piccolo spazio lo esprimere gli avviluppati e sanguinosi particolari d'una battaglia: ma la difficoltà tocca, quasi, i termini dell'impossibile allorchè i mezzi adoperati ad esprimerli sono lo scarpello ed il marmo. Questi sommi ostacoli insuperabili ad altri non rattennero, però, l'ardito genio del David; il quale allargàti, in certo modo, con sagace economia, i concessigli termini, impresse in breve pietra il terribile e faraginoso tema assegnatogli, senza che veruna molesta confusione sturbi comechessia l'occhio contemplatore. Il sovrapposto intaglio sembra provare che queste lodi furono meritate. Per il che ci accostiamo volontieri alla sentenza di taluno, che ebbe a dire: l'ingegno del David essersi in questo piccolo lavoro mostrato grandissimo.

Cav. Baratta.

GINEVRA

GINEVRA

I. — CENNI SULLA CITTÀ IN GENERALE

Da Fernex a Ginevra è breve tratto. Le rive del lago si sono ravvicinate e presentano da ambo i lati quadri deliziosi e magnifici. Il monte Bianco splende più dappresso col suo corteo di giganti: ed a vedere i colli e le vallette disseminati d'innumerevoli casini e di ville, alcune delle quali si specchian nell'acque, altre dominan le altre in mezzo a floride vigne, diresti che quello è terrestre paradiso che la natura, l'industria ed il buon gusto concorsero a decorare.

La città s'affaccia in forma d'anfiteatro all'estremità del Lemano da cui sbocca il Rodano con limpidissima, rapida e maestosa corrente. Vedi come in accostarci alla porta, da grosse mura difesa che distendonsi in giro con regolare successione di terrapieni e bastioni, lunghe file di case s'alzano sull' interior pendio, formando con solide masse e regolare architettura bella ed ornata prospettiva. Avvezzo ad aggirarti per la libera Elvezia, in mezzo ad un popolo che non abbisogna di torri per difendere la propria indipendenza, ma che all'Alpi ed a se stesso ne affida il palladio, spiaccionti forse a prima giunta queste fortificazioni? La sentinella armata, il doganiere che ti fruga, il commissario che ti domanda il passaporto, richiamanti essi per avventura alla mente pensieri men lieti di quelli che ti presentò sinora la Svizzera? Sovvengati come Ginevra posta sull'estremo confine della Confederazione abbia d'uopo, onde servirle di primo baluardo, d'atteggiarsi militarmente, più di quello ad altra città elvetica qualunque si convenga. Il doganiere non ti parrà superfluo tra uomini di cui egli non è chiamato ad altro che a tutelare le industrie; nè potrai rimproverare all' agente di polizia le cure con che cerca di guarentire la sicurezza e il buon ordine della città, allontanandone que'malviventi o fuorusciti che dalle terre vicine accorrerebbervi in folla siccome ad asilo di impunità.

Ginevra è tagliata dal Rodano che contribuisce non poco a crescerle vaghezza, e a renderne più salubre e pura l'atmosfera. Il movimento rapido e continuo che l'acque del fiume imprimono all'aria, producendo una ventilazione incessante, sgombra e via trasporta que'vapori che altrimenti stagnerebbero nelle parti più basse e vicine al lago. Le più elevate godono di viste deliziose. — Palagi, taluno dei quali s'ha per fondamento terrazzi alti sessanta piedi, furonvi edificati, e torreggian di lassù in guisa magnifica. — Bei passeggi vi si praticarono, da'quali lo sguardo domina uno de' più sorprendenti quadri che la Svizzera e l'Europa intera presentano. Il Lemano, veduto di là, offre scene nuove e incantatrici. — Il vasto semicerchio della riva vodese coperto d'innumerevoli paesetti, tra cui l'occhio scerne a prima giunta Copet, Nyon, Rolle ed anche Morges, è circoscritto dalla costiera savoiarda che spignesi innanzi, e toglie per poco di veder Losanna. Non è cosa più gentile del vicino colle di Cologny ornato d'infiniti casini. Là gli opulenti cittadini menan nella state tra le dolcezze della vita campestre giorni lieti e giocondi: là conduconsi gli stranieri ad ammirare le magnificenze che la natura dispiegò sulla riva opposta del lago: là, in mezzo a que' vigneti così simmetricamente distribuiti, a que'boschetti sì ombrosi e fragranti, a quelle ville così semplici ed eleganti, respiransi aure piacenti, sieden pensieri dolci e simpatici, e vorrebbesi avervi stanze per non iscostarsene più mai.

All'estremità del passeggio, opposta a quella da cui dominasi il lago, si presenta un magnifico bacino di cinque leghe che comprende il distretto di Gex. Il Rodano lo attraversa, e vi s'unisce con vago e pittoresco confluente al fiumicello *Arve*, che scende di Savoia. Distendesi appiè delle mura il vasto parco di *Plain-palais* circondato di bellissimi filari d'alberi, che serve di campo alle evoluzioni militari e d'ombroso e comodo passeggio ai cittadini.

Le contrade di Ginevra son la più parte strette ed in pendenza. V'è anche poca luce per la grand' elevazione delle case. Le fortificazioni avendo circoscritto e determinato già da alcuni secoli il ricinto della città, e la popolazione per le cresciute industrie essendovisi andata sempre aumentando, a modo di renderla la più affollata di tutta Svizzera, ne derivò necessariamente che si volle guadagnare spazio, nella sola guisa che rimanea, cioè alzando gli edifizi sino al quinto ed anche al sesto piano: talchè le abitazioni sonvi generalmente ottuse e malinconiche, tranne quelle che, come già t'accennai, dominan dall'alto, ed anche l'altre che fiancheggiano il fiume.

In mezzo al Rodano è un'isoletta, a cui s'appoggiano solidi ponti che mettono in comunicazione i due quartieri della città. Vi si alza una torre, a cui è fama che servano di fondamento gli avanzi di quella che Cesare edificò per difender il passo del fiume contro gli Elvezii. Presentansi di là vaghe vedute da ambo i lati: a levante scorgesi la corrente del più bel verde marino, sboccare fragorosa e superba dal lago; a ponente la si accompagna collo sguardo per lungo tratto verso l'Écluse d'onde s'addrizza a Lione. — Chi direbbe che quel fiume magnifico, che volge maestosamente le sue onde limpidissime a fecondare i più bei piani della Francia meridionale, sia quel Rodano di cui nel profondo Vallese osservansi le devastazioni, e respiransi i miasmi?

(Diremo, in un secondo articolo, de'principali edificii ed istituti che adornano Ginevra, e toccheremo, in ultimo, degli uomini più distinti che v'ebbero i natali, tra i quali contansene parecchi venuti in altissima fama, quali sono a cagion d'esempio Lefort, Burlamachi, Saussure, Pictet ed altri).

Conte TULLIO DANDOLO.

L'OROLOGIO ARMONICO

—

SONETTO

Da volubile lance ecco distinta
Tra le note di subita armonia (1)
L'ora, che in sen d'eternità sospinta
Più di baleno rapida fuggia!

Così la mente dal dolor non vinta
L'instabil corso de la vita obblia;
Così fuggendo noi ridiamo, e pinta
Sul volto dei morenti è l'allegria!

Qui solingo e pensoso io verrò spesso,
E in quel concento fia che trovi alfine
Rimedio ai mali ond'è lo spirto oppresso;

E 'l troverò, se il mio pensier s'interni,
A quel suon, de la vita oltre il confine,
Nella dolce armonia degli anni eterni!

EUSEBIO PORCHIETTI.

(1) L'orologio che diede motivo a questo Sonetto appartiene al signor Daniusso di Carignano, e quasi nell'istante che batte le ore, rende un concerto veramente incantevole.

ISTRUZIONE SUI PARAFULMINI

Si sa che il *fulmine*, la *folgore* o la *saetta* è un torrente di fuoco elettrico, che passa da una nuvola ad un'altra o alla terra, ovvero da questa a quelle. Lo splendore che cagiona chiamasi *lampo*; l'oscillazione dell'aria prodotta dal passaggio della materia fulminea forma il *tuono*(1). È pur noto che il fulmine ammazza, rompe, fonde, svapora, infiamma ecc., e che la scienza è felicemente giunta ad evitare questi funesti effetti per mezzo dei *parafulmini*, i quali sono verghe metalliche terminanti in punte, che s'innalzano e serpassano di alcuni metri la cima degli edifizi o degli alberi; e che una delle loro estremità si trova nell'atmosfera e chiamasi *spranga*, e l'altra è profondata nella terra e la nomino *spandente* o *radice*. Quella porzione poi che è tra la spranga e lo spandente, porta il nome di *conduttore*.

(1) Franklin, D'Alibard, Delor, Bertier, Le Monnier, Beccaria, Canton, Romas, Richman, ecc. furono i primi a provare colle osservazioni ed esperienze, che il fulmine altro non è che un torrente di fuoco elettrico. Volta poi c'insegnò essere la causa principale dell'elettricismo atmosferico la naturale evaporazione. Le recenti esperienze del signor professore Pouillet hanno, di più, dimostrato che questa naturale evaporazione è sempre accompagnata da chimiche azioni, non solo alla superficie dei mari e de'vegetabili, ma ancora sul rimanente della terra. Vedete la mia lettera Sull'origine dell'elettricità atmosferica inserita nel Nuovo Giornale Ligustico, fasc. 3° 1831, e nel giornale di Chimica, Fisica ecc. di Milano, fasc. 3° 1832.

Il metodo di costruire i parafulmini, sicuro, durevole e ad un tempo economico, si è: 1° Di fissare, mediante un pilastro nella parte più elevata dell'edifizio, una *spranga* o verga di ferro in forma di cono molto acuto del diametro nella base di 40 a 45 millimetri, e della lunghezza di 5 a 6 metri, la quale termini in una verghetta di rame indorata, molto aguzza e lunga 25 centimetri. Sarà bene che porzione della spranga e la verghetta sieno movibili per facilmente ritirarle, in caso che la punta venisse fusa da qualche fulmine veemente, come fra noi più volte è accaduto (1). Ciò si pratica facendo la spranga in due pezzi ben fermati con vite, e avvitando la verghetta alla sommità della stessa spranga. 2° Di unire con vite alla base di questa spranga un filo di rame, detto *conduttore*, sufficientemente lungo, del diametro non minore di 10 millimetri, il quale si farà terminare in punta, ed attraversare nel mezzo un disco di piombo di 4 in 5 chilogrammi, del diametro di 2 in tre decimetri, e questo si salderà distante un metro e mezzo dalla punta; si salderanno pure nello stesso disco tre verghe di rame acute, lunghe un metro, del diametro di 10 in

(1) Il fulmine ha fuso al forte di Puino (16 febbraio 1841) la punta di platino lunga 20 millimetri, e grossa nella base 3. Non ha recato altro danno.

12 millimetri e divergenti (1). 3° Di tenere il filo conduttore staccato dal muro, e quindi di farlo profondare 1, 2, 3, 4 o più metri (secondo i casi) nel mare, o in un filone d'acqua se è possibile, o in un altro corpo deferente molto esteso; con l'avvertenza di staccarlo dai fondamenti (2). 4° Finalmente di coprire la spranga del parafulmine, eccettuata la verghetta, di uno strato di vernice dove sia del nero di fumo, affine di garantirla dalla ruggine.

Nella costruzione di un buon parafulmine fa d'uopo aver attenzione:

1° Che il parafulmine non abbia alcuna interruzione, e che non sia irrugginito (ossidato).

2° Che la spranga verticale sia fissata ad un pilastro o zoccolo alto un metro, e non mai ai legni dell'armatura del letto. Nelle navi, le spranghe, che dovranno essere della lunghezza di uno o due metri soltanto, si fisseranno agli alberi.

3° Che nelle grosse navi e negli edifizi molto alti, specialmente quando sono isolati, è necessario, oltre la spranga verticale, porvi delle spranghe orizzontali.

4° Che se l'edifizio, che si vuole armare, ha una grande estensione, conviene adoprare due o più parafulmini, e collocare le spranghe distanti fra di loro in modo che le loro punte non siano più lontane di venti metri.

5° Che quando siano due le spranghe erette su di un edifizio, conviene far comunicare insieme le loro basi, mediante un filo metallico del diametro di 10 millimetri; ed un solo conduttore basterà per somministrare al fulmine un libero passaggio per disperdersi nella terra. Ma se le spranghe fossero in maggior numero, si faranno del pari comunicare tra di loro (se l'economia lo permette), adoperando però un maggior numero di conduttori.

6° Che il conduttore sia un filo oppure una treccia di soli due fili metallici, e non mai una catena, poichè in questa non vi è mai o quasi mai fra gli anelli un contatto perfetto.

7° Che il conduttore sia lontano alquanto dalle materie combustibili.

8° Che il conduttore comunichi, mediante un filo metallico di 8 in 10 millimetri di diametro, con tutti i metalli di qualche estensione che vi si trovano vicini. In alcuni casi però è meglio allontanare il conduttore più che si può, anzichè farlo comunicare coi metalli.

9° Che il conduttore sia staccato dal muro due o tre decimetri, benchè il più delle volte non sia necessario (3).

10. Che il conduttore faccia la via più breve possibile, e che non faccia degli angoli acuti.

11. Finalmente che lo spandente del parafulmine, in mancanza d'un filone d'acqua o di altro corpo deferente molto esteso, sia profondato nel carbone, o meglio nella *carbonina*.

Trattandosi di munire di parafulmini le polveriere, ove una sola scintilla può essere pericolosa al pari del fulmine il più terribile, si useranno oltre le surriferite le seguenti cautele:

1ª Il conduttore dovrà essere del diametro non minore di 16 millimetri.

2ª Si preferiranno le spranghe di rame a quelle di ferro. Il rame, oltre di essere migliore deferente dell'elettrico che il ferro, non perde la sua virtù conduttrice, come in parte la perde il ferro allorchè si magnetizza.

3ª I parafulmini nei magazzini da polvere si porranno, quando si può, sopra di pilastri o torrette distanti dalla polveriera due circa metri; e si avrà l'avvertenza che le spranghe sieno più alte di cinque in sei metri della parte più elevata del tetto.

4ª Nelle polveriere alquanto alte, i parafulmini non potendosi alzare sopra dei pilastri, s'innalzeranno sopra delle antenne più elevate del tetto di 4 in 5 metri, e distanti dalle pareti della polveriera 2 circa metri; in tal caso non sarà necessario che la spranga sia lunga 5 metri, basterà soltanto di uno o di due.

5ª Tanto la spranga, quanto il conduttore, benchè innalzati sopra delle antenne di legno, pure sarà bene che sieno da queste isolati mediante cilindri di vetro (1).

6ª Quando i parafulmini non si potranno innalzare sopra torrette, od antenne separate dalla polveriera, le spranghe si collocheranno sulla sommità del tetto, coll'avvertenza di fissarle con bastoni coibenti, e di ben isolare e distaccare dalle pareti i conduttori. In tal caso desidererei che il conduttore fosse del diametro non minore di 20 millimetri (2).

7ª Ai bastoni o cilindri coibenti, che isolano il parafulmine, si porrà l'ombrello di piombo per impedire che la pioggia li faccia divenire deferenti.

8ª Nelle polveriere sarà bene che le punte delle spranghe non siano tra loro più distanti di 10 in 12 metri.

9ª Il filo di rame che servirà per far comunicare insieme due o più spranghe col conduttore o coi conduttori, dovrà essere del diametro eguale al conduttore.

10ª Finalmente nelle polveriere isolate, benchè

(1) Queste verghe si salderanno nel disco in modo che tre delle loro estremità siano bene a contatto col filo conduttore, e ciò perchè il rame è molto migliore deferente ossia conduttore dell'elettrico, che il piombo.

(2) Nelle navi non è necessario che lo spandente termini con quattro verghe puntute, una sola è sufficiente, e basterà che questa sia immersa un metro nel mare.

(3) Io credo util cosa tenere alquanto discosto il conduttore dal muro, perchè la materia fulminea correndo lungo il conduttore facilmente scaccia e rarefà l'aria che lo circonda, e così il fulmine vi corre con maggior velocità.

(1) Questa cautela, che credo non superflua quando il diametro del filo conduttore è di poche linee, parmi soverchia allorquando ha il diametro maggiore di 18 millimetri.

(2) Da non pochi si troverà che il diametro di questo conduttore eccede il bisognevole, e perciò non conciliabile coll'economia, che tanto si cerca. Anche io era di quest'avviso; ma avendo seriamente meditato sui danni recati ai parafulmini da parecchi fulmini, la prudenza mi ha suggerito di attenermi alla maggior sicurezza, anzichè all'economia.

non molto alte, sarà ottima cosa, oltre le spranghe verticali, porvene delle orizzontali.

Armate in tal modo le polveriere, si avrà l'avvertenza di esaminare i parafulmini, almeno una volta all'anno, e tutte le volte che saranno colpiti, onde riattarli, qualora fossero stati danneggiati.

Prof. Ferdinando Elice.

SAFFO

Saffo, donzella di Lesbo, si rese famosa pel suo genio poetico e per lo sventurato suo amore per Faone. I Lesbi innalzarono tempii alla sua memoria, le resero onori divini e fecero incidere la sua immagine sulle loro monete. Ella nacque circa la 42ª olimpiade, cioè sei secoli prima di quello d'Augusto, od in quel torno. Era piccola e poco bella, quantunque la sua figura che qui offriamo ai leggitori sia bellissima. Dopo la morte di suo marito, concepì un amore sì violento per Faone, che non potendo trarlo a corrispondere a'suoi desideri, dal promontorio di Leucade precipitossi nel mare.

Non è difficile di credere che il salto di Leucade fosse una ricetta infallibile contro l'amore, come sarebbe stato ogni altro luogo alto e scosceso, quando però non siasi con ciò voluto significare che le passioni traggono l'uomo al precipizio.

Ai dì nostri poche sono le donne che si danno alla poesia, ed anche quelle che non sono poetesse e che potessero trovarsi nel caso di Saffo, non impazzirebbero al segno di imitarla, ma si appiglierebbero a tutt'altro partito per guarire di un amore non corrisposto.

Se è vero che Faone, nato a Mitilene nell'isola di Lesbo, fosse un bellissimo garzone che inspirava ardente amore alle donne, non è cosa sorprendente che la celebre Saffo lo abbia trovato poco amorevole, tanto più che essa era già vedova quando si incapricciò di Faone il quale sembra che preferisse le Grazie alle Muse.

Giambattista Rousseau disse benissimo:

« Si la fièvre d'amour avait quand elle nous berce,
Ses jours intermittens comme la fièvre tierce,
Nous serions ces jours-là honteux jusqu'à l'excès
Des sottises qu'on fait quand on est dans l'accès ».

C.te L. Capello Di Sanfranco.

CENNI DI GEOGRAFIA GENERALE

Del genere umano secondo la diversità delle religioni

(**Articolo secondo** — V. num. 21 e 26)

Le principali religioni della seconda classe possono ridursi a solo sette, se consideriamo col Klaproth ed altri dotti orientalisti il Lamismo come una mera varietà del Buddismo, o tutt'al più come una setta. Queste religioni sono:

Il Brahmanismo. Riconosce questa religione *Parabrahma* per Dio principale. I suoi dogmi in lingua sanscritta contengonsi in vari libri detti *Veda*. Tutti i seguaci di questa credenza, sparsa per quasi tutta l'India, distinguonsi dall'antichità più remota in quattro caste, fra le quali è vietata ogni alleanza. Si domandano *Pagode* i tempii di questa religione, come pur quelli della seguente.

Il Buddismo, ossia la Religione di Budda pare che abbia avuto principio nell'India circa l'anno 1027 prima di Gesù Cristo, togliendo ad imprestanza dal Brahmanismo i suoi dogmi principali, rigettando però la divisione delle caste. Questa religione è professata nell'impero Birmano, nella monarchia Annamitica, nella Cina, nella Corea e nel Giappone da buona parte della popolazione non letterata: essa è pure la religione del Tibet, della Mongolia, del paese dei Mandsciù, di una gran parte della popolazione dell'isola di Ceylan e d'una frazione di quella dell'India, come pure quella di molte migliaia di sudditi dell'impero Russo e di un numero assai maggiore nell'Oceania Occidentale.

La Dottrina dei Letterati, detta anche Religione di Confucio, perchè quel filosofo cinese ne è considerato come il riformatore. L'imperatore della Cina n'è il patriarca. Generalmente parlando, tutti i letterati della Cina e quelli della monarchia Annamitica e del Giappone seguono questa religione, senza però rinunziare ad altre consuetudini di altri culti.

Il Culto degli Spiriti ossia il Naturalismo mitologico dell'Asia Orientale. È la religione primitiva dei più antichi abitanti della Cina. Questo culto si è esteso al Giappone, nella Corea, presso i Tongusi e nel Tonchin.

La Religione del Sinto. La più antica fra quelle del Giappone. La sua semplicità venne alterata di assai dopo l'introduzione del Buddismo. Domandansi *Mia* i suoi tempii.

Il Magismo ossia la Religione di Zoroastro, la cui antichissima dottrina è riposta nello *Zend-Avesta*, libro scritto nella lingua morta detta *Zend*. Il Magismo sussiste tuttavia fra i Parsi o Guebri nel Kernan in Persia, a Bombay, a Surato ed altre città del Guzerato nell'India.

Il Nanekismo ossia la Religione dei Seikhs istituita da *Nanek*. Puossi avere come un miscuglio di Brahmanismo e d'Islamismo; viene professata dalla maggior parte della popolazione del Lahore nell'India e da tutti i Seikhs stabiliti in altre parti di quella vasta regione dell'Asia.

Fra il gran numero di religioni che possono esser collocate nella terza classe, ci limiteremo a nominare le due seguenti.

Il Sabeismo ossia l'adorazione dei corpi celesti, del sole, della luna e delle stelle, sia separatamente, sia tutti insieme. Questo sistema antichissimo, sparso sopra tutta l'estensione del globo, perfino al Perù, si è misto a tutte le altre religioni, ma non esiste più senza miscuglio che presso alcune tribù isolate e collocate in grado assai inferiore nell'incivilimento. Il nome ne viene da *Sabeani* o *Sabiani*, antico popolo arabo.

Il Feticismo è l'adorazione dei *Fetici* (fetisso), vocabolo usato dai Negri delle spiagge occidentali dell'Africa ad accennare gli oggetti vivi od inanimati della natura, i quali per timore, per riconoscenza o per qualche particolare affetto sono per quei popoli un oggetto di culto. Ogni cosa che li circonda, la natura intiera, gli elementi, gli alberi, i fiumi, il fuoco, in una parola tutti gli enti presso i quali quegli uomini semplici ed ignoranti scoprono proprietà benefiche o malefiche che sembrano loro inconcepibili, sono da essi adorati. Tal culto è quello dei popoli posti nell'infimo grado dell'incivilimento, e che hanno l'idea la più grossolana della Divinità e de'suoi rapporti coll'uomo. Ma questo culto offre un gran numero di varietà dalle superstizioni le più assurde degli abbrutiti selvaggi del Continente Australe (Nuova-Olanda) e della Tasmania (Terra di Diemen) sino al feticismo dei popoli meno barbari della Polinesia, del centro dell'Africa e di varie parti dell'Asia e dell'America. Fra le religioni comprese in questa classe trovansi appunto il più spesso sagrifizi umani e molte orribili atrocità. Varie hanno una specie di sacerdoti o piuttosto maghi, che domandansi *Griots* presso diversi popoli dell'Africa, *cerretani* (jongleurs) presso alcune popolazioni americane, e *sciamani* presso quelle della Siberia. Questa ultima denominazione fu causa che si confondesse una varietà del feticismo col samaneismo, che è un ramo della religione di Budda.

Egli è impossibile il dire alcun che di positivo sul numero di seguaci che annovera ogni religione oggidì esistente. Uno zelo mal inteso eccita le varie parti ad esagerare il proprio numero; gl'increduli specialmente, sul terminare del secolo 18°, si diedero con uno studio ridicolo ad esagerare il numero dei Maomettani e dei Pagani. Il numero di questi ultimi venne del pari esagerato d'assai ai nostri giorni dai missionari protestanti nei vari prospetti da essi pubblicati. Meglio istrutti nei loro dogmi che non pratici delle difficoltà di un tale problema, quei religiosi non sospettavano per avventura quali ostacoli dovessero superare per istabilire le loro stime sopra basi almeno probabili, se non certe.

Le lunghe indagini da noi fatte per conoscere il numero approssimativo dei popoli che parlano le diverse favelle del globo su cui viviamo, e quelle che ci convenne fare per determinare la popolazione dei vari stati, ci diedero una massa di fatti abbastanza numerosi perchè stimiamo di non andar troppo lontani dal vero nel proporre i numeri seguenti che non sono d'altronde, nè possono essere se non che mere approssimazioni.

PROSPETTO STATISTICO

delle principali religioni del globo

Religioni		Abitanti
Religioni della 1.ª classe . .		360,000,000
Giudaismo.	4,000,000	
Cristianesimo	260,000,000	
Chiesa cattolica	139,000,000	
Chiesa greca con tutti i suoi rami	62,000,000	
Chiese protestanti colle loro suddivisioni.	59,000,000	
Islamismo co'suoi rami .	96,000,000	
Religioni della 2ª classe . . .		270,000,000
Brahmanismo	60,000,000	
Buddismo con tutti i rami	170,000,000	
Le Religioni di Sinto, Confucio, Nanek, Zoroastro ed il culto degli Spiriti	40,000,000	
Religioni della 3ª classe . . .		107,000,000
Sabeismo, Feticismo e tutte le altre religioni che vi sono comprese . . .	107,000,000	
Totale generale. .		737,000,000

Cav. Adriano Balbi.

LONGEVITA' — GIOVANNI DEJANA VOCHE

Nacque Giovanni Dejana Voche, Sardo, nel 1717, visse molti anni in servigio altrui, e per la sua economia potè costituirsi un buon patrimonio. Prese moglie in età ben ferma, e quando potè averla; già che in Luvula furon sempre le femmine in numero minore degli uomini, ed attualmente essendovi settanta giovani nubili, se volessero una compagna tutti al tempo istesso, non la potrebbero avere, e dovrebbero aspettare; come certamente aspetteranno, essendo come sono risoluti per l'esempio dei maggiori a non prender donna da altro popolo, della quale per se stessi non conoscano il carattere e i costumi. Dei molti figli che partoriagli la moglie non gli cresceano che tre maschi ed altrettante femmine, i quali avendo procreato, e da una producendosi un'altra, ha il Voche la consolazione di vedere la sua quinta generazione. Visse con quella compagna per anni settanta, e lei morta nel 1832, che fu il novantatreesimo di sua età, il vedovo, chiamati a consulta i figli, esponeva come avesse deliberato di prender in seconda moglie una giovine donna. Ma cangiò presto volontà, ben accortosi del mal celato dissentimento dei figli, che prevedevano aver a patir diminuzione nella porzione che aspettavano per quello che a sè vorrebbero altri coeredi; e pertanto prendea in seconda moglie una femmina di anni circa sessantacinque, essa pure di buona costituzione e tempera.

La cotidiana occupazione del Voche è in curare le sue robe. Va a vedere i suoi pastori e i coltivatori, a ristaurar le breccie delle sue chiudende, a legnare, a vendere i frutti. Col cavallo carico di formaggio o d'altro genere spesso per una strada di cinque ore ad Orosei viaggia a piedi, e ritorna in casa nello stesso giorno.

Ottime furon sempre le sue qualità morali: però in ogni tempo fu amato dai suoi conterrazzani, rispettato anche in epoche di tumulto e discordie intestine, e degnato dei principali impieghi del comune. Fu pure nella prima età moderatissimo, e da ciò il suo corpo serba tanto vigore da far meraviglia. Mentre costumavano e costumano gli altri far tre pasti al giorno, uno alla mattina, l'altro in sulle dodici, il terzo alla sera, egli non mangia che sole due volte. I suoi cibi ordinari erano pane intinto nel miele, maccheroni, uve passe, fichi secchi, niente di cose salate e di lardo, e pochissimo di vino, comechè quando va a lavorare in campagna porti la sua fiaschetta, e beva all'uopo. Solo da sei anni variò un poco di metodo, perchè mentre prima era solito di mattina confortar lo stomaco con un po' di vino, poscia ha usato di bevere il caffè. Poche volte è stato ammalato; ma da un'ernia, che cagionossi cavalcando senza alcun riposo da Luvula per Nuoro ad Oristano, quando fu imprigionato un suo figlio, è stato ed è non poco incomodato.

P. Vittorio Angius.

UN ANEDDOTO DI NAPOLEONE

Hannovi nella vita degli uomini certi tratti subiti ed inavvertiti, i quali essendo schietta espressione della natura, anzichè frutto de' pacati calcoli della ragione, servono, meglio delle opere pensate, a bene dipingere la varia indole, e direm no tempra, degli individui. Egli è perciò che sebbene cotali tratti si aggirino, per lo più, intorno a cose minime, e di nessuna levatura, acquistano nullameno pregio grandissimo all'occhio del filosofo pensatore, ed ove trattisi di personaggi eminenti, la storia dimentica volentieri la nobile sua alterezza per cercarli e raccoglierli studiosamente. E tale è senza contrasto l'aneddoto espresso dal disegno nella sovrapposta figura: aneddoto che noi riferiamo qui sulla fede di quel Las-Cases, che divise, con esempio di bella costanza, le sventure e l'esilio del Grande caduto.

Il giorno 16 luglio 1815, Napoleone, che già erasi affidato all'ospitalità del *Bellerofonte*, si dispose a lasciare, momentaneamente, quel vascello, onde recarsi a bordo d'altra nave inglese, a ricambiarvi la visita, poc'anzi ricevuta dall'ammiraglio Hotam. L'equipaggio del Bellerofonte, che prodigavagli, in que' primi giorni, tutte le più squisite dimostranze di rispetto, schierossi allora sul cassero per fargli ala mentre passava, ed un picchetto di soldati, comandato da un ufficiale, resegli a capo alla scala gli onori militari dovuti al più alto grado. Napoleone, visti que' soldati e quelle armi, dimenticossi tosto chi e dove ei fosse, e non consultando che l'indole sua così essenzialmente pronta e soldatesca, fermossi a comandar loro il militare esercizio, non altrimenti ch'ei fatto avrebbe s'ei fosse stato nel reggimento d'artiglieria in cui fece le prime sue prove. Nè a questo ei fermossi: chè non avendo i soldati inglesi eseguito con bastevole slancio l'atto del mettere le armi in resta, l'Imperatore avanzossi risolutamente in mezzo di essi, e scartando colle due mani le punte delle loro armi, giunse ad afferrare uno dei fucili della terza fila, col quale eseguì ei medesimo i dati comandi, secondo la mente della scuola francese. Una subita ed estrema commozione manifestossi allora sul volto dei soldati, degli ufficiali, di tutti gli spettatori: essa esprimeva la sorpresa svegliatasi nello scorgere l'Imperatore mettersi, in tal guisa, in mezzo alle baionette inglesi, alcune delle quali toccavangli il petto. « Questo incidente (dice il citato Las-Cases nel suo celebre *Memoriale*) fece una profonda impressione: al nostro ritorno dal *Superbo* fummo su di ciò assiepati d'inchieste: ci si domandava se egli fosse solito di adoperare in tal modo co'suoi soldati, nè vi fu chi non tremasse ricordando quella sì arrisicata fidanza. Nessuno, tra gli Inglesi, potea credere che vi fossero sovrani capaci di comandare in siffatto modo, di spiegare ed eseguire essi stessi, in tale conformità, gli ordini dati. Facile, da ciò, ne fu il ravvisare che nessuno d'essi avea una giusta idea di quegli che vedevano presente, abbenchè, da venti anni, ad esso rivolgessero tutta la loro attenzione, tutti i loro sforzi, tutte le loro parole ».

Cav. BARATTA.

TEMPIO D'ADJMIR NEL RADJASTHAN

TEMPIO D'ADJMIR NEL RADJASTHAN

D'umano ingegno, mirabile sovra tutto nella infinita varietà delle sue opere, non mai, forse, tanto risplende, quanto nelle architettoniche costruzioni, le quali, attagliandosi scrupolosamente alle diverse fisiche e morali condizioni de'luoghi, vestono mille e mille svariatissimi aspetti, secondo che il clima, gli usi, le leggi, l'utilità, i bisogni delle genti comandano. Quindi è che le reliquie degli edifici furono, in ogni età, preziosissimo strumento della storia, la quale, internandosi tra le rovine, e studiando i superstiti monumenti, trae da essi luminosissime faci per giungere alla discoperta del vero cercato. Qual cosa, infatti, più della struttura delle case, de'tempii, de'pubblici e privati edifici d'ogni guisa, dipinge lo stato della società, l'indole di un'epoca, il carattere degli individui? Severi in Grecia, fastosi in Roma, fantastici nel Norte, aerei in Oriente, gravi ne'tempi di mezzo, semplici dove regna sobrietà di costume, lussurianti ove abbondano le ricchezze, non sono dessi viva pittura, e quasi compendio de' tempi e de' popoli che gli innalzarono?

L'imagine che qui rechiamo, imagine che raffigura l'interno del tempio d'Adjmir, nel Radjasthan, porge bell'esempio di quella bizzarra architettonica varietà della quale è parola. Eccone la descrizione, quale venne, non ha guari, pubblicata negli *Annali ed antichità del Radjasthan*, opera del colonnello Tod, da cui traemmo anche il rame.

Il tempio di Adjmir è uno de' più antichi e notevoli monumenti dell'indostanica architettura. Credesi ch'ei fosse edificato duecento anni circa prima dell'era cristiana. Il suo interno consta di una vasta sala, ornata da quadruplice ordine di colonne. Il soffitto non ha altra parte a vôlta, che lo spazio compreso tra le colonne del centro: in tutto il resto, cioè a dire tutto all' intorno, esso è soltanto diviso in piccioli scompartimenti adorni di ricche e dilicate scolture. Le colonne meritano, soprattutto, l'ammirazione de'contemplatori. Decorate con elegantissima profusione, esse non hanno fra loro altra somiglianza che quella derivante dai caratteri più generali della conformazione: ma distinguonsi, tutte quante, le une dalle altre, ne' rispettivi particolari rabbellimenti, i quali sono di una finitezza preziosa. La sovrapposta imagine non potè esprimere che in modo assai vago ed imperfetto le leggiadre bizzarrie di que' vecchi artisti indostanici. L'esteriore dell'edificio appartiene all'arte più moderna. Il muro di cinta che avvolge l'area entro a cui stà il tempio, può dirsi magnifico tipo della saracinesca architettura. L' intera fronte dell'edificio è ricoperta di arabiche iscrizioni. Scorgonsi, a destra del maggiore ingresso, gli avanzi di un *minaret*. Casto è il concetto di quest'edificio: la pietra adoperata nella sua costruzione è gialla, e tanto lucida e splendente quanto il *giallo-antico*.

Il nome volgare di questo tempio si è *urai-din-cajhopra*, cioè a dire: « *l'opera di due giorni e mezzo* ». Imperocchè, secondo le tradizioni, l' architetto non avrebbe impiegato tempo maggiore per cominciare ed ultimare tale lavoro. Ancorchè si cangiassero i giorni in anni, rimarrebbe tuttavia ampio motivo di maravigliare per sì rapida esecuzione di cotant'opera.

Il tempio di Adjmir è, del resto, intitolato all'Essere Supremo, uno, indivisibile, spirituale, senza parti od estensione.

Gli edifici sacri più osservabili dell' India occidentale appartengono tutti alla setta buddista o *Djeinàs*. Ecco, intorno a questa strana setta, i particolari che vengono dati dall'autore stesso, da cui traemmo l'intaglio e la precedente descrizione.

Sono i *Djeinàs* una setta importante la quale protesta, da secoli, contro le innovazioni via via introdotte dai brahamini nella primitiva religione delle Indie. Credesi generalmente che questi settari siano poco numerosi ed influenti, e l'abbate Dubois, nella sua opera sui costumi, le istituzioni e le cerimonie dei popoli dell'India, contribuì possentemente a spargere quest'errore. Egli è certo, per lo contrario, dietro recentissime informazioni, che la religiosa e politica autorità dei *Djeinàs*, quantunque scaduta d'assai dalla altezza in cui trovavasi cinque o seicento anni addietro, è, nondimeno, tuttora molto considerevole. Citasi il pontefice di un de'rami di questa setta, il quale ha, esso solo, undicimila discepoli predicanti, sparsi oggidi in tutta l'India. Una semplice comunità di *Djeinàs*, l'Ossi o l'Oswal, consta di centomila famiglie.

Più della metà del commercio delle Indie lassi dai *Djeinàs*, ed è in mezzo a loro che trovasi il maggior numero de' banchieri e de' ricevitori delle pubbliche imposte.

I *Djeinàs* credono in Dio unico e spirituale: dicono che la virtù essendo per propria natura, giusta, quelli che l'esercitano in questo mondo saranno ricompensati nell'altro con un *felice* rinascimento, mentrechè il vizio essendo d'indole cattiva ed ingiusta, i cattivi saranno puniti con un rinascimento *infelice*. Suppongono l' esistenza di tre mondi: 1° l'*ourdoval-loca*, o mondo superiore; 2° l'*adha-loca*, o mondo inferiore; 3° il *mahdia-loca*, o mondo medio, abitazione dei mortali, e regno della virtù o del vizio. Questi mondi sono poi divisi in un certo numero di soggiorni diversi, in cui godesi varia misura di delizie, secondo il vario merito delle persone. Tali sono i principii fondamentali della fede che essi professano: i particolari della medesima altro non sono che ridicoli e puerili pregiudizi, figli delle tenebre della più cieca superstizione, e conseguenza lontana della ignoranza in che il paese è sepolto.

Cav. BARATTA.

DELL'EDUCAZIONE LETTERARIA DEL BEL SESSO

Non evvi chi non sia persuaso a'giorni nostri che le lettere sono di ornamento nelle cose prospere, e di conforto nelle avverse, come tutti i buoni convengono che non vi deve essere insegnamento senza educazione religiosa, di cui non intendiamo qui di far parola. La difficoltà consiste, a parer mio, nello stabilire un metodo d' insegnamento, cioè nel determinare la serie delle scienze da insegnarsi alle persone agiate, e principalmente alle damigelle nell'educazione privata che conviene dare al gentil sesso

Parlando dunque dell' ammaestramento privato, sono d' avviso che si cominci:

1° Dalla grammatica italiana e dalla francese, l'una paragonata con l'altra, poichè la ragazza non conoscendo che il dialetto nativo, può impararle facilmente ambedue, e discernere i punti in cui vanno d'accordo e quelli che sono fra loro discrepanti, e mercè di un quadro in cui stiano registrate le parti del discorso nelle due lingue, la damigella è in breve tempo capace di fare un'analisi grammaticale dopo di avere acquistato un corredo di voci italiane e di francesi analoghe alla grammatica. La giovinetta resterà sorpresa quando saprà che su 35m. vocaboli che abbiamo nel Dizionario della lingua italiana ve ne sono soltanto cinque che terminano per consonante, cioè *con, il, in, non, per;* motivo per cui la nostra lingua è la più adattata alla poesia ed alla musica vocale. Essa si compiacerà di sapere che abbiamo soltanto 4 comparativi, *maggiore, migliore, minore, peggiore.* Non le sarà discaro di aver imparato che abbiamo soltanto 15 monosillabi che vogliono l'accento, vale a dire: chè per imperciocchè; ciò, pr.; dà, verbo; dì, sost.; è, verbo; già, avv.; giù, avv.; là, avv.; lì, avv.; nè, particella; più, avv.; può, verbo; sè, pr.; sì, avv.; tè o thè, pianta (fè per fece è voce poetica), oltre varie altre simili notizie. Questo primo ammaestramento deve terminare col far conoscere alla scolara il meccanismo della versificazione italiana, acciocchè non dia il nome di sonetto a qualunque poesia che le capiti nelle mani, e sappia che noi abbiamo tre specie di rime: *piane, sdrucciole* e *tronche;* vocaboli che non si possono tradurre in francese, e che suonano meglio all'orecchio che le rime mascoline di dodici sillabe, e le femminine di tredici, come biasimerà fra sè colui che in una raccolta di versi epitalamici inchiuderebbe un'elegia.

2°. Si potrebbe passare all' insegnamento degli elementi di fisica e di meteorologia; i quali studi riuscirebbero utili e dilettevoli, avvertendo che ogni lezione verbale del maestro (non parlo di maestre) deve venir compilata dalla scolara, od in italiano od in francese, perchè sia esaminata e corretta dal precettore nell'ortografia, nello stile e nella dottrina. In questi tempi non è cosa sorprendente che una damigella sappia che cosa sia il gas.

3° A questo punto si potrebbero insegnare alla scolara i primi elementi della filosofia, spiegandole le massime che si riferiscono a Dio, alla materia, all' uomo, all'anima, alle idee ed ai sensi; massime che verrebbero dalla stessa scolara compilate e sottoposte alla disamina dell'istitutore.

4° Dopo queste lezioncelle si può passare ai primi elementi della storia naturale, che presentano i temi i più importanti, ed allora la giovinetta scolara saprà che vi sono mammiferi che volano, ed altri che vivono nell'acqua, come imparerà molte cognizioni curiose ed istruttive in botanica ed in mineralogia, cosicchè non sarà sorpresa nell'udire che le piante si nutricano, che il diamante è un combustibile, ecc.

5° Poscia si dovrebbero insegnare i primi rudimenti di aritmetica, di geometria, di pesi e misure, poichè sta bene che la scolara sappia, fra le altre cose, che le voci *trabucco, piede liprando, rubbo, emina, raso* ecc. non sono voci italiane; come vedendo scritto 0,5: 0,55: 0,555: 0,5555, saprà leggere cinque decimi, cinquantacinque centesimi, cinquecento cinquantacinque millesimi, cinquemila cinquecento cinquantacinque diecimillesimi.

6° Passerei quindi alla cronologia, e coll'aiuto della mnemonica si otterranno risultamenti portentosi nelle tenere menti, e non si confonderanno i fatti della storia sacra con quelli della storia greca e della romana, partendo però dalla base che non abbiamo date certe, salvo pei dieci secoli che precedettero l'era cristiana.

7° Eccoci giunti allo studio della cosmografia, la quale ci dà un' idea di tutto il creato, e senza tale studio non si può passare a quello della geografia e della storia. La cronologia e la geografia sono gli occhi della storia, ma questa senza la geografia è una scienza cieca, come la geografia senza la storia è una scienza muta. La cosmografia è alla geografia ciò che l'arte del disegno è all'arte del dipingere. Allora la scolara saprà che vi sono 18 lune nel nostro sistema planetario; che la terra è più vicina al sole nell'inverno che nella state; che l'uomo non può arrivare al grado 88 di latitudine Nord.

8° La geografia, che è per la storia ciò che la luce è per un capolavoro di pittura, è una delle scienze più importanti, e tanto la sacra quanto la profana, tanto l'antica quanto la moderna servono di ornamento allo spirito, qualunque sia lo stato che l'allieva possa abbracciare. Chi può capire una gazzetta se ignora la geografia! Chi può sapere la storia sacra se non conosce l'atlante sacro!

9° Dopo tutte queste cognizioni si può studiare la storia sacra, la storia ecclesiastica, la storia antica, quella del medio evo (dal 500 al 1500) e la storia moderna, per quindi applicarsi particolarmente alla storia patria.

10. Finalmente per conoscere gli oggetti di pittura e di scultura, come per intendere il linguaggio dei poeti antichi, sta bene di attendere allo studio della mitologia, e così chiunque può farsi strada a meglio determinare quale sarà la scienza prediletta cui potrà dedicarsi, mentre durante lo insegnamento sovra descritto la scolara avrà pure il tempo di occuparsi della calligrafia, della musica, del ballo, della pittura ecc., per distinguersi nella buona società.

L. Capello di Sanfranco

BREVE SCORSA PER LA VALSESIA

Senti tu diletto delle pittoresche bellezze della natura? La tua immaginazione esaltasi in mezzo ai maravigliosi quadri ch'ella ti porge davanti nelle montuose regioni, e che ad ogni movere di passo te li ripresenta vestiti di novelli colori? Non ti viene a schivo ed a noia quanto non sente dello straniero? Ebbene meco ora imprendi il viaggio della Valsesia, e ti verrà dato di contemplare nel suo breve giro il ritratto dell'Elvezia: deliziose montagne ammantate di verde smalto, e gigantesche piramidi di ghiaccio che ascondono tra le nubi la canuta fronte; campi ridenti e scarne roccie; selve amene e profondi burroni; limpidi ruscelli e torbidi torrenti; canti giocondi ripetuti dall'eco di cento monti, e solenne silenzio; vita animata, ed impronto di desolazione. Aggiungi le strane e variate fogge di vesti, aggiungi i costumi originali, le naturali maniere e la candida cortesia di quegli alpini abitatori; aggiungi infine il loro gergo diversamente corrotto dalle favelle francese, italiana e teutonica, ed avrai in un ristretto di poche miglia quanto non ti si potrà presentare davanti in un vasto piano per l'estensione di cento e più leghe.

Movendo ad occidente da Novara di già diamo le spalle al vasto borgo di Romagnano, e con diletto salutiamo i giocondi colli di Grignasco inghirlandati di viti.

Fermi un istante sul piccolo ponte di S. Quirico, donde move il principio della Valsesia, storiche rimembranze di un antico fatto ci occorrono alla mente a far fede come fossero d'arditezza ripieni gli abitatori di questa valle, e come intolleranti dell'indegno giogo feudale (1).

Ascendiamo il monte Fenera, a quando a quando riposando le stanche membra nelle fresche grotte del suo seno, adorne di stalattiti. Per lungo tratto di lassù stendesi lo sguardo lungo la vaga curva delle colline, in mezzo a cui apresi ferace pianura bagnata dalla

(1) Vedi Guida ad una gita per entro la Valsesia, del dottore Girolamo Lana.

Sesia. Sorge sotto i nostri piedi isolato un poggio a modo di vedetta, su cui fanno di sè mostra le antiche reliquie del castello di Robiallo, avvolte fra le spine e l'edera. Oh quante fiate da quel covo d'infamia il rapace astore piombò sull'innocente passeggiero, arrecando la desolazione e lo squallore nella di lui famigliuola!

Per dolce pendio s'apre agevole e larga strada che mena a Valduggia, terra natale di Gaudenzio Ferrari, l'immortale Raffaello della Valsesia.

In mezzo a verdi prati ci si appresenta Borgosesia: fertile è il terreno, ridente il zaffiro del cielo che specchiasi nelle onde della Sesia lambenti i suoi piedi. Dilettosi monti di fruttifere piante rivestiti gli fanno corona d'ambo i lati, e su tutti si estolle la guglia piramidale del monte Barone.

Oltre procedendo, vola lo sguardo a sinistra. E quell'ardito ponte di romantico aspetto che accavalca la Sesia? Quell'ameno castello che biancheggia fra il verde delle piante? E quel campanile torreggiante in mezzo alle frondose cime de'noci? È Agnona. Alquanto più sotto lungo la medesima sponda siede Isolella; e quindi più in alto in mezzo a folti alberi, come tel dice il nome, ascondesi Foresto.

Trapassiamo Quarona, ed eccoci fermi sul ponte che sormonta il torrente Pascone presso il villaggio della Rocca. Vedi quei due poggi che qua e là formano ala ai sottostanti sparsi casolari? Dall'una parte innalzavasi un giorno il castello d'Ariani: ne ascendiamo sulla vetta e visitiamo il laghetto di S. Agostino, in cui capovolte si riflettono le frondose cime dei monti. Dall'altro lato sorgono le rovine di quello dei Barbavara. Con fremito d'orrore imponiamo i piedi su quelle diroccate mura, e caldi di generoso sdegno ne sgretoliamo alcuni frantumi. Quante grida di dolore si saranno elevate entro a quei recinti! Quante lagrime di spose svergognate, quante stille di sangue innocente avranno bagnato quel suolo nefando! Ma i delitti di sangue furono lavati col sangue. Arsero le fiamme quel nido di rapina, e quanto rimase illeso dall'incendio venne distrutto dalla mano degli infuriati oppressi, che in un'ora vendicavano le ingiurie e l'onte di un secolo. Ora colassù stanno quelle rovine come una pagina d'antica storia staccata da grosso volume che il tempo corrose. Fra gli aspri involti degli spini ed il fesso delle fondamenta celasi il ramarro; e ne' caldi giorni al riverbero del sole fra le tristi erbe s'avvolge la vipera intorpidita, ma guai all'incauto piede che la preme! Odi fra gli orrori del notturno silenzio, come da una sua dimora prediletta, sollevare il gufo un lungo funereo lamento, stringendo di paura il cuore allo smarrito viandante, che la vetta d'opaca rupe scambia nell'aspetto di notturno minaccioso gigante.

Già i monti che fiancheggiano la strada si vanno restringendo e lasciano un breve intervallo nudo e sterile: ma ben tosto tornano ad aprirsi alquanto e presentano nel mezzo un anfiteatro di floridi prati e di campi rigogliosi di viti che si maritano agli olmi. A me palpita di viva gioia il cuore; una lagrima di tenerezza irrora le mie pupille ed un latte di tutta dolcezza mi sento scorrere per le vene, quale chi ha tocco la meta d'un fervido desio. Salve, o natale mia terra! Salve, o diletta mia Varallo! Astretto a vivermene lontano dal tuo seno, esultando sempre io torno a rivederti; e con orgogliosa compiacenza sempre ti rivedo abbellita di qualche recente laudevole opera: allargansi le tue piazze e le tue contrade; sorgono novelli palazzi a renderti adorna; e quel che più ti onora, fioriscono nel tuo seno i pii instituti, le nobili adunanze e le filantropiche società. Con sommo amore tu vai educando i tuoi non opulenti figli nello studio delle arti belle, ed a loro infiammi il seno del bel desio di gloria: ed essi ben degnamente corrispondendo alle materne tue cure ed allo svegliato ingegno largito dalla natura, rendonsi chiari e desiati presso gli stranieri, ed ottengono (o gioia!) fama di artisti non meno valenti che onesti ed incorrotti.

Il sole cela l'ultimo suo sguardo dietro il vertice di quegli eccelsi monti; qui pernottiamo. Domani volgeremo il piede sovra a quel sacro poggio che in sì maestoso e favorevole aspetto elevasi, ed il nostro cuore aprirassi alle infinite maraviglie della natura e dell'arte.

Il mattutino canto degli augelli c'invita a prendere il monte per agevole salita dall'uno de'suoi fianchi. Fresco e puro spira l'aere tra le verdi fronde de' castagni, e scuote sul nostro capo le rugiadose stille dell'aurora. Acquistata ne abbiamo la cima: la fatica dell'ascesa fu vinta dalla freschezza del mattino, dal prospetto de'luoghi. Quale pomposa scena! quale amena varietà d'oggetti! quivi verdeggia una selvetta di faggi; là si distende picciolo piano dipinto di cento guise di fiori; quindi giace silenziosa valletta; quindi elevasi un poggetto, intorno a cui s'avvolge comodo sentiero: e vedi seminate all'intorno bellissime cappellette di varia forma, in cui la naturalezza e sublimità dei dipinti, la perfezione delle infinite statue spiranti vita vanno oltre al credere, e rendono questo santuario sovra ogni altro insigne. Contempla ed ammira, ed a buon giusto esclamerai avere la pittura, la scoltura e l'architettura di conserva ceduto gli arnesi del loro lavorio alla pietà, onde ne adornasse il loco e sublimasse in perfetta maniera l'arte cristiana. Nel mezzo a vaga piazzetta circondata da portici e terrazzi, sgorga di sotto ai piedi del risorto Redentore una perenne fonte cadente in vasto bacino di pietra, emblema delle celesti grazie: nel fondo torreggia maestosamente il tempio della Vergine. E quel peristilio corinzio che sorge alcuni piedi da terra? È disegno dell'insigne architetto dell'Arco della Pace. O immortale Cagnola, l'idea del tuo sublime concetto giace ed attende una mano generosa che la sollevi a compimento. Godiamo dello svariato e piacevole panorama che dal vicino spianato si dispiega all'attonito sguardo. Eccoci sorgere a fronte l'ardua vetta del Pizzo; appaiono lungo le ripide sue spalle i profondi solchi de' torrenti, che precipitosi, nelle pioggie, in giù si avvallano:

appaiono i rupi ondeggiamenti del selvoso suo manto. Ecco al disotto i tetti della città porgenti l'immagine di un vasto lastricato; ecco la facciata della conspicua cattedrale assisa a cavaliere di piccola rupe. Erra a levante lo sguardo lungo la bella pianura frastagliata al lembo dalla Sesia: chiude a ponente la magnifica scena una chiostra di erte montagne nella silvestre loro maestà.

Discesi a malincuore da questo poggio, beata stanza di meditazione e di religiosa pace, noi riprendiamo il cammino a ritroso della Sesia per la bella strada provinciale, non ha guari aperta. Le dure rupi, squarciate dai fulminei granelli in miglior uso adoperati, furono costrette a cessare il loco, indietreggiando dai limiti prefissi dalla natura.

Scoscese balze e profondi valloni dalla parte ove non può il sole, montagne dall'altra ammantate di ridenti pascoli alpini, oppongono un contrapposto di selvaggio ed ameno sin dove diramasi una vallea secondaria, che, dal torrentello che la discorre, Valsermenza appellasi.

Desiosi di mirare la natura in tutta la maestà del suo orrido aspetto, ci spingiamo per essa lungo gli scabri ravvolgimenti di sassoso sentiero, oltrepassando le alpestri pendici di Rossa e di Buccioleto. Fervento è strozzato fra altissimi monti e nude pareti di scoglio perpendicolare, da cui pendono lunghi festoni di verdeggianti edere a naturale ornamento. Al lembo delle sue case odi il fragore della Sermenza, che si scoscende rabbiosa entro profondi burrati e manda in alto bianchi spruzzi delle spezzate sue acque ad irrorarne le muscose mura.

Aspro il suolo, tristo è l'aspetto del villaggio di S. Giuseppe, se non che viene alquanto rallegrato dagli alpini pascoli della Moanda, ove spaziosa grotta s'interna nel monte.

Rima, circondata da mal sicure frane, ne ricorda alla mente i suoi funesti casi e l'altrui pietà che generosamente venne in soccorso de'suoi mali. Vasta giogaia di aspre montagne, paurosi precipizi e negri valloni ne formano il suolo, i suoi contorni. Distinto innaizasi sovra ogni altro il monte Tagliaferro, famoso per le strane popolari tradizioni di tesori nascosti, di geni malefici gelosi di custodirli. Maravigliato miri sulla vetta di quei dirupi affacciarsi e sporgere frequenti chiesette e cappelle elevate dalla pietà dei montanari. L'uomo fra quelle solitudini più si avvicina a Dio, ed in mezzo a'perigliosi varchi sente più forte la necessità della preghiera e della protezione del Cielo.

Reduci dal faticoso cammino, seguitiamo di nuovo il corso della Sesia, dove la grossa strada, che verrà in breve protratta, mette capo a Balmuccia. Per alcun tratto vedove sono di coltura le circostanti sponde tutte ingombre di macigni e d'infeconde arene, talchè inducono noia e stanchezza. Ma ben tosto ritornano a verdeggiare le praterie, a biondeggiare i campi, a rallegrarci i frequenti e lieti villaggi nei contorni di Scopa. Odi il suono delle pastorali avene misto al tintinnio dei sonagli appesi agli armenti: odi le gioconde popolari canzoni delle Alpigiane che risuonano da una balza all'altra.

I monti di Scopello sono magicamente rivestiti di verdeggianti pini e di larici, che videro più volte rinnovarsi la generazione degli uomini. Molesta scure giammai discese sulle loro radici, servendo essi di ritegno alle infeste valanghe di neve.

In fondo ad opaco ridotto siede Razza: squallido valli, nebulosi monti e profondi burroni ne rendono più tristo e melanconico l'aspetto. C'inerpichiamo a stento, chè non è via da vestito di cappa, sulla eccelsa vetta della parete calva. E fama ivi accampasse co'suoi numerosi seguaci fra Dolcino, come in luogo inespugnabile; ma stretto dalla fame e dalle nevi, cadde nelle mani delle genti della lega (1).

Più ridente si dimostra il suolo di Campertogno, rotto è il silenzio de'suoi prati dal frequente rimbombo dei magli; densi globi di fumo si estollono dalle negre sue fucine dove purgasi l'informe massa del ferro che avvampando scorre e dondoleggia a guisa di liquefatto piombo. Gioconda di pascoli e di selve è la valletta d'Artogna. Ristretto fra monti e monti, nel cui mezzo spumeggia la Sesia, è il villaggio della Mollia. Da lungi attrae lo sguardo l'eccelsa guglia del campanile della Riva, colle sue case disposte lungo il dorso d'un dolce pendio, al di là della Sesia. Di qui spingendo i passi sino all'ospizio della Valdobbia, onde è il varco su quel d'Aosta, con grato animo benediciamo ai sacri mani di Nicolao Sottile.

In mezzo a discreta pianura, a prati irrigati da limpidi ruscelli, distendesi Alagna dalle miniere d'oro e di rame. Dalla superba vetta dell'Olen il nostro sguardo si distende per la lunga diramazione delle Alpi sino al Monte Bianco. Sorgono in fondo con tutta la maestà e la pompa delle loro eterne nevi le piramidi, le guglie, gli obelischi del Monte Rosa, che di vermigli colori dipinge la sua candida stola ai rinascenti raggi del sole. Alle sue falde scaturisce la Sesia che in giù si divolve con rapido corso, desiosa di regali nozze. Spenta è la vegetazione all'intorno: imponente silenzio, che ne parla al cuore più d'ogni erudita dissertazione, si avvolge intorno a quelle balze, rotto soltanto nei giorni estivi dallo scroscio de'ghiacci, pari al fragore di fulmineo bronzo. Che è l'uomo a' piedi di quelle inaccessibili torri elevate dalla mano della natura e contemporance de'più antichi secoli? Egli piega, rasa d'orgoglio, a terra la fronte, e riconosce il suo nulla, e spontaneo gli sgorga dal cuore un inno ad esaltare l'opera magnifica della creazione.

Quivi ha fine il nostro corso per questa parte; e di ritorno a Varallo ci disponiamo a visitare pur anco

(1) Or di' a fra Dolcin, dunque, che s'armi,
Tu che forse vedrai il sole in breve,
S'egli non vuol qui tosto seguitarmi;
Sì di vivanda, che stretta di neve
Non rechi la vittoria al Noarese,
Ch'altrimenti acquistar non saria lieve.

DANTE, Inf., canto XXVIII.

la valle del Mastallone, che dipartesi a destra, seguendo la fiumara che le dà il nome.

Annerito da' suoi frequenti e funesti incendi, in alto siede Civarolo disteso lungo l'ardua falda delle montagne che lo chiudono all'intorno.

Pittoresca, orrida e maestosa si innalza la scena al passo della Gula. L'acque del Mastallone che superiormente spumeggianti e fragorose, come il pensiero dell'empio, mugghiavano spezzate contro a grossi macigni, quivi ingorgiate fra due scabre e nude pareti, larghe sol quanto distendesi un uomo colle braccia aperte, dormono nerastre e cupe come il cuore di chi cova una vile vendetta. Dall'alto del ponte, che slanciasi da una roccia all'altra, tu misuri con raccapriccio la profondità del precipizio, e ficchi attonito lo sguardo su per quella tetra gola, dove giammai non discese raggio di sole. Al cadere d'una pietra, con sordo e cupo tonfo rimbombano le profonde caverne escavate dall'acqua a guisa d'ampie caldaie. Le meschine betulle ed il raro caprifoglio che sporgono ai lombi della fenditura dello scoglio, imprimono una tinta di mestizia alla prospettiva; e le erte balze, nella cornice delle quali sporge disagevole via e perigliosa, sono il contorno di sì terribile quadro.

Poco si rallegra ai raggi del diurno pianeta Crávagliana, poco del notturno, soffocata fra selvaggi dirupi e silenziosi valloni.

Agiatezza ed un non so che di modesta opulenza dispiega Fobello, lieta di salubri pascoli e di verdi selve di faggio. Ascesi sull'arduo dorso del monte Baranca, noi ci assidiamo sulle molli erbette a giocondo asciolvere presso le cristalline scaturigini del Mastallone. L'aspetto delle giovani Alpigiane move la gioia de' nostri cuori: i doni di Venere splendono sulle loro guance, resi più appariscenti e cari da naturale schiettezza e dai favori d'Igia. Mira strana foggia di vesti! Mira di quanti vari colori sono i nastri intrecciati alle loro corvine chiome! Vedi come intrepide pendono sull'orlo del precipizio, facendoti arricciare i capegli! Vedi con che agilità acquistano l'erta di quella balza canterellando come se nulla fosse la fatica dell'ascesa!

Malagevole e tortuosa fra dirupi ascende la strada che mena a Rimella, e le frequenti croci che ad ogni passo ti vengono allo sguardo, ricordano luttuosi casi e ti fanno procedere guardingo lungo il ciglio dei precipizi. Fra gli orrori di dirupate montagne, magnifico tempio ostenta Rimella sulla spianata di un profondo burrone, la cui vista ti fa abbrividare. Quivi, saettata dai micidiali ardori del Sirio Cane, riparasi l'amabile dea dei fiori: sotto a' di lei piedi allora s'invermigliano rose di soave fragranza; col suo grato olezzo si tradisce la fragola; le ciliegie pendendo rubiconde dai loro rami, invitano ad appressare alle labbra un frutto che già da più mesi è passato altrove. Stupisci udire corrotti accenti teutonici solo noti a quegli abitanti, il cui suono è aspro come le pietre de' loro monti. Donde movono costoro? La loro origine è avvolta nella nebbia dei tempi. In quale guisa pochi di numero, isolati fra le barriere dei monti e commercianti solo con paesi di gergo italiano, hanno essi potuto conservare il linguaggio de' loro antichissimi avi? Non indegna, parmi, è questa quistione delle attenzioni del filologo. L'amore della loro favella è in essi innato coll'affetto delle rupi native: in questa il degno ministro degli altari, in questa che succhiò col latte, parla al suo popolo parole di evangelica carità; in questa il garzone susurra all'orecchio della timida Alpigiana i primi accenti d'amore, ed in questa i canuti padri del villaggio loro impartiscono la nuziale benedizione. Quale amaro rimprovero a chi mette in non cale la sua dolce e pura favella materna, divinizzata per la penna di mille immortali scrittori!

Varcata la cresta di elevata montagna, scendiamo in Campello, ultima alpestre terra della Valsesia. Quale immensa catena di monti che sovrastano ai monti! quanti profondi valloni apronsi in mezzo a loro, non ancora violati da piede umano! Solo colà tra i folti rami delle piante; emule delle scorse età, posero sicuri il nido montani uccelli; o trabalzando dalle aeree rupi solo il camoscio v'impresse le sue snelle vestigia.

Ma elevati sull'ardua vetta di un monte, ci torna dolce il meditare: e dopo d'avere scorso un lungo tratto di solitudine, come gradito viene all'occhio l'aspetto di una capanna, d'un campicello sporgente fra sterili massi! Come ci tocca il cuore il suono della campana di qualche romitaggio, il canto pastorale, od il solo muggito degli armenti! e la candida mano dell'innocente pastorella che ti appresenta tersa coppa di faggio spumeggiante di fresco latte!

O soavi delizie! o sublimi bellezze della natura! Infelice chi muto ed indifferente a voi si accosta, nè sente l'emozione de' vostri possenti incanti! Infelice! egli non ha scossa la divina scintilla di vita che l'Artefice supremo ha riposta nel cuore dell'uomo.

G. B. Vercelli.

FAVOLA

Il tesoro nascosto

Era infermo un agiato contadino,
E sentendosi a morte omai vicino,
I cari figli intorno a sè raccolse
E il saggio labbro in questi detti sciolse:
« Il poder che dal padre ereditai
E che a voi lascio, non vendete mai
Per patto alcuno che vi sia proposto,
Perchè un tesoro giacevi nascosto.
Dove, nol so; ma voi lo troverete,
Se il terren dappertutto scaverete ».
Ei muore; tosto ecco i suoi figli all'opra;
Ecco i campi voltar tutti sossopra
L'uno appo l'altro; quindi a mano a mano,
Dopo esplorati, seminarvi il grano,
Sì che in pochi anni diér doppio raccolto. —
E il cercato tesor v'era sepolto?
No, ma l'accorto vecchio un gran tesoro
Additò ai figli suoi nel gran lavoro.

Ab. Dom. Cervelli.

CANTO MATTUTINO DI UN CIECO

Immerso nel silenzio e nella notte,
Posai finor. Ora il silenzio cessa:
Ma la notte riman. Alla fresc'aura
Che più leggiera mi percote il volto,
All'olezzo de'fiori, e a quell'incerto
Romor che per le vie succede al sonno,
Sento che torna a comparir l'aurora:
Ma occulta è a me sua rosea fronte: occulta
La letizia che spande. È di sua luce
A me sol nunzio de'pennuti il canto
E il belar delle agnelle che ai montani
Paschi tornan col sole, e della villa
Il vigil bronzo che alla prece chiama
Il popolo divoto. Oh fortunato
Chi te vede e saluta, o limpid'astro,
Confortator d'ogni creata cosa!
Te vidi un tempo io stesso, e in tuo soave
Lume nuotò la mia pupilla: e come
Giulivo io ti scorgea fuor de'marini
Lavacri sollevar l'aureo sembiante,
Sconsolato così seguia tua fiamma
Che dietro il capo si perdea de' monti:
E ancor sento il tuo lampo, onde all'uom cresce
Quanto rinnovan le stagioni in terra.
Ma il color vario di che pingi il mondo,
Ed il sorriso che diffondi e svegli,
Più al ciglio non risplende, e il cor non tocca.
L'uom, ahi! l'uom stesso, imagine di Dio,
Veder mi è tolto, ed ammirar le moli,
Onde ha degli anni la potenza a vile:
Nè dei pensier, scintilla eterea, l'alte
O dolci fantasie da impresse carte
Raccôr mi è dato, e al cùpido intelletto
Nobil esca offerir. Non d'altro io vivo
Che del passato: la più cara parte
Del presente mi è chiusa. — O tu che gli occhi
Mai non apristi al giorno, il duol rattempra:
Più misero son io. Del lume ignaro,
Tu non sai quel che perdi: io degli sparsi
D'Iddio prodigi la memoria ho piena.
Pur ti acqueta, alma mia: la tua sventura
Non sarà senza fine. Allor che morte
Sciolta ti avrà dal carcer che ti serra,
E tu alla tua Cagione, al tuo sospiro,
Sarai tornata ove ogni ben si appunta,
Della pupilla cesserà il digiuno.
Altra vista ti aspetta, altre armonie,
Altre nozze, altro gaudio, ed altro Sole
Che tramonto non ha. Là senza velo
(Ineffabil ristoro!) e senza tempo,
Vedrai Lui stesso che dal nulla trasse
Le maraviglie che perdute or piangi.
Ti riconforta dunque: alla tua pena
Provvedi col futuro: ivi col raggio
Della mente penètra, e alcuna parte
Ond'er cerca quaggiù della mercede
Che al tuo soffrir l'eterna Mano ha pronta.
Vinci così la tua fortuna: emenda
Dell'uom, che avvivi, la natura inferma.
Più sentirai nelle tenebre Iddio.

Del Cav. M. Leoni.

TRASLAZIONE DELLE CENERI DI NAPOLEONE

Agli intagli ed alle notizie che già demmo intorno a questo memorabile fatto nei numeri 20, 23 del nostro foglio, aggiungiamo qui il disegno del cenotafio costrutto a bordo della *Belle-Poule* per accoglièrvi le illustri ceneri riscattate. Questa funzione fu compiuta il 15 ottobre alla sera, e riescì imponente e pietosa in un tempo. « Arrivata a bordo, dice la Relazione ufficiale, la bara fu ricevuta fra due file di uffiziali sotto le armi, e portata sul cassero assettato ad uso di cenotafio. Siccome il Governo lo impose, una guardia di sessanta uomini, comandati dal più veterano dei luogotenenti della fregata, ne facea gli onori. Quantunque fosse tardi, l'assoluzione generale fu data, ed il cadavere restò esposto così tutta la notte; l'elemosiniere ed un uffiziale gli vegliarono dappresso. La domane, un decoroso funebre servizio pose fine alla cerimonia ».

(*Dai* Funerali di Napoleone).

IL R. PALAZZO DI MODENA

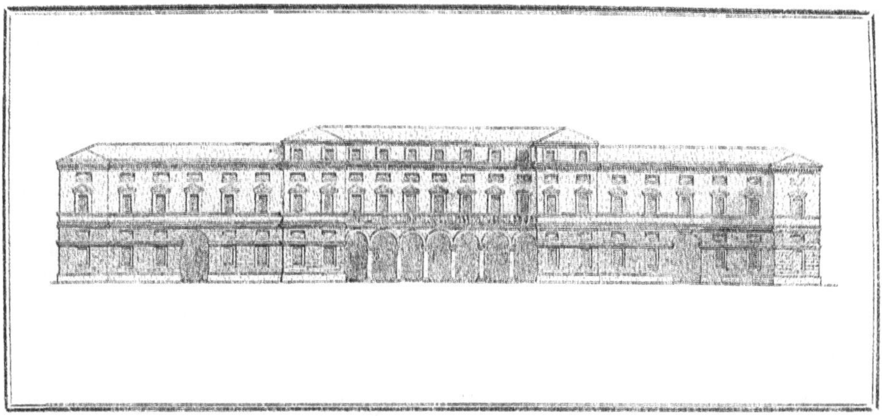

L'egregio sig. dottore ***Peretti****, poeta di corte di* ***S. A. I. R.*** *il duca di* ***Modena*** *dalla cui gentilezza questo giornale già riconosce altri pregievoli doni, accrebbe la nostra gratitudine coll'articolo seguente, ben degno, sotto ogni aspetto, della dotta ed elegante penna da cui scaturiva.*

La casa d' Este, spogliata del dominio di Ferrara da Clemente VIII, come ognun sa, trasferiva in Modena la magnificenza e la gloria dell' antica sua reggia. Sin dall'anno **1291** il marchese Obizzo II, signore di Ferrara, si era dato a fabbricare in Modena il castello e la sua corte nel luogo stesso ove, nel **1634**, il duca Francesco I pensò di erigere una vasta mole che, per la sua ricchezza e grandiosità, fosse degna di essere casa di re. Quindi chiamato a sè Bartolomeo Avanzini, architetto romano, a lui ne commise il disegno, il quale riesci veramente regio e maestoso; comechè dovendo lasciare intatte alcune vecchie fabbriche, non potesse dar pieno corso alla sua immaginazione. Il lavoro era assai inoltrato nella parte greggia, quando l'architetto mori nel **1658**, seguito tre mesi dopo al sepolcro dal Duca suo signore. Alfonso IV, che gli successe, campò troppo poco per occuparsene seriamente; e la duchessa Laura, che governò lo stato nella minorità del figlio Francesco II, impiegando più di centomila scudi romani nel monastero delle Salesiane da lei eretto e dotato, si limitò ad abbellire il palazzo di alcune statue e di ornamenti di marmo. Ma salito sul trono de' suoi maggiori, il giovanetto Francesco fece progredire mirabilmente la fabbrica del palazzo; perchè a lui è dovuta l' erezione del magnifico scalone, il compimento del torrione di mezzo, dell' intera facciata a destra de' riguardanti, e della parte inferiore a sinistra. Per questi lavori fece trasportare da Verona e dalla Dalmazia una quantità sì grande di marmi, che nel settembre del **1682** se ne fece un' ordinazione di mille carri. Rinaldo, che depose il cappello cardinalizio per succedere a Francesco II, morto senza figli nel **1694**, attese principalmente ad ornare l' interno dell' edifizio. Francesco III, figlio di lui, tutto dedito alle opere di pubblica utilità, non si prese pensiero della propria abitazione, tanto più che passò gran parte della sua vita in Milano, ove risiedeva in qualità di governatore della Lombardia Austriaca per la maestà dell' imperatore. Ercole III volle compiere la facciata maggiore; ma avvegnachè, dice il Botta, egli avea molto tempo prima predetto le future vicende d' Europa, non v' impiegò la magnificenza de' suoi antenati; e sostituendo ai marmi le pietre cotte e le pitture ai bassirilievi, tolse molto con ciò alla bellezza del grandioso edifizio. I presagi del buon principe non tardarono molto ad avverarsi; e, vedova de' suoi signori, la reggia Estense cangiò più volte destini, finchè nel 1814 nerolse di nuovo la reale famiglia, accresciuta di recente lustro per vincoli di sangue colla potentissima casa d'Austria. Francesco IV giovandosi successivamente dell'opera degli architetti di corte Giuseppe Soli, Gusmano Soli e dottor Francesco Vandelli, innalzò la fronte orientale del palazzo, fece gettare le fondamenta di un nuovo teatro di corte, e sovra tutto diè compimento al loggiato del vasto e magnifico cortile, che basta per sè a far unico in Italia questo palazzo, di cui serire il Ricci, che per la vaghezza del disegno, e per la mole e la copia dei marmi, e per la maestà del grande prospetto, è uno dei più belli d' Europa. Le belle arti, le scienze e le lettere gareggiarono a rendere insigne questo monumento dell'Atestina potenza, quasi avessero voluto pagar l'omaggio della gratitudine alla protezione che trovarono sempre all'ombra di casa d' Este. Avendo tenuto, a lungo, proposito di questo palazzo nella *Guida di Modena*, compilata dal conte Mario Valdrighi e da me, mi limiterò a discorrerne rapidamente i maggiori pregi in questo giornale, non essendo dell' indole del medesimo il pubblicare articoli troppo lunghi. Dirò dunque prima delle

Sculture. Tengono fra queste il principal luogo due statue in marmo del troppo dimenticato Prospero Spani di Reggio, detto il Clemente. Di queste statue rappresentanti *Ercole* e *Marco Emilio Lepido*, così parla il cav.º Fontanesi: «Gaspare Scaruffi, che aveva per esse « sborsati mille e duecento scudi d'oro, tenevale in « sì gran conto, che solennemente dispose non po- « tersi giammai nè vendere nè contrattare, sotto « pena di caducità, al pubblico di Reggio. Nell'anno « però 1721 la contessa Claudia Prati Scaruffi le- « golle per testamento al sovrano regnante, quasi « vogliosa di far conoscere ai posteri, che la famiglia « Scaruffi seppe a Rinaldo d'Este far dono degno « veramente di principe».—Queste due statue stanno lateralmente all'ingresso del R. palazzo entro due nicchie formate nel vuoto di due finestre, che prima servivano a dar luce all'atrio dell'ingresso. Giambatista Dall'Olio, che nel 1811 pubblicò un opuscolo intitolato — *I pregi del R. Palazzo di Modena* — fa vedere la convenienza di collocarlo come in luogo più degno nel loggiato d'ordine ionico, che ho di sopra indicato, e che offre campo all'Altezza del Duca regnante d'impiegare ad abbellimento della sua reggia l'opera di valenti scultori, i quali ebbero da lei il primo avviamento alla gloria. Altre statue di minor pregio adornano lo scalone, e sono: la *Prudenza*, l'*Abbondanza*, una *Pallade*, un *Console Romano*, un'altra *Pallade* in atto di avere scoccato l'arco, un *Bacco*, un *Ercole*, ed un altro *Bacco*. Queste otto statue sono tutte di mano antica, ad eccezione delle prime due, che si attribuiscono al carrarese Andrea Baratta. Le statue collocate sulla balaustrata diritta della facciata sono: una *Pallade* ed un *Mercurio* di Giovanni Lazzoni carrarese, un *Ercole* e una *Giunone* di Gabriello Brunelli bolognese. Le altre quattro sulla balaustrata del torrione di mezzo sono del Lazzoni suddetto; come pure del Brunelli sono le altre due sulla balaustrata del torrione stesso dal lato del cortile. Il Dall'Olio accenna altre statue levate dalla famosa villa di Tivoli, alcuni busti di principi della famiglia, gli altri del Sigonio e del Muratori lavorati dal Cibei di Carrara, e un gruppo di marmo finissimo rappresentante *Amore* ed *Imeneo*. Io rimetto a quanto egli ne scrive il curioso lettore, per dire alcuna cosa delle

Pitture. Oltre quelle che si ammirano negli appartamenti, dipinte sul muro dal Franceschini, dallo Stringa, dal Quaini, dal Tintoretto, dal Dossi e dal Chiarini; oltre a dodici quadri di Nicolò Dell'Abbate, rappresentanti i fatti dell' Eneide, e trasportati dalla rocca di Scandiano ad ornamento di una delle regie stanze, questo palazzo possiede una superba galleria che, sebbene decaduta dalla sua pristina fama per le infelici guerre che consigliarono la vendita delle tele più insigni alla galleria di Dresda, ha però di che formare tuttora l'ammirazione dello straniero. Il Procaccino, il Tintoretto, il Palma, il Carracci, Guido Reni, il Mantegna, il Garoffolo, Paolo Veronese, Dosso Dossi, il Francia, il Guercino, il Giorgione, il Tiziano, il Morillo, Salvator Rosa, Alberto Duro, Andrea del Sarto ecc., sono i nomi de' più chiari pittori onde si onora questa preziosa raccolta di quadri antichi e moderni.

La Biblioteca Estense è un'altra gloria di questo regio palazzo, e forse la principale. « Il valore dei « libri è incalcolabile, dice il Dall' Olio nella citata « operetta: oltre la quantità di cui era antecedente- « mente fornita, il duca Francesco III, dall'anno 1760 « sino al febbraio del 1780 in cui morì, ne provide « per la somma d'italiano lire 120,535. 96 ». Il Sassaj nella sua *Descrizione di Modena* fa ascendere il numero dei volumi stampati a centomila, e a tremila quello dei manoscritti. Questo sacrario della sapienza italiana è inoltre famoso per gli uomini celebri che in vari tempi ne furono custodi col titolo di *Bibliotecari* o di *Prefetti alla Ducale Biblioteca*. Sono questi il Muratori, il Cantelli, il padre Granelli, l' abate Bacchini, il padre Zaccaria, Domenico Troilo, Gioachino Gabardi, il Tiraboschi e monsignor Giuseppe Baraldi. L' ingegnere Antonio Lombardi, segretario della Società Italiana delle scienze, Giovanni Galvani, profondo filologo ed erudito, e il dotto antiquario Celestino Cavedoni, sono gli attuali bibliotecari di S. A. R. — Alla biblioteca va unito il

Museo delle Medaglie, istituito dalla magnificenza del Duca regnante e del suo R. fratello l'arciduca Massimiliano. Esso è ricco di una pregevolissima collezione di medaglie greche, e conta in complesso più di ventiseimila medaglie antiche. Anche

L'Osservatorio Astronomico, eretto col disegno

di Gusmano Soli nel lato opposto del palazzo, ossia nel torrione destro dalla parte de' RR. giardini, deve la sua fondazione al Principe attuale, il quale avendo beneficate e promosse ne' suoi stati tutte le scienze, all'astronomia come alla più sublime volle dar seggio vicino al trono. Dall'alto della specola si gode di un orizzonte libero, spazioso e insieme dilettevole per varietà di vedute; perchè a mezzodì è terminato dalla catena dell'Apennino, e de' suoi colli che si distendono in anfiteatro da levante a ponente, ed a settentrione dalle maggiori ma più lontane catene delle Alpi, de'menti veronesi e vicentini, e dai colli Euganei. L'osservatorio è fornito di eccellenti istrumenti dell'Amici, del Reichenbach, e del Fraunhofer; inoltre è corredato di un laboratorio per le macchine, al quale uso sono state ridotte due modeste stanzuole, abitate già dal celebre Tiraboschi, nella sua qualità di bibliotecario ducale. Gli atti di questa R. specola sono stati pubblicati dal direttore della medesima, il nobile e chiaro signor professore Giuseppe Bianchi.

L'Archivio segreto infine è vanto non ultimo di questo palazzo, perchè in esso si conservano antichi e preziosi documenti, che somministrarono infinite notizie al celebre Muratori, e che quindi diffusero tanta luce nella storia de'bassi tempi.

La reggia Atestina ha pur essa la sua storia e le sue tradizioni. La sua storia va congiunta a quella de' suoi signori e degli uomini illustri per dignità o per ingegno, cui essa raccolse nelle ospitali sue mura. Le sue tradizioni poi non sono di sangue, di violenze o di tradimenti. Il vecchio Trabante, che vi conduce pei lunghi corritoi del vasto edilizio, se per poco gli andate a genio, vi mostrerà la sala deserta, ove la *Donna bianca* fa sentire il colpo fatale; ma se voi gli chiedete chi sia la *Donna bianca*, vi risponde che venuta a morte un' antica santa di casa d'Este, promise, non sarebbe avvenuta a' suoi alcuna disgrazia ove ella prima non ne desse avviso con tre colpi sì forti da essere uditi nel silenzio della notte per tutto il palazzo. Quando alle tradizioni di questa natura si prestava maggior fede che adesso, non mancarono alcuni che oltre al sentire i colpi dissero aver veduto una figura vestita di bianco passeggiar notturna gli appartamenti. Un antico servitore della Corte sforzavasi un giorno di persuadermi che egli pure aveva udito i tre colpi e veduto l'apparizione della *Donna bianca* poche notti prima della morte di un principe della famiglia. Ed io di buon grado lo lasciai nella sua credenza; avvegnachè sì fatte visioni sono figlie della coscienza assai più che della fantasia; e ripensando fra me ai sanguinosi fantasimi, di cui parlano le tradizioni delle rocche feudali, pareami pur questo un popolare argomento della bontà degli Estensi.

Dottor Antonio Peretti.

PENSIERI ARTISTICI. § 2.

(Vedi n.° 21 anteced.)

La pittura iconica suol essere alimentata da tre diverse sorgenti; l'amor proprio, l'amore d'altrui, e l'ammirazione che inspira la celebrità. Ognuno di questi tre generi deve, secondo la natura sua, trattarsi dal pittore con apposita industria. L'importanza dei ritratti ordinati dall'amor proprio è tutta nell'organico. Ivi ricerchi il pittore il perfezionamento della forma; nobiliti le fisionomie; richiami la volgarità dei contorni naturali verso gl'ideali; cambi la rozzezza in dignità; tolga l'espressione di melensaggine ove ne rinviene; infonda un pensiero dove non ne rinviene; atteggi eroicamente a lor grado il cantante, il ballerino, il suonatore, il poeta estemporaneo, i quali hanno la consolazione di possedere il segreto di loro celebrità, mentre per naturale virtù dell'amor proprio questi soli vedranno un elogio ove altri non troverà che un epigramma. Se è ritratto femminile, aggiunga, qualora possa, alla leggiadria d'un bel volto; accresca freschezza alle rose dell'adolescenza, all' incarnato del pudore; in certi casi lasci anche inavvedutamente trascorrere il pennello ad ingrandire un tantino gli occhi o a restringere le bocche, il che non farà verun torto al di lui credito; in altri casi sappia alquanto alleggerire la mano su certe indiscrezioni dell'età; spianare il vizzo; sostenere il floscio; ammorbidire l'angoloso; indovinare che tal atto spiacevole delle labbra era una volta un vezzo, tal altra un sorriso; ricordarsi civilmente quando al giallo debba surrogarsi il roseo, o il nero al bigio; chè meno saranno somiglianti cotali ritratti, e, per singolare effetto d'ottica femminile, più ne parranno alle rispettive loro commettenti, le quali cogli elogi d'una ingenua eloquenza accresceranno al felice artefice il numero degli avventori. Così il ritratto di famiglia commesso da vanità personale o da domestico affetto, interessante fino alla seconda generazione, e poi dalla terza senza troppa ripugnanza sollevato a decoro di qualche soffitta o ceduto per poco a' rigattieri, riceva dall'arte un merito che in breve gli sarà negato dall'affezione. Così l'oscura mediocrità d'autore pigmeo, che ad innalzare la propria fama ad alcuna altezza ve la sospinge quasi a forza d'argani, con laboriosa mano d'opera, ora chiedendo ad un giornale l'elemosina d'un articolo, ora insinuandovi a pigione colla propria penna uno squarcio ammirativo de'propri scritti, ora arrampicandosi a cavalluccio sugli omeri di qualche grand' uomo con una lettera, con una dedicatoria e con altre somiglianti mene d'abbietta natura per farsi in qualunque modo vettureggiare al tempio di Mnemosine: costui sia dall'arte perfezionato, reso interessante, e se è possibile, anche nobilitato. Ma l'uomo di genio grande, che quasi ignaro di sè risplendette di luce propria, di luce immensa, che da lui si riverberò sulle cognizioni più utili alla sociale condizione, o sulle più ardue investigazioni della scienza, o sulle discipline più atte a migliorare l'essere morale del popolo, l'effigie di quello sia minutamente studiata in ogni sua individualità. L' importanza di tali ritratti è tutta nell'intellettuale, ed in essi non sono da curarsi le fattezze, ma bensì da investigarvisi l'anima coll'accurata indagazione d'ogni segno improntato da essa sul fisico suo integumento. Anzichè dissimulare le irregolarità di questo, conviene che ogni menomo tratto caratteristico ne sia scrupolosamente consegnato sulla tela, e trasmesso alle meditazioni dell' etica, alla curiosità dell' erudito, la quale non può essere compiutamente soddisfatta, se non trova nell'identità dell' effigie un assoluto convincimento di possedere in essa la reale fisonomia di quel grande, non una pittura immaginaria, o di potergli con securità dedicare il culto che è riserbato al genio dalla venerazione de' posteri.

M.se R.o D'Azeglio.

COLORAZIONE E CONSERVAZIONE DEI LEGNI

Fu già varie volte intrattenuto il pubblico del processo del signor dottore Boucherie di Bourdeaux sulla colorazione e conservazione dei legni; il processo consiste nell'approfittare della forza aspiratrice dei vegetali per far assorbire ai medesimi, dal tronco fino alla sommità, certi liquidi.

Digià Halt ricercava la quantità d'acqua assorbita dalle piante. Più tardi il signor Marcet, nel voler studiare l'azione dei veleni sulle piante, servivasi altresì della forza aspiratrice di queste; ed avendole bagnate con dissoluzioni arsenicate, trovò che in brevi giorni il veleno penetrò nelle parti superiori del tronco, ed anche nelle foglie; si esperimentò di più, al solo scopo di conservazione, di far penetrare dei liquidi nei legni coll'azione di forte pressione, o per mezzo di durata immersione.

Ma il dottore Boucherie pare essere primiero ad applicare dei processi brevi, semplici ed economici, tanto alla conservazione, che al coloramento dei legni. Egli taglia l'albero in pieno sevo, ed immerge il suo piede in un tino pieno del liquido che si tratta di farvi aspirare. Senza abbattere l'albero, una cavità, ossia una tratta di sega praticata alla sua base bastano perchè il liquido sia assorbito in pochi giorni dalla parte scalfita.

Per colorare il legno in bruno, il signor Boucherie fa uso d'una dissoluzione mediocremente concentrata di pirolignite di ferro. Facendo subentrare a questo sale una materia astringente, produsse una tinta grigia, od un turchino nerastro. Colla pirolignite di ferro e col prussiato di potassa, esso ottiene un *bleu* di Prussia; finalmente coll'acetato di piombo, e con cromato di potassa formasi un'elegante tinta gialla di cromato di piombo. Scorgesi come possasi variare il numero delle tinte, e se ne ebbero dei felici esempi nelle suppellettili gentili che presentaronsi all'istituto di Parigi.

Dopo l'esperienze fatte in alcune cantine a Bourdeaux, la pirolignite di ferro non ha soltanto il vantaggio di colorare i legni, ma egli ne offre uno più prezioso, quello d'accrescere di molto la loro durata. In effetto, dei cerchi preparati dall'autore erano ancora così sani, che all'epoca in cui vennero messi in opera; mentre cerchi ordinari, posti nelle medesime condizioni, furono intieramente decomposti.

Questi fatti senesi acquistati oggidì in sequela della scoperta del signor Boucherie, e dessi bastano per darle il più alto interesse; poichè si conosce quali immensi vantaggi la marina, l'arte del legnaiuele e dell' ebanista possono trarne.

Per ciò poi che è della durezza, della tenacità e dell'elasticità comunicate ai legni, si devono ammettere, secondo l'avviso di un detto chimico, alcuni dubbi, e sopra tutto sulla proprietà che acquisterebbero i legni stessi esposti all'aria di non più velarsi, lorchè essi sono impregnati di cloruri terrosi od alcalini. Gli è ciò precisamente il contrario di ciò che deve aver luogo. Questi sono infine i soli igrometrici contenuti nel sevo dei legni che li fanno piegare per l'azione dell'umidità. Così tutti sanno che i legni che sono per lungo tempo rimasti sott' acqua, non si travagliano più come i legni nuovi, poichè per la loro immersione hanno perduto i sali che contenevano. Questi igrometri si trovano altresì descritti nelle antiche opere di fisica, il di cui pezzo principale era un pezzetto di legno imbevuto di sali avidi dell'umidità. I cloruri alcalini o terrosi, che sono altamente igrometrici, non possono dunque riempire lo scopo che si è proposto, a meno d'ammettere che si produca nei pori dell'albero una doppia decomposizione, ciò che non può aver luogo quando si considera la natura del sale introdotto.

La scoperta però del signor Boucherie è delle più rimarchevoli del nostro secolo.

Chimico Giovanni Righini.

ORFEO

Trattasi di parlare di un personaggio che ci venne sempre rappresentato come celebre teologo, poeta e cantore. Ma prima d'ogni cosa conviene indagare 1° se egli abbia realmente esistito; 2° a qual famiglia appartenga; 3° in qual tempo sia egli vissuto; 4° quali sono i titoli che gli acquistarono la fama di cui godette presso gli antichi. Sul primo punto osservo che Cicerone sospettò che Orfeo fosse esistito, ed alcuni contano sino cinque Orfei, cosicchè v'ha non poca apparenza che sia di questo nome, come di quello d'Ercole, e che si sarà attribuito ad un solo quello che appartiene a molti. È vero che la storia fa menzione di un Orfeo Beozio, il quale viveva nel 1248 prima di G. C., siccome celebre cantore e poeta; ma aggiunge che è dubbioso, oltre che vi sono autori che ascrivono gl'inni d'Orfeo ad un certo Onomacrito, ateniese, il quale visse 600 anni prima dell'era volgare. Dunque non si può decidere se egli abbia esistito.

Sul secondo punto osservo che gli uni vogliono che fosse figliuolo di Oeagre, re di Tracia, e della musa Calliope; altri lo dicono figliuolo d'Apollo e di Clio, padre di Museo e discepolo di Lino; altri finalmente lo fanno figlio di Calliope e marito di Euridice. Dunque la sua genealogia non è conosciuta.

Sul terzo punto osservo che tutti gli antichi scrittori che parlarono di Orfeo, lo fanno contemporaneo di Giasone e dicono che ebbe parte nella spedizione degli Argonauti la quale si pretende che abbia avuto luogo nel 1263 prima di G. C.; ma siccome questo sarebbe il fatto più antico della storia greca, come anteriore alla guerra di Troja, così è lecito di rivocare in dubbio la stessa conquista del Vello d'oro e di riguardarla come una favola, o come il viaggio più antico che si fosse intrapreso in fatto di commercio, poichè un paese bello e ricco, desiderato da grandi potentati, non rappresenta male il Vello d'oro. Dunque non si può determinare l'epoca in cui i poeti, cattivi maestri di storia, fecero viaggiare gli Argonauti da ponente a levante a loro piacimento, tanto più che, come ho detto (V. Museo n° 29, articolo *Educazione del bel sesso*) non credo che si possa avere data certa salvo pei dieci secoli anteriori all'era volgare; e per dirla più chiaramente, dall'epoca di Salomone.

Sul quarto punto sono costretto di ripetere ciò che ne scrissero i mitologi, al che aggiungerò alcune mie osservazioni. Essi ci dicono che i suoni della cetra d'Orfeo erano tanto melodiosi che allettava perfino le cose insensibili; le belve accorrevano a deporre a' suoi piedi la loro ferocia; gli uccelli venivano a posarsi sugli alberi d'intorno, i venti volgovane da quel lato il loro soffio; i fiumi fermavano il loro corso, e gli alberi danzavano; esagerazioni poetiche che danno a divedere o la perfezione dei suoi talenti o l'arte maravigliosa ch'egli seppe adoperare per raddolcire i costumi feroci de' Traci, o ridurli dalla vita selvaggia alle dolcezze di un vivere incivilito. I suoi viaggi lo perfezionarono nella teologia per modo che è tenuto come padre della teologia pagana, e se si attribuisce ad Orfeo un' astronomia ed una teogonia, si è perchè l'unione di esse due scienze era sì intima, che il cantare le stelle era lo stesso che il cantare gli Dei. Fu egli, dicesi, che al suo ritorno dall'Egitto, ov'era stato iniziato, portò nella Grecia l'espiazione dei delitti, il culto di Bacco, di Ecato, Ctonia o terrestre, e di Cerere, ed i misteri chiamati Orfici. Egli astenevasi dal mangiar carne, ed abborriva l'uso delle uova, persuaso che l'uovo era il principio di tutti gli enti; principio di cosmogonia da lui attinto fra gli Egizii, i quali trovavano nell' uovo un' analogia della situazione del nostro globo per rapporto al firmamento, dicendo che il tuorlo rappresenta la terra, la chiara è figura dell' atmosfera, ed il guscio fa immagine del firmamento. — Convieu confessare che questo maestro di civiltà non prese buoni esemplari, quali sono Giove, Diana, Apollo e Marte. Celebre è la sua discesa all'inferno, ed il suo viaggio della Tesprozia diede origine alla favola di Euridice, la quale forse allude ad una evocazione delle anime dei morti che era molto in voga nell'Egitto. Vi sarebbe egli a'dì nostri un marito che volesse esporsi a tanti pericoli per andare a cercare la consorte? Si può credere eziandio che cotale istoria sia venuta dall'astuzia di qualchedno il quale, dopo essersi per alcuni giorni tenuto nascosto in profondo caverne ove niuno osava di porre il piede, pubblicò che era disceso nell'inferno. Ora gli uni dicono che Orfeo si tolse la vita dopo che ebbe veduta Euridice per l'ultima volta; altri, che sia stato ucciso da un colpo di fulmine in pena di aver rivelato i misteri a'profani. Platone dice che gli Dei lo punirono, perchè finse nella morte d'Euridice un dolore che non sentiva. Un'altra tradizione lo fa mettere in pezzi dalle donne di Tracia, ma la cagione è narrata in modo diverso. Come che sia, fu, dopo la morte, onorato qual Dio, e se gli innalzò un tempio, del quale fu sempre vietato l'ingresso alle donne, forse perchè non se ne conoscessero i riti. Conchiudiamo dunque che sappiamo nulla di certo sulla nascita, sulla vita, sulla morte del nostro Eroe, e diciamolo fra noi, gli scrittori antichi ci raccontarono molte fole, ed i Romani seguirono l'esempio dei Greci col narrarci che le oche risvegliando Manlio salvano dai Galli il Campidoglio e Roma; che Scevola s'abbrucia una mano per sostenere una menzogna; che l'augure Nevio taglia con un rasoio una pietra come un pezzo di giuncata; che s'apre una voragine, Curzio a cavallo vi si getta dentro, e la voragine sparisce ecc. Fingiamo di credere, e ridiamo dei loro scherzi.

Orfeo viene rappresentato con una lira in mano e circondato da animali feroci attrattivi dal suono melodioso della sua cetra. Osservate la figura che vi si presenta, e fate plauso all' incisore se vi va a genio.

C.te L. Capello di Sanfranco.

I PUPILLI DELLA GUARDIA

Per pochi che siano i miei lettori, alcuni si ricorderanno con quanto ardore, con quanto entusiasmo, or sono trent'anni, ogni classe di persone raccontava le magnanime imprese di Napoleone, e per scarsa che n'abbia la memoria dello stato della nazione francese nell' 1811, gli sembrerà ancora un sogno tanta gloria e tanta potenza. Ma d'altra parte avrà meditato come le vittorie ed il coraggio de'suoi soldati abbiano operato il gran miracolo, come il grand' uomo n'avesse compresa la magica forza, e come ogni cura spendesse a mantenerla sempre più viva, feconda, operatrice. Quindi ispirare ai fanciulli il desiderio d'onore, e l'amore allo stato militare, e l' essere tutt' intento a dirigere quegli animi innocenti a scopo glorioso. Quindi la militar disciplina introdotta ne' collegi stessi: l'abito uniforme ed elegante, il suon de' tamburi, il passo misurato, il maneggio dell'armi: i loro ricreamenti, tutte cose guerriere; e lo scorgere con quanta ardenza camminassero in cotali esercizi, e con speranza di manovrare un qualche giorno d' innanzi allo stesso Imperatore! Con quale soddisfazione vedesse Napoleone tutta codesta gioventù infiammata di sì nobile ardore, egli che dalle scuole militari aveva vedute escir più volte giovani ufficiali pieni delle più squisite virtù, ed animati dal più fermo nobilissimo coraggio, devoti intieramente a lui, chi lo può imaginare se nol segue intento a favorire ed a crescere i mezzi onde si mantenesse ognor vivissimo quel generoso ardore! Fra gli altri instituì i *Pupilli della guardia*, pubblicando, il 30 marzo di quell'anno 1811, un decreto che ordinava la formazione, o meglio l'organizzazione d'un reggimento sotto quel nome, composte di due battaglioni a sei compagnie ciascuno. Il decreto aggiungeva che in quel reggimento non vi dovess'essere alcun granatiere, ciò che parve epigrammatico, come si fosse detto che di mustacchi ne potevano far senza. Il 24 agosto dell'anno stesse, quel corpo contò ben ottomila uomini: il suo uniforme era verde a liste gialle: gli fu dato per colonnello il valoroso Bardin, e per maggior-comandante Dibbets.

L'organizzazione di quel reggimento in miniatura seguì in Versailles, ed un bel dì in cui l'Imperatore passò in rivista una parte di quella famosa armata, in que'tempi regina del mondo, con sorpresa generale si vide giungere in buon ordine un grosso battaglione di piccoli fantoccini, fra'quali non aveva forse dodici anni il più vecchio, ed al loro appiombo, all'aria marziale si potevano scambiare per vecchie truppe, tanto erane regolari, uniformi i loro movimenti, sì ben misurato l'assieme della marcia. Quegli imberbi eroi si posero in linea di battaglia faccia a faccia di un battaglione della vecchia guardia, tutta gente cresciuta ne'pericoli della guerra, che in Egitto, in Italia e nella Germania s'era innalzata per gradi e per decorazioni. Que'vecchi baffi allargandosi parevano sorridere alla vista di que'fanciulli; ma vi giunse l'Imperatore, passò in rivista il battaglione de'Pupilli, e frapponendosi a questi ed a'suoi vecchi granatieri: « Soldati della mia guardia, disse in tuon severo, eccovi i vostri figli. Perdettero i loro padri combattenti al vostro fianco: siate voi i loro tutori: trovino in voi l'esempio e l'aiuto. Imitandovi saranno valorosi; seguendo i vostri consigli, diverranno buoni soldati. Ad essi loro do in guardia mio figlio, ed essi a voi: siate i loro amici e protettori ». Poscia rivoltosi ai Pupilli: « Nell'unirvi alla guardia, miei fanciulli, vi do a compiere un dovere assai difficile; ma di voi io ne faccio gran conto, e spero d'udire un qualche giorno: Quei fanciulli erano ben degni dei loro padri ». Un grido fragoroso di *Viva l'Imperatore* rimbombò in quell'istante: i giovani soldati sfilarono in buon ordine in capo della *guardia*, e da quel dì cominciarono il loro servizio presso il re di Roma.

In quell'epoca stessa, fra i granatieri della vecchia guardia v'era un certo Giovanni Simone, il quale dal primo momento in cui nel **1792** si trassero le armi, e volarono i più valorosi cittadini alla difesa della patria, non aveva mai abbandonata la sua bandiera. Era stato alla spedizione d'Egitto: alla battaglia di Marengo s'era guadagnato un fucile d'onore, ed a quella più famosa d'Austerlitz, la croce e l'arruolamento nella guardia, dove ogni soldato era come un sott'officiale della linea. Un giorno gli venne ricapitata una lettera da Lilla suo paese, nella quale gli si diceva che un suo fratello sul punto di morte desiderava di vederlo l'ultima volta. Giovanni Simone di buon cuore, come lo è tutta la gente valorosa, non esitò punto, ed avuto un congedo per un mese, l'indomani sull'aurora, la pipa in bocca, il sacco sulla schiena, ed un bastone in mano, eccolo sulla via con que'pensieri che ciascuno può imaginare per l'improvvisa dolorosa notizia. Giunse alla casa paterna, trovò il fratello che spirava, e che ebbe appena il fiato di ringraziarlo, di benedirlo, e raccomandargli un suo fanciullo, ch'era là, guardando più stupido che sorpreso od addolorato, quella scena commovente. Quest'era tutta l'eredità lasciatagli, e riconosciuto che le disgrazie avevano ridotto alla più deplorabile miseria il proprio fratello, dopo mille pensieri e mille progetti, si decise di ripartire col fanciullo, condurselo al suo reggimento, e fin che non avvenisse miglior fortuna, dividere coll'orfano nipote il suo pane bigio, e tutto quel ben di Dio ch'egli stesso potesse avere. — Francesco, ti piacciono i soldati? — Sono come voi i soldati? — Sì, appunto come son io. — In allora mi piacciono. Voglio essere anch'io soldato, con un bel abito, un gran cappello, una lunga sciabola... Sta zitto che ci penserò io, ed un qualche giorno sarai soldato. — Così press'a poco la discorrevano per viaggio: ma giunti appena alla guarnigione, siccome in quei tempi non durava gran tempo la pace, Simone trovò che il suo reggimento era sulle mosse per ubbidire all'ordine di guerra, e per la prima volta in sua vita quest'ordine lo fece tremare. Che farne di quel fanciullo suo nipote, raccomandatogli da un fratello moribondo, e che perciò non avrebbe mai avuto il coraggio d'abbandonare? Esporlo alla fatica di lunghe marcie, alle durezze dell'accamparsi, al fuoco de'nemici? Dio mi suggerisca da uscirne bene, ed un'idea subitanea, una grand'idea d'un ardimentoso tentativo lo fermò un istante. Sembra che il genio di que'tempi influisse al concepimento delle idee stesse, e che tutto avesse ad essere grandioso. Simone corre da un sergente suo compagno rinomatissimo per bello scrivere, e gli detta la lettera seguente:

Mio Imperatore,

« Gian Simone, soldato nella terza del secondo *granatieri a piedi* della vostra guardia, quello stesso che di vostre mani avete decorato ad Austerlitz, ha l'onore di farvi sapere che avendo ereditato un nipotino, non sa che farne al momento di rientrare in campagna: un qualche giorno potrebbe divenire un buon soldato: ma io che so quanto danno porti il non saper nè leggere nè scrivere, non vorrei che per lui vi fosse lo stesso inconveniente, e vi prego pertanto di metterlo in qualche scuola ad imparare ciò che io non posso insegnargli. Quanto al battersi valorosamente per voi, me ne incarico io stesso, e vi assicuro che non sarà mai un poltrone.

« Scusate, mio Imperatore, se non faccio che il segno di croce sotto questa lettera, ho le mie ragioni; ma ho pur segnato nello stesso modo il mio arruolamento, e non potete dire che sia stato meno buono per questo ».

Il colonnello Dorsenne rimise all'Imperatore quella supplica eloquente, e pochi giorni dopo Francesco era un alunno di S. Ciro; e Simone partiva tutto lieto per quella sì famosa quanto funesta spedizione contro la Russia.

Francesco che era pieno d'intelligenza fece i più rapidi progressi. In capo ad un anno era fra i primi allievi, ed il migliore istruttore della scuola. Non uno de'miei lettori ignora i disastri della grand'armata combattuta da'nemici, vinta dal freddo, onde Napoleone se ne ritornò a Parigi, si mise ad adunare con ogni sforzo una nuova armata a respingere la coalizione delle armate europee che gli minacciavano l'ultima rovina. La nuova di quella fatale sciagura era penetrata nel collegio di S. Ciro, e Francesco più che altri mai n'aveva sofferto. Che ne sarà avvenuto del mio buon padre Simone! Oh! sono orfano la seconda volta! Fossi almeno in un reggimento, e non qui rinchiuso, per averne qualche notizia! Ho la forza ed il coraggio d'essere soldato, ed ora che si sta organizzando un'altra armata, io voglio appartenervi, voglio essere nelle file, voglio battermi come ha sempre fatto il mio buon tutore: voglio dividere le fatiche e le glorie dell'armata. E questo pensiero gli agitava l'animo, e l'ardente sua immaginazione era tutta nel cercar qualche maniera di porre ad esecuzione l'ideale progetto, quando sente che l'Imperatore va cacciando pei boschi di Versailles. Oh! la bella occasione per non lasciarla fuggire! E ciò detto, cogliendo il buon momento in cui niuno lo guardi, s'arrampica su d'un albero, di là trabalza un muro, ed eccolo in pochi minuti nel bel mezzo della foresta, e, piantatosi in un bivio, aspetta, aspetta, mulinando nella sua testolina il discorso dal quale aveva da dipendere la sua fortuna. Vi passarono e conti, e duchi, e marescialli, e finalmente vide giungere l'Imperatore stesso al galoppo, che s'arrestò maravigliato allo scorgere di quell' ora, ed in quel luogo, un allievo fuori della sua scuola, ed in tuono alquanto brusco: *Che fai tu qui?* gli disse. Francesco ritto su due piedi a paralello sulla stessa linea, la mano allo sciakò, e d'un'aria risoluta: Aspettava voi, rispose, o Sire. — Perchè uscisti dalla scuola? — Per dir una parola a V. M. — E come n'uscisti? — Saltando il muro. — Che cos'hai a domandarmi? — L'onore d'essere annoverato fra quelli che raccoglieto per la nuova armata. — Il tuo nome? — Francesco Simone, nipote di Gian Simone granatiere della guardia. — Ritorna alla tua scuola. — Sì, o Sire. — Ti farai chiudere nella sala correzionale. — Sì, o Sire. — *Penserò a te.* — Francesco ritornò al collegio, fu ripreso severamente, e chiuso nella sala di punizione; ma tutto ciò per lui era men che nulla. L'Imperatore aveva detto *Penserò a te*, e queste parole gli ballavano in mente, e gli suscitavano le più dolci speranze, lo compensavano d'ogni tormento. Il dopo domani infatti si sente chiamar dal comandante che gli rimette un brevetto di luogotenente ne'*Pupilli della guardia*. Non può immaginarsi la gioia di Francesco se non quegli il quale abbia ottenuto gli *spallini* di sottotenente. Oh! i primi spallini sono pur la gran consolazione de'giovani soldati. Ufficiale! Io ufficiale nella guardia del re di Roma?! Chi l'avrebbe pensato? — Ne menava un tal rumore, ne faceva tal festa, e gridava, esultava, ed abbracciava i suoi compagni, il comandante, che sembrava matto. In men che lo dico preparò ogni sua cosa alla partenza, salutò i superiori e gli amici, e più felice, più fiero d'un maresciallo di Francia, si portò senza perdere un istante al deposito del reggimento.

In pochissimo tempo si fece conoscere ed amare dai suoi nuovi compagni e superiori. La sua educazione militare era stata severa, quanto buona e ben applicata e diretta. Faceva ogni sua voglia de'suoi piccoli soldati, e questi fanciulli che lo videro sempre un ufficiale zelante, attivissimo e fiducioso, l'ebbero ben presto nella più affettuosa amicizia. Scrisse a Simone l'esito della scappatina, e finiva la lettera con dirgli che viveva sperando di trovarlo e rivederlo ben presto su qualche campo di battaglia, dove provargli che era degno di lui; e questa lettera portava in buon tempo qualche consolazione al veterano granatiere, il quale, solito a vincer sempre per ben quindici anni le armate straniere, ora le vedeva invadere la Francia, la qual cosa gli cagionava il più amaro cordoglio. La lettera di Francesco lo stupì, e la mostrò a tutto il reggimento, e se la faceva leggere ogni giorno, e giurò sulla sua croce che gli sarebbe stata dolcissima cosa il morire a pro d'un Imperatore che aveva dati tanti beneficii alla sua famiglia.

La storia narra i fatti memorandi di quell'armata che sola disputò a palmo a palme il suolo francese a tutte insieme le forze europee che prevalsero e dominarono. Quanta gloria, e quale rovina!

L'Imperatore in quel rovescio di fortuna dovette ricorrere ad ogni mezzo di risorsa, ed i Pupilli anche essi vennero annoverati fra i battaglioni di guerra. Nelle pianure di Champagne, volendo un bel momento ingannare il nemico su d'una manovra, Napoleone fece collocare un battaglione di Pupilli lungo le file d'un reggimento della sua guardia. Era quello il battaglione di Francesco. Oh! il vederli far meraviglia di bravura quegli arditi giovinetti: scaricare il loro fucile contro que'corpaccioni serrati de'Russi, che ognuno ne faceva tre, dalle lunghe barbe e dalle spalle quadrate: il muoversi, il rivolgersi, l'attaccare, il ritrarsi con ilarità, con franchezza, con precisione come si trattasse d'un giuoco puerile; ed i vecchi soldati ammirarli, incoraggiarli, lodarli impazienti di accorrere, d'immischiarsi, di dividere l'opera gloriosa ad un cenno dei comandanti, che mal li frenavano, onde riuscisse l'ingegnoso stratagemma dell'Imperatore! Il conflitto durò lungamente, ed ahi! quante sanguinoso; ma i Pupilli la vinsero: assaltarono con impeto, bersagliarono con ostinazione, ferivano, ammazzavano, rovinavano con sì grande ardore, che i nemici rincularono, il piano riuscì perfettamente, si conservò l'importante posizione, e premio al coraggio fu il più mirabile successo. Napoleone non era lontano da quel fatto strepitoso: gloriavasi in cuor suo de'predi fanciulli, e correva a ringraziarli con quelle parole eloquenti che aveva sì familiari ad ogni valorosa azione; ma l'arrestò un gruppo di quattro soldati che sulle armi incrociate trasportavano un giovane luogotenente. Ferito alquante ore prima, non volle abbandonare la zoffa se il nemico non abbandonava il campo, ed il sangue perduto e l'asprezza del dolore l'avevano sì fattamente indebolito che pareva morte, se tratto tratto non avesse riunite le poche forze per esclamare: Viva la Francia! viva l'Imperatore! E l'Imperatore era là commosso allo spettacolo lacrimevole, ed una grossa lacrima gli errava sul ciglio, quand'ecco uscir dalle file un granatiere della guardia, e lanciarsi sul funebre convoglio, e stringere fra le braccia il giacente, e tergerlo ed accarezzarlo e baciarlo, poscia rialzarsi, e con voce interrotta: Oh! Sire, punitemi, disse: ho violati gli ordini superiori: abbandonai i miei compagni senza permissione; punitemi: ma questo è mio nipote, mio figlio, il mio Francesco, ed al vederlo sì glorioso non ho potuto frenare l'impeto dell'affezione paterna. *Capitano* Francesco Simone, disse Napoleone, appoggiandosi con forza sulla prima parola, dal giorno che vi incontrai nel bosco di San Ciro, questa croce d'onore è cosa vostra: ricevetela dalle mie stesse mani, poichè avete saputo meritarla... ed in quel punto il granatiere della guardia replicava piangendo: Oh! che mi è stato fatto lo stesso onore, ma dopo non so quante battaglie e vittorie, e codesto monello non compie i sedici anni!... A rivederci Capitano, disse Napoleone, e se n'andò.

Pochi anni sono il colonnello Simone, uno de'migliori ufficiali francesi, viveva a Parigi col vecchio zio, il quale gloriavasi di raccontare al primo giunto la strepitosa avventura del nipotino, con parole più acconce di quello che non abbiamo saputo narrarla ai nostri cortesi lettori.

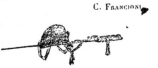

C. Francioni.

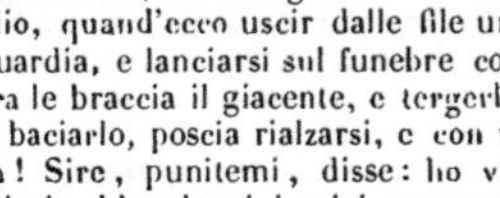

CENNI SU I GIANNIZZERI

(Sultan Mahomud II)

All' imagine del principe sfortunato in cui parve estinguersi l'ultimo raggio della luna ottomana, crediamo opera non inutile nè sgradita il congiungere una breve notizia su i Giannizzeri, temuta famiglia, che ei condusse a sterminio, e la cui memoria associasi, così, con eterno e sanguinoso nodo, al di lui nome. Imperocchè sebbene non siavi, forse, nel mondo, chi non abbia in questi ultimi tempi rivolto spesso il pensiero al giannizzerato, non tutti posseggono, però, su tale argomento, precise nozioni, e può, quindi, riescire fruttevole l'audarle, in breve quadro, rapidamente e ordinatamente riepilogando.

§ 1. *Epoca e modo dell' istituzione*

Hannovi tra gli autori che scrissero su le cose osmane notevoli dispareri in ordine al tempo della creazione del giannizzerato, ed ai particolari che l'accompagnarono. Ma in tanta procella di diserepanti opinioni, ottimo consiglio si è l'attenersi alla sentenza del dottissimo De-Hammer, che è, altronde, quella che abbia per sè maggior numero di aderenti, maggior luce di prove. Secondo questa, l'istituzione dei Giannizzeri appartiene al regno di Urcano, secondo sultano de'Turchi, ed è da porsi precisamente nell'anno 1329 (729 dell'Eg.). Ertogrul ed Osmano, ceppi della turchesca dinastia, aveano allargato gli angusti confini del primitivo loro dominio col mezzo di scorrerie eseguite dagli *akingi*, specie di masnadieri a cavallo, che formavano tutto il loro esercito. Urcano, aprendo la mente a più ampi concetti, creò dapprima l'*Jajà* o *Piade*, truppa a piedi stabile ed ordinata, in cui forza è riconoscere il primo tipo de'soldati stanziali, addivenuti, col tempo, principalissima base d'ogni politico reggimento: ma cotale soldatesca essendo prestamente venuta in superbia, così per la sua paga come per le speciali onorificenze e vantaggi di cui godeva, convenne pensare a contrapporlo un'altra militare associazione, la quale bilanciandone la forza, fosse guarentigia della libera ed assoluta supremazia del monarca. Strettosi adunque Urcano ad intimo consiglio con Alaedino suo fratello, e con Carà-Chalil-Genderli, accortissimo e prede capitano suo favorito, imaginarono di creare un corpo tutto composto de'più nobili e promettenti giovinetti cristiani, caduti guerreggiando in lor mano, ed educati da essi nel maomettismo. Un progetto è questo infernale, osserva il citato celebre storico, cui ninne agguagliò mai nell'effetto dannosissimo a'cristiani, e propizio all'islamismo: un progetto più nero della nitrica polvere stessa, quasi contemporaneamente inventata in Europa da Schwarz. Imperocchè egli è impossibile l'esprimere con parole quanto ferino accorgimento inchiudasi nell'idea di far servire i figli de'cristiani all'oppressione e allo spoglio de'loro connazionali medesimi; di capovolgere, per dir così, l'edificio della natura, sostituendo l'odio all'amore, l'ingiuria al beneficio, il parricidio all'amplesso: di togliere fede, patria e famiglia in un punto alla prole degli abborriti nemici del nome musulmane. Siffatta strana milizia ebbe, del resto, il nome di *jeni-cerì* (nuova truppa) dal celebre monaco *Hagi-Begtax*, fondatore di un ordine religioso che conservossi in grande venerazione su tuttoquanto l'impero osmane sino alla recente distruzione del giannizzerato, il quale, trovandosi in Saligè Kamurgium, (villaggio prossimo ad Amasia nell'Asia Minore), e pregato da Urcano di benedire il novello corpo, pose la manica del suo mantello di feltro sulla testa di uno di tali mercenari apostati, cosicchè la manica pendesse giù all'indietro sulla di lui spalla, e disse le seguenti parole, divenute storiche e celebri tra gli Osmani, cioè « *Il loro nome sia la nuova truppa, il loro volto bianco, il loro braccio vittorioso, la loro sciabola tagliente, la loro lancia trafiggente, sempre ritornino prosperi e vittoriosi* ». Egli è in memoria di questa benedizione che somma fu sempre la buona intelligenza passatasi tra i Giannizzeri ed i monaci dell'ordine dei Begtaxi, che furono, per cento di Mahmud, parte disciolti, parte trucidati nel giorno medesimo in cui i primi cadevano. Gli storici osmani decantano, del resto, concordemente, con somme lodi l'accorgimento e lo zelo religioso che suggerì l'idea del giannizzerato, *istituzione*, dicono essi, *per cui si acquistarono alla terra tanti conquistatori, ed al cielo tanti vincitori nella santa guerra*. Ove, infatti, pel corso di trecent'anni non fossero stati tolti che i mille fanciulli, prescritti dal decreto d'istituzione, sarebbero passati alla fede musulmana trecentomila cristiani. Ma siccome, osserva il De-Hammer, il numero dei giovani affiliati ascese sotto Mehemed II ai dodicimila, sotto Suleimano ai ventimila, e sotto Mehemed IV ai quarantamila, così un milione è la somma più piccola che il fanatismo religioso osmano si possa gloriare d'aver sagrificato al militare dispotismo.

§ 2°. *Scopo ed indole dell'istituzione*

Lo scopo del giannizzerato fu dapprincipio, giusta quanto esponemmo, quello di dare all'impero uno scelto e privilegiatissimo corpo di truppe, stabili, ordinate e maestre in ogni bellico officio, le quali, mentre comprimessero l'insolenza delle altre preesistenti milizie stanziali, fossero solida base del trono, e principale speranza di vittoria nelle guerre che allora andavano disegnandosi contro il vicino impero greco, e gli altri territori cristiani. Ed a questa benefica idea bene corrisposero gli esordi della creata famiglia, essendosi i Giannizzeri gran pezza mostrati fedeli e zelantissimi servitori de'sultani, i quali guiderdonavanli, a lor posta, con ogni maniera di munificenze e favori. Ma poichè questi favori medesimi andarono via via generando sazietà ne'loro cuori; poichè a vece di un ristretto e scelto drappello, i Giannizzeri divennero un'orda sterminata, ne'cui registri ammettevasi ogni più turpe canaglia: poichè abusando della prerogativa di eleggere da per sè i propri capi, cominciarono a credersi e a farsi indipendenti: poichè finalmente scarseggiarono le occasioni di segnalarsi in guerra, ed i Giannizzeri, quasi fiume stagnante, si diedero, inoperosi, ad immischiarsi nelle faccende interne, questa milizia, conscia della propria forza, divenne, come dicesi, *imperium in imperio*, s'intitolò nazione armata, ed arrogossi il diritto, ed anzi il dovere di rappresentare il popolo innanzi al sultano, di chiamare gli atti di quest'ultimo a sindacato, e di punirlo, deporlo, strozzarlo ogni volta che gli paresse aver esso offesa la costituzione politica e religiosa della monarchia. Una tanta deviazione dallo scopo e dall'indole primitiva, evidentemente bastante ad abbattere ogni qualsivoglia più solido politico edificio, trovò nullameno, tra i moderni, caldissimi apologisti, i quali, non contenti di coonestare l'abituale indisciplinatezza de'Giannizzeri, chiamandola legittima ed onesta forma di nazionale rappresentanza, pretesero anche di provarne la somma utilità si privata che pubblica; ma ogni uomo che non lascisi accecare da un matto amore per le opinioni singolari, riconoscerà di leggieri: 1° che il sopravvento acquistato da'Giannizzeri nelle cose interne fu una mera e schifosa usurpazione, da non potersi approvare altrimenti che proclamando l'autorità della forza materiale; 2° che questa armata insolenza lungi dall'aver prodotto alcun utile frutto, fu anzi la prima e più potente cagione del decadimento e rovina dell'osmanico impero. *(sarà continuato).*

Cav. Baratta.

LETTERA INEDITA DI CARLO BOTTA

Pubblichiamo volontieri quest'autografo dell'illustre nostro concittadino, sì perchè prezioso è ogni scritto uscito da penna tanto maestra, sì perchè appaia sempre più il merito singolare del volgarizzamento del Viaggio intorno al globo, *di cui annunziammo nel n.° 27 l'imminente venuta in luce coi tipi del Fontana.*

All'Ill. sig. M.se Roberto d'Azeglio

DIRETTORE DELLA REALE GALLERIA DI TORINO ECC. ECC.

Le scrivo la presente per la posta, perchè queste lettere l'ambasciata le invia per qualche occasione, e l'occasione può tardare. Scrivo oggi una lettera di ringraziamento a Sua Maestà, e credo, che questa partirà con lo spaccio dell'ambasciata. La coccolina se ne va, ma alla maniera de'Parti saettandomi partendo, poichè mi lascia una febbricina, che mi prende verso sera; ma anche questa, se piace a Dio benedetto, svanirà. Molto la ringrazio delle cortesi parole, ch'ella scrive di me nella sua dolce lettera dei 17 andante. Ella è pittore, signor mio, ed i pittori sono soliti di abbellire i ritratti. Tuttavia, anche fatta la debita tara di tante lodi, qualche cosa deve restarne, e me ne sento contentissimo, perchè le lodi di chi merita di essere lodato, sono balsami ai mali di questa misera vita.

A questi ultimi tempi ho avuto un parossismo d'amor paterno. Il mio figliuolo Paolo Emilio, che ora va visitando l'Arabia Felice in cerca di animali, piante e sassi, fecenei 1826, 1827, 1828 e 1829 il giro del globo sopra una nave governata dal capitano Duhaut-Cilly; girò il Capo Horn, vide la California, le isole Sandwich, la China, e tornò pel Capo di Buona Speranza. Il capitano Duhaut-Cilly stampò in due volumi ed in francese la relazione del suo viaggio, in cui spesso, ed onoratamente sempre fa menzione del mio figliuolo. Ora, senta bene ciò che ha fatto l'amor paterno. Io ho tradotto in italiano quei due volumi, e vi premisi una piccola dedicatoria all'altro mio figliuolo Scipione, il quale, com'ella sa, è incisore a Torino, ed intaglia i rami della Flora di Sardegna del signor professore Moris. Questa relazione, oltre le notizie nautiche di somma importanza, che contiene, ed utilissime ai navigatori, è piena altresì di curiosissimi ragguagli sui costumi, le leggi, le religioni di quei lontani paesi. Io poi, dandomi a quest'opera di una traduzione, ebbi in animo di presentare al pubblico italiano, oltre l'intenzione pietosa di padre, un modello, scusi l'impertinenza, di lingua e di stile italiano in questo genere; imperciocchè dagli antichi in poi poco abbiamo in tal genere, e le traduzioni dei viaggi fatte nel secolo passato, sono, quanto alla lingua, francesismi maladetti. M'ingegnai anche, cosa che non era senza difficoltà, di voltare in termini italiani convenevoli i termini di nautica. Fatiche e speranze inutili! Il mio figliuolo mi scrive da Torino che non trova libraio che voglia stampare la mia traduzione a sue spese. Ed io nè voglio nè posso farla stampare alle mie, perchè sarebbe troppo metterci l'unguento e le pezze. Così il manoscritto, che già è in mano, o fra pochi giorni sarà, del mio Scipione, resterà manoscritto fra i ricordi della mia famiglia. Scusi di grazia, signor mio, questa mia lunga tantaferata, che gli sarebbe riuscita fastidiosa, se non fosse entrata di mezzo quell'affezione ormai antica, ch'egli mi porta, e di cui tanto mi pregio.

Non cessi di mantenermi nella buona grazia della veneranda sua consorte, e mi abbia sempre nel numero di coloro che più la stimano, ed amano.

Parigi, 29 marzo 1837.

Carlo Botta.

INCONTENTABILITA' DEL CUORE UMANO

SONETTO

Tutto è bene quaggiù. — Che se talora
Il ben si mostra con diverso aspetto,
Delirio è solo dell'umano affetto
Che di bugiarde immagini il colora.
Se ben non è, come deriva allora
Dall'istessa cagion contrario effetto?.....
E d'onde nasce che il medesmo obbietto
Mentre lo spregia l'un, l'altro l'onora?.....
Tutto è bene quaggiù — tutto. — Ma intanto
Che l'uom sospinto da indomabil brama
Il cerca ovunque, affanni trova e guai.
Io pur, io pur immerso in duolo, in pianto,
Bramo, fuggendo il ben che a sè mi chiama,
Quello che forse non avrò giammai.

G. Bergamovich.

ARMATA RUSSA

III

GLI UFFIZIALI

Direbbesi che tutti gli spiriti guerrieri del popolo russo dalle più basse regioni dello stato siano ascesi alle più alte classi, e che da queste poi vadansi nuovamente diffondendo in petto alle truppe scelte dal mezzo di popolazioni per natura pacifiche. La nobiltà russa è perciò tutta militare: i giovinetti dànnosi quasi esclusivamente al mestiere dell'armi: i vecchi mostrano ancora la loro canizie sotto il cappello da generale; i fanciullini stessi non sognano che soldati, non baloccansi che con soldati, e persino le ragazze serbano il loro amore e la loro predilezione per gli uniformi. La milizia è il gran sentiero che mette capo a tutte le cariche e i posti onorifici dello stato, giacchè ritiensi che coll'uso del servizio militare acquistinsi tutte quelle doti che più s'addicono ad uomo di stato; zelo ed attività al lavoro, ubbidienza e docilità verso i superiori, attitudine al comandare, autorevole e dignitoso contegno nel trattar co'subalterni.

La nobiltà russa, fin dalla sua prima origine, fu sempre propensa in particolar modo all'armi. Ma non è tanto forse la naturale sua indole che la spinga si volenterosa ne'corpi e nelle scuole militari, quanto l'impulso stesso che le vien dal governo. La legge di Pietro il Grande, per la quale decretavasi la perdita de'privilegi della nobiltà, se in due succedentisi generazioni d'una famiglia, nessun membro vi avesse nè padre, nè figlio, che col servir nelle truppe da se stesso si fosse procacciato un grado di nobiltà, è tuttora in vigore, e fa sì che i privilegi de'nobili russi abbian d'uopo d'un continuo rinnovamento che li confermi, e che se il padre non abbracci lo stato militare, il figlio debba per necessità applicarvisi, e tanto rimanervi ch'egli possa giugnere ad un grado che lo rechi nuovamente fra la classe dei nobili. Quando egli ciò trascurasse, il nipote, decaduto dalla sua dignità originaria, comincierebbe ad appartenere al ceto comune.

In generale par che debbasi piuttosto lode a Pietro il Grande per questa specie d'imposta necessità, in quanto che i Russi dal servizio militare hanno più da imparare che per tutto altrove. Come per l'uomo del popolo l'armata è scuola di disciplina, così per la nobiltà la è di gentili costumi e di coltura morale. Nessuno quanto l'uffiziale russo saprà sì agevolmente piegarsi e con tanto garbo alle circostanze e alle volontà altrui, nel che sta gran parte del saper vivere fra mezzo alla società: solito a veder da presso molte umane miserie e non di rado a parteciparne, cresciuto in dura scuola di privazioni in compagnia de'suoi soldati e fratelli d'arme, cui è affezionato, egli sfugge a molte di quelle passioni cui si danno gli sfaccendati delle città e que'che menano tranquilla ed oziosa vita nelle loro case. Aggiungansi in esso le piacevoli ed eleganti forme esterne che dà ordinariamente lo stato militare. Un uffiziale russo è perciò quasi sempre gentile ed amabile di persona, nulla essendo più proprio a sviluppare le qualità d'ogni genere onde un Russo è capace, quanto il servizio militare. Gli uffiziali della guardia russa sono quanto possa avervi di più elegante e di più *distinto* a desiderare in un *salon*, benchè anche gli uffiziali degli altri corpi per disinvoltura de'modi e coltura socievole non la cedano a chicchessia.

Forse in nessuna armata più che nella russa veggonsi così rapidi gli avanzamenti. In breve tempo un giovane, spesso anche di oscurissima famiglia, oltrepassa i più bassi gradi, diviene luogotenente capitano, e non va guari ch'egli può annunziare a suo padre d'essere stato maggiore, colla fondata speranza di poter essere, secondo le regole ordinarie, colonnello e capo d'un reggimento a 30 anni, e a 40 conseguire il cappello da generale, se un'invidiosa palla turca o circassa non venga ad attraversarglisi fatalmente in cammino. Parecchie e varie sono le cause di questo rapido innoltrare a'più alti gradi dell'ordine militare nelle armate russe. In prima il ritirarsene che fanno ancor giovanissimi i figli di ricche famiglie, i quali arruolativisi soltanto per ubbidire alle leggi ed all'usanza, o per ambizione di titoli, pervenuti che sono a soddisfacente altezza, ritornano a godersene in più tranquilla vita le loro ricchezze, od ottengono l'amministrazione di un qualche uffizio civile, dando così luogo all'impazienza di quelli che loro vengono dietro. Secondariamente la degradazione che ben sovente colpisce gli uffiziali e altrettanto li precipita abbasso, quanto eransi in breve spazio innalzati. Finalmente le frequenti guerre ch'ha da sostenere l'armata russa, e particolarmente la caucasica, che sopra ogni altra va consumando sì gran numero d'uffiziali, poichè i Circassi scelgono sempre naturalmente di mira ai loro infallibili colpi lo splendido e stellato loro uniforme, piuttosto che il cappotto bigio del soldato ordinario.

Cotesto rapido progresso, di cui offre speranza l'esercito russo, è quello principalmente che alletta, oltre a quei del paese, tanti uffiziali forestieri al servizio militare in Russia, talchè ve n'ha d'ogni nazione d'Europa. Dei non russi, i più numerosi son forse i tedeschi applicati specialmente all'artiglieria. La maggior parte de' generali tedeschi sono dell' Estonia (provincia germanica russa) e quanto vanno essi distinti per coraggio e spirito militare, altrettanto rendonsi per severità terribili anche ai soldati nazionali. In vari tempi migrarono a frotte nell' esercito russo ingegneri francesi, dai quali vennero così trapiantati nomi romani in mezzo a famiglie slave.

Il grado, gli ordini, le medaglie, le croci, le lodi dell'imperatore e dei marescialli sono gli unici incitamenti propri a cattivare l'animo degli uffiziali russi ed affezionarlo al servizio, poichè per altra parte quanto si è a severità di disciplina, a durezza di vita, l'uffiziale non è colà in miglior condizione del semplice soldato, e i suoi stipendi possono dirsi in generale due o tre volte più tenui che nella maggior parte delle altre armate europee, siccome la paga del soldato lo è sei o sette volte. Lo stipendio delle guardie è però migliore d'assai, ma tuttavia così lungi dal bastare alle gravi spese che agli uffiziali di quel corpo impone il risiedere continuo nella capitale, framezzo allo splendere della società, allo scialacquo de'compagni, che in esso non sono in grado di servire altro che giovani di doviziosa famiglia. La guardia oltre all'essere delle truppe la più leggiadra e la più spiccante in una rassegna, ha pure sovra ogni altro corpo particolari distinzioni e privilegi. Non solo più considerevoli ne sono gli assegnamenti, più frequenti le decorazioni, migliori le caserme, gli ospedali e gli altri stabilimenti per lei destinati, ma ancora un grado in quella corrisponde a due gradi più alto in un reggimento comune, talchè un maggiore della guardia, ad esempio, fatto passare in un corpo *di linea*, ascenderebbe al grado di colonnello. Questo passaggio dall'uno all' altro genere di truppe è frequentissimo nell'armata russa, e vale mirabilmente ad esercitare in tutte le armi ciascun uffiziale e a procacciargli estese ed esatte cognizioni sovra ogni parte del servizio militare.

Conoscere il servizio è il più alto punto di scienza cui mira l'ambizione d'un uffiziale russo: *egli conosce molto a fondo il servizio* è la lode che gli suona più dolce all'orecchio — egli è un buon tattico, egli è un uffiziale ricco d' istruzione, son frasi che non si sentono mai. Questa espressione, l'unica in uso, *conoscere esattamente il servizio*, dinota tutto il pregio in cui tengonsi nell'armata russa le cognizioni positive delle cose militari, e sarebbe d'uopo scrivere un libro per ispiegare, commentarne il significato, e mostrare appieno quanto in un uffiziale richieggasi circa il vestito, il portamento, la voce istessa, e quali particolarizzate nozioni sovra ogni occhiello dell'abito, sovra ogni chiodo delle scarpe egli debba possedere, a meritarsi la tanto ambita lode di *conoscitore del servizio*.

Oltre però alla scienza militare, è pur d'uopo aggiungere, siccome fu già accennato, che gli uffiziali russi in generale sono forniti di molta coltura, di svariati talenti; tutti sanno alcuna cosa di musica, hanno qualche idea di tutte le letterature d'Europa, ballano poi a maraviglia, fumano alla turca, e particolarmente distinguonsi per disinvoltura non meno che per modestia di tratto, principale virtù degli uomini di mondo, e quella che ne rende più amabile la società.

Cav. Avogadro.

ALLA MENTE UMANA

ODE

O dell'eterno Solo
Salve raggio immortale, Umana Mente;
A te più che non suole
Desioso oggi vola e impaziente,
Figlio di grato core, il canto mio,
O la più bella imagine di Dio.

Te celeste scintilla
Dal suo seno dischiuse ebbro d'amore
Ad animar l'argilla,
Quest'argilla caduca, il Creatore
In quel dì, che compiuto il gran portento
Mirò delle sue mani e fu contento;

Tu nova pellegrina
Allora discendevi, e dentro I petti
Mortai, quasi reina,
La tempesta quetavi degli affetti,
E come in mar turbato amico raggio
Il mortal dirizzavi in suo viaggio.

Pell'uom che non oprasti,
Pell'uom, che ti spregiò? Con lunga cura
Di sollevar tentasti
Il velo, in cui si nascondea natura,
E vinta la ritrosa al tuo pensiero
Le sue leggi scopriva e il suo mistero.

Troppo ti parve tardo
Sulla terra il corsier, sul mar la vela,
E col pensier gagliardo,
Che a grandi imprese irrequieto anela,
Creasti un moto, verso cui più lenti
Nella prestezza lor parvero i venti (1);

Anzi pel tuo ardimento
Quasi angusto confin sdegnasti il suolo,
E sull'ale del vento
Per i campi del ciel librando il volo,
Là dove le tempeste hanno l'impero
T'apristi baldanzosa il gran sentiero (2).

Talor fra la beata
Armonia delle stelle e de'pianeti
T'aggiri innamorata;
Le danze tu vagheggi, tu i secreti
Delle sfere volubili e de'cieli
Al sapiente indagator riveli;

Tu per entro agli arcani
Abissi dell'età, quasi divina,
De'tempi ancor lontani
Alzar fosti osa la fatal cortina,
E misurasti in tuo poter sicura
Con la trascorsa età l'età futura.

(1) Si allude all'invenzione del vapore.
(2) I globi aereostatici.

A te sien grazie, o madre
D'ogni fatto gentil! tu se' che inciti
Ad opere leggiadre
I pochi al giusto Ciel spirti graditi,
E sol da te quella virtute piove,
Che l'uomo a generosi atti commove.

Sotto ospitale tetto
Per te ricoverato il poverello,
L'uom, ch' avea maledetto,
A riamar tornò come fratello,
E l'alma sua d'affanni ahi! sol nudrita,
La gioia rigustò di questa vita (1).

Per te l'Arti sorelle,
Del pensiero di Dio figlie immortali,
Abbandonâr le stelle,
E ver la terra rivolgendo l'ali
All'uom di lor bellezze innamorato
Temprar le leggi del suo duro fato.

Tu se'che il gran pennello
Guidavi all'Urbinate in sulle tele,
Quando si fea del bello
Sul regal Tebro interprete fedele,
E con color terrestri a noi pingea
La rapita nel ciel sublime idea;

Le melodie soavi,
Tu genitrice d'ogni bella cosa,
Sollecita ispiravi
A Paisiello un giorno, a Cimarosa,
Quando scossa da lor l'alme rapia
In estasi beata un'armonia:

Tu sola in suo cammino,
Tu favellavi al Ghibellin feroce,
Allor che pellegrino
Per l'itale città con alta voce
Tentava in petto de'nepoti ignavi
Le sopite destar virtù degli avi.

Tu fra l'orrer profondo
Godi di solitudini selvagge,
Allor che tace il mondo,
Spaziar col pensiero, o sulle spiagge
Dell'immenso Oceàn pura e leggiera
Meditando salir di sfera in sfera.

Oh se mortal parola
Allor potesse delle tue dolcezze
Esprimere una sola!
Oh se alle genti, non per anco avvezze
Agli arcani piacer de'firmamenti,
Tu potessi spiegar quello che senti!

(1) Si accennano le varie opere di beneficenza, specialmente di questi ultimi tempi, frutto del cristianesimo che rigenerò la mente umana.

Ma no: troppo ristretto
È l'idioma di quaggiuso e frale;
Troppo alto il tuo concetto,
Nell'ardito suo vol tropp' alto sale,
Quando fuor del creato in grembo a Dio
Spingi l'insaziabile desio.

Ahi vil chi nell'impura
Fragilissima creta intento e pago
Corrompe e disfigura
Quella onde impressa fu celeste imago,
E Te, raggio d'un Nume, entro la polve
Di questa vita misera travolve!

Tempo verrà che tutta
Per quella man, che la creava un giorno,
La terra arsa e distrutta
Nel nulla donde uscia farà ritorno,
E tolto all'occhio dell'umana prole
Eternamente corcherassi il sole;

Ma tu vivrai, congiunta
Beatamente a quel principio, in cui
Ogni desir s'appunta;
Riposerai contenta i vanni tui
In quella gran felicità perduta,
Che, per mutar di età, sola non muta.

DOMENICO PERRERO

ARETUSA

Cinque erano i rioni che formavano la superba Pentapoli, ed uno di essi è Ortigia, piccola isola, culla dell'antica Siracusa. In quest'isola trovasi una delle celebri fontane consacrate alle Muse, chiamata Aretusa, alle acque della quale si attribuiva la virtù d'inspirare i poeti, come si disse di Aganippe, di Castalia, d'Ippocrene e di altre fontane. Eccone, compendiata in brevissimi cenni la storia, se però si può dare il nome di storia alle baie spiritose dei mitologi, accompagnate sempre da qualche allegoria e talvolta anche da qualche moralità.

Alfeo, cacciatore di professione, avendo inseguito lungo tempo Aretusa, ninfa del seguito di Diana; fu cangiato da questa dea in fiume, ed Aretusa in fontana. Ma non potendo obbliare l'amor suo, mescolò le sue acque con quelle di questa fontana: cotale persuasione fu rincalzata dall'osservazione che qualunque cosa si gettasse nell' Alfeo (fiumicello della Turchia d'Europa in Morea, che si getta nel golfo d'Arcadia, dirimpetto all'isola del Zante, detto oggidì Rufia o Rafeo), trovavasi nell'isola d'Ortigia, e ricompariva nella fontana Aretusa. Se gli antichi avessero saputo che a qualche distanza d' Aretusa havvi una fonte di acqua fresca, che solca l'onda salata senza contrarre veruna amarezza, avrebbero certo trovato un argomento in favore del viaggio di Alfeo sotto le acque del mare. Si può ben fare l'apologia di una damigella che va al bagno, ma la pretesa comunicazione delle acque, ad una distanza sì considerevole, fa fede che ignoravano affatto l'idrodinamica, se però l'equivoco non venne da che ovvi un altro Alfeo, fiume della Sicilia che si getta nel Mediterraneo a Siracusa (V. Falconetti). Nell' Italia, ove fuor di dubbio vi sono i migliori poeti, essi trovano che il vino, come quello di Siracusa, ha una virtù di gran lunga maggiore dell'acqua delle nostre fontane, per limpide che siano. Viviamo in tempi in cui il menomo errore in geografia salta all'occhio, qualunque sia la materia che si tratti, tanto in prosa quanto in poesia. Se un poeta vuole cantare la facilità di fare la guerra all'impero celeste e d'impadronirsi di Anung Hoy e delle isole di Wang Tong, stia in Asia; ma se vuole cantare la difficile impresa di distruggere Abd-el-Kader e di prendere Cassar Boreri, Boghar, Tazza, Tekedempt e Mascara, stia in Africa. L'allegoria, quando è eccessiva, è cagione di funesti errori nel volgo, e getta dense tenebre sulla storia: le moralità sono come le buone sementi; dovunque queste cadano, sempre alcun granello ne germoglia, ma lo scoglio più difficile a schivare sarà sempre la cortigianeria che puessi assomigliare all' incenso grossolano di una pieve.

L. CAPELLO DI SANFRANCO.

FAVOLA

L'ERBA E IL FIENO

L'Erba

Come sei smorto,
Caro fratello!
Non sei più quello
Dell'altro dì.
Io, che si vegeta
Mi sento e in fiore,
Te con dolore
Vedo così.

Il Fieno

Io smorto sono
Sì; ma discosto
Da maggio agosto
Molto non è.
E ben per poco
Ancor si serba
La tua superba
Pietà per me. —

Giovine, hai tu sul vecchio un gran vantaggio?
Tu sei d'agosto il fieno, ci quel di maggio.

Ab. DOM. CERVELLI

FRANCESCO MAZZOLA DETTO IL *PARMIGIANINO*

NATO NELL'ANNO 1503, MORTO NEL 1540

L'elogio presente fa parte di un serto di biografie d'illustri Parmigiani cortesemente favoritoci dal chiarissimo autore, e che noi andremo via via inserendo nel nostro giornale.

Mentre l'arte del dipingere rinnovava in Italia le maraviglie dell'antichità, nasceva in Parma Francesco Mazzola, non ultimo de'grandi. Simile a Raffaello, sortì da natura le più esquisite, le più incantevoli doti corporee: membra vigorose insieme e leggiadre: sembianze nobili: occhio nero, accorto, pieno di sentimento e di fuoco: fronte conveniente: pelo folto: aria di viso meglio meglio d'angiolo che d'uomo.

Nelle figure del suo pennello par che questo gentil dipintore sempremai ritraesse alcun tratto di sè. La morvidezza, la lievità delle forme, erano le più frequenti e ammirate qualità de'suoi magisteri. Vivace, splendido nell'invenzione: naturale, dolcissimo negli atteggiamenti: accurato, ma non punto soverchio nell'uso de'suoi studi anatomici, il Mazzola conferì all'arte un sì giocondo lume di grazia, che, dopo il Sanzio e l'Allegri, la diresti quasi una terza maniera sua propria. Presso che tutti soavi (com'era sua natura) furono i subietti ai quali diè opera.

Non fu digiuno di lettere. Conobbe che le sole finezze materiali erano poche all'eccellenza di un artista. A questa faceva assennatamente concorrer tre cose: la natura, lo studio — « E la man che obbedisce all'intelletto » *.

Ebbe ingegno vario, sottile, accomodato ad ogni disciplina generosa. Di spiriti fervidi, indocili alle lunghe pòse, amò per ventura più di gir dietro a fantasie passeggiere, che non di fermar l'animo a grandi imprese e fatiche. Contrasta al rimanente di sua vita l'opinione di coloro che gli fanno perdere l'opera e il tempo in vani tentamenti d'alchimia.

Fu il Mazzola a maraviglia esperto di musica: poco curante del danaro: nulla degli onori: molto di sè. Non superbì de'suoi pregi: ma in più occasioni mostrò di conoscerli. Cortesi n'erano i modi: tenaci i proponimenti: schietti i costumi: largo, libero il cuore: mal sofferente di soggezione il carattere. Amico delle liete compagnie, non però usava spesso con molti. Non si spiegò in esso alcun grande affetto predominante. Ammiratore della gloria dei sommi, assai non parve studioso di procacciarne a sè emulandoli. Coltivò l'arte meglio per impulso di natura che per bramosia di nome. L'avvenenza della persona, la piacevolezza delle maniere lo renderono caro e desiato alle femmine. A nessuna si abbandonò veramente.

Parecchie avventure narrano di questo vago ingegno i suoi biografi. Se fossero vere, si avrebbe a dire che tal fiata il carattere potè forse in lui più che il consiglio.

Cav. M. Leoni.

* Verso di Michelangelo Buonarroti.

CULTO DE' MONUMENTI

Le venerande e preziose antichità di che ornavasi, non ha guári, l'Oriente, vanno rapidamente sperdendosi sotto al soffio desolatore di non so quale scientifica rabbia, la quale schianta, abbatte, mutila, sfregia, cancella quante memorie colà aveansi de' secoli andati, sì che l'occhio più scrutatore, le indagini più accurate mal giungono spesso a rintracciare il sito in cui esse esistevano.

Questo sterminio, consumato a nome della civiltà e del sapere, merita di essere altamente e solennemente stimmatizzato, perchè la distruzione dei monumenti è una delle più brutte enormità che disonorino gli uomini, ed i danni che ne discendono, sono incalcolabili, meglio che grandi.

Abbenchè, adunque, spiriti nobili e generosissimi abbiano assai prima d'ora possentemente tuonato contro questo malarrivato scientifico vandalismo, che toglie, ogni di, alla storia tanti e sì utili aiuti, crediamo nondimeno far opera onesta, adoperando qui le parole dell'inglese Slade, il quale trovatosi, come noi e con noi, teste oculare di molti deplorabili strazi consimili, così scatenossi nel suo viaggio in Oriente, contro l'abbominevole abuso di cui è discorso.

Mal potrebbonsi ridire le invettive lanciate in questi ultimi trent'anni dai nostri scrittori contro de' Turchi, pella barbarie con cui pretendesi siano usi adoperare verso gli antichi monumenti. Ma nulla al mondo è più falso, più calunnioso di tale asserzione. Chi, in fatti, conservò i monumenti di Atene, quelli delle pianure d'Argos, di Costantinopoli ecc.? Questi monumenti rimasero, per ben quattro secoli, ritti ed incolumi sotto l'egida della protezione musulmana. Forsechè Minerva avea loro legato le mani, o l'ombra di Teseo vegliava a custodire il suo tempio che torreggia, tuttora vergine e intero, quale ammiravasi or son venti secoli? Forsechè Giove teneva le sue saette sospese sull'antico e venerevole suo altare? Noi fummo lunga pezza ingannati da una bugiarda e grossolana menzogna. Se havvi ancora chi creda che lord Elgin abbia fatto buon ufficio alle arti strappando al Partenone i nobili lavori che lo adornavane, rifletta un momento sul merito della propria sentenza, e conoscerà di leggieri andare grandemente lontano dal vero. E qual mai persona, dotata di ragione e di artistico senso, non preferirebbe vedere un frammento mutilato, ma unito al suo loco nativo, anzichè ogni più perfetto e conservato lavoro ritolto all'originaria sua collocazione, e violentemente trasportato nella capitale dell'Inghilterra? In Londra egli è un semplice e volgare tronco di marmo; lavorato, bensì, con isquisitezza di magistero, ma non avente in sè veruna storica significazione: nessuna idea svegliasi, al suo cospetto, nella mente di chi lo contempla, riempiendola di utili e profondo meditazioni. Ma in Atene, invece, una testa od un braccio eccitano pensieri che si stendono molto più in là che i confini dell'oggetto veduto non portino. La men fervida imaginazione riempie, colà, quella specie di vuoto che passò tra la mutilazione e l'innalzamento, ristora i corrotti lineamenti, ripone in soave armonia le membra dislocate e divise. Quando vedesi un pari d'Inghilterra, un ambasciatore, vendere ignobilmente i frutti delle archeologiche sue indagini, e reclamare, in pari tempo, la gratitudine degli uomini colti, è egli possibile prestar fede alla purezza de' motivi che gli spinsero a darsi quelle tante premure? Può egli supporsi che l'amore delle arti belle gli ha fatti eccedere, facendo loro dimenticare i confini di una bella moderazione? Oh no davvero! l'amore delle arti non entrò affatto ne' loro calcoli. Dovrebbersi, se così fosse, ammirare del pari tutti que' mercenari antiquari che infestano il mondo, tutti que' cacciatori da medaglie, dilapidatori di colonne, che non fannosi il menomo scrupolo di sfigurare il più splendido capolavoro, affine di completare la collezione di un amatore. In alcun paese, debbo ripeterlo per rendere omaggio al vero, gli antichi monumenti non furono mai tanto rispettati quanto nella Turchia. Non havvi tempio antico (esclusi quelli di Posto che evitarono i guasti perchè rimasero lunga pezza ignorati), il quale agguagli, in fatto di conservazione, i tempii dell'antica Grecia. Erano dessi religiosamente rispettati quali proprietà della corona. « Io lasciovi le donne e l'oro, disse Maometto II a' suoi soldati nella chiesa di Santa Sofia; ma i tempii, i marmi e le colonne son cose mie ». Il permesso di esportare un frammento caduto, o di far degli scavi, non era concesso che a' soli ambasciatori più cari, quai furono appunto il duca di Choiseul e lord Elgin. Si acconsentì che il primo dischiudesse alquante tombe nella Troade, e si tollerò che il secondo devastasse il Panteon, in ricambio de' servizi che l'Inghilterra avea resi alla Porta in Egitto. Se il sultano avesse rigettata la domanda dell'inglese ministro, avrebbe probabilmente incorsa la taccia di ingratitudine: ma era egli mai conveniente di indirizzargli una simile domanda? Quali grida di sdegno non innalzerebbonsi oggidì se l'ambasciatore russo a Costantinopoli, cogliendo il destro sportogli dal favore di cui gode, dimandasse l'obelisco dell'Ippodromo o la colonna di porfido del foro di Costantino? Egli è omai di moda il declamare contro coloro che diconsi i *barbari del Nord*: pure il caso sarebbe identico, ed ei non si macchiano della colpa di che noi si tingemmo!..... Fatto triste, ma pur vero si è che la distruzione de' resti dell'antichità fu sempre evidentemente promossa dagli Europei, i quali, tostochè affissano malaugurosamente lo sguardo sur un monumento, pronunziano, in certo modo, la sua sentenza finale. Ciò che gli alti personaggi lasciano dietro a' loro passi, è raccolto dai viaggiatori delle classi medie e dagli archeologi di mestiere. Se trovasi una statua treppo pesante ad esportarsi, la si tronca a brani, ed un suo braccio, una sua gamba, il suo capo, passa a decorare, lugubre trofeo, le sale delle nostre artistiche gallerie. Intanto altri di questi profani iconoclasti, sperando scioccamente di perpetuare i loro nomi, lordano con rozze cifre l'esteriore aspetto delle fabbriche, e noi vedemmo taluni spezzare a colpi di martello le foglie d'acanto, e le altre leggiadre sculture che adornano i capitelli e le cadute colonne, affine, dicevano essi, di procurarsi bei modelli d'adornamento!

Questa dotta persecuzione, questa vera *barbarie dell' incivilimento*, ha cancellate omai dalla terra le più utili ed illustri memorie. Così agli uomini afflitti da tanti dolori presenti mancherà, fra breve, il conforto, che sgorga soavissimo, dalle rimembranze dei tempi che furono.

Cav. Baratta.

UNA PAGINA DELLA STORIA DI GENOVA

(L'anno 1528)

..... In tale stato di cose i Genovesi solleciti dell'avvenire, poichè vedeano sovrastar pericoli, e già sentivano vicino un attacco, pensarono a prepararsi in ogni modo alla guerra. Perchè dovendo prima cercar danaro, presero ad imprestito cento e cinquantamila zecchini d'oro da' procuratori del banco di S. Giorgio, a' quali fecero cauzione sui nuovi dazi, che, prima imposti alle case, troppo duro sembrando l'esigerli, furono trasferiti al sale. E poichè i Dodici, dalla cui saviezza era amministrata la città, da cure gravissime distratti, non poteano esser presti ad ogni cosa, furono creati quattro tribuni militari, i quali con somma diligenza provvedessero ciò che appartiene alla guerra. Fu divisa in quattro quartieri la città, perchè più sicuramente e con maggior agevolezza fosse difesa; e fra' principali cittadini, furono scelti altrettanti capitani, de' quali ciascuno separatamente avesse la sua stazione, e tenendo pronta ne' luoghi vicini una schiera di cittadini, giorno e notte vi fosse a guardia. Di più furono spediti in ogni parte uomini pratici della guerra e de' paesi, che quanta gente poteano, ragunassero; e sebbene parea che dovessero incontrare in ciò difficoltà, perchè la peste avea nella Liguria il nerbo e la prole de' soldati, e gran numero d'uomini distrutto; tuttavia da' vicini paesi condussero nella città una compagnia di fanti all'uopo agguerrita: altri poi se ne attendevano di giorno in giorno di Sardegna e di Corsica. Avea di più nelle sue galee Andrea Doria alcuni Spagnuoli, gente fiera e alle battaglie usa, i quali in diversi luoghi ed occasioni presi, avea condannato a' remi; chè gli stava ben addentro in cuore la fresca ingiuria che i Genovesi ricevuta aveano dagli Spagnuoli, la quale lo avea fatto a quella nazione molto nemico. Questi, o perchè non gli paresse cosa giusta tenerli più lungamente in tale stato, come colui che a Cesare era unito, o perchè così richiedesse la condizione de' tempi, comandò che tutti fossero sciolti, e si ponessero in arme. Dopo ciò crebbe a tutti gran fidanza e coraggio. Non parmi gran fatto vero quel che si dice da alcuni, l'animo nostro sempre presagire i mali, non mai i beni; chè quella facoltà dell'animo, la quale i pensieri e i consigli dispiega, come vedeli procederè a buon fine, e seguirne eventi felicissimi, rassoda vieppiù quella speranza, a cui si appoggiava; e pensa che la giustizia onnipotente, cioè Dio stesso, sia alla causa sua favorevole, epperò tutte le altre cose abbraccia con maggior forza ed impegno. Era nella città una fortezza, nella quale, come si è mostrato di sopra, erasi rifuggito Trivulzio. Questa, prima di tutto, si dovea espugnare. Intraprese l'opera Filippino Doria; e mentre vi era attorno, e in ciò si occupava tutta la città, si sparge la fama dell'arrivo di Francesco Borbone, la quale, come fu divolgata, e da' vari discorsi cresciuta, lasciato l'attacco della fortezza, pronti tutti si apparecchiano contro il nemico che veniva. E perchè a que' che della fortezza tentasser d'uscire, non fosse agevole, e di là pure non si aprisser il passo i nemici che venivano, fecero una doppia fossa da quella parte, onde sovrastava il pericolo. Nella città fu ridotta in luogo sicuro tutta quella moltitudine che era o inetta alla guerra, o per l'età e pel sesso troppo debole, con tutte quelle cose che l'ingordigia del sacco sogliono destare. Ne' monti vicini, in luoghi acconci a spiare l'andamento de' nemici e a travagliarli, furon disposte alcune compagnie di soldati, e divise in due parti; all' una delle quali Borasino, e all'altra Grecheto Giustiniani fu preposto. Aveano i Francesi già superati i gioghi dell'Alpi, per cui dalla Gallia Citeriore è più spedito il cammino verso Genova, per la valle di Polcevera. È questa una valle sul principio stretta, e per molte giravolte e per molti dirivieni tortuosa; quindi si distende in diritta e piacevole pianura, per molti casolari distinta e adorna; e vien bagnata da un torrente, il quale, quando per rovescio di pioggie non rigonfia, piacevolmente lambendo la terra si scarica in mare, due sobborghi bellissimi nel lido intersecando, l' uno chiamato Cornegliano, e l'altro più vicino alla città, che dall'arena si appella. Essendo i Francesi arrivati a Morigallo, villaggio lontano dalla città quattromila passi, quivi si fermarono; e nello stesso giorno essendosi alcuni di loro incautamente avanzati su' colli vicini, trenta circa furono presi e ai remi condannati. Erano nell'esercito de' nemici alquanti Genovesi: a costoro sotto la fede pubblica si diede lo spazio di un giorno e di una notte a partirsi dal campo nemico impunemente; che se durassero nell' ostinatezza loro, si denunziò sarebbero confiscati i loro beni e traditori della patria tenuti. Come questo si seppe nel campo, pochi assai cangiaron parere: imperocchè o fosse vergogna, o fosse giudizio e rimordimento dell' animo che li facesse temere di sè, ovvero speranza di certa vittoria, trascurarono l'opportunità di tornare a' suoi. Uno o due fra questi, presi, in luogo alto e conspicuo con obbrobriosa iscrizione furono impesi. Il giorno dopo, il primo di ottobre, venne in città un audace inviato, di nome Eraldo, spedito da Francesco Borbone; il quale introdotto nella curia, che tutta di gente riboccava, senza licenza alcuna di parlare: Io, disse, legato del re son qui venuto a portarvi o guerra o pace: se voi vi ricondurrete nella fede e nel potere del re, pace io vi porto; che se ricusate di obbedire, guerra, fuoco, ogni strazio e calamità. In sì gran calca e frequenza d'armati, di grandissimo strepito e di confuse grida tutta la curia rintronava. Il perchè Ambrogio Senarega, pubblico notaio, comandatogli di montare in bigoncia, intimato silenzio, queste parole del Francese, che pochi solamente avevan potuto udire, a gran voce pronunziò..... Dipoi Agostino Pallavicino, cui fu fatta facoltà di rispondere, questa città, disse, onorò sempre il re dei Francesi. Questo rispetto, questa volontà non è punto cambiata, e finchè egli 'l vorrà, non si cangierà......... Se a guerra siamo chiamati, certamente non volentieri vi ci saremo condotti, ma non siamo tuttavia sì caduti d'animo, che provocati combattere ricusiamo. Il Francese, ricevuta questa risposta, partì, e alcuni cittadini dalla curia fino a luogo sicuro l'accompagnarono, affinchè senza alcun danno a' suoi potessé far ritorno. Ma perchè la città di maggior numero di soldati sembrasse difesa, per avviso di Paride Gentile, furono distribuite in modo le truppe dovunque egli passasse, che quelle che prima aveva veduto, di nuovo negli altri luoghi, dove per più corte strade difilavano, vedesse le medesime; della quale ostentazione egli ignaro, quando fu giunto nel campo a Borbone, oltre quel che disse dell'essere i Genovesi presti a far guerra, di gran lunga aumentò l'opinione delle guarnigioni e di tutte le altre cose.

Prof. EUGENIO REZZA.
(*Trad. inedita del* Bonfadio).

ALESSANDRO FARNESE

DUCA DI PARMA

NATO NELL'ANNO 1545, MORTO NEL 1592

Chi scrisse delle azioni di Alessandro Farnese, lo segnalò puramente come gran capitano. E' fu ancora politico eccellente. Per opere più vaste altro a lui non mancò che un più vasto governo. Nato e cresciuto fra i rimbombi dell'armi, nello svolgimento di sua natura guerresca precorse gli anni. E nell'età che altri incomincia a pena a conciliarsi amore, esso risvegliava già maraviglia. Di spiriti alti, ardenti, inquieti, mal si accomodò fin da principio alla strettezza degli studi. Nel diletto de' giuochi d'arme, nelle cacce, ne' più arditi esercizi della persona, egli disfogava ancor giovinetto il già maturo desiderio delle battaglie.

Primi a sentire il peso del suo braccio furono gli Ottomani: secondi (e più assai lungamente) i popoli delle Fiandre: ultimo (lode unica) il grande Enrico medesimo. I suoi trionfi s'innestaron per tutto alle glorie degl'italici prodi che ne furono seguitatori e stromento.

Nepote a Paolo III per un lato, e a Carlo V per l'altro, ebbe l'industria di quello: la bravura di questo: di ambidue l'impeto alle grandi cose. Nell' eseguimento de' militari uffici fu rigido: nelle famigliari consuetudini indulgentissimo. Prodigo di sè, risparmiatore d'altrui, mai non fuggì un pericolo a lui soprastante: a nessuno si avventurò, il quale minacciasse palesemente la salvezza e l'onore de' suoi.

Zelante osservatore della religione ch'egli era mandato a difendere, quella coltivò con austerezza: ma la sua memoria è pura dalle crudeltà e dal sangue, onde la rabbia de' fanatici macchiò le regioni e i tempi, testimoni di sue prodezze. Severo mantenitore della fede, liberalissimo nelle ricompense, pronto agli onorati disegni, repugnante agli ambiziosi, servì lealmente il suo principe (Filippo II), e fu così turpe a questo l'esser rimaso freddo al vivo esempio delle virtù del suo condottiero, come glorioso a quello l'aver fuggito il sospetto e meritato fin anche l'amor del principe.

Pochi mostraronsi della fatica più sofferenti di lui: nessuno più dispregiatore degli agi. Mensa e letto fu non di rado a quel forte il nudo terreno: padiglione il sereno del cielo. Talchè animò i soldati non meno col rendersi uguale a loro nel riposo, che col segnalarsi il primo nella tempesta dell'armi. Non mai pigliò soperchianza dalla vittoria: non mai dalla mala fortuna sconforto. E serbò in faccia ai vincitori (assai rada occasione) quel nobil contegno con che riguardò la sventura ne' vinti.

Rotto dalle ferite, disvogliato dalle glorie del mondo, fu in mezzo alla più florida età allettato dal pensiero della solitudine e della quiete. E se morte non si fosse interposta, per ventura il suo fine non sarebbe stato dissimile da quello dell'avolo.

Fu Alessandro ornato delle più nobili virtù domestiche e civili: le quali rendè più ancora soavi con l'avvenenza del volto e la gentilezza delle maniere. Ebbe membra mirabilmente agili e gagliarde: aspetto così infiammato e terribile in guerra come placido e benigno in pace.

Travagliato dai tenebrosi maneggi di competitori codardi, contrariato più volte in molti proponimenti savissimi, visse un tant' uomo più contento di sè che d'altrui. Esso non fu così chiuso a vanità o a superbia, che la malvoglienza non gli addirizzasse suo strale. Può dirsi di lui quello che scrivea Tullio dell'Africano: « Il senno gli acquistò virtù: la virtù gloria: la gloria gli invidiosi ».

Cav. M. Leoni.

PIAZZA DE' CAVALLI DELLA CITTA' DI PIACENZA

PALAZZO DEL COMUNE (1)

Ogni giorno e forestieri e cittadini osservano questo nobile edifizio e fanno le meraviglie come di tal genere d'architettura grandiosa in niuna città italiana si trovi secondo: perocchè il palazzo del comune di Jesi, cittadina dell'Apennino per ad Ancona, è di troppo piccola mole per venire al confronto. Ma niuno forse in osservando pensa che quanto esso è dissimile da ogni altra opera moderna, altrettanto i costumi de'popoli d'oggidì sono diversi dai costumi del popolo di quel tempo in cui fu eretto.

Cinquecento sessant'anni fa, che tanti ne conta questa gran fabbrica, il popolo piacentino si governava a repubblica; ogni classe di cittadini prendeva parte al potere e a provvedere agl'interessi del comune, per via di assemblee praticate nelle piazze e nelle chiese, secondo la quantità di popolo richiesta o concorsa a deliberare. Già i Piacentini avevano consolidato il loro governo, uscendo vittoriosi dei nemici vicini e lontani, creando leggi pel disfacimento de'fendi che minoravano l'autorità dello stato, e disfacendoli diffatti o per via di buoni accordi o per via di compere o di espropriazioni fatte coll'armi; decretando sugli affitti e sulle enfiteusi, e circondando di fosse e di ripari la città per renderla forte contro ai nemici esterni. Già si erano provveduti di un tempio (la cattedrale) che rispondeva alla loro grandezza politica e al loro sentimento sublime di religione: già erano generosamente concorsi col denaro e colle braccia a riedificare Milano che la rabbia del *primo* Federigo aveva distrutto: già avevano combattuto il *secondo*, e scioltisi da lui per la nomina de'propri consoli: già dato mano alla edificazione ed al mantenimento di Alessandria, e già battuto il marchese degli Alerami di Monferrato, che alla prosperità delle città libere contraddiceva. Erano riusciti a soggiogar Bobbio e farsene antemurale agli inquieti Genovesi; avevano visto segnarsi in S. Antonino quella pace che convalidava colla loro indipendenza una confederazione potente contro chi pensato avesse d'invadere l'Italia e manometterla; erano giunti ad ottenere che il marchese Malaspina, apparso come principe nella Lega, cedesse al comune di Piacenza (1188) quanto possedeva nelle valli di Taro e di Ena; e che il clero trovato ne' consoli un' invincibile resistenza, abbandonasse ogni privilegio o regalia.

Ricca per molto commercio e per lumi di scienza legale in que'tempi solo per armi famosi, era spesso la città nostra visitata da personaggi distinti e dagli ambasciadori della Lega, i quali tenevanla per una delle primarie, sia per la sua posizione gagliarda fra l'Alpi e l'Apennino, sia per ubertà di suolo, sia per calore di civile governo in cui allora camminavano gli abitanti. — Cresciute le pratiche e le solennità del culto religioso, aumentando i bisogni di governo e il numero dei votanti alle assemblee per la popolazione moltiplicata, i Piacentini, abbandonando i convegni ne'templi, rivolsero lor cura ad erigersi un palazzo che, servendo comodamente agli affari del pubblico, presentasse ai popoli contemporanei ed ai futuri un monumento magnifico e durevole di quella grandezza politica e morale, che tanto saviamente eransi procurato.

Pertanto l'anno 1281 ordinarono a Pietro da Borghetto, Pietro Cagnano, Jacopo Campanario e Negro de' Negri, di presentare un disegno di fabbrica per tenervi le assemblee del popolo, gli ufici de'consoli, del podestà e degli assessori. E quegl'ingegneri, eseguita la commissione ed ottenuta in consiglio approvazione del loro progetto, diedero mano all'opera, che ammiriamo, nel sedici luglio dell' anno medesimo (1).

I paratici, o corpi delle arti, il capitolo della cattedrale e il clero concorsero alla spesa. Tutto allora era popolo, e il popolo fabbricava per comodo proprio. E infatti que'portici maestosi oltre al riparare gli astanti dalle intemperie, servivano alle pubbliche aringhe, allo stipular de'contratti che per notai rogati facevano i privati col pubblico, alla promulgazion delle leggi, ai giudici delle cause civili, che in quei tempi erano ogni giorno pronti a far ragione in pubblico di quanto era giustizia fra cittadini: conoscendo anche allora la pubblicità dei giudizi, poter servire di freno alla corruzione dei giudici. In tempi più bassi (1165) quando la città era governata da un principe, i portici si chiusero, ridotti a stanze pei soldati guardiani della città, nè più vennero aperti che al 1659, per occasione di feste date dalla città al duca Ranuccio II di casa Farnese, che si sposava donna Violante di Savoia. Poi murati di nuovo, salve tre archi di fronte ed il corrispondente a levante verso *sopramuro* (2), rioccupandosi dalla soldatesca; final-

(1) Anche questo, come la *Cittadella* e la *Fiera* (V. num. 4, 6 e 18 di questo Museo, anno II) fan parte della *Guida* inedita dell'Autore.

(1) Diecisett'anni innanzi a che i Firentini civilissimi erigessero il palazzo de'Priori.

(2) Nome di una strada fatta ove era la mura della primitiva città.

mento riaperti nel 1787 e decorati due anni dopo del pavimento a mosaico e di quattro statue in plastica di assai cattivo modello, eccetto i due archi laterali che rispondono al cortile, oggi detto *pescheria*.

E fu in quella stessa occasione del matrimonio del duca Ranuccio, che venne tolta dalla torre merlata del palazzo, verso levante, la campana maggiore fusa ventisett'anni prima, di chilogrammi 5598, e collocata sull'arco a bella posta eretto, non vergoguando rompere il corso della merlatura, pel mezzo della facciata. Suonò quell'assordante campana cento sessant'anni; finalmente si fesse nel 1819, ai 4 di luglio, battuta a festa per la commemorazione del santo protettore della città; nè valso per buona sorte a sanarla l'impostura di un ciarlatano promettitore di cose grandi al fu conto Federigo Scotti dalla Scala, che spese del proprio e fece spendere al comune alquanti denari per amore di veder medicata quella ferita.

Più antica di novantasei anni è l'altra campana, grave di chilogrammi 3175, posta sulla torre dell'orologio nel 1607, quivi trasportata dal già ruinoso torrazzo di S. Francesco (eretto il 1309), su cui era stata portata nel 1536 per chiamare il popolo a consiglio, siccome oggi per residuo di antica instituzione si chiamano gli anziani a deliberare dei bisogni amministrativi della città.

Singolare curiosità in questo edificio sono i diversi muricciuoli, tagliati a becco nella parte superiore, nella stessa maniera che le torri e le mura delle fortezze che tuttora si veggono sulle montagne. Questi muricciuoli diconsi *merli;* essi sono parte dell'architettura militare di que' tempi; e tutti i luoghi che dovevano essere forti, ne andavano muniti a fin di coprire que'militi che là si ponevano a combattere. Quivi pure furono posti i merli per munire completamente questo edifizio, che in un caso esser dovea l' ultimo baluardo della libertà della repubblica. De'merli poi, altri erano tagliati come cotesti che abbiamo dinanzi, altri a forma di un V, e servivano a dimostrare le due professioni politiche da cui fu tenuta per alquanti secoli divisa l'Italia. — Coloro i quali amavano di veder riunito il potere e il governo in mano di un solo o nella sola classe de' nobili, che feudatari erano, chiamavansi *ghibellini*, grandi favoreggiatori del dominio imperiale (1); e quelli che amavano che tutte le classi del popolo avessero parte al potere, e tutti i cittadini convenissero al governo dello stato, mostrando di favorire il pontefice, ma in sostanza da ogni soggezione indipendenti, si nominavano *guelfi*, e guelfi erano i Piacentini che innalzarono questo palazzo.

Alta molto ed esile sul fianco d'oriente s'innalza una torre quadrata che va a terminare in terrazzo scoperto. Lassù andavano a porsi delle vedette per spiare anche da lungi le posizioni e le mosse dell' inimico. Questo e non altro sembra essere l'uso più probabile di lei, non essendo confermata da documento alcuno l'idea, che valesse la medesima a dar segnali con fuochi o lumi accesi; idea pertanto mal a proposito consecrata col nome di *lanterna* alla torre medesima attribuito. E certo di vedette avevano bisogno: perchè il popolo molto tenacemente attaccato all' accennata forma di governo doveva spesso combattere anche interni nemici. Imperocchè avendo Piacenza come altre città italiane disfatti i feudatari o investitili essa medesima, i rimasti dei primi, mal sofferendo che la loro ricchezza stesse scompagnata dalla potenza e dovessero trovarsi continuo pareggiati alle *arti* ed ai *collegi*, or coll'astuzia, or coll' aperta violenza giungevano a porsi in cariche le quali prestavan loro facilmente il mezzo di signoreggiare ed opprimere il popolo. Accadeva quindi che i cittadini al primo accorgersi del giogo che loro si voleva imporre, si rivoltavano or contro l'uno, ora ontro l'altro di que' potenti, cui o cacciavano vinti ed abbassati dalla città, o costringevano a dimorarvi per impedire gl' incendi, gli stupri, le rapine, gli assassinii e le crudeltà d'ogni genere che commettevano sulle terre de'popolani; o distruggevano loro que'luoghi ne' quali si rafforzavano, come fecero nel 1304 agli *Scotti*, i quali col simulare popolarità giunti alla signoria della repubblica, essendosi posti a dominare da fierissimi ghibellini, ebbero dalla furia del popolo levato in massa diroccate ed arse le case loro in città; per la quale ruina per sempre memorabile, rimase alla contrada ov'erano situate il nome di *guasto*.

La prontezza colla quale in essi tempi i cittadini correvano in massa a combattere ogni nascente usurpazione, non era soltanto l'effetto dell'attaccamento al governo da loro stabilito e delle frequenti provocazioni di chi abusava del potere affidatogli; ma proveniva ben anche dalla natura delle loro milizie; chè, siccome oggi, mutati costumi e bisogni, il principe sceglie ogni anno da tutti i suoi sudditi certo numero d'uomini, perchè pagati con denaro del pubblico gli servano per un tempo da lui medosimo prescritto a difesa dello stato, che si tien cosa sua ereditaria: per l'opposto allora i cittadini

(1) Nel vol. XI, fasc. 3, dell'Annotator piemontese, pag. 150 (an. 1840) alle parole del prof. Paravia «al pensier ghibellino che assoggettava l'Italia all'Impero» (*Del sentimento patrio: orazione del prof. sud.º, 1839, Torino*) io posi questo:... «Guelfi e Ghibellini volevano Italia libera e indipendente, ma con diverso governo. I primi togliendo quanto volevano di particolare i secondi; i secondi conservando ciò che si erano procurato sempre di avere. E perchè i secondi avevano contro sè non la forza del partito contrario, ma la ragione che ne disfaceva gl'interessi, amavano di aiutarsi di una forza esterna, che non istimavano per antichi fini migliore che nell'*impero*. L'impero tendeva sicuramente ad impossessarsi della signoria d'Italia tradendo i ghibellini che confidavano nel suo aiuto, ma i ghibellini stessi miravano ad usare dell'aiuto sino all'ottenimento del loro scopo, quindi armata mano respingere quella forza che li avrebbe senza fallo oppressati». — Tutte le signorie e i principati italiani che si trovarono franchi nel XV secolo e nel seguente, sono prova a quanto io dissi.

quanti erano atti alle armi dai diciasette ai sessanta anni erano tenuti a difendere la repubblica la quale era cosa lor propria; e tutti spontanei ad ogni occorrenza levavansi od a proteggere nell' interno la libertà, od a combattere fuori il nemico, ritornando poi alle case loro ed ai mestieri, subito che il bisogno fosse cessato. Nè le battaglie non erano lunghe perchè, sendo i popoli stretti da comuni necessità, bastava un giorno di pugna per definire ogni contesa.

La città era divisa in quartieri con ciascheduno un duce ed uno stendardo. Esposti gli stendardi sulla piazza, i priori delle arti raccoglievano al suono della campana i guerrieri armati di tutto punto e provveduti del vitto per una giornata. Il capitano del popolo (che spesso era d'altra città) si metteva alla testa dei quartiermastri e marciava diretto e comandato dai consoli. Del resto, ogni combattente senza allontanarsi dal proprio stendardo poteva agire d' impulso proprio, e far quante prodezze voleva senz'essere obbligato a muoversi con tutto il corpo di linea, siccome, mutate armi e costumi, oggi si deve.

In parecchie città della lega, la creazione del podestà e del capitano del popolo tenne luogo di quella de'consoli. Invenzione dei Federighi odiatori delle forme repubblicane. Onde avvenne che più presto cessasse la democrazia in que' luoghi in cui l'autorità era usata da un solo. In Piacenza pure si venne a questa unità del comando, benchè molto più tardi che in altre città. Il primo podestà in Italia fu de' Milanesi: e chi ebbe quella prima carica fu un Visconte de' Piacentini. Piacenza imitò i Milanesi: ma non diedero al loro podestà altro carico che dell'amministrar la giustizia e con un assessorato di consoli detti appunto di giustizia; almeno sino al 1215, in cui si allargò il circuito della città. Poscia ebbero anche il governo civile, nè i consoli si eleggovano più che per terminare degli affari straordinari, pei quali meglio si sarebbero detti legati o commissari; come nel 1217 per fermar pace coi Cremonesi.

Sovra questi archi era la sala del popolo illuminata dalla fenestra di forma circolare che vediamo nella facciata di levante verso *sopramuro*, e le stanze de'collegi e del podestà che ricevevan lume dagli eleganti fenestroni non rispondenti esattamente agli archi a sesto acuto della facciata, ma quanto basta eleganti e spartiti con avvedimento, per non rendere sensibile all'osservatore la rottura delle leggi architettoniche. Come si salisse a quelle sale, a noi non è noto; chè la fabbrica non è fatta che per un quarto, e l'edificio vicino le è posteriore di più che un secolo mal rispondente al sontuoso disegno. In quelle sale si fecero parecchie leggi per sostegno de'patrii statuti, si decretarono feroci guerre ai Milanesi, ai Cremonesi, ai Lodigiani, ai Bresciani ed a quanti fallirono dalla Lega o tramarono danni agli interessi comuni; in quelle sale si giurò la difesa a sangue dagli assalti del marchese di Monferrato e di Matteo Visconti che tentavano di opprimere la repubblica; e si aggiunse lustro alla patria università, già per la cattedra delle leggi resa famosa dai tanti personaggi iti con lode a governare le città della Lega.

Ma piegando, pei maneggi dei ghibellini, il più delle città a mutare il governo e darsi un dittatore prima a determinato tempo, poi a vita dell'eletto, Piacenza isolata, non protetta, fu trascinata al destinato comune, e quell'Alberto Scoto, che il popolo avrebbe fatto in brani alcuni anni prima, fu eletto signore della città. Le vendette di Alberto ebbero campo a sfogarsi e si sfogarono, e tanto aspramente, che i cittadini, ricordatisi delle antiche virtù senza vedersi forti ed uniti, richiesero d'aiuto il vicario imperiale, fidati nello stemperato promettere di Arrigo; il quale poi altro non fece che spillare dalle omai secche vene quel sangue che i signorotti alla misera Italia non avevan saputo levare. Gran fallo; quella richiesta, la quale fermò il progresso della indipendenza, anzi lo ruppe, e quindi lo disfece, come è chiaro nelle storie italiane.

Galeazzo Visconti, vicario imperiale pel matrimonio suo colla figliuola di Nino di Gallura (prima promessa ad Alberto Scoto), erasi obbligato al partito guelfo. Usando la propria dignità a seconda delle ambizioni, prese occasioni dei lamenti piacentini contro lo Scoto, il quale, volendo parer guelfo nel mentre che il governo imperiale non aveva possanza in Italia, tiranneggiava ghibellinescamente, venne in Piacenza il 1305, cacciò lo Scoto, e si fece egli stesso nominare signore della città. Salito al potere, lo esercitò con tanta violenza e rigor lungo che oppressò al tutto gli animi: i quali altro rimedio non trovarono ai mali loro che di offerirsi tutti quanti e spontanei al pontefice in un dì, in cui per ventura quel Visconti aveva dovuto fuggirsi. Questa dedizione fu argomento di più atti cittadini; ed oltre ad uno insigne del 1322, è notabile quello del 30 settembre 1331 per un giuramento al papa, decretato dal rettore, dal priore e dagli anziani della città, assistiti da trecento novantacinque consiglieri, e ratificato il quindici ottobre successivo dai giudici, mercanti, notai, osti, fabbri, beccai, falegnami, pellicciai, muratori, cuoiai, sarti, fornari, mugnai, barbieri, panattieri, agricoltori, brentori, calzolai (1) e da quattro deputati dell'ordine dei nobili, convenuti come nei tempi andati a deliberare sulla salute della repubblica. Ma il pontefice agitato da intestine discordie, attento a tenere altre città

(1) In questa enumerazione di *arti giuranti* non sono i lavoratori della lana che pure erano sin d'allora in Piacenza. Forse i membri loro saranno stati addetti al collegio dei mercanti. L'arte della lana era stata portata a Piacenza dagli Umiliati o preti bianchi.

lontano dall' imperiale dominio, nemico ai Visconti di cui, siccome già dello Scoto, sapea essere guelfo di nome, ghibellino di cuore, e perciò temea l'ingrandimento, non potè difendere Piacenza assalita dagli imperiali. Perciò i messi papali, inerti, incapaci a governo burrascoso, tristi, malveduti dal popolo, vennero cacciati. Alberto Scoto era morto (1335), e Francesco di lui figliuolo biasimando le opere del padre, affettando popolarità, ebbe il comando della patria. Azzo Visconti gli offori quanto dugentosessantamila franchi, e Francesco Scoto vendette ad Azzo la patria. Lo sdegno de'Piacentini fu grande: ma il Visconti protesse lo Scoto in sue castella, e ammaestrato dalle vicende di Galeazzo infrenò i cittadini levando loro le armi e ponendo a custodia della piazza soldatesca straniera. Passate due generazioni, e così mitigati gli sdegni, conservata la pace e infiacchiti gli animi non più eccitati dal romore dell'armi, nè dalle aringhe de' priori, Giangaleazzo, detto il Conte di Virtù, misurò le pazienze de'soggetti colle proprie pretese; ma visto che ancora sentivano de'padri loro onorata memoria, si diede a riformare il governo, restringendo l'autorità municipale, e nel 1385 ordinò che il popolo non più per arti si dividesse e per collegi, ma per classi, che furono cinque, ed il loro consiglio alla metà si riducesse, ed a soli cencinquanta delle cose pubbliche deliberare appartenesse. Gli Sforza succeduti ai Visconti conobbero che mal si potevanò tuttavia tenere popoli insofferenti di giogo assoluto, senza grandi forze, a loro mancanti. Alla forza venne in aiuto la politica, e conoscendo come entrando pei pubblici consigli in quelle sale si risvegliavano nella mente de' cittadini memorie troppo pericolose, le chiusero ed ordinarono l' erezione di un altro edifizio in faccia a questo, nel quale trasportarono gli uffizi del podestà e dei ministri ducali. Il quale palazzo (che ora per genio dell'egregio architetto piacentino fu Lotario Tomba e del chiaro matematico fu conte Francesco Barattieri piacentino ancor esso, fa bella mostra di sè), fu abitazione del legato in tempo di pontificio governo, e dei governatori allora che Piacenza fu dei Farnesi e dei Borboni. Il consiglio della città sedette in nuova fabbrica aggiunta all' antica, la quale fu interamente dimenticata.

Ma pure sino a quell' epoca tutte le sale erano in piedi, e la disposizione materiale dell'augusto edificio rimaneva la medesima, atta agli antichi usi. Fu nel 1646, tre secoli e mezzo dopo la erezione che Odoardo duca quinto Farnese in occasione del ricevimento fatto al duca di Modena Francesco da Este, distrutta affatto l'interna armonia del fabbricato (quasi per imitare quanto esso da Este aveva fatto del palazzo del pubblico di Modena) gli diede nuova forma e nuovo uso, ergendovi con disegno del piacentino architetto Rangoni un teatro per musirali spettacoli; mutamento ultimo non meno eppurtuno a quel tempo di quel che lo fosse all'età sovraindicata l'innalzamento di questo magnifico palazzo. Nel che si vide un destino assai triste a fabbricati di questo genere, perchè già per tacere degli altri si vedeva la sala del gran consiglio di Firenze ridotta pei Medici a caserma dei soldati.

Di quel teatro non rimangono altre vestigia che due quadri di costume contemporaneo sulla parete di mezzodì, ed un panno attorno allo altre; il tutto dipinto a fresco da ignota mano. Quivi, nel 1795 circa, il governatore Crescini pensava di porre gli ufici del suo ministero; e tuttora si scorge in una serie d'archi il principio de'suoi lavori: ma il governo essendosi trovato d'altre assai speso gravato, non potè forse lasciargli i mezzi per terminarle.

Tutta la fabbrica è stata da poco ristorata al di fuori, ed ora aspetta che l' interno sia rimesso a qualche uso più nobile dell'attuale di magazzino e legnaia. LUCIANO SCARABELLI.

OSPEDALE DI GREENWICH

Greenwich, distante una lega e mezzo da Londra, è notabile per uno spedale di 2,400 marinai invalidi, per la bella specula reale dove gli astronomi e i geografi inglesi collocano il loro primo meridiano, e per un parco magnifico. Un bel monumento, eretto sopra una delle piazze della città, richiama alla mente la battaglia navale di Trafalgar vinta dagl' Inglesi nel 1805. Abit. 2,100, non compresi i marinai.

CHAUCHARD e MÜNTZ.

Abbiamo qui collocata la presente imaginetta per ricordare ai nostri Lettori la graziosa Geografia Iconografica *dei suddetti autori, opera di cui pubblicasi in questo tipografico stabilimento un' eccellente traduzione italiana, e che è senza contrasto utilissima, massime per adescare i giovani intelletti allo studio di scienza così indispensabile. Le vignette consimili intercalate nel testo sommano a ben 500, e rappresentano città, costumi, stemmi, monumenti ecc. Saranno dispense 60 al prezzo di 60 c.mi ciascuna.*

I padri di famiglia, i direttori de' convitti, e generalmente tutti coloro a' quali incombe il pensiero dell' altrui educazione, troverebbero difficilmente libro geografico più attagliato al loro bisogno.

GLI ZINGANI NELLA VALACHIA

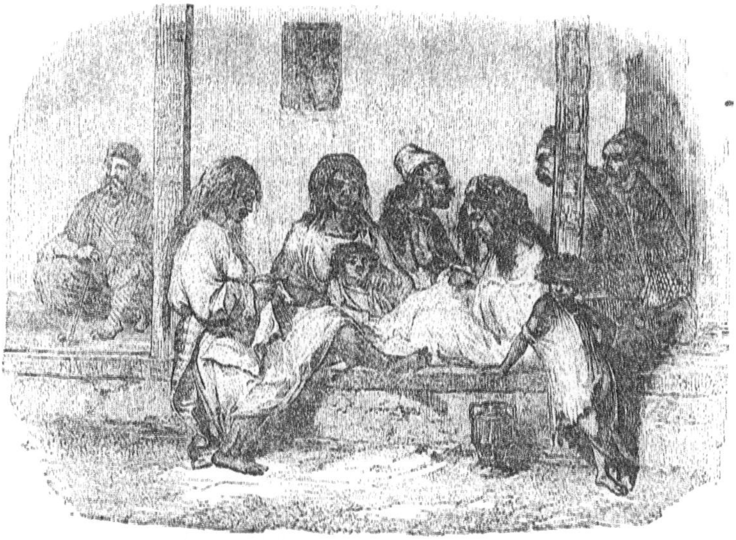

Le città e ville della Valachia sono ingombre da una vituperosa schiatta, la quale, circondata da tutte le disamabili apparenze della miseria, ora vedesi razzolare, a truppe, in mezzo alle vie, ora accosciarsi, querula ed increscìosa, su le scale de'grandi, quasi a mostrare che la civiltà è colà eccezione e non regola, e che al riso di pochi accoppiasi sempre, in questo mondo, il pianto di molti. Ecco la descrizione che de' Zingani Valachi ne dà il Demidoff, nel suo celebre Viaggio in Russia, viaggio che l'ingegnosa matita del Raffet ornava di sì vaghi e fedeli disegni.

« Vengono, a lor posta, gli Zingani, o come dicono que' del paese gli *Ziganè*, orde erranti, distinte con tanti nomi diversi quanti sono gli stati europei ove albergano; dovunque reietti e dovunque tollerati; ladri neghittosi e impudenti, o tracotanti accattoni, a'quali è mantello un lacero lembo di veste, ma che comunque squallidi di povertà, abbrutiti dal vizio, mostrano le più nobili e dolci fisionomie che possano rinvenirsi nel bel tipo caucaseo. Questa genìa, la quale è numerosissima nella Valachia, sembraci confermare l'opinione di coloro i quali credono cotali tribù essere originariamente partite dalle belle regioni dell'India. Hannovi notevoli differenze tra i fisici lineamenti di questa razza, e quelli che distinguono i *Gitanos* di Spagna, ne' cui volti la mistura del sangue moresco vedesi manifesta. Checchè però di ciò sia, questo popolo trova in Valachia maggiori mezzi di sostentamento che altrove; imperocchè il paese offregli facili vie di conciliare la naturale sua indolenza colle condizioni necessarie onde godere la protezione delle leggi. Una parte dei Zingani vivonvi del proprio lavoro: a questa è commessa la cura di lavare le arene aurifere di certi fiumi, e dai prodotti di cotale paziente fatica ricava essa il danaro richiesto a pagare i tributi. Altri, fra i Zingani, sono muratori, maniscalchi, cuochi, fabbri, mestieri tutti sdegnati dal popolo valaco: ma i più vivono, nondimeno, in istato di schiavitù, e riempiono, con inutile e pericoloso ingombro, le sale e i cortili de'lussurianti Boiardi. La terza porzione di cotesta schiatta, rimasta, per troppi nomi, priva di stabile appellazione, vive nel vagabondaggio e nella mendicità. Appena vestiti ed esposti all'intemperie delle stagioni, uomini e donne stanziano a cielo aperto, frammisti ad uno sciame di luridi bambini, ne'quali mal potrebbonsi ravvisare i bei giovani, di cui ammirasi la sveltezza ed il garbo, tostochè la precoce loro adolescenza venne a compiuto sviluppo. Un articolo del regolamento organico del principato ordina, del resto, la formazione di un capitale destinato ad estinguere il vagabondaggio de' Zingani, ed obbligarli a fabbricarsi case per proprio uso: e questa benefica disposizione già comincia a mettersi in opera ».

(*Dal viaggio del* DEMIDOFF).

UNA GIORNATA SULLA SPIAGGIA DI POZZUOLI

La vita a Napoli è delle più care e più svariate che io m'abbia passate finora. Correre senza intervallo dal tumulto di Chiaia, di Santa Lucia e di Toledo al silenzio monumentale di Ercolano, di Pesto e di Pompei; fendere tranquillamente le onde del golfo in traccia dell'isole di Capri, d' Ischia e di Procida; dopo essere disceso dagli aspri massi del Vesuvio, passare dalla splendida cattedrale di S. Gennaro e dall' elegante chiesa di S. Francesco agli squallidi sotterranei delle catacombe; passeggiare fra le galanterie tutte moderne che animano il palazzo de' ministri, poi riuscire fra le antichità del museo borbonico, in quella selva di statue e di monumenti, fra tutti quegli attrezzi domestici e guerreschi usati dai Romani, dai Greci, dagli Etruschi, dagli Egiziani; e quel che segna una maggiore differenza, passare dal tumulto dei *lazzaroni* alla dotta e quieta conversazione di Raffaele Liberatori, del cavaliere Avellino, del marchese Gargallo e della sua amabile famiglia, e di tant' altra brava gente: ecco in compendio quel che faceva ogni giorno quand' io mi trovava sulle rive del Sebeto.

Qualche volta la strada ferrata ci fa in pochi minuti volare a Torre del Greco, qualche altra ci accolgono i passeggi della villa e le reali delizie di Portici, di Capodimonte, di Chiattamone, di Caserta dove la magnificenza del re Carlo III e l'ingegno vasto dell' architetto Vanvitelli seppero erigere il palazzo regio, forse più insigne d'Europa, e costruire acquedotti così arditi e maestri da mettere gelosia agli stessi acquedotti romani. Talvolta ascendiamo a godere il prospetto della città e del golfo dal castello di Sant'Elmo, qualche altra ci attirano i casini del Vomere e del Belvedere, ove il fasto napoletano si trasforma in una cara semplicità, e alle balde coppie di cavalli succedono le umili frotte di muli e di giumenti.

E se a questo scene così svariate accresca valore il confronto della vita monotona e grave che ci sta innanzi e che ci aspetta, lo dicano quelli che qualche volta hanno provato tutta la voluttà d'un vivere attivo, e la noia di sedere sempre alla stessa occupazione e di passar giorni tutti uguali fra loro.

Il 15 ottobre 1840 feci una delle più dilettevoli e poetiche gite che io m'abbia mai fatto e che forse possa fare. Perocchè in poche ore abbiamo veduto succedere dinanzi ai nostri sguardi la tenebrosa grotta di Posilipo, fatta più bizzarra dalle lampade accese di e notte che rompono quell'oscurità; le tombe di Virgilio e di Sannazaro, intorno alle quali provi un indicibile sentimento di rispetto; l'incantevole spiaggia di Mergellina, la cui bellezza tante volte esaltata, lascia però sempre qualche cosa che nessuno potrà descrivere; poi la grotta del Cane col suo prodigio fisico; indi Pozzuoli, che attesta ancora la magnificenza romana colle tante sue ruine e col tempio di Serapide, l'anfiteatro e il ponte di Caligola; la via Campana coi sepolcri della Colombaria, e poco discosta l'accademia di Cicerone, ov'egli dettò le sue *Questioni*, e dove posano le ceneri dell'imperatore Adriano.

A Pozzuoli mi stringevano d'ogni parte pescatori e contadini per offerirmi monete antiche trovate negli scavi, e vasi di terra e altri oggetti che spacciano per antichi, ma che assai volte sono affatto moderni, così studiosamente preparati da ingannare anche i più cauti.

La visita alla Solfatara anzichè diminuire l' idea che mi ero formato di questa reliquia d'un vulcano, la accrebbe d'assai. È un piccolo piano di 895 piedi in lunghezza su 755 di larghezza, fra quelle colline tanto conosciute agli antichi col nome di *Campi Flegrei*; produce gran quantità di zolfo, e per certi fori lascia esalare un fumo caldo, carico di sale e di ammoniaca. È internamente scavato dal fuoco, e la nostra guida per persuadercene alzò una pietra voluminosa, e, lasciatala cadere, produsse un rintronamento da non lasciar vernn dubbio sull' evidenza del vuoto che resta entro quel monte. Ho veduto anche gli ingegnosi apparecchi, con cui il dottore Assalini mise a profitto quelle esalazioni di vapori solforosi, e i vasi di creta, che senza bisogno d'altro fuoco bollono continuamente depurando lo zolfo e l'allume di rocca.

La via della Solfatara era sparsa di cappuccini che abitano ai piedi di essa in un convento eretto sulla villa Antoniana, e glorioso per la morte di San Gennaro, vescovo di Benevento, patrono de' Napoletani. Quei poveri padri all'austerità della vita accoppiano le molte molestie che le esalazioni solforose cagionano alla chiesa e al convento, e rendono quel soggiorno affatto insopportabile nei tempi dell'ardore.

La vista de' laghi Lucrino ed Averno mi richiamò molti versi d'Orazio ove parla di essi e della loro pesca; ma assai più mi inspirò meraviglia la vista del *Monte Nuovo*, montagna assai alta, e con tre miglia di periferia, che fu prodotta da una forza vulcanica nel breve periodo d'una notte. Gli risponde di fronte il monte Falerno donde si spremevano que' vini che facevano la prima figura sulle tavole romane, ma che oggi la cedono ad assai altri delle stesse Sicilie.

Prima che in questi luoghi ridesse tanta amenità vi erano orribili foreste, entro le quali vivevano i feroci Cimerii che pretendevano predire il futuro. Omero li dipinge nascosti in grotte inaccessibili al sole, le quali contribuivano ad accrescere l'errore di questi luoghi, e, secondo gli antichi, davano accesso al regno dell'Inferno. Ora quelle foreste sono popolate di panporcini (ciclamini), e l'uccello vi annida quasi sicuro dall'insidie de'cacciatori.

Nel mio itinerario era segnata la grotta della Sibilla Cumana, e mi premeva di vederla. Sulle rive del lago d'Averno mi fu aperto un usciuolo vestito di edera e di muschio, e al lume d'una torchia percorsi una via sotterranea lunga 150 passi, e che dicono una volta andasse infino a Baja. Fra quel silenzio universale, non rotto che dal movere de' nostri piedi, l'animo quasi rifugge di proseguire, ma una volta entrati non è lecito retrocedere. E questo ribrezzo s'accresce quando la guida vi conduce giù da una scaletta angusta, e vi trae al labbro d' un' acqua sotterranea che al chiaror funebre di quella fiaccola resinosa appare più funesta, e voi dovete varcarla montando sul dorso di quella guida, che in quel momento assume un aspetto stranamente tetro, e vi fa rincrescere d'esservi separati dalla bella natura per discendere in queste cupe e tenebrose caverne. Ed eccovi una cameretta quadrata e angusta, dove la Sibilla, a quanto dicono, sedeva a dare i responsi, e donde Virgilio fece partire il suo Enea pel viaggio all'inferno. De' sotterranei ne ho veduti assai, ma non so che altri mi abbian colpito al pari di questo.

Ma gli svariatissimi monumenti che popolano questa spiaggia non lasciano mai durare a lungo la stessa sensazione; ed anche qui allo squallore di questa grotta succede la bella vista dei templi di Venere, di Mercurio o di Diana Lucifera e d'Apollo, altri testimoni del gusto e della grandezza romana.

Ma poi subito quale contrasto da questi edifizi ai sudatorii di Nerone! Sulla strada, fra la distrutta Cuma e Baja, scorgete a certa altezza una rozza apertura; la vostra guida vi conduce ad essa, ed eccovi innanzi sei specie di camerotti melanconici e affatto disabbelliti, dove stanno delle nicchie destinate ad accogliere i letti di quelli che vi vanno pei bagni. Da uno di questi camerotti si produce un corritoio dove niuno può entrare senza sciogliersi subito in sudori, tanto infuocata è l'aria sparsavi per entro. Mi provai a resistere a così fatto ardore, ma pochi minuti secondi mi posero in una ardente traspirazione e mi tolsero il respiro. Un giovincello che serviva di custode si trasse la camicia e coi soli calzoni si gettò in questa fornace, si innoltrò sino al fondo, attinse un secchio d'acqua alla sorgente e ne ritornò ansante, affannoso e tutto grondante di sudore, e ci volle qualche minuto prima che egli potesse riprendere lo stato naturale della respirazione. Allora fece il solito esperimento di gettar un uovo in quell'acqua, e poco dopo lo estrasse rappreso, come se deposto in caldaia bollente.

La smania che avevano i Romani di edificare le loro ville sulle spiaggie di Baja, faceva gridare Orazio contro i voluttuosi de'suoi tempi che invadevano coi loro edifizi il regno delle acque, poco contenti della terraferma; ma questa smania era giustificata dalle singolari bellezze di questo lido, dalla sua fertilità, dalle sue pesche abbondanti, da tutto ciò che poteva procurare vita e diletto. Giulio Cesare, Pisone, Domizia, Pompeo, Mario, Giulia Mammea, tutti avevano a Baja magnifiche ville donde era sbandita la modestia e in vigore tutto quanto la voluttà potea suggerire. Ma insieme con questi ricchi ed ambiziosi passarono anche i loro edilizi, ed ora stringe l'animo a vedere di Baja solo pochi ruderi inabitati, che non hanno pur tanto da allettare la curiosità del viaggiatore.

Ma il villaggio di Bauli supplisce alla mancanza di Baja; e se uno può dispensarsi dal vedere la tomba di Agrippina, non tralasci di visitare la *Piscina mirabile*, gran serbatoio d'acqua che Augusto fece erigere pei bisogni della flotta stanziata in Miseno. Nè si lascino le cento camerelle o prigioni orribili che fossero, o fondamento di vasto edilizio, o pur esse cisterne di acque, nè il mercato di Sabato, reliquia d'un circo equestre, nè il Mare Morto, presso cui i poeti immaginarono essere posti i Campi Elisi, e a poca distanza l'Acheronte così famoso tra i Greci e i Latini. E il trovarsi fra questi nomi di storica celebrità; e da Bauli spingersi alla vicinissima isola di Procida, trovarvi le donne vestite ancora alla foggia de'Greci, e ricordarvi gli avvenimenti famosi di quel tempo, non è compiacenza a cui poche son pari?

Sulla punta della costa che percorriamo sorgeva un tempo la città di Miseno. Come Baja, così Cuma era luogo di lusso e di delizie, dove Lucullo dava i suoi sontuosi banchetti; Nerone commetteva le sue crudeltà; Tiberio vi moriva; ma i Saraceni nell'890 la ridussero a poche ruine. È noto che in quella città finì la vita Tarquinio il Superbo.

E poco discosta mi fu mostrata la città di Linterno, ultimo asilo di Scipione, a cui la vittoria dell'Africa aveva procurato l'esiglio da Roma. Il grand'uomo morì a Linterno, e sul lago di *Patria* mi furono mostrate le memorie del suo sepolcro.

Passar un giorno fra tanti monumenti egli è uno di quei diletti che parlano all'intelletto ed al cuore, e che lasciano una ricordanza che più non sarà cancellata. E tale fu appunto per me quel giorno, 15 ottobre del 1840.

IGNAZIO CANTÙ.

CENNI SU I GIANNIZZERI

(Ved. n.º XXXI, pag. 241)

§ 3°. *Diritti e privilegi del corpo*

I privilegi distinsero i Giannizzeri fino dal loro nascere, e sempre aumentarono a misura che il corpo andò estendendosi ed invecchiando. Queste prerogative furono da principio introdotte per eccitamento al ben fare, o mercede de'servigi prestati al sovrano, e continuarono dappoi coll'unico intendimento di comperarsene il favore, rendendoli meno altieri e riottosi. Sarebbe impossibile il noverare in brevi linee tutti i privilegi, onorificenze e vantaggi de'quali è discorso, ma ristringendoci a'soli principali noi noteremo. 1° la maggior paga di cui godevano, paga che variò più e più volte sotto i diversi sultani, ma che superò, sempre, di lungo tratto lo stipendio toccato dalle rimanenti truppe; 2° il regalo ricevuto da ogni sultano al suo ascendere in trono, regalo che subì anch'esso notevoli modificazioni secondo i vari periodi della monarchia, ma che fu sempre notevolissimo, e conservossi lunghissimamente in fiore avendo cominciato sotto Bajazed II e terminato sotto Abdul Hamid nel 1774, epoca in cui la quota d'ogni Giannizzero era di settantacinque lire francesi, oltre un aumento di un parà per giorno, di paga, a tutti coloro il cui stipendio non agguagliava trentasei aspri; 3° in campagna, essi godevano il privilegio delle tende, ed aveano appositi cavalli per trasportarle, e zappatori per collocarlo; di modo che giungendo sul sito, trovavanle già belle e ritte per riceverli; 4° in virtù de'canoni di Solimano, essi dovevano inoltre occupare il posto d'onore, godendo la segnalata distinzione di formar l' antiguardo. Questo principio spinse più oltre ancora la predilezione ch'ei nutria pe' Giannizzeri: dopo un luminoso fatto d' armi in cui essi aveano fatto di sè egregia prova, affidò ai veterani del corpo la guardia dell'imperiale persona, e loro concesse il dritto di assistere al consiglio di guerra, con un aumento di paga, come corona di questi vantaggi. Per le quali grazie i Giannizzeri presero il sultano in tanta venerazione ed amore, che egli più non sapea omai come sottrarsi alle importune e noiose loro carezze; basti che non contenti di stargli dì e notte al fianco entro alla sua tenda medesima, tenevanlo assiduamente d' occhio anche in mezzo ai rumori della battaglia, non consentendo ch'egli esponesse la sua persona a troppo manifesto pericolo. I Giannizzeri che si distinguevano per qualche merito aveano anche dritto a speciali ricompense, quale si era l'ascrizione al corpo dei *sipahi* o cavalieri scelti, e l'altra ancor più onorevole nei *solah*, corpo nobilissimo, destinato all' intima custodia del sultano. Così pure, allorchè un Giannizzero macchiavasi di qualche gravissima colpa che rendea indispensabile il mandarlo al supplizio, egli veniva anzi tutto, per decoro del corpo, degradato, e quindi, ad ultimo segno di rispetto per la qualità di cui era rivestito, periva, come i grandi, strozzato colla corda entro alle misteriose sale del carcere. Finalmente oltre la paga, che, come dicemmo, superò sempre quella degli altri corpi, i Giannizzeri in attività ricevevano eziandio carne, legumi e candele, e traevano, per dippiù, considerevolissimi beneficii dalle avanie che essi commettevano quando erano di guardia, specialmente nei quartieri de' *rajà* o sudditi non musulmani.

§ 4°. *Distintivi, insegne, ecc.*

Il più antico distintivo giannizzero si fu una strana foggia di berretto bianco, avente una specie di fodera pendente in dietro su le spalle, e ricordante la manica che Hagi-Begtax impose sul capo all' uno di essi nell'atto di benedire il novello corpo, siccome dicemmo. Essendosi quindi stabilito che le denominazioni ed onori tributati a questa così singolare e privilegiata famiglia traessero nome e simbolo dalle cose della cucina, appiccossi, per nappa o segno di campo, al berretto medesimo, un cucchiaio di legno. Così pure il reggimento s'ebbe il nome di camera (*odà*); il capo supremo di essa fu detto *ciorbagì*, cioè preparatore della minestra, e gli uffiziali, dopo esso, più ragguardevoli vennero contraddistinti l'uno col titolo di *acci-basci* capo cuoco e l'altro con quello di *sakà-basci*, o capo dei portatori dell'acqua. Finalmente, a compimento e quasi suggello di queste strane allegorie, che a noi sarebbero cagione di riso, e sono invece, in Oriente, fonte di altissima venerazione e rispetto, stabilissi che le caldaie o marmitte sarebbero il più sacro vessillo dell'intera famiglia giannizzeresca. Immensa fu quindi la devozione che i Giannizzeri sempre serbarono per le loro marmitte, e tale che i più sacri stendardi non potrebbero averne altrettanta. La cosa giunse al segno che marmitta diventò sinonimo del corpo stesso cui apparteneva, e si disse per esempio: *la marmitta dell'ottava ortà è al campo*, per far capire come l' ottava compagnia stessevi militando. *La marmitta, entro alla quale cuocevano le carni*, dice il De-Hammer, *era il santuario del reggimento, ed intorno ad essa i Giannizzeri radunavansi non solo per mangiare, ma ben anco per consigliare: e queste forme sussistettero fino ai nostri giorni*. Allorchè, in fatti, i Giannizzeri vennero con Mahomud a terminativo cimento su la piazza dell' *At-meidan* (Ippodromo), le marmitte arrovesciate furono il segnale dato, giusta le antichissime consuetudini, per far palese l'aperta resistenza in cui eransi posti, e chiamare alle armi i loro satelliti. Ed appunto per punirli ed opprimerli nelle cose loro più care, Mahomud, vinta appena quella terribile prova, impossessavasi delle marmitte, e dopo averle fatte pubblicamente maledire e spezzare, curò che se ne fondessero fino i più piccoli frantumi, sì che nessun vestigio ne rimanesse più al mondo. Una delle scene giannizzeresche più caratteristiche ed originali si era la petulanza fastosa con cui tali marmitte venivano da'Giannizzeri in pubblico portale. Due eroi di cucina, incedenti, pettoruti, a passo lungo e concitato, recavano su le spalle, sospese a grosso bastone, quello pentole semi-sacre, le cui dimensioni erano enormi, nonchè stragrandi. Un sotto-ufficiale, armato di uno smisurato cucchiaione, li precedeva; un altro insaccato in una casacca di cuoio sopraccarica di ornamenti in rame, ed avente, alla cintola, uno staffile a più barbe, seguivalo immediatamente. Nulla poteva, in sì solenne momento, obbligarli a deviare dalla retta linea su cui camminavano: essi urtavano, spingevano, arrovesciavano senza misericordia chiunque avesse, per sua grande malora abbarrato il passo a siffatti smargiassi. Superbi e orgogliosi del fardello che reggevano, avrebbero creduto fargli sfregio scostandosi un tantino dalla traccia più breve che conducevali al santuario entro al quale ivano a deporlo. Le marmitte erano adunque, pei Giannizzeri, ciò che per uno de'nostri corpi militari sarebbe il più prezioso stendardo, ed il reggimento che perdeva in battaglia la propria, rimaneva, per ciò solo, mesto e disonorato, nè più nè meno che se avesse perduto le insegne. Errore, nullameno, si è il credere, come alcuni fecero, che i Giannizzeri non avessero veramente bandiere speciali: giacchè nel giorno stesso della inaugurale benedizione il monaco Hagi-Begtax diè loro per vessillo la bandiera rossa colla mezza luna e la spada bisulca d' Omar, in bianco, sul mezzo.

Cav. Baratta.

OSSA E PENSIERI

Io fui nel mondo vergine sorella;
E se la mente tua ben mi riguarda,
Non mi ti celerà l'esser più bella;
Ma riconoscerai ch'io son Piccarda. . .
. . . .
DANTE, *Par.*, *Canto* III.

Un brivido mi scorre per le vene — una solenne mestizia s' indonna dell'anima mia!... Qui dove ora è posta la mia casa, dove s'apre l'area della piccola piazza che le è rimpetto, dove s'ergono tante abitazioni, dove ferve l'operosa attività di tanti artigiani, fu un chiostro!!... Il più antico ed illustre fra quanti altri eran sparsi in Fiorenza, il monastero di San Pier Maggiore godea privilegi ed onori straordinari. — Decaduto per vetustà il corpo della sua fabbrica, si credè spesa esuberante il riattarlo, e le vergini che lo abitavano fur sparse e divise in altri cenobi. — Demolitene le mura, fu venduto il terreno su cui posava; non rimase intatto di lui che l'arco magnifico eretto dalla pietà degli Albizzi in fronte alla chiesa, e le case sorsero là dove erano state le celle. Oggi, dopo circa sessant' anni dalla sua caduta, un proprietario scava le fondamenta di una nuova abitazione sulla piazza che prima era pavimento di tempio, e suolo di cimitero. — Oh vedete!... il ferro del manovale spezza le pietre, scende nelle viscere della terra, frange i sassi che vi son misti, e percuote sopra oggetti che vanno in frantumi minutissimi..... ossa umane!! — la folla attratta dalla curiosità accorre — i muratori proseguono..... Ossa sopra ossa, crani, tibie, stinchi, scheletri quasi intieri!... ecco i segni della fede cristiana... croci, medaglie. — Si separano i mesti avanzi dalle pietre e dalla terra impregnata forse e composta dal fango in cui si sciolsero tante spoglie. — Si pongono miste in ceste, e si ammassano in un canto finchè venga l'ora di trasportarle alla loro nuova dimora. — Io le contemplo!... Quanti secoli ci separano dal tempo in cui quelle ossa furono impolpate di viva carne, e si mossero a seconda dell'impulso che lor diede l'anima di cui furono albergo! Quanti secoli da che elleno si posano immote sotto quelle pietre!... Quanti pensieri furono chiusi in quel cranio!... Forse appartenne a tale che anelò dietro le gioie del mondo, ed ebbe un desio d'amore!... Forse gli occhi che stettero in quelle di lui cavità sparsero lagrime di pentimento, di angoscia, di irremovibil dolore, e cercarono desiosi un oggetto che le mura del chiostro per eterno celavano — forse le labbra che fecer cornice a quelle mascelle susurraron parole di disperazione..... forse le ossa di quel braccio furono agitate dal tremito dell'orrore mentre si stesero a prendere i neri veli!... quel piede vacillò nell'appressarsi all'altare... sotto quelle coste palpitò un cuore che diviso fra le terrene affezioni e i desideri celesti, sentì spezzarsi le fibre nel costringere i suoi moti a rivolgersi ad un sol centro!... Allato di quelle eccone pur altre... forse questo furon governate e mosse da spirito ben altramente diverso — e li stettero occhi pietosi che non si alzaron da terra che per guardare il cielo — labbra che susurrarono preci incessanti — quello fu braccio che sovente elevossi per appender voti all'altare davanti cui per lunghe ore stetter piegate quelle ginocchia! — e quella mano tessè ghirlande e trapunse stoffe preziose per adornarne l'immagine di Maria. — In quel teschio non albergò pensiero che non fosse di Dio, ed in quel petto pulsò un cuore scevro di cure terrene, e mosso solo dall'entusiasmo di cose divine!... Un altro colpo sullo smosso terreno, ed ecco si scopre una tomba di mattoni a guisa di cassa che separa dalla comune confusione delle ossa lo scheletro che in lei si contiene. — Perchè?... fu egli forse di tale che sorse distinta sulle altre vergini?... Oh via! dove portami lo omai irrefrenabile slancio della immaginazione? Con essa io varco l'abisso de'secoli trascorsi, e con la sua possente magia ricostruisco il monastero, riedifico il tempio, rincarno quelle ossa, rendo loro il moto della vita, le rivesto di lunghe tuniche, e ricopro que'crani di bende e di veli... Il turbine degli avvenimenti si queta — la nebbia del passato si dirada..... cogli occhi della mente vedo ben altro di quello mi presentano gli occhi che stannomi in fronte... la visione è lucida, chiara, distinta, poichè veggo non per impero di sonno, ma per dominio di fantasia. . . . .

È notte. — Le suore prostese sul pavimento del coro innalzano laudi al Signore. Puro come il profumo che esce dai sacri turiboli, il fiato di una giovane monacella appanna il lucido cerchio d'argento che fa cornice al reliquiario su cui ella appoggia le tumido e freschissime labbra — bella di bellezza sublime sembra un'eterea sostanza — la di lei pelle bianca e diafana riceve le variabili gradazioni della tinta del sangue, che sotto le scorre, come candido e sottilissimo lino posato sopra le rose — il delicato profilo del suo volto presenta la ideale perfezione delle greche sculture — una quiete angelica è diffusa in quella soave fisonomia, che simile all'onda cristallina di un limpido fonte, ne frange, dirò così, le immagini che le trascorrono nella mente... Ahimè! un lieve corrugar della fronte palesa che la calma contemplativa cede ora il loco ad una terrena commozione — un impercettibil tremore scuote le svelte sue forme, e lo sguardo inchinato a terra mostra fuggire l'immagine di una sgradita memoria. = Suor Costanza, le dice la conversa che trovasele vicina, a che pensate voi? Le preci sono finite, nè sorgete per ritirarvi al riposo?... da pochi momenti in qua mi sembrate conturbata? = Sorella mia, risponde con armoniosa voce la vergine, è vero, sì, è vero, una indefinibile agitazione si è impossessata a un tratto di me.... parmi presentire una sventura! vedete come tremo?... ahimè! Se l'uomo che fu mio fidanzato (e qui un vivo rossore le invermiglia il volto fino alla radice de' bruni capelli), potesse scoprire il loco ove mi son celata per fuggir le sue nozze! Se Corso mio fratello, se alcun altro della famiglia Donati venisse a penetrarlo!... ahimè! ahimè! mi sento morire in pensarvi. — Voi sapete come e' son fieri quei cittadini... che potre' io contr'essi? — quali danni il loro furore recherebbe forse a quest'asilo di pace, ove io fui benignamente raccolta!... Oh Vergine misericordiosa, abbiate cura voi che tanta rovina non sia! Coprite e celate col vostro benedetto manto la povera Piccarda! — Voi sapete che fin dai prim'anni anelai sacrarmi al vostro santo Figliuolo! — Voi avete veduto quanto ho dovuto combattere contra il voler dei Donati! avete veduto chiudersi i miei occhi per non osservare le decantate bellezze di lui che voleasi forzarmi a sposare, e sapete che serrai le orecchie alle soavi parole, alle lusinghevoli espressioni, di che ci mi fu largo! — Oh Madonna, voi m'avete aiutata a fuggire nell'ora del tumulto causato dalla festa pomposa del mio imeneo! — mi avete scorta pur voi in questo chiostro, e da voi certo vennero impietosite queste buone suore, onde mi ricettassero con grave loro periglio... dunque voi dovete ancora seguitare a salvarmi!... Dite, sorella, l'abbadessa vi è ella parsa turbata dopo il suo colloquio col confessore!... egli dovea sapere alcun che di ciò che accade al di fuori, e de'Donati particolarmente... voi gli avete veduti quando si son separati... dite dite, erano turbati?... non rispondete?... chinate gli occhi?... Oh! Dio abbia misericordia di me = ...

Suor Costanza è assisa nella sua cella. — Una lampada d'ottone irradia il suo volto, che per effetto della luce sembra contornato da un'aureola, come quello di un angiolo. — Ha gli occhi fissi su di un libro di orazioni che sta posato sopra un leggio. — Le mani tien giunte in atto di preghiera... dopo brevi momenti però la volontà è doma dal cruccio dell'anima — le mani cadonle sciolte sulle ginocchia, gli sguardi errano senza fissarsi in alcun loco — smaniosa sorge — apre la finestrella della pudica cameretta. — Un raggio di luna imbianca la sommità della torre detta del Cicino, che sorge rimpetto le mura del convento. — La cella di Costanza, posta in elevata situazione sul cortile del chiostro, guarda precisamente la torre che con la sua severa architettura repubblicana si spicca svelta e gigante, come un'ombra fantastica disegnata nell'azzurro de' cieli. — La monaca appoggiata mestamente alla soglia dilunga lo sguardo su quell'ammasso di pietre. = Ecco la torre delle mie case, dice sommessamente quasi parli ad alcuno, io son cresciuta all'ombra sua — là entro sonosi covati consigli di sangue, e maturate deliberazioni di strage!... di là come lupi dall'antro sono usciti Fiorentini anelanti d'ira contro Fiorentini... Su quelle pietre aguzzaronsi spade per squarciare petti fraterni! là congiure per immerger nel lutto la patria!... là grida echeggianti per incitare le vendette!... imprecazioni contro teste coperte dai tetti vicini!... ed io ho veduto, ho udito... ho pregato pace... ma invano! perocchè la mia voce rompeasi senza suono e senza eco in que'cuori di marmo... Oh stolti! oh crudi! nell'ora di un empio trionfo i Donati hanno appeso le armi dei vinti concittadini a quelle mura.... e han sorriso guardandole, ferocemente... sopra vi stava sangue rappreso!!.. versato perchè?... in una parola, in un segno sta chiusa la cagione dell'odio nefando... *Neri! Bianchi!*... e non siete voi tutti cristiani? e la croce non è il segno comune?... ed una stessa città non vi è madre?... Fratelli in Cristo, fratelli in patria, vi abborrite, disperdete, massacrate a vicenda!!... ed io, io poteva dunque, doveva più vivere fra tante nequizie?... povera canna esposta all'impeto delle bufere io sentiva troncarmisi le fibre... i miei occhi, vagheggianti la limpida purezza di cose celesti, dovean malgrado loro piegarsi su schifoso sozzure. Oh! se la voce di Piccarda avesse potuto ammollire que'cuori, se avesse potuto essere ascoltato il suo grido di pace e di misericordia, sare' ben io restata fra loro... Se la mia mano nello stringersi a quella d'un Frescobaldi avesse potuto riunire gli avversi partiti, e legare in amistanza Cerchi e Donati, non avrei no rifiutate le nozze, poichè Dio stesso avrebbemi ispirato di tormi alle sue, onde farmi adempiere una missione di pace... ma esser pegno di alleanza fra i barbari perseguitatori di altri feroci!... dover risserrare nodi di scellerate unioni... dovermi prostrare innanzi a un'ara profanata da giuramènti che ferman patti di sangue!... no! no! ben fuggii! — qui riparata miro dal porto il pelago tempestoso che travolgermi e inabissarmi dovea ne'suoi vortici... Ma se pur qui fossi raggiunta?... se per salvarmi dalle loro persecuzioni non bastasse questa tomba che scielsi!..... Oh allora, Dio mio, fate che si chiuda sopra di me quella che nessuno potrà riaprire!....

Un cupo romore nella torre, un apparire, uno sparir di lumi attraverso le feritoie, un passar d'uomini, che interposti fra essi e la luce disegnano la propria ombra nelle mura del convento che sta loro di contro, son prova sicura di notturno conciliabolo. — Qual nuova impresa si tenta? — Vieri de'Cerchi sarà lo assalito o lo assalitore? — Preparansi forse ad asserragliare le vicine contrade? — Corso, capo dei Neri, è egli in armi?.... Qual silenzio succede!.... egli è solenne come quello che precede la tempesta. — I lumi sono spariti.... la luna è tramontata.... tutto è tenebria..... Quattro colpi rimbombano alla porta del convento. — La portinaia trabalza sorpresa nel suo letto.... porge attento l'orecchio.... ad ora sì tarda!!.. crede sognare. — Nuovi colpi più forti spargono lo stupore e l'agitazione in tutte le suore. — Piccarda sente un brivido gelato correrle la persona.... que' colpi le son rintronati nell'imo del cuore — in ognuno d'essi le è parso riconoscere una voce che l'abbia chiamata.... La portinaia si veste in fretta — corre alla porta, e tremante domanda che si vuole ad ora sì indebita. = Aprite, le rispondono, qui sta celata Piccarda Donati — i fratelli e lo sposo han diritto di riprendere la fuggitiva che da lungo si cerca — per non far tumulti, nè dar pubblica cagione di diceria sceglienmo quest'ora — però, rendendoci tranquillamente la donna, opererete da saggie. = La monaca trova appena forza da rispondere. = Vado per gli ordini della madre abbadessa. = ...

L'abbadessa è sorta — ha riflettuto un momento — ha parlato con le anziane — ha deciso.... Povera creatura inesperta! crede con blande parole mitigar l'ira di que'fieri, e con le ragioni mutare lo irremovibile proponimento di uomini avvezzi alla licenza e al dominio! — fidando nella santa inviolabilità di quel loco, ella nega dischiuder le porte, e rifiuta render loro la vergine già votita a Dio . . . .

Tacite come spettri alcune figure scorrono rasente le mura del chiostro, e vi appoggiano delle scale di legno... salgono!!.... Intanto dall'interno del sacro luogo si odono pietose cantilene — il silenzio che regna d'intorno le rende più gravi e più melanconiche — oscillano nell'aere, e come il sospiro della speranza vi si dileguano lentamente. — La voce della creatura sale più diretta al Creatore, quando il frastuono del mondo non la rompe. — Le claustrali pregano nel coro per implorare la misericordia dell'Eterno onde tenga lontano il pericolo di vedersi nuovamente assalite dalle turbanti richieste dei Donati e dei loro fautori. — Piccarda attonita e tremante cerca un conforto, nè sa trovarlo... Oh ella conosce ben da vicino quegli uomini!... sa di che tempra siano le loro determinazioni!... Se Dio l'abbandona, in terra, non ha scampo o refugio... — Udite... un incedere di passi affrettati, fragorosi... un rumor d'armi ripercuotenti sul suolo... uno scricchiar d'usci divelti dai cardini... un fracasso, una romba spaventevole... La casa del Signore è profanata!!... La voce dell'uomo echeggia sotto volte che non l'hanno mai udita!...... Un terrore, un ribrezzo, una desolazione opprime l'anima delle derelitte che non hanno difesa — il loro scompiglio è al colmo — come colombe inseguito dagli sparvieri esse corrono, s'urtano, s'incontrano, si trascinano.... vedo lini fluttuanti, mani elevate, volti esprimenti la sorpresa e l'orrore. — La badessa sola composta a grave maestà, sentendo l'importanza del suo carico, non si abbandona al terrore, e cerca calmare le sgomentate, chiamandole tutte intorno a sè. — Elleno la circondano, e all'ombra sua tutelare si credon sicure, e si riconfortano. — Piccarda genuflessa a'suoi piedi nasconde tremebonda la bella testa fra le pieghe della di lei tunica e abbraccia strettamente le sue ginocchia com'ellera abbarbicantesi alla colonna che dee sostenerla.... irrompe la piena — gli armati sono penetrati nel coro.... non più speranza!.... Corso Donati, compreso mal suo grado da un senso di riverenza, china gli occhi a terra, ed esclama: = Madre, non temete! — conosciamo i vostri diritti, e vi chiediamo perdono se la necessità sforzòcci a violarli! Siate certa che i nostri sguardi non si fermeranno sulle vergini del Signore, a contaminarle — Elleno ci son sacre! — noi non vogliamo, non chiediamo che Piccarda. = Signore, voi chiedete ciò che non possiamo accordarvi. — Ella è di Dio!... = Prima fu mia! risponde un giovane di alta e svelta figura, folgorante di bellezza e di ardire. = Il bene della patria, aggiunge un Donati, vuole che Piccarda ritorni al suo sposo. = Il bene della patria! grida l'abbadessa; oh sacro nome, tu sei caduto ben basso se ti si fa servir di cagione ad empie azioni!..... Il bene della patria! e quando mai lo conosceste, voi che ognora le lacerate il seno con gare nefande? = Non più, madre, non più!... dov'è Piccarda? = Non la vedi tu, oh Corso?... quella che con atto sì bello stringesi alla abbadessa non può esser che lei.... Oh mia fidanzata, vieni, sorgi! torna al tuo sposo! = ... Uomo, non mi toccare!... Se la forza varrà a strapparmi di qui, almeno non sia la tua mano che si posi sopra di me. = Gesù, Gesù, Madre Divina, aiutatela! mormoravano le vergini, mentre Corso, intollerante d'indugio, si piega, l'afferra sopra i fianchi, e la svelge dalle ginocchia dell'abbadessa gridando: = Io tuo fratello, in nome e per volontà di tuo padre, ti rendo allo sposo. = Ahimè! fratello, urla Piccarda, tenendosi ancora con ambo le mani forte serrate a un lembo della tunica fra le cui pieghe dianzi celava il volto, fratello, guarda a quello che fai! presto o tardi la bontà di Dio dà rincarno quelle ossa, rendo loro il moto della vita, le rivesto di lunghe tuniche, e ricopro que'crani di bende e di veli... Il turbine degli avvenimenti si queta — la nebbia del passato si dirada..... cogli occhi della mente vedo ben altro di quello mi presentano gli occhi che stannomi in fronte... la visione è lucida, chiara, distinta, poichè veggo non per impero di sonno, ma per dominio di fantasia. . . . .

È notte. — Le suore prostese sul pavimento del coro innalzano laudi al Signore. Puro come il profumo che esce dai sacri turiboli, il fiato di una giovane monarella appanna il lucido cerchio d'argento che fa cornice al reliquiario su cui ella appoggia le tumide e freschissime labbra — bella di bellezza sublime sembra un'eterea sostanza — la di lei pelle bianca e diafana riceve le variabili gradazioni della tinta del sangue, che sotto le scorre, come candido e sottilissimo lino posato sopra le rose — il delicato profilo del suo volto presenta la ideale perfezione delle greche sculture — una quiete angelica è diffusa in quella soave fisionomia, che simile all'onda cristallina di un limpido fonte, ne frange, dirò così, le immagini che le trascorrono nella mente... Ahimè! un lieve corrugar della fronte palesa che la calma contemplativa cede ora il loco ad una terrena commozione — un impercettibil tremore scuote le svelte sue forme, e lo sguardo inchinato a terra mostra fuggire l'immagine di una sgradita memoria. = Suor Costanza, le dice la conversa che trovasele vicina, a che pensate voi? Le preci sono finite, nè sorgete per ritirarvi al riposo?... da pochi momenti in qua mi sembrate conturbata? = Sorella mia, risponde con armoniosa voce la vergine, è vero, sì, è vero, una indefinibile agitazione si è impossessata a un tratto di me.... parmi presentire una sventura! vedete come tremo?... ahimè! Se l'uomo che fu mio fidanzato (e qui un vivo rossore le invermiglia il volto fino alla radice de' bruni capelli), potesse scoprire il loco ove mi son celata per fuggir le sue nozze! Se Corso mio fratello, se alcun altro della famiglia Donati venisse a penetrarlo!... ahimè! ahimè! mi sento morire in pensarvi. — Voi sapete come e' son fieri quei cittadini... che potre' io contr'essi? — quali danni il loro furore recherebbe forse a quest'asilo di pace, ove io fui benignamente raccolta!... Oh Vergine misericordiosa, abbiate cura voi che tanta rovina non sia! Coprite e celate col vostro benedetto manto la povera Piccarda! — Voi sapete che fin dai prim' anni anelai sacrarmi al vostro santo Figliuolo! — Voi avete veduto quanto ho dovuto combattere contra il voler dei Donati! avete veduto chiudersi i miei occhi per non osservare le decantate bellezze di lui che voleasi forzarmi a sposare, e sapete che serrai le orecchie alle soavi parole, alle lusinghevoli espressioni, di che ci mi fu largo! — Oh Madonna, voi m'avete aiutata a fuggire nell'ora del tumulto causato dalla festa pomposa del mio imeneo! — mi avete scorta pur voi in questo chiostro, e da voi certo vennero impietosite queste buone suore, onde mi ricettassero con grave loro periglio... dunque voi dovete ancora seguitare a salvarmi!... Dite, sorell l'abbadessa vi è ella parsa turbata dopo il suo (loquio col confessore!... egli dovea sapere alcun e di ciò che accade al di fuori, e de'Donati particolarmente... voi gli avete veduti quando si son separat . dite dite, erano turbati?... non rispondete?... china gli occhi?... Oh! Dio abbia misericordia di me =. . . . .

Su Costanza è assisa nella sua cella. — Una lampada d'ott e irradia il suo volto, che per effetto della luce semb contornato da un'aureola, come quello di un angio. — Ha gli occhi fissi su di un libro di orazioni ne sta posato sopra un leggio. — Le mani tien giunt in atto di preghiera... dopo brevi momenti però la vo ntà è doma dal cruccio dell'anima — le mani cadon sciolte sulle ginocchia, gli sguardi errano senza fissar in alcun loco — smaniosa sorge — apre la finestrell della pudica cameretta. — Un raggio di luna imbian a la sommità della torre detta del Cicino, che sorge impetto le mura del convento. — La cella di Costara, posta in elevata situazione sul cortile del chiost , guarda precisamente la torre che con la sua severa architettura repubblicana si spicca svelta e gigant, come un'ombra fantastica disegnata nell'azzurro e' cieli. — La monaca appoggiata mestamente alla so ia dilunga lo sguardo su quell'ammasso di pietre. = Ec la torre delle mie case, dice sommessamente quasi arli ad alcuno, io son cresciuta all'ombra sua — là ent sonosi covati consigli di sangue, e maturate delibe azioni di strage!... di là come lupi dall'antro sono uiti Fiorentini anelanti d'ira contro Fiorentini... Su qlle pietre aguzzaronsi spade per squarciare petti fterni! là congiure per immerger nel lutto la patria .. là grida echeggianti per incitare le vendette!. imprecazioni contro teste coperte dai tetti vicini .. ed io ho veduto, ho udito... ho pregato pace.. ma invano! perocchè la mia voce rompeasi senza suono e senza eco in que'cuori di marmo... Oh stolti! h crudi! nell'ora di un empio trionfo i Donati hanno ppeso le armi dei vinti concittadini a quelle mura.. e han sorriso guardandole, ferocemente... sopra stava sangue rappreso!!.. versato perchè?... in una pola, in un segno sta chiusa la cagione dell'odio nefan... *Neri! Bianchi!*... e non siete voi tutti cristiani te la croce non è il segno comune?... ed una stessa ittà non vi è madre?... Fratelli in Cristo, fratelli in patria, vi abborrite, disperdete, massacrate vicen!!... ed io, io poteva dunque, doveva più vere fi tante nequizie?... po anna espost impet delle bufere io se miei ochi, vaghe celesti dov zure. !

r l

io

mià ersi

mi

piere una [illegible] leanza fra i barbari [illegible] dover risserrare [illegible] prostrare innanzi a [illegible] che ferman patti di [illegible] — qui riparata [illegible] travolgermi e [illegible] se pur qui fossi [illegible] loro persecuzioni non [illegible] scielsi!..... Oh allora, [illegible] sopra di me quella che [illegible]

Un cupo romore nella torre, [illegible] di lumi attraverso le feritoie, [illegible] che interposti fra essi e la luce [illegible] ombra nelle mura del convento [illegible] son prova sicura di notturno [illegible] nuova impresa si tenta? — [illegible] assalito o lo assalitore? — [illegible] ragliare le vicine contrade? — [illegible] è egli in armi?.... Qual silenzio [illegible] solenne come quello che precede la tempesta [illegible] lumi sono spariti.... la luna è tramontata... [illegible] tenebria..... Quattro colpi rimbombano alla porta del convento. — La portinaia trabalza sorpresa nel [illegible]... porge attento l'orecchio.... [illegible] sognare. — Nuovi colpi più forti [illegible] e l'agitazione in tutte le suore. — [illegible] un brivido gelato [illegible] colpi le son rintronati nell'imo del cuore — [illegible] le è parso riconoscere una voce che [illegible]... La portinaia si veste in fretta [illegible] e tremante domanda che si vuole [illegible] = Aprite, le rispondono, qui sta celata [illegible] — i fratelli e lo sposo han diritto di riprendere [illegible] che da lungo si cerca — per non far [illegible] pubblica ragione di [illegible] — però, rendendosi tranquillamente [illegible] = La [illegible] = Vado per gli ordini [illegible] =

[illegible]

loro alla giustizia, e allora punisce!... Lasciami nella sua casa ad intercederti il perdono dei mali che per te soffre Fiorenza!... Vedi io non son nulla riguardo a me, ma per te forse potrò assai, perchè Dio può ascoltarmi... egli ha cara la voce del debole che lo prega di cuore... e io pregherò di cuore per te!... Oh! verrà di in cui forse sconfortato d'ogni umana speranza vorrai avere una memoria soave fra tante di orrore e di colpa!... verrà l'ora in cui implorerai quella misericordia che ora mi nieghi!... rispetta almeno la donna che si è consacrata a Dio, se non hai pietà della sorella... lasciami!... lasciami!... = Non odo vane ciancie di ribellata fanciulla — vieni!... Ella si dibatte... resiste... invano l'abbadessa tenta ancora salvarla. = Fermatevi, profanatore! gli uomini imprecheranno al vostro delitto, e Dio vi rigetterà!... = Gli uomini tremano al mio cospetto, e Dio sta coi forti! = No, miserabile, Dio sta coi giusti!!..... La porta del convento si è schiusa — una frotta di giovani imbaldanziti ne esce... — si richiude — fra le braccia di colui che appellò fidanzata Piccarda, stà un corpo quasi esanime — la testa ne cade sulla di lui spalla grave come cosa morta — i lini e le bende che la coprivano ne sono caduti, se non che rimasti fissi in un punto al soggolo strascicano per terra — le braccia penzolanti secondano i moti della persona del rapitore. = La sua fronte è gelata, dice egli; Corso, coprila colle bende. = Sta quieto: fra poco la coprirai con la ghirlanda da sposa, e la riscalderai col bacio maritale — affrettiamoci ora ad entrare al sicuro nelle mie case = ...

Quanti ceri illuminano la cappella della Madonna nel convento di S. Piero! un odore d'incenso si diffonde ed imbalsama l'aere. — Le suore dietro le cortine del coro cantano le preci dei defunti — la turba dei devoti circonda una bara... Oh vedete! vedete!... vi riposa Piccarda!!... Povero giglio della valle, mentre il tuo profumo esalavasi soave verso il cielo, ed eri carezzato dall'aura che ti passava d'intorno, l'uragano si è desto, e con l'urto dell'ala tremenda ti ha tronco sullo stelo!... Fiorenza, Fiorenza! prendi norma e fa senno! anche il tuo fiore cadrà, lacerato dalle mani dilaniatrici degli stessi tuoi figli... guardati, guardati!!... Silenzio! — Si eleva una voce... è quella di un sacerdote che asperge l'estinta di acque lustrali, benedice il popolo ed esclama: = Suor Costanza è tornata per sempre ad abitare in quel chiostro, da cui una violenza feroce aveala strappata. — Dio vegliava sulla sua vergine! — Il dì delle sue nozze con l'uomo, che a forza volle farla sua, ella avea pregato il Cristo e la sua divina Madre di salvarla, richiamandola a loro — la sua prece non cadde inesaudita. Nell'ora in cui penetrò nella camera nuziale, ella era apparsa mirifica per bellezza e folgorante per pompa di stoffe e di gemme. — Quando lo sposo dopo breve tempo seguivala, trovò steso sul talamo un cadavere coperto delle lane monastiche!.... Sì, colei che era stata divelta dal piè degli altari, era salita ai piedi del trono di Dio. — Gli uomini ne avean voluto fare una femmina — Dio ne ha fatto un angiolo! — Ciò che essi voleao profanare, Egli lo ha sublimato! La sua modesta corona di vergine si è mutata in cielo in una corona di stelle!... Vedete! il gelido bacio della morte ha lasciato sulle sue labbra l'impronta di un beato sorriso... in esso ella pregustò le supreme delizie. — Benedetto l'Eterno che rende vana la violenza dell'oppressore, e raccoglie nel proprio seno l'oppresso! Benedizione alla creatura che in Lui si confida! = = Benedizione! benedizione! grida la turba commossa. — Beata Costanza, pregate per noi!... e qui le donne e i fanciulli baciano la tunica e le mani della morta, e si urtano, e si spingono, e si affollano per strappare un fiore o una foglia dalla sua ghirlanda, per toccare con i loro rosari il suo corpo e il suo feretro, per spiccare i lembi de' suoi veli e delle sue vesti, onde farne reliquie . . . .

Le immagini sonosi dileguate — la mia fantasia si sopisce — il presente cancella le visioni del passato — rivedo le realtà! — Ecco la tomba di mattoni, e lo scheletro che vi hanno trovato.... fosse egli quello di suor Costanza, al secolo Piccarda Donati?... Oh! l'ala del tempo è passata sulle memorie, e le ha travolte nell'oblio — la putredine ha divorato quel corpo, per cui giovani, sfrenati ed ardenti si fecer sacrileghi!!.. Stolti che date tanta importanza e tante cure alla vita, guardate quelle ossa.... e pensate!!! . . . .

Maggio 1841.

Isabella Rossi.

A GIOVANNI GHERARDINI

SONETTO

Perchè una gente in ira al bello e al vero
Con suo di tenebrose arti argomento,
Aspra guerra ti mova, Insubre altero,
Non lasciar il magnanimo ardimento.

E ai pochi e ai buoni e a tua virtù contento
Corri nell'impedito arduo sentiero,
Ritornando nel suo primo ornamento
L'Itala vesta dell'uman pensiero.

Che se gli stranî a nostra patria doma
Tanti fregi rapir, ne resti il santo
Eredato dai padri alto idioma.

Popol che perde la natia favella
Merta catene; e noi più d'altro, e tanto
Quanto tu mostri più come sia bella.

Agostino Cagnoli.

ARMATURA DI EMANUELE FILIBERTO

Quest'armatura conservasi nella R. Armeria di Torino: essa è d'acciaio finissimo, forbita, adorna di ricche cesellature a nodi gordiani, e griffe o rabeschi coloriti di nero, compresi in larghe bande longitudinali interamente dorate. L'elmo (1) è di bella forma, compagno dell'armatura, e proprio al torneo. È fermato alla gorgiera da una scanalatura ricurva, come osservasi in altre armature consimili; la resta, tenuta aderente da cinque punte di ferro fisse alla corazza, è movibile, e si toglieva per appoggiare alle anzidette punte il pomolo di uno spadone (2). Osservasi un doppio spallaccio sinistro destinato a surrogare l'altro allorchè si faceva uso del guarda-cuore che adattavasi a piacere alla corazza mediante due robuste viti. Questa pezza di armatura solo usavasi nell'entrare in una città presa di assalto, od in un combattimento. Tale armatura è compitissima, ed inoltre fornita di doppi cosciali, di scudo, spada, sella e testiera da cavallo (3), il tutto ben conservato. Oltrechè venne ritratta dall'armeria del Regio Arsenale di Torino (1), concorre ancora ad affermarne la spettanza il bel dipinto originale che vedesi nella R. Galleria dei quadri di Torino, e la copia nella Galleria del Daniel nel R. Palazzo, ritratto dal vero dal Jacopo Argente di Ferrara, celebre pittore di Emanuele Filiberto, in cui questi è rappresentato in abito di gala, vestito di questa medesima armatura e dello stesso elmo, che appare sopra una tavola che gli sta a lato. Venne ancora dipinto nello stesso modo nelle miniature del sig. Lavy, che si ammirano nella cappella privata di S. M. la Regina; e finalmente rinviensi un'altra volta Emanuele Filiberto, rappresentato nello stesso atteggiamento, in una collezione di stampe esistente nell'Armeria, disegnate dal sig. I. D. L'Angé, ed intagliate nel 1700 dall'incisore sig. Jasnieri (2).

C.te VITTORIO SEYSSEL D'AIX (*).

(1) L'elmo e la corazza che eransi smarriti, non si sa come, e mancavano già da lungo tempo nell'Arsenale, si rinvennero poi il primo, presso il sig. conte S. Martino La Motta, e la seconda, presso il sig. marchese Claudio d'Aix, che si fecero premura di offerirli a S. M.

(2) *Père Daniel*, tom. I, pag. 423.

(3) Questa bella armatura fu fedelmente copiata dal signor barone Marocchetti, nel grandioso monumento equestre eretto nella piazza di S. Carlo di Torino, da lui eseguito, e da S. M. inaugurato alla memoria del vincitore di S. Quintino.

(1) Il sig. marchese Costa nelle sue *Memorie sulla Real casa di Savoia* narra che il duca Carlo Emanuele aveva raccolto nella così detta Galleria di legno, del vecchio palazzo, le armature dei principi suoi antenati (fra le quali era annoverata quella di Francesco I), e che questo palazzo essendo andato in fiamme, le poche armature che si poterono salvare dall'incendio furono trasportate nell'Arsenale.

(2) Giovanni Jasnieri o Tasnieri, savoiardo, fiorì dopo la metà del secolo XVII, incise per ordine del re Vittorio Amedeo II i ritratti de'suoi antenati e diverse pitture della Reale Galleria: così si legge nella prefazione del Padre Della Valle apposta al vol. XV delle vite del Vasari, ediz. di Milano.

(*) Dall'Armeria antica e moderna di S. M. CARLO ALBERTO, descritta dal conte Vittorio Seyssel d'Aix, capitano nel corpo reale d'Artiglieria, de' primi scudieri e gentiluomo di camera di S. M., cav. dell'ordine de'Santi Maurizio e Lazzaro, dirett. e conserv. di detta Armeria.

FASTI SCENICI — FRANCESCO LOMBARDI

Usciva dalla rinomatissima penna del chiarissimo sig. prof. cav. A. Paravia un ben meritato elogio alla attrice italiana Carlotta Marchionni, con cui rammaricava la perdita che un anno prima, nel giorno 5 marzo 1840, facevano le scene italiane di questa celebre attrice, elogio che veniva inserito nel N° 12 di quest'anno del Museo scientifico, letterario ed artistico.

Questo scritto del Paravia mi rallegrava oltremodo, da che faceva aperto come questa nobile arte della declamazione sia pure dagli uomini dotti e gentili commendata e tenuta in pregio; ma erami anche motivo di affanno avvegnachè ricordasse all'animo mio la perdita di lei che tanto lustro aveva a quest' arte apportato.

E il di lei abbandono delle scene italiane un altro mi faceva tornarne alla memoria altrettanto funesto e irreparabile, mentre non avvi finora in Italia chi mostri di poter correre sulle tracce del sommo attore di cho intendo parlare, di Francesco Lombardi.

Questo artista superiore ad ogni encomio dacchè agguagliò quel miracolo dell' arte = Demarini = nella commedia e nel dramma, a tutti immensamente maggiore nella tragedia, abbandonò il teatro sono già alcuni anni.

Questo artista, dissi, che meritava perfino lo lodi degli oltremontani (1) non troppo facili a lodar noi, che privi di tutto vorrebbero, apriva gli occhi alla vita nella patria di Torquato sul finire del secolo scorso, e aveva a genitori Federico Lombardi, oriundo da nobile famiglia bolognese, e Giuseppa Zacchea di onesta e civile bresciana. I buoni esempi e l'arte del padre crebbero Francesco al teatro, e fino dalla più tenera età mostrò tanta valentia che nel 16mo anno di sua vita già le parti di amoroso sosteneva nella comica compagnia di Antonio Goldoni. Avevalo poscia la compagnia Dorati, quando la sempre crescente fama di lui non ancora ventenne giungeva all'orecchio di quel Salvatore Fabbrichesi, che qual vera corona di scelti fiori teneva ai suoi stipendi la prima compagnia che Italia vantasse in quel tempo. Sollecito d'innestare il di lui nome a quello degli altri sommi suoi attori, e cioè dei Demarini, Vestri, ecc. ecc., chiamò a sè il Lombardi, lo parti di primo attore amoroso affidandogli; e qui fu dove spiegò i rari talenti di cui è fornito, mentre in breve tempo giunse a tanta perfezione da essere fino d'allora tenuto per il più degno emulo di Demarini nelle parti comiche e drammatiche. Nella tragedia poi nò vi fu, nè vi è stato fino ad oggi chi possa anche soltanto in qualche lontana parte assimigliarlo. Dotato come egli è di alto ingegno, di bella persona, di sonora e carissima voce, di una indicibile energia, si fattamente s'investe della parte che rappresenta da farti credere vero dinnanzi agli occhi l'eroe che ha preso a dipingerti; e che veramente fosse invasato dal furore di che dovevano essere quei personaggi che raffigurava, ne è luminosa prova cho nella sera del giorno 12 giugno 1821, mentre in Milano, nell'atto in che Emone nell'Antigone di Alfieri, la cui parte sosteneva, dovea fingere di uccidersi, si dava sì di vero del pugnale nel fianco da farsi tenero por morto, onde meritava che un cigno di Ausonia così di lui cantasse:

(1) Revue Britannique, 4me année, n° 42, tom. XXI in-8°, Parigi, dicembre 1828. Souvenirs de l'Italie, n° 9, pag. 271 e seg.

A FRANCESCO LOMBARDI

—

SONETTO DI A. P.

Sei tu, Lombardi, o il furibondo Emone,
D'Antigone svenata al crudo aspetto,
Che col barbaro padre in ria tenzone
D'ira trabocca e disperato affetto?

Chi pingendo natura, al paragone
Starà di te, cui l'orrido subbietto
Sul brando micidial tragge boccone
Tal che piaga non tinta apri nel petto!

Sorse il popolo allora e un grido mise,
Visto il garzon che si scolora e langue,
E pietoso terror l'alme conquise.

Il cordoglio comun piangealo esangue;
Sola dell' Astigian l'ombra sorrise
Allo stillar d' inaspettato sangue.

Questo impareggiabile attore, di cui le glorie non sarebbero mai abbastanza celebrate, ritraevasi in Bologna patria degli antenati di lui, sua adottiva, ove caro a tutti, oltremodo diletto agli amici, carissimo a chi verga queste linee, riposa sulle ben acquistate corone.

Ivi talvolta, e volesse Iddio che ciò avvenisse meno di rado, e universale è un tal voto, concede ai suoi concittadini di bearsi nell' ascoltarlo, e di altamente applaudirlo in qualche rappresentazione in che graziosamente si presta ad agire in unione o ad artisti, o a dilettanti di declamazione, acciocchè erogato ne sia l'introito a vantaggio di orfanelli, di vedove e di famiglie bersaglio della sventura, per cui un insigne letterato bolognese questa epigrafe a di lui laude dettava:

IL · NOME
DEL · LOMBARDI
VIVO
ITALICO · ROSCIO
CHE
A · PRO
D'INFELICI · FRATELLI
L'INGEGNO · SVO · ADOPRA
IN · MEMORIA
DI · GRATO · ANIMO
NON · SENZA
TENERE · LACRIME
UN · ESULE
INCISE
E
CONSACRO'
C. · P.

Possano questi pochi cenni aggiugnere un altro fiore alla corona di laudi di che è ricco il Lombardi, e ridurgli sempre alla memoria quanto di lui sia amico ed ammiratore chi li scriveva.

Bologna, il 17 luglio 1841.

D. OTTAVIO PANCERASI.

SPONSALIZIE FRA VILLICI DALMATI

(DA LETTERA AL NOBILE ANDREA SAGGINI)

Volli assistere, giorni sono, alle pompe nuziali di una rustica coppia fra le meglio adagiate di questa riviera. E perchè gli usi dei nostri villani sentono molto dell'orientale, e nella primigenia loro integrità religiosamente mantengonsi, trovo acconcio di qui venirti esponendo le cerimonie dei loro sponsali, onde allettarti colla novità del racconto a venirne fra noi spettatore ad un tempo, ed ospite lungamente desiderato.

La promessa del matrimonio avviene per ordinario un anno avanti la festività delle nozze; ed eccone il modo. Preceduto uno scambievole accordo fra le due famiglie che denno accoppiarsi nel parentado, sorgono un bel mattino lo sposo ed il padre di esso coi lor prossimani, e s'avviano in brigata all'albergo della fanciulla. Vien bussato alla porta. Il consapevole suocero sporge il capo dal finestrello, e domanda: Chi picchia laggiù? — Hanno eglino qui tra voi ricetto gli amici? — In ogni tempo, risponde il padre, sono eglino i bene arrivati — e tira a sè il saliscendi.

Entrano gli ospiti; e messo il piè nella soglia, e ricangiato da tuttadue le parti il saluto, assidonsi a desco. In quella il più vicino parente indirizza al padrone queste parole: Voi ci apprestate refezioni e bevande; ma nè voi ce'l chiedete, nè noi vi diciam nulla dell'oggetto che qui ci adduce, il quale si è di chiedere la vostra figlia in isposa al nostro cugino. — Ed egli a rincontro: Ora si beva; ne parleremo di poi. — Si mangia, si beve, e si sta lung'ora ciancerellando, senza pure far motto sull'importare di quella missione.

Levate alfine le mense, e posto fine alle iterate libazioni ad onore di Bacco, viene dal paraninfo rinnovellata l'inchiesta. — Io per me, dice il padre, non vi dissento; e'vuolsi però ascoltare la voce della fanciulla. — Colei che fino a quel punto se ne stava rimpiattata in un canto del piano superiore orecchiando que'loro parlari, alla chiama del padre si ricompone, e tutta schiva e acchiocciolata fassi all'apertura della scala, donde al replicato cenno vien giù lentamente, soffregandosi contro la parete, fino al punto in cui possa avvisare di sghembo lo sposo, ed essere da'suoi familiari distinta. All'inchiesta del padre se gradisca l'offerto imeneo, la contegnosa abbassa le luci; e portando alla fronte il dorso della mano, onde far velo al rossore, colla formola d'uso risponde: Ciò che fanno i miei maggiori è ben fatto. — Allora il padre del giovane accenna al figlio di impalmare la sposa e d'offerirle i suoi doni; per il che questi le pone l'anello in dito, e le sciorina dinanzi scarpe rosse di cuoio, calze di lana tinte in giallo, fettuccie, coralli ed altre tali bazzicherie. Con questo ha fine la formalità della *prosgna*, o ricerca. Un'altra bevuta, un abbraccio cordiale, e tosto il festivo drappello prende commiato.

Ora vengo a descriverti la solennità delle nozze, le di cui ceremonie non perdètti di traccia, ond'io potessi poi dartene precisa contezza. Quindici giorni avanti lo sposalizio venne questo annunziato ai propinqui ed agli amici, onde dar agio ai medesimi di apprestare i lor doni, quali consistono in vini abboccati, bracciatelli di pane, lacchezzi di agnello o castrato, polli ed uova, con altri simili camangiari.

Surto che fu con grande aspettazione il dì della festa, la sorella più vecchia e lo zio materno dello sposo, destisi col mattino, in compagnia d'altri parenti si dipartirono dai proprii lari, portando in capo, sopra cercini variopinti, alquante ceste fornite di arredi nuziali da farne dono alla sposa. Eranvi nastri e bindelle a varii colori, che penzigliavano intorno quai pennoncelli di navi foggiate a festa; un coltellino con lama, e grossa custodia d'argento cesellato, avente forma di mezza luna, in capo ad una doppia catena pure d'argento, che alle sole maritate l'uso consente di appendere alla cintura; un lungo rosarione coi paternostri d'argento, terminato da una gran croce e da un argenteo medaglione, ch'elleno raccomandano del pari alla cintura, ed avvolgono fra le mani aggruppate qualora vanno o vengono dalla chiesa: eranvi inoltre spilloni d'argento e d'oro granagliato, calze e scarpe, con altri arnesi di donnesca acconciatura. Delle quali cose presentata che fu la sposa, rimunerò ella, secondo il costume, i portatori; e la futura cognata s'ebbe un nastro a seta cilestrina da appuntare al mazzocchio dietro del capo; e gli altri parenti v'ebbero chi un fazzoletto, chi una berretta di scarlatto per ciascheduno. Ciò fatto, s'avviava lo sposo co'suoi congiunti vèr la dimora della fidanzata, onde prenderla seco e tradurla all'altare. Il vecchio parente, o *Stari Svat*, con un colpo di pistola diè il segno della levata; egli, l'antesignano di quel festivo convoglio, gia sempre innanzi agli altri con vessillo spiegato, carolando e cantando lungo il sentiero. Gli venia dietro lo sposo col séguito de'prossimani e de'pronubi; e giunti con quest'ordine ai lari della fanciulla, fu picchiato all'uscio, com'è del costume; ed affacciatosi il padrone allo sportello, e domandato chi fosse, e rispostogli ch'erano amici, fe'cenno ch'entrassero; ed al primasso della brigata richiese a qual uopo e'venisse con siffatto corteo. — Noi sappiamo, colui rispondeva, che fra queste mura ecci cosa che n'appartiene, e veniamo a ritorcela. — Ebbène, se questa è la verità, venite dunque innanzi, e fate di rintracciarla. — Entrano tutti, e fan cerchio di botto ad una mensa allegrata da scelto vino e da fumanti vivande. E dèi sapere, che se l'ospitalità in generale tiensi in grande onore fra i Dalmati, l'hanno i rustici in conto di sacra, e n'adempiono indefettibilmente le norme. Questo fa sì che ad ogni occasione, triste o lieta, che faccia appello a' congiunti ed agli amici, la ceremonia del mangiare e del bere non sia giammai preterita. La si osserva alla nascita d'un bambino, allorchè tutti i parenti nel dì del battesimo accorrono con pingui doni al soggiorno della puerpera; e ne vanno gratificati con lauta desinea, che stendono fino a sera. Non altrimenti avviene all'occasione di qualche succumbenza, essendo loro costume di recar seco di grosse imbandigiuni (*sedmine*) alla famiglia colpita dalla sventura; ove consumato a forza di lugubri nenie l'apparente lor duolo intorno alla bara, e dato sepoltura al cadavere, siedono a desco; e libando alla memoria del trapassato, e celebrandone le virtudi, col vino e coi cibi a spegner si danno i compianti e gli omoi che poc'anzi metteano a romore il vicinato.

Or dunque levate le mense, e'fan cenno di voler intracciare la loro colomba rimpiattatasi in quella casa; e mentre vanno rifrustando qua e là tutti i canti, il padrone di casa, recando innanzi la più antica parente, inchiedo se quella sia la colomba da loro cercata. — Mai no, gli rispondono; e vien tosto respinta. Poco stante affacciasi al limitare un'altra Gabrina lercia e sdentata, che attesta il padre essere la colomba di cui vanno in traccia. — Tolgalo Iddio, gridan coloro, che la sia dessa; e fanno di molto baccano. Qui tra il rovistare degli uni e l'occultare degli altri insorge tale un frastuono, che sembra promettere un'aperta rotta. Dopo molto arrabbattarsi fra di loro, alla fine termina il giuoco, ed il padre accenna alla sposa di dover comparire. Ed eccola omai tutta gaia ed ornata alla foggia delle nostre villane, di cui non è costume più leggiadramente bizzarro.

Allacciasi alla cintura una gonnella di pannolano la più parte turchino, con ispesse grinze tutto all'intorno, che fa rilevar baldanzosi i fianchi, e concede ai medesimi da ambi i lati un'apertura di circa una spanna, grazioso adornamento a vedersi; d'onde intravedesi la bianca sottana, e l'orlatura del farsettino rosso scarlatto, che mollemente rileva le forme del seno. Corre su quel farsetto un doppio ordine di bottoni d'argento e d'oro a granaglia, ed ha un cintiglio gallonato che gira intorno la vita, sovresso il bordo di velluto cremisino, ond'è listata la gonnella. Dall'apertura del destro lato pende la doppia catena, cui s'attacca la mezzaluna d'argento che sopra accennai. Indossa un giubberello turchino aperto dinanzi, e non oltrepassante al di dietro la metà della schiena, con liste dorate e paramani di velluto cremisi rivoltati al di sopra del polso, e con suvvi un candidissimo lino tutto ricamato, che incrocicchia sul petto. Dal fronte ampio e scoperto corrono bipartiti all'indietro del capo i lunghi capelli, che annodati in treccie si avvolgono un per parte sottesso gli orecchi in larghi mazzocchi ornati di spillo con grosso teste d'argento o d'oro. Itagli orecchi pendono doppii ordini d'orecchini di calcolabile peso; e così puro ha rabescato il collo d'aurei monili, o le dita infilate di copiose anella e cerchietti ove l'oro è sì profuso da disgradarne i più ghiotti. Porta ella a fior di capo un bianco lino co'quattro capi rannodati graziosamente all'indietro; ed all'estremità della bella persona mostrasi la calzatura verde o gialla o turchina, o la scarpa di cuoio o velluto nero con larghe fibbie d'argento. Così gaiamente acconciata fassi innanti la sposa, che tutti raffigurano per la colomba da essi loro smarrita; e pieni di brioso tripudio strappan via la ragazza dal paterno ginocchio, e se la traggono al tempio. Se non che, a pochi passi fuor della soglia, la via sbarrata da pertiche ed armi incrociate forza il convoglio a ristare, chiedendo ragione di quello steccato. — Alto! rispondono i vicini; la fanciulla, che seco voi traete, la è cosa nostra; voi volete rapircela; ma e'non v'uscirà bene il mal giuoco, ed ella dev'esserci renduta. — Qui un novello contendere, ed un forte scoccare di parole da ritta a manca; ed in fine la sbarra non cede, se prima non siasi pagato lo scotto. Liberato l'inciampo, ravviansi appaiati in mezzo al fumo ed al romore delle armi da fuoco, e senz'altre avventure arrivano al tempio. Il curato li congiunge in matrimonio, e gli esorta alla pace ed all'affetto scambievole. Qui però vorrei poter tacere di una barbara prova di destrezza che suol praticarsi dai nostri villani; ed è, che all'estreme parole della benedizione fanno a gara di smorzarsi l'un l'altro i ceri nuziali che tengono in mano, sendo fra essi opinione, che il primo dei due, cui venga fatto di spegnere l'altrui face, sarà per sopravvivere al proprio compagno. Vedi mo superstizione che tien di mano al più freddo egoismo, e prova come in uno stato più discosto dalla umana civiltà il sentimento della propria conservazione è più espressivo, più energico, più indipendente; non opera sacrifizii, non ammette transazioni. La sposa pertanto fu la più destra, e non attese il compimento del sacro rito per ispegnere d'un soffio il cero che ardea nella mano del malaccorto compagno.

Accoppiati nel santo imeneo s'avviano gli spos all'albergo maritale coll'ordin primiero: precede lo sposo, con a fianco i suoi pronubi; la sposa vien dopo, assistita dal paraninfo, e dal codazzo delle altre cognate ed affini. Giunti all'abitazione del marito, il vecchio parente, scaricando al solito la sua pistola e gorgheggiando canzoni, entra il primo col seguito dello sposo e degli altri congiunti ed amici; quando poi s'affaccia al limitare la sposa, se le fa incontro la vecchia madre di famiglia arrestandole il passo; ed interroga il figlio, chi sia colei ch'esso intende ricettare nella sua casa: e sì tosto che la nuova sposa se le dà a conoscere per nuora, le si fa più da presso; ed assumendo il tuono delle antiche madri d'Israele, va perorando alla presenza di tutti gli astanti le mansioni e i doveri d'una moglie saggia e cristiana; insinua il rispetto ai maggiori, la pace domestica, l'amor del marito, la masserizia, il lavoro, ed ogni altra famigliare virtù: finita la qual diceria, stende le braccia, stringe al seno la nuora, e l'accoglie ne'domestici lari.

Poco stante ha principio la solennità del convito. Lo *Stari Svat*, che per tutto quel giorno fa quasi il protagonista dell'azione, tien sempre desta la gioia fra i convitati; sorge tratto tratto in piedi, e con rime improvvise inaugura i novelli sposi, od intuona le gesta degli antichi eroi nazionali. Quand'egli canta, ognuno interrompe il mangiare; e s'egli adempie il suo uffizio con senno e bravura, la sua eloquenza va da tutti acclamata. Quando vuota un bicchiere alla salute di questo o di quello, cadaun commensale dee vuotar anche il proprio, avesse a gonfiar come un otro.

A mezzo il pranzo udii bussare alla porta; ed ecco apparirci dinanzi il fratello della sposa tutto imbavagliato o piagnoloso, che duolsi d'avere smarrita la sua colomba, e dice d'esser venuto per le sue traccie. — A che vieni? rispondono; codesta tua colomba qui non s'accoglie: vattene con la pace del Signore; o, se meglio t'aggrada, assiditi a mensa, e dividi la nostra allegrezza. — Oimè, ripiglia quel gramo, qual conforto, qual cibo, se ho l'animo affranto dal dolore? Deh! me'l dite, se qui tra voi la mia colomba s'aggira; ch'io la ritrovi, ch'io la riprenda, e corra a tergere il pianto ed a sanare la doglia dell'inconsolabile madre mia. — E sai tu come abbia fine la scena? Onde questo personaggio drammatico racqueti i suoi lai gli è mestieri che un della casa gli faccia dono d'un bianco fazzoletto, con che rasciugar le sue lagrime e quelle dell'afflitta sua genitrice.

Volse così lietamente al suo termine il nuziale banchetto, in cui ciascuno dei convitati fece a chi darà miglior prova di valentia nello insaccare maggior copia di cibi e nel vuotare un maggior numero di bicchieri. Frattanto gli spari incessanti delle pistole fuori delle impannate, le grida, i canti prolungati e gli evviva de'commensali portano all'orecchio tale uno schiamazzo da far parer muta la più strepitosa rossiniana armonia.

Per otto giorni interi la sposa non rivede il tetto paterno, ned è visitata da veruno de'suoi. Al nono, la madre le invia colla più prossima fra le parenti un paniere ornato e ricolmo di rocche e fusa ben tornite e dipinte, come per simboleggiare il domestico lavoro cui dèssi applicare la moglie, cessato appena il rumore delle sponsalizie formalità. Ella non siede a mensa cogli uomini, tranne il solo di delle nozze, in cui vuole il costume che venga da esso loro servita. Sino all'ottavo giorno veste l'abito di nozze, ed al nono indossa le vesti casalinghe, accudisce al lavoro, nè serba alcuno dei nuziali adornamenti, meno la fettuccia di velo rosato, che porta aggrinzata fra le treccie del crine pel corso d'un anno.

GALEAZZO DONDI.

MONTECASSINO — UNA FUNZIONE IN VATICANO

Eccomi di nuovo a Roma, dopo aver percorsa la dilettevole via degli Abruzzi. Tempo fa questa strada era assai poco battuta; ora lo è di più dacchè la diligenza pontificia l'ha prescelta per consueto passaggio fra Napoli e Roma. Gode il vantaggio d'essere meno montuosa e più breve di quella di Terracina, ma quella all'opposto presenta il prospetto del mare, e città succedenti a città, e piani e alture ed il bel quadro delle paludi Pontine. Su quest'altra scontrai invece pittoresciti villaggi e Frossinone e San Germano e Ceprano che chiamano città, sebbene in fatto non siano che discretissimi borghi.

Alla seconda di queste terre la diligenza suole fermarsi quattro ore, mentre i forestieri con asini o mudi salgono per aspra e tortuosa via al glorioso Montecassino, e coll'istesso mezzo discendono a raggiungere di nuovo la vettura e proseguire pel vicino borgo di Ceprano. Il monastero di Montecassino, posto sulla vetta dell'Appennino Abruzzese, gode di un prospetto facile a guastarsi, ma altrettanto difficile ad essere descritto. Alcuni torrentelli scaturiscono a' suoi piedi e vanno poco dopo a morir nel Garigliano; memorie antiche accrescono la nobiltà di questo luogo: qui avevano sede i Volsci; qui Varrone gustava ozi campestri; qui sorgeva un tempio d'Apollo, e lo distrusse nel 529 S. Benedetto che qui pose le fondamenta di quell'abadia e di quell' ordine a cui l'Europa è debitrice di tutto quanto ci resta di lettere e scienze greche e latine; qui finiva la vita Carlomanno fattosi monaco dopo essere stato re: qui combatterono i Longobardi; qui i Musulmani nell'844 trucidarono quanti cenobiti caddero loro nelle mani, e diedero al fuoco l'abadia; qui godettero pacifici asili il papa S. Gregorio, Cassiodoro e Rachis re de'Longobardi, quando stanco delle grandezze mondane mutò la porpora in una cocolla; qui Dante imaginava il soggetto della *Divina Commedia*.

Figurati che tumulto d'affetti destano tante memorie a chi per la marmorea gradinata ascende al vasto cenobio. Lassù trovi una sontuosità che non ha parole per essere descritta, tanta è la dovizia delle pitture, delle sculture, de'metalli, de' marmi preziosi che fregiano la chiesa, tanti i cortili maestosi che compongono il monastero! Quei frati non negano asilo a chiunque lo chieda, e quell'*abate degli abati*, ricco di tanti privilegi, di tanti titoli, e tutti i suoi confratelli colmano di cortesie e d'istruzioni i visitatori del loro convento. Non si lasci di vedere anche l'Albanetta, delizioso eremo posto sullo stesso monte, dove si ritirano quei monaci che stanchi di abitare fra i marmi e le volte dorate, amano maggiore semplicità di vita ed aria più salubre.

Le quattro ore che la diligenza concede, bastano appena a visitare le bellezze di Montecassino; non basterebbe poi un mese a minutamente esaminare le ricchezze della sua biblioteca. Si prosegue dunque e si va a dormire a Ceprano, terra ai confini fra i due stati, al cui albergo ci trovammo in forse quaranta persone d'ogni paese, d'ogni lingua, d'ogni condizione, dall'umilissimo agostiniano scalzo al fastoso generale di cavalleria, e pur tutti come amici da tanti anni, come fratelli.

Sono piuttosto rinfreschi che nottate, poichè alle due dopo mezzanotte bisogna abbandonare il letto, riprendere il suo posto nella diligenza e prepararsi a correre ancora una settantina di miglia, che, dico la verità, mi tornarono alquanto noiose. Si camminava sempre fra due catene di monti piuttosto ristrette; non pareva più il bel cielo che tanto ci aveva sorpreso sul golfo di Napoli, ma un orizzonte stretto e velato da nebbia che il dì dopo dovea convertirsi in pioggia. E anche il vento ci molestava, freddo e furioso; se non che mi allettava il pensiero di rivedere quella Roma che con dispiacere aveva abbandonato.

Ed eccomi sul cader del giorno 26 ottobre **1840** entrare per porta Maggiore, rivedere il Coliseo, gli archi trionfali, il Palatino, il Quirinale, il Foro romano, e tanti altri monumenti che al pari de' libri de' sommi autori scoprono sempre nuove bellezze. Ho riveduto anche il Papa che fra il corteggio delle sue guardie nobili tornava dal Vaticano ove era stato a non so quale solennità. Rividi puro il Vaticano; e l'imponenza della solennità che rendeva ancor più magnifico il decoro di quella chiesa sovrana, mi aveva già fatto correre all'animo una pittura di quel tempio in giorno di festa: se non che capitatomi per le mani un volume francese, lo lessi e ve la trovai già bell' è fatta, e disperai di far meglio.

« Una funzione in Vaticano. — Allorchè il grande e sublime spettacolo offerto dalla Basilica Vaticana nei giorni delle sue solennità venne a colpire il mio sguardo, in verità avea seguito nei cieli quegli ineffabili concerti, quelle pompe religiose, delle quali si circonda la Chiesa, allorchè il preside, sacerdote e re, sale all'altare di Dio.

« Moltissimi viaggiatori ammirarono la Basilica del mondo cristiano, quel S. Pietro, elevato sulle ruine d'un palagio di Nerone. Tutti hanno sclamato nel contemplare i triplici ordini di colonne, la vasta piazza, quelle immense fontane, quell'obelisco venuto dall'Egitto: Quanto è sublime! Tutti nel penetrare in questo santuario, ove ammiransi la cupola di Michelangelo, i marmi di Paro, il primo oro venuto dal Perù; tutti alla vista di tante ricchezze dall' arte e dalla religione accumulate, hanno gridato: Quanto qui stiamo bene: erigiamo tre tende! Io potrei dire altrettanto, ma voglio parlarne un po' meglio, giacchè io vidi S. Pietro come S. Pietro merita d'essere veduto. L'ho contemplato di giorno; ed ancora in quelle belle notti d'estate, nelle quali i lieti Romani vagano modulando gentili canzone; ho ammirato le masse, per così dire, intelligenti di quell'edificio, masse che si armonizzano con tanta grazia. Il mio occhio si fissò su quella cupola dalle proporzioni gigantesche, Panteon cristiano, tolto a quello d'Agrippa per essere lanciato nelle nubi. Ma allorchè cinto di sua duplice maestà, accompagnato dai sacerdoti, dai vescovi, dai cardinali da un lato, dall'altro dall'elette sue guardie nobili, mi comparve sul suo trono d'oro il Pontefice, traversando e benedicendo la prostrantesi moltitudine, oh! allora io più non vedeva, più non udiva che lui.

« Giorno bellissimo, giorno di festa è pei Romani quello di una messa pontificale. Il popolo, il senato,

Roma intiera è nella Basilica; tutto si tocca, tutto si avvicina, giacchè questa messa che è per celebrarsi con pompa si augusta, è simbolo d'eguaglianza. Colui che l'oro, la porpora, i più preziosi diamanti coprono con il loro splendore, è forse venuto pochi anni addietro, povero e derelitto, a chiedere il suo frusto pel Dio, del quale è ora il vicario; e forse in quelle affollate turbe trovai il giovanotto ed il semplice fraticello, che il Cielo destina un giorno ad elevarsi a quell'altare ove il Pontefice solo ha il diritto di celebrare gli augusti misteri.

« Avvi nelle pompe della Chiesa alcun che di si grave, di cosi toccante, di cosi solenne, che io fui sempre cattolico per istinto. Fanciullo ancora, amava quelle preci si dolci e si malinconiche che presiedono al nascer nostro ed al nostro morire. Giovanetto, mi grondavan le lagrime quando il dì delle Pentecoste, e al principio dell'anno scolastico, cantava il *Veni Creator*: idee d'ambizione, estasi, sogni di felicità, allorchè ai piedi dell'altar del villaggio, il sacerdote faceva risuonare il *Te Deum*, il canto degli angeli, l' inno del vincitore. Si giudichi dunque di quai sensi il mio cuore era gonfio, la prima volta che nella grande Basilica io vidi il padre dei credenti portato dai penitenzieri di Roma, assidersi sul trono in faccia all'altare, risplendente del fuoco di mille cerei! Io non distingueva nè i re prostrati riverenti al suolo, nè i loro ambasciatori, nè i senatori romani vestiti dell'antichissima toga, nè i sessanta cardinali rifulgenti d'oro e di gemme; io non vidi che un uomo, e quest' uomo era il Pontefice, un vegliardo i cui labbri mormoravano sante parole.

« Tosto che fui un poco abituato a questa massima fra le cerimonie, allora fu a me possibile render conto delle mie sensazioni: ecco quanto mirai, quanto la magia del pennello di Michelangelo e la poesia dell'Alighieri non potrebbero forse esprimere.

« Allorchè la croce d'oro, portata da un vescovo e circondata da dodici candelabri d'oro, anch' essi recati dai vescovi, apparisce nel mezzo della moltitudine che s'agita come i flutti dell'Oceano, un silenzio religioso s' impadronisce di tutti i cuori, il canto cattolico, *Tu es Petrus, et super hanc petram edificabo Ecclesiam meam*, saluta l'entrata del sommo Pontefice che, colla tiara in capo, va ad umiliare la sua fronte ai piedi della tomba ove hanno requie le ceneri del capo degli Apostoli. Egli si rialza tantosto, e colui che pregava poc'anzi come un misero peccatore, eccolo ora sovrano della terra e principe della santa Chiesa, ricevere gli omaggi de'suoi venerandi fratelli, i cardinali. Questa adorazione, preludio d'ogni messa papale, è senza dubbio uno dei più sublimi spettacoli offerti alla cristianità.

« Immaginatevi sessanta personaggi, tutti coperti di porpora, e prostrantisi a' piè di colui che scelsero a signore; di colui che forse alcun d'essi ha protetto e soccorso, allorchè monaco o prete gettava nella sua cella i fondamenti di sua futura grandezza. Fra i cardinali hannovi figli di re, di principi, d'uomini di alto lignaggio, di nome europeo. E sono essi appunto che baciano con maggior rispetto e venerazione i piedi e le mani del Pontefice. Dopo questi viene il senato romano, indi i principi cristiani d'ogni paese; ed allorchè questa venerazione è compiuta, il Papa sollevasi, toglie la tiara dal capo, e più non vedesi che un sacerdote dai candidi capelli. La messa incomincia, e tutta la Chiesa unita d' intenzione prega col suo capo.

« Sui gradini dell'altare, al quale in questa solennità niun profano ha il diritto d'avvicinarsi, siedono cardinali, umili ministri del celebrante. Sonovi vescovi che nelle loro cattedrali ricevono omaggi, e che confusi sotto la mitra in quella folla di principi della Chiesa, sono felici di poter offrire al loro Pastore il vino, l'acqua e gl'incensi che la sua mano ha benedetto. Tutta la cristianità manda deputati a questa messa. I patriarchi della chiesa greca, colle vestimenta sacerdotali dell'era dei concili, sono là, e le loro voci cantano nella bella lingua d'Omero l'epistola ed il vangelo, che i cardinali diaconi ripetono in latino. Allorchè l'Apostolo e il Cristo hanno parlato, l' uomo, il cristiano parla alla sua volta, e il *Credo*, simbolo che in sè racchiude ogni nostra fede, s' innalza da un sol cuore e da cento mila bocche.

« Allora dalle immense sagristie erette da Pio VI, e che sono altrettanti palazzi, escono, recati dai prelati, i vasi sacri, le ricche tiare, quanti tesori la Chiesa possiede. In questo istante solenne, allorchè il Pontefice dominante dall'altare la moltitudine togliesi dai circostanti, e prostrato al suolo pronuncia le parole sacramentali, più non v'ha, nè può esservi nè eretico nè incredulo. Tutti sono cattolici.

« Il mistero è consumato. Riprendonsi i canti; ma questi canti, ai quali non mischiasi umano istrumento, questi canti hanno tolto alcun che di soprannaturale alle sante parole testè pronunciate. Non è terrena la musica che riempie di dolce armonia la vasta Basilica. Avvi un non so che di soave in quelle voci, che l'anima s'eleva con esse e prega; prega come pregherebbe la povera femminella, e senti fin anco degli Inglesi dal cuor gelato, dall' anima inaridita pei godimenti mondani, sclamare: Oh quanto è sublime!

« Le salve di Castel Sant'Angelo e le campane di S. Pietro annunziano che il Papa discende dall'altare e s'avanza per benedire la città e l'universo. Allora ognuno l' aspetta alla grande piazza del Vaticano, riscaldata dallo splendido sole della nostra Italia. Là radunasi quanto Roma rinchiude di possente, di ricco, di sapiente e di stranieri. È un panorama vivente che dispiega all'occhio incantato i costumi di tutte le nazioni, le divise di tutti i popoli, i sovrani ed i sudditi d'ogni contrada. È mezzogiorno; il cannone rimbomba; le campane di ogni tempio di Roma suonano alla distesa; ed appena dal balcone di S. Pietro mirasi spuntare il trono del Pontefice, la parola di *Santo Padre* corre per tutti i labbri: uomini, femmine, vecchi, fanciulli, tutti prostrati nella polvere, abbassano il capo, ed allora, nel mezzo del più religioso silenzio, il Papa stende le mani, benedice la sua città, benedice l'Oriente e l'Occidente ». — Così Roma nella sua religione conserva più che nel paganesimo la sua maestà; e chi si trova in questa città ne'suoi giorni solenni, vede un mondo collocato di mezzo fra la terra ed il cielo. Io partii da questa città di tanta grandezza, ma non potrò mai più dimenticare i suoi monumenti, l'uomo intermedio fra il Creatore e la creatura, il Vaticano e le sue ceremonie, le feste popolari, gli uomini eruditi, l'ospizio di Santo Spirito, forse il più vasto della cristianità, quello di S. Michele, asilo di tutte le arti dalle più umili alle più nobili, e tutte quelle altre grandezze che Roma mostra con orgoglio a quelli che vogliono insultare al suo presente.

IGNAZIO CANTÙ.

ARABAT

Nel sovrapposto disegno effigiava il Raffet, con quel franco ed evidente piglio che è sua dote caratteristica, una di quelle innumerevoli sedi, le quali, chiare un tempo tra gli uomini, vennero a poco a poco in tanta umiltà di fortuna, da svegliare compassione e sgomento nel cuore del viaggiatore. Si è questa Arabat, l'antica Heracleon, piccola città marittima della Russia Europea, governo della Tauride, capo d'un distretto, a 6 l. 1|2 N. N. E. da Caffa e Teodosia, all'estremità S. di una lingua di terra dello stesso nome, fra Sivach ed il Mare d'Azoff, all'ingresso e sulla costa N. E. della Crimea, a 38 l. S. E. da Perekop, ed a 26 l. N. E. da Simferopol. Le sue fortificazioni erano, in addietro, considerevoli tra le molte circonvicine, e trovandosi collocata su i campi ove s'agitarono più volte le sorti dell'impero russo e turco, ebbe spesso a provare le funeste conseguenze di sì perigliosa sua dote. Terribili tracce stampò in essa specialmente il sanguinoso assalimento a cui soggiacque per parte de' Russi nel 1771, sotto la condotta del principe Tichibaloff. Fesse, squallide e cadenti sono oggidì le mura che facevano in addietro la sua bellezza, al punto che il Demidoff ebbe a darne, non ha guari, nel suo viaggio la poco lusinghiera descrizione seguente: « Un forte, tuttora difeso da un muro di cinta e da un fosso, ma le cui interne parti più non sono che rovina; un villaggio di dieci case collocate su due linee, le une in faccia alle altre, entro ad un'area che nell'Europa centrale basterebbe ad una città di dodicimila abitanti, ecco tutto ciò che di Arabat ci rimane ».

Cav. BARATTA.

CENNI SU CANDIA — Parte I.ª

(Minosse re di Creta)

Creta, o Candia, è la maggiore delle sette grandi isole del mar Mediterraneo, il più meridionale di tutti i paesi appartenenti all'Europa, e la gran pietra di confine fra essa, le vorticose Sirti e l'Africa inospita. Creta non ha di larghezza che sole tredeci leghe al più e circa quattro volte tante di lunghezza. Trasse il nome, secondo la tradizione mitologica dei Greci, da una delle Esperidi o da Kres figlio di Giove e della ninfa Idea. Come patria del Giove fulminante e sepolcro del cretese, chiamavasi *del grande Giove nutrice*, ed anche *Makaronesos*, od isola beata, *Aeria*, *Chthonia*, *Doliche*, *Idea*, e finalmente *Kuretis* o *Telchinia* dai Cureti o Telchini, detti anche Dattili o Coribanti, che col suono di cembali festeggiarono la nascita di Giove, e con premura l'allevarono. Creta fu illustrata pei cento Dattili idei, inventori dell'arte di fonder metalli; per le cento sue città, di cui le principali erano *Gnossos*, *Gortynia*, *Cidonia*, la prima celebre per le freccie, la seconda per gli archi, la terza per le mele di Cidonia o cotogni. V' erano anche *Praescos* col tempii del Giove ditteo (nato nella famosa caverna del monte Ditte, visitata dal legislatore Minosse e dai filosofi Epimenide e Pitagora) e *Kaeno*, patria della ninfa cacciatrice Britomarte o dolce donzella, figlia di Giove e della ninfa Carina. Gettatasi in mare per isfuggire alle insidie dell'innamorato Minos, Diana la soccorse facendola prendere nella rete da un pescatore, e n'ebbe in compenso fama e tempio sotto il nome di Diana Dictinna, o che pone la rete. La dolce donzella, la cacciatrice Britomarte così salvata avea culto, non solo nella sua patria Kaeno ed a Cidonia, ma anche in due altre città di Creta, cioè a *Cherbneso* e ad *Olus*, ove la sua immagine era stata intagliata di legno da Dedalo architetto del labirinto di Creta. Ad *Amnizos* trovavansi le grotte ed il tempio di Lucina aiutatrice de'parti, e l'arsenale di Minosse: ad *Aptera* le sirene, vinte dalle Muse nella gara del canto, gettarono via le ali: a *Festo*, finalmente, fabbricata come Gnosso e Cidonia da Minosse, veneravansi Latona *Fitia*, o germogliante, ed Afrodite *Scotia*, od oscura, e solennizzavasi, in onor della prima, la festa del levare del velo, perchè Galatea tramutata da femmina in maschio, ivi appunto lasciò il velo. Gli abitanti di Festo erano spiritosi e assai faceti, anzi fin da fanciulli in ciò distinguevansi. Bastino ora queste dieci delle cento città di Creta: delle moderne parleremo fra poco. Dalla gran catena dell'isola, tre montagne sulle altre si sollevavano: nel mezzo l'*Ida* coperta di neve la maggior parte dell'anno: all'oriente la *Ditte*, così chiamata secondo alcuni per la ninfa Ditte, di cui parlammo sotto il nome di Britomarte: ad occidente i *Monti bianchi*, oggidì di Sfacia, i cui abitanti sono degni fratelli dei Mainotti, per la loro independenza e 'l genio militare. Dall isola sporgono sedici promontori verso i quattro mari che la circondano ai quattro punti cardinali: a settentrione verso il mar di Creta, ove Orazio comandò ai venti procellosi di portar con sè i suoi affanni, trovansi i capi *Psakon*, *Kiamon*, *Drepanon*, *Rhithymna*, *Dion*, *Zefirion*, *Ketion*, oggidì Capo Spada, Melecca, Drepano, Retimo, Sassoso, S. Zuane e Sidero, il primo de'quali prende il nome dalla spada, il terzo dalla falce, il quinto dalla rupe. All'oriente nel mar Carpazio, così detto dall'isola *Karpathos* (Scarpanto) sono i capi *Samonium*, *Ampelo* ed *Eritreo*, chiamati oggi Salomo, Xacro e Diagudro. A mezzodì nel mar Africano quelli di Leondi, Matala e Trivadi, che era anticamente il capo di Mercurio. Finalmente all' ovest nel mar Jonio spunta il capo più grande di tutti, detto *Kriù-Metopon* o fronte di becco, perchè si estende largo nel mare, come i capi al Bosforo così chiamati per la stessa ragione, cioè quello di Top-kanè e quello di Tauride, il cui nome odierno di Crimea deriva forse più esattamente dalla prima metà del Kriù-Metopon, che dai Cimbri. Rimpetto al capo detto Capocrio, alla distanza di quattro o cinque miglia trovasi l'isola *Claude*, detta poi *Gaudos*, ed ora *Gozzo*, collo scoglio Anti-gozzo. Dopo il capo Capocrio vien quello di *Cheroneso*, oggidì Capo-Corbo: poi l'estrema punta nord-est dell'isola, da prima Kimaros, oggidì capo Karabuso, così detto dalla massa degli scogli di egual nome, posta rimpetto e della anticamente Korillos. Creta per la sua fertilità fu chiamata la grassa, l'abbondante di pascoli, la fertile, e meritava questi nomi per la rigogliosa crescenza dei suoi cedri, de'cotogni, delle viti, dei fichi e del grano. I Cretesi disputavano agli abitanti di Atene l'onore di essere stati i primi a seminare, ed a Prometeo quello della scoperta del fuoco, mentre pretendesi che Demetrio fosse il primo a raccogliere il grano in Creta, e che i Dattili idei sul monte Berekintos facessero sortire la scintilla dalla selce. Fra i vini il più celebre era il bollito; le api idee gareggiavano con quelle dell'Ibla: fra molte erbe odorose il *dictamnum* di Creta occupa il primo posto, passando per contravveleno contro i serpenti, i quali il fuggivano in modo, che non se ne trovavano in tutta l'isola, come non vi erano neppure altre sorti di animali velenosi, eccettuata una sola specie di ragni. Vi era invece abbondanza di animali domestici ed utili, come capre e cani: la capra fu la nutrice, il cane, il guardiano di Giove nella grotta dittea; non v'erano volpi, non lupi, poichè Ercole aveali tutti distrutti. Abbondavano i cervi e i cignali a Cidonia, gli arieti rossi con quattro corna a Gortina, e i generosi destrieri che gareggiavano coi tirreni, siculi ed achei. V'era anche una specie di pietra bruna spruzzata d'oro, che passava per talismano contro i ragni e gli scorpioni, ed un'ottima pietra da cote.

I più antichi abitanti di Creta, conosciuti già da Omero col nome di *Eteocreti*, spacciavansi, come molti altri antichi popoli, per figli del loro proprio terreno. I Dattili idei ed i Cureti e Coribanti che da loro derivano, sembrano essere venuti dalla Frigia, ove trovasi un altro monte Ida, ed ove Dattili e Coribanti erano al servigio di Rea. Essi insegnarono agli abitanti dell'isola l'uso della lancia nella caccia, quello degli ovili per addomesticare gli animali, del ferro per arare la terra, e ne formarono cacciatori, pastori ed agricoltori. Vari Traci, Pelasgi, Elleni e fors'anco Fenici venuti in Creta, confusero le loro dottrine teogoniche, formandone un complicato sistema mitologico, e Creta divenne la culla di tutti gli Dei della Grecia. Nel ramo della legislazione splendettero i nomi di Minosse e Radamanto, ma gli abitanti furono sempre in cattiva fama tanto sotto i Greci che dipoi sotto i Romani pel loro carattere bugiardo, e per la loro slealtà. *Cretizzare* valeva come dir bugie, e la *fedeltà cretese* avea lo stesso significato della punica. Furono inventori di ritmi e di armi che essi unirono in un ballo fatto colle armi in pugno, e di cui conservansi ancora le tracce nelle saltellanti battute del piede pirrichio cretese. All'Ida fu il primo luogo ove si fusero il ferro ed il bronzo, si fabbricarono sciabole ed elmi, e si ritrovò la macchina da slancio chiamata lo *scorpione cretese*. I Cretesi esercitavano il corpo nei giuochi ginnastici, e lo spirito colle gare nei versi e nella musica, anzi pretendevano essere stati i primi a scrivere su le foglie delle palme. Adoravano Giove sotto vari nomi, come: *Hetereo*, o protettore delle compagnie ed alleanze; *Ecatombeo*, cui sagrificavasi l'ecatombe (forse in onore delle cento città); *Arbio*, *Taleo*, *Biennios*: sul monte Ditta la sua imagine non avea nè orecchie nè barba; Hermes adoravasi come *Edas*, o datore di tutti i beni; Febo come *Dromeo*, o giostratore, mentre a Delfo chiamavasi *Pyktos* o pugillatore. A Pallade *Minoide* aveano consacrato un altare gli stessi Argonauti. A Marte solennizzavasi la festa Ecatomfonia, ad Europa la Eliozia, Mitra, Cadmo, Epimenide e Diogneto avevano altari. Parlammo già dei templi di Artemisia, Dictinna, Britomarte e balona. Pure malgrado a tanti templi ed altari, malgrado ad una si savia legislazione, corrottissimi erano i costumi. Non solo era permesso il matrimonio tra fratelli e sorelle, ma le lor leggi concedevano anche il rapimento dei fanciulli ad infame uso, e dopo due mesi restituivansi pomposamente. La gradazione delle diverse classi d'abitanti, sì degli schiavi che de'liberi, era regolata con tutta precisione. Gli schiavi erano o pubblici, o appartenenti ai privati: i primi chiamavansi *Muoiti*, i secondi *Afamioti*, od anche *Claroti*, perchè il venirne in possesso dipendeva dalla sorte. Gli Afamioti o Claroti di Creta erano come gli Iloti di Sparta. I giorni festivi di Hermes erano la loro festa, che in certo modo corrispondeva ai saturnali di Roma, poichè gli schiavi in que' giorni comandavano a' padroni, da cui dovevano esser serviti a tavola. I liberi erano divisi in fanciulli, cittadini, cavalieri, vecchi e magistrati. I fanciulli suddivisi in orde (agele) erano educati severamente e con sobrietà, e divenivano arcieri e frombolatori. Le classi dei cittadini chiamavansi *Heterie* o società, ed in ogni città vi erano due pubblici edifici; l'uno detto *Andreiono* camera degli uomini pei cittadini; l'altro *Kemeterion*, pei forestieri, pei quali vi erano anche due tavole gratuite. I cavalieri ed i canati, o consiglieri, aveano le stesse incombenze come quelli di Sparta, e ciocchè presso gli Spartani gli *Efori*, erano in Creta i *Cosmi*; ma differivano nel numero, poichè questi ultimi erano dieci, ed i primi cinque soltanto. Sempre in discordia e disputa tra loro, i Cretesi riunivansi però ben tosto, quando doveansi difendere da un qualche nemico, e questa riunione, per cui dimenticavasi ogni nimicizia personale, si chiamava *Sincretismo*. Oltre agli Dei, che i Cretesi fecero tutti derivare dal loro paese, oltre ai grandi legislatori *Minosse* e *Radamanto*, oltre ai celebri re *Idomeneo* e *Merione*, alleati di Agamennone, oltre ai capi *Eutino*, *Teucro*, *Dardano*, *Mileto*, *Sarpedonte*, *Stafilo*, che portarono colonie in Sicilia, Dardania, Mileto, Magnesia, Chios, Pepareto e Xanto, illustrarono l'isola di Creta anche *Misone*, uno de' sette savi; *Epimenide*, uno de'più grandi filosofi; *Eraclide*, autore d'una storia delle città greche; *Pirrichion*, inventore della danza e del ritmo che portano il suo nome; *Cristomide*, che vestito di abito magnifico fu il primo a cantare un peano ad Apollo; *Ctesifonte*, architetto del tempio di Diana in Efeso; *Aristomene*, il quale avendo ucciso cento nemici, fu il primo a solennizzare l'Ecatomfonia ad Arete; gli scultori *Chirisofo* ed *Aristocle*; *Zeno* danzatore caro al re persiano Artaserse, e *Filonide*, corriere di Alessandro Magno. Dopo la conversione dei Cretesi al cristianesimo per opera di S. Paolo, si distinsero in quest' isola anche vari vescovi e martiri, nominati dalla Storia Ecclesiastica, e dai Martirologi.

La storia di Creta, come quella della maggior parte degli stati greci, comincia a fondarsi su basi un po'più solide, che non quelle della mitologia, soltanto dopo la conquista d'Ilio. Dopo Idomeneo e Merione rinchiusi nel cavallo troiano, il regno di Creta fu cambiato in aristocrazia, da cui Licurgo e Zaleuco presero in parte le leggi, che poi diedero agli Spartani ed ai Locresi. La gloria de'legislatori Minosse e Radamanto passò fino all'altro mondo, ove siedono giudici dell'inferno. Le loro leggi erano per la maggior parte militari, come la disposizione e lo spirito degli abitanti, e nella storia dell'arte militare greca l'ordine di battaglia dei Cretesi era distinto. Prima del combattimento adornavano i più vaghi giovani, e sacrificavano ad Ero, pensando che la vittoria e la salute dei guerrieri consistessero nel loro amore. La storia racconta un egual numero di guerre interne ed esterne di questo popolo, tanto fra sè discorde, quanto prode contro gli esterni nemici. Le sei interne furono: i Gnossi sottomisero al loro dominio quasi tutta l'isola, eccettuata la città di Liktos, che facendo resistenza, fu da essi distrutta a terribile esempio delle altre; la seconda guerra fra i Gnossi ed i Gortiniani fu rappacificata dal legato romano Appio; la terza dal console Municio, ma per breve tempo, poichè dopo sei mesi scoppiò di nuovo con maggior forza di prima; la quarta dallo spartano Charmida; la quinta da' legati ateniesi; nella sesta i Gnossi e Gortiniani si erano collegati contro gli abitanti di Ranco per distruggerli. nemici esterni dei Cretesi furono gli Ateniesi e i Siciliani, guerreggiati da Minosse per vendicar contro quelli la morte del figlio Androgeo, ed esiger dagli ultimi la consegna di Dedalo. Dopochè questi ebbe ucciso Minosse, gli abitanti di Creta, eccettuati quelli di Polichne e Preso, condussero guerra contro la Sicilia ed assediarono per cinque anni Camiko; costretti infine dalla fame a partirsene, una burrasca distrusse la flotta, e quelli che furon gettati a terra non potendo più tornare a Creta, si stabilirono in quei luoghi col nome di Japigi o Messapi. L'isola, spopolata, fu occupata allora da quelli di Preso e da altri Greci. Creta non prese parte alcuna alla guerra per la liberazione della Grecia dai Persiani, perchè l'oracolo di Delfo, forse compero da' Persiani, rispose loro: «O pazzi, ascrivete a voi stessi i mali che l'invendicato • Minos vi spedisce per la difesa di Menelao». Nella guerra contro gli Spartani, fu preso e messo a morte Epimenide. Anche contro Rodi guerreggiarono i Cretesi; ma non si sa quali fossero altri due nemici contro i quali fecero guerra, e di cui parlano alcuni autori greci. Nella guerra dei due nipoti di Antioco re di Siria, i Cretesi soccorsero il prode Demetrio contro lo effeminato Alessandro. Nelle guerre de' Romani con Mitridate, Creta tenne da quest'ultimo, e perciò fu assalita da Antonio padre del triumviro, il quale tanto era certo della vittoria che avea caricato varie navi di catene pei prigionieri. Ma i Cretesi si risero di tanto orgoglio, distrussero la sua flotta, appiccarono i prigionieri romani alle antenne delle loro navi, e ritornarono in trionfo. Metello desolò dipoi tutta l'isola a ferro e a fuoco; Cnosso, Eritrea, e la madre delle città, Cidonia, mostrandosi tanto crudele contro i prigionieri, che la maggior parte si uccise con veleno, altri mandarono le proteste di loro sommessione a Pompeo. Metello così altro non ritrasse dalla sua vittoria che il trionfo ed il nome di Cretico, portato prima di lui anche dal battuto Antonio. I Romani vi mandarono una colonia per conservare la conquista, Cnosso divenne la sede del governatore romano, il cui posto, dopo la morte di Cesare, fu occupato da Bruto. Antonio voleva ridonare ai Cretesi la libertà, contro cui suo padre era stato il primo a combattere. Bruto e Cassio, accorgendosi dell'aumento della potenza di Ottavio, cedettero Creta, scegliendo la Siria a loro dimora, ed Antonio che dappprima avea voluto dichiararne liberi gli abitanti, or la regalò invece ai figli avuti da Cleopatra, insieme colla Fenicia e la Palestina, Siria e Cipro. Quel giorno in cui Tiberio dopo consolidato il suo dominio, restituì al senato un'ombra dell'antica libertà, rimettendogli la decisione nelle domande dei privilegi, fatte da varie città e provincie, concorsero anche i Cretesi rappresentando i meriti loro verso l'immagine del divino Augusto. L'amministrazione dell'isola, dopo la morte del prefetto, fu lasciata al questore ed ai suoi assessori. Peto Trasea, uno degli ultimi difenditori della moribonda libertà, ebbe il coraggio di accusare sotto Nerone il potente ed orgoglioso cretese Claudio Timarco e di uscire per castigo bandito da Creta. Sotto l'oclocrazia de' trenta imperatori romani intermedi, Epagathus uccisore d'Ulpiano fu fatto morire a Creta per timore che la sua punizione potesse sollevar Roma. Alla divisione dell'impero romano sotto Costantino, Creta toccò a Costanzo. Il primo sbarco che vi fecero gli Arabi è indicato dagli annali musulmani alla metà del settimo secolo dell'era cristiana, sotto la condotta di Moawia, comandante del califfo Osmano. Sotto Michele il Balbo l'isola fu conquistata dagli Arabi, che, banditi da Cordova, si trattennero qualche tempo in Alessandria, e finalmente si stabilirono in Creta, ove dominarono per cento trentaquattr'anni. S. Cirillo vescovo di Gortyna, ottenne nel farne la conquista la palma del martirio. Cinque anni prima dello scacciamento degli Arabi, essi batterono nelle acque di Creta la flotta greca, finchè sotto Romano nipote di Basilio il Macedone, il capitano Niceforo Foca scacciò del tutto i Saraceni. Dopo la conquista di Costantinopoli, fatta da Baldovino e Dandolo, Creta, conceduta al primo, cadde nelle mani dei pirati genovesi cui tolsela Bonifacio conte di Monferrato, che di poi la vendette a Venezia. I Veneziani la divisero in dugento feudi militari, cento trentadue per la cavalleria e sessantotto pei fanti, e trent'anni dopo fu rinnovata la stessa divisione. Il dominio de' Veneziani fu talvolta sturbato da sedizioni, fra cui la più pericolosa fu quella d'Alessio Kalergo, che scoppiò in aperta guerra e finì con un trattato formale di pace fra la repubblica e il ribelle. Un mezzo secolo dipoi si ribellarono di nuovo gli abitanti di Creta, due volte nello spazio di cinque anni. Soccorsi segretamente dai Greci e dai Genovesi, furono finalmente domati, e si rimasero tranquilli senza che di essi cosa alcuna d'importanza racconti più la storia nei tre secoli susseguenti fino alla osmana conquista.

(Questo dottissimo squarcio, in cui sono maestrevolmente compendiati i fasti di Creta dalle sue più remote memorie sino al 1645, epoca in cui i Turchi vi fecero le prime conquiste, è estratto dalle Storie Osmane del DE-HAMMER, e riesce opportunissimo negli attuali momenti, in cui i moti manifestatisi nell'isola attraggono sovr'essa gli sguardi del mondo. Daremo in altro numero, a compimento di quadro sì interessante, le particolari notizie che risguardano alle principali città di Candia, e chiuderemo quindi con un cenno sulle infelicissime condizioni in cui le incontrate aspre fortune la hanno condotta).

UN MOTTO SUL MEDIO EVO

Tot homines, tot sententiae.

Evvi chi pretende che non porti pregio lo investigare i fatti storici del medio evo, o che gli uomini che vissero in quei tempi non siano nemmeno degni di essere passati a rassegna, quasi che l'eclisse della scienza abbia durato per tutto quel periodo; oltre che, si aggiunge, quanto alla chiesa, quelli furono secoli d'ignoranza e di rilassamento, e quanto alle scienze, alle lettere ed alle belle arti, non abbiamo modelli da imitare. Altri vorrebbe che non siavi studio più utile che quello della storia dei dieci secoli (dal 500 al 1500), cui si dà il nome di medio evo, appunto perchè essa è avviluppata in velo tenebroso. Siamo nei due estremi. In tutti i tempi vi furono uomini sommi, e non bisogna ammettere per principio che la storia del medio evo si restringa alle crociate, alla fazione dei Guelfi o Negri e dei

Ghibellini o Bianchi, alle gare municipali ed ai vespri siciliani, poichè se diamo un'occhiata ai personaggi illustri di quell'età che lasciarono gran fama di sè, siamo costretti di far loro di berretta, o di assegnare al nome di molti di essi un luogo nella nostra venerazione, talvolta anche d' inchinarci al loro genio. E fra i conquistatori non troviamo noi un Carlo Magno, un Guglielmo I re d'Inghilterra, un Saladino, un Gengis-Kan, un Tamerlano? Fra i viaggiatori, un Marco Polo non è egli degno di gran lode? Un Colombo genovese, un Cabot veneziano, un Vasco della Gama portoghese, un Cabot inglese, non sono dessi navigatori coraggiosi del medio evo? Un Brunelleschi, un Bramante, un Sansovino, sono nomi di architetti che onorarono l' Italia in quei tempi che si vorrebbero dipingere con neri colori senza gradazione alcuna; così dicasi di Cimabue, di Giotto, di Francia, di Solario, di Perugino, di Leonardo, di Buonarroti, di Tiziano, di Raffaello, di Giulio Romano, di Correggio, di Andrea del Sarto, e di altri gran pittori italiani del medio evo; Dante, Petrarca, non vissero essi in mezzo alle pretese tenebre di quell'epoca storica? Fra gli scrittori italiani non ebbe l'Italia un Pietro delle Vigne, un Odofredo di Bologna, un Villani, un Flavio Gioia, un Pomponio Leto, un Pico della Mirandola, un Machiavelli, un Guicciardini, un Paolo Giovio, ecc. Conviene essere giusti; rendiamo lode a coloro che illustrano la storia del medio evo, e non imputiamo a biasimo la scelta di temi tratti piuttosto da un' epoca che dall'altra, allorchè essi offrono un lavoro squisito, di buon gusto e di qualche reale vantaggio ai lettori.

L. CAPELLO DI SANFRANCO.

ANGELO MAZZA

NATO IN PARMA NELL'ANNO 1741, MORTO NEL 1817

Se la profondità delle dottrine e la copia dell' imaginare e del dire sono assai a segnalare un poeta, Angelo Mazza non è da noverar tra i secondi.

Preso fin su i più verdi anni dalla dolcezza delle lettere, esercitò indefesso l'animo e l' ingegno in ogni nobile scienza, inteso principalmente a rivendicare al vero dalle soverchianti licenze dell'età sua la gravità de' poetici numeri.

E pochi per fermo, ancora tra i più cari alle sante muse, trasfusero nei loro versi tanto lume di filosofia, tanto impeto. Laonde rare cose scrisse per chi non fu educato a studi sottili. Anzi nè pur tutte parvero abbastanza chiare ai medesimi eruditi. Le stanze sdrucciole al Cesarotti: quelle per l'*Addolorata*: il *Talamo*: l'*Aura armonica* (lavori idonei alla comprensione di ogni mezzano sciente), valser più che altro a questo animoso cantore la gloria di che il natio suo loco va lieto. Nei sonetti (parte massima delle sue fatiche) fu più alto e robusto, che veramente felice. Sol pochi sarebbono da porre in ischiera con quelli di maggior nome.

La sua molta vaghezza di pieno e unanime grido gli fe' parer aspre le censure anche più ragionevoli. Con la quale insofferenza altre se ne attrasse men giuste e più concitate. Contra queste il Mazza disfrenò l'animo e la penna forse oltra quanto si convenga ad uomo che senta nobilmente di sè. Pur quelle gare diedero in lui occasione a tratti d'ingegno, valevoli a mitigarne i biasimi, se la rigorosa onestà li comportasse a luce.

Ma il Mazza compensò in colmo simili mende con la eccellenza delle virtù familiari e civili. Fu marito e padre affettuoso, diligente, esemplare: ritenuto del suo, ma non sì che il risparmio gli chiudesse il cuore e la mano ad alcuna bell'opera di carità: libero, schietto ne' giudicii con chi non si recava i suoi ammonimenti ad offesa: temperato, indulgente con chi più cercava la lode che il vero: scevro da bassi livori: zelante del retto: non disinfinto promotore di ogni utilità del comune, avvegnachè non forse perseverante a volerla a gran costo: non vile accattatore di onoranze: industre, probo negli ufici commessi alle sue cure: amico saldo, leale: copioso, arguto, assai bel dicitore.

Fra le prerogative di questo nobile ingegno spiccò massimamente una rara interezza di costumi, congiunta alla più calda e dilicata osservanza in materia di religione: a cui difendimento palesò tal fiata un coraggio più grande che non era da attendere dalla sua natura. E impressi di una divozione commovente, sublime, furono i supremi istanti in cui quel pio commutava il secolo di quaggiù con l'eterno.

Ebbe Angelo Mazza assai bella e graziosa e ben conformata persona: viso aperto, franco, sereno; aria non di rado composta a divagamenti di fantasia: vegghiante, mobilissimo occhio, e di una cotal fulgidezza, che, al primo riguardare, ti annunziava insieme bontà di core ed elevatezza di mente. E nudo di ogni soprastanza, d'ogni arte, si mostrò egli nel conversare, nel vestire: e cotanto, che a molti parve spesso traboccar nel plebeo.

Non dispregiatore, nè piacentiere co'grandi, ammodato co' mezzani, volenteroso con gl'infimi, visse caro ad ogni buono. E la reverenza, ottenuta dalla sua memoria, rende misero e sinistro il nome dei pochi, i quali ne contristaron la vita.

Cav. A. LEONI.

NAUFRAGIO DELL' ARETUSA

Lo stupendo volgarizzamento del Duhaut-Cilly *lasciato dal* Botta, *abbonda di curiosi e svariati episodi, ne'quali l'efficace eloquenza del celebre traduttore ebbe agio a far di sè nobilissima prova. Questo che noi pubblichiamo è uno di essi, e noi andremo via via innestandone altri consimili, certi di far cosa grata ai colti e gentili nostri lettori.*

Arrivati al Chili sul principiar d'agosto, avevamo fondamento di sperare di andar esenti da quelle burrasche che dal largo mare venendo, rendono pericolosa la stazione di Valparaiso. Ma il sette il vento voltossi a tramontana con tempo oscuro e piovoso. Ciò non ostante la brezza spirò moderata sino ai tredici. Crebbe allora d'assai, impossibilitando ogni comunicazione fra le navi e la terra. Ogni cosa ne presagiva allora una forte procella in un luogo dove e la bontà della nave e la perizia degli ufficiali poco potevano giovare. Ci contentammo alla meglio come si fa in simili casi; i perrocchetti calammo, calammo gli alberi di gabbia, serrammo le basse antenne in guisa che il corpo della nave ed i bassi alberi restavano solo esposti al vento. Ma la maggiore nostra speranza stava nella grand'ancora, e la sua catena di diciasette linee di diametro apprestata a gettarsi al primo cenno.

Facevano tutte le altre navi i medesimi preparamenti, e tutte quelle bellissime alberature, le quali alcuni giorni avanti sino al cielo s' innalzavano, non avevano più altra sembianza che di vecchi pini da violento temporale scondescesi e dai fulmini lacerati. Cresceva ad ogni istante il vento, il mare in profondi abissi spalancavasi, le navi prima sprofondate sollevavansi, come il cavallo che s' inalbera; discoprivansi allora sino in fondo e mostravano le loro carene pel rame rosso così splendenti e lustrate, come se allora allora fossero uscite dalle mani del brunitore.

Il quattordici a mezzodì un violentissimo buffo scoccò sul gomito di mare, nostro poco sicuro ricovero. Parecchie gomene si ruppero, una delle nostre, ancorchè nuova fosse, si ruppe ancor essa; ma la nostra grande ancora fu giù gettata al medesimo istante; osservammo con sommo piacere quella sua lunga e bella catena, cui nè la forza del vento, nè lo sforzo quasi incredibile del mare non potevano tendere intieramente, tener la nave con quella stessa facilità con la quale una buona cordicella ritiene in aria un cervo volante. Siccome noi stavamo sicuri, così a nostro bell'agio attentamente osservavamo ciò che intorno a noi alla nostra vista si appresentava. Cresceva il furore della tempesta ogni momento, quel rifugio di Valparaiso mostrava una scena piena di spavento. Le onde quai tremendi e smisurati cavalloni andavano con fracasso orribile a frangersi sugli scogli. Bolliva l' arena sul lido, immensi nugoli di schiuma da lei levavansi, e i tetti stessi della città ne rimaneano ingombri. In pericoloso frangente già versavano parecchie navi: alcune, già allentate, o strappate le loro attaccature s' urtavano, e reciprocamente di sospingersi a traverso sulla spiaggia minacciavano: orribili scricchi facevano o alberi o antenne urtantisi. Una nave vedemmo, il cui sprone fiecossi in mare rosi profondamente, che non potendo più sollevarsi a cagione del peso dell'acqua, si franse presso alla commissura. In tale modo, siccome è fama, il pesce spada, a rischio della vita, lascia nel corpo della balena lo spuntone con cui la ferì.

Innumerevoli spettatori s'erano affollati sulla spiaggia: molti certamente deploravano il destino crudele che ci sovrastava, ma molti ancora con atroce speranza si promettevano di mettere in preda i naufraghi. Nè punto gl'ingannò la speranza; imperciocchè non andò molto, che una bellissima nave degli Stati Uniti, sorta poco discosto a poppa di noi, rottisi nel medesimo istante i suoi tre cavi, dopo due minuti percosso nella spiaggia appunto nel sito il più pericoloso.

Mai non mi avvenni in ispettacolo più orrido. Nel punto stesso in cui il suo fianco percosso sur un piccolo scoglio distante circa cinquanta passi dalla strada, che si sprolunga a seconda del lido, le onde si precipitarono con furore sul corpo del bastimento, e ciascun cavallone il soverchiava tutto. Per maggiore sciagura ei s'inclinò dalla parte del mare, gli infelici marinari vennero in ineluttabile pericolo. Nè speranza, nè rimedio v'era. Pruovaronsi di salire sugli alberi, e ciò a parecchi venne fatto, ma fu breve lo scampo: onde sopra onde irreparabilmente moltiplicandosi, caddero gli alberi, e cadendo e vele e sarte, e quegl' infelici in fondo precipitarono. Fecersi a terra sforzi per soccorrergli, ma vani. Chi, ritirandosi l'onda, aveva fatto pruova di gettar loro qualche corda, alla crescente rapito ancor esso, per poco non restò ingojato. Brevemente, sedici uomini si trovavano al governo dell'Aretusa (così aveva nome la nave), soli quattro andarono salvi, dei quali uno morì poi di ferite. Da quando la nave percosse a quando sparì del tutto, non passarono più di quaranta minuti. Videsi tosto la spiaggia dal luogo del naufragio sino all'estremità dell'Almendral, per uno spazio d'una mezza-lega tutta cospersa delle rovine della nave e del suo ricco carico. Uno sfrenato popolaccio, senza vergogna se le appropriava. Del resto, per quanto orribile sia una tale barbarie, rivochiamoci in mente, che nella Francia stessa, lo snaturato uso di spogliare i naufraghi è stato per lungo tempo riputato un diritto dagli abitanti della Bassa Brettagna, e da quei delle rive della Guascogna. Chi ne dubitasse potrà convincersene leggendo le ordinanze di Luigi XIV in questo proposito. Per esso veniva proibito di accendere fuochi sulla costa, e soprattutto di appiccar lumi alle corna delle vacche, come usavano per ingannare i naviganti, i quali, scambiandogli per lumi di navi, si volgevano a quella parte e davano nelle secche; ivi i perfidi autori di sì crudele insidia gli aspettavano per predargli. Gli abitanti di alcune parti della Scozia esercitavano eziandio una così disumana violazione del diritto delle genti. La unione definitiva di quel reame alla Gran Brettagna, avendogli il governo inglese proibite, tolse sola così barbari usi. CARLO BOTTA.

(*Dal Viaggio intorno al Globo*).

CORSE AUTUNNALI NEI CONTORNI DI ROMA

TUSCOLO

I Romani inocularono ne'lor vicini la vanità delle origini storiche e illustri: Aricia vantò a fondatore Ippolito figliuol di Teseo, sopravvissuto alle insidie della iniqua matrigna; nè Tuscolo volle esser da meno, e del proprio nascimento fece autore Telegono nato d'Ulisse e di Circe, ond' è che i poeti della età di Augusto decoraronlo dell' epiteto di *Telegonio* e di *Circeo*.

A Mamilio, principale fra' Tusculani, Tarquinio Superbo diede in moglie la figlia: il qual parentado fu causa della guerra latina; perciocchè il re dopo d'essere stato cacciato da Roma, avendo inutilmente tentato di rientrarvi mercè gli aiuti di Porsenna, si ritirò a Tuscolo presso del genero; ed ivi tramò la gran lega, che con quarantamila fanti e tremila cavalli mosse a danno de' Quiriti, e fu sconfitta in riva al lago Regillo: Mamilio perì nella rotta. Alla pace che seguì furono fedeli i Tusculani, e nel 294 allorchè Appio Eudonio Sabino occupò per sorpresa il Campidoglio con un pugno d'esuli e di servi, appena s'ebbe a Tuscolo notizia dell'accaduto, L. Mamilio che v'era dittatore distribuì le armi a tutti gli iscritti nella milizia, il qual esercito, sceso di notte tempo dal colle e fatto capo nel foro, assalì le genti di Eudonio e ne fece sgombro il Campidoglio. Roma potè l'anno dopo ricambiare il benefizio; gli Equi avendo all'impensata assalita e presa la rocca di Tuscolo, Fabio che capitanava sotto le mura di Anzio l'esercito, mosse immantinente a soccorso degli alleati e li liberò. Salda amicizia si pose tra' due popoli: nè passaggeri malumori valsero a romperla. Celebre è il caso di Camillo che avendo il senato dichiarata guerra ai Tusculani entrati nel lor territorio, non solo non videvi sospeso verun lavoro campestre, ma corrersi incontro le turbe ad offrire vettovaglie; e trovò aperte le porte della città, intesovi ognuno a sue faccende.

Ingrati a Roma che avevali ammessi ai diritti della cittadinanza, i Tusculani entrarono sul principiare del quinto secolo nella celebre lega latina, da che la repubblica fu condotta a pericolo estremo; nè andava salva senza l'eroismo dei consoli Manlio e Decio. Il giovinetto Manlio, provocato a singolar tenzone da Gemino Metto, capitano della cavalleria tusculana, avea trasgredito combattendolo (e vincendolo) il paterno divieto. « Raccolte le' spoglie gloriose (scrive Livio) si presentò al genitore, che, stornato di viso, ordinò si chiamassero a parlamento i soldati; poi disse — Posciachè, o Tito Manlio, non curando nè il divieto consolare, nè la paterna maestà contro il nostro editto, combattesti fuor degli ordini col nemico, e per quanto fu in te discogliesti la militare disciplina, su cui ferma stette finora la potenza romana; ed hai me tratto in necessità che mi conviene obbliare o la repubblica o me medesimo, e i miei; saremo puniti noi del nostro delitto, piuttostochè la repubblica sconti con tanto suo danno le colpe nostre. Me certo e assai commove l'amore ingenito de'figli, e questo sperimento di valore a cui fosti indotto da falsa sembianza di gloria: ma bisognando o mantenere inviolabili i comandi dei consoli colla tua morte, o abrogarli in perpetuo colla impunità, tu pure, credo, se vi ha in te goccia del nostro sangue, non ricuserai di far rifiorire colla tua pena la militare disciplina, corrotta per colpa tua. Va, littore; legalo al palo! — Esanimati tutti a si feroce comando, come se ognuno si mirasse pendere sul capo la scure, più per tema che per reverenza stettero queti; ma poichè dal collo reciso videro sgorgare il sangue, allora, in un subito quasi riscosso l'animo dallo stupore, levaron voci di libero compianto e di esecrazione.... » Nè a riportare vittoria ci voleva meno di sforzi estremi, e di uno straordinario eccitamento: combattevano le une contro le altre, schiere a cui erano comuni la tattica guerresca, la lingua: pe' Latini più numerosi pareva dovere piegare la fortuna; e già indietreggiavano le file romane, allorchè il console Decio con un terribile scongiuro se stesso consacrò agli Dei Inferni — « e succinto alla maniera dei Gabini, montò a cavallo, e si lanciò in mezzo ai nemici, l'uno e e l'altro esercito lo vide d'aspetto alquanto più augusto dell'umano, quale mandato dal Cielo, espiatore di tutta l'ira dei Numi a trasferire da'suoi sovra i nemici l'esterminio: così tutto lo spavento e la paura ch'ei portò seco, da prima scompigliò i Latini, poi si diffuse per lo esercito; ne fu segno che ovunque lo balzava il cavallo, ivi tremavano, non altrimenti che li avesse colpiti un fulmine; e appena cadde sotto un nembo di dardi, le coorti latine costernate si diedero a dirotta fuga » (Livio). — Prodigi di patriottismo degni d'essere citati colle parole stesse di chi lor pose intorno un'aureola d'immortalità!...

La guerra finì col soggiogamento del Lazio. Nel senatusconsulto che sceverò in varie categorie i popoli che aveanvi presa parte, i Tusculani furono trattati con più clemenza, e conservarono il dritto di cittadinanza. Senonchè insorse nel 431 a lor danno il tribuno della plebe Marco Flavio, accusandoli di aver fornito soccorsi ai Veliterni ed ai Privernati. Il popolo tusculano venne in massa a Roma per ismentire l'accusa; donne, vecchi, fanciulli vestiti a lotto e piangenti; alla qual vista commosse le tribù (ad eccezione della Pollia) abrogarono la legge proposta dal tribuno; la qual fierezza della tribù Pollia restò talmente impressa nella memoria de' Tusculani che, sino agli ultimi tempi della repubblica, la tribù Papiria, a cui eran essi ascritti, non votò mai d'accordo colla Pollia, o a favore de' suoi candidati.

Tuscolo da quell'epoca fu municipio fido a Roma, anzi parte di Roma stessa, imperocchè godeva di tutte le franchigie della capitale, e le sue famiglie Porzia, Mamilia, Coruncania, Giuvenzia, Fonteja, occupavanvi le prime magistrature: Lucullo, Catone, Ortensio, Cicerone, Crasso, Cesare, Metello ebber ville sui colli tusculani.

Dopo il secolo d'Augusto, la storia tace del Tuscolo infino al nono secolo in cui i suoi conti si posero capi in Italia della fazione alemanna. Romani e Tusculani, alla testa di parti nemiche, diventarono tanto accaniti avversari, quanto gli avi erano stati fidi alleati: strazi, scorrerie, insidie aumentarono a segno (nel corso di tre secoli) la più fiera nimistà ch'ella nè poteva avere, nè s'ebbe in fatto altro fine che la totale distruzione d'una delle città rivali. Tuscolo venduta dall'Imperator Enrico VI a papa Celestino III, da questo fu data in podestà de'Romani, che piombativi su a furia la smantellarono, passandovi al filo della spada gran parte degli abitanti: il miserando eccidio avvenne il 1° aprile 1191. Que'che scamparono, costrussero a piè del monte capanne con frasche, a ripararvisi; a che voglionsi attribuire i primordi e il nome di Frascati. C. T. DANDOLO.

FAVOLA

L'Aquila ed il Serpente

Un giorno venne all'aquila
Talento di calar
Dalla region del fulmine
In terra a passeggiar.
Un serpe ritrovandosi
Dov'ella il piè fermò,
Le fece il viso burbero,
In collera montò:
Mise un acuto sibilo,
Alzò la testa e fè
La mostra più terribile
Che far potea di sè.
Ma bene trar poteano
Vendetta aspra e mortal;
Ma nobil volle prenderla
L'aligero regal.
Sui vanni ancor librandosi
Levò sublime il vol,
Dove non sa pur volgersi
Chi dee strisciare al suol.

Ab. DOMENICO CERVELLI.

NAPOLEONE ALLA SCUOLA D'AUXONNE

L'aneddoto espresso nella sovrapposta imagine, è uno dei mille con che il Las-Cases volle impiacevolire il suo celebre *Memoriale di Sant'Elena*, opera, come è noto, in cui ricordansi le parole, gli atti, e per poco diremmo i pensieri dell'illustre prigioniero che lasciò tanta e così indelebile traccia sovra la terra. Esso è di per sè poca cosa, ma ragguardando ad uomo sì smisuratamente grande, ritrae da ciò sufficiente importanza, per comparire, decentemente, innanzi agli occhi del pubblico.

Falso è, dice il Las-Cases sulla fede di Napoleone che a lui ripetutamente affermavalo, falso è che i primi anni della giovinezza di Bonaparte fossero improntati di non so quale cupa e melanconica selvatichezza. Egli fu anzi tra' più vispi e gai convittori de' collegi in cui venne a studio, e nella scuola di Auxonne specialmente, ove egli compiè il suo tirocinio d'artiglieria, vive tuttora memoria delle molte arguzie e tratti furbeschi con che egli era uso distinguersi, e rallegrar la brigata. Curioso, fra questi, si è lo scherzo che Napoleone, indettatosi con alquanti suoi compagni, fece un giorno al vecchio comandante, che soprassedeva all'esercizio del tiro. Questo brav'uomo, a cui l'età più che ottuagenaria mal consentiva fidare alla propria vista, seguitava, coll'occhialino, il volo di ogni palla, per vedere se veramente colpisse la meta, ed ammonire quindi i giovani artiglieri secondo che il caso imponeva. Ma parendo a costoro, tuttochè nel fondo molto il venerassero, che quel tener dietro a proietti coll'occhialetto desse un tantino nel comico, divisarono prendersi un po' di spasso alle sue spalle, e ghermita, quindi, destramente, la palla nell'atto del caricare, traevano a sola polvere. Aguzzava il povero comandante più che mai l'occhio, ed espiava, con tutta l'intenzione dell'animo, ove ogni colpo portasse: ma ei s'aveva un bel fare, chè, malgrado ogni più minuta indagine, la palla dileguavasi, ned era modo al mondo d'udirne novella. Facile si è l'immaginarsi quante fossero, da una parte, le meraviglie e il dispetto del corbellato, e quante, dall'altra, le grasse risa e 'l tripudio de'trionfanti corbellatori. Ma come però il vecchio, sebbene avesse ottusa la vista, acutissima aveva la malizia, e fresca la mente, così, dopo un certo numero di colpi, ei cominciò a mettersi in sospetto d'inganno, e fatte contare le palle, non tardò a conoscere che razza di trappola fossegli tesa. Spiritoso e bellissimo parvegli il tratto: pure non credè che il caso fosse tanto innocente da meritar grazia, e gli ingegnosi schernitori ebbero, di suo ordine, a scontarne la pena, rimanendosene per buon numero di giorni in gastigo.

L'indole di Napoleone mutossi, del resto, più volte nelle varie età e nelle varie fortune della sua vita, non meno che il corpo stesso, che subì, come tutti sanno, molte e notevolissime modificazioni.

Cav. Baratta.

GIAMBATISTA BODONI

TIPOGRAFO

NATO IN SALUZZO NELL'ANNO 1740, MORTO NEL 1813

Ingegno pronto, sottile, industre, così mirabilmente idoneo alle arti come alle lettere: animo largo, ammiratore, confortatore, e capace d'ogni nobile affetto: candido, liberissimo cuore, tutto composto a beneficenza e a cortesia: cupidità somma di gloria, non superba, non troppa coscienza di meritarla: spiriti alti, focosi, rattemprati dalla prudenza della mente e dalla bontà dell'indole: carità di sangue e di patria senza pari.

Ottenne Giambatista Bodoni simiglianti qualità da natura. Le accrebbe, le abbellì più ancora con la esperienza e col senno. Schietto e semplice di costumi, non fu nè pure nell'adolescenza notato di alcuno di que'trascorsi che si condonano fin anco ai maturi. Fermo nella professione dell'onesto e del vero, mai non pati che alcun'azione di lui ne violasse i dettami. Violati da altri, ne fu difenditore non timido. Pio, ma non superstizioso, nè vano, coltivò con veneranza ed amore la religione de'suoi padri.

Lento, guardingo nello sceglier gli amici, a pochi si diede. Questi mantenne a sè per tutta la vita. Contrario egualmente al compartire che al ricever lusinghe, trattò con osservanza, non con abbiezione, i più alti di stato: con dignità, ma senza boria, i minori. Visitato da principi (non ultima lode), lor piacque. Onorato per qualunque modo da essi, non ne imbaldanzì. Non indifferente, non freddo alle ingiurie, di leggieri sviò nondimeno la memoria da loro. Morso dall'invidia (e qual è il grande, a cui questo sozzo verme perdoni?), intese a romperne il dente, meglio che con le parole, con l'opere.

Si mostrò temperato in ogni cosa del vivere: amico dell'ilarità, non del tumulto: delle scelte, non delle numerose brigate: splendido sovvenitore de'miseri: e si avventurò più volentieri a far degl'ingrati (e n'ebbe) che de' malcontenti.

Fu il più amoroso, il più reverente de' figli: l'esempio, il fiore de' mariti. E ben si meritò un tant' uomo la gentilissima cui si elesse a compagna. Vive in essa pur sempre ogni più benefica e leggiadra virtù del cuore di lui.

Dicitor caldo, abbondante, animatissimo, avrebbe quell' ottimo aggiunta la nominanza de' primi se all' arte oratoria avesse indirizzato gli studi. Al che sovranamente rispondeano in lui ancora le forme e il resto della persona. Statura alta, maestosa: sembianze gravi per sè, ma sempre conformato al soggetto che gl' infervorava la lingua: bella, gagliarda voce: nobil gestire: occhio nero, vivo, eloquentissimo: fogge opportune a guadagnare a sè ogni bennato animo.

Fu questo raro Italiano il primo che recò l'arte della stampa a gran meta. La morvida eleganza dei suoi tipi, la splendida semplicità de' frontespizi, le vaghe proporzioni delle pagine rimarranno gran tempo senz'altri che le rinnovi.

Nell'anno 1802 la città di Parma il fe' suo: e poco dipoi gli assegnò con solenne apparecchio una *Medaglia d'onore*, impressa di sua nobil effigie.

Cav. A. Leoni.

LETTERA AD UN AMICO

Vi parlerò quest'oggi della mia opinione sui vegetali fossili, e forse di altre cose relative alle rivolozioni del globo. Un uomo settuagenario, quale io sono, deve essersi formato un' opinione su tutte le materie alle quali si è più o meno applicato: l'uomo, a parer mio, è il capolavoro della creazione, cioè il termine medio tra l'animale e l'angiolo, ma egli non può col soccorso delle sue facoltà intellettuali conoscere tutte le cose che desidera, e non ha nemmeno il diritto di lagnarsene: ecco ciò che ne penso.

La storia dei vegetali che in vari tempi sono stati sepolti e conservati nelle viscere della terra al pari degli animali, non è meno curiosa nè meno feconda in risultamenti, ma ben pochi furono coloro che ne fecero uno studio particolare, ed i nostri botanici attendono più allo studio delle piante viventi che a diseppellire i vegetali fossili. Quanto sarebbe importante un trattato di botanica antidiluviana o di geografia botanica!

In tutti i terreni di sedimento si trovano avanzi di vegetali in numero o maggiore o minore: essi sono il più delle volte terrestri, ed annunziano per conseguenza che alcune parti della superficie della terra erano scoperte all'epoca in cui quei terreni furono lasciati in deposito; in alcuni strati però non si vedono che vegetali fossili, analoghi ai *fucus* e ad altre piante marittime. Lo studio il più difficile è quello dell'ordine della creazione di questi vegetali, e della determinazione dei vari gran periodi, cominciando dal deposito dei primi terreni di sedimento sino all'epoca della formazione dei terreni terziari, cioè allorquando ebbero luogo le ultime irruzioni marittime. Pare che i vegetali che coprivano altre volte il nostro suolo non erano quelli stessi che l'abbelliscono oggidì. Ammettendo che vi siano stati cambiamenti nei climi, resta spiegata la diversità nelle piante che vissero in contrade diverse. Un maggior calore del clima basta per dare un maggior accrescimento alle piante che appartengono a certe determinate famiglie. Più, la vegetazione nelle isole è ben diversa da quella delle terre che sono lontane dal mare.

E qui per non esaminare più a lungo le tante ipotesi che si possono fare, poichè me ne intendo poco di questa materia, dirò soltanto, quanto ai corpi inorganici, che se io scorgo in un fiume od in una convalle un gran ciottolo, gli angoli del quale siano quasi intatti, io penso con fondamento che quel sasso non venne trasportato da lontano, ma se esso presenta una forma rotonda ed ha perduto gli angoli salienti, ho motivo di credere che percorse una lunga strada e che fu trasportato da lontani paesi.

Ora poichè la discorriamo d'ipotesi, parmi di aver letto che la profondità media dell'Oceano non si deve calcolare che di 7 od 8 mila metri, cioè circa una lega e mezzo di Francia.

Se vi sono sul globo montagne alte, sopra le quali la neve non si agghiaccia, convien dire che vi sono fuochi sotterranei, i quali, sebbene non producano eruzioni, hanno però forza sufficiente per fondere gli ammassi di ghiaccio.

Se non vi fossero sulla terra ferma del nostro globo monti di ghiaccio, noi non avremmo il beneficio dei fiumi che rinfrescano e fertilizzano le campagne dei paesi ch'essi innaffiano.

Non crederò mai che si possa scoprire nell' emisfero meridionale una 7ª parte del globo che si vorrebbe chiamare antartica, come non crederò nemmeno che l' uomo possa passare per mare dalla Groenlandia allo stretto di Bering, nè da questo stretto al gruppo della Nuova Zembla viaggiando pei mari settentrionali.

Sarà meglio di lasciare per ora sospesa tale discussione, poichè se prestiamo fede a certi moderni geologi, il nostro globo deve finire per essere congelato come un sorbetto. Nell'origine delle cose, dicono essi, i volcani erano senza dubbio in maggior numero, il calore originario della terra va sempre scemando, e non basta la forza dei raggi solari per conservare gli enti organizzati.

Voi osserverete che in questa mia lettera io parlo di materie che, dall'ultimo periodo in fuori, possono dilettare i leggitori, e sappiate che rinunziai ad annotare gli errori di cronologia, di geografia e di storia per non mettere di mal umore certi scrittori di merito che attendono a compilazioni per sè buonissime ed utilissime, ma non badano al sottile in fatto di date. Così io mi risparmio una cura, ben lieve per me, che tendeva unicamente a mettere i miei compatriotti in grado di aggiungere gli *Errata-corrige* in fine delle loro opere.

L. Capello di Sanfranco.

ARCHEOLOGIA

Lettera al chiarissimo sig. FELICE ISNARDI, *socio corrispondente della Regia Deputazione sucra gli studi di Storia Patria*

Innamorato dalla lettura delle dottissime lettere di lei al rev.° Spotorno (1), io mi fo dalla villa di Pecorile presso un mio amico, ove al presente mi trovo in campagna per diporto, ad intrattenerla alquanto sopra le memorie dell'antichissima Abazia di Santo Stefano in Genova sita nel luogo appellato *agli Archi* una volta fuori di città.

L'origine primiera di questa illustre Abazia, una delle più cospicue della Liguria si per li suoi privilegi pontificii, che per le giurisdizioni temporali concessele da'principi, e che possedeva la facoltà di conferire chiese in Genova e fuori, si perde nell'oscurità dei primi secoli della Chiesa. Gli esordi però ne gli riconosce da una chiesuola ivi già esistente, intitolata all'arcangelo S. Michele, la quale sul finire del secolo XV venne incorporata alla posteriore chiesa di Santo Stefano, ed era quella che ora forma la nave laterale a sinistra entrando dell'attuale chiesa. Di detta chiesuola di S. Michele altra più antica notizia non se ne ha che quella la quale ricavasi da vetusto epitaffio in marmo, già collocato nel cimitero della medesima, allora sito dietro al presente pulpito. Questo ci ricorda la sepoltura che ivi ebbe Santolo suddiacono sotto il consolato di Albino in Occidente, e di Eusebio in Oriente, corrispondente all'anno 493, come nell'illustrazione di detto epitaffio determina l'Oderico: epitaffio che ora trovasi nella metropolitana di S. Lorenzo, sopra la porta per la quale una volta i serenissimi collegi scendevano in chiesa nei tempi piovosi, postovi dai fabbricieri della medesima l'anno 1643, da loro avuto in dono dal doge Luca Grimaldo.

Sbrigatomi della chiesa di S. Michele, vengo a quella di Santo Stefano. Lo Stella, annalista genovese, che cominciò a scrivere sul finire del secolo XIV (tom. XVII, col. 973, *Rer. Italic.* del Muratori) dice: « *Monasterium Sancti Stephani structum fuit dum Theodulfus esset Januensis Episcopus* ». Un'inscrizione che già leggevasi nel coro della chiesa, dice pure: « *Basilica haec antiquissima dicata ad honorem protomartyris S. Stephani cum monasterio fundata fuit Theodulfo urbis Genuae Episcopo anno* DCCCCLXXII, *quam candidatus ordo monachorum Divi Benedicti de monte Oliceto nuncupatus Deiparae ac B. Stephano perpetuo administrabit* ». Il monastero adunque e chiesa di Santo Stefano ebbe principio in tempo che Teodolfo (secondo di questo nome) era vescovo di Genova, l'anno 972 (1). Ne ebbero il possesso i monaci di S. Benedetto in veste bianca, che poi mutarono in nera. A questa nuova chiesa di Santo Stefano venne unito tutto quanto competeva a quella annessa di S. Michele.

L'antico monastero era dove adesso sono la porta dell'Arco e l'ufficio del Genio militare. Eugenio papa III, con sua bolla del 18 agosto 1145, prese sotto la sua protezione la chiesa e monastero di Santo Stefano, e confermò sotto il suo dominio le chiese dei Ss. Nazaro e Celso, di S. Vitto e S.ª Giusta, tutte tre in Albaro, quella di S. Croce in Sarzano, di S. Stefano di Sezaido, di S. Stefano di Villareggia e di S. Stefano nella città di S. Remo. S. Ugone Benedittino, cardinale, vescovo d'Ostia e legato a latere del suddetto Papa, fece la solenne consecrazione della chiesa l'anno 1151, addì 25 di maggio. Urbano III l'anno 1185, Clemente III nel 1192, Celestino III nel 1195, Innocenzo IV nel 1252 arricchirono d'onorevoli privilegi l'Abazia di S. Stefano. Ma secondo le umane vicende, essendo ivi decaduto l'ordine monastico, Bonifacio papa IX con sua bolla 21 settembre 1401 la converti in commenda eleggendone abate il cardinale Ludovico Fiesco. Ma l'anno 1529 Gio. Matteo Giberti genovese, vescovo di Verona, abate commendatario, vedendo nel monastero di S. Stefano mancare quasi tutti i monaci, v'introdusse la congregazione dei monaci di Monte Oliveto, colmò di benefizi il monastero; e quindi l'anno 1532 con autorità di Clemente VII in favore del medesimo si spogliò della commenda. I monaci Olivetani continuarono quindi a possedere l'Abazia ed il monastero sino all'anno 1778 circa, in cui dovettero abbandonare l'una e l'altro, e ritirarsi nell'altro loro monastero di S. Girolamo a Quarto: e la chiesa e sue pertinenze venne data a sacerdote secolare, che la regge tuttora colla dignità di prevosto della parrocchia.

Passando a dire alcun che sull'opere d'arte degne d'ammirarsi in S. Stefano, prima di tutto deve os-

(1) Genova 1839 coi tipi dei Pagano.

(1) Fu dunque un semplice sbaglio quello profferito dal rev.° Giovambatista Spotorno q.d Pasquale nell'art. XXII del Nuovo Giornale Ligustico, serie seconda, vol. 2, asserendo che il vescovo Teodolfo fabbricò ai monaci di S. Benedetto il monastero e chiesa di S. Stefano. Se ne avesse consultato lo speziale Giovambatista Canobbio da Cremolino (provincia d'Acqui) che possiede pressochè tutto l'umano scibile, non sarebbe così leggermente trascorso.

servarsi la stupendissima tavola del martirio del Santo titolare all'altar maggiore, lavoro di Giulio Romano, donata dal suddetto monsignor Uliberti, trasportata nel museo imperiale a Parigi l'anno 1812, ed ivi per ordine di Napoleone imperatore posta a lato della Trasfigurazione di Raffaele, come le due prime pitture del mondo, e restituita l'anno 1815. Fra le tele si osserveranno quella rappresentante la Fuga in Egitto, di Domenico Piola, nel presbiterio: l'altra, che raffigura S. Ampeglio guarito da un angelo, opera del Malò, posta al suo altare, il primo della nave destra entrando. I lavori di marmo in scoltura esistenti nell'orchestra sono opera dei maestri Donato e Benedetto Benci fiorentini, eseguiti l'anno 1499 per ordine dell'abate commendatario Lorenzo Fiesco, e qui trasportati dall'antica cantoria già situata rimpetto all'attuale pulpito. La facciata della chiesa, che è tutta fasciata di listarelle di marmo bianco e pietra nera, simbolo dei Ghibellini e Guelfi, fu lavoro del secolo **XV**, allorchè queste due fazioni più che mai fremevano in Genova, e serve per indicare che nella chiesa, madre di pace, possono aver ricetto i fedeli d'ogni partito. Un male inteso intonacamento cuopre preziosi patrii monumenti nella stessa incastrati. Il campanile infine è una torre quadrata, certamente costruzione del secolo **XI**.

Io terminerò la presente mia lettera col pregare la S. V. chiarissima a voler continuare a regalarci qualcuna di quelle di lei critiche produzioni che le acquistarono presso i letterati d'Italia e d'Europa quella fama che ognun sa, e che ottimamente servirono a conquidere gli errori intrusi nella nostra letteratura dallo storiografo ligure. Mi creda poi sempre quale sono,

Della S. V. Chiarissima,

Dalla villa di Pecorile, il 1° agosto 1841.

Devotissimo servo ed amico
PASQUALE ANTONIO SBERTOLI.

IL TROVATELLO

ODE

Nero un marchio d'ignominia
Porto impresso sulla fronte,
Fatto in terra ognor bersaglio
Ai dileggi, al riso, all'onte,
A me stesso di mia origine
Vo cercando e cerco invan.

Una voce sol rispondemi:
« Tu di duplice peccato
« Ahi! nascesti a eterno obbrobrio;
« Da natura ripudiato,
« A te il pianto fia retaggio,
« E l'angoscia il duro pan.

« Pera il dì, che incauta giovine
« Rea del pari ed ingannata
« Ti diè in luce; o sposa adultera
« T'ebbe in prole abbominata,
« A cui l'esser tuo rimprovera
« Il tradito onor, la fè.

« Benchè teco non dividano
« La lor colpa i genitori,
« Sul tuo capo io veggo spandere
« La vendetta i suoi rigori,
« Veggo un Cielo inesorabile
« Fatto sordo in tua mercè ».

Per me dunque il sangue è vincolo
A natura, a Dio rubello!
Per me dunque è un nome incognito
Quel di figlio o di fratello!
Nè il natal mi festeggiarono
I congiunti o i genitor!

Di sì mesta solitudine,
L'amarezza ah! tutta io provo,
Fin d'amico il dolce titolo
Chi mi doni non ritrovo,
Non donzella, cui 'l mio talamo
Non sia imagine d'orror.

Come quercia che del folgore
Mostra l'orme impronte: come
Scoglio infido, che tra i gurgiti
Per naufragi infame ha il nome
Come torre che minaccia,
Bieco ognun mi fuggirà.

Immatura io cadrò vittima
Dell'affanno, o al freddo letto
Non avrò chi gli occhi chiudami...
Ma e colei, che m' ha concetto,
Il tributo d'una lacrima
Al mio cenere darà?

Lei? — spiètata — Ah! non si nomini.
Quante volte la chiamai,
Nè fu intesa a me rispondere,
Impietrita ai giusti lai:
Una dèstra orrendo-gelida
Le agghiacciava in petto il cor.

Quando apersi al dì le tenere
Mie pupille, a me concesso
Non fu già tra le sue braccia
Riposar, goder l'amplesso,
Non libar furtivo un bacio,
Non un guardo aver d'amor.

L'innocente primo gemito,
Il primiero mio vagito
Ella udì; ma torse il ciglio
Da natura inumidito,
E represse in core il palpito
Che improvviso si destò.

Fe' poi cenno, cenno barbaro,
Colla trepida sua mano,
Che quel parto di sue viscere
Si recasse a lei lontano,
Nè d'un vale accompagnandomi,
Dal suo tetto mi scacciò.

Perchè allora sul mio nascere,
A nefandi giorni e rei
Stavi in forse tu di spegnere
In eterno i lumi miei?
Fu il serbarmi a tal martirio
La più barbara pietà! —

No — ch' io viva! — un divo raggio
Alla mente mi balena,
Del dolor le tetre imagini
L'atra notte rasserena...
La ravviso, è a me la provida
Religion, che al fianco sta.

Religion, che tra le fascie,
Pietosa in sulla via
Mi raccolse, qual l'Egizia
Regal figlia un dì rapia
Alla morte, all'onde il pargolo
Condottiero d'Israël.

Di sua man la culla placida
Mi compose e preparò;
Amoroso un sen che porsemi
Il suo latte mi trovò;
E coverse a iniquo oltraggio
Queste membra, e al crudo gel.

Dessa è l'astro che m'illumina
Nella valle del dolore,
Dessa è l'angiol che a me tergere
Suole il pianto ed il sudore,
E raddolce al labbro il calice
Dell'amaro mio destin.

Colla fè glorioso un termine
Assicura a' miei tormenti:
Colla speme a me sollecita
Porge il braccio nei cimenti:
Coll'amore mi rattempera
Le gravezze del cammin.

Religione, oh! madre tenera,
Nel tuo seno io m' abbandono.
Quell' istante fu benefico
Che rinato in te pur sono,
Quell' istante che raccogliere
Mi degnasti in sul sentier.

Dopo questo ingrato esiglio,
E la dura schiavitute,
Tu m'additi un'altra patria
Sol promessa alla virtute,
Ove lice a me pur volgere
Ogni brama, ogni pensier.

Romperansi alfine i vincoli
Che imprigioniano quest' alma,
E spiegando il vol lo spirito,
Andrà in ciel, sciolta la salma
Che di orror, per turpe origine,
Era obbietto, e di pietà.

Scenda allor crudel memoria
Sin nell'urna: ma alla squilla
Del gran giorno fia che destisi
Senza macchia quest'argilla,
E beata all'Orbe in faccia
Pura gloria vestirà.

ALESSANDRO CAPUCCIO.

PENSIERI

« Abbellite la vostra lingua della evidenza, dell' energia e della luce delle vostre idee, amate la vostra arte, e disprezzerete le leggi delle accademie grammaticali, ed arricchirete lo stile: amate la vostra patria, e non contaminerete con merci straniere la purità e le ricchezze e le grazie natie del nostro idioma. La verità e le passioni faranno più esatti, men inetti e più doviziosi i vostri vocabolari: le scienze avranno veste italiana, e l'affettazione dei modi non raffredderà i vostri pensieri ».

FOSCOLO.

CORSE AUTUNNALI NEI DINTORNI DI ROMA

I CAPPUCCINI DI ALBANO (V. N° 55 e 57).

I Cappuccini si serbarono anche qui fedeli al costume del loro ordine, di abitare ove si gode d'aria più pura o di vista migliore. — Ninn prospetto è più imponente, e invita meglio ad elevati pensieri di questo che c si presenta dalla cima del monte, su cui distende la sua ombra il bosco annoso del convento. Pianura vastissima alla quale da un lato è continuazione indefinita il Mediterraneo; dall'altro, remoto confine l'Apennino, accoglie Roma nel suo mezzo; ed avrò io appena pronunziati alcuni nomi, che la vostra fantasia popolerà d'illustri memorie questa parte di piano che si allarga a ponente.

Io scriveva un giorno di Livio. Fu l'amico, il compagno della nostra adolescenza; ci fece spettatori del ratto delle Sabine, del combattimento degli Orazi, del parricidio di Tarquinio, della morte di Lucrezia; ci dipinse la fierezza degli Appii, la magnanimità dei Valerii, la severità di Manlio, la semplicità di Cincinnato, l'abnegazione di Regolo; c'intromise a' Comizi, e vi ascoltammo alle focose parole dei Tribuni che ritoccavano le ferite di una plebe calpestata, ma non avvilita, rispondere il grido unanime, che le franchigie del monte Sacro invocava, ed all'arruolamento giurava di non prestarsi; ci trascinò alla Curia, allorchè severamente gli Ottimati, i benefizi degli avi, la cresciuta dignità dello stato, i trionfi, il terrore del nome romano per opera loro diffuso, alla moltitudine fremente rinfacciavano; e il fremito della moltitudine a quelle temute voci taceva; ci trastullò con dipinture di battaglie, di guerreschi stratagemmi, di curiose costumanze, di conquistatori e di conquistati... — Vi piace egli spaziare col guardo sul campo di molta parte di tali storiche fantasmagorie?........ Eccovelo innanzi. Ove poco discosto dalla zona cerulea del mare, scovrite un rudero isolato, là regnò Turno; il magnanimo ed infelice guerriero di là mosse a disputare il suolo della patria, e la donna amata allo stranio venturiero, che ne'giuochi della fortuna sapeva attribuire dignità di celesti voleri, mercè l'accortezza e il valore. Quella torre isolata sul colle v'addita il luogo ove sedea alteramente Corioli, la città che diè nome all' esule sdegnoso: Sanniti, Volsci, Cartaginesi scesero in queste campagne a mortale duello coi Quiriti. Qui le legioni capitanate da Manlio debellarono i Latini. Là i trecento Fabii si avviarono alle acque Cremere: vedete il monte Sacro, ove si attendò tumultuante la plebe; vedete il monte di Giove sulla cui vetta i federati del Lazio celebravano solenni riti a cui Roma presiedeva..... Oh venite su questo terrazzo a rilegger la prima Deca di Livio: v'avrete a comento questo suolo glorioso... E a vedervi passeggiare intorno, tra gli alberi, frati in atto di leggere lor breviari, a quai meditazioni non vi sentirete trascinato! Domandavato alla pianura il frastuono delle antiche sue armi e vi rispose una lenta salmodia; cercaste al monte di Giove un'eco de'suoi canti trionfali. — Al bosco di Diana Nemorense, un'eco del suo inno secolare... silenzio e solitudine regnano per tutto... il silenzio matura i nobili pensamenti... la solitudine è rifugio degli ingegni elevati... in una di queste cellette abita un vecchio, che ha bianco il crine, prolissa la barba, l'occhio investigatore e animato: è vestito di porpora, un di coloro che Roma tiene in serbo da presentare con onore ad amici, a nemici: non fu proposto da corti, non raccomandato da natali illustri o regii parentadi: gli fu sgabello all'onore del sagro principato la vita spesa in profittevoli fatiche: or si riposa vescovo d'una di quelle diocesi *suburbicarie*, che pongono lor pastori capi dell'ordine episcopale: ma io mal mi apposi accennando di riposo: ha l'occhio di Sisto V...... nè le parole danno una mentita allo sguardo.....

Allorchè uscii, buia e stellata era scesa la notte, e vidi nelle bassure roghi fantastici, un brillare disseminato di fiamme, un estollersi di fumo a modo di colonne d'alabastro. Al frate che m'accompagnava, domandai maravigliato che fosse; risposemi che era il dì in cui nelle campagne incolte si costuma dar fuoco alle stoppie; il dieci agosto.

Il dieci agosto!... Or udite cosa mi sovvenne in quel punto. — È appena fuor di Lucerna un bosco che colle fitte sue ombre e i graziosi viottoli fa invito al passeggiatore: l'animo si prepara a godersi un qualche istante di raccoglimento, ad abbandonarsi a un qualche caro pensiero.... or ecco un laghetto attorniato di salici piangenti, e sovrastare rupe fregiata di sculture e d'iscrizioni: chi legge ha la mente occupata da terribili rimembranze, e contempla in mezzo alle funeree lapidi, entro ampio cavo dello scoglio, un leone accosciato: china giacente sulle zampe anteriori ha la testa: la gran giubba si lorda nella polve; l'asta che gli trafisse il fianco è spezzata entro la ferita: negli occhi presso a chiudersi sfolgoreggia l'ultimo lampo di fierezza e d'ira... Quel leone è simbolo d'una fedeltà la cui memoria vivrà immortale. Il giorno in cui ardono le stoppie nella campagna romana, è l'anniversario di quello in cui crollava la francese monarchia (1).

C. T. Dandolo.

(1) Questo leone, egregio lavoro modellato da Thorwaldsen, e scolpito in proporzioni colossali nella rupe stessa, simboleggia la morte delle guardie svizzere, che perirono il 10 agosto 1792, difendendo contro il popolo inferocito il palazzo delle Tuilerie. Gran lapidi citano ad uno ad uno i nomi di que' prodi: sta per epigrafe il motto eloquente:

INVICTIS PAX: SUB INIQUA MORTE FIDELES.

IL GHIOTTONE

Quest'animale è conosciuto dai Russi sotto il nome di *rossomak*, e descritto da Linneo sotto quello di *ursus gulo*. Buffon confondevalo col volverano di America, e ciò, espressamente, per discordare dal naturalista svezzese, col quale vivea in molta gelosia: imperocchè ei ben sapea che Linneo aveva fatto del volverano un' apposita specie, ch'egli intitolava *ursus luscus*. Egli è questo un nuovo argomento delle picciole passioni che ischiaviscono, alcuna volta, gli uomini anche più grandi.

Il *ghiòttone* è un animale *plantigrado*, cioè a dire camminante sull' intera pianta del piede, come l'orso e il tasso, e non sulle sole dita, come fa il cane. Egli ha forme che avvicinansi assai a quelle del tasso, ed anche un tantino alla martora, di cui ha i denti e il carattere. Egli sembra quindi essere un intermediario tra i *plantigradi* e i *digitigradi*, prendendo luogo tra l'orso e le martore.

La sua statura quella si è di un grosso cane bracco, ma ha le gambe molto più corte, ed il suo ventre tocca quasi la terra quando ci cammina. La sua pelliccia è bellissima, e molto dai Russi stimata, i quali preferisconla a tutte le altre, meno l'ormellino, per guarnire i loro berretti e farne manicotti. Essa è di un bruno marrone-scuro, con una gran macchia discoidale più carica sul dorso, ed alcuna volta di colori più pallidi. Abita le contrade più fredde del nord dell'Europa e dell'Asia. Esso è comune in Laponia e nei deserti della Siberia.

Olao Magño è, cred'io, il primo naturalista che abbia parlato del *ghiottone*, ma esagerò assai la costui voracità, passata quindi in proverbio. Quest'autore racconta che quando ci divora un cadavere, riempiesi al segno di avere il ventre teso come un tamburo; per il che egli fassi a premersi tra due tronchi di albero, alline di vuotarsi il corpo; compiuta la quale operazione, torna al cadavere e rimpinguasi di bel nuovo, riaccostandosi, dappoi, una seconda volta ai due tronchi per un nuovo isvuotamento, e così sempre continuando, sino a tanto che tutta la preda scompaia, comunque grossa e compariscente ella siasi. Racconti di tal fatta cadono di per sè senza che bisogni confutazione veruna a smentirli. Altri naturalisti, e specialmente Gmelin, pretesero che questo animale, per una eccezione unica tra gli esseri viventi, sia privo dell' istinto della propria conservazione. Essi basarono la loro opinione sulla famigliarità che il ghiottone ha coll'uomo, non dando segno veruno di diffidenza quando questi se gli avvicina, ed accostandosegli, anzi, colla più decisa indifferenza allorchè ci lo vede, quasi non corresse il menomo rischio. Ma concessa anche la verità di un tal fatto, sebbene molte ragioni comandino di metterla in dubbio, ciò non proverebbe altro se non se che il ghiottone, uso a vivere ne' deserti ove non ha a temere alcun essere che lo superi in forza, ignora i pericoli ch' egli incontra appressandosi all' uomo. Altronde un animale qualunque privo dell' istinto della propria conservazione non vivrebbe un sol giorno. Lasciamo però da banda le favòle e le esagerazioni, e ricerchiamo invece quanto havvi di vero nella storia di questo quadrupede.

Il ghiottone vive solitario, od alcuna volta colla sua femmina, in una tana che scava in terreno secco sul pendio d'una collina, ombrata da un bosco di pini o di castagni. Ei non esce che la sera soltanto per andare a cerca della sua preda, la quale consiste in cervi, alci ed altri animali. S'egli abita siti in cui i cacciatori di ermellini tendano trappole per prendere bestie di prezioso pelo, ei comincia per visitare tutte le reti ad essi tese, ch'ei conosce assai bene, e nelle quali mai lascia prendersi, ed arraffa gli animali che già v' incapparono. Se questo genere di preda gli manca, ei mettesi sull'orma di un cervo, seguitalo con costanza, e finisce coll'aggiungere l'animale sepolto nel sonno. Ma per poco che questi ne preveda l' accostamento, facilmente salvasi colla fuga, imperocchè il ghiottone cammina assai lentamente, e non può correre. Quindi è che le prede da esso agognate sottrarrebbonsi quasi sempre alle sue ricerche, s'ei non adoperasse mille astuzie per farle sue.

Celasi ei sovente in mezzo a folti cespugli, sotto a secche foglie, nel cavo di un tronco, od in qualsiasi altro luogo che gli dia mezzo di occultarsi, e rimane, così, pazientemente, in imboscata, senza fare il minimo moto fino a tanto che il caso, o piuttosto i suoi calcoli conducano una preda a portata delle sue fauci.

Il ghiottone conosce benissimo i sentieri tracciati dagli animali selvatici allorchè escono dalla foresta per andare a pascersi nelle pianure, e sa ottimamente trascegliere i migliori mezzi per assalirli quando rientrano ne' boschi alla punta del giorno. In tal caso egli arrampicasi sur un albero e postasi sur un ramo sovra il sito per cui deggiono passare. Tostochè un cervo appressasi a lui, egli slanciasi, e precipitasegli di botto sul dorso o sul collo: egli vi si allissa con tanta tenacità col mezzo delle unghie e dei morsi, che l'infelice animale invano si sforza rimuovernelo. Corre, salta, fregasi contro gli alberi, arrovesciasi, e rotola sul terreno, e fa quanto in lui è per isvincolarsi dal prepotente nemico, ma tutto è inutile; afferra, questi, irremovibilmente la vittima, e non cessa dal divorarla, sino a che, vinta e dissanguata per l'enorme ferita che falle sul dorso, vedola mancare e cadere, agonizzante, sull'erba. Il ghiottone mangiala allora a tutto suo bell'agio, e tostochè sentesi satollo, se il cadavere tutto è troppo pesante, traggelo nel centro della foresta, e nascondelo in qualche burrone per valersene, poscia, al bisogno: chè s'ei non possa trascinarselo dietro, coprelo con fogliami od altra verdura.

Molti carnivori, quali sono a cagion d'esempio la volpe ed il lupo, hanno per simil guisa l'istinto di celare gli avanzi della preda s'ei non possono intieramente consumarla: ma sia dimenticanza o diffidenza, mai tornano a farne ricerca. Lo stesso non può dirsi del ghiottone, il quale sa benissimo ritrovarla ogni volta che la fame lo punga, e non siagli riescito procurarsi cibo migliore.

Il ghiottone trovasi nelle foreste medesime ove abita la volpe artica o *isatis*, ed ha la malizia di valersi di quest'ultimo per provveditore in mancanza di mezzo più acconcio. Allorchè sentolo dar la caccia ad un lepre od a qualunque altra specie di piccola bestiuola, corre dietro alla sua voce, ed evita studiosamente di farsi scorgere, onde non isgomentarlo. Ei tiensi, nondimeno, sempre a tale distanza da poterlo raggiungere nell'istante in cui la volpe prendo

(Il ghiottone)

il lepre. Il ghiottone slanciasi, allora, in un tratto, fuori del sito in cui tenevasi appiattato, e l'*isatis*, per non essere esso stesso divorato, è costretto di lasciare quanto prima la preda, ed abbandonargli la fatta conquista.

Coraggioso quanto vorace, il ghiottone difendesi con intrepidezza contro i cani ed anche contro i cacciatori: ma riescendogli, stanti le corte sue gambe, ardua la fuga, facile si è il prenderlo, ed anche l'ucciderlo a colpi di bastone. Abbisognano, però, tre forti cani almeno per riescire a tale intento, ed è raro che alcuno di questi non rimanga nella lotta storpiato, poich'egli difendesi colle unghie e co'denti, e le ferite che reca sono dolorose e profonde.

Schoeffer pretende che quando il ghiottone è stretto dalla fame, gettisi ne' fiumi, come la lontra, nuoti, ed immergasi con molta facilità, impadronendosi in tal modo dei pesci, i quali, spaventati, nascondonsi ne' buchi e sotto le radici. Senza niegare, in tutto, il fatto, io lo considero come dubbioso molto, stantechè quest' animale ha un' organizzazione che allontanalo interamente dalle consuetudini acquatiche. Uso, quale esso è, a contentarsi anche di cadaveri putrefatti, ogni volta che non gli venga dato di prendere prede vive, io mi persuado che in alcuni casi egli frequenti le sponde de' fiumi per raccogliere le immondezze che le onde gettano sulla riva; locchè avrà fatto supporre a qualche superficiale osservatore, ch'egli avesse pescato il pesce, di cui, forse, stava pascendosi.

Da BOITARD.

I DUE FRATELLI — Novella

Erano già due mesi che la signora Dorvalli colla sua figlia villeggiava nel castello del signor Raimondo Oberti, locato sopra un ridente colle a non guari distanza dalla città di Casale. L'amenità del sito, la salubrità dell'aere e la dolcezza della stagione autunnale erano di sì grato ritegno alla signora Dorvalli, che quasi aveva posti in obblio i piaceri cittadineschi, e lo strepito e brulichio della vasta Milano, ove era solita di risiedere l'altra parte dell'anno. La di lei figlia Adele compiacevasi pur anche non poco (e forse più della madre) di quel campestre soggiorno: e ben volentieri anteponeva la naturale semplicità di quei colli, agli eleganti palagi della città; gli ombrosi recessi de' boschetti, alle numerose e brillanti conversazioni. Erano forse i vaghi vigneti, le gioconde e latissime vedute delle sottostanti sponde del Po, o la varietà dei frutti e dei fiori che facevano andare così a grado il soggiorno di quel castello ad una fanciulla di diciotto anni, bella della persona e di un finissimo sentire dotata? Ma ecco, o miei lettori, voi già maliziosamente sorridete, e fate col pensiero un passo avanti, prima pur anche che v'abbia detto, avere il signor Raimondo due figli, intorno a cui aveva posto ogni cura per lasciargli il migliore retaggio che un padre lasciar possa alla sua prole, un'ottima educazione; entrambi di piacevole aspetto e di gentili maniere. Il maggiore chiamavasi Riccardo, cacciatore per la vita, ed a cui non v'era angolo di quei contorni sconosciuto, e famoso per qualche vittoria conseguita su qualche mal arrivato animale. Alfredo era il secondo; aveva compito in allora i suoi studi; dilettavasi egli pure di caccie, ma non tanto per suo naturale passatempo, che per secondare il talento del fratello. Si rallegrava il buon padre di vedere questi due suoi figli così tra loro uniti da leale amistà ed animo fraterno, e si compiaceva non altrimenti che il solerte giardiniero che vede la pianta cresciuta tra le sue mani, portare eccellenti frutti.

Ma da alcun tempo osservavasi nelle condizioni di Alfredo un notabile cangiamento: non più tanta compiacenza nel seguire il fratello ne' di lui prediletti passatempi; non più il festevole, non più lo spensieratello di prima; era diventato alquanto malinconico, riflessivo, e mostrava di prendere diletto della solitudine. Il suo archibuso, i suoi libri più non valevano a porgergli il piacere ed il sollievo di prima. O Adele, o Adele, tu ne eri la cagione, tu eri che lo rapivi a se stesso. La tua bella immagine eragli profondamente scolpita in petto e gli rimoveva dalla mente ogni pensiero che non fosse su te diretto. Chi può dire come soave gli scendesse al cuore la tua favella; come lo confortasse un solo tuo sguardo!

Sì, Alfredo amava Adele quanto ardentemente amar si possa un' angelica figura. O fatale amore! Alcuni mesi prima, l'inesperto giovane non lo teneva che un'illusione, un nome voto di senso, null' altro che un velo con cui i miseri mortali coprono la loro follia: ma ora ne sente, ed in acerba guisa ne sente tutta la realtà e la possanza. Sin ora alcuno non si addiede del suo amore; Adele sola ne era la consapevole, sebbene vedesse modo di celarlo agli occhi del suo amante, e vestisse come meglio poteva un aspetto indifferente. Un giorno che Alfredo la riscontrò sola nel giardino, le si accostò per dichiararsi; ma in sul più buono gli cadde l'animo e gli morì la parola tra i denti. Ma che? un fervido bacio impresso sulla candida mano della fanciulla, che non ebbe tempo o forza per toglierlo, fu più eloquente d'ogni faconde parlare. Da indi in qua Alfredo fra la speranza ed il timore vive in continua pena ed agitazione, e la sua fiamma va di giorno in giorno maggior forza acquistando. — Fratello, mio caro fratello, che hai? gli diceva sovente Riccardo ritornando dalla caccia col carniero ripieno di preda. Tu mi hai dello strano: da alcun tempo ti vedo sempre sopra pensiero, sempre mesto passeggiare da solo, e mai non ti vidi usare così di frequente il viale dei salici piangenti. Quale cosa ti gira pel capo? — Ed Alfredo, facendosi più pallido in viso, rispondeva alle importune richieste del fratello con quel *nulla* che invece di appagare la curiosità di chi interroga, lo mette anzi in maggiore sospetto che gatta sotto ci covi.

La signora Dorvalli continuava intanto a protrarre il suo soggiorno, e nulla ancora era della partenza; il che se tornasse grato al cuore della figlia, non è che io vel dica. Raimondo le faceva sempre le maggiori istanze per ritenerla, ora adducendo i motivi di salute, ora la sincera amicizia che passava tra lui ed il di lei consorte, ed ella di leggieri cedeva. Egli compiacevasi non poco della di lei compagnia, e principalmente gli erano a grado le gentili maniere e la candidezza dei costumi della figlia Adele. Un giorno che il buon vecchio andava a diporto tutto solo lungo le aiuole del giardino, meditava tra sè e sè. Non potrebbe Adele formare la felicità d'uno de' mici figli? e perchè no? Ella è ricca, ella è bella e modesta, riserbata ne'suoi desiderii; e che le manca per compire il corredo di una perfetta sposa? Io sono già inoltrato negli anni, e più poco sarà la mia vita; almeno prima di discendere nella tomba ch'io possa provare la dolcezza di stringere sulle ginocchia un qualche figlio de'miei figli!

Si fa di presente chiamare a sè il suo primogenito e con tutta la bontà e con tutto l'aspetto confidente di un amoroso padre, così gli favella:

— Vieni, o mio Riccardo, vieni qui: dobbiamo favellarci a quattr'occhi d'un affare di rilievo anzi che no. Sapresti tu mai indovinare che io ti voglia in questo istante proporre?

— Io no certamente, o caro padre: — rispondevagli Riccardo.

— Null'altro che di farti per sempre felice, per sempre contento.

— Di questo punto non ne dubito. So che i vostri pensieri sono ognora diretti a formare la felicità dei vostri figli; so che voi amate questi vostri figli quanto amar li possa un tenero padre: e come dunque potrò porre in dubbio che quanto sarete per propormi non sia rivolto al maggiore mio bene?

— Mi è noto il tuo buon cuore e la docilità alle parole paterne; e ne'mici figli con dolce orgoglio vedo rifiorire quelle rare doti ond'era fregiata quella pasta di zucchero di tua madre che, ora fanno quindici anni, parve bene al Cielo di rapirmi (e qui una lagrima di tenerezza bagnava il ciglio del buon vecchio; indi soggiungeva): quale sarebbe ora la di lei consolazione nel vederti così cresciuto, così spiccio della persona! La poveretta certo ora si morirebbe di gioia, ella che ti voleva un bene dell' anima, che ti chiamava sempre la sua speranza, la sua delizia! Ten sovviene ancora di tua madre?

— Se men sovviene! sembrami ancora di vederla, sembrami ancora di udire il suono soave di quella voce, che soleva acquetare i miei lamenti, che dirigeva i primi miei fanciulleschi trastulli.

— La è pur troppo così! Può l'uomo obbliare bensì la maggior parte delle gravi vicende onde fu agitata la sua vita, ma le rimembranze della prima età non passano giammai! Dolci rimembranze! esse ci ricreano, qual fresca auretta, nel bollore delle passioni; esse vengono a molcire i mali che passo passo nell'umana carriera c'incolgono. Quante volte affaticati da lunghe prove e penose non è giuoco forza di rivolgere il pensiero a quella felice ed innocente età, d'invidiarla, di sospirare perchè troppo presto si è involata! O soavi affetti materni, voi giammai non ci cadete dell'animo. Ma tornando al nostro proposito, ti sentirai tu disposto a quanto ti vengo a proporre?

— Mi fu sempre legge, o caro padre, ogni vostro cenno.

— Niente avvi di più dolce ad uno della tua età.

— Toglietemi adunque tosto di dubbio.

— Sono venuto in pensiero di darti una sposa, e di colmare così la tua e la mia felicità: di darti una sposa di rare doti fornita, e che io stesso ho potuto assicurarmi essere quale in tutto te la desidero. E non è tale agli occhi tuoi la bella, la virtuosa Adele?

Riccardo preso all'improvviso sopra un affare che non gli passava neppur per mente, stette lì senza sapere che rispondere. Veramente aveva badato poco ad Adele: il di lei volto non gli dispiaceva per certo; volentieri usava seco ed era pieno di rispetto e di stima verso di lei; ma, immerso nei suoi piaceri della caccia, non era passato oltre. Chiese alcuni giorni al padre per riflettere ed esaminare attentamente se Adele poteva piacere al suo cuore. Ecco il nostro giovane cacciatore sacrificare in casa uno de'più belli e limpidi mattini d'autunno; eccolo tener d'occhio ai passi di Adele: più attentamente la contempla; medita le di lei parole: e più la contempla, più le sembra avvenente; e più l'ode a parlare, più la di lei voce gl'incatena il cuore e più gli pare conforme a'suoi desiderii; ed, oh possente forza dell'amore! egli già ne diviene fervido amante. Più non l'annoia il fermarsi a casa per assidersi al fianco di Adele; ed intanto le lepri di quei contorni respirano alquanto e sollevano i loro ringraziamenti al figliuolo di Venere. Riccardo non trova più pace che presso Adele, nulla più vede che Adele, e nulla gli sarebbe la vita senza di Adele. Prima del tempo che si aveva prefisso per deliberare si presenta dal padre ed istantemente gli chiede a non volér più indugiare a dargli la mano della bella e virtuosa fanciulla: mille ringraziamenti gli riferisce per avergli fatto aprire gli occhi, per averlo rivolto sulla strada di essere felice. Raimondo si stringe più volte al seno l'amato figlio, e lagrime di consolazione inondano le guance del vecchio. Viene proposto l'affare alla madre, che lieta vi accondiscende, e si assume di avere il consenso della figlia, di cui libero affatto ancora ne crede il cuore. Adele alla parola di matrimonio con uno dei figli di Raimondo si fa rossa rossa in viso e le palpita il seno: ma quando la madre distingue il nome di Riccardo, rimane fredda, immobile, senza profferire alcun accento. Madama Dorvalli, credendosi dispotica, come il più delle madri, degli affetti e del cuore della figlia, dice che non v'ha miglior partito per lei di questo; che non bisogna opporvisi, che conviene che presti sull'istante il di lei consenso: Ahimè! Adele è di una tempra troppo dolce e flessibile per poter resistere a quella incalzante e concisa orazione della madre. Eccola già di ritorno nelle stanze di Raimondo colla risposta affermativa; l'affare è conchiuso. Riccardo è tutto fuori di sè; non sa più dove stare; già gli tarda di dividere tanta gioia col suo minor fratello. — Alfredo ove sei! ove sei, o Alfredo! Scende precipitosamente le scale, discorre i corridoi, si versa nel giardino, e scopre alfine il fratello sotto l'ombra di uno spazioso salice piangente. — Fratello, o caro fratello (gli grida ancora da lungi), vieni a parte della mia felicità, della mia gioia; non è compita se teco non la divido. Fratello, abbracciami: io sono il più felice de'mortali. Il nostro amoroso padre mi concede in isposa una fanciulla la più bella, la più pura che io m'abbia mai veduto sulla terra.

— Che dici, o mio Riccardo? tu sposo? e così presto? e mi tenesti sin ora celati i tuoi fortunati amori? rispondegli Alfredo colla più alta sorpresa.

— Ah sì! sin ora fui un cieco, uno stolto: ma ora che ho aperto gli occhi, che ho contemplato a fondo le bellezze, le virtù di Adele.....

— Oh Cielo, tu sposo alla mia Adele?

— Come, alla tua Adele!

Ed un profondo silenzio si distese sotto le pendenti fronde di quel mesto salice: Alfredo si pose una mano alla fronte, la mano era di gielo, la fronte di foco; ed in tal atto appoggiò il capo alla pianta. Riccardo era rimasto in piedi, tutto stordito e come se fosse privo di senno; tremava da capo a piedi; aveva gli occhi pieni di lagrime, ma gli era tolto di poterle versare in larga copia, e tornavano a ripiombargli sul cuore. Dopo un lungo intervallo di silenzio, Alfredo sollevò alquanto il capo e con un profondo sospiro pronunciò:

— Fratello!

— Alfredo!

— Quale orrenda sventura ne incolse! in quale funesto scoglio urta il nostro amore fraterno!

— Che debbo dire? Sento che la sola idea di perdere Adele mi è più acerba d'ogni morte.

— Ma io, o Riccardo, l'amai prima di te; ma io l'amo di un amore superiore di gran lunga al tuo.

— E da che puoi argomentar questo? È a te dato di leggere nel fondo del mio cuore? Profondo, inestinguibile è il mio amore, ed ora che un duro ostacolo insorge, sento centuplicarsi in petto la fiamma che mi divora. Mi sento divenir furioso: una funesta benda mi cinge gli occhi: già quasi obblio di esserti fratello. Ohimè che dico! Deh, Alfredo, perdona! Deh, se tu m'ami, ti stringa pietà d'un infelice! Cedimi Adele, ed io in ricompensa cederotti metà del retaggio paterno, anche tutto, purchè tu mi ceda Adele.

— E se questo sforzo fosse superiore alle mie forze? Se cedendoti Adele, ne andasse la mia vita? Se, perduto il cibo ed il sonno, tu mi dovessi vedere sempre davanti sparuto e pallido, più somigliante ad errante scheletro che ad uomo vivente? Se in breve alfine tu dovessi piangere sulla mia funebre bara?

— Crudele! E sono io forse in una condizione migliore della tua! potrò io pure sopravvivere alla perdita di lei? Ahi troppo funesto amore! Io perdo il senno. Abbiti pure Adele; stringi tu pure questo nodo; mena pure felice i tuoi giorni al fianco di quell'angelo terreno, io più non mi ti oppongo; ma fra breve udrai funeste novelle della mia disperazione. —

Trapelò da questi ultimi accenti la larva di un truce pensiero: Alfredo si sentì scorrere un brividio per le ossa.

— Ohimè! Riccardo, fratello! egli gridava, ma Riccardo in un baleno era sparito dal giardino. —

— Oh come rapido s'involò! quali accenti vibrati! quale agitato suon di voce! e se io fossi la cagione della sua perdita? Se per me il nostro vecchio padre dovesse piangere sul suo figlio?......... O Dio, e cedergliela debbo?..... Ah si! (soggiunse dopo un istante di profonda meditazione) Ah si! compiasi il massimo de'sacrificî: ceda l'amore di Adele all'amore del padre e del fratello. È superiore quest'atto alle mie forze; ma il Cielo me ne presterà aiuto, il Cielo non mi abbandonerà. Ma lungi, lungi tosto di qui. Addio, o patrii lari, addio, o luoghi giocondi, impressi di tanti dolci memorie, a cui io commisi i primi sospiri di una ardente ma sfortunata passione: addio, o paterno asilo di pace e tranquillità, in cui io sognava un ridente avvenire in mezzo alle più soavi domestiche felicità: e tu, angelica fanciulla, a cui consacrai i primi palpiti di questo cuore, per sempre addio. Menerò i miei giorni ramingo, portando di paese in paese il mio acerbo dolore: ma tu mi sarai sempre presente; tu sarai la mia consolazione nelle ore solinghe; tu non mi sarai straniera in mezzo agli stranieri, ed il pensiero del nostro amore sarà l'unico conforto onde verranno addolcite le pene del mio esilio. —

Alfredo è fermo nella generosa risoluzione di cedere l'amante al fratello: Riccardo è maggiore di anni, quindi a lui si compete per diritto la preferenza. Guai se venisse turbata la domestica tranquillità! la sola idea di recare qualche rammarico al suo vecchio genitore gli è così grave e molesta che farebbe prima ogni più duro sacrificio. Ma vede sempre più la necessità di abbandonare la patria, e sente che la sua virtù sarebbe incapace a resistere più oltre se là rimanesse, e se un lungo tratto di mare nol dividesse da questi luoghi.

Lo scompiglio, la mestizia ed il dolore hanno shandito dalle mura di quell'ameno castello la tranquillità e la gioia. Il vecchio Raimondo, all'intendere il funesto amore che accende il petto ad ambedue i suoi figli, si riempie di profondo affanno; teme le funeste conseguenze che ne possono emergere. L'aspetto di Riccardo lo raccapriccia; invano tenta con soavi parole di consolarlo, invano di condurre la speranza nel di lui petto. Le smanie del figlio invece d'acquetarsi si aumentano, nè il dolente padre sa più a qual partito appigliarsi. Madama Dorvalli è confusa e fuori di sè: la tenera Adele in un angolo della stanza non ha altro sollievo che un dirotto pianto. Ma ecco comparire all'improvviso Alfredo, con volto composto e rivolgere queste parole all'addolorato genitore:

— Sgombrate ogni affanno: non v'ha pericolo che sia turbata la domestica pace. Ho saputo alfine superare la mia passione; la forza dell'amore fu vinta dal dovere. Voi, o caro padre, avete destinata la mano di Adele al mio fratello maggiore, e bene sta. Rispetto e venero le vostre disposizioni. Adele sia pure di Riccardo, io più in nulla mi oppongo. —

Riccardo a questi accenti si slancia tra le braccia del suo generoso fratello: il padre è fuori di sè dalla consolazione; nè può saziarsi di rimirare i due suoi figli stretti insieme in un cordiale e fraterno amplesso; e, rivolto alla Dorvalli: — Non è invidiabile la mia sorte? Vedete, o signora, quali degni figli mi ha concesso il Cielo! Mentre la più funesta delle umane passioni tenta in guisa strana di sconvolgere l'ordine e la tranquillità di questa famiglia, e d'infrangere i sacri vincoli del sangue, ecco, uno cede di sua propria volontà, cede quanto ha di più caro, per rendere felice l'altro fratello. — La è cosa veramente ammirabile (gli rispondo la madre di Adele, sorpresa a tanta nobiltà d'animo) e tanto più insolita in questi tempi, ove un leggiero appiglio è il più delle volte cagione tra fratello e fratello di funeste liti e di eterni rancori.

— Il Cielo (soggiunge Alfredo) mi diè forza per cedere Adele, ma io non sono che a metà dell'opera, e nulla avrò fatto ove non la compia intieramente per assicurare la pace di voi tutti e la mia quiete per quanto è possibile. Rimanere qui più a lungo io non posso: è necessità per me l'allontanarmi da voi, l'abbandonare questi luoghi di memorie impressi, troppo alla pace del mio cuore funeste: fa d'uopo io mi ricerchi una novella patria lungi, ma ben lungi da questa.

— Perfino la patria, o fratello, tu vuoi abbandonare per mia cagione? non sarà mai. Riprenditi Adele, vivi tu felice al suo fianco: io partirò, io m'esporrò alle pene di un lungo esilio, io a' pericoli del vasto Oceano. Maggiore sono di te ed avrò maggior forza di sopportare ogni sinistro evento. Tu hai saputo prima di me apprezzare i meriti di Adele, ed ella ora sia la tua sposa.

— Tu favelli indarno, o Riccardo. Non hai più diritto alcuno di rinunciare ad Adele; il padre l'ha a te destinata, e non avvi più nulla ad apporre. Vivi pure felice con Adele. Solitario io menerò i miei giorni in terra straniera; ma voi, o miei cari, mi sarete sempre presenti. E quando vedrò il sole tramontare dietro a' monti sconosciuti, od annidarsi nell'immenso mare che da voi mi divide; quando vedrò splendere sul mio capo stelle diverse dalle stelle del mio cielo nativo, il mio cuore si volgerà più che mai a voi ed alla dolce abbandonata patria; e con grata illusione mi ritorneranno alla mente le ridenti sere del cielo d'Italia, ed in sì solenni istanti formerò voti per la vostra felicità. Sia dolce, sia lieta la vostra unione, ed intorno al vostro talamo rifioriscano generosi rampolli, che ritraendo insieme le grazie della loro genitrice e le virtù del padre, formino l'ultima consolazione del nostro vecchio genitore. Solo di tanto vi prego, se nulla dal vostro affetto meritai, vogliate al vostro primogenito apporre il nome di Alfredo. Sarà questa una dolce illusione per te, o fratello, per Adele e pel nostro buon padre, che così crederassi ancora nel nepote di stringere al seno il suo lontano figlio.

— O Alfredo non volermi straziare; qua rimani e sia l'ultima consolazione agli anni miei cadenti.

— O caro padre, voi ben vedete la necessità della mia partenza, nè vogliate togliermi giù dal mio proposito. Fra pochi istanti parto alla volta di Genova: ivi fermerommi pochi giorni, attendendo alcune vostre cambiali. Vi prego di farmi tenere non grosse somme; sono pochi i miei desiderii, quindi fammi duopo di non molto danaro. Passerò quindi a Lima, alla Nuova Yorck indifferentemente, ovunque il Cielo mi destini. Questa è forse l'estrema volta che noi favelliamo insieme; forse mai più ritornerò fra voi. I figli d'Adele saranno i miei credi. A te raccomando, o Riccardo, gli anni cadenti del nostro buon padre. Sia tu il sostegno della sua vecchiezza, consolalo tu del lontano suo figlio. Felice te cui sarà concesso di accogliere le ultime sue voci e di chiudergli i moribondi lumi!

— Tropp'alto ascende questa tua generosità, o Alfredo. Deh! cangia pensiero; tu solo, tu solo sei meritevole della mano di Adele: qui rimani e di me disponi a tuo talento.

— Non v'ha più tempo a perdere: già già vacilla la mia costanza; troppo superiore alle mie forze è questo cimento. Padre, amato padre, la vostra benedizione e parto. —

Il vecchio Raimondo, quantunque, intenerito, voglia opporsi alla risoluzione di Alfredo, pure ne scorge egli pur anco tutta la necessità. È sorpreso dell'animo nobile del suo figlio e di tanta fermezza in così giovanile età; onde egli pure gli spiriti rinvigorisce e si prepara alla dolorosa separazione. Quale un venerabile patriarca degli antichi tempi dell'innocenza, egli protende tremando le senili mani sul biondo capo dei due figli raccolti intorno al suo fianco con un ginocchio prostrato al suolo; e sollevando al cielo le ciglia umide di pianto, con voce commossa esclama:

— Venite entrambi al mio seno. O miei figli, la benedizione d'Iddio riposi sopra di voi! O amabile, o generoso Alfredo, la benedizione d'Iddio ognora ti accompagni in paese straniero! Sia felice il tuo viaggio: possa tu rinvenire sotto di un altro cielo una novella patria che ti compensi della perdita di questa. Nella carriera umana misti a vicenda sonò le gioie e gli affanni; ma se mai la virtù sarà sempre guida a'tuoi passi, anche in mezzo agli infortunii ed al dolore ritroverai sorgenti di conforto e di felicità. Serbatoi sempre nel tuo cuore, o dolce figlio! Oh quante volte ad un lieve rumore io tenderò l'orecchio per ascoltare se sono i passi del mio figliuolo che ritorna! Fra breve discenderò nella tomba a deporre il carico degli anni, a riposare accanto alle ossa della virtuosa tua madre: ma fino agli ultimi istanti a te ricorrerà ognora il mio pensiero, e la rimembranza della tua generosa azione spargendo l'ultimo raggio di gioia sulla fuggente mia vita, io morirò benedicendoti! —

Un'ora dopo a sì solenne e commovente scena, una fanciulla da una segreta vedetta teneva lo sguardo immobile sull'ampia strada che da Casale corre per

alla volta di Alessandria, e dava un libero sfogo alle lagrime ed ai sospiri. Vedevasi colaggiuso una vettura tratta da veloci cavalli di posta sollevare un denso polverio. Eravi dentro rannicchiato nel fondo un giovane immerso nel più grave dolore. Egli abbandonava patria, parenti, amici e le speranze di un primo affetto; e tutto aveva sacrificato sull'ara dell' amor fraterno!

G. R. Vercelli.

TAVOLA

della popolazione del globo
paragonata col numero degli Ebrei viventi nel 1833

PARTE DEL MONDO	POPOLAZIONE TOTALE	POPOLAZIONE EBRAICA	RAPPORTO DEGLI EBREI colla totalità della popolaz.
Europa	236,000,000	2,220,000	1/107
Asia	390,000,000	750,000	1/520
Africa	60,000,000	494,000	1/120
America	39,000,000	12,000	1/3250
Oceania	20,000,000	200	1/101500
Tutto il globo	745,300,000	3,500,000	1/213

Adriano Balbi.

MATRIMONII DE'TURCHI

Inesatta ed esagerata oltremodo si è l'idea, che molti si fanno, delle nozze turchesche. Imperocchè sebbene la poligamia, sistema pieno di gravissimi interni difetti, sia realmente permessa dalla legge musulmana, è però falso che i Turchi prendano, lascino, riprendano e cambino in cento modi le mogli loro a libero capriccio, come si va borbottando: consuetudine, se vera fosse, sconcia e piena di vitupero. — Perlochè abbiamo voluto dare, in tre righe, un quadro meno bugiardo de' maritaggi orientali.

Il poco commercio degli uomini colle donne, la severità delle leggi e costumi nazionali in questo genere di cose, e varie altre cagioni, fanno sì che rare volte la gioventù turca sia sorpresa da quelle trafitture improvvise, insanabili, e spesso fatali, che noi diciamo *innamoramenti*. La scelta d'una sposa è da tempo immemorabile cura e lavoro de' genitori, e specialmente delle madri.

Giunto il tempo in cui credono opportuno di ammogliare i loro figli, e fatte le necessarie riflessioni, queste, dopo aver ben cinguettato e consultato colle altre donne ne'bagni, ove tengono le ordinarie loro conversazioni, vanno attorno per le case, in cui sanno essere ragazze da marito; le vedono, le esaminano, s'informano, e trovatane alcuna di loro convenienza, stabiliscono i preliminari del gran contratto, che è poi suggellato dalla sanzione autorevole de'padri rispettivi.

Si noti, 1° che avanti di correre a questa cerca singolare, le madri indagano il genio ed il gusto dei loro figli, per sapere le qualità cui riescirebbe lor grato rinvenire nella sposa; 2° che esse si fanno una giusta superbia di scegliere il fiore ed il meglio di ciò che trovano: unendo a questa scelta un *punto d'onore* singolarissimo.

Così combinate le cose, lo sposo va dall'*Imam* della propria moschea, gli annuncia le proprie nozze, e lo invita a benedirle, il che si fa consumando un certo numero di opere pie, come sarebbero preghiere, limosine ed altro.

Questa sola cerimonia, che è di necessità assoluta, basterebbe a dimostrare che il matrimonio ha presso i Turchi un carattere di santità, il quale grandemente lo distingue dalla libera venere; ma ciò pure non è ancor tutto, siccome vedremo.

I parenti degli sposi vanno poco stante dal *Kadi*, *Mekiemè*, od altro tribunale del luogo, e fanno scrivere ne'pubblici registri così il connubio contratto, come le condizioni ed i patti nuziali coi quali fu stipulato. Il primo e più solenne di questi patti si è la costituzione dotale, la quale è sempre fatta dal marito alla moglie, a rovescio di ciò che noi usiamo. La donna non arreca assolutamente nulla allo sposo, meno le vesti.

Venuto il giorno delle nozze, la sposa è condotta, su di un bel carro cinto da impenetrabili cortine, alla casa maritale, addobbata essa pure a gioia ed a festa. La madre e le parenti più strette l'accompagnano in carri come quello ornati e vicini. Gli altri congiunti ed i convitati seguitano la comitiva a piedi, cantando, suonando, ballando, e facendo tutte quelle altre allegrezze che le fortune, i tempi ed il *kieff* (buon umore) loro permettono.

Giunta la pompa nuziale alla dimora dello sposo, la comitiva si divide in due, o due feste diverse si preparano sotto allo stesso tetto e nel tempo medesimo. La sposa e le donne che la accompagnarono, sono accolte dalla madre dello sposo, dalle di lui congiunte ed amiche, e condotte nell'*Harem* della casa; gli uomini invece sono ricevuti dallo sposo, e vengono introdotti in quegli appartamenti divisi e staccati, che i Turchi destinano alle conversazioni col sesso maschile. Così la solennità delle nozze è doppia; perchè da ambe le parti si canta, si balla, si cena, si ride, senza però mai che gli uomini comunichino colle donne. È ovvio il concepire che i particolari di questi vari festeggiamenti sono colà, come da noi, proporzionati alla ricchezza ed alle convenienze delle famiglie che s'imparentano.

Non è che a notte avanzata, quando i convitati e le convitate si sono ritirati alle loro abitazioni, che lo sposo vede per la prima volta l'acquistata compagna. Una pioggia di nastri e di fila d'oro intrecciate co'capegli discende dal capo alle piante della vergine, e la circonda come di una nuvola misteriosa, allorquando essa gli è posta innanzi dalle paraninfe. Ciò che succede dappoi noi non lo sappiamo, ed anche sapendolo ci parrebbe pur bello il tacerlo.

Fatto in tal modo il maritaggio, vergognoso errore si è il credere che il marito possa a suo beneplacito rimandare la moglie, o togliersi a consorti quante altre donne gli si parano innanzi e gli accendono la fantasia. Meno il sultano, cui uno speciale privilegio concede di prenderne sette, i Turchi non possono avere che quattro sole mogli; e di questa licenza medesima ben pochi approfittano in pratica, perchè quasi tutti i Turchi hanno una sola moglie, od al più al più giungono a due. È fuori di dubbio che questa musulmana larghezza, e più ancora la tolleranza della libera venere che le va compagna, appaiono sconce vergogne ove si ricordi la purità e l'economia veramente divina del matrimonio cristiano; pure le cose che si credono e si dicono delle nozze turchesche sono, come dicemmo, mille volte più vergognose, e non si potrebbe negarlo. Ed anzi, quanto al divorzio, esso è impossibile senza il concorso del giudice: e tali e tante sono le condizioni appostevi dalla legge, che noi non dubitiamo affermare, che il consumarlo è cosa più assai difficile in Turchia, che in ogni altro paese ove il divorzio è permesso. CAV. BARATTA.

CORSE AUTUNNALI NEI DINTORNI DI ROMA

LA VALLE ARICINA (V. N° 35).

Uscii, che appena aggiornava, d'Albano, in compagnia d'un medico del paese, versato nelle antichità patrie, nè men cortese che erudito, il qual mi si era profferto a guida: passammo appiè del monumento, volgarmente noto sotto nome di Sepolcro degli Orazi e dei Curiazi, nobile e pittoresca mole, formata d'un basamento quadrato su cui ergonsi agli angoli quattro coni tronchi, lasciando luogo nel centro ad altro maggiore che crollò; costruzione nel suo assieme di strana architettura, di recente sulle antiche orme restaurata, a vietare che si sfasciasse del tutto.

Abbandonammo poco oltre la via che mette ad Aricia, per discendere lungo un'altra via tutta sconquassata, ma decorata per noi del famoso nome di *Appia*: ad ogni passo ci avveniva di riscontrarvi importanti reliquie: qua zone di *crepidini*, o margini, là pezzi di lastricato; sepolcri poi senza fine e quasi senza interruzione da ambo i lati; nei vôlti mezzo diruti, de' quali ancora son visibili le tinte dell'antico affresco, e nelle cui lapidi infrante, tentasi inutilmente di leggere i caratteri rosi dalle ingiure del tempo e degli uomini. Preziose iscrizioni furono rinvenute in questo tratto, e fanno parte dei tesori del Campidoglio e del Vaticano. Solenne, spirante fede in una vita avvenire era cotesta religione delle tombe: Ecco come uno tra cotesti epitafi richiamava gentilmente il passaggero ad un pensiero, ad un saluto — *T. Lollio Masculo è collocato qui presso la via, acciò dicano i pellegrini: Lollio, addio!* — Dolente caso ricordava sovra altra urna questa iscrizione — *Sacro alle deità inferne. C. Vibio adolescente, vinto da infrenabile amore di Putilia figlia di Sesto, mal sofferendo che ella si facesse ad altri sposa, si ficcò una spada nel petto. Avea vissuto 19 anni, 2 mesi, 9 giorni: delle ore niuno ha contezza.* — Un' altra lapide ricordava con vivezza aristofanesca il vizio dominante di due coniugi sott'essa tumulati — *Sacro agli Dei Mani. Trattienti alquanto, o viatore, e stupisci: qui finalmente marito e moglie cessarono di garrire: chi noi siamo non vo' dire. — Ed io lo vo' dire: costui è Bebio avvinazzato, che di ebrezza a me dà taccia: non dico di più... — Ohimè, moglie mia, anco morta garrisci?...*

Se colla fantasia ci trasportiamo ai tempi in cui integre erano le tombe della via Appia, qual campo, quella miriade di funebri monumenti non doveva dischiudere alle meditazioni del viaggiatore, che moveva alla città imperiale! Già udiva egli un frastuono in lontananza, simile a mare in procella, la tonante voce di Roma; nomi famosi leggeva sculti sulle lapidi e nomi oscuri; modestia e vanità, lodi e ingiurie, lamentazioni e motteggi: le urne si attentavano aver parole di plauso o di scherno; nemmeno la morte sapeva contrapporre un silenzio religioso e solenne al vicino trambusto dei padroni del mondo!...

La via Appia non si degnò calare nella valle Aricina: muri che rivalizzano in solidità co'ciclopei, la sorreggono, a venti, a quaranta, perfino a sessanta piedi d'elevazione, e dannole aspetto di argine, il qual sostenendo le frane fe' che il suolo da una parte si elevasse, mentre dall'altra il gran baluardo torreggia a perpendicolo; stupore di chi lo mira dal basso, terrore di chi dal margine vestito di cespugli spigne lo sguardo nel profondo; le gran file de'massi sovrapposti si succedono regolarmente; ed a chiarire, che inerte non fu quella sovrapposizione di giganteschi paralellopipedi, archi qua e là praticati nel basamento formati di dadi, che fanno a se medesimi cóntrasto; i quali archi la intera larghezza della via perforano, sorreggono, uniti, mercè si perfetta commessura nell' immane vôlto, che li diresti opera non già di Appio il Cieco, vissuto nel sesto secolo di Roma duemila anni fa, ma di ieri. Portentoso suggello di cotai creazioni romane, coniate a durare eterne! Vedete voi (diceami il medico) ne' gran dadi del muraglione, saglienti gobbe irregolari? Perchè mai una tale asprezza inelegante? pensate: perchè il soffio marino, e le nebbie, e le piove e il gelo da che son divorati anche i sassi, trovassero in quelle informi sporgenze uno scudo, un ostacolo alla corrosion loro, onde la lima sorda del tempo più leggermente rodesse l'immortale monumento.

Giunti in fondo alla valle, ci cacciammo per sentieretti e vigne, ove sbocca l'emissario del lago di Nemi: simile all'emissario del lago di Albano, forò anch'esso il monte: irrompe la spumante acqua dal vôlto di macigni, un bacinetto l'accoglie, degno che Diana, a cui fu sacro, vi si bagni, quando più cocente arde in cielo la canicola, si è profondo, opaco e boschereccio. Sedemmo su i massi crollati d'antichi edifizi, a goderci la frescura e il simpatico susurro del rio; e là narravami il medico come Aricia (la città dai quattordicimila soldati che a Roma strettasi d'alleanza nel quinto secolo della repubblica forzò gli Anziati superbi troppo del lor naviglio a bruciarlo), in quel sito stesso fioriva nobilissima per templi e monumenti; sicchè appena là il vomero si sprofonda oltre il solito, s'intoppa in ruderi e pone a discoverto reliquie di quel tempo remoto. Di Aricia scrisse M. Tullio le onorevoli parole — Municipio per antichità nobilissimo, da cui ci vennero la legge Voconia e la Scatinia, e tanti seggi curuli a memoria de' padri e nostra, e tanti romani cavalieri splendidissimi ed onorandi. — « E in fatti risulta da lapidi in questo territorio trovate, che (dopochè Aricia fu insignita dei diritti della cittadinanza romana) le famiglie Azzia, Balbia, Labiena, Elia non che altre molte illustri, furono Aricine, non meno della Voconia e della Scatinia, notissime per tribuni animosi difensori della plebe, e sapienti proponitori di leggi, come vedemmo accennato da Cicerone: Aricina era Azzia madre di Augusto, qualificata dal sommo Oratore *Santissima matrona*; Aricino vedemmo essere stato l'infelice Turno Erdonio; ad Aricia villeggiava il celebre medico Antonio Musa, a cui il triumviro Ottavio dovette la vita: Aricia, già scaduta dal lustro primiero, Orazio pellegrinante a Brindisi accolse in ospizio modesto... Oh quante dovizie, proseguiva con sempre crescente calore il mio compagno, quanti archeologici tesori non asconde di legger velo questo invido suolo! E a me tocca, non dico augurarmi di vedere avverato il facile discovrimento delle latenti dovizie, ma di assistere alla rapida quotidiana demolizione di queste, che esiston palesi (e mi additava un bellissimo arco a cui si andavano sottraendo i dadi di travertino, sicchè imminente n' era la caduta) e comportarmi fremendo che qua l'ignaro vignaiuolo abbatta un venerevole sepolcro, là l'avido appaltatore della via moderna rubi le *crepidini* all' antica per meschini rattoppamenti... Attentati vandalici, che cancelleranno in breve per opera di pronipoti degeneri perfino le orme delle grandi opere degli avi! » Le quai parole, al cospetto di quella scena di poetica desolazione, aveansi alcunchè d' ispirato e solenne che conquideami di mestizia... e la prisca gloria di Italia mi dipingeva nella fantasia simile al rio che ci susurrava al piede, il quale appena uscito dalle viscere del monte si perdea tra le macchie.....

C. T. DANDOLO.

VARIETA'

Cuochi divenuti pittori. — Molti sono gli esempi di uomini levatisi da umilissimi uffici a nobile scientifica altezza. Ecco un curioso catalogo di eccellenti pittori divenuti tali dopo avere lunga pezza ministrato agli odorosi misteri della cucina. Gasparo Pussino era figliuolo d'un cuoco. Infatti ciò risulta da un aneddoto il quale è riferito nelle memorie di Sancti Bartoli, pubblicato dal Fea, nº 82. Narra egli che al tempo d'Urbano VIII furono carcerati in Roma alcuni cercatori di tesori, i quali trovarono una stanza sotterranea con molti ornamenti d'argento: ma essendo loro stata fatta la spia, poco se la goderono, che furon per la maggior parte posti in carcere e « solo ne fu esente il suocero di Monsù Pussino e padre di Gasparo, famoso paesista, in riguardo che serviva di cuoco al senatore » (Graham, *Vie du Poussin*, pag. 45). Cornelio Enghelabrechtsen, pittore olandese, soprannominato il *Cuoco*, era valentissimo nell' una e nell'altra professione (Dec., *Vie des Peint. Flam.* ecc. T. I, pag. 41). Anche Giovanni Bronkorst associò insieme la riputazione d' uno dei migliori pasticcieri e pittori d' Harlem, ove senza l' aiuto di verun maestro, e studiando soltanto la natura, egli ne divenne abile imitatore (Dec. T. III, pag. 239). Così pure Giovanni Steen, il migliore allievo di Ad. Brauwer, fu ad un tempo oste e pittore; e siccome egli era quello che beveva il più del suo vino, allorquando la provvisione cominciava a difettare, si chiudeva in camera, ed in pochi giorni trovavasi al caso di rinnovarla abbondantemente col prezzo de'suoi lavori (Dec. T. III, pag. 27). E finalmente devesi fra gl' illustratori della *cucina* un grado ragguardevole anche a Mariotto Albertinelli, emulo di Fra Bartolommeo della Porta, a cui essendo venute in odio le sofisticherie e gli stillamenti di cervello della pittura, apri una bellissima osteria in Firenze fuor di porta a S. Gallo, all'insegna del Drago (Vasari, T. V, pag. 188).

(*Dalla R. Galleria di Torino*).

Singolari equivoci di viaggiatori. — È noto che gli uomini anche più cólti cadono in ridicolissimi abbagli quando, viaggiando con troppa rapidità, non possono assumere, intorno alle cose vedute, le necessarie notizie ed informazioni. I due esempi che seguono porgono di tale verità lucidissima prova. In alcuni villaggi ove fabbricasi il cacio, tengonsi fuori delle finestre certe gabbie sospese, all' effetto di porvi i formaggi ad essiccare. Un Inglese, tuttochè dotto, viste quelle gabbie, pendenti, punto non dubitò che non fossero destinate a custodire gli uccelli, e parlò con enfasi, ne' suoi viaggi, de' grossi aligeri biancheggianti che entro aveavi osservato!!!! Similmente Lalande, veduto in Milano un albero di palma, che è metallico, credè che fosse palma vera, e ne trasse argomento per dedurne la soave mitezza di quel clima!!

(*Dalle peregrinazioni del* BARUFFI).

ABBAZIA DI WESTMINSTER

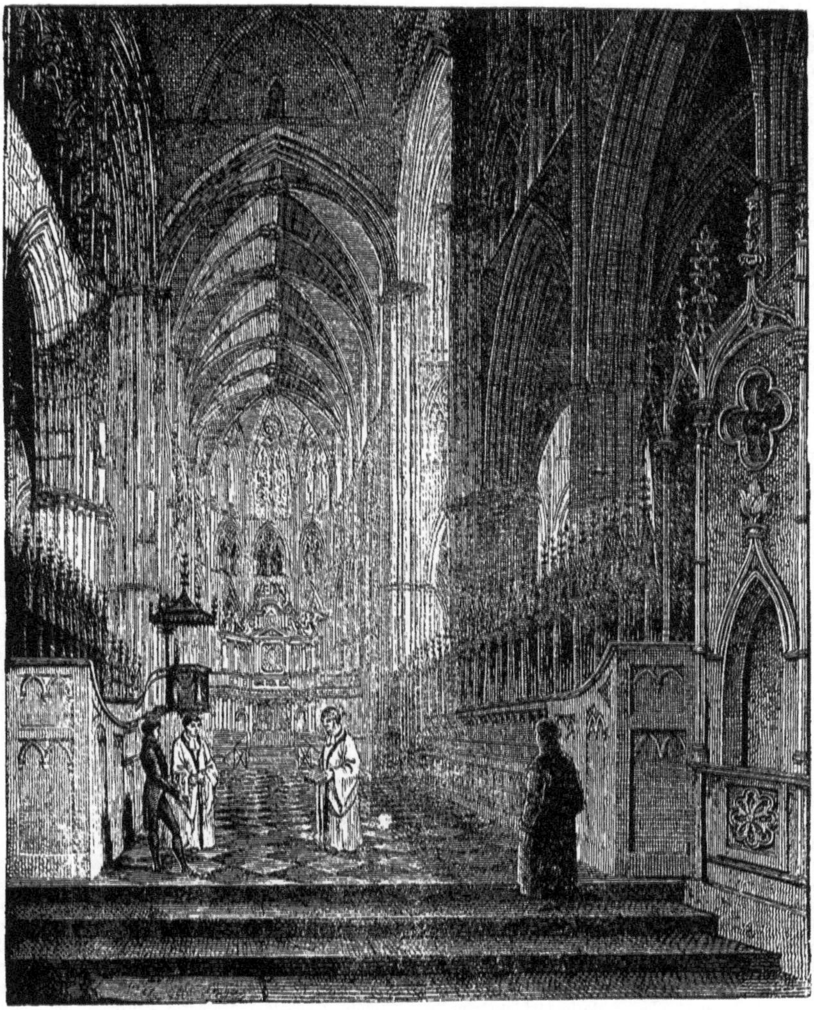

(Luogo in cui fu incoronata la regina Vittoria)

ABBAZIA DI WESTMINSTER

Il tempio di cui diamo qui l'imagine è uno di que' venerevoli monumenti, i quali, superstiti alle procelle de'secoli, rimangono a far fede della pietà do' nostri padri, ed a mostraro come la religione fu in ogni tempo ispiratrice di magnanimi pensieri, patrona ed altrice delle arti. Meritamento collocato dalla fama tra lo più insigni opere del genere ardito e lussuriante a cui appartiene, questo tempio somministrerebbe materia ad ampio volume, ove si volesse tenerne minuto e particolarizzato discorso; noi ristringeremo, quindi, le nostre parole entro i modesti confini di un semplice cenno, il quale riescirà, speriamo, tanto più caro e opportuno a'cortesi nostri lettori, in quanto che l'augusto edificio di cui porgiamo l'effigie, ricettava, non ha guari, uno splendido e rumoroso concilio, la cui rimembranza vivrà eterna nelle memori pagine della storia. Imperocchè egli è appunto sotto alle annose vòlte di Westminster, che la regina Vittoria, lieta di tutto il sorriso della fortuna, cingeva, nel fiore della prima giovinezza, una delle più temute e nobili corone del mondo; e la cingeva tra tanta luce di addobbi, tra tanta espansione di cuori, fra tanto echeggiare di plausi e di voti, che i beati spettatori pubblicarono concordemente essere impossibile, nonchè difficile, il formarsi una degna idea di quello spettacolo tanto sublime e inusato.

La fondazione dell'Abbazia di Westminster, uno de'più antichi edifici onde è superba l'opulenta metropoli dell'Inghilterra, ascrivesi da'cronisti a Serberto, re de'Sassoni, sul principio del secolo settimo. Il pregio della simmetrica disposizione delle varie parti che compongono la fabbrica, pregio a cui, secondo l'odierna estetica, studiosamente debbesi intendere da'costruttori, non distingue l'esterno aspetto della medesima; sì che l'occhio, offeso da quella ingrata dissonanza, mal appagasi sul principio, della contemplata vetustissima mole. Ma ove, scendendo all'esame delle diverse membra, passi ad affisarsi nelle facce laterali del tempio, egli ha motivo di staccarsene giustamente pago e contento. Quella che prospetta all'occaso attraggesi sovrattutto le lodi e l'ammirazione degli intendenti, i quali encomiano pure in distinto modo il magnifico porticato, che mette al braccio nordico della gran croce di mezzo. Molte, e di varia eleganza e grandezza sono le entrate del sacro ricinto, ma a tutte sovrasta per lustro ed ampiezza quella che è posta ad occaso. Ed è appunto affacciandosi da tal lato, che l'interno dell'Abbazia presentasi all'attonito sguardo in tutta l'imponente sua maestà e leggiadria. Imperocchè, dileguatesi allora le inarmoniche irregolarità che deturpano l'aspetto esteriore, schiudesi in vece un'incantevole artistica scena, entro alla quale l'occhio innoltrasi e spazia dilettosamente, senza incontrare molesta dissonanza di sorta. Il quale piacevole effetto, che torna a non poco vanto di chi dava forma e proporzioni al gigantesco edificio, è però, in parte, menomato da una turba sterminata di monumenti ed adornazioni d'ogni guisa posteriormente applicate alle pareti, ai pilastri ed agli archi stessi del tempio, per modo che ingenerano confusione ed inciampo, sebbene tali opere siano quasi tutte per molti titoli commendevoli, se piacerà separatamente considerarle. La chiesa, dice il diligente viaggiatore da cui attingemmo questi cenni, consta di una gran nave maggiore fiancheggiata da due ale, il cui tetto è sostenuto da un doppio ordine di arcate sovrapposte le une alle altre, e sorrette da un fascio di colonne, composto di un tronco principale, e di quattro altre colonnine più piccole che gli fanno corona. Il coro è di forma emi-ottangolare, e conteneva, altre volte, otto cappelle, di cui sette solamente ancora conservansi, essendo stata, l'ottava, rivolta, è gran tempo, ad uso di atrio della famosa cappella di Enrico VII, universalmente acclamata siccome gemma principalissima di quest'insigne basilica. Il coro è diviso dal corpo del tempio col mezzo di una porta in ferro, adorna di ricchissimi fregi, ed alla sua estremità superiore ammirasi un bell'altare di marmo bianco, dono della regina Anna. Il pavimento di questa parte dell'edificio, tutto decorato con mosaici di squisito lavoro, è riputato dai conoscitori opera senza pari nel suo genere. Riccardo Wan, abbate di Westminster, facealo eseguire, con regia munificenza, nel 1272, e gli artefici valevansi, a costrurlo, di una quantità immensa di piccoli pezzetti di diaspro, alabastro, porfido, lapislazzuli, ed altre preziose pietre consimili, disposte secondo curiosi e svariatissimi disegni. Egli è in sì nobile coro che celebrasi l'incoronazione de're e delle regine, chiamati a stringere lo scettro d'Albione.

I chiostri della basilica, risuonanti un tempo delle sante e soavi melodie del Signore, scamparono, quasi a miracolo, alle molte guerre mosse ai conventi, e serbansi, tuttora, nella nativa loro intierezza. Curioso e commovente spettacolo offrono le pareti di essi, tutte, come il suolo, incrostate e coperte di stemmati monumenti. Una porta, nel cui abbellimento sfoggiò più che altrove l'industre magistero dell'architetto, è nobile ingresso alla sala del capitolo, che data dal 1220, e divenne, sotto Enrico VI, consenziente l'abbate, ordinario convegno pe' membri della camera dei comuni. Westminster vantasi oggidì con orgoglio di custodire gli archivi della corona, tra'cui documenti contasi il celebre *doomsdayter*, o grande cadastro d'Inghilterra, compilato sotto Guglielmo il Conquistatore.

Cav. Baratta.

ARCHEOLOGIA

ZECCA DI GENOVA

> Quante volte dal tempo che rimembre,
> Leggi e monete, offici e costumi,
> Hai tu cangiato e rinnovato membre!...

La più antica memoria che si serbi della zecca di Genova è dell'anno 796. Il conte Gio. Rinaldo Carli *nel Trattato delle zecche d'Italia*, tom. 2, pag. 323, 293, 294, parlando delle zecche de' *Longobardi*, nomina quella di *Genova*; e rapporta, in prova dell'esistenza di detta zecca, una scrittura estratta dall'autentico suo originale, che si conserva nell'archivio dei monaci di S. Ambrogio di Milano, dalla quale si vede che in quel tempo non solo esistevano monete di *Genova* e di *Milano*, ma erano di valore uniforme: la scrittura è di questo tenore: « Regnantes D.^{no} n.^{ro} veri
« excell. Carolo et Pipino regibus in Italia, anno regni
« eorum *vigesimotertio et sextodecimo, octava decima die*
« mense junii ind.ª quarta feliciter. Constat me Jo-
« hannes de Vico Sclomuo fil. q.d Aretheo, qui fuit
« Notarius, accepisse, sicut et in praesenti accepi ad te
« Erminhald *argento dinarius nonagenta* legidimus
« bonus, et promitto ut ego Johannes vel haeredibus
« meis ad anno cerceli reddamus tibi Erminhaldibus,
« aut haeretes *argento dinarius nonagenta* legidimus
« bonus Mediolanenses, aut Genuenses, et valore eo-
« rum persolvamus in vindimia..... proxime veniente
« vino bono ad mensura justa ad pleno urnas tres, et
« si nobis in antea indutia dare velueretes, similiterque
« persolvamus vobis per singulis annis lautre in vino
« qualiter superius legitur cautiones usque ad dies
« absolutione, et de quale anno in ipso vico fato per
« tempestas fuerit puro..... ipsas tres urnas.
« Actum Mediolani anno DCCXVI ».

Delle zecche istituite nel secolo XII

Corrado II onorò Genova, allo scrivere di tutti gli storici, della zecca. Nel 1139 il Caffaro negli annali di Genova soggiunge, che il privilegio era con sigillo d'oro pendente; lo stesso afferma il Giustiniani negli annali di detta città, pag. 37 e 38, soggiungendo ancora che detto privilegio fu poi nel 1194 da Arrigo VI confermato.

Ma non è da credersi che Genova, la quale da moltissimo tempo innanzi godeva della sua *libertà* e del *diritto delle armi*, abbia aspettato sin al *mille centrentanove* a batter monete. La moneta andava per lo più in seguito del *dominio* o della *libertà*, essendo essa una *regalia* che comprendevasi fra i *tributi* o *vantaggi* del *principato*; e Genova sin dal 1000 cominciò a gustare l'impero delle sue proprie leggi. E per verità Bernardino Corio, stor. di Milano, P. I, ci assicura che Corrado concedette alla detta città il privilegio *per la ragione* che i Genovesi sino dall'anno 1127 aveano *moneta vile battuta con lo stampo Pavese*. Sono alcuni che dicono (scrive egli) che i Genovesi nel medesimo tempo facessero con lo *stampo Pavese* battere *moneta vile e abbietta*. Corrado gli concesse un privilegio con aurea bolla l'anno di nostra salute 1139 di poterne stampare colla loro insegna, cioè *tre torri* rappresentanti essa repubblica, a difesa della quale erano fabbricate a S. Silvestro e S. Croce insieme col nome del *loro duce*, e dall'altro canto una croce col tondo, e nell'esergo il nome di *Corrado* re de' Romani in perpetuo, il quale *Corrado* fu perpetuamente osservato, avendo ornato le monete di Genova il nome di *Corrado* perfino a questi ultimi tempi. Giacomo da Varaggine scrive pure, che allorchè Corrado *autenticò* la zecca di Genova, cessò *solo* la moneta che dicevasi de' *Bruniti*, oppure dei *Bruni*. — *Hujus Archiepiscopi* (Syri) *tempore, scilicet anno D.ni* 1139, *moneta, quae dicebatur Brunetorum, quae tunc Januae fiebat, cessata fuit, et rex Conradus Theutonius in imperatorem electus, monetam Januae, quae nunc usque expenditur Januensibus concessit.* La qual moneta de' *Bruni* dicevasi de' *Bruni piccoli* cominciata del 1102, in luogo de' *Bruni grandi* o *maggiori*, che si battevano innanzi. = *In secundo anno praedicti consulatus* (1102) *denarii Bruni prioris novae monetae mense decembris finem habuerunt et alia moneta minorum Brunitorum incepta fuit.* = Così scrive il Caffaro negli annali di Genova, dopo di cui s'intende meglio il Varaggine, allorchè siegue a dire che in Genova = *primo expendebantur Papienses, deinde Bruni, postea Bruniti, ultimo dicuntur Januini.* =

Ma a che servono coteste prove, dopo aver dimostrato che Genova avea zecca sino a'tempi de' Longobardi? Dicasi pertanto che, interrotto il lavoro di esse dopo le vicende ivi accadute, si rinnovò dopo il mille, e si confermò poi dall'imperatore. E questo è quanto possiamo noi dire della zecca di Genova, a cui troppo bassa epoca diedero il Sigonio e il Muratori, formati nel solo diploma di Corrado.

Il detto conte Carli al § 2, parlando delle monete di Teodorico e de' re de' Goti, fogl. 93, dice = Diffatti nelle leggi Burgundiche *Corpus juris Germanici et Heincii, pag.* 406, fra le monete *d'oro* che si proibiscono, si nominano particolarmente quelle de' Goti coniate a'tempi di Atlarico; ecco le precise parole = *De monetis Solidorum praecipimus custodire ut omne aurum, quodcumque pensaverit, accipiatur, praeter quatuor tantum monetas Valentiniani, Genovensis et Gothicum, qui a tempore Atlarici regis aderati sunt et Ardaricano.*

Scrive (però in quanto concerne alle monete che si usarono in vari tempi in Genova) il Federici in un suo vocabolario, che nel 1102 si stampò in Genova una sorta di moneta chiamata *mancoros*, della quale però non si trova altra memoria, e nel suddetto anno, secondo il Giustiniano negli Annali di Genova, dice che mancandosi di spendere moneta di *Pavia*, ne fu introdutta altra nuova con nome de' *Bruniti*, ma secondo il Varaggine nella *Vita di Siro I, arcivescovo di Genova*, pare che *prima del* 1100 si spendessero certe monete *Pavesi*, dopo delle quali furono posti in uso i *Bruni*.

E il Giustiniano negli Annali di Genova dice che nell'anno 1114, essendo consoli Ogerio Capra, Lanfranco Rosa, Oberio Malocello, Lamberto Guercio, fu abolita la *prima moneta* e stampata la seconda detta *Bruniti piccioli*.

Onde è che, proibiti li *Bruni*, si coniarono li *Bruniti piccioli*, soggiungendo detto Varaggine, che furono questi proibiti nel 1139; e si cominciarono a stampare li Giannini, che per testimonio del suddetto autore cominciavansi a spendere nel 1292, mentre egli viveva, e si congettura da alcuni, che questi facilmente potrebbero essere quelle *picciole monete*, otto delle quali pareggiano il peso dello *scuto d'oro moderno*, alcune delle quali se ne conservano presso gli antiquari.

L'asserzione che nel 1139 si stampassero i *Giannini*, non si trova in alcuna memoria, mentre si ha dall' archivio de' Notari quanto segue, cioè che si spendessero ancora in Genova, oltre le *lire* proprie del comune di Genova, *Marabottini e Perperi di Levante e di Spagna*, come altresì attesta lo stesso autore, che nel 1155 si spendesse in Genova certa moneta forestiera *d'oro di Costantinopoli* del valore di L. 20, e si chiamava Bisanzio.

Nel 1146 i Saraceni si offersero di pagare subito 25 *marabottini*.

Nel 1147 erano in uso i *marabottini*, mentre si ha nella presa fatta da' Genovesi di Almeria che furono rilasciati 20 Saracini con lo sborso fatto alli consoli di Genova di 30 *marabottini*, come dice il Caffaro e il Giustiniano all'anno 1147, quale aggiungo che un *marabottino valeva quanto uno scuto d'oro*, oltre 60 altri *marabottini* avuti in sua parte dalli suddetti consoli per l'ottenuta vittoria.

Nel 1155 Emmanuele Comneno imperatore di Costantinopoli si obbligò verso la repubblica di 500 *perperi* l'anno e di 60 all'arcivescovo.

Nell'1160 si ha dal Roccatagliata, che in detto anno *Lupo re di Spagna* si obbligò di pagare alli Genovesi 10 marabottini per ricevere da essi la pace. Dice la storia di Francia che Ansaldo Spinola console nel 1159, passato con cinque galee in Denia contro li corsari Aragoni, obbligò per mezzo di D. Lopez il re di Aragona a pagarle contribuzione di *ducati* 10 mila che pretendea la repubblica da esso re.

Nel 1164 correvano le *lire di Genova* mentre si ha in atti del notaro Giovanni Scriba, detto anno alli 5 di gennaro, che Giovanni Salvatien comprò una terra da Giovanni Malocello per L. 10.

1182 16 novembre in atti di Lanfranco not.°, come da instrumento pubblico, *l'oro si vendeva L. 3 l'oncia.*

1184. In un altro instrumento di detto notaro dell'11 aprile, Guidone abate di Santo Stefano e Robualdo e suoi monaci vendono a Guglielmo una casa vicino all' ospedale di Santo Stefano per L. 5. 10.

1210 3 luglio. Piccamiglio del Campo, in atti di detto notaro, affittò una casa con orto vicino la chiesa di S. Sisto per L. 5. 10 l'anno.

(*Sarà continuato*).

FELICE ISNARDI.

UN PATETICO INCONTRO

Era una bella sera d'estate, la luna co'suoi raggi diradava la tetra caligine notturna, un cupo silenzio regnava per tutta la campagna, interrotto da quando in quando da una soave brezza che dolcemente carezzava le verdeggianti frondi del pioppo; ed io tacito e solo me ne riedeva da una villeggiatura, in cui aveva trascorso un allegro giorno. Camminando, contemplava il cielo interpolato di sparse nuvolette e listato di rilucenti stelle, e la mia anima assurta in una patetica melanconia ammirava la sublime opera della creazione. Una nube appannò per un istante il chiarore del maggior astro, ed a poca distanza un non so che parvemi precipitasse stramazzone al suolo, e, sbarrandomi affatto il sentiero, ruzzolasse di tre o quattro passi. Per quel panico timore che la notte inspira, e che ci raffigura un pericolo ad ogni menomo inciampo, m' arrestai attonito ed ondeggiante tra l'indietreggiare ed il progredire. Un profondo gemito simile al rantolo di un moribondo mi scuote allora da quell'incertezza; la pietà ed il naturale istinto di giovare all'infelice che l'aveva tratto mi anima ad avanzare. In sulle prime non potei non scorgere in quel miserabile un uomo ben avvinazzato, incapace di sostenersi sulle piante; ma allorchè sorreggendolo lo rizzai sulla persona, ed i miei sguardi si fermarono sul di lui volto interriato, derelitto, golpato dalla miseria, dalla fame, dal dolore, fu giuocoforza convincermi che la sventura erasene fatto un empio trastullo, e che la di lui caduta era stata promossa da una soverchia debolezza. Dove eravate diretto? chi siete? gli chiedo. Queste parole parvero richiamare in lui gli smarriti spiriti, e raunando le poche forze che gli rimaneano: — La vittima di un fallimento, a stento mi risponde, un padre disperato, a cui teneri figli indarno chieggono pane. E qui non gli venne più fatto di proseguire, i gemiti gli tolgono la parola, e prorompe in un dirottissimo pianto. Come è sublime la virtù di confortatore, allorchè viene a cimento colla carità, con quella naturale inclinazione d'indebolirci, di piangere al pianto di un infelice; allorchè soffocata, superata affatto dalla commozione, pure a forza di affaticare riesce a mantenersi ferma, e coll'esempio d'una fortezza d'animo affettata, e compra a carissimo prezzo, e con soavi ammonizioni, a tutta lena s'adopra per porgere all'oppresso qualche conforto, per spargere sulle di lei piaghe un balsamo salutifero! — Furtive lagrime grondavanmi dal ciglio a quelle dello sfortunato incognito, lagrime, che quasi fossero delittuose, tergeva in segreto, e mi sforzava di celare alla di lui vista, giacchè la sventura si fa vie più insopportabile all'altrui debolezza, come all' altrui coraggio diventa men dura e meno angosciosa. Scorsero alcuni minuti prima che l'agitazione ed il turbamento mi lasciassero articolar sillaba. Riavutomi alquanto, lo animai a tessermi la sua dolorosa storia, accertandolo che n' avrei preso una viva parte. Quest'ultima frase, siccome lo screpolarsi del cielo, e la vista di una stella risuscita la speme del nautico sbattuto dalla tempesta, sollevò l'abbattuto animo dell'incognito, che serrando amorosamente le mie tra le sue mani, esclamò con vivo trasporto: — Voi dunque v'interessate alle mie pene, anelate di scemare, ascoltandomi, i miei mali? ah! io sono meno infelice di quello che m'immaginavo, giacchè trovo un sollievo nella pietà, che era fermo m'avesse affatto abbandonato! — Ci sedemmo in riva di un ruscello, ed egli diè principio al suo racconto.

Sortito d' un' onorata famiglia del ceto medio, mi venne legato da mio padre un discreto patrimonio, frutto in parte de'suoi risparmi e delle sue fatiche, col quale se non da gran signore, poteva almeno, maritandomi, menare una vita comoda ed agiata. Da due anni il povero vecchio avea chiusi gli occhi in pace, col rammarico di non vedermi unito ad una fida compagna, voto che da lungo tempo avea formato; allorchè si offerse a'miei sguardi una giovane, di nascita non inferiore alla mia, che accoppiava alla bellezza ed all'avvenenza della persona, le più rare e sublimi doti dell'animo. La chiesi in isposa, e l'ottenni. Al nostro nodo, ordito dalla reciproca simpatia e dall' amore, arrise benigno il Cielo; ed essa in due anni m' avea fatto fortunato padre di due rampolli. Dedito agli interessi di mia famiglia, spoglio d'ambizione, squadrava gli onori e le cariche, per cui s' accattano tante brighe e si promovono tanti impegni, come cosa futile e vana; non viveva che per mia moglie e po'miei figli; nessun desiderio, nessuna brama angustiavami; tutto possedeva che fa bisogno alla pace ed alla felicità; non avrei fatto cambio del mio stato col più felice mortale del mondo, col privilegiato della vita. Ma la felicità di questa terra è una larva, un pugno di polvere, che al più leggiero soffio di vento si disperde, svanisce; e quando l'uomo si tien certo di possederla, si è allora che un'imprevista contrarietà insorge a funestargliela, e a travolverlo nella sciagura. — E qui tacque per asciugarsi le lagrime che di nuovo gli spuntavano sul ciglio e per riprender lena, tanto sentivasi trafelato ed affranto!

V'ha egli dubbio, che tutto che vegeta quaggiù è fragile e caduco? Che lo stato dell'uomo di qualsivoglia classe della società è precario ed instabile? Che la stessa onnipossente mano tutto ci accorda, e tutto ci carpisce? Se siamo convinti di questo verità, perchè ingalluzzarsi se ci sorride fortuna, e guatar quasi con occhio di spregio il fratello perseguitato dall'avversità? Perchè avvilirci se quella cessa d'arriderci, ed invidiare il fratello a cui si mostra prospera? I felici e gli infelici, il ricco ed il povero non son forse eguali creature agli occhi del Creatore; dotate d'una medesima ragione; investiti dalla natura de'medesimi dritti, tendenti ad un medesimo fine? — E qui l'incognito continuava:

I miei capitali consistevano in beni stabili qua e là sparpagliati, giacchè a seconda delle convenienze mio padre aveano fatto acquisto in uno ed in altro paese. Tornavami impossibile di poterli tutti guardare alla hata col provvido occhio del padrone; dal che avveniva, che mentre li curava in questo luogo, a mie spalle impinguavasi nell'altro un mal fido agente. Consigliatomi con me stesso, collo scopo di comprare, quando mi si presentasse l'occasione, un podere riunito, cambiai in tanto danaro il terreno che io possedeva; e perchè mi fruttasse lo depositai presso un banchiere, tenuto per tutto in gran conto, si per probità, che pel prospero andamento dei suoi affari. Ma tutto che abbarbaglia la vista non nomasi oro; le più lusinghiere apparenze, ben di spesso, ammantano la più raffinata scuola di simulazione, ed è appunto di queste che il delitto e la bindoleria si fanno scudo per deludere, per rovinare chi, amico della lealtà, loro presta una cieca e perfetta credenza. Non vi aveva un mese che erano affidate a quell' iniquo tutte le mie sostanze che veggo affisso su tutti i canti della città il programma del suo fallimento. Speranzoso di rimediare in parte alla mia disgrazia, accorro per far valere i miei dritti: terribil colpo! i debiti contratti con altri pria che con me sorpassavano di gran lunga quei pochi capitali che forse eragli mancato tempo di trafugare e di sottrarre, come eragli riuscito di tanti altri alla furia dei miseri gabbati. Allora sì che compresi tutto l'orrore della mia situazione; mi ricorsero alla mente la sposa, i figli, e questo pensiero parea dischiudessemi il più profondo abisso in procinto d'ingoiarmi. Qualunque siasi l'infortunio che colpisca un mortale; se solo, ritrova nella ragione bastante forza per sopportarlo; ma se vi scorge seco lui travolti i più idolatrati oggetti, oh! allora tutto è finito; cresce a mille doppi l'ambascia e 'l dolore. Non mi reggeva l'animo di far conta a mia moglie la nostra disgrazia; tentennai per qualche tempo, giacchè nello spiattellarle la cosa travedeva un non so che ancor più fatale e più terribile per me: tanto avea scandagliati i più fitti ripostigli di quell'impareggiabile cuore! ma era indispensabile che io m'avventurassi a questo passo, il feci, e da quel punto traboccò il calice di mie sciagure. Mia moglie per non addolorarmi viemmaggiormente inteso la infausta nuova con simulata freddezza e con fittizia rassegnazione: non l'udii mandare un lamento, ma non potè a lungo sopportarne le conseguenze; struggevasi in segreto, dimagrò; due mesi dopo morì. Quant'io abbia sofferto, non mi reggo l'animo di riandarlo; vi dirò soltanto, che reso insensibile, forsennato dal dolore e dalla disperazione, ignoro a qual eccesso m'avrebbe potuto spingere la mia inferma immaginazione, se la paterna tenerezza, rivestendosi dei suoi dritti, non m'avesse suggerito, che io lascierei due innocenti orfani sulla terra, a cui la mia vita era sacra. Che non può la voce della natura! È terribile la povertà per chi ha nuotato negl'agi della vita, per chi ha la certezza che il vile che ve lo ridusse si gode impunemente in altri paesi il frutto della propria mariuoleria! Pure mi fu forza adattarmi! Mia prima cura si fu di lasciar la città, e di stabilirmi in un rustico abituro. Vendei tutti gli arredi di mia casa, e col danaro che ne riscossi, provvidi finora al sostentamento de'miei figli. Al presente non posseggo più un obolo: quei pochi soldi che mi avanzavano, furono in questa mattina convertiti in pane, che valse appena a sfamarli. Il tendere per la prima volta la mano al passeggiero costa al par di un delitto! l'amor proprio, la vergogna, un non so che d'inesprimibile, promuòvono entro di voi la più accanita lotta; pure incalzato dal bisogno, strascinato dalla disperazione, l'affrontai, la sostenni, la vinsi. In questa sera appunto, un momento prima del vostro incontro, cogli occhi sbassati, tremante per tutte le fibre, mi trassi innanzi ad un signore, che rimprocciandomi la mia giovinezza, mi ha crudelmente respinto. Avrei anteposta la morte a quest'inaspettata umiliazione. Strabiliai e caddi privo di sensi. — E qui l'infortunato s'abbandonò alla foga del pianto fino allora represso.

Desioso di saper dove ricettava, lo pregai di condurmivi. Aderì di buon grado al mio desiderio, ci incamminammo, ed in men di mezz'ora giugnemmo alla misera casupola che poco distava dal luogo del nostro incontro. Era questa l'infima parte d'un rustico fabbricato, destinata alla conservazione dei rurali attrezzi; priva di tetto, ricoperta da grossi fascii di paglia, e rischiarata solo da un piccolo abbaino. Un moribondo lume appeso ad un piuolo fisso nel muro, mandava una tremola e smorta luce, a traverso della quale scorgevasi un misero canile, unico addobbo di quel tugurio, su cui dormivano il placido sonno dell'innocenza due fanciulli in età dagli otto ai dieci anni.—Ecco, mi disse l'infelice, il ricettacolo che la sventura ci ha lasciato! Pronunziò queste parole con una si commovente espressione, che i miei occhi s'inumidirono di nuove lagrime.— Nutro ferma speranza che lo abiterete ancor per poco, soggiunsi, prendendo da lui commiato, e porgendogli tra le mani una piccola moneta: fra mille benedizioni e ringraziamenti me ne partii mesto e desolato, col fermo proposito di adoprarmi a pro di quest'innocenti fatti bersaglio dell'avversa sorte.

Il beneficare il proprio simile fu sempre opera magnanima e generosa, ma il menarne vanto ne scema a mezzo il merito. Quei che soccorrono per mera pompa l'accattapane, che senza rossore gira da porta in porta, non gustano che il piacere di essere ammirati per la loro affettata liberalità, un nulla a fronte dell'interna gioia che s'accoppia allo spandere benefizi in segreto per quel pretto istinto di pietà, che alberga in ogni alto cuore, su chi non osa chiederli; al poter dire a se stesso: oggi ho sollevata una famiglia che languiva nella miseria, l'ho sottratta alla disperazione, al pensiero che il pane che le fu porto, verrà ricambiato al benefattore in tanti felici augurii, in mille benedizioni!—Le anime generose e magnanime si rinvengono di rado, giacchè non si millantano di esserlo, e si studiano di non parerlo, pur si rinvengono. Nel mattino seguente di quella sera, che sempre chiamerò per me beata, giacchè fui tanto fortunato da poter giovare a degli infelici, mi recai da un signore, che gran fama godeva appo tutti per la sua grandezza d'animo e per la sua prodigalità. Gli ritrassi al vivo il quadro della situazione del misero incognito; ne fu talmente commosso che mi pregò d'additargli il luogo del di lui domicilio. Quando il seppe, s'affrettò di mandare in traccia di lui e de' figli. Quello investì della carica di suo segretario; e questi si propose di far educare in modo addicevole alla loro nascita. Quanta riconoscenza mi venne professata, invano m'attenterei di esprimerlo con la mia debole penna; vi dirò solo che ne provai si viva soddisfazione, che ignoro se fosse maggiore quella di colui che ha compartito il benefizio. I figli non si mostrarono indegni delle cure del loro benefattore; studiarono, si distinsero, divennero benemeriti della patria. Quanti ingegni, perchè nell'impotenza di mezzi, sen giacciono sconosciuti ed inerti, ingegni, che se la mano del ricco, che d'ordinario dissipa in frascherie le proprie dovizie, loro prodiga si stendesse, onorerebbero la nazione che loro fu culla!

Cav. Montagnini.

TAVOLA COMPARATIVA

del numero degli Ebrei esistenti in parecchie epoche

All'uscita dall'Egitto	2,500,000
Nelle pianure di Moab, 40 anni dopo l'uscita dall'Egitto	2,500,000
Negli ultimi anni del regno di Davidde	7,000,000
Alla fine del regno di Salomone . .	8,000,000
Alla nascita di Gesù Cristo, verso la fine del regno di Erode il Grande.	5,600,000
Nel 1833	4,000,000

Adriano Balbi.

VARIETÀ

LA VISTA RECUPERATA.

DAL PRINCIPE

CASIMIRO MELILUPI SORAGNA

DI PARMA

per opera del prof. di clinica chirurgica

GIOVANNI ROSSI

SONETTO

Miracolo dell'arte! Un'agil mano
Con l'opra sol di picciola ferita
Mi sciolse dalle tènebre. Alla vita
Sento che nell'inciso occhio risano.

Già il cielo e il sole non desio più in vano,
E il verde e i fior della campagna avita,
E lo stuol de' miei figli, che or me addita
Alla letizia d'ogni core umano.

E te pur veggo e il vital ferro io guardo
Restor felice delle tue ghirlande,
Che ritemprò di mie pupille il dardo.

Oh quanto il dolor lungo in me compensi,
E in te la generosa arte fai grande!
Dio la luce creò: tu la dispensi.

Cav. M. Leoni.

Ci pervennero diverse sepolcrali iscrizioni dettate da' più valorosi maestri che vanti oggidì l'italica epigrafia. Quantunque la mesta natura dell'argomento ed altre plausibili considerazioni raccomandino di andare con sommo riserbo nell'inserire componimenti di tal genere, noi faremo nullameno lieta ed onorata accoglienza a questa scelta corona, e le andremo via via pubblicando secondochè l'economia del foglio ci consenta di farlo. S'abbiano intanto i nostri lettori quella che segue, con cui ci proponiamo dare benauguroso principio a siffatta raccolta.

EPIGRAFE INEDITA

ALLA CARA MEMORIA

DI

CLELIA PAGNONCELLI

NON AFFATTO VNILVSTRE

DI CVI FV BAMBINO IL CORPO NON L'ANIMA

GAVDIO CONTENTEZZA

DOLCE ALIMENTO DI CHI LE DIEDE LA VITA

ERA VN TESORELLO PREZIOSO

AHI RIVOLVTO DAGLI ANGELI

IL XIIII DICEMBRE MDCCCXXXIX

O FIGLIA

GRANDE È LA DISTANZA DALLA TERRA AL CIELO

MA I TVOI RAGGI E I NOSTRI AFFETTI

SI ARRIVANO

Del prof. Luigi Muzzi.

LA DISFIDA DI CASTELLETTO

La R. Galleria di Torino *dichiarata dal M.se R. d'Azeglio, dalle cui pagine estraemmo, col permesso dell'illustre autore, nobilissimi articoli artistici pel nostro giornale, abbonda eziandio di storiche digressioni, esposte con quella profondità di dottrina, acutezza di critica, eleganza di dire, e generosità di sentimenti, che distinguono la celebre penna onde uscivano. Eccone un primo saggio nell'episodio seguente, che noi riferiamo qui tanto più volentieri, in quanto che il ricordarlo torna a lustro dell'Italia e dell'augusta casa Sabauda.*

Novello argomento della supremazia degli Italiani, quando in pari numero coi Francesi sorse nel secolo decimosettimo la disfida di Castelletto avvenuta l'anno 1638. Bollivano fra le due parti zuffe giornaliere, volendo gli Spagnuoli difendere, i Francesi espugnare quella fortezza. Il principe Tommaso corroborando la parte degli assediati con frequenti assalti, spesso rovinava le opere dei Francesi, i quali, posti fra doppio bersaglio, già vedean le cose loro all'estremo ridotte. Mentre così con poche forze il Principe sostentava la guerra e con impazienza attendeva gli aiuti che da Lamboi gli doveano essere condotti, un araldo francese accompagnato da un trombetto fu visto un giorno avanzare verso il campo del Principe. Era costui apportatore d'un cartello di disfida, ove Giovanni Gassione, allora colonnello di cavalli e poi maresciallo di Francia « chiamava a tenzone in campo d'armi trenta soldati del Piccolomini, dove egli con trenta de'suoi verrebbe a vedere per prova qual di loro avesse gente migliore ». Maravigliosa letizia fu quella che sorse in tutto il campo a sì inaspettata novella. I soldati di Tommaso o del Piccolomini, nutriti tutti nello armi sotto quei due esperti capitani, ed avvezzi a combattere disuguali di forze, e pur vincere i Francesi, molto più aveano fidanza di superarli a pari numero, e ferocemente chiedeano di venire alle mani. I Francesi del Gassione inveleniti, ed al sommo esasperati dai fatti vergognosi di S. Omero, di Corbie e di Teroanne, ardentemente agognavano alla vendetta delle onte loro, ed a richiamare con qualche azione segualata la fortuna delle armi sulle insegne di Francia. Accettata con gran festa la disfida dal Piccolomini, incontanente mandò egli coll'araldo medesimo del Gassione il conto Altieri romano, capitano della sua guardia, con altri ventinove cavalieri, armati di tutto punto, ad incontrare quelli dei nemici. Fu lo steccato definito sul piano di Crèvecœur, in un luogo mezzano tra la piazza d'armi del principe Tommaso e il campo francese. Correva il dì 31 agosto 1638, e le due squadre stavano ordinate a battaglia tutte lucenti nell'arme, e così baldanzose e sicure come se a giostra, non a mortal pugna venissero. Dato nelle trombe, gli uni e gli altri animosamente si

investirono. Al primo scontro il Gassione ferisce l'Altieri con una pistolettata nel ventre. Ma col sangue non perdendo l'animo, l'Italiano si slancia più feroce nella mischia, e virilmente combattendo, penetra coi suoi ben serrati nella squadra francese. Fu allora un forte menar di mani. Ma finalmente i cavalieri del Piccolomini con sì gran furia urtarono la schiera del Gassione, che l'aprirono. Rotti una volta i Francesi, quantunque disperatamente resistendo facessero l'estremo di lor possa, essi aveano la peggio e già ad arrendersi erano ridotti, quando alcuni squadroni del Gassione che a poca distanza riguardavano il combattimento, anzi la vittoria dei soldati del Piccolomini, bruttando con atto vituperoso l'onor delle armi, e con violazione manifesta mancando ai patti stabiliti, si slanciarono di carriera al soccorso del lor capitano, e l'Altieri, il quale, benchè ferito, con cuore intrepido combatteva, attorniarono. Allora Ottavio Piccolomini vedendo rotta la fede giurata dai Francesi, a sua posta si mosse con altrettanti dei suoi in aiuto dell'Altieri, e pur via via crescendo i soccorsi dalla contraria parte, era il duello di pochi sul farsi generale battaglia, quando il principe Tommaso, slanciandosi improvvisamente a cavallo in mezzo ai combattenti, e col cenno imperioso le armi lor trattenendo, ne frenò gli sdegni, e le ordinanze sbandate ricompose. Biasimò altamente il Gassione medesimo la disleale contravvenzione de'suoi, e ne mandò replicate scuse al Piccolomini. E tanto più dovette l'amor proprio nazionale de' Francesi esserne umiliato, che in niun altro modo più solenne potean essi vinti confessarsi. Che se il fatto di Barletta valse ad offuscare la gloria militare di quella nazione, illibata lasciandone la lealtà, quello del Castelletto l'una e l'altra oscurò meritamente, e a tutta Europa fece manifesto, com'essi, anzichè l'altrui maggioria riconoscere, della prepotenza si valessero, non avvedendosi che, così operando, all'esser vinti l'esser disleali aggiungevano.

M. R. D'Azeglio.

BEAUCAIRE

Beaucaire, anticamente *Ugernum* ed anche *Bellicadrum* o *Belloquadra*, è piccola ma ragguardevole città della Linguadoca, nel dipartimento del *Gard*, distante 5 leghe circa da Nimes, e quasi altrettanto da Avignone. Vagamente collocata sulla destra sponda del Rodano, essa ha innanzi a sè, di prospetto, Tarascona, a cui congiungesi con un varco, il quale costrutto in origine di battelli, vestì, non ha guari, più nobili forme, trasmutandosi in un bellissimo ponte sospeso in ferro. Gli edifici di Beaucaire sono, in generale, di solida e decente struttura, e sebbene le vie apransi anguste anzichenò, essa offre, in complesso, un lieto e leggiadro soggiorno. La chiesa parrocchiale, la porta che dà sul Rodano, ed il civico palazzo, sono le fabbriche a cui rivolgesi, più specialmente, l'attenzione del viaggiatore. Ma principal vanto di Beaucaire si è l'essere teatro di una delle più rumorose ed affaccendate scene commerciali che apprestinsi sulla terra: vogliamo dire la celebre fiera detta di Santa Maria Maddalena, a cui dassi, annualmente, principio il 22 luglio, e fine il 28 successivo, alla mezzanotte. La frequenza, il moto, il rumore che distinguono tale convegno, congiunti alla ricchezza e varietà delle merci che vi sono trasportate, lo rendono senza contrasto un quadro al sommo imponente, e tale da meritarsi una visita da chi ha dalla sorte l'inapprezzabile dono di potere a sua posta svagarsi scorrendo il mondo. Innumerevoli turbe, partite dalle più remote ed estreme parti del globo, congiungonsi, in que' lieti giorni, nelle verdi praterie interposte tra Beaucaire ed il Rodano: e spiegando colà in seduttrice mostra, sotto l'ombra ospitale de' platani, i tesori della natura e dell'arte, dischiudono, direbbesi, una regia fatata, entro alla quale Mercurio risplende in tutta la maestosa sua pompa. Dall'Asia, dall'Africa e dall'America stessa giungevano altrevolte a questo commerciale concilio e merci e mercanti, si che nessuna voce, nessun aspetto, nessuna foggia più strana mancava a far peregrina la scena. Zeppe, nonchè piene, erano in que' momenti le abitazioni interne: nè ciò bastando, di lungo tratto, al bisogno, spandevansi, come dicemmo, gli accorrenti nella circostante campagna, ed o sotto le tende, o sotto le fronde, pittorescamente, come il caso portava, adagiavansi. Il tempo e le commerciali vicissitudini ch'esso ha condotte, minorarono, per verità, l'antica rilevanza della fiera di cui parliamo: pure essa è ancor tra le prime, nè havvi apparenza che il suo splendore abbia ad estinguersi quandochessia. Speciali e provvide discipline, intese a recidere prontamente i dissidi nascenti, ed a tutelare l'ordine in mezzo a quel caosse di genti, governano, del resto, la procellosa adunanza.

Notevole, tra queste, si è l'istituzione di un tribunale detto *di conservazione*, il quale, composto di dodici membri, giudica, con forme preste e terminative, le liti commerciali figliate dagli innumerevoli patti colà fermati. Canone proprio di questa fiera si è pure che i prezzi su di essa pattuiti debbano essere pagati, al più tardi, entro il dì 27. Per le quali regole, e per molte altre che sarebbe qui lungo il dire, rado o non mai accade che gli incendi della discordia menino troppa strage di mezzo al mercato in discorso.

L'ordinaria popolazione di Beaucaire somma dalle 7 alle 8000 persone. Abbondanvi, come è a credersi, i magazzini ed altri depositi d'ogni guisa, ampi, munitissimi, e pronti a qualsiasi mercantile esigenza. Industrie del paese sono la fabbricazione delle stoviglie e dei cappelli, ed il conciare le cuoia. Dipendente, un tempo, dalla Provenza, Beaucaire fu ceduta, nel 1125 da Raimondo Berengario I, duca di tale provincia, ad Alfonso Jourdain, conte di Tolosa. Fu, indi, ripresa, mentre ardevano le guerre cogli Albigesi; ma non molto stette, che volontariamente diedesi a Raimondo il Giovane. Nel 1251 gli abitanti di Beaucaire prestarono giuramento di fedeltà a quelli di Avignone, e divenuta, poi, nel XVI secolo, sanguinoso teatro delle armate contese che divisero protestanti e cattolici, cadde più volte in mano degli uni e degli altri, con danno inestimabile delle fisiche e morali sue condizioni. Venuta finalmente, per caso di guerra, in potere di Luigi XIII, questi fe' smantellare il castello che ergevasi sur una rocca dalla parte del fiume, correndo l'anno 1622.

Cav. BARATTA.

NOTIZIA SUR UN QUADRO DEL CIMA

Fra i quadri che la nostra Accademia di belle arti acquistò già dalla illustre casa Sanvitali, n'era uno attribuito a G. B. Cima da Conegliano, lavorato nel soggetto qui appresso:

MARIA VERGINE assisa a un lato esterno di un tempio in gran parte disfatto, regge, posato su l'aggetto di un piedestallo, l'INFANTE DIVINO. Modestamente gloriosa nella vista dell'adorato suo parto, ella piega un poco il volto intenerito; mentre che quello con una serenità d'innocenza più che umana spicca all'occhio del riguardante nella nuda e superna bellezza delle sue forme.

A destra dello spettatore è ritto S. GIUSEPPE: il quale stringendo fra le braccia una croce ben alta (segno di martirio futuro) sogguarda pietosamente GESÙ come ripensando il fine a cui lo riserba la Redenzione a cui nacque.

Intanto il Bambinello, in su l'atto del volgersi a Giuseppe, solleva leggieramente la picciolетta destra sorretta da Maria, e con giunte due dita è in vista di volerlo benedire (imaginazione stupenda!). Chè con la luce divina fuor trasparente dal soavissimo sguardo, mostra aver esso inteso il presagio accolto nel commosso aspetto del santo Vegliardo.

Nella parte opposta è l'arcangelo S. MICHELE: il quale torcendo come per compassione la faccia da una tanta pietà, stringe l'asta nella destra, e tiene sospesa con la sinistra la bilancia traboccata da un lato; come a significare (od è conjettura) il placarsi della giustizia dell'Eterno nel volontario sottentrare del Figlio suo proprio alla pena meritata dagli uomini.

Più indietro è la collina (forse di Conegliano) col castello in sul colmo: la quale con le bene illuminate case, e la lieta verdura che la veste, concorre a render varia e gioconda la scena.

Allorchè una tavola così fatta entrò nelle gallerie dell'Accademia, essa era (o per l'ingiuria del tempo o per l'improvvidenza di un qualche inesperto) offuscata da non so che *pàtina* (e ancora è da vederne poca reliquia in un canto): la quale se forse agli intendenti non copriva il bel magistero del tutto, ne velava certo le più delicate parti in guisa da indugiare non poco l'ammirazione richiamata qui dalle soavi esquisitezze del veneto artista.

Ora, mercè la sottile diligenza e perizia dell'avveduto nostro professore Filippo Morini, un tal quadro fu tornato alla vista e all'onore delle antiche eccellenze. Gli affetti delle varie figure hanno quivi una dolcezza di linguaggio che innamora. L'aria dei volti mirabilmente propria al carattere di ciascuna: il vero del colorito fra i più peregrini della scuola che n'è il modello: i naturali volgimenti delle pieghe: il morvido andare de' panni: la quiete e in uno il calore della composizione: il medesimo artificio delineato e condotto con un'eleganza inarrivabile: tutti insieme cotesti particolari fanno di simigliante lavoro una delle più vere glorie del Cima, uno dei più cari ornamenti delle Gallerie Parmensi.

Era il Cima (come si narra) il figlio di un povero artigianello: poco aggentilito dall'educazione e niente erudito dagli studi. Donde trasse egli dunque la calda e incorrotta passione spirata dagli attori di questa dipintura maravigliosa? Donde il concetto, semplice in vero, ma pure sì eminentemente poetico? S'incontra egli ne' quadri de' nostri di la potenza, l'incanto dell'aura celeste infusa così comunemente ne' volti che renderono esemplari i pennelli del secolo quintodecimo?

Quanto è ai subietti sacri, ne' quali massimamente si esercitarono i pittori dell'età che volse d'oro alle arti in Italia, maestrie sì fatte erano, meglio che apprese per opera di mente, inspirato da quel sentimento religioso che fa prevalere gli affetti dell'animo alle virtù dell'ingegno. Oggi lo si cerca invano nelle istesse opere degli artisti più in voce. Quando i Carracci si accinsero a ricondurre a'suoi principii l'arte venuta in basso, quel sentimento religioso si era già molto affievolito. Però gli onorati sforzi di que' valentissimi non ottennero una palma compiuta. E così fu nelle lettere. Nelle quali si potè bene tentare una qualche via o nuova o più larga, o far prova di artificii lodati : ma le caste, le ingenue e pur sì efficaci forme del beato scrivere de'nostri antichi non poterono essere ravvivato mai più.

Nonpertanto non saranno mai da tacere i generosi confortatori delle arti, per le quali è renduta la vita onorata e gentile. Perciocchè, ancora nella disperanza di potere aggiugner l'altezza delle perfezioni di un tempo, sarà sempre gran benefizio, o, deturpate da vizi, renderle monde, o sollevarle neglette. E a noi meglio che ad altri si appartiene ammirar grati la MAGNANIMA, la quale nella presente gara e signoria delle scienze, rivolte a condurre i desideri e l'opera degli uomini a solo ciò che è *utile*, non rallentò punto suo modo nel favorire potentemente fra noi ancora ciò che è *grande*. E oramai a'miracoli dell'Allegri commessi qui alla caduca fortuna de' muri, nè la lima del tempo, nè l'avara negligenza degli uomini potranno più nuocer tanto da far dimenticare eziandio i concetti e le composizioni di un tanto pittore, singolare ancora tra i massimi. Chè ELLA ne volle tratto a buon conto le copie ad acquerello, acciocchè poi quelle imagini del genio italiano fossero affidate alla più duratura custodia dell'intaglio (1). E già il lavoro tenne dietro degnissimo al provvido e onorabil decreto. E tra non lungo termine le nostre Gallerie, fatte sì nobilmente ricche da'suoi largimenti, accoglieranno compiuto questo nuovo e magnifico testimonio di sua bontà e grandezza.

Cav. M. LEONI.

(1) Si vegga per particolari più ampi il num. 38 della *Gazzetta di Parma* dell'anno 1839.

CHIMICA

Vasi di ferro fuso *stagnati con nuova lega, e suggeriti come i più opportuni tanto nelle manipolazioni del latte che negli usi di cucina*

Il nostro prof. *Bayle Barelle*, l'avv. *Berra* ed altri molti vorrebbero che i *vasi di rame* fossero assolutamente proscritti nel caseificio, attesi i danni che avvengono tanto nella buona riuscita dei formaggi, quanto alla pubblica salute: i *vasi di rame* stagnati si trovano pure contrari all' oggetto propostosi. Ma di qual natura li faremo adunque? Ho veduto nella Svizzera e nel Belgio essere *di legno*; ma l'uso va soggetto a troppe prescrizioni e di rigore. In Inghilterra trovai in vendita dei *vasi di piombo*, che credo cattivissimi; ed altresì dei *vasi di stagno*, che non mi sembrarono i più adatti. Questi ultimi, in vero, vennero proposti da un Americano, siccome lessi nei giornali di Nuova York, non solo siccome quelli che più di ogni altro si prestano alla separazione di maggior copia di cavo di latte, ma altresì per farlo ottenere migliore, e quindi per farci godere di un burro più saporito; ma la esperienza ancora non confermò tutto questo. Lo *zinco*, la *latta*, la *pietra ollare*, la *terra cotta* ecc. vennero pure all'uopo commendati, ma i *vasi* di *ferro fuso*, quali si usano nelle cascine inglesi e scozzesi, mi parvero riescire sommamente vantaggiosi sotto ogni riguardo, e specialmente perchè raffreddano prontamente il latte, e perchè appunto ci procurano la massima quantità di cavo di latte nel più breve tempo possibile. La difficoltà stava nel conoscere il segreto della nuova lega, ma questo oggidì è svelato dal sig. *Budi*.

Ecco impertanto come si confezionano detti *vasi*. Innanzi tratto, mediante una preparazione che loro si dà ad un fuoco di carbone vegetabile, acquistano un tal grado di duttilità, che possono cadere anche sul sasso o da una certa altezza senza spezzarsi. Inoltre ad oggetto d'impedire che il latte acquisti un cattivo sapore ove dimori a contatto del nudo ferro, ed altresì perchè riesca ben pulita e liscia la interna superficie, questa si riveste di un buono strato non già di *stagno* puro, perchè questo assai difficilmente vi si applica, e tanto debolmente vi aderisce che non avvi il torna-conto, ma bensì di una lega particolare, di singolare bianchezza e di molta durata, composta di

Stagno	0,89
Nichelio.	0,06
Ferro	0,05
Totale	1,00

E per farne l'applicazione, io vidi in Francia rendere soltanto levigata la superficie su cui devo andare con alquanto di *grès* o di *smeriglio*.

Finalmente la superficie esterna di questi *vasi* deve anche inverniciarsi per guarentirli dalla ruggine, e per conservarli sempre retti colla minore fatica.

Ora, nelle nostre fucine di ferro, io mi lusingo di veder fabbricarsi dei vasi di tale specie e nel modo anzidetto confezionati, e non solamente quelli che servir doggiono alle operazioni del caseificio, ma sì bene quei tanti altri che possono riuscire utili in tante circostanze, massime presso la povera gente, quali appunto sarebbero tutti gli utensili da cucina.

Dalle annotazioni di un viaggio del dott. GERA.

ETTORE FIERAMOSCA

Gli anni che scorsero tra il xv e il xvi secolo dell' era volgare saranno mai sempre di meravigliosa, se non affliggente memoria, al postero italiano che vorrà per poco fermarsi a considerare come la patria sua sia stata il teatro di tante e tante sanguinose catastrofi — qui Francesi, Spagnuoli, Alemanni; guerre intestine, e ad ogni passo sospinto, divisioni in partiti di picciolissime terre che le grandi imitavano; e così stragi e carnificine non mai divise dalla schiavitù. — Armi, sempre armi rimbombava per ogni lato l'Italia, e..... fossero almeno state sue o per sua difesa!! — Comunque, la virtù militare, il fior di cavalleria d'ogni nazione, sembra si avesser dato ritrovo nella nostra penisola; e da tanta mescolanza di armigeri d'ogni paese, quelli del nostro tutti gli altri eclissavano di terribile splendore.

Suonava a que'tempi in ogni angolo della terra il temuto nome del gran capitano Consalvo (1) che nel regno di Napoli per la casa di Spagna un esercito misto di Spagnuoli e Italiani capitanava, col quale andava fiaccando l'orgoglio all'ingordo francese; e tra le altre rotte, cui lo fe' soggiacere, monumentale ci si tramanda per le istoriche pagine la sconfitta addossatagli nella gran sfida successa sotto le mura di Barletta, dai Francesi assediata e da Consalvo difesa con risoluto presidio, il quale, abbenchè languente di fame per scarsità di alimenti, seppe ancor risvegliare in sè tanta forza ed ardire da affrontare ed abbattere l'inimico. Nacque appunto la tremenda pugna da che il duca di Nemours, vicerè di Napoli e capitano dell'esercito francese, fermatosi due miglia presso Barletta, mandò a sfidar gli Spagnuoli a giusta battaglia (1), cui rispose Consalvo non esser uso combattere a voglia del nemico ma secondo l'arbitrio e la ragione dell'occasion certa — risposta questa che diede esca a motti ingiuriosi e mortalmente pungenti scagliati contro gl'Italiani da'Francesi e specialmente da un certo (2) Lamotte, forte quanto baldanzoso battagliero, rimasto prigione prima della sfida nelle mani di Garzia spagnuolo in certe minute mischie. Ma non furono prima usciti gl'insultanti motteggi dalle bocche di quelli che gli aveano proferti, che un drappello de'nostri tolse a farli ritornare

(1) Giovio, Vita di Consalvo.

(1) V. Guicciardini, Storia d'It. lib. v.
(2) Idem.

nelle strozze di un pari numero di Francesi costringendoli a confessare, se non ad altri, a se stessi almeno, che l'Italiano non cicaleggia solo ma opera; e doversi rispettare il suo valore, rammentando che fu e sarà sempre tremendo per loro ogni volta che andran provocandolo.

Fra questi prodi che si bene sostennero l'onore dell' italica nazionalità, primeggia Ettore Fieramosca, nato in Capua nel 1800 da un gentiluomo capuano, cresciuto fra l'armi e dal genitore educato a militari discipline, sotto le insegne del condottiero Braccio da Montone; il quale non appena s'avvide di poter reggere l'asta, staccossi dal padre, preso da giovanil vaghezza di veder nuove contrade, o dal bollore non che altro di rinomanza e gloria acquistare; e n'ottenne colla benedizione, a ricordo, una spada non senza prima sentirsi ripetere più volte le massime, i principii di onore e cavalleresca lealtà; unico paterno retaggio, di che fu sommamente geloso. In quei tempi di turbolenze una spada fralle robuste mani del nerboruto e baldo giovine che ama pascersi di rizze e menar da dovero le mani o conduceva ad incontrare prematura morte o spesso apriva all'ambizioso e feroce una lusinghiera e brillante via alle primarie dignità militari; e se vuolsi spesso anche al trono. Se non che di ben altro stampo era l'animo di Ettore Fieramosca. Dal servizio de'Reali di Napoli entrato a quello di Spagna, per avere i primi perduto lor causa, abbenchè ovunque estimato ed accarezzato per le sue belle qualità, non poteva aquetarsi di aver sempre a combattere per gente straniera; e come che gl' istorici studi, le lettere amene, cui fu sempre vago di coltivare nelle ore di ozio, aperta gli avessero ed affinata la già fervida mente, e l'appassionato per natura e generoso suo cuore, andava ognor mulinando pel capo progetti pel bene d'Italia, di cui, quanto altri mai, fu ardente amatore; e il come studiava di poter una volta finalmente adoprare la spada e tutto impiegare il valor suo per essa.

Or chi può immaginarsi come il rapissero l'entusiasmo e la gioia, non appena ebbe inteso da'suoi capitani fratelli Colonna, che grandemente l'amavano ed apprezzavano, essere invitato a pugnare in campo aperto, corpo a corpo coll'inimico della sua patria per sostenerne l'onore e smentire così le false accuse dei vili, nanti un numero infinito di spettatori d'ogni nazione?

Parmi vederlo in arcione a fervido puledro bianco, armato di maglia stretta al largo petto, con braccia e gambe fasciate di ferro, elmetto di fino acciaio ombreggiato da ondeggiante pennacchio: frenare il nobile e bellicoso animale, che, armato il bel collo di squamose lamine di ferro e coperto il dorso di sfarzosa gualdrappa, rompe con forti colpi di zampa il terreno, quasi partecipi dell'impazienza e marziale ardore del suo leggiadro signore, che sfolgora nel maschio viso e gentile d'inusitato splendore, e già l'asta stringendo la fissa con infiammati occhi in cui leggesi come si strugga di desio di slanciarsi, al sospirato segnale, a briglia sciolta contro al terribile scontro.

Al maestoso atteggiamento con che fa caracollare il destriero che talmente seppe addestrare a bastare un lieve tocco di mano, una voce, onde essere prontamente obbedito dall'affezionato animale; al corruscare delle armi ed all'abbagliante bellezza di quest'insieme di maestoso e terribile, ti senti invaso da tal senso d'ineffabile meraviglia, da scambiarlo con un di quei celesti guerrieri che si veggion dipinti e creati dal genio de'sommi pittori. E ben fu degno soggetto di prestare materia di romanzo ad un genio piemontese; romanzo che destò tale un entusiasmo per tutta Italia ed oltremonte, da doverne a buon diritto inferire non vantarne essa un più bello, se quello si eccettui del cantore del 5 maggio.*

MARCO VIANTI.

* *Il rame sovrapposto all'articolo presente è uno di que' dugento intagli che adornano l'elegantissima edizione dell'*Ettore Fieramosca, *posta, non ha guari, in corso di stampa, coi torchi di questo Tipografico stabilimento, assieme alla* Margherita Pusterla, *vestita, essa pure, d'elegantissime forme. L'idea di circondare due letterari lavori di tanto grido con tutta la luce del disegno e della tipografia, è pensiero eminentemente italiano, il quale merita incoraggiamento e plauso da chiunque è giusto estimatore delle cose, e desidera, di cuore, il progresso e la gloria delle patrie lettere. Ciascuno di tali applauditissimi romanzi formerà un bel volume in-8° di pagine 400 circa, distribuito in dispense di pagine 8, al prezzo di centesimi 50.*

CARATTERI — TOELETTA MORALE

Dorina è giovine ancora: veste con ricercatezza, ha viso che sarebbe inespressivo se non lo animasse una perpetua smorfia di benevolenza, con cui si formò una fisonomia caratteristica. Non avendo nè vizi, nè virtù, Dorina potè appropriarsi quella tal maniera di sentimenti che reputò doverla aggraziare davvantaggio; e adoperò in tale scelta di sommo buon gusto. Le emozioni più spontanee in altri sono ricercatezze in lei: preferisce la bontà alla malvagità, come preferirebbe il color rosa al cremisi. Non bada a fatica purchè faccia acquisto di una virtù seducente. Il pudore è un continuo studio per Dorina: di sensibilità già procacciossi il bastevole, in dolcezza poi è laureata.

La qual preoccupazione di toeletta morale traspariscе anco ne'suoi discorsi; li comincia talvolta con dire — Non è cosa che stia meglio, e aggrazii davvantaggio la fisonomia (qualche berretto? oibò), quanto la beneficenza. I benefizi che prodigalizza riescono gravi a chi li riceve; perciocchè la sua bontà è inanimata, i suoi conforti senza calore, nè trovano eco nel cuore degli infelici. Perchè dunque è così vantata? Perchè i suoi beneficati rimproverandosi di non sentire gratitudine per lei, provansi a far tacere quel loro rimorso, lodandola oltre misura. Ed ecco come Dorina, la qual pensa unicamente a rendere sempre più piacente il suo *figurino morale*, si è fatta reputazione di esimia bontà.

TULLIO DANDOLO.

ARCHEOLOGIA

ZECCA DI GENOVA (Vedi n° antec.e)

1216. Nel not.° Lanfranco in un suo libro *de' contratti pubblici*, in un instrumento del 1213 12 marzo, Oberto Banchero confessa aver avuto da Franchino Mallone L. 30 *di Genova, prezzo di oncie* 10 *d'oro*, unde questo valeva L. 3 l'ouria. Questo instrumento però è registrato nel not.° Giberto di Nervi. E in un altro instrumento dell'anno suddetto de' 28 7.bre, in detto notaro di Nervi, Accattapano di Palermo confessa ad Amico Striggiaparco L. 210 *di Genova, per prezzo di oncie* 10 *d'oro, calcolato l'oro L.* 3 *l'oncia*. Nel 1213 12 marzo, in detto Lanfranco notaro, in un suo libro segnato 1216, detto Oberto Banchero confessa aver avuto da Bongiovanni Buferio L. 89. 12, *prezzo di uncie* 32 *oro buono di caratti* 21, *sicchè l'oro valeva L.* 2. 16 *l'oncia*.

1230 5 ottobre, in atti di Simone Donato, Pasquale Magonza vendette una casa con bottega in Chiappa dell'olio per L. 133. 6. 8.

1232 16 luglio. Giordano Bocca di Bò vendette a Bongiovanni Scaglia, commendatore di S. Gio. di Prè, una casa per L. 4. 10, in atti di Nicolosio Beccaria notaro.

1241 5 aprile, come dal libro di Giovanni Veggio notaro, *l'oro valeva P.* 47 *l'oncia, e l'argento soldi* 7 *e den.* 8.

1293 luglio, nel notaro Giacomo d'Albaro, in uno instrumento, in cui *Cavalcaba de'Medici*, podestà di Genova, a nome del comune confessa aver avuto da Nicolò Alpano mille mine di grano per il prezzo di 412. 0. 10, valutando detto grano *soldi* 8 e *den.* 3 la mina.

1297 9 gennaro, Giacomo da Varaggine, arcivescovo di Genova, vendette il luogo di S. Remo con tutto il suo territorio per *L. sole* 1500 assieme le ville, nelle quali calcolato l'oro a L. 3 l'oncia come sopra, vi entrano oncie 4,333 oro, che oggidì avendo *ogni oncia d'oro il valore di doppie* 4 *all'incirca*, calcolate queste a L. 113. 12, prezzo ora corrente, sarebbero lire di Genova 4,090,314.

1311. Si ha dagli atti del notaro Damiano Camogli del mese di marzo, *che soldi* 12 *di Genova* facevano *un perpero di Pera*, e parimente che un *perpero di Scio* si valutava in Genova *soldi* 11 moneta *Gianuina*, e che oro L. 48. 6 *di Genova* facevano *bisanzi di Cipro* 1,141 e soldi 2, cioè *ogni lira di Genova* valeva *perperi* 4. 19. 2 *di Cipro*.

1341 31 marzo. Nel notaro Gregorio Camogli, mezzo barile d'olio valeva L. 1. 10 di Genova.

1341 4 aprile. Nel notaro Giorgio Camogli *fiorini* 40 *erano L.* 30 *di Genova*.

1343 primo febbraro, in atti del notaro Tommaso Casanova *fiorini* 6 *d'oro* valevano *L.* 7. 10 *di Genova*.

1345 9 novembre. In atti del sud.° notaro Casanova nell'instrumento fatto dalli 4 sapienti della città con li muratori che doveano fare le mura da *S. Tommaso di Fassolo in Pietraminuta* per il recinto della città medesima fu stabilito il prezzo di *soldi* 55 per ogni cannella di dette mura.

1347 30 novembre, in atti del not.° Giovanni Pigunne, *fiorini* 100 *d'oro* valevano *L.* 25 *di Genova, cioè soldi* 25 *l'uno*.

1356. Nel suddetto notaro alli 27 agosto *Giannini* 50 *boni auri valent L.* 62. 10 *Genuae*.

1356. In Cartul.° Comm. c.e 530, *fiorini* 50,000 erano L. 62,500; sicchè erano *soldi* 25 *per fiorino*.

1383. Il fiorino d'oro valeva soldi 25 di Genova, moneta *di Giannini*, come dal Cart.° *magistrorum rationalium* C.° 328, ove dice *fiorini* 900 *valent* L. 1,125 *Januinorum*.

1388. Manfredo, ammiraglio di Sicilia, pagò alle galee genovesi che gli aveano conquistata l'isola delle Gerbe contro il re di Tunisi *fiorini* 36.

1409. Nel not.° Giuliano Cannella 28 ottobre, un *fiorino d'oro* si valutava *soldi* 25 de'Giannini.

1409 18 agosto, in detto not.° Cannella, *fiorini* 100 *d'oro* si valutavano L. 125.

1442 19 agosto, nel not.° Giovanni Crovara, *fiorini* 100 *d'oro* correvano a *soldi* 25 di Genova per ognuno.

1461 17 agosto, in atti del not.° Oberto Foglietta in uno instrumento doppie 150 si valutavano *soldi* 47 per ogni doppia.

1461 7 novembre, nel notaro Nicolò Garumberio L. 4,000 *Januinorum monetae currentis ad solidos* 37 *cum dimidio pro singulo ducato largo*.

1463 23 agosto, in detto notaro Foglietta, il ferro valeva L. 2. 18 il cantaro.

1467 12 giugno, in uno instrumento di detto not.° *la doppia* valeva *soldi* 20 *e den.* 8 di Genova, come giudicò l'uffizio di Banchi in una causa di lettere di cambio.

E al 14 luglio detto anno, in detto not.°, li velluti a 3 peli negri si valutavano L. 1. 7 il palmo, li morelli e verdi L. 1. 14, e li cremisi L. 2. 10, come pure conferma lo *Stella* negli Annali di Genova.

1469 23 maggio, nel not.° Oberto Foglietta *fiorini* 100 *d'oro* valevano L. 125 di Genova moneta corrente, come da instrumento fatto a favore di *Antonio Gropallo Pesciaro*.

1467 17 marzo, in detto not.° la doppia si calcolava soldi 20, come in un istrumento di estimo, e L. 701. 16. 9 *bonae monetae* hanno il valore di doppie 701, fiorini 6 e den. 9.

1476 11 dicembre, in atti di detto Foglietta, in uno

instrumento doppie 55. 6. 8 sono valutate L. 95. 6. 8.

1515. In Cartul.° P. IV, c.° 189 in Mariettina figlia di Francesco Usodimare, obbligazione di luoghi 7 e L. 50 in isconto di L. 500, sono valuta di L. 704 de' *giannini*, moneta corrente per il loro valore.

1522. In Cartul.° O. M., C.ᵗᵉ 156, sotto la colonna di Paris Giustiniano, C.ᵗᵉ 504, L. 50 *de' giannini* a P. 15. 8 per lira di *paga* erano L. 58. 5.

1525. In Cartul.° B. p.° luglio *super Magdalenam filiam Antonj Lomellini*, moglie di Domenico De'Marini, nel testamento di detto Domenico consta che L. 5,280 de'*giannini* a *soldi* 55 dice *P.* 55 per *ducato*.

1525 15 agosto, in Cartul.° S. in S. Giorgio sopra Antonietta figlia di Paolo Spinola, ove sono descritti luoghi 10 per pagamento di L. 578. 1. 4, consta che nel 1452 la moneta correva in Genova soldi 47 per *ducato*, e del 1525 a soldi 66. 2. per ciascun *ducato d'oro largo*.

1532. In Cartul.° primo, numerati li scuti d'oro a P. 6. 9. e li scuti del sole a soldi 6. 9, come in numerato 1531 alli 25 gennaro.

1550. In Cartul.° S. L., C.ᵉ 156 sotto la colonna di Antonio Arengo in L. 10. 4 *januinorum* si riscontono L. 12. 16. 4, ragguagliata la paga *soldi* 15 e *den.* 11.

1556 di dicembre, Cartul.° 9°, numerati in Bernardo Centurione 572 *d'oro d'Italia* a P. 72 importano L. 1,440.

Ciò supposto, per intelligenza potrà ciascuno dedurre quali monete, e a qual prezzo corressero in Genova in detti tempi.

Parimente è da notarsi, che il *marabottino* (In Heme Gloss. tom. II, pag. 455) moneta *moresca* o de'*Saracini* (in Roderic. Tholet. Hist. Arab., C.ᵉ 20), come in una carta di Alfonso I° del 1157 e del 1290; in una comparazione fatta fra lire di Francia e di Castiglia, dice che 24 *marabottini* di buona moneta valevano L. 24 di *tornesi negri*. Sono parimenti nominati li *marabottini* in una carta di Alfonso re di Castiglia del 21 7.bre 1258, in cui 10 marabottini sono computati 15 *solidos Pipienses pro marabottino*; e in altra carta di Portogallo, manoscritta, 200 oro di Valenza facevano 400 *marabottini*. Dice detto *Glossario* che questo vocabolo viene da *Mori di marabotin* et *maravedis: vedi Dictionnaire de Trévoux*, a queste parole *Marabotinè, Bisantiè, Solidi romani*. Vedi *Du Cange Gloss.* A queste parole (vedi Enciclopedia, Spagna) che chiamavano *Marani*, che essendo questi da Spagnuoli estinti, prese le loro spoglie, dette *spoglie de' Marani*, ne venne il detto *di bottino de'Marani* ossia *marabottino*, nome dato alla moneta.

Bisanzio ossia Bisancius (*Gloss. cit.*, tom. I, fol. 665) moneta *Costantinopolitana* usata dagli imperatori di Costantinopoli. *Johannes* VIII, *epist.* 155, *primus videtur hanc vocem usurpasse, et in Charta Henrici imperatoris anno* 1075 *apud Thiritem, ut unus aureus, quem Bisantium dicimus singulis annis persolvatur pro monasterio Hirsaugiensi et anno* 1007 *pro monasterio Salisburgiensi ut unus aureus, quem Bisantium dicimus.*

Pictavini seu Pictavienses (Gloss. ub. sup.) Gregor. VII (lib. 9, epist. 7) *octo nummi Pictaviensium* (*Pictavienses Bruni*). *In tabulario Angoriacensi*, fol. 222, (Gloss. tom. III, coll. 271). Era questa moneta di Poitù in Francia, nominata *Pictavini*. *Denarii pictavini in chart. anni* 1158, *in Hist. Comit. Pictaviens. Beslii, p.* 429, *et in alia anno* 1105, *pag.* 403; *ccc solidos pictavienses mandans, et cc alios solidos minutarum optimae monetae:* e nella carta di Alfonso console di Poitù, *mandans que nous puissez rendre certaim du prix et de la losde poitevins, et du pois...... A quelle mencie nous peurions faire en nostre terre de Poitù.*

Da questo nome di *Pictavini*, pare che gli storici che hanno scritto di Genova abbiano fatto *sbaglio* di nominare che si spendesse ne'tempi antichi la moneta di *Pavia*, invece di *pictavini*, e che però fossero ancora in uso i *Bruniti*.

Pipio, moneta assai minuta di Spagna, Charta Alphonsi regis Chastellae ann. 1258 apud Perardum *decem Maravitinorum* (marabottini) *computatis* 15 *solidis Pipianam* pro *maravotino*.

Perperi, latin. *Hyperperi* (*Gloss. ub. supra*) aut Puerperi in Alvi infim. numism. (cap. 54). *Thudelobu quippe Purpurati dicuntur*, lib. p., pag. 789, *qui appretiati erant* 120 *denariorum solidis*, *eadem habet Baldicus*, pag. 105, *sed et Guibertus Bisantinos Purpuratos aureos fuisse omnino testatur* (ut anni unius lib. 4, c.ᵉ 5) *ex frumento sarcina ex* 8 *eorum Bisantiorum pretio distraheretur, quos ibidem Purpuratos vocitant, qui* 120 *nummorum solidis estimabantur.* Ma il Theoriano che vivea in quel tempo di Emmanuele, imperatore greco, sente diversamente, e Guglielmo Tirio ritengono la voce greca, 22 *millia Hyperperorum, et* 5,000 *marcarum argenti examinatissime dicebatur esse largitus.* Molti autori poi citati ivi dal Glossario dicono *Hyperperi, Hyperperos*, *Hyperperae* et *Perpera*. *Pactum initum inter Michaelem Paleologum et Genuenses. Hyperperos autem aureos fuisse apparet ex dicto pacto, nam exprimitur Hyperperos aureos et Turdipharos,* come consta da altra carta di Balduino II imperatore di Costantinopoli. Dice il Porcaccio de Insul. e il Lemelavio, che li *Perperi* di Cipro valessero quanto un *Marcello veneziano.*

Si ha da uno instrumento fatto da Gio. Batista Fiesco, commendatore di S. Giovanni di Prè, che un *giannino* valeva come un *fiorino*, e che 29 mezzarole vino calcolate 40 *giannini*, che veniva L. 1. 8 circa la mezzarola, che un terzarolo di vino tiene pinte 48 in peso libbre 148, e una mezzarola vino pesa libbre 444.

Gio. Villani, lib. 6, cap. 54, dice, che il *giannino era certa moneta d'oro* fatta dalli Genovesi all'esempio de'Fiorentini, che nel 1252 sedati li tumulti della città *primi di tutti batterono una moneta d'oro* che chiamavano *fiorino* e lo computavano soldi 20 per fiorino: talchè una lira di fiorino faceva un fiorino d'oro di buon peso. Nel tempo di messer Filippo Ugoni di Brescia, fiorini 8 pesavano un' oncia. Detto fiorino, secondo la diversità de' paesi, chiamavasi diversamente. In Firenze *fiorino*; in altri luoghi *ducato d'oro*; e in altri *scuto del sole*, e appresso li Genovesi *giannino*.

Comment. ad Ducem Sabaud.

Januens. Emphit. Roma 1748 fra Fr. Gerolamo Baciadonne, commend. di S. Giovanni di Prè, e Maria Ottavia Spinola Torriglia.

Nota, che nel 1404 da questo anno innanzi dice = Trovo che il *fiorino d'oro* si cominciò addimandare *ducato* et altri lo addimandavano *giannino*, il quale valeva come abbiam detto, e come qui sotto appare.

1349. Nel notaro Predono Pignone del mese di gennaro *infrascripti servientes seu Balisterj confessi furrunt Antonio de S. Ulcisio de Janua habuisse florenos quinque, seu januinos quinque boni auri et iusti ponderis et de bono cunnio civitatis Januae.*

1351. In un altro instrumento *Linè uxor p.n D. Oberti de Vassallo* ricevette *coram testibus*, et notaro de Gotifredo Gentile *L.* 250 *Januae in gianninis seu florenis aureis* 200 in Thoma Casanova notaro 1437; in un altro instrumento il *fiorino* ossia il *giannino* valeva P. 25, *floreni* 200 ossia L. 250.

1638. Il cardinale Stefano Durazzo, arcivescovo di Genova, ordinò che le enfiteusi e canoni ecclesiastici da scuotersi in lire, soldi e denari da Cartularj di S. Giorgio, si calcolasse lo scuto d'argento a L. 5. 16.

Nel 1565 e 1567 si stamparono ne'suddetti anni scuti d'argento con da una parte l'inscrizione di = *Conradus rex Romanorum* e il griffo nel mezzo, e dall' altra parte una croce con quattro stelle e all'intorno il titolo *Dux et gubernatores reipublicae Genuensis* (Janua).

Nel 1633 si stamparono in Genova scuti d'argento col griffo e la corona.

Nell'anno 1638 fu abolito il nome di *Corrado* dalle monete e si coniarono nuovi scuti d'argento, doppie d'oro e loro spezzati coll'effigie di Maria SS. e l'epigrafe all' intorno: *Et rege eos*; e dall'altra parte la croce, antico stemma della repubblica, con intorno il titolo *Dux et gubernatores reipub. Genuensis*, siccome da questa parte posto vi aveano il griffo segnato dell'antico *castello della chiesa*, così denominato.

Nel 1673 la repubblica fece stampare altra moneta coll'imagine di S. Gio. Batista da una parte, e lo stemma della repubblica dall'altra con corona reale; e del 1775 fece coniare monete d'oro da L. 50, da 100 e da 25; di argento da L. 2 e 1; da 10 soldi e da 5; del 1792 si stamparono monete d' oro del valore di L. 96, 48, 24 e da 12; scuti di argento da L. 8, da 4 e da 2, e biglione d'ogni maniera, cioè quattrini da quattro, o terza parte del soldo, da otto, parpaiole ed i così detti *cavallotti*, moneta del valore di 4 soldi.

È vano il dire, che di queste ultime monete di Genova ne sono ancora moltissime in circolazione; non lo è però l' aggiungere, che esistono tuttavia presso gli antiquari scuti d'argento col nome di *Corrado*, come pure monete d'oro colle stesse impronta e leggenda. E noi abbiamo per fermo, che la più preziosa privata raccolta di antiche monete Liguri, che esista oggidì in Genova, la quale possa reggere al confronto di quella della regia università, sia quella che sta formando il sig. avvocato Gaetano Avignone, al quale auguriamo di cuore il tempo e la costanza necessaria a perfezionarla.

E non sappiamo, per vero, come meglio metter fine a questa nostra fatica, se non incoraodo di nuovo il prefato sig. Avignone a persistere nella sua lodevolissima impresa, e contestando la nostra gratitudine alla sapienza dei Reali di Savoia, che abolirono l'ultima monetazione di Genova, sostituendovi con plauso universale il sistema decimale, che ogni uomo di senno deve desiderare di veder presto esteso ai pesi e misure comuni in questo paese.

FELICE ISNARDI.

SONETTI

I. — LA FELICITA'

Così un giorno Bertoldo a re Alboino:
O la camiscia ti procaccia e vesti
D'un uom felice, o ne' *dolor molesti*
Della gotta a languir siegui tapino.
Corso e ricorso vien l'ampio domino;
Chi brama un grado, onde il rival calpesti;
Desia quegli una donna, un poder questi;
Nullo contento è appien del suo destino.
Per caso al fin su inospite pendice
Vassi a un garzon, che pastorali avene
Modula, e canta, e ride, e par felice.
Contento sei? — Più che contento; — Or bene
La tua camiscia: — Che camiscia? ei dice.
Sotto il ruvido saio ei nulla tiene.

II. — L'ALUNNO DEL NEGROMANTE

tratto dal GOETHE

Sapeva Egon certe parole a mente,
In virtù delle quali uno stregone
Da un manico di scopa ottimamente
Servirsi fea siccome da garzone.
Egon per acqua il manda alla sorgente,
Va il legno, e riede, e n'empie la magione;
Basta, che fai? v'è un lago: è ciò niente,
Non sa, ond'ei cessi, le parole buone.
Infuriasi, alla scure dà di piglio,
Il manico n'è fesso e allor co'secchi
Van due dintorno, anzi che un sol famiglio.
Se alcun cagioni a mover s'apparecchi
Di cui gli effetti ignora ed il periglio,
Nell'improvvido Egon vo'che si specchi.

BENASSÙ MONTANARI.

I PASTORI D' ARCADIA

Stannosi qua e là sulla terra certe romite e tranquille contrade, le quali, separate o per monti o per fiumi dalle circostanti provincie, e ricche di queti ed ombrosi recessi, paiono preparate dalla natura ad ospitale ricovero di quelle anime travagliose, che le tempeste della vita cittadinesca quassarono e fecero bisognevoli di ristoro. Esse offrono, per dir così, un porto amico ai naufraghi della società, un asilo sicuro e pacifico ai perseguitati dalla fortuna e dagli uomini. Ivi è mitezza di cielo, abbondanza di acque, fecondità di suolo, verdezza di piante: ivi il creato sorride e s'ammanta di tutta la schietta giocondità del giorno suo primo. Tali sono, per esempio, a' dì nostri alcune interne ville della Toscana, alcune castella delle Calabrie, alcuni cantoni della Svizzera: tale era un tempo l'Arcadia, contrada la quale collocata nel cuore del Peloponneso, e cinta all'intorno di inaccessibili rupi, chiudeva nel solitario suo seno placidi e cristallini fiumi, liete convalli, ameni prati, arcani boschetti, con quanto altro naturali vaghezze chiamano l'animo a dolci ed innocenti pensieri. Un popolo di contadini o pastori, semplice come gli oggetti che circondavanlo, animava quel paese, vero santuario di tranquillità e d'innocenza. Ignaro dei fittizi bisogni che tanto moltiplicano le spine della vita, questo popolo traeva dal solco e dalle greggio sufficiente ricchezza per esistere lietamente, nè invidiava alla vicina Grecia l'affannosa celebrità delle sue militari ed artistiche glorie. I poeti, usi a vestire di allegoriche menzogne i fatti conservatici dalla storia, ogniqualvolta possano essere fonte di utili documenti, adombrarono nell'Arcadia e ne' suoi abitatori le soavità di una vita pura e sgombra di cure, nè havvi cuor sensitivo che non si sereni ed allegri al quadro, che essi fanno, di quella sì dolce e quieta esistenza. Ma ciò che le penne de' greci e de' latini verseggiatori affigurarono coll'artificio della parola, mirabilmente espresse, nella sovrapposta tavola, il maestro pennello del Poussin, a cui si dischiuse, per tale acclamatissimo lavoro, novella fonte di plauso e di rinomanza. Semplicissima, come all'indole dell'argomento addicevasi, è la composizione in discorso: constando l'intero quadro di sole quattro figure pastoreccie, tutte con varia, ma naturale ed ingenua posa, intente ad esaminare l'Epigrafe *et in Arcadia ego* scolpita sur una tomba. Nel che proponevasi il sommo maestro esprimere un profondo morale concetto, più facile a concepirsi colla mente, che a bene e pienamente dichiarare coi detti. Calma e innocenza spira la campagna circostante alla tomba: calma e innocenza il modesto e tenero senso impresso ai volti, agli atti, alle fogge, a tutta quanta la persona di quelle soavissime figurine. Si che entro i confini di breve tela leggesi, in certo modo, descritta ed ispiegata l'Arcadia, meglio che in lungo discorso altri nol farebbe per avventura. Nè, se lodevole oltremodo si è il concetto, la composizione e'l disegno, pregevole meno vien reputata la vaghezza e l'impasto delle tinte, dovendosi anzi dire, per concordo asserzione degli intelligenti, essere questo merito principalissimo di tale insigne lavoro: intorno al quale non aggiungeremo noi altre parole, sì perchè opera notissima, e riprodotta, più d'una fiata, col bulino e coi colori, in Francia e in Italia, sì perchè il farlo degnamente e con proporzionata diffusione, eccederebbe gli angusti confini del luogo che ci è concesso, e quelli più angusti ancora della nostra artistica intelligenza. Sull'Arcadia, poi, daremo in altro numero un'accurata notizia uscita da penna coltissima.

Cav. BARATTA.

ALCEO

Ebbe per patria Mitilene, città splendidissima dell'isola di Lesbo, e per fama di lettere chiarissima. Negli antichi tempi fiorirono Pittaco, annoverato fra' sette sapienti della Grecia, e il nostro Alceo, e suo fratello Antimenide. Più tardi fiorì il retore Diofane; e, all'età di Strabone, Potamone, Lesbocle, Erinagora e lo storico Teofano. Fra gli scrittori non v'ha discrepanza di opinioni intorno al tempo in cui fioriva Alceo, tranne di qualche anno più, o di qualche anno meno. La maggior parte poi si attengono alla cronaca di Eusebio, che fa fiorire Alceo circa l'olimpiade quarantesimaquarta, 604 anni avanti l'era volgare. Il solo che prese un abbaglio fu il celebre Ennio Quirino Visconti; imperocchè disse esser nato Alceo sei secoli innanzi l'era volgare. Se non che altro è esser nato, altro esser fiorito. Ed ove si ammettesse tale asserzione, troppo grande sarebbe la distanza fra gli anni di Pittaco e di Alceo, che sappiamo essere stati coetanei, amici e liberatori della patria.

Sin da fanciullo seguì Alceo una severa milizia, non le sole lettere; e tanta gloria si acquistò di fortezza per le belliche gesta, che viene altresì annoverato fra gl'illustri capitani dei Lesbi. Egli stesso in età più matura gloriavasi che la sua casa risplendesse di elmi, gambiere, scudi, loriche, spade, di tutti in somma gli ornamenti di cui s'era servito in guerra. Udiamolo nei seguenti versi che sono fino a noi pervenuti, e che offriamo tradotti dal valente illustratore della lapide Rodia, Giovanni Veludo:

Di bronzo splende il mio superbo ostello;
N'è il tetto d'elmi rilucenti adorno:
Ivi marmorei simulacri sparsi
Sono d'intorno.
Di sopra agli elmi bianche creste equine
Ondeggiano, e di chiovi ascosi al guardo
Miro intessute folgorar schiniere
Averse al dardo.
Qua calcidiche spade, e là giubboni
Di lin recente, e cavi scudi a terra,
E perizòmi, e cingoli che in pria
Portati ho in guerra.

Se non che fu meno terribile guerriero che formidabile poeta, come apparirà da ciò che siamo per raccontare. Combattendo fra loro i Mitileni e gli Ateniesi pel possesso di Sigeo, occorse che mentre ferveva il conflitto, e gli Ateniesi erano vincitori, Alceo si salvasse colla fuga, e che delle sue armi s'impadronissero i nemici, i quali le appesero davanti il tempio di Minerva ch'è in Sigeo. Questo fatto non solo viene narrato da Erodoto, ma fu dallo stesso poeta liricamente espresso nel carme che inviò a Mitilene all'amico suo Menalippo, porgendo avviso della propria calamità. Di siffatto carme non si leggono che due soli versi assai guasti in Strabone, che furono dagli eruditi interpretati in vario modo. Noi gli offriamo tradotti secondo la lezione adottata dal Veludo:

Salvo è Alceo; ma di Pallade
Glauca nel tempio appese
Dagli Attici ne furono
E l'armi ed il pavese.

Per lo vanto che da queste spoglie trassero gli Ateniesi risalta la fama in che era Alceo non solo come poeta, ma come uomo amantissimo della patria, bellicosissimo, ed infesto ai nimici ed ai tiranni colle armi e coi versi. Ignoriamo quindi la cagione per cui il Barthélemy abbia chiamata vergognosa la fuga del poeta; e l'estensore dell'articolo *Alceo* nella Biografia universale, non contento di averle dato un somigliante epiteto, abbia per sopra più soggiunto che abbandonò vilmente le armi. Nessuno degli antichi, che sia a nostra notizia, diede siffatta appellazione alla fuga di Alceo; e il padre della storia, Erodoto, si limita a dire che il poeta *fuggendo salvossi*. Se vergognosa, se vile fosse stata la fuga di Alceo, quale gloria, qual vanto ne sarebbe derivato agli Ateniesi, consacrando l'elmo e lo scudo del poeta nel tempio di Minerva Glaucopide? E poi avrebbe mai Alceo, tanto superbo delle sue belliche gesta, che preponeva queste alla stessa poesia, avuto l'impudenza di eternare coi carmi un fatto che testificasse la sua vergogna e la sua viltà? Oltre di che, faremo osservare che in questa pugna non si trattava di difendere la patria libertà; si trattava soltanto di ripetere il possesso di un paese già occupato dagli Ateniesi. Se i pregiudizi de' bassi tempi non ci avessero, con tante altre, invidiato anche le poesie di Alceo, non si troverebbe in esse ch'egli abbia insegnato altrui a blandire da cortigiano il proprio signore, facendogli confessare d'esser fuggito dalla battaglia, estremo esperimento della moribonda libertà, e di aver avuto per aiutatore un Iddio.

L'età in cui visse Alceo fu in que' tempi ne'quali la repubblica de' Mitileni, come sappiamo essere avvenuto a parecchie città libere della Grecia, era da domestiche dissensioni e da ferocissimi odii sconvolta. Di qui si accesero fazioni e guerre intestine, dalle quali è facile immaginare uscissero alcuni uomini che, sedotti dalla brama di padroneggiare, afferrassero l'opportunità d'impadronirsi della pubblica cosa. Per lo che in quella stagione molti tiranni usurparono l'assoluta potestà di Mitilene, fra'quali ci vengono ricordati Mirsilio, Megalogiro, i Cleanattidi, e finalmente Pittaco. Contro costoro inveì fortemente Alceo, contrarissimo a novità. Se non che vi furono taluni che sospettarono ch'egli stesso non fosse del tutto immune dall'amore delle novità. Pure ci sembra che l'invidia abbia voluto deprimere Alceo con questa falsa accusa, dando una sinistra interpretazione, come talvolta succede, a quell' ardentissimo amore verso la patria, da cui era infiammato il suo petto, o a quella insaziabile brama di conservarne la libertà. Egli combattè con varia fortuna contro i tiranni; ora costrinseli partire dalla città; ora fu egli stesso da essi discacciato. Ma nessuno in fra loro perseguitò con più implacabile odio dell' ultimo, cioè di Pittaco. Ma sventuratamente ne pagò egli il fio: Imperocchè mentre comandava Alceo in unione al fratello Antimenide in qualità di condottiero l'esercito dei Lesbii, sollevatisi alcuni contro di lui, gli fu imposto di rinunziare alla sua dignità; e ciò per suggestione di Pittacò, a cui fu poi affidata la suprema autorità. Sopportò di mala voglia Alceo questo avvenimento, molto più quando seppe che Pittaco avea occupata la tirannide offertagli dai cittadini, perchè s'accorse che d'ogni trama era stato cagione Pittaco, e perchè previde che avrebbe allontanati dalla città tutti quelli che fossero stati da lui giudicati contrari a' suoi divisamenti. Quindi acceso di grandissimo odio contro Pittaco, siccome dai seguenti versi puossi di leggieri conoscere, non solamente lo ingiuriò con acerbissime imprecazioni e diffamazioni, e gli portò perpetua feroce nimicizia, ma deliberò eziandio di vendicare colle armi l'oltraggio fatto a se stesso e alla patria:

Sino alle stelle dagli Eolii alzato
Fu Pittaco, di sangue oscuro e indegno,
Posto tiran della città, cui sdegno
Mai non accende, e a cui nimico è il fato.

Se non che, contro la comune opinione, fu Alceo dichiarato nemico della patria, e mandato con molti altri in esiglio. Allora, postosi alla testa dei proscritti, portò la guerra contro la ingrata sua patria. I Lesbii gli opposero Pittaco, rimasto vincitore. Dopo essere stato alquanto tempo lungi da Mitilene, Alceo si accinse a ritornarvi; ma l'impresa gli riuscì così a male, che cadde in mano del suo emolo; il quale, memore dell'antica amicizia, piuttosto che delle offese cagionategli da quel fiero repubblicano, e non volendo nel cittadin sedizioso riconoscere che il seguace delle Muse, gli fe' dono della vita e della libertà, dicendo che il perdono vale più del gastigo.

Nulla si sa intorno la morte di Alceo e il rimanente della sua vita, tranne che fece alcuni viaggi, e visitò l'Egitto. Per ciò che spetta agli amori di Alceo con Saffo, diremo che non si fondano che sopra la sola testimonianza di Aristotele, il quale nel lib. I della *Rettorica* riporta il seguente verso di Alceo indiritto a Saffo:

Io te 'l direi, ma per vergogna il taccio.

A cui la poetessa rispose:

Sozzo pensier convien che il cor ti tocchi,
Poichè a mostrarlo fuor vergogna e tema
Ti son freno alla lingua, e velo agli occhi.

Quanto poi dice Ermesianatte Colofonio della rivalità ch' ebbe Alceo con Anacreonte a cagione di

Saffo, noi stimiamo che sia un trovato della sua fantasia, mancando le prove della sua asserzione.

Ad Alceo finalmente vengono rimproverati due brutti vizi: l'uno di essere stato troppo dedito al vino, e l'altro di aver cantato *Lycum nigris oculis nigroque crine decorum*.

Non è nostro intendimento di voler ribattere a dilungo siffatto accuse, o perchè non sono fino a noi giunte le poesie di Alceo, e perchè nessun altro scrittore, tranne Cicerone ed Ateneo, si occupa di tale argomento. Faremo soltanto osservare a discolpa del nostro poeta, che non bisogna prestar facile credenza a tutto ciò che dicono i cantori, essendochè fingono alle volte senza necessità nello scrivere cose immaginarie. E se i soggetti trattati da Alceo lo rendono degno di biasimo, ha egli comune questo biasimo con tutti i poeti dell'antichità, che del vino, fomite dell'ingegno, troppo teneramente ragionarono. Ma ciò inoltre che lo rende scusabile si è l'aver condotta una vita agitata, frutto della sua natura inquieta, e di un troppo ardente amore di patria, che non essendo mai appagato, lo indusse a discacciare col vino i pensieri, e a trovare in esso un conforto nelle sventure.

In quanto alle lodi da lui cantate ai fanciulli, tolga Iddio che noi sospettiamo altro non essere che l'espressione del desiderio che di sè inspira la virtù. Aggiungasi che della ingenua, guardinga, virginale amicizia che appo i Greci si contraeva mercè le attrattive della bellezza, non è dato a tutti il favellarne; e a chi pur ne favella, egli è mestieri co' cav. Mustoxidi la legge ricordare di Solone, la quale proibiva ai servi l'amare fanciulli, annoverando un siffatto amore fra le più decorose applicazioni, ed esortando a ciò coloro che degni n'erano, al tempo stesso che le vietava agl' indigeni. Come poeta, Alceo arricchì la greca musa di un nuovo metro, e Roma gli va debitrice del Lirico di Venosa. L'aver questi detto:

> . . . . *age, dic latinum*
> *Barbite, carmen,*
> *Lesbio primum modulate civi,*

non deve far credere che Alceo sia stato l'inventore del *barbiton*, poichè Pindaro presso Ateneo ne fa autore Terpandro di Lesbo. Orazio adunque con ciò volle manifestare la somma prestanza con cui Alceo, superando tutti gli altri in siffatto genere di poesia da lui cantata sul barbiton, giunse fino a farsene considerare siccome l'inventore. Le poesie di Alceo dalle vicissitudini della sua vita contrassero quella tinta grave e politica che le rendeva così care agli antichi, massimamente ai Romani, mercè le applicazioni che ne faceano alle tempeste della loro repubblica. A ciò appunto alludeva Orazio allorchè diceva:

> . . . . *sed magis*
> *Pugnas et exactos tyrannos.*

Nelle sue Odi Alceo trattò diversi argomenti. Lasciò da prima libero sfogo alla sua vena contro i tiranni (*Alcaei minaces*); cantò poscia le lodi degli Iddii (*Hymnum in Apollinem*), ma in ispezialità di quelli che presiedono al piacere (*Liberum et musas veneremque et illi semper haerentem puerum canebat*); indi i suoi amori, le sue militari fatiche, i suoi viaggi, la sua fuga e le calamità dell'esiglio:

> *Et te sonantem plenius aureo,*
> *Alcaee, plectro dura navis,*
> *Dura fugae mala, dura belli*
> . . . .
> *Qui ferox bello, tamen inter arma,*
> *Sive iactatam religarat* . . . . .
> *Littore navim* . . . .

Lo stile d'Alceo è sempre adattato all'argomento, se pur nol tradisce la lingua del suo dialetto, l'eolico. Vi si trova congiunta la magnificenza alla forza, la concisione alla chiarezza ed alla ricchezza. Quando si tratta poi di descrivere battaglie e spaventare i tiranni, Alceo pareggia spessissimo Omero. Aristarco ed Aristofane di Bisanzio avevano fatte alcune edizioni delle sue opere, di cui non ci rimangono al presente che alcuni frammenti, conservatici da Ateneo, Suida, Strabone ed Eraclide Pontico, i quali furono poi raccolti da Michele Neandro, da Enrico Stefaro, e con maggior diligenza da Fulvio Orsino. Cristiano David Jani, uno degli editori delle Odi di Orazio, pubblicò dal 1780 al 1782 tre *Prolusioni*, che racchiudono i frammenti di Alceo imitati dal poeta latino. Nel 1810 Teodoro Federico Stange riunì siffatti opuscoli in un volume che comparve in Halla col titolo: *Alcaei poëtae lyrici Fragmenta.* Ma nel 1814 i frammenti di Alceo furono nuovamente raccolti da Jacopo Blomfield nel *Museum criticum* di Cambridge. Il Gaisford nel 1823 si valse della collezione di Cambridge per la sua raccolta dei poeti minori (tom. III). Se non che il Matthiae, parlando di questa edizione, si espresse che doveva muovere le stesse lagnanze mosse un tempo dall'Orsino relativamente all'edizione di Enrico Stefano. Ma quella che vince di lunga mano tutte le antecedenti è l'edizione del 1827 di A. Matthiae, intitolata: *Alcaei Mytilenaei reliquiae: collegit et annotationes instruxit.* Il Federici ommise di ricordare le edizioni del Blomfield, del Gaisford e di A. Matthiae, e s'ingannò quando credette che David Jani avesse raccolto e illustrato i frammenti di Alceo; imperocchè egli, come dicemmo, non fece che illustrare i versi di Alceo conservati in Ateneo, ed imitati dal Lirico Venosino. I frammenti di Alceo furono tradotti in lingua alemanna, francese ed italiana. Ma versione compiuta italiana dei frammenti di Alceo noi non conosciamo che quella ancora inedita del Veludo. Chi amasse poi di conoscere tutti i lavori che illustrano i frammenti di Alceo, consulti il *Lexicon bibliographicum* dell' Hoffmann, stampato a Lipsia nel 1832.

Prima di deporre la penna ci pare di dover

avvertire che le poesie di Alceo, secondo quanto dicono Scaligero e Cardano, giunsero intere sino all' undecimo secolo dopo la nascita di Cristo. Ma noi, con buona pace di questi eruditi, non siamo dello stesso avviso. I carmi di Alceo molto tempo innanzi Gregorio VII (1173) debbono essere andati smarriti, perciocchè non venne a cognizione nè di alcuno dei più recenti grammatici, nè tampoco di Giovanni Stobeo, che trasse da altro luogo un solo frammento di Alceo. Quelle cose poi che di lui si riportano da Fozio, da Suida, dall'Etimologico, si deggiono a più antichi grammatici. Se non che non potendo noi su tale quistione nulla stabilire di certo, tenghiamoci paghi di ricordare alcune sentenze di Alceo. = Il fasto privò sempre del senno. — Gli uomini valorosi sono rôcche della patria. — Prima della vite non pianterai nessun albero. — Il vino è cannocchiale agli uomini. — La povertà è cosa dura ed insoffribile; ha per sorella la disperazione, e può domare un intero popolo. — La ricchezza fa l'uomo, e nel povero la virtù non si apprezza. — Quando i venti sono deboli, il soffio n' è tranquillo. — La mente da se stessa s'innalza in ogni luogo. — Non recare afflizioni al nostro prossimo. — Il Cretese ignora il mare = proverbio applicato a coloro che fingono di non sapere quelle cose da cui dissentono. Ognuno poi sa che i Cretesi furono peritissimi nella navigazione. Prof. TIPALDO.

GRAN BATTELLO-SARCOFAGO

destinato al trasporto delle ceneri di NAPOLEONE

Fedeli alle date promesse, dopo avere inserti nei precedenti numeri i disegni delle principali opere d'arte eseguite pella ricordevole cerimonia delle Napoleoniche esequie, presentiamo ora a' nostri lettori l'imagine del grandioso battello-sarcofago, destinato al trasporto delle auguste ceneri all'ultima loro dimora. Un funebre tempio in legno bronzato, adorno con isquisitissimo gusto, nobili trofei d'armi e bandiere, lunghe ghirlande d'elicriso e di lauri, tripodi d'antica forma, ed un'immensa aquila d'oro collocata sul dinanzi della nave, rendevano questo colossale lavoro oggetto di meraviglia, nonchè di lode. Soltanto ebbesi a rammaricare ch'egli fosse poco atto al correre su le acque, e ciò fe'sì, che nonostante la sua rara bellezza, non venisse adoperato all'uso vero che avoane dettata la costruzione. (*Dai* FUNERALI DI NAPOL.).

DELLA MODA NEL VESTIRE

Più volte guardando noi ai così vari e bizzarri e ognor rinascenti capricci degli uomini, ci siamo recati a considerare l'età nostra spezialmente nella maniera dello abbigliarsi, ponendola ad agguaglio con le passate, a fine di pur conoscere, se, come in assai altri rispetti, così ella sia in cotesto singulare da quelle.

E innanzi tutto vedendo l'abito degli antichi venuti a noi più famosi per opere di senno o di mano, presentato, poco più poco meno, sempre di un modo, ci siamo innoltrati a pensare come in tante e sì rapide e continue mutazioni nelle forme del vestire, ci avverrà di andar figurati ai futuri. Il che intendiamo riferire particolarmente all'Europa (la regione della civiltà): chè tra il più de' popoli avuti oggi stesso per barbari, la foggia delle vesti, mantenuta su l'esempio de'loro antichissimi, è non meno stabile che grave o pittoresca. E in effetto, quando in ciò fu trovata una volta la forma più comoda o decente, qual cagione rimau più ai mutamenti fuorchè la leggerezza del cervello? Ma non è la migliore apparenza che si cerca oggi nell'abito: bensì la maggior varietà. Il che accusa meglio che altro quella volubilità inquieta, della quale maestra massima e perpetua è la Francia, senza il cui esempio il resto d'Europa o non conoscerebbe la moda, o non ne patirebbe una signoria così sguaiata ed incomoda.

Se tu, o lettore, vuoi pigliare un'idea vera di simiglianti mattezze (le quali passando ratto davanti a'tuoi occhi, nè pur ti lasciano il tempo di esaminarle e deriderle), piglia i così detti *figurini* di Parigi di soli alquanti mesi addietro, e ad uno ad uno vienli passando a rassegna fino ai presenti. Quante sono le follie che in cotesta materia ti sia dato crear colla mente (lasciamo per ora da parte, perchè meno strane d'assai, le usanze che si vengono rinnovando negli uomini), le troverai tutte, e con più altre, accolte in quello specchio de'ghiribizzi della Senna.

Là vedrai una donna tutta chiusa, anzi incartocciata in un ampio cappello, il quale si allunga orizzontale ben due palmi fuor della fronte: qui un'altra con un cappellino rivolto all'indietro a foggia di elmetto, e talmente piccino, che a pena le cuopre mezzo il capo. Ora ti si presenterà una minghcrlina, nuda le spalle, nudo il petto, con due larghi fasci di lucidissimi ricci (nota ch'e' sono di seta) appesi e tremolanti alle tempie: ed ora una paffuta, incastrata dal seno fino alla cintola in un fortissimo busto od usbergo, che digradando via via quasi imbuto, ne stringe e riduce in fine con inenarrabile strazio la vita in forma poco più di un rocchetto. Un'altra con maniche, le quali, avviandosi dai polsi a fuso, salgono a boccia, e da ultimo si rigonfiano a mantice con un giro di mole fuor d'ogni misura. E subito appresso eccoti la contraria con le braccia incarcerate in una specie d'intestino così duramente, che per poco non le schizza fuora la carne per le costure. A ristorarti poi dalla pena che ti sveglia una simile angustia, ne succederà presto una nuova, ingrossata ai fianchi e alle reni da non so che ciarpame, che a guisa di faldiglia si allarga in giro a fare ombrello alle gambe: indi un'altra con due bande di mussolina a bòffici, a trafori, le quali, calando giù dalle orecchie, si vengono a unire sotto il collo a maniera di sòggolo. Qual si acconcia in trecciere e spilloni alla zingaresca, o raccoglie i capegli in forma di piramide con su la cima un nastro a cappio che sventola a mo' di bandiera: qual ti si mostra la mattina in mantelletta o in una sorta di piviale a cappuccio; e la sera tutta ornata a veli, a bigherini, a ciniglia. Questa affonda il mento nel pelo di una màrtora: quella si fa stola di un serpente.

Nè le mode sono indicate qui per ordine, e tutte quante; chè sarebbe opera troppo lunga e diabolica il descriverlo ad una ad una co'nomi per lo più esotici, che elle portan con sè. Ci sarebbe da farne un dizionario ogni anno: dizionario, che si potrebbe dir *poliglotto*. Imperocchè là troveresti l'arabico, il chinese, l'africano, il siriaco, e con questi ogni leziosaggine partorita ad ora ad ora dai cervelli aerei delle loro inventrici (1).

Il tributo che la vanità paga ogni anno a così fatto industrie delle sarte e delle crestaie di Parigi, è grande, anzi smisurato: e non poche madri debbono a quello lo sconcio delle case loro e insieme la vergogna propria. La moda è una lima che logora le facoltà del privato con tanto più danno quanto che ella non è mai intermessa, e molta è sempre la spesa delle cose nuove, e poco si guarda oggi alla durata di quello che forse domani non userà più. Oltracciò la moda, abbracciata una volta, lascia che l'amor proprio e il timore della beffa chiudano il passo a ritrarsene. Talchè più volte ella canta ancora in vetta ai quattordici lustri. Noi non vorremo già persuadere le nostre gentili a retrocedere al costume ricordato a Dante dal suo trisavolo Cacciaguida con tanta semplicità e potenza di verso (2): ma sarebbe

(1) Bastino qui per un saggio i soli nomi delle varie maniere di stoffe preparate per l'inverno del 1841: — *La moire d'Orient brochée — la rèsille de soie — l'étoffe nacrée — la jaspine — le chiné rocaille — la soie cristal — le royal kachemir —* la *désiréide — la marbritine.* E odi poi come fu ideata e descritta quest'ultima. *Cela se voit d'ici, un genre de marbre, réduit aux plus fines et délicates proportions, présenté sur des fonds satinés, glacés, ombrés,* etc. etc. *Tous les granits, les porphyres, les lazulis, les malachites, ont été passés* AU CREUSET *pour produire ce tissu!!*

Ora poi, secondo il *Follet*, sono in gran voga i colori *flamme de Beyrouth* e *gris de St-Jean d'Acre*. Ed è un francese che pone ora questi nomi. Derisione svergognata!

E anche i fazzoletti furono recati a gran lavorio. Ora ve n'ha de'ricamati *a rivières — au point d'esprit — au point d'armes*, etc. etc. E come se anche ciò fosse poco, si grida a Parigi: *L'élégance des étrangers nous* DÉBORDE: *et si nous n'y prenons garde, on citera les femmes de Londres et de Saint-Pétersbourg plutôt que celles de Paris.* Ed ecco forse il perchè si è preso ora a incastellare quella capitale.

Veggasi per tutto ciò la *Moda* di Milano, num. 83, 93 e 95.

(2) . . . . « Fiorenza, dentro della Cerchia antica,
Ond'ella toglie ancora e terza e nona,
Si stava in pace, sobria e pudica.
Non avea catenelle, non corona,
Non donne cortigiate, non cintura
Che fosse a veder più che la persona.
Non faceva nascendo ancor paura
La figlia al padre: chè il tempo e la dote
Non fuggian quinci e quindi la misura.
Non avea case di famiglia vòte,
Non v'era giunto ancor Sardanapalo
A veder quanto in camera si puote.
Non era vinto ancora Montemalo
Dal vostro Uccellatojo, che, com'è vinto
Nell'andar su, così sarà nel calo.
Bellincion Berti vid' io andar cinto
Di cuojo e d'osso, e tornar dallo specchio
La donna sua senza il viso dipinto.
E vidi quel de' Nerli e quel del Vecchio
Esser contenti alla pelle scoverta,
E le sue donne al fuso ed al pennecchio.
O fortunate! E ciascuna era certa
Della sua sepoltura, ed ancor nulla
Era per Francia nel letto deserta.
L'una vegliava a studio della culla,
E consolando usava l'idioma
Che pria li padri e le madri trastulla.
L'altra, traendo alla rocca la chioma,
Favoleggiava colla sua famiglia
De' Trojani, di Fiesole e di Roma ».

PARAD. C. XV.

da desiderare che almeno in questo elle ci liberassero dalle tasse de'forestieri. Chè la servitù volontaria è peggio della sforzata; perchè quella è codarda e non punto compianta.

Quando tra noi le donne volgeranno l'animo e l'opera a cure nobili e degne delle speranze comuni, gli uomini, vergognando di parere da meno, e deponendo insieme quella mollèzza cortigiana che meglio gli avvicina a loro, sorgeranno e più gravemente operosi e più prodi. Chè grandi più che non si estima sono gli avvantaggi sperabili dalla onnipotente autorità delle più leggiadre ed amabili sul cuore di chi si fa loro devoto. Le più belle azioni de'cavalieri del Medio Evo, guardato a'dì nostri con tanta compassione, furon dovute a quella specie di culto con che si onoravano a gara le più segnalate di avvenenza e di meriti. Finchè adunque lo spirito si verrà acquetando nel diletto di sterili appetiti e nelle comparse puerili, non sono da attender fatti da tramandare con gloria ai futuri. Il progresso della civiltà non è significato nè dalla copia delle dilicatezze, nè dalla moda: ma sì dal vigore e dalla dirittura dell'animo e da un più generale esercizio delle virtù si familiari che patrie. Quando i Romani incominciarono a piacersi nelle lascivie del lusso, allora fu che la parte morale della nazione incominciò a dibassare. E noi, vedendo gli uomini d'oggidì, lasciata senza onore ogni disciplina di effetti alti e durabili, non intendere ad altro che al guadagno ed alle agiatezze, e costringer le medesime scienze a secondarne le cupidità e le industrie, confessiamo, che ove sia vero che per sì fatte vie si proceda al compimento di ciò che rende la vita più riguardevole ed onorata, la scuola del passato non ci vale più niente a giudicare dell'avvenire. Cav. M. Leoni.

IL TEMPIO DI S. PIETRO NEL SECOLO XIII

Simile ad una maestosa madre, intorno alla quale sta un cerchio di vaghe e graziose figlie tutte raggianti splendore di giovinezza, la grande basilica di S. Pietro, situata fuori delle mura, si alzava fra mezzo ad una moltitudine meravigliosa di altre chiese e cappelle e monasteri di ogni ordine. I Pontefici non vi possedevano ancora alcun palagio: ad ogni solennità vi si rendevano dal Laterano. Una scala di trentacinque gradi di marmo metteva alle tre porte dell'atrio, le cui mura erano coperte di marmi preziosi e di quadri. Da un lato su tre tavole di bronzo leggevansi i nomi di tutti i regni, città, isole e paesi tributari alla Santa Sede. Per mezzo di tre altre porte si entrava nel gran cortile che il papa Sergio avea fatto lastricare di marmo, e nel cui mezzo vedevasi un pino di bronzo dorato alto ben quindici palmi, il quale aveva già servito di ornamento alla tomba dell' imperadore Adriano. Nell' interno di questo pino vari tubi di piombo servivano di condotto ad una sorgente d' acqua viva, che scendeva lungo i suoi rami. Il pino era difeso da un tetto dorato sostenuto da otto colonne di porfido, e sopra il tetto vedevansi quattro delfini dorati essi pure, che gettavano acqua entro un grande bacino. Questo capolavoro era dovuto alla magnificenza del pontefice Simmaco. Porte coperte d'argento istoriate conducevano dal liminare del tempio nel santuario. Questa parte della chiesa racchiudeva nel suo seno tutto quello che da secoli e secoli la pietà de'Capi della cristianità avea saputo riunire di più prezioso o sia per la loro significazione simbolica, o sia per la ricchezza della materia e per la finezza del lavoro. Oltre l' altare maggiore dedicato a S. Pietro, vi si contavano ventisette altari, e certamente sarebbe cosa malagevole il decidere se più vivamente l'immaginazione de'forestieri venisse colpita dalle ricchezze profuse in questo immenso edificio, oppure dall'affluenza de' fedeli, che da tutte parti del mondo ivi accorrevano per pregare innanzi alle sante reliquie del Principe degli Apostoli, affluenza sì grande, che spesso era sommamente difficile il potersi ad esse avvicinare. Colà trovavansi varie cappelle ornate dei più bei musaici, e ricche in metalli e pietre preziose, santificate delle più venerande reliquie de'martiri, dei dottori e de'maestri della cristiana religione. I mausolei di quasi tutti i Pontefici, da S. Clemente in poi, pubblicavano qui per mezzo di erudite iscrizioni e di simboli le loro azioni, i loro meriti, la loro pietà a comune edificazione. Il cuore del fedele sentivasi penetrato dalla più viva e dalla più sincera ammirazione, veggendo in questo santuario de'più profondi misteri riunire le spoglie mortali di tutte quelle anime grandi, che da dieci e più secoli avevano diretta l'intelligenza delle passate generazioni, e che co'loro sentimenti, colle loro azioni, col loro sapere e co'loro costumi si erano innalzate sopra tutti gli uomini, salde colonne della verità e della religione. Nella parte che guarda l'Oriente, come per indicare la luce che si è diffusa pel mondo spirituale, torreggiava l'altare maggiore di san Pietro, ornato di tutto che l'arte e la ricchezza avevano saputo immaginare per meglio glorificare il santo Apostolo, e nella persona di lui. Quello che l'ha prescelto per essere la pietra su cui doveasi ergere al cielo l'edifizio divino della Chiesa apostolica. I soli successori di san Pietro venivano consecrati innanzi a questo altare. Quattro colonne di porfido sostenevano il baldacchino che lo copriva: e dodici colonne, sei delle quali erano state per ordine di Costantino trasportate dalla Grecia, erangli sul davanti di stile svelto e grazioso. Di fianco sfolgorava, simboleggiando la sorgente della vera luce che viene a squarciare le tenebre della terra, fra mezzo a'diamanti, a'rubini ed agli smeraldi, una croce d'oro finissimo del peso di mille libbre, dono del papa Leone IV; e sotto la croce stava la tavola d'oro dei due Testamenti, tempestata di smeraldi e pesante duecentocinquanta libbre. Allo intorno poi dell'altare erano sospese quaranta lampade d'argento, sulle quali ardevano di giorno centoquindici ceri, e duecentocinquanta di notte. Ma nelle grandi solennità, innumerevoli candelabri d'oro e d'argento, sotto forme ora di croci gigantesche, ora di alberi a grandi ramificazioni tutte sfolgoranti· ora di ghirlande ornate di gemme e di pietre preziose, raggiavano una luce quasi più viva di quella dell'astro del giorno. Un olio odoroso alimentava questa luce e spargeva per tutta la Basilica un delizioso profumo. Verghe d'argento sostenevano le tappezzerie del coro, che Pasquale I avea fatto fabbricare, e ch'erano arazzi in fondo d'oro: quarantasei di questi arazzi rappresentavano la passione di nostro Signore: altrettanti gli atti degli Apostoli.

Gli ornamenti dell'altare non la cedevano per nulla alla meravigliosa magnificenza di questo coro. Piedestalli coperti di lamine d'oro e d'argento (e molti ancora erano d'oro e d'argento massiccio) sostenevano la croce d'oro coperta di pietre preziose, quasi per indicare scomparsa l'ignominia della croce, e venuta in luogo di lei tutta la pompa dello splendore, dacchè su di lei Gesù Cristo aveva operato il grande universale riscatto. Sovra altri piedestalli si alzavano le statue di vari illustri uomini che si erano consecrati a Dio. Leone III avea fatto porre due angeli d'argento all'ingresso del coro. Dovevasi alla generosità del Quarto Leone, che fu uno de'principali benefattori di questa Basilica della cristianità, la grande statua che rappresentava Gesù Cristo assiso sul suo trono fra mezzo a due angeli e circondata da venti altri simulacri. Molti altri piedestalli portavano magnifici vasi, o servivano a sostenere cortine di un valore inapprezzabile. Ma quello che maggiormente a sè rapiva tutta l'ammirazione dei fedeli, era la vòlta figurata, significante il simbolo della rivelazione cristiana, lavoro più rimarchevole al certo per la profondità del senso misterioso, che non per la esecuzione artistica. Vi si vedevano i simboli de'misteri della Chiesa militante, la Croce e l'Agnello, dalle cui ferite sgorgavano cinque ruscelli, verso i quali portavansi le dodici tribù d'Israele sotto la forma di dodici agnelli: il Papa stava in atto di adorazione dalla parte dell'Agnello, o teneva in mano il vessillo della Vittoria. Sull'alto, in un cielo azzurro seminato di stelle scintillanti, compariva Gesù assiso su di un trono, ed aveva un libro nella destra, da cui effluivano i quattro evangeli sotto la forma de'fiumi dell'Eden, mentre i popoli, simili a cervi sitibondi, accorrevano per ascoltarne la voce. Pietro e Paolo, cinta la testa di un' aureola, annunziavano il Figliuolo del Dio vivente che veniva a promettere una novella vita a'fedeli. Da un bel gruppo di nubi usciva una mano, che lasciava libero il volo ad una colomba.

Se la vista di tante meraviglie innalzava l'anima del fedele alla contemplazione della magnificenza invisibile del cielo, quale e quanta commozione non avrà dovuta sentire, quando la voce solenne della scuola de' cantori, pervenuta già al più alto grado della perfezione, veniva a beare le sue orecchie! Allora era egli siffattamente dominato dall'estasi religiosa, che, immemore al tutto de' legami terreni, credevasi trasportato in quella città che il profeta addita a tutti gli adoratori della croce, quale sorgente della vittoria nella pugna, quale eterna luce negli oscuri sentieri della vita terrestre. Tale era di que' giorni la chiesa di S. Pietro, la metropolitana della cristianità.

FEDERICO HURTER.

(*Traduz. del cav.* ROVIDA).

GALLERIA DI S. LUIGI

NEL PALAZZO DI GIUSTIZIA IN PARIGI

Il disegno che qui porgiamo a'nostri lettori presenta l'aspetto di questa celebre sala, una delle più grandi e maestose che siano in Parigi, nello stato in cui trovasi dopo i dispendiosissimi restauri praticativi recentemente. Bellissimi, per unanime sentenza de'conoscitori, sono i lavori de'quali è discorso, sia che vogliansi considerare nel loro assieme, sia che l'occhio facciasi ad esaminarli ne' loro più minuti particolari. Ma i giornali francesi, alla cui sferza poco è che sfugga, rimproverarono, e con ragione, all'architetto che diresse le opere, di essersi attenuto al genere gotico, genere ripudiato dai nostri costumi, e che forma una specie di bizzarro contrasto con tutti i caratteri dell'epoca in cui viviamo. Checchè però di ciò sia, la galleria di S. Luigi merita un luogo distinto nel novero de' più insigni monumenti della capitale, nè v' ha viaggiatore che non rimanga ammirato pella molta maestà ed il molto oro che in ogni sua parte risplende. Pretendesi che nuovi e più grandiosi lavori stiansi oggidì preparando pella totale restaurazione del parigino palazzo di giustizia, nel quale il tempo e le civili dissensioni impressero più d'una fiata l'orma loro distruggitrice. « Noi, dice un artistico foglio a questo proposito, facciam voti perchè ciò accada : ma vorremmo che ai divisamenti da prendersi per cosa di tanto momento, presedesse un senno ed una prudenza che manca, spesso, ne' convegni di tal genere tenuti in Parigi ». Il tempo non tarderà a far chiaro se questo voto sia o no andato fallito.

Cav. Baratta.

ALESSANDRIA D'EGITTO

Non è nostro intendimento il ritessere qui la lunga e notissima storia de'fasti Alessandrini, mostrando come tale città, sagacemente costrutta sul più importante e felice punto del globo, ora sublimata ora depressa dalla capricciosa Fortuna, abbia in ogni epoca offerto l'esempio di quella instabilità, che è primo carattere di queste nostre larve terrene. A ciò abbondantemente e variamente provvidero e storici e cronologi, e quanti altri frugano con nome diverso entro ai nebulosi archivi del tempo. Nostra mente è bensì il dare in compendio una fedele imagine delle presenti fisiche e morali condizioni di questa celebre sede, valendoci, a tal uopo, della famigliarità contratta col luogo nel recente soggiorno colà fatto, e dell'onesta indipendenza d'animo con cui ci venne dato partirne, a differenza di molti, i quali accecati dall'odio o dall'amore, ora calunniarono, ora adularono queste contrade medesime, e l'avventuroso loro dominatore.

Muniti, adunque, di quelle pratiche nozioni che sempre richieggonsi a ben parlare di un sito qualunque, e non mossi da altro studio che da quello nobilissimo del vero, noi confesseremo candidamente che, nonostanti i prezzolati panegirici posti in voga nel mondo, lo stato attuale di Alessandria d'Egitto è compassionevole, e che se si tolga l'arsenale, e qualche altro edificio, albergo o strumento di tirannide, difficilmente troverebbesi sulla terra tanto squallore, tanta povertà, tanta mostra di materiale e morale decadimento. Illustrata dall'uomo gigante che diedele il nome, e dai colossali monumenti che feanla altre volte meravigliosa, Alessandria è, come Roma, una di quelle città alle quali è impossibile l'accostarsi senza che il cuore si scuota e palpiti, in petto, di non so quale arcana venerazione. Ma un disinganno crudele seguita, a breve tratto, questi primi sogni, e quasi saluti, della commossa imaginazione!.... Le parole possono appena esprimere il quadro lagrimevole che percuote lo sguardo.

Alessandria d'Egitto, edificata sovra un promontorio, o lingua di terra, la quale, avanzandosi alquanto ricurva sul mare, apre, negli opposti suoi lati, due capaci porti designati oggidì col nome di *nuovo* e di *vecchio*, annunciavasi, altrevolte, pomposamente alle mille navi che ogni dì colà da tutti i punti del globo accorrevano, colle magnifiche fabbriche ond'erano decorati i moli, e le interne sponde dell'una e dell'altra stazione. Primeggiava fra queste il gran faro, collocato dalla fama tra i sette portenti dell'arte antica, faro innalzato, appunto, all'imboccatura del porto vecchio, che è quello prospettante ad oriente. Biancheggiava, quindi, in seconda linea una selva di colonne, di torri, di templi, di obelischi, di edifici sacri e profani d'ogni guisa, sì che l'occhio del viaggiatore errava incerto in tanto labirinto di marmorei tesori, e mal sapea su quale dovesse primo arrestarsi. La falce del tempo e la rabbia degli uomini non ha lasciato più traccia di opere sì durevoli e grandi, e se non fossero le antenne di qualche inerte vascello entrostante, i nocchieri discernerebbero a stento in quale punto del lido africano innalzisi, oggidì, la città che è chiave del Nilo, e naturale emporio di tre parti del mondo! Nulla, assolutamente nulla, attraggesi l'attenzione del viaggiatore che osserva la moderna Alessandria dal mare. Il palazzo medesimo del pascià, edificato sull' estremità del promontorio anzidetto, denominata *Raz-el-tin* o *Capo dei fichi*, nulla ha che lo ponga al disopra delle fabbriche nostre più modeste e volgari: la sponda esterna altro non mostra, del resto, in tutto il corso del lungo e tortuoso suo giro, che qualche inelegante batteria, sfornita, essa pure, di que'pregi speciali, che nei lavori di tal genere peritamente costrutti rinvengonsi. Raro è che qualche sdruscita casupola accenni qua e là dimora di uomini, paese abitato. Questo tristissimo preludio, indice pur troppo veridico della interna miseria del luogo, riempie l'animo di chi osserva, di mesti e profondi pensieri, più facili ad imaginare che a esprimere.

Il porto nuovo è il solo che per ampiezza e profondità di acque offra adeguato ricetto così alla numerosa flotta del pascià, come ai molti legni attratti dai commerci alle sponde egiziane. Colà una scena altrettanto inattesa quanto imponente velando un istante la molta povertà che dietro ad essa nascondesi, affacciasi agli occhi del malinconico peregrino, e lo induce a migliorare le già concette scoraggianti impressioni. Varcati appena gli scogli che difendono l'ingresso del porto rendendolo difficile alle navi minute, ed impossibile a quelle gravate di peso soverchio, una folta schiera di fregate e vascelli svolgesi e fa di sè nobilissima pompa, a mano a mano che il bastimento, internandosi nelle sinuosità del porto, accostasi alla più intima parte di esso, destinata ad ordinaria dimora de' legni mercantili.

Ma quando si pensa che tutto quest'apparato di forza ha, inutilmente, assorbito le più vitali sostanze dell'Egitto: quando si riflette che per raccogliere tante migliaia di marinari, si lasciarono i solchi deserti, e i villaggi vuoti d'abitatori: quando si ricorda, finalmente, che questa flotta così balda e promettente al di fuori, non osò, in due lunghe guerre, scostarsi dal lido a cui si è, in certo modo, incatenata nascendo, e non servì che a crescere l'onta e 'l dolore delle gravi offese patite dal suo padrone, ogni animo sensitivo, lungi dall'affissarsi in essa con prolungato compiacimento, la considera quasi con dispetto, e rivolge altrove lo sguardo.

L' interna periferia del porto pienamente concorda colla mesta nudità dell'aspetto esteriore del paese. Un circuito di basse ed ignobili mura divide la città propriamente detta dalle acque del mare. Qualche rado e disadorno *minaret*, qualche rado terrazzo, qualche polverosa palma, sporgente qua e là dai merli del muro, appena accenna che sorga a breve distanza la seconda metropoli dell' Egitto. Tre soli oggetti, sollevandosi alquanto su quel monotono livello, attraggono a sè l'occhio dello scoraggiato contemplatore: sono questi il palazzo del vicerè, a manca di chi entra nel porto, il forte Caffarelli, quasi di prospetto all'imboccatura, e la colonna detta di Pompeo, alzantesi, in distanza, di mezzo alle pianure che stendonsi a destra.

L' abitazione del vicerè, nulla offre, come altre volte dicemmo, che risponda alla ricchezza e potenza di chi innalzavala: ella è uno di que'grandi, ma modesti fabbricati, i quali, posti da' Turchi tra i palazzi e le case, vengono da essi designati colla speciale denominazione dei *Konak*. Stupenda e pittorica oltremodo si è nondimeno la di lui giacitura a cavaliere della città, del porto e del mare, e considerato, in massa, coi militari quartieri, l'edificio per le segreterie, il *kiosk* de' ricevimenti, il casino de' bagni, e diversi pubblici edifici consimili che gli fanno corona, non lascia di fare di sè, massime da lunge, una mostra anzichenò lieta e soddisfacente.

Entrando nella città, non si può a meno di avere il cuore pietosamente commosso, vedendo il lezzo e la miseria che da ogni parte si manifestano. Coloro in ispecie i quali giungono per la prima volta in paesi turchi, rimangono presi da un cotal senso di abbattimento e di nausea, difficile a dirsi colle parole. Angustissime viacce, torte, irregolari, diselciate o selciate con enormi ciottoloni che inceppano e martoriano i piedi, e contaminate oltracciò tutte con quanta immondezza può immaginarsi dalla mente più fervida, ed in mezzo di esse una pressa di gente per lo più ignuda, e resa schifosa da mille magagne: un dedalo, perline, di oscure e sdruscite casupole, le quali munite di piccoli e scarsi buchi, anzichè di vere finestre, hanno aspetto di carceri meglio che di cittadine oneste dimore, sono la scena che schiudesi al deluso ed attonito viaggiatore! Nè qui stanno tutte le piaghe che gli si parano innanzi: chè ad accrescere oltre ogni misura il coro degli alessandrini malanni accostasi e l'aere maligno e infuocato, e gli insetti d'ogni genere e d'ogni misura che ingombrano, a sterminate truppe, l'atmosfera, e la peste o presente o vicina, e cento altri incidenti consimili poco atti, per verità, a conciliarsi la simpatia di chi recasi a visitare l'Egitto.

Chè se la mente, rifuggendo da siffatto bruttture, credesse come che sia ristorarsi colla vista degli innumerevoli avanzi che, secondo gli ordinari calcoli, dovrebbero trovarsi sur un suolo popolato, altre volte, di rare e splendide opere architettoniche e scultorie, anche questa lusinga scuopresi prestamente fallita. Imperocchè, siccome testè accennammo, il dente del tempo e la rapacità dell' uomo hanno sì studiosamente schiantato e disperso in Alessandria ogni più minuto resto dell' antico suo splendore, che se si eccettui la colonna di Pompeo, e le due guglie od obelischi attribuiti comunemente a Cleopatra, sarebbe vana speranza il cercarvi un altro monumento qualunque. La quale assoluta distruzione non si compì però in epoca da noi molto lontana: poichè dalla grand'opera del Denon sull'Egitto hassi certa prova che al tempo della spedizione francese ancora abbondavano in Alessandria notevoli resti di antichi edifici, e noi stessi ricordiamo benissimo che quando ponemmo per la prima volta il piede sul suolo egizio (locchè fu del 1826) rimaneanvi tuttavia erette e conservate molte antichissime costruzioni, specialmente in quel tratto che è verso la porta di Rosetta: le quali costruzioni, per dirla così di passaggio, furono recentemente, con più che barbarico vandalismo, atterrate e distrutte, istiganti, paganti e dirigenti persone nostrane, allorchè si venne sul fabbricare quelle goffe e fragili case dette all'europea che fanno corona alla gran piazza del quartiere dei franchi.

Ella è, del resto, questa piazza medesima, e l'apparenza di incivilimento ond' essa risplende, che forma il grande puntello sul quale appoggiasi, principalmente, la fama di riformatore guadagnatasi da Mehemet-Aly in mezzo alla presente generazione: imperocchè i banditori delle sue gesta, i quali e molti e caldissimi sono, quando vogliono provare in modo irrecusabile e spedito i miglioramenti da esso indotti sulla terra de' Faraoni, citano la nuova piazza alessandrina, e credono con questo di avere turate tutte le bocche, perentoriamente recisa qualunque obbiezione. Importa adunque, ed è consonante collo scopo del presente articolo il vedere, prima di tutto, che cosa sia questo gran foro, e l'esaminare, quindi, se dalle dodici fabbriche in esso esistenti, possano ragionevolmente dedursi tutti que' lieti corollari che si vorrebbe. Dopo la quale disquisizione proseguiremo la descrizione della città fin qui confusamente e solo in parte abbozzata.

Svolgeremo quest' interessante argomento nel numero successivo.

Cav. Baratta.

MASSIMA

L'intenzione di affliggere un uomo è sempre un peccato; l'azione la più lecita, l'esercizio del diritto il più incontrastabile diventa una colpa, se sia diretto a questo orribile fine. La Chiesa ha dunque tenuto di vista questo sentimento: essa vi ha poi aggiunta la sanzione, insegnando che il dolore fatto agli altri diventa infallibilmente un dolore per chi lo fa; il che non insegna, nè può insegnare la natura.

Manzoni.

AL SIGNOR

ANGELO LAMBERTINI

ESTENSORE E EDITORE DELLA I. R. GAZZETTA PRIVILEGIATA DI MILANO

Il sig. Domenico Biorci, *colto e gentile scrittore a cui l'Italia debbe un poema,* La pace di Adrianopoli, *e molti altri lodati lavori, non pago di avere più volte confortato di cortesi parole le umili nostre fatiche, ci ha fatto dono del seguente poetico componimento, che noi pubblichiamo a lustro dell'autore, e come testimonio della stima e gratitudine sincerissima che ad esso ci avvince. A questo carme porgeva occasione e argomento un articolo intitolato* La mimica degli occhi, *che il Biorci inviava al Lambertini onde essere inserto nell'acclamatissimo suo foglio, le cui appendici abbellansi, ogni giorno, di tante e così peregrine elucubrazioni.*

EPISTOLA

A te de' ludi scenici e di quelli
A Euterpe cari ed a Talia quant'altri
Colto censore, e più d'alcun, chè vige
Non già sul labbro garrulo e loquace,
Ma dentro il cuor la splendida favilla
Del Bello (1), invio questo novel mio scritto,
Onde luogo pur s'abbia insiem cogli altri
Che ciascun dì del tuo Giornal le altere
E temute colonne empion gli spazi.
La tua mercè !, se così ben si mesce
Alle austere politiche faccende,
Onde ogni dì senza mai tregua il mondo
S'agita e ferve, di scienze e d'arti
Sempre alcun nuovo ed utile dettato
E più graditi ai leggitor, siccome
Adunar sanno in lor pensier fecondo
Tuoi scelti Autor. S'io già di *due begli occhi* (2),
Vera imagin del Nume, effondimento
Dell'increata sostanzial Bellezza,
Narrai l'alta possanza, oggi pur questa
Possanza, qual qui vedi, i' vo' cercando
Nella favella mutola degli occhi (3),
Mutola sì, ma spesse volte assai
Più del labbro faconda ed eloquente.
Or quell'antica arte in Etruria nata,
Che favella co'gesti, e su le scene
Pel valore di Pilade e Batillo
Crebbe gigante sì, ch'Italia nostra
Anche in quest'arte a le straniere genti
È pur maestra, tu vedrai quest'arte,
Tanto fedele interprete e ministra
Degli affetti del cuor, più che in altrove
Su due begli occhi assidersi regina.
Nè creder già, mio dolce amico, ch'io
Sì onuvo un tema addur presuma in campo
Che'l tuo pensiero illumini ed arresti;
Tu quanto me, meglio ben anco, sai
Ciò che vergar può la mia penna in carta,
E più di me l'irresistibil possa
Di due begli occhi tu conosci, e quanto
Il balenar della lor luce in fronte
Di bella donna il cor seduca e vinca,
E come anche gli eroi cedano al loro
Assoluto poter, tu, che cedesti
A quello della tua Sposa adorata.
Ma del concetto mio vergato, segno
Solo non è la material bellezza,
Onde un bell'occhio è fido speglio; s'erge
A più sublime sfera il mio pensiero.
L'alta beltà di due begli occhi scala
M'è per salire all'immortal, cui fonte
E centro è Iddio... Ma a te pur questo è noto,
A te, che sei, quant'altri, colto in quelle
Platoniche dottrine, a cui sì bene
Drizzò la mente, e tutte intese, e tutte
Nei più soavi e lusinghieri versi
Le ritrasse e adunò quel sì gentile
Cantor di Laura, che fu poi sì male
Interpretato... Ma se ciò tu sai,
Dimmi, lo sanno i lettor tutti, e tutti
Stima ne fan qual più conviensi, i loro
Pensier levando dal caduco Bello
Al Bel di colassù che mai non langue?.....
Oh! lascia adunque che, com'i' so meglio,
E come meglio il circoscritto campo
Del tuo Giornale il soffre, altrui rammenti
Queste e ancor altre veritadi; e alcuni
Errori con la mia libera penna
Appunti e noti... chè di quando in quando
Tornarvi è bello — e non cadranno, i' spero,
Le mie parole tuttequante a vuoto!

DOMENICO BIORCI.
Collaboratore alla suddetta Gazzetta.

(1) Ne'diversi articoli che il sullodato Estensore viene di tempo in tempo dettando intorno alla drammatica ed alle opere d'arte esposte in Brera, mostra quanto ei sia versato in siffatti studi.
(2) Gazzetta di Milano nº 229.
(3) Gazzetta di Milano nº 239.

BACCO

Infra i doni di Bacco e l'allegria — Il mortal della vita i danni obblia.

Nei numeri 8 e 22 del precedente anno il Museo presentava i suoi lettori di due elegantissimi articoli, nei quali il chiarissimo dottor Fava *scolgeva col garbo e la dottrina che gli son proprii, il curioso argomento delle* Baccanti *e de'* Baccanali. *Questo terzo lavoro, in cui la nobile penna medesima espone le notizie lasciateci dalla antichità intorno al Dio delle viti, sarà corona e degno complemento di quelle elaboratissime pagine.*

Ecco uno dei mitologici personaggi, il cui nome suona comune sulle labbra di tutti, ma la cui storia è la meno conosciuta d'ogni altra. Chi nomina Bacco, crede di averne un'idea conveniente, fingendosi in lui un nume vivace che mezzo briaco presiede alle danze dei satiri od agita il tirso domator delle tigri, o sotto un pergolato fra una turba di villici addita il modo di fabbricare il vino; crede di averne colto appieno il significato allegorico, reputandolo emblema giocondo di quella greca religione che deificò la crapola e la voluttà per assecurar dal rimorso i godimenti della vita. Ma l'erudito che studiasi di raccozzare le tradizioni e di dare unità ai molteplici avvenimenti che sono a Bacco attribuiti, s'avvede ben egli se questo sia argomento da giuoco o non piuttosto uno degli arcani più ardui dell'antichità. E donde avviene mai, domanda egli a se stesso, donde avviene che nessuna divinità sia stata più famosa di questa, nessuna rappresentata sotto più svariate forme, sotto aspetti più contraddittorii? Perchè il suo culto fu così sparso ed universale? L'Arabo errante fra le sabbie deserte gl'innalzò altari al paro che il Fenicio abitatore di opulente cittadi, e lo invocò sotto il nome di *Urotal* e di *Adonide*. Il Frigio lo conobbe nei misteri di *Ati*, l'Egizio in *Osiride* ed in *Fanete*, il Trace in *Sebazio*. Bacco fu il *Mitra* dei Persiani, il *Siva* degli Indi, e chi può riferire tutte le varie maniere con cui fu riverito dai Greci e dai Romani, che ora lo chiamaron *Dionisio*, or *Lamperio*, ora *Tioneo*, or *Melpomenio*, ora *Libero*? Perchè troviamo noi un Bacco giovane imberbe, ed uno vecchio e barbuto, un Bacco mezzo femmina tutto consecrato ai piaceri, e un Bacco eroe conquistatore e guerriero? Dobbiamo creder forse che tutte le nazioni del mondo sieno convenute in questo pensiero di rendere sì solenni omaggi ad uno che non avea altro vanto che di aver primo coltivato la vite e fabbricatone il vino? L'antichità, scrive Lenormant, è cosa troppo autorevole e severa, perchè altri possa immaginarsela come una grande assemblea di beoni; e d'altra parte che bisogno avea di inventar tante leggende, di avvolgersi nell'ombra dei misteri se non avesse avuto altro scopo che di onorare un benefattore dell'umanità?

Troppo sarebbe malagevole l'accennare le istorie che riferisconsi a Bacco, tanto sono varie e molteplici. Cicerone nel terzo libro *De natura Deorum* fa menzione di cinque Bacchi diversi con particolari feste adorati; il primo nato da Giove e Proserpina, il secondo da Nilo, il terzo da Caprio, il quarto dalla Luna, il quinto da Tionide e Niso, ed avrebbe potuto aggiungerne assai più, se gli fossero stati noti i miti stranieri, come il Bacco Libio figlio di Ammone e di Amaltea, il Tebano di Giove e di Semele, ed il Bacco nato da Cerere, che venne fatto a brani nella lotta contro ai Titani.

Noi ci contenteremo di toccare le principali vicende del Bacco Tebano, come quello che fu subbietto ai canti dei classici poeti, ed è più d'ogni altro conosciuto, benchè offra fatti controversi, e variamente dagli autori narrati.

Giove, quel buon marito che ognuno sa, s'invaghisce di Semele figliuola di Cadmo fondatore di Tebe, e furtivamente mantiene con essa in forma d'uomo un'amorosa corrispondenza, della quale essa reca in seno già il frutto. Giunone scopre la tresca e ferma tra sè di farne scontare il prezzo assai caro alla rivale. Che fa perciò la gelosa? Assume sembianza di Beroe nudrice di Semele, e dopo averle messo pel capo mille dubbi sulla pretesa divinità del suo amatore, la persuade di esiger da lui una grazia che gli avrebbe dichiarato poi quale. Giove giura per le onde stigie di appagare ogni sua brama, e Semele gli chiede in prova d'amore che egli le si presenti almeno una volta nell'apparato di nume, come soleva a Giunone. Il Dio che non poteva violare il giuramento per le onde stigie con la stessa facilità con cui violava la fede di sposo, arriva il dì appresso armato de' suoi fulmini, e la troppo curiosa femmina rimane vittima del tremendo corteggio del suo signore, tra le fiamme che divampano la reggia di Cadmo. Rimane appena a Giove il tempo di trar dall'alvo della sposa il fanciullo ond'essa era incinta, e di ascondersélo dentro una coscia onde vi compia il periodo della gravidanza senza essere esposto alle collere di Giunone.

A capo di due mesi di sì strano portato, uscì alla luce fra le nebbie del monte Dracano il giovinetto Bacco o Dionisio, che fu dato a nudrire alle *Jadi* figlie di Cadmo, o, come altri vogliono, alle *Ore*, o alle *Stagioni*. La sua educazione fu commessa a Sileno, ed a tre ninfe, *Filia*, *Coronide* o *Clida* nell'isola di Nasso, ove il fanciullo crebbe all'amor dei piaceri e degli esercizi ginnastici. Un giorno, mentre egli si era addormito sulle sponde del mare, ecco approdare una mano di corsali, che, vista la leggiadria e il bello arneso del giovinetto, e stimatolo di ricchi parenti, sel prendono, e lo portano via colla speranza di averne pingue mercato. Egli si riscuote, strepita, piange e vuole essere ricondotto a casa, e i corsali per acchetar le sue strida gli danno buone promesse, ma tiran via a lor viaggio. Allora scappa la pazienza al piccolo nume, prega il padre a vendicarlo, e Giove dà mano ai prodigi. La nave tutto a un tratto s'arresta, nè valgon le spinte di quei gagliardi a farla muover d'un pelo; i remi tutti quanti vestiti d'edera niegano l'usato uffizio: ghirlande e foglie di vite copron le velo; le corde si tramutano in fischianti serpenti; tutto è confusione e spavento. Bacco diventa un leone che rugge e minaccia; i ladri perdono il capo, non sanno ove trovare più scampo, ed assaliti da irresistibil terrore danno un gran balzo nel mare ove sono trasformati in delfini.

Bacco allora, riacquistata la prima sua forma, ricompose in calma ogni cosa, e tornato all'isola, si preparò a più grandi avventure. Discese prima all'inferno e ne trasse la madre, che Giove collocò poi nel cielo insieme colle Jadi. Giunone, sua persecutrice, lo fe' assalire nel sonno da una amfesibena, ma egli destosi a tempo le schiacciò il capo con un sarmento; lo rese furioso, ed egli errò qua e là finchè venne accolto con gran favore da *Proteo* che regnava in Egitto. Di là risanato passò in Frigia e fu iniziato ai misteri di Cibele; si fe' compagno a Cerere nella ricerca di Proserpina, e scorse tutta la terra. Diventato adulto e valoroso, volle far la conquista delle Indie, e si compose un'armata di nuovo genere; satiri, uomini, donne, fanciulli briachi traeano dietro a lui, i quali invece di lancia e scudo portavan cetere, timpani e tirsi, e in luogo di elmi e corazze vestivano corone di edera e baltei di foglie di vite. Il nume precedeva in carro scoperto tirato da tigri domate, e tenendosi allato il capripede *Pan* e l'allegro *Sileno*, venia spargendo benefizi d'ogni sorta nei paesi pei quali passava, istituendo feste e commedie, ed insegnando l'arte di fare il vino, per cui le nazioni si sottomisero di buon animo al suo dominio.

Ma non sempre fu mite e benefico, anzi ci si mostrò terribile ogni volta che si abbattè in nimici che resistessero a' suoi voleri, o si facesser giuoco di sua potenza. *Penteo* figliuolo di Ecchione, che avea profanato i suoi riti, venne messo a pezzi dalla madre, che, perduto il senno, lo credette un lione. *Licurgo*, re di Tracia che perseguitò le Baccanti, fu acciecato e poi morto. *Cianippe* di Siracusa, che gli ricusava sacrifizi, peri per le mani della propria figliuola. Le figlie di *Mineo* che lavoravano in giorno di festa consacrata a lui, furono trasformate in pipistrelli.

Celebri furon gli amori di Bacco con *Arianna*, dalla quale ebbe parecchi figliuoli, e con *Ampelo* e con *Aura* e con altre ninfe; celebri del paro le sue contese con *Perseo* e con *Nettuno*; ma il fatto ove più mostrò di coraggio fu la guerra da lui sostenuta contro i giganti. Giove spettatore ed attore nel tremendo combattimento eccitava il figlio col grido: Evoè! Evoè! e questo diventò poscia il ritornello degli inni cantati in onore di lui, la parola d'ordine de'Baccanali.

. Or che abbiamo di volo accennate le imprese di Bacco, ci gioveremo delle profonde ricerche di *Dupuis* per tentarne la spiegazione. Non fu nuovo il pensiero che sotto al culto di Bacco si ascondessero i principii della dottrina astronomica dei primi popoli; ma fu nuovo e mirabile il modo che lo scrittore francese tenne per isvilupparne i più minuti particolari; peccato solamente che egli non si sia arrestato a giusti confini, ed abbia per mania di sistema confuso in una abbominevol maniera le storie più sacrosante colle favole più grossolane! Sarebbe soverchio il trascrivere in un'opera compendiosa, come è la presente, il suo bel commentario alla *Dionisiade* del greco poeta Nonno, e quindi contenti di raffermare la sua induzione con più generali considerazioni, rimettiamo i lettori curiosi al sunto del suo trattato sull'*Origine dei culti*, fatto dal celebre *Lalande*, e riferito nell'*Enciclopedia metodica*, nel *Dizionario di antichità mitologiche* all'art.° *Bacco*, il qual sunto fu alla lettera tradotto dai chiarissimi compilatori del *Dizionario mitologico* stampato nel 1827 a Milano da Ranieri Fanfani.

Gli antichi, nella teologia dei quali, secondo la espressione di Fréret, il mondo era come un grande animale composto di spirito e di materia, dotato di anima continuamente moventesi e penetrante in tutti gli esseri per informarli e dar loro vita ed azione, gli antichi non pretesero altrimenti di onorare in Bacco un eroe; ma bensì la divinità, la forza motrice, il primo ente, dipinto sotto i tratti di un personaggio allegorico. La vigoria di Bacco è quella stessa che anima la natura, i suoi viaggi sono i viaggi del Sole. Leggansi infiniti brani di Ovidio, di Plutarco, di Macrobio, di Luciano, di Igino, ed apparirà chiaramente una tale verità.

Primi gli Egizi applicarono i fenomeni del Sole alla persona di Osiride, il quale ebbe perciò lunga serie di appellazioni, come può vedersi nel seguente passo di Marziano Capella: « Perciò ti dicono *Febo* presagitore del futuro e rivelatore di quello che si fa « nell'ombre notturne, e il Nilo ti chiama *Serapide* « figliuolo d'Iside; Menfi ti venera come *Osiride*; « straniere cerimonie ti manifestano per *Mitra*, per « *Dite* e pel fiero *Tifone*. E tu sei il bellissimo « *Ati*, e l'*Ammone* dell'ardente Libia, e l'*Adone* di « Bibli, e te con vario nome tutto l'universo saluta « ed onora ». I Greci fecero dell'Osiride Egizio il loro Bacco Tebano; Erodoto apertamente dichiara che i suoi compatrioti tolsero all'Egitto tutti i lor numi, ed afferma essere stata mera invenzione di essi l'aver fatto nascere Bacco da Semele figliuola del fondatore di Tebe in Beozia, mentre il culto del nume risale ad epoca assai più remota di quella di Cadmo: ed ecco press'a poco in quai termini Diodoro Siculo spiega l'origine dell'erronea credenza.

Cadmo, originario di Tebe d'Egitto, ebbe fra gli altri figli anche Semele, la quale, accesa di clandestino amore non si sa per chi, concepì un figlio, e lo partorì dopo sette mesi di gravidanza colla figura in tutto simile a quella che suole dagli Egizi assegnarsi ad Osiride. Questo bambino, come accade il più delle volte alla prole immatura, morì, e Cadmo, saputa la cosa, e viste le sembianze del nipotino in tutto simili a nume, ne fasciò il cadavere di sacre bende e di ornamenti ricchissimi, ed istituì in onor suo riti solenni, spargendo ad arte che in quella salma Osiride si era mostrato un'altra volta ai mortali, e che a Giove se ne dovea la procreazione, onde così si onorasse ad un tempo il patrio suo nume, e la figliuola si sottraesse all'infamia. Perciò presso ai Greci si divulgò che Osiride era nato da Giove e da Semele. In tempi posteriori, venuto fra i Greci il poeta Orfeo che per l'armonia de'suoi versi, e per le teologiche sue cognizioni aveva voce di uomo prediletto dal Cielo, avvenne che egli fosse accolto in Tebe con grandissimi onori ed ospite rimanesse alcun tempo presso i Cadmei. Per la qual cosa volendoli gratificare nell'atto di insegnar loro le religiose sue dottrine, cambiò i riti dell'iniziazione, ed in luogo della teologia appresa in Egitto, insegnò i misteri in un modo più acconcio alla vanità del paese, trasportò a tempo meno lontano la generazione dell'antichissimo Osiride, e gli diede Tebe di Beozia per patria, cosa che non potea non essere accetta al credulo volgo, di cui blandiva l'orgoglio.

Per questo motivo che Bacco ed Osiride furono uno, e che Osiride fu il dio Sole, vediamo spesso attribuita all'uno ed all'altro la forma di toro, e nei monumenti antichi troviamo il toro *Dionisiaco*, il toro *Santo*, e gli Argivi onorarono Bacco *Taurigene*, ed Ovidio ed Orazio chiamano Bacco il nume dalle *corna dorate*. Il Sole infatti comincia ad esercitar sull'universo i suoi benefici influssi all'equinozio di primavera partendo dal segno del *toro*. Nella favola leggiamo che le *Jadi* sono quelle che hanno in cura Bacco dalla sua nascita, e nella sfera celeste troviamo appunto le *Jadi* collocate sulla fronte del *toro*. La favola suppone che Giove, arrivato presso Cadmo, abbia avuto dopo sette mesi da una delle sue figliuole il dio Bacco, e l'astronomia ci mostra come dalla congiunzione del Sole con Cadmo, che nella sfera è il *serpentario*, passino sei mesi prima che egli nel settimo ritorni al toro *equinoziale*. Allora Semele, una delle *Jadi*, perisce assorbita dai fuochi di Giove, il che vuol dire che quando il Sole si arma di tutta la sua forza, e spande sulla terra il vivificante calore di primavera, assorbe entro ai suoi raggi le *Jadi*. Parimenti leggiamo che Bacco bambino viene rapito dai pirati, ma che, destatosi dal suo breve sonno, si trasforma in leone e muta in serpente l'albero della nave, e i rapitori in delfini, e ne troviamo la spiegazione in quel che succede dopo il solstizio d'inverno. A quella stagione il Sole per la brevità del suo corso può paragonarsi ad un bambolo addormentato, ed anticamente il solstizio d'inverno veniva determinato negli aspetti astronomici dalla ascensione del segno di *leone*, e da quella dell' *idra* posta al di sopra della *nave*, le cui prime stelle apparivano sull'orizzonte, intanto che la costellazione del *delfino* volgeva all'occaso, ossia che nel linguaggio poetico precipitava nel mare. Così esaminando le sfere noi possiamo avere la chiave delle altre avventure di Bacco risguardanti *Arianna*, la sua *corona*, *Perseo*, *Tifone* capo dei giganti, e tutti gli altri personaggi che figurano nella sua storia.

Chi volesse aver pazienza di raffrontare col planisferio le diverse leggende del Bacco Frigio, Libio, Indiano e Persiano, troverebbe a ciascuna di esse una lodevole spiegazione, e gli verrebbe appianata ogni difficoltà che s'incontra nelle differenti tradizioni dei popoli. Ammesso che i poeti delle varie nazioni scegliessero diversamente il punto di partenza del Sole nell'annuo suo corso, doveano necessariamente esser diverse le cosmogoniche apparenze da essi cantate, e quindi anche le genealogie e gli avvenimenti di Bacco. Così a cagione d'esempio i Libi lo dissero figlio di *Ammone* e della ninfa *Amaltea* abitante presso i monti *Ceraunii*, ossia delle folgori. E chi non vede qui una manifesta allusione allo stato del cielo in primavera? Diffatti il calendario dei Pontefici di Roma determina il levare eliaco dell'*ariete* (Giove Ammone) dieci giorni dopo l'ingresso del Sole nella costellazione del *toro*, e cinque prima di quel della *capra* (Amaltea). — L'altro Bacco che Cicerone dice nato da *Caprio*, è senza dubbio lo stesso che questo dei Libi, ossia il Sole, figlio della costellazione della *capra* che precede l'equinozio di primavera. — Il Bacco, figlio di *Nilo*, o si dee credere non diverso dal Bacco Egiziano, o veramente intesero gli antichi di chiamare il Sole figlio di quella costellazione che sta immediatamente al disotto del *toro*, la quale i Greci chiamarono *Orione*, e gli Egiziani dissero *Nilo*. — I combattimenti di Bacco contro a Penteo, ai Giganti, ai Titani, non altro esprimono che l'eterna lotta comune a tutte le teogonie fra il principio della vita e quel della distruzione, fra la luce e le tenebre, il caldo ed il freddo. Tutto il corteggio che accompagna il nume nelle sue spedizioni può sempre riferirsi agli astri che si collegano al segno equinoziale dal punto della partenza infino al ritorno del Sole.

D'uopo è quindi conchiudere che se tante nazioni ad onta di avere nelle lor favole introdotta gran varietà, pure si sono in questo accordate di raccontar cose che hanno la loro interpretazione negli astri, ciò prova che tutte le loro finzioni ebbero una base comune, ed in altro non differirono che nel diverso modo di leggere il gran libro della natura.

Non sempre gli antichi effigiarono Bacco ad un modo, e chi ha un po' di pratica dei musei antiquari, o delle opere degli eruditi, può aver notato la varietà immensa delle sue rappresentazioni. Di ordinario il suo aspetto è quello di un giovane con lunga e inanellata capigliatura, ma altre volte è dotato di femminili fattezze cinto di edera e pampini. Spesso lo vediamo in sembianza guerresca, barbuto ed armato di lancia, anzi lo stesso tirso, secondo alcuni, non è che una lancia il cui ferro sta nascosto fra le foglie dell'edera. Il diadema di cui s'adorna la fronte non è, per opinione di Diodoro, che una benda entro la quale egli solea stringère il capo, onde preservarsi dai funesti effetti del vino; le pantere che tirano il suo carro, o che gli posan vicino, sono emblemi della sua spedizione nell' India. — Dei raggi o corna ond'è spesso fregiato, abbiamo ragione nella sua natura che è quella stessa del Sole, ed è per questa eziandio che egli viene non rade volte dipinto colle sembianze d'Apollo e chiamato *Musagete*, o conduttor delle muse. A. Fava.

IL NOCE DI PINGUENTE

Fra i molti esempi di piante cresciute a smisurata altezza, vuolsi certamente contare quello di un enormissimo noce tuttodì vegetante nell'Istria, provincia ricchissima di legnami, ed usa a provvederne l'arsenale di Venezia, quando uscivano dal suo seno le flotte dominatrici de' mari. Quest'albero gigante spande i suoi rami per una periferia di sedici passi veneti, uguali ad ottanta piedi di Francia, e supponendo il sole al meriggio, manda, così, un'ombra di duecento passi, corrispondenti a cinquemila piedi quadrati. Cinquemila persone potrebbero quindi godere il rezzo sotto le sue fronde ospitali. La *vicinia*, ossia il comunale consiglio del villaggio che dicesi *Pinguente*, tiene le sue sedute accanto a noce sì meraviglioso, addivenuto, per ciò, oggetto di venerazione pe' contadini di que' dintorni.

Cav. Baratta.

(L'Eremita addormentato — Quadro di Vien)

L'EREMITA ADDORMENTATO — QUADRO DI VIEN

Il pittore Vien, dal quale la Francia riconosce il ritorno dell'Arte verso le caste sorgenti donde aveala sviata il mal gusto del secolo decimosesto, nacque a Montpellier nel 1716. Spinto da una di quelle prepotenti chiamate della natura, a cui nulla resiste, dedicossi, bambino, al disegno, ed appalesò fin dai primi saggi quale un giorno sarebbe. Combattuto da domestiche contrarietà, sprezzò ogni altra carriera, tuttochè promettente, nè volle per rispetto veruno rinunciare ai pennelli. Calmatasi finalmente l'angosciosa procella, ed allogato presso un professore ad apprendervi il dipingere ad olio, ci partì per Parigi, e guadagnovvi, sei mesi dopo, una medaglia d'incoraggiamento. La povertà, antica martoriatrice dei generosi spiriti, oppose allora nuovi inciampi ai nobili suoi concetti, e Vien fu costretto a vendere sui trivii i propri schizzi per campare la vita; ma vinte, da forte, anche queste battaglie, conseguiva, in breve, due maggiori medaglie, e l'insigne distinzione di essere spedito a Roma a spese del reale tesoro. Lo studio delle opere antiche, unito con giusta misura a quello del vero, sviluppò prestamente i germi preziosi di che il Cielo avealo dotato nascendo, al punto che gli intelligenti gli preconizzarono, concordi, quel glorioso primato a cui Vien salì, in fatti, tra i moderni pittori di storie francesi. Senonchè insazievole di attingere alle più autorevoli fonti, ei divideasi, qualche tempo dopo, da Roma, per recarsi a Napoli, a Firenze, a Venezia e nelle altre principali città dell'Italia a contemplarvi i gran modelli dell'Arte. Nelle quali peregrinazioni quanto tesoro ei facesse di scienza, chiaro mostrollo nelle grandi opere che pose in luce tosto tornato a Parigi, ove fu ricevuto con plauso universale, ed aggregato all'Accademia di belle arti, a cui appartenne, indi a non molto, anche in qualità di professore. Bellissimo, tra queste opere, riescì il quadro di San Dionigi predicante alle turbe; sì che ne soffrì grande scapito la fama di Doyen, che era stato, fino allora, il pittore di moda, o, come dicesi, l'artista del giorno. Ciò porse origine ad una specie di pittorico scisma, per cui, la Francia, divisa in due opposti partiti, fu teatro di lunghe ed accanite controversie, nelle quali il merito dell'uno e dell'altro maestro era, con enfasi, variamente discusso e giudicato. Checchè però di ciò sia, l'opinione generale fe' propendere la bilancia a favore del Vien, a cui vennero tributate dal paese le ricompense più insolite e lusinghiere. Eletto a rettore dell'Accademia di pittura, poi a membro di quella di architettura, e successivamente preposto alla direzione de' giovani protetti dal Re, ei vedeasi, per colmo d'onore e di fortuna, inviato a Roma direttore di quella fioritissima scuola francese. Nè qui si contennero ancora i guiderdoni prodigali al suo merito: chè oltre le straordinarie dimostranze di amore e di stima dategli dai Romani sul giungere, un reale messaggio recavagli, quasi contemporaneamente, il gran collare cavalleresco di S. Michele.

Tanti gloriosi stimoli diedero nuovo forze all'ingegno ed al cuore del valoroso, il quale senza sgomentarsi delle molte difficoltà dell'assunto, pose opera a compiere quella grande artistica riforma che è primo e più solenne suo vanto, vuolsi dire la totale mutazione del gusto allora in voga, ritraendo i pittorici studi verso il nobile tipo della natura, lungi dal quale aberravano per effetto delle fallaci teorie e de' turpi esempi dell'epoca. Per il che, parendogli che l'emulazione fosse ottimo mezzo ad avvivare e concitare gli spiriti de' giovani alla sua guida commessi, ideò e promosse l'annua pubblica esposizione de' loro lavori, il cui felice esito possentemente contribuì ad introdurre la desideratissima correzione che ei proponevasi. Ritornato a Parigi nel **1781**, ricco di meriti e di fama, Vien dedicossi con tutta l'alacrità della prima giovinezza a guadagnarsi nuovi applausi con molte e grandi opere, le quali fecero di sè nobilissima mostra nelle esposizioni del Louvre. Il Re decoravalo nel **1788** del titolo di suo primo pittore, nè alcuna consolazione mancava a fargli seconda e lieta la vita, allorchè il turbine della rivoluzione avvolgendolo, indegnamente, nelle tormentose sue spire, privollo, d'un tratto, d'ogni suo bene, conducendolo, quasi, a non trovar modo di vita per sè e per la famiglia, di cui era tenerissimo.

Ma brevi furono le immeritate sue angustie, poichè entrato Napoleone nel seggio di primo console, non solo ripristinollo nelle antiche fortune, ma volendo provare al mondo quale caso ei facesse delle virtù e dell'ingegno, chiamavalo al senato conservatore, fregiavalo della dignità di conte, e nomavalo, poco dopo, comandante della Legione d'onore. Stanco di corpo, ma pieno tuttora la mente e 'l cuore di fresca vigoria, Vien mancò in Parigi il **27** marzo **1809**, nella grave età d'anni **93**, mentre occupavasi tuttora dei suoi diletti studi, e trattava, con giovanile assiduità, la matita e i pennelli. Molti furono i discepoli che da esso udirono, con frutto distinto, i precetti dell'Arte, e fra questi tutti quelli che tengono il primato nella scuola francese del secolo decimonono. David, e Vincent furono, così, essi pure in questo novero privilegiato.

Operoso quanto valente, Vien lasciò un numero pressochè sterminato di lavori. Basti che i soli quadri ad olio sommano a ben cento settantanove. *L'eremita addormentato*, di cui ponemmo l'imagine a fronte del presente articolo, è opera della sua prima giovinezza, ma tale per vari pregi, da far manifeste le ottime disposizioni da esso sortite, e la buona via da esso trascelta, anche in mezzo agli scandali di una scuola corrotta e corrompitrice. Al quale divisamento avendolo principalmente condotto la vista dei modelli da esso scorti in Roma, è questo un novello trionfo da aggiungersi alle molte vittorie di che va superbo il Genio Italiano. Cav. BARATTA.

CORSE AUTUNNALI NEI CONTORNI DI ROMA

IL MONTE CAVI (V. N[i] 35 e 37)

Gli è uno de'più bei boschi d'Italia quello che si estende pel tratto di alcune miglia da Palazzola a Rocca di Papa, l'antica *Arx Fabia*, villaggio graziosamente situato sovra una rupe a scaglioni, appiè di maggior monte che è meta al nostro passeggio. Superate quelle faticose erte, ci sta innanzi una pianuretta erbosa, con capanne disseminate per entro, la qual mi tornò alla memoria le verdeggianti vallette delle alte Alpi; tranne che qui non son abeti, che, in lunga fila, ne segnano il confine, bensì faggi e castagni.

Per disagiato sentiero c'inerpichiamo: a mezzo la scesa nel cuore del bosco ci troviamo giunti alla antica via romana, e la calchiamo sino alla vetta; e ne osserviamo, compresi da maraviglia, l'intatto lastricato di grandi scaglioni di levigatissima pietra, e i margini rilevati un mezzo piede da ambo i lati a fiancheggiarla e circoscriverla. Le pietre del lastricato recano qua e là scolpite le lettere maiuscole *V* ed *N* alle quali fu data l'interpretazione di *Via Numinis*; avvegnachè quella via adduceva appunto al tempio di Giove Laziale, e noi pure anco adduce all'area altra volta occupata dal celebre santuario, sulle cui fondamenta si estolle oggidì il convento dei Passionisti.

Or mi dite ove mai le rimembranze di Roma regale e repubblicana si ridestin più vive? Cosa vi toglie in seno alla sacra oscurità del bosco, e su questa via, di cedere al prestigio della immaginazione, e di credervi un de'Federati, che sale al monte di Giove il dì delle ferie laziali? Ma più che a darvi vinto alla poesia dei luoghi, io vi invito a porre mente agli indizi d'una sapienza politica, non mai abbastanza ammirata. Questa balza, da cui a' remoti giorni si versavano fiamme e lave, oggetto di tradizional terrore alle tribù circostanti, l'aspetto tetro e selvoso delle sue pendici, i fulmini, che frequentemente colpivanla; tutto contribuì a darle riputazione di stanza prediletta degli Dei; ond'è che i Latini sacraronla al Padre dei Numi, e sotto la invocazione sua costumarono celebrare lor diete nel vicino bosco Ferentino. Questo monte riguardavan essi come centro della loro federazione; chè di lassù tutte si dominavano le terre e le città che erano a quella ascritte. Tarquinio il Superbo, conscio del profitto che Roma potea cavare dai riti sociali del monte di Giove, riconsacratolo con ceremonie nove e solenni, di centro della federazione latina, lo fe' centro di una federazione romana; e affine di aggiungere stabilità al patto, eressevi un tempio da esser comune alle varie genti che ogni anno si ragunavano colassù a parlamento, ed un sagrificio costumavano fare al Nume in comune, già essendo fermata la parte della vittima spettante a ciascuna delle 46 città iscritte nella Lega, a cui Roma quarantesimasettima presiedeva. — Or se riflettete che a tai ferie, le quali occupavano da principio un giorno, ne fu aggiunto un secondo in commemorazione della cacciata dei re, poscia un terzo a serbare ricordanza della concordia rinata tra patrizi e plebei dopo la ritirata del monte Sacro; poscia un quarto in occasione della liberazione dai Galli capitanati da Brenno; se farete attenzione, io dico, a cotesta confiscazione delle festività federali a pro ed onore della sola Roma, comprenderete con quale e quanto accorgimento della fondazione di Tarquinio si giovasse la repubblica a crescere in preponderanza, a farsi riconoscere per prima tra' popoli circostanti ad appianarsi sotto il manto della religione le vie del principato. — Spettava in fatti al consolo di fissare il giorno della ricorrenza annuale delle ferie latine, e bello è figurarsi la pianuretta che attraversammo, il bosco per mezzo a cui serpeggia la via, e questa balza, su cui torreggiava il tempio, gremiti di turbe varie d'abito e di dialetto; qual venuta da Ecetra o da Anzio nel paese de'Volsci, qual da Anagni o da Verola ne' monti degli Etnici; qual da Pollusca di origine sicula; qual da Forezia, da Tuzio, da Pedio, da Vello, nelle terre dei Latini; e in mezzo a tutti ondeggiare la toga de' quiriti; o i fasci consolari accennare in quai mani risiedeva la suprema podestà su cotal popolo multiforme.

Poichè il maggior toro era stato immolato sull' ara del Dio, mille altre vittime cadeano spezzate a far soddisfatta la fame delle turbe: ardevano fuochi, e s'improvvisavano cucine e mense in ogni parte; il pendio non le capiva, nè il bosco; n'era coperta la pianuretta, e una strana costumanza addoppiava quella bacchica letizia; ed era che donne mascherate correvano a modo di Menadi per ogni verso, agitando gran corde e percuotendo con esse or questo, or quello; e poichè erano stufe del manesco diporto, i capi estremi delle corde affrancavano a'rami; poi sedutevi a mezzo dondolavansi: altalena, a cui imprimevano movimento gli astanti con gesti e motti spiranti la licenza dei Saturnali. Era uno schiamazzare e un proverbiarsi da non potersi facilmente immaginare, non che descrivere: Festo (*in Oscillum*) ce ne trasmise memoria.

Gli onori trionfali dalla gelosia de' patrizi diniegati entro le mura di Roma, la plebe accordavali sul monte Laziale al duce di guerra fortunato. Primo a trionfare in tal forma fu C. Papirio Masone, e dopo di lui M. Claudio Marcello, vincitore di Siracusa, P. Minucio Rufo, che conquistò la Liguria, C. Cicerejo, che vinse i Corsi, e Giulio Cesare dittatore: in tal circostanza il trionfatore precedeva coronato di mirto invece che d'alloro.

Del tempio famoso or non restano vestigij: ma ciò che n'era principale ornamento, non potè venire distrutto dai secoli; vo' dire il panorama che di lassù si domina di monti, piani, laghi, mare e città. In certi giorni, perfettamente limpidi, perfino gli scogli della Sardegna nereggiano all'orizzonte; giudicate or da ciò, quanta parte di Mediterraneo dispieghi il suo nappo di mille colori; figuratevi la schiera dei gioghi sabini ed etruschi, il Lucretese, il Soratte, l'Algido, il Cimino, e quella spezie di attendamento dei colli sottostanti, monte Porzio, monte Compatri, Roccapriora, Castel Savello, S. Silvestro, tutti coverti sul comignolo di case, e cupole, e torri; figuratevi Nemi, Genzano, Albano, Castelgandolfo, Marino, che qua si specchiano in lor laghetti, là mezzo si celano tra' boschi; figuratevi Roma, che siede maestosamente nella pianura; e mi dite se il panorama di monte Cavi non è uno de' più magnifici e ispiratori d'Italia.

Stupenda vista fa di lassù il solo che tramonta; io ne rimasi ammirato. Prima di nascondersi dietro le montagne dell'Umbria inondò la pianura di raggi color di rosa: ne fu infiammato il lontano specchio del mare, ne apparvero indorate le nuvolette leggere che popolavano l'occidente; poi lentamente scese, e l'irradiazione di lui, già celatosi al guardo, somigliò, per alcuni minuti, ventaglio immenso di palpabil luce: parvemi una immagine di Roma tramontata anch'essa alla dominazione del mondo, ma tuttodì centro di un benefico lume da che l'anima ritrae dolcezza e conforto.....

Abbuiava allorchè scendemmo, e ci tenevamo in mano torchi accesi: pittorica vista anco questa; gli sfacciati bagliori della pece ardente, che dissipavano le misteriose ombre del bosco di Giove, e segnavano di larve fantastiche il lastricato della via trionfale......

C. T. DANDOLO.

HAVRE

Non sapremmo in qual modo meglio dichiarare l' imagine seguente, che annettendo ad essa la notizia data, non ha guari, dell' insigne città e porto dal chiarissimo sig. prof. Baruffi, *le cui geografiche descrizioni piene di dottrina, e, come dicesi, di* attualità, *porgono fedelissima imagine delle presenti condizioni de' luoghi da esso veduti.*

Questa città e porto di mare importantissimo conta circa 30 mila abitanti, non compresi i forestieri che l'aumentano circa di un terzo; per ora dista da Parigi 50 leghe, e quando sarà ultimata la via di ferro, cui si sta lavorando con molta attività, riavvicinata così di molte ore alla capitale, sarà il vero porto di Parigi, come la chiamò già Napoleone. Dalla capitale della Francia partono parecchie *diligenze*, e più volte nel giorno, oltre il corriere e le navi a vapore sulla Senna. Dall'Havre poi ripartono navi a vapore per ogni direzione, quasi ad ogni ora, e stupii veramente vedendo tante trombe in ferro mandar fuori globi di denso fumo tutto il giorno per le frequenti partenze di tanti piroscafi. Nè dimenticate le tante altre navi a vele che partono pel nuovo mondo, giacchè l'Havre per la sua felice situazione all'imboccatura d'un gran fiume, e la vicinanza delle due gran città di Rouen e Parigi, è il deposito del commercio della Francia; i soli diritti di dogana che pagano le mercanzie giunte all'Havre, ascendendo ad oltre 25 milioni di franchi. Ho notato attraverso le vetrine dei librai i titoli di parecchie operette pubblicate recentissimamente sull'Havre, tra cui ricordo la *Normandie pittoresque*, nella cui prima puntata so che vi ha una descrizione dell'Havre; e poi varie altre, i cui titoli sono: ***Promenades maritimes du Havre à Honfleur**, à **Caen** ecc.*; ***Souvenirs pittoresques du Havre***; ***Le Havre ancien et moderne*** e simili. Questa celebre città della Normandia fondata da Luigi XII e fortificata da Francesco I, ed a cui il vincitore di Marignano e Marat tentarono invano di dare il proprio nome, benchè conservi tuttora nello stemma municipale la salamandra nelle fiamme, divisa famosa di Francesco, è ora in grandissimo fiore, contando più di 150 case commerciali di prim'ordine; peccato che sia ancora circondata da mura dannose al commercio, il cui elemento primo è la libertà; sono però ordinati bellissimi disegni d'ingrandimento del porto e della città. È stupendo quel passeggio sul terrazzo settentrionale lungo il mare; e la piazza di Luigi XVI è tra le bellissime del regno; ammirate l'immenso bacino del commercio che vi sta davanti con quella selva di alberi di navi; a destra la collina adorna di tante graziose villette che formano quasi un'altra città, a sinistra la lunga e bella via di Parigi è chiusa da altri alberi delle navi del porto; e se rivolgete gli sguardi indietro, vedrete ripassare presso quel pittorico molino a vento le navi come in un quadro animato, e poi girate l'occhio presso di voi e fissate le belle e nuove case della piazza tutte regolari, e la nuova facciata del teatro con quel comodo porticato, e quei viali di alberi verdissimi che rallegrano cotanto questo sito così ben aerato; ed i vasti e comodi marciapiedi sono già in asfalto come quei di Parigi, e sembrano quasi pavimenti di sale eleganti. Vi noto

qui solo di passaggio che il quartiere di S. Francesco venne fabbricato da un Girolamo Bellarmato, architetto italiano; ma la piccola parte poi più antica della città è irregolare, sudicia, pessima; le vie angustissime le direste cloache, l'ingresso delle case, perdonate, sembra un porcile, rompicolli le scale ecc. ecc. Nel teatro si cantava un'opera mediocre intitolata *Les deux Reines*, e giunto al luogo comune della cena, me ne tornai all'albergo contento d'aver pagato un franco per ben osservarne la sala. Notai che la città e le ricche botteghe della via di Parigi sono illuminate splendidamente col gaz, sicchè tra poco in Francia, come già in Inghilterra, quasi tutte le città e villaggi godranno di questo nuovo genere di luce più economica e brillante. Cantandosi nella chiesa principale il solenne *Te Deum* per la nascita del conte di Parigi, trovai anche qui l'uso parigino o meglio francese, d'una leggiadra e nobile signora che passeggia pel tempio con un elegante borsellino chiedendo con aria pietosa e modesta l'elemosina pei poverelli; e non ho potuto far a meno di notare come forestiere, che quella parolina di ringraziamento *Merci, monsieur!* detta sottovoce in tono così grazioso e dignitoso, traeva moltissimi quattrini dalla borsa degli astanti. E benchè a prima vista alcuni un po' più severi la pensino forse altrimenti, non è vero che preghiamo con maggior raccoglimento e più volentieri in una bella chiesa davanti ad una bella immagine, tale essendo lo scopo del culto esterno, giacchè siamo anima e corpo? e quindi parmi non sia questo un mezzo da censurare subito o da trascurare, specialmente quando trattasi di collette per opere pie, purchè si faccia colla dignità religiosa dovuta al luogo santo. Ed a proposito di questo sacro tempio (*Notre-Dame*) voglio notarvi che alcuni divoti pescatori innalzarono verso la metà del secolo XV una modesta cappella alla Vergine santa delle Grazie, donde il nome di *porto di grazia* dato alla città; la gran chiesa attuale venne successivamente edificata per rimpiazzare la antica cappelletta, ed anche qui, come a Crescentino nel Piemonte, un semplice mastro da muro operò un prodigio meccanico, rimettendo nella prima posizione verticale la gran facciata che per lo sprofondarsi del terreno si era molto inclinata. Udite ancora un'altra piccola curiosità religiosa, un po'strana davvero, che i cadaveri cioè non vengono trasportati dalla chiesa al cimitero, ove non siano almeno in numero di circa mezza dozzina. Udii che la pubblica biblioteca contiene circa 12 mila volumi, la maggior parte però inutili al pubblico, perchè di pura teologia o di controversia, essendo avanzi delle biblioteche claustrali. Il vivo dispiacere della violenta interruzione del mio viaggio non mi permise di visitare le tante manifatture di macchine a vapore e di tabacco, coll'arsenale di marina, scuola di navigazione e simili altri utilissimi istituti dell'Havre: ma ricordandomi che era qui la patria di *Casimiro Delavigne*, e del mio prediletto *Bernardin de Saint-Pierre* che mi fece versare tante e sì dolci lagrime quando giovanotto mi cadde tra le mani l'istoria patetica di Paolo e Virginia, e le cui altre opere mi avevano cotanto elettrizzata l'anima e 'l cuore negli anni primi lietissimi de' miei studi, cercai per ogni angolo colla più viva ansietà la modesta casetta dove l'amabile e virtuoso scrittore avesse respirato le prime aure di vita, e che ritrovai finalmente in vicinanza della piazza d'armi nella via di *Bernardin de Saint-Pierre*. È molto lodevole l'uso di chiamare una via o simile altro luogo pubblico col nome di un benemerito cittadino che abbia maggiormente contribuito al bene od alla illustrazione della patria; e udii con vero piacere che per recentissimo decreto del municipio, s'innalzerà quanto prima una statua allo scrittore eloquente degli *Studi della natura.* Nel cimitero dell'Havre troverete la tomba della giovinetta Talma, morta ivi innondata dalle lagrime del vecchio genitore, disastro crudele che abbreviò i giorni del famoso attore. È notevole il grande ospedale, e perchè può ricevere 850 ammalati, e per l'ordine maraviglioso che vi regna: piacquemi l'iscrizione latina semplicissima di quella fonte: *Omnium erectus liberalitate, omnibus ero liberalis. Anno* XII. Visitando sul molo una ricca collezione di oggetti naturali, nota sotto il nome di ***Museum***, vero magazzino dove gli amatori possono trovare i più rari e variati oggetti, udii citarmi un banco selcioso che si stende lungi nel mare, ricco di una prodigiosa quantità di conchiglie fossili, le cui analoghe non si trovano oggi che nelle Indie, curiosità geologica degnissima dell'attenzione dei naturalisti. Si è ordinata anche in questi giorni l'erezione di un nuovo osservatorio per la marina, che verrà considerato quasi un aiuto di quello di Parigi, ed in cui gli stromenti opportuni saranno somministrati graziosamente dal signor Arago. Chiudiamo finalmente col notare che questo *arrondissement* della Senna inferiore è tra i meglio coltivati della Francia, e che l'istruzione primaria vi ha fatto notevoli progressi in pochi anni, mentre quasi tutte le centoventi comuni di cui consta sono ora provvedute di scuole. I marinai hanno nell'Havre una scuola speciale di geografia, e le fanciulle del popolo sono ammaestrate gratuitamente dalle Orsoline. Gli abitanti, attivi, industriosi si danno all'agricoltura, pesca e navigazione, 30 navi almeno vanno alla pesca della balena nei mari settentrionali; e da pochi anni, molti attendono all'industria manifattrice; ed i 20 mila operai che lavorano nelle manifatture di cotone a Bolbec, Lillebonne e Fécamp, impiegano più di 25 milioni di franchi in questo solo ramo; sonovi inoltre parecchie raffinerie di zucchero delle colonie, e, però mi dissero alcuni personaggi autorevoli che in quanto al commercio esterno, l'Havre non riconosce altra rivale che Marsiglia.

G. F. Baruffi.

SFORZA PALLAVICINO

CARDINALE

NATO NELL'ANNO 1607, MORTO NEL 1667

Pochi, nessuno forse tra noi, a grande ingegno e sapere accoppiarono tanta mansuetudine di natura e innocenza di vita come Sforza Pallavicino. Cherico, gesuita, cardinale, nè per diversità di ministeri, nè per altezza di dignità, nè per rivolgimenti di fortuna, rimutò costumi od opinioni.

Nato in un'età, divenuta famosa sì per deliranti forme di lettere, e sì per rilassamento di discipline morali, egli si mantenne libero da incolpazione in quelle, primeggiò di osservanza in queste. Come prosatore, andò vicino ai modelli; come filosofo, aggiunse i più savi. Fatto propugnatore della compagnia, di cui era gran parte, non ne difese le virtù sopra il vero: testimonio de'non setteggianti concepimenti delle sue scritture fu il non esser mancato chi lo accusò della Sede Pontificia e favoratore e maledico. Pago nel sentimento della coscienza (gran forza), alle contumelie de'tristi mai non oppose che l'arme de'buoni: il silenzio.

Poetò con amor grande: con felicità poca. I suoi versi mostran più studio che fantasia: più santità di ammaestramenti che fiamma d'affetti.

Nè vili furono in esso i doni del cuore al paragone di que'dell'ingegno. Pietoso, benefico, schietto, della nobiltà del sangue e del grado sol ricordevole per accendersi ad opere alte e magnanime, non ottenne manco reverenza ed amore con la purezza e carità de'costumi, che ammirazione con la vastità della mente. Caldo, fermissimo nell'amicizia, più temè di violare le sante leggi di questa, che di perdere il favore o di chiamarsi addosso la collera de'potenti. Provò allora il Pallavicino quanto sia pericoloso avanzare in virtù que'che soprastanno di grado. E com'ebbe spiriti moderati nella prosperità, così li mantenne invariabili nella sventura. Ignaro, incapace d'invidia, solo si confortò nell'esaltamento de'buoni. Quel ch'era ottimo in altrui cercò di far suo. Lento, avvisato nel deliberare, di rado ebbe occasione di correggere i fatti proponimenti: non mai li mutò.

Menù vita queta, frugale, e (quanto potè) solitaria: senza fasto, senza brighe di ricchezze, d'onori: non d'altra dolcezza invaghito che degli studi: del sapere, non della fama. E consapevole come niuna cosa vesta l'animo di onestà quanto il conversare co'buoni, solo della presenza di questi si piacque.

Tutti pieni ed alti e soavi, ugualmente alieni da vani ostentamenti che da basse pratiche, furono in esso i sentimenti di religiosa pietà: ammirando l'accordo della religione col cuore. Ingannevoli, vote giudicò le più desiderate venture di quaggiù: anche non travagliose, da sdegnar come labili. Sua vita intera fu pensamento di morte. Laonde sostenne sempre con maravigliosa pazienza e fortezza d'animo le infermità proprie, i morsi de'malevoli, gli abbattimenti della fortuna. L'estremo suo passo fu massimo lume alle sue virtù. La memoria di lui dura tuttavia qual cominciò: incorrotta.

L'*Istoria del concilio di Trento* ne mostra l'ampiezza della dottrina: il libro *Della perfezione cristiana* la dirittura della filosofia: le *Lettere familiari*, il candore dell'animo: tutte sì fatte opere, la sottilità dell'ingegno.

Graziosa fu la persona del Pallavicino: nobile, nunzio di cortesia l'aspetto: sereno, animatore il guardo: dolci i modi: placido, amico il favellare: gracile la complessione, non quasi opportuna alle grandi fatiche, pur sempre dominata dalla instancabilità della mente. L'onorarono i grandi come raro ornamento del loro ceto. Lo ebbe caro il popolo come non abusatore delle dignità, del sapere, a dibassamento de' più.

Cav. A. Leoni.

TOPOGRAFIA — BORGATA DI LOANO

Ventos et varium coeli praediscere morem,
. . . .
Et quid quaeque ferat regio et quid quaeque recuset.
VIRG. *Georg.*

§ 1°. *Situazione geografica*

Loano è di questi giorni, ripetiamo, una borgata ragguardevole, situata nella Liguria occidentale là proprio nel bel centro della curva descritta dal lido, discosto dal caseggiato non più di un briccolar di pietra, tra il Finale ed Albenga; e, tranne quelle di quest'ultima città e di Savona, in sulla più amena pendice di quella costiera.

L'estremo confine di quell'aprica valle è circondato tutto di montagne eccelse, dal cui vertice l'occhio scorre spaziando per lungo tratto sur altri monti e colline sottoposte di accessibile pendio, tutte nude ed incolte fino all'inclinare della falda meridionale, là dove si fissa meravigliando all'aspetto dell'ondeggiante piantagione d'ulivi (1) onde sono popolati quei dintorni. La campagna, che ne circonda immediatamente il caseggiato, è cosa per vero più grata d'assai di quello che sicosi le schegge, i macigni, le erte ripide, nude, invio e il pallido ulivo testè accennato. Ella è tutta piantata, vogliam dire, d'alberi fruttiferi d'ogni maniera, aggregata di qualche vizzati (1), di agrumi, di seminati, variata di un vaghissimo screzio e verzicata di praterie ridentissime, ove scorrono gorgogliando in lucido serpeggiamento vivi rigagnoli, che confluendo si perdono in un torrente impetuoso di nome Letimbro, il quale scorrendo lungo un alveo sassoso e assai inclinato mette foce in mare allato alla parte orientale della borgata.

(1) *Gli olivi che si coltivano nella campagna di Loano, appartengono a quattro varietà dell'*Olea europea *di Linneo; varietà* conosciute *in Liguria sotto i seguenti nomi volgari, cioè: la* colombara, *ond' è popolato quasi tutto il territorio di Loano; le rare* merlina *e* pignola *e la rarissima* tagliasca.

(1) *La vite che alligna in quel territorio appartiene alla* vitis vinifera *di Linneo. Tutti sanno che questa specie è madre a tante varietà, che se ne contano fino a mille e quattrocento; che* secondo *le varietà variano le foglie e il prodotto di questa pianta, le quali sono ora più* o *meno laciniate, ora crespe più* o *meno pallide, ovvero colorate a verde intensissimo. I tralci ne* sono *sempre scandenti; i racemi* o *grappoli offrono alternativamente acini rari, od affoltati a tal segno, che s' impediscon a vicenda lo sviluppo. Questi sono talvolta colorati a rosso vivo, talvolta più chiaro. Di frequente* sono *congegnati di acini bianchi e diafori; allorchè sono maturi, sono di forma sferica, spesso anche allungata; di sapore dolci, dolce-moscato, ovvero acerbi riboccanti sempre o carnosa* o *più* o *meno acquea.*

I nomi volgari onde si distinguono le varietà che allignano in questo paese, sono*:*

La barbarossa *così detta dal* color *rosso chiaro dei suoi acini. Il* verdone, *la* tettavacche, *il* cariolo, *il* vermentino, *le* pignolo *(nera e bianca), la* verde-polla, *il* triglione, *il* moscato *(bianco e nero), la* luggenga, *varietà primaticcia che matura in luglio, ecc. ecc.*

§ 2°. *Indole geologica del suolo*

Un'occhiata che si gitti anche alla sbadata sulla superficie delle montagne o del territorio di Loano, basta a metterti frappiedi, nelle prime, sia di vetta, di centro, che di costiera dirumpentisi tutte in promontori, valloncelli e gole, qui uno strato di terra argillacea o sabbiosa insieme concrezionate, od in altro di color bigio-giallastro, là in altro di arenaria selciosa a corrente calcareo, composta di frantumi per lo più calcareo-selciosi riuniti, mercè di un glutine argilloso, spesso fragile e friabile, là in massi erratici arenaria di transizione, e di durissima silice; nel secondo t'imbatti a vicenda ora in una stratificazione di arenaria friabile, ora in altra di argilla rossa indurita, oppure in una concrezione di fillade, di micaceo e di schisto, che, assimilati colla pietra arenaria, offre un terreno soffice e leggiero, ove allignano a meraviglia oliveti, vizzati, sementi e frutta d'ogni maniera.

Il terreno testè descritto in tutta la sua estensione non è, di vero, feracissimo di civaie o di vini (1) che non bastano alla consumazione locale. Può vantarla per certo quella feracità in olii ed in frutta di ogni maniera. La parte settentrionale di questo, quella, si vuol dire, che dalla falda meridionale del monte così detto Ravinè si estende per lungo tratto quasi a contatto dell'abitato, è per natura avarissima e pressochè tutta isterilita, sterilità che potrebbe correggersi schiantandone il povero avvizzito oliveto, dissodandone e soggrottandone il terreno da popolarsi di vigneti, ove vegeterebbero a meraviglia.

La sterilità di questo tratto considerevole di contado, convien dirlo, è in gran parte compensata dal canale d'irrigazione derivato ad arte dalla sorgente perenne detta *dell'acqua calda*, discosta un due ore circa dal paese, onde si adacqua gran parte del territorio limitrofo sottoposto a quella sterilissima landa. E questo canale, che nei giorni canicolari torna di tanto vantaggio ai seminati, Loano lo dee alla munificenza di casa Doria.

§ 3°. *Meteorologia*

Il clima fisico, trattandosi di paese pressochè ubicato nel bel mezzo della zona temperata boreale, non può essere freddissimo che a cagione dei venti aquilonari che vi giungono imperversanti ed agghiacciati dalle regioni del polo. Quindi il clima ne è per lo più temperato, talchè il freddo nell'inverno vi è limitato tra il 4° ed il 6° grado, e la neve, onde sono spesso imbianchite le montagne di vetta, fiocca di rado nei poggi di ultima costiera, e cade rarissima nella valle sottoposta; e nei giorni di estate il caldo più intenso sta sempre fra il 20° e il 24° grado del termometrò di Réaumur, fatta una proporzione sopra un triennio.

La mutabilità del clima dee derivarsi esclusivamente, a sentir nostro, dalla moltiplicità delle meteore acquose ed ignite, che alterano spesso lo stato dell'atmosfera, per la qual cosa, tranne l'autunno e l'inverno, in primavera e in estate il cielo è per lo più sereno e limpido, l'aria dolce e il mare lievemente increspato dal brezzeggiare dei freschissimi zeffiri che spirano costanti lunghesso la pendice. Quindi le epizoozie e le malattie endemiche vi regnano rarissime. La pioggia in estate è rara, ma talvolta vi cade improvvisa ed a stroscio, preceduta sempre dal lampo che lumeggia di folgore istantaneo la valle e dal tuono che scorre rumoreggiando con istrepito repentino dall'una all'altra regione del cielo: da questa cagione è ingenerata ora la tanto lamentata siccità, che spesso toglie appena nate al contadino le più belle speranze, ora la più spaventosa delle meteore acquee, la grandine devastatrice. (*Sarà continuato*).

FELICE ISNARDI.

(Arco della Stella in Parigi)

L'arco della Stella, uno de'più insigni monumenti dell'arte moderna francese, fu cominciato da Napoleone, e condotto, non ha guari, all'ultimo suo compimento. Egli è di uno stile nobile e severo; ha 137 piedi parigini di altezza, e comprende un arco largo 47 piedi sopra 87. CHAUCHARD E MÜNTZ.

(*Geografia Iconografica*).

(1) *Non ha gran tempo che i Loanesi popolarono di viti molta parte della loro campagna. Queste novelle piantagioni mostrano chiaro quanto siasi apposto Gioja lorchè scrisse queste parole*: Accarezzate dal soffio tiepido e molle del sud e dell'est, sorgono rigogliose le viti alla base e sui fianchi delle Alpi marittime (*Vedi Filosofia della statistica, tomo 1°, pag. 270*).

IL CONTRACCAMBIO DI BENEFICENZA — RACCONTO

Quando ci capita l'occasione di far del bene, non bisogna guardare se v'è da trarne profitto in qualche maniera; un siffatto pensiero toglie ogni merito alle buone azioni. Guardatevi dall'imitare que' tali il cui nome vedete sempre il primo nelle liste di beneficenza, mentre scacciano duramente gl'infelici che loro domandano soccorso e protezione. Sono caritatevoli pelosi, come suol dirsi, ed allargano la mano quando siano certi che il pubblico vede gli atti generosi, ed il patrio giornale ne commenda lo spirito magnanimo ed il cuore tutto pieno di filantropia. Codesti non son buoni punto; sono orgogliosi nell'anima.

La vera beneficenza nasconde la sua mano, corre incontro ai disgraziati, risparmia a chi soffre il rossore di chiedere, e l'idea d'aver fatto il bene, che suscita la più viva interna soddisfazione, è la sola sua ricompensa. E sì che non è la sola, perchè ogni buona azione viene o presto o tardi rimunerata. Ve ne do le prove nel seguente racconto.

Il signor di Belleville aveva nel 1816 alla Corte di Francia un impiego cospicuo e lucroso. — Rovinato dalla rivoluzione del 1789, al ritorno dei Borboni riacquistava un posto eminente, che lo costringeva a vivere con lusso. Bisognava *tener carrozza*, abitare un sontuoso appartamento, salariare un gran numero di servi; che ricevesse in sua casa i più distinti personaggi; che desse pranzi, serate, balli; infine, che spendesse l'intiero suo reddito. Aveva tre figlie che educava con isquisita educazione, e la signora di Belleville, donna fra le più distinte di Parigi, sorvegliava essa stessa gli studi dei suoi fanciulli, e colla sua dolcezza, co' suoi buoni consigli, e soprattutto col suo esempio, li inspirava di quei sentimenti di bontà e di beneficenza, che provano ad un tratto il buon cuore de' figli ed il senno de' parenti.

La primogenita di circa dieci anni, vivace, storditella, chiamavasi Leonida: era d'una pasta eccellente. Luigia, la seconda, non ancora compiuti gli otto anni, mostrava un carattere più riflessivo: amava dessa lo studio ed il lavoro. Quanto alla terza, per nome Felicita, era un diavoletto, sempre in moto, saltellante, rumorosa, gioconda. Per lei valeva più un pezzetto di corda, un piccolo cerchio, che non tutte le lezioni dei suoi maestri di lingua, di scrittura, di musica. Non la si poteva coglier mai coll'ago od il ditale alla mano; non era poltroneria, era sbadataggine, noncuranza, ed alla vostra età, miei ragazzetti che leggerete queste pagine, la noncuranza è dannosissima. È alla vostra età il tempo più opportuno per adunare tesori che vi assicurino la felicità avvenire, ogni sorta di consolazione per gli anni futuri, in cui sarete agitati dalle tempeste della vita. — Non credete per ciò che la nostra Felicita fosse cattiva; che anzi era buonissima, ma leggiera: aveva bisogno d'essere guidata: non avrebbe per se stessa indovinato ciò che fosse per essere bene; ma una volta che gliel'avessero detto, l'avrebbe fatto con molto piacere.

Il tempo delle occupazioni per le nostre tre fanciulline era diviso in modo che s'avessero circa quattr'ore di ricreazione ogni giorno. Alla mattina andavano a sollazzarsi nel proprio giardino, ed un'ora prima del pranzo, insieme dell'aia, passeggiavano lungo le Tuilerie od i Campi Elisi. Un bel giorno del 1818, in tempo d'inverno, uscirono alla solita passeggiata. I loro maestri erano stati soddisfatti dei loro diporti; la mamma aveva fatte con esse loro le sue congratulazioni, e le aveva regalate di qualche monetuccia, onde per istrada si comprassero i confetti. Liete e ridenti, come si è sempre quando s' ha nulla a rimproverarsi, giunsero ai Campi Elisi. Là, dismettendo quel certo decoro che avevano conservato lungo i ripari, sempre frequentati da molta gente, abbandonarono la mano dell'aia, e si diedero a correre, a saltellare, a folleggiare, quando allo svolgere d'un' allea videro sulla china d'una fossa una povera donna, giovine ancora, ma che alla figura pallida e scarna mostrava il più profondo dolore. Le cadevano dagli occhi grosse lacrime su d'un bambino ch'ella stringevasi al seno come per riscaldarlo: colle mani irrigidite e violacee dal freddo raccoglieva a stento i pochi cenci che ricoprivano la tenera creaturina, ed essa stessa, mal coperta da una veste di tela lacera e sbiadita, tremava battendo i denti, se non che sembrava che dimenticasse le proprie sofferenze per occuparsi unicamente del suo figliuolino.

Leonida, la prima che scòrse quella scena dolorosa, senza fermarsi sulle riflessioni, trasse un dieci soldi dal borsellino, e l'offrì a quell' infelice: Luigia fece altrettanto, e Felicita, che nell'ardore de'suoi giuochi infantili erasi alquanto allontanata dalle sorelline, retrocedette premorosa, e vuotò in grembo della povera madre tutto il suo danaro.

La poverella non le ringraziò; ma il rossore che colorò un istante le sue guance, lo sguardo riconoscente, che fra le lacrime rivolse alle pietose fanciulle, il lampo di gioia che balenò sul di lei viso, furono più eloquenti d'ogni discorso. In questo punto l'aia richiamò le fanciulle, e queste la seguirono non senza rivolgersi a sogguardare quella madre infelicissima, che seguendole cogli occhi alzava le mani a mo'di porgere il bambino, e sembrava volesse dire: Eccolo! siete voi che lo salvate, a voi sole debbo la felicità di conservarlo. Ed era poca cosa ciò che le avevano dato; ma bastava per ricoprirlo; bastava per comperarsi un po' di pane!

Quelli che vivonsi nell'opulenza, fra gli agi della vita, non san farsi una giusta idea della miseria. Non conoscono quanto sia straziante al cuore d'una madre il grido d'un figlio affamato che domanda pane, mentre non ha da sfamarlo!... Quanto soffre se piange di freddo, e non ha di che ricoprirlo!.... Oh! non possano mai provarlo i ricchi di questa valle lacrimosa, e peggio per loro se insensibili, egoisti, avari..... No! Se vedete un povero; se una madre sopra ogni altro vi stende la mano per domandarvi pane pe'suoi figli, non siate sordi alla pietosa preghiera: richiamatevi alla memoria questo racconto, e pensate che risparmiando la minima parte delle vostre inezie, la togliete dai più orribili tormenti.

Com'è ben naturale, questo accidente rese malinconica la passeggiata delle tre vezzose fanciulle. Felicita stessa prese un'aria più grave, sospese il suo correre festevole, lasciò inattivi il cerchio e la corda, e tutte e tre si fermarono senza parlarsi sullo stesso pensiere. Quanto debb'essere sfortunata! disse alla fine Luigia.— Oh! sì, riprese Leonida, e ciò che le abbiam regalato non basta a'suoi bisogni. Bisogna rivederla! sclamò Felicita, e le diremo che venga a ritrovarci. Papà e mamma sono così buoni, ed essi hanno molto denaro: glie ne daranno. Oh! ritorniamo indietro... ma la povera donna non v'era più, la qual cosa le rattristò tutte e tre, e ripresero il cammino verso casa più malinconiche di prima.

Appena che furono arrivate a casa, la signora di Belleville dimandò loro come si fossero divertite, che si avessero fatto del suo regaluccio; e Leonida subito a raccontarle l'incontro della povera donna, ed a rammaricarsi nuovamente per non averla potuta ritrovare la seconda volta. Oh! mamma, aggiunse Felicita, se avesse veduto quel bambino, quanto era vezzoso! Aveva un freddo che non si può dire: quasi nudo affatto, i suoi piedini erano rossi rossi!... Perchè non possiamo dargli qualche veste, noi che n'abbiamo tante! La signora di Belleville abbracciò quelle gentili, e promise d'andare all'indomani con esse loro per rivedere la povera donna. Per tutta quella sera non si parlò d'altro; ma all'indomani, il giorno dopo, e l'altro, furono tutte insieme deluse, e per quante ricerche e richieste siansi fatte, non fu più possibile di rivedere la povera donna, se non che dopo otto giorni, mentre la signora Belleville colle sue bimbe passavano in carrozza lungo una strada men popolosa di Parigi: Eccola! gridò Felicita, ed indicò la madre col suo bambino in braccio, quelli stessi che avevano incontrati ai Campi Elisi. La signora di Belleville mandò il palafreniere a richiedernela del suo indirizzo, ed ebbe in risposta che la vedova Cloquet abitava al quinto piano del n.° 30, in contrada Coquenard.

All'indomani la signora Belleville e le sue tre figliuoline picchiavano ad un uscio del quinto piano d'una casa miserabile e cadente, ed un giovinetto di 13 anni aprì. Quantunque in quella soffitta regnasse una certa proprietà che non si trova soventi nelle abitazioni dei poveri, da ogni lato traspariva un'assoluta miseria. Un po'di paglia stesa sul pavimento era il letto di tutta quella famiglia; uno sgabello tarlato ed una vecchia cassa ne formavano tutta la mobiglia. Al momento in cui entrava la graziosa visita, la povera madre cullava sui ginocchi il piccolo suo figliuoletto che piangeva dirottamente; sulla paglia giacevano due altri fanciulli già attempatelli, ed erano intenti a divorarsi ciascuno un tozzo di pane nero, durissimo, ed il giovinetto di tredici anni pareva occupato a rappezzare un abito tutto a stracci ed a pezzi. La povera donna riconobbe all'istante le sue benefattrici, e camminando ver esse: Oh, le mie buone signorine! esclamò, quanto sono mai felice di rivedervi! Posso dunque ringraziarvi, oh! voi che avete salvata la vita de' miei figli!... E s'era, nel pronunziare queste parole, gettata a' loro piedi in ginocchio, e, gli occhi pieni di lacrime, baciava e ribaciava le mani delle tre sorelline.

Buona donna, disse la signora di Belleville, le mie figlie m'hanno parlato di voi: tocche ai vostri patimenti, prendono interesse al vostro tristissimo stato, ed io voglio unirmi ad esse loro per addolcirlo. Sono tutti vostri questi ragazzi? — Sì, signora: sono i miei quattro figli senza padre, ed io debole ed inferma non so come sfamarli. Ah! non possiate voi mai provare quanto costi il veder soffrire i propri figli! è ciò che mi fa morire: e non manco, vedete, di fare ogni mio sforzo; ma guadagno sì poco, ed il pane è tanto caro!... Guardate, soggiunse piangendo, e mostrandole un pacco di carte, che aveva tratte dalla vicina cassa, guardate che qui troverete le prove di quanto sono per dirvi. Mio marito era soldato nella guardia imperiale. Onesto e valoroso, fu insignito della croce d'onore sul campo di battaglia. Allo sciogliersi di quel côrpo venne posto in ritiro, e la piccola sua pensione non bastando al sostentamento della sua famiglia, riprese l'antico suo mestiere di muratore, ed il desiderio di allevare con maggior comodità la propria figliuolanza gli fu troppo fatale. Un giorno, lavorando attorno di una vecchia casa, un muro mal sostenuto crollò, e vi fu schiacciato! Giudicate qual sia stato il mio dolore: per due mesi me ne stetti in forse della vita, e dopo misi alla luce questo fanciullo, e vi volle ancora lunghissimo tempo a rimettermi in salute. Col marito ho perduto ogni ben di Dio, e men restai con quattro figli senza nulla al mondo! Appena ebbi forza d'uscire, cercai lavoro. So cucir bene, e lavorando giorno e notte giunsi a procacciarmi qualche piccolo guadagno; ma l'assiduità stessa del lavoro mi guastò gli occhi, e dovetti sospenderlo per qualche giorno. Trassi intanto il vivere dalla poca mobiglia, e quando l'ebbi venduta tutta, volli riprendere il lavoro, ma le poche pratiche mi avevano abbandonata; la vista d'altronde sempre debole non mi lasciava lavorare che a riprese, ed alla fin fine anche questa poca risorsa mancò affatto. I miei figli chiedevano del pane, e le loro grida mi laceravano l'anima. Quel giorno in cui mi trovarono le vostre generose fanciulle, disperata, non sapendo a qual mezzo ricorrere, stava per risolvermi all'elemosinare. Ah! signora, che supplizio incomprensibile! Per sopportarlo bisogna vedere le lacrime de' propri figli! Scacciata dagli uni, umiliata, avvilita dagli altri, era fuor di me stessa, ed in quella fossa de'Campi Elisi combatteva l'orribile idea di por fine a' miei giorni, quando il Cielo m' inviò codesti angeli consolatori: non ho potuto ringraziarle queste amabili creaturine; morì la parola sulle labbra: la gioia mi soffocò: ah! che i miei figli avevano pane!... Ma partii tosto: comperai di che ricoprire il mio bambino e di che sfamare gli altri, e, solamente dopo averli veduti men dolenti, mi sovvenne di non aver ringraziate le mie benefattrici: ogni sera però chieggo al Cielo quella ricompensa che s'hanno meritata; giudicate adesso la mia grande felicità di rivederle. Per tutto questo discorso le tre sorelle piangevano, la signora di Belleville ne fu commossa, e con voce alquanto intenerita assicurò la povera vedova che d'or innanzi non doveva più temere sì eccessiva miseria. Le fece scorrere fra le mani alcune monete d'argento, e le promise che avrebbe pensato ai mezzi di renderla meno infelice.

Quando la signora di Belleville si trovò sola con le sue figlie, domandò loro in qual maniera avrebbero creduto di poter sollevare quella povera famiglia da sì gran miseria, senza però nuocere ai loro studi giornalieri, e la sera di quel giorno stesso, essendo stata una festa di ragazzi loro compagni, dove ciascuno, fra gli altri innocenti sollazzi, guadagnava ad una piccola lotteria qualche balocco, venne a Leonida la seguente idea, che propose alle sorelline. Noi abbiamo ogni giorno quattr'ore di ricreazione, occupiamone parte in lavorare qualche galanteria a ricamo, e tutti i mesi facciamo una lotteria de'nostri lavori a venti soldi per numero. Quelli che si adunano in casa nostra per far conversazione con papà, non si rifiuteranno di prendere qualche biglietto, e così noi soccorreremo i nostri piccoli protetti. Brava! oh bene! esclamarono Luigia e Felicita; ma, soggiunse Leonida, bisogna fissarci il compito, e non desistere prima che non sia terminato. Vedrete che ci riusciremo. La signora di Belleville approvò il progetto delle sue figlie, ed all'indomani cominciarono, e lavorarono indefessamente ogni sorta di que'piccoli nonnulla che le donne sanno accomodare con tanta squisitezza di buon gusto. Fra poche settimane avevano finiti molti di questi oggetti, ed una sera in cui il signor di Belleville riunì tutti i suoi amici ad una gran serata nell'ampio salone dell'appartamento, sur una tavola coperta da ricchissimo tappeto spiegarono le tre fanciulline i vari lavori delle loro mani, ed eccitarono l'ammirazione della scelta società. In quel mentre Leonida narrò la storia della povera famiglia, spiegò il progetto che dessa e le sue sorelline s'erano formato, ed offrì ad ognuno i biglietti della sua lotteria.

Non occorre il dirvi che i biglietti non bastarono alle domande, e che il prodotto di quel primo esperimento superò l'aspettazione delle generose fanciulline. Chi non avrebbe applaudito a sì nobile divisamento, chi non avrebbe risposto a sì grazioso invito, chi non avrebbe contribuito al sollievo della miseria con sì gentili, operose mediatrici? Il loro esempio fu anzi d'incitamento a seguirlo, e molte altre fanciulle si unirono alle tre sorelline, crebbero gli oggetti per le susseguenti lotterie, e fu una gara la compera de'biglietti, sicchè in poco tempo la povera vedova alla più orribile miseria vide succederlesi l'abbondanza: riacquistò la salute; i suoi figli ben vestiti, ben alimentati, crebbero belli e vigorosi; il primogenito fu collocato come apprendizzo in una manifattura; infine ella si trovò felicissima, cosicchè la sua riconoscenza non aveva più limiti. Una sera, mentre in casa del signor di Belleville trovavasi riunito il fiore della società per assistere ad una nuova estrazione della lotteria infantile, nel momento stesso in cui le giovani benefattrici ne distribuivano i biglietti, la buona vedova col suo bambino in braccio, e seguita dagli altri suoi tre figli pulitamente abbigliati, si presentò in mezzo dell'adunanza, e con voce commossa tracciando un quadro lacrimevole della sua miseria, dipinse con molto calore la felicità che gli era succeduta, e che doveva tutt' intiera alle tre sorelline: invocò sopra ciascuna la benedizione del Cielo, e con quell'eloquenza che esce dal cuore, lodò le belle qualità delle figlie Belleville. Una scena di tal fatta commosse tutti gli astanti; le giovinette vennero festeggiate, e da tutti i padri di famiglia proposte come modelli ai propri figli; fu questo un primo saggio di ricompensa ben dolce, ben soddisfacente, e la signora di Belleville n'andò più gloriosa delle sue stesse figliuole. Per più anni non si raffreddò un tanto zelo: desse trovarono a poco a poco la maniera di collocare vantaggiosamente i figli della vedova. Francesco il primogenito, pieno d'intelligenza e di coraggio, amoroso della fatica, in breve tempo divenne un abilissimo operaio. Beneviso al suo padrone, lorquando questi volle rinunciare alle cure commerciali, gli confidò nel 1829 la direzione della sua manifattura, e lo mise a parte degli utili, e Francesco trattò sì bene gli affari, ed ebbe tanto prosperi gli eventi, che in meno a due anni divenne egli solo capo d'un grandioso stabilimento situato poco lungi da Parigi. - Scoppiò la rivoluzione di luglio; il signor di Belleville ne fu vittima: perdendo l'impiego, perdette ogni suo reddito: un fallimento gli tolse il poco risparmio di molt'anni, e se ne afflisse talmente, che poco tempo dopo morì di crepacuore. La signora di Belleville si trovò dunque alla sua volta e vedova ed infelice colle sue tre figlie tanto buone, dolci, graziose, e senza alcuna sostanza, costretta a lavorare per vivere, ed a cercarsi pur essa del lavoro, ben difficile a trovarsi in quel terribile sovvertimento d' ogni cosa. Infatti riuscirono per lungo tempo vano le sue ricerche, onde cominciava a disperarne. Un giorno, mentre assorta nelle più tristi riflessioni guardava dolorosamente le sue figlie che cercavano di consolarla, udì bussare all'uscio della modesta sua abitazione, e Felicita non l'ebbe aperto, che nello stesso momento entrò la vedova Cloquet co' suoi quattro figli. Francesco, ormai giovane fatto, s' avanzò il primo, e, Signora, disse, quantunque sia più comodo questo alloggio del granaio nella contrada Coquenard, non è per voi e per queste damigelle: so tutto ciò che v'accadde: perdeste ogni fortuna; ma non siete assuefatte a lavorare per vivere; nè si dirà mai che Francesco Cloquet sia un ingrato. Noi siamo ora più che felici, e quanto abbiamo lo si deve a voi; se mia madre passa tranquilli i suoi giorni, è grazia vostra, ed a voi debbono il loro onorevole stato i miei fratelli: la vostra famiglia ha dato alla mia ogni suo bene, a noi il *contraccambio*. La mia manifattura è prospera quanto può dirsi: è posta in un bel paese dove sarete ben accolta e rispettata, e nella vostra disgrazia avrete la consolazione di vedere quelle stesse persone che voi avete rese felici. Fra tre giorni son qui a prendervi tutti: va bene, signora? Miei amici, riprese la signora di Belleville, la vostra condotta non mi sorprende, e mi commuove ricompensandoci largamente di tutto ciò che abbiamo fatto per voi quando correvano tempi migliori; ma noi siamo quattro, ed io spero col tempo e coraggio di trovar modo per vivere senza essere di peso ad alcuno: ve ne ringraziamo di cuore. E quando codeste belle signorine, soggiunse vivamente la vedova, vuotarono il loro borsellino nelle mie mani, non le ho ringraziato io, signora; quando per dieci anni rinunciarono al ricrearsi per renderci felici, non abbiamo noi rifiutato..... Ah! signora, lo sia per loro, se nol volete per voi..... Non sapete ancora quante pene si devono soffrire allorquando s' ha da correre d'una in altra porta cercando lavoro!... Parlate voi, care, amabilissime signorine, fate risolvere vostra madre ad accettare, e noi ve ne saremo riconoscenti più di quanto lo siamo stati per ciò che avete fatto per noi. Allora i quattro figli della vedova attorniarono la signora di Belleville, la supplicarono le mani giunte, ed unitamente alle tre giovinette che si dolevano della perduta fortuna più per la propria madre che non per se stesse, ottennero una favorevole risposta. La signora di Belleville e le sue tre figlie passano presentemente i loro giorni tranquilli e beati in casa di Francesco Cloquet; sanno come rendersi utili all' ospite generoso, e la schietta riconoscente amicizia dei loro protettori rende ad esse dolcissima la vita.

Tosto o tardi, lo ripetiamo, una buona azione ha la sua ricompensa, e siccome ogni grande fortuna può svanire, ed ogni uomo, per alto che sia il grado in cui si trova, può cadere; così bisogna far il bene tutti in qualsiasi condizione uno si trovi, e tutti avranno del bene, e questo è l'augurio che io faccio ai miei lettori.

C. Francioni.

CARATTERI — IL PUSILLANIME

Alla faccia smorta e scarna Lilibeo fe' cornice di fitto pelame. Lunghi incomposti capegli, gran mustacchi, due occhietti nerognoli che guardan sempre di sbieco, vestir succinto di taglio militare, speroni e scudiscio; ti do Lilibeo per un vigliacco. Stupisci? Ma se vedi alcuno ravvilupparsi in luglio nel suo mantello di gennaio, nol reputi freddoloso? e costui così belligero in piena pace, nol terrai in conto di pusillanime? — Tentiamolo. — Narragli che Orazietto giurò di schiaffeggiarlo per quelle sue gradassate dell'altro dì; si conturba, ti prega pacificare il bollente giovinetto: *troppo dorrebbegli*, dice, *doverlo malmenare*. — Narragli che Cesare sospetta d'averselo rivale, e vuol provocarlo. Ti sacramenta che non è vero, t'incumbenza di fargliene formale dichiarazione — *che se fosse vero*, soggiunge, *a sì degno amico sagrificherebbe anco l'amor suo*. — Lo vidi ieri senza mustacchi. Quanto meschino! — Cosa ti avvenne? — Nulla: una scommessa: capricci donneschi!... — Altro che capricci! Marziale lo ha minacciato di strappargli in pien teatro i mal cresciuti peli, se dentro ventiquattr'ore non li rade. Il pecorone è diventato pecora: ecco tutto.

Tullio Dandolo.

UNA PASSEGGIATA IN COLLINA

Un gran libro ci ha spiegato dinanzi l'adorabile Provvidenza, vergato a caratteri immortali, e così chiari, che portano con seco l'impronta del divino Autore, e ne suggellano, direi con Dante, la gloria. Questo libro è così grande, così meraviglioso, così complicato, che non aggiugne la vita dell'uomo a svolgerlo, non che tutto, neppur poche pagine, pochissime poi, e con molto stento, a pienamente intenderne. Ma egli ha delle pagine questo libro, egli ha de'passi, che parlano così sentitamente all'anima anche di qualunque idiota, che egli è tratto a sclamare ora per insolita maraviglia, ora per nuova dolcezza, Oh bello, oh ammirabile! Ha delle pagine, torno a ripetere, che parlano sì forte al cuor di chi sente, da spremergli a viva forza lagrime talvolta non volute. Non accade ora che io dica, che io parlai finora del gran libro della natura creata. Egli ci spiega innanzi una quantità di fenomeni sì nell'ordine morale che nel fisico, moltissimi de' quali sono un mistero al nostro intelletto, una pena al nostro cuore. Le pagine singolarmente, ove ci si rappresentan gli uomini in scena, ah esse sono il nodo più astruso e malagevole a sciogliere. Ma v'ha delle pagine, io dicea, che parlano forte, e si fanno intendere a chi sente, e son queste l'aspetto della campagna or vaga e ridente ne'prati e ne'fiori, or ricolma di frutta nelle viti e negli alberi: son queste le varie scene che ci presentan gli augelli, i fiumi, i torrenti, i ruscelli, l'amenità delle colline, l'orridezza delle montagne, la sacra notte de'boschi. Ed io sentiva queste parole testè in una gita di diporto in collina, provava queste dolcezze, queste, dirò anche, melanconie, e le sentiva in modo da costringermi a versarle dal cuore, e col farne parte altrui, renderle quasi più dolci a me stesso. So che v'avrà forse taluno che sorrida malignamente a questo tratto, non sapendo capire qual piena di dolcezze vada io divisando in collina; ma rida pure che e' ne ha ragione; cessi pur di leggere questi pochi versi, perchè non sono per lui. Io gli dirò con Cesare Cantù: *Hai tu mai sospirato? No. Questi versi non sono per te.* Nè sia chi mi accusi de' piagnistei di che van sì famosi gli scrittorelli d'oggi giorno; chè una dolce melanconia inspirata dalla vista della natura, dalla lontananza della patria, dall'amor de'più cari, non ha festività o allegrezza sì viva che agguagliare la possa. Pel cristiano scrittore non v'ha parte del mondo fisico che non parli un nuovo linguaggio, disse quell'elegante scrittore, il prof. Paravia (1). Dimodochè lo spettacolo delle viti cariche e gementi de' grappoli, degli alberi incurvantisi sotto il peso delle frutta, dell'aspetto vago e verdeggiante della campagna, ah come mi innalzava alla contemplazion dell'Altissimo, quali sentimenti non m'inspirava della sua provvidenza

(1) V. Oraz. sul cristianesimo ecc.

ammirabile; e oh! come io rimaneva preso al gorgheggio degli uccelli, al susurro delle fronde, al mormorar de' ruscelli; tutto mi dicea, opra siam di Dio: tutta in suo linguaggio mi parea ripeter la natura: Iddio è grande: grande quando irato tuona fra le folgori e lo scroscio delle saette, e quando dolce all' anima ragiona co' fiorellini del prato. Allora io compiangea la miseria di que' tempi, la follia di quelli increduli che volean disconoscere la mano di Dio: deh! dicea io meco stesso, che faccan essi mai sulla terra? Quali dolcezze gustavan essi? Or si rimanean muti a spettacolo sì incantevole? E qui la mia mente atterrita non trovando un appoggio rifuggiva da quei tempi infelici. Tali erano i sentimenti, queste le idee che mi sorgevano in mente al passar quelle colline che fan sì deliziose le ville supra Chieri. A non sentirsi tocco da tali sentimenti o bisogna avere un' anima senza cuore, o un cuor che non palpiti. Giunto e raccolto nella nobilissima casa Meana che qui emmi caro nominare per istima e riconoscenza, al visitar la sera qualche vicino paese, allo squillo di que' sacri bronzi, che hanno, al dir di Paravia, un cantico per ogni festa, un lamento per ogni dolore, oh come io sentiva la forza di que' versi di Dante là nel Purgatorio:

> Era già l'ora che volge 'l disio
> A' naviganti, e intenerisce il cuore
> Lo dì ch' han detto a' dolci amici, addio;
> E che lo nuovo peregrin, d'amore
> Punge, se ode squilla di lontano,
> Che pare 'l giorno pianger che si muore.

Ne' quali l'addolorato poeta descrive a colori tutti suoi lo squillo della campana alla sera che ricorda allo stanco pellegrino la patria che ha lasciato: e quella campana, e que' versi, e quel pellegrino, ch' io pur sentiva d'essere, ah sì che m'entravano all'anima, e tutto m' innondavano di soave melanconia; melanconia ch' io però non avrei cangiato colle pazze allegrezze degli spensierati e de'scioperoni. E qui, oh come sentiva viemeglio la forza delle lettere; e come trovava vero quelle parole di M. Tullio, nelle quali le dipinge come le più care compagne di questa vita sì sovente tribolata. Oh sì che esse rimangono sempre con chi le coltiva; e nello amarezze della vita, in quel tempo in che altri volentieri si abbandona al conforto delle lagrime e alla voluttà del dolore, che dolci gemiti non ci somministrano, che lagrime consolate! Sì, o voi tutti che per la via vi indirizzate delle lettere, voi avete un balsamo per ogni dolore, un conforto per ogni sventura. Crescevano in parte questa dolce melanconia i canti de'contadini e delle villanelle, che da lungi mi ferivano dolcissimamente le orecchie, e senza pur intender che dicesser que' canti, a che accennassero quelle voci, esse però mi commuovevano, mi agitavano tutto perchè dolcissima era l'armonia che mandavano. Queste io stimo pure dolcezze: così a un cuor che sente parla la natura un linguaggio non inteso dagli altri.

Prof. E. Rezza.

FASTI DELL'INGEGNO FEMMINILE ITALIANO

Nel N° 40 del Museo, quel gentile e potente ingegno del cav. Leoni lamentava il mal uso, che molte donne fanno, del delicato e nobile ingegno onde il Cielo privilegia, spesso, il bel sesso, volgendolo a bassi e vani pensieri di mode, ed altre frivolezze consimili. A mostrare, però, come non manchino in Italia, anche negli ordini più illustri, donne capaci di conoscere ed apprezzare la dignità del sapere, inseriamo qui un portico parto di nobilissima dama romana, corredato del giudizio di chiaro personaggio, dalla cui cortesia riconosciamo il dono dei versi medesimi.

Raro incontra che a chiarezza di sangue ed a nobiltà di lignaggio si accoppi vigore d'ingegno ed amore di sapienza, e (che è più) buon volere a rendere efficaci le disposizioni dell'animo e dell'intelletto. E di tale vero assai caro e imitabile esempio sembra prestare una illustre donzella, donna Amalia Acquaviva di Aragona, della chiarissima famiglia dei duchi d'Atri. La quale (poichè ebbe da natura ciò che non a molti è largito, forze proprie; intenso sentire; affetti temperati ad ineffabile dolcezza) nelle seguenti otto elegantissime stanze da lei dettate per l'onomastico del nobilissimo genitore il duca D. Giuseppe, ben mostra aperto come poetando parli quel linguaggio che la bell'anima presta alla penna. Nè chi in queste legga, ricuserà consentire come la invocazione che è nella 5ª stanza già manifesti da quali eroici sensi abbia lo spirito informato; e come la comparazione che nell'ultima stanza scende a rafforzare il tenero e nobile affetto da cui è preceduta, faccia conto che spontanee e ben appropriate muovono quelle rime.

Sia pertanto a cagione di molto onore nominata la egregia giovane Duchessa, la quale nel primo saggio che diede di sè, porge sicuro presagio di gloriosa riuscita, e presta non equivoca prova che a tutto basta la nativa potenza quando da efficacia di volere è sorretta.

> Tu che siedi sulle sfere
> Fra gli spirti più perfetti,
> Degli angelici intelletti,
> Del creato e padre e re:
>
> Del mortal se il voto accogli,
> Questa prece ardente e pura,
> O Signor de la natura,
> Fa che giunga infino a Te.

Di dolcezza io già non chiedo
Che su me tu sparga il lume:
Nel mio cor, possente Nume,
Versa il tosco, versa il fiel;

Ma su lui ch' i' onoro ed amo,
Per cui cinsi il frale ammanto,
Tu immortal, Tu forte e santo
Spargi, spargi ambrosia e mel;

Ah! Tu fa che senta lo rada,
Se una lagrima di duolo
Costar deggio, un sospir solo,
A chi vita un dì mi diè.

Questo voto del mio core,
Questa prece ardente e pura,
O Signor de la natura,
Fa che giunga infino a Te:

A Te giunga, e al caldo raggio
Di tua grazia distemprata,
Di letizia in rio cangiata
Scenda in grembo al Genitor.

Qual vapor che lieve lieve,
Dalla terra al ciel si estolle,
E in rugiada fresca e molle
Poi ricade, e avviva I fior.

Conte TIBERIO PAPOTTI da Imola.

LETTERA AD UN AMICO

(Quest'articolo può servire di proemio a quello inserto nel N° 36, pag. 282)

Vedo che voi avete letto il *Piano di educazione letteraria del bel sesso* che io feci inserire nel *Museo scientifico, letterario ed artistico* n° 29, poichè, come urbanamente mi osservate, io dimenticai di comprendervi lo studio della geologia, e volete inoltre che io vi dica il mio parere su questa materia. Voi avete ben ragione, quantunque non mi possa apporre torto. Certamente anche una damigella può capire ciò che scrisse un Cuvier sopra i fossili, e comprenderebbe anche ciò che insegnarono un Cordier ed un Géoffroy-Saint-Hilaire su le rivoluzioni del nostro globo, ma le ipotesi non essendo fatte pel bel sesso, resta inutile di parlarle dell'incandescenza primitiva del globo, della teorica del calore del sig. Fournier, dei vegetali fossili di Brongniart, dei sistemi di Burnet, di Woodward, di Wiston, di Leibnizio, di Maillet e di altri sommi dotti in questo ramo di scienza. Le donne bramano passeggiare sopra la superficie del globo, ed amerebbero meglio di salire sopra un monte che di penetrare nel fondo di una miniera: ecco scusato il mio silenzio nell'indicazione data da me delle scienze da insegnarsi al gentil sesso.

Quanto poi al secondo punto, io me ne intendo pochissimo, ma poichè così vi piace, vi dirò che l'uomo riuscì a sollevarsi dalla terra e ad ascendere nelle regioni aeree sino all'altezza di 3,600 tese di Francia, ma non potè penetrare nell'interno delle miniere al disotto di 1,800 piedi. Si conoscono le regioni delle nubi, e non sappiamo gran cosa della scorza del nostro globo.

Noi ignoriamo che cosa siavi nel centro della terra, cioè le sostanze che ne formano il nucleo; chi suppone che vi sia acqua, chi vuole gaz, chi sostiene calamita, chi pretende metalli o solidi od in istato liquido. Se si potesse fare un pozzo trivellato di 1,500 leghe (raggio della terra) si saprebbe il vero; peccato che la impresa sia impraticabile! Io penso che se si potesse portare un termometro a 1,500 piedi al disotto delle maggiori cavità conosciute, si vedrebbe un accrescimento di 15 gradi al disopra del calore delle miniere più profonde. Ciò posto, possiamo credere con qualche fondamento che la massa interna del globo è un misto di materie metalliche fuse dal calore, cioè che la terra gode del benefizio di un altro calore che non ha nulla di comune coi raggi solari, il qual calore proprio del nostro globo non è che il residuo del calore originario della terra. Mercè di questa ipotesi, si spiega la cagione dei tremuoti e della produzione dei vulcani, le eruzioni dei quali sono appunto quelle che formano le montagne, come un'eruzione sotto-marina fa uscire una nuova isola. Possiamo pure credere che la parte della terra abitata, oltre d'essere stata una volta universalmente ricoperta d'acque, lo sia stata ancora parzialmente a varie riprese, poichè vi sono in vari strati del nostro globo corpi marittimi e fossili d'ogni genere. Possiamo finalmente credere che dopo la ritirata delle acque del mare una gran parte della terra venne ricoperta per lungo spazio di tempo da un grande ammasso di acqua dolce, e così si spiegano le varie formazioni dei nostri terreni di trasporto e di sedimento, come pare dimostrato che nelle epoche della natura vi furono grandissime variazioni nei climi delle diverse regioni del globo. Di fatto si vede che vi furono altre volte specie di animali di gran mole che più non esistono sopra la terra, come l'elefante dell'Ohio, il mammout o l'elefante fossile dei Russi, cui Cuvier diede il nome di mastodonte, l'ippopotamo fossile che si trova in Toscana, nell'Egitto ed altrove, il rinoceronte fossile conservato nei ghiacci del Nord, il megaterio, il pangolino gigantesco, e molti altri. Dunque diremo che molti animali i quali vivono oggidì soltanto nella zona torrida, vissero gran tempo fa nelle regioni ghiaciate. *Però non si trovarono finora ossa umane in istato fossile*, e quel certo preteso scheletro di un *uomo testimonio del diluvio* che sul principio dello scorso secolo si rinvenne a Oeningen, fu riconosciuto per una salamandra gigantesca. Fra le scoperte più sorprendenti non evvi forse quella di rinvenire cetacei fossili a gran distanza dal mare? Non sonovi puranco uccelli fossili sepolti nelle terre, cui si dà il nome di ornitoliti? Così dicasi de'crustacei (si trovano nei terreni antichissimi anteriori alla creta), d'insetti, di rettili (si trovano sulla superficie del globo, e fra questi i più antichi sono i coccodrilli), di molluschi, tutti fossilizzati (vocabolo di moda), ma zitto! Non facciamo qui un articolo di zoologia antidiluviana.

L. CAPELLO DI SANFRANCO.

I PALANCHINI

I palanchini sono una specie di sedia gestatoria, la quale, in alcune regioni delle Indie, rappresenta le nostre vetture, ed impiegasi, a lor vece, così nell'interna urbana circolazione, come ne' lunghi viaggi da un paese all'altro.

Il capitano Laplace, che compiea, non è gran tempo, una lunga peregrinazione in que' luoghi, fa dei palanchini un ritratto oltremodo favorevole e lusinghiero. Nulla infatti, secondo esso, è più elegante, più comodo, più confortevole di questi aerei cocchi, ne' quali il ricco trova tutti gli agi del proprio palazzo, congiunti ai diletti di un moto tranquillo e soave. Capolavoro dell'arte indiana, affinata e soccorsa dalla sagace mollezza, i palanchini possono, a scelta del felice padrone, essere letto o poltrona, secondo la varia collocazione dei soffici cuscini che ne formano l'interior suppellettile. Le laterali aperture chiudonsi col mezzo di serici cortinaggi, o di dorati sportelli, ne'quali il lusso ostenta le più squisite sue pompe. Ed elegantissimi pur sono gli addobbi delle interne pareti, ogni cui punto brilla d'oro, di sete, di smalti e di mille vaghezze, impossibili a dirsi.

Due travi o stanghe, sporgenti dalle opposte due estremità del palanchino, e decorato, esse pure, con gusto e ricchezza, servono a sorreggere la macchina, la quale è portata sulle spalle da parecchie coppie di uomini robusti ed usi fino dalla prima giovinezza a questo genere di fatiche. Essi corrono, volendo, tanto presto, quanto il trotto di qualunque cavallo, e mutansi, paio per paio, ogni certo spazio, onde prender lena. Al qual fine tolgonsene sempre due più del numero destinato al portare, i quali, ora precedono il palanchino quasi a modo di battistrada, ora subentrano ai più stanchi, così soccorrendosi vicendevolmente.

Questi privilegiati facchini chiamansi dai naturali *Talingas*, ed appartengono tutti ad una razza speciale, solita, come i Bergamaschi in Genova, a scendere espressamente dalle native sue sedi per addarsi, in città, a questa specie di penoso lavoro. Essi, dice il prefato Laplace, hanno anche il monopolio de'bagni, ne'quali scaldano e preparano le acque con una celerità ed una nettezza meravigliosa. Predisposti, direbbesi, dalla natura alle erculee prove che formano la loro industria, i Talingas sono alti e tarchiati della persona, ed hanno l'aspetto impirontato di non so quale maschio e virile carattere, per cui distinguonsi, a gran pezza, dagli altri Indiani. I viaggiatori concordano pure nel dar plauso alla loro probità, nell'adempiere ai doveri del proprio stato, dote che guadagna loro, spesso, la benevolenza de' padroni, e lusinghiere ricompense in vesti e danaro.

Cav. BARATTA.

INTERNO D' UNA ABITAZIONE D' ESQUIMALI

Il viaggio fatto nel 1836 dalla francese corvetta *la Ricerca*, fruttò, tra gli altri utili risultamenti, accurate e curiose notizie sulla Groenlandia, e su gli Esquimali suoi abitatori. L'intaglio presente, che noi diam qui come proemio di quell'interessante descrizione, che è nostra mente riprodurre, più tardi, voltata in lingua italiana, rappresenta l'interno di una casa di genti sì strane e malnote. Le donne, dice il diligente spositore, nere hanno le chiome, ed all'uso cinese sulla superior parte rialzato: dolce è il loro aspetto, e non di rado anche vago. Uomini e donne indossano vesti di pari forma e colore: una camiciuola doppia, fatta con pelli di foca o di cerva, siffattamente insieme cucite, che il pelo appaia entro e fuori: mezzi calzoni composti, essi pure, di pelli di foca, e grandi stivali impellicciati, di pelle di lepre o di volpe. A cucire le quali vesti, adoperansi colà, invece di fili o di spaghi, budella di pesce acconciamente tagliate e disposto. Nè, malgrado la rozzezza della materia, l'assieme dell'abito è privo, in tutto, di qualche eleganza: chè gli Esquimali usano, per lo più, illeggiadrirlo con mille e mille pezzettini di pelli di vario colore qua e là appiccicati, i quali producono all'occhio gratissimo effetto, e direbbonsi, da lungi, fini e gentili ricami. Aggiungono, del pari, sebbene più raramente, pallottole di vetro, od infilzato a mo' di collana, o piantate immobili, come da noi farebbesi delle perle. Tutti questi particolari veggonsi, del resto, espressi nella imagine sovrapposta, calcata, con religiosa esattezza, su gli originali disegni fatti sul luogo dagli ufficiali della *Ricerca*.

Modeste, scrivono dessi, sono le abitazioni degli Esquimali, e più vicine alla umiltà delle capanne che al fasto de' nostri palagi: pure vi si osserva una consolante apparenza di mondezza, di felicità, di abbondanza, quantunque, secondo le ordinarie leggi del tumulo, abbiavi anche colà il ricco ed il povero, l'olezzante ed il sudicio. La famiglia che il pittore prendeva a modello nel porre sulla carta il disegno qui riprodotto, era una di quelle convertite al cristianesimo, e nel di lei seno regnava l'ordine, l'agiatezza, la buona armonia, ed una quieta e deliziosa temperatezza. Abbondevolissimo frutto a lei dava la pesca delle foche e delle balene: si che tutto spirava in quella casa comodo e benedizione. Ma chi volesse internarsi, invece, in un abituro di poveri, vedrebbe, prosegue il narratore, affliggentissima scena di nudità e di squallore. Gli indigeni che hanno relazioni di commercio cogli Europei, sommano, affermasi, a soli 6,000, e tra questi 1,200 circa abbracciarono il cristianesimo, la cui divina luce, irraggiando quelle anime abbrutite dall'errore e dall'ignoranza, reseli onesti, laboriosi, ingegnosissimi, laddove i loro connazionali distinguonsi per radicata tendenza all'inganno, all'ozio, alla rapina, ed a cento pessime abitudini consimili. Ed a questo proposito adopreremo le espressioni medesimo della relazione ufficiale: « Creando a questi Esquimali « novelli bisogni, lorchè sarebbesi altre volte re-« putato un gran male, la civiltà accese nel loro cuore « maggiore affetto al lavoro. Dalle fatiche loro più « costanti, più nobili e meglio dirette dalla loro « emulazione e dalla lor previdenza, derivò dap-« prima un po' più di ben essere, quindi un po'più « d'intelligenza, e da questa un maggior desiderio « d'istruirsi. Sono questi i principii di tutti gli in-« civilimenti. Che se, alcuna volta, il passaggio « dallo stato di natura a quello di civiltà va con-« giunto ad affanni: se vidosi, talora, che una non « so quale scoraggevole melanconia invade i cuori « di queste infelici popolazioni alla vista delle prime « intellettuali scintille: se, anche, nuovi vizi, ignoti « in addietro in quelle regioni, prendono momenta-« neamente il posto di altri corretti, ciò non debbo « nè sorprendere, nè sconfortare, come tentarono « persuadere certi strani filosofi, a' quali piacque « dipingere la barbarie coi ridenti colori dell' età « dell'oro. Qual bene scaturì mai nel mondo senza « il molesto corteggio di un po'di male? Noi me-« desimi che già tanto siamo innanzi nello stadio « della civiltà e del sapere, non proviam noi un po' « di riscossa ogni volta che un nuovo progresso « viene a spandere nelle nostre contrade l'amica sua « luce?... ».

Cav. Baratta.

TOPOGRAFIA — BORGATA DI LOANO

(Ved. num. 7 e 42)

§ 4°. *Delle strade e passeggiate*

Lode sempre, lode amplissima ed eterna, perchè amplissimo ed eterno dee allignare in cuore d'ogni gentile il più nobile degli umani affetti, la gratitudine, al sig. conte Somis di Chiavrie, già intendente della provincia di Albenga, poichè, lo ripetiamo, egli è alla savièzza della di lui amministrazione che dee Loano la comoda e sicura viabilità che presentano le strade tutte, siensi o provinciali o pur comunali, che discorrono per quel territorio. Ed è mercè delle cure speciali tolte sempre da quel zelante ed oculato amministratore, che il Loanese scorre oggidì tutto il suo contado e la provincia intiera, senza mai por piede in terra per intoppo che trovi tra via; gli è mercè di quelle commendevolissime sollecitudini, che l'agricoltore il quale prima di lui trafelava sotto il peso di gravissime fatiche, scorre ora di leggieri a bisdosso del suo somiere, o sullo sdruscito suo carro tutto il tenimento del comune dall'una all'altra delle molte regioni ond'è diviso, canticchiando parole di riconoscenza dovute a cento ragioni a quel benemerito cavaliere.

Le passeggiate, tuttochè brevi, sono amenissime, siccome quelle che rasentano il margo verde e vario di praterie vaste e fiorite, margo fatto più dilettevole dalli fronzuli moroni dagli acaci verdissimi, dai salici biancheggianti, dai dumi olezzanti che lo abbelliscono, donde il rezzo più grato che per uomo possa desiderarsi.

Una di queste, quella cioè che dalla porta così detta della *Torre*, lambendo le mura della borgata, piega a settentrione e mette al castello dei Doria: e poscia ripiegando a levante, riesce al magnifico ponte di Nostra Donna del Carmelo onde sono impalmate due colline, ella è cosa che ti mette di piantone per la grata sorpresa, tanto più se avverti a mancina alla pittoresca posizione di quel castello, ubicato sur un poggio amenissimo, aggregato il dorso d'alberi, d'arbusti, di verbene rigogliosissime, che si specchiano nell'onda sottoposta di un rigagnolo sempre vivo e sempre fresco, che lavora indefesso intorno all' estrema base. Cresce per certo quella grata meraviglia, se dall'altora di quel ponte ti volgi a manritta: là vedi uno screzio vaghissimo ingenerato da una considerevole estensione di campagna varioseminata, che appagando l' occhio, lo accompagna fino in sul lido, là dove fiottando si rompe il cavallone della sottoposta marina; e si perde nell' orizzonte, dopo di aver vedute tra via le molte barche discorrentigli di rincontro, alcune viaggiando a traffico, altre scorrazzanti a diporto, ed altrettali adastanti qua e là intese ad ogni maniera di pescagione e più a quella della seppia, che spesso illudendo il povero pescatore, direbbe qui Gozzi:

. . . . . Schizza inchiostro e fugge.

§ 5°. Produzioni naturali

Minerali

Il territorio di Loano non racchiude miniere di sorta, cioè non pietrere di conto, non carbonaie in pietre, non metalli duttili, in una parola, non fossile alcuno. Sorgenti saline o minerali nè anco, tranne quella detta *Luxerna*, che scaturisce dal fesso di un macigno sporgente dal monte detto *Poggio di Ratto*, monte che divide colla sua cresta addentellata il territorio di Loano da quello del villaggio di Boissano. Nei giorni di primavera per tempissimo accorrono a dissetarsi a quella fonte salubre persone di salute cagionevole, le quali si dice abbiano qualche miglioramento dalla virtù medicale di quell'acqua.

Erbe spontanee

Le erbe spontanee più comuni nelle montagne che chiudono la valle di Loano, sono molti *cistus*, frequenti *andropogon*, moltissime *sanguinariae*, *ainae* ed alcun *carex*. T' imbatti pure ad ogni piè sospinto nel *giusquiamo bianco*, nel *poligamo marittimo*, nel *ranuncolo acquatico*, nel *ligustro volgare*, nella *genziana lutea*, nella *valeriana rubra* ecc.

Intorno agli uccelli che annidano nella campagna di Loano, ne emigrano o ne discorrono il territorio di passaggio accidentale o periodico; preghiamo il lettore a tener dietro a quanto dicono degli uccelli di Liguria, il Calvi, il Durazzo ed il chiarissimo Giuseppe Ricardi savonese.

Alberi fruttiferi

Oltre l'ulivo che regna sovrano nella campagna di Loano vi allignano pure e vegetano rigogliosi il persico, il fico, il melo, il melagrano, il ciliegio (1), il pruno, l'albicocco, il nespolo, il giuggiolo, il sorbo, il noce, il mandorlo, il limone, l'arancio, la palma ecc. ecc.

Vegetabili

L'orticoltura è sì bene coltivata nel territorio di Loano, che produce ogni maniera di vegetabili, cioè carcioffi, sparagi, cicorea, raperunzoli, cavoli, lattughe, spinaci, zucche, cocomeri, carote, cardi, patate, pomi d'oro, porri, cipolle, aglio, sollenó; grano, granone, faggioli, lenticchie, fave, cicerchie ed altrettali civaie in quantità però necessaria alla consumazione locale.

Animali

Buoi, vacche, vitelli, capre, pecore; montoni indigeni pochissimi ne conta Loano e il suo contado, ond'è, oltre il bisogno, provveduto dalle montagne di Briga, ove stabbiano greggi ed armenti, quindi niun corame, pochi latti, formaggi, butirri, lane e corna. V'ha alcuni alveari, ma sì questi che quelli sono insufficienti al bisogno locale. Piume, nessuna da farne commercio, giacchè il genere gallinacco v' ha assai scarso ed ascitizio; nessun olio di pesce, perchè quel mare manca del tutto del genere cetaceo. I concimi vi sono scarsi e a caro prezzo, donde dee derivarsi la grave spesa di manutenzione degli oliveti, i quali tra per le spese accessorie ordinarie di dibrucatura, sarchiatura, aratura, di ricolta ed altrettali straordinarie, non fruttano, per certo, al proprietario ciocchè si crede. Le bestie da tiro e da soma vi sono in numero appena necessario all'agricoltura. I cavalli si ristringono a pochissimi, sì da tiro che da lusso. Fra i cani indigeni v'ha quello da seguito, da fermo, da punta, da presa, da acqua e da ripulita.

§ 6°. *Caseggiato della Borgata*

Il caseggiato onde si compone la borgata occupa uno spazio di un duemila circa passi in lunghezza; la larghezza non è facil cosa determinarla, siccome quella che è variata da un' irregolarità continuata. Il paese è diviso in due quartieri; l' uno dicesi il *Borgo di dentro*, perchè è cinto di mura e di balnardi eretti dal feudalismo; ed è proprio il *Castrum Lodani* degli antichi. L' altro ha nome *Borgo di fuori*, perchè è aperto da ogni lato. Questo quartiere è d'assai più vasto del primo.

La strada corriera, che dimezzando l'abitato mette dall'uno all'altro capo, è fiancheggiata da abitazioni nella più parte esternamente regolari e continuate, interpolate da qualche piazza e piazzuole aperte qua e là lunghesso la linea anomala, che descrive la strada medesima. Torna disgrata, per verità, la varia altezza di quelle case composte alcune di uno o due, altre di tre e tali anche di quattro piani.

La chiesa parrocchiale del titolo di S. Gio. Battista (di libera collazione del vescovo di Albenga) che dal lato settentrionale della borgata si leva in forma tonda ad una considerevole altezza, è un edifizio fondato del 1589, che in fatto di architettura non merita elogio alcuno; nè anco sono commendevoli le pitture (1) a fresco o ad olio (2) che offrono

(1) Visciola ed amarasca.

(1) L'autore di queste pitture è il vivente sig. Menuo di Genova.
(2) L'autore di questi quadri è il rev.° D. Venanzio, padre cappuccino da Genova.

le pareti ed il vôlto del coro e del presbiterio; non l'oro e gli stucchi, che v'han profusi con isfoggio; non i marmi, solo ornamento durevole e pregevole, perchè ve ne hanno pochissimi.

A dettato del Ratto però, sono di gran pregio le tavole seguenti, esistenti in detta parrocchiale:

Il quadro rappresentante la nascita di S. Gio. Battista (son parole del Ratto citato) è opera singolare del Fasello (appellativamente il Sarzana). È pure del Sarzana il quadro che rappresenta la Beata Vergine ed un Santo religioso. Di Gregorio Ferrari è la tavola rappresentante la Madonna col Bambino; e del Capellino è il quadro esistente nella prima cappella a destra entrando in detta chiesa.

Gli oratorii (confraternite del titolo di S. Giambatista e di nostra Donna del Rosario) sono due, detti dall'abito, uno dei *bianchi* e l'altro dei *turchini*. L'uno e l'altro sono ricchi d'oro, d'argento e di suppellettili preziose, giusta l'uso di tutto il Genovesato, in cui tali associazioni occorrono frequentissime (1).

Il convento dei PP. Cappuccini è stato fabbricato dell'anno 1597 in un terreno della famiglia Ferrari; ed è discosto dall'abitato quanto un trar di schioppo. La sua chiesa è angusta e povera; la struttura del convento è.... ma a che far qui un quadro della virtuosa povertà cappuccinesca, quando da tutti ella è conosciuta e dappertutto stimata ed ammirata, tanto più, dopochè nell'imperversare del *cholera* in Liguria la vedemmo assorellata (2) con quella maniera di carità paziente, industriosa, benefica, che mai sa cercare il proprio interesse, e che a tutto si piega, fosse anche il maggior disagio?

In questa chiesa esistono (ripiglia il Ratto) due tavole di pregio; e sono quella rappresentante san Felice, che è del Bacciccio; e quell'altra dell'altar maggiore rappresentante S. Antonio col sacramento, che è del Merano.

Il cenobio degli Eremitani di S. Agostino, fondato dalla casa Doria dell'anno 1598, sorge maestoso tramezzo alla più vaga campagna di colà. La piazza della sua chiesa è popolata di altissimi olmi straricchi di fronda, onde n'è arrezzata del modo il più grato. A mancina del convento v'ha la chiesa composta di tre navi, dedicata a Nostra Donna della Misericordia, che, sebbene male in arnese, offre una architettura meritevole di attenzione.

Esistono in questa chiesa (è dettato del Ratto), allato all'altar maggiore, due dipinti, l'uno raffigurante i misteri della Madonna del Brandimante lucchese, l'altro S. Andrea, opera pregiatissima del Paggi.

L'interno del cenobio è amplissimo, diviso in quattro ampli corridoi, uno dei quali, quello situato a mezzodì, è aperto a una bellissima galleria, donde si appaga lo sguardo in vedendosi d'intorno una vasta campagna variata spesso or dalle acque del *Letimbro*, che rapide scorrono alla marina, or dai prati circostanti, che te la fanno più accetta col verzicante loro aspetto, or dai vizzuti poro discosti, che coi loro racemi saracinati e le foglie rigogliose ti mostrano quanto sia bello colà il pampinoso autunno. Questo cenobio ricoverava per l'addietro un numero considerevole di monaci, di questi giorni però a cagione del dissesto, che la oltremontana fescennina demagogia (direbbe Parini) portò in tutte le rendite delle congregazioni religiose italiche, può civanzarne appena alcuni pochi.

Il convento dei Teresiani è un edificio magnifico quanto dire si possa, eretto pure dalla magnificenza senza pari di casa Doria nel volgere del 1612 (1). Egli è situato in un'altura dell'Alpe marittima di estrema costiera, donde scorre l'occhio da ponente a levante, da mezzodì al nord, signoreggiando sempre la valle ed il mare sottoposti. Il cenobio è vastissimo e spartito in tre lunghissimi dormitorii, più quello situato a mezzogiorno, che forma un lunghissimo terrazzo ond'è circondato il quadrato del peristilio interno, che sostiene le molte camere destinate all'abitazione dei monaci, donde si cala per grandiosi scaloni ai saloni, sale e stanze sottoposte. Bello oltre ogni credere, riputiamo, ne è il peristilio, che forma il vestibolo testè accennato! È sostenuto nel suo ampio perimetro quadrato da solidissime colonne pur di forma quadrata, onde si divide in cento porticati regolarmente spartiti, pei quali si accede alla villa adiacente, all'amplissimo refettorio, alle diverse scale che mettono al piano superiore, alla chiesa attigua..... ed alle molte parti onde si compone quel vastissimo fabbricato.

Bello..... bello fatto più grato dalla fonte che vi zampilla nel bel mezzo, coronato all'intorno di una siepe vaghissima di rose e di mirti insieme avviticchiati.

A manca del convento v'ha un'estesa tenuta in parte aggregata di vigneti e di oliveti, in parte coltivata a seminato. Il terreno di quel podere non è per certo fecondissimo, siccome quello che qui è di soverchio argilloso, là sabbioso di troppo, qui asciutto fino all'adustezza, là umido fino al gemitio. L'acqua però, che di recente si derivò nelle parti asciutte

(1) L'oratorio dei Turchini ha una stupenda tavola del Bacciccio, rappresentante la Madonna col Bambino e Santa Rosa.

(2) *Assorellare* è usato da Barelli (Vedi *Frusta Letteraria*, tom. 2°, pag. 365).

(1) Monte Carmelo di Loano (son parole di Giscardi, pag. 364, MS. intitolato *Delle Chiese e luoghi pii di Liguria*) chiesa fondata dal principe Andrea Doria. *Nel* 1612 *si fecero gettare i fondamenti di questo può dirsi Reale monistero, nella cui fabbrica ci spese* 200m. *scudi, introducendovi al culto divino i PP. Carmelitani Scalzi della riforma di Santa Teresa.* Ivi pure fece formare *una nobile sepoltura et in essa fu egli il primo sepolto, avendo mancato di vivere li* 11 *luglio* 1612, *et la principessa Giovanna sua moglie ai* 26 *dell'anno* 1620, *quivi ella pure sepolta, dove fu preceduta dal principe Gio. Andrea suo figlio, che nel fiore dell'età cessò di vivere a'* 8 *agosto* 1619.

di quel terreno dal canale di irrigazione suaccennato e i lavori di scolo che si fecero nelle parti quasi paludose ebbero a correggerne l' indole anomala, e a renderlo d'assai più utile.

A destra del convento si erge all'altezza del cedro del Libano e grandiosa oltremodo la chiesa sacrata a Nostra Donna del Carmelo. Ella è fabbrica pregevolissima, per vero, siccome quella che è costrutta in forma di croce greca, alle cui estremità si aprono di rincontro cioè il coro, dallato due cappelloni d'ordine corinzio, sulle basi dei quali poggia la maestosa cupola, che a cagione della sua altezza spesso contrasta colla folgore che le rutila dintorno minacciosa e strepitante.

Sia nell'interno che nell' esterno di questa chiesa è profuso con ispreco il marmo; quello ond'è fregiato l'esterno non è di alcun prezzo; ma lo è, di vero, il finissimo di Carrara, che orna riccamente ambedue i detti cappelloni; lo è pure quello che forma le altre due cappelle; e lo è soprattutto quell'altro che compone l'altar maggiore avente dallato due colonne colossali, che, a creder nostro, sono di gran pregio.

Chi vivesi in qualche dimestichezza colla storia della pittura ligustica, trova in detta chiesa alcuni dipinti commendevolissimi. Infatti l'esattissimo Ratto ne scrive così:

« La bella chiesa del monte Carmelo, che è se-
« polcrale dei principi Doria, ha diverse bellissime
« tavole : quella dell'Assunta dietro l'altar maggiore
« è del Paggi. La tavola di S. Francesco è dello
« stesso. Le due tavole, una di S. Gio. Batista e
« l'altra di S. Andrea, sono ambedue del Pussignano.
« La stupenda tavola di S. Carlo, che va proces-
« sionalmente in tempo di feste, è del cav. Fran-
« cesco Vanni. Nel fondo del coro v'ha una tavola
« della Madonna col Bambino di un buonissimo
« gusto, ma l'autore è ignoto.

« Il quadro del Crocifisso con la Madonna e San
« Giovanni è di un certo Gio. Benedetto Lomis in-
« glese (1)».

Si serba pure in detta chiesa con lodevole cura una statua del Maraggiano (egregio scultore genovese) rappresentante Nostra Donna del Carmelo. In luglio vi si solennizza con pompa straordinaria la ricorrenza del giorno sacro a quell'augusta patrona dei Loanesi. E non è mica facil cosa e da tutti descrivere l'affoltata e la varietà che si osserva in sull' eminente piazza del Carmelo e nei dintorni in quel giorno di generale galloria! No, per vero, avvegnachè sarebbe d'uopo ricordare ad un tempo e le molte trecche e le piùbische posticcio aperte le une e le altre al desiderio del fanciullo che vi accorre festoso, ed allo sbevazzare e sbocconcellare della moltitudine; converrebbe descrivere i drappelli di foresi sopravvenuti dal contado, tutti vestiti a festa, che trasalgono per la pura letizia che in loro trasfonde la grata e sempre varia veduta di un bulicame affaccendato e gongolante; descrivere poscia frati, preti, confratelli, donne, fanciulli moventisi con ordine di processione e canticchianti tra via, con un'armonia che ti rapisce, le lodi della Regina del cielo; i diversi cori di filarmonici che ti allegrano l' animo colle soavi e beanti sinfonie dei Rossini, dei Bellini, dei Mercadante; lo sparo del cannone che tuona dalla sottoposta batteria di costiera, dei mortaretti disposti rasente la strada, dei sabordi del naviglio privato, che tuonano pur eglino ad onore della gran Madre di Dio; e da ultimo le campane tutte della borgata che, suonando a gloria, chiudono un giorno che mai il più bello.

Il castello di Doria fondato da Oberto nel 1289 torreggia sull'alto di un poggio erto e ripido, daddove il feudatario potea sicuro dominare la valle all' intorno, e in un volger d'occhio scorrerla tutta e con essa adimarne i declivi, i burrati, le vie, il feudo tutto. Questo castello, sebbene mezzo sperperato dal vandalismo francese, offre anche di presente la più deliziosa dimora : appartamenti vasti e magnifici, gallerie in marmo a manca e a destra, un ampio ed altissimo terrazzo assolatio; a settentrione oliveti foltissimi; a ponente villa a seminato finitima alla sponda del sottoposto torrente; verzieri a levante; aranci, limoni, amarasche e visciole a bosco ceduo a mezzogiorno.

Le acque di quel torrente, che lambono la falda del poggio da un lato, quelle del rivolo di nome *Berbena*, che lo rasentano dall'altra, il canale irrigatorio, che dimezzando la villa si estende ad innaffiarne ogni angolo e a dar vita e vigore ad ogni maniera di fiori indigeni ed anche ad alcuno di razza esotica, fanno vago cotanto quel podere e grato quel soggiorno, che, scordato per un istante quel magnifico castello, è forza ripetere quei versi del Canzoniere:

> Qui non palazzo, non teatro o loggia,
> Ma in lor vece un abete, un faggio, un pino
> Fra l'erba verde e 'l bel monte vicino,
> Levan da terra al ciel nostro intelletto.

Il palazzo Doria edificato nell' anno 1578 è uno dei fabbricati più magnifici che si levino tra via, lungo tutta la Liguria occidentale. Egli è di forma quadrata. Le quattro sue prospettive, ornate tutte di una lunga galleria in marmo sporgente all' infuori, riescono due, e si vuol dire le laterali, sur i giardini attigui, situati a ponente e a levante del fabbricato; le due altre, la prima, cioè, nella piazza della chiesa parrocchiale, la seconda nelle praterie che circondano il cenobio degli Agostiniani.

L'interno del palazzo, e vogliam dire il vestibolo, le magnifiche scale, il grandioso salone, i salotti laterali, e le moltissime camere ond'è composto, offrono allo spettatore un bello architettonico, che non è certo sempre agevol cosa censurare.

Unita al palazzo, mercè di un braccio che si protende a ponente, havvi un'alta e solidissima torre

(1) Vedi Ratto citato. *Guida di Genova*, tom. 2°, pag. 17.

merlata con ponte levatoio, balestriere, vedette..... in poche parole, con ogni cosa necessaria a costituire una torre di difesa e ad annunziare l'abitazione di un possente nobile castellano.

Nei giardini che formano il dintorno di quell'edifizio v' ha tutto il bello villereccio che può aversi quaggiù, e si vuol dire vaste peschiere, sulla cui superficie vedi guizzare pesciatelli variopinti; uccelli vispi di verziere, che gorgheggiando ti aleggiano di rincontro o dallato; agrumi fioriti che ti beano l'anima col loro grato olezzo; rose, mirti, gelsomini e fiori d' ogni maniera, che abbelliscono a tale lo strato verdissimo contesto d'erbe fresche e vegeto, che passeggiando calpesti, che in sul dipartirne t'invogli di esclamare coll'Eva di Milton:

« Dunque lasciarti, Eden beato, io deggio ! »

FELICE ISNARDI.

PIETRO RUBINI

MEDICO

NATO NELL'ANNO 1760, MORTO NEL 1819

Chi conobbe la persona di Pietro Rubini e ne udì i pensamenti, e fu testimonio di sua vita domestica, può andar lieto d'aver avuto un' idea vera e viva della massima semplicità e savíezza e familiare sollecitudine di un cittadino.

Pochi medici vennero a maturità di consiglio più presto di lui. Forse niun altro fu manco voglioso di farne mostra. Immerso negli studi di una scienza presentata dai moderni con tanto svariamento e contrasto di forme, elesse più volentieri d' interrogar la natura che di gir dietro alle opinioni degli uomini. Non si ritrasse dal meditare su le esperienze dei grandi nell'arte: ma di nessuno apparve seguitator facile o superstizioso. Fu in Pavia, in Edimburgo, avido consultatore delle dottrine de'più rinomati, e recò alla patria ricchi e invidiati frutti di sue peregrinazioni e ricerche.

Insegnator chiaro, modesto, più si piacque nell' ordine delle idee che nelle eleganze del dire, più nel nome d' ingegno prudente che ardito. Parlator sobrio, osservatore diligentissimo, poco proferiva oltre il bisogno; nulla omettea per cui potesse trar luce alle sue sentenze. Conobbe il gran predominio dell' opinione e la non sempre manifesta ingiustizia della fortuna. E trasportata la mente nei non compri, nè abbagliati giudicii dell'avvenire, sorrise di assai cose de' tempi suoi.

Nemico del fasto, non sollecitatore di guadagni, nè di onoranze, spogliò in se stesso d'ogni superba o stolta o misteriosa apparenza l'arte del medicare. Giudicò, nulla esser così agevole o vile come ingannare per involvimento di lingua il volgo. Laonde pose nel sapere quella sincerità cui palesava nel costume. Così, fuggendo la gloria vana, ottenne la vera.

Schivò i dibattimenti politici: fu parco ne' religiosi: ma della vera pietà, ch'ei nutriva in suo petto grandissima, amò esser confortatore verso qualunque ebbe caro. Del suo amore di patria sono attestamento le fatiche, alle quali indurò per onorarla.

Povero dall'origine, non ricco per industria sua propria, non fu scarso aiutatore de'miseri. Della qual virtù (laude somma) sol si ebbero testimoni dappoichè più non era. Al cuore di un tant'uomo non tolse natura, come più frequentemente ella suole, quel che diede all'ingegno. Fu marito e padre d'incomparabil fervore: più per non troppa fede negli uomini che per istrettezza d'affetti, amico di pochi: ma l'intensità, la costanza compensarono in lui la scarsezza del numero. Pure in tanta dirittura, in tanto silenzio di vita, non fu nuovo all' invidia. Lo saettò costei, ma nol punse. Era suo detto: Grande approvamento di buone opere esser l'odio de' tristi.

Continuo con se medesimo, poco con gli sfaccendati, molto co' savi e co'buoni, di cui gli era fiamma l'esempio, fu del suo tempo scompartitore avvedutissimo: nè a'suoi uffici e geniali (comechè brevi) trattenimenti mai quello mancò. Assai si ricreò nella musica e nella pittura: assai negli ozi campestri: ma questi più desiderò che godè.

Ebbe persona alta: membra ben formate, senza adipe: volto traente al bruno: aria austera: fronte breve: sopracciglio elevato: occhio nero, placido, ma scrutatore, penetrantissimo: voce queta, sommessa anzi che no: tratto più affabile che non annunziasse l' aspetto: parlare intermesso da pòse, appensato, sicuro: riso scarso, raramente gaudioso, sempre senza romore.

Del cav. M. LEONI.

MASSIMA

Fra tutte le cose con le quali i capitani si guadagnano i popoli, sono gli esempi di castità e di giustizià.

Può più negli animi degli uomini un atto umano e pieno di carità, che un atto feroce e violento; e molte volte quelle province e quelle città che le armi, gl'istrumenti bellici, e ogni altra umana forza non ha potuto aprire, un esempio d'umanità e di pietà, di carità o di liberalità ha aperte; di che sono nelle storie molti esempi.

MACCHIAVELLI.

PALAZZO DI CITTA' IN PARIGI

Ogni monumento dell'antica Parigi, scrive l'erudito P. L. Jacob, è improntato d'uno stile suo proprio, ed offre, in certo modo, una pagina della storia di Francia scritta colla squadra dell'architetto ed il ferro dello scultore. Egli è così che l'indistruttibile cemento delle Terme perpetua, colà, la ricordanza di Cesare Giuliano e del dominio de'Romani nelle Gallie; che San Germano dei Prati serba il rozzo e grossolano carattere dei tempi barbari e delle franche dinastie; che la cattedrale riepiloga in sè lo splendore del cattolicismo e dell'arte religiosa ne'tempi di mezzo; che il palazzo di giustizia evoca dai sepolcri il larva dell'antica monarchia e dell'antica magistratura; che il Louvre schiude la reggia pomposa delle arti e della civiltà moderna; che, finalmente, il palazzo di città, triste e grave palazzo a cui fa pronao la terribile piazza di Grève, appresenta la sede del popolo, il focolare delle sedizioni. Le ombre di tutte le vittime della legale fierezza e delle politiche crisi sembrano errare, di notte, intorno a questo tragico edifizio, e 'l raggiante orologio che giganteggia, tra l'ombre, sul vertice della nera facciata, ricorda l'orologio dell'eternità, che segnò tante morti in questa sanguinosa arena delle umane passioni.

L'origine del *corpo di città*, risale, in Parigi, sino ai tempi dell'occupazione romana. Hassi, in fatti, da autentici documenti che esisteva in *Lutezia* una ricca e potente compagnia di *nautae* o barcaiuoli, i quali esercivano la vettura sul fiume, e trasportavano le merci dall'alta nella bassa Senna. Questa compagnia conservossi sotto i re franchi, e ricevè allora il nome di *hansa* od associazione. Ad essa andarono quindi via via accostandosi ed affratellandosi numerosi corpi di arti; e tale riunione, il cui accrescimento seguitò le fasi dell' intera popolazione, divenne col tempo il *corpo di città*, corpo al quale i re non concessero, per vero, il titolo autorevole di comune, ma che godè, nullameno, le principali prerogative che ne compongono la sostanza. Tale era, a cagion d'esempio, il dritto di eleggere il *proposto de' mercatanti* (maire), quattro scavini ed i ventiquattro consiglieri ai quali incombeva amministrare, custodire e proteggere la città, assistiti, in ciò, dai capitani di quartiere, capi della guardia cittadina e loro dipendenti.

Il corpo di città parigino, il quale già era sistemato nel decimoterzo secolo, prese per stemma una nave d'argento sopra un campo di *gueules* (rosso) sormontato da una striscia turchina sparsa di gigli: sia che questa scelta fosse dettata dalla forma dell'isola della città, la quale, secondo un antico storiografo, somigliava ad una nave naufragata in mezzo del fiume, sia, piuttosto, in memoria dell'antica preminenza della compagnia de' *nauti* della Senna.

I signori di città, nome con cui distinguevasi il corpo municipale, tennero da prima le loro tornate alla *Casa di mercanzia* nella *Valle di miseria*, la quale ben mutossi oggidì, diventando il *quai de la mégisserie*: poi in due altre case qualificate col titolo di *parlatoi de'borghesi*, perchè i notabili del popolo *parlavano* colà delle pubbliche faccende: una di queste era prossima al *Grand-Châtelet* (atterrato per far la piazza del Châtelet) e l'altra a porta S. Michele: la strada dei *Francs bourgeois-Saint-Michel* ne ha ricevuto il suo nome.

Finalmente, nel 1357 la città comperò una grande casa situata sulla piazza di Grève ed appartenente a Giovanni d'Auxerre, ricevitore della imposta: questa fabbrica nomavasi la *Casa dei pilastri*, poichè il primo suo palco, giusta il costume di quei tempi, sporgeva alquanto in fuori ed era sostenuto da una filza di gotiche colonne, di cui rimangono tuttora alcuni avanzi incrostati ne' muri delle fabbriche attigue.

Il nuovo *Palazzo di città* fu inaugurato sotto auspicii molto sinistri, i quali ben presagirono le luttuose vicende che entro alle di lui sale sarebbersi, col tempo, compiute. In fatti il preposto che appose il suggello della città al contratto di compra, fu quel celebre Stefano Marcello, che ebbe gran parte nelle sanguinose scene scoppiate appunto in quel torno tra il popolo e la monarchia, e che tentò, fra gli altri eccessi, confederare i comuni contro la nobiltà e contro il principe.

Da quella torbida origine scese pel palazzo di città di Parigi un funesto torrente di tristi e dolorosissimi casi: a tal punto che non sarebbe, forse, esagerazione il dire che pochi monumenti furono in tutto il mondo ed in tutti i tempi lordati di tanto sangue, teatro o testimoni di tanti morti, di tanti delitti. E veramente scorransi le storie francesi, e vedrassi che le maggiori enormità commesse nelle continue turbazioni onde fu sconvolta la Francia e la sua capitale, vennero consumate o nel palazzo di città, o nelle sue vicinanze. La sola piazza di Grève, sua paventosa vicina, mietè, come è noto, innumerevoli vite nei giorni terribili della rivoluzione; nè v' ha chi ignori, qualmente, anche nelle ultime vicende del 1830, il *Palazzo di città* ed i suoi dintorni divennero l'arena de'più gravi e micidiali contrasti. « Dio sa, esclama a questo punto il « bibliografo francese, Dio sa quali nuove pagine stanno « scritte nel gran libro dell'avvenire per questo palazzo « fatale, il quale sta adesso lavando, in segno di pace, « le numerose cicatrici che le palle della sedizione « hanno fatte su le sue mura, e che ornerassi, fra poco, « di statue e quadri ricordativi, entro a'quali i nostri « figli leggeranno con meraviglia i fasti consolari di « Parigi, dall'epoca dei *nautae* fino all'epoca attuale, « in cui le prerogative municipali si ammantano di « tanta luce, s'ornano di tanto splendore! ».

L'insigne monumento di cui parliamo mutò, del resto, più e più volte d'aspetto, nè basterebbe, anzi, un volume, ove tutte e partitamente volessimo indicare le interne ed esterne modificazioni da esso subite. Notevoli, tra i molti, furono per esso i lavori di cui la

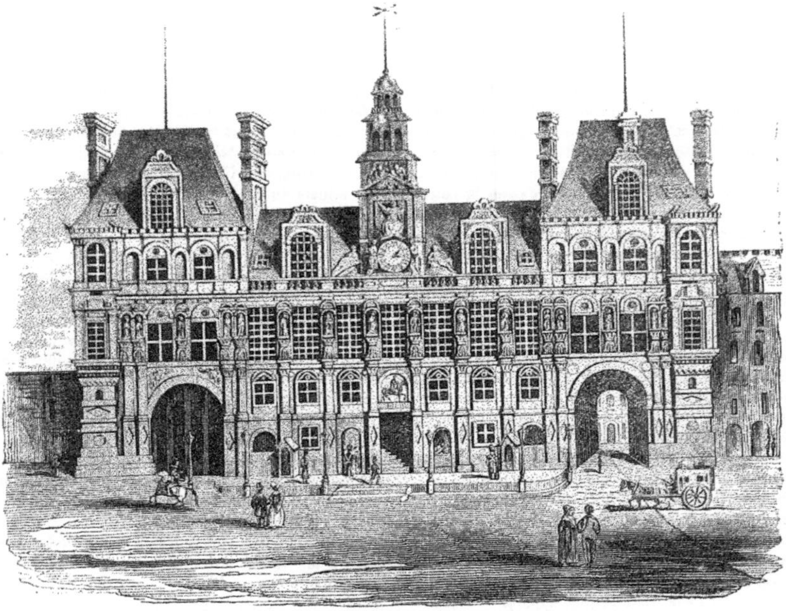

(Palazzo di città in Parigi)

tema nel XVI secolo, nel quale l'architettura semi-greca e semi-italica allora in voga, dopo avere abbellita la reggia del principe, mettevalo in grado di degnamente rappresentare la reggia del popolo. Abbatteronsi in quel periodo così le fabbriche circostanti, come la casa stessa *delle colonne*, ed il re Francesco I, addì 15 luglio 1533, poneva solennemente la pietra fondamentale del nuovo civico palazzo. Ma nel 1549, seggendo in trono Enrico II, il disegno dell' edifizio venne, a metà di costruzione, cambiato, e si adottarono, a vece, i piani di mastro Pietro Lescot, il quale, nonostante lo stato suo clericale, professava l'architettura profana, e più riesciva nell'edificare i palazzi che i tempii. (Da P. L. Jacob).

FAVOLA

LA VOLPE E L'AQUILA

Un dì fe' preda l'aquila
Di certi volpicini,
E nel suo nido poseli
Per cibo agli aquilini.
La madre allor sollecita
A supplicar la viene
Di risparmiarle, ahi misera!
L'orror di tante pene.
Ma son preghiere e lagrime
Prese dall'altra a giuoco
Sicura riputandosi;
Chè là difende il loco.
Quand'ecco ardente fiaccola
La volpe in bocca stringe;
Torna correndo all'albero
E quel di fiamme cinge.
I volpicini in cenere
Così ridur minaccia.
Benchè nel danno avvolgere
Il sangue suo le spiaccia,
Allor l'aquila a rendere
La preda a lei si affretta,
Onde i suoi figli campino
Dalla crudel vendetta.
Anche i plebei si debbono
Temer dai grandi e forti;
Chè l'arte ci pur ritrovano
Di ricambiare i torti.

Ab. Domenico Cervelli.

DANTE

Nel milleduecento sessantacinque, un lustro dopo l'orrenda rotta de' Guelfi a Montaperto, e in tempo che i Ghibellini dominavano Firenze, nasceva in quella città Dante Alighieri. Proveniva da famiglia di nobiltà vetusta: cresceva nelle case de' suoi maggiori; udiva dalla madre e da'congiunti magnificare i vanti de'propri antenati, e gli era detto che nelle sue vene correva un sangue purissimo, sangue romano che per lunga successione da quelli antichi, i quali aveano fondato Firenze, erasi illibato sino in lui trasfuso. Gli additava il padre in se medesimo un nipote di Cacciaguida, chiaro per bontà di costumi, per fama guerriera e per la morte incontrata in sostegno della fede in su' campi degl' infedeli. — Non passava due anni, e i Ghibellini erano astretti a lasciare Firenze, e ne stavano lontani per lungo tempo; e il fanciullo crescendo vedeva profferirsi da alcuni con amore, con venerazione da molti, e dai più con terrore, il nome di un potentissimo principe de' Ghibellini, capo degli Uberti, famiglia la più riputata tra quelle della antica nobiltà, il nome di Farinata. Udiva rammentare come egli fiero della antichità della stirpe sua e de' suoi compagni, mal sofferisse la prevalenza de' nobili novelli, gente da contado, e che in sui mercati e co' traffichi erasi nelle arti de' plebei sempre più degradata ed avvilita. Udiva raccontare come egli cacciasse dalla città i Guelfi, e come indi i Guelfi cacciassero lui e i suoi, ed egli infine, prostratili in guerra, ritornasse trionfando nella patria comune. E mentre alcuni lodavano a cielo, ed altri esecravano tanto valore e tanta fermezza, mirava il volto di tutti raddolcirsi nel caro sentimento della riconoscenza, allora che additando le case, i templi, le mura e le sepolture de'propri congiunti, tutti i cittadini ricordavano che la rabbia di parte avea sospinti i Ghibellini adunati ad Empoli a profferire l'esecranda parola di distruggere Firenze, e come, già tutti assentendo, Farinata solo si alzasse a maledire l'empio consiglio, e solo giurasse guerra, guerra sino all'ultimo sangue a' suoi seguaci e a chiunque quella infame parola riprofferisse. — Compiva appena il terzo lustro, e i Ghibellini ritornavano: e forse allora — se peranche Farinata viveva — Dante il conobbe già grave di anni, e ammirò quella faccia mossa sempre a sdegno, e baciò quella mano, e udì quella voce che aveva straziato gli avversari e salvato dall'eccidio la patria. Ma due anni dopo i Ghibellini sparirono e per sempre da Firenze: la casa di quel prode venne distrutta, e pubblicati i beni di lui, de' suoi congiunti e de' suoi seguaci: di tempo in tempo a taluni di questi si concesse di tornare, purchè Guelfi si rendessero: solo per gli Uberti il bando fu irremissibile; per loro soli, nè allora nè poi, si diede perdono.

Quando l'età rese Dante atto a' pubblici affari, già in Firenze non vi erano che Guelfi unicamente forti di tesori, di propri magistrati e di privilegi loro conceduti dal popolo; ora che col nome Ghibellino l'antica nobiltà era distrutta, insolentivano contro quel popolo che avevano lungamente riverito e protetto. Quindi i popolani si avventavano ferocemente contro di essi, li escludovano a poco a poco da'gradi, e si aggravavano sovr'elli con tutto il furore delle armi e di leggi sanguinose ed iniquo (1). Quanti rimaneano dell'antica nobiltà cercarono riacquistare il perduto potere accostandosi al popolo, e il concitavano contro quelli che già colla forza di questo popolo stesso avevano il predominio, la parte, il nome e le sostanze loro prostrate.

Dante da prima parteggiò anch'egli (2). Vel traea l'esempio degli altri, la necessità di sostenersi in mezzo alla rabbia delle parti e la propria ambizione. La sua mente, la fermezza e la magnanimità sua il fecero in breve prevalere su tutti (3), dominare nei consigli ed alzare a' più importanti uffici, e infine ai gradi supremi dello stato. Più si elevava nel credito e negli onori, più l'ambizione appagata taceva, e il debito di cittadino e l'onestà di magistrato insorgevano prepotenti nell'anima sua. Mirò dall'alto i mali della patria; ne pianse, e da uomo di parte divenne solo uomo di giustizia (4). Ma la giustizia in Firenze in mille modi divisa fu iniquità: le fazioni invece di racchetarsi innasprironsi, ed egli fu bandito e gridato per pubblica sentenza barattiere ed ingiusto; vennero pubblicati i suoi beni, e l'orribile sentenza di anno in anno, finchè visse, riconfermavasi. Cercò ritornare colle armi e nol potè; richiese fors'anche perdono e gli fu negato, e andò ramingo per diciannove anni, e lasciò le sue ossa fuori della terra natia.

Come si strugga e a fibra a fibra si consumi il cuore dell'esule, nol può dire che l'esule. Ogni oggetto, l'aria che si respira, la terra che si calpesta, le case che lo accolgono, le magnificenze che ammira, e gli affetti di ogni famiglia tra cui convive, tutti gli ricordano la patria, e dove altri trova ristoro e diletti, ivi il bandito sugge un'amarezza che gli inacerba l'anima, il sangue, la vita. E Dante aveva perduta la sua Firenze non per delitti, ma perchè erasi lusingato di essere giusto fra iniqui, illibato fra infami, non partigiano dove le fazioni tutto manomettevano. Privo di beni, lontano dalla moglie, lontano anche per lungo tempo da'suoi figli, vedovasi astretto a umiliarsi innanzi a'potenti che dispregiava, e mendicare da loro pane o soccorsi, e nutrire in loro la speranza di racquistare un giorno la patria, i beni, la famiglia, il potere e gli onori.

Ramingando coll'anima esulcerata dalla miseria, dall'impotenza e dall'avvilimento, gli ritornavano al pensiero la pace, la concordia e la virtù di che era stata lieta Firenze, finchè si conservò in lei la purità delle antiche famiglie (1). Riandava come tranquilla nella sua innocente povertà de'suoi, e pura nella intemerata virtù delle madri, ne' casti desideri delle fanciulle e ne'severi costumi di tutti i suoi abitatori, era stata lungamente ostello di pace e madre amorosa a'figli fedeli. — Ricordava come la pace, l'onestà e le usanze gentili ne erano indi sparite, da quando la gente del contado erasi all'antica cittadinanza frammista, e co' traffichi e co' nuovi guadagni e colle inoneste pretensioni aveva corrotto i costumi, concitato ad ambizioni il popolo, riempito di lacrime, di sangue e di sozzure le famiglie, annullato l'antica nobiltà e trasfuso e fatti in tutti gli animi invigorire que'germi, donde ora provenivano le loro insolenze, l'arroganza de'popolani, la moltiplicità delle fazioni, la efferata anarchia, l'insofferenza di ogni rettitudine, la rovina de' buoni, l'esilio di lui. Però si invelenìva fieramente contro que' nobili novelli: li spregiava, li esecrava, li infamava, ed apponeva ad essi tutte le sciagure che da settanta anni in qua insanguinavano Firenze. — Gli risovveniva quanto avea visto ed udito ne' suoi primi anni, i giovanili suoi amori per Beatrice, la bellezza e la innocenza di lei, la morte, che in su l'aprile della vita la consunse, e il tenero affetto che per vari anni lo aveva legato a Guido Cavalcanti, amico a lui e compagno nello sdegno de'danni della patria e nella poetica gloria. Ricordava anche l'antichità della sua famiglia, il lungo predominio in Firenze de'nobili antichi, il loro giusto odio contro i nuovi, la lunga resistenza, le replicate vittorie, l'indebolimento di essi, e infine la loro distruzione. E mentre l'anima sua ora esaltavasi ne' propri vanti e nella gloria delle antiche famiglie, ed ora sanguinava ripensando come di talune finanche i nomi, e di tutte le virtù e la magnanimità fossero da Firenze disparse, ritornava sempre a possedergli la mente l'uomo di cui aveva sentito parlare di continuo fino dalla sua fanciullezza, e che era memoria di terrore, di venerazione e di riconoscenza a quanti di que' dì viveano in Firenze. Raffigurava in lui un altro se stesso, perchè e Farinata ed egli pari animo aveano avuto, passioni consimili, eguali prosperità, eguali disavventure.

Coll'anima fitta sempre in tali ricordanze, col cuore quasi distrutto da passioni indomabili, col rancore dell'esilio, e colla rabbia dell'impotenza sua,

(1) Istorie Fiorentine, lib. 2.
(2) Dante, Inferno, c. 1.
(3) Boccaccio. Vita di Dante.
(4) Inferno, canto 1. Vedi il brano di lettera, pubblicato dall' Aretino nella vita di Dante.

(1) Vedi Paradiso dal canto 16° a 19°.

vagando di città in città, di speranza in isperanza, di disinganno in disinganno, l'Alighieri riconfortava i suoi dolori vegliando incessantemente sul Poema divino. Lo intralasciava a quando a quando per iscrivere opere che o illustrassero il Poema, o affrettassero il compimento di quelle speranze, dalle quali tutto intero il Poema ispiravasi; ma queste in breve compiva, le pubblicava tosto, e appena sbrigatosene ritornava sulla *Commedia divina*, che era come centro de'suoi pensieri, delle sue operazioni e di tutti i suoi scritti. Conteneva l'idea più vasta ed ardita della sua mente, ei rimirava talora e si compiaceva sugli altri suoi scritti; ma quando pensava al Poema, l'umanità gli spariva dinanzi, e vedeva i suoi pari solo nel grembo di Dio. In quelli speculava, ma qui le speculazioni riduceansi in atto; in quelli dove preparavansi e dove svolgeansi i principii e i metodi e i mezzi, secondo i quali e coi quali era imaginata, condotta ed espressa la divina Commedia; ma in questa que' principii, que' metodi e que' modi ingeneravano il massimo degli effetti a lui possibili, e rabbellivano di tutte le loro virtù un concepimento, ove raccoglievansi i suoi affetti, la sapienza e i disegni suoi, e i rimedi de' propri danni, e, secondo esso, la rigenerazione dell'Impero, di Firenze e di Italia intera. Così quante opere dettava, destinavale ognuna ad una materia e ad un intento particolare, ma le materie e gli intenti di tutte nel suo secreto subordinavansi alla materia del Poema divino. Quelle svolgeano partitamente e dichiaravano: tutte insieme all'intelligenza degli arcani sensi, delle dottrine e dell'arduo scopo del Poema servivano.

Nella *Vita nuova* sino da quando era in Firenze avea descritto i pensieri, le dolcezze e le lacrime della sua giovinezza e sin d'allora inebbriavasi nell' idea di collocare sovra un trono di luce la sua Portinari. — Nel *Convito*, essendo già esule e molt'oltre negli anni, espose i principii della sua filosofia, chiari il metodo del suo concepire, e svelò per intero le forme, in che gli stavano coordinate in mente e prestabilite le allegorie, che le medesime ovunque ed invariabili dominano i congegni, le fantasie e le espressioni di tutte le sue rime e dello intero Poema. —Nei *libri della Monarchia*, divisò i principii speculativi ed eterni, e la metafisica, direi, d'onde derivava, a parer suo, e a cui riduceva le facoltà, le attitudini, l'ordinamento e i beni del genere umano, e i limiti de' diritti che spettano alla Chiesa, agli imperatori e a' popoli. — Per ultimo nel *Volgare Eloquio* stabiliva la teoria della lingua illustre (1), desumeva di là il nascere, il costituirsi e il crescere dell'italico idioma, e i diritti sovr'esso di tutti gli Italiani, e accennava le speranze dell'altissima gloria, che la ingenita sua beltà già da allora impromettevale. I modi della riforma, onde e i popoli e la Chiesa e l'Impero doveano rientrare ne' limiti segnati ad ognuno dal Cielo — il compimento delle felici attitudini piovute in lui dal fonte della grazia divina, e che nella sua *Vita nuova*, quando l'intelletto all'amore e agli alti pensieri si apriva, avevano dato i primi segni della loro virtù — le allegorie, che ordinate come in sistema, movendo da pochi punti, nella ricchezza di forme svariatissime si dispiegano — ed infine le speranze del vivido splendore, di che sariasi rivestito l'idioma della patria sua — tutte queste cose si comprendevano per l'Alighieri nel Poema divino, e quivi solo le speculazioni sue riunendosi ed immedesimandosi e divenendo effettive per operare e produrre, si perfezionavano e di tutto il loro potere rifiorivano. — Se non che l'operare dipendeva da opportunità di tempi. — Presentiva che tai tempi eran vicini, e promettevasi di vederli giungere prima di morire. E morì, e que' tempi non giunsero, e il Poema, arcano della sua mente, sollievo do'suoi dolori, alimento delle sue speranze, fondamento della sua gloria, il Poema, luce che doveva rischiarare i mali di Italia, e mostrarne le cause e i rimedi, sapienza che dovea scortare la vittoria de' forti, o ridonare all'Italia la pace, ed il perduto splendore—il Poema — Dante moriva — e rimaneva inedito, e quando si volle pubblicarlo, gli ultimi tredici canti si rinvennero in una finestra entro una stuoia, ove egli li aveva nascosi, e solo dal cielo Dante vide la fallacia delle sue speranze, e di là solo l'ammirazione con cui gli si prostrarono innanzi e i contemporanei e i posteri.

BENEDETTO CASTIGLIA.

(1) *Sulle origini e i progressi della lingua italiana, le liti intorno ad essa e i caratteri distintivi delle lingue illustri*. Discorso di B. Castiglia.

IL LEONE DEI DARDANELLI — ANEDDOTO.

Allorchè il duca di Choiseul recossi in Costantinopoli per risiedervi in qualità di ambasciatore di Francia, dovè, secondo il cerimoniale di que'tempi, sostare ai Dardanelli per attendere colà gli ufficiali che la Porta ispediva a riceverlo. Accolto in solenne visita dal pascià, svegliò in questi il ticchio di vedere se ci fosse veramente quell'uomo di gran cuore che la fama dicevalo. Sciolto, quindi, un enorme leone ch'ei teneva presso di sè addimesticato, fe' sì ch'ei giungesse improvvisamente nella sala d'udienza, quando nè il duca, nè chicchessia del suo seguito, inscii affatto del caso, a ciò si aspettavano. Ma l'animo forte del duca sostenne impavido la durissima prova, e, nonchè tentennasse, stesa amorevolmente la mano alla feroce belva, diedesi ad accarezzarla dicendo: *Signor pascià, questo vostro leone è superbo!* Del che il barbaro oltremodo rimase meravigliato, e concepì pel duca e po' Francesi una stima speciale, appalesata, col tempo, con insigni prove di amorevolezza e favore.

Cav. BARATTA.

ALLA GIOVANE DONZELLA

MILLIANI TERESINA DA FOSSANO

gentilissima compositrice di versi

CANZONE

> ....Molle lasciando l'ago e 'l panno
> Son con le Muse a spegnersi la sete
> Al fonte d'Aganippe andate e vanno;
> E ne ritornar tai, che l'opra vostra
> È più bisogno a noi, che a voi la nostra.
>
> ARIOST. *can.* XXXV, *st.* XIV.

Dimmi, o Fanciulla, in quali ignoti mondi,
In quai cieli beati, in quali sfere
S'inspira il tuo pensiere,
Quando di tanto ardor piena la mente
Dalla cetra diffondi,
Reina d'ogni core onnipossente,
Quella pura ineffabile armonia,
Che di soavità l'anime india?

Dimmi: qual novo creatore affetto
L'alma ti scote, e le tue dolci rime
Di tanta grazia imprime?
Qual Genio fra 'l silenzio delle cose
Ti parla all'intelletto
Alte parole al cieco volgo ascose?
Qual celeste virtude o spirto arcano
Ti guida sulla cetera la mano?

E tu forse l'ignori: la più pura
Ebbrezza d'un piacer tutto celeste
Che l'anima t'investe,
Del bello l'indomabile desio,
Il cielo, la natura,
Un impeto d'amor verso il tuo Dio
Ti sforza al canto, e sul tuo labbro pone
La dolce melodia della canzone.

Tutto, nel suol che noi premiam, di canto
È sorgente immortal, questa feconda
Aura che ne circonda,
Questo ciel, questa luce aurea, sincera,
De' vigneti l'incanto
E de' fiori l'eterna primavera,
E il sol che più potente e più vicino
Vagheggia quest' italico giardino:

Qui tutto ha spirto, qui tutto ha favella
Per chi penetra nel velame oscuro
De' secoli che furo:
La capanna del servo, de' monarchi
Le torri e le castella,
Le mura, i templi, le colonne e gli archi,
Ogni sasso, ogni zolla è una memoria
Che una sventura addita od una gloria.

Anche al tuo cor sonò misteriosa
Quella voce de' secoli, e il tuo core
Balzò come d'amore,
E come stella in ciel subito brilla,
Fino a quel giorno ascosa
S'accese nel tuo seno una scintilla
Che ti riscosse; e non sentiti innanti
Nell'alma t'ispirò sublimi canti.

Deh! chi pur col pensier tuo può seguire
Quando sull'ali del pensiero anelo,
Che ti sospinge al cielo,
Ti lanci oltre il confin di questa vita,
E da un caldo desiro
In più beata region rapita
Colla scorta fedel di cari studi
Nuovo di poesia fonti dischiudi?

Io da lunge t'ammiro, e benedico
A quel desio d'onor che pria ti vinse,
E a meditar ti spinse
Fin da' più teneri anni in sulle carte
Di lor che al tempo antico
Maestri al mondo fur d'ogni bell'arte,
Per cui fra le catene Italia nostra
Ancor reina ai popoli si mostra.

Segui, Fanciulla, segui; anche per voi,
Di lei parte miglior, fia che si vanti
Un dì questa di canti
Creatrice feconda, e i vostri esempi
Segni ne' fasti sui,
Gentile orgoglio de' più tardi tempi;
Per voi fia ch' ella intessa e che prepari
I suoi lauri più nobili e più cari.

Sia grande il verso tuo, di grandi affetti
E di nobili sensi altrice e scola
Suoni la tua parola.
Tu dal letargo, che tanto s'aggreva
Sugli italici petti,
Co' tuoi carmi li desta e li solleva
A quelle alte virtudi, onde fra noi
Crebbero gli avi e si nomaro eroi:

Voi lo potete, voi: sui labbri vostri
La virtù stessa più possente e bella
Ai nostri cor favella:
Essa per voi con più soave legge
Gli affetti, i pensier nostri,
Maestra più gentil governa e regge,
E men aspra è la via ch'ella n'addita
Se dal vostro sorriso è ingentilita.

Segui: un giorno anche tu sorger vedrai
Il più bel di tua vita e il più felice,
Allor che vincitrice
Dell'invidia e del tempo infra la schiera
De' vati incederai,
Di bella fama onestamente altera,
E il crin ti cingerai della corona
Che gloria a' suoi cultor vende non dona.

———

Perchè incolto tu vada, o carme mio,
Non fia che ti rigetti disdegnosa
Quell'anima bennata, a cui t'invio,
« Chè merto e cortesia sono una cosa. »

FERRERO DOMENICO.

QUADRO DI COSTUMI

SCENA DOMESTICA MILANESE DEL SECOLO XVII

(Da un racconto inedito)

Donna Emellina stava seduta nella sua saletta con Margherita, ch' era la giovane servente della casa, ma che da lei veniva tenuta in conto piuttosto di compagna.

Erano le ore vent'una, come dicevasi allora, ossiano le cinque dopo mezzodì, correndo il mese di agosto. Siccome splendeva limpidissimo il sole, quella saletta di tal ora veniva rallegrata da una bellissima luce penetrante dal balconcino che guardava sulla contrada del Nirone di S. Francesco. Di prospetto alla casa ove abitava donna Emellina, eravi il muro del giardino de' frati Francescani; per ciò all' infuori d' alcuni rami d' albero che sopravanzavano al muro del convento, nulla v'aveva che s'apponesse al libero dardeggiare del sole sulla facciata di quella casa. La porta ne era picciola, e rimaneva, come voleva il costume, sempre chiusa; aveva un solo battente di legno di noce ad intagli anneriti dagli anni, nel centro del quale eravi un foro rotondo chiuso con una lamina di ferro bucherellata, da cui i sorvegnenti s'annunziavano. Al di sopra della porta stava il balcone dipinto intorno da una modanatura a foggia di marmi sormontata da conchiglie di vari colori; formavagli davanzale una inferriata assai convessa e adorna di pampini di filo di ferro.

Battendo la luce troppo viva al balcone, donna Emellina, per moderarne l'intensità e temperare al tempo stesso il calore, aveva ordinato a Margherita di ravvicinarne le invetriate e di stendere ad esse innanzi le ampie tende di drappo cremisino. Ciò fece Margherita, e le falde delle tende riescirono accostate in modo che tra esse non v'aveva che un picciolo interstizio, dal quale entrava appena un sottil raggio di sole a listare l'ambiente. Però sulle tende apparivano le partizioni de' vetri, poichè l' esterna luce ve ne faceva disegnare l'immagine. Il chiarore di tale riflesso veniva per altro sommamente attenuato dalla spessezza del drappo, e quindi non ispandeva per entro la stanza che un lume assai mite, il quale rivestiva gli oggetti di una piacevole tinta porporina.

Nel centro della vòlta della saletta era raffigurato un paffuto amorino, che sosteneva colla destra l'estremità di alcuni festoni di fiori, i quali scendevano alla cornice dorata delle pareti, ricoperte da una tappezzeria, essa pure cremisina damascata, con larghi fogliami che si staccavano in bruno dal fondo. In giro erano sedie a bracciuoli con cuscini scarlatti, e rabescati appoggiatoi con minuti fregi, e l' uno di faccia all' altro, alle pareti opposte, due tavole con contorni a curve rientranti, su l'una delle quali era uno stipo od armadietto d'ebano con intagli d'avorio, e sull'altro un orologio che s'aveva in picciole dimensioni l'aspetto d'un tempio di stile barocco, con sopraornato carico di piramidi e palline di alabastro, con statuette nelle nicchie, e qua e là graticci dorati sparsi di puntine di gemme. Pendeva da una parete un quadro, su cui vedevansi raffigurati un liuto ed una zampogna fra tazze e sottocoppe di porcellana con frutti e fiori. Questo quadro aveva larghissima cornice d'oro a trafori, ne' quali luccicavano vari specchietti, e da cui sporgevano rami d'oro a volute, dai quali scendevano fila di grani di vetro azzurri bianchi e rossi. Alla parete di contro stava sospeso un altro quadro, ma la cornice di questo era negra tutta e severa come l' aspetto del personaggio che rappresentava; mezza figura d'uomo, di faccia lunga, pallida, con mustacchi e ciuffetto al mento, capelli bruni spartiti alla sommità del capo e ricadenti lisci a mezz'orecchio contornando le tempia; vestiva in nero con larghe maniche e posava la diritta mano sull'impugnatura d'acciaio della spada. Era il ritratto del commendatore don Camillo, padre di donna Emellina, che vent'anni addietro, caduto in sospetto d'aver tradito gli Spagnuoli a Vercelli, era stato fatto morire in quella fortezza. Nella sua guardatura, benchè inesorabile e minacciosa, sembrava discoprirsi i patimenti della tortura.

Donna Emellina e Margherita, l' una seduta di contro all'altra, stavano silenziose e abbandonate a quel lieve sopore che simula dolcemente il sonno, o ch' è sì gradevole ristoro nelle più fervide ore di estate.

Donna Emellina aveva varcato appena il quinto lustro. Il suo volto, gentilmente ovale, lasciava scorgere una traccia del pallore di suo padre, ma il rosso vivo delle labbra tumidette e certo qual fuoco, abbenchè velato, dello sguardo, annunziavano tutta la vivacità e la mollezza di un carattere tenero insieme e pronto ad irritarsi. Mostrava leggiadre e dilicate le forme del corpo; nivea n'era la carnagione, il cui candore spiccava al petto ed alle spalle, che l' uso de' tempi acconsentiva alquanto scoperti. Le sue chiome bionde erano disposte all'*infanta*, moda qui venuta da Madrid di quel tempo, ed era un'acconciatura mista di costume fiammingo e spagnuolo, che consisteva nell'aver tratti indietro all' insù dalla fronte i capelli, essendo raggruppate le treccie a canestro nella parte posteriore del capo, all' intorno del quale una dirizzatura circolare faceva che scendessero tante picciole ciocche inanellate, le quali formavano all' ingiro della testa una minuta ghirlanda di ricci. L'abito ch'essa vestiva era di un broccato color penna d'angelo; stava all'imbusto assai lungo, strettamente serrato ne'fianchi; dal petto le sporgeva una trina minuta, frapponendosi fra il drappo e le carni.

Margherita non contava che diciotto anni; s'aveva un visetto rotondo, improntato delle più floride tinte della salute; i di lei capelli neri erano raccolti dietro la testa e ravvolti in un nastro. Semplice affatto ne era il vestimento, che constava d'una sottana che chiamavasi *sacra*, di tela cilestrina punteggiata in bianco, d'un corpetto e d'un grembiulo pur di tela a quadrettini rossi.

Chi mai saprebbe raffigurarsi al vero quali pensieri ed immagini occupassero la mente di quelle due donne che colà sedevano in soave quiete, fra una luce tanto riposata ed in così molle tepore? A noi che viviamo in una età, oh quanto da quella diversa! e che quotidianamente chiamati ad occuparci delle faccende di tutta Europa, anzi del mondo intero, dimentichiamo ad ogni ora gli eventi domestici, e gli oggetti e le persone che ci stanno dintorno, riuscir deve oltremodo difficile il rappresentarci con aggiustatezza ciò che v'aveva di circoscritto, ma al tempo stesso di fortemente colorito, nella vita di quell' epoca, in cui presso quasi tutte le classi della società duravano quasi inalterabili le abitudini, mentre le cure e i pensieri rimanevano concentrati nella famiglia. Non dava allora lo spirito ciò che possiede di sensibilità alle parole dei libri e de'drammi; in quel tempo due o tre volumi di una storia, qual essa si fosse, bastava il più delle volte per anni interi alla lettura di chi sapeva leggere. Egli è ben vero che allora si narrava di più; ma i racconti parlati avevano il privilegio di non estinguere mai la suscettività degli uditori al commovimento. Per ciò adunque non si va forse errati nell'asserire che se innanzi all' immaginativa di quelle due amabili riposanti, la memoria e la fantasia facevano apparire un miscuglio di svariate idee, nessuna di queste avrà avuta impronta da quella noia fastidiosa che procede dal vuoto scolorito dell'anima, ma alcune saranno state splendide e vaghe come il sole ed i fiori, altre gravi ed imponenti come le solennità religiose, altre cupe e fosche come gli uditi misfatti, gli arcani incantesimi o le spaventevoli apparizioni.

Però in mezzo a quella fantasmagoria della interna visiva che si componeva e scomponeva, s'ottenebrava e rischiarava a seconda dei moti del cuore, sorgeva innanzi a donna Emellina una nota imagine a cui l'anima sorrideva peritosa, e signoreggiandola grado grado faceva che tutte l'altre andassero sparendo. Rapita alfine da questa sola, scambiando con essa in secreto parole melodiose, s'avviava lontan lontano, e passava da quel languore d'incerta veglia ad un sonno veritiero... ad un sogno...

— Quanto credi tu che starà ancora a suonare il segno della benedizione? — Così disse a mezza voce Emellina, dopo alcuni istanti da che fu svegliata, lo che avvenne per una improvvisa interna esagitazione.

— Sono appena le ventun'ora o mezzo (rispose Margherita subito desta, i cui pensieri di tutt'altra indole di quelli della padrona la avevano lasciata immergere in un sonno assai più tranquillo). Ci vorrà più d'un'ora, a Sant'Ambrogio, perchè sa come la danno tardi.

— Tu verrai là oggi con me, Margherita, non è vero? Ci sederemo nella panca della zia donn'Anna, presso la colonna del serpente.

— Vorrei, signora padrona.... (disse Margherita con qualche esitazione e con voce di preghiera); vorrei che mi permettesse d'andare questo basso (1) colla Caterinina all'oratorio di S. Pietro alla Vigna, perchè si canta il *Pange* ed il *Lodato*.

— Ne hai sempre una!... ed io ho da perdere la benedizione in causa tua, o d'andar sola?...

— Potrebbe farsi accompagnare da...

— Anche a Sant'Ambrogio si canta le litanie.....

— Ma all'oratorio vi saranno le scolare del Cappuccio, e quasi tutte le zitelle del Nirone, perchè è l'antivigilia della Madonna.

— Perciò tu vorrai sfoggiare il tuo fazzoletto da testa, quel nuovo ricamato che ti regalò pel ferragosto il... capisco...

— Non signora, non signora... non è per questo... (aggiunse Margherita, dimenandosi alcun po' della persona, piegando il capo con una certa tal qual lieve espressione di vergogna e accarezzando Milino, il gatto bianco, che le era balzato in grembo, il quale sollevò ad arco la schiena, mandando un sommesso e carezzevole miagolio).

— Intendo adesso.... egli è perchè sei tu quella che deve intuonare le orazioni.... che maliziosa!... Ma già c'è tempo; apri la finestra e lavoriamo un poco.

Margherita fu tutta gioia a questa concessione; e ben si comprenderà la causa dell'innocente tripudio di quella fanciulla, quando sappiasi ch'essa s'aveva la più bella e limpida voce fra tutte le parrocchiane, e per ciò veniva ricerca ed elevata a cielo come la perla delle cantatrici, specialmente dell'oratorio. In fatti tra le ristrette pareti della chiesuola di S. Pietro alla Vigna, la sua voce facilmente distinta fra tutte produceva un incantevole effetto, mentre sotto le vôlte delle ampie navate di Sant'Ambrogio andava in gran parte perduta, commista con quelle della moltitudine. Essa, contentissima, prese Milino colle due mani, e nell'atto che balzava in piedi, lo baciò, poi lo pose a terra; s'appressò tosto alla finestra e ne spalancò le imposte ed i vetri.

La finestra si apriva in quella sala nella pareto opposta a quella in cui stava il balcone, e guardava sul cortiletto della casa confinante col muro dell'orta-

(1) *Basso* era voce del popolo della città per significare la parte del giorno ch'ora noi chiamiamo *dopo pranzo*. Si usa tuttavia nello stesso significato dalle genti del contado verso il Comasco e la Brianza.

glia delle monache Benedettine del monastero maggiore; per ciò da quella finestra la vista spaziava su tutta la loro vastissima ortaglia, al di là della quale il fabbricato del monastero, indi la linea, che sembrava piegarsi a cerchio, delle case, delle torri, de'campanili vivamente soleggiati in quell'ora, formavano un quadro, la cui prospettiva veniva resa più pittoresca dall'esservi racchiuso nel mezzo lo spazio pieno d'alberi frondosi, che facevano efficace contrasto a quella parte più in luce, colla loro massa di color verde intensamente svariato.

Margherita venne dalla camera vicina recando due mulinelli da attorcigliare il filo de'cascami di seta; occupazione che sino ai tempi a noi più vicini non venne sdegnata anche dalle più cospicue dame di Milano. L'uno di quegli arnesi lo pose innanzi a donna Emellina, che aveva accostata la sedia alla finestra; all'altro si sedette vicino essa stessa, e incominciarono entrambe il lavoro. Un'auretta fresca, fatta odorosa dalle soavi fragranze de'molti fiori che erano ne'prossimi giardini, sorgeva di tratto in tratto e careggiava ad esse piacevolmente il viso e la persona. Mentre giravano le ruote de'mulinelli, e il duplice filo dipanandosi passava velocemente per le dita alle lavoratrici, i fusi che n'erano spogliati trabalzavano rumoreggiando ne' bossoli.

Margherita quasi involontariamente assecondando l'ispirazione di quel monotono mormorio, canterellava pian piano le note d'una popolare canzone detta la *Zolimè*, ch'era da poco succeduta a quella della *Violante* e del *Bottoncin d'oro*; Emellina s'abbandonò essa pure alla seduzione del canto. La sua voce non era forte ed argentina come quella di Margherita, ma s'aveva non so che di patetico e di toccante per cui gli accenti di lei sembravano partire dalle regioni più intime dell' anima; e maritandosi a quella di Margherita ne temperava l'acuta vibrazione, addolcendola, mentre da essa riceveva energia, sì che l'accordo di quelle due voci riusciva d'indicibile soavità. La *Zolimè* era canzone e dialogo, con cantilena lenta e mesta in tono minore. Ma allorchè ripetevasi l'ultimo verso d'ogni strofa, le due voci s'alzavano rinforzando le note, le quali si risolvevano poi in un modo vivo e inaspettato del più drammatico effetto. Così incominciarono:

I

MAR. È morta, è morta.
EMEL. Or dimmi tu chi è morta?
MAR. La figlia del soldan della Soria,
Che un cavaliero il cor lo portò via.
A due voci
Che un cavaliero il cor le portò via.

II

EMEL. Qual cavaliero?
MAR. Un cavalier di Francia,
Ch'avea sul labro il miel, sull'armi un fiore:
La bella Zolimè morta è d'amore.
A due voci
La bella Zolimè morta è d'amore.

III

EMEL. Che fu del cavalier?
MAR. Baciò la spada,
La diè al donzello col destrier di guerra,
Nè varcò il mar, nè vide più sua terra.
A due voci
Nè varcò il mar, nè vide più sua terra.
A due voci
È morta, è morta...

Un *Deo gratias*, proferito al pertugio della porta con alta voce, interruppe in questo punto il loro canto.

G. B. BAZZONI.

GIORGIO MAVROMATI = FATTO VERO

Il giorno 23 ottobre 1827 la popolazione di Rodi correva, a frotta, verso la cala di S. Nicolò, ove un orrendo e lagrimoso spettacolo traeva a sè l'universale attenzione. — Tre cadaveri, uno di donna e due di uomini, giacevano sulla spiaggia entro una gora di sangue: poco più in là un battello abbandonato, intriso esso pure di sangue, e traforato in più d'un sito da palle d' archibuso, dondolava funestamente sull'ultimo lembo del mare. A cotai vista era un pianto, un'angoscia, un gemito pubblico: parea che quella sventura fosse sventura di ciascuno, e di tutti. Ecco i particolari della pietosa tragedia, che noi raccogliemmo sul luogo stesso da testi oculari:

Giorgio Mavromati, giovine virtuoso, leggiadro e valente, oltrecciò, sovra i più vantati dell'isola, erasi preso di tenacissimo amore per Irene Jelsich, donzella ben degna, per eleganza di forme e nobiltà di cuore, di quell'onesto e solido affetto. Figli di agiati genitori, legati, a posta loro, da antica e provata amicizia, Giorgio ed Irene erano cresciuti nella più stretta dimestichezza; sì che il loro amore afforzavasi di tutta la tenacità delle infantili abitudini, ed era, quasi, una guisa di fratellanza. E già il loro nodo, desideratissimo, nonchè permesso, da ambe le famiglie, stava per fermarsi solennemente in faccia all'altare, allorchè un caso altrettanto inopinato quanto crudele venne a cambiare in fiaccole di morte le liete faci nuziali preparate pel loro imeneo! — Allettata dal sorriso di un cielo sereno, e di un placidissimo mare, Irene Jelsich affidavasi, la sera del 22 ottobre, ad un leggiero palischermo, e toltosi a scorta Jacopo suo fratello, ed un marinaio greco, spingevasi, come è costume del paese, ad oziare alquanto sulle acque del vaghissimo canale che divide Rodi dall'Asia Minore. Ma aggiravasi in quelle acque, nell'epoca di cui è discorso, certo Janco, ferocissimo pirata, il quale, cacciato per atroci misfatti da Samo sua patria, e postosi a capitanare una banda di malfattori, mandava di sè paventosissimo grido nell'arcipelago. Costui, spinto da fatale

destino, adocchiò la inerme navicella, corsele sopra, e chiuso, spietatamente, l'orecchio alle compassionevoli querele delle tre vittime, trassele seco, angosciose e tapine, dentro all'infame suo nido. Senonchè, toccata appena l'inospita sponda di Marmorissa, riesci al marinaio greco d'evadersi, e ricondursi a Rodi, ove recò ai parenti la dolorosa novella. Quale affanno fosse quello pe' congiunti, pegli amici, pel paese tutto, non è penna che possa esprimerlo. Ma ad ogni altro dolore sovrastava, come è da credersi, l'affanno di Giorgio, il quale, tutto posponendo al pensiero di riacquistare comecchessia la perduta amica, si risolvè ad un atto eroico e disperato, che se non salvò a lei la vita, salvolle ciò che è più prezioso di essa: l'onore. Ciò fu di afferrare subito e solo i remi di un' agile barchetta; di spingersi, tra l'ombre, verso l'opposta asiatica sponda; di scendere, inosservato, presso alla grotta indicatagli dal servo; di espiare colà il favorevole istante in cui Janco ed i satelliti suoi, vinti dalle fatiche e dal vino, dormivano i brevi sonni dei tristi; di mostrarsi, in tale momento ai desolati cattivi, e di salvarli, riconducendoli, vivi e incontaminati, alle dolcezze dei parentevoli amplessi!... Ogni cosa riesci, da prima, in tutto conforme ai suoi voti, e già, spiegata al vento la vela, il palischermo liberatore, carco di sì prezioso deposito, pieno di sì oneste speranze, scorreva, per vero miracolo di fortuna, a vista dell'agognato albergo paterno!... Ma era quello il termine delle liete lusinghe, il principio di un' immensa sciagura. — Svegliatosi Janco, e subodorato il caso, davasi, precipitoso e furente, ad inseguire i fuggiaschi. Raggiuntili quasi a metà del canale, una fitta scarica di moschetti, partita da' suoi, uccideva Irene e il fratello, e feriva sconciamente Giorgio, il quale sostenendo col furore la vita che andava mancandogli, dato, a sua posta, di piglio a un'arme che seco avea, sbarravala, alla cieca, contro l'infame aggressore. Guidata dalla divina giustizia, colse la palla il naviglio corsale a fior d'acqua, sì che, entratavi l'onda e riempiutolo, affondavalo prestamente nelle tenebre dell'abisso. Ma non periva Janco, il quale, robusto ed espertissimo nuotatore, spingevasi, baldo e minaccioso, contro il navicello di Giorgio. E giunselo ed afferrollo come era sua mente; ma fu in mal punto, poichè quegli, raccolti gli ultimi spiriti, e brandita a due mani la canna della sua carabina, la scellerata ed abborrita cervice, con immensa furia percuotendo, spezzogli! — Toccata, indi a poco, la sponda, e narrata, con moribonda voce, la tremenda catastrofe, la tenera e generosa anima, accanto all'amica, spirò.

Cav. BARATTA.

BELLEZZE DEL BOSFORO

Il viaggiatore che appressasi a Costantinopoli per la via di terra, nulla scorge, dice il PERTUSIER, che gli annunci vicina una grande e nobilissima capitale... Ma se le interne vicinanze non offrono oggetto veruno che prevenga in favore di questa metropoli, il mare appresta, in vece, un cotal quadro, che l'estro del poeta o 'l pennello dell'artista potrebbero, soli, degnamente rappresentare. Le immaginazioni più torpide e fredde avvampano qui d'un fuoco non mai sentito, che piove in esse dal cielo, dalla terra e dalle acque che circondano lo spettatore, il quale, sopraffatto, in certa guisa, dalla dolcezza delle provate sensazioni, appena è se ha forza bastante per balbettare qualche parola che esprima l'estasi soavissima in cui nuota e s'appaga. Tutto è qui meraviglia: tutto, in questa classica terra, è santificato da illustri ed antiche memorie. I flutti che portanvi, quelli sono designati, un tempo, col nome di Propontide. Gli sguardi vostri camminano sovr'essi con quel rispetto che è inseparabile dalla ricordanza de' grandi fatti che là presso compieronsi, delle tante illustri nazioni che essi videro giungere, a mano a mano, a cercare ospitale ricovero sulle loro sponde, od a solcare, raminghe, il lor seno. Allucinato dalle tante seduzioni che apprestansi alla vostra ammirazione, parvi per poco ravvisare le tracce del naviglio che portò gli audaci Argonauti in mari prima d'allora incogniti e misteriosi. Voi interrogate le onde, chiedendo alla loro superficie fallaci argomenti, con cui lusingare le illusioni del vostro pensiero; voi chiedete alla natura che vi circonda, se sono quelle veramente le sponde di quell'Asia antica, al cui nome vanno congiunte le prime memorie dell'umana famiglia; voi vi sforzate di rintracciare, tra i misteri delle nebbie, che, quasi leggier velo lo adombrano, l'antico regno di Priamo, sotto le cui rovine giacque sì gran novero di Troiani eroi, e trovarono tomba tanti Greci avidi di cimenti e di gloria. I vostri sguardi vorrebbero allontanar Proconeso che asconde loro la foce di quel Granico, sulle cui sponde colse Alessandro i primi allori. Essi discorrono con ineffabile diletto su quelle rive feconde, ove tante greche colonie fiorirono, ed erano, spesso, visitate dalla madre-patria, che recavasi ad attingervi i tesori dell'Asia, ricambiandoli coi prodotti dell'Europa. Ned è menzognera illusione ciò che qui si affaccia all'estatico contemplatore: imperocchè le alpestri e nebbiose cime che stannogli incontro sono veramente le vette di quel sacro Ida onde scendono l'Esepo, il Rodio, lo Scamandro e 'l Simoenta; i lati ed ubertosi campi che stendonsegli innanti, sono veramente le fertili pianure della Misia, orgogliose, un tempo, di Cisico, Priapo, *Parium* ed innumerevoli altre città ridotte oggidì in ignobile polve, tranne Artace e Lampsaco, uniche superstiti tra tanta rovina, unico lenimento che temperi il dolore del rattristato pellegrino. Egli è pur colà quel regno di Bitinia, ove regnarono Antigono, Lisimaco, Prusia e Nicomede; il monte Olimpo che offresi sublime alla nostra contemplazione, vi porge certezza che ciò non è inganno. Innoltratevi, dopo tali prime dolcezze, in questo spazioso golfo, formato da due sponde altrettanto verdeggianti quanto ubertose, e voi vedrete, a breve tratto, affacciarvisi Nicomedia, il cui nome suonò con gloria ne' secoli anteriori all'era volgare. Seguitando i pittorici ravvolgimenti del lido, Apamea e Cius verranno successivamente a far di sè mostra, celate sotto i barbari nomi di Modania e Gemlik, ed improntate di funestissime tracce dalle sofferte dolorose vicende. Che se voi rivolgete invece lo sguardo sul fianco d'Europa, voi trovate ben presto i segni di Perinto, segni poveri, è vero, ma bastevoli perchè da essi emerga la prova della sua grandezza passata. Appresenterassi, quindi, Solimbria, che serba tuttodì molte memorie collegate all'impero d'Oriente: poi Bizanto, trasmutato dai tempi in Rodostò, ed in ultimo, Ganos e Gallipolis, a cui fu dato sopravvivere ai secoli col loro nome nativo. Vinto dalla magia di un quadro così sublime e così seducente, dorravvi che i venti spingano troppo le vele, per modo che poco spazio rimangavi ad appagare l'insaziabile curiosità che vi punge: ma cessate pure dall'ingiusta rampogna; che se essi affrettano i vostri passi, egli è per recarvi incontro ad altri oggetti più degni ancora della vostra attenzione. Ed eccovi, infatti, tra breve, in seno a quel Bosforo Tracio, in cui la natura e gli uomini sembrano avere fatti gli estremi sforzi del loro potere, onde farlo sede di meraviglie e d'incanti. Colà vedrete l'Asia e l'Europa riavvicinarsi quasi bramose di venire a rimento. Ognuna di queste due parti del mondo spiega davanti all'invida sua rivale una sponda smaltata di inenarrabili bellezze e sembra sfidarla a mostrarne, a sua posta, altrettante. Nella soave incertezza in cui vi pone la scelta, voi dividerete, fra entrambe, la palma, ovvero, seduto a volta a volta dall'una e dall'altra, voi la darete or alla prima ed or alla seconda.... Continuiamo, intanto, la rapida rassegna di questi luoghi fatali. Sul promontorio alto ed ombroso che distingue la costa asiatica, fioriva un dì Calcedonia!... Quante illustri memorie parlano dalle sue sparse rovine, dalle erbe selvagge che lor fanno corona!.... Ma un nuovo spettacolo sforzavi ad interrompere le vostre meditazioni e a riempiere l'animo vostro di non so quale mesta inquietezza. Che mai sono quelle torri che innalzansi sulla sponda europea e campeggiano per pallida bianchezza sul fondo nero dei folti cipressi che rivestono le vette dei monti?... Un segreto presentimento non sembra gridarvi in cuore che questi mesti soggiorni furono destinati ad essere sede d'infelicità e di dolore? La foggia della loro struttura indica abbastanza la funesta intenzione che farcale sorgere. Egli è colà che innumerevoli vittime vennero immolate alla avida politica, e dovettero gemere sulla perduta libertà, senza che il sacro dritto delle genti valesse a spezzare i pesanti lor ferri: sono queste, in una parola, quelle terribili Sette Torri, il cui solo nome induce spavento, nel cui misterioso seno tante sanguinose tragedie furono consumate!... Ma non fermatevi, di grazia, sovra un oggetto fonte di affliggenti meditazioni: il giorno in cui visitate le sponde dell'Ellesponto e del Bosforo debb'essere, intero, giorno di delizia e di gioia. Vedete là le isole dei Principi, che gli antichi distinguevano, un tempo, col nome di Demonèsi? Ivi raccolgonsi in abbondanza fioriti grappoli e fichi melati. Questi frutti, privilegiato dono di un suolo d'incanti, mandano una dolce fragranza, che li estolle su qualsivoglia altro consimile prodotto della natura. Ma se dolce si è il gustarli, non men dolce si è lo staccarli dal ramo nativo, di mezzo a quella sì sorridente verdura. Ammirate, quindi, l'aspetto imponente dei mille pini e cipressi che rivestono la doppia ala dei monti torreggianti, in distanza, su le due ripe. Se al vostro piede, inceppato tra le angustie del navicello, fosse lecito innoltrarsi nelle ombrose cavità di queste selve secolari, ogni rivolgimento, ogni passo svelerebbevi al guardo scene degnissime di tutta la vostra attenzione. Coorti infinite di tombe, nobili per forma e pel senso di tenera pietà di cui sono improntate, offrirebbero, prime, soave alimento alla vostra curiosità ed al vostro pensiero... Ma staccatevi con avvertita violenza da queste sublimi melanconie, e lasciate che l'animo spazi, intero, su l'immensa Costantinopoli, che tanti titoli raccomandano alla speciale vostra attenzione. Eccovela questa superba città che i Megaresi, condotti da Biza e guidati dal Dio del giorno, fondarono alcuni secoli prima dell'era nostrana; che subì tante diverse fortune; che ebbe sì gran parte nelle fiere lotte che divisero i Persi ed i Greci, Sparta ed Atene, ed in quelle civili battaglie, le quali, nate nel cuore di Roma corrotta, diramavansi poi, quasi lanciate scintille, nelle più lontane provincie dell'impero!... Ora signora, ora schiava, secondo l'alterno soffio della sorte, ma celebre tra gli uomini sino dai secoli più remoti, essa riempì costantemente le più solenni pagine della storia da quel dì memorabile in cui Costantino feccla riconoscere regina del mondo. Ma non ostante la felice sua collocazione che ben meritavagli un sì fulgido serto, il favore del principe suo mecenate non potè accomunarle una supremazia, che Roma, tuttochè cadente, contendevale con vantaggio. Educato all'ombra delle are di Marte, il Genio del Campidoglio niegò, lunga pezza, di abbandonare le sponde del Tevere per trasferirsi sur un suolo straniero ancora allo splendore della sua gloria. Osservate queste antiche mura che non seppero preservare il più potente impero del mondo da una inonorata caduta, e sembrano pendere, rovinose, sulla monarchia, surta, dopo di esso, dai fumanti suoi resti! Qui le squallide loro fronti serbano iscrizioni scolpite nell'idioma dei vinti; là, nelle fessure apertevi dalla falce del tempo o dalla rabbia degli uomini, esse ascondono tronchi di annose colonne, tristi e dolorose immagini del trionfo della barbarie sul sapere e sul gusto prostrato. La mole che innalzasi, orgogliosa, al nostro cospetto, è quel serraglio così fecondo di sanguinosi sconvolgimenti, così noto per l'atroce politica di cui fu nido, così famoso per le tenebrose mene cortigianesche che vi si ordiscono. Ivi il dolce sonno della pace non scende a chiudere le stanche palpebre: servi e padroni dormonvi le notti angosciose del timore. Ma chi mai crederebbe che fra questi chioschi eleganti, le cui svelte cime confondonsi colle nubi, in seno a questi giardini che direbbonsi coltivati dalle grazie a delizioso ricovero degli amori, di mezzo a tanti oggetti tutti spiranti soavità e seduzione, compiessersi le più atroci scene onde vadano funestate le cronache osmane?... Affisatevi ora in quella foresta di leggieri minaretti, i quali sembrano strali lanciati dall'arte contro le azzurrine volte del cielo! Osservate con quanto garbo essi secondino il maestoso sublimeggiare delle cupole loro madri, le quali, rivestite di porpora e d'oro, ripercuotono, quasi ardenti meteore, i raggi abbarbaglianti del sole! Nè sfuggavi, di mezzo a sì nobile coro, la venerevole basilica, intitolata, un tempo, a un Nume migliore e che, superstite a mille procelle, viene tuttodì salutata dagli infedeli medesimi, siccome prediletto albergo di Dio! Senonchè mentre i bizantini portenti attraggonsi, a manca, lo sguardo, un altro tesoro di meraviglie schiudesi all'occhio sull'opposta asiatica sponda. Stendesi ivi, sul dorso di lieti colli, Scutari della dagli antichi Crisopoli o *città dell'oro*, perchè opulenta custode delle inestimabili ricchezze che i satrapi del gran re strappavano alle serve provincie.... Il suolo dal quale essa sorge, sembra preparato dalla natura agli ozi campestri dei Costantinopolitani, schiatta felice a cui il cielo amico mostrossi prodigo d'ogni suo dono. Vedete come i suoi palazzi, frammezzati da ombrosi boschetti, si estollano, in vaga spalliera, lungo i rivolgimenti d'un lido ornato di pioppi e di platani, sotto le cui fronde ospitali, migliaia di persone passeggiano, riposano, s'urtano. Contemplate con istudio speciale quelle case cinte da incantevoli giardini, nel cui grembo pompeggia l'aureo girasole, il sacro alloro, il candido gelsomino, il ricco gelso, il poetico mirto, eletta famiglia di piante, che la mitezza del clima invita colà ad ispuntare e a fiorire!..... Ma innoltratevi ora nel seno di questo porto spazioso, che sprofondasi su la costa europea, a crearvi un sicuro asilo contro all'ire di tutti i venti. Può egli dirsi che un sì imponente spettacolo ceda, per alcun titolo, ai miracoli di natura e d'arte ond'è circondato? Posto tra il Ponto Eusino, celebre per le fertili terre che ei lambe, ed un altro mare più ricco e soccorrevole ancora, questo porto accenna in muto ma eloquente linguaggio, essere colà l'eterna sede di un possentissimo reame. Ma asteniamoci, prudentemente, dallo scendere ad indagini troppo minute, onde un indiscreto esame non guasti, per avventura, il magico incanto di scena sì vasta e sfarzosa, seguitando, in vece, il queto corso del secondo canale che s'appresenta. Quale consolante attività, quale piacevole movenza manifestasi ovunque su questo fiume! Considerate le alate barchette, foggiate a mo' di piroga, e solcanti con fulminea rapidità le onde del Bosforo, per congiungere, in certo modo, le genti ch'esso aveva divise. Ammirate, ammirate pure queste rive fatate, sul cui lembo estremo ogni cittadino fabbricasi un ostello affine di beervi le fresche aurette spirate dal Norte. Dove mai trovare vedute più animate e pittoriche, campi più verdi ed ombrati, aere più voluttuoso e sereno?... Non sentite voi qui alcun che di misterioso ed arcano, che favvi obliare la terra, e trasportavi con dolce inganno alle estasi ineffabili dell'Eliso? E come non credere, in fatto, che a stanza de' Numi, meglio che ad albergo degli uomini, siano destinati i mille graziosi palagi che specchiansi in quest'onde d'argento?... Inebbriatevi nell'ingenua leggiadria di que' sì svariati disegni, nell'architettonico sorriso di che sono improntati quei marmorei vestiboli, quelle fronti interrotte da cento eleganti sporgimenti, le cui bizzarre rivolte tanto bene s'addicono all'indole di sì peregrina struttura! Osservate quell'altro edificio, incoronato da una cupola colossale, nel genere di quelle che cuoprono le indiche pagode, e che, scintillante di oro e di mille vaghezze, parvi, da lunge, il fulgid'astro del giorno! Ei son dessi due palagi imperiali. Le numerose scolte che attorniano quelle soglie temute, indicano che il principe abbandonò le pompe della cittadina sua reggia per riaccostarsi alla natura, della quale egli sente l'impero, non meno che l'infimo de'sudditi suoi. L'altro palazzo che biancheggia, in campo di fronde e di fiori, a qualche distanza, ed il cui frastagliato prospetto distinguesi per una originalità anche più sentita, quello è che accoglie la Valida o Sultana madre. Più lungi ancora eccovi l'ostello della sorella del principe, lieto di non so quale gentile freschezza. Invano l'industre architetto tentò abbellire con tutte le seduzioni dell'arte questi carceri augusti custoditi da un sospettoso rigore: le gelose inferriate apposte ad ogni spiraglio dell'edificio svelano abbastanza la segreta intenzione di chi l'innalzava... I villaggi succedonsi intanto gli uni agli altri sulla doppia riva, senza, quasi, interruzione di sorta: che se qualche lacuna frapponesi, talvolta, al loro contatto, ella è questa una amena campagna, la cui tranquilla verdura fa il più vago contrasto coll'animato aspetto delle attigue cittadi. Ogni oggetto risveglia qui nella mente illustri reminiscenze: non havvi porto, non seno, non sasso che non abbia dritto alla celebrità, che non sia registrato, con gloria, nelle incancellabili pagine della storia. Ognuno dei mille colli che qui fanno corona avea un Nume suo speciale patrono, il cui tempio innalzavasi, bellamente, in vetta alla maggiore eminenza. Questo golfo che apresi a destra, e che il rosso colore delle case annuncia dimora di Musulmani, era altre volte superbo della faccendosa Nicopoli, le cui nobili vie spandevansi ampiamente intorno in quelle vicinanze. Colà dove l'Asia e l'Europa protendonsi, quasi ad amorevole amplesso, l'una ver l'altra, Senofonte compiea quell' immortale ritratta che serbò alla Grecia diecimila prodi suoi figli. Ed è pure colà, secondo antichissime tradizioni, che Dario avviandosi contro agli Sciti, traversò il Bosforo alla testa del più numeroso esercito che mai fosse. Quanti fatti degnissimi di memoria, e che sparvero nullameno entro la notte del tempo, accaddero alla presenza di queste rupi, giunte incolumi sino a noi!... Perchè mai non consente l'inerte loro natura che esse innalzino la voce a narrarci le gesta dei cento popoli che abitarono le ubertose lor falde, popoli di cui non rimane in terra altro segno che incerte ed allegoriche tradizioni?..... Quest'eco lontana la quale ripete oggidì i clamori dei marinareschi commerci, risuonava, come ora, dagli antri medesimi in que' tempi remoti, di cui è cancellata ogni traccia: a quanti inni di vittoria, a quanti gemiti di disperazione non avrà ella risposto colla fedele sua voce!... Ma già passovvi sotto lo sguardo Dolma-Baccè e Bescik-Tax, fastose, al presente, di molti imperiali palagi, e venerate, un giorno, per una selva di lauro, nel cui centro Apollo avea un tempio famoso. Eccovi ora Ortà-Kioi, soggiorno di soli israeliti, ma pure contento di acchiudere i favoleggiati giardini delle sultane; Kurù-Cesmè, greco villaggio, ricco di liete ed ornate dimore; Arnant-Kioi, fabbricata sull'antico promontorio di Estico e Babek, decorato, come esso, di principeschi castelli, impareggiabile cosa a vedersi, così per la aerea loro giacitura, come per la peregrina foggia della lor costruzione. Sorridono, contemporaneamente, dal lato dell'Asia, vaghi di tutte le pompe della natura e dell'arte, Kuzcungiuk, borgo israelitico, Stavròs, notevole pella sontuosa moschea innalzatavi da Abdul-Hamid, Begier-Bey, Zinghil-Kioi, Kulè-Raccèsi, Vani-Kioi, Kandilli, e cento altre ville minori. Ma eccoci giunti innanzi ai due castelli, che il terribile Maometto II fondava a rovina dell'insidiato impero d'Oriente. Vedeteli, questi annosi bastioni, dominare dall'opposto lido su cui torreggiano assisi, la suddita onda interposta, e ricordare l'epoca funestissima della grande caduta. Senonchè più paventosi in giornata per le memorie che ad essi congiungonsi, che per la bellica rilevanza delle loro opere, essi assunsero forma di carceri, nei quali strozzavansi, non ha guari, i membri dell'inquieta famiglia giannizzera, mentre tanti colpi di cannone quante erano le vittime nunciavano, con cupo e mesto rimbombo, la dolorosa novella ai trepidi loro commilitoni. Le meraviglie del mare congiungonsi, in questo punto, alle tante meraviglie del suolo. Imperocchè il placido lago su cui discorreste finora, mutata in un tratto l'indole sua così amica e seconda, ribolle, d'improvviso, sotto il leggiero navicello che vi trasporta, opponendosi al suo corso con risoluta violenza. Egli è questo un effetto delle straripanti acque del Ponto Eusino, le quali scaricandosi nel Bosforo, con vario e rovinoso pendio, producono quelle celebri correnti, che furono tema di tante indagini e di tante idrauliche discussioni. Affacciasi, intanto, sulla sinistra, Rumeli-Hissar, villaggio al quale fanno serto folti ed arcani boschetti; quindi Baltà-Liman, assiso leggiadramente alla entrata di un golfo detto anticamente il *porto delle donne*, ma che lasciò un nome così gentile per assumere quello di un generale di Maometto II, il quale operò, da quel punto, il famoso trasporto delle navi destinate ad assalire Costantinopoli dal lato del porto, varcata prima, con inusato corso, la catena de' colli interposti. A destra sorride, contemporaneamente, il leggiadrissimo chiosco delle Acque-dolci col suo bel serto di platani, e la magnifica sua fontana, la cui base è bagnata dal mare: Anatoli-Hissar, villa turchesca collocata di fronte a Kandilli, e com'esso disposta in anfiteatro; Kandigià, altro borgo musulmano, protendentesi, ampiamente, lungo la piu florida e pittorica parte dell'asiatico lido, senza però che la mano dell'uomo abbia comecchessia contribuito ad ingentilirlo. Passeremo ora al cospetto di Istenia, Istenia città europea, così nota agli antichissimi navigatori pella tranquilla sicurezza del suo porto, designato da essi col nome di golfo Lastenio. Quasi nel punto medesimo vedremo spuntare, a manca, Ieni-Kioi, il quale, collocato fra Istenia e Terapia, orna le falde di fronzuta collina, i cui molti vigneti fanno fede che quella è stanza di abitatori cristiani. Ingir-Kioi, Beikos, Iali-Kioi, popolosi di turche ed amene famiglie, adornano l'interno seno di un bellissimo golfo colà schiudentesi. Seguitando il delizioso nostro cammino, scopriremo in Asia, quasi di fronte a Terapia, fabbricata presso all'antico porto Farmacio, una spaziosa pianura, ombreggiata da quercie e da pioppi, in grembo alla quale mormora un ruscelletto che direbbesi il Peneo, se pure questa celebre valle della Tessalia fu veramente l'opera prediletta della natura. L'incantevole sito che abbiamo sott'occhio chiamasi lo *Scalo del Gran Signore*, ed i sultani qui scesero, spesso, a cercare ne' silvestri silenzi la pace e 'l riposo vanamente entro la reggia desiderati. Innalzate ora lo sguardo alla vetta di quel monte sublime che asconde, innanzi a voi, l'altera sua fronte in seno alle nuvole, e sembra assidersi arbitro e dominatore di quanto fagli corona. I Greci nomavanlo *il letto di Ercole*, appellazione che i Turchi trasmutarono, con curiosa analogia, in quella di *tomba del Gigante*. Nè v'incresca salire il faticoso suo dorso: chè agli stenti del piede è larga mercede il dolce rezzo che godesi in tutta quanta la via, coperta e assiepata da aromatiche piante; e lo spettacolo veramente unico che da quelle altezze v'attende. Imperocchè ai voli dell'occhio non è colà più confine, ed il fremente mar Nero, e le fertili pianure della Natolia, e 'l serpeggiante Bosforo, e 'l Mar di Marmara, e le azzurre vette delle più remote montagne, vi si parano innanzi in mostra tanto facile e vaga, che impossibile è il dirlo. Ma sceso appena, e mentre l'animo vostro tuttora è compreso da ineffabile appagamento, eccovi colpito da nuovi e non men dilettosi portenti. Ella è questa una valle adorna di tanta bellezza, che è fama non vantar l'Asia luogo più ameno, soggiorno più grato. Internasi dessa molto addentro nel lido europeo, volgendo all'occaso. Un tetto di fronde, impenetrabile al raggio del sole, stendesi, pittoricamente, sull' opposto fianco dei colli che la compongono: tale e morbide praterie, ingemmate di bellissimi fiori, invitano ivi ai soavi ozi dei campi: un'onda d'argento, che mai non scema anche ne' caldi più prolungati, svolgesi tene tene di mezzo a quel suolo felice!... Senonchè quale idioma, quale eloquenza ha voci ed immagini ad esprimere degnamente la stupenda galleria che comprendesi nell' appellazione d'Ellesponto e di Bosforo?... E chi vorrebbe tentaro opera così superiore al valore della parola, chi mai assumerebbe descrivere colla penna il più inebbriante lavoro uscito dalle mani della natura, entro il confine di brevi righe?... Concediamo adunque un troppo necessario riposo alla nostra immaginazione, stanca omai di seguitare gl'informi tratti di questo pallido abbozzo, contentandoci di accennare siccome la bocca dell'Eusino, mare così noto per istorici fasti e per pietosi naufragi, chiude ad oriente quel celebre stretto che comincia ad occidente nelle acque di Tenedos.

Egli è con tale animato discorso che CARLO PERTUSIER compendiava, in rapido cenno, la magica scena del Bizantino canale. Nel bile, se coloro che mai non videro cogli occhi propri spettacolo sì stupendo, crederanno forse ch'ei peccasse d'eccesso, gli altri che si affisarono, come noi, in quel sì privilegiato tesoro della natura, confesseranno, concordi, il vero stare, di lungo tratto, al dissopra della descrizione.

L'eccellenza de' luoghi de' quali parliamo, è, in fatti, come già avvertimmo, riconosciuta e proclamata da tutti gli autori, qualunque sia l'epoca od il paese a cui appartengono.

Non vi è antico o moderno scrittore, dice l'armeno INCICI, che trattando degli stretti, a tutti non preferisca il canale di Costantinopoli, come il più dilettevole ed il più acconcio alla navigazione ed al commercio di qualsiasi altro ubertoso sito, perchè situato in felicissima parte fra l'Europa e l'Asia. Il ben conoscerlo non solo appaga la mente, ma giova inoltre moltissimo alla illustrazione della storia ottomana, dell'antica Grecia, e della spedizione degli Argonauti, la navigazione de' quali è cotanto celebre presso gli antichi.

Le sponde del Bosforo, scrive TOURNEFORT, sono deliziose in qualonque punto piaccia considerarle. Le borgate e le case sparse in mezzo alla verzura dei boschi formano paesaggi d'inesprimibile bellezza, separati da colline folte di graziose selvette. Quei colli medesimi che sovrastano ripidi alle limpide acque del canale, fanno colla loro natura un pittorico contrasto, spoglio d'ogni terribilità, e giovevole, anzi, al miglior effetto del quadro.

POUQUEVILLE, sebbene poco uso a trovare bello tutto ciò che appartiene in qualsivoglia modo alla Turchia, parla enfaticamente del Costantinopolitano canale laddove, nel suo Viaggio in Oriente, gli accade di farne incidentale menzione. Colà, dice egli, io respirai per la prima volta nella mia vita le soavi emanazioni dell'Asia. La nostra nave scorrea leggiermente sulle correnti che versano nell'Egeo, le acque della palude Meotide, del Ponto Eusino e della Propontide. Il mare stesso parea animarsi ed abbellirsi d'insoliti portenti: chè un numeroso corteo di delfini graziosamente scherzanti innanzi alla prora si fea scorta amica al nostro cammino. Rinchiusi tra l'Asia e l'Europa, noi vedevamo succedersi sotto l'attonito sguardo le città, i borghi, i villaggi, mentre che altri via via avanzantisi prendeano il posto di quelli fuggenti, tenendo, così, la nostra curiosità in continuo ed inesprimibile incanto. Tanta meraviglia in un giorno, tanta bellezza raccolta in un sol luogo faceanmi dimenticare le catene che ci aspettavano, ed io credeami veramente trasportato in un mondo migliore.

LAMARTINE, che ornò le sue geografiche descrizioni con tutti i fiori della poesia, confessa di non trovar parole atte a descrivere adeguatamente la vaghezza di un tanto quadro. Io non avrei mai creduto, scrive egli, che il cielo, la terra, il mare e l'uomo potessero creare, di concerto, così deliziosi paesaggi. Il lucido specchio del cielo e del mare può solo vederli e rifletterli in tutta la loro bellezza, e così pure li vede è ricorda la mia imaginazione: ma la mia memoria non potrebbe darne qualche pallida idea se non dipingendoli parte a parte. Occorrerebbero ad un pittore lunghi ed operosi anni ond' ei ritraesse un lato solo delle sponde del Bosforo. Imperocchè le scene mutansi colà ad ogni tratto, e tanto crescono in vaghezza quanto più variano. Che mai varranno a fronte di sì arduo tema le fuggitive mie righe? Che se, dopo aver visitato il lido europeo, voi credete che la natura non abbia valore per superare quel suo sì incantevole capolavoro, fatevi a percorrere la costa asiatica e voi la troverete mille volte più bella ancora.

Egli è colà, prosiegue in altro luogo l'ispirato Francese, egli è colà che Iddio, l'uomo, la natura e l'arte crearono e posero con isforzo concorde il più incantevole spettacolo in che sguardo possa affisarsi sovra la terra: a tal segno ch' io alzai, involontariamente, un grido di sorpresa, ed il golfo di Napoli e tutte le decantate sue meraviglie si cancellarono, in un tratto, dall'attonito animo mio!... Mettere qualche terrena cosa a confronto di questo magnifico e grazioso assieme, egli è ingiuriare la creazione!...

Il dotto e diligente anonimo Tedesco a cui debbesi una descrizione di Costantinopoli, pubblicata nel 1737, non dubita affermare che il solo aspetto del Bosforo, anche disgiunto dal mille titoli che rendono Costantinopoli una delle più interessanti città del globo, basterebbe perchè le genti dovessero imprendere le più lunghe e disagevoli peregrinazioni onde recarsi a vederlo. La giovinezza, scrive esso, non ha illusioni che agguaglino la soavità che qui avoire l'occhio; i sogni stessi del primo amore sono pallide imagini del senso di dolcezza e d'appagamento che inebbria lo spirito alla presenza di cotesti luoghi fatali. Scorrasi pure l'intero globo, non è in esso bellezza alcuna di siti che adombri, anco in parte, l'ineffabile sorriso di questa prediletta regione.

Lo Stretto di Costantinopoli, scriveva con eloquente ingenuità AGLAÉ COMTE, offre all'occhio il più bel punto di vista che siavi nel mondo. Le sponde di esso sono ornate di leggiadrissime case, e numerosi villaggi, sparsi qua e là sul pendio delle colline, che presentano, da lunge, gruppi deliziosissimi. Le verdi fronde onde ammantansi da ogni parte le ricche convalli in mezzo alle quali serpeggiano liberamente le acque del Bosforo, tutta quella lunga contrada ove la natura è grande e fastosa delle pompe sue più squisite, riempiono l'imaginazione di meraviglia: nulla è più maestoso, più pittorico, più magnifico, più soave infine di questi siti, che sembrano, veramente, destinati a far serto alla capitale dell' universo.

Un'altra signora, miledy CRAVEN, inglese, donna di svegliatissimo ingegno e di grande perizia nelle cose geografiche, siccome quella che avea percorsa e studiata gran parte del mondo, così si esprime nel suo *Viaggio a Costantinopoli*, dato in luce nel 1789: Io non credo che esistano paesi più imponenti e più leggiadramente svariati di quelli che adornano le sponde di questo famoso Stretto Costantinopolitano. Rupi, selve, giardini, antichi monumenti grandeggianti sulle creste de' monti, moderni chioschi, svelti *minaretti*, alti platani in mezzo a liete vallee, ampi prati, e fra tante cose una folla di popolo e di battelli aggirantisi in ogni senso: eccovi un'idea di sì vasto e dilettoso quadro. Nè in tanta farraggine di oggetti havvene un solo che somigli a ciò che un Europeo vede nelle proprie contrade: sì che il dolce della novità accresce qui gli inesprimibili pregi della natura e dell'arte.

Se la curiosità del viaggiatore volgesi, avidamente, verso Costantinopoli, di cui indaga, con diligentissimo studio, la fisionomia ed i peregrini costumi, essa, osserva a ragione l'erudito LA CROIX, non è meno impaziente di esaminare il Bosforo, mirabile canale, la cui fama riempie l'universo. Questa bramosia è anzi, talvolta, sì viva e sì smaniosa che ei non ha flemma per attendere tant' oltre, ed interrompe le interessanti sue escursioni nella capitale, onde inebbriarsi, senza ritardo, in quell'incantevole scena che svolgesi dalla Propontide sino al mar Nero.

Non havvi città in tutto il mondo, esclama LEONE GALIBERT, i cui dintorni scuotano così profondamente l'immaginazione, come Costantinopoli. I più bei genii della Francia corsero, quindi, volonterosi ad ispirarsi su quelle terre piene di poetici incanti. I CHATEAUBRIAND, i LAMARTINE, i MICHAUD ci hanno espresso, con speciale caldezza, le profonde impressioni che ivi provarono. E veramente le campagne, il cielo, i costumi e gli animali stessi hanno colà uno speciale aspetto, il quale ritorna al nostro pensiero quelle liete pagine della storia, in cui, nonostanti le modifleazioni indotte nel nostro sentire da uno spazio di molti secoli, rinvengonsi tuttora abbondanti sorgenti di inimitabil poesia.

Il sig. visconte DE MARCELLUS, il quale associando, come molti fecero, le alte cure della diplomazia colle geniali meditazioni della scienza, compose sull'Oriente un libro di ricordi, salito prestamente a fama europea, giudicò tanto importante e dilettevole la descrizione dello Stretto Costantinopolitano, che dedica ad essa la maggior parte delle sue pagine. Lungo, nè conciliévole coll' indole di queste rapide citazioni, sarebbe il riferir qui le calde espressioni con che egli studiasi riprodurre i moti sorti nel suo animo a spettacoli sì stupendi; bastino, adunque, per saggio, le poche linee seguenti, colle quali egli chiude il primo capitolo della sua opera: Allorchè il sole annunciossi coi primi suoi raggi e mi fu dato contemplare il stuolo ch'io appressavami a calcare, un sì gigantesco assieme di meraviglie che forma la scena più compiuta del mondo e su cui stendesi il gran nome di Costantinopoli, mi piombò in estasi profondissima: quando l'anima trovasi nascosta in tanto abisso di stupore, essa medita, ma non può più descrivere.

Ma troppe pagine dovremmo noi riempiere, ove tutti volessimo citare gli autori che dello Stretto Costantinopolitano decantarono le nobilissime prerogative.

Bastino adunque (e basteranno per fermo ad ogni discreto lettore) i pochi da noi fin qui enumerati a stabilire colle loro autorità l'incontrastabile eccellenza dei luoghi dei quali è discorso.

Cav. BARATTA *.

* *Quest'articolo fa parte del proemio delle* BELLEZZE DEL BOSFORO, *opera posta, non ha guari, in corso di stampa, coi tipi di questo Stabilimento, e corredata di* 80 *finissime incisioni in acciaio, nelle quali il valoroso inglese* Bartlett *espresse con sorprendente fedeltà e finitezza, i primari quadri contenuti in quell'ampia galleria di naturali ed artistici portenti. In essa, oltre alle descrizioni propriamente dette, l'autore ha raccolte ed ordinate le più curiose notizie su la storia, le tradizioni, i costumi, i riti, ecc. delle varie popolazioni, e così pure gli aneddoti antichi e moderni che rendono celebre e ricordevole ciascun luogo. Saranno* 80 *dispense, di pag.* 8 *in* 4° *grande, pari a quelle della* Costantinopoli effigiata e descritta, *al prezzo di L.* 1, 20.

URBINO

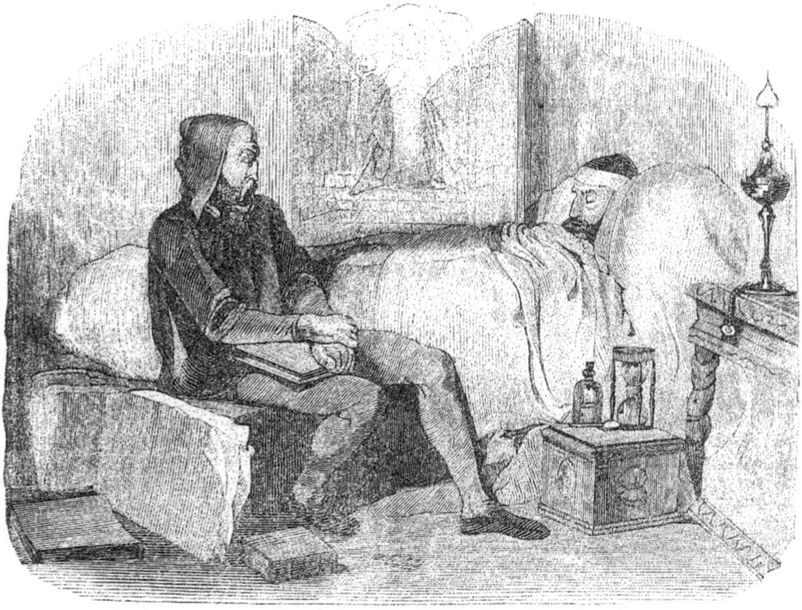

Belli sono i fasti dell'ingegno, ma più belli sono quelli del cuore: perchè più vale la virtù che il sapere. Molto, quindi, ne piacque il divisamento del francese Fleury, il quale volendo pingere il sommo Michelangelo, colse il punto in cui egli seduto al capezzale del morente Urbino, suo fedelissimo servo, ricambiava con amorevole e pietosa assistenza le lunghe cure da questi prestalegli. Sublime è il tratto: poichè Michelangelo non fu mai tanto grande, quanto, allorchè dimenticata l'inarrivabile altezza a cui era giunto, compieva, al letto di un umile servo, ai sacri doveri della riconoscenza: sublime la tela, poichè tale per nobile semplicità ed evidenza di espressione, da degnamente raffigurare la scena descritta. Hassi, qui, adunque, l'arte ricondotta al suo più nobile scopo; quello di ricordare le virtù degli estinti, e farle fonti di bella e lodevole emulazione a chi vive. L'affettuosa servitù prestata dall'Urbino al Michelangelo è, del resto, uno de' primari episodi della di lui vita privata, in cui ricordasi come egli, volendogli lasciare sufficiente fortuna per campare senza padrone, ove avessegli sopravvissuto, diedegli, un bel giorno, 2000 scudi in regalo. E tanto fu il dolore provato dal Bonarroti per la morte d'Urbino, che il Vasari scrissegli appositamente una lettera confortatoria, alla quale Michelangelo rispose con altro foglio, in cui sono notevoli le espressioni seguenti: « Tenevo Urbino quale bastone della mia vecchiaia; ed « ecco ei mi sfugge, nè altra speranza mi rimane « che di rivederlo nel paradiso. E ch'ei vi giunga, « emmi pegno il cristiano modo della sua morte. « A lui non doleva di perdere la vita, sibbene il « lasciarmi tapino in questo mondo ingannatore e « malvagio. Vero è che la maggior parte di me già « se ne andò seco, nè altro mi resta che lutto e « miseria ». — Quale padrone e qual servo!

Cav. Baratta.

CORSE AUTUNNALI NEI CONTORNI DI ROMA

MARINO — (V. N[i] 35, 37 e 42)

Godea già Tarquinio (scrive Livio) gran credito fra'principali Latini, quando li fece avvertire di raccogliersi un tal giorno nel bosco della dea Ferentina, che aveva da trattar cose di comune interesse: accorrono in gran numero di buon mattino, ma il re non venne che a sera: tutto quel dì si era disputato di varie cose nell'assemblea. E Turno Erdonio di Aricia avea fieramente declamato contro l'assente, — non essere maraviglia, dicendo, se gli s'impose a Roma sovrannome di *Superbo*: vi ha egli maggior tratto di superbia che prendersi gioco in tal forma di tutta la gente latina? trarre di lontano da lor case i principali tra essi, ed egli, che indicò la raunanza, non comparire? Certo, si vuol mettere a prova la nostra pazienza, per poi, se ci assoggettiamo al giogo, opprimerci: perciocchè chi non vede che il re affetta dominio su i Latini? Ma se i suoi stessi sono scontenti di lui, qual cosa potremo noi attenderci di meglio? Se mi date bada, torniamo donde venimmo, nè più oltre aspettiamo, raunati, chi noi chiamati non aspettò..... — Mentre tali e simili cose gridava l'uom facinoroso, sopravvenne Tarquinio, il quale, fatto avendo ognuno silenzio, avvertito dai vicini che si scusasse d'esser venuto a quell'ora, disse che era stato eletto ad arbitrar fra un padre e un figlio; e che la brama di accordarli avealo trattenuto. Narrasi che Turno non lasciasse passare nemmen ciò senza risposta, dicendo: — Tra padre e figlio, ogni affare dev'essere spiccio; se il figlio non cede, si castiga — e così rampognando il re, l'Aricino se ne andò via. Il che sofferendo Tarquinio con più sdegno che non diede a conoscere, diessi a macchinare la morte di Turno, anche per incutere ai Latini quel terrore stesso con che teneva infrenati i Romani; e perchè non avea facoltà di comandare che fosse ucciso, appiccatagli una calunnia, il fe' perire innocente. E la cosa andò così: valendosi di alcuni Aricini della parte contraria, corruppe un servo di Erdonio, acciò lasciasse introdurre nelle di lui stanze una gran quantità di armi: lo che fatto essendo di notte tempo, Tarquinio a sè chiamati, prima che albeggiasse, i principali Latini, qual uomo sconcertato da improveduto accidente, lor disse — che il suo tardare di ieri, sopravvenuto quasi per divina Provvidenza, era stata la sua, non che la comune salvezza; ch' egli era avvisato, come Turno macchinasse la morte ai capi de'due popoli, onde usurparne la signoria; che il dì avanti doveva fare il colpo, ma lo differì, mancando il re; e per effetto di rabbia si era scatenato contro l'assente; non doversi dubitare, all'assemblea essere per venire il fellone armato, alla testa di soldati, onde compiere il misfatto: gran quantità d'armi trovarsi a quell'uopo raccolte entro la tenda del traditore: se ciò sia vero o no, poterlosi verificare al momento, dover tutti andarne a Turno. — Partono tutti, disposti a credere; e giunti, e riscosso Turno dal sonno, lo attorniano di guardie, ne arrestano gli schiavi, e tratte fuori da tutti gli angoli della camera le armi nascoste, parve la cosa veramente manifesta: sicchè il supposto reo è incatenato, e vien gridata la raunanza de'Latini: quivi, a vedere le armi depositate, sì fiero odio scoppiò contro Erdonio, che niegategli le difese, con nuovo genere di morte (lanciato giù alla sorgente dell'acqua Ferentina e postogli sovra un graticcio carico di sassi), fu annegato.

Quanto è semplice e vivo questo racconto! Come bene drammatizza la trama di Tarquinio, a danno dell'imprudente focoso oppositore! E vi piace egli, a meglio figurarsi l'eccidio dell'innocente oppresso, vedere la sorgente in cui Erdonio perì? eccovela innanzi: questo che traversammo è il bosco in cui si ragunavano le diete latine; e questa polla da cui esce il rio a bagnare la valletta erbosa, è il *caput aquae Ferentinae* mentovato da Livio. Vedete sito pittoresco! Il gruppo delle case di Marino occupa la cima del colle, più che da muro, munito da scogliera perpendicolare di peperino, che gli dà aspetto di fortezza, e ben fu tenuta fortezza, nell'età di mezzo, di ragione or degli Orsini, or dei Colonna; e quasi diceva *covile* a rimembrare la ferocia de'costumi di quella età, e le scene atroci di che dovettero necessariamente essere stato teatro le terre abitate da quegli implacabili baroni. — Ivi nel 1265 si ritirò Rainaldo Orsino e vi si difese contro Enrico senatore di Roma: ivi riparò nel 1302 Sciarra Colonna, allorchè tenne con Filippo il Bello quelle pratiche che all'altero Bonifacio VIII dovevano fruttare disonore e morte. Cola da Rienzo da quelle mura temute, se la mutabile aura popolare non gli veniva meno, avrebbe snidato quel Giordano Orsino che poneva a ferro e fuoco i dintorni di Roma; fiero assalto moveva alla rocca il gonfalone del Campidoglio, da ostinata difesa costretto a dar addietro; tristo presagio alla fortuna del tribuno, che in secolo di feudale barbarie sognava repubblicane franchigie, e far rifiorire l'antica gloria d'Italia... sogno glorioso, che faceva palpitare il cuor di Dante e quello ancor di Petrarca...... Eugenio IV contrastò ai Colonnesi il possedimento di Marino; assalito, preso e disfatto dall' arcivescovo di Pisa legato del Papa, ricadde poco dopo in podestà de' suoi antichi signori, e vi dura tuttodì: ancora è in piè la vecchia torre del 1200 colle sue segrete e i suoi trabocchetti.....

Qual differenza tra le reliquie del feudalismo elvetico e dell'italiano! Voi non movete passo tra le Alpi e 'l Jura senza che ruderi e reminiscenze non vi parlino eloquentemente all'immaginazione: se vi è cara la malinconia, e interrogate quelle reliquie de' misteriosi delitti di cui furono testimoni, già avvisate che il tempo, con ismantellarne e scompaginarne le fondamenta, le abbia punite abbastanza: che se amate di abbandonarvi a dolci pensieri, voi popolate il recinto crollato di cavalieri e di dame: sventola la bandiera sull'alto della torre, e al rintronare del corno, terror del camoscio, risponde lo squillo che annunzia il ritorno del sire: si affaccia la innamorata donna al verone; polveroso nembo si avanza; i valetti diserrano le imposte ferrate; scendono cigolando i ponti levatoi......... Ma il fischio del pastorello che richiama le capre erranti, dalle vuote sale, dissipa il vostro sogno ridente, vi strappa ai secoli della cavalleria e delle crociate.... Ma qui ove in cambio di ruderi coronati di ellere, stannoci innanzi torri di cui cinque secoli non fiaccarono l'orgoglio, non ispensero la minaccia; qui, perchè non ci corre incontro ringhiando il mastino di guardia, e non ci accerchiano le scolte? Ove sono i buli dal fiero cipiglio? ove il castellano dal ceffo arcigno? Quello è, però il foro da cui sporgeva il falconetto; quello il pertugio da cui usciva fioco a diffondersi pe' notturni silenzi il gemito de' prigionieri...... Al feudalismo dianzi armato di una grande spada fu posto nella destra un pugnale, nella sinistra un veleno; alla rocca, che a guisa di nido d'aquile dominava la stretta, fu sostituito sulla cima di piccol dosso un castelluccio merlato; gli uomini d'arme si tramutarono in sicari, i cavalieri in tiranni, lo squillar dei corni e delle trombe nel fischio dell'assassino, nel gemito dell' assassinato.....

Conte TULLIO DANDOLO.

UNA PAROLA SU DANTE

Pare che a' nostri giorni sia tornato in onore lo studio del grande Alighieri: lo si dichiara dalle cattedre, se ne spongono a' giovani le più fine bellezze, e se ne inspira la moderna poesia, la quale, in que' pochi coltivatori che ha, si mostra veramente italiana; chè italiano di cuore e di fede era Dante. O nome grande, che varcasti e varcherai ognora i confini de' secoli; il tempo, tremendo signore, nulla potrà sul tuo sepolcro: o nome veramente italiano; non avviene mai che io ti nomini senza un profondo sentimento di riverenza: non è mai che a te pensi, che non pianga le tue sventure, non invidii le tue glorie! I tuoi versi spirano tale una grandezza, un fuoco, un entusiasmo, fui per dire, divino, che trascinano dietro ognun che sente. Dante è veramente poeta; egli fu il maestro dell'Italia ne' tempi i più tenebrosi, e non pur le insegnò il bel dire, ma la gravità de' concetti, ma il vivere civile, ma la sua vera grandezza, e tuonò e fulminò indegnato de' mali italiani quel Grande nel suo maraviglioso Poema, il quale trattando in apparenza di cose lontane, tutto era acconcio a' bisogni d'Italia: ond'egli acquistossi il diritto alla riconoscenza di ogni anima italiana. Me lo figuro talvolta, l'addolorato poeta, ne' dì travagliosi del suo esiglio, meditare e piagnere i mali, non suoi, ma di Fiorenza sua, ma della sua Italia, e in queste meditazioni dolorare fieramente, ed ora supplichevole, or minaccioso e fiero, or derisore amaro mostrarsi. Parmi di vederlo quando col volto scarno e sfinito dagli affanni andava cercando la pace alle porte de' chiostri, e pace sospirava, pace: e sì che la travagliata Italia aveva a que' dì bisogno di pace.

Eppure vi fu tempo in cui si volle disconoscere quel Grande, e si volle perfino ravvisare in lui un empio; chè empio è a dire chi fu accusato di sconoscenza alla patria. Oh anima del gran Poeta, non ti risentisti tu allora ricordandoti che sol ti era caro il vivere per vedere Fiorenza felice, sol t'era caro il morire per non vederla ruinata! Ma sia lode a quell'anima grande, magnanima, e veramente italiana del Perticari, il quale tolse a vendicare la fama straziata di quel sommo, parlando con vera dignità Dantesca di quelli infami detrattori, de' quali veramente si può dire — Non parliam di lor, ma guarda e passa. — Ma tanta fu non so se io mi dica la stravaganza o la perfidia degli Italiani, pronti sempre a disconoscere le proprie ricchezze, e a adorare tutto ciò che viene d'oltremare, che non solo si tacciò l'uomo, il filosofo, ma si vituperò anche il poeta: e si volle dire che il massimo degli italiani poeti, e il maestro delle nazioni nel dipinger la natura, non avea gusto. Non mi maraviglierei se qualche critico d'oltremonti, ignaro delle cose nostre, giudicato avesse così; ma che critici italiani dotati pur di raro ingegno pronunziato abbiano tale bestemmia, questo è stupore. Ma un altro Italiano, il leggiadrissimo Gozzi, lo vendicò da un'accusa, non so se sia più sciocca o insensata: e in tempi a noi più vicini, il P. Cesari con quelle sue = Bellezze di Dante = compì l'opera con universale soddisfazione de'buoni: e a chi è studioso di Dante io raccomando sommamente quest'opera di quell'elegantissimo ingegno, il quale, da poche mende in fuori, è a annoverare, secondo il mio debole avviso, fra i più tersi ed eleganti scrittori italiani. Nè parlando così caldamente di Dante, io temo d'incorrere la taccia di fanatico o di superstizioso presso gli uomini assennati, chè degli altri non curo. Chè ben conosco in più luoghi aver Dante peccato e come poeta e come filosofo: ma ciò niente può scemare l'ammirazione che gli si debbe: umana cosa è il suo Poema, d'uomo è fallire: chè anzi cosa utilissima io riputerò se alcuno metterà in luce con sana critica i luoghi dov'egli errò, perchè questo è come alzare un faro alla gioventù studiosa, e dire: Qui anche Dante peccò. Io mi riserbo a riferirne qualche luogo, secondochè ne avrò il tempo, e mi cadranno in acconcio, e se non farò cosa utile, come pure è mio divisamento, ciò sarà certamente per sola mancanza d'ingegno.

Si rispetti però sempre il massimo degl'italiani poeti e non si offenda il nome suo con calunnie che disonorano un Italiano. Si legga il poema sacro = Cui pose mano e cielo e terra = lo si studii, lo si snoccioli, e si vedrà, come disse il Cesari, che non è un autore = da leggere al fuoco, e correndo. =

Prof. E. Rezza.

FRA ADEODATO TURCHI

NATO NELL'ANNO 1724, MORTO NEL 1803

Adeodato Turchi, di povero e umil sangue, fu tra i pochi a cui suole dar natura le ali per voli grandi: e un di que'rari, che pur sentendole agli omeri, fa ogni prova di sè per non dispiegarle. E ancora levato a suo disgrado in alto, serbò fermo pur sempre quel ch'era in sua mano: la modestia del vivere.

Privilegiato di maschio e perspicace intelletto, volse fin da principio gli studi alle dottrine più sane ed elette. Antipose le ecclesiastiche: ma non trasandò le profane. Di queste meditò sovrattutto le istorie, tanta parte degli ammaestramenti degli uomini.

Fu orator piano, bastevolmente copioso, avveduto: libero, fermo banditore del vero. Nè, ancora tra le sacre parole (coraggio non comune), fu estranio a consideramenti di civile politica, o schifo di que' temperati dettami di chiara e fraterna filosofia sì acconci a muovere ad opere generose il cuore de' mortali. Ebbe stile alieno dalle adornezze: forse non compiutamente gastigato: pur vivo, rapido, sempre vestito con l'abito del subietto. Nel qual genere di varietà, ugualmente che nella schietta e nobil maniera di trasportare i suoi concetti nell'animo altrui, fu lodatissimo.

Tutta pura e sgombra da nebbie superstiziose si mostrò la religione di quel venerando. Mite, indulgente con tutti, parea voler serbare le austerità a sè solo. Colonne prime di ogni edificio civile eran per esso (e a diritto) carità e morale. Perocchè reputava l'una il fondamento della concordia de'popoli: l'altra il principio d'ogni sublime virtù.

Di facile e mansueta natura, tutti benignamente accolse: a tutti si accostò. Visse tra i grandi: si mantenne privato. Vezzeggiato da loro, fu riconoscente, non sedotto. Si trovò in mezzo agli splendori ed agli agi, ma non dimenticò mai le severe discipline dell' ordine al quale apparteneva. Ed anche tra gli affannosi romori e negozi della corte la sua mente era solitaria come in sua cella. La pietà e savièzza dei principi, ne' quali si dipolò a governare il primo sviluppàrsi dell'ingegno e del cuore, furono il più onorabil testimone della santità e dirittura de' suoi pensamenti. Fatto arbitro di grandi e segnalati favori, non ne usò punto per sè: non sopra l'onesto per gli altri.

Piacevole, ambito n'era il consorzio: lepido, assennato il discorso: sicuri i mezzi con che intendeva guadagnarsi l'animo d'alcuno. Chi del carattere di lui giudicò dalle voci de'contrari, lo disse astuto: chi ne interrogò i moti da presso, non trovò in lui che accorgimento naturale e consiglio maturo.

Poco potè contra di esso l'invidia: nulla la maldicenza. Sereno, placido, fra mezzo alle burrasche civili, di cui fu profeta, ei ne osservò in silenzio le furie, avuto in reverenza da que'medesimi che ne fuggivan le norme.

Ebbe il Turchi ben accordanti fattezze: statura mezzana: aspetto maestoso insieme e ridente: allegro, vivacissimo occhio: bel suono di voce: contegno riposato anzi che grave: benignità di maniere, che, aggiunta all'incanto delle parole, rendea poca ogni forza che a lui si opponesse.

Cav. M. Leoni.

REGNO DEL BELGIO

(Civico palazzo di Gand)

Il regno del Belgio trovasi tra l'Olanda a tramontana, l'Alemagna a levante, la Francia a ostro, ed il mare del Nord a ponente. Il suolo è quasi tutto della migliore qualità. Egli ha una superficie di 2,814,014 ettari e 78 ari, e conta 3,909,282 abitanti. Il paese è generalmente piano.

Il Belgio è uno de'paesi meglio coltivati del mondo: la coltura delle campagne e degli orti, e l'educazione de' bestiami si diffuse per ogni dove ed aggiunse il più alto grado di perfezione. Le foreste sono rare e di poco momento; ma la mancanza di legna è compensata dall'abbondanza delle miniere di carbon fossile e dalle torbiere. Le provincie meridionali danno inoltre calce, marmo, ferro, piombo, rame ed altri minerali.

L'industria ed il commercio sono in condizione assai prospera. Principali oggetti dell'industria: i merletti, le tele, i cotoni, i tappeti, i panni, le carte, i libri, ferro lavorato, ecc. Ne'secoli XV e XVI, ed anche in una parte del XVII, la fabbrica dei panni fini, delle tele, de' merletti fu un ramo d'industria quasi esclusivamente proprio ai Paesi Bassi: in oggi, non ostante la concorrenza della Francia, dell'Alemagna e dell'Inghilterra, è ancora di gran conto.

Il commercio esporta i frutti dell'agricoltura e delle fabbriche, le biade, il carbon fossile, la birra, i merletti, le tele. Ma quello che in oggi aumentò assai si è il commercio di libri, e ciò è effetto delle contraffazioni delle opere pubblicate in Francia, le quali, ristampate immediatamente nel Belgio, si vendono ad un prezzo d'assai minore. Il Belgio riceve dalle altre nazioni le derrate coloniali, i vini ed i frutti del mezzodì ed alcune materie prime, necessarie alle sue fabbriche. Il suo commercio marittimo, impedito per alcun tempo dopo il 1830, ripigliò il suo vigore dopo l'apertura della Schelda, alla quale l'Olanda metteva molti ostacoli. Nel 1833, le importazioni d'ogni maniera furono stimate del valore di 215 milioni, e le esportazioni in lavori dell'industria belgica, di 117 milioni.

Il traffico interno è favoreggiato da mezzi di trasporto multiplici e agevoli. Le strade sono belle e ben mantenute. Numerosi canali scorrono il paese verso l'Olanda e verso le coste. Accenneremo: il canale Belgico del Nord, dalla Schelda alla Mosa; il canale di Liegi, dalla Mosa alla Mosella; i canali da Brusselles ad Anversa, da Brusselles a Charleroi, da Gand a Terneuse, e da Gand a Ostenda (passando per Bruges). Parecchie strade di ferro sono già aperte, ed altre proposte. Tra le prime vuolsi accennare quella da Brusselles ad Anversa, passando per Malines: e fra le seconde, quella che deve condurre da Brusselles ad Aquisgrana.

Il Belgio offre quasi in ogni luogo l'aspetto dell'opulenza; le città sono grandi e belle; i villaggi sono numerosi e gareggiano colle città per popolazione, estensione e fabbriche regolari.

Gli abitanti sono in parte d'origine germanica, in parte d'origine celtica. La lingua più sparsa è il fiammingo, dialetto della lingua olandese; verso scirocco (nelle provincie di Namur o di Liegi), il popolo conservò l'uso di un antico idioma francese, chiamato il *vallone*: nella parte occidentale del granducato di Lucemburgo domina il tedesco. Il francese, che è l'idioma del paese soltanto in alcune regioni meridionali (particolarmente nell'Hainaut), è tuttavolta la lingua del gentile conversare in tutto il Belgio; è poi anche la lingua adoperata nelle magistrature ed in tutti gli atti pubblici.

La religione cattolica è quella di quasi tutta la popolazione; gli altri culti godono della medesima libertà e dei medesimi diritti.

Il Belgio forma, dal 1831, un regno separato. La sua independenza e neutralità furono a mano a mano riconosciute da tutte le podestà dell'Europa. Lo statuto è quello di una monarchia rappresentativa. Il re esercita il potere esecutivo; ha ministri risponsabili, e partecipa insieme a due camere elettive del potere legislativo: il senato, composto di 42 membri, e la camera de' rappresentanti, di 85.

Il regno è diviso in 9 province, ciascuna delle quali è amministrata da un governatore e dividesi in distretti; i distretti sono suddivisi in cantoni.

(Stemma del Belgio)

PROVINCE BELGICHE	ETTARI		POPOLAZIONE	CAPILUOGHI
Brabante meridionale	323,525	81	565,353 abit.	Brusselles
Fiandra orientale	298,695	49	743,232	Gand
Fiandra occidentale	320,224	06	609,045	Bruges
Hainaut	372,469	68	617,683	Mons
Namur	345,895	29	217,953	Namur
Liegi	288,988	47	377,909	Liegi
Limburgo	230,814	51	260,000	Hasselt
Anversa	283,913	47	358,107	Anversa
Lucemburgo	349,488	00	160,000	Arlon
Totale	2,814,014	78	3,909,282 abit.	

Gand (in fiammingo *Gent*), al confluente della Lys con la Schelda; numerosi canali la dividono in 25 isole unite da 85 ponti. È una delle più belle e più importanti città del Belgio, ed è la più grande, avvegnachè la sua popolazione non oltrepassi gli 85,000 abitanti. Nel XIV e nel XV secolo, Gand era assai più popolosa; il commercio e l'industria erano più floridi; ma in appresso le guerre domestiche e la rivalità d'Anversa, sua vicina, le furono di grave pregiudizio; ciò non ostante, la fabbricazione delle lane, dei cotoni e delle tele vi è ancora di non piccolo conto. Fra gli edifizi pubblici accenneremo: la cattedrale, il palazzo della città e l'antico palazzo di residenza de'governatori spagnuoli, chiamato *Corte dei principi*, dove Carlo V, il possente imperatore d'Alemagna, nacque nel 1500. La cittadella di Gand è una delle più grandi dell'Europa: fu fabbricata da Carlo V per padroneggiare la città, alla quale una sollevazione aveva fatto perdere tutte le franchigie ed i privilegi. Vi è un'università fondata dal re d'Olanda.

CHAUCHARD E MÜNTZ.
(*Geografia Iconografica*).

MONUMENTO A CARLO BOTTA

IN SAN GIORGIO CANAVESE, SUA PATRIA

Il Piemonte, generosa contrada in cui ogni nobile o gentile pensiero trova lieta accoglienza, e mette pronte radici, al primo suono della morte di quel Carlo Botta, che è tanta parte delle letterarie sue glorie, divisò innalzargli un monumento, il quale mentre attestasse la carità della patria verso l'illustre trapassato, fosse stimolo ai presenti ed ai posteri che gli sping esse ad emularne animosamente le prove. Ed il luogo trascelto fu la casa stessa paterna, in cui il Botta aveva spirato le prime aure di vita: casa a cui non è omai splendore che manchi, se l'Italia venera in essa le benemerite soglie che accolsero e tutelarono l'infanzia di un sì caro suo figlio. Nel che, oltre di satisfare ad un precetto di stretta giustizia, venivasi anche a conseguire un altro desiderabile scopo: quello di recidere le quistioni che intorno alla patria de'grandi l'inquieta e litigiosa pedanteria suole, col volger dei secoli, mettere in campo. Le quali quistioni erano certamente da temersi anche rispetto a Carlo Botta, ove un memore marmo, vincitore di qualsiasi nebbia di tempi, non desse eterno testimonio del sito in cui l'illustre ricevette i natali.

Raccoltasi, in breve tratto, l'egregia somma necessaria all'esecuzione dell'opera, ed affidato il lavoro all'acclamato scarpello del piemontese barone Marochetti, esso è omai prossimo alla sua inaugurazione, e corrisponderà senza dubbio così all'onorata sua destinazione, come alla fama del valoroso che assumeva di compierlo. Eccone intanto la descrizione, quale fu, non ha guari, da fedele ed autorevole penna, vergata.

« Sopra un ampio gradino s'innalza il piedistallo, nel di cui specchio è raffigurata in bassorilievo la Storia; succede quindi uno zoccolo fra due cornici. Stanno poscia adagiati sur un toro intagliato a fogliami quattro gufi, i quali a guisa di cariatidi sostengono una cimasa, sulla quale posa altro piccolo zoccolo fregiato di arabeschi, che regge il busto di Botta, coronato d'alloro. Su tre lati del piedistallo sono scolpite le infrasegnate iscrizioni.

« Ci è stato riferito che l'idea del monumento, che è quadrilatero, sia in complesso dello scultore, mandata poi ad esecuzione colle norme architettoniche da un architetto residente in questa capitale. Le sculture e gli ornati sono stati fusi in bronzo a Parigi, il rimanente è del granito che scavasi nel comune di Quittengo, provincia di Biella, lavorato dal bravo marmoraio e tagliapietre Antonio Goggi. Le iscrizioni sono di un preclaro nostro connazionale ».

A
CARLO · BOTTA
NON · PER · ETERNARE · UN · NOME
GIA' · PER · VIRTU' · PROPRIA
IMMORTALE
MA · PERCHÈ · LA · GLORIA · DI · LUI
I · SUOI · CONCITTADINI
A · MAGNANIMI · STVDI
CONFORTI

DELLE · ITALICHE · VICENDE
E · DELLE · GLORIE · AMERICANE
MIRABILE · DESCRITTORE
POSSA
QUESTO · PEGNO · DI · RIVERENZA
CHE · ITALIANI · E · STRANIERI
TUOI · AMMIRATORI · T'INNALZANO
DURARE
QUANTO · I · TUOI · SCRITTI

NATO
IN · QUESTA · CASA
IL · DI · SESTO · DI · NOVEMBRE · MDCCLXVI
MORì
IN · PARIGI
IL · DIECI · DI · AGOSTO
MDCCCXXXVII

CAV. BARATTA.

POLIFEMO

Fra i lavori che son di moda, evvi quello d'illustrare gl' intagli, ed ecco ciò che mi capita quest'oggi, quantunque io non segua le mode. Ecco Polifemo, conviene ch' io parli di questo personaggio favoloso, e voglio parlarne senza mettere di mal umore i signori romantici che dimostrano un insolente disprezzo dei più pregevoli esemplari de'secoli andati, e li chiamano col nome di *vecchie parrucche della letteratura*. Per evitare ogni strabigliamento per parte di questi geni moderni che sono i liberali in letteratura, io li consiglio di non leggere quest'articolo, e così viveremo in buona pace. Ma la maggior difficoltà sta nel ripetere in poche parole le gloriose gesta del nostro eroe che fu il più grande, il più forte, il più celebre de' ciclopi. Egli schiaccia sotto una rupe il giovanetto Aci, perchè un giorno lo sorprende con Galatea. Gran che! Galatea preferisce un avvenente pastore al deforme ciclope; queste sono cose che succedettero in tutti i tempi e che succederanno sovente in avvenire. Se poi si considera che la rapidità delle acque di un fiume (non si sa quale) gli fe'dare il nome di *aci* che significa *punta*, e che il suo corso agguaglia la velocità d'una freccia, non è cosa sorprendente che i poeti abbiano detto che Nettuno, pregato da Galatea, abbia trasformato Aci in fiume. Polifemo rinchiude Ulisse insieme co'suoi compagni nella sua caverna per divorarli, ed Ulisse lo acciecа e si salva. Qui si tratta di un re di Sicilia cui Ulisse rapì una figliuola, che vennegli tolta dagli abitanti dell' isola i quali la restituirono al padre, e si può sempre dire che cotale favola ha il suo fondamento nella storia. In tutta la favola di Ulisse egli si fa perseguitare da Nettuno che stava dalla parte dei Trojani insieme con Venere, Marte ed Apollo, e vi si scorge l' immagine dell' Ateo che si rivolta contro il Cielo. I poeti i quali attribuirono a Polifemo ed a'suoi fratelli l'onore di essere stati gli architetti delle mura di Costantinopoli, la sbagliarono, poichè siffatta costruzione è posteriore ai tempi della favola, ed è perfettamente conosciuta: la primitiva città di Bisanzio fu edificata da una colonia di Lacedemoni nell'anno 660, prima di G. C.; ed il muro di Costantinopoli fu fabbricato da Costantino, posteriore di tre secoli. Siamo sinceri; i poeti non furono mai i migliori maestri nè di geografia, nè di cronologia, nè di storia. Quanto ai ciclopi, si può osservare che gli stessi mitologi ne distinguevano tre specie: 1° Quelli di Esiodo che sono esseri allegorici, ed allusivi alle prime società famigliari; 2° Quelli che Omero pone nella Sicilia, fra i quali evvi il nostro Polifemo: 3° Quelli onorati a Corinto come inventori dell' architettura. Alcuni credono che ciclope significhi chi guarda tutto all' intorno in giro, e che un tal nome fu dato agli abitanti della Sicilia; gran corsari, perchè erano sempre sul lido spiando se potessero assalire impetuosamente e spogliare qualche viaggiatore. Si collocarono le loro fucine nella Sicilia, in Lenno ed in Lipari, tre isole con vulcani. Essi erano figli del cielo e della terra, a cagione dell'altezza e delle profonde radici dei monti vulcanici, o secondo altri erano figli di Nettuno e d'Anfitrite, perchè ordinariamente il mare bagna i piè di queste montagne. Erano giganti di statura enorme, perchè queste montagne sono altissime; avevano un solo occhio scintillante in mezzo alla fronte, allegoria del cratere. Finalmente quest'occhio supposto, verisimilmente, altro non era se non che un'apertura fatta in mezzo ad uno scudo o spezie di maschera di cui i fabbri si coprono il viso lavorando, per ripararsi dal fuoco e dalle scintille. Se i poeti vollero darci la descrizione grottesca di un fabbro, vuolsi convenire che niuno spettacolo fu più di una fucina atto a riscaldare la fantasia de'poeti.

C.te L. Capello di Sanfranco.

PENSIERI SULL'EDUCAZIONE

« Una madre che insegna pregare al suo figlioletto, è l'immagine più sublime insieme ed affettuosa che possa figurarsi. Allora la donna elevata sopra le cose terrene somiglia agli angeli, che compagni della vita suggeriscono il bene e ritraggono dal peccato. Al bambino poi, coll'idea della madre, si stampa in cuore la preghiera ch'essa gl'insegnò, l'invocazione al Padre ch'è nei cieli. Giovinetto, allorchè le lusinghe del mondo vogliono strascinarlo all'ingiustizia, esso trova il coraggio di resistere, invocando quel Padre ch'è ne' cieli. Va fra gli uomini, scontra la frode sotto il velo della lealtà, illusa la virtù, beffeggiata la generosità, caldi nemici e tiepidi amici; freme, e maledirebbe l'umana razza, ma si ricorda di quel Padre che è ne'cieli. Se mai il mondo lo vince, se l'egoismo o la viltà germogliano nell'animo suo, vive però in fondo al suo cuore una voce, voce amorevolmente austera come quella della madre allorchè gl' insegnava la preghiera a quel Padre ch'è ne'cieli. Così traversa la vita, poi sul letto dell'agonia, deserto dagli uomini, non accompagnato che dalle opere sue, volge ancora il pensiero ai giovanili suoi giorni, a sua madre, e muore con una fiducia serena in quel Padre ch'è ne' cieli ».

Con queste sante parole Cesare Cantù, l'illustre autore della Margherita Pusterla, e della Storica Enciclopedia, proclamava l'importanza di quella parte dell'educazione, la quale concerne la religione, base e puntello unico di tutto quanto il morale edificio dell'uomo. Ecco ora, intorno al gravissimo argomento dell'educazione, alcuni altri pensieri di un dolce e virtuoso nostro amico, il prof. Rezza, dalla cui gentilezza il *Museo* già riconosce altri pregevolissimi doni:

« Che alla felicità di uno stato, alla prosperità delle famiglie, al ben essere delle nazioni, al vero progresso dell'umanità, sia strettamente congiunta una saggia e religiosa educazione, niuno è certo che dubiti. Non è questa verità dimostrata, gli è un assioma. E parmi che a voler dirittamente esaminare il perfezionamento di una nazione, l'incivilimento di un popolo, sia norma sicura il considerare in quanto pregio sia appo di essi tenuta l'educazion della prole; e ove di questa educazione poco o ninn conto si faccia, ove si ponga in non cale, se le tenero menti de' fanciulli al bene s'indirizzino, colle azioni generose, più che al male e alle opere turpi, si dica pure che quella nazione, che quel popolo ben lungi è ancora non che dal suo perfezionamento, ma ben anco dall'aurora della civiltà. Quasi in tutti i libri, oggigiorno, non si fa che parlare di progresso e di umanità, e ognuno che imbratti pochi fogli di carta, vuol per sè il nome ambito di scrittore umanitario. Si parla con frasi magnifiche e *sesquipedali* di diradare le tenebre della notte col gasse, di costrurre strade ferrate, di dirigere globi areostatici, dell'arte di rader la barba e di acconciare i capegli. Tenebre, strade, palloni, barbe, capegli, tutto è in progresso. Ma in mezzo a tanta luce di progresso, in mezzo a tanta copia di scrittori umanitari si parla egli mai dell'argomento più importante per la civil società, dell' educazione? Assai di rado e di volo. Fra noi un bell'ingegno toscano, Raffaello Lambruschini, richiamò questa materia dall'obblio, e tentò rischiararla, e certo vi studiò intorno, e molto fece, e molto si adoperò; e gliene debbono saper grado gli Italiani. Se i metodi da lui proposti sieno tali da riscuoter l'approvazione de'sapienti, o se pur sieno manchevoli ed imperfetti, noi non vogliamo nè possiamo giudicare: solo ripetiamo doversi tenere in gran pregio da ogni anima italiana l'opera sua, colla quale cercò di giovare alla causa più sacra dell'umanità. Ma dove va a parare questa cicalata, dirà forse taluno: vuoi tu parlare dell' educazione? Hai tu a vendere qualche nuovo segreto? No, io non voglio parlare di educazione: io non ho segreti a vendere, nè ambisco il nome di umanitario. Solo vorrei che le mie parole fosser seme, che fruttassero qualche bene a' mici simili. Vorrei ricordare agli ingegni italiani a non perdersi in vane querele d'amore co' pastori d'Arcadia, o in leziose dispute accademiche: a pensare, che siccome una è la lingua che si parla nella bella Penisola, così un solo debbo essere il vincolo che ci ha a stringere, l'amor cioè della patria; a esaminare quel che da loro richiegga questa patria, quali sieno i suoi bisogni e come il primo è quello di far fiorire in lei una saggia e religiosa educazione: questa dover essere l'orgoglio della gente italiana. Vorrei che pel progresso materiale de' corpi, il morale non si dimenticasse dei cuori, ma l'uno fosse frutto dell'altro; poichè non può essere altrimenti: si ricordassero i padri e le madri italiane che hanno de' figli da crescere non solo a sè, ma alla religione e allo stato; che il porre in dimenticanza l'educazione loro è rendersi colpevoli del disdoro dell'una, e della ruina dell'altro. Tanto io volea dire: gran ventura per me se sarò inteso ».

DEL PARLARE LA PROPRIA LINGUA

Un uomo, per altri suoi fatti, già molto benemerito della patria ed insiememente della umanità e religione, apriva, l'anno passato, in questa capitale, una soscrizione di 300 almeno, i quali s'obbligassero a non parlare altrimenti che in italiano. L'impresa, siccome ognun vede, non tendeva che a rendere comune la gentile ed armoniosa nostra favella, con sostituirla a'dialetti ed all'uso, eziandio, delle lingue straniere; ed era, per ciò, impresa tutta di patrio amore, impresa d'incivilimento e d'animo veramente benefico e generoso, quale è appunto quello del cavaliere Pansoya: e non pertanto non mancarono anche questa volta, come sempre, di farsi innanzi per attraversarne l'esito i beffardi maligni a'quali faceva e fa tuttavia eco, la turba infinita di que' neghittosi ed irresoluti che in tutte le cose non sanno vedere che inutilità ed insuperabili impedimenti.

A' beffardi non si vuole rispondere che col diguitoso contegno di chi sa di operare il bene ed in quello procede con ferma e risoluta costanza: donde a' secondi rivolgerem noi le nostre parole, e sebbene non ci lusinghiamo di poterli tutti smuovere e persuadere, sarà nondimanco compita la nostra vittoria se giungeremo a far cadere nel nostro proposito, se non la maggiore, la miglior parte almeno di essi, di quelli, vogliam dire, i quali comunque possano restare per un momento affascinati dalle improntitudini de' motteggiatori, non cessan per questo di essere anzi tanto più accessibili a' buoni e fondati argomenti della ragione e della verità, e possono quindi esercitare anch' essi una salutare influenza sopra gli animi di tutti gli altri.

Quando noi parliamo d'incivilimento, siamo ben lontani dal limitarlo a quegli agi che ci derivano dal progresso delle scienze e delle arti, e dall'ampliazione dei commerzi; od a quel freddo, insignificante ed anche mentito raffinamento di modi e di espressioni che è ormai uno de' principali studi delle persone di società. Per incivilimento intendiam, piucchè altro, il perfezionamento intellettuale e morale dell'uomo, per cui solo viene egli a conoscere ed a praticare quel ch'egli si debba a Dio, a se stesso, ai parenti, alla patria, agli amici ed a tutti indistintamente i suoi simili. Ma comunque si voglia considerare cotesto incivilimento, vero è che non si ottiene che per mezzo della parola, di quella nobile e pregevole facoltà, per cui l'uomo manifesta all' uomo i suoi pensamenti, i suoi affetti, e si distingue altresì sopra tutti gli altri esseri della natura.

La suonante articolata parola è adunque come la viva imagine delle nostre idee, de'nostri sentimenti: quando noi non possiamo per la lontananza di luogo o di tempo far intendere altrui la nostra voce o vogliam fare sopra gli altri una più lunga e più durevole impressione che non è quella della parola, il cui suono si perde nell'aria, noi ci serviamo allora della scrittura, la quale non è che una configurazione de' tòni della voce e conseguentemente delle parole che si forman con quelli.

L'incivilimento d'un popolo si fonda unicamente sul concorso delle idee dei molti membri che lo compongono, i quali per potersi meglio intendere fra di loro non adottan che un solo comun modo di parlare e di scrivere: chiunque parli o scriva un diverso linguaggio diventa straniero a quel popolo e non può quindi partecipare alle cognizioni che il medesimo popolo possiede, nè fargli parte di quelle ch'egli possa in qualunque siasi modo avere acquistato. Introduci fra questo popolo una moltiplice diversità di linguaggi e ne sorgerà l'ignoranza, la barbarie e quella più vera confusione d'idee e di principii per cui li temerari edificatori della torre di Babele dovettero separarsi ed andare dispersi per tutte le regioni della terra.

Guai, impertanto, al popolo che perde la propria lingua; egli è come ridotto al nulla: e comechè troppi sieno gli esempi che si possono addurre di questa terribile verità, dovrebbe, a noi Italiani, bastare piucchè altri quello della nostra patria, quando perdeva l'uso e la cognizione di quel medesimo latino sermone ch'essa avea come imposto con l'armi a quella gran parte del mondo, la quale avea piegato il collo sotto il formidabile suo impero; e questo esempio che ci dimostra la importanza d'una lingua propria e comune, dovrebbe ancora insegnarci di quanto peso siano le difficoltà che gli oppositori mettono in campo ad impedire di render comune quella con che abbiamo impresso a vergare questa nostra diceria.

La importanza d'un solo comune parlare, non che

fra' membri d'un popolo, fra tutte le nazioni del mondo, è sempre stata sentita dagli uomini speculativi di più alto e più fecondo ingegno; e sono a questo proposito noti gli sforzi del gran Leibnizio, uomo di così vasta e profonda erudizione che mal sapresti trovare chi altro possa stargli appetto. Un comune modo di esprimersi adottarono per ciò i cultori della musica, ed alla comunanza de'segni, delle formole e de' termini propri della scienza debbono, forse, piucchè ad altro, le matematiche, i progressi che fecero in questi nostri ultimi tempi. Lo stesso dicasi della botanica e di altre simili parti delle scienze naturali o positive.

Ma per venire una volta alla difficoltà di far prevalere la lingua nazionale, la lingua cioè di Dante, Petrarca e Boccaccio, e della quale si valsero successivamente tanti uomini sommi in ogni maniera di letteratura di questa nostra Penisola, oltre all'esempio già citato de'Romani che il latino divolgarono fra tanti popoli affatto diversi di lingua, d'indole, di costumi, di religione e di leggi, non abbiamo noi tuttavia sott' occhio quello della Francia, la cui lingua non che essere intesa e parlata, non so se io debba dirmi, anzichè con orgoglio, con nazionale compiacenza o civiltà, dalle persone più idiote di qualsivoglia dipartimento di quel regno, non v'è più forse angolo della terra dove ella sia ignorata? E non è propriamente la lingua francese che in questa nostra estrema parte d' Italia contende con la lingua patria, la corrompe e la disforma tanto nelle voci che nei modi, e se ne usurpa con l'impero perfino gli onori? E se i Romani come i Francesi e come i Greci sotto Alessandro e suoi successori, poterono far prevalere le rispettive loro lingue fra tanti popoli diversissimi di parlare, con che ragione si vorrà dubitare che un eguale successo almeno non sia per sortire l'italiano in Italia, i cui dialetti, benchè differenti nelle terminazioni e nella pronuncia, ed anche se si vuole in certi loro costrutti, partecipano tuttavia più o meno della materna comune lingua, piucchè d'ogni altra lingua straniera, e piucchè i due distinti dialetti della Catalogna e Biscaglia, per aggiungere esempli ad esempli, non partecipano, in Ispagna, della lingua castigliana che è la lingua nazionale, ed alla quale, secondochè ci consta, è data sempre nelle civili brigate la preferenza?

Cessino adunque tutte coteste vane esitazioni proprie soltanto degli animi frivoli e da poco ed affatto indegne della presente età cui tutti decantano come sommamente vaga sopra le antipassate di sociali progressivi miglioramenti: e sieno primi a dare l'esempio nella proposta impresa, oltre a' cultori delle scienze e delle lettere, le persone destinate alla trattazione de' pubblici affari, e gl'institutori della gioventù sì dell'uno che dell'altro sesso.

Le donne possono anch'esse contribuire non poco a questo singolar benefizio della patria, e ad esse rivolgiamo da ultimo le calde nostre preghiere, sicuri come siamo che non saranno male accolte da loro, le quali destinate furono dalla natura a gittare ne' teneri cuori i primi semi d' ogni gentil costume e d'ogni virtù, ed a fecondargli poscia negli animi adulti degli uomini.

ANTONIO CREMIEUX.

ATTO D'ANIMATA DEVOZIONE DI UNA DONNA MESSICANA ALLA PATRIA

Il giudicio pronunciato dai dotti Italiani sul merito della nuova Opera di CARLO BOTTA *di cui questo giornale è superbo di aver dato il primo annuncio, coronò, pienamente, l'alta aspettazione che la fama dell' illustre Autore ne facea concepire. Questa estrema produzione del Botta, può, in fatto, considerarsi come il tipo di una terza maniera di stile, notevolmente diversa dalle due precedentemente da esso tentate, e frutto di quella maturità di consiglio, che la lunga pratica della lingua e le approfondite condizioni dell' epoca, nel di lui animo avevano indotta. Quindi è che noi volontieri adorniamo il nostro foglio col seguente episodio estratto dal lavoro medesimo, abbondevolissimo di curiose notizie e peregrini aneddoti d' ogni guisa.*

Quando l'uomo traversa quel golfo (il Cortez), ed approda quindi al lido messicano, corre naturalmente il suo pensiero verso l'epoca dell'avvenimento il più stupendo, il più inudito che rammentar possano gli annali della storia. La narrazione dell'impresa di Ferdinando Cortez non ha bisogno che le si annestino favole, perchè somma maraviglia desti. Era, per così dire, lo scioglimento del dramma gigantesco, che fu principiato per primo atto dalla spedizione dell'intrepido Cristoforo Colombo. Sospetta questi esservi un altro mondo. Non solamente l'alta mente sua seppe spirar fidanza a'suoi coraggiosi compagni, ma ancora, cosa forse più difficile, gli rendo per tutto il corso intrepidi e saldi, com'egli, fra mezzo al proposito il più temerario che sia venuto in capo d'uomo, quello cioè di darsi in potestà di un mare, la cui vastità rappresentava allora l'infinito e l'eternità.

L'altro, risplendente come un astro, a guida di una picciola mano d'uomini valorosi e rischievoli, che ne rammemorano Achille, Ettore, Diomede, e tanti altri eroi greci e troiani, magnificati da Omero, s'impadronisce d'un reame, cui bagnano due oceani, e se non prende per sè la corona di Montezuma, si è perchè il monarca umiliato anche nel suo abbassamento gli può essere d'utilità, e servirgli come ostaggio per preservarlo contro il furore dei popoli. Qui termina affatto quanto ha di grande e di sublime l'impresa. Più innanzi, quando lo Spagnuolo avrà la sua potenza confermata, quando esausto avrà i tesori del Messico, l'infelice vecchio, bersaglio di scherni e d'infortunii, espierà sur un orribil rogo il delitto della sua confidenza ed ospitalità; sopporterà con pazienza e rassegnazione il suo destino, e come il Salvator del mondo a'suoi carnefici perdonerà.

Consumato il sagrifizio di Montezuma, incomincia la serie dei delitti e dell'oppressione, per la quale si spense in quell'impero un popolo che felice se ne vivea sotto le paterne leggi, e cui la venuta degli Spagnuoli così violentemente percosse, quanto l'avrebbe fatto l'urto d'una cometa, che nel suo corso il nostro globo incontrato avesse. Ma solo per tre secoli tacque la vendetta; un vulcano covava sotto i piedi dei conquistatori; proruppe ai giorni nostri; i discendenti di Cortez, d'Isabella e di Ferdinando pagarono il fio pei loro antenati. Per mortali ferite, o per vergognosa fuga le spagnuole legioni, quei terribili luoghi famosi renderono; e chi le cacciò? chi le distermino? Non già i figli di Montezuma; imperciocchè l'ultimo di essi l'avevano costretto a morte negli abissi delle mine, ma i propri figli di Spagna; pena mille volte più amara, perchè niun dolore uguale esser può pel cuore d'una madre, che l'odio e l'ingratitudine de'suoi figliuoli.

Tuttavia quest'ultimo avvenimento non fu, come i Vespri Siciliani, opera di qualche ora; molte battaglie, molti sacrifizi, molto amor di patria per gettar via il giogo e liberarsi abbisognarono. Anche le guerre dell'independenza del Messico sono meritevoli d'istoria: ma sin ora nissuno, ch'io sappia, vi si accinse. Nel viaggio nostro da San Josè a Mazatlan essa fu l'argomento della conversazione tra me ed il comandante Padrez. Ei ci raccontò buon numero di fatti ragguardevolissimi di coraggio o d'amor patrio. E poichè chi mi legge consenti a venir meco sino al Messico, non sarà troppo alieno dal mio proposito il raccontarne uno degno di essere rappresentato sulle scene.

La città di...(1) assediata ormai da sette mesi da un esercito spagnuolo formidabile, ad ogni peggior estremo si trovava ridotta. Ogni cosa atta a cibaru gli uomini da lungo tempo consumata. La fame, la terribil fame già agli assediati soprastava, anzi già tutti gli orribili tormenti ne provavano. Ma il presidio la morte alla vergogna di por giù le armi anteponeva. Prese risoluzione di decimar se stesso: volevano e diminuire il numero delle bocche, e coi miserandi cadaveri dei decimati a sorte pascere i superstiti. Già erano i soldati per la funesta bisogna congregati, ed i nomi così dei capi, come dei soldati già nella fatale urna mescolati, quando ecco una donna con molte altre donne intorno, le file fendere, ed in nobile attitudine innanzi ai generali appresentarsi: « Che fate? disse: scemando le forze vostre crescerete quelle del nemico. Serbate, serbate a più santo uso quel sangue, cui per versare state; e poichè è forza che la scure su qualche collo piombi, eccovi il mio, eccovi quello delle mie « compagne: degne siamo di tanto sacrifizio, degne « vittime siamo. Gioia sarà per noi, con gioia morremo, e possa il sangue nostro con mortale augu- « rio spicciare in capo ai nostri oppressori ».

Ognun piange, ognun tace; ed ecco tutto il presidio gridare: *Fuora, fuora, rompansi gli ordini degli assediatori*. Giovansi dell'impeto nuovo i capi, apronsi le porte, sulle trincee precipitansi. Sangue, poi sangue si sparge, dell'eroico presidio la metà morte consuma; ma gli Spagnuoli vinti lasciano ai sopravviventi libero il passo. CARLO BOTTA.

(*Dal Viaggio intorno al Globo*)

(1) Parmi, se ben mi ricordo, che sia quella di Puebla.

EPIGRAFE

CARLO CONTI
CHE SARA' CON AMORE INESTINGVIBILE
DESIDERATO DALLA MOGLIE SETTIMIA MATTEVCCI
GIA' GRAVIDA PER LA SETTIMA VOLTA
DAI FIGLI, DAL FRATELLO ANDREA E DAGLI AMICI
LASCIO' LA VITA PIENA DI BONTA' E DI PRVDENZA
NEL SVO QVARANTESIMO ANNO, QVARTO DA CHE ERA
GONFALONIERE CON LODE VNIVERSALE DEL PAESE
XXIX GENNAIO MDCCCXXXXI

(In Castrocaro)

Ab. GIUSEPPE MANUZZI.

PENELOPE

Eccovi, cari leggitori, una bellissima figura la quale rappresenta Penelope, moglie d'Ulisse. Io non so dirvi se il ritratto rassomigli all'originale, perchè a confessarvi il vero non la conobbi personalmente. Voi bramate forse di sapere se una tal donna abbia veramente esistito, ed io vi dico che non potrei accertarlo, perchè vi sono persone che mettono in dubbio se la guerra di Troja sia un fatto storico od una favola di Omero; e se l'archeologo danese Forchhammer, nostro contemporaneo, riuscisse a dimostrare che Troja non ha mai esistito, converrebbe dire che l'avere raccolto le date meno incerte su quella celebre guerra, fu un vero perditempo. Teniamo dunque il linguaggio dei mitologi, e non andiamo indagando il motivo per cui questa principessa, come essi dicono, non seguitò l'adorato consorte all'assedio di Troja: essa avrebbe incontrato Minerva e Giunone nel campo dei Greci, ove per la sua gran bellezza non avrebbe fatto cattiva figura a lato di quelle due divinità.

Una donna che mantiene fedeltà illibata verso un marito che le sta lontano per quattro lustri, offre un esempio degno di essere tramandato alla posterità.

La tela di Penelope (in questo senso noi Piemontesi diciamo *'l Dom d'Milan*), sia che si riguardi qual fatto vero, sia che si consideri come una finzione, ella è una cosa ben naturale, e non richiede alcuna spiegazione. Taluni però, ravvisando quest'artifizio troppo volgare, per credere che gli amanti di questa principessa abbiano potuto cader nella rete per tre o quattro anni, pretendono che Omero abbia voluto parlarci, sotto il nome di questa tela, dei vari pretesti che Penelope trovò per eludere le loro ricerche. Chi conosce l'astuzia del bel sesso non è punto sorpreso dei mezzi inesauribili che le donne possedettero in ogni tempo per eludere le insidie degli uomini, e sotto questo punto di vista il nostro secolo non è nè retrogrado, nè stazionario.

Penelope è per lo più tenuta per l'esemplare perfetto della fedeltà coniugale, o per meglio dire, i poeti vollero farvi allusione con la parte favolosa della biografia di Penelope; ciò non ostante la sua virtù fu esposta alla maldicenza. Gli uni dicono che fu accusata dal marito di avere essa stessa messo il disordine nella casa, d'onde fu scacciata; che essa ritirossi a Sparta, sua patria, e che poscia passò a Mantinea, dove terminò i suoi giorni. Si disse da altri (forse sarà una calunnia) che Penelope, nella lontananza del marito, ebbe amoreggiamenti con alcuno che la rese madre di un figliuolo, e che per dividerne l'onore fra tutti gli amanti della regina, fu chiamato Pane, che significa a un di presso *Universale*. Si aggiunse persino che Pano è figliuolo di Penelope e di Mercurio il quale si era trasformato in caprone per piacere alla principessa, e si giunse a pubblicare che questo sia avvenuto prima che Penelope fosse maritata ad Ulisse. Io non suppongo che si possa accumulare tanta nequizia, e dico per salvare la riputazione della signora Penelope, che abbiasi a distinguere la regina d'Itaca dalla ninfa Penelope, madre di Pane.

C.te L. Cavello di Sanfranco.

UNA CASCINA

(Da racconto inedito intitolato ANDREA l'ARROTINO)

Ben sapete quanto sia abbruciata dal sole la strada maestra che fuori del dazio (come noi Milanesi diciamo) di porta Ticinese, seguendo il *navilio*, corre larga e diritta fra due linee di colonnette di sasso e sulla quale ogni cocchio che trascorre fa innalzare un nugolo di polvere, che scende poi ad imbiancare il pedestre viandante o l'adusto carrettiere in camiciotto cilestre il quale viene passo passo a fianco alla lunga fila de'suoi cavalli traenti pesantissimo carico, sotto cui scricchiola e si frantuma la ghiaia. Da questa strada ampia e monotona scappano via però lateralmente di distanza in distanza varie stradicelle e viottoli, che con pronto rivolgimento si tolgono all'occhio e vanno poscia tutte fresche e raccolte fiancheggiate da cespugli e da alberi, i cui rami spesse volte le ricoprono interamente trasformandole per alcun tratto in verdi portici. Queste stradicelle ora si stendono fra morbidi prati divisi a quadro da filari di piante, ora serpeggiano accompagnate da un ruscello limpido e mormorevole, ed ora penetrano fra un esercito di spiche o di alte canne di grano turco, che ai soffi estivi sembrano agitare con orgoglio i loro orientali pennacchietti; alla fin fine ciascuna di queste strade dopo essere passata rasente una siepe, un muro, un orto, mette capo a qualche cascina, la quale si sta come un'isola popolosa in un mare di vegetazione.

La cascina da noi Lombardi (spezialmente quelle di nuova costruzione) è quasi sempre un esteso edifizio quadrilatero non molto elevato e traforato da gran numero di finestrette. Il lato che ne forma la fronte, presenta nel mezzo un'ampia porta che, durante il giorno, rimane spalancata pel continuo passaggio de'carri, de'cavalli, delle mandre, e dà ingresso a vastissimo cortile, alla cui estremità si stendono le stalle ed i portici, sotto cui si abbarca il fieno, la paglia, lo strame, e si accatastano le legna. Nella parte superiore dell'abitato sporge un lungo e continuo ballatoio, su cui si aprono moltissimi usci di camerette poco spaziose, ciascuna delle quali appartiene ad una distinta famigliuola di contadini, cui puro appartengono quelle che vi vanno sottoposte al piano terreno. Le donne tendono fra i travicelli del ballatoio lunghe corde e vi appendono i panni ad asciugare, i quali fanno intorno un bizzarro guarnimento di varie forme e colori. Il cortile poi vedesi ingombro da ogni maniera di utensili e di arnesi domestici e rurali.

Egli è appunto in una di queste cascine che ora fa d'uopo che il lettore si trasporti col pensiero per rinvenirvi l'eroe del nostro racconto.

Ferveva ancora in tutto il suo vigore il caldo del giorno, e la larga tettoia del portico mandava sul suolo un'ombra tanto più bruna quanto più luminosi si riflettevano per tutto altrove i raggi del sole. Entro quell'ombra riparatrice si era stabilito Andrea colla sua officina, la quale, s'intende, non consisteva in altro che nella carrettella da arrotino. Ciò vale lo stesso che dichiararvi che Andrea esercitava appunto quel mestiere, ossia che era un *moletta*, come si dice in vernacolo.

Potrebbe qui alcuno torcere schifiltoso il grifo, offeso dall'annunzio di sì basso protoganista. Ma Dio buono! Si vuol far uso di un pochetto d'indulgenza e pensare che io non ne ho una colpa al mondo se ad Andrea piacque scegliersi una professione siffatta. Ma che dico io di scegliersi? Ohibò! Come a me la qualità sua, così ad Andrea la scelta dell'arte non era mica stato un atto di libera volontà; al contrario, fu di necessità assoluta per esso lui il piegarvisi, poichè nella sua famiglia, come se fosse vissuta sotto le immutabili leggi della Cina, lo stesso mestiere passava impreteribilmente da padre in figlio. E per quanto Andrea risalisse il suo albero genealogico, sino ben anco all'epoca solenne della emigrazione de'suoi antenati dai nativi dirupi della Valanzasca, nessuno incontrava che, dagli altri degeneri, avesse abbandonata la *mola* per darsi all'incudine, alla sega, alla cazzuola od allo spago. Per ciò sosteneva aver avuto origine da loro quella canzone popolare che tutti conoscono. E così essendo le cose, ne viene d' inevitabile conseguenza che fossero avi suoi quelli che arruotarono i famosi coltelli da *galano*, gli stocchi, mezzi stocchi, verduchi, squarcine, daghe, palossi, stiletti, e tant'altro armi leali od insidiose che portarono gli avi nostri e formarono la disperazione dei governatori spagnuoli, contro le quali fulminarono infinito gride e tutte inutili, come è ben noto. Andrea però non menava alcun vanto per questa sua istorica prosapia, e, ciò che val meglio, non nutriva stilla d'astio contro coloro i quali assumendo l'ambizioso titolo di *coltellinai* e ponendosi a grado di artefici o forse d'artisti, hanno con innovazione contagiosa resa stabile la *mola* a grande scapito della *mola* errante sulla tradizionale carrettella, la quale si vede oramai sdegnosamente respinta dalle festose contrade della capitale e forzata a cercare rifugio ne'suburbani abituri.

Andrea, rassegnato al decadimento dell'antica prosperità del suo mestiere, come tant'altri filosofi o no che siano alla mutazione di altre più importanti umane cose, accorgendosi che le lame ed i ferri da arruotare più non venivano in cerca di lui, aveva preso il partito di andare egli stesso in cerca di loro. Per ciò spingendo innanzi a sè sull'unica ruota la vecchia macchina della sua industria, moveva per le vie campestri in traccia di que'luoghi d'innocenza, in cui non erasi ancora fatto sentire il fatale influsso de'coltellinai.

Gli era di tal modo che in quel giorno capitato alla cascina, che nomavasi la Colombaia, esso se ne stava da più ore lavorando, poichè aveva raccolto intorno per gli usci una provvigione abbondantissima di forbici, coltelli, coltellini, falci messorie e falcetti, arrugginiti, spuntati, dentati, ottusi, da ridurre di nuovo acuminati e taglienti. E là presso il portico sotto la grand'ombra della tettoia Andrea col suo piede instancabile dando impulso alternativo alla stanghetta, la faceva alzare ed abbassare, comunicando così il moto alla ruota che metteva in rapido giro la pietra alla quale esso accostando di tratto in tratto il filo di una lama che teneva ai due capi, facevala stridere e fischiare, squittiro, con un garrito laceratore. Dopo alcun tempo di lavoro però pigliava riposo, ed allora asciugava il sudore di cui era grondante, passando sulla fronte e sulle guancio la manica dell' abito; andava poi accomodando il bariletto sostenuto da due bastoni sull'alto della sua macchina, dal quale cadeva continuamente goccia a goccia l'acqua sulla cote, e tutto ciò operava con certa quale calcolata lentezza per sentir meglio nel frattempo il ristoro che gli veniva dal grato odore del fieno e degli altri prodotti campestri resi maturi dal sole, che intorno raccolti riempivano l'aria delle loro salubri emanazioni. Al riprendere quindi che faceva il suo lavoro, dopo avere data ad ogni lama la conveniente affilatura, la veniva forbendo con un suo cencio inoliato, e per quanto nera e rugginosa fosse stata da prima, non deponevala se non quando splendeva lucida come argento.

Mentre così continuava nelle occupazioni del suo mestiere, gli si era andato formando grado grado intorno un circoio di spettatori. Tutti i fanciulli della cascina l'uno dopo l'altro erano venuti colà, lasciando intanto in pace due cagnacci da pagliaio che dormivano sdraiati al solo, e le galline, le oche, i polli d'India che becchettavano per il cortile, ed i colombi i quali non più perseguitati da proietti erano volati a posarsi sullo travi del portico. Quella adunanza che se ne stava quivi muta ed ammiratrice, andava composta di individui dei duo sessi di differente statura ed età, da tre sino a dodici anni, fanciullini e fanciulline con faccie tonde, arsiccie, occhi vivi azzurri, ed i più con capelli di color biondo dilavato da doverli dire bianchi (indizio evidente della persistenza nel contado di quella antica razza che faceva chiamar Gallia questo paese), scarmigliati tutti, tutti scalzi, laceri e sucidi i calzoncini e le vestette. Di costoro, chi s'aveva nelle mani un frusto di pane, chi un frutto acerbo mezzo rosicato, chi una bacchetta, chi una scuriata di pelle d'alberi, od una cordicella, alla cui estremità strascinava legato un insetto vivo, od un topo morto; e chi null'altro stringeva se non che sassolini o fango. Essi sembravano fatti immobili per fascino, tanto si era l'attenzione con cui guardavano al muovere continuo di quel piede ed al corrispondere veloce di quella ruota, a cui teneva dietro lo stranissimo rumore che sembrava ora un inarticolato lamento, ora un acuto rimprovero che venisse da qualche essere invisibile rinserrato in quella macchina e tormentato incessantemente dal potere di colui che andava concitandola. E per verità la singolare figura dell'arrotino poteva da quella infantile assemblea venir considerata come d'uomo diverso dagli altri, e che s'avesse del magico, del soprannaturale. Infatti il suo aspetto non differiva gran fatto da quello di un negromante o stregone, secondo il tipo che di consimili personaggi viene presentato al popolo dal castello dei burattini. Aveva in capo una berretta alta piramidale a righe brune, e il suo vestimento era composto di un grosso pannolano di color fosco rossiccio, che s'assomigliava al pelo del diavolo, sempre secondo l'esemplare che abbiamo citato. La sua faccia lunga, aggrinzata, sembrava trovata fuori da un pezzo di sughero di cui mostrava il colore ed i bucherelli.

Qualunque però si fosse l'impressione che l'aspetto di Andrea recava in quelle infantili fantasie, egli buono e piacevolone qual era, girava l'occhio di quando in quando con espressione benevola ed amichevole su quella brigatella, ed allorchè taluni dei più ardimentosi, vinto lo stupore generato dalla novità, osavano farsi dappresso a lui ed al suo arnese tutto moto e rumore, e vedendo i coltelli divenuti lucenti ch'egli andava ammucchiando, allungavano le manine per afferrarne alcuno, Andrea, onde tenerli discosti e quieti, altro modo non adoperava se non che quello di guardarli con occhi spalancati da spauracchio e facendo il muso di Lucio, assorbendo rumorosamente il fiato diceva = Taglia i diti. =

Durava già da tempo questa alternativa di lavoro, di pose, di gesti e parole interrotte tra l'arrotino ed i suoi spettatori, quando si vide aprirsi un uscio e venirne fuori una contadinella che recava in braccio un bambinello in fascie. S'avviò essa pure passo passo verso la carrettella dell'operoso arrotino e vi si arrestò poco lungi. Mustrava non più di vent'anni d'età; e il suo viso, in cui fiorivano i colori della salute, s'aveva un'aria di dolcezza e di affabilità singolare, non punto smentita dal carattere dello sguardo, sebbene movesse due occhi cb'orano nerissimi al paro de' suoi capelli, nella cui voluminosa treccia girata a cerchio dietro il capo splendeva l'aureola delle spadine sotto le quali sporgevano dai lati opposti i duo grossi pomi d'argento dello spontone. Le adornava il collo un vezzo di coralli che ricadeva tra i lini del petto, che si scorgeva assai turgente e bipartito. Per quanto però questa contadina manifestasse gentilezza d'aspetto, avuto riguardo alla condizion sua, pure era agevole il conoscere che ad essa non apparteneva per sangue il bimbo che portava. La faccia di quella creaturina (non giungeva forse al terzo mese) era di un bianco di perle, soffuso alle guancio di color rosato; una lineetta porporina lievemente arcuata ne indicava la bocca, ed aveva due pupille azzurre che moveva con quella lentezza maravigliata, propria della prima infanzia. Dell'egual candore del volto si mostravano le prime linee del corpo che sopravanzavano alle fascie, e che la fina trasparenza della pelle faceva disegnare distinte sul bianco opaco del guancialetto. Per ciò anche non arguendo dalla finezza de'pannolini che lo ravvolgevano ricchi di merletti e di nastri, ben si comprendeva che quel bimbo, o bimba che fosse, era fiore esotico colà, e che nulla vi aveva in esso lui di quella pasta villereccia, e di quel riflesso del sole de'campi che si manifestavano in colei che altrimenti si sarebbe dovuto chiamar sua madre. Egli è per ciò che Andrea al vederla le sorrise piegando il capo replicatamente a saluto, e senza intralasciare il lavoro disse = Schiavo, balia. = Nel sorriso e nel saluto di Andrea vi avevano due distinte intenzioni; l'una si era quella di mostrarlesi grato per la di lei visita, che lo lusingava assai più di quella degli ammiratori che gli erano stati soli intorno sino a quel momento, e l'altra di congratularsi con lei, poichè vedevala nutrice di così eletto allievo. La balia comprese d'un subito la significazione del cortese pensiero dell'arrotino e corrispose sorridendo essa pure, e volgendosi a guardare il fanciullino che dondolò dolcemente sul braccio, quasi per fargli comprendere la parte che ad esso lui spettava di quella muta apostrofe.

Il lavoro d'Andrea volgeva al suo termine. Insisti, insisti, alla fin fine tutta la ferreria si trovò molata. Resa ferma la ruota, ed asciugata un'ultima volta la fronte, si diede a ripassare alla spedita con un panno asciutto le lame ed i manini. Prese poi tutti i ferri arrotati, se li collocò dentro il grembiale di tela verde che teneva dinanzi allacciato, e si avviò per farne la restituzione. Passando avanti alla balia fermossi sui due piedi, o mirando di sghembo al bambino con due occhi, che nell'animarsi di un riso carezzevole si erano quasi sepolti in due cerchi di grinze,

— Di Milano eh? disse.

— Sì, di Milano.

— Signori?... si capisce...

— Oh sì!... signori e di quelli...

— Non ditelo a me, io sono pratico di Milano e so che signori vi sono. Di quelli proprio dunque?...

— Grazie al Signore, proprio di quelli...

— Baliatico?..... (e qui alzando la mano destra ne soffregò il pollice sull'indice nell'atto stesso che chiuse un occhio, sporse in fuori il labbro inferiore, elevando il mento)... Gran bella fortuna!... ih ih!... oh oh!... uh uh!...

Queste esclamazioni furono fatte direttamente ed in tuono festivo al bambino, cui Andrea avvicinò la faccia, ma con accompagnamento di una smorfia sì contraffatta, che il bimbo, quantunque non contasse l'età di Astianatte, ne prese più spavento che quel figlio d'Ettore alla vista del cimiero paterno, e si diede a piangere fortemente. Questo fatto qui si registra, poichè, sebbene naturalissimo in se medesimo, sta però in modo autorevole contro la teoria de' presentimenti, come apparirà dal seguito della nostra storia.

Andrea, scorgendo la mala riuscita delle sue piacevolezze, se ne andò pe'fatti suoi e restituì agli uni ed agli altri nelle varie famiglie i coltelli e gli arnesi che gli erano stati dati o recati da arruotare, intascando senza sottilizzare di troppo i pochi soldi e quattrini che gli venivano pagati a mercede.

Tutte le linee d'ombra e di sole eransi intanto andate cangiando, ed i raggi più coloriti non dipingevano che i tetti, mentre gli spazi alla sommità de' portici volti al tramonto sembravano finestroni aperti su un cielo d'oro.

Entravano rumorosamente dalla porta, cacciati dai porcai, i maiali che sbandavansi grugnendo pel cortile, e mandate innanzi dai *bergamini* venivano le vacche che più docili recavansi difilate ai loro presepi. Arrivavano i carri e dietro falciatori e bifolchi. Dentro le povere cucine splendevano i fuochi, fumavano i comignoli.

Andrea vuotò il bariletto dell'acqua, levò la corda che univa al manubrio della ruota la stanghetta, affrancò questa su i suoi sostegni a fianco della carrettella che girò, e quindi salutando, risalutato a destra ed a sinistra, spingendo innanzi quella macchina uscì dalla cascina. G. B. Bazzoni.

UNA DONNA

Beato diceami chi ascoltava le mie parole, e chi mi vedea dicea bene di me, perchè io liberava il povero che stridea e il pupillo privo di difensore... Io fui occhio al cieco e piede al zoppo.
GIOBBE, *cap.* XXIX.

Ella è passata: candida
Siccome il dì che venne,
Lontan' da questo carcere,
Al ciel drizzò le penne,
A quel beato empireo
Onde dappria parti.

Ella in quel Dio giustissimo,
Che tanto amò, fidata
Mirò tranquilla giungere
Il fin di sua giornata,
Come l' aurora limpida
D'un aspettato dì.

Solo un pensier legavala
Peranco a questa terra:
Era il pensier de'miseri
Che qui lasciava in guerra...
Allor che tutto obliasi
Di lor si rammentò:

Chi spezzerà benefico
Un pane al poverello?
Chi al derelitto, all'orfano
Provvederà l'ostello? —
Al ciel si volse, e l'ultima
Preghiera mormorò. —

Dal dì che giù fra gli uomini
Dalla pietà divina
Mandata, in questo esilio
Si fece pellegrina,
In quella fervid' anima
Era un pensiero sol,

Solo un desio: cospargere
Di qualche fior la via
A' suoi fratei, che a gemere
Danna una sorte ria,
Abbeverati al calice
D' un infinito duol.

Per tutti Ella una lagrima,
Per tutti ebbe un sorriso,
Fra le sventure un angiolo
Parve del paradiso,
Fra le tempeste e i turbini
Un'Iride d'amor.

Come quegli occhi vividi,
E que' soavi accenti
Allevïar dell'anima
Sapevano i tormenti!
Come la calma infondere
Nell'agitato cor!

Vide talvolta un pargolo
Cercar la madre invano,
Indarno il vide tendere
La tenerella mano,
E dispossato e languido
Cadere in sul terren:

Tra le pietose braccia
Ella il raccolse: il ciglio
Gli rasciugò benefica,
E lo nomò suo figlio. —
Egli il credette, e strinsela
Sirenue madre al sen.

Spesso in fraterno vincolo
Di rinnovati affetti
Quelli per lei s'unirono,
Che s'eran maledetti:
Le destre insiem congiunsero,
E si giurar perdon.

Oh! quante volte il misero,
Che già cadea smarrito,
Sostenne, quella patria
Segnandogli col dito,
Ove alle pene serbasi
Eterno un guiderdon.

Anche alle incaute vittime,
Che per amor perdute
Lunga stagion fallirono,
E, tocche da virtute,
Per sollevarsi implorano
Una benigna man,

Ella fu vista schiudere
Le braccia amiche e pronte,
Ove celar potessero
La vergognosa fronte,
E a quel Signor rivolgersi,
Che mai non s'ama invan.

Tutti Ella amò... fuggevole
Com'astro che il sentiero
Fra le notturne tenebre
Rischiara al passeggiero,
E pudibondo celasi
All'appressar del dì,

Ella è passata: candida
Siccome allor che venne,
Lontan da questo carcere,
Al ciel drizzò le penne,
A quel beato empireo,
Onde dappria parti.

Quando la squilla funebre
Nunziò la sua partita,
Intorno al mesto feretro
Una pia turba unita
Devotamente al tempio
Il fral ne accompagnò;

E poi che dentro al tumulo,
Ove composto or giace,
Il sacerdote all'anima
Pregò riposo e pace,
Lungo e sommesso un gemito
Intorno risonò.

Di poverelli e d'orfani
Mesta una turba ell'era,
Che sull'avel prostratisi
In fervida preghiera,
Insieme rammentavano
Come pietosa fu.

Ella nel ciel fra gli Angioli
Già fatta in Dio felice,
Quelle sincere lagrime
Raccoglie e benedice,
E i suoi favori a spargere
Continua di lassù.

PERRERO DOMENICO.

CARATTERI

IL FACCENDIERE

Affaccendarsi, com'io l'intendo, gli è sprecare fatti e parole a fin di benivoglienza.

Il faccendiere ti si profferisce per cosa a cui è inetto.

Si è già pienamente convinto dell'assennatezza del tuo dire; pure qualche obbiezione vuol fare, affine di parersi acquetare in tutto alle da te addotte ragioni.

Impone al servo di versar vino in maggior copia di quella che i convitati possono bere.

Attizza, con volerla calmare, l'ira di due contendenti.

Richiesto da un passeggere della via, abbenchè l'ignori, pur francamente la insegna, checchè poi ne abbia a nascere.

Domanda in campo al suo generale quando ordinerà in battaglia le schiere, e cosa propongasi di far la dimane.

Accenna al padre misteriosamente che mamma si è coricata e forse già dorme.

Ad infermo per morbo infiammatorio vietò il medico che si desse vino da bere: consiglialo il faccendiere d'assaggiarne un sorso per vedere se gli recasse giovamento.

Se ad alcuno de' suoi amici morì la moglie, vuol egli farne l'epitafio, e v'iscrive il nome della defunta, del padre, della madre, del marito, e dov'è nata; non senza terminare col solito formulario: Furon tutti buoni.

Teofrasto, *trad. del* C.te TULLIO DANDOLO.

ALESSANDRIA D'EGITTO

(Art. II, vedi N° 41)

Abbiamo veduto che Alessandria è situata sopra una lingua di terra sporgente nel mare, ed avente, negli opposti lati, due vasti seni od incavature, distinte col nome di *Porto vecchio e nuovo*. La estrema punta di questa lingua o promontorio è occupata dal palazzo del pascià e dai pubblici edifici attinenti, la parte di mezzo, è il sito su cui innalzasi la città turca propriamente detta, e l'altro terzo, finalmente, che è quello in cui la lingua congiungesi al continente, è l'area del così detto *Quartiere de' franchi*, il che significa il rione più particolarmente affetto alla dimora ed ai commerci degli Europei. Questo quartiere da una banda è in immediato contatto colla città turca, colla quale trovasi, in certo modo, immedesimato, ma dall'altra banda, cioè a mezzodì, ha innanzi a sè una vastissima piazza, o piuttosto pianura, intorno alla quale girava, altre volte, un lungo braccio delle mura della città, in cui erano notevoli due delle antichissime torri saracinesche onde queste mura medesime, nei secoli andati, afforzavansi.

La piazza o pianura della quale è discorso, disselciata, ed estremamente irregolare di forma, ricettava, fin verso al 1828, quelle turbe innumerevoli di camelli, le quali vengono colà impiegate pel trasporto delle robe e delle persone. E questa animalesca ospitalità traeva seco il solito corollario di un puzzo ammorbante, di uno strepito da inferno, e di un lezzo così stomachevole e speciale, che i nativi stessi del paese, usi ad affrontare con fermo cuore i più nauseosi spettacoli, mal potevano sostenerne l'aspetto. Nè era oltreciò senza un qualche pericolo il passare accanto a que' dispettosi quadrupedi, i quali, se entrino in capriccio d'amore, od abbiano stizza col loro padrone pel peso soverchio, se la prendono col primo venuto, e guai dove pongono il dente. Altronde Mehemet-Aly volea fare qualche cosa di molto solenne, che desse fiato alla tromba della fama, e facesse parlare di lui. Sicchè fu quello il luogo trascelto per la formazione della nuova gran piazza d'Alessandria: i cammelli vennero sgomberati, le mura atterrate, la maggiore e più bella delle saracinesche torri, distrutta, il suolo, ove avea inclinazioni, adeguato, ed ogni cosa disposta perchè l'opera riescisse, in tutto, degna del successore di Sesostri, della nobile contrada delle Piramidi.

Ibrahim, primogenito del pascià, ed interprete, in ciò, delle di lui intenzioni, fu il primo a mettere ad effetto il diletto concepimento, edificando tre grandi case oblunghe, destinate a formare uno dei lati dell' ideato foro, a cui diessi sembianza di vasto parallelogramma. Queste fabbriche, considerate a rigore di estetica, e poste a confronto delle costruzioni nostrane anche più modeste, nulla aveano per verità che meritasso, nonchè lode, attenzione: ma, quasi monocolo in paese di ciechi, torreggiando in mezzo ad una turba di gretto e sdruscite casupole, parvero a tutti sublime cosa, e parte per la novità del caso, parte per un po' d'adulazione a sua Altezza (la quale è malattia dominante del paese), vennero dichiarate l'ottava meraviglia del mondo. Un certo ricco arabo, di nome El-Garbi, proprietario di un ampio palazzone di stile moresco, posto alla estremità *nord* del tracciato parallelogramma, bramando gratificarsi il pascià, da cui dividevalo un' antica e mal coperta avversione, imbiancò ed infranciosò alquanto l'esteriore prospetto del suo edificio, e questo divenne, così, uno dei due minori lati della piazza novella. All' El-Garbi accostossi, poco stante, il greco De-Anastasy, console generale di Svezia, il triestino Gibarra, intimissimo del pascià, e qualche altro fortunato consimile, i quali eressero, a posta loro, altre fabbriche sul lembo della prescritta periferia; sì che una metà circa di tutto il piazzale fu in breve tratto compiuta.

Men rapida procedette la costruzione degli altri due lati, perchè lo zelo adulatorio erasi, come accade, allentato, perchè la peste interpostasi, diradando gli abitatori, aveva reso meno fruttuoso il traffico delle abitazioni, e perchè, finalmente, le tempeste politiche di quell'epoca teneano sospese, in Egitto, le pubbliche e le private fortune. Pure alla lunga anche questa s'incamminò al termine, ed è in giornata o giunta o prossima a final compimento. Cooperarono ad ottenere tale risultato, primieramente, gli amministratori della così detta *okella* inglese, specie di ampio convento o repubblica, in cui alloggiano a bisdosso famiglie inglesi, francesi, tedesche, spagnuole, e d'ogni lingua del mondo; i quali amministratori, imbiancata e ripulita alquanto la fronte di sì strana casaccia, dieronle aspetto di cosa nuova, e la posero in grado di figurare, senza scapito, accanto alle altre. Cooperò, poco stante, certo Abro, uno di que' mille esseri anfibi, tanto comuni in Oriente, i quali ora ti appaiono innanzi ammantati alla turca, ora vestono le foggie del più squisito figurino di Parigi: ricco, del resto, ed appuntellato all'autorità di Boghoz-Bey, suo parente. Costui edificò un palazzotto giusta un suo matto concetto impossibile a dirsi: il qual palazzotto fu assai lento a crescere, nè sappiamo se anco oggidì tocchi al tetto. E finalmente cooperò, ultimo di tutti ma più di tutti, il cav. Mimant, console generale di Francia, che sollecitò ed ottenne dalla sua corte la fondazione, in Alessandria, di un palazzo consolare nazionale, degno per solidità, eleganza e grandezza, di albergare il rappresentante di un principe cristiano e potente.

Tanti sforzi riuniti trassero adunque a perfezione

la gran piazza Alessandrina di cui suona sì alto grido nel mondo. E noi a cui non dispiace far plauso ove giustizia il consenta, confesseremo di buon grado che quest'opera ha, nel suo assieme, alcunchè di grandioso, il quale rallegra il cuore, e ricorda, in mezzo all'egiziano squallore, la consolante agiatezza europea. Ma è egli poi vero, come vanno millantando certi fanatici, certi bey entusiasti, che sia questo un lavoro monumentale, un lavoro che attesta ai presenti e ai futuri la civiltà, la ricchezza, il gusto, le beatitudini, in somma, d'ogni modo e d'ogni misura introdotte da Mehemet-Aly nell'Egitto?...... È egli poi vero, o può egli, almeno, decentemente affermarsi che (giusta le espressioni di un avventato giornale francese) la sola piazza di Alessandria basti a rendere eterno il nome del *principe riformatore?* — Noi fummo e siamo buonissimi amici di questo principe, ma dichiariamo candidamente di non poter dividere questa sentenza.

E prima di tutto, pare a noi che i pubblici monumenti allora soltanto siano fonti di gloria pel principe edificatore, quando hanno una destinazione che onora il di lui cuore od il di lui intelletto, quando ricordano qualche fatto illustre, da cui venga splendore al di lui nome od al di lui popolo, quando acchiudono in sè un pregio artistico singolare, o quando, finalmente, sono veri indici e termometri della felice condizione de'suoi amministrati, ossia espressione sincera del paese e dell'epoca. — Ora egli è non solo evidente ma palpabile che nessuno di tali requisiti concorre a nobilitare la erezione del decantato foro Alessandrino, e che perciò i panegirici che di esso corrono, sono, per lo meno, esagerati al di là dell'onesto.

Cominciando, in fatti, dall'intenzione che suggerì al pascià l'idea di quella piazza, nessuno che abbia buon senso e buona fede vorrà certamente trovarla nel desiderio di migliorare la sorte fisica de'suoi sudditi, accogliendoli in più sane e più spaziose abitazioni. A provare il contrario, basta il riflettere che le prime case costrutte da Ibrahim-pascià (case norma e modello di tutte le altre), furon costrutte all'europea, e per gli Europei, ai quali vennero, realmente, quasi subito locate, mediante pigioni enormissime. Non ebbesi, adunque, in ciò, rispetto veruno agli Arabi, la cui buona o pessima esistenza non entrò, affatto, ne' calcoli dell'incoronato edificatore. Altronde se Mehemet-Aly avea veramente voglia di migliorare le sorti degli Arabi suoi sudditi, dovea anzi tutto sollevarli dalla fame, dalla nudità e dalla oppressione in cui vivono, lasciando stare i palazzi, i quali non potrebbero avere per essi altro significato che quello di una amarissima derisione. Giacchè non crediamo esservi alcuno di sì buona pasta, da supporre che un principe il quale decima spietatamente la nazione con isproporzionatissime leve, professa la violenta e distruggitrice teoria del monopolio, e fa morire sul solco, di fatica e di bastone, l'infelicissimo popolo sottoposto dalla Provvidenza al suo scettro, sentasi nel punto medesimo stringere il cuore da tanta pietà, da tanta svenevole benevolenza, da prepararli opinatamente comodi ed eleganti palagi, per sua abitazione. Eppoi che non fosse mente del pascià il migliorare le igieniche condizioni del paese quando ideava la piazza di cui parliamo, provalo abbastanza il lezzo vituperoso in cui rimangono tutti i quartieri degli Arabi, cioè a dire la città intera, meno questa picciola porzione del rione de'Franchi.

Nè può dirsi similmente che la piazza Alessandrina sia illustre pegli storici fasti che alla ricordanza della di lei erezione vanno congiunti: giacchè nè i fatti illustri si eternano colle piazze di quella guisa, nè quando la piazza eseguivasi, il pascià avea altre vittorie da cantare, che gli alti prezzi ottenuti nelle solite vendite dei coloni.

Che se parlisi del pregio artistico dei diversi lavori costituenti l'assieme del foro, noi diciamo, e chiunque ha pudore dirà con noi, che esso sembra certamente gran cosa a fianco degli obbrobriosi viottoli ond'esso è circondato, ma che se dimenticasi Alessandria, e richiaminsi un tantino al pensiero quelle fabbriche nostrane che l'arte ha nobilitate colla divina sua impronta, queste nuove meraviglie Alessandrine sono tali da meritare compassione, anzichè lode o corone. Oltre l'assenza totale delle più ovvie regole architettoniche, oltre la mancanza assoluta di ogni fregio che le ingentilisca e le sollevi sull'umile coro delle cose volgari, la loro costruzione è così fragile ed acciaccata, che comodamente si disfarebbero colle pugna. E sono dunque quest'essi i monumenti che Mehemet-Aly intende contrapporre alle piramidi, ai tempii della Tebaide? Sono quest'esse le opere con che egli intende far fede ai posteri delle Arti rinnovellate in Egitto? È egli con casacce consimili ch'egli spera tramandare alle venture generazioni il suo nome!... *O sanctus gentes!...* quest'è proprio il caso di sclamarlo con Giovenale. Altronde se si eccettuino i tre casamenti oblunghi di Ibrahim-pascià, sua altezza non ebbe mano in nessuna delle altre fabbriche, le quali sono, quindi, lavoro privato. Che entra dunque la gloria del pascià nella loro costruzione, e quale strana figura di rettorica può giustificare una sì pazza maniera di panegirico?

Peggiore assunto, per ultimo, quello sarebbe di chi volesse citare le poche e grame recenti case costrutte in Alessandria, quale termometro dell'universale ben essere indottovi dall'attuale padrone.... Queste case, giova il farlo solennemente sentire, altro non significano a chi ha senso e coscenza, senonchè il male di molti frutta sempre il bene di alcuni pochi, i quali, accendono, spesso, i doppieri delle danze, ed imbandiscono mense festive, laddove le lagrime de' loro simili dimanderebbero i soccorsi della generosa mano, od almeno il tributo d'una sterile compassione. — Ciò che diremo sovra Alessandria e su l'Egitto, ne' successivi articoli, farà meglio sentire la giustezza di questo concetto.

Cav. Baratta.

(Porta laterale di Nostra Signora, Cattedrale di Parigi)

NOSTRA SIGNORA DI PARIGI

Allorchè il cristianesimo si assiso, con Costantino il Grande, sul trono imperiale, il primo edificio consacrato alla fede novella nell' isola di Lutezia fu, dicesi, la piccola chiesa di San Dionigi della Passione, così detta perchè sorgente alla punta occidentale dell' isola, nel luogo stesso in cui S. Dionigi soffrì passione e martirio.

Allorchè questo santo Apostolo delle Gallie sostenne, per Cristo, il supplizio, esisteva colà un tempio dedicato alle pagane deità, e circondato da una selva sacra. Sì fu sulle rovine medesime degli altari di Giove che il culto del vero Dio alzò le sue are; ed i barcaiuoli di *Parisis*, i quali recavansi, poco prima, ad immolar vittime ai Numi di Roma conquistatrice, posero il loro traffico e le loro navicelle sotto il patrocinio speciale del figliuol di Maria, spezzando gli idoli galli di Cervunno e di Eso.

Caduto l'impero romano e stabilitasi la franca dominazione, uno de' figli di Clodoveo, il re Childeberto, eresse presso a San Dionigi della Passione, e sotto gli auspicii della Santa Vergine, un altro tempio più spazioso, tanto bello quanto l'infanzia dell' arte gliel permetteva. — Un poeta latino che scriveva a quest'epoca, Fenanzio Fortunato, vescovo di Poitiers, descrive questa cattedrale con enfatica ammirazione, accennando, quasi speciosa rarità, che fu quello il primo tempio cristiano che *ricevesse i raggi del sole a traverso finestre di vetri.*

La basilica di Childeberto costrutta al principio del sesto secolo sussisteva da ben cinque secoli, allorchè sorse nell'anno 1000 (anno in cui, giusta popolari credenze, dovea accadere la fine del mondo) quel religioso fervore per cui principi e popoli, secondo l'espressione di un'antica cronaca, *copersero tutta quanta la cristianità con una bianca vesta di nuove chiese.* Furono questi i germi della sublime architettura de' tempi di mezzo. Gettaronsi allora le fondamenta di un nuovo edificio ben più vasto dell' altro: ma l'impresa, troppo gigantesca, venne abbandonata, e centocinquant' anni dopo il monumento sporgeva appena fuori dal suolo, quando il celebre Maurizio di Sully fu assunto al vescovato di Parigi, verso l'anno 1190. Questo prelato, a cui la cattedrale di Parigi assicura un nome immortale, ripigliò l' interrotto lavoro, fece abbattere la vecchia chiesa di Childeberto, ed affrettò in tutto il corso della sua vita, con instancabile zelo, l'immensa fabbrica, della quale legò a' suoi successori il nobile compimento.

Nonostante lo zelo di Maurizio e dei vescovi che tennero dopo di esso il seggio di Parigi, e malgrado pure le somme egregie, di cui disponevano, l'ardente sollecitudine di molte generazioni fu necessaria onde creare questo portento dell'arte cristiana.

La facciata di Nostra Signora e la triplice sua porta erano stati ultimati se non sotto l'episcopato di Maurizio di Sully, che morì nel 1196, almeno sotto il regno di Filippo Augusto, morto nel 1223, poichè la statua di questo re fu l'ultima delle ventotto statue reali collocate in linea lungo l'esterno balcone che domina la triplice porta medesima. Questa coorte di re delle tre dinastie, merovingia, carlovingia e capota, do' quali Childeberto era in certa guisa l'antiguardo, e Filippo Augusto il retroguardo, fu meno felice dell'esercito di re, pontefici, arcivescovi e serafini tuttora vigilanti intorno a Nostra Signora di Reims. Nostra Signora di Parigi vide tutti i suoi marmorei monarchi precipitati dall'alto della loro cronologica galleria dal martello della rivoluzione.

La porta di mezzodì (dal lato dell' antico episcopio) non fu eseguita che alla fine del regno di San Luigi, dall'architetto Giovanni di Chelles. La delicatezza e l'eleganza di questa parte del sacro edificio bene caratterizzano il gusto del tredicesimo secolo, èra luminosa e fantastica della cristiana architettura.

Si è asserito che la facciata meridionale fosse più moderna ancora, e non datasse che dal quattordecimo secolo: ma le fogge e le armi di cui sono rivestite le figure dei bassirilievi, provano che una metà almeno è molto anteriore a tal epoca. Checchè però di ciò sia, Nostra Signora non fu pienamente compiuta che nel corso del quattordecimo secolo. I nostri avi erano ben lontani dall' agguagliare in prestezza i nostri moderni architetti; ma, per compenso, la maggior parte delle opere loro già portano le impronte della stanchezza, mentre invece questi vecchi edifici così lenti a crescere, e sì fragili in apparenza, dureranno quanto i monumenti della Grecia e di Roma. Nè degli odierni lavori, effimeri benchè massicci, resterà traccia nella storia della umana intelligenza!

Noi vedemmo maestosissime scene della natura, il mare e le alpi; noi contemplammo gloriosi lavori usciti dalla mano dell'uomo: ma nulla, tra le cose più magnifiche e più sorprendenti in cui ne avvenne di imbatterci, produsse sul nostro spirito quell'impressione profonda che l'aspetto sì conosciuto, e pur sempre nuovo, di *Nostra Signora*, v' induce.

(Da P. L. Jacob).

(Daremo in altro numero l' interna descrizione della sacra mole, uscita dalla eruditissima penna dell' autore medesimo, le cui parole, specialmente in fatto di nazionali illustrazioni, hanno in Francia un'autorità che debbe renderle ben accette e rispettabili anche agli esteri leggitori d'ogni nazione).

FRANCESCO II RE DI FRANCIA

NOVELLA STORICA

Avendo io fatto viaggio, non è gran tempo, ad una delle prime città di Francia; mentre mi dilettava correrne le popolose vie, dove l'occhio de'novelli riguardanti è rapito, abbarbagliato da mille e vari oggetti maravigliosi, e avido di udire e di sapere mi aggirava pei luoghi dall'uomo sacrati alle più gentili arti, mi venne fatto di aver fra mani una cronaca di recente escita dal più segreto obblio all'umana conoscenza; e perchè vi trovai cose a tutto il mondo nascoste, dalle quali verrà pienissima luce a riempiere il difetto delle moderne storie, ho voluto farne dono alla nostra Italia, tessendone, in mio disadorno stile, la seguente narrazione.

Correvano i primi lustri del secolo XVII, e sull'albeggiare d'un sereno giorno d'autunno due giovani ravvolti in ricchi mantelli poggiavano alacremente e per la volontà leggieri sullo scabro dorso di più rocce, le une dalle altre sollevate colà presso Gisor, al confine che è tra Francia e Normandia. Il più adulto di costoro, uomo di belle forme, e superiore al compagno in altezza di corpo, pareva dimostrargli assai di sovente un certo rispetto che poco accordavasi colle maniere confidenziali da lui usate; e camminava ad alta fronte, e tentennando con gravità la persona, come chi è smodatamente persuaso di se stesso, e agogna ammirazione e lodi. L'altro pellegrino, chi ne giudicasse, al vederlo, non avea passato il quinto lustro: nobile portamento, nè privo di leggiadria, fattezze graziose; ma in volto gli si leggeva un forte pensiero, e nel suo sorriso trapelava la malinconia del cuore. Ambi erano coverti da un largo cappello fregiato di piume cadenti, e pei loro stivaletti, sormontati da più ampio giro di pelle a difesa del giuocchio, si aveva contezza che quegli stranieri seguivano le usanze della corte di Luigi XIII.

Mentre pertanto i due viaggiatori salivano per quelle aspre balze con volonteroso piede, e si serravano sul petto i larghi mantelli a fine di assecurarsi contro una densissima nebbia che a loro d'intorno si ravvolgeva, il maggiore di età all'altro, che portato dal suo ardor giovanile poco ponea mente alle difficoltà ed inciampi del cammino, così disse: « Deh, statevi alquanto più sull'avviso, mio Carlo; e badate di non metter piede in fallo; o, se vi è a grado, tenetevi al braccio mio. — Non fa d'uopo di tale appoggio, rispondeva il compagno; siate guardingo per voi, caro Giorgio, e lasciate che io navighi a mio talento fra queste enormi scogliere. Oh il diabolico monte! Diresti che tanti e sì smisurati macigni non fossero qui stati accumulati dalla mano stessa, che col più mirabile ordinamento dispose le opere del creato. — Ed il primo soggiunse: Non è a dubitare che non siate vinto dalla stanchezza; perocchè nella vostra età e nel vostro grado non è uso l'uomo gran fatto alle gravezze d'un viaggio pedestre; ma confortatevi, che omai ecco siam giunti a piè del primo recinto del castello. — Sia lode a Dio, riprese a dire il giovanetto; se più oltre andava la salita, io non avea più lena nel petto e vigor nelle gambe. Ve' come il sole comincia a disperdere la nebbia, e col suo raggio ci ristora dalla gelida brezza notturna ». Ciò detto, ambidue si assisero daccanto al muro, e col suo consueto piglio di ilarità Giorgio continuava: « Niuna migliore postura per deliziarci nella vista del soggetto ameno paese, e, quel che più vale, per dare aiuto alle mancanti forze col cibo; dacchè io debbo confessare che stamane in me l'appetito si è svegliato assai per tempo ». E così parlando Giorgio aperse un piccolo carniere tolto di sotto al suo mantello, e ne trasse alcuni uccelli abbrostiti allo schidione; poi disse: « Accostatevi, o Carlo, chè il nostro frugalissimo pasto non ci impedirà dal trattenerci in lieti ragionamenti. Vedete che tremenda anticaglia è mai questo palagio vastissimo, anzi questa fortezza, poichè non manca delle sue torri e de'suoi baluardi, quantunque mozzati e logori dalla falce del prepotente vecchione che nulla rispetta. — Certo, rispose l'altro, alcun secolo addietro questo nobile castello esser doveva molto formidabile; ora lo preme il comun fato, sì che appena fa testimonianza dell'antica sua grandezza. Oh meschine opere dell'uomo, quanto siete piccole allo sguardo di Dio! Come vi dissolvete innanzi al primo soffio della sua collera! I ben muniti castelli, i palagi, i possenti signori, e i re, che ivi hanno soggiorno, tutto cade e si dilegua, e non resta che l'impronta del tempo distruggitore. — Bravo, mio Carlo, così entrava a dire con sogghigno beffardo colui che con tanta prodezza si argomentava di chetar la sua fame; avete parlato come un Cicerone, e, se non piglio inganno, voi intendete di moralizzare sui ruderi dell'antichità; io però vi protesto che non mi conosco di tali cose, e vi lascio meditare a bell'agio le vostre malinconiche sentenze di distruzione e di morte. Ma che è? voi più non mi date ascolto, e pare che ad altro abbiate la mente ».

E per vero in questo, tanto il più giovane degli stranieri aveva drizzato gli occhi e l'animo ad una creatura vivente, che gli era apparsa di mezzo alle ruine del castello, ed era un uomo nel vigor dell'età, nudo i piedi e la testa, coperto il petto di lunga e nera barba, nè d'altro vestito che di una grigia tonaca intorno alle reni legata con una semplice fune, e gli pendica dalla cintura un grosso rosario adorno all'estremità con una croce di metallo. Tenevasi quegli dritto e senza movimento, colle braccia ravvolte sul petto, e in atto di chi porge cupido orecchio all'altrui favellare.

Il giovane cortese, nulla sturbato dalle ciance e

molti ridevoli che il suo compagno largamente spargeva sulla strana visione di quell'anacoreta, mutò in quello de' Franchi il nativo linguaggio, e così a lui si volse: « O buon padre, fate ch' io sappia in che desiderate l'opera nostra. — E quel mesto cenobita rispose: Nobili stranieri, stia da voi lungo il sospetto che io raccoglier volessi con indiscreto orecchie i ragionamenti vostri; poichè parlate un idioma del tutto a me oscuro. Non per tanto dirovvi che era mio desiderio di procacciarmi i vostri sguardi, sendochè le vostre foggie e l'aspetto mi danno animo e fidanza di aprirvi un assai rilevante arcano. — Dite, dite, soggiunse il generoso Carlo, e qual sia l'occorrenza, in cui possiam giovarvi, non avrete poste invano le speranze in noi ». Seguirono a tali detti alcuni istanti di silenzio, e sembrava che il romito si stasse in fra due con fronte rannuvolata e pensosa; ma tosto ripigliò a dire: « Vi sosterrà il core di venir meco nelle grotte profonde di quest'edifizio? — Sì bene, esclamò prontamente il giovinetto. — Non già io, no! gridava ad un tempo il più adulto. — E che, o Giorgio, voi vi mostrate dubbioso e renitente, quando io son venuto a risoluzione di seguir la costui dimanda? — Non che dubbioso, io sono fermo di non adattarmi a ciò; e spero indurre in voi persuasione di cambiar la malcauta vostra promessa ». Or mentre il timoroso con belle parole studiavasi di ritrarre l'ardente giovane dal suo proposto, o che almeno sconfidasse dell'ignoto eremita, esso levando con pia fronte la croce del suo rosario disse: « Per questa sacra immagine del divin Riparatore, prometto e giuro, che niun male vi verrà dal seguitarmi; anzi vi condurrò ove potrete operare un'azione molto bella e pietosa, di che avrete dal Cielo ricompensa quando che sia ». Dopo queste solenni parole il buon Carlo consentire accesamente all' invito, l'altro fare ogni prova di sconfortarlo dall'impresa; ma tanto non seppe dire il secondo, che il nobil giovane non si accomodasse con risoluto coraggio a'desideri dell'anacoreta.

Ambidue, lasciando il treppo molle Giorgio a piatir con se stesso, si addentrarono a presti passi nel desolato recinto del castello di Gisor; e da tutte parti un cupo rumore levavasi dalle loro orme. Giunsero ad un vasto e lungo porticato, nel cui fondo era una porticciuola mezzo imputridita, che fu dal sant'uomo leggermente dischiusa. Ivi misero il piede per una scala, che con angusto giro andava di sotto rivolgendosi in se stessa; per la quale ingrata via discendendo Carlo attenevasi alla veste della sua guida, onde non gli accadesse inciampo in quel pieno tenebrore. E poscia che ebbero tutti oltrepassati gli scaglioni del cieco sentiero, con grande conforto il giovine scórse trapelare un fioco barlume, che si facea passaggio tra le fenditure di molti macigni ricoperti di ispidi cespugli, e sovrapposti quasi ad arte su due uscite a'due capi del sotterraneo luogo. È detto di sopra che Gisor sedeva sul confine di Francia e di Normandia; ora aggiungiamo che, essendo in antico un possedimento baronale, chi ebbe per primo il dominio viveva sulla metà del secolo XII; quindi passò seguitamente ai monaci di San Dionigi, ai duchi di Normandia, ai re d'Inghilterra e a quei di Francia. E perchè era convenevol cosa che i duchi normanni intendessero ad afforzare le sponde dell'Epta per far secura la provincia del Vessino dalle scorrerie, che tentar vi potessero i re francesi, Guglielmo il *rosso* fe' fabbricare il castello di Gisur l'anno 1090 per le core di Roberto Bellesme. Questa fortezza parve allor divenire un sanguinoso teatro, ove i convicini regnanti più volte accorsero a sostener colle armi le ragioni loro. Verso l'anno 1109 Enrico I, re d'Inghilterra, duca di Normandia, essendosi negato al mantenimento della solenne promessa da lui fatta di spianare la fortezza di Gisor, Luigi XVI soprannomato il *grosso* lo chiamò a singolar cimento in pena della sua slealtà; ma il principe inglese non diè altra risposta che di motteggi a quella disfida.

Papa Calisto I, preso dal nobile desiderio di tentar l'accordo di pace fra que'bellicosi sovrani, venne egli stesso ad abboccarsi con Enrico nel castello di Gisor l'anno 1119: il cielo benedisse le generose sue voglie; e quel cortese ebbe il gaudio di compire a bene il suo divisamento; ma ohimè! quella pace non durò che brevissimo tempo. Ora presa, ora perduta la famosa rocca, fu del tutto ruinata e posta in abbandono sotto il regno di Enrico IV; ma i suoi maestosi ruderi stan ritti ancora per rammentare alle nascenti generazioni le grandi contese armate di che furono testimoni questi luoghi.

Un sottil ponte, inarcato al di sopra de'fossi esterni, conduce ad una torre altissima, nota in quelle parti col nome di *torre del prigioniero*. E il fatto, ond'ebbe origine questa nominanza, fu per assai tempo nascosto da tenebroso velo; pel corso di alcuni secoli tentarono indarno e storici e amatori di antiche cose trar da quelle misteriose ruine qualche favilla di verità. Nè altro fu conosciuto per cotante indagini ed argomenti, salvo che l'incarcerato della torre era persona di generosi natali, e che era stato racchiuso nel luogo più elevato dell'edificio, a cui entrava la luce soltanto da una inferrata, posta un venti braccia più in alto del pavimento. Colassù, per illuder la noia d'una prigionia di moltissimi anni, nel mezzo del XVI secolo egli avea scolpito con un acuto frammento di ferro varie figure sulle pareti del suo carcere. Anche oggidì sono a vedersi quelle sculture, e più volte furono ritratte in carte e messe al pubblico. Nell'una si scorgono due cavalieri correntisi incontra, che rompono amendue la loro lancia nell'impetuoso assalto; uno di essi sembra adorno dell'armatura dicevole alle teste coronate, l'altro pare dirizzargli al viso il calcio dell'asta. Nella parte opposta del muro leggesi questa invocazione alla Vergine; MATER DEI, MISERERE MEI PONTANI. Per molti e molti anni fu studiato di trovare una significazione in questo, che a prima fronte rassembra un nome d'uomo. Ma chi era quel *Pontano*, che meritossi l'onore di esser chiuso in una regia fortezza, sotto la vigilanza d'un luogotenente del sovrano, e con tal gelosia che niuno potè mai trapelar quel mistero da che era avviluppato? In quel giro di tempo non è conosciuto che apparisse sulla scena del mondo alcun illustre in tal guisa nomato. Il Giovio Pontano era mancato placidamente in Napoli negli anni 1503; ben è vero che in allora vi ebbero due uomini di qualche rinomanza ambedue con quel nome stesso; ma l'uno, Pietro di Ponte (detto latinamente *caecus Brugensis Pontanus*) nato a Bruges, era privo del lume delle pupille sin dalla prima infanzia; e non è a sospettare ch'ei fosse l'autor delle sculture, di cui poco sopra è fatta parola; l'altro, Jacopo Pontano, che nacque in una città di Boemia verso l'anno 1542, non fu per tutto il corso di sua vita che un tranquillo retore, un filologo innocente, e morì ad Augusta nell'età di 84 anni. Per tutto ciò convenne allontanarsi dal pensiero, che questa parola PONTANI si fosse un nome proprio; e per vero la distanza, che è fra ciascuna lettera, assai mostra che lo scolpitore ebbe in animo di farne un anagramma. La voce del popolo aggiungeva che il prigioniero aveva finalmente potuto liberarsi, ma era caduto dalla inferrata del suo carcere sulla rupe che lo circonda, e che morente avevanlo riportato nel suo nascondiglio. Nè da quel giorno s'era intesa più novella di lui.

Carlo e la sua guida furono da noi lasciati a camminare in una via sotterra cui rischiarava un barlume incerto, ma bastante per chi poco innanzi era circondato da buio profondo.

Nel finir di quell'andito, il solitario pose le mani ad alcuna grossa e pesante pietra, che sembrava esser parte della muraglia, e disvelò un varco strettissimo, per cui era impossibile intromettersi, chi non curvasse di molto la testa. Allora il romito disse: « Vi piaccia aspettarmi solo per pochissimo di tempo, che io fo l'annunzio di vostra venuta ». Ma il giovanetto, a cui la vista di un pertugio sì sconcio a passarsi, il funereo silenzio, e l'umidore di quel sepolcro, e l'aspetto marziale del suo condottiero cominciavano destar nell' animo alcun che di turbamento, ruppe in queste parole: « E che? dovrò io seguirvi in quella breve aperta, dove soltanto le serpi saprebbero trascinarsi? Tempo è che mi facciate chiaro di vostre intenzioni, e credo vi dovrebbe essere assai l'avere sperimentato fino ad ora il mio pronto volere nell'assentire al desiderio vostro. Ma quali sieno i vostri pensieri verso di me, questo abbiatevi per certo, che io saprò a buona misura colla spada punir l'onta che mi si ardisse da voi fare ». E in tali voci l'animoso giovane largava fieramente il mantello, e la mano calcava sull'elsa. « Date pace ai bollenti spiriti, o prode giovanetto, e lasciate nel suo fodero quella spada; che se io avessi spergiurato a colui che scerne la purezza del pensiero, che mi move a così adoperare, colpito già sarei dalla sua giusta vendetta ». A questa ingenua risposta del romito, Carlo rassicurossi ed acchetò, perchè fra generose e cortesi anime ad intendersi poco basta; poi lo vide senza molestia dileguarsi nella strettissima via pur allora scoperta.

Non guari dopo ciò fu ritornato all'ingresso del pertugio l'anacoreta, e fatto invito a Carlo di seguitar suoi vestigi, questi subitamente lo assecondò. Colla fronte e le spalle curvate egli dovette andar oltre presso a cento passi, e quindi era giunto in uno spazio molto somigliante a quello ove dapprima aveano fatto alquanto di dimora, se non in che vi si scorgeva più nettezza, e più largamente l'aria vi entrava; poi da un lato era una specie di camino, ove alcuni grossi tronchi ardevano accumulati, traspirando il fumo da'pertugi aperti nella volta, e similmente nascosti da virgulti e buscioni. Fornito era il luogo di alcun vecchio e logoro arnese, e mostrava nel fondo uno strato di paglie ricoperte da un grande mantello, su cui giacevasi un uomo, che colla macilenza inestimabile del viso e coll'aspetto doloroso dava certo indizio, l'ultima sua ora esser di poco lontana. L'abito di lui era parimente di grigio panno; una rozza coltre di lana era stesa sopra i suoi piedi, e la testa posavasi su d'una specie d'origliere composto del raddoppiato volume di grossa tela; vedevasi un crocefisso di legno pendente alla muraglia sì che il labbro vi potesse correre facilmente; e al suolo una secchia, un calamaio d'esse, alcune penne e parecchi involti di carta. Lunga barba di pel bianco mista scendea sul petto a quel morente, e i suoi occhi grandi e azzurri parevano con molta forza pingersi in fuori per la soverchia magrezza; cionullameno da tutte sue fattezze mostravasi a chiari segni una bontà maravigliosa e soavissima, non che un'angelica sommissione ai patimenti che soffriva. Egli aperse la bocca alle parole, e la sua voce sonava con tanta dolcezza e così pietosamente, che Carlo nel punto stesso fu in core persuaso ad amarce venerare quella travagliata e santa creatura. Disse il vegliardo: « Piero, fate che questo buon giovane si avanzi. — Eccolo, mio diletto signore » rispogli il guidator di Carlo e inchinò la testa ossequiosamente innanzi al misero infermo. « Venite accanto a me, figlio mio, il vecchio proseguiva, ed abbiatevi dapprima le mie lodi pel grande animo da voi manifestato in questo incontro, quindi i miei ringraziamenti per la vostra fiducia; poichè io so, per racconto del mio fedele amico, che il vostro compagno, sebben più oltre cogli anni che voi non siete, fu fermo nel ricusar di seguirvi. — Fine, o venerando vecchio, a parole di encomio; dite piuttosto qual cagione vi ha messo nel core il desiderio di mia presenza; e credete che l'età vostra e lo spettacolo della dolentissima esistenza, che qui traete, già mi hanno ripieno d'un bramoso volere di giovarvi, così che a gran fortuna reputerei lo esser atto a darvi aita e consolazione ». Soggiunse allora l'infelice: « Vi son grato oltremodo di così generosa volontà; però pel servigio che da voi attendo non è di mestieri che per voi si sostenga alcuna fatica, bensì che io tutto nella vostra lealtà mi confidi. Voi vedete un uomo, qual io mi sono, che giunto al sestodecimo lustro non conobbe il mondo, salvo che fino all'età della mia giovinezza; ora per l'avvicinarsi del mio morire io scotomi tormentato dal desiderio di non portar meco nella tomba la notizia di così lunga ed amara vita. Colui che qui mirate, il virtuoso Piero, solo amico a me lasciato dalla Provvidenza, il quale per tanto corso di anni mi sostenne e nutrì accattando nei luoghi vicini, fu messo in questa solitudine nella sua ancor fresca età, nè dipoi mi ha giammai abbandonato; ond'è che non potè dirozzare e adornar lo spirito che ha vivissimo e accorto; brevemente, egli ignora il modo di dipingere in carte la favella, ancor che pertenga ad una nobil famiglia nota per belle azioni e per ingegno, dico quella dei Tanneguy-Duchâtel. M'è caro credere che non avrete l'empietà di tradir la fidanza d'un morente, perocchè vi leggo in fronte i caratteri di sincero e cortese uomo, nè temo di andar fallito nella mia opinione. Dite, dite voi, se avrete in cale il mio fedele racconto, e metterete in opera al tutto le ultime mie volontà. — Non più, padre mio, si fece a dire il magnanimo Carlo, io lo giuro in fede di onorato cavaliere, e non invano avrò pronunciato innanzi a Dio questa solenne parola. — Or bene, o mio figlio, porgete lisa la mente a ricevere la mia narrazione, indi su questi fogli in iscritto le udite cose deporrete, per affidarle poi al mio amato Piero, che sa ben egli qual uso io intendo ne sia fatto ». Allora il giovane straniero, pronto a far le voglie del venerabil vecchio, si stette in umile atteggiamento, e cupido soprammodo di ascoltare; e questi cominciò.

(*La fine nel prossimo numero*).

Prof. PIETRO BERNABÒ SILORATA.

Creatori e ristauratori della lingua italiana

I. BOCCACCIO

Pare a me di dovermi alquanto rendere serene e grate le ombre di que'valorosi che ci ebbero o creata o ristorata la prosa italiana, se mi farò a ragionar di loro; e porto opinione di non meritar male se a voi, nati per non radere solamente la sponda, ma per veleggiar liberamente sul vasto oceano della letteratura, vi tratteggierò le loro imagini, e con discretezza vi mostrerò modo di derivare in voi l'oro delle loro immortali scritture. E ciò vuole senza dubbio la serie del nostro ragionare: perocchè dopo aver in genere considerata la forma della lingua, qual altra cosa potrebbesi far mai più giudiziosa e naturale che l'investigar parte a parte quel tanto senno che la raccoglie? Volgiamoci dunque animosamente a quel tempio augusto, ove riposa, coronata del suffragio de'secoli, tanta sapienza. Le porte si aprono, e c'invitano all'entrarvi.

Ecco sull'ara più veneranda locato il Boccaccio. Voi lo ravvisate alla statura alquanto grande, alla faccia rotonda, alle labbra un po' grosse, belle niente di meno e ben lineate. Nel ridere mostra bellezza, aspetto giocondo e allegro, ed in tutta la persona umanità e piacevolezza. Ma in quell'occhio, ma in quella fronte, chi ben miri, sta ciò che somiglia od è il pentimento. Sì, l'illustre Certaldese, fatto miglior senno, già condanna sè e la licenza del suo scrivere, ammonendolo il beato Pietro Petroni (Bollandisti, t. 8) che a lui rimarrebbero sol pochi anni di vita, e che continuandosi sul medesimo stile avrebbe fatta certa la sua dannazione. Entratagli nell'animo minaccia sì funesta, vorrebbe, gittati al fuoco i libri, interdire a sè ogni commercio colle muse: se non che dalla solitudine di Arquà il Petrarca, venuto pur esso in pentimento della sua vita, con una ben ragionata lettera che tuttora sussiste, lo trattiene sul sentier delle lettere, e gli persuade a usarne santamente. Ed egli, già vagheggiator di principesse famose, già delizia di splendide corti, già imbasciadore a principi ed a pontefici, già moderatore d'ogni più eletto sapere, a volontaria povertà confinatosi, dal 1361, sull'anno dell'età cinquantesimottavo, menò con tanto riserbo i suoi giorni, ed in mezzo a tali austerità, da apparir uomo tutto nuovo: e ciò sino al 1375, nel quale, pieno di meriti pe'servigi resi alla patria, alla letteratura ed al nome italiano, chiuse in Certaldo piamente le luci. E della sua penitenzial povertà sta a buona fede una particella del suo testamento, dove, con gentile animo e nella misera fortuna pur liberale, scrisse: « Lascio alla Bruna, figliuola che fu di Giaugo da Montemagno, una lettiera di albero, una coltricetta di penna, un piumaccio, un paio di lenzuola buone, una panca da tenersi a piè del letto, un desco picciolo da mangiare di assi di noce, due tovaglie e due tovagliuolo, un botticello di tre some, e una roba di monchino foderata di zendado porporino, gonnella, guarnacca e cappuccio ». Dispone oltre ciò di alcun suo tenue campicello: una imaginetta di Nostra Donna scolpita in alabastro lega agli operai di S. Jacopo di Certaldo; altra imagine dipinta, a Sandra Buonamichi; ed i suoi libri al venerabile maestro Martino da Signa. E ciò volemmo notar qui, sia per la gloria di lui, sia perchè non debbano riuscire di scandalo que' vizi ch'egli vivo condannò e lavò colla sua penitenza.

Diciam ora della sua lingua. E preceda il giudizio che ne portò il Monti con queste parole: « Il Boccaccio usurpò a Dante tutti i modi più belli della divina Commedia: ma mille e mille altri ne tirò dal proprio ingegno; e divenne così il miglior fabbro di locuzioni, cui vanti la nostra lingua. Così avesse egli seguito il suo duce anche nel diretto e naturale andamento della sintassi! e non avesse con intricate e penose trasposizioni infelicemente tentato di darle il processo della latina! (App. agli Scritt. del trec.) ». Qual è dunque la sua gloria? quella d'essere il miglior fabbro di locuzioni cui vanti la nostra lingua. Qual è il suo torto? d'aver nell'italiana favella trasportato assai frequentemente le trasposizioni ed il periodar della latina. A disegno io v'aggiunsi quel frequentemente: perchè nè in tutte, nè in pari misura, trovi quelle macchie nelle sue scritture. Se pur quella è a dirsi una macchia, la quale, tranne alcuni casi, concilia alla figliuola la grandezza e la maestà della madre. Poichè, e non ti pare, leggendo il Boccaccio, di udire la voce stessa del gran Tullio che in toga romana tuoni da' rostri? Ed io avviso che l'intemperanza degl' imitatori, più che le stesse costruzioni, facesse detestar a molti quello stile. Anzi confesserò che a svegliati ingegni fu pur talvolta di nocumento quella imitazione: come avvenne al fiorentino Raffaello Borghini, scrittor del secolo decimosesto, il quale, nel suo *Riposo*, opera altamente pregiata, dove per via di dialogo è discorso della pittura e scultura, ha forme semplici, disinvolte e leggiadrissime, scrivendo quivi come dettavagli natura: ma intralciato e pesante è nelle introduzioni in cui erasi tolto a far del boccaccevole. Gran senno e discretezza governi dunque la lettura di messer Giovanni, per ciò che ogni virtù, venuta al sommo, confina coll'opposto vizio. Ma, per amore della gloria italiana, non dicasi non esser più da questi tempi quella lingua: perocchè io veggo nel far grande e maestoso del Boccaccio un antidoto a quel dire spezzato e saltellante, venuto da oltremonte, e sì contrario alla gravità italiana. Ed acciò la penna serbisi illesa da quel troppo che vi sta dentro, legganse quelle parti dov'è più di natura e meno di arte; alternando la lettura di lui con quella di scrittori più semplici; e portando fitta nel capo quella gran legge nello scrivere, e infinitamente più nel favellare, non dispiacere mai la semplicità, ma troppo studio e oscurità esser pesti da non tollerare.

Che se una tale avvertenza è da inculcar senza fine per non trasportare nella lingua italica le costruzioni ed il periodar troppo lungo e risonante della latina, un' altra è ben più necessaria per non contrarre que' vizi da lui pianti con tante lagrime nella età più matura. Eccone quel che nella prefazione all'opera *Il torto e il diritto* ne dice Bartoli, un po' alla secento, ma forse non senza vaghezza, e certo con verità: «A questo autore i più danno il vanto della miglior lingua: tutti della peggiore; e ivi più, dove disse meglio, ch'è nelle Cento novelle; opera da vergognarsene (sia detto con buona pace) il Porco d'Epicuro, non che l'Asino d'Apuleio; sì piena è di laidissime disonestà, e come un pantanaccio, che per non affogarvi dentro, ancorchè si sia gigante, convien passarlo su trampani». Oh Dio! che per un poco di bellezza nel dire, l'anima si debba ravvolgere in questa fogna! Deh non sia. E però rendiam lode a quegli onesti, Seghezzi, Bandiera, Tagliazucchi, Gamba ed altri, che ci diedero di quelle Novelle purgate edizioncelle. Ed al benemerito e pazientissimo Gamba tributiam pure un distinto encomio, per avere, non sono più di tre lustri, offerte alla repubblica letteraria la *Vita di Dante* e la confortatoria *Epistola a Pino de' Rossi*, ridotte a migliore ed ottima lezione, tanto preziose, com' egli afferma, quanto i cammei incisi da Pirgotele o da Dioscoride. La Vita che il gran Certaldese scrisse del grandissimo Alighieri non è già «un'opera tutta d'amore e di sospiri e di cocenti lagrime piena» od in cui il Boccaccio «tanto s'infiammi nelle parti di amore, che le gravi e sostanziose parti della vita di Dante lasci indietro e trapassi con silenzio, ricordando le cose leggieri e tacendo le gravi» come asserì Leonardo Bruni aretino, e sulla fede di lui Mario Filelfo, il Velutello, Giannozzo Manetti, e tra i moderni Scipione Maffei, il Tiraboschi, il Pelli, il Ginguené; ma al contrario, l'innamoramento e il maritaggio di Dante toccati brevemente, parlasi della origine e del nascimento del poeta, de' suoi primi studi, delle sue vicende, de' suoi viaggi, del suo duro esilio, della sua morte, degli onori rendutigli dal signore di Ravenna suo ospite, delle opere che scrisse; e son dipinte sino le sue sembianze, la sua statura, le sue abitudini, i suoi difetti. Nè io saprei, dice il Gamba, che cosa di meglio ordito possasi leggere in qual si sia vita.

Ma sarà egli vero che il gran padre della prosa italiana non abbia mai nutrito l'animo a gravi e generosi pensamenti? Basterebbe citare in sua difesa la lettera scritta di Certaldo per conforto all'animo del settuagenario Pino, riputatissimo cittadino cacciato in esilio al tempo delle discordie suscitate tra le famiglie Albizzi e Ricci; ed abbiatevene, come per saggio sì della sua filosofia che del suo stile, niente più che il cominciamento: «Io estimo, messer Pino, che non sia solamente utile, ma necessario, l'aspettare tempo debito ad ogni cosa. Chi è sì fuori di sè che non conosca, in vano darsi conforti alla misera madre mentre ch'ella davanti da sè il corpo vede del morto figliuolo? È quel medico poco savio che innanzi che 'l male sia maturo si affatica di porvi la medicina che 'l purghi; e vie meno è quegli che delle biade cerca di prendere frutto allora che la materia a producere i fiori è disposta. Le quali cose mentrechè meco medesimo ho ragguardate, insino a questo dì, siccome da cosa ancor non fruttuosa, di scrivervi mi sono astenuto, avvisando nella novità del vostro infortunio, non che a' miei conforti, ma a quelli di qualunque altro, voi avere chiusi gli occhi dello intelletto. Ora costringendovi la forza della necessità, chinati gli omeri, disposto credo vi siate a sostenere e a ricevere ogni consiglio ed ogni conforto che sostegno vi possa dare alla fatica: perchè siccome in materia disposta a prendere l'aiuto del medicante, parmi che più da stare non sia senza scrivervi: il che non lascierò di fare, quantunque la bassezza del mio stato e la depressa mia condizione tolga molto di fede e di autoritade alle mie parole. Perciò se alcuno frutto farà lo mio scrivere, sommo piacere mi fia; e dove no 'l facesse, tanto sono uso di perdere delle mie fatiche, che l'avere perduto questa mi sarà leggieri». Dove sono qui le intemperanti e intralciate trasposizioni?

Non è anzi da per tutto gravità di parole come di pensamenti? E questa gravità di lingua e di pensamenti cresce per modo sino al fine, che ogni equo estimatore dirà una tale scrittura gran modello di eloquenza, di erudizione e di ragionamento. Solo è di rammarico il pensare che tanto senno troppo poco siasi adoperato in sì degni e nobili argomenti.

Teol. G. Audisio (*Lez. di sacra eloquenza*).

MAZAGRAN

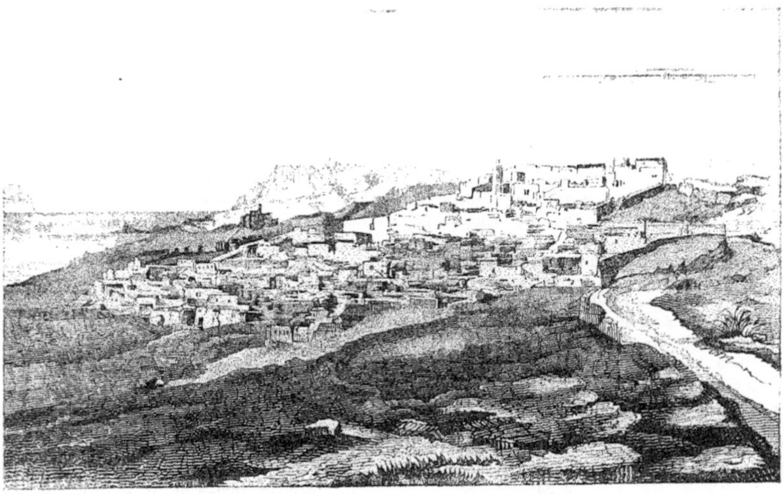

Nel momento in cui tutta Europa saluta i centoventitrè Prodi che sostennero, nell'angusta cerchia di Mazagran, l'impeto di oltre a dodicimila nemici, grata riescirà, senza dubbio, l'effigie della contrastata città, che noi qui porgiamo, quale fu disegnata dal vero dal capitano Genet, congiungendovi una breve descrizione estratta dalle carte officiali trasmesse al ministero della guerra in Parigi, nel tempo in cui venne occupato quel luogo, fatto glorioso e immortale da sì smisurato valore.

Giace Mazagran a ponente di Mostaganem, città della provincia d'Orano, dalla quale è distante un 7000 metri all'incirca. Due strade congiungono queste due città: la prima, a mezzodì molto rialzata, domina a cavaliere la seconda che è ad occidente, la quale rade le curve falde del monte, e stendesi, quindi, in seno ad una immensa pianura, a cui fanno confine, da una banda, il protendimento del monte stesso, e dall'altra il mare. Mazagran è del resto una piccola e sdruscita cittaduccia, costrutta sul pendio di un erto colle, in forma di vasto triangolo, munito, sul vertice, con una di quelle opere che in lingua soldatesca diconsi mezze-lune. La qual mezza-luna signoreggia, così, stante la sua collocazione, il mare, la città e l'attigua pianura, non senza tenere, eziandio, in rispetto la campagna e la via di ponente. Numerose abitazioni pastoreccie, e late piantagioni, belle di tutte le pompe della coltura, animavano, in addietro, la valle di Mazagran, e le pianure interposte fra essa e la vicina Mostaganem. Ma il genio della guerra, genio essenzialmente malefico e struggitore, ha sparsa la sterilità e la solitudine su questa sgraziata contrada, in cui non è oggidì nè orma di persona viva, nè solco fruttifero e consolatore. Rimane nondimeno la ricchezza del suolo, bene che la rabbia degli uomini non potè svellere: e se una stella più amica risplenderà, un giorno, sovra l'Algeria, i campi di Mazagran non saranno ultima dote della risorta colonia. Allorchè il generale Desmichels poneva, il 29 luglio 1833, un primo presidio francese in Mostaganem, gli uomini di Mazagran abbandonarono, unanimi, il paese, e s'avviarono, condottiero Abd-el-Kader, verso Tagedemt, ove presero stanza. Venuta Mascara in potestà della Francia, il 5 decembre 1835, la tribù dei Bethowas, kabaili stabiliti, prima, in Arzew, fu trasferita in Mazagran, di cui imprese a ricoltivare i giardini, sotto aspetto di *Maghzen*, o milizia indigena disciplinata. — Ma la marra e il fucile sono strumenti che mal s'affratellano, e le glebe di Mazagran, rosse di cotidiano sangue, scarsa messe fin qui produssero ai novelli padroni.

Cav. Baratta.

(Polinnia)

POLINNIA

Quantunque il nome di Polinnia, diversamente scritto, ci offra diverse etimologie, v'ha pure chi lo derivi dal molto ricordarsi delle passate cose, cioè dalla facoltà della memoria (1). Questo attributo materne è restato, frallo altre germano, più particolarmente appropriato alla nostra Musa, come ne fan fede gli antichi che l'hanno espressamente chiamata la *Musa della memoria* (2). Siccome questa facoltà molto si fortifica nell'uomo per mezzo del raccoglimento, l'han perciò scolpita i Greci maestri tutta ravvolta nel proprio manto, e quasi cogitabonda. Nè si creda ciò una capricciosa congettura, poichè resta perfettamente dimostrato dalla statua della Memoria del Museo Pio Clementino, indubitata per la greca iscrizione che ha nella base: ΜΝΕΜΟϹΥΝΗ, *Rimembranza*; la quale statua non esprime in altra guisa la qualità della Dea che rappresentandocela tutta involta nel manto, e persino le mani. Questo raccoglimento necessario alla reminiscenza ha fatto dagli antichi attribuire a Polinnia anche la taciturnità ed il silenzio. Col dito al labbro l'esprimono le lodate pitture di Ercolano, il qual atto resta a meraviglia illustrato da un greco epigramma sfuggito alla immensa erudizione degli espositori di quei monumenti. Eccone la traduzione:

Taccio, ma parla in grazioso gesto,
Mossa la mano, e taciturna in atto,
L'n loquace silenzio a tutti accenno (3).

Dopo di ciò non sembrerà punto dubbio qual Musa onorasse Numa sotto il nome di *Musa tacita* o *silenziosa*.

Siccome però la ricordanza delle passate cose ha fatto attribuire a Polinnia la cognizione della favola, come ne fa fede l'epigrafe della Polinnia Ercolanese, che ha ΠΟΛΥΜΝΙΑ ΜΥΘΟΥϹ, *Polinnia le favole*; così la sua taciturnità e la cognizione della favola fecero presiedere cotesta Musa all'arte dei pantomimi, che a forza di gesti sapevan rendere facondo il loro silenzio e rappresentare di tutto il cielo mitico le avventure le più dilettevoli. Che questa sorta di danza fosse diretta dalla musa Polinnia, è consenso universale degli antichi scrittori (4).

Ma per tornare alla spiegazione del citato marino, chi sa che quel manto in cui la veggiamo ravvolta, non voglia indicare le tenebre delle antiche storie e de' tempi mitici o favolosi, dalle quali son sempre oscurato quelle remote avventure? Inoltre, anche secondo quel sistema che vuol le Muse non altro che i Genii delle sfere planetarie che tessono intorno al Sole danza armoniosa e perpetua (1), conviene a Polinnia il ravvolgersi nei vestimenti, essendo ella che presiede alla fredda ed estrema sfera del tardo Saturno (2).

La Polinnia del Museo Pio Clementino è coronata di rose; corona che attribuiscono alle Muse i greci poeti e fra gli altri Teocrito. La sua testa e pe' lineamenti o pel resto è del tutto simile alla bella statua detta la Flora Capitolina. Siccome i simboli che la distinguono per Flora sono aggiunti modernamente, così non esiterei molto a credere anche questa una Polinnia, giacchè oltre la somiglianza del capo con quella del Museo Pio Clementino, favorisce un tale sospetto la somiglianza ancora dell'abito con quello della Polinnia Ercolanese (3).

Consideriamo ora la nostra Musa ne' restanti monumenti più accreditati che ci offrono queste Dee delle arti. Nel sarcofago Capitolino niuna più convenevolmente potrà dirsi Polinnia che la quinta, la quale sta appoggiata col gomito ad una rupe, e così colla destra si sostiene il mento, che non le sarebbe possibile di favellare. Simile situazione ben conviene alla Musa silenziosa di Numa che era la nostra Polinnia, giacchè non seguiremo in ciò l'erudito illustratore di quel monumento che la chiama Erato, e dà il nome di Polinnia alla Musa de' pugillari, da noi creduta Calliope. È da notarsi che la stessa Musa nella situazione medesima s' incontra nel bel bassorilievo dell' apoteosi d'Omero. — La particolarità d'esser involta nel manto è ancor più chiaramente indicata nel bassorilievo Colonna.

Che più? In simile attitudine esistono ancora due statue, una nel palazzo Lancellotti a Velletri, l'altra

---

(1) *Polyhymnia*, *Polymnia* e *Polymneia* si trova scritto dagli antichi: il primo nome vale, grecamente, *molto celebrato*, o viene *dalle molte lodi o inni*; poichè il suo studio è sulle lodate gesta degli Dei e degli Eroi che si contengono nelle favole; così Cornuto o Fornuto. Il terzo viene *dalla molta memoria*, come asserisce Plutarco e lo Scoliaste d'Orazio. Il secondo può essere sincopato dal primo nome e dal terzo.

(2) Vedansi Plutarco, Fulgenzio e lo Scoliaste d'Orazio ne' luoghi sovraccennati.

(3) Anthologia Graeca, lib. 1, cap. 67, ep. 29.

(4) Ausonio, idill. XX:

Signat cuncta manu, loquitur Polymnia gestu.

Flectitur in faciles, variosque Polymnia motus. Ascanio.

E più chiaramente Cassiodoro Var. 1, ep. 20: *His sunt additae orchestrarum loquacissimae manus, linguosi digiti, silentium clamosum, expositio tacita: quam musa Polymnia invenisse narratur ostendens homines posse, et sine oris afflatu, suum velle declarare.* Luciano poi rende la stessa ragione da noi addotta dicendo che il pantomimo non dee nulla ignorare di ciò che hanno scritto Omero ed Esiodo, e per ricordarsi di tutto si studierà di rendersi propizia Mnemosine e la sua figlia Polinnia. Lucian. *de saltat.*

(1) Ved. Natale Conti *Mytholog.* lib. VII, cap. 15.

(2) Saturno è l'ultimo pianeta di quelli che si possono vedere senza telescopi, e perciò il più freddo.

(3) Questa sopravvesta non è altro che la *penula*, abito proprio sì degli uomini che delle donne, secondo Ulpiano, leg. *vestis*, digest. *de auro et argento legato*. In fatti è visibilmente simile ad un'antica pianeta, come dev'esser la penula, anche secondo il Ferrari, *de re vestiaria*, lib. I, cap. 37.

nella villa Pinciana. Nel bel bassorilievo cilindrico rappresentante Paride ed Elena, illustrato dal chiarissimo signor Orazio Orlandi, sono tre Muse assistenti all'azione, una delle quali è precisamente la stessa figura da noi determinata per Polinnia nel sarcòfago Capitolino.... Polinnia, che è la Musa del gesto e dell'azione, è qui posta per le belle maniere di Paride, come in altri monumenti si vede Pito, ovvero la Dea della persuasione, ed altre tali.....

Questa figura di Polinnia in atto di sostenersi il mento colla mano, e tanto replicata, la stimo di molta antica invenzione, appunto per trovarsi nel basso rilievo dell' apoteosi d'Omero, nel quale tutte le altre Muse sono rappresentate assai diversamente dal consueto, non essendovene alcuna colla maschera..... Ma ciò che comprova mirabilmente la nostra opinione d'interpretar sempre per Polinnia quella Musa così appoggiata col gomito, è una doppia sua imagine in due bassirilievi del palazzo Mattei, dove alla sua figura, simile alle sovra descritte, si aggiunge una maschera ai piedi per simbolo delle pantomime teatrali, proprie di Polinnia. Siccome quest'attributo disconverrebbe affatto e a Calliope e ad Erato, darà una sempre maggiore probabilità al nostro divisamento.

CIAMBAT. *ed* ENN. QUIRINO VISCONTI

A questi cenni dati su Polinnia dai due valorosi archeologi italiani, ne piace qui aggiungere la dichiarazione della imagine avanti espressa, ne' precisi termini in cui la concepirono gl'illustratori del *Museo del Louvre*, ove oggidì la statua conservasi entro la così detta *Sala di Pallade*:

« Questa graziosa statua è quella della Musa « Polinnia. La Dea, ravviluppata in un manto, ap- « poggiasi sur un masso dell'antro Corycio. La sua « testa riposa sulla sua mano, e tutto il suo atteg- « giamento indica una profonda meditazione. Il « panneggiamento è soprattutto osservabile per una « leggierezza ed un gusto squisito. La parte supe- « riore di questo lavoro fu ristorata da uno scultore « romano per nome Agostino Penna, il quale, per « la posa e l'espressione, ispirossi felicemente ai « diversi bassirilievi e pitture che ci rappresentano « Polinnia. L'altezza di questa bella statua è di « 1m. 861.

« La Dea Polinnia è una delle nove Muse: essa « era figlia di Giove e di Mnemosine: essa pre- « siede alla poesia lirica, come lo indica il suo nome « derivato da *poli*, molto, e da *umnos*, inno. Polinnia « afforza il suo poetico entusiasmo col suo raccogli- « mento: quindi è che sempre stassi ravvolta nel « proprio manto. Essa presiede ai miti, ai quali forza « è riascendere per ritrovare l'origine del mondo, « delle più antiche nazioni, e de' più illustri eroi.

« In un bassorilievo essa è effigiata con una ma- « schera a'piedi: essa è allora la Musa della panto- « mima; imperocchè, come dice Ausonio, essa tutto « esprime colla mano e col gesto. Alcuna volta « presso i Romani Polinnia era Dea della persua- « sione; affiguravasi allora con un volume tra le « mani, su cui leggevansi i nomi di Demostene e di « Cicerone, e, talora, aggiungevasi anco il motto « *suadere*, persuadere. Uno scoliaste di Apollonio « attribuisce a Polinnia l'invenzione della lira, e « dice che essa fu madre di Orfeo ».

FRANCESCO II RE DI FRANCIA

(*Continuazione e fine. Vedi N° anteced.*)

« Se è giunto alle vostre orecchie (che certamente esser debbe) quanta agitazione nascesse nella corte di Francia al morire di Francesco II, saprete che esso principe malavventurato fu vittima dell'ambizione di una madre, che potè chiudere il core alle sacre voci della natura. E nondimeno gli uomini giudicarono con troppa indulgenza le opere della crudel Caterina. Imperocchè fu avuto sospetto che uccidesse con veleno il figliuolo; ma fece ancor più, lo serbò in vita dopo che lo ebbe spogliato di quanto a lui rendevala graziosa e cara; svelse un re dal seno de'suoi popoli, uno sposo dalla donna più degna di amore, e volle d'un vivente cadavere tener cura. Giusta è la cagione, o mio figlio, dello stupore da che siete compreso; le dicerie fatto sulla morte di Francesco II non aveano fondamento in alcuna verità; egli stesso è colui che vi rivolge le parole.

— Voi siete! gridò fuor di sè Carlo: buon vecchio, troppo enorme sarebbe reputar menzogneri i detti vostri; ma io non so bene fermarmi nella certezza che una tanta ribalderia siasi operata in faccia al mondo tutto, e che per sì lunghi anni il vero non abbia potuto risplendere.

— Vi sfugge di mente, o figlio, che parlate ad un uomo, i cui momenti di vita son pochi e numerati, e che forse dimani sviluppato da'mali suoi sarà assiso all'eterno banchetto de'giusti. V'acquietate alle mie parole, e sappiate che questo labbro già vicino ad essere chiuso e aggelato dalla morte non imparò mai sonar voci di menzogna ». Ed era nel favellar del vecchio tanta significazione di semplice core e di dignità insieme, che colui avrebbe avuto un animo ben duro, il quale avesse negato prestar fede intera a'suoi racconti. Oltre a ciò gl'indizi della morte, che già pareva aggirarsi sulla testa di quella onoranda creatura, poser fine alla rimanente incertezza del giovanetto; ma troppo particolarmente toccavalo l'impresa narrazione perchè egli potesse temperarsi in udirla dalla più violenta commozione d'animo. Per lo che s'appigliò alla mano dell'infortunato re, cui sparse di alcuna lagrima, e disse:

« Condonate, o sire, alla mia pietà questo ardimento: e proseguite, se vi aggrada, le narrate cose, che io coll'anima tutta a ciò ristretta vi ascolto ».

E Francesco riprese allora il suo racconto: « Volgeasi l'anno 1560, allorchè mi persuasero ad uscire di Parigi, perchè non vi riponessi piede se non dopo essere stato solennemente condotto a morte il principe di Condé. Nel dì 3 dicembre ebbi invito da mia madre di recarmi a dimorare alcun giorno seco nella sua terra di Gournay; e come ossequente ed amorevole figlio mi adattai al suo volere. Qui è forza che io lasci non so quale spazio di tempo vuoto di racconto, poichè nulla me ne ridice la memoria; a gran pena serbo una confusa ricordanza di aver provato dopo lo stare a mensa della sera una doglia sì crudele del capo, che mi sembrava le pareti della mia stanza crollarsi, e far le viste di volermi col loro peso schiacciare. A giorno pieno mi destai, e con grandissimo stupore, sì che io credeami ancor sognare, mi trovai solo in una camera ignota di forma rotonda e a vôlta, in cui non s'intrametteva la luce fuorchè da una breve inferrata su dal pavimento non meno di 20 piedi. L'uscio ricoperto di ferro era immobilmente racchiuso e assicurato; il letto, due seggie, una tavola, e un forziere col bisognevole per uso di vestire, erano i soli oggetti movibili di quel luogo; vidi inoltre a terra un vaso pien di latte e un frusto di pane. Essendomi levato a sedere, più e più volte chiamai, proferendo i nomi de'mici più diletti e fidi servi, Dampierre, Duchâtel, Perissac, e d'alcun altro; ma una voce non rispose alla mia. Fuer di senno, mi slanciai alla porta, che da me battuta e spinta con furore non diede crollo, e con un cupo rombare mi avvisò essere inabitata e vuota la vicinanza. Allora mi si inondò la fronte d'un gelato sudore, e dal fero dubbio pullulò nella mia mente un'orribile certezza; io conosceva di essere prigione per aver disfavorito le ambiziose brame di colei che nulla amava in me il sangue suo, perciocchè io l'aveva ritolta dal governamento delle cose pubbliche, chiamandone a parte la mia regal consorte. Ah! Maria, Maria, degna e amata mia compagna, angelo per beltà e soave indole candidissima, serbata alla ferecia di infernali creature! Giovane, se tu l'avessi conosciuta, non avresti a maravigliare, che alla sua rimembranza gli occhi miei si spremano ancora in amarissime lagrime.

« Di tal guisa andarono molte ore, che mi parvero lente a dismisura e tristi. Alla fine, sul far della sera mi percosse negli orecchi un rumore di passi gravi, che parean venire di basso in alto; dal che argomentai che il mio carcere era fra le parti più sorgenti dell'edifizio. Io non ridirò come fosse in iscompiglio il cor mio, quando intesi i passi far sosta all'uscio ferrato, e tre immani chiavistelli stridendo ritirarsi nei loro cerchi. Ripugnante e cupido insieme, a stento ebbi la forza di far su di me un segno di croce e di gridare: Madre di Dio, vi mova pietà di me! La persona che in quella mi apparve, non era al tutto fuor di mia conoscenza; ma allora non trovai nella mente il suo nome, e solo di poi mi sovvenne che chiamavasi Langone di Gisor. Egli si piegò a segno di onoranza nel mio cospetto, e mi accennò che seguir lo dovessi. Io dimandai: Mi è resa la libertà? Rispose che no. E con qual diritto tiensi prigioniero un re di Francia? — Il re di Francia ha nome Carlo IX. — Io dunque chi sono? — Un uomo sbalzato dal soglio, morto per sempre al mondo. — Me lasso! esclamai, e la regina, la mia dolce sposa, ov'è, e perchè da me divisa? — Lo spietato continuava: — Maria Stuarda piange l'estinto marito. — Per queste parole non valsi a fermar l'impeto del mio dolore.

« Dappoichè io aveva fatto pertinacemente niego di andar con esso lui, Langone disparve; io rimasi colla mia disperatezza, e con una folla di sinistri pensieri. Morire in qual sia modo era mio proponimento; ma appena io toccava il decimottavo anno; imperò le speranze risorgenti nel fervido core, e l'amor che lo infiammava, mi pacificarono a me stesso. Nel seguente dì mi offersi a Langone di più rimesso animo, e colla serenità della fronte volli innanzi a lui tener celata la torbidezza del core. Un uomo armato, che gli veniva al fianco, pose sulla tavola alcuni squisiti alimenti; e, il dirò pure, più poterono in me i bisogni imperiosi della natura, che il dispetto e l'ira contro l'acerbità della mia sorte. Mi soccorreano inoltre pensieri di conforto, rammentando i molti amici e servi affettuosi, che forse avrian potuto iscoprire la falsità di mia morte: e immaginando mutazioni di corte o di stato a me seconde. Intesi da Langone non essergli dato di procurarmi il menomo ricreamento, salvo il condurmi per mezz'ora ciascun giorno in una breve stanza vicina, mentre un servo, a cui m'era divietato di parlare, rassettava la mia prigione.

« Io viveva in quella sepolcral buca oppresso e roso da una incomportabile noia, e indarno cercava mille argomenti per liberarmene. Un giorno finalmente mi venne fatto di trovare cosa a prima vista di niun conto, ma di gran pregio per me; e ciò fu che trassi dal muro un grosso chiodo di ferro, dimenticato in un angolo tra una profonda fissura, del quale io m'aiutai a segnare i giorni di tristo o bell'aspetto. Ed avrei desiderato non meno di notar con quello sulle pareti i diversi miei pensamenti; ma mi tenne la occhiuta vigilanza de'mici custodi, e il timore di perdere quel prezioso strumento.

« Così per parecchi anni lento lento passò il viver mio senza che un istante di consolazione o di sollievo entrasse nel suo infinito amaro. Succedette a Langone un altro più duro di core, più aspro di modi, ma quasi in compenso di ciò, era meno guardingo nel favellar con me. Per la qual cosa fui da esso avvertito, dopo sette anni di prigionia, che per sopraggiunta di mie sventure la tanto a me diletta Maria, obbliando la coniugal fede in prima giurata, avea stretto già da due anni il secondo imeneo, di che erale venuto un figlio; ma il mio dolore a molti doppi s'accrebbe sentendo che Maria s'aveva scelto uno sposo indegno di essa per la poca nobiltà di sangue. — Voi siete nell'inganno, padre mio, fu spinto improvvisamente a dire il giovanotto, colorandosi in volto di focoso vermiglio; lord Darnley originava come Maria dalla nobile schiatta degli Stuardi, ed era sceso per lato di madre dal settimo Enrico ». A queste subite parole il vecchio stettesi sospeso in ammirare, e considerò alcun poco fisamente e senza far motto le sembianze di Carlo; ed egli con modesto piglio soggiunse: — « O padre mio, troppo mi graverebbe lo avervi offeso co'malaccorti miei detti, e pregovi perdonare ad un Inglese, cui parve onesto rimettere in buona fama la memoria d'un suo compaesano. — Non mi avete ne offeso per verno modo, o mio figlio, rispose il mansueto Francesco; solo io provo, affisandomi nel vostro aspetto, un indistinto presagio di nuovi mali. — Bandite dal petto, disse il giovane, così funeste immaginazioni, e non vi spiaccia seguire il racconto di vostre ree fortune ».

Ed il placido vecchio continuò: « In poche parole, o figlio mio, chinder si possono que'lunghi anni di miserabil vita. Il Cielo, da me per quotidiane preci invocato, non degnò nella profonda sua giustizia inchinarsi a pietà; quindi nulla per me cangiossi, e io vegetava miseramente nel mio carcere come un albero dimenticato nelle deserte selve del settentrione, nè valeami invocar con accese brame la scure che mi troncasse dalle vitali radici. Sopravvennemi allora il pensiero, per vincere le ambasce di quell'ozio funesto, di scolpir varie figure sulla parete della mia prigione; avrei anche voluto tramandare a quei che verranno il mio nome e la storia delle mie tristissime vicende, però che io disperava uscir mai da queste orride tombe; ma non sarebbesi potuto da me vietare il conoscimento della mia impresa alla sopravveglianza de'crudi carcerieri. Tra molti consigli questo mi parve il migliore: scolpii col mio chiodo la storia di mio padre ucciso in un torneamento dal conte di Mongommery, poscia figurai me stesso colle sembianze di un uomo martoriato tra due donne, delle quali all'una mi studiai dar le fogge e le fattezze di mia madre, all'altra della non più mia sposa: e di fronte a questi figuramenti feci la seguente enimmatica scrizione: MATER DEI, MISERERE MEI P.O.N.-T.A.N.I.; con che intesi significare: PRINCIPIS OMNIBUS NOTI, TRADITI ANGLA, NECATI ITALA: *Madre di Dio, vi prenda pietà di me, principe assai noto, cui una femmina inglese tradì, una italica condusse a morte.*

Finalmente volli sperimentare un ardito modo di fuga. Coll'opera del mio chiodo potei a gran fatica formar lungo la muraglia alcuni pertugi, nei quali, fermando il piede alternatamente, m'inerpicai sino alla finestrella della mia prigione. Io non saprei qui ridir con parole per quante maniere s'empisse d'allegrezza tutta l'anima mia tosto che rividi, dopo 20 anni, la campagna, la verdura, le piante, l'acqua di un fiume e l'azzurro de'cieli. La speranza rigermogliò più vivida nel mio petto, ed io mi volsi con più coraggio a procacciar la mia liberazione.

« Alcon tempo innanzi era stato posto a'miei servigi un fanciullo di presso dodici anni, il quale molto amandomi, del pari s'ebbe tutto l'amor mio, e mi piaceva d'assai per l'accortezza sua. Laonde io m'avvisai di fidargli il mio disegno, ben sapendo a chiari argomenti, ch'egli non mi avrebbe giammai tradito. E in ciò mi assicurava prima la poca età, che lo faceva semplice ed illibato di core, poi la virtù del suo nascimento, essendochè la di lui famiglia nell'avversa fortuna avea mostrata devozione a' miei padri ed a me stesso. La generosa anima di quel fido compagno e partecipe delle mie sciagure, questo buon Piero, che già vi ho indicato, prese sopra di sè la cura di procacciare a tempo opportuno una corda. Infrattanto io lavorava indefessamente per molto spazio del giorno a scavar muro d'intorno alle verghe di ferro del mio balcone, affinchè potessero venir poi divelte. Lo credereste, o mio figlio? quest'opera si proseguì da me più di un anno. Vidi finalmente sorgere quel sole che dovea splendere sulla mia prosperevole fuga; e coll'aiuto della corda, che Piero m'avea procurata, impresi di calarmi fuora sino a piè della torre. Ohimè! che vale cozzar colla suprema irrevocabile volontà di chi tutto dispone? Le mie forze non poterono quanto il mio ardimento, e io caddi d'assai alto sui macigni che fan corona alla torre, così che ne ebbi malamente fratturata una gamba. Al doloroso gridar che io faceva, accorse prestamente una turba di soldati, mi addimandarono chi fossi, e nel punto che io voleva ad essi rispondere, il governatore del castello, fra i primi volato presso di me, chiusemi aspramente la bocca colla sua mano inguantata di ferro; nè fu posto di mezzo alcun indugio a riportarmi, non già nel mio carcere antico, ma in un sotterraneo sepolcro. Fu in vero propizia ventura per me che su di Piero non cadde il sospetto d'aver fatta agevole la mia fuggita; e perciò giubilando lo rividi e abbracciai.

« Breve tempo era scorso da ciò, quando il mio fedel compagno a me un giorno venne tutto trafelato annunziando che forse la mia sorte era per mutarsi di gran lunga in meglio; perocchè una numerosa schiera a sciolto corso indirizzavasi verso il castello dimostrando le più feroci intenzioni. Quindi un nuovo lume di speranza mi ricreò; e in poco d'ora cominciò a sentirsi l'alto rimbombare delle macchine di guerra, che sonava nel mio core come una gradevole armonia; ma invece, ahi! quell'avvenimento doveva recarmi le più crudeli angosce che io provassi mai. L'assedio fu continuato per 36 ore, nel passarsi delle quali io mi stetti senza nutrimento di sorte; e quando più credeami aver a perire di fame, sentii un orrendo fragore di sopra, che era, come dappoi mi fu narrato, il cader delle muraglie e de'bastioni in rovina. Furono, dopo ciò, le porte dell'oscura mia tana spezzate da uomini furibondi, che speravano al certo trovar tesori ove non era che un misero presso a mancar di fame e di dolore. Nullameno parvero fatti pietosi alla vista de'miei mali, mi portarono all'aperto, e mi lasciarono solo e moribondo sulle ancor fumanti macerie della combattuta rocca. Tornato dopo alcune ore a conoscenza e a vita, fui liete in veder quale amica mano avea preso cura di me, e per lui sono ancor vivente.

« M'accorgo, o figlio, che si dileguano le mie forze, e fa d'uopo che io ponga presto a fine l'amaro racconto. Era il castello da imo a sommo rovinato e deserto; ma io non volli per allora avventurarmi al di fuora sinchè non mi chiariva delle sorti del mio regno. Vivemmo io e Piero da anacoreti, mangiando il pane dell'altrui pietà; nè andò guari tempo che mi giunse agli orecchi, il minore de'fratelli miei regnare con nome di Enrico III; l'espugnazione e saccheggiamento del castello essere stata opera della parte de'calvinisti, e infine (o Dio! avrò cor che basti a ridire il funestissimo evento?) seppi che la mia diletta Maria era stata tronca del capo dalla mannaia ».

Qui fu un lungo intervallo di silenzio, e Carlo e Francesco II si sfogarono in amarissimo pianto. Poi die'compimento alla sua trista narrazione il monarca in questi detti: « Le molte e lunghe mie sventure, la fiacchezza delle membra e dell'intelletto furono cagione che io mi volsi ad un nuovo proposto; e feci promessa solenne a Dio di rinunciar per sempre alla mia corona, e di vivere inglorioso ed obbliato sulle ammucchiate reliquie della mia prigione, tutto inteso alla preghiera e al meditare; solo gli chiedeva di consentirmi una vita riposata, e di non lasciarmi morire senza che mi venisse una consolazione.

« Il Cielo vi fa ora contento, o mio padre; Carlo così gridò e riverente pose il ginocchio sul terreno; mirate a'vostri piedi uno Stuardo, figlio del figlio di Maria ». — Il vecchio, soprappreso da soverchia allegrezza, non fece motto, e solo ebbe forza di aprire le braccia, fra le quali si lanciò il giovane con impeto d'affetto. Da tanta gioia era stato tolto all'infelice il poco restante vigore; egli disse a'due suoi amici come desiderava di goder per l'ultima volta nella veduta de'cieli e della campagna. Pronti furono a seguire il suo volere. Adagiato il vecchio sopra il leggero e folto musco fuor delle rovine del castello, contemplava la bella natura, ed aspettava con quieto animo la fine d'un vivere sì lungo e travaglioso.

Carlo, prosteso accanto al morente, pareva voler cogliere i di lui estremi sospiri: quando esso imponendo alla di lui fronte la gelida mano, così parlò: « Figlio degli Stuardi, si compia la volontà di Dio! Non sarà senza mercede lo aver tu consolato nelle sue ultime ore un principe sventuratissimo qual io mi sono; ma bada, o mio Carlo; a te già si apprese la funesta influenza del mio destino. — No, padre, esclamava il real giovanetto, non parlate così neri presagi; chè io non offesi il Cielo, ed ho a ringraziarlo di aver volti i miei passi in questa solitudine, onde potessi prestarvi amorosamente gli ultimi uffici. Qual mala ventura avrò io quindi a temere? — Io non so il futuro, o mio figlio, soggiunse con roca e tremula voce il re Francesco; ma mentre che sono per cedere l'anima al divin Creatore parmi vedere aprirsi a'miei occhi un volume sfolgorante e leggevi, se non erro, a lettere di foco il tuo nome in un decreto di martirio. Re d'Inghilterra, tu sarai tradito, e da chi meno tel pensi ».

Carlo, Carlo, udissi gridare in questo punto il pauroso Giorgio di Buckingham, che si appresentò in quel luogo di dolore; perchè tanto avete indugiato a riunirvi meco? io volgeva per voi mille affannosi sospetti. Il giovane non fe'risposta; avea veduto esalarsi l'anima del re di Francia!

Con Pier Tanneguy diede sepoltura a quella veneranda spoglia, e la bagnò di sincere lagrime. Indi a pochi giorni, per attener sua promessa, consegnò a Piero uno scritto, che questi lasciò in legato al suo nipote Edmondo Antonio Duchâtel nell'ora di sua morte, che fu nell'anno **1644**.

Prof. Pietro Bernabò Silorata.

NB. Ai conoscitori della storia è inutile l'avvertire che il chiarissimo Autore, valendosi delle facoltà concessegli dal genere romantico a cui il presente lavoro appartiene, si è in alcuni luoghi essenzialmente discostato dalla storica precisione.

LA MODA

Questa divinità stabilì il suo impero in Parigi, ed appresentasi ad un tempo in mille forme differenti. Gl'iconologi non ce ne diedero i simboli, perchè le vesti presso gli antichi cangiavano assai meno sovente di forma, che non presso di noi. Poche sono le nazioni dove le mode siano così variabili come in Francia. I Francesi portarono toniche sino al sec. XV; sotto Luigi il Giovane abbandonarono l'uso della barba cappuccinesca che forzatamente ripigliarono sotto Francesco I: essi non cominciarono a farsi radere la barba per intiero che nei tempi di Luigi XIV. In fatto di vestimenta, queste cambiarono sempre, cosicchè i Francesi, al finire di ogni secolo, potevano prendere i ritratti dei loro avi per ritratti stranieri. Questa mobilità nelle mode è inerente al carattere della nazione, ed i medesimi progressi nella civiltà e nel raffinamento del lusso diedero la spinta ad un nuovo accrescimento in genere di mode, ma finì per essere una mina feconda per la classe laboriosa di quelle contrade, o, per dirla più chiaramente, diventò un balzello volontario che gli stranieri pagano all'industria francese. Fin dal secolo XVI, le mode di Francia si sparsero in Inghilterra, in Italia e nella Germania. Noi sappiamo dalla nostra storia che Carlo VIII ci lasciò la smania di vestirci alla francese. Lord Bolinbroke non si vergognava di dire che sotto il ministero di Colbert le futilità che si esportavano di Francia costavano all'Inghilterra da cinque a seicentomila lire sterline, e che lo stesso succedeva proporzionatamente negli altri paesi.

Le donne amano la moda, perchè le ringiovanisce, od almeno almeno se ne rifanno. Così avviene in quasi tutta l'Europa, fuorchè nella Spagna ove le donne non lasciano mai l'abito nazionale (la basquina y la mantilla), ed hanno ben ragione, poichè il vestire alla francese toglie loro quella grazia del portamento che tanto le abbellisce.

Se ogni nazione non parlasse che il suo idioma, ed avesse una foggia di vestire propria, si otterrebbero vantaggi grandissimi, e così vedendo un forastiero al passeggio, si saprebbe a qual nazione appartiene: allora cadrebbe in disuso il proverbio *vestirsi a modo d'altri*, e non si direbbe più che *l'abito non fa il monaco*, come tutti dovrebbero rallegrarsi che *la Moda* non sia più di moda.

Conte L. CAPELLO DI SANFRANCO.

ARCHEOLOGIA — INTERPRETAZIONE D'ANTICHE SIGLE

A' piedi della lettera autografa diretta da D. Cristoforo Colombo il 2 aprile 1502 all' uffizio delle compere di S. Giorgio di Genova, rinvenuta in detto archivio nell' anno 1823 dal signor avvocato Carlo Cuneo inspettore degli archivi del ducato di Genova, entro il protocollo segnato: ab extra = Foliatium Appodisiarum Antonii Galli de MDII = (e non segnato = 1502 A. G. = come per errore notò il cav. prof. Spotorno, religioso del convento degli Armeni in Genova, nel tomo 1°, facc. 292 della Storia letteraria della Liguria, mentre tal protocollo mai vi fu), trovansi le seguenti sigle:

.S.
.S. .A. .S.
XMY
Xpo FERENS

Le quali interpretate giustamente vogliono significare: « Supplex servus altissimi salvatoris Xristi, Mariae, Yosephi ». Diffatti si osservi che le prime quattro lettere minuscole sono distinte da altrettanti puntini, e perciò sono quattro diverse parole; le ultime tre essendo maiuscole, non hanno distinzione di punto, e come maiuscole indicano tre parole di tre diversi nomi propri. Questa mia spiegazione è quella stessa inserita nella Gazzetta di Genova n° 104 30 dicembre 1829 da me allora fatta per correzione di quella dicente: = Xristus, Sancta Maria, Yosephus; ovvero, Salva me, Xristus, Maria, Yosephus = errata in tutti i capi come ognun vede; e che si legge nell' introduzione del Codice diplomatico Colombo-Americane composta dal suddetto religioso Spotorno. La quale mia versione meritò di essere preferita da tutti i dotti scrittori a quella del cav. medesimo, come fra gli altri il dottissimo abate Amati, conservatore della biblioteca Ambrosiana, fece nella sua opera intitolata: = *Ricerche storico-critico-scientifiche*, pubblicate in Milano presso il Pirotta l' anno 1830, tomo quarto, facc. 308.

PASQUALE ANTONIO SBERTOLI.

L' ESCURIALE

L' Escuriale, monumento che il padre Ximenes ebbe a chiamare, con ispana enfasi, *l'ottava meraviglia del mondo*, altro non fu in origine che un sontuoso monistero dedicato a San Lorenzo, ed eretto in un piccolo villaggio detto *El Escorial*, da cui prese il nome. Questo villaggio giace sette leghe circa lungi da Madrid, appiè di una catena de'monti di Guadarrama, monti, tra quanti ne contino le Spagne, orridi e selvaggiamente maestosi. Pittorico oltre ogni credere si è l'aspetto della celebre mole, sorgente, quasi per miracolo di magic'arte, di mezzo a quelle roccie fantastiche e minacciose, che le fanno corona. La religione, angusta fonte da cui scaturirono le opere più nobili e grandi, suggeriva a Filippo II l' innalzamento d'edificio così stupendo: chè egli offerivalo, per voto, a San Lorenzo, nell' atto in cui combattevasi, il dì della sua festa (1557), la solenne battaglia di San Quintino. Ond'è che ad improntare, quanto più potevasi, l' ideata fabbrica collo stemma del Santo, vollesi che tutto raffigurasse, in essa, quella dolorosa graticola, sulla quale egli sostenne, per Cristo, il martirio. Di graticola ebbe quindi forma la pianta dell' intero edificio, ed affinchè nulla mancasse alla scrupolosa imitazione del tipo, mentre un braccio più lungo protendevasi indietro, a guisa di manico, quattro svelte torricciuole costrutte sugli angoli furono destinate a rappresentare i quattro piedi o sostegni arrovesciati. Nè havvi poi, in tutta la fabbrica, cosa alcuna, sia pur piccola e poco importante, in cui l'imagine della graticola stessa non fosse, in qualche guisa, riprodotta e stampata. Dedalo immenso d'architettoniche e pittoriche produzioni, l'Escuriale non è tale monumento da potersi entro i limiti di un breve articolo adombrare, non chè descrivere. Ristringendoci, perciò, ad un semplice e fuggitivo cenno, daremo di esso, se non il sembiante, i tratti almeno caratteristici e principali.

L'assieme dell'Escuriale, più imponente per vastità che notevole per eleganza di forme, se sorprende il viaggiatore che contemplalo a qualche distanza, nulla ha che gli meriti lode da chi fassi a posatamente considerarlo. Oltre quel peregrino concetto dell' imitazione della graticola, per cui l'ortografia della fabbrica rimase necessariamente labirintica e frastagliata, l'architetto si astenne, in tutte le esterne fronti, da ogni qualsiasi fregio o rabbellimento, si che l'Escuriale appare, qual era in sostanza, un colossale convento e null'altro. Innumerevoli sono le porte e le finestre che mettono alle varie parti dell' edificio; ma prima, fra tutto le entrate, si è quella che prospetta ad occidente, e che, decorata, sola, di un bel colonnato, e di maestoso frontone, serve, esclusivamente, per l' ingresso de' re di Spagna, e

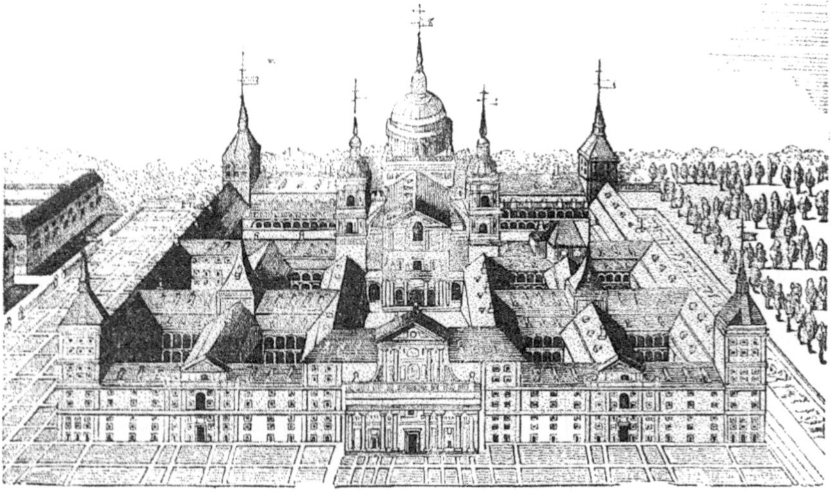

de' principi loro affini. Nè l'essere re o principe basta ancora perchè una porta cotanto privilegiata si schiuda; chè in due soli rarissimi casi permettono le prammatiche tale apertura; quando cioè il monarca od i principi vengono offerti, neonati, al santo proteggitore entro alle sacre soglie del tempio, e quando, estinti, entrano colà per dormirvi il sonno della morte, entro ai sepolcri della stirpe sovrana.

La fronte del tempio è, da tal lato preceduta da nobile peristilo, sulla cui cima torreggiano le colossali imagini di sei re d'Israele, in alcuni de'quali l'adulatore scarpello riprodusse le sembianze di Carlo V e di Filippo II. Disadorna affatto si è, per lo contrario, la fronte che dà a mezzogiorno; ma sorprendono, in essa, trecento finestroni, disposti a quattro ordini, compresovi uno zocco o sotto-base resa necessaria dalla china di quella parte del suolo. L' intero edificio è costrutto di una specie di granito oscuro, che traggesi dalle vicine rocche, e che dà alla fabbrica un aspetto sempre più grave e severo. Vari furono sempre, del resto, l' uso e la fortuna di questo palazzo gigante: poichè ora, vero convento, accolse una famiglia di Geronimiti, giunta, talvolta, sino al novero di duecento individui: ora, trasformato in reggia, ricettava la corte, e tutto quell'immenso seguito di persone e di cose, che ne sono indispensabile corollario, massime nelle Spagne. Anche in tal caso, però, una modesta cella apprestavasi espressamente pel re, il quale recavasi ivi ad interrogare, tra que'sacri silenzi, la propria coscenza, ed a ricordare, in mezzo alla claustrale temperatezza, la bugiarda vanità delle pompe del secolo.

La chiesa di San Lorenzo ha la forma di una croce greca, a cui fa tetto, sul centro, una cupola di colossal dimensione. Rimproverasi a questa fabbrica la mancanza di sveltezza, essendone non l'assieme soltanto, ma tutte le parti soverchiamente massiccie e tarchiate; non può, nullameno, negarsele il pregio di una maestosa semplicità, e di una armoniosa distribuzione. Essa inchiude, altronde, notevolissime opere d'arte, quali sono le pitture della cupola e della nave di mezzo, uscite dal maestro pennello del Giordano, l'altar maggiore, decorato con nobile gradinata e ricca pompa di marmi, varie laterali cappelle, e soprattutto le tombe di Carlo V e di Filippo II, che attraggonsi per magnificenza e buon gusto l'universale ammirazione degli intendenti. Ma ciò che colloca l'Escuriale tra più insigni edifici del mondo, si è il così detto *Panteon* o sepolcreto della regia stirpe, la galleria de'quadri e statue, il coro e la biblioteca; vasti ed inestimabili tesori de'quali terremo altrove speciale discorso. Cav. BARATTA.

LA MADRE BOLOGNESE

CRONACA POPOLARE

Un vento impetuoso nel marzo del 13.... rombava nelle vie di Bologna, e cupamente nei vasti cortili di un palagio che estollevasi in una di esse, fischiando, si rompea lamentoso. - Suonavano le campane delle chiese, per invitare alla preghiera dei defunti - la notte era oscura..... tutto inspirava tristezza. - Madonna era sola in una vasta sala, parata di corame arabescato. - Un doppiere di argento ardeva sopra una mensola di marmo, e illuminavane la maestosa figura. - Indossava ella un largo abito di velluto nero con strascico. - Grosse olive d'oro le abbottonavano il busto, che, alto sino al collo, andava guernito intorno a questo di ricca frangia pure in oro. - Un rosario di lapis-lazzuli le pendeva dalla cintura e finiva in una splendida croce di gemme. - In capo avea un velo leggerissimo, nero come la vesta, che le scendea sulle spalle, squadravasi sulla fronte quasi come velo monastico, se non che non cadeva sul petto, e teneasi legato sotto al mento con due cordoncini d'oro, guerniti di nappette di perle - ne traspariano i capelli castagni in treccie voluminose. - Bianco avea il volto, e bello - il tempo cominciava allora a passarvi la mano, e sfiorarvene le rose. - Calma, ma mesta, fissava un trofeo d'armi completo, che, composto in forma di guerriero, sovra elevato piedestallo stavale innante. - Il suo abbigliamento addicevasi a vedova donna.... Forse quell'armi appartennero al suo sposo - forse col pensiero riandava i tempi in cui esse eran vestite da lui.... forse con l'accesa fantasia prestava movenza a quello vuote forme, e vedea balenare il fulgore di due occhi attraverso la visiera di quell'elmo, e vedea alzarsi quel guanto di ferro, a farle un cenno, e quella corazza tersa e brunita, scintillare e refranger la luce secondo che seguisse i moti del petto che stavale sotto.

= Oh dolce mio signore, diceva ella sommessamente, io mi pasco d'illusioni! cerco rivedervi, e vi resuscito col desio! Quest'armi, quando son sola e quando è meco mio figlio, mi presentano la vostra immagine. — Oh vogliate presto ricongiungermi al vostro spirito immortale!.... ma no ancora, no!.... debbo prima cessare di esser necessaria a nostro figlio - è sì giovane!... senza esperienza! con un carattere ardente, impetuoso! - Quando io gli abbia data una sposa che lo ami quanto io amai voi, allora chiamatemi!... verrò. - Regina del cielo, vi raccomando l'anima del mio caro defunto! fatelo salire al premio de' giusti, e date a me il conforto di veder mio figlio pari in tutto a suo padre!..... Vergin Santa!... Suona l'ora del Deprofundis!!... quanto tarda! e non sa egli che quest'ora è per me così trista!... che in quest'ora ho bisogno di vederlo per rammentarmi che sono fra i vivi, e non abbandonarmi a funebri idee?... Spesso ei m'obblia, eppure io penso continuamente a lui!!.... E per questo, povera madre, devi tu sperare che egli possa corrisponderti pienamente!.... Illusa se il supponi, poichè il sentimento, per quanto grande egli sia, dell' amor filiale, non sta mai in giusta lance con quello materno - l'uno è - un principio - l'altro - una conseguenza - la madre dona - il figlio rende - generosità da un lato - gratitudine dall' altro. - Impulso spontaneo!..... Dovere!... qual differenza!..... appunto quanta ne sta fra l'aver data la vita e l'averla ricevuta - devo io dunque tacciare di poco amore mio figlio, se talvolta si scorda di me?.... la colpa di ciò non è del suo cuore, ma.... - Ecco si spalanca la porta - la signora senza volgersi, sorridendo melanconicamente, stende una mano.

= Ben tardi, questa sera, torni da tua madre, figliuol mio caro! =

Niuno risponde - ode però un respirare affannoso. - Si volge sorpresa, a sinistra, e vede prostrato a' suoi piedi un giovane di circa 25 anni - pallido, sformato dalla paura e dall'orrore - con le vesti scomposte, insanguinate - le chiome irte, gli occhi spalancati e quasi fuori dell'orbita, e le labbra tremanti.

— Che volete, signore?..... chi siete?

= Chi sono? uno sciagurato - che voglio? misericordia?

= Parlate - spiegatevi.

= Per rissa son divenuto omicida..... mi inseguono gli armati della giustizia..... Se mi trovano, son morto..... Oh pietà! pietà in nome di Dio! nascondetemi, non mi rigettate!

= Rigettarvi! vi pare! Cristo non rigettò mai nessuno da sè - accolse anzi ogni peccatore - giudichi l'Eterno la vostra colpa - non a me sta il farlo, poichè il Divino Maestro disse: - Chi è di voi senza peccato sia il primo a lapidare - venite! Lo solleva così dicendo da terra, alza una grave cortina di dommasco, e penetra con lui in un oratorio rischiarato da lampade votive.

Qui siete sicuro - se alcun romore vi pervenga alle orecchie, passate dietro a questa colonna - di lì, dietro l'altare - vedete? vi è scavata una specie di nicchia - restatevi celato - siate tranquillo - niuno può supporre l'esistenza di cotesto incavo che vi porge securo ricovero - quando sarà passato il pericolo verrò ad avvisarvi. - Dite, vi hanno veduto le mie genti?

— No, madonna - il portone del vostro palagio era aperto - ho udite voci nel secondo cortile - ma il primo era vuoto - mi son precipitato alle scale - ho veduto un domestico in una galleria, ma camminava volgendomi le spalle - io a caso ho seguitato a correre in senso contrario al suo, e Dio mi ha scorto insino a voi.

— Sia lodato il suo nome! - se così è, vuol dire che ei vi vuol salvo, e che io debbo essere lo stromento di sua divina volontà - addio per ora - celatevi! onde non destare sospetti ne'mici, torno da dove io mossi.

Non ha ella posto appena il piè nella sala, che le sue ancelle sopraggiungono tutte agitate e sconvolte.

= Signora! signora! gente armata, in nome della giustizia, chiede di visitare il palagio da cima a fondo, poichè vi si dice nascosto un omicida!

= Ben sta... non vi sbigottite! date ordine per me al maggiordomo, di accompagnarli e guidarli.

Un leggero tremito in ciò dire scuoteva le membra della pietosa, che avea giurato a Dio di tutto imprendere per salvare l'infelice che erasi gittato nelle sue braccia.

Sciagurato, diceva in se stessa, egli certo non è uso al delitto - il suo scompiglio, il suo terrore non eran figli della sola paura! eran parto del rimorso, dello spavento d'aver compiuto un primo misfatto - no, il suo aspetto non è quello di un assassino..... è ancora in tempo a fare ammenda della sua colpa col suo pentimento - una lunga vita di espiazione può riconciliarlo con Dio, con gli uomini, e con se stesso

- se il tempo gliene vien tolto col dannarlo alla morte, anche l'anima sua immortale forse perisce per disperazione..... eppoi, a che dovrei io titubare? Il vero seguace dell'Evangelio deve soccorrere il fratello caduto senza demandar perchè cadde, nè cercare se tornerà a cadere - La carità non deve ragionare, ma operare.... Oh se tornasse mio figlio! vorrei metterlo a parte dell'arcano, onde in caso di bisogno potesse aiutarmi a salvarlo!... quanto tarda!... che fa! Gesù mio! ecco gli sgherri!... datemi forza a mantenere un segreto che deve salvare la vita di un uomo! - Il suono delle armi la fa involontariamente trasalire, pure si ricompone a una calma severa. - Il maggiordomo si inoltra, e stendendo un braccio verso gli armigeri che lo seguono -

═ Fermate, grida, queste sono le stanze segrete della mia signora, nè potete penetrarvi senza un nuovo suo cenno - imponetè dunque, madonna!

═ Lasciateli passare e compiano pure il loro dovere.

═ Illustre signora, le dice il capo della squadra, profondamente inchinandosele, siamo stati accertati da oculari testimoni che l'omicida è entrato nelle vostre case - invano ne abbiamo percorso ogni angolo; finora egli sfugge al suo destino - forse voi lo ascondete, per commiserazione, nel vostro stesso appartamento..... - noi abbiamo dritto di cercarne dovunque... pensate, madonna, che la giustizia chiede vendetta del sangue versato..... siate franca! diteci ove lo avete nascoso, poichè è cosa indubitabile essersi egli celato qui entro.

═ Non scendo a vane contestazioni - adempite il vostro incarico, che niuno sorge a contendervelo, ma non osate alzare il velo che copre le mie azioni. - Se Dio vuole la vendetta del sangue sparso, saprà farvi trovare il reo, anche se si fosse rifugiato nelle viscere della terra, non che nel mio palagio - ma se è suo volere che ei sia salvo, i vostri occhi non lo vedranno quando pur si aggirasse in mezzo a voi - andate!

Appena gli ha veduti penetrare nella sua camera, sorge e si precipita nell'oratorio.

═ Abbiate fiducia in lui che versò il suo sangue per salvarci, dice sommessamente, e si prostra sull'inginocchiatoio innanzi all'altare.....

Pochi minuti trascorrono. - Gli sgherri entrano nel sacrario - il volto del maggiordomo porta l'impronta di un grave affanno, di una trepidante ansietà - tutti gli occhi si fissano sulla pregante, che serena e composta appena guarda i sopravvegnenti.

Il capo degli armati le indirizza la parola:

═ Signora, l'uomo che io cerco è qui, e voi lo celate - vi impongo in nome della giustizia di svelarmi il suo nascondiglio.

═ Cercatelo, vi ripeto - non ho altro a dirvi.

Madonna, feci ogni tentativo per scoprirlo - ma forse voi sola possedete un segreto che sfugge alla nostra penetrazione, e forse non tacereste se vi fosse noto che.....

═ Che?..... esclama la donna presa da un arcano moto di terrore, che? parlate!... lo impongo...

═ Non tacereste, dico, se vi fosse noto che colui che ricovrate è l'uccisore di vostro figlio.....

═ Dio!!! Dio!!! urla la misera, ed un pallore mortale le copre le guancie. - Una contrazione spasmodica le sforma la fisionomia - i suoi occhi rotano convulsi nell'orbita, e quindi si fissano orribilmente dilatati, ed accesi di un fuoco tremendo, sopra l'altare - pare che vogliano trapassarlo come freccia e trafiggervi o incendiarvi colui che vi sta dietro nascoso. - Alza le mani piegate a guisa d'artiglio che voglia sbranare - vuol pronunciare accenti, che un rantolo affannoso le respinge in gola - serra i denti scricchiolanti fra loro, per impeto di sforzo disperato, ed agita le livide labbra..... Lotta terribile di carità e di vendetta, di desolazione materna e di umana pietà, di religione e di istinto!.... tu dilanii, torturi atrocemente il cuore della creatura infelice che sente frangersi sotto i tuoi colpi!..... non sei ancora decisa! Chi trionferà! l'anima, o il cuore? Dio, o la natura?.....

Lo sgherro si avvede che non da solo dolore parte lo sconvolgimento in cui le sue parole han gittata la misera - vuol profittarne pe' suoi fini, e

═ Signora, parlate dunque! dateci in mano l'assassino di vostro figlio - è il suo sangue che vi ricade sul capo, se non è vendicato! dite, dite, dov'è?

Essa guarda intorno come dissennata..... poi con un penoso conato spinge una voce fuor delle fauci.... si volge verso un punto..... Oh! i suoi occhi hanno incontrato il Cristo, ai di cui piedi sta la Vergine de' dolori... Quel simulacro divino frappone le spalancate sue braccia a scampo del refugiato..... Ella lo contempla estatica - la contrazione de' muscoli ecco si scioglie - il lampo dell'ira si dilegua - le mani ricadono mollemente giunte sul petto - le ginocchia si piegano - le lagrime prorompono - le labbra susurrano -

═ Anche egli fu crocifisso e perdonò, anch'ella vide uccidersi un figlio, e non imprecò!

L'instantaneo cambiamento sconcerta lo sgherro, che temendo perdere la favorevole occasione instà premurosamente:

═ Signora, signora, fatevi cuore - parlate!..... che avete a dirmi?

═ Nulla - partite! -

Alto stupore confonde la mente di tutti gli astanti - tanta abnegazione di sè non può esser compresa da quell'anime incolte..... ma il seme de' campi portato dal vento e caduto sul masso, trova un cropte ove insinuarsi - vi si abbarbica e adorna la nuda monotonia di quella pietra con un fioretto delicato e olezzante. - Così la virtù, emanazione celeste, si insinua ne'cuori più schivi, e se non può allignarvi per sempre, almeno per momenti ne abbellisce la superficie e ne ammollisce le fibre. -

Gli sgherri si arretrano. - Quella donna sublime,

circondata dalla solennità del dolore e della religione, veste a' loro occhi un aspetto quasi divino - compenetrati di venerazione s'inchinano.

Madonna, che dobbiamo noi fare? - le dice sommessamente il lor capo.

- Seguirmi.

Esce ciò dicendo dall'oratorio - corre alla camera con passo franco e sicuro. - Schiude uno stipo d'ebano - ne trae tant'oro quanto basti a far paghi i più cupidi - lo consegna al capo degli armati e gli dice:

Prendetelo - distribuitelo ai vostri seguaci - quest' altro è per voi..... non cercate più oltre!..... in mia casa non avete trovato alcuno!!!.....

Ciò dicendo con l'una mano fa il cenno del silenzio, con l'altra indica loro la porta di uscita.

= Vi ho compresa, oh signora... Dio vi consoli!... riguardo a noi siate tranquilla... sarà come voi volete che sia.

Partono - ella li osserva uscire - raduna l'estreme sue forze - fa allontanare le ancelle che cranio accorse intorno, e chiama il maggiordomo.

— Odi! finch' io non abbia adempiuto un sacro giuramento, non mi concederò il triste conforto di piangere sul corpo di chi fu carne della mia carne, e ossa dell'ossa mie!... però, prima che questo corpo diletto venga qui trasportato, per indi scendere a riposare nelle tombe de'suoi padri, un uomo deve esserne uscito... intendi!!... insella dunque due cavalli - scegli il più fido de' miei servi - forma un involto di quest' oro e di queste gemme - legalo dietro la sella del cavallo che monterà colui.... vai ad attenderlo dietro la porticella del cortile - seppellisci nel profondo del cuore quanto ti ho imposto... Se la mia grazia ti è cara, obbedisci tacendo!

Il maggiordomo, commosso fino alle lagrime, le bacia la mano, l'assicura di sua fede, e si ritira.

= Dio! esclama la relitta, reggimi in vita finchè io abbia adempiuto il tuo santo volere!

Poscia torna a dirigersi verso il domestico tempio. - Grosse stille di sudore spremute dall'ambascia le bagnano la fronte scolorita, su cui in pochi istanti si sono impresse delle rughe, che il tempo non vi avrebbe impresse in dieci anni.

Un velo le appanna lo splendore degli occhi invetriati ed immoti come quelli di uno spettro, ed un tremito incessante le scuote la persona - pure incede - giunge - si appoggia all'inginocchiatoio e dice:

= Uscite!

Il giovane si precipita a'di lei piedi - il rimorso, il pentimento, l'ammirazione, la gratitudine, avvolgono il suo cuore in un vortice di sentimenti inenarrabili, indescrivibili. - Le prende il lembo della gonna e vuol baciargliela... - Non mi toccate! non mi toccate!... il sangue che io posi nelle vene a mio figlio vi stà sulle mani!... non lo vedete?...

= Oh signora, misericordia di me! datemi in potere della giustizia, ma deh sparmiatemi il supplizio che le vostre parole mi cagionano!

= Avete ragione - io non sapeva esser pienamente generosa - una parola può ferire più di una scure. Cristo non rimproverò mai alcuno di quelli che lo martoriarono.... Vergine benedetta, insegnatemi il modo d'imitarlo!... Egli pose la sua croce fra l'ira di Dio e le colpe degli uomini. - Ecco dunque ora io pongo i miei spasimi fra la giustizia divina e il delitto di quest'uomo!... Vittima espiatoria immolo la mia vendetta sull' altare della religione che chiude la sua legge in due parole « Amore e perdono! » Sorgete!

= No! no! io vo' morirvi ai piedi, angelo di dolcezza e di virtù! vo' dirvi morendo, che involontaria fu la mia colpa - straniero a questa città, mi imbattei sventuratamente in vostro figlio... un equivoco... alcune ingiuriose parole... fui provocato! oh sì credetemelo... provocato... l'ira mi tolse il lume dell' intelletto, e.....

= Tacete! tacete! vi ode una madre!... dite, ne avete voi forse una che vi attende?

= Sì!...

= Misera, se il tempo in cui sperava riabbracciarvi è trascorso!... Ella conterà i minuti coi palpiti del cuore - volate a lei!... ditele che una madre che ha perduto l'unico suo figlio, le rende il suo... che preghi per me e per l'anima del giovinetto che non è più!

= Cessate, signora! oh detti!... oh sventura!... oh rimorso!... maledetta quell' ora in cui giunsi a Bologna..... ella segnava il mio delitto, e il vostro dolore!... maledetta in eterno! e maledetta la mia mano!...

= Non imprecate! pentitevi! ponete ogni vostra cura in render lieta o beata duplicatamente l' esistenza di vostra madre, sì che adempiate ciò che le dovete voi, e ciò che mi avrebbe dovuto mio figlio..... in tal modo nella bilancia divina il peso dell' amor filiale non sarà scemo..... non più parole - un cavallo ed un servo fidato vi attendono, e troverete oro e gemme in abbondanza onde provvedere a qualunque vostro bisogno.....

= Signora, non posso accettarlo!... quell' oro per me è tinto di sangue!...

= Prendetelo - io l'ho lavato col pianto del perdono! le vie del Signore son misteriose... forse voi foste uno stromento di salute per mio figlio - còlto nel fiore, non ha avuto tempo nè di contaminarsi, nè di imputridirsi. - Io doveva precederlo, lasciarlo solo fra i perigli... invece è andato ad attendermi in luogo sicuro!... or via, partite - qui inutilmente spendereste una vita che l'Eterno ha voluto serbarvi.

= Parto, poichè il volete - bacio la polvere che calpestate, e vivrò per piangere e benedirvi!

La pietosa lo guarda, fissa un istante, ed esclama:

= Sciagurato! egli è più infelice di me! - io ho un dolore, ma egli ha un rimorso! - egli ha uccisa una creatura - io la ho salvata - io rivedrò in cielo un angelo - egli vedrà sulla terra continuamente uno spettro... egli calcò la via del delitto - io quella della misericordia... Ah la sua coppa è assai più amara di quella che io bevo!... Figliuol mio, prega nel cielo pel tuo uccisore! la sua mano ti ha tolto all'esilio..... la tua prece lo tolga alle ambascie dei reprobi! -

Stende in ciò dire la mano, la pone sulla testa del prostrato, e volge gli occhi al Cristo.

= Signore, se il mio perdono e la mia benedizione ponno influire a muovere la vostra clemenza, voi lo avete veduto!... io ho benedetto e perdonato!

Solleva il giovane - lo guida per anditi segreti - lo conduce alla porticella - lo consegna al servo, gli accenna di tacere... lo vede partire... rientra nelle proprie stanze, si precipita nell'oratorio, alza le braccia al cielo, e con accento sublime grida:

= Dio di bontà, ho consumato il sacrificio! - aspetto ora la ricompensa!... chiamami al loco ove stanno mio marito e mio figlio!!...

Perchè la storia che si occupa così scrupolosamente a serbarci i nomi degli eroi che devastan la terra, e sperdono le popolazioni, non serbò una pagina in cui il nome di questa donna rifulgesse ad esempio di magnanima carità? È egli più difficile il domare le città, il vincere i suoi nemici, o il vincere e domare i propri sentimenti? È egli più difficile il respingere un'armata, o l'accogliere e proteggere colui che vi tolse l'essere il più diletto al vostro cuore? È egli più facile lo spegner chi s'odia, o il serbar la vita a chi vi uccide un figlio?... - Là trionfa la parte materiale - qua è l'anima che palesa la divina sua origine - là il vigor delle membra - qua l'energia dello spirito. - In uno, stà l'uomo - nell'altro, l'angelo, che incompreso, appunto perchè elevato dal comune livello, non lascia segno del tacito volo..... Ma, simile a un eco di misteriosa armonia, si leva una voce!!... È quella del volgo, che spesso volte più giusto dei sapienti, poichè non spinto da esaltazione di idee, non guidato da secondarie vedute, nè da celati interessi, nè da falsi principii, nè da odio di parti, o da desio di onori, trasmette incontaminati, alle future generazioni, que' fatti che onorano la umanità, invece di quelli che la spaventano. Il tempo può avere abbattuti molti dei monumenti innalzati all'orgoglio dei potenti, ma quello decretato dal popolo all'umile virtù della donna che seppe vincere la propria disperazione, per esser utile a chi ne era stato appunto la funesta cagione, non è perito!!...

Cercate in Bologna la strada ove ella abitò!!... vedrete che è nominata «VIA PIA!!!»

ISABELLA ROSSI.

CARLO MAGNO

OSSIA LA CATTEDRALE D'AQUISGRANA (1)

(1) Narrano le antiche cronache, che Carlo Magno, per virtù di un anello incantato, s'innamorasse così perdutamente in una donzella d'Aquisgrana, per nome Richeseldi, che da lei già morta in nessun modo partire si potea, finchè scoperto l'incanto dall'arcivescovo di Colonia, e da lui gittato l'anello in un padule, Carlo le die' sepoltura, e si compiacque siffattamente di quel luogo paludoso, che fattavi recar terra, con marmi tolti a Roma ed a Ravenna edificò sovr'esso la reggia e la contigua cattedrale, dov'egli si elesse ancor vivente ed ebbe dopo morte il sepolcro. Tragge da ciò argomento la presente poesia:

BALLATA.

Sorgi, ispano cavaliero,
Serra al petto la tua maglia;
Cingi il brando e il destriero
Sprona, o forte, alla battaglia:
Più non sorga in tuo paese
La bandiera del Francese.

La tua lancia poni in resta,
O bel fiore di Lamagna,
Lo stranier, su via, calpesta,
Lo disperdi alla campagna;
Dallo stelo sia reciso
In tue valli il fiordaliso.

Longobardo, o tu che sperso
Vai per l'itala pianura,
Per te cessa il fato avverso,
S'apparecchia altra ventura:
Sorgi, sorgi, e contro il Gallo
Spingi, o prode, il tuo cavallo.

Dov'è Carlo? Non temete,
Rugginoso, abbandonato,
Sta sospeso alla parete
Quell'acciar che v'ha fugato;
Pendon l'armi intorno, intorno,
Testimoni del suo scorno.

Nella reggia d'Aquisgrana
S'è levato un cataletto:
In sembiante di sovrana,
Nuda il braccio, nuda il petto,
Dopo morte ancor più bella
Vi sta sopra una donzella.

Posa il capo impallidito
Sovra serici origlieri;
Di carbonchi redimito
Brilla al lampo de' doppieri,
Di fiammette porporine
Il nerissimo suo crine.

Schiude il labbro ad un sorriso,
Serba l'occhio il suo fulgore,
E le nevi del bel viso
Par si tingan di rossore,
Se in aspetto lusinghiero
Le si appressa il cavaliero.

È di faci il loco adorno,
E il Monarca a lei da canto
Sta seduto e notte e giorno
Per poter d'ignoto incanto,
E d'amore ognor favella
Colla tacita donzella.

Le rammenta i dì beati,
E le giostre, e le gualdane,
E i racconti a lei sì grati
Di visiri e di sultane,
Che il suo bardo in sul liuto
Tante volte ha ripetuto.

Sorgi, o Carlo, i tuoi guerrieri
Stan pugnando in campo aperto;
Tregua imponi a'rei pensieri
Che t'han d'onta ricoperto:
Torna al brando il suo fulgore,
O novello vincitore.

Tutto è vano: a lui davante
Venner conti e paladini
Collo sdegno nel sembiante,
Venner Barbari o Latini,
Del suo biasmo addolorati
Cavalieri co' prelati.

Tutto è vano: entro 'l suo core
Più non scende umano accento;
Con lei parla a tutte l'ore,
E le narra il suo tormento,
Che il fe' sordo alla ragione
La nascosta incantagione.

Cessate dall'armi,
O turbe di schiavi,
La terra degli avi
Più vostra non è:
Cessate dall'armi,
Tornate ai lavori,
Coi novi signori
Vi stringa una fè.

Disciolto è l'incanto,
Il feretro sparve,
E subita apparve
L'antica virtù:
Il nodo s'è infranto
Pel core del forte,
Spezzò le ritorte
Di vil servitù.

L'anello s'è tolto
Del dito all'estinta,
La possa fu vinta,
L'inganno cessò:
Ma in fondo sepolto
D'oscura palude
La prisca virtude,
L'anello serbò.

V'innalza una regia,
Un tempio v'aggiunge,
Amore sì il punge
Pel loco fatal;
Che Carlo non pregia
Le glorie primiere,
Nol tocca pensiere
Del suolo natal.

Si leva, e 'l suo brando
Fa serva la terra,
Pon fine alla guerra,
La pace le dà:
Ed ora posando
Su gonfio avello,
Nel tempio novello
Sopito si sta.

D. Capellina.

LA MEZZALUNA OTTOMANA

Nel numero 42 del Museo, anno II, raccogliemmo in breve articolo le principali notizie che hannosi intorno al *tughrà* o cifra imperiale de' sultani, e quel povero lavoro ebbe l'insperata e lusinghiera fortuna di essere ripetuto in qualche altro periodico della Penisola. Nutriamo quindi lusinga che uguale cortesia verrà usata anche alle righe presenti, nelle quali ci proponiamo dichiarare il primo e più solenne stemma dell'osmano impero, che è una mezza luna, inchiudente tra le ricurve sue corna una stella, in quel modo che vedesi in cento luoghi rappresentato. Imperocchè sebbene una generalissima opinione, incautamente avvalorata anche dagli scritti di persone dottissime, supponga che quest' arma o stemma sia veramente trovato turchesco, nulla è però men vero di tale sentenza, ed il diradare un inganno, anche piccolo, è sempre opera onesta e profittevole alla sacra causa del vero.

Ben lungi, adunque, dal credere e dire, come i più fanno, chè i Turchi nell' insignorirsi di Costantinopoli sostituissero al glorioso simbolo della redenzione la mezzaluna e la stella, nativo vessillo dell' islamismo, vuolsi, invece, credere e dire che i due segni in discorso furono da remotissimi tempi lo stemma municipale di Bisanzio, e che Maometto il Conquistatore, assumendoli, da quel giorno, per distintivo della sua monarchia, la fece, in certo modo, più da da vinto che da vincitore, siccome quegli che pose se stesso e le sue genti sotto la bandiera del popolo debellato. Questo fatto è così certo ed incontrastato tra gli archeologi, che sarebbe vano il citare autorità a comprovarlo. Quanto poi all'origine dei segni medesimi, ed all'epoca in cui furono dai Bizantini adottati, Stefano il geografo, naturale del paese, così, nelle sue opere, li va raccontando. Stanco, egli dice, della lunga resistenza incontrata nell' assediare Bisanzio, Filippo il Macedone, padre di Alessandro, divisò tentare certi scavi notturni, per giungere, col favore delle tenebre, entro della città, e cogliere all' impensata i valorosi suoi difensori. Quando la luna sorgendo, contro ogni astronomico calcolo, luminosa e improvvisa, dileguò il buio su cui egli metteva le sue speranze, e svelate le opere insidiatrici, rese facile lo sventarle e distruggerlo. Grati, per sì segnalato servigio, e bramosi di eternare la ricordanza del fatto, gli abitanti innalzarono allora una statua ad Ecate, sulla sponda del porto: e l'attiguo stretto, che appellavasi in addietro *Bosforo*, perchè un bue avealo tragittato nuotando, chiamossi, indi a poi, *Fosforo*, per cagione di Diana illuminatrice. Nè improbabile, in tutto, è l'opinione di alcuni i quali pensano che la chiesa di *Santa Fotina* in Galata (chiesa ora distrutta) fosse edificata sulle rovine di un tempio di questa Diana medesima. Il Tournefort cita a tale proposito una bella medaglia conservata da Tristano, in cui da una parte è l'effigie di Trajano imperatore, e dall' altra la mezzaluna e la stella con una leggenda esprimente che la città fu salvata per favore della Luna, o per patrocinio di Diana, della quale un cotal segno era stemma ordinario. Molte altre medaglie consimili serbansi, a detta dell'autore stesso, nel gabinetto del re di Francia, e nelle più antiche rovine di Costantinopoli vedesi anco tuttodì impressa la mezzaluna e la stella nella guisa medesima. Sicchè i Turchi, giova ripeterlo, altro non fecero che appropriarsele quando, il 28 maggio 1453, entrarono, trionfando nella sede de'Paleòloghi.

Uopo egli è nondimeno confessare che, per una curiosa ed arcana coincidenza, questo stemma medesimo meravigliosamente attagliavasi a figurare nel vessillo de'Turchi, ned è quindi a stupire, se essi tanto avidamente lo accogliessero ed adottassero. Imperocchè oltre la frequente menzione che della luna si fa nel Corano, tutti i calcoli del tempo turchesco poggiano sulla luna, ed è sulle fasi di essa che si regolano i loro digiuni, le loro pratiche, le solennità loro. E nel celebre sogno di Osmano, fondatore della monarchia, la mezzaluna occupa una parte non solo nobile, ma principale.

Vario, si è, del resto, il modo con cui i segni in discorso sono collocati nelle bandiere, e varia la significazione che assumono dietro tali divergenze. La mezzaluna e la stella sovrapposte ad un edificio indicano che quella fabbrica appartiene al *beylic*, ossia al governo. La mezzaluna e la stella, bianche in campo rosso, sventolanti nella bandiera di una nave, accennano che quella è nave di guerra. Lo stesso stemma triplicato, è distintivo dell'ammiraglio in capo: la mezzaluna sola, senza stella entrostante, denota, invece, nave da traffico ecc.

Cav. Baratta.

UNA PAROLA SULLE CANZONI DEL PETRARCA

IN LODE DEGLI OCCHI DI M. LAURA

La canzone VI del Petrarca, che comincia = Perchè la vita è breve = e le due seguenti sono dirette agli occhi di madonna Laura. In queste canzoni essi vengono dal poeta personificati. Questa personificazione certo verrebbe condannata da Ugone Blair, sommo maestro in lettere, il quale alla lez. 2 del t. 2 proibisce il personificare, volgendo loro il discorso, le varie parti del corpo. Di fatti egli condanna il seguente passo di Pope nella sua per altro bellissima lettera di Elisa ad Abelardo:

> Caro nome fatal! Sempre celato
> Resta, nè mai passar queste mie labbra
> Chiuse in sacro silenzio. Ah tu t'ascondi,
> Mio cor, entro a quell'abito mentito,
> Ov' è mista agli Dei sua cara immago.
> Mia man deh! non lo scrivere. Ma il nome
> Già scritto appar: vo' il cancellate,
> O lagrime . . . . . .

in cui il Blair condanna come freddura la personificazione del cuore, della mano, delle lagrime. E in ciò a me pare che non abbia il torto; non essendo questo un parlare consentaneo all'ardore della

passione. Se egli è vero che la poesia è il linguaggio della passione (1), passionato debbe essere il parlar del poeta, per cui, allora massimamente che è agitato, ogni idea si volge in sentimento, ogni sentimento in passione, come ben disse il chiarissimo prof. Paravia (2). La passione è natura nell'uomo: la poesia ritrae dalla natura: ritrae con arte: ma si abbandona a' lanci del cuore quando ritrae la natura forte scossa e accesa dalla passione. Ora l'apostrofe gli è una figura che sente troppo l'arte, singolarmente quando è frequentemente ripetuta, siccome è nel passo citato di Pope; e quando è diretto a cosa, cui non cade pur in pensiero di parlare a chi è commosso, siccome le mani e le lagrime; perchè gli è sciocca cosa supporre, che altri fortemente agitato da violenta passione voglia per poco mettersi a dialogo colle sue mani, e con le lagrime che gli scoppiano dagli occhi gonfi per l'angoscia che gli opprime il cuore e gli strazia l'anima. Allora l'uomo si abbandona alla foga del dolore, parla a impeto, e non vi ha certo nelle sue parole il freddo calcolo dell'arte. Adunque ben a ragione biasima il chiarissimo Inglese queste personificazioni. Ma che vorrò io conchiuderne però? Che incorrano nella stessa condanna queste 3 canzoni del Petrarca di cui è parola? No: anzi voglio esaminare un cotal poco la cosa, e provarmi a difenderlo.

Bisogna porci ne' panni di messer Petrarca. Egli era cotto (e l'esempio non fu nuovo, nè è vecchio, non fu il primo, nè l'ultimo) di madonna Laura, che la dovea esser pure una creatura gentile, se quell'anima così dilicata sentivasi per lei sì forte commossa, e per poco uscita de'gangheri. Quindi non mi si parli per ora di amore platonico, perchè il Petrarca avea il cervello e il cuore riscaldato da ben altra cosa: egli ardeva per un bel volto, e il suo era amore, che, son certo, tenea dietro alle bellezze immortali dell'anima di Laura, ma per allora contemplavane fiso fiso le bellezze esteriori, le quali erangli poi scala alle invisibili, e ne era preso. Posto questo, parmi cosa naturalissima che un amante, il quale ha sempre dinanzi agli occhi l'amata, si rivolga nelle ore di maggiore ardore a parlare a qualche parte del corpo dell'oggetto amato, a quel bel ciglio, a quelle trecce bionde, che = oro forbito e perle = eran quel dì a vederle. = Tanto più poi scuseremo il Petrarca, anzi lo troveremo esente da ogni pecca, considerando gli occhi essere la parte più nobile del volto, e negli occhi essere un' eloquenza onnipotente: con essi, dice Quintiliano, noi preghiamo, accenniamo, comandiamo, minacciamo, significhiamo gli affetti tutti dell'anima, l'allegrezza, il dolore, l'ira, lo sdegno. Dipoi ognuno ben sa come fra gli amanti si parli cogli occhi: e quanto sia magica quell'eloquenza, a segno che ne impazza più d'uno. D'altronde questa passione, presa nel suo stato normale, se posso usare questa espressione, è placida, e pare che ammetta un po' più di calma; dipoi gli occhi dell'amata stan sempre fitti nel cuore dell'amante: usciron da essi quegli acuti strali, che il feriron a morte; come può egli dimenticarli? quindi gli è anche naturale che si trattenga con loro a ragionamento: cosicchè a me pare di potere a buon diritto conchiudere non essere viziosa questa personificazione del Petrarca. Ci riserbiamo un'altra volta a dire qualche parola di più sulla condotta di tutte e tre queste canzoni: per ora ci basti averlo scolpato di un'accusa che gli si potrebbe fare. Grazioso è il concetto seguente nella prima delle tre canzoni:

. . . . . . Luci beate e liete
. . . . . . 'l veder voi stesse v'è tolto:
Ma quante volte a me vi rivolgete,
Conoscete in altrui quel che voi siete.

Ma forse gli è un po' troppo ingegnoso: gli innamorati non hanno bisogno di commenti a intenderlo: quando si rivolgono a loro gli occhi delle belle, danno a conoscere anche troppo che virtù abbiano quegli = Occhi leggiadri, dov' Amor fa nido =.

Prof. E. Rezza.

(1) Mostreremo altra volta come la poesia è il linguaggio della passione.
(2) V. Oraz. del sent. patrio.

IL NATALE

A salutare in degno modo l'augusta solennità di domani e chiudere con secondi auspizi l'anno presente del Museo, noi diamo qui uno squarcio del Chateaubriand, in cui la venuta del Redentore e la divina missione da esso compiuta, sono con brevi, ma dotte ed affettuose parole, ricordate.

Verso i tempi ne' quali il Redentore doveva apparir sulla terra, le nazioni trovavansi nell'aspettazione di un qualche personaggio famoso. Un'opinione antica e costante (dice Svetonio) era diffusa per l'Oriente, che sorgerebbe un uomo nella Giudea, ed otterrebbe l'imperio universale. Tacito afferma la stessa cosa quasi colle stesse parole. Secondo quello storico « i più erano persuasi, da riscontro di antiche scritture, che in quel tempo risorgerebbe l'Oriente, e di Giudea verrebbero i padroni del mondo ».

Giuseppe parlando della rovina di Gerusalemme, riferisce che i Giudei furono principalmente sospinti al ribellarsi contro i Romani da un'oscura profezia, da cui si annunciava che verso quel tempo *sorgerebbe di mezzo ad essi tal Uomo, il quale soggiogherebbe l'universo.*

Il Nuovo Testamento presenta esso pure alcune tracce di questa speranza diffusa in Israele: la folla che corre al deserto domanda a S. Giovanni Batista s'egli è il *gran Messia*, il *Cristo di Dio* aspettato già da gran tempo: i discepoli d'Emaus sono occupati da grande tristezza quando si accorgono, Giovanni non esser *l'Uomo che dee riscattare Israello.* Le settanta settimane di Daniele, ovvero i quattrocento novant'anni dopo la rifabbricazione del tempio erano compiuti. Finalmente Origene dopo aver riferite queste tradizioni degli Ebrei soggiunge « che un gran numero di loro riconobbero Gesù Cristo come il liberatore promesso dai Profeti ».

Frattanto il Cielo va preparando le vie del Figliuolo dell' Uomo. Le nazioni, lungamente discordi per costumi, per governo, per linguaggio, nudrivano fra di loro ereditarie inimicizie: in un subito cessa il romore dell'armi, ed i popoli o riconciliati o vinti vengono a confondersi nel popolo romano.

Da una parte la religione e i costumi han toccato quel punto di corruzione che suol produrre per forza un cambiamento nelle cose del mondo: dall'altra parte i dogmi dell'unità di Dio e della immortalità dell'anima cominciano a diffondersi. Di tal maniera si aprono le strade alla dottrina evangelica più agevolmente propagata da una lingua divenuta universale.

Questo imperio romano compensi di varie nazioni, parte selvagge, parte incivilite, e le più infinitamente infelici. La semplicità di Cristo per le prime, le sue virtù morali per le seconde, la sua misericordia e la sua carità per tutte, sotto mezzi di salute che il Cielo va predisponendo. E questi mezzi sono tanto efficaci, che Tertulliano, due secoli dopo del Messia, diceva ai giudici di Roma: « Noi non siamo nati che ieri, e nondimeno tutto è già pieno di noi; le vostre città, le vostre isole, i vostri castelli, le vostre colonie, le tribù, le decurie, i consigli, il palazzo, il senato, il foro: noi, insomma, non vi lasciamo che i vostri templi, *sola relinquimus templa*.

Alla grandezza dei naturali apparecchi s'univa anche lo splendor dei prodigi: i veri oracoli, muti già da gran pezza in Gerusalemme, ricuperano la voce; e le false sibille per lo contrario ammutoliscono. Una nuova stella si fa manifesta nell'Oriente; Gabriele discende a Maria; ed un coro di spiriti beati canta lungo la notte nell'alto del cielo *Gloria a Dio, e pace agli uomini!* D'improvviso si diffonde un grido, che il Salvatore è nato in Giudea; non nella porpora, ma nell'asilo dell'indigenza. Non fu annunciato ai grandi ed ai superbi, ma gli Angeli l'han rivelato ai piccioli ed ai semplici: egli non ha congregati d'intorno alla sua culla i felici del mondo, ma sibbene gli sventurati; e con questo primo atto della sua vita ha dichiarato di essere il Dio dei miserabili.

Fermiamoci un istante per fare una riflessione. Noi vediamo, fin nei secoli più remoti, i re, gli eroi, gli uomini più singolari, diventare gli Dei delle nazioni. Or ecco invece il Figlio di un falegname in un piccolo angolo della Giudea, esempio di dolori e di miseria, pubblicamente abbattuto da un supplizio; egli elegge i suoi discepoli nelle classi meno elevate della società; non predica se non sagrifizi, allontanamento dalle pompe del mondo, dai piaceri, dalla possanza; preferisce lo schiavo al padrone, il povero al ricco, il lebbroso all'uomo sano: chiunque piange, o si trova aggravato dalle sventure, derelitto dal mondo, è oggetto per lui di delizia. La potenza, la fortuna, la felicità per lo contrario sono da lui minacciate. Egli distrugge le idee comuni della morale: stabilisce novelle relazioni fra gli uomini, un nuovo diritto delle genti, una nuova fede pubblica. Così innalza la propria divinità, trionfa sulla religione dei Cesari, siede sul loro trono e perviene a soggiogare la terra. No, quand' anche la voce del mondo intiero si levasse contra Gesù Cristo; quand'anche tutti i raziocinii della filosofia si unissero contro i suoi dogmi, nessuno potrà mai persuaderci che una religione fondata sopra siffatta base sia una religione umana. Colui che potè far adorare una croce, colui che offerse agli uomini come oggetto di culto *l'umanità soffrente, la virtù perseguitata*, non potrebbe, noi lo giuriamo, non potrebb'essere se non un Dio.

Gesù Cristo apparisce nel mezzo degli uomini, pieno di grazia e di verità: l'autorità e la dolcezza della sua parola incatenano. Egli viene quaggiù per essere il più infelice di tutti i mortali, e i suoi prodigi sono tutti pei miserabili. *I suoi miracoli* (dice Bossuet) *tengono più della bontà che della potenza.* Per inculcare i suoi precetti scelse l'apologo o la parabola che di leggieri si stampa nello spirito del popolo. Le sue lezioni egli le dà passeggiando per le campagne. Vedende i fiori di un campo egli esorta i suoi discepoli a sperare nella Provvidenza che sostiene le deboli piante e nudrisce i piccioli augelli: se scorge i frutti della terra, insegna a giudicare gli uomini secondo le opere loro. Gli viene recato un bambino, ed egli raccomanda l'innocenza; trovandosi in mezzo ai pastori assume egli stesso il titolo di *pastore delle anime*, e si rappresenta in atto di riportare sulle proprie spalle all'ovile la pecorella smarrita. La primavera egli siede sopra una montagna, e dagli oggetti ond'è circondato trae materia per istruire la folla seduta a' suoi piedi. Dallo spettacolo stesso poi di questa folla povera ed infelice egli fa nascere le sue beatitudini: *Beati coloro che piangono; beati coloro che hanno fame e sete, ecc.* —

Quelli che osservano i suoi precetti e quelli che li disprezzano sono paragonati a due uomini che fabbricano due case, l'una sopra un masso, l'altra sopra una mobile sabbia: e così dicendo (secondo che alcuni interpreti affermano) additava una capanna fiorente sopra una collina, ed ai piedi di essa alcune capanne distrutte dall'innondazione. Quando egli domanda dell'acqua alla donna Samaritana, le dipinge la propria dottrina sotto l'immagine d'una sorgente di acqua viva.

I più violenti nemici di Gesù Cristo non furono mai arditi di assalire la sua propria persona. Celso, Giuliano, Volusiano confessano i suoi miracoli, e Porfirio racconta che gli oracoli stessi dei pagani lo dicevano uomo illustre per la sua pietà. Tiberio avea voluto collocarlo fra gli Dei; ed al dir di Lampridio, Adriano gli aveva innalzati dei templi, e Alessandro Severo lo venerava colle immagini delle anime sante tra Orfeo ed Abramo. Plinio ha renduta un'illustre testimonianza all'innocenza di quei primi cristiani che seguitavano da vicino l'esempio del Redentore. Non vi sono punto filosofi nell'antichità, ai quali non siasi rimproverato qualche vizio: i patriarchi stessi mostrarono qualche volta l'umana debolezza: Cristo solo è senza macchia: egli è la più bella immagine di quella suprema beltà che siede sul trono dei cieli. Puro e sacro come il tabernacolo del Signore, non respirando se non l'amore di Dio e degli uomini infinitamente superiore alla vana gloria del mondo, egli cercava per un sentiero di dolori la nostra salvezza, costringendo gli uomini coll'imperio delle sue virtù ad abbracciare la sua dottrina, e ad imitare una vita ch'essi erano necessitati di ammirare.

Il suo carattere era amabile, aperto e tenero; la sua carità illimitata. L'Apostolo ce ne dà un'idea con quelle due parole *andava beneficando*. La sua rassegnazione alla volontà di Dio risplende in tutti i momenti del viver suo. Egli amava, conosceva l'amicizia: l'uomo ch'egli trasse dalla tomba, Lazzaro, era suo amico: e fu pel maggiore fra i sentimenti della vita ch'egli operò il suo più grande miracolo. L'amor della patria trovò in lui un modello: «*Gerusalemme, Gerusalemme!* gridava egli pensando al giudizio ond'era minacciata quella colpevol città, *io cercai di raccogliere i fanciulli come la chioccia raccoglie i pulcini sotto le ali, ma tu nol volesti*. Dall'alto di un colle gettando lo sguardo sopra quella città condannata pe' suoi delitti ad un'orribile distruzione, non potè trattenere le lagrime. *Vide la città*, dice l'Apostolo, *e pianse*. La sua tolleranza non fu men notabile quando i suoi discepoli lo pregarono di far piovere il fuoco sopra un villaggio di Samaritani che gli aveva negata ospitalità, ai quali egli rispose con indignazione: *Voi non sapete quello che domandate!*

Se il figlio dell'Uomo fosse disceso dal cielo con tutta la sua forza, poca fatica per certo gli sarebbe costato il praticare tante virtù, il sopportar tanti mali. Ma sta in questo la gloria del misterio: Cristo era soggetto al dolore; il suo cuore si contristava come quello d'un uomo; egli non diede mai indizio di collera se non contra la durezza dell'anima e l'insensibilità. Ripeteva continuamente *Amatevi mutuamente*. *Mio padre*, sclamava egli sotto al ferro del carnefice, *perdonate a costoro perchè non sanno quel che si facciano*. Vicino a staccarsi da'suoi diletti discepoli, si diede improvvisamente a piangere: sentiva i terrori della tomba e le angosce della croce: un sudore di sangue rigava le divine sue guance: si dolse che suo padre lo avesse abbandonato. Quando l'Angelo gli presentò il calice, egli disse: *O mio Padre! fate che questo calice si allontani da me. Pure s'io debbo berlo, sia fatta la vostra volontà*. Fu allora che gli sfuggì dalla bocca quella parola d'onde spira la sublimità del dolore, *La mia anima è contristata a morte*. Ah! se la morale più pura e il cuore più tenero, se una vita passata combattendo gli errori ed alleviando i mali degli uomini sono gli attributi della divinità, chi può negare che Gesù Cristo non sia divino? Egli fu esempio di tutte le virtù. L'amicizia lo vede addormentato nel seno di San Giovanni, o in atto di raccomandare la propria Madre a questo discepolo; la carità lo ammira nel giudizio dell'adultera; la pietà lo trova da per tutto in atto di benedire le lagrime degl'infelici; nel suo amore verso i fanciulli si manifestano e l'innocenza e il candore di lui; la forza della sua anima risplende in mezzo ai tormenti della croce, e il suo ultimo sospiro è un sospiro di misericordia. CHATEAUBRIAND.

ESTETICA — DEL BELLO

Dacchè il filosofo di Samo divinizzava con superba ecatombe la scoperta del gran teorema sino al tempo ove il genio di Newton rivelò al mondo quella non minore, benchè men vantata del suo binomio, l'intelletto umano, avido d'investigare le più misteriose proprietà dello spirito e della materia, sempre inutilmente si è industriato intorno alla definizione della bellezza. E quantunque Simmaco s'indegnasse che da taluno potesse dubitarsi della competenza dei filosofi a sentenziare sull'essenza del bello, mentre gli stessi uomini ignoranti ammiravano il Giove Olimpico di Fidia, o la Vacca di Mirone, o le Sacerdotesse di Policleto, nulla di meno i libri di Socrate, d'Aristotele, Platone, Galeno, Carneade, Luciano, Cicerone e di altri filosofi, i quali più o men sottilmente ragionarono su quell'oscura e intricata materia, sono rimasti come una prova manifesta della loro impotenza a spiegare ciò che a tutti è pur dato sentire. La vasta mente d'Aristotele che non solo si estese alle cognizioni che gli uomini ebbero a'suoi giorni, ma che ne dilatò eziandio alquanto il confine, non parlò del bello se non fortuitamente nel suo libro della rettorica e della poetica, senza che in esso siasi quel filosofo impegnato in verona positiva definizione, e sembra che quel grande scrutatore dello spirito umano riconoscesse la vanità di tal ricerca: mentre vien riferito da Diogene Laerzio nel suo libro v, che essendo quegli un giorno interrogato da taluno per qual ragione noi amiamo le cose belle, si contentò di rispondere, essere da cieco una tale domanda: «*Coeci, respondit, haec interrogatio*» evitando in tal modo le difficoltà della proposizione. Luciano riconobbe espressamente esser oltre la facoltà della mente umana il comprendere per qual via noi siamo commossi dalla bellezza. Dionigi d'Alicarnasso stabilì aver la natura dotato ciaschedun uomo sin dal suo nascere d'un senso squisito del bello. Epitteto esagerando l'azione della bellezza, dichiarò doverne essere commossi i sassi medesimi «*quod pulchrum est vel lapidem movere valet*». Galeno disse che la bellezza non risultava da una convenevole analogia degli elementi, quanto da quella delle parti che costituiscono un tutto, come dal dito alla palma della mano, da questa al gomito, e da esso al braccio, in una parola, di tutte le parti le une rispetto alle altre, togliendo ad esemplare il libro delle proporzioni di Policleto, il quale seguendo l'idea da esso ivi espressa, giunse a formare una statua che fu lungo tempo il canone di tutti gli artefici. Cicerone vide la bellezza nella convenevole proporzione per cui le varie membra insieme s'accordano con certa grazia e certa soavità di colore. Nell'Ippia di Platone dopo averla quel divino ingegno successivamente cercata nella convenienza delle parti fra loro, nell'utilità relativa di esse, nei piaceri derivanti dalla percezione così della vista come dell'udito, egli pon termine alle congetture, a norma del sistema suo prediletto, l'identità del bello e del virtuoso, immolando a questa ogni altra anteriore teoria, senza però addurne veruna prova, anzi senza nè guarentirla pure direttamente. In altro suo dialogo, nel Fedro, egli si fa a spiegare con sublime immagine l'azione della bellezza sulla varia natura delle anime. La bellezza, dice, brillava in cielo, unita alle altre specie immortali. Caduti noi in questo mondo, l'abbiamo più d'ogni altra cosa apertamente riconosciuta, coll'intermedio del più luminoso dei sensi, la vista. L'occhio umano è infatti il più sottile degli organi corporei. Nulla di meno esso non può discernere la virtù perchè l'uomo sentirebbe nascere in se stesso un amore incredibile verso di lei, se la sua immagine, ovvero quella di altri oggetti degni di vero amore potesse presentarsi agli occhi nostri distintamente come la bellezza: ma a questa sola fu conceduto essere ad un tratto e la cosa più manifesta e la più amabile. Egli suppone non poter l'anima penetrare nel corpo umano senza avere in una condizione antecedente contemplata la celeste essenza. Ma non a tutte le anime è dato rammentarsi di tale visione, se precipitate sulla terra ebbero la mala sorte d'essere strascinato al vizio e di scordare in tal modo quello che prima aveano veduto. L'uomo cui toccò in sorte un'anima di simil tempera, non serbando fresca memoria di quei santi misteri, o avendola interamente perduta, non può, quando gli avviene d'incontrare l'immagine terrena della bellezza, risollevarsi facilmente all'idea della di lei essenza primitiva. Allora invece di mirarla con rispetto, egli sentesi tutto ardere di fuoco impuro, e tenta assalirla quasi animale selvaggio, per isfogare con infame nodo una concupiscenza contraria alla natura del suo essere primordiale. Laddove l'anima, che più ampiamente fu penetrata ed ancora è compresa dalle maraviglie vedute in cielo, trovandosi al cospetto d'un volto quasi celeste, o d'un corpo le cui forme le rammentino l'essenza della pura bellezza, sente immediatamente invadersi da un fremito che la richiama all'idea de'trasporti già provati nella prima sua condizione, poi contempla quell'amabile oggetto, e lo venera qual essere in cui più pura si riflette l'idea della divinità.

Sarebbe malagevole a qualsivoglia affinata galanteria dirigere al bel sesso un più gentile omaggio. Un filosofo moderno, insistendo sull'istessa idea, dedusse a modo di corollario dalla proposizione dell'antico, altro non essere il buono se non il bello posto in azione, e che un'anima la quale è penetrata dalla bellezza della virtù lo dev'essere nell'istessa proporzione da ogni altro genere di bellezza: esser perciò il malvagio quello il cui senso depravato più non sente l'armonia dell'ordine fondamentale stabilito da Dio nelle relazioni fra l'uno e l'altr'uomo, e in quelle tra la creatura e il suo Fattore. S. Agostino, uno degli uomini più eruditi de'suoi tempi, aveva scritto un trattato sul bello ideale, ma tale opera essendo andata smarrita, altra via non rimase di congetturarne l'opinione su tale materia se non quella di racimolare alcune idee sparse qua n là nei di lui scritti, ov'egli asserisce essere il nostro spirito subordinato ad una certa unità originaria che, sovrana, eterna, perfetta, sta come canone fondamentale del bello di cui è prima forma ed essenza: « *Omnis porro pulchritudinis forma unitas est* ». E questa egli la riconosce sopra del nostro spirito, o n'è l'idea così innata in noi como quella della grandezza, della profondità, quantità, numero, ed altre proprietà della materia. Sul fine del secolo decimoquinto, Agostino Nifo adottando ora i principii aristotelici, ora i platonici per combattere quelli di Cicerone, negò stare nella proporzione delle parti e nella soavità del colore l'essenza della bellezza, a cui però egli non seppe sostituire definizione più soddisfacente, essendosi limitato a dir quel che non sia, anzichè quel che sia. Il trattato del bello pubblicato da Crouzas, che comparve nei primi anni del secolo decimottavo, ebbe per suo principio generatore i libri di S. Agostino, a cui lo scrittore francese aggiunse soltanto un po' di ridondanza nelle frasi e di confusione nelle idee, ed essendosi proposto di trattare del bello in generale, ne ha data una definizione che non è applicabile se non ad alcune specie. Il P. André, gesuita, nel suo Saggio sulla Bellezza, può dichiararsi l'autore che meglio d'ogni altro ha sviluppata la materia, fermandone i principii senza evitarne le difficoltà; solo sarebbe da desiderarsi alcun più preciso ragguaglio sull'origine delle idee di relazione, d'ordine, di simmetria inerenti nel nostro spirito, che egli bastantemente non definì, se innate o fattizie abbiano da giudicarsi. Il sistema del celebre Hutcheson riuscì più ingegnoso che vero, ed il nuovo senso del bello da esso immaginato non aggiunse alla materia se non una nuova difficoltà, ed avendo inteso a spiegar l'origine del piacere che si deduce dal bello, e ricercar le qualità che dee possedere un oggetto per parerei tale, ed essere occasione di nostra compiacenza, egli ha men provata la realtà del suo sesto senso, che la difficoltà di spiegare senza un tale aiuto l'origine del piacere derivante dalla bellezza. Il sistema di Locke, da cui tanti intelletti furono sviati dal retto sentiero, attribuì le percezioni dello spirito alle sensazioni della materia, dalle quali fece eziandio derivare le cognizioni della scienza, i sentimenti morali e l'essenza della bellezza. L'opinione di Locke, fondata sulla sensualità, benchè fosse poi sostenuta con tutto l'ascendente loro dai filosofi del secolo decimottavo, dovette pur cedere a quello della spiritualità oppostagli da Leibnitz, a lui superiore per la profondità e l'estensione di sua dottrina, a cui diedero anche maggior risalto le assurde proposizioni di Cabanis e d'Helvetius; questi con aver sostenuto essere la *ragione* stata creata dalla mano dell'uomo; quegli col dichiarare il *pensiero* una parte sedimentosa del cerebro. La filosofia di Leibnitz molto più illuminata dimostrò invece che i sensi non possono condurre se non a percezioni incompiute. Egli classificò le facoltà dell'anima in superiori ed inferiori, consacrando le prime alla logica ed alla filosofia, e le seconde, ovvero l'immaginazione e la memoria, alle belle arti a cui esse debbono servire come di stromento. Montesquieu e Burcke, l'uno nel suo Trattato sul Gusto, l'altro in quello del Bello, riconobbero ambedue l'istessa origine alla bellezza, la varietà; principio generale che non soddisfece a veruna delle parti in cui si suddivide quella difficile materia per essere evidentemente la varietà uno degli attributi, non il fondamento della bellezza. Wolfio confuse la bellezza col piacere cagionato da essa, così che dalla sua definizione si potè dedurre la conseguenza che il bello è bello perchè a noi piace, mentre al contrario un oggetto piace soltanto perchè è bello. La definizione di Baumgarten, dedotta dal sistema platonico, che il bello sia il perfetto reso sensibile, quantunque ingegnosamente sviluppata, non contribuì gran fatto a dilucidare la quistione. Kant, richiamando anch'esso l'idea di Platone, riconobbe come carattere essenziale della bellezza l'apparizione immediata dell'infinito nel finito: ma egli era troppo digiuno di cognizioni sulla teoria delle arti, e le sue astrazioni erano troppo elevate da essere intelligibili alla maggiorità, così che il suo sistema non riuscì nella sua applicazione a verun giovamento. Sulzer, Lessing e Mendelshon poteron dirsi i continuatori, ed in certo modo i satelliti di Baumgarten, da cui dedussero il principal fondamento delle loro teorie. Verso la metà del secolo decimottavo Winkelmann si arrischiò anch'esso nella malagevole investigazione, ma la poca di lui profondità nella filosofia non gli permise di molto internarvisi, ed avendo dedotte dal sistema platonico le principali sue idee, le espose in un modo oscuro e imbarazzato, atto ad impazientare anzichè illuminare il suo lettore. Ma quantunque egli non abbia esibita veruna soluzione ai quesiti filosofici, furono i suoi scritti di notabile giovamento alla pratica degli artefici, richiamandoli allo studio dell'antico che, come prototipo di bellezza materiale, è quanto di più perfetto ha prodotto finora l'umano ingegno. La teoria del bello di Raffaello Mengs ebbe per suo fondamento la perfezione da lui detta *obiettiva*, che egli fece risultare dall'espressione d'unità relativa delle cose rappresentate coll'idea della loro destinazione; ma quel modo di definir la bellezza non parve aver molto contribuito alla sua perspicuità, e la sua opera, ammirata da pochi, non fu d'incremento a nissuno, e andò con molte altre di simil natura ad ingombrare inutilmente le biblioteche. Tra i filosofi rapsodi che circa a quei tempi si dedicarono alla investigazione del bello dee pure menzionarsi l'inglese Hogarth, il quale appoggiandosi ad un precetto dato già da Michelangelo a Marco da Siena con dirgli « che egli dovesse sempre fare una figura piramidale serpeggiante, e moliplicata per uno, due e tre » stimò aver trovato nella linea ondeggiante simile all' *S* il carattere della bellezza; e l'analisi che ne pubblicò potè definirsi una compiuta raccolta di spiritose assurdità. Nei dialoghi filosofici d'Emsterhuis, quello scrittore che per molte osservazioni giovò al progresso degli studiosi, si mostrò più sentimentale che profondo, e lasciò la quistione ove l'aveva trovata. Moritz consegnò nella sua imitazione plastica del bello tutte le illusioni d'uno spirito appassionato per le opere dell'arte, senza considerare gli ostacoli che si opponevano alla loro effettuazione. Keratry riconobbe il bello assoluto nella convenienza degli organi colla loro destinazione, e nel compimento della volontà che ha coordinate le varie parti della creazione, così che la perfezione fisica e l'opportuno impiego dei doni della Provvidenza ne costituirono il prototipo. La sua teoria, desunta evidentemente dai vari sistemi precedenti ed in particolare da quello di Platone e di Camper, le cui idee sulla utilità furon da esso fuse in quella della convenienza delle parti, non fece che riprodurre cose cognite, sotto pretensione di novità. In riguardo al Saggio sulle leggi del Bello composto dal Malaspina, avendo egli medesimo dichiarato nella sua prefazione che non pretendeva metter innanzi nuove teorie, ed essendosi esattamente conformato a tal proponimento, non occorre articolarlo in questo luogo. Ultimo comparve nell'arringo un autore, i cui lumi ed esperienza furon di giovamento alle arti, e che dalla posterità è già stato collocato nel grado a lui meritamente dovuto, Leopoldo Cicognara. Non trovandosi scoraggiato dagl' inutili tentativi di quelli che lo precedettero, volle anche egli esplorare una quistione che da tanti gran pensatori era stata trattata con esito sì mediocre, e venne generalmente riconosciuto che fra le opere di quell'erudito i suoi ragionamenti del bello riusciron forse la più debole, per non esserne la massima nè pratica nè filosofica, così che avendo egli voluto far pompa di sua dottrina nella metafisica, vi chiari soltanto la propria insufficienza, e il suo libro non ebbe l'approvazione dei dotti, nè quella degli artisti.

In questa nostra perlustrazione abbiam toccato rapidamente dei vari sistemi immaginati dagli uomini per giungere ad interpretare l'ineffabile mistero della bellezza, e della loro insufficienza in definirne così l'essere, come l'azione sull'uman cuore, e può affermarsi che dopo un corso di 2271 anni di sterili sforzi, quell'elaborata materia è a noi pervenuta pressochè nella medesima condizione in cui la trovò chi primo si faceva ad investirla, così che il filosofo moderno è ridotto a ripetere ciò che sull'umana scienza diceva quell' antico: « *Hoc unum me scire scio, quia nihil scio* ». E la bellezza strascinata dagli uni nel fango delle voluttà corporee, ravvolta dagli altri nelle nuvole dell'idealismo, rimaso oltre quel muro di bronzo indicato da Orazio « *Hic murus aeneus* esto » visibile agli occhi, inaccessibile all'intelletto dell'uomo, arcano maraviglioso, incomprensibile, di cui Dio riserbò a sè solo la conoscenza. Rimane però da convenire che fra tutte le speculazioni filosofiche, di cui fu scopo la bellezza, quelle di Adamo Smith e di Pietro Camper, i quali rinunziando a definirne l'indefinibile essenza, s'accontentarono ad esaminarne l'azione sul cuore, furon le sole che, se non razionalmente, almen plausibilmente assegnarono un motivo ragionevole ai disparati giudizi degli uomini, varianti in ogni clima a seconda delle varietà introdotte dalla natura nelle loro specie. Essi dimostrarono che l'Autore delle cose avendo attribuito forme sì diverse agli uomini ed agli animali, non ebbe in mira un certo bello particolare, ma soltanto il maggior vantaggio delle varie specie, rispetto alla loro destinazione; ed in secondo luogo, che infallibilmente si sarebbero tutti i popoli accordati ad un solo tipo di bellezza, se sussistesse un bello innato, come sussiste un sentimento innato del bello morale, per cui il coraggio, l'amor di patria, la castità, la beneficenza sono, come vediamo di fatto, in pari onore presso tutte le nazioni. Secondo il loro sistema, quanto noi qualifichiamo di bello nella forma dell'uomo e degli altri animali, dipende unicamente dalla simpatia e dalla mutua convenienza, ovvero da un consentimento stabilito da un piccol numero di persone, così che la bellezza non è se non una pura rappresentazione di quello a cui noi siamo singolarmente abituati. Il principio della simpatia e dell'abitudine è atto, se non a spiegare intrinsecamente, a spianare almeno certe difficoltà inerenti a quelli d'altri filosofi. La rimembranza della divinità, di Platone, verbigrazia, difficilmente si può adattare ai diversi concetti del bello inerenti nei popoli delle varie parti del mondo. L'unità e la simmetria di S. Agostino lasciano molto campo se non al deforme, almeno al disaggradevole. La convveniente proporzione e la soavità del colore di Cicerone non soddisfanno molto meglio al requisito, mentre agevol sarebbe ad un pittore il dimostrare che mantenendo cotali due condizioni in due diverse figure, se ne può produrre una geniale e l'altra antipatica. Quando nel gettar l'occhio sopra una moltitudine si avverte alla poca differenza esistente nelle proporzioni delle parti che costituiscono parecchi bei volti, e che pur si vede quanto son varie le loro espressioni, tutte sì diversamente piacevoli, si ottiene una prova palpabile della vanità dei sistemi che pretesero rinvenir la bellezza o nelle proporzioni, o nella simmetria, o nella convenienza, o nell'utilità delle parti, utopie ingegnose, che dopo aver fatto stillare il cervello a chi le immaginava e a chi ne fece studio, lasciaron vacuo lo spirito e la ragione mal soddisfatta, mentre nessuna di esse rese, nè potè render conto in qual modo una anzichè un'altra proporzione di parti desti senso di compiacenza nella nostra anima, e qual sia il legame invisibile che insieme unisce le facoltà di questa cogli attributi della forma materiale. Anche in riguardo alle arti ebbe il sistema di Camper e di Smith l'adesione dei dotti, a far capo da uno dei più rinomati, Winkelmann, secondo il quale la disposizione a discernere il bello nelle arti è destata ed accresciuta dall' educazione. Il che è a dire che le nozioni primigenie che l'uomo ricevette dalla natura si trovano modificate da quelle che vengono infuse nel di lui intelletto dalle norme dettate dall'arte; norme che traendo fontalmente l'origine loro dalla squisita perfezione delle forme greche, e da alcuni assiomi derivati dalle scienze più positive, quali sono le proporzioni anatomiche e la relazione obbligata di simili proporzioni cogli usi a cui son destinate le varie parti, in conformità alle leggi della statica e della meccanica, riducono l'essenza del bello ideale all' effettuazione di quanto è più conforme alle leggi della natura, ove ciascheduna parte offre una proporzione ed un carattere adattato alla proporzione ed al carattere del tutto. Dalla qual cosa ne risulta che quanto più sarà numerosa un'aggregazione d'individui, in cui dalla prima gioventù sia stata progressivamente sviluppata una particolar simpatia verso le forme greche, come avviene nei paesi più inciviliti, ove lo studio delle arti del disegno forma parte d'ogni ingenua educazione, tanto più per siffatta abitudine della visione sarà estesa l'idea d'un comune tipo di bellezza, che troverà la sua maggiore eccellenza nella maggior delicatezza di sentimento e squisitezza di percezione di ciaschedun uomo, e diverrà canone assoluto d'ogni suo giudizio nelle opere dell'imitazione.

M.se R.° D'Azeglio.

Creatori e ristauratori della lingua italiana

II. JACOPO PASSAVANTI

(Ved. num. 49)

« Coetaneo del Boccaccio (recito parole del Bartoli) e, come dicono, imitatore od emolo, ma sol nella bontà dello stile, fu frate Jacopo Passavanti, il quale, come si ha dal prologo del suo pulitissimo libro, intitolato *Lo specchio di vera penitenza*, cominciò a compilarlo l'anno 1355, ma compiè prima la vita che l'opera. Sua credono alcuni essere la traduzione dell'Omelia d' Origene, che va fra le buone scritture di quei tempi: a me pare lavoro di mano assai diversa (*Pref. al torto e diritto*) ». E più estesamente e con maggior autorità, i deputati del 1573 sopra il Decamerone il merito del Passavanti avean lasciato scritto in questa sentenza: « Or costui fra gli altri pare a noi assai puro, leggiadro, copioso e vicino allo stile del Boccaccio: perchè quantunque per avventura a studio, o per la sua professione, o per materia poco desiderosa e forse non capace di leggiadrie, si vogga andar fuggendo certe delicatezze e fiori della lingua, e parlare quanto può semplicemente, come quegli che cercava più presto giovare che dilettare; con tutto questo, per l'uso comune di quei tempi, si vede nelle parole molto puro e proprio, e per dono speciale di natura e forse anche per esercizio, perchè fu predicatore molto grazioso, e nello stile suo così facile, vago e senza alcuna lascivia ornato, ch'ei può giovare e dilettare insieme ». E dissero rettamente que'valorosi: poichè troppo frequenti sono i luoghi che in questo vaghissimo trattato, come lo appella Anton Maria Biscioni, s'incontrano, in cui la natural vivacissima forza, ed insieme la leggiadra semplicità delle espressioni, maraviglia e diletto non ordinario recano a' leggitori. Per darne fra tanti un solo esempio, basterà riportare la leggiadrissima risposta data dall'albergator di Malmantile a santo Ambrogio: « Io ricco, io sano, io bella donna, assai figliuoli, grande famiglia: nè ingiuria, onta o danno ricevetti mai da persona: riverito, onorato, careggiato da tutta gente, io non seppi mai che male si fosse o tristizia; ma sempre lieto e contento son vivuto e vivo (Dist. 3, c. 4) ». Nella qual semplice e natia forma di favellare trovasi perfettamente vero il giudizio del cavalier Salviati, uomo di quel finissimo discernimento che ognun sa, là dove scrivendo a messer Baccio Valori disse: « Essendo egli stato un gran maestro del ben parlare, solennemente nobilitò lo stile, senza spogliarlo di quella leggiadra simplicità che fu propria di quel buon secolo, e che poi a poco a poco s'è rivolta in una cotal tronfiezza e burbanza di favellare asiatico ».

Or di questa leggiadria e purgatezza di lingua, tenuta in sì alto conto da'sacri e da'profani, per ciò che tanto può influire al ristoramento della moderna eloquenza, sarà, io stimo, da levare un più largo sorso, e tale che giovi alle parole insieme ed alle cose. E lo torrò là dove l'autore parla dei predicatori colla più nitida e più nobile favella del trecento, ed in que'sensi che tutte le età dovranno riverire se han sana la mente: « Egli é manifesto segno che i predicatori sieno amatori adulteri della vanagloria, quando, predicando e insegnando, lasciano le cose utili e necessarie alla salute degli uditori, e dicono sottigliezze e novitadi e varie filosofie, con parole mistiche e figurate, poetando e studiando di mescolarvi rettorici colori che dilettino gli orecchi, e non vadano al cuore. Le quali cose non solamente non sono fruttuose ed utili agli uditori, ma spesse volte gli mettono in quistioni, e pericolosi e falsi errori, come molte fiate, e per antico e per novello, s'è provato. E i vizî e peccati, i quali col coltello della parola d'Iddio si volevano tagliare, colla saetta della predicazione si deggiono ferire, col fuoco del dire amoroso e fervente incendere, si rimangono intieri e saldi, infistoliti ed appostemati ne'cuori per la mala cura del medico disamorevole delle anime, e in sè cupido e vano. Questi così fatti predicatori, anzi giullari romanzieri e buffoni, a'quali concorrono gli uditori, come a coloro che cantano dei paladini, sono infedeli ed isleali dispensatori del tesoro del Signor loro; cioè della scienza della Scrittura: la quale Iddio commette loro, acciocchè con essa guadagnino l'anime dal prezioso sangue di Cristo ricomperate: ed eglino la barattano a vento ed a fumo della vanagloria. Onde pare che sia venuto, anzi è pur venuto (così non foss'egli!) il tempo, del quale profetò S. Paolo, quando, com'egli scrive a Timoteo, la sana dottrina della Scrittura santa e della vera fede non sarà sostenuta; ma cercherà la gente maestri e predicatori secondo gli appetiti loro e che grattin loro il pizzicore degli orecchi: cioè che dicano loro cose che desiderano d'udire a diletto, non ad utilità; e dalla verità rivolgeranno l'udire ed alle favole daranno orecchie. Or come sono eglino pochi, anzi pochissimi quegli che dicano o vogliano udire la verità! Molto è da dolersene e da piangere, chi ha punto di sentimento o di conoscimento o zelo delle anime. E (ch'è vie peggio) non solamente non è voluta udire la verità, ma è avuta in odio, e chi la dice. Onde si verifica il detto di quel poeta, Terenzio, il qual disse: *Veritas odium parit*: La verità partorisce odio (dopo il capo 5 della vanagloria) ». Qual purgatezza di lingua! quale facilità, schiettezza ed armonia! Anzi quanta forza in que'traslati: il coltello della parola di Dio, la saetta della predicazione, il foco del dire amoroso e fervente, che avrebbero tropp'arditezza, se non fossero sì ben combinati con ciò che poi segue a dirsi della cura e del medico, e dello infistolire e dare in postema! Taccio la gravità e la saviezza delle sentenze, ed ancora dal lato sol della lingua, dico niuno pur dell'aurea età potersi dire più sicuro modello di sacra eloquenza: e se alcune parole o finimenti sono antiquati anche nel Passavanti, dirò con Cesari, che alcune parole non sono la lingua; e se a chi non abbia squisito senno nel leggere e nell'imitare, pe'lunghi periodi e per la forma talvolta latina, pericoloso è il Boccaccio, con poche avvertenze che facile è l'adoperare, nol sarà mai lo specchio della vera penitenza.

Teol. Audisio (*Lez. di sacra eloquenza*).

IL MEDIO EVO

Chiamansi medio evo i tempi che corsero dalla caduta dell' impero romano fino allo stabilimento delle monarchie moderne, da Augustolo a Carlo V, dal secolo VI al XVI.

Il medio evo ha due periodi ben distinti.

Il primo, dal secolo VI all'XI, è periodo di tenebre, di barbarie, d' universal corruzione; quasi senza lume di scienze, senza lenocinio di lettere, senza reggimento ordinato; tempo in cui un agglomeramente di barbari armati, primeggiati piuttostochè retti dai loro capi, tenne luogo di governo e di nazione. Lunga notte, per entro a cui traspare, come un bel sogno e come promessa ed in parte anche principio d'un più lieto avvenire, l'imagine colossale di Carlo Magno.

Il secondo periodo, dal secolo XI al XVI, è tempo di rigenerazione: rigenerazione cominciata, non v' ha dubbio, assai prima, ma solo allora cresciuta a quel segno d'universale manifestazione da far credere che ninna mano di ferro avrebbe poter d'arrestarla. Cresciuta infatti rapidamente per le discordie tra il sacerdozio e l'impero, era al finir del secolo stesso condotta a quel termine, da cui più non s'indietreggia. I comuni erano riordinati, amplificati, assicurati. I popoli avevano una patria. E quando Federigo I, eletto nel 1152, recò sul trono imperiale idee troppo vecchie, e volle regnar nel secolo XII colla sfrenatezza dei primi anni dell'XI, battuto dalla lega de' comuni di Lombardia, ei fe' ben tosto doloroso esperimento dell' error suo, e s' acconciò per lo meglio a dare con apposita concessione al fatto preesistente della libertà de' comuni quel fondamento legale, o piuttosto quel colore di giusto titolo, del quale ancor difettavano. Cav. LUIGI CIBRARIO.

(*Dall'Economia Politica del medio evo*).

IL MARTIRIO DI S. STEFANO

SONETTO

Pera, gridò contro il Campione invitto
  Il popolo feroce e truculento;
  E, primo testimon d'un Dio trafitto,
  Cadde percosso in cento modi e cento.

Cadde quel Forte, e nel fatal momento
  Più per altrui, che per se stesso afflitto
  Si volse al Cielo, e con pietoso accento
  Il perdono implorò sul gran delitto.

I cieli gli s'apersero; al pio suono
  Stupì Giustizia e tacque, e vincitrice
  Sul suo libro Pietà scrisse il perdono;

Sul morente allor così vivace
  Un riso lampeggiò, che più felice
  Morendo parea dir: Io muoio in pace.

PERRERO DOMENICO.

 FINE DELL'ANNO TERZO Stabil.º tip.º FONTANA in Torino—con perm.

Lightning Source UK Ltd.
Milton Keynes UK
UKHW032249141118
332327UK00005B/317/P

9 780483 953277